国家科学技术学术著作出版基金 NFAPST

多载波宽带信号的盲估计与识别

Blind Estimation and Recognition of Multi-Carrier Wide-Band Signal

张天骐　梁先明　赵　辉　代少升　安泽亮　著

国防工业出版社
·北京·

图书在版编目（CIP）数据

多载波宽带信号的盲估计与识别 /张天骐等著. —北京：国防工业出版社，2024.6

ISBN 978-7-118-13229-8

Ⅰ. ①多… Ⅱ. ①张… Ⅲ. ①宽带通信系统－信号处理－研究 Ⅳ. ①TN914.4

中国国家版本馆 CIP 数据核字（2024）第 066259 号

※

国防工業出版社出版发行

（北京市海淀区紫竹院南路 23 号 邮政编码 100048）

北京富博印刷有限公司印刷

新华书店经售

*

开本 787×1092 1/16 插页 2 印张 32¼ 字数 748 千字

2024 年 6 月第 1 版第 1 次印刷 印数 1—1500 册 **定价 196.00 元**

国防书店：（010）88540777 书店传真：（010）88540776

发行业务：（010）88540717 发行传真：（010）88540762

前言

多载波宽带信号（包括正交频分复用（OFDM）信号、多入多出正交频分复用（MIMO-OFDM）信号、基于滤波器组的多载波（FBMC）信号、多载波直扩码分多址（MC-DS-CDMA）信号和多载波码分多址（MC-CDMA）信号等）的盲估计与识别方法研究是多载波宽带信号检测与估计，以及信息对抗领域的一个重要研究课题。我们知道，多载波宽带信号的优越性在于可以用正交频分复用、非正交频分复用等方法来扩展带宽，以实现更高速率的可靠的信息传输。另外，由于多载波信号在子载波数较多时的带宽较宽，该信号在其带宽内表现为“白噪声”。由多载波宽带信号所固有的特点决定：一方面多载波宽带信号难于检测（在其带宽内表现为“白噪声”）；另一方面即便检测到了多载波宽带信号但不知道发送方的信号参数，也将难于恢复所传输的信息。因此，在未知信号特征参数等先验知识的情况下，对多载波宽带信号进行盲估计与识别在电子通信与信号处理领域将富有挑战性。而且现在，多载波宽带信号在军事通信和民用通信（特别是4G、5G移动通信）中已经应用得非常广泛，因此多载波宽带信号的盲估计与识别的研究在民用无线电监测与管理、军事无线电侦察与干扰、新体制抗干扰无线电系统的研究与开发等诸多领域将极具重要意义。本书旨在研究缺乏先验知识条件下的多载波宽带信号的盲估计与识别方法，以现代信号处理和计算智能为工具，以数学分析结合仿真模拟为手段，最终实现多载波宽带信号的智能化盲处理。本书涉及课题的长期性、专门性和困难性，因此很可能是目前国内第一本较为系统地讨论多载波宽带信号盲估计与识别方面公开出版的著作。

回顾近年来，多载波宽带信号的盲估计与识别方法已经得到了诸多发展。有不少处理方法来自单载波信号检测与估计理论，但多载波宽带信号是宽带信号，其在子载波上的调制符合单载波调制，却在很多方面不符合常规的单载波信号处理理论，因此当观察信号的带宽很宽时，多载波宽带信号在其频带内表现为“白噪声”的特点，这种处理方法的估计性能可能恶化，甚至得不到正确的处理结果。虽然多载波宽带信号中的OFDM信号起源于20世纪50年代，但是自20世纪80年代以来多载波宽带信号在军事和民用中的应用才得到广泛发展。而对OFDM信号的盲估计与识别则最早出现于2000年左右，有关研究人员才明确地开始对多载波宽带信号的盲处理进行研究。目前，多载波宽带信号的盲处理方法研究逐渐转向了深入，日趋发展成熟，较多的方法得以涌现，处于方兴未艾的蓬勃发展中。

本书围绕多载波宽带信号的盲估计与识别方法展开研究，主要工作是在先验知识未知的情况下，先对多载波宽带信号的参数进行估计，并在已获知信号参数的情况下，再对信号的调制方式进行识别。本书提出了用于多载波宽带信号参数盲估计的自相关和循环自相关、高阶累积量和高阶循环累积量算法，提出了能用于多载波宽带信号识别的循环平稳性、高阶统计特性结合深层神经网络的算法等，并将所提出的算法拓展到了各类多载波宽带信号的盲估计与识别方面。在提出算法的同时，还考虑了如何增强算法的性能，即研究如何提高算法压制噪声的性能以适应实际的情况。

本书所提出的多载波宽带信号的盲估计与识别方法具有通用性，其优点在于无须知道观察信号的参数和调制样式，在盲估计到了多载波宽带信号的参数并识别到其调制样式后，可以用和主动接收一样的方法对观察信号进行解调处理，最终可以实现对多载波宽带信号的盲解调。而且本书提出的这些盲处理方法优势互为补充，研究表明，总体上这些方法可以取得较好的性能。本书讨论的内容，大部分来源于作者本人及其研究团队已取得的成果，所涉及方法都经过了作者计算机仿真模拟或实际应用的检验。因此，书中不乏作者经过思考、研究和实验而得出的对各种方法的直观感觉、理解与评论。

在电子通信技术迅猛发展的今天，多载波宽带信号的盲估计与识别的军用价值和民用前景都显得更加突出与广阔，其理论与技术的发展，既是自身的需要，更是时代的要求。国内外目前在这方面的专题文章已经不少，但是公开的专门著作尚未见到。所以，作者谨以自己浅薄之学识，将自己在该领域学习和工作的积累（详见参考文献［423-504］）加以总结提炼，形成本书以抛砖引玉。希望对相关科研、工程应用、管理及教学有所促进和帮助。限于作者水平有限，加之时间仓促，书中定有不少疏漏和不妥之处，敬请广大读者批评指正。

本书是作者自 2008 年以来从事多载波宽带信号的盲估计与识别研究的一个总结。本书在宽带信号盲处理方面得到了朱中梁院士和张锡祥院士的指导，并提出了许多宝贵的意见，谨向他们致以衷心的感谢！同时，还要感谢国防工业出版社编辑，以及蒋清平、王玉娥、朱洪波、刘瑜、王志朝、范聪聪、王胜、裴光盅、钱文瑞、杨凯、徐伟等研究生所做的工作。本书得到了国家自然科学基金（61071196、61371164、61671095）、教育部新世纪优秀人才支持计划（NCET-10-0927）、重庆市杰出青年科学基金（CSTC，2011jjjq40002）、重庆市第二批高等学校优秀人才资助计划（渝教人［2010］72 号）、信号与信息处理重庆市市级重点实验室建设项目（CSTC2009CA2003）、重庆市自然科学基金（CSTC2010BB2407，CSTC2010BB2398，CSTC2010BB2411）、中国电子科技集团公司第十研究所预研项目 09HKB-0012 及 2017 年技改项目、2022 年度国家科学技术学术著作出版基金资助项目（No. 149）和国防工业出版社出版基金的资助。

作者

2021 年 9 月于重庆　南山

目录

第1章 绪　　论

1.1 引言

1897年6月,伽利尔摩·马可尼通过无线电通信实验向世人揭开了无线电的神秘面纱,由此诞生了直到今天还在使用的无线电报。1947年,美国贝尔实验室首次提出了蜂窝移动通信的概念,但当时尚不能从技术上实现[1-4]。

在随后的数十年间,移动通信技术经历了巨大的技术革新和发展,成为奠定数字化信息时代的核心技术之一。1982年,作为第一代移动通信技术代表的高级移动通信系统(Advanced Mobile Phone System, AMPS)开启了蜂窝移动通信的新纪元。在过去的几十年中,移动通信技术日新月异,取得了飞速的发展。移动通信的发展历程,经历了从第一代(the First Generation, 1G)的频分多址(Frequency Division Multiple Access, FDMA)技术—— AMPS采用了频率调制(Frequency Modulation,FM)信号,到后来第二代(the Second Generation, 2G)的时分多址(Time Division Multiple Access, TDMA)技术(欧洲电信协会(European Telecommunications Standards Institute,ETSI)的全球移动通信系统(Global System for Mobile Communications, GSM))——采用了高斯最小频移键控(Gaussian Filtered Minimum Shift Keying,GMSK)信号;码分多址(Code Division Multiple Access, CDMA)技术(美国高通(Qualcomm)公司的IS-95或cdmaOne为代表)——采用了窄带直扩码分多址(Direct Sequence-Code Division Multiple Access, DS-CDMA)相移键控信号,再到第三代(the Third Generation, 3G)的码分多址技术(包括WCDMA、CDMA-2000和TD-SCDMA三种宽带CDMA技术)——采用了直扩码分多址相移键控信号,再到目前已经在世界范围内广泛商用的第四代(the Fourth Generation, 4G)移动通信系统的正交频分复用多址接入(Orthogonal Frequency Division Multiple Access, OFDMA)技术——采用了正交频分复用(Orthogonal Frequency Division Multiple,OFDM)信号,易于与多输入多输出(Multiple-Input Multiple-Output, MIMO)系统结合使用,直到目前已经在国内广泛商用部署的第五代(the Fifth Generation, 5G)移动通信系统的非正交频分复用多址接入(No-Orthogonal Frequency Division Multiple Access, NOFDMA)技术——采用了非正交频分复用(No-Orthogonal Frequency Division Multiple,NOFDM)信号(一般包括滤波器组多载波(Filter Bank Multi-Carrier, FBMC)、通用滤波多载波(Universal Filtered Multi-Carrier, UFMC)、广义频分复用(Generalized Frequency Division Multi-plex, GFDM)等)[1-4]。

随着移动通信技术的逐步发展,其采用的无线电传输信号也逐步由单载波窄带调制信号过渡到多载波宽带调制信号。目前,多载波宽带信号(包括OFDM信号、MIMO-OFDM信号、FBMC信号和多载波码分多址(MC-CDMA)信号等)在现今的无线移动通信系统中的应用逐渐广泛,其信号的盲估计与识别、军事对抗与民用无线电管制已经迫在眉睫,必须提上议事日程。这里的盲估计与识别是指在缺乏发送方先验信息(如什么样的信号、信号的结构参数等)的情况下,利用信号本身的一些特点(如频谱特征、循环平稳性等),对所截获到的信号的一些参数进行估计,并能进一步识别解调这些信号。多载波宽带信号的盲估计与识别将在非协作通信、民用无线电监测与信号管控、军用通信侦察与对抗,以及信号与信息安全领域具有重要的理论价值和现实意义。

1.1.1 移动通信系统的发展状况

第一代模拟移动通信系统于1982年建立,它以频分多址技术为基础。在很短几年内,人们发现模拟系统显露出呼叫中断率增高、系统干扰增大、容量有限等问题。尤其是系统设计的容量远远不能满足用户数快速增长的要求,这是模拟系统本身的缺陷。

第二代数字移动通信系统于1992年建立,以时分多址(TDMA)技术为基础,拥有众多优势:频谱效率提高,系统容量增大,保密性能良好,标准化程度提高等。但TDMA技术并没有完全满足下一代数字移动通信技术所设想的要求,尤其是在容量方面上。1993年美国的高通(Qualcomm)公司提出的CDMA技术正式成为第二代数字移动通信技术标准(IS-95标准)。

第三代移动通信系统需要有更大的系统容量与更灵活的高速率、多速率数据传输能力,除了语音及数据传输,还可以传送速率达2Mbit/s的高质量的活动图像[5-7]。在2000年,国际电信联盟批准了三个主流的3G标准(CDMA-2000、TD-SCDMA以及WCDMA,其中TD-SCDMA是中国提出的第一个移动通信国际标准),它们全都采用了CDMA技术,这说明CDMA技术具有极大性能优势(主要3G标准特征对比,如表1.1.1所示)。第三代移动通信系统IMT-2000(International Mobile Telecom System-2000)包括卫星移动通信系统和地面移动通信系统两部分,它的理想要求为全球化、综合化以及足够的系统容量。

表1.1.1 主要3G标准特征对比

标准		TD-SCDMA	WCDMA	CDMA-2000
国家/地区		中国	欧洲、日本	美国、韩国
工作频段	上行	1880~1920MHz	1940~1955MHz	1920~1935MHz
	下行	2010~2025MHz	2130~2145MHz	2110~2125MHz
继承系统		GSM	GSM	CDMA IS-95
核心网		GSM MAP	GSM MAP	ANSI-41
双工方式		TDD	FDD	FDD
多址方式		FDMA+CDMA+TDMA+SCDMA	FDMA+CDMA	FDMA+CDMA
单载波带宽		1.6MHz	5MHz	1.25MHz
单载波码片速率		1.28Mchip/s	3.84Mchip/s	1.2288Mchip/s
峰值速率	上行	2.8Mbit/s	14.5Mbit/s	3.1Mbit/s
	下行	384kbit/s	5.76Mbit/s	1.8Mbit/s
基站同步		同步(北斗、GPS)	同步/异步	同步(GPS)

续表

功率控制		0~200Hz	快速功控(1500Hz)	上行:800Hz 下行:慢速或快速功控
扩频码长度		1~16	4~512	4~512
符号调制		QPSK/8PSK	BPSK(上) QPSK(下)	BPSK(上) QPSK(下)
扩频方式	反向	OVSF码(信道化)+ PN码(区分小区)	OVSF码(信道化)+ Gold序列 2^{18}(区分小区)	Walsh码(信道化)+ Gold序列 2^{15}(区分小区)
	前向	OVSF码(信道化)+ PN码(区分用户)	OVSF码(信道化)+ Gold序列 $2^{25}-1$(区分用户)	—

第四代的移动通信系统在业务上拥有功能强、频带宽、非对称的已超越2Mbit/s的数据传输能力[8-11]。它包括宽带无线的固定接入、宽带无线局域网、移动宽带系统及互操作的广播网络。4G能实现以下要求:通信速度较高,上网速度从2Mbit/s提高到100Mbit/s;满足3G当时不可能达到的区域,在覆盖、质量、造价上保持高速率数据和高分辨率的多媒体服务;为高速移动用户提供高质量的影像服务,同时通信设备的智能化程度极大提高。2010年全球4G标准制定完成,包括TD-LTE-Advanced、LTE-Advanced FDD、OFDMA-WMAN-Advanced、WiMAX等,其中TD-LTE-Advanced是中国又一个移动通信国际标准。

4G移动通信系统的主要特点如下:

(1) 高速率。4G速率标准如表1.1.2所示。

表1.1.2 4G速率标准

用户类型	高速移动用户 (250km/h)	中速移动用户 (60km/h)	低速移动用户 (室内或步行者)
数据速率	2Mbit/s	20Mbit/s	100Mbit/s

(2) 4G通信系统以数字宽带技术为基础。信号以毫米波为主要传输方式,较大程度上提高了用户的容量。

(3) 4G具有更好的兼容性。全球4G移动通信系统将使用一个标准,所有移动通信系统的用户将共享4G服务。

(4) 4G具有较强的灵活性。4G将使用智能技术:自适应的资源分配、智能信号处理,使系统具有更好的发送和接收效果。4G移动通信系统既有较强的智能性,又有很强的适应性与灵活性。

(5) 4G具有多类型用户共存的特点。由于通过信号自适应处理,所有用户设备都能够共存和互通,系统可以同时满足多类型用户的需求。

(6) 4G具有多种业务类型相结合的特点。它支持更丰富的移动业务,如高清晰度图像、会议视频等。4G也把个人通信、信息系统、广播与媒体等行业结合起来成为一个整体。

(7) 4G 使用目前先进的技术。它采用了如 OFDM、MIMO 系统、智能天线与空时分组码(Space Time Block Coding,STBC)、无线链路增强、软件无线电、多用户检测等技术。

(8) 4G 具有高度自组织、自适应的网络,满足用户在业务与容量上不断变化的要求。

4G 采用的关键技术有接入与多址方式、调制和编码技术、高性能的接收机、智能天线技术、MIMO 技术、软件无线电技术、基于网际互连协议(Internet Protocol,IP)的核心网、多用户检测技术、IPv6 技术等。

第五代的移动通信系统是面向 2020 年以后的新一代移动通信系统[1-4,12-17]。5G 将和其他无线移动通信技术密切结合,构成新一代无所不在的移动信息网络,满足未来 10 年移动互联网流量与速率增加 1000 倍的需求。5G 将有充分的灵活性、网络自感知、自调整等智能化能力。目前,5G 新信号波形包括 FBMC 信号、UFMC 信号、GFDM 信号等,并将采用大规模多输入多输出(Massive MIMO)技术,高阶及超高阶调制信号等。

5G 的关键性能指标(Key Performance Indicator, KPI)是衡量 5G 系统性能的一系列量化标准,对指标参数的选择需要重点考虑如何直观反映对用户体验质量的提高[1-4]。用户的体验通常会受到多个 KPI 的共同影响,因此必须将多个 KPI 与特定应用场景和业务综合考虑。IMT-2020(5G)推进组给出了一个花瓣形状的示意图,称为“5G 之花”,如图 1.1.1 所示。5G 的 KPI 包含六大性能需求和三大效率指标,其中六大性能需求体现了 5G 未来的多样化业务与场景需求的能力,三大效率指标是 5G 可持续发展的保障。二者共同定义了 5G 的关键能力,其具体定义和定量指标分别表示在表 1.1.3 和表 1.1.4 中。

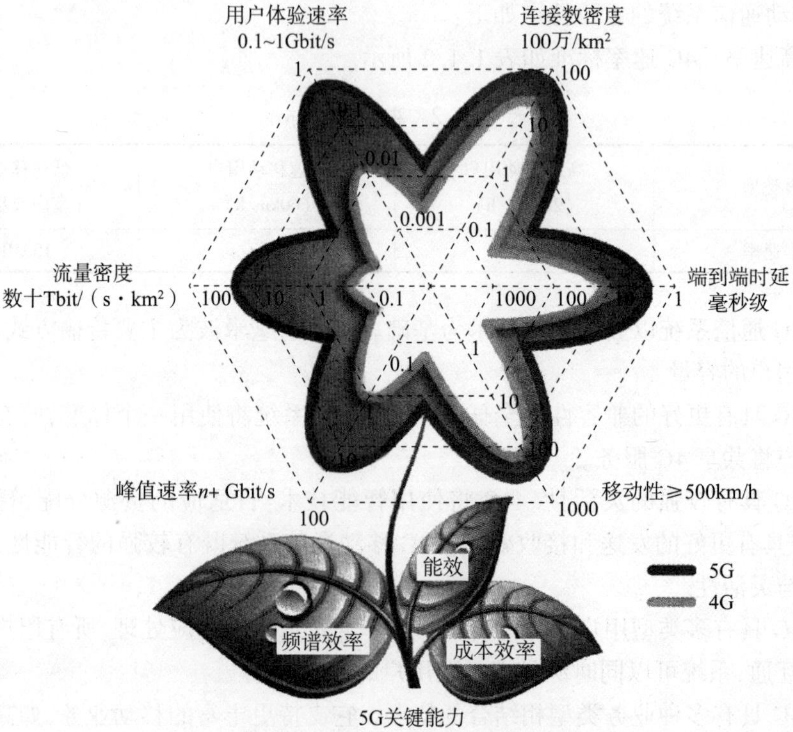

图 1.1.1　5G 之花

表 1.1.3 5G 的六大性能需求

KPI	5G 系统的 KPI 指标	定义
峰值速率	≥10Gbit/s	用户能达到的最高数据速率
用户体验速率	≥100Mbit/s	用户获得的最低体验速率
流量密度	数十 $\mathrm{Tbit/(s \cdot km^2)}$	单位面积内所有用户的数据流量
连接数密度	$10^6/\mathrm{km}^2$	单位面积内连接的设备数目
端到端时延	毫秒级	数据包从源节点发出到被目的节点成功接收的时间
移动性	500km/h	收、发双方之间的相对移动速度

表 1.1.4 5G 的三大效率指标

效率需求(单位)	与 4G 相比的性能	定义
频谱效率 /[$\mathrm{bit/(s \cdot Hz \cdot cell)}$ 或 $\mathrm{bit/(s \cdot Hz \cdot km^2)}$]	5~15 倍	每个小区或单位面积内单位频谱所提供的所有用户吞吐量的和
能效(能量效率)/(bit/J)	≥100 倍	每焦耳网络能量所能传输的比特数
成本效率/(bit/¥)	≥100 倍	单位成本所能传输的比特数

国际电信联盟无线电通信标准化组织(International Telecommunication Union Radiocommunication Sector,ITU-R)在 2015 年 9 月公布的《ITU-R M. 2083-0 建议书》即《未来国际移动通信展望——2020 年及之后未来国际移动通信发展的框架和总体目标》中,探讨了未来国际移动通信为更好地满足发达国家和发展中国家建设网络社会的需要而发挥的重要作用,界定了 2020 年及之后国际移动通信的未来发展框架和总体目标,定义了 5G 移动通信的应用场景。在 5G 移动通信中,随着使用情境和应用的多样化,更富多元化的设备性能也将接踵而至,移动通信需要不断扩展并支持多种使用情境和应用。在 5G 移动通信中,主要包括三大类应用场景,分别是[1-4]:

(1) 增强型移动宽带(Enhanced Mobile Broadband, eMBB)。该场景主要针对未来移动通信中以人为中心的使用场景,提供用户对多媒体内容、服务和数据等的高速访问与接入,实现广域覆盖的无缝连接,面向新的需求提供大容量高速率的通信服务。

(2) 超可靠低延迟通信(Ultra-Reliable and Low Latency Communications, uRLLC)。该场景主要针对具体应用场景中对吞吐量、时延和可用性等性能要求十分严格的情况,如工业制造或生产流程的无线控制、远程手术、智能电网配电自动化以及运输安全等。

(3) 大规模机器类型通信(Massive Machine Type Communications, mMTC)。该场景主要针对连接设备数量庞大,并且这些设备通常只需传输相对少量的非时延敏感数据的情况。在此场景下,各通信设备的成本需要严格控制,并且设备的电池续航时间需要较长。

在每类应用场景中,还涵盖不同的具体应用场景,未来的通信效率将发生天翻地覆的变化。宽带通信具有大带宽、高速率、网络架构扁平化、虚拟化等特性,如游戏和办公虚拟化、视频直播多元化、手持终端演进为可穿戴以及虚拟现实技术,给用户带来全新的服务体验。海量机器通信具备广泛终端连接、时延不敏感和带宽小等特点,如智能家居的普及、终端设备增加和万物互联通信,使人们的生活更加便利、安全。超低时延保证安全可靠的特性,如远程医疗手术、自动驾驶和工业自动化等,如图 1.1.2 所示。其目的是将 5G 移动通信打造成全新的物联网产业和互联网产业模式来驱动经济的可持续发展,从架构、协议和功能等角度考虑基础设施,建设的 5G 网络具备软件化的、绿色的、超快的应用特点。

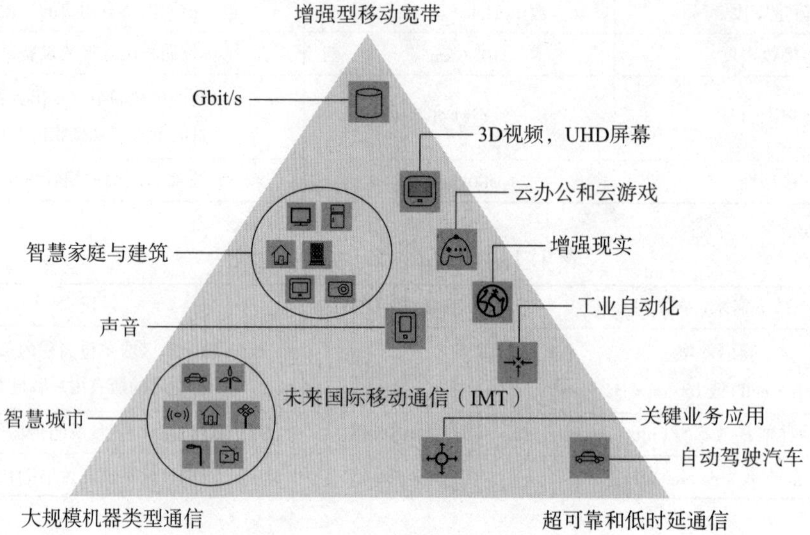

图 1.1.2　5G 应用场景

在 5G 移动通信中,更加丰富的应用场景将会不断出现,因此要想适应各类新的具体应用场景中的需求与挑战,通信系统的灵活性与适应性将不可或缺。并且在世界范围内,不同的国家对移动通信有着不同的环境及需求,因此未来的移动通信系统将以高度模块化的方式进行设计,各个网络无须实现其全部特性,只针对具体场景提供个性化的解决方案。

5G 移动通信不同的应用场景与情境对系统的各项参数与指标的需求也不尽相同[1-4]。根据《ITU-R M. 2083-0 建议书》,5G 移动通信系统设计将重点考虑以下 8 项关键特性:① 峰值数据速率(Peak Data Rate);② 用户体验数据速率(User Experienced Data Rate);③ 延迟时间(Latency);④ 移动性(Mobility);⑤ 连接密度(Connection Density);⑥ 能量效率(Energy Efficiency);⑦ 频谱效率(Spectrum Efficiency);⑧ 区域通信能力(Area Traffic Capacity)。这些关键特性对 5G 移动通信中大部分场景而言都十分重要,但在不同的具体场景中,对这些关键特性的需求具有显著差异。

5G 移动通信系统的主要特点如下[12-17]:

(1) 5G 研究在推进技术变革的同时将更加重视用户检测,网络平衡吞吐速率、传输时延、三维(Three Dimension, 3D)等关键指标。

(2) 5G 不是将机器对机器(Machine to Machine, M2M)的物理层传输和信道编解码等技术作为核心目标,而是以更为广泛的多点、多用户、多天线为目标。

(3) 5G 室内无线覆盖性能与业务支撑能力将作为系统优先设计目标。

(4) 高频段频谱资源将更多地应用于 5G。

(5) 可软配置的 5G 无线网络将成为未来的重要研究方向。

5G 移动通信系统的主要技术如下[1-4]:新型信道编码(低密度奇偶校验码(Low Density Parity Check Code,LDPC)、Polar 码等)、5G 新信号波形(FBMC 信号、UFMC 信号、GFDM 信号等)、非正交多址接入、同频全双工技术、大规模多输入多输出(Massive MIMO)技术、毫米波多天线技术、频谱共享技术、超密集组网和终端到终端(Device-to-Device,D2D)通信等。

1.1.2 OFDM 系统概述

在无线通信系统中,多径衰落严重影响了信号的传输[18]。信道中的数据传输效率会随着多径时延的增大而降低。虽然随着现代通信技术的发展,信号传输的有效性得到了提高,但是也带来了新的问题,即当信号传输速率达到一定程度时,会使信道的相干带宽小于信号带宽,从而导致符号间干扰(Inter-Symbol Interference, ISI)的产生,影响信号传输的可靠性。IMT-2000 和 IS-95 系统利用 DS-CDMA 和 Rake 接收等技术来克服 ISI;而 GSM 系统克服 ISI 采用的方法是载波调制、时域均衡等相关技术。

随着无线通信技术的广泛应用,频谱资源变得日益紧张。对于高频谱利用率的技术,传统的无线通信技术已经无法满足现代通信技术的需求,因此新的无线通信技术产生了,即正交频分复用(OFDM)技术。

OFDM 技术是第四代(4G)移动通信的核心技术,也是一种多载波调制技术,其主要原理是先把一路高速串行传输的数据流转化成多路低速并行传输的数据流,再分别对每一路数据用相互正交的载波调制,最后并行传输调制信号,这样能够较好地克服 ISI。用来调制数据的载波是相互正交的,因此载波之间的频谱可以相互重叠,从而提高频谱利用率。OFDM 技术有以下几个优点:一是子载波相互正交使得频谱利用率较高;二是循环前缀(Cyclic Prefix, CP)的存在使得信号有较强的抗干扰和抗多径能力;三是 OFDM 技术使用较低复杂度的调制和解调技术,即通过逆快速傅里叶变换(Inverse Fast Fourier Transform, IFFT)来调制信号和快速傅里叶变换(Fast Fourier Transform, FFT)来解调信号。正是 OFDM 技术诸多优点的存在,使得其在现代无线通信中有着广泛的应用。

人们研究多载波调制技术是在 20 世纪 60 年代,而 OFDM 技术的基本思想也是在这个时期形成的,Chang[19]等开始研究怎样使多载波系统中的子载波相互正交,并且论证了多载波调制技术可以在一定程度上抑制 ISI。人们在 20 世纪 60 年代主要用到的多载波调制技术是模拟调制,因此 OFDM 技术在实际应用中成本较高,实现起来比较困难。在 20 世纪 70 年代,Weinstein 和 Ebert 在参考文献[20]中提出了成本较低、易于实现的数字调制解调方法,即用离散傅里叶变换(Discrete Fourier Transform, DFT)来作为多载波的调制解调技术,虽然这种技术在很大程度上提高了多载波调制技术的实用性,但各载波在多径信道中的正交性以及 ISI 并没有得到解决。为了解决这个问题,在之后大约 10 年间,Peled 和 Ruiz[21]提出了在 OFDM 符号之间引入保护间隔,这个保护间隔可以是填零前缀或者循环前缀。

20 世纪 80 年代,OFDM 技术在蜂窝移动通信(Cellular Mobile Communication, CMC)系统中得到了初步使用[22],90 年代的数字信号处理技术(Digital Signal Processing,DSP)和超大规模逻辑集成电路技术(Very-Large-Scale Integration, VLSI)的发展,都为 OFDM 技术在现实中的应用奠定了基础。

现在,OFDM 技术在实际的无线通信系统中有着广泛应用,如数字音频广播(Digital Audio Broadcasting, DAB)[23]、数字视频广播(Digital Video Broadcasting, DVB)[24]、非对称数字用户线路(Asymmetric Digital Subscriber Line, ADSL)[25]以及 TD-LTE-Advanced 和 LTE-Advanced FDD 等技术。此外,在宽带无线接入系统中也使用了 OFDM 技术,如 IEEE 802.15 标准的个人区域网(Personal Area Network, PAN)、IEEE 802.11 标准的局域网(Local Area Network, LAN),以及 IEEE 802.16 标准的城域网(Metropolitan Area Network, MAN)等。总之,现在无线通信领域大多数系统都采用了 OFDM 技术。

1.1.3　MIMO 及 MIMO-OFDM 系统概述

传统的无线通信系统为单输入单输出(Single Input Single Output, SISO)天线系统,即采用一根发射天线和一根接收天线的通信系统。在 SISO 系统中,最大传输速率的提升可通过增加传输带宽或接收信噪比的方式。但通信系统的频谱资源是有限的,并且受功率和干扰的限制,接收机也无法大幅提高接收信噪比,因此仅通过以上两种方式显然无法大幅提高系统的传输速率。

为了进一步提高系统的容量以及抗干扰能力,多输入多输出天线系统应运而生。MIMO 系统在发射端和接收端均放置多根天线,从而在空间上建立了多个独立并行的传输信道,利用发射与接收天线间的无线传输空间自由度来提高信息的传输速率,增加系统容量。MIMO 系统能够在不增加发射功率以及带宽的情况下,使得系统的信道容量随发送端和接收端最小天线数目线性增长。MIMO 系统在通信距离、可靠性和吞吐量方面比单天线系统具有明显的优势,因此在移动通信、无线局域网和无线城域网等领域有广泛应用。

MIMO 系统充分利用空间资源,通过空时编码技术将传统的无线信道扩展成时间和空间两个维度,将时变衰落信道转化为空间衰落相互独立的多个子信道[26]。根据空时编码方式的不同,MIMO 系统可大致分为空间复用的 MIMO 系统和空间分集的 MIMO 系统两种。空时编码技术使得 MIMO 系统能够获得三种性能增益:

(1) 复用增益。在多根发射天线上发送不同的数据流,从而获得更高的传输速率。复用增益可由空时编码中的贝尔实验室分层空时码(Bell Labs Layered Space-Time Codes, BLAST[27])获得。

(2) 分集增益。利用多根天线将载有相同信息的数据流通过不同的传输信道发送到接收端,接收端接收到的是同一个数据符号的多个独立衰落的副本,从而获得了分集增益,提高了数据传输的可靠性。分集增益可由空时编码中的 STBC[28]获得。

(3) 阵列增益。在多天线系统中,多天线构成的阵列信号间具有一定的相位关系,通过阵列信号处理技术对各路信号相干叠加,能够提高接收信噪比,从而提高系统的性能。

随着现代通信的发展,无线通信系统必须全面考虑频率选择性衰落的抑制、频谱效率和传输速率的提高等问题。MIMO 系统利用多信道传输获得了复用和分集增益,但对于移动信道造成的频率选择性衰落来说仍无法有效避免,并且仅仅依靠 OFDM 系统来提高频谱的效率也是有限的。将 MIMO 和 OFDM 相结合的 MIMO-OFDM 系统不仅能够兼得两者的优点,还可以弥补彼此的不足。MIMO-OFDM 系统具有良好的抗频率选择性衰落的能力以及很高的数据传输速率和频谱效率。

1.1.4 FBMC及非正交多载波系统概述

目前,我国5G基站建设步入了快车道,基本覆盖了地级市城市,5G用户终端数达到两亿。5G移动通信致力于解决互联网与传统行业发展的新模式,发展产业链带动全球经济的复苏。推动数据业务流量呈现指数增加,尽管长期演进技术(Long Term Evolution, LTE)暂时能够为终端设备提供数据流量和服务质量(Quality of Service, QoS),但是随着物联网(Internet of Things, IoT)和机器对机器通信(M2M)应用的普及,LTE系统并不适用于超大规模的无线设备连接到互联网中[17,29]。5G移动通信系统具有高速度、广接入和低时延三大代表性特征,具有毫秒级的延迟、超高可靠性、频谱利用率高以及广连接的特点,来创建"万物互联"的新世界,给用户带来触感互联网体验,解决数据流量增加、互联网多样化的新需求[30-31]。国际电信联盟无线电通信标准化组织(ITU-R)定义了5G三大应用场景:增强型移动宽带(eMBB)、超可靠低延迟通信(uRLLC)和大规模机器类型通信(mMTC)[32-34]。

为解决上述应用需求,学者们针对5G场景应用提出了几种关键技术[35]:

(1) 非正交多址接入(Non-Orthogonal Multiple Access, NOMA)技术,其原理是利用非正交多用户复用原理融合OFDM技术,采用功率域来实现多用户复用,同时在接收端装备干扰消除器来区分不同用户的信号,在高速移动场景下获得更好的性能且无须信道状态信息作为前提条件。

(2) 滤波器组多载波(FBMC)技术,通过设计原型滤波器组来降低旁瓣衰减、旁瓣泄露以及提高频谱利用率,采用偏移正交幅度调制(Offset Quadrature Amplitude Modulation, OQAM)降低载波间的干扰,且保证了载波间的正交性,降低信号处理时延。

(3) 毫米波,其频段中的多天线在无线信道中具有方向性,这使得无线宽带部署更加密集,同时产生较少的干扰。

(4) 大规模多输入多输出技术,多个用户终端可利用相同的时频资源和基站通信,提高数据速率;利用波束赋形原理降低传输能源的浪费;当单一天线故障时,对整个系统的影响小,为运营商和用户提供稳健性。

(5) 认知无线电(Cognitive Radio, CR),CR技术能够动态地选择无线信道,终端设备不断感知频率,选择适应的无线频谱,将频谱资源效益最大化。

(6) 超宽带频谱,信道容量与带宽和信噪比成正比,5G网络的Gbit/s传输速率,需要更大的带宽,信道容量也较高。

(7) 超密度异构网络,在宏蜂窝网络部署各种类型的微蜂窝网络接入点,由于传输频率高,可传输的距离近,基站终端可连接的数量多,以此来支持海量连接的需求。

多载波传输技术具有传输效率高和抗干扰强等特性,一直是移动通信研究的热点技术。OFDM技术作为物理层高速传输的关键技术,已广泛应用到数字通信的各个领域[36]。它的主要优势在于传输效率高、有效抑制多径衰落信道和抑制符号间的干扰等,主要缺点是OFDM系统具有高的峰值与平均功率比(Peak to Average Power Ratio, PAPR)、矩形脉冲成形导致频谱旁瓣大、带外辐射高和载波间要求严格正交导致延迟高。因此将OFDM技术应用于5G的新需求将面临巨大的挑战。

传统的OFDM技术无法满足5G应用场景的要求,提出几种物理层备用波形包括滤波正交频分复用(Filtered OFDM, F-OFDM)[37]、FBMC[38]、UFMC[39]、GFDM[40]、稀疏码多址接入(Sparse Code Multiple Access, SCMA)[41]。它们能够实现5G异步多址、超低延迟和超高可靠性的特点。这些多载波传输技术利用滤波器组技术和调制方式两大关键技术,其目的是降低PAPR、传输时延以及带外辐射的性能影响,可以作为下一代移动通信的候选方案,满足应用场景的需要。

FBMC系统的设计利用原型滤波器组和偏移正交幅度调制两大关键技术。FBMC由综合滤波器组(Synthesis Filter Bank, SFB)和分析滤波器组(Analysis Filter Bank, AFB)组成。滤波器的设计满足奈奎斯特准则,利用频域系数设计时域有限脉冲响应(Finite Impulse Response, FIR)函数且滤波器满足对称性。通过多相网络实现时域或者频域加窗,每个载波重叠传输且载波间不许严格正交[42],在接收端可以完美重构恢复源信号。OQAM调制原理先将QAM调制映射的符号分解为实部和虚部,交错在载波上传输,相邻实部和虚部的载波是正交的,相邻的载波是非正交的。载波间仅存在虚部干扰且时频格点特性优异,接收端对正交性不敏感,降低信号处理时延,同时,可以有效避免相邻载波符号间和信道的干扰。

通信信号的参数估计与调制识别是非协作通信背景下极其重要的一环,为信号处理研究提供前提条件。在军事领域中,通信对抗主要包括通信侦察和通信干扰,有效地截获敌方无线通信信号,并对它进行参数估计和调制识别,能够为情报部门提供情报支持;在民用通信中,频谱资源成为稀缺资源,相关部门对空间频谱监管、合理分配频谱资源,需通过识别和检测以达到频谱利用率最高的效果。所以进入5G时代后,开展FBMC及其他非正交多载波信号的参数估计和调制识别是非常有研究意义的。

1.1.5 MC-CDMA系统概述

1. MC-CDMA通信系统

第四代移动通信系统有OFDM、空时编码技术和超宽带技术三种备选方案,其中OFDM技术得到最多的关注。OFDM技术是一种高效的并行多载波传输技术,它把所传播的高速串行数据分解并调制到多个并行的正交子信道中,从而使得每个信道的码元宽度大于信道时延,通过加上循环前缀,系统的码间干扰被有效地抑制。它能够有效地对抗多径衰落,使受到衰落的信号能可靠地接收。

另外,由于CDMA技术在系统容量、抗干扰、软切换等方面具有较多的优势,已成为3G的主流空中接口技术。但其码元周期的缩短,在较高速度传输时会受到码间干扰的影响,特别是在多径衰落比较严重的无线信道中进行传输时。人们已知OFDM技术具有特别强的抵抗多径干扰的能力。所以,如果把OFDM技术和CDMA技术结合起来形成MC-CDMA技术,则既能利用两者的许多优势,又可以抑制、补充各自的不足。在MC-CDMA系统中,不同活动用户的原始数据将被并行地乘上预选分配的各自的扩频码,然后将各路复用码片调制到不一样的相互正交的子载波上,并且在同一刻时间进行发送。由于用户扩频后的信号已经过了串并转换,原始码片的周期被展宽。这样,一方面减少了在高速率时码间干扰的影响,另一方面又解决了高速传输时所产生的接收端信号同步问题,MC-CDMA系统又可以拥有比传统CDMA系统更高的数据传输速率;虽然信号的总带宽受到了频率选择性衰落的影响,但是因为每个子载波的带宽都比较窄,所以可以保证每个子载波都经历非频率选择性衰落；另外，又因为各个子载波相互正交，所以有效地提高了频谱的利用率；由于每个用户的传输符号分别在所有的子载波上传输，所以能充分利用频率分集的优势；更重要的一点是可以通过 IFFT 和 FFT 来实现调制与解调，使系统的复杂度降低。

2. STBC 通信系统

对于无线通信来说，多径信道、时变衰落等各种干扰现象是不可避免的。为了达到通信系统效率、容量及可靠性的要求，首先需要解决无线信道中存在的衰落问题。分集技术能够有效地解决信道衰落、提高通信系统的可靠性等问题。分集技术的基本思想在于发送端将发送的信号在经过多个独立衰落的信道后到达接收端，为接收端提供发射信号的副本产生分集。分集方法有以下三种：

(1) 时间分集：通过不同的时间传输相同的信号。

(2) 频率分集：通过不同的频率传输相同的信号。

(3) 空间分集：通过不同的天线传输相同的信号。

多天线系统是近年来无线通信领域的重要部分，它能够有效地改善连接稳定性，并提高频谱效率。多天线系统是由多根发射天线，多根接收天线组成的。由于在发送端与接收端都采用多根天线，所以产生了从发送端到接收端的多个路径，换句话说，该系统有了“空间分集”。同时利用平坦信道的特性，进行编码，形成了“时间分集”。为了充分地利用多天线系统所带来的时间分集及空间分集，就要进行编码，这就是“空时码”。

从广义来讲，MIMO 系统主要有两种信号结构方式。一种是基于空间复用结构的 MIMO 系统，它利用各自独立的空间数据流来增加系统的数据速率。关于这种信号，最有代表性的空间复用结构是分层空时码[43-46]，它由 Lucent 公司 Bell 实验室的 Foschini 等提出，它能极大地提高数据传输速率、频谱效率与系统的性能。

虽然使用空间复用的多输入多输出系统，能使系统的传输速率得到最大化，但它的信道容量正比于发射、接收天线之间的最小值，因此只有在接收天线的个数多于发射天线的个数时[44]，系统才会得到良好性能。在实际情况下，下行链路中数据传输的业务量要远大于上行链路中数据传输的业务量，同时移动终端的尺寸或电源功率受限制，在接收端使用两根天线并不现实。所以，极大地影响分层空时码结构的应用。

另一种是空时编码结构，这种结构已满足了空间复用结构不足的要求。在接收端不采用多根天线，系统也可以取得良好性能，系统性能是由空间分集增益体现的，后者为了充分地利用空间分集增益所带来的好处，提出了各种空时编码的方案。1998 年，Alamouti 提出了一种基于发射分集的方案，其在发送端进行 Alamouti 编码，在接收端只需进行简单的信号处理，就能取得满空间分集[47-51]，不过 Alamouti 编码只能应用在有两根发射天线的情况下。1999 年，Tarokh 等[48]在 Alamouti 方案的基础上，提出了正交设计理论，将 Alamouti 方案推广到多于两根天线中，得到了正交空时分组码(Orthogonal Spacetime Block Code，OSTBC)，使其既能得到满空间分集增益，又保持了在接收端解码的简单性。为了得到高码率的目的，Jafarkhani 等提出了准正交空时分组码(Quasi Orthogonal Space-time Block Code，QSTBC)[52-54]，但其以牺牲码字的正交性换取得到的，因而 QSTBC 不能达到满空间分集增益。Seshadri 等提出了空时格码(Space-Time Trellis Code，STTC)，该编码将发射分集、格状编码调制(Trellis Coded Modulation，TCM)结合起来，不但能得到满分集增益,而且还能取得编码增益,但是空时格码(Space-Time Trellis Code,STTC)的最大缺点是编解码复杂度较高,实际应用较难。

贝尔实验室分层空时(Bell Labs Layered Space-Time,BLAST)码、空时分组码(Space-Time Block Code,STBC)、STTC 是主要三种线性空时码。其中 STBC 简单实用,并且性能比较好,是一种比较有效的发射分集选择。空时分组码结构主要有 OSTBC 和 QSTBC,分层空时码根据不同的编码形式可分为垂直空时分层码(Vertical Layered Space-time Code, VLSTC)、对角空时分层码(Diagonally Layered Space-time Code, DLSTC)、水平空时分层码(Horizontally Layered Space-time Code, HLSTC)。

3. OSTBC MC-CDMA 通信系统

MC-CDMA 既能利用 OFDM 与 CDMA 的许多优势,又能抑制、补充两者的不足。接收分集的缺点是接收端的计算负荷很高,可能导致下行链路中移动台的功率消耗很大。发射端使用空时编码同样可以获得分集增益,而且在接收端解码时只需要简单的线性处理。空时编码技术的主要思想是将天线发送分集的关键技术、信道编码技术和调制技术有机地结合起来,所以空时编码在衰落信道的传输效果将提高很多。如果将空时编码和 MC-CDMA 结合起来组成一个空时分组码多载波码分多址新系统,既可以使 MC-CDMA 宽带系统获得发射分集,又可以有效地解决信道衰落、提高通信系统的可靠性。图 1.1.3 所示为 OSTBC MC-CDMA 系统由来。

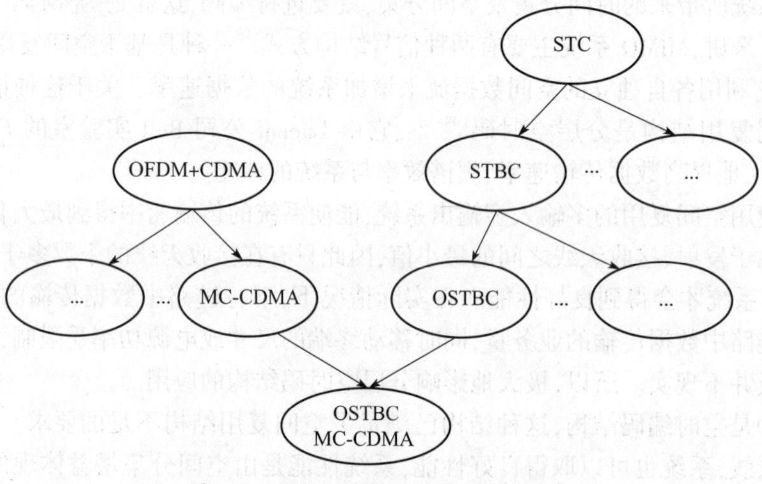

图 1.1.3　OSTBC MC-CDMA 系统由来

总而言之,OFDM、MIMO-OFDM、FBMC 和 MC-CDMA 等信号与系统在民用和军事方面得到逐步广泛的应用,因此对这些系统进行信号盲处理技术的研究具有重要的理论和实际价值。目前,研究者对单载波通信系统的信号盲处理技术进行了广泛、深入的研究,而对 OFDM、MIMO-OFDM、FBMC 和 MC-CDMA 等系统的信号盲处理技术研究得还相对较少,因此本书主要围绕 OFDM、MIMO-OFDM、FBMC 和 MC-CDMA 等系统的信号盲处理展开研究,从非合作通信方的角度出发,旨在对 OFDM、MIMO-OFDM、FBMC 和 MC-CDMA 等系统的信号进行盲估计与识别。

1.2 多载波宽带信号的盲估计与识别现状

1.2.1 OFDM 信号的盲估计与识别现状

1. OFDM 信号及 NC-OFDM 信号参数盲估计研究现状

现阶段单载波信号参数估计的研究成果已有很多,而多载波信号参数估计方面的文献相对较少。随着多载波技术在通信系统中的广泛应用,OFDM 技术也逐渐成为人们研究的热点,而要很好地认知其系统的关键技术,参数估计是不可缺少的部分。

Walter A 等[55]利用 Wigner-Ville 时频变换对 OFDM 信号进行了参数估计,具体参数是 OFDM 信号保护间隔长度、有用符号周期以及符号周期。张艳等[56]在 MUSIC(Multiple Signal Classification)算法基础上成功地估计了 OFDM 信号子载波的个数,但是该算法存在局限性,即在子载波个数较大的情况下效果不明显。参考文献[57]利用了 OFDM 自相关性的特点估计出符号周期和有用符号周期等参数,而参考文献[58-59]采用 OFDM 信号自相关函数和信号能量相结合的方式来估计信号的保护间隔长度。以上参考文献所用的方法都是利用 OFDM 信号相关性的特点,其优点是计算复杂度较低,缺点是在多径和低信噪比条件下效果不明显。

此外,OFDM 的循环平稳特性在信号处理中也是一项很关键的技术。在参考文献[60-61]中蒋清平等证明了带有循环前缀的 OFDM 信号具有循环平稳特性,并在已知过采样频率的情况下,在多径环境中估计出了 OFDM 信号的周期、循环前缀长度等参数。参考文献[62-63]分析了 OFDM 信号的循环谱,并利用其循环前缀等特点对信号进行了盲检测和盲识别。参考文献[64]利用 OFDM 信号高阶累积量对子载波频率进行了盲估计,但该算法计算复杂度较高。参考文献[65]利用 OFDM 信号的自相关性和循环平稳性估计其多个参数。存在循环前缀的 OFDM 信号具有循环平稳特性,故参考文献[66]利用其二阶循环自相关函数完成其与单载波的识别。参考文献[67]在已知一些先验信息的条件下利用循环自相关函数对 OFDM 信号进行检测。曹鹏等[68]利用了只有当循环频率等于 OFDM 信号子载波频率时,OFDM 信号的四阶循环累积量才不为零的特性,估计了信号子载波的个数,但是该方法计算复杂度较高,而且当子载波个数较大或者信噪比较低时效果不明显。参考文献[69]采用从不同角度搜索 OFDM 信号的循环自相关函数包络的方法来估计 OFDM 信号的一些参数。郭黎利等[70]对恒虚警率(Constant False-Alarm Rate, CFAR)检测算法进行了修改,并在此基础上提出了一种基于循环统计量的射频 OFDM 信号检测算法。该算法为了降低 CFAR 算法中矩阵运算的复杂度,利用改进的自相关算法来估计特定时延,使得原有的矩阵运算复杂度从 $2N$ 维降至 N 维,同时该算法可以估计 OFDM 信号的有用符号长度和符号长度。以上方法都是在 OFDM 信号循环自相关函数的基础上来估计一些相关参数,此类方法的优点是在多径信道条件下有较好的估计性能,缺点是较高的计算复杂度,尤其当 OFDM 信号的周期较大时,难以准确地估计其循环频率。

国内外的文献鲜有针对非连续正交频分复用(Non-Continuous Orthogonal Frequency Division Multiplexing, NC-OFDM)信号参数估计的研究,对于 NC-OFDM 信号而言,主要研究的是降低信号的旁瓣及 PAPR、导频的优化设计及信道估计等。参考文献[71]提出了一种用于 NC-OFDM 的低功耗 FFT 设计方法。参考文献[72]针对一些传统的信道估计方法不能直接应用于 NC-OFDM 系统,提出了一种改进型的时域信道估计方法,分别在 IFFT 模块之前的发送器和 IFFT 模块之后的接收器采用基于 CR 下的频谱感知。参考文献[73]为了降低 NC-OFDM 的 IFFT/FFT 模块中的计算复杂度并提高 5G 中的数据传输速率,提出一种基于 Radix-2/4 和快速傅里叶变换(Split-Radix FFT, SRFFT)的创新修剪算法。在基于 NC-OFDM 的认知无线电系统中,旁瓣抑制方法使用固定长度矩形窗口函数来消除载波(Canceling Carriers, CC),如扩展有源干扰消除(Extended Active Interference Cancellation, EAIC)和有源干扰消除(Active Interference Cancellation, AIC)方法。AIC 及其 EAIC 方法大大减少了干扰,但不同频率的 CC 对旁瓣抑制的分配不均匀。为了克服这个问题,参考文献[74]提出了一种新的可变基函数,其中 CC 按频率位置分组并用不同长度不同波形进行建模,不仅有效地抑制了 NC-OFDM 信号的旁瓣,同时减少了载波间干扰(Inter Carrier Interference, ICI)。参考文献[75]为解决由于 PAPR 较高而使得实际应用设备的复杂问题,提出一种改进型的子载波预留 PAPR 抑制算法,实验结果证明,抑制 PAPR 的效果较明显。

2. OFDM 信号信噪比盲估计研究现状

OFDM 信号信噪比估计方法大致可分为两类:一类是需要数据辅助(Data Aided, DA)的估计方法[76-78],即需要知道一些先验信息的方法;另一类是不需要数据进行辅助(Non Data Aided, NDA)的估计方法[79-82],也就是在不知道任何先验信息的前提下进行信噪比估计。在第三方非合作通信系统中,对于信号源发送信息的一切参数都是未知的,因此本书主要研究 NDA 的信噪比盲估计方法。

到目前为止,关于 OFDM 信号的信噪比估计的文献相对较少。参考文献[79]利用已知的导频序列进行信噪比估计,该类方法是基于数据辅助情况下进行估计的,DA 方法虽然很有效,但不适应所有背景下的信噪比估计。为了克服 DA 方法的局限性,参考文献[80]介绍了一种非数据辅助信噪比估计方法,但是在低信噪比时该方法的性能效果不佳。参考文献[81]利用 OFDM 信号的循环前缀进行信噪比估计,该方法的前提是对接收信号取得完全同步(即频偏和时延为零)。现实的 OFDM 系统中存在虚载波,任光亮等[82]利用 OFDM 系统的这个特点估计了噪声功率,并利用 OFDM 信号的有用子载波具有二阶矩特性估计信号功率,最后得到 OFDM 的信噪比,虽然该算法具有较低的计算复杂度,但是需要在诸多限定条件下才能实现,如需要载频和定时同步,并且在多径信道条件下得到的效果也不理想。也有文献利用 OFDM 信号循环前缀的特点,用循环自相关函数估计信号功率[81]。

在实际 OFDM 系统当中,由于本振和接收信号之间的不一致引起的频偏,破坏了 OFDM 子载波之间的正交性,从而导致系统性能下降[83]。参考文献[84]中虽然是在有频偏时利用循环前缀估计 OFDM 的信噪比,但是该方法对高斯噪声功率估计并不准确。针对参考文献[84]中高斯噪声功率估计的问题,本书在 3.2 节中研究了一种改进的方法,即一种基于虚载波的信噪比估计方法。

3. OFDM 信号的 DoA 估计研究现状

20 世纪 90 年代,自 OFDM 技术实用化以来,已经广泛用于移动通信和各种数字传输系统中。鉴于其广泛的应用,研究该信号的波达方向(Direction of Arrival, DoA)估计也是刻不容缓的问题。对OFDM信号的DoA估计已成为研究的热点。现在信号带宽越来越大,由20MHz到40MHz,甚至更高,因此对窄带信号的处理方法就不再适用于OFDM信号,所以OFDM信号的DoA估计研究较为困难而且少有报道。OFDM信号分为带循环前缀和不带循环前缀的OFDM信号的DoA估计,因为加循环前缀的OFDM信号变成循环平稳信号,而一般方法无法处理循环平稳信号,必须用循环谱和循环累积量才能处理。而不加循环前缀的OFDM信号可以用一般处理宽带信号的方法实现。参考文献[85]详细介绍了用循环自相关和循环谱来实现OFDM信号的DoA估计,参考文献[86]介绍了共轭循环MUSIC算法实现OFDM信号的DoA估计,参考文献[87]介绍了多频带OFDM信号的DoA估计方法,参考文献[88]介绍了阵列天线加循环前缀的OFDM信号的DoA估计。由于引入循环前缀,用循环谱估计方法运算复杂且计算量大,因此,本书提出用稀疏表示和稀疏重构算法来进行DoA估计。目前,用稀疏表示和稀疏重构算法来对OFDM信号的DoA估计研究还很少。

虽然近年来,宽带高分辨率测向理论的研究越来越深入,但是它应对实际问题的能力还是有所欠缺。其主要原因为:① 大多数的宽带高分辨率算法的前提都是假设在理想环境下,但在实际应用中会出现很大的偏差;② 大多数算法在DoA估计之前是假设空间信号源数目已知,而实际信号源数是未知的。③ 宽带高分辨率算法的运算量很大,如果对信号进行实时处理,则对硬件的要求很高,达不到运算要求。因此,宽带阵列信号处理算法发展方向为运算更精准、实用效果好、结果更有效。

目前,大多数宽带阵列信号处理算法的主要思路是基于子空间分解,将阵列信号正交投影到完备的子空间上,因此存在基函数系的正交性、完备性和信号的固有最小分辨率等限制。而本书引入稀疏表示和稀疏重构方法。信号稀疏分解作为近来新出现的信号分析思想,可以得到信号非常简洁的表达,即稀疏表示(Sparse Representation),阵列信号稀疏分解是基于过完备原子库的展开,相比传统的阵列信号分解必须在完备的正交基上分解,它将阵列接收信号投影到过完备原子库的原子向量上,实现阵列信号的稀疏分解。利用稀疏分解的方法进行DoA估计具有很高的分辨率、不需要进行任何预处理、在低信噪比和少快拍数下达到很高的精度并同时适用于相干和非相干信号。

4. OFDM信号的调制识别现状

根据调制识别方式的主体不同,可将其分为人工和自动两种调制识别方式[89]。其中,人工调制识别是通过某些特定的设备来识别不同的调制方式,但是用此种方法进行调制识别并不精确,结果因人而异。随着技术的发展和需要,自动调制识别产生了。该种方法克服了人工方式的不确定性,同时增加了识别信号的范围,也在很大程度上提高了调制识别的准确率。因此,现阶段的通信系统中主要采用自动调制识别方式。

目前,自动调制识别技术大致可分为两类:第一类是基于假设检验理论法;第二类是统计模式识别方法[89-90]。第一类是根据不同信号的统计特性不同来区分调制方式。该类方法有两大缺点使得其在实际通信系统中应用时比较困难。第一个缺点是该类方法在对信号进行调制识别时需要一定的先验信息,因此该方法不适用于非协作通信;第二个缺点是该类方法计算复杂度较高,因此相应地提高了设备的要求,增加了设备的成本。在非协作通信中主要用到的是第二类方法,该类方法首先对接收信号进行特征参数提取,其次设计分类器,最后得到信号的调制方式。该类方法性能较好,而且所需的假设条件也较少,因此在非协作通信中广受欢迎。

图 1.2.1 是统计模式识别方法的流程框图,其主要由信号预处理、特征参数提取和分类器设计三部分组成。

图 1.2.1　统计模式识别方法的流程框图

(1) 信号预处理:主要作用是对接收信号进行载波频率、码元速率等一些特定参数估计。

(2) 特征参数提取:一般信号采用不同调制方式会有不同的特征参数,以此作为依据来对信号进行调制识别。一般对特征参数的选取需要遵循性能好、抗干扰强、易实现等原则。

(3) 分类器设计:主要作用是对所得到的参数进行分类处理。分类器的好坏直接影响调制识别的正确率。现阶段主要用到的分类器有神经网络(Neural Network, NN)、决策树(Decision Tree, DT)、支持向量机(Support Vector Machine, SVM)及基于聚类算法等。

目前,关于单载波的调制识别的研究成果相对较多,特别是基于循环平稳特征的识别方法。循环平稳特性作为调制信号的一个重要特性,在信号检测和信号处理领域已得到相关应用,如信号的盲检测、调制样式的识别、频谱的感知以及参数的盲估计等。循环谱(也称谱相关)是循环平稳的一个主要特征,对噪声不敏感,所以目前很多调制识别方法是在循环谱基础上提出来的。在基于循环谱调制识别方法研究中,W. A. Gardner 在参考文献[91]中对模拟调制信号做了较深入的研究,也在参考文献[92]中对数字调制信号做了相应的研究,他的研究为后人奠定了重要基础。20 世纪 90 年代,虽然吕杰等[93]利用循环谱的一些特征成功区分了二进制振幅键控(Binary Amplitude Shift Keying, BASK)、四进制振幅键控(Four Amplitude Shift Keying, 4ASK)、二进制相移键控(Binary Phase Shift Keying, BPSK)、四进制相移键控(Quadrature Phase Shift Keying, QPSK)、二进制移频键控(Binary Frequency Shift Keying, BFSK)和四进制移频键控(Four Frequency Shift Keying, 4FSK)6 种调制信号,但是该方法性能效果不明显。A. Fehske 等在参考文献[94]中通过搜索信号循环谱的包络来区分 BPSK、QPSK、FSK、最小相移键控(Minimum Phase Shift Keying, MSK)和调幅(Amplitude Modulation, AM)信号,但该方法只能识别较少的调制方式的信号。Gao 和 Zhang[95]在参考文献[94]的基础上进行了改进,提取信号循环谱的 5 个参数作为特征参数,并用神经网络分类器对更多类型的调制信号进行了识别。Hu Hao 等在参考文献[96]中,分析了信号的循环谱,并利用其频率轴上的平均能量值、离散谱线值、谱峰数和谱相干函数的最大值作为分类特征,以 SVM 为分类器,对不同调制方式的信号(如 AM、2ASK、2FSK、BPSK、QPSK 和 MSK)进行识别。Teng 等[97]在循环谱的基础上进行了改进,增加了 4 个新的特征参数,采用分层式支持向量机分类器,实现了几种不同调制方式信号的识别,当 SNR≥7dB 时,信号的识别率都达到了 90%以上。以上方法一般是利用信号的循环谱或者经过一定变换的循环谱提取一些特征参数,而分类器采用的是支持向量机或神经网络,虽然能够取得较好的识别效果,但是对分类器的设计要求较高,实现起来较为复杂。

此外,基于高阶统计量的识别方法应用也比较广泛。这类方法主要利用信号的高阶累积量和循环累积量作为分类特征参数,而高阶统计量能够很好地抑制高斯白噪声,因此类方法具有较好的识别性能。在1992年,J. Reichert[98]第一次将高阶累积量作为特征参数运用到信号的调制识别研究中去,并取得了不错的效果。A. Swami和B. Sadler在参考文献[99]中通过决策树分类器利用信号的四阶累积量对BPSK、4ASK、十六进制正交幅度调制(Sixteen ary Quadrature Amplitude Modulation, 16QAM)和八进制相移键控(Octal Phase Shift Keying, 8PSK)等信号进行了识别。之后,他们更加详细地推导了信号的高阶累积量,并利用信号的四阶累积量进行归一化,完成了多进制幅度键控(Multiple Amplitude Shift Keying, MASK)、多进制相移键控(Multiple Phase Shift Keying, MPSK)和多进制正交幅度调制(Multilevel Quadrature Amplitude Modulation, MQAM)等信号的识别。研究结果表明,在SNR≥5dB时,正确识别率都达到了98%[100]。Chen和Yang[101]利用四阶和六阶累积量相结合的方式消除信号功率对特征参数的影响,实现了多MQAM信号的识别,在SNR≥5dB时,正确识别率都达到了80%,但该方法不能识别MPSK、MASK等其他调制类型的信号。李鹏等在参考文献[102]中在瑞利(Rayleigh)信道下通过四阶和六阶累积量相除的方法,消除了瑞利衰落因子的影响,完成了2PSK、4PSK、四进制脉幅调制(Four Pulse Amplitude Modulation, 4PAM)、8QAM和16QAM等调制信号的识别,在SNR≥10dB时,正确识别率都达到了95%。Sun[103]利用不同形式的六阶累积量构造分类特征,通过理论推导说明该特征具有较强的抗多径干扰能力。仿真结果表明该方法在多径信道下能完成BPSK、QPSK和8PSK三种信号的有效分类,但能够识别的类型比较单一。2012年,Li等[104]使用四阶和六阶累积量作为特征参数,采用SVM作为分类器,在高斯信道下对OFDM、2ASK、8PSK、4PSK、2PSK、16QAM、三十二进制正交幅度调制(Thirty-two ary Quadrature Amplitude Modulation, 32QAM)和8QAM 8种信号进行分类,当SNR=5dB时,该方法就能以100%的准确率识别所有的信号,但并未考虑瑞利衰落或多径干扰带来的影响。与高阶累积量相似的另一个特征参数是循环累积量,在2001年,C. M. Spooner[105]利用六阶循环累积量对信号进行调制识别。此后,O. A. Dobre等将此类方法进行改进,利用更高阶的循环累积量(如八阶循环累积量)对QAM信号进行识别[106],取得了可观的效果,但该方法同时也增大了计算量。

虽然单载波调制识别相关研究较多,但是关于OFDM子载波调制识别的相关文献较少。参考文献[107]用最大似然比估计算法对OFDM子载波调制进行分类,但该方法只有在高信噪比下效果才明显。参考文献[108]利用Kullbacke Leibler距离统计方法对OFDM信号子载波调制方式进行识别,但该方法是在假设已经知道已调信号的概率分布均值的前提下进行识别的,因此在实际应用当中实现起来比较困难。参考文献[109-111]利用高阶累积量的方法对子载波进行分类,但识别率低。参考文献[112]提出了利用OFDM模型中的等效标量和星座图相结合的方法对其进行盲识别,该方法在低信噪比下效果不明显。

综上所述,信号的调制方式识别一般很难找到一种通用的分类特征方法,必须根据实际的分类对象来寻找特定的方法及特征。在调制识别这个非常直觉的领域中,分类特征多种多样,识别方法各不相同,应用时要根据实际情况将其进行适当的组合,以便完成调制识别工作。

1.2.2 MIMO-OFDM 信号的盲估计与识别现状

1. MIMO-OFDM 信号参数盲估计研究现状

在传统的 SISO 系统中采用 OFDM 调制技术可以显著改善通信系统的频谱效率以及抵抗频率选择性衰落的能力。随着通信技术的发展,MIMO-OFDM 系统也受到了广泛的关注,随之而来的,非合作通信下 MIMO-OFDM 信号的参数盲估计也亟待研究。由于 MIMO-OFDM 信号由 OFDM 信号衍生而来,其信号结构与 OFDM 有很多相似之处,且目前对于 OFDM 信号的参数盲估计已趋于成熟,因此研究 OFDM 信号的参数盲估计方法会给 MIMO-OFDM 信号的参数盲估计带来很多启示。

OFDM 信号的参数主要包括符号周期、有用符号周期、循环前缀(Cyclic Prefix, CP)长度以及子载波个数等,通过确定这些参数,信号截获方可准确地对 OFDM 信号进行分析,进而获取信号所携带的信息。

针对 OFDM 信号的符号周期、有用符号周期以及 CP 长度的盲估计,参考文献[113-121]证明了添加 CP 的 OFDM 信号具有循环平稳性,通过对 OFDM 循环自相关函数的分析,能够估计出信号的参数。参考文献[114]提出了一种改进的循环自相关方法,可同时适用于无导频以及具有不同导频图案的 OFDM 信号参数的估计。参考文献[124]在多径衰落、载波频偏以及高斯白噪声场景下根据 OFDM 的循环平稳特性对 OFDM 的参数进行估计。参考文献[116]提出了一种基于迭代循环平稳性检测的 OFDM 参数估计方法,通过在选定的循环频谱范围内使用迭代技术,降低了估计方法的计算复杂度。参考文献[117-118]针对 Alpha 稳定分布噪声下 OFDM 信号参数的估计,分别提出了相关熵和广义循环平稳的估计方法。在短 CP 条件下,传统的 OFDM 信号参数估计方法存在估计正确率不高、抗多径衰落能力差、需要数据符号多等问题。为此,参考文献[119]提出了一种基于符号峰态的估计方法。参考文献[120]根据 OFDM 的傅里叶逆变换模型构造了一个极大似然函数,通过在极大似然函数中搜索最小值估计 OFDM 信号的参数。

针对 OFDM 信号子载波个数的盲估计,参考文献[121]提出了一种基于二次谱的估计方法,该方法易受信号调制方式的影响,在不同调制方式下,算法的估计性能具有较大的差别。参考文献[68,122]利用高阶循环累量算法对 OFDM 的子载波数进行估计。参考文献[123]根据 OFDM 的高斯特性,提出了一种基于 K-S 检验的估计方法。参考文献[124]首先对 OFDM 信号进行奇异值分解,得到多个特征值,然后根据特征值的分布特性对子载波数进行估计。参考文献[125]针对微弱 OFDM 信号的子载波数估计,在小波改进倒谱法的基础上引入随机共振,实现了微弱信号的增强,提高了子载波数的估计性能。

目前文献对 MIMO-OFDM 信号的同步、PAPR 抑制以及信道估计研究较多,而对该信号的参数估计鲜有涉及。参考文献[126]提出了一种低信噪比下的 MIMO-OFDM 信号同步方法,通过对正交矩阵构造一个互补序列集,提升了系统的同步性能。参考文献[127]提出基于前同步码的 MIMO-OFDM 同步误差估计算法,将 MIMO-OFDM 的自相关函数与互相关函数的乘积用于符号定时偏差的估计,避免了定时估计的不确定性。为降低 MIMO-OFDM 信号的 PAPR,参考文献[128]提出了一种改进的交织方案;参考文献[129]结合编码和压扩技术,提出基于μ律压扩和极性码的 PAPR 降低方法。针对 MIMO-OFDM 系统的信道估计,参考文献[130]提出了一种改进的最小均方(Least Mean Square, LMS)

方法;参考文献[132]提出基于 CP 的改进 DFT 估计方法;参考文献[131]研究了 MIMO-OFDM 系统的分布式压缩感知信道估计以及导频分配的问题。

从以上文献可以看出,目前对于 OFDM 信号参数的盲估计已提出了多种方法,而对于 MIMO 信号参数的盲估计还很欠缺,因此如何实现 MIMO-OFDM 信号参数的盲估计亟待研究。

2. MIMO 系统空时码盲识别研究现状

在 MIMO 系统信号盲处理的研究中,信号盲识别是一个重要的研究内容,信号盲识别包括发射天线个数的盲识别、空时码的盲识别以及调制方式的盲识别等,是近些年非合作 MIMO 系统信号盲处理研究的重点和难点。

2006 年,谷波等[133]提出了两种基于独立分量分析(Independent Component Analysis, ICA)的正交空时分组码(Orthogonal Space-Time Block Codes, OSTBC)盲检测方法:第一种为正交基于独立性的等变自适应分离(EASI)方法,第二种为正交 $\boldsymbol{J}$ 矩阵方法,这两种方法能够保持 OSTBC 分离矩阵的正交性,提高分离性能,同时也避免了信道估计对检测性能的影响。参考文献[134]将基于 ICA 的盲检测方法扩展到了波束空时分组码(Beam Space-time Block Codes, BSTBC)中,与基于信道估计的检测方法[135]相比,获得了较好的检测性能。2007 年,许宏吉等[136]将特征值矩阵的联合近似对角化(Joint Approximate Diagonalization of Eigenvalue Matrix, JADE)算法、EASI 算法以及快速定点 ICA(FastICA)算法应用于 OSTBC 的盲检测中,其中 JADE 算法的收敛性能最好,在发射数据流较短时也有较低的误码率。参考文献[137]通过构造三种基于 ICA 的信号分离模型实现了对 OSTBC 和垂直分层空时码(Vertical Bell Labs Layered Space-time Codes, V-BLAST)的盲检测。

针对 STBC 与 BLAST 之间的盲识别,参考文献[138]利用 STBC 发射信号在时域上具有相关性,而 BLAST 不具有相关性的特点,提出了基于循环平稳性的识别方法。参考文献[139]在其基础上提出了基于四阶循环累积量的 STBC 与 V-BLAST 盲识别方法,根据 STBC 的相关性,得出 STBC 的四阶循环累积量具有特定的循环频率,而 V-BLAST 则没有,因而可对 STBC 与 V-BLAST 进行识别。参考文献[140]提出了一种基于 Kolmogorov Smirnov(K-S)检验的 STBC 与 BLAST 盲识别方法。参考文献[141]研究了频率选择性衰落信道下 STBC 与 BLAST 的盲识别方法,利用 STBC 的两个不同接收信号的互相关函数在一个特定时延集下会出现峰值的特点,实现了对 STBC 和 BLAST 的盲识别。

参考文献[142-148]研究了在假定 STBC 为 OSTBC 时,不同 OSTBC 之间的识别。其中参考文献[142-143]提出基于相关矩阵的识别方法,通过判断 OSTBC 在不同时延下的相关矩阵的 Frobenius 范数是否为零来识别具有不同码率的 OSTBC。参考文献[143]利用最大似然的方法识别不同的 OSTBC,基于最大似然的识别方法虽然具有最优的识别性能,但是计算复杂度较高,并且需要进行信道估计和已知噪声方差等先验信息。参考文献[144-145]通过估计 OSTBC 的码参数来对具有不同码参数的 OSTBC 进行识别。其中参考文献[144]将改进的 Akaike 信息论(Akaike Information Criterion, AIC)准则与假设检验相结合对惩罚函数进行分析,通过改变加权因子实现了低信噪比下的 OSTBC 码参数识别。参考文献[145]分析了 OSTBC 协方差矩阵的秩与码参数之间的关系,利用此关系可估计出 OSTBC 的码参数,并且该方法还能够识别出 OSTBC 码块的起点。参考文献[144-145]的方法仅能够区分具有不同码参数的 OSTBC,而无法对具有相同码参数不同发送矩阵的

OSTBC进行识别。参考文献[146-147]研究了单接收天线下不同OSTBC间的识别,其中参考文献[147]利用不同OSTBC的四阶累积量在不同时延下具有不同数值的特点进行识别;参考文献[148]是将K-S检验方法应用到了OSTBC的识别中。以上对不同OSTBC之间的识别方法同样也能够应用于STBC与BLAST之间的识别。

对于STBC正交性的识别,即OSTBC的识别,参考文献[149]提出了基于ICA的实OSTBC识别方法,利用OSTBC编码矩阵的正交性,通过在OSTBC虚拟信道矩阵的相关矩阵中构造特征参数实现了OSTBC的识别。参考文献[150]在其基础上提出了基于稀疏分量分析(Sparse Component Analysis, SCA)的实OSTBC识别方法,该方法解决了欠定MIMO系统(接收天线数少于发射天线数)下的OSTBC盲识别问题。参考文献[149-150]仅考虑了实OSTBC的识别,而没有对复OSTBC的识别进行分析。参考文献[151]利用四阶累积量的方法识别OSTBC,该方法虽能够识别复OSTBC,但是算法性能受数据量的影响较大,在数据较少时其性能下降较快。

从以上关于空时码盲识别的研究可以看出,目前文献对OSTBC的盲检测、STBC与BLAST之间的识别以及不同OSTBC之间的识别都进行了大量的研究,而关于STBC正交性的识别研究的还相对较少,且已有的STBC正交性识别文献研究得也不够全面,性能也有待提升,对STBC正交性识别的研究尚处于初级阶段,因此如何实现STBC正交性的识别并提高识别的性能有待进一步研究。

3. MIMO系统调制识别研究现状

调制识别是一种用于识别被噪声和衰落信道破坏的未知信号调制类型的技术,在频谱感知和认知无线电领域具有重要的军事与民用应用价值。调制识别方法可分为基于似然和基于特征的识别方法两种[90]。似然方法利用似然函数和复合假设检验来识别信号的调制方式,理论上可以达到最佳的识别率,但该方法需要关于接收信号似然函数的先验知识,且计算复杂度很高。特征方法利用信号的特征进行识别,它首先提取信号的特征参数,然后利用设计好的分类器对信号进行识别,该方法易于实现且可以达到近似最佳的识别率,因而应用更加广泛。近年来,相关文献对调制识别进行了大量的研究[90,152-155],用于提取数字调制信号特征的识别方法主要包括基于频谱的特征集[152]、高阶统计量[153]、循环平稳特征[154]和小波变换[155]等。

针对空间相关的MIMO系统的调制识别,参考文献[156]分别利用迫零均衡方法和简化的恒模算法估计发射信号,然后利用高阶累积量和高阶矩方法提取发射信号的特征,最后通过神经网络识别出信号的调制类型。参考文献[157]推导了采用MPSK调制的MIMO接收信号的高阶累积量,并将它们的比值作为识别的特征参数,该方法有效克服了信道衰落的影响,但识别的范围有限。参考文献[158]将机器学习算法应用到MIMO系统的调制识别中,提高了低信噪比下的识别率。参考文献[159]研究了多用户MIMO系统的调制识别与检测算法。参考文献[160]研究了高速移动环境下MIMO系统的调制识别,为了克服高移动速率的影响,将滑动窗口技术引入发射信号的分离中,提出了一种基于盲源分离(Blind Source Separation, BSS)和特征提取的识别方法。

针对采用STBC编码的MIMO系统的调制识别,参考文献[161]将MIMO接收信号的高阶统计矩和累积量作为识别的特征,并将神经网络应用到了MIMO系统的调制识别中;参考文献[162]首先对接收到的数据样本进行分段,对于每一个分段,计算一次累积量,然后再计算这些累积量的平均值,通过比较该平均值与理论值之间的大小来识别数据样本的调制类型。参考文献[163]针对采用 STBC 编码的 MISO 系统的调制识别,首先将接收的 MISO 信号进行重排,使之转化成 MIMO 模型,然后利用最大似然的思想识别信号的调制类型。

针对空间复用 MIMO 系统的调制识别,V. Choqueuse 等[164]最早提出了基于平均似然比检验(Average Likelihood Ratio Test, ALRT)和基于混合似然比检验(Hybrid Likelihood Ratio Test, HLRT)的识别方法。ALRT 方法具有最优的识别性能,但其需要已知信道矩阵和噪声方差等先验信息;HLRT 方法通过对信道进行估计,从而避免了对信道矩阵先验知识的需求,与实际场景更加相关,HLRT 方法具有次优的识别性能。参考文献[165]将调制识别和发射天线数检测作为一个联合多重假设检验问题来考虑,在识别信号调制类型的同时也可以获得发射天线的数量。由于 MIMO 信道的影响,接收信号的统计特征与发送信号相比会发生变化,参考文献[166]利用自动编码网络消除信道的影响,并结合高阶累积量算法对 MIMO 系统的 5 种调制方式进行识别。参考文献[167]提出一种结合 BSS 与信号频谱特征的识别方法,该方法首先利用 ICA 算法分离得到发射信号,然后根据发射信号的频谱特征来识别其调制类型。

从以上文献可以看出,针对不同结构的 MIMO 系统的调制识别,均已有相应的文献进行研究。对于空间复用的 MIMO 系统,现有方法基本只能识别 MPSK 和 MQAM 调制方式,而通信系统中的调制方式有很多种,其他如 MASK、MFSK 等。参考文献[167]虽然能够识别更多的调制方式,但是所需的特征参数较多,且其选取的分类器为传统基于决策树的分类器,其识别性能也有待提高。因此,对于空间复用 MIMO 系统的调制识别,如何在减少特征参数的同时识别更多的调制方式并提高识别的性能有待进一步研究。

1.2.3 FBMC 信号的盲估计与识别现状

国内外的相关文献侧重于 FBMC 信号参数估计及子载波调制识别的研究几乎没有。对于 FBMC 信号而言,主要研究集中在滤波器组的高效实现、原型滤波器的优化设计、系统容量分析及 5G 候选传输技术的特点分析等。

参考文献[169]提出了一种具有近似完美重构特性的最大分集多复用器有限脉冲响应的原型滤波器简单设计方法。参考文献[170]提出了一种基于凸优化的 FBMC 系统的原型滤波器设计,旨在实现卓越的频谱特性,同时保持较高符号重构质量。

参考文献[171-177]针对 FBMC 系统的高效设计进行了广泛研究。其中参考文献[171]提出了一种 OQAM-FBMC 收发器,其复杂性与传统的多相滤波器组相比具有较大优势,并且显示了误码率性能的一致性。参考文献[172]利用 Mirabbasi-Martin 滤波器进行 5G 系统中的滤波器组多载波的研究,并且与 OFDM 系统进行比较,结果表明在频谱带分配之外具有显著的带宽效率和较低的旁瓣功率。参考文献[173]结合窗口重叠相加(Windowed Overlap Add, WOLA)技术进行 FBMC-OQAM 收发器的高效设计。参考文献[174]提出了一种线性处理的滤波器组多载波(Linearly Processed Filter-Bank Multicarrier, LP-FBMC)系统,该系统采用比奈奎斯特速率更快的速度来消除残余的固有干扰,性能评估表明,所提出的 LP-FBMC 系统的带外辐射性能优于传统的基于 FBMC-QAM 和 OFDM 系统。参考文献[175]提出了一种用于 FBMC 系统的对数似然比计算方法,该方法不会增加 FBMC 接收器的实现复杂度,同时它与 OFDM 系统的设计方式相同。参考文献[176]提出了一种具有偏置正交幅度调制的圆形滤波器组(Circular Filter Bank Multicarrier with Offset Quadrature Amplitude Modulation, C-FBMC-OQAM)多载波系统,该系统显示具有的特性可以适应未来通信系统的要求。参考文献[177]比较了在基于 OQAM-FBMC 中使用的多相网络的不同实现,目标是评估结构的计算成本和稳健性,降低实现的复杂度。

参考文献[178-182]分析了 FBMC-OQAM 系统的容量及其性能,其中参考文献[178]针对 FBMC-OQAM 系统容量进行了详细的分析。参考文献[179]在设计 FBMC-OQAM 系统时利用修剪的 IFFT 算法,与标准的 IFFT 相比,计算成本减少一半以上。针对现有 FBMC 系统固有虚干扰的色散信道的固有缺点,参考文献[180]提出了一种新的基于 FBMC 的通信系统,其使用两个正交偏振用于无线通信系统:双极化 FBMC(Dual-Polarization FBMC, DP-FBMC),使用该系统可以显著抑制 FBMC 的内在干扰。参考文献[181]研究了一种基于快速卷积的 FBMC-OQAM 系统,与多相滤波器组的实现相比,使用快速卷积的滤波器组设计在计算复杂度和比特误码率(BER)性能方面要较优于 FBMC 系统的多相实现。参考文献[182]提出了一种新的滤波 OFDM 方案,利用 FBMC 原型滤波器来改进 OFDM 的模糊函数(Ambiguity Function, AF),通过得到 OFDM 和滤波 OFDM 之间的交叉模糊函数(Cross Ambiguity Function, CAF),并得出了一个结论:用功率谱密度衰减更快的加权网络实现了更好的 CAF 性能。

参考文献[12,183-186]分析了 5G 传输候选波形的特点,其中参考文献[183]提出了许多新的非正交调制技术,包括非正交多址(Non-Orthogonal Multiple Access, NOMA)、稀疏码多址(Sparse Code Multiple Access, SCMA)、多用户共享接入(Multi-User Shared Access, MUSA)以及一些主要的5G 候选波形,包括基于 FBMC、UFMC、GFDM,通过分析比较这些技术的特点,指导未来 5G 多址接入的研究方向。参考文献[12]针对 5G 技术领域的波形进行分析并总结这些技术的优缺点。FBMC 作为 5G 移动无线电技术的合格候选者,参考文献[184]详细阐述了 FBMC 技术仍然需要解决的挑战,并提出了实际解决方案的一种方法。参考文献[185]提出基于 FBMC 调制的无线通信系统,用于一般频域多址接入资源和结构的设计。参考文献[186]针对 4G 的 OFDM 系统和 5G 的 FBMC 系统进行了频谱效率和带外(Out of Band,OoB)泄漏的比较分析,研究表明 FBMC 具有比 OFDM 系统更好的频谱效率和更小的 OoB 泄漏,并且具有与 OFDM 类似的 BER 性能。

20 世纪后期, W. A. Gardner 等分析了各种调制信号循环谱的特征[91-92],根据调制信号循环谱的特征差异的不同进行调制识别。在 Gardner 研究的基础上,管鹏辉和张琳[187]等提出了基于循环谱分析理论和改进的 BP 人工神经网络分类器的调制识别算法,可实现低信噪比下无线通信信号调制识别。在认知无线电的频谱检测中,循环平稳特性和循环谱的特征都具有重要的意义。李艳玲等[188]提出一种在瑞利衰落信道下利用多阶累积量进行识别的方法,并能有效地识别 MQAM 信号。于志明等[189]针对识别多载波调制信号这一问题,研究了一种基于奇异值分解的盲识别算法,并实验证明了算法的有效性。Liu 和 xu[190]针对传统方法无法识别 5G 移动通信系统中基于 FBMC 调制方式的识别问题,提出了一种新的 FBMC-OQAM 信号调制识别方法。该方法将传统的对数似然比决策与功率谱旁瓣衰减特性相结合,将 FBMC-OQAM 信号与其他的多载波调制信号区别开来。

综上所述,针对通信信号的参数估计在军事信号管控和民事信号侦察方面具有一定的研究价值，并且关于 FBMC 信号参数估计的研究很欠缺。其中，关于 FBMC 信号而言，主要研究集中在滤波器组系统的高效实现、原型滤波器的优化设计、系统容量分析及 5G 候选传输技术的特点分析等。因此，研究现有的参数估计和调制识别算法应用到 FBMC 信号特征分析中具有一定的理论意义和研究价值。

1.2.4　MC-CDMA 信号的盲估计与识别现状

目前对 MC-CDMA 系统的系统性能、扩频序列、峰值平均功率比抑制等的研究较多，而对 MC-CDMA 信号的盲估计与识别的研究较少。有关的研究大都从 CDMA、OFDM 等信号的盲处理方法出发，进一步拓展到 MC-CDMA 信号的盲估计与识别中。

1. MC-CDMA 信号参数盲估计的现状

下面集中介绍常用的信号参数估计方法。

1）载频的估计

时域、频域以及时频分析算法是信号载频估计的常用方法。直接谱估计法属于频域方法，其包括频率居中法和周期图法。由于频域方法存在能量泄露和栅栏效应问题，所以其估计载频时存在较大误差。在使用频域方法估计信号的载频时，可以增加所取信号的数据长度来提高其估计精确度。时频分析算法用来估计非平稳信号的载波频率，其包括 MUSIC 算法、AR 模型算法等方法。参考文献[122,191]在高斯白噪声条件下用四阶循环累积量算法对 OFDM 信号的子载波频率进行精确估计，由于 MC-CDMA 信号与 OFDM 信号在结构和功能上有很多相似之处，所以本书尝试使用四阶循环累积量算法来估计 MC-CDMA 信号的子载波参数。

2）扩频序列周期的估计

短码直扩信号（Short Code DSSS，SC-DSSS）和长码直扩信号（Long Code DSSS，LC-DSSS）是直接序列扩频信号的两种类型。其中，SC-DSSS 信号是一周期扩频序列调制一个信息码，LC-DSSS 是一周期扩频序列调制多位信息码。LC-DSSS 又有周期和非周期之分，若 LC-DSSS 信号的扩频序列宽度除以所调制的信息码宽度为整数，则为周期 LC-DSSS，否则其为非周期 LC-DSSS 信号。

自相关二阶矩算法、二次功率谱算法以及倒谱法在估计直接序列扩频信号的扩频序列周期时具有较好的效果。2000 年，G. Burel[192] 提出了自相关二阶矩算法，其原理是先对发送来的数据信号进行自相关运算，然后对其取模，再进行平方运算。自相关二阶矩算法简单，容易实现，其不仅能够在较低信噪比条件下检测出扩频信号，并且能够准确估计出扩频信号的符号周期。二次功率谱法是张天骐教授提出来的，其是将信号求功率谱后，再求一次功率谱所得。扩频信号的二次功率谱在扩频序列周期的倍数处出现峰值，其在其他位置为零，所以利用该算法可以估计出直接序列扩频信号的扩频序列周期。倒谱法首先将信息数据进行自相关运算，然后对其进行傅里叶变换并取对数，接着对数据进行傅里叶反变换，最后取模平方。倒谱法也能够估计出直接序列扩频信号的伪码周期。以上三种方法主要用来估计直接序列扩频信号的伪码周期，本书用自相关二阶矩算法来估计 MC-CDMA 信号扩频序列周期。

在 OFDM 信号的参数估计方面，循环自相关算法是一种常用的方法。参考文献[85,193]对 OFDM 信号的循环平稳性进行证明，并对其循环自相关进行详细推导。理论和仿真证明,循环自相关算法可以在较低信噪比条件下准确估计出 OFDM 信号的码片速率和符号周期。

Nzeza 等在参考文献[194]中提出,虽然循环自相关算法能够有效地估计 OFDM 信号的参数,但是这种算法存在局限性。循环自相关算法不仅计算复杂度高,而且频率选择性衰落信道对其影响较大。自相关二阶矩是一种快速高效的参数盲估计算法,其在多径衰落信道中对相位和频率偏移不敏感。由于自相关二阶矩算法简单,在工程上容易实现,所以其在信号参数盲估计中是一种很重要的算法。本书分别用循环自相关算法和自相关二阶矩算法对 MC-CDMA 信号的扩频序列周期进行估计,并对这两种算法在估计信号扩频序列周期时的性能进行对比分析。

3）伪码序列的估计

在非合作通信中,只有估计出截获信号的伪码序列才能对其进行解扩,所以伪码序列的估计很重要。直接序列扩频信号的伪码序列估计方法有特征分解算法、子空间扩频码估计算法、神经网络算法等。参考文献[195]用特征分解法估计出信号的扩频序列,参考文献[196]用神经网络算法准确估计出信号的扩频序列,参考文献[197]用三阶相关法估计出直接序列扩频信号的伪码序列。

4）信源数的估计

信源数估计是空间谱估计的一个关键问题,其是信号参数估计的前提条件。参考文献[198]通过对特征空间进行分析,得出信源数可以由数据协方差矩阵来进行判断。由于实际得到的数据方差容易受到快拍数据、信噪比等方面的限制,这使得数据协方差进行特征分解后得不到明显的特征值,而通过似然比来确定门限带有明显的主观性。

信息论准则[198]、平滑秩法[199]、矩阵分解法[200]、盖氏圆方法[201]以及正则相关算法[202]是估计信源数时的有效算法,这几种算法可以克服数据协方差矩阵的缺点。信息论准则是 M. Wax 和 T. kailath 在 T. W. Anderson 和 J. Rissanen 所研究的理论基础上提出的,包括 AIC 准则、最小描述长度(MDL)准则以及等效自由度准则(EDC)准则。参考文献[203]在 AIC 准则、MDL 准则理论基础上对其进行修正,提出了修正的 AIC 准则和 MDL 准则。

信息论准则只能对独立信号源总数进行估计,平滑秩序列算法可以估计相干信号源的数目。与信息论准则相比,平滑秩序列算法不仅能够估计出信源数,而且其信号源结构也能被估计出来。信息论准则、矩阵分解以及平滑秩序列算法都需要利用特征值来估计信号的信源数,盖氏圆算法[204]利用盖氏圆盘定理估计出各特征值的位置,进而在不知道具体特征值数值的情况下对信号的信源数进行估计。在较低信噪比条件下,盖氏圆算法估计信号的信源数性能优于平滑秩序列算法和矩阵分解算法,但在较高信噪比条件下盖氏圆算法比这两种算法的稳定性低。信息论准则和平滑秩序列算法只能在高斯白噪声条件下估计信号的信源数,为解决色噪声条件下信源数估计问题,提出了正则相关技术(Canonical Correlation Technology,CCT)[205]。

综上所述,目前已经有很多文献对 MC-CDMA 技术进行研究,主要集中在系统性能、峰值平均功率比抑制、扩频序列以及同步技术的研究。现有文献对 MC-CDMA 信号参数估计研究得很少。上述所介绍的参数估计方法主要应用在 CDMA 信号以及 OFDM 信号参数估计当中,由于 MC-CDMA 技术与 OFDM 技术、CDMA 技术有很多相似之处,其既可以看作一种特殊的 OFDM 信号,也可以看作一种特殊的 DS-CDMA 信号,所以可以尝试将这些信号参数估计算法运用到 MC-CDMA 信号参数估计当中。

2. MC-CDMA 信号盲识别的现状

对空时编码信号来讲,在接收端,想获得较好的解码效果,一定要知道信道参数与空时编码类型等。空时编码类型识别对主动接收信号的处理十分重要。图 1.2.2 显示了 OSTBC MC-CDMA 信号接收端处理框图。

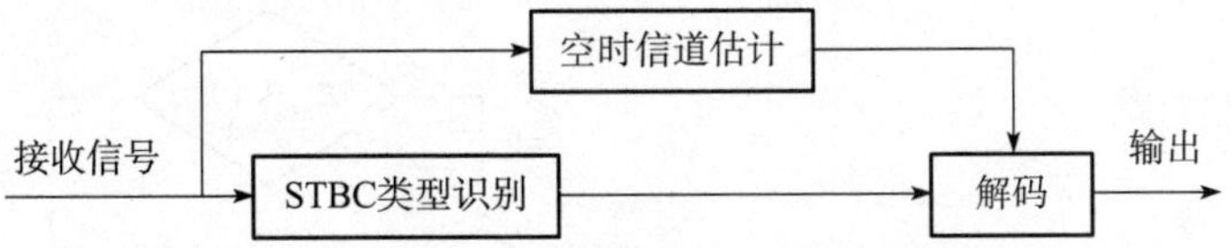

图 1.2.2 OSTBC MC-CDMA 信号接收端处理框图

多载波调制识别问题大致可分成 OFDM 信号与其他信号的识别,以及其子载波调制识别两大类。参考文献[206]给出了奇异值分解(Singular Value Decomposition, SVD)盲识别方法,可以把 OFDM 与 MC-CDMA、多载波直扩码分多址(MC-DS-CDMA)、多音频码分多址(MT-CDMA)识别出来。该算法先构造接收数据矩阵,然后利用上述几种信号的数据矩阵的非零 SVD 值个数的不同而区分。SVD 方法虽然可以实现盲识别但在信噪比较低的情况下,该算法难以获得好效果,且它的复杂度较高。在多径信道条件下,参考文献[207]利用 OFDM 与单载波信号之间的渐进高斯特性存在差异,利用四阶累积量来区分识别。该算法因为利用四阶累积量的优点,所以可以抑制噪声的影响,但算法的复杂度也较高。参考文献[208]给出了片上 RAM 的快速 Hadamard 变换的 WCDMA 辅同步码识别。

关于 OFDM 信号子载波调制识别,参考文献[107-108,110,210]给出了利用调制信号的概率分布、最大似然估计、高阶累积量等一系列算法。这些算法要么需要训练信号、没考虑到复杂环境,要么有实现性的一些限制。2011 年,参考文献[211]提出了一种可识别出三种正交幅度调制(Quadrature Amplitude Modulation, QAM)信号:4QAM、16QAM 和 64QAM 的盲识别算法。算法利用 OFDM 信号的子载波组的统计特性,构造得到混合高阶矩的特征量,最后利用这个特征量来识别出来三种 QAM 调制信号。其中,特征量具有不受信噪比(Signal-to-Noise Ratio, SNR)、载波频偏影响的优点。

空时编码识别主要针对空时分组码与其他空时编码之间的识别。参考文献[212-214]给出了对空时编码的一系列识别算法,如发射天线个数盲识别、调制与平衡接收信号盲识别等算法。针对 STC 应用最广泛的 STBC 和 VBLAST 码,参考文献[138]提出了一种循环自相关识别算法,该法利用 STBC 和 VBLAST 码的时间上的相关特性的差异,通过循环自相关来识别两者。但该法对噪声比较敏感。接着,2008 年,De Young 等提出了基于高阶循环频率识别算法[215],该算法使用 Alamouti 码的设计,利用它的四阶循环频率特性来区分 Alamouti 编码和其他的空间复用编码。但是该文只针对 Alamouti 编码而没扩展到其他的线性空时编码。参考文献[142-143]提到了利用 STBC 的时间相关矩阵的识别算法,它们的主要思想在于因为不同的空时分组码的相关矩阵、Frobenius 范数值在不一样时滞下条件是否等于零的差异特性,估计出决策识别树的分类器,可以识别出几种线性 STBC 码,其中参考文献[142]区分了 5 种 STBC 码(图 1.2.3)。参考文献[144]给出了基于最大似然的识别算法,该算法建立了三种空时分组码的分类器,分别是最优化的分类器、二阶统计量的分类器和码参数的分类器。但上述一些算法有以下不足:一是需要提前知道系统的一些参数,如接收信号已完全被同步、信道是理想的、发射天线个数等;二是只能应用在超定系统,即接收天线数大于等于发射天线数,这些限制了此算法的实用性。

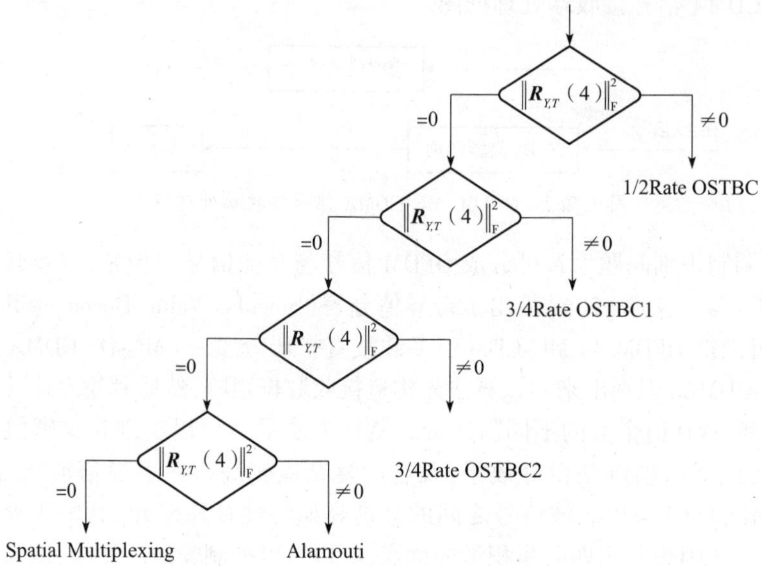

图 1.2.3 STBC 码识别树

上述算法并没有进一步研究空时分组码类型的识别。2012 年,参考文献[209]给出了对空时分组码类型的识别算法。该文通过建模得到与虚拟信道矩阵相关的接收信号模型,然后利用独立分量分析算法盲估计出虚拟信道矩阵,再根据实正交空时分组码的特性,提出虚拟信道矩阵的相关矩阵的稀疏度和非主对角元素方差的识别特征参数,最后提出利用此参数的正交空时分组码识别方法。但是该算法也不能应用到欠定系统,即接收天线数小于发射天线数(在一般情况下),并且算法复杂度较高,难以实际实现。

本书针对线性正交空时分组码信号识别进行研究。而且,把 OSTBC 与 MC-CDMA 结合起来成为 MIMO 系统的一个重要方案,即 OSTBC MC-CDMA 系统。对该信号,本书将进一步研究其识别问题。

1.2.5 多载波调制信号智能识别现状

1. 智能信息处理与调制识别相结合

传统调制识别方法都是通过人工提取信号特征来完成调制识别任务的,采用的分类器都是传统机器学习算法,如支持向量机、决策树、多层感知器和随机森林等,基于固定规则或者机器学习的模型需要选取其中的几项甚至十几项特征作为模型输入,计算复杂度非常高,很难实际部署使用。同时,由于信号种类繁多和时变信道衰落的影响,该方式在特征选择和判决准则方面也缺乏普适性。虽然当时神经网络在调制识别上取得了一定的效果,但是限于当时的技术发展水平,神经网络技术没有得到长足的进步,因此,调制识别的准确度还存在很大的提升空间。

2006 年，首次由 Hinton 等通过逐层无监督预训练来学习一个深度置信网络（Deep Belief Network，DBN），并将其权重作为一个多层前馈神经网络的初始化权值，再用反向传播算法进行微调。这种“逐层无监督预训练初始化权值+反向传播微调”的方式可以有效地解决多层前馈神经网络难以训练的问题。例如，常规 BP（Back Propagation）神经网络会随着隐藏层数的逐渐增加，出现梯度消失或梯度爆炸现象，导致 BP 神经网络训练失败。并以此引入了深度学习的概念，从而揭开了深度学习的序幕。随着深度神经网络在语音识别[217]和图像分类[218]等任务上的巨大成功，以神经网络为基础的深度学习迅速崛起。近年来，随着大规模并行计算以及图形处理器（Graphics Processing Unit，GPU，也称为显卡）设备的普及，计算机的计算能力得以大幅提高。此外，可供机器学习的数据规模也越来越大。在强大的计算能力和海量的数据规模支持下，计算机已经可以端到端地训练一个大规模神经网络，不再需要借助预训练的方式。各大科技公司都投入巨资研究深度学习，神经网络迎来第三次高潮。

近年来，智能信息处理技术快速发展，其在模式识别任务中具有独特优势，并在计算机视觉、语音识别、自然语言处理、医疗、金融等很多领域取得了很大的成就，引起了社会各界的热切关注[219]。无线电信号识别本质上也是一种特殊的模式识别，因此可以将智能信息处理与传统无线电信号识别技术深度融合，利用智能信息处理的机器学习方法，特别是深度学习算法，自动提取无线电波的模式特征，避免基于经验的人工特征提取，进而提高非协作通信下多载波调制信号的识别能力[220]。

2. 基于深度学习的单载波调制识别方法

传统基于人工特征设计的调制识别方法，要求特征设计者具备良好通信和信号领域的专业知识。如果一旦选择的分类器不合适，那么就可能造成分类效果极差，也就是说，基于人为特征提取的方法，泛化能力弱。另外，基于一般神经网络的识别分类器，对全波段的所有类型信号识别率有待提高。因此，需要一种神经网络架构，弱化前期的特征提取部分而达到自动识别的功能，并且提高所有类型信号识别率。因此，有必要找到一种更加稳健和有效的方法，基于深度神经网络架构的信号调制识别系统应运而生。

近年来，随着计算机技术和深度神经网络技术的飞速发展，上述限制逐渐被打破。2016 年，受到深度神经网络在图像识别/计算机视觉领域巨大成功的鼓舞，O' shea 及其团队连续发表多篇论文，研究深度学习技术在无线电通信与识别领域应用的方法与问题[221-224]，从而开启了无线电识别从经验驱动的人造特征范式到数据驱动的表示学习范式的新纪元。

深度学习可通过学习一种深层非线性网络结构，实现复杂函数逼近，本质上是构建含有多层隐层的机器学习架构模型，将特征和分类器结合到一起，通过大规模数据进行训练学习大量更具代表性的特征信息，减少了手工设计特征的巨大工作量。因此，深度学习是一种可以自动地学习特征的方法。深度学习作为机器学习近年来发展较快的领域，利用端到端的模式，在语音识别、图像识别、自然语言处理、雷达辐射源识别等很多领域都显现出特有的技术优势，尤其在硬件平台快速发展的现在，使得深度学习应用更加广泛。

与传统的基于专家特征（Feature Based，FB）的方法不同，基于深度学习的方法自动提取高维信号特征并推断其调制方式，其在通信信号的调制识别方面的应用也层出不穷，如结合星座图特征,利用深度学习模型中的深度卷积网络模型实现了对 MPSK 和 MQAM 信号的调制方式识别,再结合信号的循环谱和小波变换特征,利用深度学习中的深度自编码器模型,实现对未知调制信号的识别,这些方法本质也需要特征提取,对信号进行预处理,形成图片模式,再通过卷积神经网络自动学习图片的特征,进而对原始信号进行分类。

在过去 5 年间,各种基于时序信号波形的调制识别方法不断涌现,在参考文献[221]实验中表明,与传统 FB 方法相比,基于深度学习的策略可以获得更高的识别精度,在 2016 年 O'SHEAT. J. 提出了利用 CNN 的框架对通信信号中 11 种调制信号进行自动调制识别,并且是对接收信号的原始采集数据进行自动学习分类,相比于传统的机器学习算法,识别率有了很大的提升。O'SHEA 提出的调制识别分类器的模型是一个 4 层的卷积神经网络,两个卷积层和两个全连接层,前三层使用 ReLU 函数作为激活函数,在最后的输出层使用 SoftMax 激活函数,经过最后一层 SoftMax 激活函数的计算,得到概率最大的输出,即为当前数据的分类结果。随后,参考文献[222]研究了二维卷积神经网络(CNN-2D)和 Inception 深度神经网络,并在开源数据集 RML2016. 10a[223]上完成了调制识别任务。此外,F. Meng 提出了用于调制识别的一维 CNN(CNN-1D)来拟合时间序列数据[225]。参考文献[224]进一步利用残差深度神经网络(ResNet)来提高识别精度。后续研究发现,长短时记忆(Long Short Term Memory,LSTM)模型中隐含层中的节点保留了信号的动态时域特性,并在另一个更大的数据集 RML2016. 10b[223]上实验验证表明,通过结合 CNN 和 LSTM 的各自优势,提出了卷积长短时记忆深度网络(Convolutional Long Short Term Deep Networks,CLDNN)[226],在目前流行的调制识别分类器中,在同等条件下,这种混合结构的分类器识别率要高于单一的 CNN 模型。

上述基于深度学习的调制识别算法研究大多数是针对单载波信号,而针对多载波信号的基于深度学习的智能调制信号识别研究较少。下面将给出不同系统和通信条件下的多载波调制信号智能识别研究进展。

3. 新型多载波系统数字调制信号智能识别

近几十年来,无线通信系统取得了长足的进步,从 1G 不断更新到 5G,推动了无线技术在军事和民用领域的蓬勃发展。同时,在多种无线技术并存的情况下,由于传输干扰的存在,各种无线技术和异构网络必然会产生更恶劣的电磁环境[227-228]。多载波波形技术作为一种重要的无线技术,在非合作通信场景下也需要进行识别。因为在当前和下一代的通信环境中也出现了多载波波形并存的问题。

为了满足不同的应用需求,目前的 5G 系统可以在相同的频段中实现多种多载波波形的绿色共存[229],称为 Spectral Pooling。同时,现有的通信系统应针对不同的应用需求保持灵活,避免相邻通信信道的异步干扰。特别是对于目前的 5G 超可靠低延迟通信(URLLC)系统,为了满足多样化服务质量(QoS)的需求,多种多载波波形技术将共存于同一频段中[230]。此外,滤波器组多载波(FBMC)和正交频分复用(OFDM)波形的共存会在设备到设备(Device to Device,D2D)通信中产生严重的 D2D 间干扰[231]。对于即将到来的 Beyond 5G(B5G)通信系统,多载波波形的绿色共存不仅要成为传输效率的前提保证,而且要消除相邻通信信道的异步干扰[232]。因此,同频段多种多载波波形的共存问题正进入一个新的规范,这可能会导致更严重的信号干扰和更低的频谱效率。现有的无线电频谱系统承受着多种多载波波形并存的主要负担。多载波波形的有效分类作为绿色共存的前提,应与时俱进,不断探索,同时也是后续子载波调制样式识别的前提保障。此外,加拿大Dobre 团队还在综述[228]中指出,随着新型 FBMC 多载波、通用滤波多载波(UFMC)和广义频分复用(GFDM)等非正交多载波的出现,有效解决波形识别任务应该被提上频谱监测和管理的日程。

根据文献调研,对新型多载波波形进行分类的研究并不多,甚至稀少。例如,在参考文献[190]中,作者采用具有功率谱旁瓣特征的子载波似然函数方法对 FBMC 和 OFDM 波形进行分类。之后,参考文献[234]利用两个时频图像和专家特征的联合特征,在 OFDM 信号和其他单载波信号内实现了有用的分类。此外,在 2018 年,Duan 等[235]利用 CNN 和主成分分析(Principal Components Analysis,PCA)技术对 UFMC、FBMC-OQAM 和 OFDM 三种多载波信号进行分类。虽然他们成功完成了识别任务,但识别的多载波波形类型较少,这将不利于满足真实无线频谱监控技术环境下多种波形并存的需求。因此,多载波波形的可识别范围还有待进一步扩大,更多的正交多载波和非正交多载波应该考虑进来。

4. MIMO-STBC 系统多载波调制信号智能识别

空时分组码(Space-Time Block Code,STBC)技术具有巨大的发展前景,随着通信业的不断发展,它必将获得更加广泛的应用。近年来,基于传输分集的空时分组编码技术,由于其编译码简单,也被应用到无线传感器网络中。目前,空时分组码已经被列入了 3G 和 4G 移动通信的标准之中,同时也是当前 5G 的关键技术,未来也必将是下一代 6G 通信系统的关键技术。

随着对 MIMO-STBC 系统广泛理论研究的开展,从非协作角度对其进行参数估计和通信信号的侦察引起了人们日益广泛的兴趣,如空时分组码的盲识别、信源数目估计、调制类型识别、接收信号的盲分离及盲解码等,许多学者对这些工作进行了深入的研究。但因为只有正确识别调制样式,才能准确解码得到传输信息,所以调制识别研究是 MIMO-STBC 的多载波信号盲处理中的一个重要研究点。其中,最大似然函数方法[164]具有较优的调制识别性能,但是其过高的计算复杂度和过多的先验信息需求,使其不适用于实际非协作通信系统。2020 年,Maqsood 和 Dang 基于堆叠自编码器的深层神经网络(Stacked Auto Encoder-Deep Neural Networks,SAE-DNN)[238],对信号的高阶累积量和瞬时信号特征进行学习,相比机器学习算法有一定性能提升,但特征转换过程中存在过多的信息损失,识别精度存在提升的空间,且该算法假设信道状态信息是已知的,不适用于实际非协作通信场景。Dehri 等进一步考虑了载波频偏和信道估计误差等恶劣信道环境,对 STBC-OFDM 信号的子载波进行了盲调制识别,验证了神经网络在识别率上相对机器学习分类器的优越性[239]。根据国内外调制识别研究趋势,应该重点提升识别的智能化水平,引入深度神经网络。但是,到目前为止,还没有文献对 MIMO-STBC 系统下的新型非正交多载波信号(FBMC、UFMC 和 GFDM)的子载波调制识别进行研究。

5. 少样本条件下多载波调制信号智能识别

近年来,深度学习(Deep Learning, DL)由于其优异的识别性能而被引入调制识别中。然而,如果没有大量标记样本,基于 DL 的调制识别算法几乎是不可能实现的。从 2020 年开始,空军工程大学许华团队针对小样本的单载波调制识别问题,连续发表了 5 篇相关文章,即参考文献[240-244],参考文献[240]采用无监督的孪生网络元学习方式,直接对 IQ

时序信号进行特征提取,并采用CNN和LSTM级联网络进行特征提取。实验结果表明,该算法相较于传统DL方法训练过程中所需训练样本量明显减少。在参考文献[240]基础上,苟泽中等提出一种基于网络度量的三分支孪生网络调制识别算法[241],可有效缓解孪生网络在相似类别上识别混淆问题。参考文献[242]提出一种基于集成学习与特征降维的小样本调制方式分类模型,通过集成人工设计特征与机器学习自动提取特征构成融合特征集,再针对性设计特征选择算法对融合特征集进行优选生成高效特征子集,最后设计高性能分类器对少量有标签信号进行训练,从而解决标签训练样本不足导致的小样本问题。

而在现实的通信场景中,通常会有少量的标记样本和大量的未标记样本。因此,参考文献[243]使用半监督的学习方式,通过大量无标签数据预训练模型,初始化网络参数,再通过有监督学习微调网络参数训练分类器。经实验验证该方法可以有效减少对有标签数据的需求,提高网络训练速度,并获得更好的识别精度。参考文献[244]提出了一种基于伪标签半监督学习的小样本单载波调制识别模型。利用高性能分类器和优选人工特征集,为无标签信号预测打上伪标签,再联合训练带标签样本与伪标签样本,从而实现小样本调制识别。此外,2020年南邮桂冠团队[245]针对迫零(Zero Forcing,ZF)辅助的MIMO系统,提出了一种基于迁移学习(Transfer Learning,TL)的半监督调制识别AMC(TL-AMC)。TL-AMC具有一种新颖的深度重构与分类网络,由卷积自动编码器(Convolutional Auto Encode,CAE)和CNN组成。未标记的样本从CAE流到调制信号重构,而标记的样本被送入CNN进行AMC。仿真结果表明在样本有限的情况下,TL-AMC性能优于基于CNN的AMC。此外,与基于大量标记样本下,TL-AMC在高信噪比下也取得相近的分类精度。受胶囊网络(CapsNet)的启发,参考文献[237]提出了一种新的网络结构AMR-CapsNet,以实现用较少的样本对调制信号进行更高的分类精度,并分析了DL模型在较少样本情况下的适应性。仿真结果表明,当使用3%数据集进行训练,且SNR>2dB时,AMR-CapsNet识别准确率大于80%。相比CNN分类准确率提高了20%。

6. 单通道时频混叠多载波调制信号智能识别

随着通信技术的发展和电磁环境的日益复杂,通信领域中的时频重叠信号越来越多,如相邻卫星靠得过近会形成邻星信号干扰,信号日益密集会造成同频信号重叠等。这类信号一方面极大地影响了系统的接收性能;另一方面是两个或两个以上信号的重叠,传统的单信号处理方法不再适应,因此迫切需要研究有效的处理方法。单通道时频重叠信号识别是单通道时频重叠信号分离的前提,是整个重叠信号处理流程中必要的一环。只有前端实现了重叠信号的识别,后端才能针对不同的重叠信号采用对应的算法进行处理。

单通道时频重叠信号识别仍然属于调制识别范畴,所以可以借鉴非时频重叠信号识别的研究思路,大致可以分为基于似然函数的理论方法和基于特征提取的模式识别方法两大类。前者是一个多元假设检验问题,其基本思想是:观测波形中包含了调制类型的全部信息,针对不同调制类型建立假设,计算给定调制类型下的条件似然函数值,根据计算结果检验对应假设是否成立,从而判断相应的调制类型。后者主要是从接收数据中提取特征,采用模式识别方法进行分类,常用的特征有幅度、相位、频率的方差、高阶矩、累积量、循环谱特征等。这类方法的关键是提取能有效区分各类调制信号的特征,计算相对简单,通常结合盲源分离技术(如JADE、ICA等),先分离信号再对每一类信号进行调制识别。现有基于深度学习的单通道时频混叠信号盲识别研究中,参考文献[236]首次采用深度神经网络对混合信号进行识别,基于多标签的方法,即训练时给 N 个信号组成的混合信号打上 N 个信号标签,能对两种信号共存或三种信号共存的混合信号进行识别,但是混合信号的组合情况过多($N\times(N-1)$),此类调制识别算法不够智能。与参考文献[236]不同的是,参考文献[233]将一维时序数据转换为二维的图形数据,增强了数据的特征表达能力,但其多标签思路仍然存在智能化水平不高的问题。针对智能化问题,参考文献[218]采用泛化能力更强的胶囊神经网络,直接对 N 个类别原始信号训练,不用对多种混合信号进行训练,实现 2~3 个单通道混合信号进行识别,无须任何先验信息,适合非协作通信场景。

1.3　多载波宽带信号及其盲估计与识别

在本书的研究现状部分,我们通过广泛调研,综合提炼,归纳出本书研究的复杂调制多载波宽带信号模型有如下具体形式。

1.3.1　OFDM 信号

与传统单载波通信系统相比,多载波通信系统存在很大的不同。图 1.3.1 所示为多载波 OFDM 系统收发机的典型框图,发送端将被传输的数字信号转换成子载波幅度和相位的映射,并进行离散傅里叶反变换(Inverse Discrete Fourier Transform,IDFT)将数据的频谱表达式变到时域上。IFFT 与 IDFT 的作用相同,只是有更高的计算效率,所以适用于所有的应用系统。其中,图 1.3.1(a)对应于发射机链路,图 1.3.1(b)对应于接收机链路。由于 FFT 操作类似于 IFFT,因此发射机和接收机可以使用同一硬件设备。当然,这种复杂性的节约意味着该收发机不能同时进行发送和接收操作。

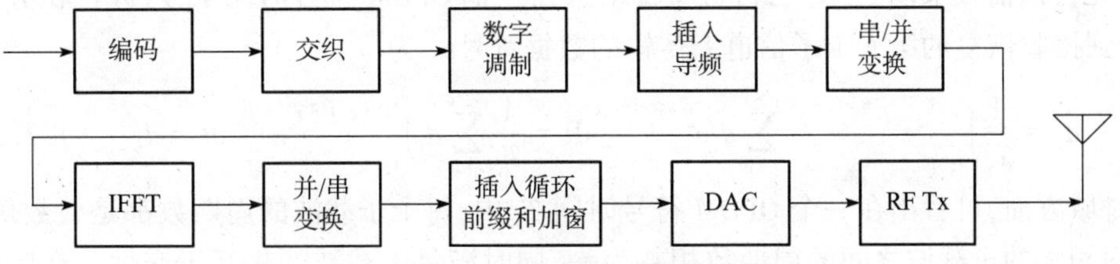

(a)OFDM发射机

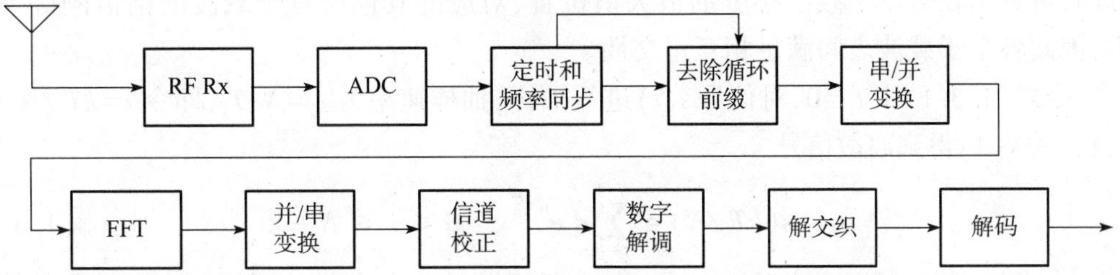

(b)OFDM接收机

图 1.3.1　OFDM 收发机框图

接收端进行发送端相反的操作,将 RF 信号与基带信号进行混频处理,并用 FFT 分解频域信号,子载波的幅度和相位被采集出来并转换回数字信号。IFFT 和 FFT 互为反变换,选择适当的变换将信号接收或发送。当信号独立于系统时，FFT 和 IFFT 可以被交替使用。

1. OFDM 系统的基本原理

如图 1.3.2 所示。一个 OFDM 符号可以看成多个子载波信号的和，各子载波信号的调制一般采用 MPSK 或 MQAM 等数字调制方式，则 OFDM 的等效复基带信号 $s(t)$ 表达式为

$$s(t)=\sum_{i=0}^{N-1} d_i \mathrm{e}^{\mathrm{j}2\pi f_i(t-t_\mathrm{s})} g(t-t_\mathrm{s}-t/2),\quad t_\mathrm{s}\leqslant t\leqslant t_\mathrm{s}+T_\mathrm{s} \tag{1.3.1}$$

式中：N 为子载波个数；d_i 为第 i 个子信道上传输的数据符号；t_s 为 OFDM 符号的起始时间；T_s 为 OFDM 的符号周期；$g(t)$ 为符号成形脉冲，且满足当 $t_\mathrm{s}\leqslant t\leqslant t_\mathrm{s}+T_\mathrm{s}$ 时 $g(t)=1$，当 $t<t_\mathrm{s}$ 或 $t>T_\mathrm{s}+t_\mathrm{s}$ 时 $g(t)=0$；f_i 表示第 i 个子载波的载波频率且 $f_i=i/T_\mathrm{s}$。

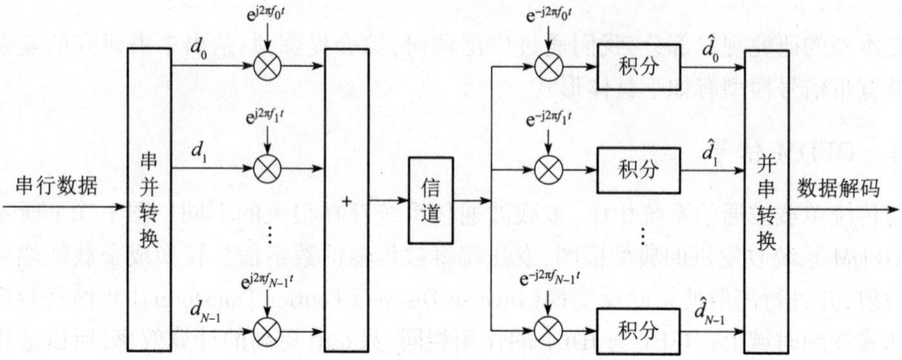

图 1.3.2　OFDM 系统的基本原理

现在来证明 OFDM 信号各子载波间的相互正交性：对接收到的第 k 个子载波信号进行解调，先将该信号乘以 $\mathrm{e}^{-\mathrm{j}2\pi kt/T_\mathrm{s}}$，再将所得结果在一个 OFDM 符号时间 T_s 内进行积分运算，可得到接收恢复的第 k 个子信道上传输的数据符号 $\hat{d}_k$ 为

$$\hat{d}_k=\frac{1}{T_\mathrm{s}}\int_{t_\mathrm{s}}^{t_\mathrm{s}+T_\mathrm{s}} \mathrm{e}^{-\mathrm{j}2\pi\frac{k}{T_\mathrm{s}}(t-t_\mathrm{s})}\sum_{i=0}^{N-1} d_i \mathrm{e}^{\mathrm{j}2\pi\frac{i}{T_\mathrm{s}}(t-t_\mathrm{s})}\mathrm{d}t=\frac{1}{T_\mathrm{s}}\sum_{i=0}^{N-1} d_i\int_{t_\mathrm{s}}^{t_\mathrm{s}+T_\mathrm{s}} \mathrm{e}^{\mathrm{j}2\pi\frac{i-k}{T_\mathrm{s}}(t-t_\mathrm{s})}\mathrm{d}t=d_k \tag{1.3.2}$$

在时域方面，可看出在一个 OFDM 符号时间 T_s 内，每个子载波的周期数都是整数倍，并且两两相邻的子载波之间的周期数相差为一，同时满足子载波的相互正交性。在频域方面，可看出在每个子载波频率的最大值位置，对应的其他所有子载波的谱值刚好等于零，因此各个子载波之间满足相互正交性。

令式(1.3.1)中 $t_\mathrm{s}=0$，对信号 $s(t)$ 进行抽样，抽样速率为 $f_\mathrm{s}=N/T_\mathrm{s}$，即令 $t=kT_\mathrm{s}/N$，$k=0,1,\cdots,N-1$，得到离散信号

$$s_k=s(kT_\mathrm{s}/N)=\sum_{i=0}^{N-1} d_i \mathrm{e}^{\mathrm{j}2\pi\frac{ik}{N}},\quad 0\leqslant k\leqslant N-1 \tag{1.3.3}$$

由式(1.3.3)可以看到对 d_i 进行 IDFT 即可得到 s_k，接收端为了恢复出原始的数据符号 d_i，可以对 s_k 进行离散傅里叶变换(Discrete Fourier Transform, DFT)，即

$$d_i=\sum_{k=0}^{N-1} s_k \mathrm{e}^{-\mathrm{j}2\pi\frac{ik}{N}},\quad 0\leqslant i\leqslant N-1 \tag{1.3.4}$$

经过以上分析可知，OFDM 系统的调制可以由 IDFT 完成，解调可以由 DFT 完成，由于

IDFT 和 DFT 都可以采用高效的 FFT 来实现,这就为 OFDM 技术大规模的应用带来可能。

2. 模拟连续形式

OFDM 信号的连续时间形式可表示如下:

$$s_a(t)=\frac{1}{\sqrt{N}}\sum_{k=0}^{K-1}\sum_{n=0}^{N-1}a_{k,n}\mathrm{e}^{\mathrm{j}2\pi\frac{n(t-DT_c-kT_s)}{NT_c}}g_a(t-kT_s) \tag{1.3.5}$$

式中:$a_{k,n}$ 表示第 k 个 OFDM 符号第 n 个子载波的数据,这些数据是独立同分布(Independent Identical Distribution,IID)的;N 为 FFT 的大小,也等于子载波的总数;$1/T_c$ 为符号速率,在无保护间隔的情况下,T_c 就是码片时间;NT_c 为 OFDM 有用符号时间,子载波之间的间隔等于 $1/NT_c$;DT_c 为循环前缀长度;OFDM 符号周期 $T_s=(N+D)T_c$。

考虑 K 个 OFDM 符号传输,$g_a(t)$ 为矩形脉冲成形函数,时间宽度 $T_s=NT_c+DT_c$,采样周期为 T_e,总采样时间为 T_0,总的样点数为 M。对于盲系统辨识,接收机已知条件为:$\{y(m)\}_{m=0}^{M-1}$,M,T_0,T_e,接收机不知的参数有 N、NT_c、DT_c、K、$a_{k,n}$、Δf,都需要盲估计。

如果所有参数都知道,则 OFDM 接收机将根据下面的步骤从 $y(m)$ 中恢复传输的符号。

(1) 分解收到的采样 OFDM 符号:

$$r_{k,p}=y_a(pT_e+DT_c+k(N+D)T_c) \tag{1.3.6}$$

设置 $P=\lfloor NT_c/T_e\rfloor$,$r_{k,p}$ 则是第 k 个 OFDM 符号的第 p 个采样点,循环前缀已被去除。

(2) 通过离散傅里叶变换恢复接收到的信息符号:

$$\hat{a}_{k,n}=\frac{1}{\sqrt{P}}\sum_{p=0}^{P-1}r_{k,p}\mathrm{e}^{-\mathrm{j}2\pi p\frac{nT_e}{NT_c}},\quad \forall n\in\{0,1,\cdots,N-1\} \tag{1.3.7}$$

3. 矩阵模型

考虑加性高斯白噪声(Additive White Gaussian Noise,AWGN)信道,接收信号可以写成矩阵形式,用向量 $\boldsymbol{y}$ 表示接收的 M 个样本,$\boldsymbol{y}=[y(0),\cdots,y(M-1)]^{\mathrm{T}}$(T 表示转置),$y(m)=y_a(mT_e)$,$T_e$ 为采样周期,小于或等于 T_c。存在 $M\times KN$ 维矩阵 $\boldsymbol{F}_\theta$,其参数为 N,DT_c 和 NT_c,接收数据可表示如下:

$$\boldsymbol{y}=\boldsymbol{F}_\theta\boldsymbol{a}+\boldsymbol{w} \tag{1.3.8}$$

式中:$\theta=[N,DT_c,NT_c]$;$\boldsymbol{a}_k=[a_{k,0},\cdots,a_{k,N-1}]^{\mathrm{T}}$,大小为 $N\times1$;$\boldsymbol{a}=[\boldsymbol{a}_0^{\mathrm{T}},\cdots,\boldsymbol{a}_{K-1}^{\mathrm{T}}]^{\mathrm{T}}$,大小为 $KN\times1$;$\boldsymbol{w}=[w(0),\cdots,w(M-1)]^{\mathrm{T}}$,大小为 $M\times1$。对于一个给定的 m,存在一个唯一的值 k(表示为 k_m),除以下元素外,其余元素为零:

$$[\boldsymbol{F}_\theta]_{m,k_mN+n}=\frac{1}{\sqrt{N}}\mathrm{e}^{\mathrm{j}2\pi nm\frac{T_e}{NT_c}}\mathrm{e}^{-\mathrm{j}2\pi n(k_m+1)\frac{DT_c}{NT_c}} \tag{1.3.9}$$

式中:$m=0,1,\cdots,M-1$;$n=0,1,\cdots,N-1$。

矩阵模型和单载波信号的盲源分离模型具有某种相似的地方,如何将这一模型和盲源分离准则结合,处理复杂 OFDM 信号估计与识别问题需要进一步研究。当前,还存在复杂形式 OFDM 信号,包括短循环前缀、军用特殊循环前缀、无循环前缀的 OFDM 信号等。

1.3.2 MIMO 多载波宽带信号

一个具有 N_T 根发射天线和 N_R 根接收天线的 MIMO(多输入多输出)系统如图 1.3.3

所示。首先对待发送的原始数据流进行调制，常用的调制方式有 MASK、MFSK、MPSK、MQAM 等，M 代表进制数，然后将调制后的数据流进行分组，假设每组中含有 K 个调制符号，对每组调制符号进行空时编码后得到 N_{T} 个并行的子数据流，这些子数据流通过 N_{T} 根天线同时并行发送，经由不同的传输信道到达接收端，接收端每一根天线上的信号为各路径信号的叠加，接收机对接收信号进行空时译码和解调等处理后最终恢复出发送端的原始数据信息。MIMO 系统充分利用空间资源，通过将数据流进行空间并行传输，从而把对传统 SISO 系统有害的多径信道转化成多个独立并行的子信道，成倍提高了系统信道容量和传输速率。

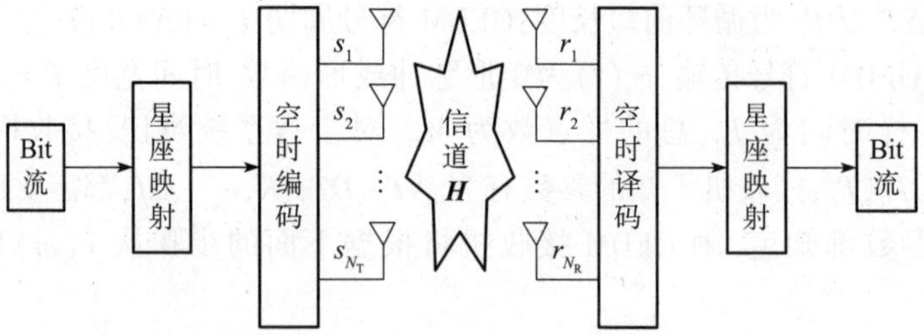

图 1.3.3　MIMO 系统的发送与接收过程

在一个采用 V-BLAST 编码的空间复用 MIMO 系统中，发射端将待传输的符号流进行信道编码、V-BLAST 编码以及星座映射后得到 N_{T} 个并行独立的子符号流，再由 N_{T} 个天线发送出去，因此传输的符号在时间和空间上是独立的。令各发射符号的均值为 0，方差 $\sigma_s^2=1$。接收的第 m 组符号 $\boldsymbol{R}_m$ 表示为

$$\boldsymbol{R}_m=\boldsymbol{H}\boldsymbol{s}_m+\boldsymbol{W}_m \tag{1.3.10}$$

式中：$\boldsymbol{R}_m=[r_m(1),r_m(2),\cdots,r_m(N_{\mathrm{R}})]^{\mathrm{T}}$ 为 N_{R} 维的接收列向量；$\boldsymbol{H}$ 中的元素 $h_{q,p}$ 是均值为 0，方差为 1 的复高斯变量；$\boldsymbol{s}_m=[s_1,s_2,\cdots,s_{N_{\mathrm{T}}}]^{\mathrm{T}}$ 为 N_{T} 维的发射列向量，假设 $N_{\mathrm{T}}<N_{\mathrm{R}}$，$\boldsymbol{W}_m=[w_m(1),w_m(2),\cdots,w_m(N_{\mathrm{R}})]^{\mathrm{T}}$ 为 N_{R} 维的复高斯白噪声列向量，其元素的均值为 0，方差为 σ_w^2。接收信号 $\boldsymbol{R}_m$ 可具体表示为

$$\boldsymbol{R}_m=\left[\sum_{i=1}^{N_{\mathrm{T}}}h_{1,i}s_i,\sum_{i=1}^{N_{\mathrm{T}}}h_{2,i}s_i,\cdots,\sum_{i=1}^{N_{\mathrm{T}}}h_{N_{\mathrm{R}},i}s_i\right]^{\mathrm{T}}+[w_m(1),w_m(2),\cdots,w_m(N_{\mathrm{R}})]^{\mathrm{T}} \tag{1.3.11}$$

图 1.3.4 所示为 MIMO-OFDM 系统的发射端原理框图，原始数据流通过空时编码和 OFDM 调制后经多根天线发射出去。

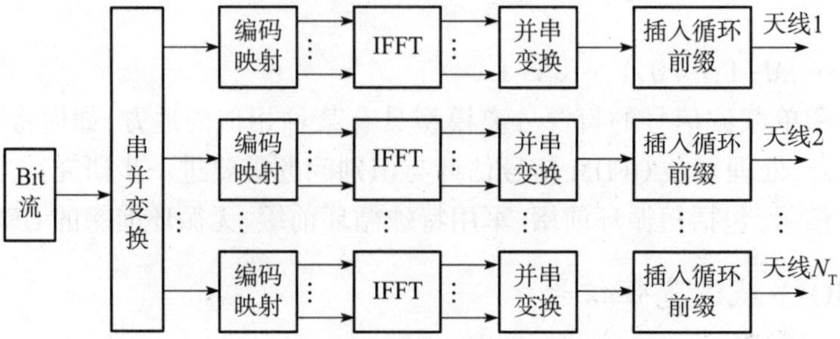

图 1.3.4　MIMO-OFDM 系统的发射端原理框图

1.3.3　FBMC 及其他非正交多载波信号

由于传统 OFDM 技术存在诸多缺陷:保护间隔 CP 降低了信息传输效率;载波频偏和相位噪声容易影响子载波正交性;存在较高的峰均比使设备成本增加;带外功率泄露严重。为了克服基于传统 OFDM 技术的 4G 移动通信的缺陷,5G 物理层传输候选波形放开了子载波间的正交性,发展了新型非正交多载波(Non Orthogonal Multi Carrier,NOMC)波形,主要有滤波器组多载波(FBMC)、广义频分复用(GFDM)、通用滤波器多载波(UFMC)等几种多载波传输技术。

1. FBMC 信号系统原理

(1) FBMC-OQAM 信号基本原理:FBMC-OQAM 是类似于 OFDM 的多载波宽带信号,是一种基于滤波器组的采用交错正交幅度调制的多载波通信方式,是 5G 物理层调制技术的备选方案之一。在 OFDM 中,原型滤波器是一个矩形时间窗函数,而在 FBMC 中使用了特殊设计的时间窗函数。这种特别设计的原型滤波器确保了在频域中具有很少的带外(OoB)辐射,但是在时域中产生不希望的 ISI。在相同的参数设置条件下,为了减少 ISI 的影响,FBMC 的符号周期只是 OFDM 符号周期的一半。此外,FBMC-OQAM 基于实值符号发送和接收,两端分别包括 OQAM 预处理和后处理,分别将复数到实数和实数到数值进行转换。FBMC-OQAM 的正交性由原型滤波器的脉冲形状和 OQAM 的实际值检测来维持,并且 OQAM 预处理有助于消除滤波器组的应用造成的固有干扰。

从图 1.3.5 可以看出,FBMC-OQAM 信号的产生及通过信道传输后的解调过程。为了方便描述,发送过程中的 IFFT、多相网络以及并/串转换的过程统称为 SFB(综合滤波器组)模块。接收端的串/并转换、多相网络和 FFT 的处理过程统称为 AFB(分析滤波器组)模块。

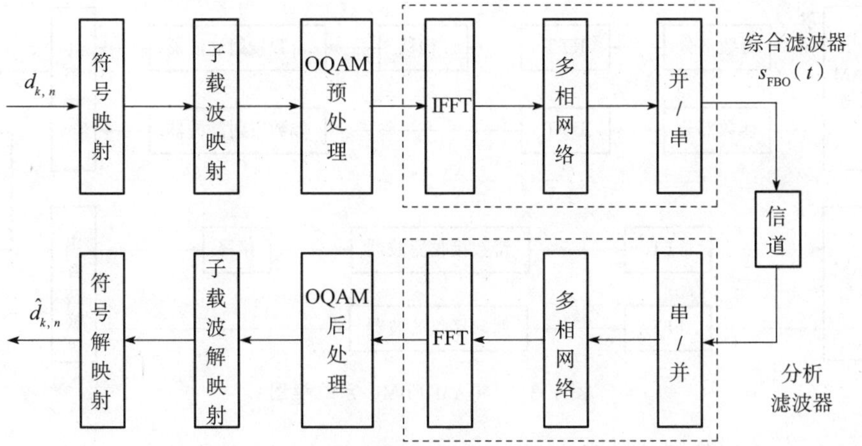

图 1.3.5　FBMC-OQAM 系统框图

在具有 M 个子载波的基带离散时间模型中,发射机侧的 FBMC-OQAM 信号可以写为

$$s_{FBO}(t) = \sum_{k=0}^{M-1} \sum_{n=-\infty}^{\infty} c_{k,n} p_{T,k}(t - nM) \tag{1.3.12}$$

$$p_{T,k}(t) = p_T(t) e^{j\frac{2\pi}{M}k(t-D)} \tag{1.3.13}$$

式中：$D=KM-1$，M 表示子载波总数，K 为重叠因子；$p_{T,k}(t)$ 为原型滤波器 $p_T(t)$ 的频移版本；$c_{k,n}$ 表示第 n 个 FBMC 符号第 k 个子载波上调制的复数信号（OQAM 符号），可以表示为

$$c_{k,n}=d_{k,2n}\mathrm{e}^{\mathrm{j}\varphi_{k,2n}}+d_{k,2n+1}\mathrm{e}^{\mathrm{j}\varphi_{k,2n+1}} \tag{1.3.14}$$

式中：$d_{k,n}$ 表示实值符号；附加相位项 $\varphi_{k,n}$ 是为了在时域和频域中交替增加实部与虚部，以构造 OQAM 符号。

$$\varphi_{k,n}=\frac{\pi}{2}(k+n) \tag{1.3.15}$$

所以 FBMC-OQAM 的基带信号可表示为

$$s_{\mathrm{FBO}}(t)=\sum_{k=0}^{M-1}\sum_{n=-\infty}^{\infty}d_{k,n}\mathrm{e}^{\mathrm{j}\varphi_{k,n}}p_T\left(t-n\frac{M}{2}\right)\mathrm{e}^{\mathrm{j}\frac{2\pi}{M}k(t-D)} \tag{1.3.16}$$

由式（1.3.16）可知，FBMC-OQAM 信号的表达式与 OFDM 的非常类似，对于 OFDM 而言，采用矩形窗作为原型滤波器，并且矩形窗在频域上是 sin c 函数，旁瓣的幅度只比主瓣低 13dB 而已。为解决 OFDM 信号旁瓣泄露的严重问题，FBMC-OQAM 系统将原型滤波器 $p_T(t)$ 设计为旁瓣非常小的滤波器，但必须满足奈奎斯特准则，目的是能准确地进行解调出所传输的符号。在旁瓣泄露的严重问题上，FBMC-OQAM 信号相对于 OFDM 信号改进效果理想，这是由于 FBMC-OQAM 信号采用了精心设计的原型滤波器脉冲成形的原因。

（2）QAM-FBMC 信号系统及原理：不像 FBMC-OQAM 那样通过单个原型滤波器分别传输复数数据的实部和虚部，QAM-FBMC 使用称为偶数和奇数滤波器的两个不同原型滤波器来传输复数符号，以提供偶数和奇数的副载波。与 FBMC-OQAM 信号相比，QAM-FBMC 的正交性由两个原型滤波器的脉冲形状维持。QAM-FBMC 系统框图如图 1.3.6 所示。

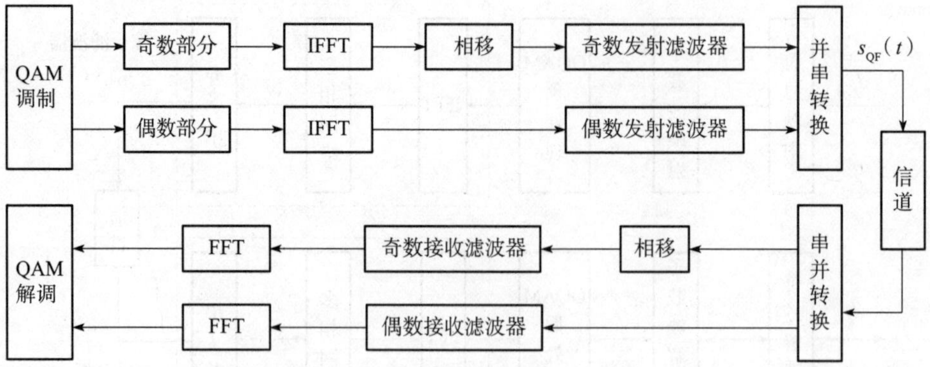

图 1.3.6　QAM-FBMC 系统框图

令 $p=2m_{\mathrm{e}}$ 为偶数子载波的索引，$q=2m_{\mathrm{o}}+1$ 为具有两个整数 $0\leqslant m_{\mathrm{e}}\leqslant G/2-1$ 和 $0\leqslant m_{\mathrm{o}}\leqslant G/2-1$ 的奇数子载波的索引，为了简单起见，假定子载波数目 G 为偶数。在基带离散时间模型中，我们可以在发射机侧写入 QAM-FBMC 信号数学表达式如下：

$$s_{\mathrm{QF}}(t)=\sum_{k=-\infty}^{\infty}\left\{\sum_{p}a_{p,k}g^{\mathrm{e}}[t-kG]\mathrm{e}^{\mathrm{j}\frac{2\pi}{G}p(t-D)}+\sum_{q}a_{q,k}g^{\mathrm{o}}[t-kG]\mathrm{e}^{\mathrm{j}\frac{2\pi}{G}q(t-D)}\right\} \tag{1.3.17}$$

式中：$g^{e}[t]$为偶数滤波器，$g^{o}[t]$为奇数滤波器；而 $a_{m,k}$ 为 QAM 星座调制的复数据符号。已有文献给出了 QAM-FBMC 滤波器组的设计。$g^{e}[t]$和 $g^{o}[t]$的数学表达式为

$$g^{e}[t] = \sum_{i=-K+1}^{K-1} G_i^{e} e^{j\frac{2\pi}{KM}i\cdot t} = 1 + 2\sum_{i=1}^{K-1} G_i^{e}\cos\left(\frac{2\pi}{KM}i \cdot t\right) \tag{1.3.18}$$

$$g^{o}[t] = \sum_{i=-K+1}^{K-1} G_i^{o} e^{j\frac{2\pi}{KM}i\cdot t} = \sum_{i=1}^{K-1} G_i^{o} e^{j\frac{2\pi}{KM}i\cdot t} + \sum_{i=1}^{K-1} G_i^{o*} e^{-j\frac{2\pi}{KM}i\cdot t} \tag{1.3.19}$$

$$G_i = \sum_{n=0}^{L-1} g[n] e^{-j\frac{2\pi}{L}i\cdot n} \tag{1.3.20}$$

式中：$G_{-i}^{e}=G_i^{e}$ 表示实数值；$G_{-i}^{o}=G_i^{o*}$ 表示复数值。式(1.3.20)中 $G_i(i=0,1,\cdots,L-1)$为滤波器的第 i 个系数；$L=KM$ 为滤波器长度；K 为重叠因子。

2. GFDM 信号系统及原理

GFDM 是由 Fettweis 首先引入的一种灵活的多载波调制技术，由于其具有低时延、低带外辐射等特点，并在频率选择性衰落信道中表现优异，因此成为 5G 新应用场景中一个十分灵活的解决方案，其发射端和接收端原理如图 1.3.7 和图 1.3.8 所示。

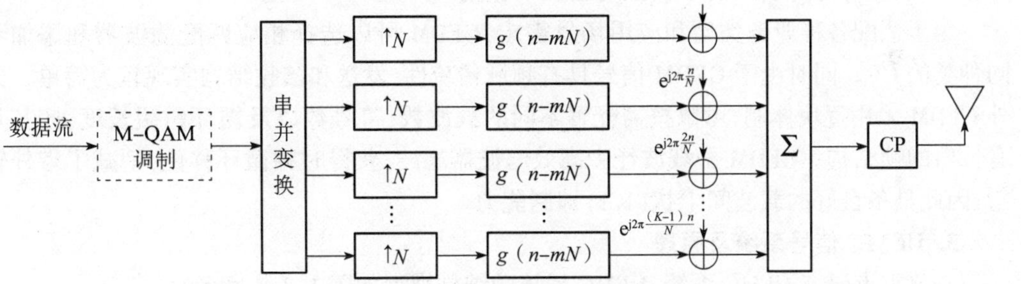

图 1.3.7 GFDM 发射机原理框图

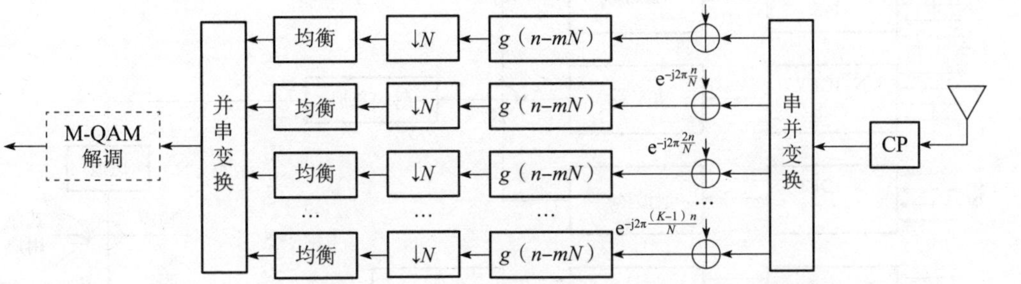

图 1.3.8 GFDM 接收机原理框图

GFDM 调制过程可以表述为：二进制发送数据通过 QAM 调制完成相应的星座图映射得到初始时域信号，经过串并转换后形成 K 路并行子数据流，每路数据流经过 N 点上采样后通过各自的循环移位滤波器 $g(n-mN)$ 实现滤波，各路信号经过载波调制后相加获取时域信号，根据实际需求添加 CP 得到一帧发射信号。同样地，接收端也对应逆变换恢复出初始数据流。

设置帧数据中子载波总数为 K，一个子载波共发送 M 个符号，则一帧数据可表示为

$$S=\begin{bmatrix} s_{0,0} & s_{0,1} & s_{0,2} & \cdots & s_{0,M-1} \\ s_{1,0} & s_{1,1} & s_{1,2} & \cdots & s_{1,M-1} \\ s_{2,0} & s_{2,1} & s_{2,2} & \cdots & s_{2,M-1} \\ \vdots & \vdots & \vdots & & \vdots \\ s_{K-1,0} & s_{K-1,1} & s_{K-1,2} & \cdots & s_{K-1,M-1} \end{bmatrix} \tag{1.3.21}$$

在时频点(m,n)处的信号经过N点上采样后可以表示为

$$s_{k,m}(n)=s_{k,m}\delta(n-mN),\quad n=0,1,\cdots,MN-1 \tag{1.3.22}$$

式中：$\delta[n]$为单位脉冲序列。该信号经过脉冲成形、载波调制及并串转换后得到发送信号为

$$x(n)=\sum_{m=0}^{M-1}\sum_{k=0}^{K-1}s_{k,m}\delta(n-mN)\otimes g[(n-mN)_{\mathrm{mod}MN-1}]\mathrm{e}^{\mathrm{j}2\pi\frac{kn}{N}} \tag{1.3.23}$$

值得注意的是：当$M=1,g[n]=\sqrt{1/K}$时，GFDM退化为OFDM；当$M=1,g[n]=\delta[n]$时，GFDM退化为单载波频域调制。因此，滤波器的选取对于GFDM系统性能起决定性作用，不同的成形脉冲引入的干扰程度也大不相同。

为了适配各种业务类型和应用场景需求，GFDM可以选择相应匹配滤波器和添加不同种类的CP。同时由于GFDM信号具有频域稀疏性，发送和接收结构实现较为简单。此外GFDM采用逐块体制，可以按需配置不同的载波数、符号数以及循环前缀长度，使其具有自由的帧结构。GFDM子载波经由高效滤波器滤波，获得时频循环移位，削减了带外辐射，因此具备良好的载波间干扰(ICI)抑制能力。

3. UFMC信号系统及原理

本节重点研究UFMC系统，UFMC系统的结构模型如图1.3.9所示。

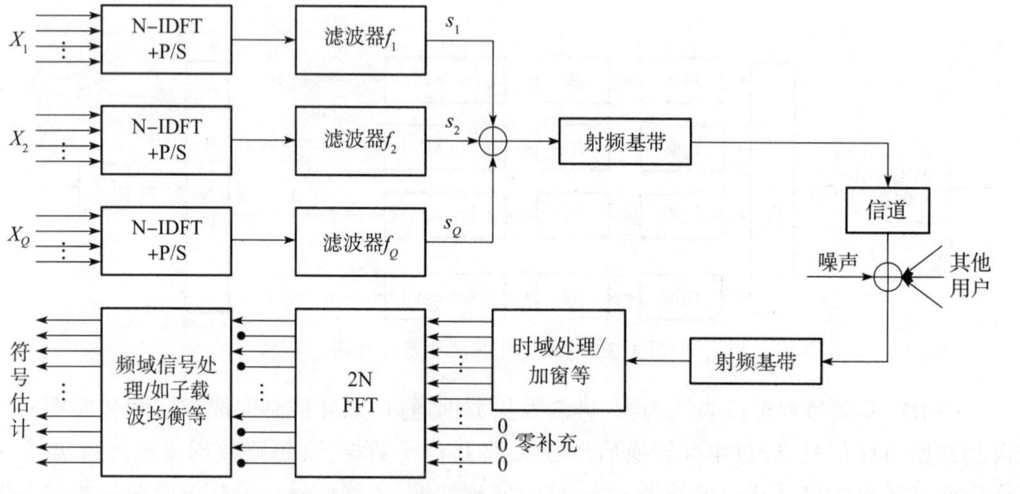

图1.3.9　UFMC系统发送和接收原理框图

由图1.3.9可知，UFMC系统中是以一组连续的子载波单元实现滤波。假设系统中子载波数目为D，共划分成Q组子带。每组子载波数目为$K=D/Q$。初始频域发送信号为X_i。

下面对快速调制实现算法进行推导：通过对每个子带进行N点IFFT变换，完成从频

域到时域的转换。其中第 i 个子带的时域符号可以表示为

$$x_i(n)=\frac{1}{N}\sum_{k'=0}^{K-1}X_i(k')\mathrm{e}^{\mathrm{j}2\pi k'n/N},\quad n=0,1,\cdots,N-1 \tag{1.3.24}$$

分别对每个子带时域离散信号进行滤波,滤波器可以相同也可以不同。此处假设均采用相同的切比雪夫滤波器。第 m 个 UFMC 时域发射信号 s 是所有子带符号叠加,可以表示为

$$s=\sum_{i=1}^{Q}\{f_i * x_i\} \tag{1.3.25}$$

式中:UFMC 符号时域长度为 N_t,$N_t=N+L+1$;$\{f_i(0),f_i(1),\cdots,f_i(L-1)\}$ 表示第 i 个滤波器的抽头系数;L 表示滤波器长度。相应的子带滤波器的频率特性由原型滤波器在频率上偏移得到。可以将式(1.3.25)写成矩阵形式:

$$\begin{cases}s=\overline{F}\,\overline{X}\\ \overline{F}=[f_1,f_2,\cdots,f_Q]\\ \overline{X}=[x_1,x_2,\cdots,x_Q]\end{cases} \tag{1.3.26}$$

式中:$\overline{F}$ 为一个 $N_t\times N$ 维 Toeplitz 矩阵,用于实现信号与滤波器特性的卷积;$\overline{X}$ 为 Q 个子带信号。

UFMC 没有 CP 结构,滤波器长度依赖于子带的宽度。根据实际需求设置载波总数和子带数可提升系统灵活性,因此 UFMC 不仅囊括 FBMC 系统的性能优势,还可以支持不同场景下的多种业务,显现出极高的应用潜能。

1.3.4 MC-CDMA 信号

相比传统 OFDM 技术,多载波 CDMA 技术提升了 OFDM 的多址能力,具有用户容量大的优点,并且对多径衰落条件下引起的符号间干扰(ISI)具有很强的抵抗力。多载波 CDMA 主要有三种方式,其中 MC-CDMA 属于频域扩频,MC-DS-CDMA 和 MT-CDMA 属于时域扩频。MC-CDMA 系统使用地址码将信号调制到频域,MC-DS-CDMA 系统使用地址码将发送的信息符号在时间上进行扩展,MT-CDMA 系统是在每一路子载波上进行直接序列扩频。MC-CDMA 和 MC-DS-CDMA 的子载波间都是正交的,MT-CDMA 的子载波间是非正交的。

(1) MC-CDMA 信号:可以看作特殊的 OFDM 信号,其模型如图 1.3.10 所示。

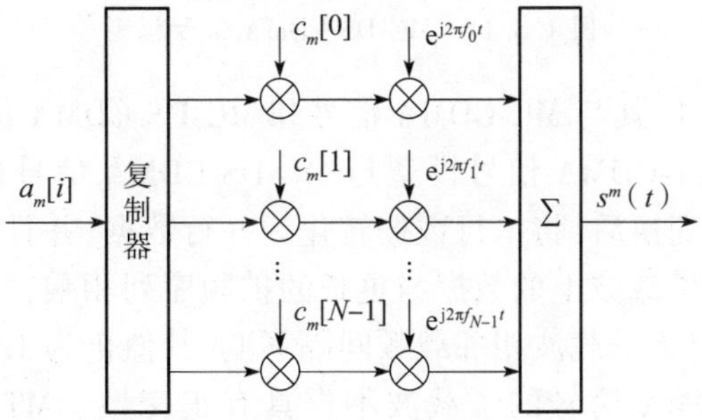

图 1.3.10 MC-CDMA 信号模型

MC-CDMA 信号数学表达式为

$$s^m(t)=\sum_{i=-\infty}^{\infty}\sum_{n=0}^{N-1}a_m[i]c_m[n]g_c(t-iT_s)\exp[\mathrm{j}2\pi(f_0+n\Delta f)t] \tag{1.3.27}$$

$$s_{\text{MC-CDMA}}(t)=\sum_{m=0}^{K}s^m(t) \tag{1.3.28}$$

式中:T_s 为 MC-CDMA 信号的符号周期;j 为虚数单位;Δf 为子载波间隔;f_0 为 MC-CDMA 信号的子载波初始频率;K 为用户数;$g_c(t)$ 为脉冲成形函数,其表达式为

$$g_c(t)=\begin{cases}1, & 0\leqslant t\leqslant T_c\\ 0, & 其他\end{cases} \tag{1.3.29}$$

可以得到,MC-CDMA 信号子载波频谱峰值最大时,其相邻的子载波频谱值为零,所以说信号的子载波间是正交的。MC-CDMA 系统提高了带宽利用率,其可以节省 50%的带宽。

(2) MC-DS-CDMA 信号:其模型如图 1.3.11 所示,其原理是用户发送的数据流经过多路分配器输出 N 路并行数据,每一路子载波上的信息数据乘以相同的扩频序列进行扩频并调制到对应的子载波上,然后再经过信道发送出去。第 m 个用户的 MC-DS-CDMA 信号模型为

$$s^m(t)=\sum_{k=-\infty}^{\infty}\sum_{i=0}^{N-1}\sum_{n=0}^{G_{\text{MD}}-1}a_{m,i}\cdot c_m[n]\cdot g_c[t-(n-1)T_c-kT'_s]\cdot\exp[\mathrm{j}2\pi(f_0+i\Delta f')t] \tag{1.3.30}$$

式中:$a_{m,i}$ 为 MC-DS-CDMA 信号的第 m 个用户的第 i 个子载波上的数据;G_{MD} 为扩频码增益;T_s 为用户所发送的信息码符号周期;T'_s 为信息码经过串/并变换后的周期,且 $T'_s=NT_s$;T_c 为扩频序列的码片宽度,并且 $T_c=T'_s/G_{\text{MD}}$;f_0 为 MC-DS-CDMA 信号的初始频率;$\Delta f'$ 为 MC-DS-CDMA 信号的子载波频率间隔。

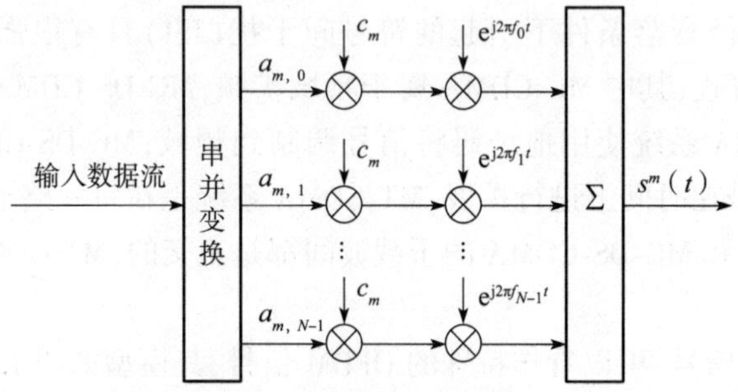

图 1.3.11　MC-DS-CDMA 信号模型

(3) MT-CDMA 信号:其与 MC-CDMA 信号和 MC-DS-CDMA 信号的不同之处是其子载波间的非正交性。MT-CDMA 信号模型与 MC-DS-CDMA 信号模型类似,用户发送来的信息数据经过串/并变换后,将串行数据转化为并行数据,并且调制到子载波上,此时信号满足正交性,然后子载波上的数据与更长的扩频序列相乘,并且扩频序列的长度与子载波数目成正比。由于子载波相邻载频间隔不变,其值仍为 $1/T_s$,子载波之间的重叠面积变大,所以 MT-CDMA 信号的子载波不再具有正交性。MT-CDMA 信号的数学模型为

$$s^m(t)=\sum_{k=-\infty}^{+\infty}\sum_{i=0}^{N-1}\sum_{n=0}^{G_{\mathrm{MT}}-1}a_m[k]c_m[n]g_c[t-(n-1)T_c-kT'_s]\cdot\exp[\mathrm{j}2\pi(f_0+i\Delta f')t] \tag{1.3.31}$$

式中：T_s 为用户所发送信息码的符号周期；T'_s为信息码经过串/并变换后的周期，$T'_s=NT_s$；子载波频率间隔 $\Delta f'=1/T_s$。

目前，多载波 CDMA 主要有 MC-DS-CDMA、MC-CDMA 和 MT-CDMA 三种方式，其检测与估计除了 OFDM 信号的诸多参数检测估计，还要对 CDMA 的扩频序列等参数及序列值进行估计。

1.3.5 多载波宽带信号盲估计与识别

综合前面 1.3.1~1.3.4 节所述，本书研究的复杂调制多载波宽带信号包括：①基本 OFDM 信号及其变形（包括其复杂形式：短循环前缀、军用特殊循环前缀、无循环前缀的 OFDM 信号等）；②多载波 CDMA 信号（主要包括 MC-DS-CDMA、MC-CDMA 和 MT-CDMA 信号三种方式）；③新型非正交多载波（NOMC）信号（主要包括滤波器组多载波（FBMC）、广义频分复用（GFDM）、通用滤波器多载波（UFMC）信号等）；④MIMO-多载波宽带信号（MIMO 系统信号，以及 MIMO 与前面三大类信号结合，形成 MIMO-OFDM、MIMO-MC-CDMA、MIMO-NOMC 等信号）。

我们可以看到，这些多载波宽带信号的调制格式都非常复杂，需要检测与估计的信号参数及特征波形也很多：信号参数——信息符号参数、子载波参数、伪码参数、载波/残留载波参数、发射天线数、信噪比、来波方向（DoA）等；信号特征波形——信息符号序列、伪码序列、子载波/载波波形、调制类型、空时码类型等，而它们的检测与估计——尤其是其低信噪比或微弱信号的盲检测与估计将是烦琐而又困难的。

在本书中，我们将采用信号循环自相关、循环谱、模糊函数、高阶累积量、信号盲源分离、支持向量机、神经网络及深层神经网络等方法实现对复杂调制多载波宽带信号，包括 OFDM、MC-CDMA、NOMC 及 MIMO-多载波宽带信号等的细微特征提取、盲估计与识别。

1.4 本书主要工作和内容安排

1.4.1 全书内容组织结构

本书主要内容围绕“多载波宽带信号的盲估计与识别”展开，具体为：单载波通信信号调制识别；OFDM 信号的盲估计与识别（包括 OFDM 信号参数盲估计、OFDM 信号调制识别、OFDM 阵列信号 DoA 估计）；MIMO-OFDM 信号的盲估计与识别；FBMC 信号的盲估计与识别；MC-CDMA 信号的盲估计与识别；基于深层神经网络的多载波宽带信号的盲识别等。全书的内容组织结构如图 1.4.1 所示。

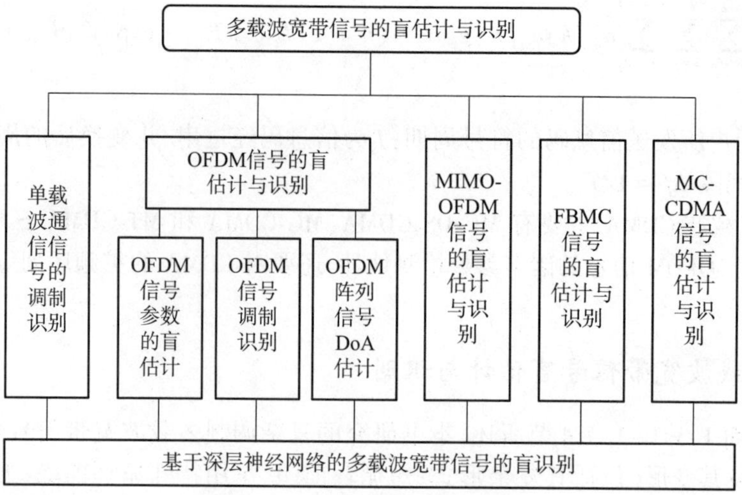

图 1.4.1　全书内容组织结构

1.4.2　全书章节安排

全书各章围绕“多载波宽带信号的盲估计与识别”问题展开，共 9 章，具体章节安排如下：

第 1 章　绪论：主要介绍移动通信系统的发展状况，OFDM 系统、MIMO 及 MIMO-OFDM 系统和 MC-CDMA 系统的概述，以及这些系统信号的盲估计与识别研究现状等。

第 2 章　单载波通信信号调制识别：主要包括基于小波分解的单载波通信信号调制识别、基于 PSO-SVM 的单载波通信信号调制识别、瑞利信道下基于累积量的单载波调制识别和基于谱特征的中频相移键控(Phase Shift Keying，PSK)信号类内识别。

第 3 章　OFDM 信号参数估计：主要包括基于循环前缀的 OFDM 信号参数估计、基于模糊函数的 OFDM 信号参数估计、基于循环前缀的信噪比盲估计和基于虚载波的信噪比盲估计，以及基于循环自相关的 NC-OFDM 信号参数估计。

第 4 章　OFDM 信号调制识别：主要包括基于循环自相关的多径衰落信道下 OFDM 信号盲识别、基于高阶统计特性的中频 OFDM 信号识别和基于高阶循环累积量的 OFDM 信号的调制识别等。

第 5 章　OFDM 阵列信号 DoA 估计算法：主要包括基于宽带聚焦矩阵和高阶累积量的 OFDM 信号的 DoA 估计、基于稀疏表示的 OFDM 信号的 DoA 估计、基于联合 L2,0 范数稀疏重构的 OFDM 信号的 DoA 估计。

第 6 章　MIMO-OFDM 信号的盲估计与识别：主要包括基于循环自相关与四阶循环累积量的 MIMO-OFDM 信号参数盲估计、基于 JADE 和特征提取的 OSTBC 盲识别与空间复用 MIMO 系统调制方式的盲识别。

第 7 章　FBMC 信号的盲估计与识别：主要包括基于循环自相关的多径衰落信道条件下 FBMC-OQAM 信号符号周期盲估计、基于四阶循环累积量的 FBMC-OQAM 子载波参数盲估计与 FBMC 信号的信道阶数和信噪比估计等、基于高阶统计量及 BP 神经网络的 FBMC 信号识别、基于循环自相关和奇异值分解的 FBMC 信号调制识别等。

第8章　MC-CDMA信号的盲估计与识别：主要包括基于二次谱法的MC-DS-CDMA信号的伪码周期盲估计、MC-CDMA信号用户数估计算法、基于四阶循环累积量的MC-CDMA信号子载波参数盲估计、基于自相关二阶矩及循环自相关多径衰落信道下的MC-CDMA信号的扩频序列周期盲估计、基于循环自相关算法的MC-CDMA信号的多参数估计和基于奇异值分解的MC-CDMA信号的调制识别及伪码序列估计等、基于循环平稳特性的STBC与VBLAST空时编码盲识别算法和基于稳健竞争聚类的实正交空时分组码盲识别方法等。

第9章　基于深层神经网络的多载波宽带信号的盲识别：主要包括基于时空学习神经网络的盲多载波波形识别、低信噪比下基于多模态降噪循环自相关特征的多载波波形识别、基于序列和星座组合特征学习的信道衰落MIMO-OFDM系统盲调制识别、基于一维CNN的MIMO-OSTBC信号协作调制识别、基于投影星座向量学习网络的OSTBC-OFDM系统高阶调制盲识别、基于变换信道卷积策略的FBMC-OQAM子载波调制信号识别等。

第 2 章　单载波通信信号调制识别

随着现代通信技术高速化、智能化、宽带化和综合化的发展，数字调制信号由于其抗干扰能力强、无噪声积累、稳定性好、差错可控、易加密、安全性和保密性好，易于与现代数字高科技技术相结合等优点而被广泛应用。数字调制是利用数字基带信号对载波的某个参量所做的调制，这个参量可以是幅度、频率、相位中的某一参量或者是两个参量的组合。由于数字信号的调制信息包含在信号的瞬时包络、相位和频率的变化中，所以可以利用信号瞬时参数的统计特性来进行信号调制样式的识别。

目前，随着移动通信技术的快速发展，其采用的无线电传输信号也逐步由单载波窄带调制信号过渡到了多载波宽带调制信号。现实世界中，不仅存在大量单载波数字调制信号，而且也存在不少多载波数字调制信号，它的每一个子载波上的信号仍然属于单载波数字调制信号。因此，有必要研究单载波通信信号的调制识别。

本章主要内容包括：常见单载波信号调制识别的基本原理；基于小波分解的单载波通信信号调制识别算法；基于微粒群-支持向量机（PSO-SVM）的单载波通信信号调制识别算法；瑞利信道下基于累积量的单载波调制识别；基于谱特征的中频相移键控（PSK）信号类内识别。

2.1　常见单载波信号调制识别的基本原理

2.1.1　常见单载波信号模型

调制信号为多进制数字信号时的调制方式称为多进制数字调制。下面对常见的几种多进制数字调制方式作简要介绍。

1. 多进制幅移键控（MASK）

MASK 又称多电平调制，它将码元信息直接映射到载波幅度上。其时域表达式为

$$s(t)=\left[A\sum_{n}a_{n}g(t-nT_{\mathrm{s}})\right]\cos(2\pi f_{\mathrm{c}}t+\theta_{0}) \tag{2.1.1}$$

式中：A 为载波的振幅；T_{s} 为基带信号码元宽度；$g(t)$ 为调制信号的脉冲表达式；f_{c} 为载波频率；θ_0 为载波的初始相位；a_n 等概取 $\{(2m-1-M)d, m=1,2,\cdots,M\}$，$d$ 为相邻的两个信号幅度之间的距离，M 为信号调制阶数。

2. 多进制相移键控（MPSK）

MPSK 通过改变载波的不同相位状态来进行信息的传递。其表达式为

$$s(t)=\left[A\sum_{n}g(t-nT_{\mathrm{s}})\right]\cos(2\pi f_{\mathrm{c}}t+\theta_{0}+\varphi_{n}) \tag{2.1.2}$$

式中：$\varphi_n\in\{2\pi(m-1)/M, m=1,2,\cdots,M\}$。

3. 多进制频移键控(MFSK)

MFSK 将码元信息映射到载波频率上，利用不同的载波频率来进行数字信息的传递。其表达式为

$$s(t) = \left[A \sum_{n} g(t - nT_s)\right] \cos([2\pi(f_c + \Delta f_m)t + \theta_0] \tag{2.1.3}$$

式中：$\Delta f_m \in \{(2m-1-M)\Delta f, m=1,2,\cdots,M\}$；$\Delta f$ 为相邻两个载波的频率差。

4. 正交幅度调制(MQAM)

MQAM 是一种多进制的幅度和相位联合键控的调制方式，按信号点分布，其星座图可分为星形和矩形星座图。本书讨论矩形 MQAM，其表达式为

$$s(t) = \left[A \sum_{n} a_n g(t - nT_s)\right] \cos(2\pi f_c t + \theta_0) + \left[A \sum_{n} b_n g(t - nT_s)\right] \sin(2\pi f_c t + \theta_0) \tag{2.1.4}$$

式中：$a_n, b_n \in \{(2m-1-\sqrt{M}), m=1,2,\cdots,M\}$。

5. 最小移频键控(MSK)

MSK 是 2FSK 的一种改进型，其相位始终保持连续不变，它是连续相位移频键控的一种特殊情况。其主要特点是包络恒定，在相邻的码元之间相位连续，带外辐射小，实现较简单。其表达式为

$$s(t) = A \sum_{n} \cos\left(2\pi f_c t + a_n \frac{\pi}{2T_s} t + \varphi_n\right) \tag{2.1.5}$$

式中：$a_n = \pm 1$；φ_n 满足

$$\varphi_n = \begin{cases} \varphi_{n-1}, & a_n = a_{n-1} \\ \varphi_n \pm n\pi, & a_n \neq a_{n-1} \end{cases} \tag{2.1.6}$$

当 $a_n = +1$ 时，发送的角频率为 $2\pi f_c + \pi/(2T_s)$；而当 $a_n = -1$ 时，角频率为 $2\pi f_c - \pi/(2T_s)$。可见在一个码元内，载波的相位线性地增加或减少 $\pi/2$。

2.1.2　特征参数提取方法及相关理论

特征参数提取是通信信号调制识别技术的关键步骤之一，对其提取合理与否能够直接影响信号识别率的高低，所以特征参数提取是通信信号调制识别研究工作的一个重点。本节主要介绍常见单载波信号特征参数提取方法以及相关理论，包括瞬时特征提取方法、高阶累积量理论和分形理论。

1. 瞬时特征提取方法

1995—1998 年，A. K. Nandi 和 E. E. Azzouz 提出一种基于调制信号瞬时特征的时域分析算法[250-255]，他们提取的这些特征参数都是通过信号的几个时域瞬时参数得到的，至今该调制识别技术在单载波调制识别领域仍占主导地位，因此，这里先对瞬时参数的提取方法作简要介绍。

输入信号的通用表达式可以写为

$$s(t) = A(t)\cos[2\pi f_c t + \varphi(t)] = A(t)\cos[\theta(t)] \tag{2.1.7}$$

式中：$A(t)$ 为瞬时幅度；$\varphi(t)$ 为调制相位；$\theta(t)$ 为总的相位。

其相应的解析表达式为

$$z(t)=s(t)+\mathrm{j}\,\hat{s}(t)=A(t)\{\cos[2\pi f_c t+\varphi(t)]+\mathrm{j}\sin[2\pi f_c t+\varphi(t)]\}$$
$$=A(t)\exp\{\mathrm{j}[2\pi f_c t+\varphi(t)]\}=A(t)\exp[\mathrm{j}\theta(t)] \tag{2.1.8}$$

式中：$\hat{s}(t)$表示$s(t)$的 Hilbert 变换。从式(2.1.8)可以得

信号的瞬时幅度为

$$\rho(t)=\sqrt{s^2(t)+\hat{s}^2(t)} \tag{2.1.9}$$

信号的瞬时相位为

$$\theta(t)=\arg[z(t)]=\arg[s(t)+\mathrm{j}\,\hat{s}(t)] \tag{2.1.10}$$

信号的瞬时频率为

$$f(t)=\frac{1}{2\pi}\frac{\mathrm{d}\theta}{\mathrm{d}t} \tag{2.1.11}$$

按上述方法可得到几种典型信号的瞬时参量，分别如图 2.1.1～图 2.1.5 所示。

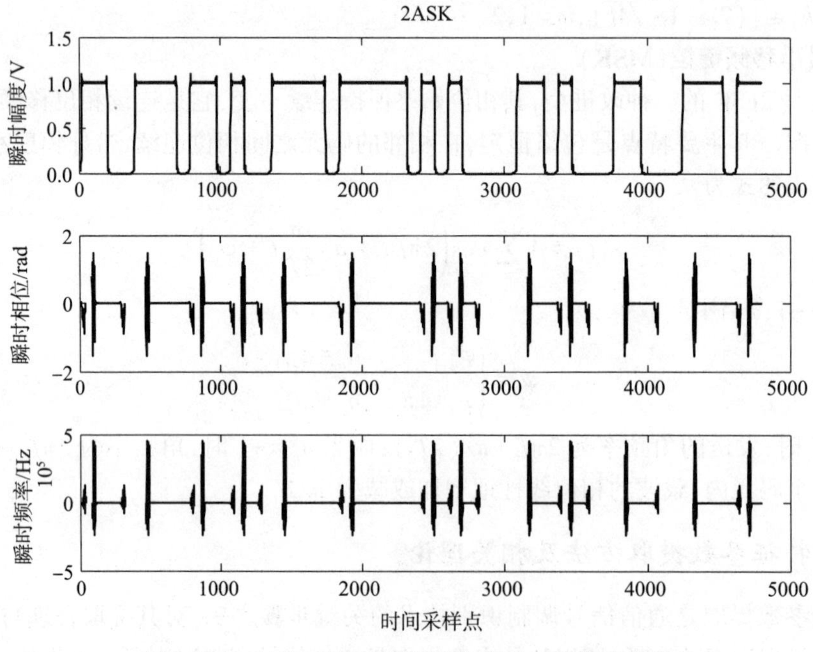

图 2.1.1　2ASK 信号的瞬时幅度、相位以及频率信息

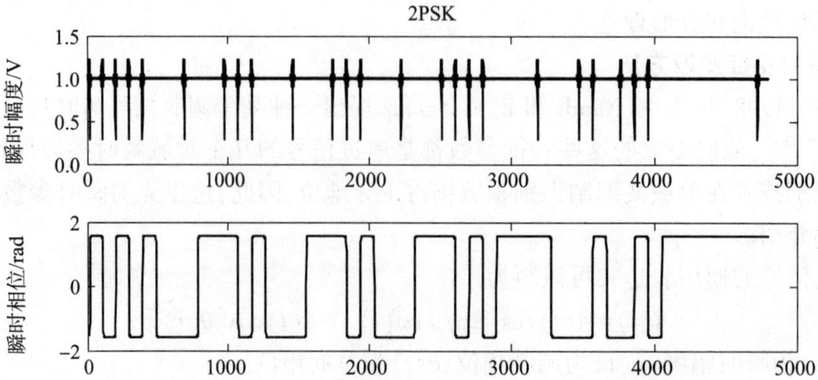

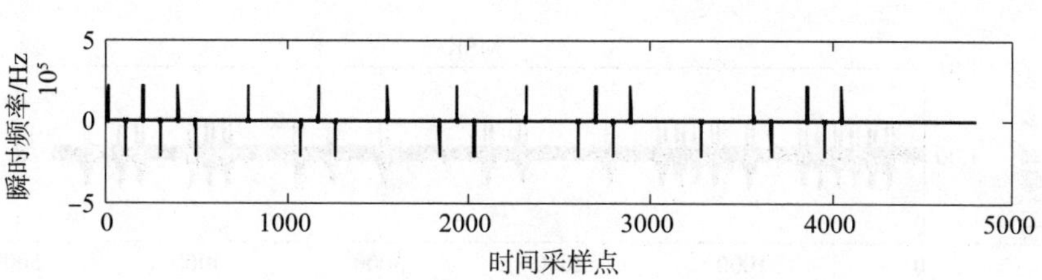

图 2.1.2　2PSK 信号的瞬时幅度、相位以及频率信息

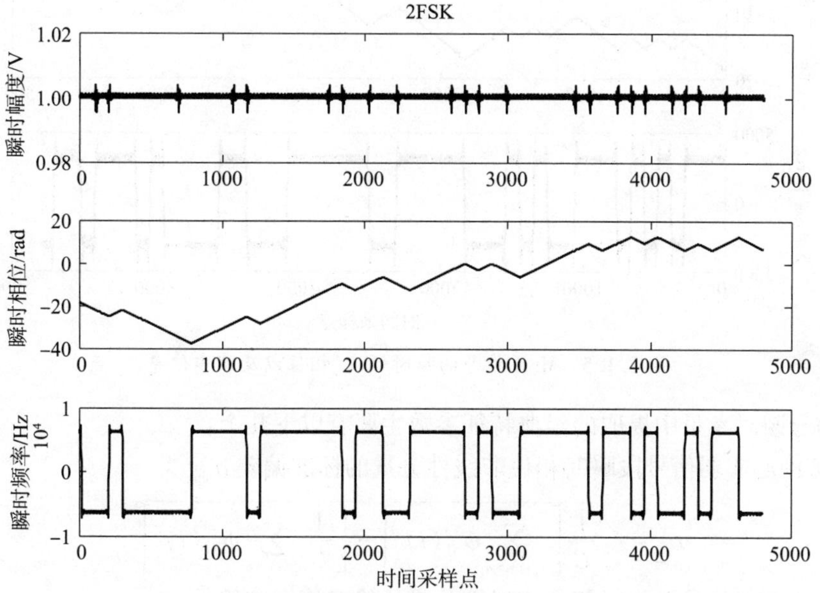

图 2.1.3　2FSK 信号的瞬时幅度、相位以及频率信息

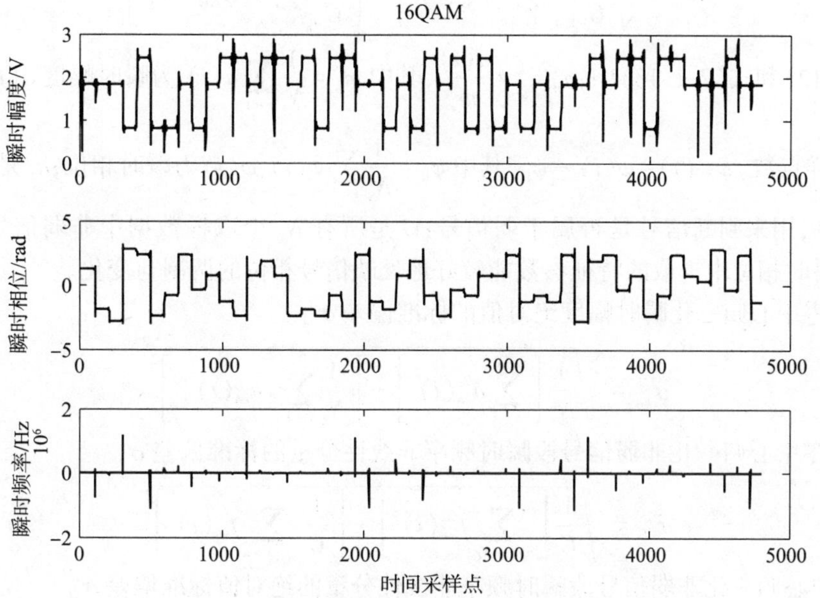

图 2.1.4　16QAM 信号的瞬时幅度、相位以及频率信息

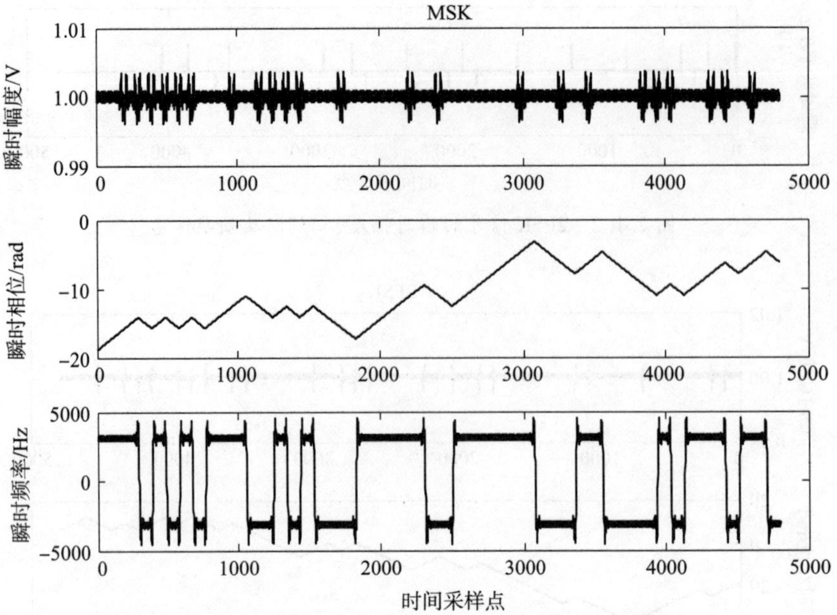

图 2.1.5 MSK 信号的瞬时幅度、相位以及频率信息

从信号瞬时参量中提取的经典特征参数主要有以下几个:

1) 零中心非弱信号段瞬时相位非线性分量的标准偏差 σ_{dp}

$$\sigma_{\mathrm{dp}}=\sqrt{\frac{1}{C}\left[\sum_{a_n(i)>a_t}\phi_{\mathrm{NL}}^2(i)\right]-\left[\frac{1}{C}\sum_{a_n(i)>a_t}\phi_{\mathrm{NL}}(i)\right]^2} \tag{2.1.12}$$

以及零中心非弱信号段瞬时相位非线性分量的绝对值标准偏差 σ_{ap}

$$\sigma_{\mathrm{ap}}=\sqrt{\frac{1}{C}\left[\sum_{a_n(i)>a_t}\phi_{\mathrm{NL}}^2(i)\right]-\left[\frac{1}{C}\sum_{a_n(i)>a_t}|\phi_{\mathrm{NL}}(i)|\right]^2} \tag{2.1.13}$$

式(2.1.12)和式(2.1.13)中:$a_n(i)=\dfrac{a(i)}{m_s}$,其中 $m_s=\dfrac{1}{N_s}\sum\limits_{i=1}^{N}a(i)$ 为瞬时幅度 $a(i)$ 的均值,N_s 为取样点数。$\varphi_{\mathrm{NL}}(i)=\varphi(i)-\varphi_0$,其中 $\varphi_0=\dfrac{1}{N_s}\sum\limits_{i=1}^{N_s}\varphi(i)$,$\varphi(i)$ 为瞬时相位;a_t 是幅度判决门限电平,用来判断信号是否属于弱信号;C 是所有 N_s 个取样数据中非弱信号的个数。从信号瞬时相位中提取的特征参数能较好地反映信号相位的调制与变化。

2) 零中心归一化瞬时幅度绝对值的标准偏差 σ_{aa}

$$\sigma_{\mathrm{aa}}=\sqrt{\frac{1}{N_s}\left[\sum_{i=1}^{N_s}a_{cn}^2(i)\right]-\left[\frac{1}{N_s}\sum_{i=1}^{N_s}|a_{cn}(i)|\right]^2} \tag{2.1.14}$$

3) 零中心归一化非弱信号段瞬时频率非线性分量的标准偏差 σ_{df}

$$\sigma_{\mathrm{df}}=\sqrt{\frac{1}{C}\left[\sum_{a_n(i)>a_t}f_{cn}^2(i)\right]-\left[\frac{1}{C}\sum_{a_n(i)>a_t}f_{cn}(i)\right]^2} \tag{2.1.15}$$

以及零中心归一化非弱信号段瞬时频率非线性分量的绝对值标准偏差 σ_{af}

$$\sigma_{\mathrm{af}} = \sqrt{\frac{1}{C}\left[\sum_{a_n(i) > a_t} f_{cn}^2(i)\right] - \left[\frac{1}{C}\sum_{a_n(i) > a_t} |f_{cn}(i)|\right]^2} \tag{2.1.16}$$

式(2.1.15)和式(2.1.16)中：$f_{cn}(i)=f_n(i)/R_b$，$f_n(i)=f(i)-m_f$，$m_f=\frac{1}{N_s}\sum_{i=1}^{N_s}f(i)$，其中 R_b 为信号的符号速率。从信号瞬时频率中提取的特征参数能较好地反映信号频率的调制与变化。

2. 高阶累积量理论

在通信信号的调制识别过程中，由于高斯噪声的高阶（三阶及其以上）累积量理论上恒为零，所以对接收的含有高斯噪声的非高斯信号进行高阶累积量的处理，可以削弱高斯噪声对非高斯信号的干扰，从而提高通信信号的调制识别率，所以三阶及其以上的高阶累积量常常被用作通信信号调制识别的特征量。信号的高阶累积量包含信号星座图信息，即信号幅度、相位等信息，不同的星座图对应不同的高阶累积量，它适合用来区分含幅度、相位调制的信号。下面对高阶累积量理论作简要介绍[256]。

1) 随机变量的高阶累积量

设 x 是概率密度函数为 $f(x)$ 的随机变量，其特征函数定义为

$$\Phi_c(\omega) = \int_{-\infty}^{+\infty} f(x)\mathrm{e}^{\mathrm{j}\omega x}\mathrm{d}x = E[\mathrm{e}^{\mathrm{j}\omega x}] \tag{2.1.17}$$

式中：j 表示虚单位；$E[\cdot]$表示取期望；特征函数 $\Phi_c(\omega)$ 称为 x 的矩生成函数，也称为第一特征函数。同时，对于 x 的累积量生成函数可表示为

$$\Psi_c(\omega) = \ln\Phi_c(\omega) \tag{2.1.18}$$

式(2.1.18)也称为 x 的第二特征函数。

对式(2.1.17)求 k 阶导，得

$$\Phi_c^k(\omega) = \mathrm{j}^k E[x^k \mathrm{e}^{\mathrm{j}\omega x}] \tag{2.1.19}$$

从而有

$$\Phi_c^k(0) = \mathrm{j}^k E[x^k] = \mathrm{j}^k \int_{-\infty}^{+\infty} f(x)x^k\mathrm{d}x \tag{2.1.20}$$

于是得 x 的 k 阶矩为

$$M_k = E[x^k] = (-\mathrm{j})^k \Phi_c^k(0) \tag{2.1.21}$$

同理，x 的 k 阶累积量可定义为

$$C_k = (-\mathrm{j})^k \left.\frac{\mathrm{d}^k\Psi_c(\omega)}{\mathrm{d}\omega^k}\right|_{\omega=0} = (-\mathrm{j})^k\Psi_c^k(0) \tag{2.1.22}$$

2) 随机向量的高阶累积量

对于 k 维随机向量 $\boldsymbol{x}=[x_1,x_2,\cdots,x_k]$，其对应的特征函数为

$$\Phi_c(\omega_1,\omega_2,\cdots,\omega_k) = E\left\{\exp\left[\mathrm{j}\left(\sum_{i=1}^{k} x_i\omega_i\right)\right]\right\} \tag{2.1.23}$$

对式(2.1.23)求关于 $\omega_1,\omega_2,\cdots,\omega_k$ 的 $\gamma=\gamma_1+\gamma_2+\cdots+\gamma_k$ 阶偏导，得

$$\frac{\partial^\gamma\Phi_c(\omega_1,\cdots,\omega_k)}{\partial\omega_1^{\gamma_1}\cdots\partial\omega_k^{\gamma_k}} = \mathrm{j}^\gamma E\left\{x_1^{\gamma_1}\cdots x_k^{\gamma_k}\exp\left[\mathrm{j}\left(\sum_{i=1}^{k}x_i\omega_i\right)\right]\right\},\quad \gamma_i \geqslant 0 \tag{2.1.24}$$

令 $\omega_1=\cdots=\omega_k=0$，得到随机向量的 γ 阶矩

$$M_{\gamma_1\cdots\gamma_k}=E[x_1^{\gamma_1}\cdots x_k^{\gamma_k}]=(-j)^{\gamma}\left.\frac{\partial^{\gamma}\Phi_c(\omega_1,\cdots,\omega_k)}{\partial\omega_1^{\gamma_1}\cdots\partial\omega_k^{\gamma_k}}\right|_{\omega_1=\cdots=\omega_k=0} \tag{2.1.25}$$

类似地，将 k 维随机向量 $\boldsymbol{x}=[x_1,x_2,\cdots,x_k]$ 的 γ 阶累积量定义为

$$C_{\gamma_1,\cdots,\gamma_N}=(-j)^{\gamma}\left.\frac{\partial^{\gamma}\Psi_c(\omega_1,\cdots,\omega_N)}{\partial\omega_1^{\gamma_1}\cdots\partial\omega_k^{\gamma_k}}\right|_{\omega_1=\cdots=\omega_N=0} \tag{2.1.26}$$

当 $\gamma_1=\gamma_2=\cdots=\gamma_N=1$ 时，得到通常所见的 k 阶矩以及 k 阶累积量，将其分别记为

$$M_k=M_{1,\cdots,1}=\mathrm{Mom}(x_1,\cdots,x_k) \tag{2.1.27}$$

$$C_k=C_{1,\cdots,1}=\mathrm{Cum}(x_1,\cdots,x_k) \tag{2.1.28}$$

且随机向量 $\boldsymbol{x}$ 的 k 阶矩和 k 阶累积量满足

$$\mathrm{Cum}(x_1,x_2,\cdots,x_k)=\sum_{q=1}^{k}(-1)^{q-1}(q-1)!\;E\Big(\prod_{i\in s_1}x_i\Big)E\Big(\prod_{i\in s_2}x_i\Big)\cdots E\Big(\prod_{i\in s_q}x_i\Big) \tag{2.1.29}$$

式(2.1.29)也称为 M-C 公式，其中 $(s_1,s_2,\cdots,s_q)$ 为 $q=1,2,\cdots,k$ 的 k 个整数所有的 q 个分块的集合。

3）随机过程的高阶累积量

对于零均值 k 阶平稳随机过程 $\{x(n)\}$，其 k 阶矩可以定义为

$$M_{kx}(\tau_1,\cdots,\tau_{k-1})=E[x(n)x(n+\tau_1)\cdots x(n+\tau_{k-1})] \tag{2.1.30}$$

同前面分析一样，$\{x(n)\}$ 的 k 阶累积量可以定义为

$$C_{kx}(\tau_1,\cdots,\tau_{k-1})=\mathrm{Cum}[x(n),x(n+\tau_1),\cdots,x(n+\tau_{k-1})] \tag{2.1.31}$$

可见，当取 $x_1=x(n)$，$x_2=x(n+\tau_1)$，$\cdots$，$x_k=x(n+\tau_{k-1})$ 时，随机向量 $\boldsymbol{x}=[x_1,x_2,\cdots,x_k]$ 的 k 阶矩和 k 阶累积量就是随机过程 $\{x(n)\}$ 的 k 阶矩和 k 阶累积量。

根据式(2.1.29)可以推导出零均值复平稳随机过程 $x(n)$ 的二阶和四阶累积量分别为

$$C_{20}(\tau_1)=E[x(n),x(n+\tau_1)] \tag{2.1.32}$$

$$C_{21}(\tau_1)=E[x(n),x^*(n+\tau_1)] \tag{2.1.33}$$

$$\begin{aligned}C_{40}(\tau_1,\tau_2,\tau_3)&=\mathrm{Cum}(x(n),x(n+\tau_1),x(n+\tau_2)x(n+\tau_3))\\&=E[x(n)x(n+\tau_1)x(n+\tau_2)x(n+\tau_3)]-\\&\quad E[x(n)x(n+\tau_1)]E[x(n+\tau_2)x(n+\tau_3)]-\\&\quad E[x(n)x(n+\tau_2)]E[x(n+\tau_1)x(n+\tau_3)]-\\&\quad E[x(n)x(n+\tau_3)]E[x(n+\tau_1)x(n+\tau_2)]\end{aligned} \tag{2.1.34}$$

$$\begin{aligned}C_{41}(\tau_1,\tau_2,\tau_3)&=\mathrm{Cum}(x(n),x(n+\tau_1),x(n+\tau_2)x^*(n+\tau_3))\\&=E[x(n)x(n+\tau_1)x(n+\tau_2)x^*(n+\tau_3)]-\\&\quad E[x(n)x(n+\tau_1)]E[x(n+\tau_2)x^*(n+\tau_3)]-\\&\quad E[x(n)x(n+\tau_2)]E[x(n+\tau_1)x^*(n+\tau_3)]-\\&\quad E[x(n)x^*(n+\tau_3)]E[x(n+\tau_1)x(n+\tau_2)]\end{aligned} \tag{2.1.35}$$

$$
\begin{aligned}
C_{42}(\tau_1,\tau_2,\tau_3) &= \mathrm{Cum}(x(n),x(n+\tau_1),x^*(n+\tau_2)x^*(n+\tau_3)) \\
&= E[x(n)x(n+\tau_1)x^*(n+\tau_2)x^*(n+\tau_3)]- \\
&\quad E[x(n)x(n+\tau_1)]E[x^*(n+\tau_2)x^*(n+\tau_3)]- \\
&\quad E[x(n)x^*(n+\tau_2)]E[x(n+\tau_1)x^*(n+\tau_3)]- \\
&\quad E[x(n)x^*(n+\tau_3)]E[x(n+\tau_1)x^*(n+\tau_2)]
\end{aligned} \tag{2.1.36}
$$

式中：$*$ 表示函数的复共轭。

定义 $M_{pq}=E\{[x(n)]^{p-q}[x^*(n)]^q\}$，当 $\tau_1=\tau_2=\cdots=\tau_k=1$ 时，上面的式子可以简化为

$$C_{20}=M_{20} \tag{2.1.37}$$

$$C_{21}=M_{21} \tag{2.1.38}$$

$$C_{40}=M_{40}-3(M_{20})^2 \tag{2.1.39}$$

$$C_{41}=M_{41}-3M_{20}M_{21} \tag{2.1.40}$$

$$C_{42}=M_{42}-|M_{20}|^2-2(M_{21})^2 \tag{2.1.41}$$

3. 分形理论

分形理论是非线性科学的前沿和重要分支，分形维数是分形理论的一个重要原则，它可以对分形集的复杂性进行定量描述，因此可以把信号细节信息的分形维数作为特征参数来进行通信信号的调制识别。计盒维数（也称为盒维数）常常被用来描述分形集的几何尺度信息情况。

设 F 是 R^n 上任意非空有界子集，$N_\delta(F)$ 是最大直径为 δ，可覆盖 F 的集的最少个数，则 F 的下、上计盒维数可分别定义为[257]

$$\underline{\dim}_B F=\underline{\lim}_{\delta\to 0}\frac{\log N_\delta(F)}{-\log\delta} \tag{2.1.42}$$

$$\overline{\dim}_B F=\overline{\lim}_{\delta\to 0}\frac{\log N_\delta(F)}{-\log\delta} \tag{2.1.43}$$

若 $\underline{\dim}_B F=\overline{\dim}_B F=\dim_B F$，则称$\dim_B F$ 为 F 的计盒维数。其中

$$\dim_B F=\lim_{\delta\to 0}\frac{\log N_\delta(F)}{-\log\delta} \tag{2.1.44}$$

根据参考文献[258]对数字化离散空间信号点集的分维值作如下简化：

设信号的采样序列为 $x(t_1),x(t_2),\cdots,x(t_{N_f}),x(t_{N_f+1})$，$N_f$ 为偶数。令

$$\mathrm{d}(\Delta)=\sum_{i=1}^{N_f}|x(t_i)-x(t_{i+1})| \tag{2.1.45}$$

$$\mathrm{d}(2\Delta)=\sum_{i=1}^{N_f/2}\{\max[x(t_{2i-1}),x(t_{2i}),x(t_{2i+1})]-\min[x(t_{2i-1}),x(t_{2i}),x(t_{2i+1})]\} \tag{2.1.46}$$

以及 $N_{f1}(\Delta)=\mathrm{d}(\Delta)/(\Delta)$，$N_{f1}(2\Delta)=\mathrm{d}(2\Delta)/(2\Delta)$，其中 $\Delta=1/f_s$，f_s 为采样率，那么

$$D_B(x)=\frac{\log[N_{f1}(\Delta)/N_{f1}(2\Delta)]}{\log\{(1/\Delta)/[1/(2\Delta)]\}}=1+\log_2\frac{\mathrm{d}(\Delta)}{\mathrm{d}(2\Delta)} \tag{2.1.47}$$

2.1.3 BP 神经网络理论

神经网络能实现从输入空间到输出空间的非线性映射,它通过调整权重和阈值来进行学习,发现变量间的关系,从而实现实物间的分类。神经网络由于其对数据分布无任何要求,能有效解决非正态分布、非线性问题而受到广泛应用,所以在通信信号调制识别中,常采用神经网络作为分类器。

人工神经网络是模仿生物神经网络功能的一种经验模型,是生物神经元的模拟与抽象[259-260],其模型如图 2.1.6 所示。

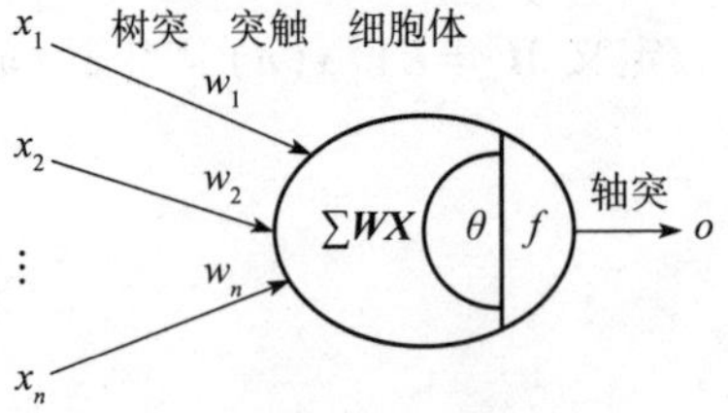

图 2.1.6　人工神经元模型

图 2.1.6 中,$x_1,x_2,\cdots,x_n$ 为人工神经元的 n 个输入,$w_1,w_2,\cdots,w_n$ 为与神经元相连的 n 个突触的连接强度,也称为权值,这相当于人工神经网络的记忆,$\sum \boldsymbol{WX}$ 为激活值,o 为该神经元的输出,θ 为阈值。若激活值 $\sum \boldsymbol{WX}$ 超过 θ,则该神经元被激活,于是可得到其输出表达式

$$o=f\left(\sum \boldsymbol{WX}-\theta\right) \tag{2.1.48}$$

式中:$f(\cdot)$为传递函数(激励函数)。

通常激励函数有 Sigmoid 函数(也称为 S 型函数)、符号函数等。Sigmoid 函数表达式为

$$f(t)=\frac{1}{1+\mathrm{e}^{-at}} \tag{2.1.49}$$

式中:a 为 Sigmoid 函数的斜率参数。

符号函数定义为

$$f(t)=\begin{cases}1, & t\geqslant 0\\ -1, & t<0\end{cases} \tag{2.1.50}$$

神经网络种类很多,包括反向传播(Back Propagation,BP)神经网络、径向基函数(Radial Basis Function,RBF)神经网络、自组织竞争神经网络、反馈型(Hopfield)神经网络等[260]。其中,BP 神经网络是目前实际应用中使用最广泛的神经网络模型之一。BP 神经网络按照有导师(即有监督)的学习方式进行训练,是一种按误差逆传播算法训练的多层前馈网络,多层前馈网络是一类单方向层次型网络模块,包括输入层、隐含层和输出层。

BP 神经网络分为信息的正向传播和误差的反向传播两个过程。当外界的输入信息经输入层各神经元提供给网络后,神经元的激活值将从输入层经各隐含层向输出层传播,完成一次学习的正向传播处理过程;当实际输出与期望输出不符时,进入误差的反向传播阶段,即误差按减少希望输出与实际输出误差的原则,从输出层经各隐含层,最后回到输入层逐层修正各层连接权。如此周而复始地进行下去,直到网络输出的误差减少到预期的范围内,或者达到预先设定的学习次数。

图 2.1.7 是一个比较典型的三层 BP 神经网络的拓扑结构。设输入向量为 $\boldsymbol{X}=[x_1,x_2,\cdots,x_n]^{\mathrm{T}}$,其中 n 为输入层节点数,也是样本特征向量空间的维数;输出向量为 $\boldsymbol{Y}=[y_1,y_2,\cdots,y_q]^{\mathrm{T}}$,期望输出向量为 $\boldsymbol{O}=[o_1,o_2,\cdots,o_q]^{\mathrm{T}}$,$q$ 为输出层节点数;隐含层向量为

$\boldsymbol{B}=[b_1,b_2,\cdots,b_p]^{\mathrm{T}}$, p 为隐含层节点数。输入层至隐含层的连接权值为 $\boldsymbol{W}_j=[w_{j1},w_{j2},\cdots,w_{jn}]^{\mathrm{T}}$,$j=1,2,\cdots,p$,隐含层至输出层的连接权值为 $\boldsymbol{V}_k=[v_{k1},v_{k2},\cdots,v_{kp}]^{\mathrm{T}}$,$k=1,2,\cdots,q$。则 BP 算法可以用如下方法描述[260](假设按梯度下降法调整参数)。

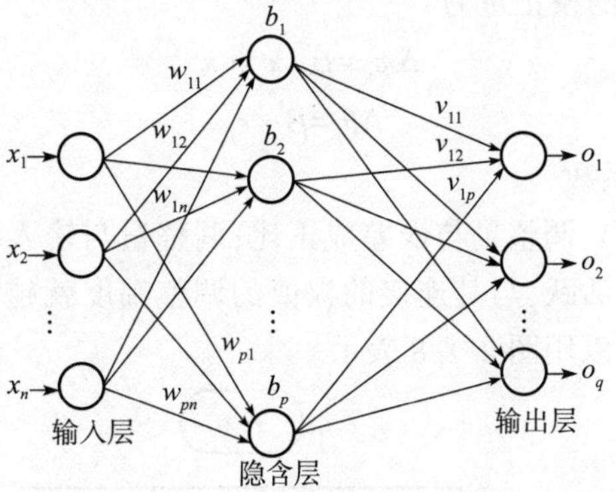

图 2.1.7　三层 BP 神经网络结构

1. 信息的正向传播过程

根据下式计算隐含层各神经元的激活值 s_j:

$$s_j=\sum_{i=1}^{n}w_{ji}\cdot x_i-\theta_j \tag{2.1.51}$$

式中:θ_j 表示第 j 个隐含层单元的阈值。

梯度法常常被用在 BP 算法中进行权值的修正,它要求输出函数可微,S 型函数满足该条件,所以通常采用 S 型函数作为激励函数,即

$$f(x)=\frac{1}{1+\exp(-x)} \tag{2.1.52}$$

于是,隐含层 j 单元的输出值 b_j 为

$$b_j=f(s_j)=\frac{1}{1+\exp\left(-\sum_{i=1}^{n}w_{ji}\cdot x_i+\theta_j\right)} \tag{2.1.53}$$

类似地,可以计算输出层的激活值与输出值分别为

$$s_k=\sum_{j=1}^{p}v_{kj}\cdot b_j-\theta_k \tag{2.1.54}$$

$$y_k=f(s_k) \tag{2.1.55}$$

式中:θ_k 为输出层单元的阈值。

2. 误差的反向传播过程

1) 计算各输出层的校正误差为

$$d_k=(o_k-y_k)y_k(1-y_k) \tag{2.1.56}$$

2) 从后向前计算各隐含层的校正误差为

$$e_j=\left(\sum_{k=1}^{q}v_{kj}\cdot d_k\right)b_j(1-b_j) \tag{2.1.57}$$

3) 输出层至隐含层的连接权值以及输出层阈值的校正量分别为

$$\Delta v_{kj} = \gamma \cdot d_k \cdot b_j \tag{2.1.58}$$

$$\Delta \theta_k = \gamma \cdot d_k \tag{2.1.59}$$

式中：$\gamma(\gamma>0)$为学习系数。

4) 隐含层至输入层的校正量为

$$\Delta w_{ji} = \beta \cdot e_j \cdot x_i \tag{2.1.60}$$

$$\Delta \theta_j = \beta \cdot e_j \tag{2.1.61}$$

式中：$\beta(0<\beta<1)$为学习系数。

从上述推导可以看出，调整量与误差成正比；调整量与输入值大小成正比，这是由于输入值越大，学习过程越活跃，与其连接的权值的调整幅度就越大；调整量与学习系数成正比。同时，上述过程可以用图 2.1.8 表示。

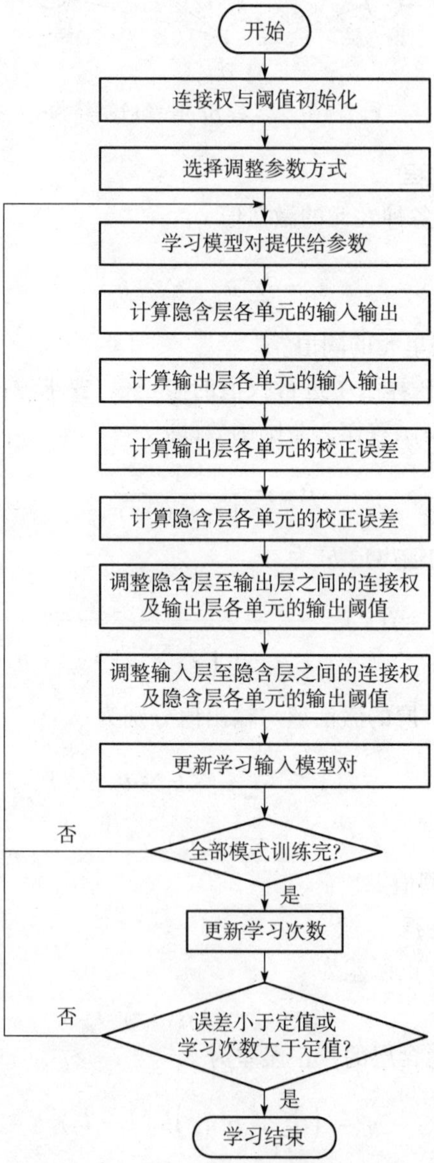

图 2.1.8　BP 神经网络学习过程

2.1.4 本节小结

本节主要介绍了常见单载波信号调制识别的基本理论基础。其包括对常见单载波数字调制信号模型的介绍,对常见的信号特征提取方法及相关理论的介绍,包括瞬时特征提取方法、高阶累积量和分形理论。同时,还对 BP 神经网络结构及其算法作了简要介绍。本节这些理论方法主要是为下一节单载波信号调制识别打下理论基础。

2.2 基于小波分解的单载波通信信号调制识别算法

2.2.1 引言

一般通信信号在传播过程中,信噪比变化范围比较大,通常在几到几十分贝之间,这就给信号的调制识别带来一定的困难。所以我们在对信号进行调制识别时,要尽可能地选择那些最能反应不同类型信号之间差别的模式信息作为信号识别的特征参数,同时还要求提取的信号特征受信噪比变化的影响尽可能地小。然而现有的单载波调制识别方法通常受噪声干扰大,且使用的识别技术一般都比较单一,具有一定的局限性。

针对以上提及的问题,同时考虑到,噪声一般为高频信息,而待识别的通信信号经过预处理后则为低频信息,所以对经过预处理后的信号进行一定尺度下的小波分解便能得到包含较少噪声的信号细节信息。本节将小波分解理论与调制信号的瞬时特征、高阶累积量以及分形理论相结合,提取一组基于小波分解的混合模式特征向量,然后采用分层结构的神经网络作为分类器,实现常见 2ASK、4ASK、2PSK、4PSK、8PSK、2FSK、4FSK、8FSK、16QAM 和 MSK 等 10 种单载波信号的调制识别。

2.2.2 小波变换与多分辨分析理论

20 世纪 80 年代,法国科学家在分析处理地球物理勘探资料时提出小波的概念,小波分析的实质是一种窗口形状可变但大小不变的时频域分析方法,即在低频部分具有较宽的时间窗,时间分辨率较低而频率分辨率较高;相反,在高频部分具有较窄的时间窗,频率分辨率较低而时间分辨率较高[261]。正是由于这种时频灵活性,使得小波分析具有较强的提取信号瞬时变化信息的能力。

1. 小波变换

设 $\varphi(t) \in L^2(R)$,$\hat{\psi}(\omega)$是其傅里叶(Fourier)变换,当$\hat{\psi}(\omega)$满足容许性条件[261-262]

$$C_{\psi} = \int_R \frac{|\hat{\psi}(\omega)^2|}{|\omega|} \mathrm{d}\omega < \infty \tag{2.2.1}$$

$$\int_{-\infty}^{\infty} \varphi(t)\,\mathrm{d}t = 0 \tag{2.2.2}$$

时,称 $\varphi(t)$ 为一个基本小波,也称为母小波。$\varphi(t)$ 经平移和伸缩后可得到一小波序列。

对于连续的情况,小波序列为

$$\varphi_{a,b}(t) = \frac{1}{\sqrt{|a|}} \varphi\left(\frac{t-b}{a}\right), \quad a,b \in R, a \neq 0 \tag{2.2.3}$$

式中：a 为伸缩因子，也称为尺度因子，它使小波在保持完全相似条件下“拉伸”或者“压缩”；b 为平移因子，它使波形沿时间轴进行平移。

对于任意的函数 $s(t) \in L^2(R)$ 的连续小波变换为

$$\mathrm{WT_s}(a,b) = \frac{1}{\sqrt{|a|}}\int_{-\infty}^{\infty} s(t)\varphi^*\left(\frac{t-b}{a}\right)\mathrm{d}t = \langle s(t), \varphi_{a,b}(t)\rangle \tag{2.2.4}$$

利用小波变换进行信号重构时需要对小波进行离散化，这里的离散化都是针对尺度因子 a 和平移因子 b，取 $a=a_0^j, b=ka_0^jb_0$，得到离散小波 $\varphi_{j,k}(t)$ 序列为

$$\varphi_{j,k}(t) = a_0^{-j/2}\varphi(a_0^{-j}t-kb_0),\quad j,k\in Z \tag{2.2.5}$$

离散小波变换记为 $\mathrm{WT}_f(j,k)$，并称

$$c_{j,k} = \mathrm{WT}_f(j,k) = \int_{-\infty}^{\infty} f(t)\varphi_{j,k}^*(t)\,\mathrm{d}t = \langle f, \varphi_{j,k}\rangle \tag{2.2.6}$$

为离散小波系数。

2. 多分辨分析理论

对尺度的理解可以把它想象成照相机的镜头，尺度由大到小的变化就好比通过照相机镜头由远及近地观察目标。所以，在大尺度下只能看到物体的概貌，而在小尺度下就可以看到物体的很多细节信息。这种对事物进行不同尺度上的分析称为多尺度分析，也称为多分辨分析。

空间 $L^2(R)$ 中满足如下条件的一个空间序列 $\{V_j\}_{j\in Z}$ 即为多分辨分析[261]：

(1) 单调性：$V_j \subset V_{j+1}, \forall j \in Z$。

(2) 逼近性：$\bigcap\limits_{j\in Z} V_j = \{0\}, \left\{\bigcup\limits_{-\infty}^{\infty} V_j\right\} = L^2(R)$。

(3) 伸缩性：$s(t)\in V_j \Leftrightarrow s(2t)\in V_{j+1}$。

(4) 平移不变性：$\forall n\in Z$，有 $\phi_j(2^jt)\in V_j \Rightarrow \phi_j(2^jt-n)\in V_j$。

(5) Riesz 基存在性：存在 $\phi_j \in V_0$，使得 $\{\phi_j(2^jt-n) \mid n\in \mathbf{Z}\}$ 构成 V_j 的 Riesz 基。

根据性质(3)，若 $\phi(t-n)$ 为空间 V_0 的正交基，则 $\phi_{j,n}(t)=2^{j/2}\phi(2^jt-n)$ 为子空间 V_j 的标准正交基。由上述多分辨率的性质可知，所有的闭子空间 $\{V_j\}_{j\in Z}$ 都是由同一尺度函数 $\phi(t)$ 伸缩后的平移系列张成的尺度空间，$\phi(t)$ 为多分辨率的尺度函数(Scaling Function)[261]，其定义为

$$\phi_{j,n}(t) = 2^{j/2}\phi(2^jt-n),\quad j,n\in Z \tag{2.2.7}$$

图 2.2.1 所示为函数空间剖分。

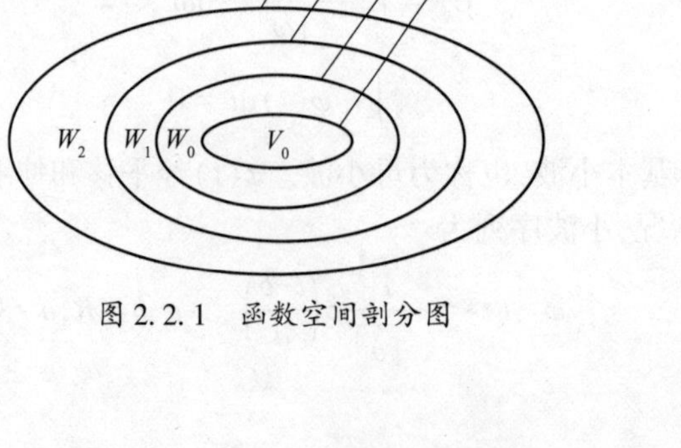

图 2.2.1 函数空间剖分图

式中：W_j 为 V_j 在 V_{j+1} 中的补空间，满足

$$V_{j+1}=V_j\oplus W_j, \quad \forall j\in Z \tag{2.2.8}$$

式中：$\oplus$表示子空间的直和，即子空间 V_{j+1} 的每个元素都可以用唯一的形式写作子空间 W_j 和子空间 V_j 的一个元素之和。

图 2.2.2 所示为多分辨分析结构，这里以三层结构为例来对多分辨率分析进行说明。其中，A_j 表示信号的低频成分，对应于子空间 V_j，D_j 表示信号的高频部分，对应于子空间 W_j。

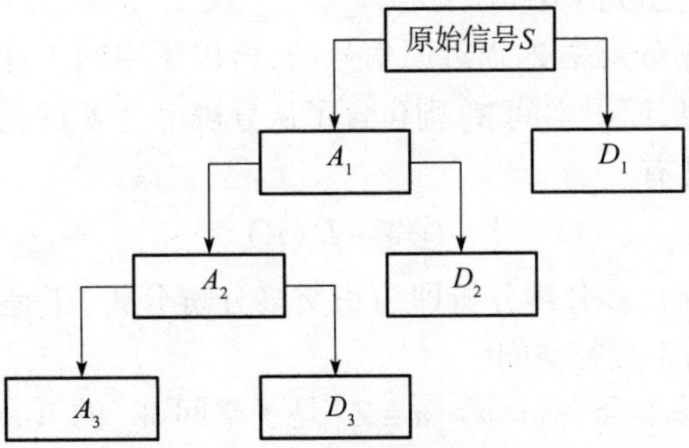

图 2.2.2　多分辨分析结构图

从图 2.2.2 中可见，多分辨率分析并不考虑信号高频部分而只是对其低频部分进行逐步分解，其满足 $S=A_3+D_3+D_2+D_1$。若对其低频部分进行更多次的分解，则可以得到更高的频率分辨率。信号的多分辨率分析的目的在于利用尺度函数构造所需要的正交小波基，该正交小波基在频率上要求高度逼近空间 $L^2(R)$。

3. 正交滤波器组

根据多分辨分析的单调性和伸缩性可以得到 $\phi(t/2)\in V_{-1}\subset V_0$，故 $\phi(t/2)$ 可用 V_0 子空间的 Riesz 基 $\{\phi(t-n),n\in\mathbf{Z}\}$ 来展开。令展开式为

$$\phi(t/2)=\sqrt{2}\sum_{n=-\infty}^{\infty}h(n)\phi(t-n) \tag{2.2.9}$$

等价于

$$\phi(t)=\sqrt{2}\sum_{n=-\infty}^{\infty}h(n)\phi(2t-n) \tag{2.2.10}$$

该方程称为双尺度方程。

定义滤波器

$$H(\omega)=\sum_{n=-\infty}^{\infty}\frac{h(n)}{\sqrt{2}}\mathrm{e}^{-\mathrm{j}\omega n} \tag{2.2.11}$$

对式(2.2.10)两边作傅里叶变换，得

$$\Phi(\omega)=\sum_{n=-\infty}^{\infty}\frac{h(n)}{\sqrt{2}}\Phi\left(\frac{\omega}{2}\right)\mathrm{e}^{-\mathrm{j}\omega n/2}=\Phi\left(\frac{\omega}{2}\right)\sum_{n=-\infty}^{\infty}\frac{h(n)}{\sqrt{2}}\mathrm{e}^{-\mathrm{j}\omega n/2}=H\left(\frac{\omega}{2}\right)\Phi\left(\frac{\omega}{2}\right) \tag{2.2.12}$$

令 $\omega=0$，得到 $\Phi(0)=H(0)\Phi(0)$，只要 $\Phi(0)\neq 0$，则 $H(0)=1$，这说明滤波器 $H(\omega)$ 具有低通滤波器特性。

令 $\omega'=\dfrac{\omega}{2}$，于是得到 $\Phi\left(\dfrac{\omega}{2}\right)=H\left(\dfrac{\omega}{4}\right)\Phi\left(\dfrac{\omega}{4}\right)$，以此类推，得

$$\Phi(\omega)=\prod_{n=1}^{\infty}H\left(\frac{\omega}{2^n}\right)\Phi(0) \tag{2.2.13}$$

令 $\Phi(0)=1$，得

$$\Phi(\omega)=\prod_{n=1}^{\infty}H\left(\frac{\omega}{2^n}\right) \tag{2.2.14}$$

可见频谱 $\Phi(\omega)$ 完全由滤波器 $H(\omega)$ 决定。

由于子空间 V_j 是用分辨率 2^j 逼近原信号的，所以子空间 V_j 包含了用分辨率 2^j 逼近原信号的“粗糙像”信息，而子空间 W_j 则包含了从分辨率为 2^j 的逼近到分辨率为 2^{j+1} 的所需的“细节”信息。因此有

$$\bigoplus_j W_j=L^2(R) \tag{2.2.15}$$

当 $W_j\perp V_j$，$\forall j\in\mathbf{Z}$ 时，多分辨分析即为正交多分辨分析，于是 $V_{j+1}=V_j\oplus W_j$ 为正交分解，W_j 为 V_j 在 V_{j+1} 中的正交补空间。

若函数 $\varphi(t)$ 的平移集合 $\{\varphi(t-n)\mid n\in\mathbf{Z}\}$ 是子空间 W_0 的 Riesz 基，则称函数 $\varphi(t)$ 为小波函数，定义为

$$\varphi_{j,n}(t)=2^{j/2}\varphi(2^jt-n),\quad j,n\in Z \tag{2.2.16}$$

子空间 V_j 和 W_j 分别称为尺度子空间和小波子空间，并且标准正交的尺度函数和小波函数满足

$$\langle\phi(t-l)\phi(t-k)\rangle=\delta(k-l),\quad \forall l,k\in Z \tag{2.2.17}$$

$$\langle\phi(t-l)\varphi(t-k)\rangle=\delta(k-l),\quad \forall l,k\in Z \tag{2.2.18}$$

由于 $V_0\subset V_1$，可以得到 $\phi_{0,0}(t)\in V_0\subset V_1$，所以 $\phi(t)=\phi_{0,0}(t)$ 可以用 V_1 子空间的正交基 $\phi_{1,n}(t)=2^{1/2}\phi(2t-n)$ 展开，令其展开系数为 h_n，则有

$$\phi(t)=\sqrt{2}\sum_{n=-\infty}h_n\phi(2t-n) \tag{2.2.19}$$

另外，由式(2.2.8)知 $V_1=V_0\oplus W_0$，故 $\varphi(t)=\varphi_{0,0}(t)\in W_0\subset V_1$，即 $\varphi(t)\subset V_1$。这就意味着小波函数 $\varphi(t)$ 可以用 V_1 子空间的正交基 $\phi_{1,n}(t)=2^{1/2}\phi(2t-n)$ 展开，令其展开系数为 g_n，则有

$$\varphi(t)=\sqrt{2}\sum_{n=-\infty}^{\infty}g_n\varphi(2t-n) \tag{2.2.20}$$

式(2.2.19)、式(2.2.20)称为小波函数的双尺度方程。

定义滤波器

$$G(\omega)=\sum_{n=-\infty}^{\infty}\frac{g(n)}{\sqrt{2}}\mathrm{e}^{-\mathrm{j}\omega n} \tag{2.2.21}$$

于是，得

$$\Psi(\omega)=\sum_{n=-\infty}^{\infty}\frac{g(n)}{\sqrt{2}}\Phi\left(\frac{\omega}{2}\right)\mathrm{e}^{-\mathrm{j}\omega n/2}=\Phi\left(\frac{\omega}{2}\right)\sum_{n=-\infty}^{\infty}\frac{g(n)}{\sqrt{2}}\mathrm{e}^{-\mathrm{j}\omega n/2}=G\left(\frac{\omega}{2}\right)\Phi\left(\frac{\omega}{2}\right) \tag{2.2.22}$$

令 $\omega=0$，$\Psi(0)=G(0)\Phi(0)$，由容许性条件和尺度函数的容许条件 $\Phi(0)=1$，得

$G(0)=0$,这说明 $G(\omega)$ 是高通滤波器。

令 $\omega'=\frac{\omega}{2},\frac{\omega}{4},\cdots$,得

$$\Psi(\omega)=G\left(\frac{\omega}{2}\right)\prod_{n=2}^{\infty}H\left(\frac{\omega}{2^n}\right) \tag{2.2.23}$$

低通滤波器 $H(\omega)$ 和高通滤波器 $G(\omega)$ 构成一滤波器组 (H,G),要想构造标准正交的尺度函数和小波函数,必须设计适当的滤波器组 (H,G)。

已知任何标准正交基 $\{f(t-n),n\in\mathbf{Z}\}$ 的傅里叶变换 $F(\omega)$ 都满足

$$\sum_{n=-\infty}^{\infty}|F(\omega+2n\pi)|^2=1,\forall\omega \tag{2.2.24}$$

由于尺度方程 $\phi(t)$ 为标准正交基,根据式(2.2.24)得到 $\sum_{n=-\infty}^{\infty}|\Phi(\omega+2n\pi)|^2=1$, $\forall\omega$,ω 为任意频率。可见 $\sum_{n=-\infty}^{\infty}|\Phi[\omega+(2n+1)\pi]|^2=1,\forall\omega$, $\sum_{n=-\infty}^{\infty}|\Phi(2\omega+2n\pi)|^2=1,\forall\omega$,同时利用式(2.2.12)以及 $H(\omega)$、$G(\omega)$ 周期为 2π 的特性可以推导出

$$\begin{aligned}1&=\sum_{n=-\infty}^{\infty}|\Phi(2\omega+2n\pi)|^2=\sum_{n=-\infty}^{\infty}|H(\omega+n\pi)|^2|\Phi(\omega+n\pi)|^2\\&=\sum_{n=-\infty}^{\infty}|H(\omega+2n\pi)|^2|\Phi(\omega+2n\pi)|^2+\sum_{n=-\infty}^{\infty}|H(\omega+(2n+1)\pi)|^2|\Phi(\omega+(2n+1)\pi)|^2\\&=|H(\omega)|^2\sum_{n=-\infty}^{\infty}|\Phi(\omega+2n\pi)|^2+|H(\omega+\pi)|^2\sum_{n=-\infty}^{\infty}|\Phi(\omega+(2n+1)\pi)|^2\\&=|H(\omega)|^2+|H(\omega+\pi)|^2\end{aligned} \tag{2.2.25}$$

于是,得

$$|H(\omega)|^2+|H(\omega+\pi)|^2=1 \tag{2.2.26}$$

同理可以推导出

$$|G(\omega)|^2+|G(\omega+\pi)|^2=1 \tag{2.2.27}$$

利用尺度函数与小波函数的正交性以及 $H(\omega)$、$G(\omega)$ 周期为 2π 的特性易知

$$\int_{-\infty}^{\infty}\phi(t)\varphi(t-k)\mathrm{d}t=\int_{-\infty}^{\infty}\Phi(\omega)\Psi^*(\omega)\mathrm{e}^{\mathrm{j}\omega k}\mathrm{d}\omega=\int_{0}^{2\pi}\Phi(\omega+2n\pi)\Psi^*(\omega+2n\pi)\mathrm{e}^{\mathrm{j}\omega k}\mathrm{d}\omega=0 \tag{2.2.28}$$

故

$$\sum_{n=-\infty}^{\infty}\Phi(\omega+2n\pi)\Psi^*(\omega+2n\pi)=0,\forall\omega \tag{2.2.29}$$

根据式(2.2.29)及式(2.2.22)得

$$\begin{aligned}0&=\sum_{n=-\infty}^{\infty}\Phi(2\omega+2n\pi)\Psi^*(2\omega+2n\pi)\\&=\sum_{n=-\infty}^{\infty}H(\omega+n\pi)\Phi(\omega+n\pi)G^*(\omega+n\pi)\Phi^*(\omega+n\pi)\end{aligned}$$

$$
\begin{aligned}
&= \sum_{n=-\infty}^{\infty} H(\omega+2n\pi)G^*(\omega+2n\pi)\left|\Phi(\omega+2n\pi)\right|^2 + \\
&\quad \sum_{n=-\infty}^{\infty} H(\omega+(2n+1)\pi)G^*(\omega+(2n+1)\pi)\left|\Phi(\omega+(2n+1)\pi)\right|^2 \\
&= H(\omega)G^*(\omega)\sum_{n=-\infty}^{\infty}\left|\Phi(\omega+2n\pi)\right|^2 + \\
&\quad H(\omega+\pi)G^*(\omega+\pi)\sum_{n=-\infty}^{\infty}\left|\Phi(\omega+(2n+1)\pi)\right|^2 \\
&= H(\omega)G^*(\omega) + H(\omega+\pi)G^*(\omega+\pi)
\end{aligned}
\tag{2.2.30}
$$

于是,有

$$
H(\omega)G^*(\omega)+H(\omega+\pi)G^*(\omega+\pi)=0 \tag{2.2.31}
$$

易知 $H(\omega)$、$G(\omega)=\mathrm{e}^{-\mathrm{j}\omega}H^*(\omega+\pi)$ 和 $H(\omega)$、$G(\omega)=-\mathrm{e}^{-\mathrm{j}\omega}H^*(\omega+\pi)$ 均是滤波器组(H, G)的解。

当 $G(\omega)=\mathrm{e}^{-\mathrm{j}\omega}H^*(\omega+\pi)$ 时,得

$$
g(n)=(-1)^{1-n}h^*(1-n) \tag{2.2.32}
$$

当 $G(\omega)=-\mathrm{e}^{-\mathrm{j}\omega}H^*(\omega+\pi)$ 时,得

$$
g(n)=(-1)^{-n}h^*(1-n) \tag{2.2.33}
$$

4. Mallat 算法

多分辨率信号分解和重构的快速算法一般称为 Mallat 算法,该算法为小波的应用提供了一种更为快捷和方便的方法。

令函数 $f(t)$ 在 2^j 分辨率逼近下的尺度函数及小波函数分别为 $\phi(t)$ 和 $\varphi(t)$,则其离散逼近 $A_j f(t)$ 和细节部分 $D_j f(t)$ 可用式(2.2.34)来表示[261]:

$$
\begin{cases}
A_j f(t) = \displaystyle\sum_{k=-\infty}^{\infty} c_{j,k}\phi_{j,k}(t) \\
D_j f(t) = \displaystyle\sum_{k=-\infty}^{\infty} d_{j,k}\varphi_{j,k}(t)
\end{cases}
\tag{2.2.34}
$$

式中:$c_{j,k}$,$d_{j,k}$ 分别表示函数 $f(t)$ 在 2^j 分辨率下的尺度系数和小波系数,也可以分别称为粗糙像系数和细节系数。

根据多分辨率分析思想,$A_j f(t)$ 可以分解为粗糙像 $A_{j-1}f(t)$ 与细节 $D_{j-1}f(t)$ 之和,即

$$
A_j f(t)=A_{j-1}f(t)+D_{j-1}f(t) \tag{2.2.35}
$$

其中,$A_{j-1}f(t)=\sum_{n=-\infty}^{\infty} c_{j-1,n}\phi_{j-1,n}(t)$,$D_{j-1}f(t)=\sum_{n=-\infty}^{\infty} d_{j-1,n}\varphi_{j-1,n}(t)$,于是,有

$$
\sum_{n=-\infty}^{\infty} c_{j-1,n}\phi_{j-1,n}(t) + \sum_{n=-\infty}^{\infty} d_{j-1,n}\varphi_{j-1,n}(t) = \sum_{n=-\infty}^{\infty} c_{j,n}\phi_{j,n}(t) \tag{2.2.36}
$$

根据尺度函数的双尺度函数,有

$$\phi_{j-1,k}(t)=2^{(j-1)/2}\phi(2^{j-1}t-k)=2^{(j-1)/2}\sqrt{2}\sum_{i=-\infty}^{\infty}h(i)\phi(2^{j}t-2k-i)$$

$$\xlongequal{令n=2k+i}\sum_{n=-\infty}^{\infty}h(n-2k)2^{j/2}\phi(2^{j}t-n)=\sum_{n=-\infty}^{\infty}h(n-2k)\phi_{j,n}(t) \tag{2.2.37}$$

对式(2.2.37)等号两边同时乘以 $\phi_{j,n}^{*}(t)$，关于 t 对其作积分，同时根据 $\phi_{j,k}(t)$ 的标准正交性得

$$\langle\phi_{j-1,k},\phi_{j,n}\rangle=h(n-2k) \tag{2.2.38}$$

取复共轭得

$$\langle\phi_{j,n},\phi_{j-1,k}\rangle=h^{*}(n-2k) \tag{2.2.39}$$

类似地，根据小波函数的双尺度方程以及经过相应的变换，最终可得

$$\langle\phi_{j,n},\varphi_{j-1,k}\rangle=g^{*}(n-2k) \tag{2.2.40}$$

对式(2.2.36)等号两边同乘某一函数，再关于 t 求积分，同时根据有关正交性可得

(1) 同乘 $\phi_{j-1,k}^{*}(t)$，利用式(2.2.39)得

$$c_{j-1,k}=\sum_{n}h^{*}(n-2k)c_{j,n} \tag{2.2.41}$$

(2) 同乘 $\varphi_{j-1,k}^{*}(t)$，利用式(2.2.40)得

$$d_{j-1,k}=\sum_{n}g^{*}(n-2k)d_{j,n} \tag{2.2.42}$$

(3) 同乘 $\phi_{j,k}^{*}(t)$，利用式(2.2.39)和式(2.2.40)得

$$c_{j,k}=\sum_{n}h^{*}(n-2k)c_{j-1,n}+\sum_{n}g^{*}(n-2k)d_{j-1,n} \tag{2.2.43}$$

其中，式(2.2.41)和式(2.2.42)共同称为分解式，式(2.2.43)称为重构式。

假设一通信信号抽样后的离散数据为 $c_0=(c_{0,k})$，$k=0,1,\cdots,L-1$，其中 L 为抽样数目，则将信号按照小波基展开可得[261]

$$\begin{cases}c_{j-1,k}=\displaystyle\sum_{n=2k}^{2k+K}h_{n-2k}c_{j,n} & L\text{为偶数},k=\dfrac{1-K}{2},\dfrac{1-K}{2}+1,\cdots,\dfrac{L}{2}-1\\ & L\text{为奇数},k=\dfrac{1-K}{2},\dfrac{1-K}{2}+1,\cdots,\dfrac{L-1}{2}\\ d_{j-1,k}=\displaystyle\sum_{n=2k+1-K}^{2k+1}(-1)^{n+1}h_{2k-n+1}c_{j,n} & L\text{为偶数},k=0,1,\cdots,\dfrac{L+K-3}{2}\\ & L\text{为奇数},k=0,1,\cdots,\dfrac{L+K-2}{2}\end{cases} \tag{2.2.44}$$

式(2.2.44)中 K 为小波基的阶数，由低通滤波器系数 $\{h_0,h_1,\cdots,h_K\}$ 所确定，j 称为小波变换的尺度。

2.2.3　基于小波分解特征参数的提取

已知 A. K. Nandi 等提出的瞬时特征参数提取法方法简单，适合在线分析，且能识别的信号种类较多。但这些特征受信噪比影响较大，在信噪比变化较大的环境下，利用这些特征参数进行自动识别，识别的正确率随信噪比的降低而大幅下降。针对这一问题，结合

上一节的分析可以看出,小波特别适用于非稳定信号的分析,根据 Mallat 算法可以得到不同分辨率下信号的粗糙像和细节信息。因此,对待识别的信号进行小波分解,可得到不同分解水平下的信号的细节信息,对于不同调制类型的信号,这些细节信息是不同的。同时,考虑到噪声一般为高频信息,而待识别的通信信号经过预处理后为低频信息,所以对预处理后的信号进行一定尺度下的小波分解能得到包含较少噪声的细节信息。所以本节将小波分解理论与瞬时特征相结合,同时结合高阶累积量和分形理论,提出一组新的混合模式特征参数,打破以往识别技术单一的局限。

本节针对 2ASK、4ASK、2PSK、4PSK、8PSK、2FSK、4FSK、8FSK、16QAM 和 MSK 等 10 种数字信号的调制识别问题提取如下特征参数:

1. 基于小波细节的直接幅度方差 σ_{dA}^2

$$\sigma_{\mathrm{dA}}^2 = \frac{1}{N_{\mathrm{s}}}\left[\sum_{i=1}^{N_{\mathrm{s}}} A_{cn}^2(i)\right] - \left[\frac{1}{N_{\mathrm{s}}}\sum_{i=1}^{N_{\mathrm{s}}} A_{cn}(i)\right]^2 \tag{2.2.45}$$

式中:$A_{cn}(i)$表示零中心归一化瞬时幅度,它是由式 $A_{cn}(i)=A_n(i)-1$ 计算得到,其中 $A_n(i)=A(i)/m_{\mathrm{s}}$, $m_{\mathrm{s}}=\frac{1}{N_{\mathrm{s}}}\sum_{i=1}^{N}A(i)$ 为 $A(i)$的平均值,其中 $A(i)$为瞬时幅度 $a(i)$经过小波变换得到尺度 4 分解水平下的细节信息。下面以 2ASK 信号为例,对含噪声的 2ASK 信号以及其经过小波分解尺度 4 分解水平下的细节图进行仿真,如图 2.2.3 所示。

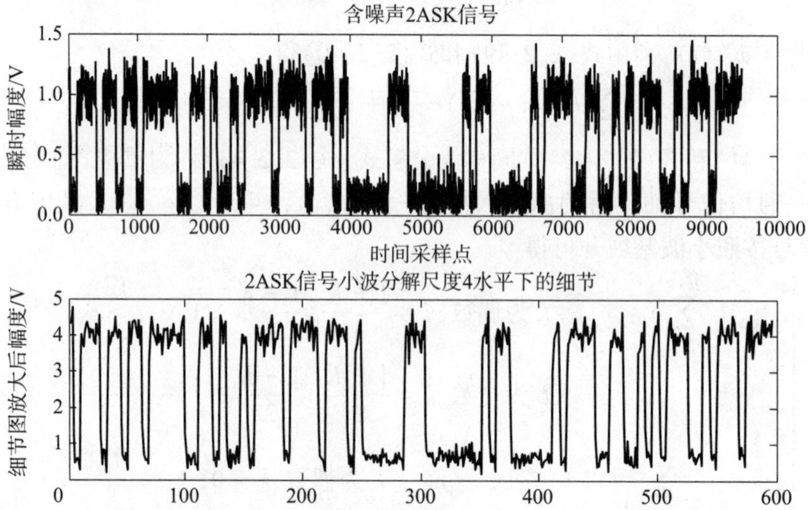

图 2.2.3　2ASK 信号小波分解尺度 4 水平下的细节

从图 2.2.3 可见,小波分解尺度 4 水平下的细节可以去除部分噪声,从而能较清楚地反映原信号信息。

在本节中,σ_{dA}^2 主要是针对信号振幅包络变化信息来区分 2ASK、4ASK、16QAM(作为一类)与 MPSK、MFSK、MSK(作为另一类)。

2. 零中心非弱信号段瞬时相位非线性分量的标准偏差 σ_{dp}

$$\sigma_{\mathrm{dp}} = \sqrt{\frac{1}{C}\left[\sum_{a_n(i)>a_t} \phi_{NL}^2(i)\right] - \left[\frac{1}{C}\sum_{a_n(i)>a_t} \left|\phi_{NL}(i)\right|\right]^2} \tag{2.2.46}$$

式中：$\phi_{NL}(i)=\varphi(i)-\varphi_0$，其中 $\varphi_0=\frac{1}{N_s}\sum_{i=1}^{N_s}\varphi(i)$，$\varphi(i)$ 为瞬时相位；a_t 为幅度判决门限，用来判断信号是否属于弱信号；C 为所有 N_s 个取样数据中非弱信号的个数。

在本节中，σ_{dp} 主要是利用信号是否包含相位信息来实现 MASK 与 16QAM 信号的识别。

3. 基于小波细节的零中心归一化瞬时幅度绝对值的商 σ_{aA}^2

$$\sigma_{aA}^2=\frac{1}{N_s}\left[\sum_{i=1}^{N_s}A_{cn}^2(i)\right]\Big/\left[\frac{1}{N_s}\sum_{i=1}^{N_s}|A_{cn}(i)|\right]^2 \tag{2.2.47}$$

本节中 σ_{aA}^2 主要是根据信号的幅度信息来对 2ASK 与 4ASK 信号进行识别。

4. 信号的高阶累积量特征 $|C_{40}|/|C_{21}|^2$

这里，简要介绍 MPSK，MFSK，MSK 的高阶累积量。对 2.1 节中信号模型进行简化，MPSK 基带信号可表示为

$$s_{MPSK}=\sqrt{E}a_k e^{j\theta},a_k\in\{\exp[j2\pi(m-1)/M],m=1,2,\cdots,M\} \tag{2.2.48}$$

式中：a_k 表示经过平均功率归一化后的信号码元序列；E 为信号平均功率；θ 为解调时残留的相位偏差。

MFSK 基带信号可表示为

$$s_{MFSK}=\sqrt{E}e^{j\theta}e^{j\omega_k t},\omega_k\in\{(2m-1-M)\Delta\omega,m=1,2,\cdots,M\} \tag{2.2.49}$$

式中：ω_k 为载频；$\Delta\omega$ 为频偏。

MSK 基带信号可表示为

$$s_{MSK}=\sqrt{E}a_k e^{j\theta}e^{j\omega_k t},\omega_k\in\left\{(2m-1-M)\Delta\omega,m=1,2,M=2,\Delta\omega=\frac{\pi}{2T_b}\right\} \tag{2.2.50}$$

这里，以 2PSK 信号作为特例来对其理想情况下的高阶累积量作详细推导。由式(2.2.48)可知

$$s_{MPSK}^2=Ea_k^2e^{j2\theta} \tag{2.2.51}$$

对于 2PSK，$E[a_k^2]=1$，于是

$$C_{20,2PSK}=M_{20,2PSK}=\frac{1}{N}\sum_{k=1}^{N}s_{2PSK}^2=\frac{1}{N}\sum_{k=1}^{N}Ea_k^2e^{j2\theta}=Ee^{j2\theta} \tag{2.2.52}$$

$$C_{21,2PSK}=M_{21,2PSK}=\frac{1}{N}\sum_{k=1}^{N}|s_{2PSK}|^2=\frac{1}{N}\sum_{k=1}^{N}Ea_k^2=E \tag{2.2.53}$$

$$\begin{aligned}C_{40,2PSK}&=M_{40,2PSK}-3(M_{20,2PSK})^2=\frac{1}{N}\sum_{k=1}^{N}s_{2PSK}^4-3(Ee^{j2\theta})^2\\&=\frac{1}{N}\sum_{k=1}^{N}E^2a_k^4e^{j4\theta}-3E^2e^{j4\theta}=-2E^2e^{j4\theta}\end{aligned} \tag{2.2.54}$$

$$\begin{aligned}C_{41,2PSK}&=M_{41,2PSK}-3M_{20,2PSK}M_{21,2PSK}=\frac{1}{N}\sum_{k=1}^{N}s_{2PSK}^2|s_{2PSK}|^2-3(Ee^{j2\theta})E\\&=\frac{1}{N}\sum_{k=1}^{N}Ea_k^2e^{j2\theta}Ea_k^2-3E^2e^{j2\theta}=-2E^2e^{j2\theta}\end{aligned} \tag{2.2.55}$$

$$C_{42,2\mathrm{PSK}}=M_{42,2\mathrm{PSK}}-|M_{20,2\mathrm{PSK}}|^2-2(M_{21,2\mathrm{PSK}})^2=\frac{1}{N}\sum_{k=1}^{N}|s_{2\mathrm{PSK}}|^4-E^2-2E^2=-2E^2 \tag{2.2.56}$$

同理,可以推导出 MPSK,MFSK,MSK 信号理想情况下的高阶累积量,如表 2.2.1 所示。

表 2.2.1　各类数字调制信号理想情况的高阶累积量

调制方式	C_{20}	C_{21}	C_{40}	C_{41}	C_{42}
2PSK	$E\mathrm{e}^{\mathrm{j}2\theta}$	E	$-2E^2\mathrm{e}^{\mathrm{j}4\theta}$	$-2E^2\mathrm{e}^{\mathrm{j}4\theta}$	$-2E^2$
4PSK	0	E	$E^2\mathrm{e}^{\mathrm{j}4\theta}$	0	$-E^2$
8PSK	0	E	0	0	$-E^2$
2FSK	0	E	0	0	E^2
4FSK	0	E	0	0	E^2
8FSK	0	E	0	0	E^2
MSK	0	E	0	0	E^2

从表 2.2.1 可以看出,利用 C_{21},C_{40} 可以从信号中区分出 2PSK 信号及 4PSK 信号。考虑到调制信号的初始相位的不确定性(如 MPSK 信号有 A 方式与 B 方式之分)以及解调时残留的载波相位偏差的影响,在此不直接求 C_{40},而改为求其绝对值 $|C_{40}|$,并对其归一化,即 $|C_{40}|/|C_{21}|^2$,得到结果如表 2.2.2 所示。由该表可知,提取调制信号的高阶累积量特征可以识别 2PSK,4PSK 与其他信号。

表 2.2.2　各类数字调制信号理想情况的高阶累积量

调制方式	$|C_{40}|/|C_{21}|^2$
2PSK	$2E$
4PSK	E
8PSK	0
2FSK	0
4FSK	0
8FSK	0
MSK	0

5. 信号的相位盒维数特征 D_{Bp}

已知瞬时相位变化不同则瞬时相位复杂度不同,所以这里用能表征该复杂度的分形盒维数来作为信号识别参数。对于尚未识别出的 5 种信号 8PSK、2FSK、4FSK、8FSK、MSK,先提取其瞬时相位,然后计算瞬时相位的分形盒维数值 D_{Bp}。D_{Bp} 在此用来识别 8PSK 与 2FSK、4FSK、8FSK、MSK(作为一类)。

6. 信号的小波细节 $D7$

MSK 作为一种特殊的 2FSK,它从 MFSK 中区分出来是比较困难的。参考文献[263]用归一化瞬时频率功率谱密度的最大值 $\gamma_{\max f}$ 区分 MSK 与 2FSK、4FSK,但识别率并不高。本节针对 MSK、MFSK 信号提出一种新的基于信号的小波细节的识别方法。

忽略初始相位,MFSK、MSK 信号可同时表示为

$$s(t)=A\sum_{n}\cos[2\pi(f_c+\Delta f_m)t] \tag{2.2.57}$$

对于 MFSK，$\Delta f_m\in\{(2m-1-M)\Delta f, m=1,2,\cdots,M\}$，$\Delta f$ 为载波相邻两个信号频率之间的偏移。对于 MSK，$\Delta f_m=\pm1/(4T_s)$，T_s 为码元宽度。通常 Δf 较 $1/(4T_s)$ 大很多。

先对 2FSK，4FSK，8FSK 与 MSK 信号求其同相分量 I 和正交分量 Q 信息。混频下变频后得到的 I 和 Q 分别为

$$I=\cos(2\pi(f_c+\Delta f_m)t)\cos(2\pi f_c t)=\frac{1}{2}\{\cos[2\pi(2f_c+\Delta f_m)t]+\cos(2\pi\Delta f_m)t\} \tag{2.2.58}$$

$$Q=\cos[2\pi(f_c+\Delta f_m)t]\sin(2\pi f_c t)=\frac{1}{2}\{\sin[2\pi(2f_c+\Delta f_m]t-\sin(2\pi\Delta f_m)t\} \tag{2.2.59}$$

经低通滤波后得到 I'，Q'分别为

$$I'=\frac{1}{2}\cos(2\pi\Delta f_m)t \tag{2.2.60}$$

$$Q'=-\frac{1}{2}\sin(2\pi\Delta f_m)t \tag{2.2.61}$$

可见根据 Δf_m 的不同，直接对同相分量 I' 及正交分量 Q' 进行分析就能识别 MSK 和 MFSK 信号。

令 $\gamma(n)=I'(n)+Q'(n)$，再对 $\gamma(n)$ 其求小波变换，提取其尺度 7 下的小波细节特征 $D7$ 可以很好地从 2FSK、4FSK、8FSK、MSK 中识别 MSK。

7. 基于小波细节的直接频率方差 σ_{dF}^2

$$\sigma_{\mathrm{dF}}^2=\frac{1}{N_s}\left[\sum_{i=1}^{N_s}F_{cn}^2(i)\right]-\left[\frac{1}{N_s}\sum_{i=1}^{N_s}F_{cn}(i)\right]^2 \tag{2.2.62}$$

式中：$F_{cn}(i)=F_n(i)/R_b$，$F_n(i)=F(i)-m_F$，$m_F=\frac{1}{N_s}\sum_{i=1}^{N_s}F(i)$，$R_b$ 表示信号的符号速率，$F(i)$ 表示信号瞬时频率 $f(i)$ 经过小波变换得到尺度 4 分解水平下的细节信息。σ_{dF}^2 是根据 2FSK，4FSK 以及 8FSK 在直接频率上的较大差异来对其进行识别的。

2.2.4　分层结构神经网络分类器设计

神经网络分类器可以实现调制信号识别的智能化，它具有速度快、识别率高的特点，所以本节采用 BP 神经网络作为分类器来进行信号的识别。BP 神经网络分类器在训练过程中，要重点考虑以下几个问题[260]：

(1) 网络层数的选择。前人已经证明，三层神经网络可以逼近任何有理函数，所以这里选用的神经网络只含一个隐含层。

(2) 初始权值的选取。初始权值的选取关系到学习是否能够达到局部最小，网络能否收敛，训练时间的长短。初始值太大或太小都会对学习速度产生一定的影响，所以通常根据经验选择均匀分布的(-1,1)之间的、较小的随机数作为初始权值。

(3) 隐含层神经元数的选择。隐含层神经元数目的多少关系到网络训练精度的高

低,但是,其数目并不是越多越好,数目过多,会导致网络学习时间长,泛化能力下降。相反,数目过少,又会导致网络训练不能很好地学习,训练精度降低。针对这个问题,可以根据经验公式 $H=\sqrt{I+O}+T$[264] 对其数目进行最优选择,其中 H, I, O 分别表示隐含层、输入层以及输出层的神经元数,T 是 1~10 的整数。在 H 范围内,选择使网络输出最小均方误差最小的数作为隐含层神经元数。

(4) 学习速率。学习速率决定神经网络在每一次训练中权值的变化量,所以学习速率的选择很重要,选择太高会导致系统不稳定,选择太低又会导致训练时间较长,网络收敛慢。经综合考虑,为确保系统的稳定性,一般偏向于选取较小值,范围选择在 0.01~0.8。

(5) 期望误差的选取。一般期望误差的选择是通过对比,最后综合考虑来确定一个适当的值。

关于学习规则,即参数调整方式的选择,这里介绍一下 Levenberg-Marquardt 自适应调整算法,它是一种优化的 BP 算法,该算法克服了标准 BP 算法收敛速度慢,且容易陷入局部最小值的缺点。其权值调整率选取为

$$\Delta\omega=(\boldsymbol{J}^{\mathrm{T}}\boldsymbol{J}+\mu\boldsymbol{J})^{-1}\boldsymbol{J}^{\mathrm{T}}\boldsymbol{e} \tag{2.2.63}$$

式中:$\boldsymbol{J}$ 为误差对权值微分的 Jacobian 矩阵;$\boldsymbol{e}$ 为误差向量;μ 为自适应调整因子(学习速率),当 μ 较大时,该算法接近于梯度下降法;当 μ 较小时,则为高斯-牛顿法。本节采用 Levenberg-Marquardt 自适应调整算法来进行网络训练。

为了提高神经网络收敛速度以及信号识别率,本节采用一种分层结构的神经网络作为分类器来进行信号的调制识别,其结构如图 2.2.4 所示。每个节点隐含层激励函数均采用 log-sigmoid 函数,输出层激励函数均采用线性函数。信号调制识别所提取的特征参数对应于输入层神经元个数,信号调制类型的数目对应于输出层神经元个数。

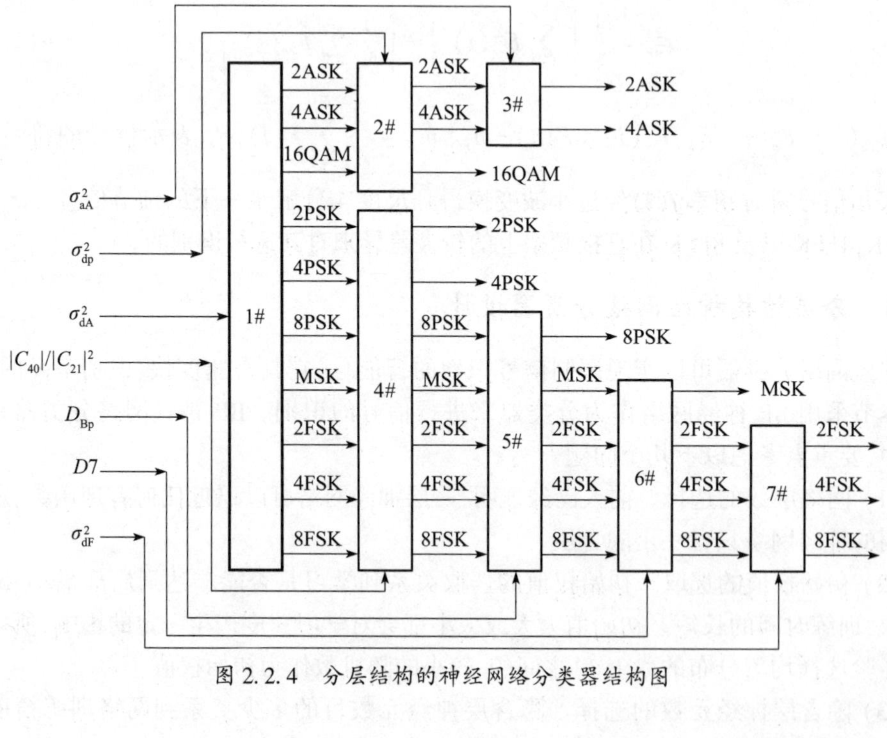

图 2.2.4　分层结构的神经网络分类器结构图

2.2.5　仿真实验及结果分析

本系统仿真考虑 2ASK、4ASK、2PSK、4PSK、8PSK、2FSK、4FSK、8FSK、16QAM 和 MSK 等 10 种调制类型的信号，在 MATLAB 仿真环境下完成。仿真采用的载波频率选择为 150kHz，采样频率选择为 1200 kHz，码元速率选择为 12500bit/s，MFSK 信号频偏的选择与码元速率相同，每个观测样本为 100bit，噪声为加性高斯白噪声。

关于小波分解中小波的选取，由于 Daubechies 小波是一种紧支集小波，局部特性好，这里选择 Daubechies2 小波提取特征值。

根据上述分析可知 1#，2#，3#，5#，6#节点的输入、输出层的个数分别为 1，2；4#，7#节点的输入、输出层的个数分别为 1，3。关于隐含层神经元数的选择，根据前面介绍的公式 $H=\sqrt{I+O}+T$，编程选择能使网络输出最小均方误差最小的神经元数。最后得到的结果为：1#，2#，3#节点的输入层、隐含层、输出层的神经元个数分别为 1，2，2；4#节点为 1，5，3；5#节点，6#节点为 1，3，2；7#节点为 1，3，3。

在信噪比为 0～25dB 的范围内，每隔 5dB 对每一类信号产生 200 个样本，组成测试集，只在 5dB，15dB，20dB 时抽取 100 个样本作为测试集。各个节点分别用其相应的调制方式的训练集和目标矩阵进行训练。最大训练步长为 5000，期望误差为 0.001，起始学习速率为 0.01。

本节提取的各特征参数对于各信号在不同信噪比下的识别结果分别如图 2.2.5～图 2.2.11 所示。

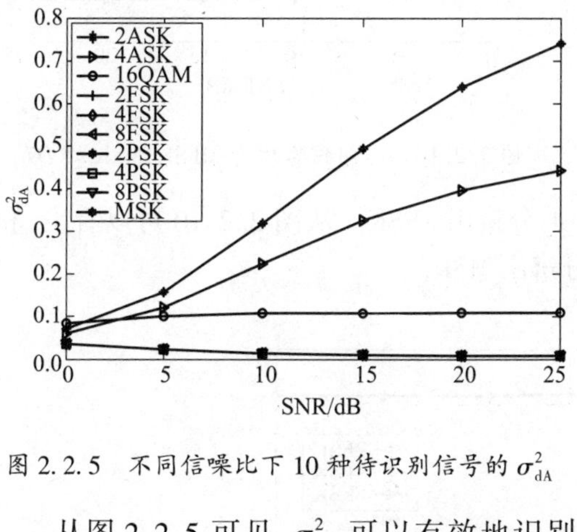

图 2.2.5　不同信噪比下 10 种待识别信号的 σ_{dA}^2

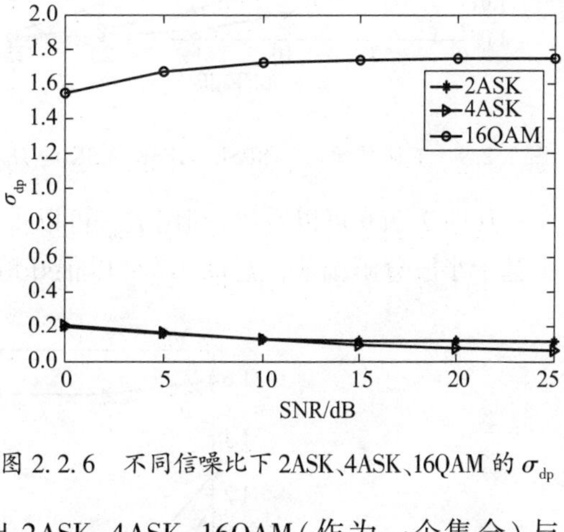

图 2.2.6　不同信噪比下 2ASK、4ASK、16QAM 的 σ_{dp}

从图 2.2.5 可见，σ_{dA}^2 可以有效地识别出 2ASK、4ASK、16QAM（作为一个集合）与 MPSK、MFSK、MSK（作为另一个集合）。实际上，当信噪比较高时，利用 σ_{dA}^2 可以识别出 ASK、4ASK、16QAM；但当信噪比较低时，16QAM 与 2ASK、4ASK 有混叠，所以这里先把 2ASK、4ASK、16QAM 看成一个集合然后再进行分类，这样可以有效提高识别率。从图 2.2.6 可见，利用 σ_{dp} 可以有效地识别出 2ASK、4ASK、16QAM，因为理论上 MASK 信号无直接相位信息，$\sigma_{dp}=0$，而 16QAM 信号含有直接相位信息，$\sigma_{dp}\neq 0$。

从图 2.2.7 可见，利用基于信号幅度信息的 σ_{aA}^2 可以很好地区分 2ASK 与 4ASK 信号。从图 2.2.8 可以看出，2PSK 的 $|C_{40}|/|C_{21}|^2$ 值接近 2.0，4PSK 的 $|C_{40}|/|C_{21}|^2$ 值接

近 1.0，利用$|C_{40}|/|C_{21}|^2$可以很好地从剩余未识别的信号中分辨出 2PSK、4PSK。

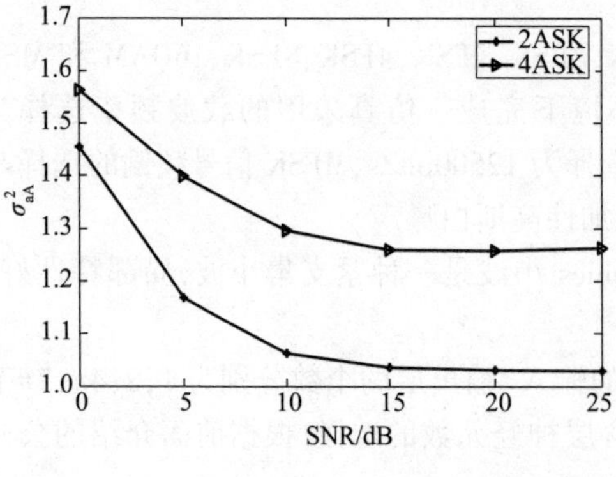

图 2.2.7　不同信噪比下 2ASK、4ASK 的 σ_{aA}^2

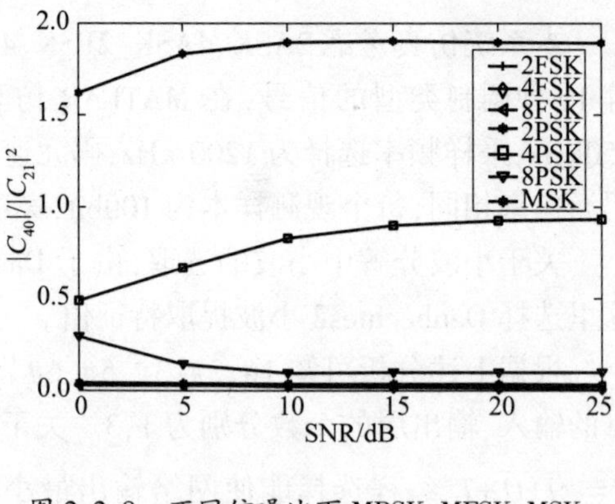

图 2.2.8　不同信噪比下 MPSK、MFSK、MSK 的$|C_{40}|/|C_{21}|^2$

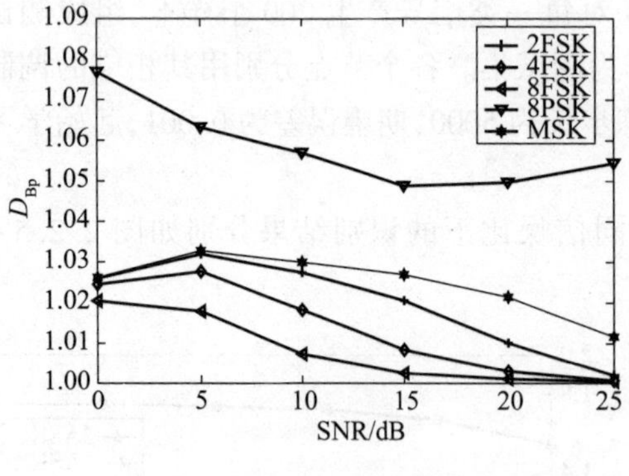

图 2.2.9　不同信噪比下 8PSK、MFSK、MSK 的 D_{Bp}

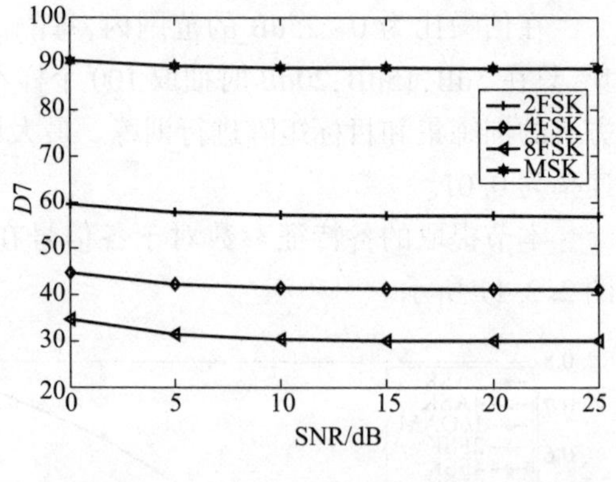

图 2.2.10　不同信噪比下 MFSK、MSK 的 $D7$

从图 2.2.9 可以看出，利用 D_{Bp} 可以很好地分辨出 8PSK。从图 2.2.10 可以看出，利用基于小波分解细节信息的 $D7$ 可以很好地分辨出 MSK。

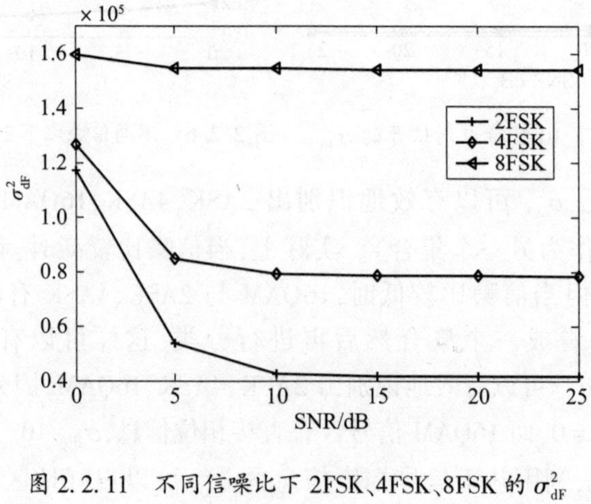

图 2.2.11　不同信噪比下 2FSK、4FSK、8FSK 的 σ_{dF}^2

从图 2.2.11 可以看出，基于瞬时频率信息的 σ_{dF}^2 可以很好地分辨出 2FSK、4FSK、8FSK。

由图 2.2.5～图 2.2.11 可知，本节提取的特征参数能较好地区分本节所涉及的 10 种单载波数字信号。在特征参数提取的基础上，采用分层结构的神经网络对本节所涉及的 10 种单载波数字信号进行分类，得到表 2.2.3 所示的各数字信号调制识别仿真的识别率。

表 2.2.3　各数字信号调制识别仿真识别率　单位：%

SNR	2ASK	4ASK	2PSK	4PSK	8PSK	2FSK	4FSK	8FSK	16QAM	MSK
0dB	67.34	84.77	100	92	99.6	13.51	91.63	99.6	91	99.43
5dB	100	99.5	100	100	100	87.73	92.87	94.33	100	97.25
10dB	100	100	100	100	99.5	99	99.5	100	100	100
15dB	100	100	100	100	98.5	100	100	100	100	100
20dB	100	100	100	100	97	100	100	100	100	100
25dB	100	100	100	100	99	100	100	100	100	100

以往的文献中，如参考文献[263]，采用传统瞬时特征参数作为识别特征参数，这些特征参数受信噪比影响较大，只有在信噪比大于 15dB 时，所有信号识别率才能达到 94%以上。本节提取的基于小波分解的特征参数识别率如表 2.2.3 所示，从表 2.2.3 可以看出，本节提出的调制识别方法识别的信号种类更多，识别率更高，5dB 时各调制类型信号识别率均达到 87%以上，10dB 时各调制类型信号识别率均达到 97%以上。且用 5dB，15dB，20dB 训练的分类器来识别 10dB，25dB 下的信号时，识别率也均达到 99%以上，这说明本节提取的特征参数对噪声不敏感。

2.2.6　本节小结

针对现有单载波调制识别方法受噪声干扰大、识别技术单一的问题，同时考虑到噪声一般为高频信息，而待识别的通信信号经预处理后则一般为低频信息，对预处理后的信号进行一定尺度下的小波分解便能得到包含较少噪声的信号细节信息，所以本节将小波分解理论与信号的瞬时特征、高阶累积量以及分形理论相结合，提取一组基于小波分解的混合模式特征向量，然后采用分层结构的神经网络作为分类器，实现 2ASK、4ASK、2PSK、4PSK、8PSK、2FSK、4FSK、8FSK、16QAM 和 MSK 等 10 种常见数字信号的调制识别。

本节首先对小波基础理论作了简要介绍，包括小波变换、多分辨分析理论、正交滤波器组以及小波分解与重构的 Mallat 算法。通过对小波理论的分析，得到小波具有过滤与提取细节信息的特点，根据这一特点，将小波分解理论与瞬时特征提取算法、高阶累积量以及分形理论相结合得到一组新的混合模式特征向量。其次，考虑到神经网络分类器易陷入局部最小，在网络结构复杂时的收敛速度较慢，所以本节采用基于 Levenberg-Marquardt 自适应调整算法的分层结构神经网络作为分类器。最后，对理论分析进行计算机仿真，得到本节提取的特征参数，结合本节采用的分类器可以识别更多调制类型的信号，同时得到的信号识别率也较高，当 SNR≥5dB 时各调制类型信号识别率均达到 87%以上，

10dB 时各调制类型信号识别率均达到 97%以上。且用 5dB、15dB、20dB 训练的分类器来识别 10dB、25dB 下的信号时,识别率也均达到 99%以上,这充分说明本节提取的特征参数对噪声不敏感,同时也验证了本节提取的特征参数的合理性。

2.3　基于 PSO-SVM 的单载波通信信号调制识别算法

2.3.1　引言

传统的机器学习方法,如神经网络分类方法是基于经验风险最小化(Empirical Risk Minimization,ERM)原则的,其研究的主要是渐近理论,即要想使经验风险收敛于实际风险,则必须使训练样本数目趋于无穷多。然而在现实中,样本数量往往十分有限,当样本数较少时,使用这些算法就会遇到很多困难,如小样本问题、高维问题、学习机器结构问题和局部极值问题等。

统计学习理论从对学习机器复杂度控制的思想出发,提出了结构风险最小化原则,该原则使得学习机器总能在允许的经验风险范围内采用具有最低复杂度的函数集[259]。支持向量机(SVM)是在统计学习理论的 VC 维(Vapnik-Chervonenkis Dimension)理论和结构风险最小基础上发展出的一种性能优良的学习机器。SVM 将学习问题归结为一个凸二次规划问题,因此能够保证获得全局最优解,从理论上克服了神经网络方法中无法避免的局部极值问题,能较好地解决小样本、非线性、维数灾难和局部极小值等实际问题。

粒子群优化算法(Particle Swarm Optimization,PSO)是一种基于群体智能理论的优化算法,该算法通过群体中粒子间的合作与竞争产生的群体智能指导优化搜索,是一种全局寻优算法[260]。该算法具有流程简单、参数简洁、容易调整的特点,实现起来较为方便。

本节首先介绍了 SVM 与 PSO 相关的理论,然后将这两种理论结合起来,研究了一种基于 PSO-SVM 的通信信号调制识别算法,实现了 2ASK、4ASK、2PSK、4PSK、8PSK、2FSK、4FSK、8FSK、16QAM 和 MSK 等 10 种常见数字信号调制类型的识别。

2.3.2　支持向量机原理基础

1. VC 维

VC 维是对函数类的一种度量,它可以直观定义为:有这样一个样本集,它由 h 个样本组成,若该样本集能够被一个函数集中的函数按照所有可能的 2^h 种形式打散,h 就是指示函数集的 VC 维,它等于函数集所能打散的最大样本个数[259]。VC 维反映了函数集的复杂程度,VC 维越大,函数集内的函数数目越多,机器学习模型容量越大,对应的问题也就越复杂。

2. 机器学习问题与经验风险最小化

机器学习是根据观测数据来寻找数据间的规律,利用所寻找到的规律对未知数据做尽可能准确的预测,从而使这些规律具有较好的推广泛化能力。

机器学习问题的数学表述是,根据 n 个独立同分布的观测样本 $(x_1,y_1),(x_2,y_2),\cdots,(x_n,y_n)$,在一组预测函数集 $\{f(x,v)\}$ 中,寻找某一最优函数 $f(x,v_0)$,使得预测函数期望

风险[259]

$$R(v)=\int L[y,f(x,v)]\mathrm{d}F(x,y) \tag{2.3.1}$$

最小。其中,x 为输入变量;y 为输出变量;$L[y,f(x,v)]$为损失函数;$F(x,y)$为 x 和 y 之间的某一未知的联合概率。

由式(2.3.1)可知,期望风险的大小依赖于 $F(x,y)$。对于模式识别问题,需要知道待识别样本的先验概率以及条件概率密度,然而得到这两个值的前提条件是样本数目趋于无穷大。可是在实际问题中,知道的样本数目一般都是非常有限的,所以期望风险是很难通过直接计算得到的。一般的做法是根据大数定理,用已知的训练样本的算术平均去替代式(2.3.1)中的数学期望,也就是用

$$R_{\mathrm{emp}}(v)=\frac{1}{n}\sum_{i=1}^{n}L[y_i,f(x_i,v)] \tag{2.3.2}$$

来逼近 $R(v)$。由于 $R_{\mathrm{emp}}(v)$是由经验数据得到的,故称其为经验风险。

事实上,当把经验风险最小化作为努力目标时,很多分类函数能够在样本集上轻易达到非常高的正确识别率,但是在真实分类时效果却很差,即推广能力差,所以把期望风险最小化转化为经验风险最小化的思考方法并不恰当,首先样本数 n 趋于无穷大很难满足,其次即使样本数 n 趋于无穷大,根据大数定理,当样本趋于无穷大时,$R_{\mathrm{emp}}(v)$将在概率意义上收敛于 $R(v)$,但并未保证 $R_{\mathrm{emp}}(v)$的最小值点 v_{emp}^* 与 $R(v)$的最小值点 v^* 相同,更不能保证 $R_{\mathrm{emp}}(v)$能够收敛于 $R(v^*)$,所以这就需要寻找一种能够指导有限小样本情况下建立有效的学习和推广方法的理论。

3. 结构风险最小化

为解决上述泛化问题,针对二类分类问题中指示函数集 $f(x,v)$ 中的所有函数,根据统计学习理论中函数集的推广性的界的结论,经验风险 $R_{\mathrm{emp}}(v)$和实际风险 $R(v)$之间至少以不小于 $1-\eta(0\leqslant\eta\leqslant1)$的概率存在这样的关系[259]:

$$R(v)\leqslant R_{\mathrm{emp}}(v)+\phi(h/n) \tag{2.3.3}$$

式中:$\phi(h/n)=\sqrt{\dfrac{h(\ln(2n/h+1)-\ln(\eta/4))}{n}}$称为置信范围;$h$ 为函数 $H=f(x,v)$的 VC 维;n 为样本数,可见 $\phi(h/n)$与 h,n 有关,它随着 h/n 的增加而单调增大,当 n 数目有限时,h 越高,$\phi(h/n)$就会越大,在这种情况下,即使学习机 $R_{\mathrm{emp}}(v)$为 0,测试值与实际结果还是相差很大的,即过学习现象(传统神经网络就是这样的例子),因此机器学习要同时使 $R_{\mathrm{emp}}(v)$和 h 都尽可能小。但是,为避免过学习现象而使用过小能力 h 的学习机,又存在着学习机很难很好地近似训练数据的问题。

统计学习理论针对上述问题提出了结构风险最小化原则,该原则把函数集分解为一个函数子集结构,各子集按其 VC 维由小到大依次排列,这样同一子集中的置信范围就相同;寻找各子集中的最小经验风险,折中考虑,选择经验风险与置信范围之和最小的子集,从而达到期望风险最小[259]。结构风险最小化示意图如图 2.3.1 所示。

SVM 方法是实现结构风险最小化的一种方法,它在保证经验风险最小的基础上最小化置信风险,即通过最大化分类边界以最小化 VC 维,从而达到最小化结构风险的目的。下面对其作简要介绍。

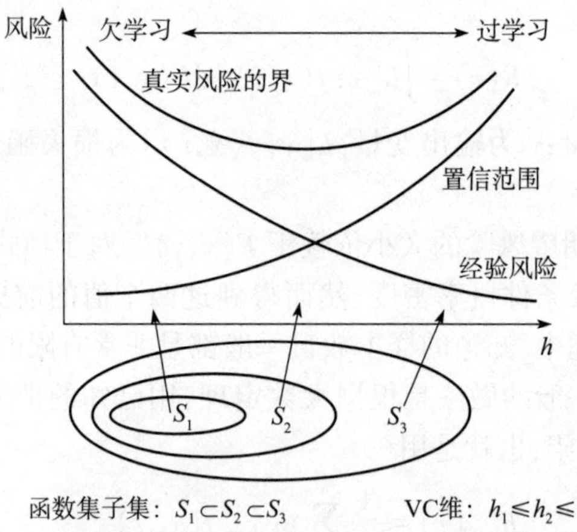

图 2.3.1　结构风险最小化示意图

4. 支持向量机

建立在 VC 维和结构风险最小原理基础上的 SVM 具有较好的泛化性，它能够根据有限的样本信息，折中考虑模型复杂性以及学习能力，使其达到最佳状态，进而获得最好的推广能力，使其用有限训练样本得到的分类器对于未知样本仍然具有较好的分类效果。

SVM 最初是对线性可分情况下的最优分类超平面进行的研究，对于两类线性可分问题，最优分类超平面可用图 2.3.2 进行说明。

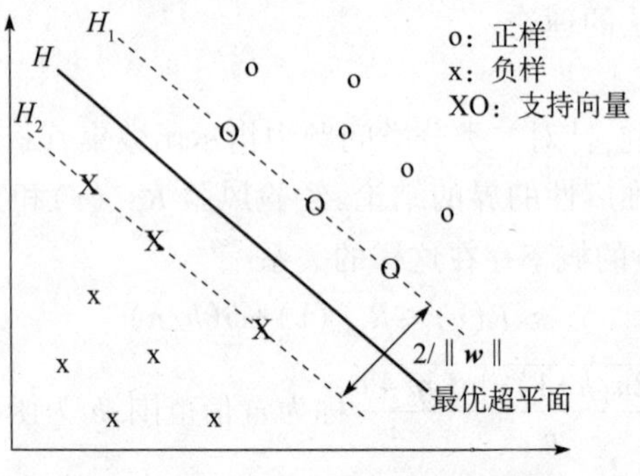

图 2.3.2　最优分类超平面示意图

图 2.3.2 中，负正两类样本分别用 x 和 o 表示，H 为分类超平面，二维情况下为分类线，它能把两类样本无差错地分开，H_1、H_2 分别平行于 H，且它们分别经过正负样本中距离 H 最近的点，称 H_1、H_2 之间的距离为分类间隔。如果 H 不仅能将正负样本正确无误地分开，而且能使 H_1、H_2 之间的距离最大化，对应于置信范围最小，那么这样的超平面称为最优分类超平面。H_1、H_2 上的样本就是支持向量，它们共同决定了最优分类超平面，SVM 的核心思想之一就是获得最优分类超平面。

下面根据训练样本的线性和非线性情况分两部分讨论支持向量机的基本构造方法。

1) 对于两类线性可分问题

设有训练样本集$(x_i,y_i)(i=1,2,\cdots,n,x\in\mathbf{R}^d,y_i\in\{-1,1\})$，表达式 $g(x)=\boldsymbol{w}\cdot\boldsymbol{x}+b$ 是 d 维空间中的线性判别函数，分类超平面的表达式为

$$\boldsymbol{w}\cdot\boldsymbol{x}+b=0 \tag{2.3.4}$$

对 $g(x)=\boldsymbol{w}\cdot\boldsymbol{x}+b$ 作归一化处理,使正负样本均满足 $|g(x)|\geqslant 1$,得到分类间隔为 $2/\|\boldsymbol{w}\|$,所以要想使分类间隔最大化就必须使 $\|\boldsymbol{w}\|$ 最小化。根据类别 y 的不同,可用分类超平面 $\boldsymbol{w}\cdot\boldsymbol{x}+b=0$ 将模式集合所有样本无误地分为正样本子集和负样本子集两类,这就要求

$$y_i(\boldsymbol{w}\cdot\boldsymbol{x}_i+b)-1\geqslant 0,\quad i=1,2,\cdots,n \tag{2.3.5}$$

式中:$\boldsymbol{w}$ 为超平面的法向量;b 为超平面的偏移量。可见,求 $\min\|\boldsymbol{w}\|$,可以完全等价为在式(2.3.5)的约束下使函数

$$\rho(\boldsymbol{w})=\frac{1}{2}\|\boldsymbol{w}\|^2 \tag{2.3.6}$$

最小化。

考虑引入拉格朗日(Lagrange)乘子 α,根据式(2.3.5)及式(2.3.6)建立拉格朗日函数:

$$J=\frac{1}{2}\|\boldsymbol{w}\|^2-\sum_{i=1}^{n}\alpha_i[y_i(\boldsymbol{w}\cdot\boldsymbol{x}_i+b)-1] \tag{2.3.7}$$

对 $\boldsymbol{w}$ 和 b 求偏导数,并令 $\partial J/\partial\boldsymbol{w}=0,\partial J/\partial b=0$,得

$$\sum_{i=1}^{n}\alpha_i y_i=0,\ \alpha_i\geqslant 0,\quad i=1,2,\cdots,n \tag{2.3.8}$$

$$\boldsymbol{w}=\sum_{i=1}^{n}\alpha_i y_i\boldsymbol{x}_i \tag{2.3.9}$$

若 α_i^* 表示最优解,则 $\boldsymbol{w}^*=\sum_{i=1}^{n}\alpha_i^* y_i\boldsymbol{x}_i$。

将式(2.3.8)、式(2.3.9)代入式(2.3.7),于是得到原问题的对偶问题:

$$\begin{cases}\max\limits_{a} Q(a)=\sum\limits_{i=1}^{n}\alpha_i-\dfrac{1}{2}\sum\limits_{i=1}^{n}\sum\limits_{j=1}^{n}\alpha_i\alpha_j y_i y_j(\boldsymbol{x}_i\cdot\boldsymbol{x}_j)\\ \text{s. t. }\sum\limits_{i=1}^{n}\alpha_i y_i=0,\quad \alpha_i\geqslant 0,i=1,2,\cdots,n\end{cases} \tag{2.3.10}$$

这是一个不等式约束下的二次规划极值问题,它的可行域是一个凸集,因此它是一个凸二次规划,其解具有唯一性,且根据库恩-塔克尔(Kuhn-Tucker)定理可知,式(2.3.10)的最优解必须满足

$$\alpha_i[y_i(\boldsymbol{w}\cdot\boldsymbol{x}_i+b)-1]=0,\quad i=1,2,\cdots,n \tag{2.3.11}$$

因此,只有使函数间隔为 1,即使式(2.3.5)取等号的样本向量 $\boldsymbol{x}_i$ 对应的 α_i^* 不为零,这些样本向量构成支持向量,而其他绝大多数的训练样本 α_i^* 将为零。

对上述问题进行计算,可以得到最优判别函数,为

$$f(x)=\text{sgn}[(\boldsymbol{w}^*\cdot\boldsymbol{x})+b^*]=\text{sgn}\left[\sum_{i=1}^{n}\alpha_i^* y_i(\boldsymbol{x}_i\cdot\boldsymbol{x})+b^*\right] \tag{2.3.12}$$

式中:$\text{sgn}(\cdot)$ 为符号函数;b^* 为分类阈值。

当最优分类面线性不可分,即某些训练样本不满足式(2.3.5)时,就需要对最小错分样本和最大分类间隔进行折中考虑,特引入正松弛因子 ξ_i 来"软化"约束条件,得

$$y_i(\boldsymbol{w}\cdot\boldsymbol{x}_i+b)-1+\xi_i\geqslant 0 \tag{2.3.13}$$

同时为避免 ξ_i 太大,可以在目标函数里引入 $C\sum_{i=1}^{n}\xi_i$ 来对它们进行惩罚,其中 $C>0$,为惩罚参数,于是得到目标函数为

$$\min\rho(\boldsymbol{w})=\frac{1}{2}\|\boldsymbol{w}\|^2+C\sum_{i=1}^{n}\xi_i \tag{2.3.14}$$

约束条件为

$$y_i(\boldsymbol{w}\cdot\boldsymbol{x}_i+b)\geqslant 1-\xi_i,\qquad \xi_i\geqslant 0,i=1,2,\cdots,n \tag{2.3.15}$$

类似前面的分析,可以得到原问题的对偶问题为

$$\begin{cases}\max\limits_{a}Q(a)=\sum\limits_{i=1}^{n}\alpha_i-\dfrac{1}{2}\sum\limits_{i=1}^{n}\sum\limits_{j=1}^{n}\alpha_i\alpha_jy_iy_j(\boldsymbol{x}_i\cdot\boldsymbol{x}_j)\\ \text{s.t.}\ \sum\limits_{i=1}^{n}\alpha_iy_i=0,\quad C\geqslant\alpha_i\geqslant 0,i=1,2,\cdots,n\end{cases} \tag{2.3.16}$$

最终得到最优判别函数为

$$f(x)=\text{sgn}\left[\sum_{i=1}^{n}\alpha_i^*y_i(\boldsymbol{x}_i\cdot\boldsymbol{x})+b^*\right] \tag{2.3.17}$$

2)对于非线性可分问题

当样本线性不可分时,可以把样本 x 通过非线性映射 $\varphi(x)$ 映射到一个更高维特征空间里,将其映射为线性情况,也就是 $(\boldsymbol{x}_i\cdot\boldsymbol{x}_j)$ 被映射为 $(\varphi(\boldsymbol{x}_i)\cdot\varphi(\boldsymbol{x}_j))$。同时,根据希尔伯特-施密特(Hilbert-Schmidt)原理,只要核函数 $K(\boldsymbol{x}_i\cdot\boldsymbol{x}_j)$ 满足 Mercer 条件,它就可以作为某一变换空间的内积使用。Mercer 条件定义如下:

对于任意的对称函数 $K(\boldsymbol{x},\boldsymbol{x}')$,它是某个变换空间中的内积运算的充分必要条件是,对于任意的 $\varphi(x)\neq 0$ 且 $\int\varphi^2(\boldsymbol{x})\mathrm{d}\boldsymbol{x}<\infty$,有

$$\iint K(\boldsymbol{x},\boldsymbol{x}')\varphi(x)\varphi(x')\mathrm{d}\boldsymbol{x}\mathrm{d}\boldsymbol{x}'>0 \tag{2.3.18}$$

因此,以 $\varphi(x)$ 代替原空间 x,以适当的 $K(\boldsymbol{x}_i\cdot\boldsymbol{x}_j)$ 来代替 $(\varphi(\boldsymbol{x}_i)\cdot\varphi(\boldsymbol{x}_j))$,便可实现从非线性到线性的变换。此时目标函数变为

$$\begin{cases}\max\limits_{a}Q(a)=\sum\limits_{i=1}^{n}a_i-\dfrac{1}{2}\sum\limits_{i=1}^{n}\sum\limits_{j=1}^{n}\alpha_i\alpha_jy_iy_jK(\boldsymbol{x}_i\cdot\boldsymbol{x}_j)\\ \text{s.t.}\ \sum\limits_{i=1}^{n}\alpha_iy_i=0,\quad C\geqslant\alpha_i\geqslant 0,i=1,2,\cdots,n\end{cases} \tag{2.3.19}$$

相应的判别函数变为

$$f(x)=\text{sgn}\left[\sum_{i=1}^{n}\alpha_i^*y_iK(\boldsymbol{x}_i\cdot\boldsymbol{x})+b^*\right] \tag{2.3.20}$$

这就是 SVM 最常用的一种方法,称为 C-SVM,其示意图如图 2.3.3 所示。

从图 2.3.3 及其分类函数形式上可见,SVM 类似于一个神经网络,其输出是若干中间节点的线性组合,每个中间节点对应一个支持向量。

SVM 利用输入空间的核函数代替高维空间中的内积运算,解决了高维数分类问题。作为 SVM 重要组成部分的核函数,它有很多种形式可以选择。一般来讲,RBF 核函数能

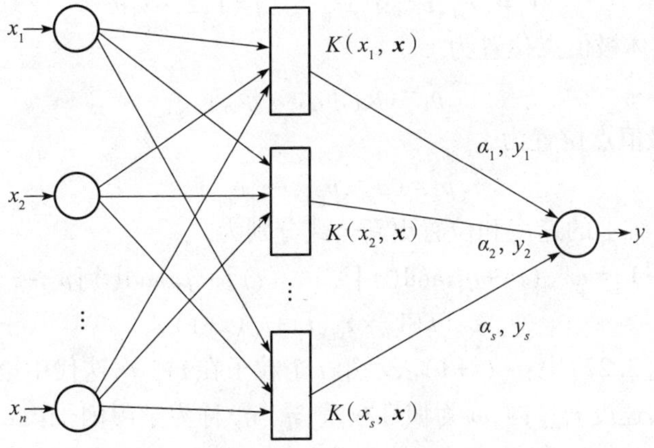

图 2.3.3　C-SVM 示意图

够很好地解决复杂非线性问题,是较好的选择,所以本节采用 RBF 核函数,即

$$k(x,x') = \exp\left(-\frac{\|x-x'\|^2}{2\gamma}\right) \tag{2.3.21}$$

式中,γ 为宽度系数。

2.3.3　粒子群优化算法

粒子群优化算法(PSO)是一种基于种群搜索的自适应进化计算技术,该算法模仿昆虫、兽群、鸟群和鱼群等的群集行为,这些群体按照一种合作的方式寻找食物,群体中的每个成员通过学习它自身的经验和其他成员的经验来不断改变其搜索模式。PSO 中各代种群都有自我学习和向他人学习的特点,所以能在较少的迭代次数内找到最优解。并且,PSO 是基于智能背景,不需要许多参数的调节,操作简单,容易实现。

对 PSO 的理解可以假设成这样一幅场景:一群鸟在随机搜索食物,在这个区域里只有一块食物,所有的鸟都不知道食物在哪里,但是它们知道当前的位置离食物还有多远。那么找到食物的最优策略就是搜索目前离食物最近的鸟的周围区域。粒子群优化算法就是从这种模型中启示得到的。

PSO 中把每个优化问题的解当作搜索空间中的一个“粒子”,首先 PSO 需要初始化一群随机粒子,所有这些粒子都有一个被目标函数所决定的适应度值,并且每个粒子还有一个运动速度来决定其飞行方向和距离;其次,各粒子就在解空间中进行搜索以追随当前的最优粒子;最后通过迭代找到最优解[265],因此,粒子群中粒子的变化受其邻近粒子经验或知识的影响,一个粒子的搜索行为受群中其他粒子搜索行为的影响。在每一次的迭代过程中,粒子都是通过对两个“极值”的跟踪来完成对自己的更新,其中一个是粒子本身所经历的最优解,即个体极值 p_i;另一个是目前所能找到的整个种群的最优解,即全局极值 p_g[260]。

设粒子群在一个 n 维空间中搜索,由 m 个粒子组成种群 $Z=\{Z_1,Z_2,\cdots,Z_m\}$,其中第 i 个粒子所处的位置表示为

$$Z_i=\{z_{i1},z_{i2},\cdots,z_{in}\},\quad i=1,2,\cdots,m \tag{2.3.22}$$

第 i 个粒子飞行速度为

$$V_i=\{v_{i1},v_{i2},\cdots,v_{in}\},\quad i=1,2,\cdots,m \tag{2.3.23}$$

第 i 个粒子个体极值点位置为

$$p_i=(p_{i1},p_{i2},\cdots,p_{in}) \tag{2.3.24}$$

种群的全局极值点位置为

$$p_g=(p_{g1},p_{g2},\cdots,p_{gn}) \tag{2.3.25}$$

粒子 i 的第 d 维上的速度和位置更新公式分别为

$$v_{id}(t+1)=\omega v_{id}(t)+\eta_1\text{rand}()[p_{id}-z_{id}(t)]+\eta_2\text{rand}()[p_{gd}-z_{id}(t)] \tag{2.3.26}$$

$$z_{id}(t+1)=z_{id}(t)+v_{id}(t+1) \tag{2.3.27}$$

式(2.3.26)、式(2.3.27)中:$v_{id}(t+1)$表示第 i 个粒子在 $t+1$ 次迭代中第 d 维上的速度,其被限定在一个最大速度 $v_{\max}$ 内;ω 为惯性权重;η_1、η_2 称为学习因子(Learning Factor)或加速系数(Acceleration Coefficient),一般为正常数,η_1 和 η_2 通常等于 2;rand()为[0,1]区间内均匀分布的随机数。

2.3.4　基于 PSO-SVM 的单载波调制识别

首先将各种未知参数设为相应粒子的位置向量 $\boldsymbol{X}$,本节中的未知参数为惩罚系数 C 及径向基函数(RBF)核的宽度系数 γ,具体实现步骤如下:

(1) 初始化粒子群,即将惩罚系数 C 及 RBF 核的宽度系数 γ 这两个参数作为粒子的位置向量,对粒子位置和速度进行初始化。

(2) 计算每个粒子的适应度值。

(3) 对各个粒子,若它的适应值优于原来的个体极值 p_i,则将当前适应值设置为 p_i。

(4) 对各个粒子,若它的适应值优于全局极值 p_g,则将当前适应值设置为 p_g。

(5) 按式(2.3.26)及式(2.3.27)更新各个粒子的速度及位置。

(6) 若达到结束条件(足够好的位置或最大迭代次数)则结束,否则转(3)继续迭代。

PSO-SVM 算法流程如图 2.3.4 所示。

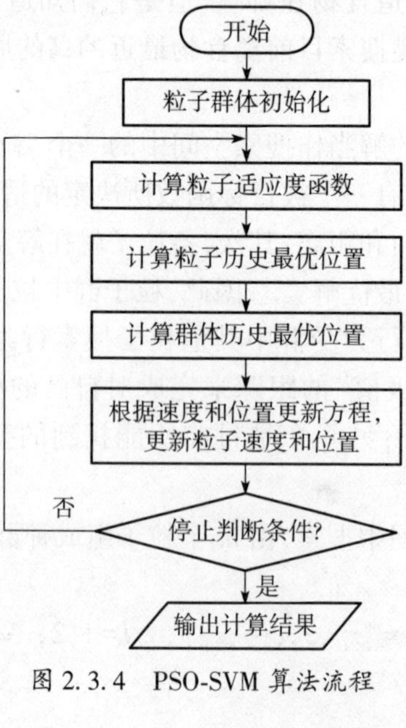

图 2.3.4　PSO-SVM 算法流程

2.3.5　仿真实验及结果分析

与 2.2 节相同,本系统仿真考虑 2ASK、4ASK、2PSK、4PSK、8PSK、2FSK、4FSK、8FSK、16QAM 和 MSK 等 10 种调制类型的信号,在 MATLAB 仿真环境下完成。仿真采用的载波频率选择为 150kHz,采样频率选择为 1200kHz,码元速率选择为 12500bit/s,MFSK 信号频偏的选择与码元速率相同,每个观测样本为 100bit,噪声为加性高斯白噪声。

同时,本节采用与 2.2 节相同的特征参数,在信噪比为 0~25dB 的范围内每隔 5dB 对每一类信号产生 200 个样本,抽取其中 50 个样本作为训练集,另外的 150 个样本作为测试集。采用 LIBSVM 软件包设计 SVM 分类器来验证本节研究的 PSO-SVM 算法具有更高的分类识别率。图 2.3.5 所示为测试集的实际分类与预测分类,图 2.3.6 所示为图 2.3.5 的局部放大图。

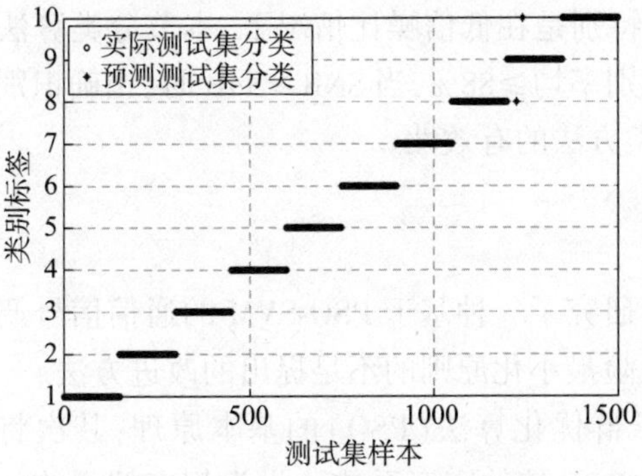

图 2.3.5　测试集的实际分类与预测分类

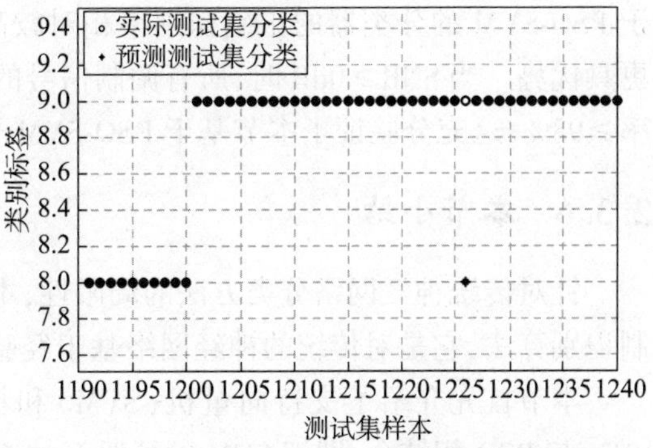

图 2.3.6　测试集的实际分类与预测分类的局部放大图

图 2.3.5 与图 2.3.6 分别给出了某信噪比下 10 种信号分类情况的全局图与局部图,类别标签 1~10 分别对应于本节 10 种待识别信号,圈形图案表示实际测试集分类,星形图案表示预测测试集分类,当两种图案重叠时,表示预测分类与实际分类相符合;当圈形图案对应的类别标签为 9 而与之对应的同一横坐标上的星形图案对应的类别标签为 8 时,表示实际类别为 9 而被错分为类别 8。最终得到各信号识别结果如表 2.3.1 所示。

表 2.3.1　基于 PSO-SVM 的调制信号识别率　单位:%

SNR	2ASK	4ASK	2PSK	4PSK	8PSK	2FSK	4FSK	8FSK	16QAM	MSK
0dB	88	95.3	100	97.3	98.7	98	98.7	99.33	100	100
5dB	100	100	100	100	100	98	100	100	100	99.33
10dB	100	100	100	100	100	100	100	100	100	100
15dB	100	100	100	100	98.7	100	100	100	100	100
20dB	100	100	100	100	100	100	100	100	100	100
25dB	100	100	100	100	100	100	100	100	100	100

由表 2.3.1 可见,当 SNR≥0dB 时,所有调制信号的识别率均≥88%,当 SNR≥5dB 时,识别率≥98%。

为了与上一节基于分层结构神经网络算法的信号识别率作对比,现再次将上一节识别结果给出,如表 2.3.2 所示。

表 2.3.2 基于神经网络分类器的识别率 单位:%

SNR	2ASK	4ASK	2PSK	4PSK	8PSK	2FSK	4FSK	8FSK	16QAM	MSK
0dB	67.34	84.77	100	92	99.6	13.51	91.63	99.6	91	99.43
5dB	100	99.5	100	100	100	87.73	92.87	94.33	100	97.25
10dB	100	100	100	100	99.5	99	99.5	100	100	100
15dB	100	100	100	100	98.5	100	100	100	100	100
20dB	100	100	100	100	97	100	100	100	100	100
25dB	100	100	100	100	99	100	100	100	100	100

对比表 2.3.1 和表 2.3.2 可见,相同信号、相同特征参数、相同信噪比情况下,本节基于 PSO-SVM 的分类器的正确识别率相对较高,特别是在低信噪比情况下,本节分类算法更具优势。当 SNR≥0dB 时,所有调制信号的识别率均≥88%,当 SNR≥5dB 时,正确识别率≥98%,这充分验证了本节基于 PSO-SVM 分类方法的有效性。

2.3.6 本节小结

针对传统神经网络分类方法的局限性,本节研究了一种基于 PSO-SVM 的通信信号调制识别算法,它是对传统的神经网络基于经验风险最小化原则的不足提出的改进方法。

本节首先介绍了支持向量机(SVM)和粒子群优化算法(PSO)的基本原理;其次将 SVM 与 PSO 相结合,即把 SVM 的惩罚系数 C 及 RBF 核的宽度系数 γ 设为相应粒子的位置向量,从而得到一种基于 PSO-SVM 的调制识别算法;最后对该算法进行了仿真分析。本节的仿真是在上一节的基础上,提取与上一节相同的特征参数,再使用 PSO-SVM 对与上一节相同的 10 种数字信号进行分类识别。仿真结果表明,当 SNR≥0dB 时,所有调制信号的识别率均大于 88%,当 SNR≥5dB 时,识别率均大于 98%,相比上一节基于神经网络的方法,本节基于 PSO-SVM 的调制识别算法具有更高的识别率,这充分验证了本节算法的有效性。

2.4 瑞利信道下基于累积量的单载波调制识别

2.4.1 引言

在实际通信信道中存在着一些干扰因素,如无线信道中的衰落、多径效应等,它们给通信信号带来的影响比干扰仅为高斯白噪声时的影响更大。例如,在瑞利衰落信道中,其衰落即使是平坦性的,也会使信号中的调制信息特征发生改变[102],因此,在研究通信信号调制方式的自动识别时不可忽视这些影响因素。针对通信信道在瑞利衰落的情况下,本节将研究一种瑞利信道下基于高阶累积量组合方式的调制识别算法,该算法能够在瑞利衰落信道下实现 OFDM、BPSK、QPSK、4ASK、16QAM、32QAM、64QAM 7 种数字调制方式的识别分类。

2.4.2 瑞利信道下的信号模型

假设信道为频率非选择性慢衰落信道,则该信道将导致发送信号的乘性失真,在至少一个信号传输间隔内该乘性过程可视为恒定[266],其信道模型如图 2.4.1 所示,因此,经过该信道后的信号可表示为

$$r(t)=h(t)\mathrm{e}^{\mathrm{j}\theta(t)}s(t)+w(t),\quad 0\leqslant t\leqslant T_e \tag{2.4.1}$$

式中:$r(t)$为接收到的未知调制信号;$s(t)$为发送的调制信号;$h(t)\mathrm{e}^{\mathrm{j}\theta(t)}$为信号的复衰落增益;$w(t)$表示均值为零、方差是 σ_w^2 的加性复高斯白噪声,并且与有用信号 $s(t)$不相关;T_e 表示一个信号传输间隔。

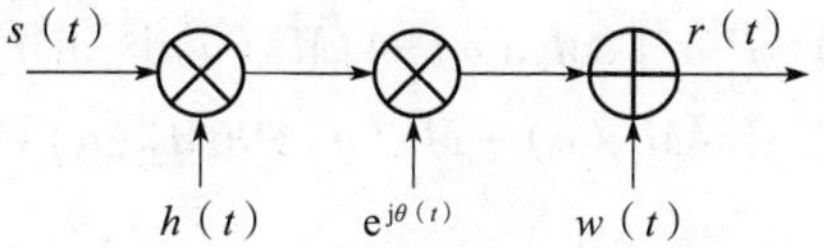

图 2.4.1　瑞利信道模型

根据上面的假设,由于信道为慢衰落信道,则相移 $\theta(t)$能够从接收到的信号中估计出来[266],但是会存在估计偏差。接收信号经过下变频和采样后,可以得到其基带信号采样序列,表达式如下:

$$r(n)=s(n)+w(n)=h(n)\mathrm{e}^{\mathrm{j}\Delta\theta}\sqrt{P}a(n)+w(n) \tag{2.4.2}$$

式中:$r(n)$为经过处理后得到的采样序列;$h(n)$为服从瑞利分布的随机变量;$\Delta\theta$ 为相移的估计偏差;P 为信号的平均功率;$a(n)$为发送端的基带复数符号序列;$w(n)$为高斯白噪声序列。

2.4.3 基于累积量的单载波调制识别

1. 特征参数提取与分析

根据高阶累积量的性质[256-261]可以得知,均值为零的复高斯白噪声大于二阶的累积量等于零,则 $r(n)$的高阶累积量表达式为

$$\begin{aligned}C_{40}(r)&=C_{40}(h\mathrm{e}^{\mathrm{j}\Delta\theta}\sqrt{P}a+w)=C_{40}(h\mathrm{e}^{\mathrm{j}\Delta\theta}\sqrt{P}a)+C_{40}(w)=C_{40}(h\mathrm{e}^{\mathrm{j}\Delta\theta}\sqrt{P}a)\\&=\mathrm{e}^{\mathrm{j}4\Delta\theta}\{E[h^4]\cdot M_{40}(\sqrt{P}a)-E^2[h^2]\cdot 3\cdot M_{20}^2(\sqrt{P}a)\}\end{aligned} \tag{2.4.3}$$

$$\begin{aligned}C_{41}(r)&=C_{41}(h\mathrm{e}^{\mathrm{j}\Delta\theta}\sqrt{P}a+w)=C_{41}(h\mathrm{e}^{\mathrm{j}\Delta\theta}\sqrt{P}a)+C_{41}(w)=C_{41}(h\mathrm{e}^{\mathrm{j}\Delta\theta}\sqrt{P}a)\\&=\mathrm{e}^{\mathrm{j}2\Delta\theta}\{E[h^4]\cdot M_{41}(\sqrt{P}a)-3E^2[h^2]\cdot M_{21}(\sqrt{P}a)\cdot M_{20}(\sqrt{P}a)\}\end{aligned} \tag{2.4.4}$$

$$\begin{aligned}C_{42}(r)&=C_{42}(h\mathrm{e}^{\mathrm{j}\Delta\theta}\sqrt{P}a+w)=C_{42}(h\mathrm{e}^{\mathrm{j}\Delta\theta}\sqrt{P}a)+C_{42}(w)=C_{42}(h\mathrm{e}^{\mathrm{j}\Delta\theta}\sqrt{P}a)\\&=E[h^4]\cdot M_{42}(\sqrt{P}a)-E^2[h^2]\cdot\left|M_{20}(\sqrt{P}a)\right|^2-2E[h^2]^2\cdot M_{21}^2(\sqrt{P}a)\end{aligned} \tag{2.4.5}$$

$$\begin{aligned}C_{63}(r)&=C_{63}(h\mathrm{e}^{\mathrm{j}\Delta\theta}\sqrt{P}a+w)=C_{63}(h\mathrm{e}^{\mathrm{j}\Delta\theta}\sqrt{P}a)+C_{63}(w)=C_{63}(h\mathrm{e}^{\mathrm{j}\Delta\theta}\sqrt{P}a)\\&=E[h^6]\cdot M_{63}(\sqrt{P}a)-9E[h^4]\cdot E[h^2]\cdot M_{42}(\sqrt{P}a)\cdot M_{21}(\sqrt{P}a)+\\&\quad 9E^3[h^2]\cdot\left|M_{20}(\sqrt{P}a)\right|^2\cdot M_{21}(\sqrt{P}a)+12E^3[h^2]\cdot M_{21}^3(\sqrt{P}a)\end{aligned} \tag{2.4.6}$$

在求式(2.4.3)~式(2.4.6)的过程中用到了高阶累积量的线性可加性[261]。

由于$h(n)$是服从瑞利分布的随机变量,其分布密度函数的数学式可表达为[102]

$$\rho(\beta)=\frac{\beta}{\sigma^2}e^{\frac{\beta^2}{2\sigma^2}} \tag{2.4.7}$$

式中,σ为分布参数,且有$\beta>0$,由此可以求得$h(n)$的各阶矩:

$$E[h^2]=2\sigma^2,\quad E[h^4]=8\sigma^4,\quad E[h^6]=48\sigma^6 \tag{2.4.8}$$

把式(2.4.8)代入式(2.4.3)~式(2.4.6)中计算,通过整理可得

$$C_{40}(r)=P^2\sigma^4 e^{j4\Delta\theta}[8M_{40}(a)-12M_{20}^2(a)] \tag{2.4.9}$$

$$C_{41}(r)=P^2\sigma^4 e^{j2\Delta\theta}[8M_{41}(a)-12M_{21}(a)\cdot M_{20}(a)] \tag{2.4.10}$$

$$C_{42}(r)=P^2\sigma^4[8M_{42}(a)-4|M_{20}(a)|^2-8M_{21}^2(a)] \tag{2.4.11}$$

$$C_{63}(r)=P^3\sigma^6[48M_{63}(a)-144M_{42}(a)\cdot M_{21}(a)+96M_{21}^3(a)+72|M_{20}(a)|^2\cdot M_{21}(a)] \tag{2.4.12}$$

根据式(2.4.9)~式(2.4.12)所示的表达式可以看出,通过计算待识别信号的各阶矩便能得到其四阶累积量和六阶累积量的值,表2.4.1给出了在理想情况下调制信号的各阶矩理论值。

表2.4.1 理想情况下调制信号的各阶矩理论值

调制类型	各阶矩					
	M_{20}	M_{21}	M_{40}	M_{41}	M_{42}	M_{63}
BPSK	P	P	P^2	P^2	P^2	P^3
QPSK	0	P	P^2	0	P^2	P^3
4ASK	P	P	$1.64P^2$	$1.64P^2$	$1.64P^2$	$2.92P^3$
16QAM	0	P	$-0.68P^2$	0	$1.32P^2$	$1.96P^3$
32QAM	0	P	$-0.19P^2$	0	$1.31P^2$	$1.90P^3$
64QAM	0	P	$-0.619P^2$	0	$1.381P^2$	$2.2258P^3$
OFDM	0	P	0	0	$2P^2$	$6P^3$

把表2.4.1中所示的调制信号的各阶矩代入式(2.4.9)~式(2.4.12)中计算,便可以求得不同调制信号通过瑞利信道后的高阶累积量理论值。经过预处理后的信号中存在相位估计偏差$\Delta\theta$,为了消除这种偏差对信号累积量的影响,本书采用高阶累积量绝对值的表现形式,其理论值如表2.4.2所示。

表2.4.2 通过瑞利信道后不同信号的高阶累积量理论值

调制类型	各阶累积量			
	$\|C_{40}\|$	$\|C_{41}\|$	$\|C_{42}\|$	$\|C_{63}\|$
BPSK	$4P^2\sigma^4$	$4P^2\sigma^4$	$4P^2\sigma^4$	$72P^3\sigma^6$
QPSK	$8P^2\sigma^4$	0	0	0
4ASK	$1.12P^2\sigma^4$	$1.12P^2\sigma^4$	$1.12P^2\sigma^4$	$72P^3\sigma^6$
16QAM	$5.44P^2\sigma^4$	0	$2.56P^2\sigma^4$	0

续表

调制类型	各阶累积量			
	$\lvert C_{40}\rvert$	$\lvert C_{41}\rvert$	$\lvert C_{42}\rvert$	$\lvert C_{63}\rvert$
32QAM	$1.52P^2\sigma^4$	0	$2.48P^2\sigma^4$	$1.44P^3\sigma^6$
64QAM	$4.952P^2\sigma^4$	0	$3.048P^2\sigma^4$	$3.9744P^3\sigma^6$
OFDM	0	0	$8P^2\sigma^4$	$96P^3\sigma^6$

从表2.4.2中的数据可以看出,不同调制信号的各阶累积量不尽相同,且具有一定的区分性,通过选取合适的累积量就可以完成调制方式的识别。但是,同时可以发现,如果直接利用高阶累积量对信号进行识别分类,则势必会受到瑞利衰落的影响。所以,为了消除信号功率 P 及瑞利衰落中分布参数 σ 对识别过程的影响,这里采取不同高阶累积量比值的形式构造分类特征,所选特征参数的表达式如下:

$$T_1=\lvert C_{63}\rvert^2/\lvert C_{42}\rvert^3 \tag{2.4.13}$$

$$T_2=\lvert C_{42}\rvert/\lvert C_{40}\rvert \tag{2.4.14}$$

根据式(2.4.13)和式(2.4.14)可以求得不同调制信号的特征参数理论值,如表2.4.3所示。此处需要特别说明的是QPSK信号的特征参数 $T_{1\mathrm{QPSK}}$,从表2.4.2中可以看出它的 $\lvert C_{42}\rvert$ 值和 $\lvert C_{63}\rvert$ 值都为零,也就是说特征参数 $T_{1\mathrm{QPSK}}$ 的分母及分子在理论上均为零。但是在实际情况中,待处理信号的数据长度不可能取无限大,只能截取有限的部分进行分析,所以 $T_{1\mathrm{QPSK}}$ 的分母和分子的理论值均是趋近于无穷小的值,从而有 $T_{1\mathrm{QPSK}}\approx\infty$[188](注:表2.4.3中的"∞"表示无穷大,"—"表示不存在)。

表2.4.3　特征参数 T_1、T_2 的理论值

特征参数	调制信号						
	BPSK	QPSK	4ASK	16QAM	32QAM	64QAM	OFDM
T_1	81	∞	3689.9	0	0.1359	0.5578	18
T_2	1	0	1	0.4706	1.6316	0.6155	—

从表2.4.3中可以得知,特征参数 T_1 和 T_2 不受瑞利衰落的影响,只与信号的调制方式有关。首先观察 T_1 值的情况,7种调制信号的该特征参数各不相同,部分信号之间存在较大差距:QPSK和4ASK的 T_1 明显大于其余5种信号的 T_1;BPSK的 T_1 又大于OFDM的 T_1;而OFDM的 T_1 又明显大于16QAM、32QAM、64QAM这三种信号的 T_1。因此,通过设置合适的判决门限,特征参数 T_1 就可以先把调制信号{BPSK,QPSK,4ASK,16QAM,32QAM,64QAM,OFDM}分类为{QPSK,4ASK},BPSK,OFDM和{16QAM,32QAM,64QAM}4个子类。对于{QPSK,4ASK}和{16QAM,32QAM,64QAM}这两个子类而言,再观察它们各自的 T_2 值情况。表中数据显示,4ASK的 T_2 大于QPSK的 T_2,而16QAM、32QAM、64QAM这三者的 T_2 值大小关系为 $T_{2\,32\mathrm{QAM}}>T_{2\,64\mathrm{QAM}}>T_{2\,16\mathrm{QAM}}$,且区分度较好,所以特征参数 T_2 可以实现QPSK和4ASK的分类以及MQAM信号的识别。

2. 识别算法步骤及流程

根据前一小节的数学推导及理论分析,本节利用特征参数 T_1 和特征参数 T_2 作为分

类特征，设计了基于决策树的分类器，然后对 BPSK、QPSK、4ASK、16QAM、32QAM、64QAM 和 OFDM 7 种数字调制信号进行识别分类，其具体实现框图如图 2.4.2 所示。

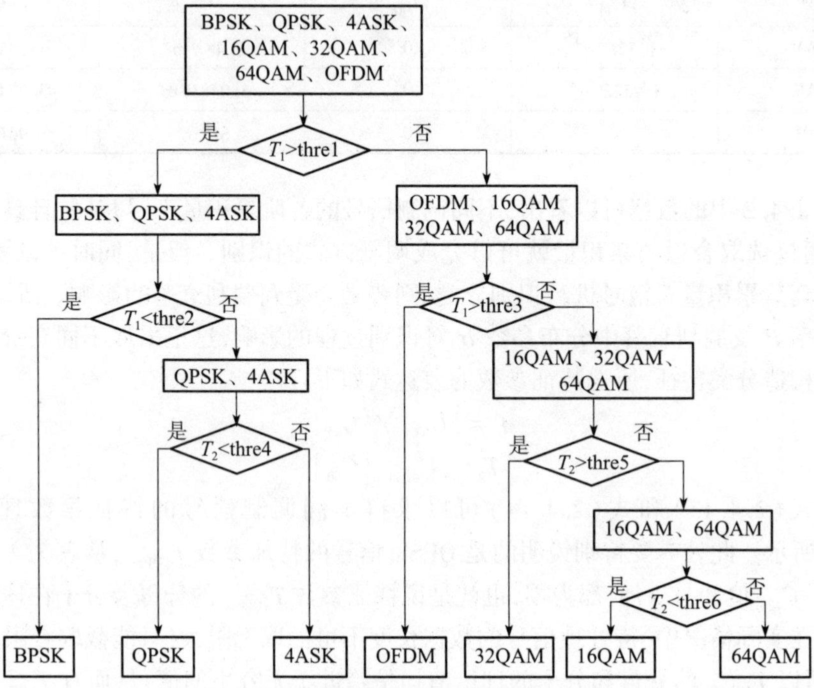

图 2.4.2　基于累积量的调制信号识别框图

该识别方法的具体实现步骤可归纳如下：

步骤(1)：对接收到的信号进行下变频和采样后得到复基带采样序列 $r(n)$。

步骤(2)：在 $r(n)$ 中选取一段数据来计算 C_{42} 和 C_{63}，然后根据特征参数 T_1 的定义计算其 T_1 值。

步骤(3)：将步骤(2)中求得的 T_1 值与判决门限 thre1、thre2、thre3 进行比较：

①若 T_1 大于门限 thre1 且小于门限 thre2，则待识别信号可判为 BPSK，识别过程结束。

②若 T_1 大于门限 thre1 且同时大于门限 thre2，则待识别信号可以初步判为{QPSK, 4ASK}，并进行下一步骤的识别。

③若 T_1 小于门限 thre1 且大于门限 thre3，则待识别信号可判为 OFDM，识别过程结束。

④若 T_1 小于门限 thre1 且同时小于门限 thre3，则待识别信号初步判为{16QAM, 32QAM, 64QAM}，并进行下一步骤的识别。

步骤(4)：先计算步骤(3)中需要进行再次识别的信号的 C_{40}，再根据特征参数 T_2 的定义求 T_2 值。

步骤(5)：将步骤(4)中计算得到的 T_2 值与判决门限进行比较：

①对{QPSK, 4ASK}而言，若 T_2 大于门限 thre4，则待识别信号可判为 4ASK，否则判为 QPSK，识别过程结束。

②对{16QAM, 32QAM, 64QAM}而言，若 T_2 大于门限 thre5，则待识别信号可判为

32QAM；若 T_2 小于门限 thre5 且同时小于 thre6，则待识别信号判为 16QAM；若 T_2 小于 thre5 且大于 thre6，则待识别信号判为 64QAM；识别过程结束。

2.4.4　仿真实验及结果分析

本节通过 MATLAB 仿真软件来检验所研究方法的识别性能。在仿真过程中，信号的符号速率 R_s 设为 2000 码元/s，载波频率 f_c 设为 6000Hz，采样频率 f_s 设为 40000Hz，并采用矩形脉冲成形方式。OFDM 信号采用 64 个子载波，且每个子载波的调制方式均为 QPSK。信道的幅度衰减 $h(n)$ 为服从瑞利分布的随机序列，相位估计偏差 $\Delta\theta$ 在 $[-\pi,\pi]$ 上随机取值。

实验 1：特征参数 T_1 在不同信噪比下的仿真结果。观察符号的个数设为 2000 个，信噪比的变化范围为 0~20dB，其变化步长为 2dB，每个信噪比下进行 200 次仿真实验，然后取其平均值作为实验结果。根据前面的理论分析可知，不同调制信号的特征参数 T_1 之间的差距比较大，为了能够明显看出它们仿真结果之间的差异，把 T_1 的仿真结果分为 4 个部分，如图 2.4.3~图 2.4.6 所示。

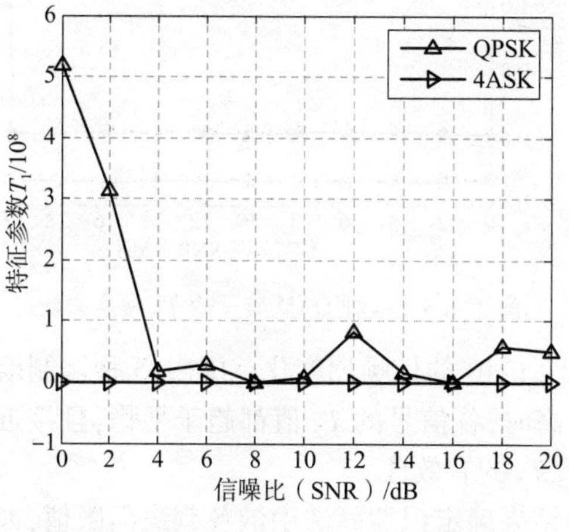

图 2.4.3　QPSK 与 4ASK 信号的 T_1 仿真曲线

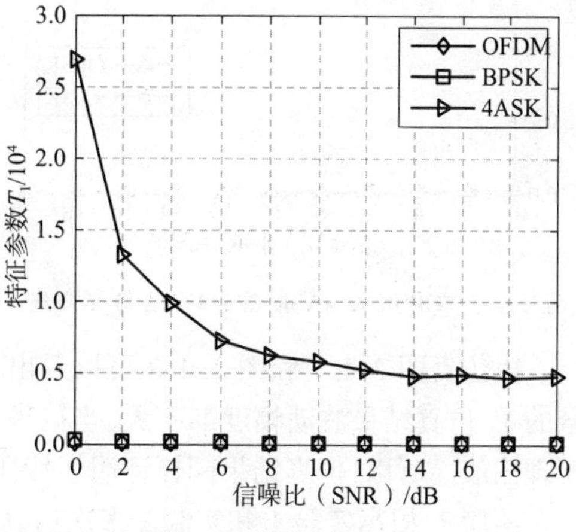

图 2.4.4　OFDM、BPSK 与 4ASK 信号的 T_1 仿真曲线

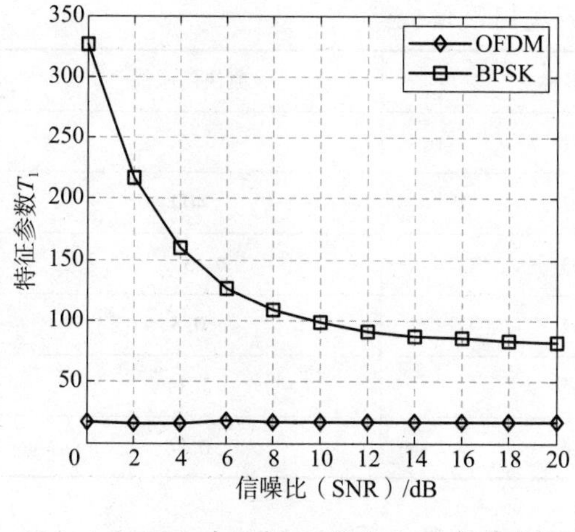

图 2.4.5　OFDM 与 BPSK 信号的 T_1 仿真曲线

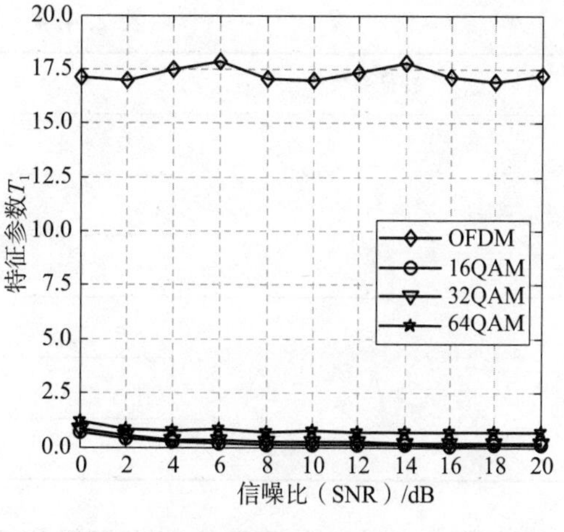

图 2.4.6　OFDM 与 MQAM 信号的 T_1 仿真曲线

从以上的仿真结果可以看出，QPSK、4ASK，BPSK 三种信号的 T_1 仿真值随着信噪比的增大呈现减小的趋势，到最后除了 QPSK 的 T_1 值有一点波动，4ASK 和 BPSK 的 T_1 值都各自趋于一个和理论值相差不大的数值。OFDM 信号的 T_1 仿真值在整个信噪比变化范围内都在 17.5 附近波动，这与理论值为 18 是基本吻合的。16QAM、32QAM、64QAM 这三种信号的 T_1 仿真值都随着信噪比的提高各自趋近于理论值。仿真结果验证了理论分析，说明特征参数 T_1 是有效的。

实验 2：特征参数 T_2 在不同信噪比下的仿真结果。本实验中的仿真参数设置情况同实验 1，每种信号在不同信噪比下做 200 次仿真实验，取均值后的 T_2 参数仿真结果如图 2.4.7 和图 2.4.8 所示。

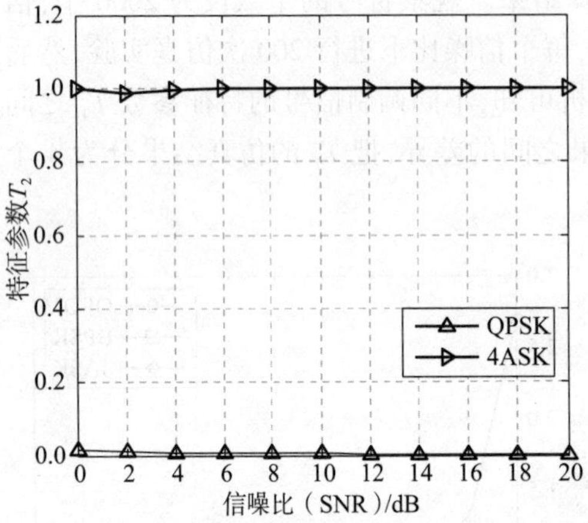

图 2.4.7　QPSK 与 4ASK 信号的 T2 仿真曲线

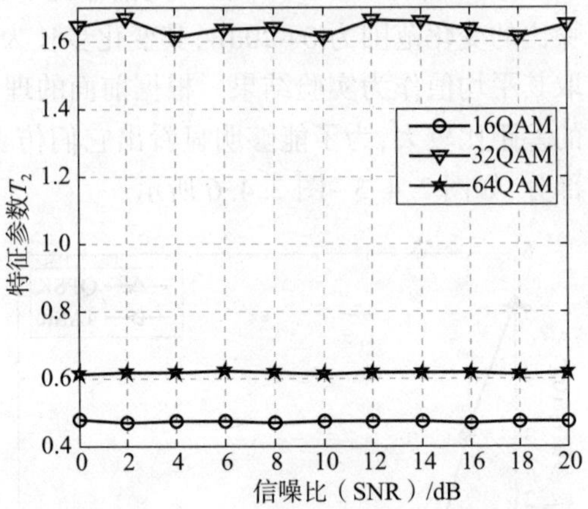

图 2.4.8　三种 QAM 信号的 T2 仿真曲线

由仿真图 2.4.7 和图 2.4.8 可以看出，在 0～20dB 的信噪比变化范围内，5 种调制信号的 T_2 仿真结果波动幅度都不大，当信噪比提高时，各信号的 T_2 值都趋于平稳，且接近于理论值。所以，仿真结果同样证明了特征参数 T_2 的有效性。

实验 3：根据实验 1 和实验 2 多次仿真后的结果确定识别算法中的各判决门限值，如表 2.4.4 所示。

表 2.4.4　各判决门限值

特征参数	门限名称	判决门限值
T_1	thre1	55
	thre2	400
	thre3	5
T_2	thre4	0.5
	thre5	1.11
	thre6	0.54

根据表 2.4.4 中设置的判决门限值，利用特征参数 T_1、T_2 对 BPSK、QPSK、4ASK、

16QAM、32QAM、64QAM、OFDM 7 种调制信号进行识别性能仿真。仿真实验中产生 1000 个观察符号,信噪比从-4dB 变化到 20dB,其中每次的变化间隔为 2dB,每一种信号在不同信噪比下进行 200 次蒙特卡洛(Monte Carlo)仿真,其识别结果的准确率如图 2.4.9 所示。

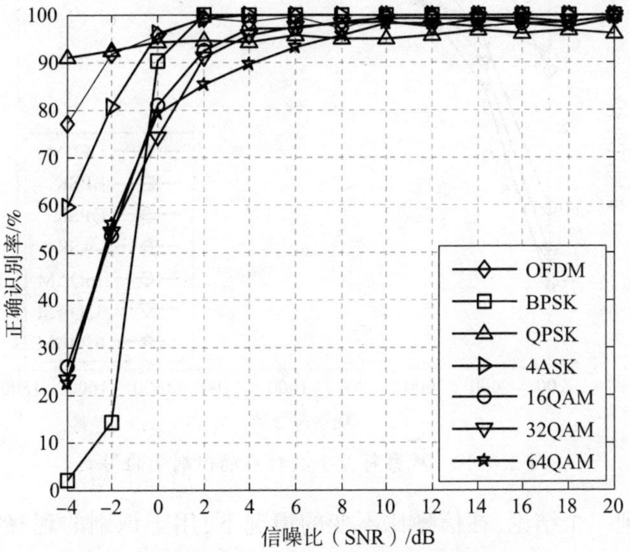

图 2.4.9　基于累积量的调制信号识别性能

从整体上观察图 2.4.9 可以看出,各信号的正确识别率都是随着信噪比的变大而提高的。当信噪比大于 4dB 时,整体识别正确率能够达到 90%以上,BPSK,4ASK 信号的识别准确率更是达到了 100%。当信噪比提高到 10dB 时,7 种信号的正确识别率都在 95%以上,OFDM 信号的正确识别率达到了 100%,说明该方法具有良好的识别性能。同时,还可以发现,当信噪比在 0dB 以下时,该方法的识别性能开始变差,分析其中的原因,主要有两个方面:一方面是随着信噪比的降低,特征参数受噪声干扰的影响变大;另外一方面是受判决门限值设置的影响,因为所选门限值是在信噪比大于 0dB 的情况下设置的,当信噪比小于 0dB 时,判决门限的鲁棒性变差,因而识别性能出现下降趋势。

参考文献[102]利用 4 个特征参数在瑞利信道下实现了 5 种单载波信号的识别,参考文献[188]完成了三种 QAM 信号在瑞利信道下的识别,但是它们并未考虑 OFDM 信号,且识别类型单一。参考文献[104]利用 SVM 和高阶累积量实现了包括 OFDM 信号在内的 8 种数字调制信号的分类,但是该方法是在高斯白噪声信道下进行的,并未考虑瑞利衰落带来的影响。而本书方法仅用两个特征参数和决策树分类器就完成了 BPSK、QPSK、4ASK、16QAM、32QAM、64QAM、OFDM 7 种信号在瑞利信道下的识别,和同类算法相比,具有一定的优越性。

实验 4:当信噪比为 10dB 时,测试观察符号个数对正确识别率的影响。设观察符号个数从 200 个逐步增加到 1800 个,变化的间隔为 200 个,各种信号都在不同符号个数的情况下进行 200 次蒙特卡洛仿真,实验结果如图 2.4.10 所示。

根据图 2.4.10 所示的结果可见,各调制信号的正确识别率随着观察符号个数的增加而提高,且当观察符号个数多于 1000 时,全体信号的正确识别率均达到 95%以上,识别效果良好。当符号个数增加一定数量时,识别性能开始趋于稳定。

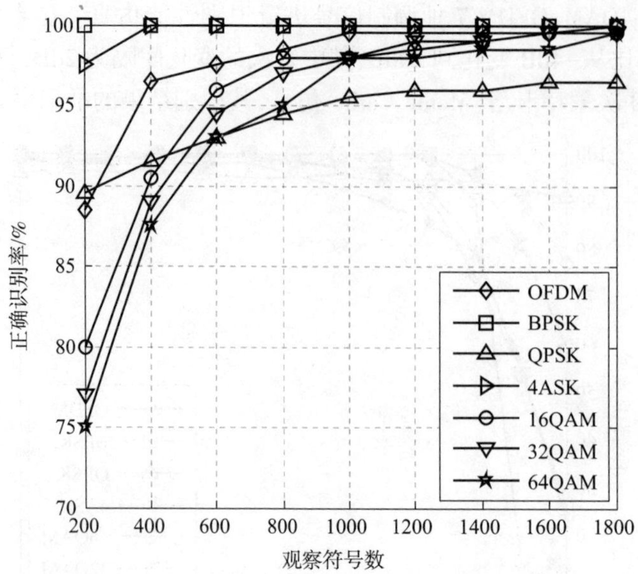

图 2.4.10　观察符号个数对正确识别率的影响

由此可以得到一个结论：在信噪比不变的情况下，用于识别的观察符号个数越多，信号的识别准确率就越高，当观察符号个数达到一定数量后，正确识别率就趋于稳定。其原因是只有当接收到的数据量足够大时，才能更加准确地体现信号的调制特性，并且高斯白噪声的高阶累积量才更趋近于零，因此调制识别的准确率会因为数据量的增加而得到相应的提高。但是，算法的计算复杂度同时也会随着数据量的增加而提高，所以在保证识别准确率的前提下，为了减少计算量，提高识别速率，选取长度适宜的接收数据进行处理也是很重要的。

2.4.5　本节小结

通信信号通过瑞利信道后会受到瑞利衰落的影响，高斯信道下的调制识别方法可能会变得不再适用，针对这一问题，本节研究了一种瑞利信道下基于累积量的数字调制信号识别方法。

本节首先通过数学推导得到了调制信号经过瑞利信道后的高阶累积量表达式，为了消除瑞利衰落的干扰，以累积量相除的方式构建两个分类特征，分别为基于四阶和六阶累积量比值的数值参数与两个四阶累积量绝对值的比值。与此同时，这两个特征参数还不受信号功率的影响。其次，设计了基于决策树的分类器，该分类器利用第一个特征参数识别出接收信号的具体调制方式或将其划分为某个子类。最后，再利用第二个特征参数对子类信号进行再次分类，从而实现整个调制识别过程。该方法易于实现，能够完成瑞利信道下 OFDM、BPSK、QPSK、4ASK、16QAM、32QAM、64QAM 7 种信号的类间识别及类内识别。仿真结果表明，当 SNR≥4dB 时，7 种信号的正确识别率均达 90%，BPSK 和 4ASK 信号的识别率可达 100%，说明所提方法对瑞利衰落和加性高斯白噪声干扰不敏感。

2.5　基于谱特征的中频 PSK 信号类内识别

2.5.1　引言

在 2.4 节中，主要研究了不同类型单载波信号之间的识别，并没有详细讨论同一调制类型的不同形式信号之间的类内识别。本节就针对这方面展开研究，着重分析 PSK 信号的类内识别。

相移键控(PSK)调制作为一种常见的数字调制方式，广泛应用在现代雷达和通信系统中，如卫星的高速数据传输链路，一般采用 BPSK、QPSK、OQPSK 和 UQPSK 等调制方式[267]。不同形式的 PSK 信号存在一些相同的信号调制特征(如星座图、高阶累积量、频谱等)，从而使这类调制信号的类内识别相对于其他调制类型信号的识别变得更具有挑战和难度。所以，对 PSK 信号的类内识别研究变得极其重要。目前，这方面研究所使用的方法主要有基于高阶累积量的方法[103,268]、基于相位聚类的方法[249]和基于星座图的方法[248]等。尽管这些方法能实现 PSK 信号的识别，但都存在一些局限性，如识别类型范围有限、只针对基带信号有效或低信噪比时识别性能不佳等。

针对以上不足，本节研究了一种基于谱特征的识别方法，可直接作用于中频信号，能够完成 6 种 PSK 信号的类内识别。该方法根据信号的循环谱结构在循环频率轴切面上提取分类特征，可以完成待识别信号的初步分类。由于数字调相信号的频谱具有很大的相似性，不能反映出其调制特征，因此不能作为识别特征，而它们的四次方谱却表现出一定的差异，所以可在此基础上提取特征参数，从而完成信号的进一步分类。

2.5.2　PSK 信号的谱特征分析

1. 信号模型描述

有噪声干扰情况下的接收信号可表示为

$$r(t)=s(t)+w(t) \tag{2.5.1}$$

式中：$s(t)$表示感兴趣的通信信号，本节主要考虑 BPSK、QPSK、8PSK、OQPSK、π/4-QPSK 和 UQPSK 6 种中频 PSK 信号。这里将 6 种中频 PSK 信号的时域表达式统一为

$$s(t)=A[I(t)\cos(2\pi f_c t+\theta_0)-Q(t)\sin(2\pi f_c t+\theta_0)] \tag{2.5.2}$$

(1) 当$s(t)$为 BPSK、QPSK 和 8PSK 信号时，式(2.5.2)中的$I(t)$为$\sum_n I_n q(t-nT_s)$，$Q(t)$为$\sum_n Q_n q(t-nT_s)$，且有$I_n=\cos\phi_n$，$Q_n=\sin\phi_n$，$\phi_n\in\{2\pi(m-1)/M, m=1,2,\cdots,M\}$。

(2) 当$s(t)$为 OQPSK 信号时，式(2.5.2)中的$I(t)$为$\sum_n I_n q(t-nT_s)$，$Q(t)$为$\sum_n Q_n q(t-nT_s-T_s/2)$，且有$I_n=\cos\phi_n$，$Q_n=\sin\phi_n$；$\phi_n\in\{2\pi(m-1)/4, m=1,2,3,4\}$。

(3) 当$s(t)$为 π/4-QPSK 信号时，式(2.5.2)为

$$s(t)=A\left[\sum_n g(t-2nT_s)\cos(2\pi f_c t+\theta_0+\phi_n)+\sum_l g(t-2lT_s-T_s)\cos(2\pi f_c t+\theta_0+\phi_l)\right]$$

式中：$\phi_n\in\{\pi/4,3\pi/4,5\pi/4,7\pi/4\}$；$\phi_l\in\{0,\pi/2,\pi,3\pi/2\}$。π/4-QPSK 信号的星座图和 8PSK 信号的星座图是相同的，两者的不同之处在于星座点之间的跳变规律不一样，

π/4-QPSK 的相位在{0,π/2,π,3π/2}和{π/4,3π/4,5π/4,7π/4}中交替选取,然而 8PSK 信号的相位则是在{0,π/4,π/2,3π/4,π,5π/4,3π/2,7π/4}这些相位集中随机选取。

(4) 当 $s(t)$ 为 UQPSK 信号时,式(2.5.2)中的 $I(t)$ 为 $\sqrt{l/(1+l)}\sum_n I_n q(t-nT_s)$,$Q(t)$ 为 $\sqrt{1/(1+l)}\sum_n Q_n q(t-nT_s)$,且 I_n、Q_n 在{-1,+1}中随机取值。

2. 信号的循环谱结构分析

在对 6 种中频 PSK 信号的循环谱结构进行分析之前,首先给出它们的循环谱表达式(有关循环自相关函数及循环谱密度函数的基本理论,详见 4.1.4 节)。参考文献[247]已经对 BPSK,QPSK 和 8PSK 信号的循环谱进行了详细的数学推导及特性分析,这里不再赘述,直接给出它们的循环谱表达式:

$$S_{\mathrm{BPSK}}^{\alpha}(f)=\frac{A^2}{4T_s}\begin{cases}G(f+f_c+\alpha/2)G^*(f+f_c-\alpha/2)+G(f-f_c+\alpha/2)G^*(f-f_c-\alpha/2), & \alpha=m/T_s\\ G(f-f_c+\alpha/2)G^*(f+f_c-\alpha/2)\mathrm{e}^{\mathrm{j}2\theta_0} & \alpha=(m/T_s)+2f_c\\ G(f+f_c+\alpha/2)G^*(f-f_c-\alpha/2)\mathrm{e}^{-\mathrm{j}2\theta_0}, & \alpha=(m/T_s)-2f_c\\ 0, & \alpha=\text{其他}\end{cases}\tag{2.5.3}$$

$$S_{\mathrm{QPSK/8PSK}}^{\alpha}(f)=\frac{A^2}{2\sqrt{2}T_s}\begin{cases}G(f+f_c+\alpha/2)G^*(f+f_c-\alpha/2)+G(f-f_c+\alpha/2)G^*(f-f_c-\alpha/2), & \alpha=m/T_s\\ 0, & \alpha=\text{其他}\end{cases}\tag{2.5.4}$$

上面各式中的 $G(f)$ 表示脉冲成形函数 $g(t)$ 的傅里叶变换。

由参考文献[247]的推导过程,可以得到 π/4-QPSK,OQPSK 和 UQPSK 信号的循环谱表达式,即

$$S_{\pi/4\text{-QPSK}}^{\alpha}(f)=\frac{A^2}{2\sqrt{2}T_s}\begin{cases}G(f+f_c+\alpha/2)G^*(f+f_c-\alpha/2)+G(f-f_c+\alpha/2)G^*(f-f_c-\alpha/2), & \alpha=m/T_s\\ 0, & \alpha=\text{其他}\end{cases}\tag{2.5.5}$$

$$S_{\mathrm{OQPSK}}^{\alpha}(f)=\frac{A^2}{2T_s}\begin{cases}G(f+f_c+\alpha/2)G^*(f+f_c-\alpha/2)+\\ \quad G(f-f_c+\alpha/2)G^*(f-f_c-\alpha/2), & \alpha=m/T_s,m\text{ 为偶数}\\ G(f-f_c+\alpha/2)G^*(f+f_c-\alpha/2)\mathrm{e}^{\mathrm{j}2\theta_0}, & \alpha=(m/T_s)+2f_c,m\text{ 为奇数}\\ G(f+f_c+\alpha/2)G^*(f-f_c-\alpha/2)\mathrm{e}^{-\mathrm{j}2\theta_0}, & \alpha=(m/T_s)-2f_c,m\text{ 为奇数}\\ 0, & \alpha=\text{其他}\end{cases}\tag{2.5.6}$$

$$S_{\mathrm{UQPSK}}^{\alpha}(f)=\frac{A^2}{4T_s}\begin{cases}G(f+f_c+\alpha/2)G^*(f+f_c-\alpha/2)+\\ \quad G(f-f_c+\alpha/2)G^*(f-f_c-\alpha/2), & \alpha=m/T_s\\ \dfrac{1-l}{1+l}G(f-f_c+\alpha/2)G^*(f+f_c-\alpha/2)\mathrm{e}^{\mathrm{j}2\theta_0}, & \alpha=(m/T_s)+2f_c\\ \dfrac{1-l}{1+l}G(f+f_c+\alpha/2)G^*(f-f_c-\alpha/2)\mathrm{e}^{-\mathrm{j}2\theta_0}, & \alpha=(m/T_s)-2f_c\\ 0, & \alpha=\text{其他}\end{cases}\tag{2.5.7}$$

一般而言,循环谱估算方法主要有离散频域平滑估计方法和离散时间平滑估计方法,为了能够明显看出不同信号的循环谱特征,本节采用分辨率较高的离散频域平滑估计方法对 PSK 信号进行循环谱估计。图 2.5.1~图 2.5.6 给出了 6 种 PSK 信号的循环谱仿真结果,参数设置情况为:载频 $f_c = 2000\text{Hz}$,采样频率 $f_s = 8000\text{Hz}$,符号速率 $f_d = 1/T_s = 1000\text{Hz}$,循环谱的幅度进行了归一化处理,UQPSK 信号的非平衡参数 $l = 10$。

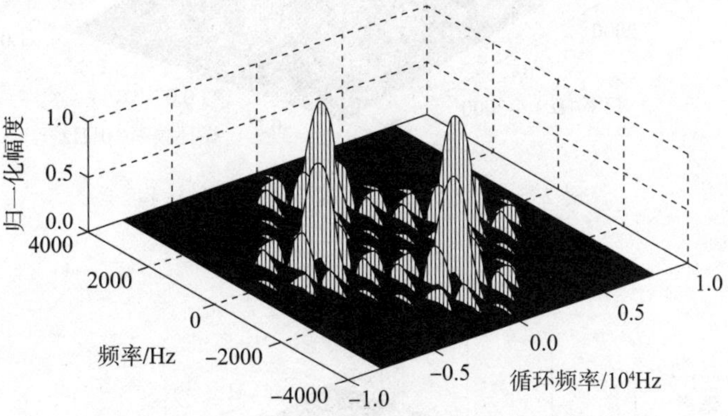

图 2.5.1　BPSK 信号的循环谱结构

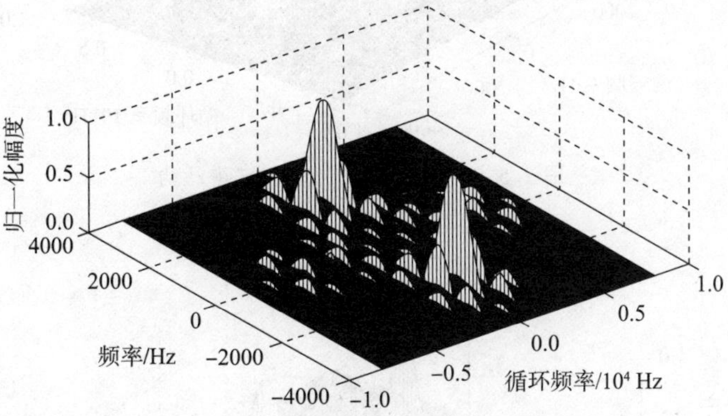

图 2.5.2　QPSK 信号的循环谱结构

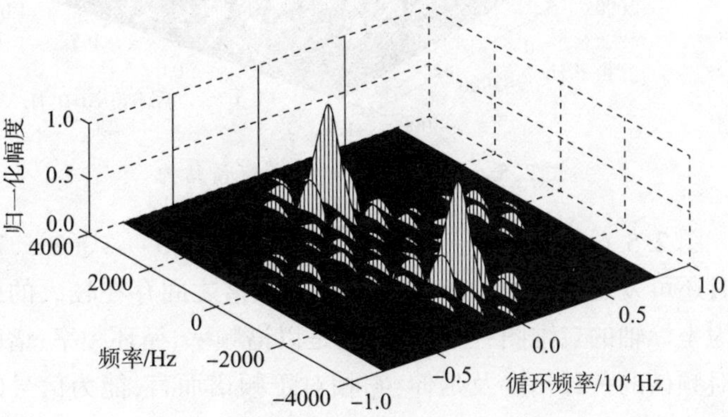

图 2.5.3　8PSK 信号的循环谱结构

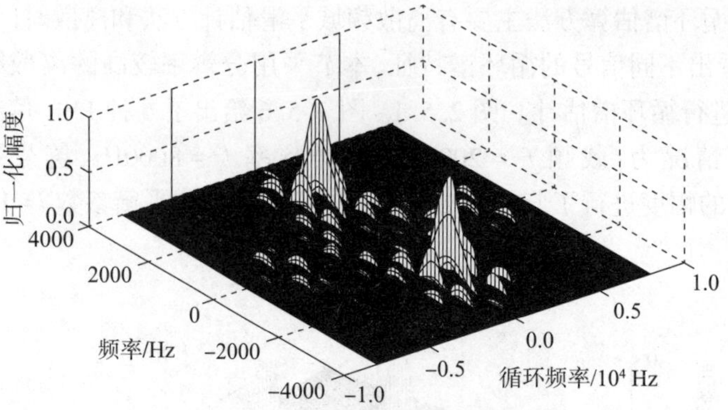

图 2.5.4　π/4-QPSK 信号的循环谱结构

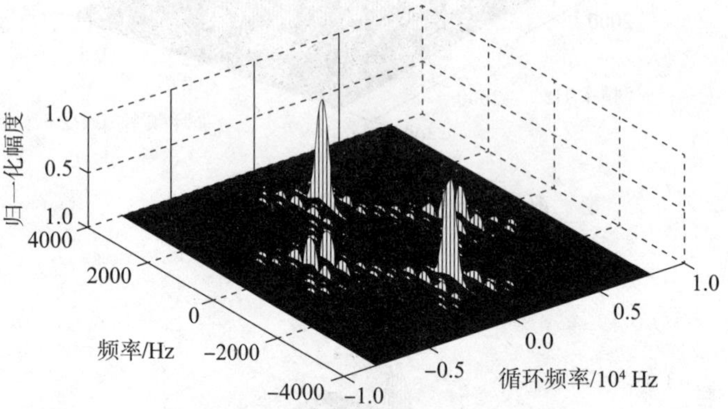

图 2.5.5　OQPSK 信号的循环谱结构

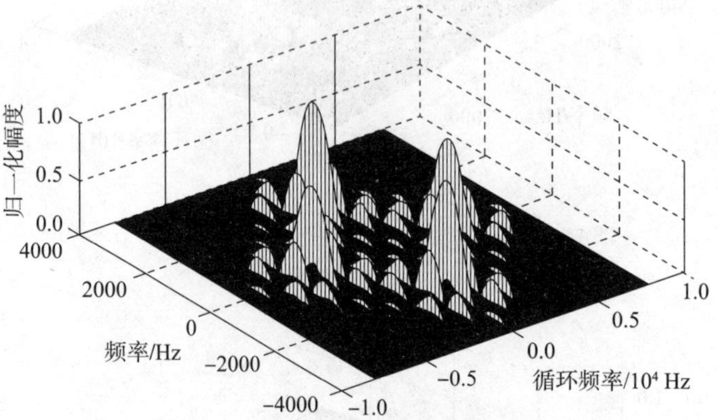

图 2.5.6　UQPSK 信号的循环谱结构

从图 2.5.1～图 2.5.6 中可以看出，仿真结果与式(2.5.3)～式(2.5.7)所示的数学表达式相吻合，同时还可发现信号的循环谱与信号的频谱之间存在较大的区别。频谱是以谱频率、谱幅度为坐标轴的二维图，而循环谱则是以谱频率、循环频率、谱幅度三者为坐标轴的三维图，是对频谱的一种拓展及延伸，它相对于频谱而言，能为信号的识别分类提供更加丰富的信息。

在式(2.5.3)中，令频率 $f=0$，便可得到 BPSK 信号的 $f=0$ 时循环频率 α 轴切面的表达式：

$$|S_{\text{BPSK}}^{\alpha}(0)|=\begin{cases}\dfrac{A^2}{2T_s}|G(f_c-\alpha/2)G^*(f_c+\alpha/2)|, & \alpha=m/T_s\\ \dfrac{A^2}{4T_s}|G(f_c-\alpha/2)|^2, & \alpha=(m/T_s)+2f_c\\ 0, & \alpha=\text{其他}\end{cases} \tag{2.5.8}$$

同理,可以得到其他几种 PSK 信号的 $f=0$ 时循环频率 α 轴切面的表达式:

$$|S_{\text{QPSK/8PSK/}\pi/4\text{-QPSK}}^{\alpha}(0)|=\begin{cases}\dfrac{A^2}{\sqrt{2}\,T_s}|G(f_c-\alpha/2)G^*(f_c+\alpha/2)|, & \alpha=m/T_s\\ 0, & \alpha=\text{其他}\end{cases} \tag{2.5.9}$$

$$|S_{\text{OQPSK}}^{\alpha}(0)|=\frac{A^2}{2T_s}\begin{cases}\dfrac{A^2}{T_s}|G(f_c+\alpha/2)G^*(f_c-\alpha/2)|, & \alpha=m/T_s,m\text{ 为偶数}\\ \dfrac{A^2}{2T_s}|G(f_c-\alpha/2)|^2, & \alpha=(m/T_s)+2f_c,m\text{ 为奇数}\\ 0, & \alpha=\text{其他}\end{cases} \tag{2.5.10}$$

$$|S_{\text{UQPSK}}^{\alpha}(0)|=\begin{cases}\dfrac{A^2}{2T_s}|G(f_c+\alpha/2)G^*(f_c-\alpha/2)|, & \alpha=m/T_s\\ \dfrac{A^2(1-l)}{4T_s(1+l)}|G(f_c-\alpha/2)|^2, & \alpha=(m/T_s)+2f_c\\ 0, & \alpha=\text{其他}\end{cases} \tag{2.5.11}$$

现对式(2.5.8)~式(2.5.11)进行分析,根据 $G(f)$ 的性质可知,几种 PSK 信号在 $f=0$ 时循环频率 α 轴切面上存在不同之处。BPSK 信号在 $\alpha=2f_c$ 处和 $\alpha=\pm1/T_s+2f_c$ 处有明显的离散谱线,且前者的幅度值明显大于后者的幅度值。QPSK,8PSK 和 π/4-QPSK 三种信号在 $\alpha>0$ 的范围内都没有明显的离散谱线。OQPSK 信号在 $\alpha=\pm1/(2T_s)+2f_c$ 处有明显的离散谱线,并且两者的幅度值几乎相同。UQPSK 信号在 $\alpha=2f_c$ 处和 $\alpha=\pm1/T_s+2f_c$ 处有明显的谱线,且前者的幅度值明显大于后者的幅度值,而且后者的值会随着 UQPSK 信号的非平衡参数 l 的变化而改变。6 种 PSK 信号的 $f=0$ 时循环频率 α 轴切面图如图 2.5.7 所示,其中,幅度进行了归一化处理。

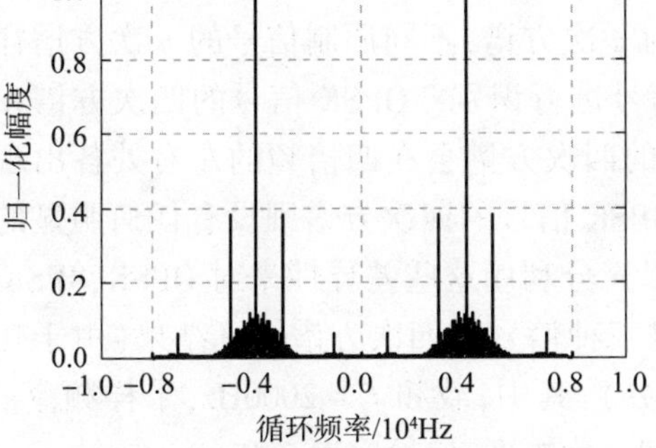

(a) BPSK信号的f=0时α轴切面

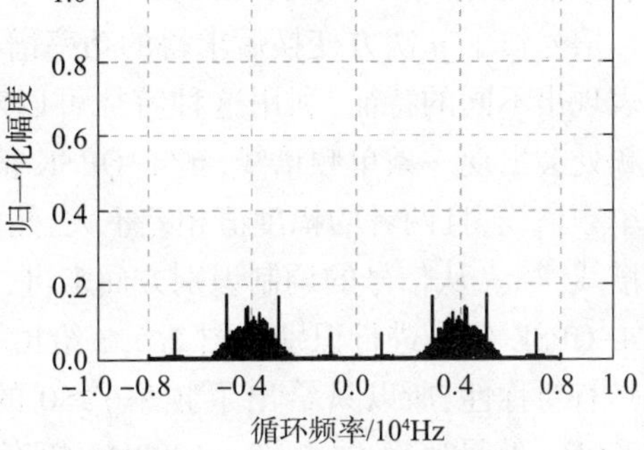

(b) QPSK信号的f=0时α轴切面

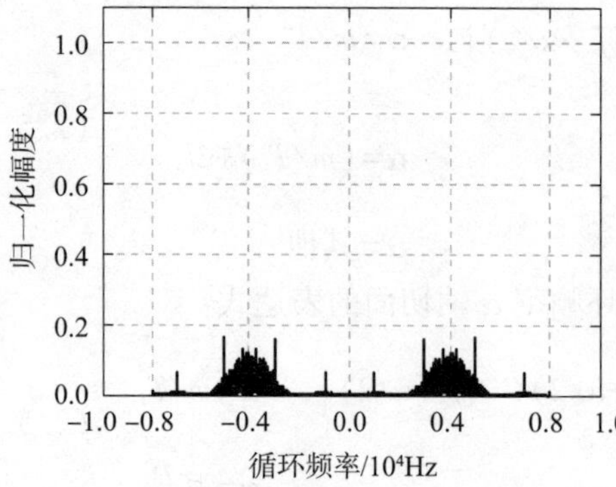

（c）8PSK信号的f=0时α轴切面

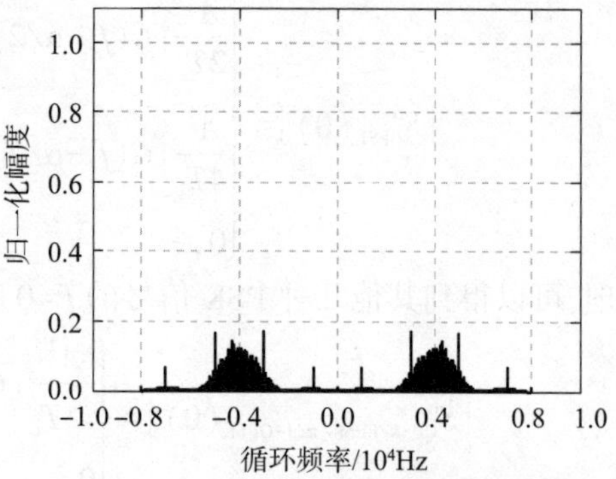

（d）π/4−QPSK信号的f=0时α轴切面

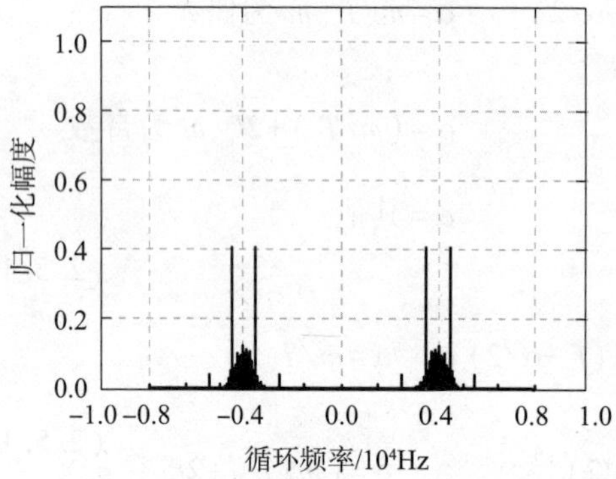

（e）OQPSK信号的f=0时α轴切面

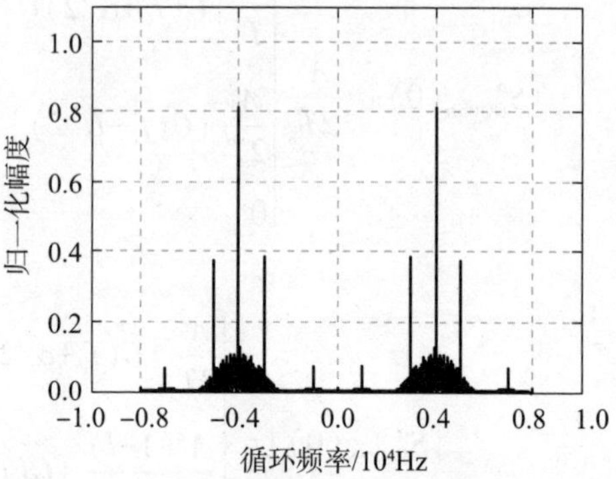

（f）UQPSK信号的f=0时α轴切面

图 2.5.7　6 种 PSK 信号 $f=0$ 时循环频率 α 轴切面图

由图 2.5.7 可以看出,仿真结果与理论分析是相符的,从而证明了其正确性。进一步观察可知,6 种 PSK 信号在$f=0$ 时循环频率 α 轴切面上的离散谱线条数、谱线的幅度值等都存在一定的差异,在此基础上可以构造合适的特征参数来识别 PSK 信号。但同时也发现,QPSK,8PSK,π/4−QPSK 这三种信号的 α 轴切面基本上没有明显的区别,对于它们的识别分类需要借助其他分类特征。

根据循环谱的对称性[91,92],即 $S_x^{\alpha}(f)=S_x^{-\alpha}(f)$,$S_x^{\alpha}(f)=S_x^{\alpha}(-f)$,循环谱在 $\alpha\geqslant0$ 和 $f\geqslant0$ 范围内就包含了调制信号的所有特征,所以,本节后面所讨论的关于循环谱的特征都是在这个范围内进行的。

3. 信号的四次方谱特征分析

信号作了 n 次方变换后求得的功率谱称为 n 次方谱,不同调制信号的 n 次方谱往往会表现出不同的特征,利用这种特征可以对信号进行识别。QPSK 信号的四次方谱在四倍频处会出现一条单频谱线,π/4−QPSK 信号的四次方谱会在四倍频的左右处各出现一条单频谱线,且两者的幅度值相差不大,然而 8PSK 信号的四次方谱则没有任何明显的单频谱线[246]。从信号的调制识别方面来讲,可以充分利用这些差异性来对 QPSK,8PSK 和 π/4−QPSK 信号进行识别。图 2.5.8 给出了这三种信号的四次方谱仿真结果(由于功率谱具有对称性,所以只给出了频率 $f\geqslant0$ 的部分),其中,载频 $f_c=2000$Hz,采样频率 $f_s=32000$Hz,符号速率 $f_d=1/T_s=1000$Hz,幅度为归一化幅度,信噪比为 5dB。

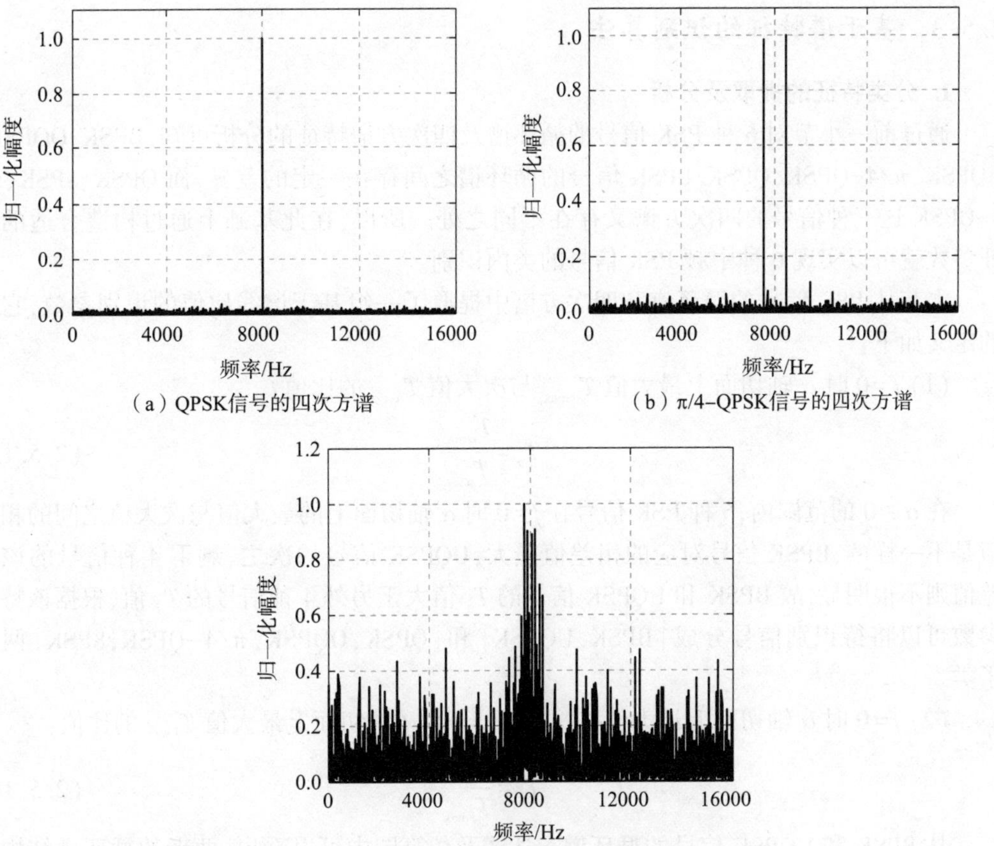

（a）QPSK信号的四次方谱　（b）π/4-QPSK信号的四次方谱

（c）8PSK信号的四次方谱

图 2.5.8 QPSK,8PSK 和 π/4-QPSK 信号的四次方谱

从图 2.5.8 中可以看出,QPSK 信号的四次方谱中有一条很明显的谱线,且其值远大于其左右两边的值。π/4-QPSK 信号的四次方谱中有两条明显的谱线,它们的值相当,而且也远大于周围谱线的值。8PSK 信号的四次方谱中没有很明显的离散谱线,且整个频谱上各离散频率点处的幅度值与其附近位置的幅度值相差不是很大。三种信号的四次方谱表现出了一些不同之处,如果从其中提取合适的识别特征,就能完成 QPSK,8PSK 和 π/4-QPSK 信号的分类。

需要特别说明的是,信号作了四次方变换后,其四倍载频可能超出信号采样率,所以在求四次方谱之前需要进行载频估计,从而对信号进行重采样,以便得到正确的四次方谱。由于本节对载频的估计不需要非常精确,故这里采用计算简单且效果较好的频率居中法来估算载频[246]:

$$f_c = \frac{\sum_{i=0}^{N/2} i\,|X(i)|^2}{\sum_{i=0}^{N/2} |X(i)|^2} * \frac{f_s}{N} \tag{2.5.12}$$

式中:$X(i)$为 FFT 变换序列。

2.5.3 基于谱特征的识别算法

1. 分类特征的提取及分析

通过前一小节对6种PSK信号的循环谱及四次方谱特征的分析可知,BPSK、OQPSK、UQPSK、π/4-QPSK/QPSK/8PSK信号的循环谱之间存在一定的差异,而QPSK、8PSK、π/4-QPSK这三种信号的四次方谱又存在不同之处。所以,在此基础上通过构造合适的特征参数就可以实现6种中频PSK信号的类内识别。

本节从PSK信号的循环谱和四次方谱中提取了一组基于谱线比值的识别参数,它们的定义如下:

(1) $f=0$ 时 α 轴切面上最大值 $T_{\alpha\max}$ 与次大值 $T_{\alpha\sec}$ 的比值:

$$T_a=\frac{T_{\alpha\max}}{T_{\alpha\sec}} \tag{2.5.13}$$

在 $\alpha\geqslant0$ 的范围内,6种PSK信号在 $f=0$ 时 α 轴切面上的最大值与次大值之间的相差值是不一样的,BPSK信号对应的相差值最大,UQPSK信号的次之,剩下4种信号的该相差值则不很明显,故BPSK和UQPSK信号的 T_a 值大于另外4种信号的 T_a 值,根据该特征参数可以将待识别信号分成{BPSK,UQPSK}和{QPSK,OQPSK,π/4-QPSK,8PSK}两个子类。

(2) $f=0$ 时 α 轴切面上最大值 $T_{\alpha\max}$ 与 $\alpha=0$ 时 f 轴切面上最大值 $T_{f\max}$ 的比值:

$$T_b=\frac{T_{\alpha\max}}{T_{f\max}} \tag{2.5.14}$$

从BPSK和UQPSK信号的循环谱表达式及仿真图中可以看出,两者的循环谱结构非常相似,区别在于 $f=0$ 时 α 轴切面上最大值 $T_{\alpha\max}$ 与 $\alpha=0$ 时 f 轴切面上最大值 $T_{f\max}$ 的比值 T_b 上。从理论上讲,BPSK信号的 T_b 值为1,而UQPSK信号的 T_b 值则为0.8,如果把判决门限设为0.9,就可以完成两种信号的分类。

(3) $f=0$ 时 α 轴切面上最大值 $T_{\alpha\max}$、次大值 $T_{\alpha\sec}$ 之和与第三大值 $T_{\alpha\text{third}}$ 的比值:

$$T_c=\frac{T_{\alpha\max}+T_{\alpha\sec}}{T_{\alpha\text{third}}} \tag{2.5.15}$$

在 $f=0$ 时 α 轴切面上,OQPSK信号离散谱线的最大值 $T_{\alpha\max}$ 与次大值 $T_{\alpha\sec}$ 几乎是相等的,且两者大于其他谱线值。对于QPSK、π/4-QPSK和8PSK三种信号而言,它们的 $T_{\alpha\max}$ 值与 $T_{\alpha\sec}$ 值没有太大的差距,同时和其他谱值也相差不大。因此,可以得出,OQPSK信号的 T_c 值与π/4-QPSK/QPSK/8PSK信号的 T_c 值不同,且前者大于后者,故特征参数 T_c 可以把OQPSK信号与这三种信号区分开。

(4) 四次方谱上最大值 $T_{4S\max}$ 与次大值 $T_{4S\sec}$ 的比值:

$$T_d=\frac{T_{4S\max}}{T_{4S\sec}} \tag{2.5.16}$$

QPSK信号在四次方谱上有一条明显的离散谱线,该处的幅度值明显大于其他幅度值,故有 $T_{4S\max}>T_{4S\sec}$。π/4-QPSK信号的四次方谱上有两条明显的离散谱线,其值相当,即 $T_{4S\max}\approx T_{4S\sec}$,并且两者明显大于其他位置处的幅度值。8PSK信号的四次方谱不存在明显的谱线,即使是谱线的最大值,也和其他谱线值相差不大,所以也有 $T_{4S\max}\approx T_{4S\sec}$。由此能够得到,QPSK 信号的 T_d 值不同于 π/4-QPSK 和 8PSK 信号的 T_d 值,而且前者大于后面两者,所以,特征参数 T_d 能够把 QPSK 信号识别出来。

(5) 四次方谱上最大值 $T_{4S\max}$、次大值 $T_{4S\sec}$ 之和与第三大值 $T_{4S\text{third}}$ 的比值:

$$T_e = \frac{T_{4S\max} + T_{4S\sec}}{T_{4S\text{third}}} \tag{2.5.17}$$

根据对特征参数 T_d 的分析可知,π/4-QPSK 信号的 $T_{4S\text{third}}$ 值明显小于 $T_{4S\max}$ 和 $T_{4S\sec}$,而 8PSK 信号的 $T_{4S\max}$ 值、$T_{4S\sec}$ 值和 $T_{4S\text{third}}$ 值都相差不大,因此可以得知 QPSK 信号的 T_e 值大于 8PSK 信号的 T_e 值,且具有一定的区分性,能够把这两种信号区分开。

综上所述,利用以上 5 个特征参数,然后通过设置合适的判决门限值,就可以完成 BPSK、QPSK、8PSK、OQPSK、π/4-QPSK、UQPSK 6 种 PSK 信号的识别分类。而且这 5 个特征参数都是以两个参量作除的方式得到的,这样做有一个好处,就是可以消去信号幅度对分类特征的影响,从而保证算法的可行性和有效性。

2. 识别算法步骤及流程

本节利用 5 个基于信号谱线比值的特征作为识别参数,提出了一种基于决策树分类器的识别方法。6 种中频 PSK 信号类内识别的框图如图 2.5.9 所示,该识别方法的具体

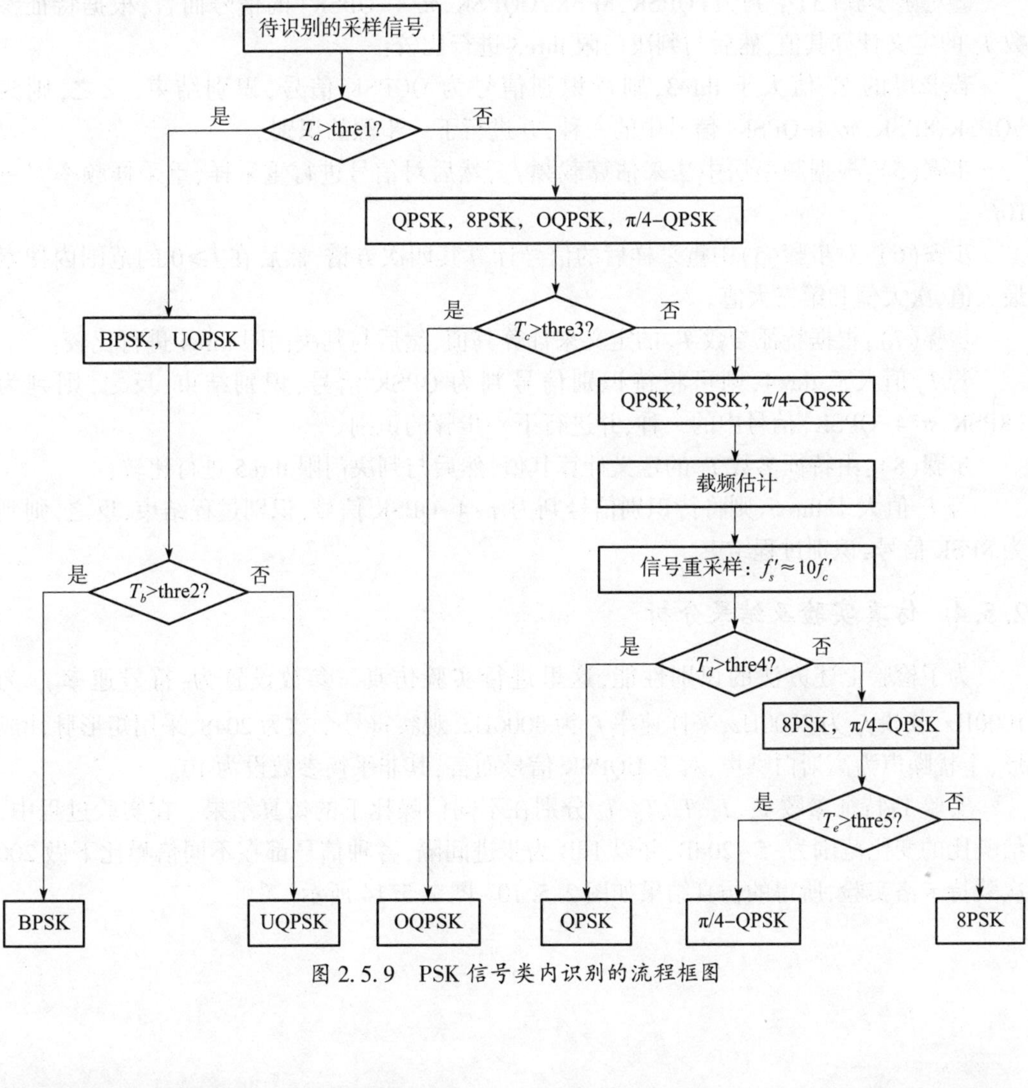

图 2.5.9　PSK 信号类内识别的流程框图

步骤归纳如下：

步骤(1)：首先对接收到的信号进行采样，然后利用离散频域平滑估计方法对一定长度的采样信号进行循环谱密度函数的计算，并取该函数的绝对值。

步骤(2)：取$f=0$的循环频率轴切面，然后在$\alpha\geqslant 0$的范围内搜索最大值、次大值和第三大值。

步骤(3)：根据特征参数T_a的定义计算其值，然后将求得的T_a值与判决门限thre1进行比较：

若T_a大于thre1，则待识别信号为{BPSK，UQPSK}信号中的一种，并进行下一步骤的识别；反之，则为{QPSK，8PSK，OQPSK，π/4-QPSK}信号中的一种，并进行下一步骤的识别。

步骤(4)：①对于步骤(3)中判为{BPSK，UQPSK}的信号而言，取其$\alpha=0$的f轴切面，然后在$f\geqslant 0$的范围内搜索最大值，再由特征参数T_b的定义计算其值，并与判决门限thre2进行比较：

若求得的T_b值大于thre2，则待识别信号为BPSK信号，且识别结束；反之，则为UQPSK信号，识别结束。

②对于步骤(3)中判为{QPSK，8PSK，OQPSK，π/4-QPSK}的信号而言，根据特征参数T_c的定义计算其值，然后与判决门限thre3进行比较：

若求得的T_c值大于thre3，则待识别信号为OQPSK信号，识别结束；反之，则为{QPSK，8PSK，π/4-QPSK}信号中的一种，并进行下一步骤的识别。

步骤(5)：根据频率居中法来估算载频f'_c，然后对信号进行重采样，重采样频率$f'_s\approx 10f'_c$。

步骤(6)：对步骤(5)中重采样后的信号计算其四次方谱，然后在$f\geqslant 0$的范围内搜索最大值、次大值和第三大值。

步骤(7)：根据特征参数T_d的定义来计算其值，然后与判决门限thre4进行比较：

若T_d值大于thre4，则可将待识别信号判为QPSK信号，识别结束；反之，则判为{8PSK，π/4-QPSK}信号中的一种，并进行下一步骤的识别。

步骤(8)：由特征参数T_e的定义计算其值，然后与判决门限thre5进行比较：

若T_e值大于thre5，则将待识别信号判为π/4-QPSK信号，识别过程结束；反之，则判为8PSK信号，识别过程结束。

2.5.4 仿真实验及结果分析

为了检验上述方法的识别性能，这里进行实验仿真。参数设置为：符号速率f_d为1000Hz，载频f_c为2000Hz，采样速率f_s为8000Hz，观察符号个数为2048，采用矩形脉冲成形，干扰噪声为高斯白噪声，对于UQPSK信号而言，其非平衡参数设为10。

实验1：特征参数T_a、T_b、T_c、T_d、T_e分别在不同信噪比下的仿真结果。在实验过程中，信噪比的变化范围为-5~20dB，并以1dB为步进间隔，各种信号都在不同信噪比下做200次蒙特卡洛实验，所得的仿真结果如图2.5.10~图2.5.14所示。

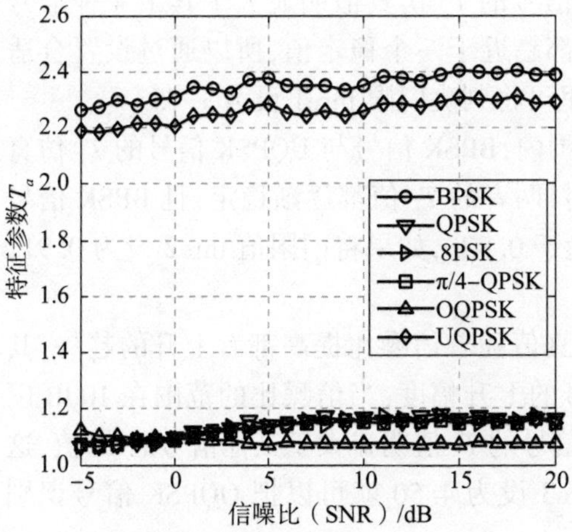

图 2.5.10　特征参数 T_a 的仿真结果

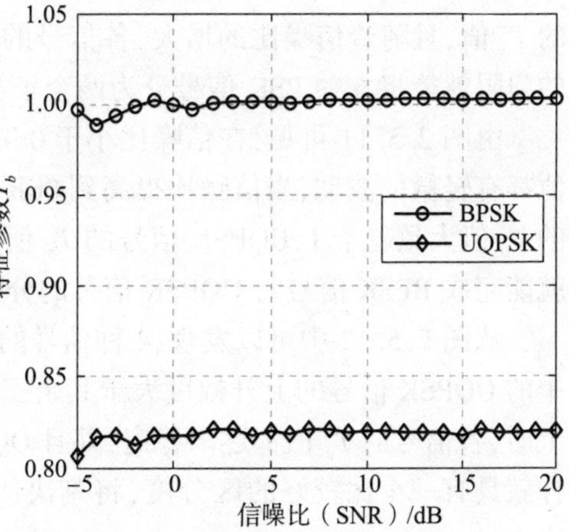

图 2.5.11　特征参数 T_b 的仿真结果

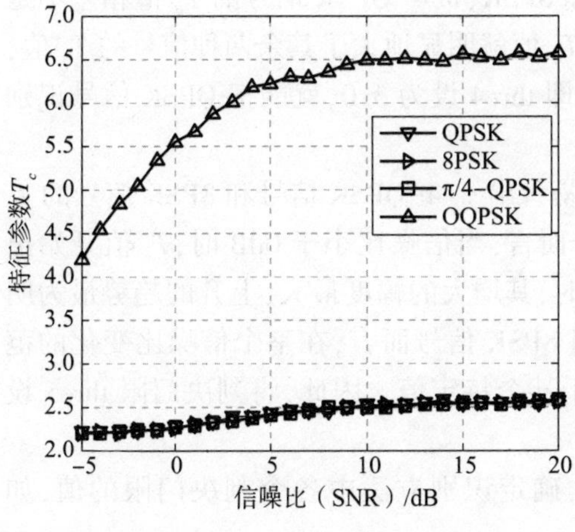

图 2.5.12　特征参数 T_c 的仿真结果

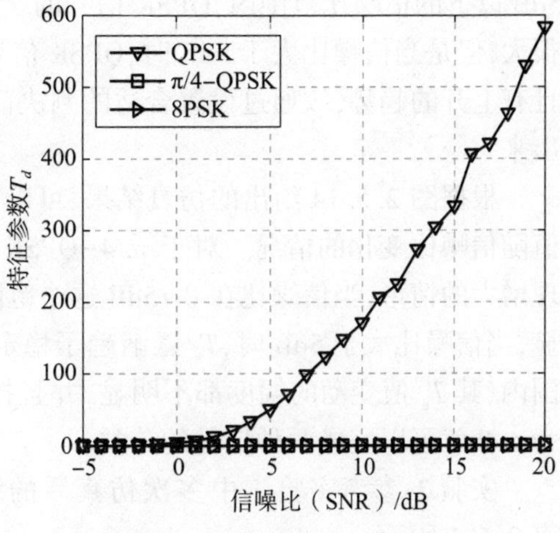

图 2.5.13　特征参数 T_d 的仿真结果

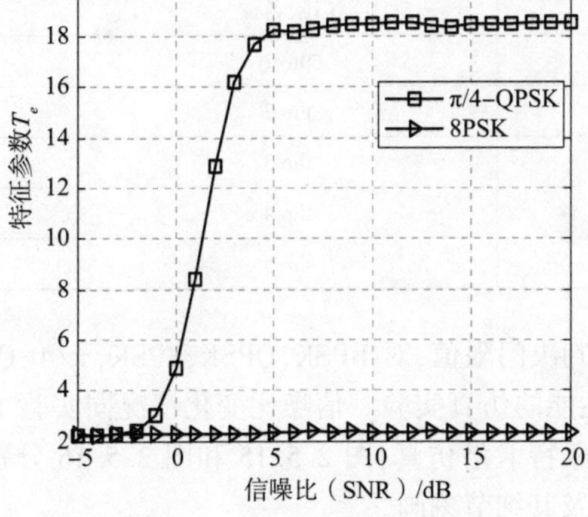

图 2.5.14　特征参数 T_e 的仿真结果

从图 2.5.10 中可以看出，BPSK 和 UQPSK 信号的 T_a 仿真值明显大于其余 4 种信号的 T_a 值，且随着信噪比的增大，各信号的 T_a 值都趋近于一个稳定值，所以通过设置合适的门限就能将 6 种 PSK 信号分为两个子类，这里可将判决门限 thre1 设为 1.75。

由图 2.5.11 可见，在信噪比小于 0dB 的范围内，BPSK 信号与 UQPSK 信号的 T_b 仿真值都有轻微的波动，当信噪比提高到 0dB 以上时，两者的 T_b 值都逐渐稳定，且 BPSK 信号的 T_b 值大致趋于 1，UQPSK 信号的 T_b 值大致趋于 0.825，如果将门限值 thre2 设为 0.91，就能完成 BPSK 信号与 UQPSK 信号的分类。

从图 2.5.12 中可以发现，4 种信号的 T_c 仿真值随着信噪比提高都有上升的趋势，其中的 OQPSK 信号的上升幅度大于其余三种信号的上升幅度，当信噪比的范围在 10dB 以上时，各信号的 T_c 值都逐渐稳定，并且 OQPSK 信号的 T_c 值明显大于其他信号的 T_c 值，这样就具有一个比较好的区分度，将判决门限 thre3 设为 4.50 就可以把 OQPSK 信号识别出来。

图 2.5.13 给出了 QPSK、8PSK、π/4-QPSK 三种信号的 T_d 仿真结果，可以发现，在 5dB 以下的信噪比范围内，QPSK 信号的 T_d 值和 8PSK、π/4-QPSK 信号的 T_d 值相差不是很大，但是当信噪比大于 5dB 时，QPSK 信号的 T_d 值就明显地大于其余两种信号的 T_d 值，且有上升的趋势，故通过设置合适的判决门限，即 thre4 设为 3.0，就能把 QPSK 信号识别出来。

根据图 2.5.14 给出的仿真结果，可以很容易看出 π/4-QPSK 信号和 8PSK 信号的 T_e 值随信噪比变化的情况。对于 π/4-QPSK 信号而言，当信噪比小于 0dB 时，T_e 值开始出现增大的情形，当信噪比在 0~5dB 这个范围内时，其增大的幅度最大，上升的趋势最为明显，当信噪比大于 5dB 时，T_e 逐渐趋于稳定。对 8PSK 信号而言，在整个信噪比变化的范围内，其 T_e 值变动的幅度都不明显，并且接近于某个特定值。因此，将判决门限 thre5 设为 4.0 就可以完成两种信号的分类。

实验 2：参考实验 1 中多次仿真后的结果，确定识别方法中各个判决门限的值，如表 2.5.1 所示。

表 2.5.1　特征参数的判决门限值

特征参数	门限名称	门限值
T_a	thre1	1.75
T_b	thre2	0.91
T_c	thre3	4.50
T_d	thre4	3.0
T_e	thre5	4.0

根据表 2.5.1 中的判决门限值，对 BPSK，QPSK，8PSK，π/4-QPSK，OQPSK，UQPSK 6 种 PSK 信号进行识别性能的仿真实验。信噪比变化情况同实验 1，每一种信号均在不同的信噪比下进行 200 次蒙特卡洛仿真，图 2.5.15 和图 2.5.16 分别给出了正确识别率随信噪比变化的性能曲线及其细节刻画。

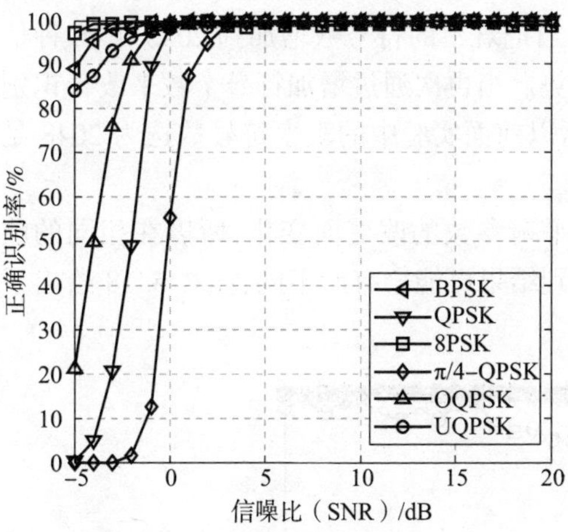

图 2.5.15　基于谱特征的 PSK 信号识别性能

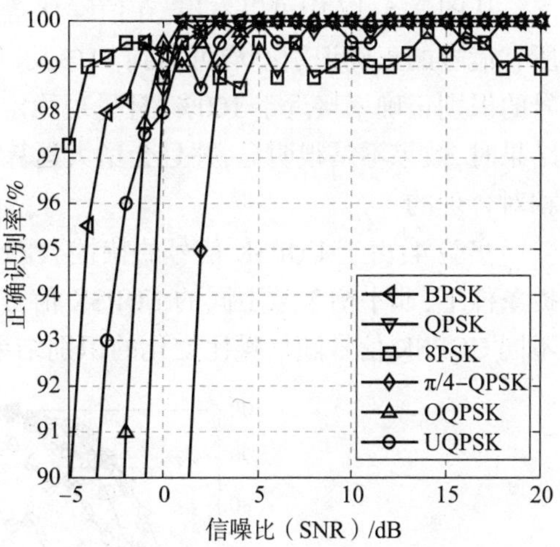

图 2.5.16　基于谱特征的 PSK 信号识别性能(细节刻画)

根据图 2.5.15 中显示的结果可以看出,当信噪比为 0dB 时,除了 π/4-QPSK 信号的正确识别率只有 56.5%,其余 5 种 PSK 信号的正确识别率大于或等于 98%。当信噪比提高至 2dB 时,全体信号的识别率均在 95%以上。由图 2.5.16 所示的细节图可以看出,当信噪比处于较高情况时,有些信号的正确识别率在 99%附近波动,通过分析,认为这可能是由于观察的符号个数少而造成的随机现象。从这方面来讲,适当增加观察符号数可以使正确识别率趋于稳定,但同时会增大计算量。

实验 3:考察符号个数对调制识别性能的影响。在本次实验中,信噪比设为 5dB,为了便于在计算信号的循环谱时用到 FFT 运算,所以观察符号个数变化的趋势是以 2 的整数次幂增加的,每一种信号均在不同个数的观察符号情况下进行 200 次蒙特卡洛仿真,实验结果如图 2.5.17 所示。

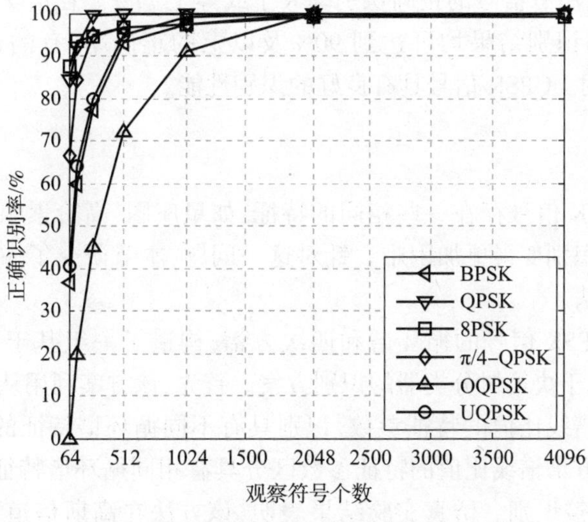

图 2.5.17　观察符号个数对识别性能的影响

从图 2.5.17 中可以看出,在信噪比等于 5dB 的情况下,当观察符号个数为 1024 时,所有信号的正确识别率均可达到 91%及以上。当把观察的符号数增加到 2048 个,6 种信号的识别正确率接近于 100%,且呈现稳定的趋势。当再次通过增加符号个数来改善识别结果时,效果不是很明显,并且会增大运算量,所以前面实验中的观察符号数选为 2048 是相对合理的。

实验 4:由于 UQPSK 信号的特性会随着非平衡参数的改变而变化,所以在相同的前提条件下,非平衡参数不同的 UQPSK 信号的识别结果可能会有所不同,图 2.5.18 给出了不同 UQPSK 信号随信噪比变化的识别结果。

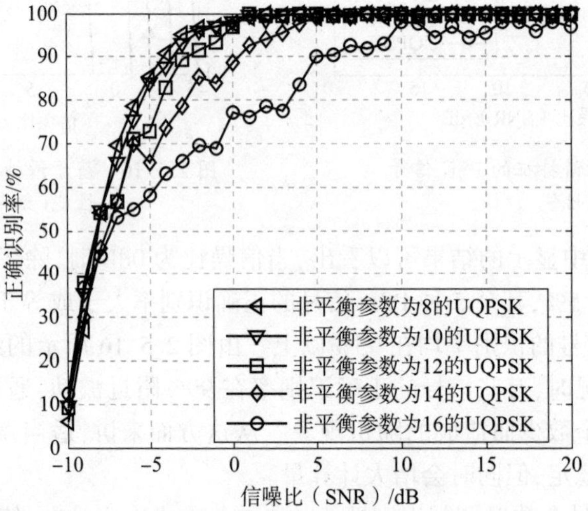

图 2.5.18　非平衡参数不同的 UQPSK 信号的识别结果

从实验的仿真结果来看,在-5dB 的信噪比情况下,除了非平衡参数为 14 和 16 的 UQPSK 信号识别正确率在 70%以下,其余三种 UQPSK 信号都达到 73%以上的识别率。当信噪比为 0dB 时,所有信号的正确识别率大于或等于 77%。在信噪比大于等于 5dB 的范围内,全部信号的识别结果均可达到 90%及以上的正确率,有的正确识别率达到了 100%,说明本算法对 UQPSK 信号具有良好的识别性能。

2.5.5　本节小结

不同形式的 PSK 信号存在一些相同的特征,如星座图、高阶累积量、频谱等,从而使这一类调制信号的识别变得更加困难。针对这一问题,本节研究了一种循环谱和四次方谱相结合的识别方法。

通过分析中频 PSK 信号的循环谱和四次方谱,构造了一组基于谱线比值的识别参数,并提出了一套基于决策树分类器的识别方案。首先,该方案利用从循环频率轴切面上提取到的三个基于谱线比值的特征参数,识别具有不同循环谱特征的 PSK 信号。其次,利用两个基于四次方谱谱线比值的特征参数区分具有相同循环谱特征的 PSK 信号,从而实现 PSK 信号的完整识别。仿真实验结果表明,该方法在高斯信道下可以实现 BPSK、QPSK、8PSK、OQPSK、π/4-QPSK 和 UQPSK 6 种中频 PSK 信号的识别分类,当 SNR≥0dB 时,除了 π/4-QPSK 信号的识别率只有 56.5%,其余 5 种 PSK 信号的识别率均在 98%以上,当 SNR 提高到 2dB 时,整体识别率可达 95%。UQPSK 信号的调制特征会随着非平衡参数的改变而变化,因此还对非平衡参数分别为 8、10、12、14、16 的 UQPSK 信号进行识别,当 SNR≥5dB 时,5 种 UQPSK 信号的识别率可达 90%及以上,说明了该方法的有效性。

2.6 本章小结

本章主要围绕单载波信号间的调制识别问题进行了研究,在对国内外常用调制识别技术进行认真思考与总结基础上,提出了基于小波分解的通信信号调制识别算法、基于 PSO-SVM 的单载波通信信号调制识别算法、瑞利信道下基于累积量的单载波调制识别和基于谱特征的中频 PSK 信号类内识别。

第3章　OFDM信号参数估计

正交频分复用(OFDM)信号作为4G移动通信核心技术,因其循环前缀的存在,可以很好地克服多径干扰和码间干扰,又由于其子载波频谱是相互重叠的,所以频谱利用率在很大程度上得到了提高。这些优点的存在,使得OFDM信号广泛应用于民用通信和军事通信。在非协作通信系统中,要想识别出OFDM子载波调制方式及解调出其传输的数据序列,首先就要对OFDM信号参数进行盲估计。

本章首先研究了带有循环前缀的OFDM信号的参数估计,主要包括符号周期、有用符号周期、循环前缀长度以及信噪比;然后研究了认知无线电(CR)物理层主要数据传输方式的非连续正交频分复用(NC-OFDM)的参数估计,主要包括符号周期、有用符号周期、循环前缀长度,以及子载波频率间隔等。

3.1　OFDM信号时域参数估计

3.1.1　引言

不同环境背景下所需的参数估计方法可能不同,因此本节主要研究两种参数估计方法:第一种是基于循环前缀的参数估计方法;第二种是基于模糊函数的参数估计方法。第一种算法利用接收到的OFDM信号循环前缀的相关性进行盲检测,并通过搜索联合相关函数的峰值来实现参数估计。第二种是本书提出的方法,该方法可以通过OFDM信号的平均模糊函数估计信号的符号周期、有用符号周期以及循环前缀长度三个参数。最后在低信噪比的衰落信道下(SUI-1)对两种方法的性能仿真做了对比,结果表明第二种方法对有用周期的正确估计率比第一种方法好。

3.1.2　OFDM时域信号模型

有关OFDM系统原理更详细的描述详见4.1.2节。在实际的OFDM系统发送端,系统先将要串行传送的数据流变换成N路并行的数据流,再用相互正交的子载波对其进行调制。理想情况下,设时间t是连续的,则基带OFDM信号表达式为

$$s(t)=\sum_{k}\sum_{n=0}^{N-1}d_{n,k}\mathrm{e}^{\mathrm{j}2\pi n\Delta f_N(t-kT_0)}g_T(t-kT_\mathrm{s}) \tag{3.1.1}$$

式中:$d_{n,k}$表示第k个OFDM符号上的第n个子载波上的调制信息;Δf_N为两个相邻子载波之间的频偏;N表示子载波的个数,子载波调制方式有MPSK、MQAM等,每一路信号调制方式可以相同也可以不同;$g_T(t)$为脉冲成形函数;一个完整的OFDM符号长度为$T_\mathrm{s}=T_\mathrm{u}+T_\mathrm{g}$,$T_\mathrm{u}=1/\Delta f_N$表示有用符号周期,$T_\mathrm{g}$表示循环前缀长度。

目前,OFDM系统主要用到的调制方式是IFFT调制,时域信号生成过程如图3.1.1所示。

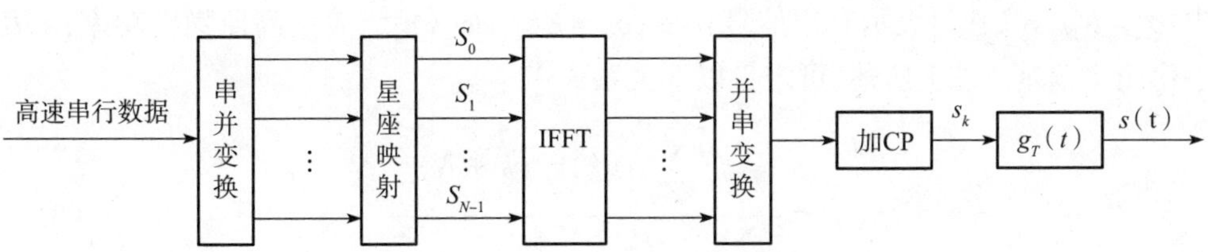

图 3.1.1　OFDM 发送端模型框图

由图 3.1.1 可知,OFDM 信号还可以表示为

$$s(t)=\sum_{k}s_k g_T(t-kT_s) \tag{3.1.2}$$

式中:s_k 表示经过 IFFT 变换的序列。

假设 OFDM 信号经过 L 阶信道后的数学表达式为

$$r(t)=\sum_{l=1}^{L}h_l s(t-\tau_l)+w(t) \tag{3.1.3}$$

式中:h_l 表示第 l 径信道响应;τ_l 表示第 l 径传播时延;$w(t)$ 是均值为零、方差为 σ_w^2 的复高斯白噪声。

3.1.3　基于循环前缀的 OFDM 参数估计

1. 基于循环前缀的 OFDM 参数估计理论推导及分析

图 3.1.2 所示为带有循环前缀的 OFDM 信号帧结构示意图。一个完整的 OFDM 符号长度为 $N+N_g$。设式(3.1.3)离散化后为 $r(k)$,可知,在 $r(k)$ 中取任意 $2N+N_g$ 个连续的采样点必定包含一个完整的 OFDM 符号。

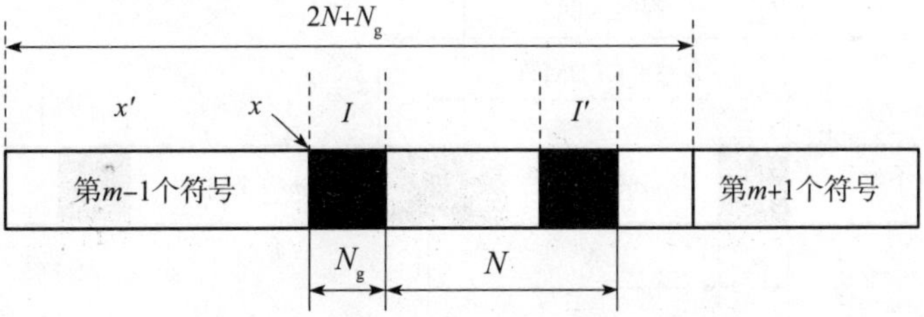

图 3.1.2　OFDM 信号帧结构示意图

如图 3.1.2 所示,假设给定 OFDM 符号的起始位置为 x,并设集合 $I=\{x,\cdots,x+N_g-1\}$ 表示 OFDM 符号的循环前缀,同样可以设一个完整的 OFDM 符号的集合为 $I'=\{x,\cdots,x+N+N_g-1\}$,由循环前缀的特点可以知道集合 I 的全部元素和集合 I' 中倒数 N_g 个元素值是一一对应相等的,将得到 $2N+N_g$ 个点作为一个向量 $\boldsymbol{R}$,可得其表达式为

$$\boldsymbol{R}=[r(1),r(2),\cdots,r(2N+N_g)]^{\mathrm{T}} \tag{3.1.4}$$

因为集合 I 和集合 I' 后 N_g 个点的元素是一一对应相等的(即 $r(k)=r(k+N)$,$k\in I$)。因此,它们之间存在以下几种关系[57]:$\forall k\in I$,则

$$E[r(k)r^*(k+m)]=\begin{cases}\sigma_s^2+\sigma_w^2, & m=0\\ \sigma_s^2\mathrm{e}^{-\mathrm{j}2\pi\varepsilon}, & m=N\\ 0, & 其他\end{cases} \tag{3.1.5}$$

式中：$\sigma_s^2=E[|s(k)|^2]$表示有用信号功率；$\sigma_w^2=E([|w(k)|^2]$表示高斯噪声功率；ε 表示归一化频率偏差。综上所述，可定义以下关系式[57]：

$$\rho(x)=\frac{\sum_{k=x}^{x+N_g-1} r(k)r^*(k+N)}{\sum_{k=x}^{x+N_g-1}[|r(k)|^2+|r(k+N)|^2]} \tag{3.1.6}$$

函数$\rho(x')$的值，可以根据变量x'的值改变而改变，并设x'的取值范围是$[1,2,\cdots,N+N_g]$。

信号实际上是一个随机过程，因此对于 $2N+N_g$ 个采样点，它们之间是相互独立的。另外由式(3.1.5)可知，它们的互相关函数值为零，而集合 I 和集合 I'后 N_g 个点的元素是一一对应相等的，因此它们之间具有很强的相关性。如果接收到的信号是 OFDM 信号，每当变量从 x'等于某个符号的起始位置 x 时，函数$|\rho(x)|$值会变得很大，因此在一段数据范围内$|\rho(x)|$会出现等间隔的峰值。然而一般的单载波信号，由于没有循环前缀，故单载波的$|\rho(x)|$函数不会有峰值存在，这样可以区分 OFDM 信号和单载波信号。

虽然以上所述的方法能区分 OFDM 信号和单载波信号，但是由于观察的符号只有一个，估计到的数据并不精确，所以只用来估计 OFDM 信号的有用符号周期。为了得到更多的参数，可以将观测符号增加到两个或者更多。更详细的做法如下：

如图 3.1.3 所示，将原来 $2N+N_g$ 个连续采样点增加到 $3N+2N_g$ 个，可知，对于任意连续的 $3N+2N_g$ 个采样点内一定会包含两个完整的 OFDM 符号；设观测的两个区间为 $\boldsymbol{C}_1$ 和 $\boldsymbol{C}_2$：$\boldsymbol{C}_1=[x_1,\cdots,x_1+N+2N_g-1]$，$\boldsymbol{C}_2=[x_1+N+N_g,\cdots,x_1+2N+3N_g-1]$。

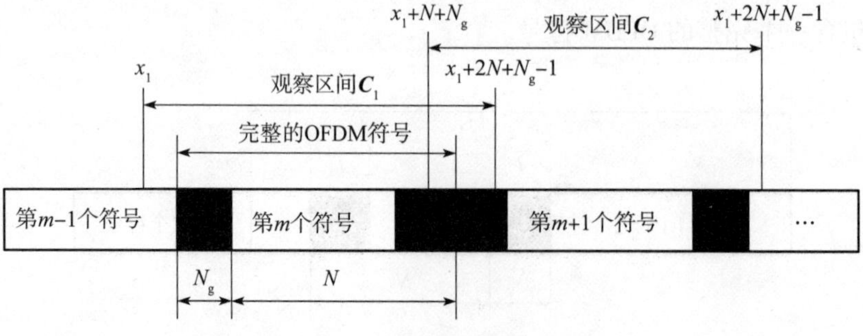

图 3.1.3　OFDM 帧结构示意图

区间 $\boldsymbol{C}_1$ 和区间 $\boldsymbol{C}_2$ 的长度都是一样的，并且区间 $\boldsymbol{C}_2$ 中的点比区间 $\boldsymbol{C}_1$ 的延迟了 $N+N_g$ 个点。以区间 $\boldsymbol{C}_1$ 中的每一点 i 为自变量求函数 $\rho(i)$ 值，可以得到向量 $\boldsymbol{\rho}_1$；同理，以区间 $\boldsymbol{C}_2$ 中的每一点 $i+N+N_g$ 为自变量求函数 $\rho(i+N+N_g)$ 的值，可以得到向量 $\boldsymbol{\rho}_2$。将 $\boldsymbol{\rho}_1$ 和 $\boldsymbol{\rho}_2$ 相乘可以得到一个新的函数 $H(i)$：

$$H(i)=\frac{\sum_{k=i}^{i+N_g-1} r(k)r^*(k+N)}{\sum_{k=i}^{i+N_g-1}(|r(k)|^2+|r(k+N)|^2)}\times\frac{\sum_{k=i}^{i+N_g-1} r(k+N+N_g)r^*(k+N+N+N_g)}{\sum_{k=i}^{i+N_g-1}(|r(k+N+N_g)|^2+|r(k+N+N+N_g)|^2)} \tag{3.1.7}$$

由式(3.1.6)可知，向量 $\boldsymbol{\rho}_1$ 会出现等间隔的峰值，间隔的长度为一个 OFDM 符号有用周期，$\boldsymbol{C}_2$ 只是比 $\boldsymbol{C}_1$ 延后了一个周期，因此 $\boldsymbol{\rho}_2$ 在与 $\boldsymbol{\rho}_1$ 对应的地方出现峰值，再将 $\boldsymbol{\rho}_1$ 和 $\boldsymbol{\rho}_2$ 相乘可以得到更加明显的峰值，这样能够较准确地估计 OFDM 的符号周期。

2. 实现步骤

在非协作通信中，对发送端信号的一切参数都是未知的，因此在接收端也不知道有用符号长度 N 和循环前缀长度 N_g。由式(3.1.6)可知，只有当观测数据长度 N 取值正确时，$|\rho(x)|$ 才会出现等间隔的峰值。而 N_g 的值对于函数 $|\rho(x)|$ 是否能产生峰值并没有太大的影响。现实的通信系统中，OFDM 信号的子载波个数一般是 2^n，因此只要在常用的 2^n 附近搜索 $|\rho(x)|$ 是否出现峰值即可。若出现，则是 OFDM 信号，并且有用符号长度 N 也能确定；反之，则不是 OFDM 信号。

为了减少计算复杂度，一般将 N_g 的值设为 N 的 1/4。当有用符号长度 N 的值已经估计出来时，需要进一步确定的是 N_g 的值，设置 N_g 的值分别为 N 的 1/4，1/8，1/16，并利用式(3.1.7)检查函数 $|H(i)|$ 是否存在峰值。若存在，则峰值间距 N_{all} 为一个完整的 OFDM 符号长度，再用 $N_{all}-N$ 可得到 N_g 的值。

设 N' 为 OFDM 有用符号长度的估计值，N'_g 为循环前缀长度的估计值。该算法的步骤如下：

(1) 为了减少计算复杂度，先假设接收到的信号是 OFDM 信号，并令有用符号长度为 N(取值为 2^n)，$N_g=\dfrac{1}{4}N$，利用式(3.1.6)对函数 $|\rho(x)|$ 求值。

(2) 若在搜索完所有区间后，$|\rho(x)|$ 并没有出现等间隔的峰值，则可判断该信号并不是 OFDM 信号。

(3) 若出现了等间隔的峰值，并设置此时 N 的大小为 N'，则估计到的有用符号长度是 N'。分别设置 N'_g 长度为 N' 的 1/4，1/8，1/16 等，利用式(3.1.7)对函数 $|H(i)|$ 进行峰值搜索，如果出现峰值，该 OFDM 信号的循环前缀长度为 N'_g，完整的符号长度为 N'_g+N'。

在该方法估计的三个参数中，只有 N' 是直接估计出来，而其他两个参数是在 N' 基础上估计出来的，因此本节只对 N' 的估计性能做出了实验仿真，结果为图 3.1.10。

3.1.4　基于模糊函数的 OFDM 信号参数估计

1. OFDM 信号模糊函数分析

一般地，信号的模糊函数是用来研究雷达的测量以及分辨性能的，后来逐渐引入声纳技术中，用来作为分析测量目标的速度和距离的基本工具以及分析声纳的检测能力。模糊函数的定义如下[269]：

$$x(\tau,f)=\int_{-\infty}^{\infty}s^*(t)s(t+\tau)\exp(-\mathrm{j}2\pi ft)\,\mathrm{d}t \tag{3.1.8}$$

假设信号长度为 M，将式(3.1.1)代入式(3.1.8)，并结合参考文献[270]可得 OFDM 信号的模糊函数为

$$x(\tau,f)=x_q(\hat{\tau},f)\sum_{k=0}^{M-k-1}d_k^*\,d_{k+i}\exp(-\mathrm{j}2\pi fkT_s)+x_q(T_s-\hat{\tau},f)\sum_{k=0}^{M-k-2}d_k^*\,d_{k+i+1}\exp[-\mathrm{j}2\pi f(k+1)T_s] \tag{3.1.9}$$

式中：$-\infty<f<\infty$；$\tau=iT_s+\hat{\tau}$ 是延迟时间，$0\leqslant\hat{\tau}\leqslant T_s$；$i=0,1,\cdots,M-1$ 表示码片延迟数；

$$x_q(\hat{\tau},f)=\int_0^{T_s-\hat{\tau}}\exp(-\mathrm{j}2\pi ft)\,\mathrm{d}t \tag{3.1.10}$$

信号的子载波之间是相互独立并正交的，因此，当 $i=0$ 时，$E[d_k d_{k+i}^*]=\sigma_s^2$，$\sigma_s^2$ 表示信号功率；又由于 OFDM 信号的循环前缀是数据部分的复制，当 $i=N$ 时，$E[d_k d_{k+i}^*]=\sigma_s^2$；当 $i\neq 0$ 或 $i\neq N$ 时，$E[d_k d_{k+i}^*]=0$。

OFDM 信号是随机过程信号，为了更好地在低信噪比下估计其参数，需要分析和讨论它的平均模糊函数。平均模糊函数的表达式如下[271]：

$$x(\tau,f)^2=E[x(\tau,f)x^*(\tau,f)] \tag{3.1.11}$$

将式(3.1.9)代入式(3.1.11)，可得

$$\begin{aligned}x(\tau,f)^2=&E\left[x_q(\hat{\tau},f)^2\sum_{k=0}^{M-i-1}\sum_{p=0}^{M-i-1}d_k d_{p+i}d_k^* d_{p+i}^*\exp(-(k-p)y)\right]+\\&E\left[x_q(T_s-\hat{\tau},f)^2\sum_{k=0}^{M-i-2}\sum_{p=0}^{M-i-2}d_k d_{p+i+1}d_k^* d_{p+i+1}^*\exp(-(k-p)y)\right]+\\&E\left[x_q(\hat{\tau},f)x_q^*(T_x-\hat{\tau},f)\sum_{k=0}^{M-i-1}\sum_{p=0}^{M-i-2}d_k d_{p+i}d_{k+i}^* d_{p+i+1}^*\exp(-(k-p-1)y)\right]+\\&E\left[x_q^*(\hat{\tau},f)x_q(T_x-\hat{\tau},f)\sum_{k=0}^{M-i-2}\sum_{p=0}^{M-i-1}d_k d_{p+i+1}d_{k+i}^* d_{p+i}^*\exp(-(k-p+1)y)\right]\end{aligned} \tag{3.1.12}$$

式中：$y=\mathrm{j}2\pi fT_s$。

理想情况下，OFDM 信号子载波之间是相互正交的。当 $i=0$ 或 $i=N$ 时，$E[d_k d_{k+i}^*]=\sigma_s^2$；当 i 为其他时，$E[d_k d_{k+i}^*]=0$。因此，假设第三项和第四项都为 0，在只考虑一、二项有值的情况下，根据延迟不同，可以将式(3.1.12)简化为

$$x(\tau,f)^2=\begin{cases}\dfrac{Sa^2[\pi f(T_s-\hat{\tau})]Sa^2(\pi fMT_s)M^2(T_s-\hat{\tau})^2}{Sa^2(\pi fT_s)}+Sa^2(\pi f_s\hat{\tau})(M-1)\hat{\tau}^2, & i=0\\ \dfrac{Sa^2[\pi f(T_s-\hat{\tau})]Sa^2(\pi fNT_s)(M-N)N(T_s-\hat{\tau})^2}{Sa^2(\pi fT_s)}+Sa^2(\pi f_s\hat{\tau})(M-N-1)\hat{\tau}^2, & i=N\\ 0, & \text{其他}\end{cases} \tag{3.1.13}$$

上式中，$Sa(x)=\dfrac{\sin x}{x}$ 为辛克函数。可以根据码片时延 i 的不同讨论 OFDM 信号的平均模糊函数。由式(3.1.13)可知：

(1) 当 $i=0, f=k/T_s, k\in Z$ 时，有

$$x(\tau,f)^2=Sa^2[\pi f(T_s-\hat{\tau})]M^2(T_s-\hat{\tau})^2+Sa^2(\pi f_s\hat{\tau})(M-1)\hat{\tau}^2 \tag{3.1.14}$$

由式(3.1.14)可知，在 OFDM 平均模糊函数的频率方向上出现等间隔的峰值，且峰值之间距离为 T_s 的倒数，因此可以在切面函数 $x(0,f)^2$ 上估计 T_s。

(2) 当 $f=0, i=N$ 时，有

$$x(\tau,f)^2=(M-N)N(T_s-\hat{\tau})^2+(M-N-1)\hat{\tau}^2 \tag{3.1.15}$$

从式(3.1.15)可以看出，在 OFDM 信号的平均模糊函数的时延方向上的 $\tau=T_u$ 处，即 $i=N$ 时出现峰值，因此可以以此来估计信号的有用符号周期。

为了抑制随机噪声对平均模糊函数的影响，将接收到的信号分成 M_F 段，每段长度相

等。确保每一段数据至少有一个OFDM符号长度的前提下,对每段数据的平均模糊函数分别累加求平均,以达到减小噪声干扰的目的。设第n段的平均模糊函数为$A_n(\tau,f)$,则累加平均后的结果为$D(\tau,f)$,所以有

$$D(\tau,f)=\frac{1}{M_F}\sum_{n=1}^{M_F}A_n(\tau,f) \tag{3.1.16}$$

2. 实现步骤

综上所述,基于模糊函数的OFDM信号参数估计的具体步骤如下:

(1) 将接收到的OFDM信号分成M_F段,每段用$r_n(t)$表示,并且保证每段数据长度至少为一个OFDM符号长度。

(2) 计算每段信号$r_n(t)$的平均模糊函数$A_n(\tau,f)$。

(3) 重复步骤(1)和(2),将得到M_F个数据累加求平均得到$D(\tau,f)$。

(4) 根据切面函数$D(0,f)$峰峰值之间的距离估计OFDM符号周期$\hat{T}_s$。

(5) 根据切面函数$D(\tau,0)$峰值的位置估计OFDM信号的有用周期$\hat{T}_u$。

(6) 符号周期$\hat{T}_s$和有用周期$\hat{T}_u$相减可得到循环前缀长度$\hat{T}_g$,即$\hat{T}_g=\hat{T}_s-\hat{T}_u$。

3.1.5 仿真实验及结果分析

按照IEEE 802.11a标准产生OFDM信号,子载波个数为64,采用的调制方式为QPSK,抽样速率为20MHz,符号周期$T_s=4\mu s$(80chip),IFFT变换周期$T_u=3.2\mu s$(64chip),循环前缀长度$T_{cp}=T_u/4=800ns$(16chip),比特速率为6Mbit/s,子载波间隔为312.5kHz。仿真所采用的信道为SUI-1信道(信道模型参数如表3.1.1所示)和高斯信道。

表3.1.1 SUI-1信道模型参数

路径	1	2	3
时延/μs	0	0.4	0.9
功率/dB	0	-15	-20
K因子	4	0	0
多普勒频偏/Hz	0.4	0.3	0.5

实验1:将OFDM信号经过SUI-1信道,信噪比为5dB进行仿真。观测窗时长为2ms,将接收到的数据分成10段等长的数据,即每段长为0.2ms,分别对它们求平均模糊函数并进行累加平均。图3.1.4所示为信号的模糊函数三维立体图。

从图3.1.4中可以看到在信号的有用周期和符号周期的倒数处有峰值存在,即图中最小的峰值是由信号的有用周期倒数所引起的,而第二大的峰值产生的就是OFDM信号的符号周期所引起的。

图3.1.5是时延为0的模糊函数切面样本,即函数$D(0,f)$的仿真图,从图3.1.5中可以看出,在检测到的频率$\hat{f}=2.5\times10^5$Hz有峰值存在,也就是说以此处的频率$\hat{f}$来估计的符号周期$\hat{T}$,频率$\hat{f}$的倒数就是周期$\hat{T}$,即$\hat{T}_s=1/\hat{f}=4\mu s$。

同样,如图3.1.6切面函数$D(\tau,0)$的样本所示,在频率为0的切面函数$D(\tau,0)$上可

以检测到在 $\tau = T_u$ 处，该切面出现了峰值，因此可以用来估计 OFDM 信号的有用符号周期。

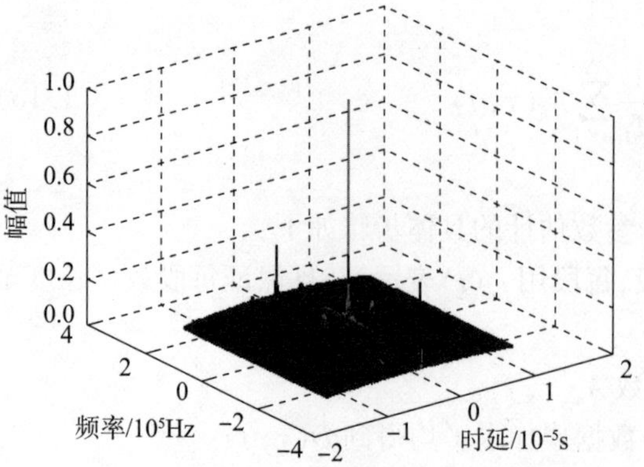

图 3.1.4　OFDM 模糊函数三维图

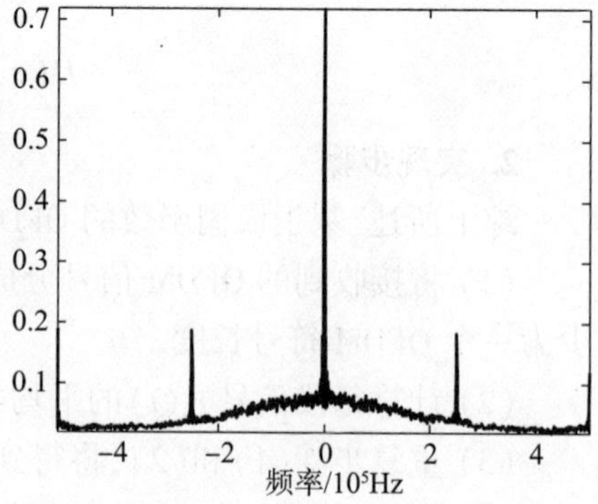

图 3.1.5　OFDM 信号有用周期估计

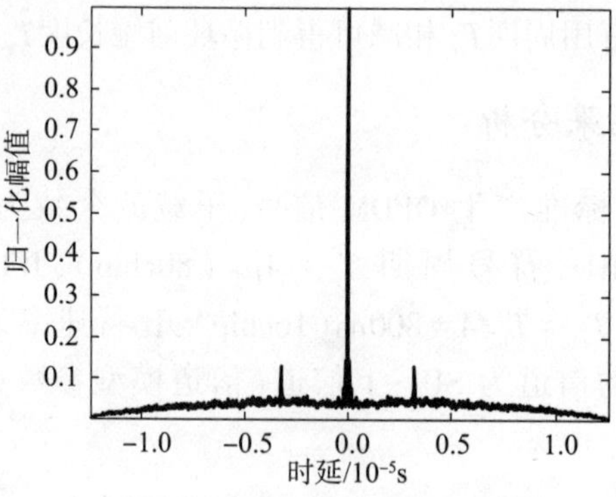

图 3.1.6　OFDM 信号符号周期估计

实验 2：该部分实验是对基于模糊函数的 OFDM 信号有用符号周期、符号周期以及循环前缀长度三个参数估计的性能仿真。仿真的信道为 SUI-1，信噪比范围是 −15～5dB，每一小段数据为 800chip，分别累加 10 次和 20 次，其他仿真条件如实验 1。从图 3.1.7 中可以看出，在固定的每一小段长度内，累加次数越多，正确估计率也就越高；在同一观察时间内，OFDM 符号周期 T_s 的正确估计率要高于有用符号周期 T_u，大约为 5dB。

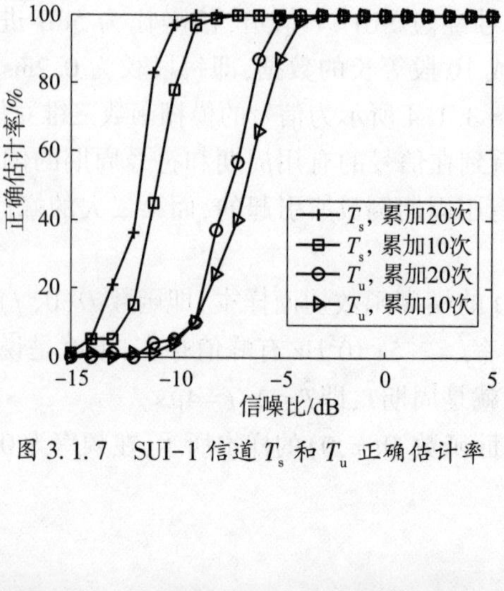

图 3.1.7　SUI-1 信道 T_s 和 T_u 正确估计率

由于循环前缀长度$\hat{T}_g$是符号周期$\hat{T}_s$和有用符号周期$\hat{T}_u$相减得到,即$\hat{T}_g=\hat{T}_s-\hat{T}_u$。由图3.1.7可知,在-10~-5dB中$T_s$正确估计率为100%,而$T_u$的正确估计率基本是0~100%,因此$T_g$的正确估计率依赖于$T_u$,且其正确估计率与$T_u$基本一致,所以本节实验不再对其进行性能仿真。

实验3:在SUI-1信道下,累加次数都为10,每段数据长度分别为800chip和1600chip,其他仿真条件如实验1。图3.1.8所示为OFDM信号的T_s和T_u正确估计率,从图中可以看出,数据长度为1600chip的正确估计率要大于长度为800chip,并且T_s的正确估计率要高于T_u的正确估计率。

图3.1.9所示为高斯信道和SUI-1信道下T_s和T_u正确估计性能对比,采用的累积次数为20,每段数据长度800chip,其他仿真条件如实验1。从图3.1.9中可知,高斯信道下,有用符号周期T_u的正确估计率明显大于SUI-1信道下的正确率,而T_s的正确估计率基本一致。

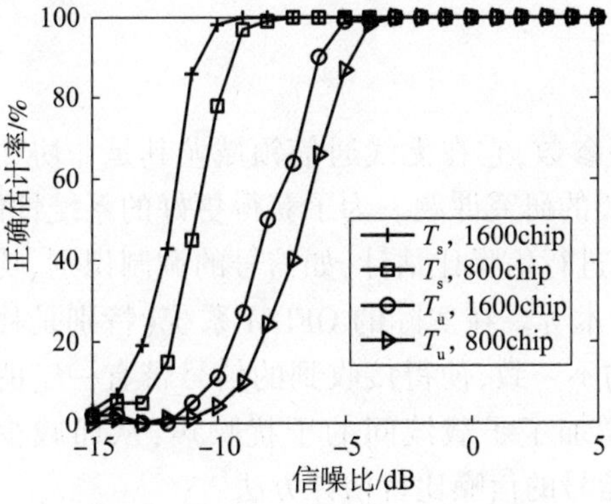

图3.1.8 累加10次,不同数据长度T_s和T_u的正确估计率

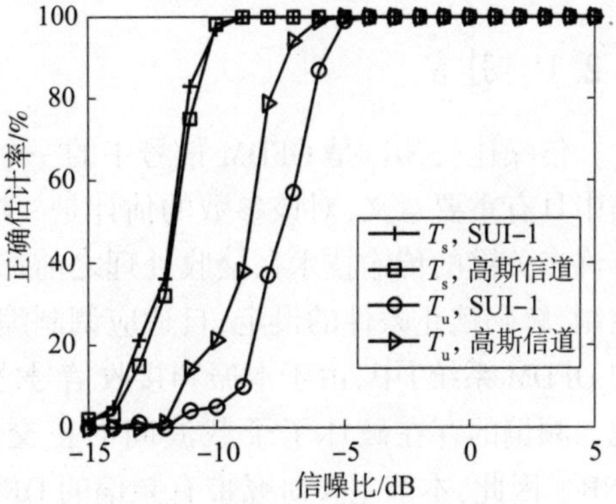

图3.1.9 高斯信道和SUI-1信道T_s和T_u正确估计率对比

实验4:在SUI-1信道,累加次数都为10的情况下,参考文献[57]基于循环前缀的方法和本书的方法对有用符号周期T_u估计性能的对比实验。由图3.1.10可知,参考文献[57]中的方法在信噪比为1dB以上时,正确估计率为100%,而本书所研究的方法,在信噪比为-4dB时就能达到100%。

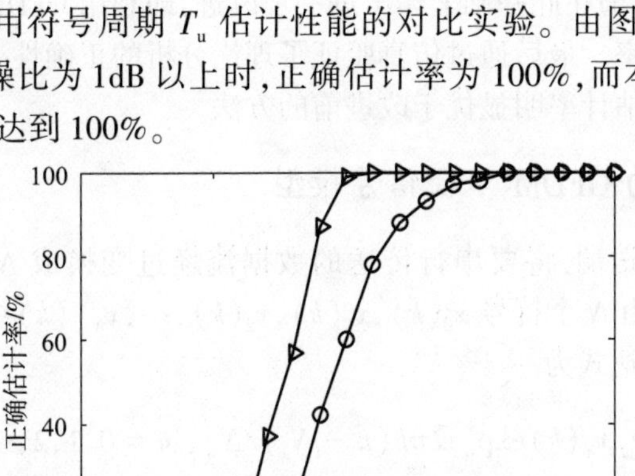

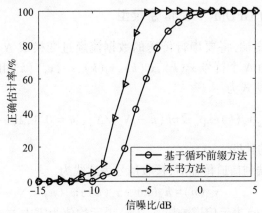

图3.1.10 本书方法和参考文献[57]基于循环前缀方法T_u正确估计率对比

3.1.6　本节小结

本节主要研究了 OFDM 信号的时域参数估计。在 3.1.3 小节中,研究了一种基于循环前缀的 OFDM 参数估计方法,该方法具有较低的复杂度,但是对于低信噪比下的符号参数估计性能并不明显,由图 3.1.10 可知,在 SUI-1 信道中,只有信噪比≥1dB 时,该方法对有用符号长度的正确估计率才能达到 100%。而在 3.1.4 小节中,研究了一种基于模糊函数的 OFDM 参数盲估计方法。研究的方法在信噪比≥-4dB 时,对 OFDM 符号周期的正确估计率就能达到 100%。因此,两种方法各有优缺点:第一种方法具有较低的计算复杂度,但性能不佳;第二种方法在性能方面取得了较好的效果,但是计算复杂度较高。

3.2　带有频偏的 OFDM 信号信噪比盲估计

3.2.1　引言

信噪比(SNR)是 OFDM 信号中的一个重要参数,它在无线通信领域尤其是非协作通信中具有重要意义,对该参数的估计是一项重要的研究课题。为了获得更好的系统性能,有许多关键的传输技术在接收处理之前都需要进行信噪比估计,如信号的调制识别、功率控制、解码截止条件的设定、自适应调制编码技术等。在实际的 OFDM 系统(特别是移动的 OFDM 系统)中,由于本振和接收信号之间的不一致,使得接收到的信号带有一定的频偏。频偏的存在破坏了子载波间的正交性,增加了子载波间的干扰噪声,从而减少了 SNR。因此,本节主要研究带有频偏的 OFDM 信号的信噪比盲估计方法。

本节先研究一种接收信号存在频偏时的信噪比盲估计方法。该方法通过循环前缀的特点估计高斯噪声功率,再通过循环自相关函数估计无频偏时的信号功率,然后通过一种关系(在 3.2.3 节中有详细的介绍)得到有频偏时的信噪比。但该方法对高斯噪声功率的估计并不精确,因此本书在此基础上作了进一步改进,即利用 OFDM 信号具有虚载波的特点估计其高斯噪声功率。最后通过仿真验证了理论分析的正确性——本书研究的方法对高斯噪声功率的正确估计率明显优于改进前的方法。

3.2.2　带有频偏的 OFDM 多径信号模型

在 OFDM 信号发送端,将要串行传送的数据流经过变换成 N 路的并行数据流。设 OFDM 符号在时刻 k 由 N 个符号 $x_0(k),x_1(k),x_2(k),\cdots,x_{N-1}(k)$ 组成。经过 IDFT 后,第 m 个 OFDM 符号的表达式为

$$X_m(n)=\frac{1}{N}\sum_{k=0}^{N-1}x_m(k)\exp[\mathrm{i}2\pi k(n-N_{\mathrm{g}})/N],\ n=0,1,2,\cdots,N+N_{\mathrm{g}}-1 \quad (3.2.1)$$

式中:N_{g} 为循环前缀的长度。

OFDM 信号经过瑞利信道传输后,接收信号表达式为

$$\widetilde{y}_m(n)=h_m(n)*x_m(n)+w_m(n) \quad (3.2.2)$$

式中:$*$ 表示卷积;$h_m(n)$ 表示信道响应;$w_m(n)$ 表示均值为零方差为 σ_w^2 高斯白噪声。信道响应、信号及高斯噪声三者之间相互独立。当信道阶数 L 小于或等于循环前缀 N_{g} 的长

度时,就不会产生 ISI。

当本振和接收信号之间不一致时就会产生频偏 Δf 和相位偏差 θ。设归一化频偏 ε 为

$$\varepsilon=\Delta fNT \tag{3.2.3}$$

式中:T 表示采样周期,则存在频偏 ε 时,接收信号的表达式为

$$y_m(n)=Nc_m(\varepsilon,n)[h_m(n)*x_m(n)]+\widetilde{w}_m(n) \tag{3.2.4}$$

式中:$\widetilde{w}_m[n]=Nc_m(\varepsilon,n)w_m[n]$ 是均值为 0、方差为 $\sigma_{\widetilde{w}}^2=\sigma_w^2$ 的高斯噪声,并且有

$$c_m(\varepsilon,n)=\frac{1}{N}\mathrm{e}^{\mathrm{i}2\pi\varepsilon n/N}\mathrm{e}^{\mathrm{i}2\pi\varepsilon m(1+N_g/N)}\mathrm{e}^{\mathrm{i}\theta} \tag{3.2.5}$$

3.2.3　频偏对信噪比的影响

频偏分为整数倍频偏和小数倍频偏,在本节中只考虑小数倍频偏。对接收到的信号进行离散傅里叶变换,令 $c_m(\varepsilon,n)=\frac{1}{N}\mathrm{e}^{\mathrm{i}2\pi\varepsilon n/N}\mathrm{e}^{\mathrm{i}2\pi\varepsilon m(1+N_g/N)}\mathrm{e}^{\mathrm{i}\theta}$,则表达式为

$$Y_m(k)=NC_m(\varepsilon,k)*[H_m(k)X_m(k)]+\widetilde{W}_m(k) \tag{3.2.6}$$

式中:$C_m(\varepsilon,k)$、$H_m(k)$ 和 $\widetilde{W}_m(k)$ 分别表示 $c_m(\varepsilon,n)$、$h_m(n)$ 和 $\widetilde{w}_m(n)$ 的 DFT 变换。则 $c_m(\varepsilon,n)$ DFT 变换后的表达式为

$$C_m(\varepsilon,k)=\left\{\frac{\sin[\pi(\varepsilon-k)]}{N\sin[\pi(\varepsilon-k)/N]}\mathrm{e}^{\mathrm{i}\pi(\varepsilon-k)(1-1/N)}\right\}\mathrm{e}^{\mathrm{i}[2\pi\varepsilon m(1+N_g/N)+\theta]} \tag{3.2.7}$$

$C_m(\varepsilon,k)$ 模值总是小于或者等于 1,即

$$|C_m(\varepsilon,k)|\leqslant\sum_{n=0}^{N-1}|c_m(\varepsilon,n)\mathrm{e}^{-\mathrm{i}2\pi nk/N}|=1 \tag{3.2.8}$$

假设 $H_m(k)$ 和 $X_m(k)$ 的周期都是 N,则接收到第 $(k+l)$ 个子载波的符号可以表示为

$$Y_m(k+l)=C_m(\varepsilon,0)H_m(k)X_m(k)+\sum_{r=1}^{N-1}C_m(\varepsilon,r)H_m(k-r)X_m(k-r)+\widetilde{W}_m(k+l) \tag{3.2.9}$$

从式(3.2.9)中可以知道,有用信号 $X_m(k)H_m(k)$ 因频偏造成的影响主要有以下 4 个部分:

(1) $|C_m(\varepsilon,0)|=\left|\frac{\sin(\pi\varepsilon)}{N\sin(\pi\varepsilon/N)}\right|$ 影响 $X_m(k)H_m(k)$ 的系数。

(2) 在信号 $X_m(k)H_m(k)$ 中,第 k 路子载波部分数据被 $(k+l)$ 路替代。

(3) 噪声 $\widetilde{W}_m(k)$ 引起的码间干扰。

(4) 频偏引起 $X_m(k)H_m(k)$ 相位增大。

假设 $l=0$,由式(3.2.9)可知存在频偏 ε 时,信号表达式如下:

$$Y(k)=C(\varepsilon,0)H(k)X(k)+I(k)+\widetilde{W}(k) \tag{3.2.10}$$

其中

$$I(k)=\sum_{r=1}^{N-1}C(\varepsilon,r)H(k-r)X(k-r) \tag{3.2.11}$$

由式(3.2.9)可知频偏会导致信噪比 SNR 的减少和误码率的增加。假设给定的信道增益为 $H(k)$,$k=0,1,\cdots,N-1$,则第 k 路子载波在存在频偏 ε 的情况下的信噪比为

$$\mathrm{SNR}(k)=\frac{E[\,|C(\varepsilon,0)H(k)X(k)|^2]}{E[\,|I(k)+\widetilde{W}(k)|^2]} \tag{3.2.12}$$

由式(3.2.12)可知,有用信号功率等于$E[\,|C(\varepsilon,0)H(k)X(k)|^2]=|C(\varepsilon,0)H(k)|^2\sigma_x^2$,其中,$\sigma_x^2$表示发送信号功率。由于均值为0的高斯噪声和码间干扰部分(即$I(k)$)是相互独立的,可得

$$E[\,|I(k)+\widetilde{W}(k)|^2]=E[\,|I(k)|^2]+E[\,|\widetilde{W}(k)|^2] \tag{3.2.13}$$

ICI部分的功率可表示为

$$\begin{aligned}E[\,|I(k)|^2]&=\sum_{r=1}^{N-1}\sum_{s=1}^{N-1}C(\varepsilon,r)C^*(\varepsilon,s)H(k-r)H^*(k-s)E[X(k-r)X^*(k-s)]\\&\doteq\sum_{r=1}^{N-1}|C(\varepsilon,r)H(k-r)|^2\sigma_x^2\end{aligned} \tag{3.2.14}$$

则式(3.2.12)等效于

$$\mathrm{SNR}(k)=\frac{|C(\varepsilon,0)H(k)|^2\sigma_x^2}{\sum\limits_{r=1}^{N-1}|C(\varepsilon,r)|^2|H(k-r)|^2\sigma_x^2+\sigma_{\widetilde{w}}^2} \tag{3.2.15}$$

存在频偏时的平均信噪比可以通过一段时间内的瞬时信噪比的期望来计算。但是计算瞬时信噪比相当的复杂,因此本节用式(3.2.15)的分子和分母期望的比值作为信噪比的近似值,即

$$\overline{\mathrm{SNR}}(k)\approx\frac{E[\,|C(\varepsilon,0)H(k)|^2\sigma_x^2]}{E\left[\sum\limits_{r=1}^{N-1}|C(\varepsilon,r)|^2|H(k-r)|^2\sigma_x^2+\sigma_{\widetilde{w}}^2\right]} \tag{3.2.16}$$

又因为

$$\sum_{r=1}^{N-1}|C(\varepsilon,r)|^2=N\sum_{n=0}^{N-1}|C(\varepsilon,n)|^2=1 \tag{3.2.17}$$

所以

$$\sum_{r=1}^{N-1}|C(\varepsilon,r)|^2=\sum_{r=0}^{N-1}|C(\varepsilon,r)|^2-|C(\varepsilon,0)|^2=1-|C(\varepsilon,0)|^2 \tag{3.2.18}$$

假设信道增益$\sum\limits_{l=0}^{L}E[\,|h(l)|^2]=1$,综合式(3.2.16)、式(3.2.17)和式(3.2.18)可知存在频偏时近似的平均信噪比为

$$\overline{\mathrm{SNR}}_{\mathrm{approx}}(k)=\frac{f_N^2(\varepsilon)\mathrm{SNR}_0}{[1-f_N^2(\varepsilon)]\mathrm{SNR}_0+1} \tag{3.2.19}$$

式中:$\mathrm{SNR}_0=\dfrac{\sigma_x^2}{\sigma_{\widetilde{w}}^2}$表示没有频偏时的平均信噪比,并且有

$$f_N(\varepsilon)\triangleq|C(\varepsilon,0)|=\left|\frac{\sin(\pi\varepsilon)}{N\sin(\pi\varepsilon/N)}\right| \tag{3.2.20}$$

由式(3.2.20)可知,$f_N(\varepsilon)$为单调递减函数,所以近似的平均信噪比$\overline{\mathrm{SNR}}_{\mathrm{approx}}(k)$是随

着归一化频偏 $\varepsilon,\varepsilon\in[0,1/12]$ 增加而减少的，并且子载波数目 N 的不同也会引起函数 $f_N(\varepsilon)$ 值的变化，从而也导致 $\overline{\mathrm{SNR}}_{\mathrm{approx}}(k)$ 的变化。

3.2.4 基于循环前缀的信噪比盲估计

1. 噪声功率估计

K. Seshadri Sastry 等采用了参考文献[84]所述的方法，利用循环前缀(CP)来估计接收信号的噪声功率。实际上，由于循环前缀的存在使得 $x[k(N+N_g)+m]=x[k(N+N_g)+N+m]$，其中 $\forall k\in\mathbf{Z},\forall m\in\{0,1,\cdots,N_g-1\}$。在时不变信道中，假设本振和接收信号是一致的(即时延和频偏都为零)情况下，当信道阶数 $L<N_g$ 时，高斯噪声功率可表示为

$$\sigma_w^2 l=J(l),\quad L\leqslant l\leqslant N_g-1 \tag{3.2.21}$$

其中

$$J(l)=\frac{1}{2M(N_g-l)}\sum_{k=0}^{M-1}\sum_{m=l}^{N_g-1}\left|y[k(N+1)+m]-y[k(N+N_g)+N+m]\right|^2 \tag{3.2.22}$$

式中：M 表示观测窗内观测到的 OFDM 符号的个数，从式(3.2.22)中可以知道，当 $l=L$ 时，就可以估计出高斯噪声功率 σ_w^2。接下来只要估计出信道阶数 L 的值就可以计算噪声功率的大小了。参考文献[84]虽然估计出了 L 的值，但是该方法是在一个任意的门限值的基础上实现的，为了克服这个缺点，F. X. Socheleau 等[81]用最大似然函数的方法来估计 L 的值。由式(3.2.1)可知，函数 $J(l)$ 还可以表示为[84]

$$J(l)=\left(1-\frac{1}{N_g-l}\right)J(l+1)+\xi(l) \tag{3.2.23}$$

式中：$\xi(l),L\leqslant l\leqslant N_g-1$ 是一个服从卡方分布的随机变量，当 M 足够大时，$\xi(l)$ 可进一步简化为

$$\xi(l)\sim N[(\sigma_w^2/N_g-l)(\sigma_w^4/M(N_g-l)^2)] \tag{3.2.24}$$

则 L 可以用似然函数 $f(X_l/L=l)$ 来估计，其中 $X_l=[\xi(l),\xi(l+1),\cdots,\xi(N_g-1)]$ 表示观测变量，每个随机变量 $\xi(l)$ 之间是相互独立的，则 L 的估计值 $\hat{L}$ 可表示为

$$\hat{L}=\operatorname{argmax}\left[\prod_{m=l}^{N_g-1}f(\xi(m)\mid L=l)\right]^{\frac{1}{N_g-l}},\quad 0\leqslant l\leqslant N_g \tag{3.2.25}$$

用式(3.2.24)和功率的近似值 $\sigma^2\approx J(l)$ 可以得到 $f(\xi(m)\mid L=l)$ 的值。因为观测变量 X_l 的长度是可变的，因此用相互独立的似然元素之间的几何平均值作为式(3.2.25)的似然值。

2. 信号功率估计

由于噪声不具有循环平稳的特性，可以利用 OFDM 信号的循环平稳的统计特性来估计接收信号的功率。OFDM 信号的循环自相关函数可表示为[272]

$$R_x^{\alpha}(l)=\lim_{M\to\infty}\frac{1}{M}\sum_{m=0}^{M-1}E[x(m)x^*(m+l)]\mathrm{e}^{-2\mathrm{j}\pi m\alpha} \tag{3.2.26}$$

式中：α 表示循环频率。由式(3.2.1)可知，OFDM 信号的循环自相关函数还可表示为

$$R_x^{\alpha}(N)=E_{\mathrm{s}}\frac{\sin(\pi\alpha N_{\mathrm{g}})}{(N+N_{\mathrm{g}})\sin(\pi\alpha)}\mathrm{e}^{-\mathrm{j}\pi\alpha(N_{\mathrm{g}}-1)}\sum_{q\in Z}\delta\left(\alpha-\frac{q}{N+N_{\mathrm{g}}}\right)\tag{3.2.27}$$

式中：$\delta(\cdot)$表示克罗内克函数。则接收端的OFDM信号的循环自相关函数可表示为[84]

$$R_y^{\alpha}(N)=R_x^{\alpha}(N)\sum_{l=0}^{L}\sigma_w^2(l)\mathrm{e}^{-2\mathrm{j}\pi\frac{\alpha l}{N+N_{\mathrm{g}}}}\tag{3.2.28}$$

综合式(3.2.27)和式(3.2.28)可知，估计的信号功率可表示为

$$\hat{\sigma}_x^2=\frac{1}{2N_{\mathrm{c}}+1}\left[\sum_{q=-N_{\mathrm{c}}}^{N_{\mathrm{c}}}\hat{R}_y^{\alpha}(N)\frac{\sin(\pi q\alpha_0)}{\alpha_0\sin(\pi q\alpha_0 N_{\mathrm{g}})}\mathrm{e}^{\mathrm{j}\pi q\alpha_0(N_{\mathrm{g}}-1)}\right]\tag{3.2.29}$$

式中：$\alpha_0=1/(N+N_{\mathrm{g}})$；$\hat{R}_y^{q\alpha_0}(N)=\dfrac{y(m)y^*(m+N)\mathrm{e}^{-2\mathrm{j}\pi\alpha_0}}{M(N+N_{\mathrm{g}})}$；$N_{\mathrm{c}}$表示估计信号功率$\hat{\sigma}_x^2$需要的循环频率$\alpha$的个数。$N_{\mathrm{c}}$值的选择至关重要，如式(3.2.29)，在$M\to+\infty$的前提下，信号功率估计误差随着$N_{\mathrm{c}}$的增加而减少，但也不是说$N_{\mathrm{c}}$越大越好，因为$N_{\mathrm{c}}$越大，估计信号功率所需的计算复杂度就越高，在实际中实现起来就越困难。为了减少信号功率估计误差，N_{c}的取值范围必须在信道的相干带宽内。由式(3.2.28)和帕塞瓦尔恒等式可得

$$R_y^{q\alpha_0}(N)=R_x^{q\alpha_0}(N)\int_{-1/2}^{1/2}E[H(v)H(v-q\alpha_0)]\mathrm{d}v\tag{3.2.30}$$

其中

$$H(v)=\sum_{l=0}^{L}h(l)\mathrm{e}^{-2\mathrm{j}\pi lv}\tag{3.2.31}$$

由以上可知，用循环自相关函数估计信号功率需要在以下条件下进行：

$$R_y^{q\alpha_0}(N)\approx R_x^{q\alpha_0}(N)\sum_{l=0}^{L}\sigma_w^2(l)\tag{3.2.32}$$

当$E[H(v)H(v-q\alpha_0)]\approx[|H(v)|]$时，式(3.2.32)相当于在信道的相干带宽$B_{\mathrm{c}}$内对$q\alpha_0$进行取值。通常相干带宽$B_{\mathrm{c}}$是描述时延扩展的。由于是信噪比盲估计，在接收方并不知道信道脉冲响应的一些先验信息，相干带宽B_{c}可被近似估计为$\hat{B}_{\mathrm{c}}=\dfrac{1}{\beta\hat{L}}$，其中$\beta$表示相干带宽$B_{\mathrm{c}}$内的相干系数。则$N_{\mathrm{c}}$的取值为

$$N_{\mathrm{c}}=\min\left(\frac{N+N_{\mathrm{g}}}{\beta L},\frac{N}{2N_{\mathrm{g}}}\right)\tag{3.2.33}$$

由式(3.2.26)~式(3.2.33)可知，β对信号功率的估计影响很小。

3. 带有频偏的信噪比估计

若在接收端和发送端的滤波匹配完全一致的情况下，根据参考文献[80-81]可知，利用式(3.2.21)~式(3.2.25)可以估计出高斯噪声功率$\hat{\sigma}_w^2$，利用式(3.2.26)~式(3.2.33)可得到发送信号功率$\hat{\sigma}_x^2$，由此可知，当接收信号无频偏时的信噪比为

$$\mathrm{SNR}_0=\frac{\hat{\sigma}_x^2}{\hat{\sigma}_w^2}\tag{3.2.34}$$

从3.2.3小节中可知，存在频偏时信噪比和无频偏时的信噪比满足式(3.2.19)关系，再联合式(3.2.34)可得，存在频偏时的信噪比为

$$\overline{\text{SNR}}_{\text{approx}}(k)=\frac{f_N^2(\varepsilon)\text{SNR}_0}{[1-f_N^2(\varepsilon)]\text{SNR}_0+1}=\frac{f_N^2(\varepsilon)\dfrac{\hat{\sigma}_x^2}{\hat{\sigma}_w^2}}{[1-f_N^2(\varepsilon)]\dfrac{\hat{\sigma}_x^2}{\hat{\sigma}_w^2}+1}=\frac{f_N^2(\varepsilon)\hat{\sigma}_x^2}{[1-f_N^2(\varepsilon)]\hat{\sigma}_x^2+\hat{\sigma}_w^2} \tag{3.2.35}$$

3.2.5 基于虚载波的信噪比盲估计

1. 基于循环前缀信噪比估计的误差分析

实际上用式(3.2.22)估计高斯噪声功率的前提是在没用频偏的情况下进行的,因此,在接收端存在频偏的情况下,K. Seshadri Sastry 等用式(3.2.22)估计高斯噪声功率是存在一定误差的,最后导致估计的信噪比是不准确的。假设没有存在频偏,信号经过多径信道后表示为 $y(m)=\sum_{l=0}^{L}h(l)x(m-l)+w(m)$,则式(3.2.22)可进一步变化为

$$\begin{aligned}
J(l)&=\frac{1}{2M(N_g-l)}\sum_{k=0}^{M-1}\sum_{m=l}^{N_g-1}|y[k(N+1)+m]-y[k(N+N_g)+N+m]|^2\\
&=\frac{1}{2M(N_g-l)}\sum_{k=0}^{M-1}\sum_{m=l}^{N_g-1}\Bigg|\sum_{l=0}^{L}h(l)x[k(N+1)+m-l]+w_1[k(N+1)+m]-\\
&\quad\sum_{l=0}^{L}h(l)x[k(N+N_g)+N+m-l]+w_2[k(N+N_g)+N+m]\Bigg|^2\\
&=\frac{1}{2M(N_g-l)}\sum_{k=0}^{M-1}\sum_{m=l}^{N_g-1}|w_1[k(N+1)+m]-w_2[k(N+N_g)+N+m]|^2\\
&=\frac{1}{2M(N_g-l)}\sum_{k=0}^{M-1}\sum_{m=l}^{N_g-1}2\sigma_w^2\\
&=\sigma_w^2
\end{aligned} \tag{3.2.36}$$

由式(3.2.36)可知,当没有频偏时,式(3.2.22)所得到是准确高斯噪声功率,但是当存在归一化频偏为 ε 时,信号经过多径信道后,信号可表示为 $y(m)=\left[\sum_{l=0}^{L}h(l)x(m-l)+w(m)\right]\mathrm{e}^{-\mathrm{j}2\pi\varepsilon m}$,则式(3.2.22)变为

$$\begin{aligned}
J(l)&=\frac{1}{2M(N_g-l)}\sum_{k=0}^{M-1}\sum_{m=l}^{N_g-1}|y[k(N+1)+m]-y[k(N+N_g)+N+m]|^2\\
&=\frac{1}{2M(N_g-l)}\sum_{k=0}^{M-1}\sum_{m=l}^{N_g-1}\Bigg|\sum_{l=0}^{L}h(l)x[k(N+1)+m-l]\mathrm{e}^{-\mathrm{j}2\pi\varepsilon[k(N+1)+m-l]}+\\
&\quad w_1[k(N+1)+m]-\sum_{l=0}^{L}h(l)x[k(N+N_g)+N+m-l]\mathrm{e}^{-\mathrm{j}2\pi\varepsilon[k(N+N_g)+N+m-l]}+\\
&\quad w_2[k(N+N_g)+N+m]\Bigg|^2
\end{aligned}$$

$$= \frac{1}{2M(N_g - l)} \sum_{k=0}^{M-1} \sum_{m=l}^{N_g-1} \Bigg| \sum_{l=0}^{L} h(l) x[k(N+1)+m-l] \times \{ e^{-j2\pi\varepsilon(k(N+1)+m-l)} - e^{-j2\pi\varepsilon[k(N+N_g)+N+m-l]} \} - w_1[k(N+1)+m] - w_2[k(N+N_g)+N+m] \Bigg|^2$$

$$\neq \frac{1}{2M(N_g - l)} \sum_{k=0}^{M-1} \sum_{m=l}^{N_g-1} 2\sigma_w^2$$

$$= \sigma_w^2 \tag{3.2.37}$$

由式(3.2.37)可知，由于频偏存在，使得

$$\sum_{l=0}^{L} h(l) x[k(N+1)+m-l] \{ e^{-j2\pi\varepsilon[k(N+1)+m-l]} - e^{-j2\pi\varepsilon[k(N+N_g)+N+m-l]} \} \neq 0 \tag{3.2.38}$$

因此，用式(3.2.22)计算得到的噪声功率并不准确。为了得到更准确的高斯噪声功率，本节研究了一种基于虚载波的噪声功率估计方法，具体算法如下节所述。

2. 信噪比盲估计

在实际的 OFDM 系统中，为了减少频谱混叠失真，一般采用过采样技术，即在实际当中用来传输数据的子载波数总是小于系统的总子载波数，则接收信号可分为有用子载波部分和空载波部分两部分。假设接收信号的总子载波数为 N，有用子载波数为 N_{used}，则空载波数为 $N_{\text{null}}=N-N_{\text{used}}$。有用子载波所在的集合设为 ϕ_{used}，空载波所在的集合设为 ϕ_{null}。

根据信道中的高斯噪声的统计特性，可知任何子载波上的高斯噪声具有相同的统计特性，从而可以将空载波上高斯噪声的平均功率作为接收信号的高斯噪声功率。由高阶累积量的性质可知，高斯噪声的 3 阶以上的累积量恒为零，因此通过观测某子载波的四阶累积量是否为零，来区分该子载波是否为空载波。为了估计出空载波在整个信号周期中的长度，可以定义以下变量[273]：

$$Q_m(n) = |Y_m(n+1)Y_m(n+1)^* - Y_m(n)Y_m(n)^*| \tag{3.2.39}$$

式中：$Q_m(k)$ 表示第 m 个 OFDM 符号的第 $n+1$ 个子载波和第 n 个子载波的方差的差值，高斯噪声在每个子载波上具有相同的统计特性，因此若第 $n+1$ 个和第 n 个子载波都属于 ϕ_{null} 集合时，$Q_m(n)$ 的值为零或者趋向于零。为了更精确地估计出集合 ϕ_{null}，可以用 M 个 OFDM 符号的 $Q_m(n)$ 的均值作为估计值，即

$$\hat{Q}_m(n) = \frac{1}{M} \sum_{m=1}^{M} Q_m(n) \tag{3.2.40}$$

当 $M \to \infty$ 和 $n, n+1 \in \phi_{\text{null}}$ 时，$\hat{Q}_m(n)=0$，而 n 或 $n+1 \in \phi_{\text{used}}$ 时，$\hat{Q}_m(n) \neq 0$，所以在实际中，M 越大估计值越精确。

假设接收到的第 m 个 OFDM 符号的第 i 个子载波是空载波，由于空载波部分没有信号信息且只有高斯噪声，如式(3.2.10)中的 $\widetilde{W}(n)$，则有

$$Y_m(i) = W_m(i), \quad i \in \phi_{\text{null}} \tag{3.2.41}$$

所以有

$$E[|Y_m(i)|^2] = E[|\widetilde{W}_m(i)|^2] = \sigma_{\widetilde{w}}^2 \tag{3.2.42}$$

若接收到的第 m 个 OFDM 符号的第 j 个子载波是有用子载波,则可知其包含式(3.2.10)中所有部分,即

$$Y_m(k)=C_m(\varepsilon,0)H_m(j)X_m(j)+I_m(j)+\widetilde{W}_m(j),\quad j\in\phi_{\text{used}} \tag{3.2.43}$$

由式(3.2.10)~式(3.2.19)可知:

$$\begin{aligned}E[\,|Y_m(j)|^2]&=E[\,|C_m(\varepsilon,0)H_m(j)X_m(j)+I_m(j)+\widetilde{W}_m(j)|^2]\\&=E[\,|C_m(\varepsilon,0)H_m(j)X_m(j)+I_m(j)|^2]+E[\,|\widetilde{W}_m(j)|^2]\\&=\sigma_x^2+\sigma_{\widetilde{w}}^2\end{aligned} \tag{3.2.44}$$

综合式(3.2.41)~式(3.2.44),可得发送端的信号功率 σ_x^2 为

$$\sigma_x^2=E[\,|Y_m(j)|^2]-E[\,|Y_m(i)|^2]=E[\,|C_m(\varepsilon,0)H_m(k)X_m(j)+I_m(j)|^2]=\sigma'^2_x+\sigma_I^2 \tag{3.2.45}$$

式中:σ_x^2 表示有频偏时接收端的信号功率;σ_I^2 表示因频偏引起的干扰噪声功率。则由式(3.2.42)和式(3.2.44)可得无频偏时的信噪比为

$$\text{SNR}_0=\frac{\sigma_x^2}{\sigma_w^2}=\frac{E[\,|Y_m(j)|^2]-E[\,|Y_m(i)|^2]}{E[\,|Y_m(i)|^2]} \tag{3.2.46}$$

综合可得,存在归一化频偏 ε 时,估计信噪比为

$$\begin{aligned}\text{SNR}_{\text{estimated}}&=\frac{\sigma'^2_x}{\sigma_w^2+\sigma_I^2}\approx\frac{f_N^2(\varepsilon)\text{SNR}_0}{(1-f_N^2(\varepsilon))\text{SNR}_0+1}\\&=\frac{f_N^2(\varepsilon)\{\{E[\,|Y_m(j)|^2]-E[\,|Y_m(i)|^2]\}/E[\,|Y_m(i)|^2]\}}{[1-f_N^2(\varepsilon)]\{\{E[\,|Y_m(j)|^2]-E[\,|Y_m(i)|^2]\}/E[\,|Y_m(i)|^2]\}+1}\end{aligned} \tag{3.2.47}$$

综上所述,本书提出的存在频偏时 OFDM 信号的信噪比盲估计方法具体步骤如下:

(1) 对接收信号进行参数估计[61],可得到子载波数 N 以及符号长度 $N+N_g$。

(2) 利用现有文献对 OFDM 信号进行频偏估计[274],根据式(3.2.20)计算 $f_N(\varepsilon)$。

(3) 根据式(3.2.39)和式(3.2.40)估计空载波集合 ϕ_{null}。

(4) 根据式(3.2.42)计算高斯噪声功率 σ_w^2。

(5) 根据式(3.2.45)计算发送端信号功率 σ_x^2,根据式(3.2.47)计算存在归一化频偏 ε 时的信噪比 $\text{SNR}_{\text{estimated}}$。

3.2.6 仿真实验及结果分析

为了验证理论分析的正确性,用 MATLAB R2010a 进行以下实验仿真。

实验1:验证信噪比范围为-10~5dB 下,不同周期数 M 对空载波集合 ϕ_{null} 的正确估计率的影响。仿真条件:产生数据用 QPSK 调制;子载波数为 64;循环前缀长度为 16;空载波数为 16;信道为频率选择性衰落信道,信道阶数为 3,信道增益分别为 1dB、-8dB、-17dB,归一化时延为 0、3、5;归一化频偏为 0.05;蒙特卡洛仿真次数为 200。

图 3.2.1 是观测符号周期数 M 分别为 200、400、600、800 和 1000 时空载波集合的正确估计率曲线。由图 3.2.1 可知,当 $M=200$,$\text{SNR}_0\geqslant 3\text{dB}$ 时的正确估计率都在 98.5%以上;当 $M=400$,$\text{SNR}_0\geqslant 1\text{dB}$ 时,正确估计率都在 98%以上;在 $M=600$、800 和 1000,$\text{SNR}_0\geqslant$

1dB 时,正确估计率都达到了 100%。从图中可以看出,M 越大,估计性能越好,但是当 M 增加到一定程度时,估计正确率不会明显增加。所以以下实验部分都选择在 M 为 800 的情况下估计信噪比。

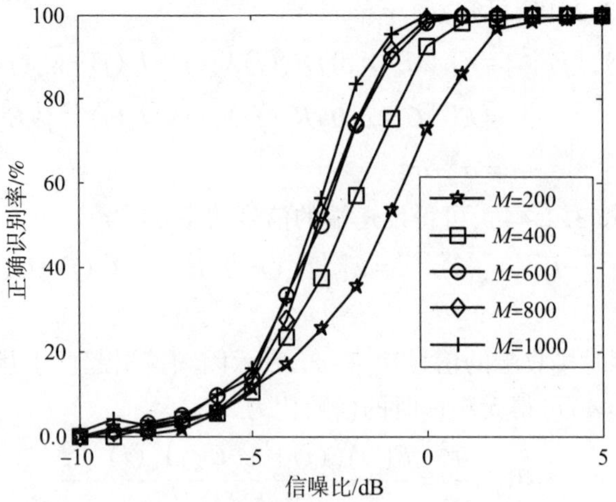

图 3.2.1　不同符号周期数 M 对空载波的正确识别率

实验 2:验证频率选择性衰落信道下频偏对信噪比的影响。归一化频偏 ε 为 0,0.05,0.1 和 0.15,输入信噪比范围为−5~15dB,其他仿真条件如实验 1。由图 3.2.2 可知,在发送信号功率确定的条件下,信噪比越大,频偏引入的干扰对总的噪声功率影响也就越大,因此导致接收端的信噪比偏差越大。在输入信噪比确定的条件下,引入的频偏越大,接收信号的信噪比越小,这是因为频偏增加会引起子载波间的干扰增强。

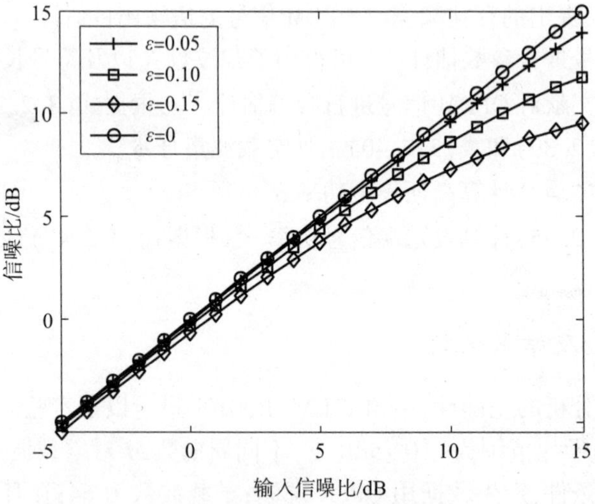

图 3.2.2　不同频偏对信噪比的影响

实验 3:在频率选择性衰落信道下,验证不同频偏对高斯噪声功率的影响。选择的符号周期数 M=800;归一化频偏分别为 0.05、0.1 和 0.15;输入信噪比的范围是−5~15dB;其他仿真条件如实验 1。从图 3.2.3 中可以看出,参考文献[84]非数据辅助法的高斯噪声功率曲线与理论值相差较大,而且随着输入信噪比越大,估计值与理论值偏差越大,而本书方法的估计值曲线与理论值曲线几乎重合。

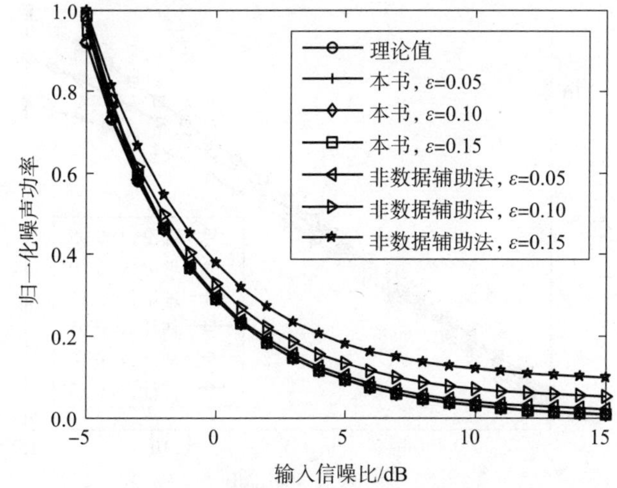

图 3.2.3　不同频偏下高斯噪声功率估计的归一化曲线

为了更清楚地了解两种方法对高斯噪声功率估计的准确率，定义绝对误差为 $\Delta=|\hat{\sigma}_w^2-\sigma_w^2|$，其中$\hat{\sigma}_w^2$ 表示估计值，σ_w^2 表示对应的理论值。由图 3.2.4 可知，当信噪比在 -1dB 以上时，本书方法对高斯噪声功率估计的正确率几乎不受频偏的影响，这是由于高斯噪声对频偏不敏感所致。当信噪比小于-1dB 时，归一化绝对误差突然增加，这是因为本书的方法在信噪比小于-1dB 时并不能 100%估计出空载波。而参考文献[84]非数据辅助法在估计高斯噪声时的误差很大，归一化误差都远远大于本书所研究的方法，所以该方法易受频偏的影响。这与理论分析一致，本书方法能更加精确地估计高斯噪声功率。

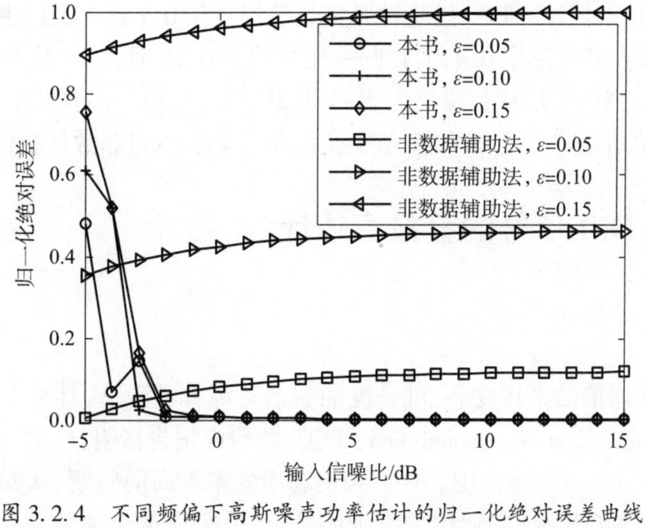

图 3.2.4　不同频偏下高斯噪声功率估计的归一化绝对误差曲线

实验 4：验证不同频偏对信噪比估计的影响。图 3.2.5 所示为不同频偏下理论信噪比和估计信噪比对比。图中不同频偏的理论曲线对应实验 2 中的理论曲线。从图 3.2.5 可知，在输入信噪比为-1dB 以上时，理论曲线和估计曲线基本一致。而在-1dB 以下时，随着输入信噪比降低，估计曲线与理论曲线相差较大，这是由于本书方法在-1dB 以下时对高斯噪声功率估计不准确所致。

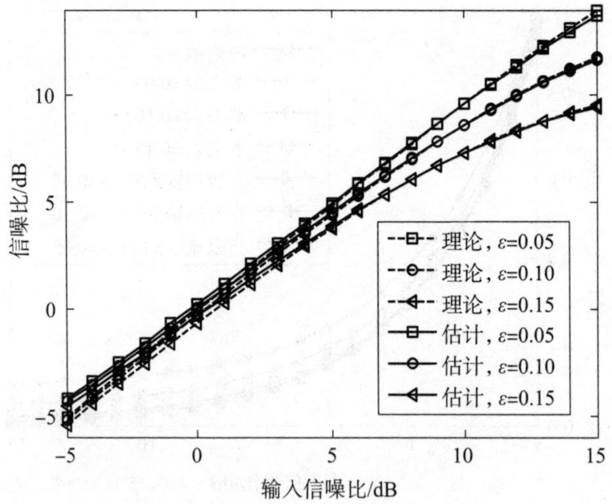

图 3.2.5　理论信噪比和估计信噪比对比

3.2.7　本节小结

在实际 OFDM 系统(特别是移动的 OFDM 系统)中,由于本振和接收信号的不一致,导致接收到的信号存在频偏,频偏的存在破坏了子载波之间的正交性,增加了噪声能量,从而使接收到的信号噪声增大,所以实际的信噪比就会减小。虽然参考文献[84]非数据辅助法也是在有频偏下进行的,但该方法对高斯噪声功率估计不精确,从而导致最后估计的信噪比也不准确。由图 3.2.4 可知,在归一化频偏为 0.05 时,参考文献[84]非数据辅助法对高斯噪声功率估计的归一化绝对误差几乎都是在 0.1 以上,在归一化频偏为 0.10 时,归一化绝对误差基本都是 0.4,而在归一化频偏为 0.15 时,归一化绝对误差几乎达到了 1。而本节所研究的方法在信噪比大于-1dB 时,归一化绝对误差几乎为 0。因此,本节的方法在有频偏的情况下估计 OFDM 信噪比比参考文献[84]非数据辅助法的更精确。

3.3　NC-OFDM 信号的参数盲估计

3.3.1　引言

近年来,无线通信的迅猛发展,可分配的频谱资源日益匮乏,且根据美国联邦通信委员会(Federal Communications Commission, FCC)的研究报告指明,已被分配频段的平均利用效率比较低,在 15%~85%范围。针对频谱利用效率不高的问题,认知无线电提出一种将授权用户占用的子载波传输“0”数据的信号。非连续正交频分复用(Non-Continuous Orthogonal Frequency Division Multiplexing, NC-OFDM)信号是 CR 物理层主要的数据传输方式,CR 所提出的这种信号是在 OFDM 信号结构的基础上,将授权用户已经使用传输数据的子载波置 0 处理,对应的感知用户在 OFDM 信号剩余的子载波上进行数据传输,即形成非连续频谱的 OFDM。NC-OFDM 被视为 CR 的重点研究对象。

本节利用循环自相关和四阶循环累积量算法对 NC-OFDM 信号进行多个参数的盲估计。首先,本节介绍了 NC-OFDM 的发送原理并给出了基带信号数学表达式。其次,根据 NC-OFDM 的基带数学表达式进行循环自相关及四阶循环累积量的理论公式推导,进一步得出该信号的循环自相关在不同切面的离散数值特征及信号的四阶循环累积量只在子载波频率处具有离散谱线峰值特征。最后,进行 NC-OFDM 信号的循环自相关和四阶循环累积量的数值实验仿真,实现 NC-OFDM 多个参数的盲估计。在实验中采用了累加取平均的思想,目的是降低随机干扰对参数估计准确度的影响,即提高了本节算法对 NC-OFDM 信号的多个参数盲估计的准确率。

3.3.2　NC-OFDM 系统原理及信号模型

NC-OFDM 作为特殊形式的 OFDM 多载波调制技术,能工作在非连续的频谱段中。NC-OFDM 是基于认知无线电的 OFDM 应用,具有以下优点:

(1) 频谱利用率高,即可以灵活地利用非连续频谱段的 OFDM 子载波传输数据。

(2) 同样具有 OFDM 子载波的正交性,可以充分和有效地利用信道资源。

(3) 可利用 FFT 算法形成 NC-OFDM 信号,运算量降低。

(4) 消除窄带干扰的影响,即将受到窄带干扰影响的 OFDM 子载波传输的数据置 0 处理,使其无效。

图 3.3.1 所示为 NC-OFDM 系统框图。首先数据流经过编码和交织处理,目的是增强抵抗随机干扰的作用;其次经过星座映射,本节采用 QAM 调制;再次做串并转换,即将一路串行的数据流转换成 N 路并行的数据,同时灵活地选择有效的子载波传输数据,并与 N 个连续正交的子载波进行调制,此处可以用 IFFT 变换进行等效处理;再次经过并串变换,将 N 路汇聚成一个无前缀的 OFDM 符号;最后在 OFDM 符号前添加 CP,形成一个完整的 OFDM 符号,加 CP 的目的是抵抗多径的衰落。NC-OFDM 信号也是多载波信号,它的子载波信号可以单独看作一路信号,各路子载波信号加起来就构成了 NC-OFDM。NC-OFDM 信号一般用 MPSK 或者 MQAM 调制。

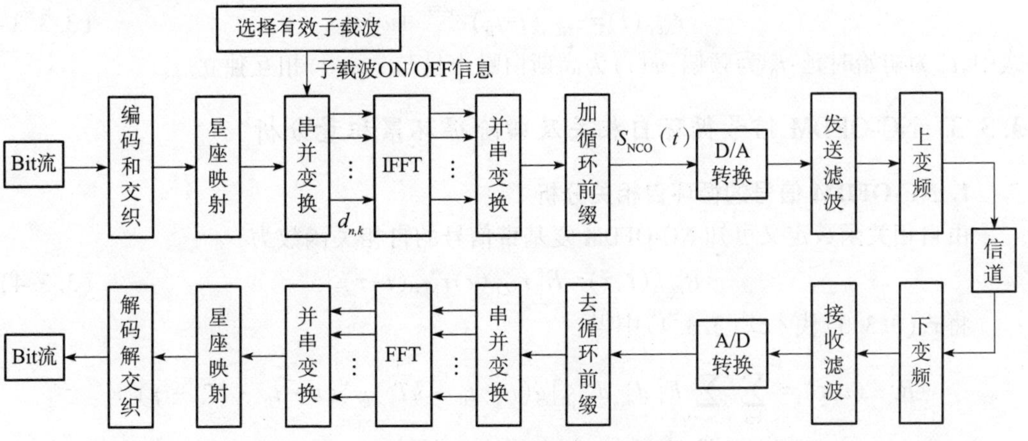

图 3.3.1　NC-OFDM 系统框图

NC-OFDM 信号的数学表达式为

$$s_{\mathrm{NCO}}(t)=\sum_{k=-\infty}^{\infty}\sum_{n=0}^{N-1}d_{n,k}g(t-kT_{\mathrm{s}})\cdot \mathrm{e}^{\mathrm{j}2\pi n\Delta f(t-kT_{\mathrm{s}})},\quad n\neq \widetilde{K} \tag{3.3.1}$$

式中，$d_{n,k}$ 表示第 n 个子载波上的第 k 个调制符号；$g(t)$ 表示宽度为一个 OFDM 符号周期的矩形脉冲；Δf 为 OFDM 相邻子载波频率的间隔，且有 $\Delta f=1/T_{\mathrm{u}}$；$T_{\mathrm{s}}=T_{\mathrm{u}}+T_{\mathrm{g}}$ 为 NC-OFDM 信号的符号周期，其中 T_{u} 为有用数据符号时间，T_{g} 表示 CP 长度。设第 i 个子载波为被授权用户占用的，则式(3.3.1)中 $\widetilde{K}$ 表示实验中 i 值的不同取值集合，即 $i\in\{1,2,\cdots,N-1\}$ 表示不可传输数据信息的子载波下标的数值。N 为符号的子载波个数。此处的调制方式选择 QAM。

NC-OFDM 信号的发射原理基本上是 OFDM 信号的发射原理，只是在其中增加了选择有效子载波的部分，这就形成了 NC-OFDM 信号的特征，即能够利用有效的子载波进行信息传输，实现非连续频谱环境下的数据传输。实际操作中，将不可用于信息传输的子载波进行关闭，通过传输 0 数据等效实现。虽然 NC-OFDM 的部分子载波关闭，但是仍然能够利用 IFFT/FFT 模块等效实现 NC-OFDM 的调制和解调的模块设计。NC-OFDM 信号发射部分原理如图 3.3.2 所示。

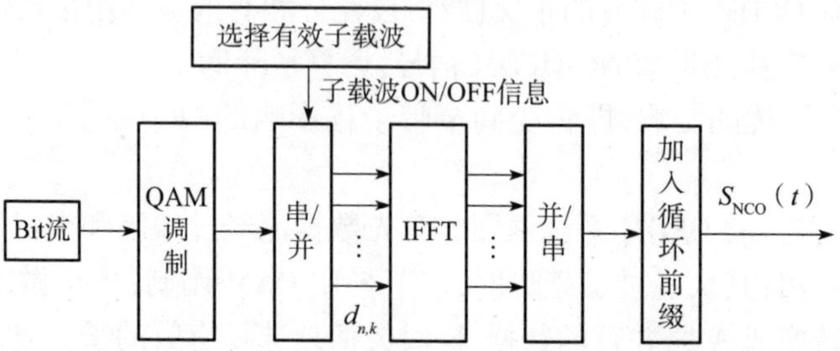

图 3.3.2　NC-OFDM 信号发射部分原理

由图 3.3.2 可知，基带 NC-OFDM 信号的数学模型为(同式(3.3.1))

$$s_{\mathrm{NCO}}(t)=\sum_{k=-\infty}^{\infty}\sum_{n=0}^{N-1}d_{n,k}g(t-kT_{\mathrm{s}})\cdot \mathrm{e}^{\mathrm{j}2\pi n\Delta f(t-kT_{\mathrm{s}})},\quad n\neq \widetilde{K} \tag{3.3.2}$$

则复基带信号表达式为

$$r_{\mathrm{NCO}}(t)=s_{\mathrm{NCO}}(t-t_0)\mathrm{e}^{\mathrm{j}2\pi f_0 t}+w(t) \tag{3.3.3}$$

式中，t_0 为初始时延；f_0 为频偏；$w(t)$ 为高斯白噪声且与 $s_{\mathrm{NCO}}(t)$ 相互独立。

3.3.3　NC-OFDM 信号循环自相关及四阶循环累积量分析

1. NC-OFDM 信号的循环自相关分析

由自相关函数定义可知 NC-OFDM 复基带信号的自相关函数为

$$R_{r_{\mathrm{NCO}}}(t,\tau)=E[r_{\mathrm{NCO}}(t)r_{\mathrm{NCO}}^{*}(t-\tau)] \tag{3.3.4}$$

将式(3.3.3)代入式(3.3.4)中得

$$\begin{aligned}R_{r_{\mathrm{NCO}}}(t,\tau)=&\sum_{k,l}\sum_{n,m=0}^{N-1}E[d_{n,k}d_{m,l}^{*}]g(t-t_0-kT_{\mathrm{s}})g^{*}(t-t_0-lT_{\mathrm{s}}-\tau)\times\\&\exp[\mathrm{j}2\pi(n\Delta f+f_0)(t-t_0-kT_{\mathrm{s}})]\times\\&\exp[-\mathrm{j}2\pi(m\Delta f+f_0)(t-t_0-lT_{\mathrm{s}}-\tau)]+\\&R_w(\tau),\quad n\neq\widetilde{K},m\neq\widetilde{K}\end{aligned} \tag{3.3.5}$$

式中：$R_w(\tau)=E[w(t)w^*(t-\tau)]$，由于 $w(t)$ 是高斯白噪声，即 $R_w(\tau)$ 只与时延 τ 有关。存在 $E[d_{n,k}d_{m,l}^*]=\sigma_d^2\delta[n-m]\delta[k-l]$，即式(3.3.5)可写为

$$R_{r_{\mathrm{NCO}}}(t,\tau)=\sigma_d^2\sum_k\sum_{n=0}^{N-1}g(t-t_0-kT_s)g^*(t-t_0-kT_s-\tau)\times \mathrm{e}^{\mathrm{j}2\pi(n\Delta f+f_0)\tau}+R_w(\tau),\quad n\neq\widetilde{K} \tag{3.3.6}$$

对表达式(3.3.6)化简可得

$$R_{r_{\mathrm{NCO}}}(t,\tau)=\sigma_d^2\mathrm{e}^{\mathrm{j}2\pi f_0\tau}\sum_{n=0}^{N-1}\mathrm{e}^{\mathrm{j}2\pi\tau n\Delta f}\sum_k g(t-t_0-kT_s)\times g^*(t-t_0-kT_s-\tau)+R_w(\tau),\quad n\neq\widetilde{K} \tag{3.3.7}$$

将式(3.3.7)中的变量 t 变为 $t+T_s$ 得

$$R_{r_{\mathrm{NCO}}}(t+T_s,\tau)=\sigma_d^2\mathrm{e}^{\mathrm{j}2\pi f_0\tau}\sum_{n=0}^{N-1}\mathrm{e}^{\mathrm{j}2\pi\tau n\Delta f}\sum_k g(t-t_0-kT_s+T_s)\times g^*(t-t_0-kT_s-\tau+T_s)+R_w(\tau),\quad n\neq\widetilde{K} \tag{3.3.8}$$

其中

$$\Phi_N(\tau)=\sum_{n=0}^{N-1}\mathrm{e}^{\mathrm{j}2\pi\tau n\Delta f} \tag{3.3.9}$$

通过式(3.3.7)与式(3.3.8)可知：

$$R_{r_{\mathrm{NCO}}}(t,\tau)=R_{r_{\mathrm{NCO}}}(t+T_s,\tau) \tag{3.3.10}$$

由式(3.3.10)可知，$r_{\mathrm{NCO}}(t)$ 的自相关函数是以周期为 T_s 的时间 t 的周期函数，在此还不能证明 $r_{\mathrm{NCO}}(t)$ 是二阶循环平稳信号，还需分析式 $\Phi_N(\tau)$ 的性质。由其表达式可知，当 τ 为 T_u 整数倍时，其值不为 0。由 $g(t)$ 是矩形脉冲，根据其具有的特点，当 $0\leqslant|\tau|\leqslant T_s$ 时，且仅当 τ 取 $0,\pm T_u$ 时，使 $R_{r_{\mathrm{NCO}}}(t,\tau)$ 值不为 0。

根据 CP 的不同，分下面两种情况分析：

(1) 在 NC-OFDM 信号无 CP 情况下，即存在 $T_s=T_u$ 关系，可知在确定的 τ 值情况下 $R_{r\mathrm{NCO}}(t,\tau)$ 值不随 t 改变。

(2) 在 NC-OFDM 信号有 CP 情况下，即有 $T_s>T_u$ 且 $T_s=T_u+T_g$，可知在确定的 τ 值情况下 $R_{r\mathrm{NCO}}(t,\tau)$ 值随着 t 的改变而改变，且其周期为 T_s。

在此验证了 NC-OFDM 信号含有 CP 的情况下，才具有二阶循环平稳信号的特性。

对 $R_{r_{\mathrm{NCO}}}(t,\tau)$ 表达式求傅里叶变换得到 NC-OFDM 信号的循环自相关函数：

$$\begin{aligned}R_{r_{\mathrm{NCO}}}^{\alpha}(\tau)&=\frac{1}{T_s}\int_0^{T_s}R_{r_{\mathrm{NCO}}}(t,\tau)\mathrm{e}^{-\mathrm{j}2\pi\alpha t}\mathrm{d}t\\&=\frac{\sigma_d^2}{T_s}\Phi_N(\tau)\mathrm{e}^{\mathrm{j}2\pi f_0\tau}\int_0^{T_s}\sum_k g(t-t_0-kT_s+T_s)\times\\&\quad g^*(t-t_0-kT_s-\tau+T_s)\mathrm{e}^{-\mathrm{j}2\pi\alpha t}\mathrm{d}t+R_w^{\alpha}(\tau),\quad n\neq\widetilde{K}\end{aligned} \tag{3.3.11}$$

式中：$\alpha=m/T_s$，当 α 取其他值时，$R_{r_{\mathrm{NCO}}}^{\alpha}(\tau)$ 为 0。式(3.3.11)中的 $R_w^{\alpha}(\tau)$ 仅当 $\alpha=0,\tau=0$ 时有非 0 数值。在分析中先忽略噪声 $w(t)$ 的影响，令 $\widetilde{t}=t-t_0-kT_s$，可得

$$R_{r_{\mathrm{NCO}}}^{\alpha}(\tau)=\frac{\sigma_d^2}{T_s}\Phi_N(\tau)\mathrm{e}^{\mathrm{j}2\pi f_0\tau}\mathrm{e}^{-\mathrm{j}2\pi\alpha t_0}R_g^{\alpha}(\tau),\quad n\neq\widetilde{K} \tag{3.3.12}$$

对表达式(3.3.12)进行取模得

$$|R_{r_{\mathrm{NCO}}}^{\alpha}(\tau)|=\frac{\sigma_d^2}{T_s}\Phi_N(\tau)|R_g^{\alpha}(\tau)|,\quad n\neq\widetilde{K}\tag{3.3.13}$$

式中

$$R_g^{\alpha}(\tau)=\int_{-\infty}^{\infty}g(\widetilde{t})g(\widetilde{t}-\tau)\mathrm{e}^{-\mathrm{j}2\pi\alpha\widetilde{t}}\,\mathrm{d}\widetilde{t}\tag{3.3.14}$$

因为实验中关闭子载波数目的变化不会对表达式(3.3.13)的最终数值结果有影响，只会改变 $\Phi_N(\tau)$ 的结果，而且 $g(t)$ 是矩形脉冲，即当 $0\leqslant t\leqslant T_s$ 时，$g(t)=1$，根据定义式(3.3.13)的结果为

$$|R_g^{\alpha}(\tau)|=\begin{cases}\left|\dfrac{\sin[\pi\alpha(T_s-|\tau|)]}{\pi\alpha}\right|, & |\tau|\leqslant T_s\\ 0, & |\tau|>T_s\end{cases}\tag{3.3.15}$$

通过分析表达式(3.3.15)可知，$|R_g^{\alpha}(\tau)|$的最大值会出现在 $\tau=0,\alpha=0$ 时。

由上述的分析可知，NC-OFDM 信号的循环自相关的特征为在循环频率 α 轴上具有离散的谱线，并且在 $\tau=0,\alpha=0$ 处具有最大值(详见图 3.3.6)。考虑 ZP-OFDM 信号时，由于其无 CP，所以不具备二阶循环平稳信号的特性，即其循环自相关的特征在循环频率 α 轴上没有离散的谱线，但相同的是在 $\tau=0,\alpha=0$ 处具有最大值(详见图 3.3.3)，即可根据两信号循环自相关特征的差异，进行 OFDM 信号是否具有循环前缀的识别。

2. NC-OFDM 信号的四阶循环累积量分析

根据通信信号具有循环平稳性的特点，循环累积量算法是一种分析通信信号数字特征的有效工具。高阶累积量还可抑制任何噪声干扰，因此，循环累积量算法有利于通信信号的特征参数的提取。

接收信号 $x(t)$ 的 k 阶矩及 k 阶循环矩为

$$M_{kx}(t,\tau_1,\cdots,\tau_{k-1})=E[x(t)x(t+\tau_1)\cdots x(t+\tau_{k-1})]\tag{3.3.16}$$

$$M_{kx}^{\alpha}(\tau_1,\cdots,\tau_{k-1})=\lim_{T\to\infty}\frac{1}{T}\sum_{t=0}^{T-1}m_{kx}(t,\tau_1,\cdots,\tau_{k-1})\mathrm{e}^{-\mathrm{j}2\pi\alpha kt}=\langle m_{kx}(t,\tau_1,\cdots,\tau_{k-1})\mathrm{e}^{-\mathrm{j}2\pi\alpha kt}\rangle_t\tag{3.3.17}$$

式(3.3.16)、式(3.3.17)中的 $\tau_1,\cdots,\tau_{k-1}$ 为固定时延，根据四阶累积量的定义可知：

$$C_{4x}(\tau_1,\tau_2,\tau_3)=M_{4x}(\tau_1,\tau_2,\tau_3)-M_{2x}(\tau_1)M_{2x}(\tau_3-\tau_2)-M_{2x}(\tau_2)M_{2x}(\tau_1-\tau_3)-M_{2x}(\tau_3)M_{2x}(\tau_2-\tau_1)\tag{3.3.18}$$

式中：$C_{4x}(\tau_1,\tau_2,\tau_3)$ 表示 $x(t)$ 的四阶累积量函数，当取 $\tau_1=\tau_2=\tau_3=0$ 时，则根据表达式(3.3.17)可知信号 $x(t)$ 的四阶循环累积量变为

$$\begin{aligned}C_{4x}^{\alpha}(0,0,0)&=M_{4x}^{\alpha}(0,0,0)-M_{2x}^{\alpha}(0)M_{2x}^{\alpha}(0)-M_{2x}^{\alpha}(0)M_{2x}^{\alpha}(0)-M_{2x}^{\alpha}(0)M_{2x}^{\alpha}(0)\\&=M_{4x}^{\alpha}(0,0,0)-3M_{2x}^{\alpha}(0)M_{2x}^{\alpha}(0)\\&=\langle x^4(t)\mathrm{e}^{-\mathrm{j}8\pi\alpha t}\rangle_t-3\langle x^2(t)\mathrm{e}^{-\mathrm{j}4\pi\alpha t}\rangle_t^2\end{aligned}\tag{3.3.19}$$

由 NC-OFDM 信号产生原理可知，其数学表达式可写成

$$x(t)=s(t)=\sum_{n=0}^{N-1}A_n(t)\mathrm{e}^{\mathrm{j}(2\pi f_n t+\theta_n+\varphi_n)},\quad n\neq\widetilde{K}\tag{3.3.20}$$

式中：$A_n(t)$ 表示 NC-OFDM 信号的第 n 路子载波的幅度，f_n 为子载波的频率；θ_n 为基带相

位；φ_n 为初始相位偏差；$\widetilde{K}$表示的意思与式(3.3.1)中的一致。

将表达式(3.3.20)代入式(3.3.19)可计算 NC-OFDM 信号的四阶循环累计量数学表达式：

$$\begin{aligned}|C_{4x}^{\alpha}(0,0,0)| &= |\langle x^4(t)\mathrm{e}^{-\mathrm{j}8\pi\alpha t}\rangle_t - 3\langle x^2(t)\mathrm{e}^{-\mathrm{j}4\pi\alpha t}\rangle_t^2| \\ &= \left|\sum_{n=0}^{N-1}\langle[A_n(t)\mathrm{e}^{\mathrm{j}(2\pi(f_n-\alpha)t+\theta_n+\varphi_n)}]^4\rangle_t - 3\sum_{n=0}^{N-1}\langle[A_n(t)\mathrm{e}^{\mathrm{j}(2\pi(f_n-\alpha)t+\theta_n+\varphi_n}]^2\rangle_t\right|,\quad n\neq\widetilde{K}\end{aligned} \tag{3.3.21}$$

式中：|·|表示对函数求模，根据 NC-OFDM 的子载波的正交性可知，信号的四阶循环累积量可等效为求每路子载波四阶循环量的总和。当循环频率 $\alpha=f_n$ 时，式(3.3.21)简化为

$$|C_{4x}^{\alpha}(0,0,0)| = \left|\sum_{n=0}^{N-1}\langle[A_n(t)\mathrm{e}^{\mathrm{j}(\theta_n+\varphi_n)}]^4\rangle_t - 3\sum_{n=0}^{N-1}\langle[A_n(t)\mathrm{e}^{\mathrm{j}(\theta_n+\varphi_n)}]^2\rangle_t\right|, n\neq\widetilde{K} \tag{3.3.22}$$

当循环频率 $\alpha\neq f_n$ 时，式(3.3.21)可简化为

$$|C_{4x}^{\alpha}(0,0,0)| = 0 \tag{3.3.23}$$

由式(3.3.22)和式(3.3.23)结果可知，NC-OFDM 信号的四阶循环累积量的仿真数值仅仅在 $\alpha=f_n$ 时，才会产生离散的峰值谱线；当 $\alpha\neq f_n$ 时，$|C_{4x}^{\alpha}(0,0,0)|=0$。也就意味着，再一次验证了 NC-OFDM 信号的四阶循环累积量的仿真数值在信号的所有子载波的频点上会生成离散等间隔的峰值谱线，即通过检测离散谱线的距离可估计子载波的频率间隔(详见图 3.3.16)。

3. 算法步骤

综上所述，NC-OFDM 信号参数估计算法步骤如下：

(1) 通过分析 $\tau=T_u$ 切面图，搜索谱线峰值最大值位置对应的坐标值 α_1，然后搜索谱线峰值次大值对应的坐标值 α_2，利用 $1/|\alpha_2-\alpha_1|$ 估计得到参数 T_s。

(2) 在估计到参数 T_s 的基础上，分析 $\alpha=0$ 切面图，先搜索谱线峰值最大值位置对应的坐标值 τ_1，再搜索 T_u 附近的谱线峰值最大值位置对应的坐标值 τ_2，利用 $|\tau_2-\tau_1|$ 即可估计参数 T_u。

(3) 利用上述步骤估计得到的参数 T_u 和参数 T_s 值可估计 T_g，即利用 $T_g=T_s-T_u$ 计算可得。

(4) 根据信号的四阶循环累积量的实验仿真样本图，通过计量等间距的离散谱线的距离，该距离的数值即为子载波的频率间隔 Δf。

(5) 针对本节的算法对 NC-OFDM 信号的多个参数盲估计的正确识别率进行实验仿真，并进行总结。

3.3.4　仿真实验与结果分析

实验 1：采用 IEEE 802.11a 标准进行仿真参数设置，其中，子载波数为 $N=80$，CP 长度为 $N/4$。信号带宽设置为 20MHz，采样频率设置为 20MHz，即采样 1bit/chip。此时的信道环境考虑瑞利信道(莱斯因子 $K=0.01$)，信噪比 SNR = 0dB。子载波调制方式采用 64QAM。所得的仿真结果如图 3.3.3～图 3.3.15 所示。

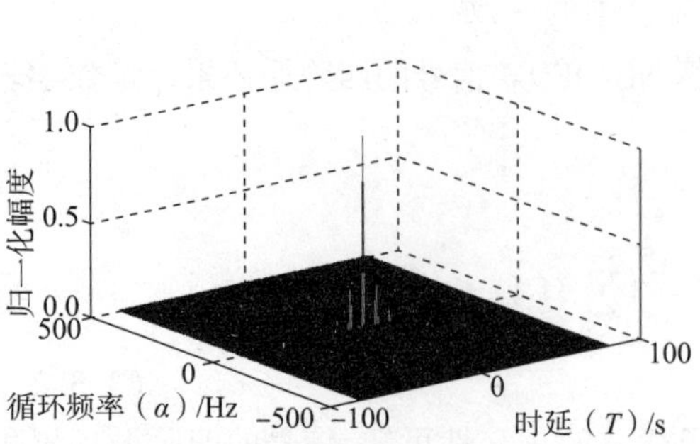

图 3.3.3 ZP-OFDM 信号的循环自相关

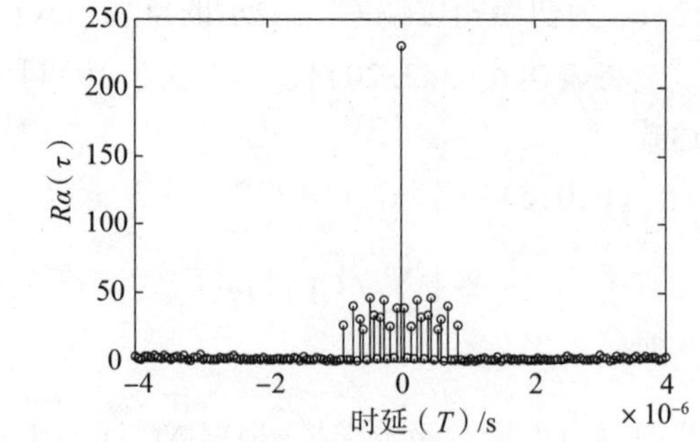

图 3.3.4 ZP-OFDM 信号 $\alpha=0$ 时的切面图

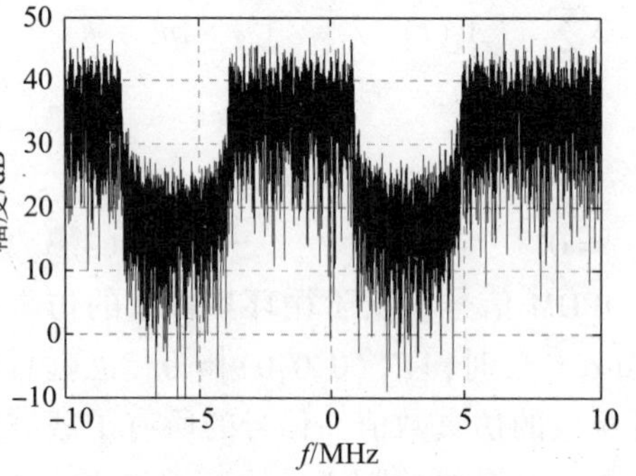

图 3.3.5 NC-OFDM 信号的频谱

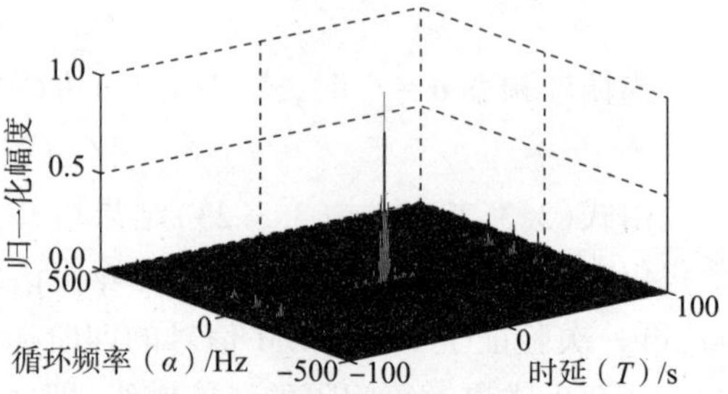

图 3.3.6 NC-OFDM 信号的循环自相关

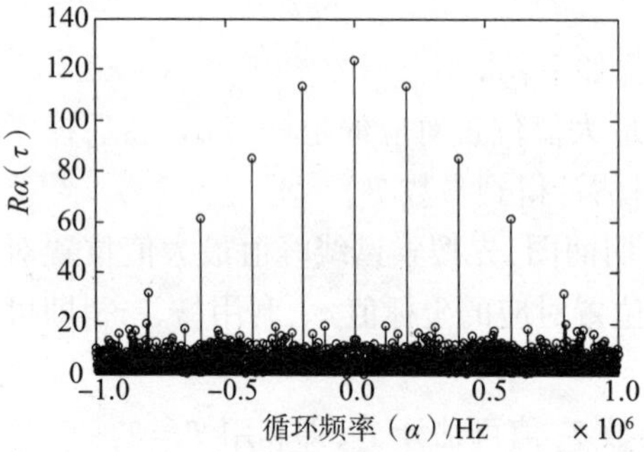

图 3.3.7 $\tau=T_u$ 时的切面图（估计 T_s）

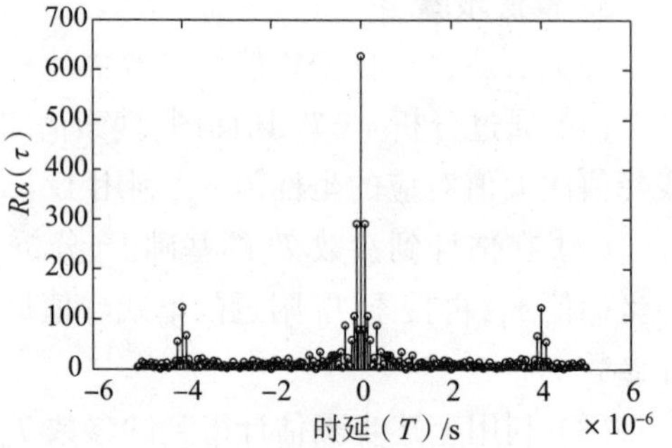

图 3.3.8 $\alpha=0$ 时的切面图（估计 T_u）

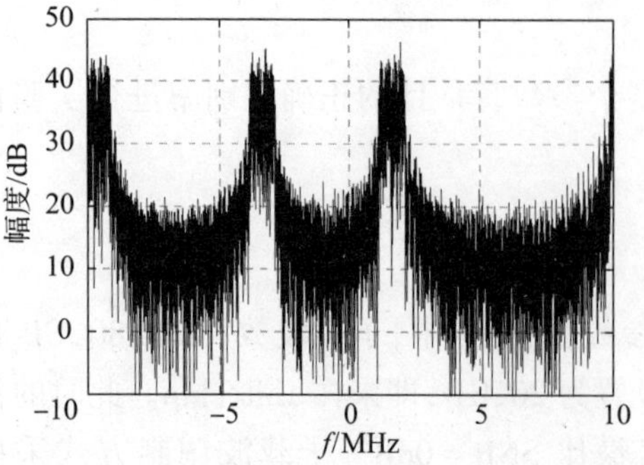

图 3.3.9 关闭 90%子载波的信号频谱

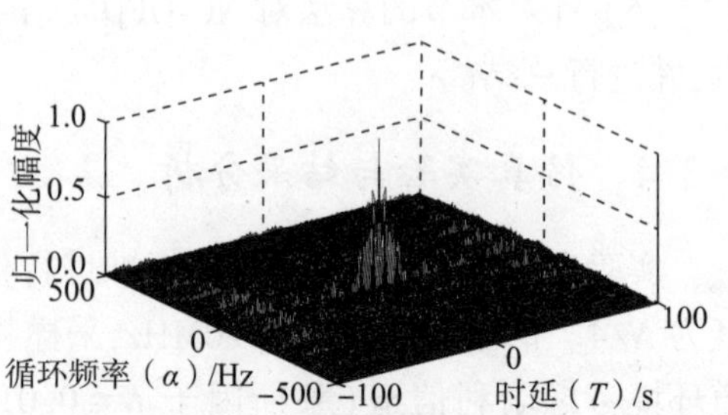

图 3.3.10 关闭 90%子载波信号的循环自相关

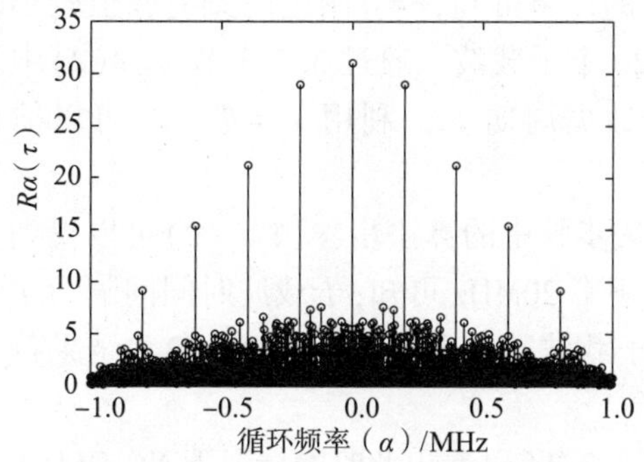

图 3.3.11　$\tau=T_u$ 的切面图(估计 T_s)

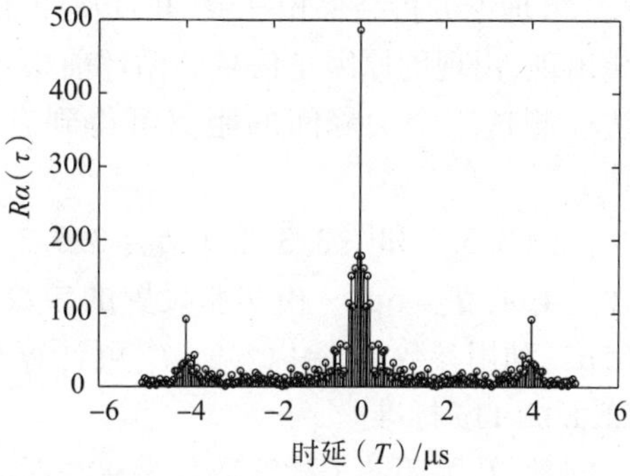

图 3.3.12　$\alpha=0$ 时的切面图(估计 T_u)

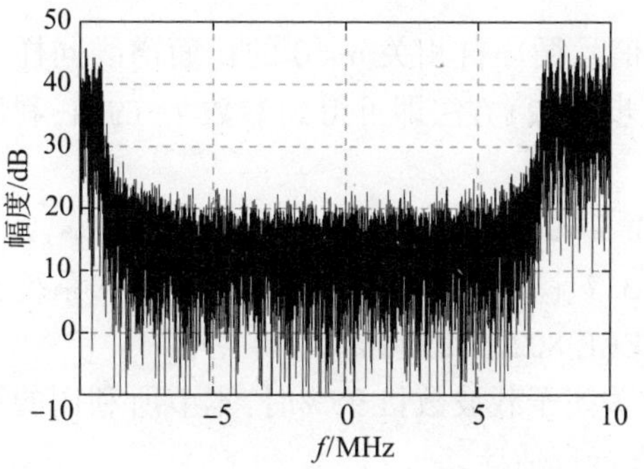

图 3.3.13　关闭 95%子载波的信号频谱

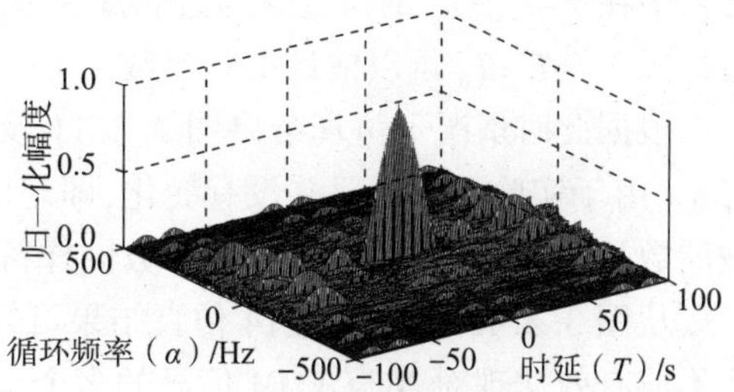

图 3.3.14　关闭 95%子载波信号的循环自相关

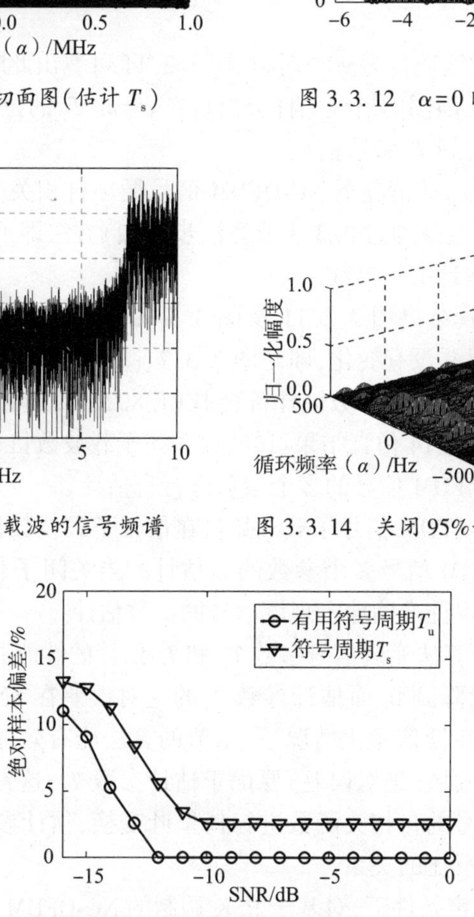

图 3.3.15　估计 T_u 和 T_s 的性能曲线

经比较图 3.3.3 和图 3.3.6 的特征并分析可得:NC-OFDM 与 ZP-OFDM 的循环自相关相同点均在 $\alpha=0,\tau=0$ 处有最大值,主要受到高斯白噪声的影响;不同点是 NC-OFDM 的循环自相关谱线还会出现在 $\tau=\pm T_u$ 时,而 ZP-OFDM 的循环自相关不具备此特征,即本节算法可用来识别区分 NC-OFDM 信号及 ZP-OFDM 信号。

从图 3.3.7 可看出 NC-OFDM 信号循环自相关的 $\tau=T_u$ 时切面图的谱线出现在 $\alpha=m/T_s$ 的位置上,通过 3.3.3 节算法步骤(1)方法可以估计得到 T_s 参数值 。

从图 3.3.8 可知 NC-OFDM 信号循环自相关 $\alpha=0$ 的切面图的谱线主要集中在 $\tau=0$,$\pm T_u$ 的位置。谱线峰值时刻为 $\tau=0$ 时(噪声的循环自相关能量也集中在该点上), 这与

3.3.3 节理论分析结果相一致，并且从图 3.3.8 的结果可知，$\tau=0$ 附近时刻有幅值较小的谱线出现，出现的原因是信号的循环前缀包含 20 个子载波。通过 3.3.3 节步骤(2)中的方法检测这三个尖峰间的距离可得到有用的数据周期 T_u。利用 $T_g=T_s-T_u$ 可以估计到 T_g。

由图 3.3.7 和图 3.3.8 并结合 3.3.3 节算法步骤中的算法步骤(1)、(2)可以得到参数 $T_u=4\mu s$，$T_s=5\mu s$。由实验设置的参数采样频率 20MHz 可知，子载波时间间隔为 $T_c=0.05\mu s$，利用参数 T_u 除以参数 T_c 可计算得到子载波数目为 80，易知相关参数结果符合 IEEE 802.11a 标准。

同理，在关闭的子载波数目为90%时，从图 3.3.11 可看出此时的情况下 NC-OFDM 信号循环自相关 $\tau=T_u$ 时切面图的谱线同样会出现在 $\alpha=m/T_s$ 的位置上，通过 3.3.3 节算法步骤(1)方法可以估计得到 T_s 参数值 。

从图 3.3.12 可知此时的情况下 NC-OFDM 信号循环自相关 $\alpha=0$ 的切面谱线同样主要集中在 $\tau=0,\pm T_u$ 的位置。通过 3.3.3 节算法步骤(2)方法即可得到参数 T_u 的值，利用表达式 $T_g=T_s-T_u$ 可以估计得到参数 T_g。

根据此时情况下仿真结果图 3.3.11 及图 3.3.12 可知，估计得到参数 $T_u=4\mu s$，$T_s=5\mu s$。由于实验参数设置并没有变化，即与图 3.3.7、图 3.3.8 比较可知，在关闭的系统子载波数目为 90%时，估计得到的参数同样符合 IEEE 802.11a 标准。

从图 3.3.13 及图 3.3.14 仿真结果可知，在关闭子载波数目 95%时，本节所利用的算法不能有效实现对 NC-OFDM 信号的多个参数进行盲估计。

综上所述，关闭 NC-OFDM 信号子载波数目在信号子载波数目的 90%以内，本节算法均能有效地实现 NC-OFDM 信号多个参数的盲估计。当关闭子载波数目为 95%时，估计参数算法的性能就不能保证准确地实现该信号的参数估计。

图 3.3.15 表示本节算法实现信号参数 T_u 和 T_s 估计的性能曲线，由该曲线可知，参数 T_u 的估计绝对误差可以降到 0，而估计参数 T_s的绝对误差在 SNR 高于-10dB 时维持在 2.5%左右。由此可知，在低信噪比情况下，本节的算法能有效地实现参数 T_u 和 T_s 的估计，并且估计参数 T_u 的效果(绝对误差)要优于估计参数 T_s，这是由于估计参数 T_s 时，在计算的过程中需要对信号的自相关函数进行傅里叶变换，估计参数的绝对误差又与进行傅里叶变换的点数有成反比的关系。

实验 2：在高斯白噪声条件下，对基于 PSK 调制的 NC-OFDM 信号，利用四阶循环累积量算法进行信号的子载波频率间隔的估计。仿真条件为：采样率为 4kHz，载频间隔为 1kHz，SNR 的数值范围选取-5~10dB。每个子载波调制方式为 2PSK，之间相互独立。实验中生成的 OFDM 信号是含有 4 路子载波且第 1 个子载波的频率为 1kHz。所得的仿真结果如图 3.3.16 和图 3.3.17 所示。

由图 3.3.16 的 4 幅实验仿真样本可知，NC-OFDM 信号的四阶循环累积量在 4 个子载波的频点上有峰值谱线，即 $\alpha=f_n$ 时，$|C_{4x}^{\alpha}(0,0,0)|\neq 0$。由图 3.3.16(d)可知，信号的四阶循环累积量的第一个峰值出现在频率为 1kHz 处，且峰值谱线间隔为 1kHz。由 3.3.3 节的理论可知，NC-OFDM 信号子载波的频率间隔为 1kHz。

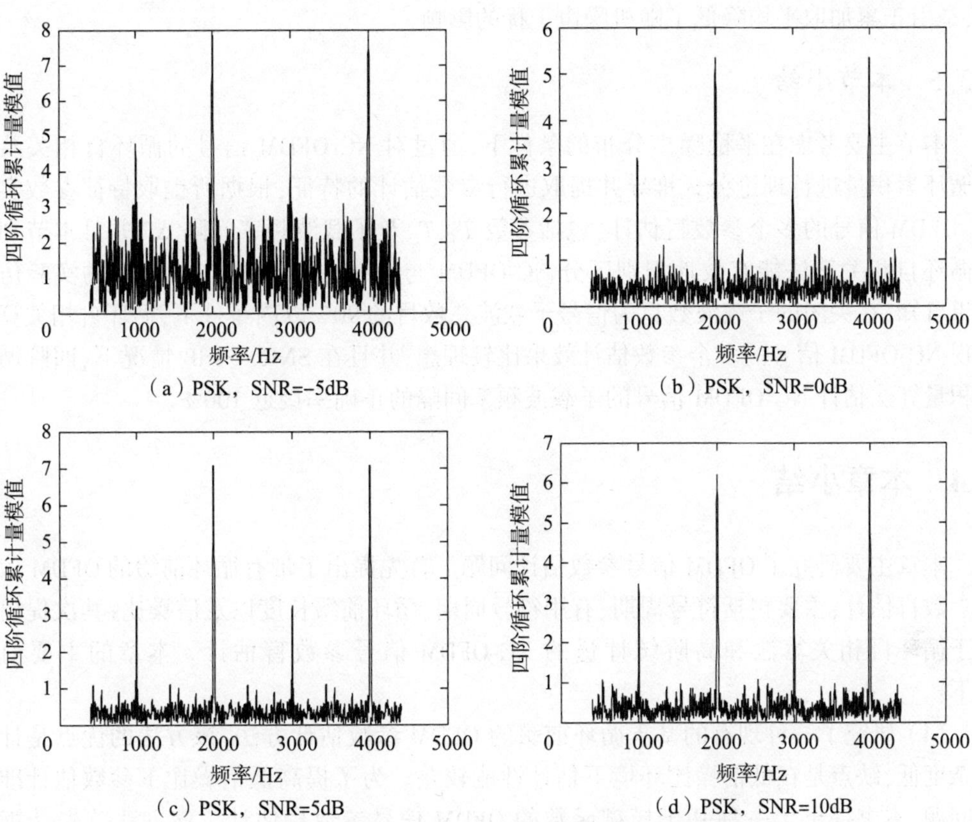

图 3.3.16　不同信噪比下 NC-OFDM 信号的四阶循环累积量

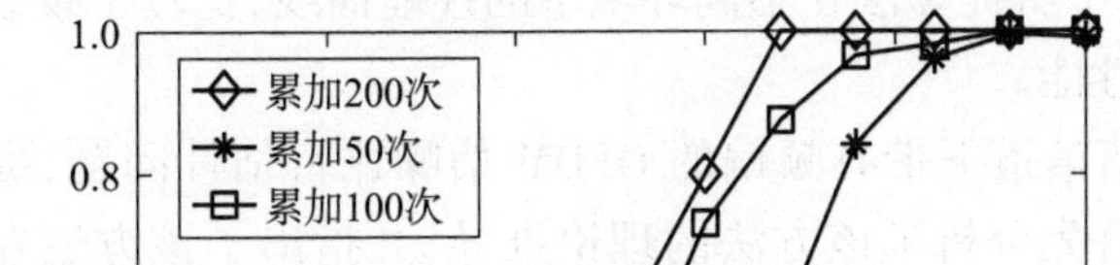

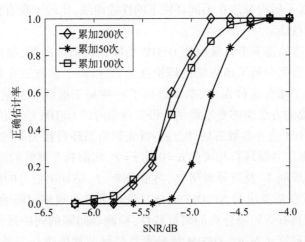

图 3.3.17　不同信噪比下信号子载波频率间隔估计的正确率

从图 3.3.17 可知，在估计信号的子载波频率间隔时，利用累加取平均的思想降低干扰对算法性能的影响。性能曲线表明：在较低信噪比下，利用四阶循环累积量的算法实现 NC-OFDM 信号的子载波频率间隔估计具有可靠性，即当信噪比大于-4. 3dB 时，信号的子载波频率间隔的估计正确率接近 100%。显而易见，累加次数 200 时参数估计性能要优于累加次数 50，当信噪比大于-5. 3dB，累加次数 200 时参数估计性能要优于累加次数为 100

时,是由于累加取平均降低了随机噪声干扰的影响。

3.3.5　本节小结

本节主要考虑在平稳噪声分布的条件下,通过对 NC-OFDM 信号的循环自相关及四阶循环累积量进行理论公式推导并提取进行参数估计的特征,根据所提取特征参数实现 NC-OFDM 信号的多个参数盲估计,包括参数 T_u、T_s 及子载波频率间隔 Δf,并且本节利用的循环自相关算法能有效地识别区分 NC-OFDM 与 ZP-OFDM 信号。从本节的实验仿真结果可知,在关闭的子载波数目为信号子载波总数目的 90%以内条件下,循环自相关算法实现 NC-OFDM 信号的多个参数估计效果比较理想,并且在 SNR>-4dB 情况下,四阶循环累积量算法估计 NC-OFDM 信号的子载波频率间隔的正确率接近 100%。

3.4　本章小结

本章主要研究了 OFDM 信号参数估计问题。首先提出了带有循环前缀的 OFDM 信号的参数盲估计,主要包括符号周期、有用符号周期、循环前缀长度以及信噪比;其次提出了基于循环自相关算法和高阶统计量的 NC-OFDM 信号参数盲估计。本章的主要内容如下:

(1) 研究了一种现有的基于循环前缀的 OFDM 参数估计方法,该方法的优点是计算复杂度低,缺点是在低信噪比环境下估计性能较差。为了提高低信噪比下参数估计准确率问题,本书提出了一种基于模糊函数的 OFDM 信号参数盲估计。该方法首先计算了 OFDM 信号的模糊函数,其次根据模糊函数不同切面可以估计出信号的符号周期和有用周期,最后着重仿真了所提算法在不同环境下的性能曲线,比较了现有算法和所提算法对信号有用周期估计性能。

(2) 针对在衰落信道下带有频偏的 OFDM 信噪比盲估计问题,提出了一种基于循环前缀的估计方法。首先分析了该方法的理论推导,并指出了该方法在估计高斯噪声功率时出现的误差。为了减少这种误差,本章提出了一种基于虚载波的信噪比盲估计方法。实验结果表明,所提的方法能够更准确估计带有频偏时的 OFDM 信号信噪比。

(3) 在 NC-OFDM 信号参数盲估计方面:首先利用循环自相关算法对 NC-OFDM 信号进行理论分析,根据信号循环自相关的 $\alpha=0$ 及 $\tau=T_u$ 切面具有离散的谱线特征,分别估计出信号的有用数据周期 T_u 及符号周期 T_s,再根据 T_s-T_u 估计出信号的循环前缀长度。其次利用四阶循环累积量算法对 NC-OFDM 信号进行子载波频率间隔的盲估计,根据信号的四阶循环累积量具有等间隔分布的离散特性,检测等间隔的间距进行子载波频率间隔的估计。最后将两种算法对 NC-OFDM 信号参数估计的性能进行实验仿真,仿真结果表明:两种算法均能有效地实现信号的多个参数估计。

第 4 章　OFDM 信号调制识别

由于移动通信技术的快速发展,其采用的无线电传输信号也逐步由单载波窄带调制信号过渡到了多载波宽带调制信号。目前现实环境中,不仅存在大量单载波数字调制信号,而且也存在不少多载波数字调制信号。因此,OFDM 信号的调制识别包括:OFDM 信号与各种类型单载波信号之间的调制识别;OFDM 信号各个子载波上的调制类型识别。

本章主要研究了基于循环自相关的多径衰落信道下 OFDM 信号盲识别、基于高阶统计特性的中频 OFDM 信号识别和基于高阶循环累积量的 OFDM 信号子载波调制识别。

4.1　OFDM 调制信号及其识别的基本理论

4.1.1　引言

通信技术不断发展与演变,信号的调制方式也随之发生改变,从模拟调制发展到数字调制,由单载波信号发展到多载波信号,调制技术的发展历程可谓"多姿多彩"。在如今的通信系统中,数字调制信号凭借自身的优势已广泛应用到各种通信业务中。

为了实现 OFDM 调制信号的识别,有必要了解 OFDM 调制信号、其子载波调制信号的特点以及调制识别中所运用到的一些基本理论。因此,本节首先介绍 OFDM 调制信号、常见 OFDM 子载波调制信号的模型,其次分析不同信号的调制特征,最后介绍调制识别中应用到的高阶累积量和循环谱理论以及决策树分类器。

4.1.2　OFDM 系统原理及实现

OFDM 是一种典型的多载波调制(Multiple Carrier Modulation, MCM)技术。早期的 MCM 技术从频域方面将信道划分为多个互不交叠且频谱特性近似平坦的子载波信道,再在各个子载波信道上并行地传输相应的子数据流[281-282]。这种方法虽然能够传输高速的数据流,但同时也容易造成频带资源的浪费,降低频谱利用率。而 OFDM 调制信号由于其子载波的正交性,使得各载波频谱之间有 1/2 的部分交叠,因而使系统获得了更高的带宽效率。

1. OFDM 系统的基本原理

OFDM 系统的基本原理如图 4.1.1 所示。一个 OFDM 符号可以看成多个子载波信号的和,各子载波信号的调制一般采用 MPSK 或 MQAM 等数字调制方式,则 OFDM 的等效复基带信号表达式为

$$s(t) = \sum_{i=0}^{N-1} d_i \mathrm{e}^{\mathrm{j}2\pi f_i(t-t_s)} g(t - t_s - t/2), \quad t_s \leqslant t \leqslant t_s + T_s \tag{4.1.1}$$

式中:N 为子载波个数;d_i 为第 i 个子信道上传输的数据符号;t_s 为 OFDM 符号的起始时

间；T_s 为 OFDM 的符号周期；$g(t)$ 表示符号成形脉冲，且满足当 $t_s \leqslant t \leqslant t_s+T_s$ 时 $g(t)=1$，当 $t<t_s$ 或 $t>T_s+t_s$ 时 $s(t)=0$；f_i 表示第 i 个子载波的载波频率，且 $f_i=i/T_s$。

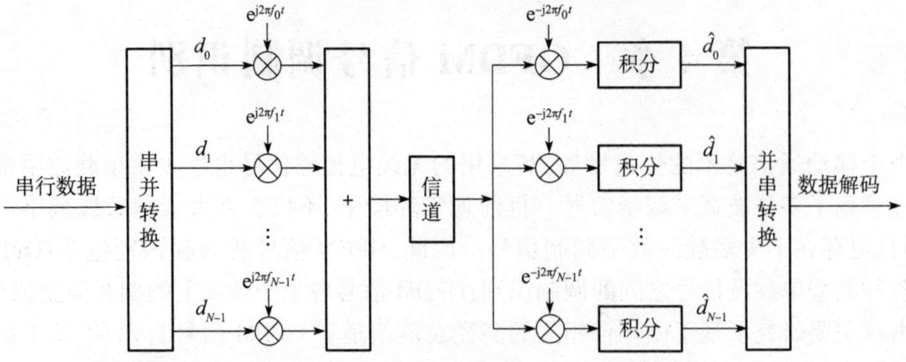

图 4.1.1　OFDM 系统的基本原理

现在来证明 OFDM 信号各子载波间的相互正交性：对接收到的第 k 个子载波信号进行解调，先将该信号乘以 $e^{-j2\pi kt/T_s}$，再将所得结果在一个 OFDM 符号时间 T_s 内进行积分运算，可得[281]

$$\hat{d}_k=\frac{1}{T_s}\int_{t_s}^{t_s+T_s} e^{-j2\pi\frac{k}{T_s}(t-t_s)}\sum_{i=0}^{N-1} d_i e^{j2\pi\frac{i}{T_s}(t-t_s)}\,dt=\frac{1}{T_s}\sum_{i=0}^{N-1} d_i\int_{t_s}^{t_s+T_s} e^{j2\pi\frac{i-k}{T_s}(t-t_s)}\,dt=d_k \tag{4.1.2}$$

图 4.1.2 给出了理想情况下含有 4 个子载波的一个 OFDM 符号，图 4.1.3 给出了对应的频谱。在时域方面，从图 4.1.2 中可看出在一个 OFDM 符号时间 T_c 内，每个子载波的周期数都是整数倍，并且两两相邻的子载波之间的周期数相差为 1，同时满足子载波的相互正交性。在频域方面，从图 4.1.3 中可看出在每个子载波频率的最大值位置，对应的其他所有子载波的谱值刚好等于零，因此各个子载波之间满足相互正交性。

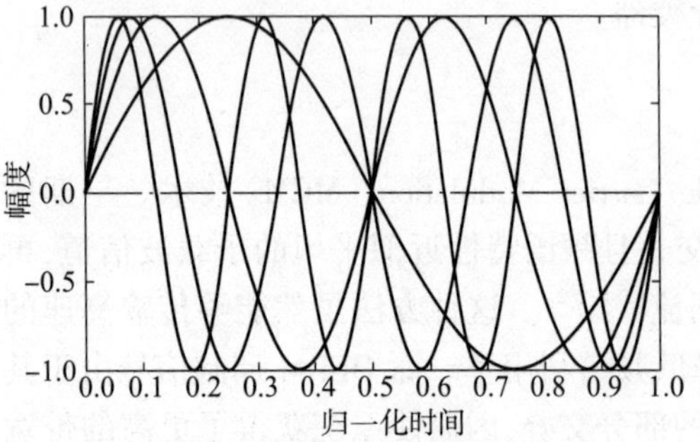

图 4.1.2　OFDM 信号在时域的正交性描述

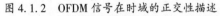

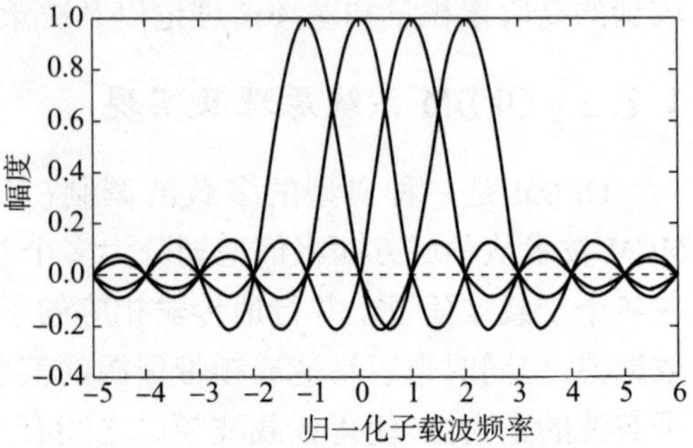

图 4.1.3　OFDM 信号在频域的正交性描述

2. OFDM 系统的实现

OFDM 技术虽在 20 世纪中期就出现了，但是由于受当时技术条件的限制，使得该技术难以在民用通信中普及。后来有学者利用离散傅里叶变换方法简化了系统的结构，加之大规模集成电路和信号处理技术的充分发展，使得 OFDM 系统可由 DFT 技术实现[283]。在实际应用中，OFDM 系统的调制一般由快速傅里叶变换（FFT）来实现，其系统框图如图 4.1.4 所示。

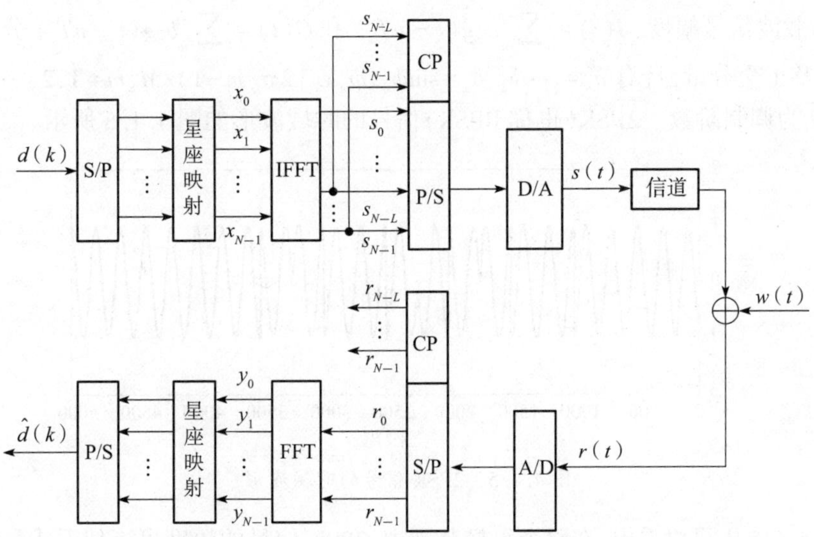

图 4.1.4　OFDM 系统的实现框图

根据图 4.1.4 可知，在发射端，输入的比特序列 $d(k)$ 经过串/并变换(String/Parallel, S/P)后形成了 N 路并行传送的比特数据流，之后每个支路上的比特信息根据各自的调制方式分布进行相应的星座映射，这样就实现了比特信息的调制，然后将调制后的信息流进行反傅里叶变换，就得到了 OFDM 调制信号的时域抽样序列，接着对此序列插入循环前缀(CP)，再对其进行并/串变换(Parallel/String, P/S)以及数/模转换(Digital/Analog, D/A)，最后将经过这一系列变换后得到的信号发送到无线信道中去。接收端实质上就是发送端的逆过程，先将接收到信号进行模/数转换(Analog/Digital, A/D)和 S/P 变换，然后移去 CP，接着进行快速傅里叶变换，这样就得到了各个支路上的信号，再将每个支路信号进行星座图的逆映射便恢复出比特信息流，最后就是将并行的比特流进行 P/S 变换。经过上述各步骤的处理，最终也就得到了串行的比特数据流。

4.1.3　常见 OFDM 子载波上的数字调制信号形式

一般来说，一个载波信号主要有幅度、相位和频率三个变化参数，而数字调制主要是通过控制载波信号的一个或者两个参数的改变来实现信息的传递，以便与信道特性相匹配，进而更有效地利用信道。OFDM 信号各子载波上的信号调制方式和常见单载波调制方式是一致的。一般地，OFDM 信号各子载波信号调制的方式有多进制相移键控(MPSK)、多进制正交幅度调制(MQAM)，以及其他诸如多进制幅度键控(MASK)、偏移四相相移键控(OQPSK)、π/4 四相相移键控(π/4-QPSK)和非平衡四相相移键控(UQPSK)等调制方式。

1. 多进制数字调制信号

1) 多进制相移键控(MPSK)信号

对于相位调制信号，MPSK 信号主要通过载波信号的相位变化来传输信息，其时域表达式可表示为

$$s(t)=A[I(t)\cos(2\pi f_c t+\theta_0)-Q(t)\sin(2\pi f_c t+\theta_0)] \tag{4.1.3}$$

式中：A 为载波信号幅度；$I(t)=\sum_n a_n g(t-nT_s)$ 和 $Q(t)=\sum_n b_n g(t-nT_s)$ 分别为基带同相分量及正交分量，且有 $a_n=\cos\phi_n$，$b_n=\sin\phi_n$，$\phi_n\in\{2\pi(m-1)/M, m=1,2,\cdots,M\}$ 为调制相位，M 为调制阶数。2PSK（也称 BPSK）信号的时域波形如图 4.1.5 所示。

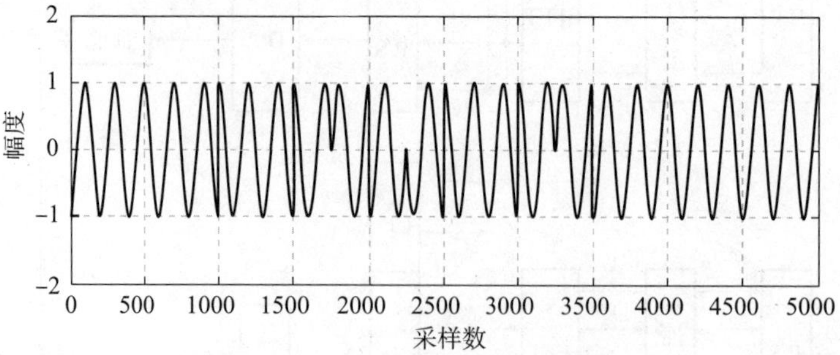

图 4.1.5　2PSK 信号的时域波形

从图 4.1.5 中可以看出，在整个采样范围内，2PSK 信号的幅度可近似看成是保持不变的，而相位则处于变化之中，其他调制阶数的 PSK 信号的相位也是随着基带信息的变化而改变的。因此，在接收端只要掌握了 MPSK 信号相位的变化情况，就可以获得传输的信息。

此外，MPSK 信号可以利用星座图来描述其向量空间状态，根据星座图可以很直观地看出 MPSK 信号的相位分布情况，图 4.1.6 给出了 2PSK、QPSK 和 8PSK 三种信号的星座图。

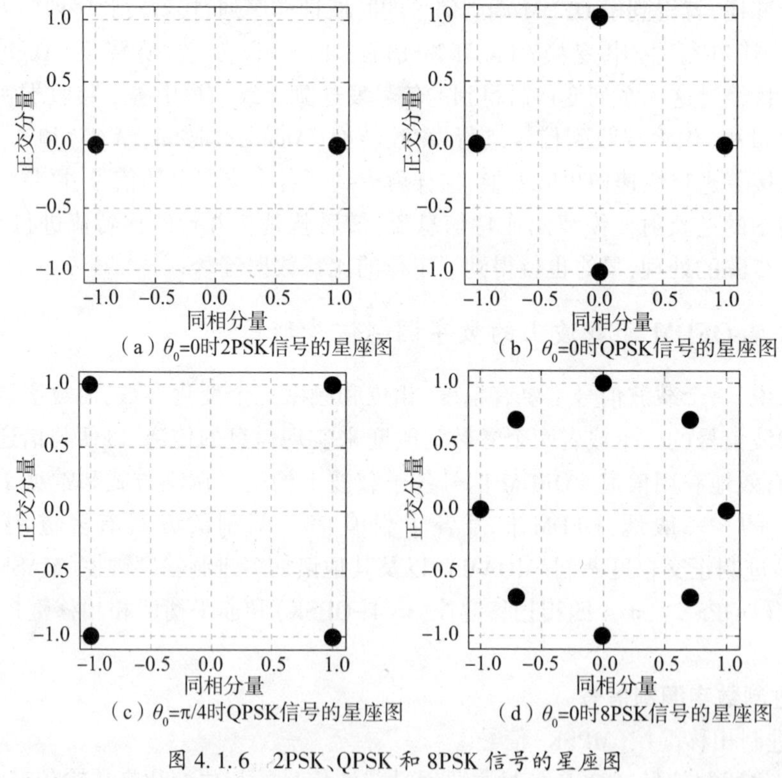

图 4.1.6　2PSK、QPSK 和 8PSK 信号的星座图

2）多进制正交幅度调制（MQAM）信号

MQAM 信号是一种幅度和相位联合键控调制信号，根据信号向量空间的不同分布形

式，可将其星座图分为方形和星形星座图，即对应有两种形式的 QAM 信号：方形 QAM 信号和星形 QAM 信号。本书所讨论的是方形 QAM 信号，其时域表达式为

$$s(t)=A[m_I(t)\cos(2\pi f_c t+\theta_0)-m_Q(t)\sin(2\pi f_c t+\theta_0)] \tag{4.1.4}$$

式中：$m_I(t)=\sum_n c_n g(t-nT_s)$，$m_Q(t)=\sum_n d_n g(t-nT_s)$，$c_n,d_n\in\{(2m-1-\sqrt{M}),m=1,2,\cdots,M\}$。图 4.1.7 给出了 16QAM 和 64QAM 信号的星座图。

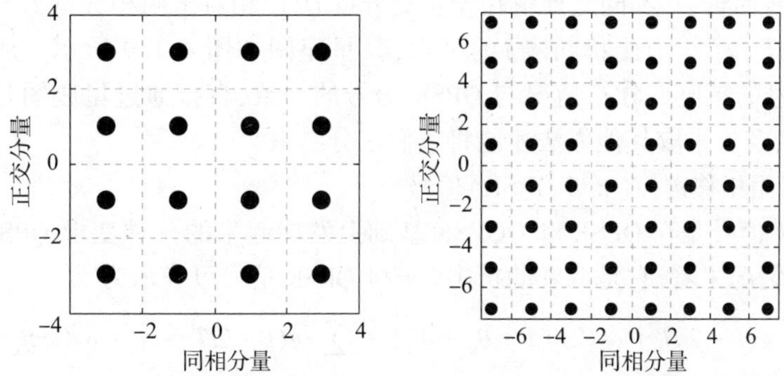

（a）16QAM信号的星座图　　（b）64QAM信号的星座图

图 4.1.7　16QAM 和 64QAM 信号的星座图

3）多进制幅度键控（MASK）信号

对于 MASK 信号，它主要利用码元信息的变化来控制载波信号的幅度变化，以此来传输信息，其时域表达式可表示为

$$s(t)=\left[\sum_n A_n g(t-nT_s)\right]\cos(2\pi f_c t+\theta_0) \tag{4.1.5}$$

式中：A_n 为调制信号的幅度，A_n 在 $\{0,1,2,\cdots,M-1\}$ 中等概率取值，M 表示信号的调制阶数；$g(t)$ 为基带信号码元波形；T_s 为码元宽度；f_c 为载波频率；θ_0 为初始相位。在理想情况下，以 2ASK 信号为例，其时域波形如图 4.1.8 所示。

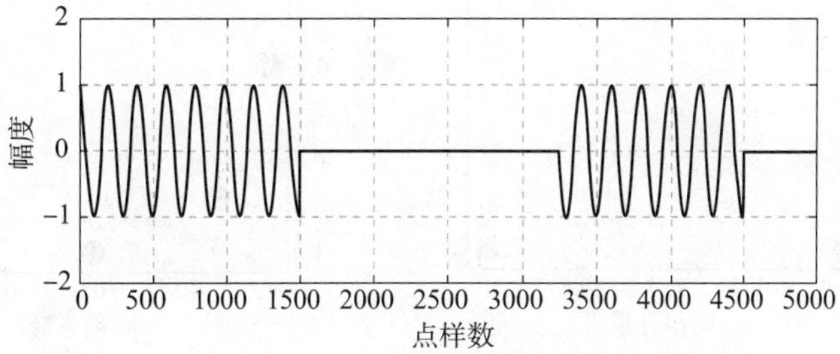

图 4.1.8　2ASK 信号的时域波形

从图 4.1.8 可以很直观地看出，对于 2ASK 调制信号，因为基带信号幅度信息的时有时无，使载波信号也变得时有时无，所以在接收端只要通过判断接收信号的有无，即可完成对该调制类型信号的信息获取。但是，对于更高阶的调幅信号，则主要通过判断信号幅度的变化情况来获取信息。

2. 改进的 PSK 信号

1）偏移四相相移键控（OQPSK）信号

偏移四相相移键控（OQPSK）信号是在 QPSK 信号的基础上发展起来的一种数字调制

信号,是一种改进形式的 QPSK 信号,它能够消除码组变换时所产生的 180°相位跳变。OQPSK 信号的时域表达式如下:

$$s(t)=A[I(t)\cos(2\pi f_c t+\theta_0)-Q(t)\sin(2\pi f_c t+\theta_0)] \tag{4.1.6}$$

式中:$I(t)=\sum_n a_n g(t-nT_s)$, $Q(t)=\sum_n b_n g(t-nT_s-T_s/2)$, $a_n=\cos\phi_n$, $b_n=\sin\phi_n$, $\phi_n \in \{2\pi(m-1)/M,\ m=1,2,\cdots,M,\ M=4\}$为调制相位。分析上面的式子可知,OQPSK 信号相对于 QPSK 信号而言,其不同之处就在于正交分量 $Q(t)$相对于同相分量 $I(t)$在时间上有半个码元间隔 $T_s/2$(一个比特间隔)的延迟,其星座图如图 4.1.9 所示。从图中可以看出,OQPSK 信号的星座点分布情况与 QPSK 信号的一致,直接通过星座图是不能把两种信号区分开的,需要采取其他方法才能将它们区分出来。

2) π/4 四相相移键控(π/4-QPSK)信号

π/4-QPSK 信号是在 QPSK 和 OQPSK 基础上发展起来的一种变形 QPSK 信号,从最大相位的跳变情况来看,它是两者的折中。π/4-QPSK 信号可表示为[284]

$$s(t)=A\left[\sum_n g(t-2nT_s)\cos(2\pi f_c t+\theta_0+\phi_n)+\sum_l g(t-2lT_s-T_s)\cos(2\pi f_c t+\theta_0+\phi_l)\right] \tag{4.1.7}$$

式中:$\phi_n \in \{\pi/4,3\pi/4,5\pi/4,7\pi/4\}$;$\phi_l \in \{0,\pi/2,\pi,3\pi/2\}$。图 4.1.10 给出了 π/4-QPSK 信号的星座图,从中可见其相位被均匀地分配在相距 π/4 的 8 个相位点上。对比图 4.1.10 和图 4.1.6 中的图(d),可以看出 π/4-QPSK 信号的星座图和 8PSK 信号的星座图是相同的,两者的不同之处在于星座点之间的跳变规律不一样,π/4-QPSK 的相位在$\{0,\pi/2,\pi,3\pi/2\}$和$\{\pi/4,3\pi/4,5\pi/4,7\pi/4\}$中交替选取,然而 8PSK 信号的相位是在$\{0,\pi/4,\pi/2,3\pi/4,\pi,5\pi/4,3\pi/2,7\pi/4\}$这些相位集中随机选取。

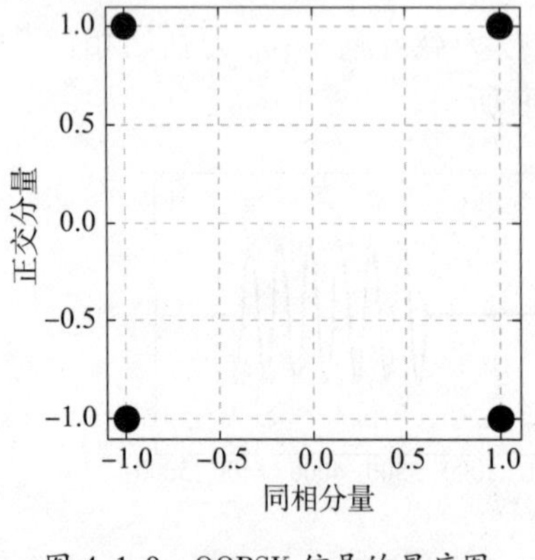

图 4.1.9 OQPSK 信号的星座图

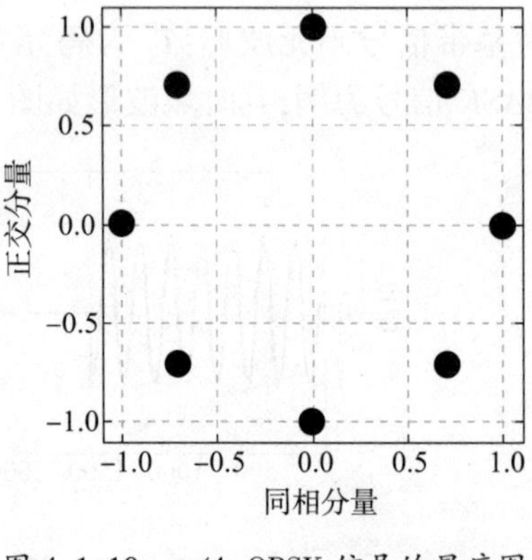

图 4.1.10 π/4-QPSK 信号的星座图

3) 非平衡四相相移键控(UQPSK)信号

UQPSK 调制方式广泛应用在卫星数字通信中,其同相和正交两个支路分别传输一路数据流,但这两路数据流是相互独立的,并且它们可以采用不同的码元速率和功率[269]。在这里,UQPSK 信号采用通常的应用调制方式,即两个支路的码元速率相同而功率不同,其表达式为[269]

$$s(t)=c_I(t)\cos(2\pi f_c t+\theta_0)-c_Q(t)\sin(2\pi f_c t+\theta_0) \tag{4.1.8}$$

式中:$c_I(t)=A_I\sum_n a_n g(t-nT_s)$, $c_Q(t)=A_Q\sum_n b_n g(t-nT_s)$, $A_I=\sqrt{(l/(1+l))\times 2P}$, $A_Q=$

$\sqrt{(1/(1+l))\times 2P}$，$a_n$，$b_n$ 在{-1，+1}中随机取值，l 是两个支路的功率比，也可称为非平衡参数，不失一般性，假设 $l>1$，一般取值为 10，P 是信号的功率。图 4.1.11 给出了 l 取不同值时 UQPSK 信号的星座图，从图中可以看出当 l 为不同值时其星座图是不一样的。

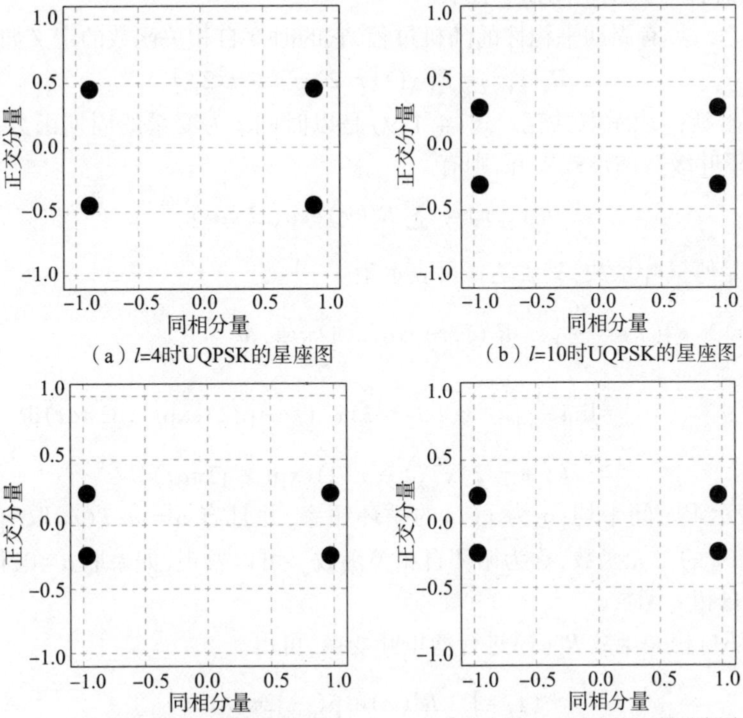

（a）l=4时UQPSK的星座图　（b）l=10时UQPSK的星座图

（c）l=16时UQPSK的星座图　（d）l=20时UQPSK的星座图

图 4.1.11　UQPSK 信号的星座图

4.1.4　OFDM 调制识别的相关理论

分类特征参数在调制识别中有着举足轻重的作用，可以说它直接影响着识别结果的好坏，因此特征参数的合理提取变得至关重要，本书即着重研究特征参数的提取。下面简要介绍在特征参数提取中所应用到的一些理论知识，主要包括高阶累积量和循环谱密度函数。

1. 高阶累积量的基本理论

高阶累积量的基本理论详细论述详见“2.1.3 节：2. 高阶累积量理论”。高阶累积量是分析和处理统计信号的一个非常有用的工具，由随机过程[285]的相关知识可以得知，高阶累积量相对于二阶统计量而言，包含了更多的有用信息。对于高斯白噪声而言，从理论上讲，它的高阶（阶数为三阶及以上）累积量恒为零，而我们所研究的信号大部分都不具备高斯性，它们的高阶累积量值是非零的，且不同信号阶数相同的累积量或者同一信号不同阶数的累积量的值往往是不一样的。由上可知，根据高阶累积量对高斯白噪声抑制的特点，可以通过信号不同阶数和不同形式的累积量来完成调制信号的识别。

2. 循环自相关函数及循环谱密度函数的基本理论

循环谱理论（也可称谱相关理论）是在信号的周期平稳性基础上提出的一种理论，它将周期平稳信号看成循环平稳随机过程，再利用信号的循环谱密度函数来描述此类信号的特性。在数字通信系统中，常将待传输的信号对某种周期性信号（如正弦载波信号）的某个参数进行调制，如对正弦波的幅度周期键控、相位周期键控和频率周期键控等，这样产生的调制信号具有周期平稳性。如果一个信号是周期平稳的，那么该信号的相关函数、均值、方差等统计参数也是周期平稳的[286-287]。

设 $x(t)$ 是一具有周期平稳性的随机过程，它的时变自相关函数的定义如下：

$$R_x(t,\tau)=E[x(t+\tau/2)x^*(t-\tau/2)] \tag{4.1.9}$$

式中：τ 表示时延；* 表示取共轭。式（4.1.9）是以时间 t 为变量的周期函数，并且周期为 T，将其用傅里叶级数的形式展开，则有

$$R_x(t,\tau)=\sum_{\alpha} R_x^{\alpha}(\tau)\exp(\mathrm{j}2\pi\alpha t) \tag{4.1.10}$$

式中：$R_x^{\alpha}(\tau)$ 是傅里叶系数，其表达式可表示为

$$\begin{aligned} R_x^{\alpha}(\tau) &= \frac{1}{T}\int_{-T/2}^{T/2} R_x(t,\tau)\exp(-\mathrm{j}2\pi\alpha t)\,\mathrm{d}t \\ &= \lim_{T\to\infty}\frac{1}{T}\int_{-T/2}^{T/2} x(t+\tau/2)x^*(t-\tau/2)\exp(-\mathrm{j}2\pi\alpha t)\,\mathrm{d}t \\ &= \langle x(t+\tau/2)x^*(t-\tau/2)\exp(-\mathrm{j}2\pi\alpha t)\rangle_t \end{aligned} \tag{4.1.11}$$

式中：$\langle\cdot\rangle_t$ 表示求时间平均；α 为 $x(t)$ 的循环频率，并且有 $\alpha=m/T$（m 取所有的整数）；$R_x^{\alpha}(\tau)$ 为 α 和 τ 的二元函数，称为循环自相关函数。可以发现，如果取 $\alpha=0$，得到的 $R_x^0(\tau)$ 便是 $x(t)$ 的自相关函数。

现对循环自相关函数 $R_x^{\alpha}(\tau)$ 进行傅里叶变换，可得

$$S_x^{\alpha}(f)=\int_{-\infty}^{\infty} R_x^{\alpha}(\tau)\exp(-\mathrm{j}2\pi f\tau)\,\mathrm{d}\tau \tag{4.1.12}$$

$S_x^{\alpha}(f)$ 称为 $x(t)$ 的循环谱密度函数（也可称为循环谱），它是一个三维的谱函数，其中，f 表示频谱频率，x 轴对应 $S_x^{\alpha}(f)$ 的循环频率 α，y 轴对应 $S_x^{\alpha}(f)$ 的频谱频率 f，z 轴则对应 $S_x^{\alpha}(f)$ 的幅度值。

为了便于更好地理解循环谱密度的意义，将循环自相关 $R_x^{\alpha}(\tau)$ 改写为 $x(t)$ 两个复频移分量 $u(t)$ 和 $v(t)$ 的互相关函数表现形式，即

$$R_x^{\alpha}(\tau)=R_{uv}^{\alpha}(\tau)=\lim_{T\to\infty}\frac{1}{T}\int_{-T/2}^{T/2} u(t+\tau/2)v^*(t-\tau/2)\,\mathrm{d}t \tag{4.1.13}$$

其中

$$u(t)=x(t)\exp(-\mathrm{j}\pi\alpha t) \tag{4.1.14}$$

$$v(t)=x(t)\exp(\mathrm{j}\pi\alpha t) \tag{4.1.15}$$

则相应的循环谱密度函数 $S_x^{\alpha}(f)$ 可表示为

$$S_x^{\alpha}(f)=S_{uv}(f)=\int_{-\infty}^{\infty} R_{uv}(\tau)\exp(-\mathrm{j}2\pi f\tau)\,\mathrm{d}\tau \tag{4.1.16}$$

现在来分析式(4.1.16)的物理意义：信号的循环平稳特性同信号的瞬时谱特定频移分量是否存在相关性具有一致性；若存在相关性，则该信号具有循环平稳性；反之亦然。对于循环自相关函数 $R_x^{\alpha}(\tau)$ 和循环谱密度函数 $S_x^{\alpha}(f)$ 而言，当 $\alpha=0$ 时，$R_x^{\alpha}(\tau)$ 和 $S_x^{\alpha}(f)$ 就是传统意义上的自相关函数和功率谱函数，只有当 $\alpha\neq 0$ 时，所对应的信号才具有循环平稳性。

循环谱密度函数 $S_x^{\alpha}(f)$ 还可以表示为

$$S_x^\alpha(f)=\lim_{T\to\infty}\lim_{\Delta t_m\to\infty}\frac{1}{\Delta t_m}\int_{-\Delta t_m/2}^{\Delta t_m/2}S_{x_T}^\alpha(t,f)\,\mathrm{d}t \tag{4.1.17}$$

式中有

$$S_{x_T}^\alpha(t,f)=\frac{1}{T}X_T(t,f+\alpha/2)X_T^*(t,f-\alpha/2) \tag{4.1.18}$$

$$X_T(t,f)=\int_{t-T/2}^{t+T/2}x(u)\exp(-\mathrm{j}2\pi fu)\,\mathrm{d}u \tag{4.1.19}$$

式中：$S_{x_T}^\alpha(t,f)$为循环周期图；$X_T(t,f)$为$x(t)$的短时傅里叶变换。从式(4.1.17)中可知，可将循环谱密度函数$S_x^\alpha(f)$表示成$x(t)$在频率$f+\alpha/2$和$f-\alpha/2$处谱分量的互相关密度，这也正是循环谱密度函数$S_x^\alpha(f)$又称谱相关函数的缘由。

根据上述分析可知，循环谱密度函数可以由循环周期图来估算，但是其估计方差大，谱泄露现象严重，使得到的循环谱效果不理想，因此需要用一个平滑过程来对周期图进行平滑处理，具体实现方法有两种：一种是离散频率平滑估计方法，另一种是离散时间平滑估计方法。

第一种方法的具体表达式为

$$S_{x\Delta t_m}^\alpha(t,f)_{\Delta f}=\frac{1}{M_s}\sum_{v=-(M_s-1)/2}^{(M_s-1)/2}\frac{1}{\Delta t_m}X_{\Delta t_m}(t,f+\alpha/2+vF_s)X_{\Delta t_m}^*(t,f-\alpha/2+vF_s) \tag{4.1.20}$$

式中：$\Delta f=M_sF_s$（其中$F_s=1/(N_s\Delta t)$）为谱平滑间隔；$\Delta t_m=(N_s-1)\Delta t$为数据总长度，$N_s$为采样点数，$\Delta t$为采样间隔，$\Delta t_m\Delta f\approx M_s\gg1$，且有

$$X_{\Delta t_m}(t,f)=\sum_{i=0}^{N_s-1}a_{\Delta t_m}(i\Delta t)x(t-i\Delta t)\exp[-\mathrm{j}2\pi f(t-i\Delta t)] \tag{4.1.21}$$

式中：$a_{\Delta t_m}$为数据窗函数；$X_{\Delta t_m}(t,f)$为信号的短时傅里叶变换。

第二种方法的具体表达式为

$$S_{x1/\Delta f}^\alpha(t,f)_{\Delta t_m}=\frac{1}{K_sM_s}\sum_{l=0}^{K_sM_s-1}\left\{\Delta f\cdot X_{1/\Delta f}\left[t-\frac{l}{K_s\Delta f},f+\frac{\alpha}{2}\right]\cdot X_{1/\Delta f}^*\left[t-\frac{l}{K_s\Delta f},f-\frac{\alpha}{2}\right]\right\} \tag{4.1.22}$$

式中：$\Delta f=1/[(N_s-1)\Delta t]$为谱频率分辨率；$\Delta t_m=[(1+M_s-1/K_s)N_s-1]\cdot\Delta t$为数据的总长度，且满足$\Delta t_m\Delta f\approx M_s\gg1$。

以上两种谱相关平滑方法都满足可靠性条件：

$$\Delta t_m\Delta f\gg1 \tag{4.1.23}$$

从式(4.1.9)~式(4.1.19)中可以看出，循环平稳信号$x(t)$在频率$f+\alpha/2$和$f-\alpha/2$处的谱分量是具有相关性的，此时$x(t)$具备谱冗余的特性，根据这个特性就可以在噪声中把$x(t)$检测出来。换句话说，也就是当$\alpha\neq0$时，高斯噪声和有用信号之间不存在相关性，即为$S_{\mathrm{noise}}^\alpha(f)=0(\alpha\neq0)$，这样高斯噪声就不会对有用信号产生干扰，这也正是循环谱密度函数抗噪能力强的本质所在。

3. 决策树分类器

分类器是调制识别系统中的一个关键组成部分，它的作用是根据输入的分类特征参

数分辨出信号的调制方式。从已有的文献资料来看,现在使用广泛的分类器主要可以分为决策树分类器和统计学习类分类器两大类。从调制识别这个研究课题来看,其核心内容还是提取及计算特征参数,分类器只是作为一个工具来使用,决策树分类器因易于编程、计算简单、实时性好等优点而得到广泛应用。本书后续章节将会应用到决策树分类器,因此,在这里先对其进行简单的介绍。

决策树分类器可以称为树分类器或多级分类器,是调制模式分类器的一种,其分类规则是将复杂的多分类问题转化为多层的二元分类问题,而不仅是根据一种算法或一个判决就一次性地得到分类结果,决策树的一般结构示意图如图 4.1.12 所示。

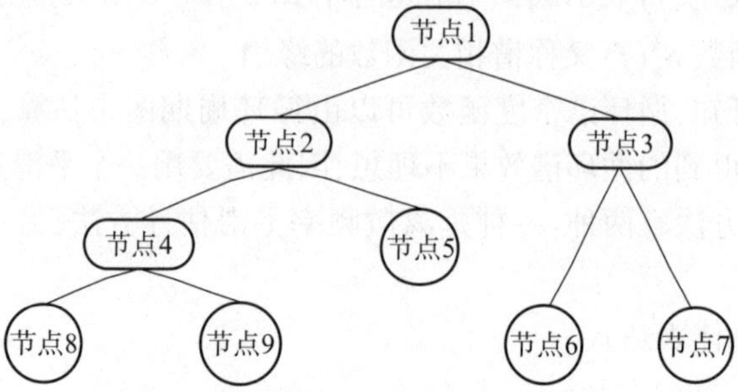

图 4.1.12　决策树的一般结构示意图

从图 4.1.12 中可以看出,决策树由根节点、中间节点和叶节点三部分构成,其中根节点代表待识别类型的全部(如节点 1);中间节点表示某个分类特征参量(如节点 2、3、4),它们通常会有一个典型值;叶节点是经过判决过后的某一种类型(如节点 5、6、7、8、9)。从根节点到叶节点之间有多条路径,其中每一条路径就是一条“规则”,决策树分类器的工作原理就是根据“规则”将分类特征参量与其相应的典型值进行比较,然后根据比较结果确定进入下一层的哪个比较,以此类推,直到判断出所有的类别[288-289]。

4.1.5　本节小结

本节主要阐述了与 OFDM 信号调制识别相关的基本理论知识。首先给出了 OFDM 技术的基本原理和实现方式,接着介绍了 OFDM 子载波上调制信号模型,分析了其各自的特点。然后介绍了信号特征提取中所运用到的一些基础理论知识,包括高阶累积量和循环平稳特性,同时还对决策树分类器作了介绍。本节介绍的这些理论知识将为接下来工作的展开奠定了基础。

4.2　基于循环自相关的多径衰落信道下 OFDM 信号盲识别

4.2.1　引言

随着移动互联网技术的快速发展,人们对未来无线通信技术提出了新的更高的要求,作为第四代移动通信核心技术之一的 OFDM 技术在宽带领域具有很大潜力,它具有高效的频谱利用率,较强的抗多径干扰能力。伴随着 OFDM 技术的发展,对 OFDM 信号调制识别的研究变得尤为重要,参考文献[279]采用高阶矩的方法实现单径信道下 OFDM 信号的识别,参考文献[278]采用高阶累积量的方法实现了多径信道下 OFDM 信号的识别,此类基于高阶统计量的 OFDM 信号调制识别方法需要进行信号的信噪比估计以及载波估计,计算量大,复杂度高,并且当信噪比较低时,信号识别率不高。针对上述问题,参考文献[276-277]提出了一种基于循环平稳的 OFDM 信号调制识别算法,该算法不需要先验信息,但该参考文献对多径衰落信道下信号的循环平稳性,循环自相关下信号峰值的大小及该识别方法的适应性未作仔细研究,理论分析不充分。

针对上述问题,本节首先证明了多径衰落信道下具有循环前缀的 OFDM 信号具有循环平稳性,提出了一种基于循环自相关的多径衰落信道下 OFDM 信号调制识别算法。通过对多径衰落信道下具有循环前缀的 OFDM 信号循环自相关特性的数学推导,验证了在一定延时处,OFDM 信号的循环自相关会出现峰值而单载波信号无此峰值,据此特性可以实现多径衰落信道下 OFDM 信号和单载波信号的调制识别。该算法不需要估计信号的信噪比、载波等先验信息,在较低信噪比下的识别效果也较好。

4.2.2　多径衰落信道下 OFDM 信号盲识别

1. 一阶循环平稳理论

在通信系统中,普遍存在这样一类信号,其相关函数随时间按周期或多周期(各周期不能通约)的规律变化,通常这类信号统称为循环平稳信号或周期平稳信号[286-287]。

设有确定性复信号

$$s(t)=a\mathrm{e}^{\mathrm{j}(2\pi f_0 t+\theta)} \tag{4.2.1}$$

同时,它伴有零均值的随机噪声 $w(t)$,即

$$x(t)=s(t)+w(t)=a\mathrm{e}^{\mathrm{j}(2\pi f_0 t+\theta)}+w(t) \tag{4.2.2}$$

对该随机过程作统计平均求其均值,得

$$M_x(t)=E[x(t)]=a\mathrm{e}^{\mathrm{j}(2\pi f_0 t+\theta)} \tag{4.2.3}$$

式中:E 表示求期望。由式(4.2.3)可见,$M_x(t)$是关于时间 t 的函数,所以无法用时间平均来对 $M_x(t)$进行估算。若已知该复信号周期为 T_0,对 $x(t)$进行采样周期为 T_0 的采样,这样可以用样本均值来估算均值,于是得

$$M_x(t)=\lim_{T\to\infty}M_x(t)_T=\lim_{N\to\infty}\frac{1}{2N+1}\sum_{n=-N}^{N}x(t+nT_0) \tag{4.2.4}$$

式中

$$M_x(t)_T \triangleq \frac{1}{2N+1}\sum_{n=-N}^{N}x(t+nT_0) \tag{4.2.5}$$

$$T=(2N+1)T_0 \tag{4.2.6}$$

为信号持续时间。说明 $M_x(t)$是周期为 T_0 的周期函数。

将式(4.2.4)展开为傅里叶级数,于是有

$$M_x(t)=\sum_{m=-\infty}^{\infty}M_x^{m/T_0}\mathrm{e}^{\mathrm{j}2\pi mt/T_0} \tag{4.2.7}$$

式中:傅里叶系数为

$$M_x^{m/T_0} \triangleq \frac{1}{T_0}\int_{-T_0/2}^{T_0/2}M_x(t)\mathrm{e}^{-\mathrm{j}2\pi mt/T_0}\mathrm{d}t \tag{4.2.8}$$

令

$$m/T_0=\alpha \tag{4.2.9}$$

将式(4.2.4)代入式(4.2.8)有

$$M_x^{\alpha}=\lim_{N\to\infty}\frac{1}{(2N+1)T_0}\sum_{n=-N}^{N}\int_{-T_0/2}^{T_0/2}x(t+nT_0)\mathrm{e}^{-\mathrm{j}2\pi\alpha t}\mathrm{d}t=\lim_{T\to\infty}\frac{1}{T}\int_{-T/2}^{T/2}x(t)\mathrm{e}^{-\mathrm{j}2\pi\alpha t}\mathrm{d}t\triangleq\langle x(t)\mathrm{e}^{-\mathrm{j}2\pi\alpha t}\rangle_t \tag{4.2.10}$$

通常称 M_x^{α} 为循环均值,α 为一阶循环频率。

2. 循环自相关理论

令 $x(t)$ 是零均值的非平稳复信号,其时变自相关函数可以定义为

$$R_x(t,\tau)=E[x(t)x^*(t-\tau)] \tag{4.2.11}$$

式中:τ 表示时延;* 表示取共轭。

采用时间平均可将式(4.2.11)改写为

$$R_x(t,\tau)=\lim_{N\to\infty}\frac{1}{2N+1}\sum_{n=-N}^{N}x(t+nT_0)x^*(t+nT_0-\tau) \tag{4.2.12}$$

式中:$R_x(t,\tau)$ 是关于时间 t 的周期为 T_0 的周期函数。

将式(4.2.12)用傅里叶级数展开得

$$R_x(t,\tau)=\sum_{m=-\infty}^{\infty}R_x^{m/T_0}(\tau)\mathrm{e}^{\mathrm{j}2\pi mt/T_0} \tag{4.2.13}$$

同理,可得到其傅里叶系数

$$R_x^{\alpha}(\tau)=\lim_{T\to\infty}\frac{1}{T}\int_{-T/2}^{T/2}x(t)x^*(t-\tau)\mathrm{e}^{-\mathrm{j}2\pi\alpha t}\mathrm{d}t=\langle x(t)x^*(t-\tau)\mathrm{e}^{-\mathrm{j}2\pi\alpha t}\rangle_t \tag{4.2.14}$$

式中:$\alpha=m/T_0$ 表示 $x(t)$ 的循环频率,对应的 $R_x^{\alpha}(\tau)$ 称为 $x(t)$ 的循环自相关函数。当 $\alpha=0$ 时,$R_x^0(\tau)$ 就是传统的自相关函数。

3. 多径衰落信道下 OFDM 信号循环自相关分析

设信号 $s(t)$ 经过一个 L 径的衰落信道后,在接收端得到的信号模型为

$$r(t)=\sum_{x=1}^{L}h_x s(t-\tau_x)+w(t) \tag{4.2.15}$$

式中:h_x 为第 x 条多径分量系数;τ_x 为第 x 径的传播延时;$w(t)$ 是均值为 0、方差为 σ^2 的加性高斯白噪声。设待识别信号 $s(t)\in\{s_{\mathrm{OFDM}}(t),s_{\mathrm{MPSK}}(t),s_{\mathrm{MQAM}}(t)\}$,其中 OFDM 信号为带有循环前缀的 OFDM 信号。

根据参考文献[85],OFDM 复基带信号可表示为

$$s_{\mathrm{OFDM}}(t)=\sum_{k=-\infty}^{\infty}\sum_{l=0}^{G-1}c_{k,l}g(t-lT_{\mathrm{c}}-kT_{\mathrm{s}}) \tag{4.2.16}$$

其中

$$c_{k,l}=\frac{1}{\sqrt{N}}\sum_{n=0}^{N-1}a_{k,n}\exp(\mathrm{j}2\pi n(l-D)/N),\quad l=0,1,\cdots,G-1 \tag{4.2.17}$$

式中:$a_{k,n}$ 表示第 k 个 OFDM 符号第 n 个子载波的数据,其满足独立同分布,即 $E[a_{k,n}]=0,E[a_{k,n}a_{k',n'}^*]=\sigma_a^2\delta_{n,n'}\delta_{k,k'}$,$\delta$ 表示狄拉克函数,当且仅当 $n=n',k=k'$时 $E[a_{k,n}a_{k',n'}^*]=\sigma_a^2$,其中 E 表示求期望,* 表示取共轭,即只有在同一符号、同一子载波下的数据才具有相关

性;N 表示 OFDM 信号子载波数;D 为循环前缀长度,$G=N+D$;T_c 为采样间隔,T_s 为符号周期,对于 OFDM 信号,$T_c=T_u/N$,其中 $T_u(T_u=NT_c)$ 表示有用符号时间,$T_s=T_g+T_u$,其中 $T_g=DT_c$ 表示循环前缀间隔,所以有 $T_s=(N+D)T_c$;$g(t)$ 表示成形脉冲,脉宽为 T_c。

同理,单载波信号的复基带信号可表示为

$$s_{\mathrm{MPSK,MQAM}}(t)=\sum_{k=1}^{K}c_k g(t-kT_s) \tag{4.2.18}$$

式中:K 表示脉冲个数;c_k 表示单载波信号的平稳复随机序列,满足均值为零,方差为 σ_c^2,即 $E[c_k]=0,E[c_k c_{k'}^*]=\sigma_c^2\delta_{k,k'}$。

根据式(4.2.17),可以求得延时为 τ 的数据 $c_{k,l-\tau}$ 的自相关为

$$\begin{aligned}E(c_{k,l},c_{k,l-\tau}^*)&=\frac{1}{N}E\left[\sum_{n=0}^{N-1}a_{k,n}\exp(\mathrm{j}2\pi n(l-D)/N)a_{k,n}^*\exp(-\mathrm{j}2\pi n(l-\tau-D)/N)\right]\\&=\frac{1}{N}\sum_{n=0}^{N-1}E(a_{k,n}a_{k,n}^*)\exp(\mathrm{j}2\pi n\tau/N)=\frac{\sigma_a^2}{N}\sum_{n=0}^{N-1}\exp(\mathrm{j}2\pi n\tau/N)\end{aligned} \tag{4.2.19}$$

于是有

$$E(c_{k,l},c_{k,l-\tau}^*)=\begin{cases}\sigma_a^2, & \tau=0,N\\0, & \tau\text{ 为其他}\end{cases} \tag{4.2.20}$$

由式(4.2.20)可以看出,同一符号的数据只有当延时为 0 或 N 时才存在自相关值,这是循环前缀的存在导致的结果。

假定 $g(t)$ 是矩形脉冲,定义为

$$g(t)=\begin{cases}1, & 0\leqslant t\leqslant T_c\\0, & \text{其他}\end{cases} \tag{4.2.21}$$

由式(4.2.15)及式(4.2.16)可以得到,多径衰落信道下 OFDM 信号的自相关函数为

(1)当 $|\tau+\tau_{x_2}-\tau_{x_1}|<T_c$($\tau_{x_1},\tau_{x_2}$ 为多径延时)时:

$$\begin{aligned}R_r(t,\tau)&=E\left\{\sum_{k=-\infty}^{\infty}\sum_{l=0}^{G-1}\left[\sum_{x_1=1}^{L}h_{x_1}c_{k,l}g(t-lT_c-kT_s-\tau_{x_1})\cdot\sum_{x_2=1}^{L}h_{x_2}^*c_{k,l}^*g^*(t-lT_c-kT_s-\tau_{x_2}-\tau)\right]\right\}\\&=\sum_{x_1,x_2=1}^{L}h_{x_1}h_{x_2}^*\cdot\sum_{k=-\infty}^{\infty}\sum_{l=0}^{G-1}E(c_{k,l}c_{k,l}^*)g(t-lT_c-kT_s-\tau_{x_1})\cdot g^*(t-lT_c-kT_s-\tau_{x_2}-\tau)\\&=\sigma_a^2\sum_{x_1,x_2=1}^{L}h_{x_1}h_{x_2}^*\sum_{k=-\infty}^{\infty}\sum_{l=0}^{G-1}g(t-lT_c-kT_s-\tau_{x_1})g^*(t-lT_c-kT_s-\tau_{x_2}-\tau)\\&=\sigma_a^2\left[\sum_{x_1,x_2=1}^{L}h_{x_1}h_{x_2}^*g(t-\tau_{x_1})g^*(t-\tau_{x_2}-\tau)\right]\otimes\sum_{l=0}^{G-1}\sum_{k=-\infty}^{\infty}\delta(t-kT_s-lT_c)\end{aligned} \tag{4.2.22}$$

对式(4.2.22)进行傅里叶变换,可以得

$$\Im\{R_r(t,\tau)\}=\sigma_a^2\left\{\int_{-\infty}^{\infty}\left[\sum_{x_1,x_2=1}^{L}h_{x_1}h_{x_2}^*g(t-\tau_{x_1})g^*(t-\tau_{x_2}-\tau)\otimes\sum_{l=0}^{G-1}\sum_{k=-\infty}^{\infty}\delta(t-kT_s-lT_c)\right]\right\}\mathrm{e}^{-\mathrm{j}2\pi\alpha t}\mathrm{d}t \tag{4.2.23}$$

这里 $\Im\{\cdot\}$ 表示傅里叶变换，由于

$$\sum_{l=0}^{G-1}\sum_{k=-\infty}^{\infty}\delta(t-kT_s-lT_c)=\sum_{l=0}^{G-1}\sum_{k=-\infty}^{\infty}\delta(t-(kG+l)T_c)\xlongequal{令m=(kG+l)}\sum_{m=-\infty}^{\infty}\delta(t-mT_c) \tag{4.2.24}$$

所以，可以利用 $\Im\left\{\sum_{m=-\infty}^{\infty}\delta(t-mT_c)\right\}=T_c^{-1}\sum_{m=-\infty}^{\infty}\delta(\alpha-mT_c^{-1})$ 将式(5.23)展开，于是得

$$\Im\{R_r(t,\tau)\}=\frac{\sigma_a^2}{T_c}\int_{-\infty}^{\infty}\left[\sum_{x_1,x_2=1}^{L}h_{x_1}h_{x_2}^*g(t-\tau_{x_1})g^*(t-\tau_{x_2}-\tau)\right]\mathrm{e}^{-\mathrm{j}2\pi\alpha t}\mathrm{d}t\times\sum_{m=-\infty}^{\infty}\delta(\alpha-mT_c^{-1}) \tag{4.2.25}$$

可见，只有当 $\alpha=mT_c^{-1}$，m 为整数时，$\Im\{R_r(t,\tau)\}\neq0$。

接着再对式(4.2.25)进行反傅里叶变换，可以得

$$R_r(t,\tau)=\sum_{\{\alpha\}}B_\alpha\mathrm{e}^{\mathrm{j}2\pi\alpha t} \tag{4.2.26}$$

式中：B_α 为关于 α 的傅里叶级数展开，对比式(4.2.14)可以得到循环频率为 α，延时为 τ 时的循环自相关为

$$\begin{aligned}R_r^\alpha(\tau)&=\frac{\sigma_a^2}{T_c}\int_{-\infty}^{\infty}\left[\sum_{x_1,x_2=1}^{L}h_{x_1}h_{x_2}^*g(t-\tau_{x_1})g^*(t-\tau_{x_2}-\tau)\right]\mathrm{e}^{-\mathrm{j}2\pi\alpha t}\mathrm{d}t\\&=\frac{\sigma_a^2}{T_c}\sum_{x_1,x_2=1}^{L}h_{x_1}h_{x_2}^*\mathrm{e}^{-\mathrm{j}2\pi\alpha\tau_{x_1}}\int_{-\infty}^{\infty}g(t')g^*[t'-(\tau+\tau_{x_2}-\tau_{x_1})]\mathrm{e}^{-\mathrm{j}2\pi\alpha t'}\mathrm{d}t'\end{aligned} \tag{4.2.27}$$

于是得

$$|R_r^\alpha(\tau)|=\frac{\sigma_a^2}{T_c}\sum_{x_1,x_2=1}^{L}h_{x_1}h_{x_2}^*\left|\frac{\sin[\pi\alpha(T_c-|\tau+\tau_{x_2}-\tau_{x_1}|)]}{\pi\alpha}\right|,\quad|\tau+\tau_{x_2}-\tau_{x_1}|<T_c \tag{4.2.28}$$

由式(4.2.28)可知，当 $\{\alpha=0,\tau=\tau_{x_1}-\tau_{x_2},\tau_{x_1},\tau_{x_2}=1,2,\cdots L\}$ 时，存在最大值 $\sigma_a^2\sum_{x_1,x_2=1}^{L}h_{x_1}h_{x_2}^*$，理想情况下，$h_{x_1}=h_{x_2}=1$，OFDM 信号的循环自相关 $|R_r^\alpha(\tau)|_{\max}=\sigma_a^2$。

(2)设 $\tau_N=|\tau|-NT_c$，当 $|\tau_N+\tau_{x_2}-\tau_{x_1}|<T_c$ 时，由于循环前缀的存在，使得每个符号的前 D 个数与后 D 个数具有相关性，于是得

$$\begin{aligned}R_r(t,\tau)&=\sum_{k=-\infty}^{\infty}E\left\{\sum_{l=N}^{G-1}\sum_{x_1=1}^{L}h_{x_1}c_{k,l}g(t-lT_c-kT_s-\tau_{x_1})\cdot\sum_{l=0}^{D-1}\sum_{x_2=1}^{L}h_{x_2}^*c_{k,l}^*g^*[t-lT_c-kT_s-\right.\\&\qquad\left.(\tau+\tau_{x_2}-NT_c)-NT_c]\right\}\\&=\sigma_a^2\sum_{x_1,x_2=1}^{L}h_{x_1}h_{x_2}^*\sum_{k=-\infty}^{\infty}\sum_{l=N}^{G-1}g(t-lT_c-kT_s-\tau_{x_1})g^*[t-lT_c-kT_s-(\tau_N+\tau_{x_2})]\\&=\sigma_a^2\left[\sum_{x_1,x_2=1}^{L}h_{x_1}h_{x_2}^*\sum_{l=N}^{G-1}g(t-lT_c-\tau_{x_1})g^*(t-lT_c-\tau_{x_2}-\tau)\right]\otimes\sum_{k=-\infty}^{\infty}\delta(t-kT_s)\end{aligned} \tag{4.2.29}$$

同理,可以得

$$\Im\{R_r(t,\tau)\}=\sigma_a^2\left\{\int_{-\infty}^{\infty}\left[\sum_{x_1,x_2=1}^{L}h_{x_1}h_{x_2}^*\sum_{l=N}^{G-1}g(t-lT_c-\tau_{x_1})g^*(t-lT_c-\tau_{x_2}-\tau)\right]\otimes\sum_{k=-\infty}^{\infty}\delta(t-kT_s)e^{-j2\pi\alpha t}dt\right\}$$
$$=\frac{\sigma_a^2}{T_s}\int_{-\infty}^{\infty}\left[\sum_{x_1,x_2=1}^{L}h_{x_1}h_{x_2}^*\sum_{l=N}^{G-1}g(t-lT_c-\tau_{x_1})g^*(t-lT_c-\tau_{x_2}-\tau)\right]e^{-j2\pi\alpha t}dt\times\sum_{k=-\infty}^{\infty}\delta(\alpha-kT_s^{-1})\tag{4.2.30}$$

于是,其循环自相关为

$$R_r^\alpha(\tau)=\frac{\sigma_a^2}{T_s}\int_{-\infty}^{\infty}\left[\sum_{x_1,x_2=1}^{L}h_{x_1}h_{x_2}^*\sum_{l=N}^{G-1}g(t-lT_c-\tau_{x_1})g^*(t-lT_c-\tau_{x_2}-\tau)\right]e^{-j2\pi\alpha t}dt$$
$$=\frac{\sigma_a^2}{T_s}e^{-j2\pi\alpha\tau_{x_1}}\sum_{x_1,x_2=1}^{L}h_{x_1}h_{x_2}^*\int_0^{T_s-\tau_{x_1}}\sum_{l=N}^{G-1}g(t'-lT_c)g^*[t'-lT_c-(\tau_N+\tau_{x_2}-\tau_{x_1})]e^{-j2\pi\alpha t'}dt'$$
$$=\frac{\sigma_a^2}{T_s}e^{-j2\pi\alpha\tau_{x_1}}\sum_{x_1,x_2=1}^{L}h_{x_1}h_{x_2}^*\int_0^{T_s-\tau_{x_1}}\sum_{i=1}^{D}g[t-(i+N-1)T_c]\cdot g^*[t-(i+N-1)T_c-(\tau_N+\tau_{x_2}-\tau_{x_1})]e^{-j2\pi\alpha t}dt\tag{4.2.31}$$

由于一个符号内的后 D 个数据与前 D 个数据对应相同,于是有

$$R_r^\alpha(\tau)=\frac{\sigma_a^2}{T_s}e^{-j2\pi\alpha\tau_{x_1}}\sum_{x_1,x_2=1}^{L}h_{x_1}h_{x_2}^*\int_0^{T_s-\tau_{x_1}}\sum_{i=1}^{D}g[t-(i+N-1)T_c]\cdot g^*[t-(i+N-1)T_c-(\tau_N+\tau_{x_2}-\tau_{x_1})]e^{-j2\pi\alpha t}dt$$
$$=Ae^{-j2\pi\alpha\tau_{x_1}}\left[\sum_{i=1}^{D-[\tau_{x_1}/T_c]-1}e^{-j2\pi\alpha(i-1)T_c}\int_0^{T_c}g(t)g^*(t-\tau_x)e^{-j2\pi\alpha t}dt+e^{-j2\pi\alpha(([\tau_{x_1}/T_c]+1)T_c-\tau_{x_1})}\int_0^{([\tau_{x_1}/T_c]+1)T_c-\tau_{x_1}}g(t)g^*(t-\tau_x)e^{-j2\pi\alpha t}dt\right]\tag{4.2.32}$$

其中,$\tau_x=(\tau_N+\tau_{x_2}-\tau_{x_1})$,$A=\frac{\sigma_a^2}{T_s}\sum_{x_1,x_2=1}^{L}h_{x_1}h_{x_2}^*$,$[\tau_{x_1}/T_c]$表示向下取整。由式(4.2.32)可以得

$$|R_r^\alpha(\tau)|=A\left|\frac{\sin[\pi\alpha T_c(D-[\tau_{x_1}/T_c]-1)]}{\sin(\pi\alpha T_c)}\right|\left|\frac{\sin[\pi\alpha(T_c-|\tau_x|)]}{\pi\alpha}\right|+A\left|e^{-j2\pi\alpha(([\tau_{x_1}/T_c]+1)T_c-\tau_{x_1})}\right|\left|\frac{[\pi\alpha(([\tau_{x_1}/T_c]+1)T_c-\tau_{x_1}-|\tau_x|)]}{\pi\alpha}\right|,\quad\alpha=m/T_s\tag{4.2.33}$$

当 $\alpha=0$，$|\tau_x|=0$，即 $\{\tau=\pm(NT_c+\tau_{x_1}-\tau_{x_2}),x_1,x_2=1,2,\cdots,L\}$ 时，表达式取最大值

$$|R_r^\alpha(\tau)|=\sigma_a^2\sum_{x_1,x_2=1}^{L}h_{x_1}h_{x_2}^*\frac{D-[\tau_{x_1}/T_c]-1+([\tau_{x_1}/T_c]+1)-\tau_{x_1}/T_c}{G}$$
$$=\sigma_a^2\sum_{x_1,x_2=1}^{L}h_{x_1}h_{x_2}^*\frac{D-\tau_{x_1}/T_c}{G} \tag{4.2.34}$$

从式(4.2.34)中可以看出，理想情况下，即 $h_{x_1}=h_{x_2}=1$，$\tau_{x_1}=\tau_{x_2}=0$ 时，$|R_r^\alpha(\tau)|_{\max}=\sigma_a^2D/G$，可见，该信号识别算法受 OFDM 信号循环前缀的影响，针对无循环前缀的信号该算法不可行，所以针对具有循环前缀的 OFDM 信号，该算法具有可行性。

4. 多径衰落信道下单载波信号循环自相关分析

单载波信号可以看作特殊多载波信号，即可以看作 $N=1$，$D=0$ 的 OFDM 信号，由 OFDM 信号的循环自相关可知单载波信号的循环自相关为

$$|R_r^\alpha(\tau)|=\begin{cases}\dfrac{\sigma_a^2}{T_c}\displaystyle\sum_{x_1,x_2=1}^{L}h_{x_1}h_{x_2}^*\left|\dfrac{\sin[\pi\alpha(T_c-|\tau+\tau_{x_2}-\tau_{x_1}|)]}{\pi\alpha}\right|, & |\tau+\tau_{x_2}-\tau_{x_1}|<T_c\\ 0, & \text{其他}\end{cases} \tag{4.2.35}$$

由此可见，单载波信号的循环自相关在 $\{\alpha=0,\tau=\pm(NT_c+\tau_{x_1}-\tau_{x_2}),x_1,x_2=1,2,\cdots,L\}$ 处不存在峰值，而 OFDM 信号的循环自相关在 $\{\alpha=0,\tau=\pm(NT_c+\tau_{x_1}-\tau_{x_2}),x_1,x_2=1,2,\cdots,L\}$ 处存在峰值。同时，若对其进行 ρ 倍的过采样时，次峰值出现的位置为 $\alpha=0$，$\tau=\pm(\rho NT_c+\tau_{x_1}-\tau_{x_2})$，$x_1,x_2=1,2,\cdots,L$。

根据以上分析可知，利用单载波信号与 OFDM 信号在 $\alpha=0$，$\tau=\pm(\rho NT_c+\tau_{x_1}-\tau_{x_2})$，$x_1,x_2=1,2,\cdots,L$ 处循环自相关峰值的大小可实现 OFDM 信号的调制识别。

设 OFDM 信号 $N=32$，循环前缀为 $N/4$，即 $D=8$；单载波取 4PSK，对信号进行 4 倍过采样($\rho=4$)，信号循环自相关(Cyclic Autocorrelation，CA)仿真的三维图以及切面图(均作幅度归一化处理)分别如图 4.2.1~图 4.2.4 所示。

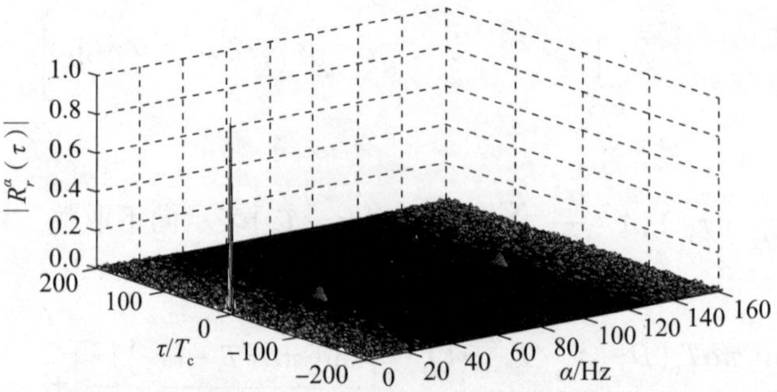

图 4.2.1　理想情况下单载波信号循环自相关三维图

由图 4.2.1~图 4.2.4 可以看出，在没有多径影响时，即 $h_{x_1}=h_{x_2}=1$，$\tau_{x_1}=\tau_{x_2}=0$ 时，OFDM 信号在 $\alpha=0$，$\tau_N=\pm\rho NT_c=\pm4\times32T_c=\pm128T_c$ 处存在次峰值，按主峰值归一化后的次

峰值大小为 $D/G=8/(32+8)=0.2$，单载波信号在 $\alpha=0, \tau=\pm128T_c$ 处无峰值出现。由此可见，理论分析与仿真结果相符合，这就证明了本节提出方法的可行性。

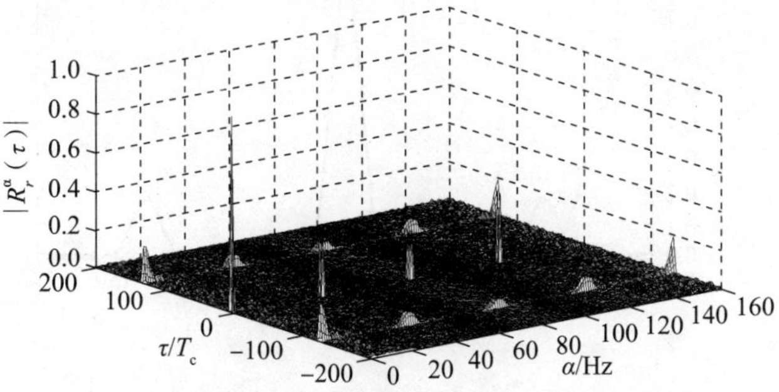

图 4.2.2　理想情况下 OFDM 信号循环自相关三维图

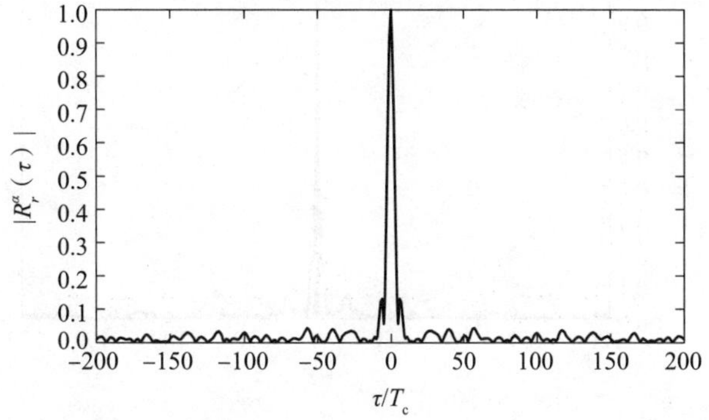

图 4.2.3　理想情况下单载波信号 CA 在 $\alpha=0$ 的切面图

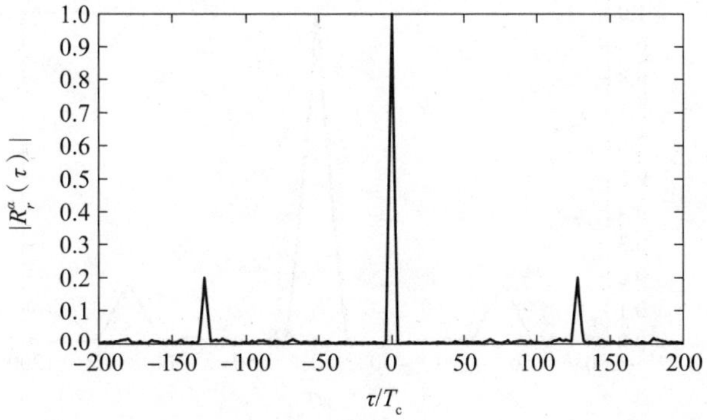

图 4.2.4　理想情况下 OFDM 信号 CA 在 $\alpha=0$ 的切面图

多径信道下，根据式(4.2.15)信号模型，设各径幅度相对于主径的幅度分别为 0.227，0.460，0.688，0.460，0.688 时，即信道模型为瑞利衰落模型时，此时 OFDM 信号以及单载波信号循环自相关的仿真结果分别如图 4.2.5 和图 4.2.6 所示。当各径幅度相对于主径的幅度分别为 1，0.460，0.688，0.460，0.688 时，即信道模型为莱斯衰落模型时，此时 OFDM 信号以及单载波信号循环自相关的仿真结果分别如图 4.2.7 和图 4.2.8 所示。

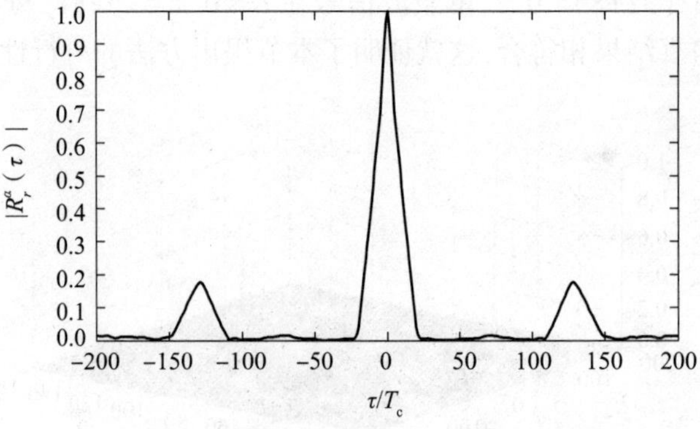

图 4.2.5　多径瑞利信道 OFDM CA 在 $\alpha=0$ 的切面图

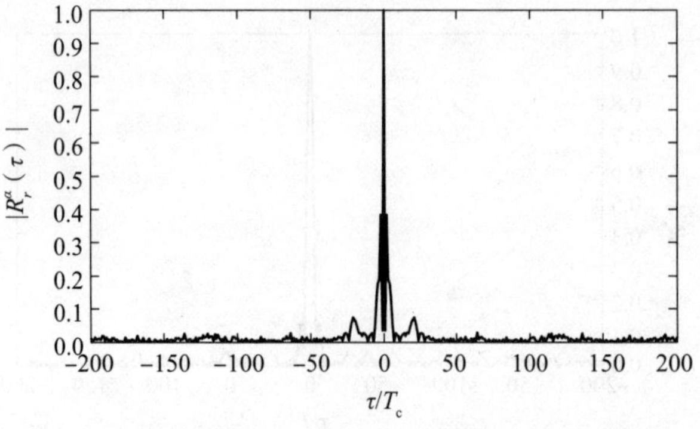

图 4.2.6　多径瑞利信道下单载波 CA 在 $\alpha=0$ 的切面图

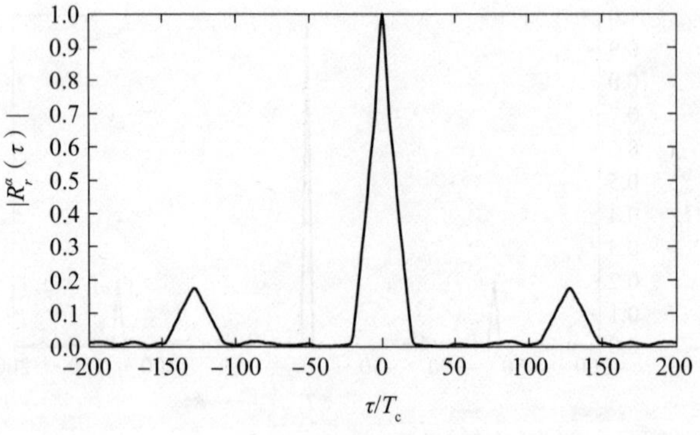

图 4.2.7　多径莱斯信道 OFDM CA 在 $\alpha=0$ 的切面图

由图 4.2.5~图 4.2.8 可见，多径瑞利信道和多径莱斯信道下，一定延时处，OFDM 信号的循环自相关出现峰值，且由于多径的影响，峰值有所扩散，单载波仍只存在主峰值，所以在多径衰落信道下，搜索 $\alpha=0$，$\tau_N=\pm\rho NT_c$ 附近，取最大值所对应的延时作为次峰值出现的延时值，可以通过此延时下峰值的大小来实现单载波信号与 OFDM 信号的调制识别。

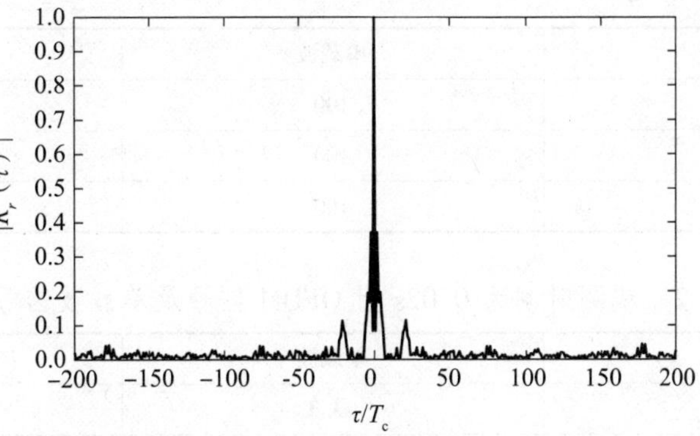

图 4.2.8　多径莱斯信道下单载波 CA 在 $\alpha=0$ 的切面图

5. 识别算法

在接收端对信号带宽进行大概估计,用低通滤波器去掉带外噪声,以 ρ 倍于所估计带宽的采样频率对待识别信号进行采样,识别算法如下:

(1) 估计 $\alpha=0$,一定延时范围内信号的循环自相关,延时 τ 的选择要求包含可能的 $\rho N_{\min}T_c$ 和 $\rho N_{\max}T_c$,$N_{\min}$ 和 $N_{\max}$ 为所考虑信号子载波数的最小值和最大值(假设信号子载波数未知),$\rho N_{\min}T_c$ 必须离 $\tau=0$ 足够远,以便更好地区分单载波信号和 OFDM 信号。在所考虑的延时范围内,选择峰值最大处的延时作为次峰值所需的延时值,记为 τ_r。

(2) 根据 $\alpha=0$,步骤(1)中所得延时 τ_r 处的峰值大小来判别单载波与 OFDM 信号,在 $\alpha=0,\tau=\tau_r$ 处存在峰值(或峰值较大)即为 OFDM 信号,在此处无峰值(或峰值较小)为单载波信号。

由以上分析可以看出,该算法不需要载波估计、波形恢复、信噪比估计等预处理过程,实现方便。

4.2.3　仿真实验及结果分析

考虑 MPSK,MQAM 信号作为待识别的单载波,带宽设为 40kHz;对于 OFDM 信号,按 IEEE 802.11a 标准,带宽设为 20MHz,子载波数设为 64,循环前缀 $T_g=T_u/4$,所有子载波被 4PSK 调制(16QAM 也可);对接收的信号进行 4 倍过采样,信道模式为多径瑞利衰落信道,多径数为 5,各径幅度相对于主径的幅度分别为 0.227,0.460,0.688,0.460,0.688 时,设延时为[0,0.2μs]的随机分布,进行 200 次蒙特卡洛仿真,采用 PSO-SVM 作为分类工具。当接收端观测时间分别为 0.05s,0.02s 时的仿真结果如表 4.2.1 和表 4.2.2 所示。

表 4.2.1　观测时间为 0.05s 时 OFDM 信号及单载波信号识别率 (单位:%)

SNR	单载波	OFDM
-12dB	63.3	94.7
-10dB	68.7	96
-8dB	88	100
-6dB	98	100
-4dB	100	99.3

续表

SNR	单载波	OFDM
-2dB	100	100
0dB	100	100
2dB	100	100

表 4.2.2　观测时间为 0.02s 时 OFDM 信号及单载波信号识别率（单位:%）

SNR	单载波	OFDM
-12dB	73.3	96
-10dB	77.3	92.7
-8dB	76	97.3
-6dB	88.7	98.7
-4dB	93.3	100
-2dB	98.7	99.3
0dB	97.3	100
2dB	100	100

可以看出,多径衰落信道下,当观测时间设为 0.05s,SNR≥-6dB 时,信号的识别率达到 98%以上,当观测时间设为 0.02s,SNR≥-2dB 时,信号的识别率达到 97%以上,这说明识别率的高低受观测时间长短的影响,即受接收数据长度的影响,所以在数据长度适当的情况下,该方法具有良好的识别性能。

对比参考文献[276-277],本节对基于循环自相关的多径衰落信道下 OFDM 信号识别方法做了详细的数学分析,首先证明了多径衰落信道下信号的循环平稳性,从理论上推导出多径衰落信道下 OFDM 信号循环自相关峰值大小,得出循环自相关方法作为识别算法的条件,同时结合仿真分析有效地证明了该算法的可行性。

对比参考文献[279]中基于高阶矩的方法以及参考文献[278]中基于高阶累积量的方法,其均需要进行载波估计等预处理,而且只有当信噪比在 0dB 以上时才有较高的识别率,本节采用的方法实现了较低信噪比下的信号识别,且对接收的信号不需要经过载波估计、波形恢复、信噪比估计等预处理过程,实现方便,降低了识别的复杂性,具有重要意义。

4.2.4　本节小结

针对传统 OFDM 信号调制识别方法计算量大、复杂度高,并且较低信噪比下信号识别率较低的问题,本节在对 OFDM 信号循环平稳性证明的基础上,提出了一种基于循环自相关的多径衰落信道下 OFDM 信号盲识别方法。

本节首先介绍了 OFDM 关键技术及循环自相关理论,然后在循环自相关理论基础上对多径衰落信道下信号循环自相关进行了分析,证明了多径衰落信道下 OFDM 信号和单载波信号的循环平稳性,同时对多径衰落信道下单载波信号以及 OFDM 信号的循环自相关进行数学推导,通过分析信号循环自相关特性得到一个重要结论:具有循环前缀的 OFDM 信号在循环频率为 0,一定延时处的循环自相关有峰值出现,而单载波无此峰值。

所以可以通过判断循环频率为0,一定延时处信号的循环自相关峰值是否存在来实现OFDM信号和单载波信号的调制识别。同时,通过理想情况下以及多径衰落信道下OFDM信号与单载波信号的循环自相关三维图以及切面图证明了理论分析的正确性以及该识别算法的可行性。

仿真实验结果表明,多径瑞利衰落信道下,当观测时间设为0.05s,SNR≥-6dB时,信号的识别率达到98%,当观测时间设为0.02s,SNR≥-2dB时,信号的识别率达到97%,这说明该方法具有良好的识别性能,且不需要载波估计、波形恢复、信噪比估计等预处理过程,实现方便。

4.3 基于高阶统计特性的中频OFDM信号识别

4.3.1 引言

多载波调制技术在数据高速传输以及各种类型的通信业务对数据传输量高需求的背景下应运而生,OFDM作为一种对早期多载波调制进行改进的调制技术已得到广泛应用,如在4G通信中就将OFDM作为核心技术之一。在如今的各种通信系统中,不只存在单载波调制信号这一种,而是多载波和单载波形式的各种调制信号共存。为了能够有效地完成各类通信信号的识别,首先需要解决的问题是实现多载波信号和单载波信号的区分识别,这就使得OFDM信号和单载波信号的识别研究变得非常重要。

本节主要研究了高斯白噪声信道下中频OFDM信号和单载波信号的识别,首先研究了基于高阶累积量和基于高阶矩的两种识别方法;其次将参考文献[290]中原用于识别模拟信号的一个特征量引用到中频OFDM信号和单载波信号的识别中,理论推导及仿真结果都验证了三种识别方法的可行性及有效性;最后对这三种方法的识别性能及计算复杂度进行了对比分析。

4.3.2 基于高阶统计量的识别算法

信号的高阶统计分析作为现代信号处理的一种重要方法,越来越受到人们的重视,其理论知识广泛地应用在通信信号的调制识别领域,在OFDM信号的盲识别中占有一席之地。高阶矩和高阶累积量是两种常用的高阶统计量,它们在统计信号的处理中发挥着重要的作用,也常用于OFDM信号的识别中,下面就对基于这两种高阶统计量的中频OFDM信号识别方法展开研究。

1. 基于高阶累积量的中频OFDM信号识别

在利用高阶累积量对OFDM信号进行识别的方法中,运用得最多的是四阶累积量,W. Akmouche[291]首次利用四阶累积量实现了OFDM信号在高斯白噪声信道下的识别,随后出现的一些方法都是以他的算法为基础,然后加以改进得到的。下面对基于高阶累积量的中频OFDM信号识别方法进行讨论。

OFDM调制信号的时域表达式可表示为[292]:

$$s_{\mathrm{OFDM}}(t)=\sqrt{\frac{P}{N}}\sum_{k}\sum_{n=0}^{N-1}C_{k,n}\cdot\exp[\mathrm{j}2\pi(f_{\mathrm{c}}+n\Delta f)t]\cdot g(t-kT_{\mathrm{s}}) \tag{4.3.1}$$

式中：$C_{k,n}$ 表示第 k 个 OFDM 符号的第 n 个子载波上所携带的数据，并假设其满足独立同分布；N 表示 OFDM 信号的子载波个数；Δf 表示子载波之间的频率间隔；T_s 表示一个 OFDM 符号间隔，且满足 $T_s=T_u+T_g$，其中 T_u 是 OFDM 信号的有效符号时间，T_g 是循环前缀间隔；P 表示信号功率。

OFDM 信号由 N 个互相独立且同时满足同分布的随机过程经过线性组合得到，根据中心极限定理[285]可知，当它的子载波个数 N 很大时，其在时域上渐近于一个高斯分布函数。为了便于后面的推导分析，将 OFDM 信号表示为由实部和虚部组成的形式，即

$$s_{\text{OFDM}}(t)=s_r(t)+\mathrm{j}s_i(t) \tag{4.3.2}$$

且有

$$s_r(t)=\sqrt{\frac{1}{N}}\cdot\sum_{n=-N/2}^{N/2}\sum_k s_{r_{k,n}}(t) \tag{4.3.3}$$

$$s_i(t)=\sqrt{\frac{1}{N}}\cdot\sum_{n=-N/2}^{N/2}\sum_k s_{i_{k,n}}(t) \tag{4.3.4}$$

$$s_{r_{k,n}}(t)=\mathrm{Re}\{C_{k,n}\cdot\exp[\mathrm{j}2\pi(f_c+n\Delta f)t]\cdot g(t-kT_c)\} \tag{4.3.5}$$

$$s_{i_{k,n}}(t)=\mathrm{Im}\{C_{k,n}\cdot\exp[\mathrm{j}2\pi(f_c+n\Delta f)t]\cdot g(t-kT_c)\} \tag{4.3.6}$$

式中：式(4.3.3)与式(4.3.4)分别表示 OFDM 信号的实部和虚部，且两者都是满足均值为μ、方差为σ^2 的正态分布，即有 $E[s_r(t)]=E[s_i(t)]=\mu$，$E[s_r^2(t)]=E[s_i^2(t)]=\sigma^2$，故 $s_r(t)$和 $s_i(t)$是相互独立的。

OFDM 信号的 $s_r(t)$在时刻 t_0 的四阶累积量为

$$\mathrm{Cum}_4(s_r)=\mathrm{Cum}_4\left[\sqrt{\frac{1}{N}}\cdot\sum_{n=-N/2}^{N/2}\sum_k s_{r_{k,n}}(t_0)\right] \tag{4.3.7}$$

从前面的分析知道，OFDM 信号的子载波符号之间具有独立性，于是依据高阶累积量的多线性性质，可将式(4.3.7)改写为

$$\mathrm{Cum}_4(s_r)=\sqrt{\frac{1}{N^4}}\cdot\sum_{n=-N/2}^{N/2}\mathrm{Cum}_4\left[\sum_k s_{r_{k,n}}(t_0)\right] \tag{4.3.8}$$

式中：$\mathrm{Cum}_4\left[\sum_k s_{r_{k,n}}(t_0)\right]$ 表示每个子载波上相应单载波调制信号的四阶累积量，并且这个累积量为一个有限值。针对所有的子载波而言，当满足$-N/2\leqslant n\leqslant N/2$ 时，这个有限值是相同的，所以式(4.3.8)又可表示为

$$\mathrm{Cum}_4(s_r)=\frac{1}{N^2}\cdot N\cdot\mathrm{Cum}_4\left[\sum_k s_{r_{k,n}}(t_0)\right]=\frac{1}{N}\cdot\mathrm{Cum}_4\left[\sum_k s_{r_{k,n}}(t_0)\right] \tag{4.3.9}$$

根据上述分析可以得知：当 N 随之增大时，$\mathrm{Cum}_4(s_r)\to 0$。同理，对于 $\mathrm{Cum}_4(s_i)$而言，具有相同的分析过程及结论。

通过前面一系列的分析及推导，可以得出这样一个结论：当 OFDM 信号的子载波个数很大时，它是具有渐近高斯性的，而高斯信号的高阶累积量(阶数为三阶及以上)为零，所以 OFDM 信号的四阶累积量趋近于零。单载波调制信号不具备这种渐近高斯性，所以它们的四阶累积量为非零。根据这个特性，就可以区分 OFDM 信号和单载波调制信号。

接着来讨论中频单载波调制信号的四阶和六阶累积量情况，这里的单载波信号主要

考虑 MPSK 和 MQAM 信号。

根据多进制单载波调制信号的模型,在理想情况下,其中频信号表达式可简化为

$$s(t)=\sqrt{P}\sum_{n}a_n\exp[\mathrm{j}(2\pi f_c t+\theta_0)]g(t-nT_s) \tag{4.3.10}$$

式中:a_n 表示码元序列。

对中频信号 $s(t)$ 进行采样后,可得到采样序列 $s(k)$:

$$s(k)=\sqrt{P}a_k\exp[\mathrm{j}(2\pi f_c k+\theta_0)] \tag{4.3.11}$$

式中:$k=1,2,\cdots,\mathrm{DL}$,DL 表示采样数据的长度;a_k 为平均功率归一化后的码元采样序列,对于不同调制方式的信号,a_k 的表达式往往不同。

中频信号 $s(t)$ 的 $M_{s,20}$ 项展开式为

$$\begin{aligned}M_{s,20}&=E[s(k)^2]=P\cdot E[a_k^2]\cdot E[\mathrm{e}^{\mathrm{j}4\pi f_c k}]\cdot E[\mathrm{e}^{\mathrm{j}2\theta_0}]\\&=P\mathrm{e}^{\mathrm{j}2\theta_0}\cdot E[a_k^2]\cdot E[\mathrm{e}^{\mathrm{j}4\pi f_c k}]\end{aligned} \tag{4.3.12}$$

式中:$E[\cdot]$ 表示求期望。当 DL 的取值足够大时,$E[\mathrm{e}^{\mathrm{j}4\pi f_c k}]=0$,故 $C_{s,20}=M_{s,20}=0$。

$s(t)$ 的 $M_{s,21}$ 项展开式如下:

$$\begin{aligned}M_{s,21}&=E[s(k)\cdot s^*(k)]=P\cdot E[|a_k|^2]\cdot E[\mathrm{e}^{\mathrm{j}2\pi f_c k}\cdot\mathrm{e}^{-\mathrm{j}2\pi f_c k}]\cdot E[\mathrm{e}^{\mathrm{j}\theta_0}\cdot\mathrm{e}^{-\mathrm{j}\theta_0}]\\&=P\cdot E[|a_k|^2]\end{aligned} \tag{4.3.13}$$

所以有

$$C_{s,21}=M_{s,21}=P\cdot E[|a_k|^2] \tag{4.3.14}$$

同理计算可以得:$M_{s,40}=0,M_{s,41}=0,M_{s,42}=P^2\cdot E[|a_k|^4],M_{s,63}=P^3\cdot E[|a_k|^6]$。所以中频信号 $s(t)$ 的四阶和六阶累积量为

$$C_{s,40}=0 \tag{4.3.15}$$

$$C_{s,41}=0 \tag{4.3.16}$$

$$C_{s,42}=M_{s,42}-2M_{s,21}^2=P^2\{E[|a_k|^4]-2E[|a_k|^2]\} \tag{4.3.17}$$

$$\begin{aligned}C_{s,63}&=M_{s,63}-9M_{s,21}M_{s,42}+12M_{s,21}^3\\&=P^3\cdot E[|a_k|^6]-9P^3\cdot E[|a_k|^4]\cdot E[|a_k|^2]+12P^3\cdot E[|a_k|^2]^3\end{aligned} \tag{4.3.18}$$

观察中频信号的高阶累积量可以发现,对于特定形式的高阶累积量,如 $C_{s,21}$、$C_{s,42}$ 等,它们的值不为零,而对于像 $C_{s,20}$、$C_{s,40}$、$C_{s,41}$ 等形式的高阶累积量,其结果为零。通过上面各式的推导及计算结果可知,在 $M_{s,pq}$ 形式的式子中,当 $p=2q$ 时,$M_{s,pq}$ 的值不为零;当 $p\neq 2q$ 时,$M_{s,pq}$ 的取值为零[293]。接下来对其进行验证,即

$$\begin{aligned}M_{s,pq}&=E\{s(k)^{p-q}\cdot[s(k)^*]^q\}=P^p\cdot E[a_k^{p-q}(a_k^*)^q]\cdot E[(\mathrm{e}^{\mathrm{j}2\pi f_c k})^{p-q}\cdot(\mathrm{e}^{-\mathrm{j}2\pi f_c k})^q]\cdot\\&\quad E[(\mathrm{e}^{\mathrm{j}\theta_0})^{p-q}\cdot(\mathrm{e}^{-\mathrm{j}\theta_0})^q]\end{aligned} \tag{4.3.19}$$

(1)当 p、q 满足 $p=2q$ 时,$E[(\mathrm{e}^{\mathrm{j}2\pi f_c k})^{p-q}\cdot(\mathrm{e}^{-\mathrm{j}2\pi f_c k})^q]=1$,$E[(\mathrm{e}^{\mathrm{j}\theta_0})^{p-q}\cdot(\mathrm{e}^{-\mathrm{j}\theta_0})^q]=1$,所以有 $M_{s,pq}=P^p\cdot E[|a_k|^p]\neq 0$。

(2)当 p、q 满足 $p\neq 2q$ 时,$E[(\mathrm{e}^{\mathrm{j}2\pi f_c k})^{p-q}\cdot(\mathrm{e}^{-\mathrm{j}2\pi f_c k})^q]=0$,所以有 $M_{s,pq}=0$。

对于 MPSK 信号,$a_k\in\{\exp[\mathrm{j}2\pi(m-1)/M],m=1,2,\cdots,M\}$,这里以中频 BPSK 信号

为例,求它在理想情况下的各阶累积量。对于 BPSK 信号,有 $E[a_{\mathrm{BPSK}_k}^2]=1$,$E[a_{\mathrm{BPSK}_k}^4]=1$,将其分别代入式(4.3.14)、式(4.3.17)及式(4.3.18)中计算,可得

$$C_{\mathrm{BPSK},21}=M_{\mathrm{BPSK},21}=P\cdot E[|a_{\mathrm{BPSK}_k}|^2]=P \tag{4.3.20}$$

$$C_{\mathrm{BPSK},42}=M_{\mathrm{BPSK},42}-2M_{\mathrm{BPSK},21}^2=P^2\{E[|a_{\mathrm{BPSK}_k}|^4]-2E[|a_{\mathrm{BPSK}_k}|^2]\}=P^2\times(1-2)=-P^2 \tag{4.3.21}$$

$$\begin{aligned}C_{\mathrm{BPSK},63}&=M_{\mathrm{BPSK},63}-9M_{\mathrm{BPSK},21}M_{\mathrm{BPSK},42}+12M_{\mathrm{BPSK},21}^3\\&=P^3\cdot E[|a_{\mathrm{BPSK}_k}|^6]-9P^3\cdot E[|a_{\mathrm{BPSK}_k}|^4]\cdot E[|a_{\mathrm{BPSK}_k}|^2]+12P^3\cdot E[|a_{\mathrm{BPSK}_k}|^2]^3\\&=P^3\times1-9P^3\times1\times1+12P^3\\&=4P^3\end{aligned} \tag{4.3.22}$$

同理可以得到 QPSK、8PSK、16QAM、32QAM 和 64QAM 信号的高阶累积量,表 4.3.1 列出了 OFDM 信号及这几种单载波调制信号的各阶累积量理论值。

表 4.3.1　MPSK、MQAM、OFDM 的各阶累积量

调制方式	各阶累积量					
	$C_{s,20}$	$C_{s,21}$	$C_{s,40}$	$C_{s,41}$	$C_{s,42}$	$C_{s,63}$
BPSK	0	P	0	0	$-P^2$	$4P^3$
QPSK	0	P	0	0	$-P^2$	$4P^3$
8PSK	0	P	0	0	$-P^2$	$4P^3$
16QAM	0	P	0	0	$-0.68P^2$	$2.08P^3$
32QAM	0	P	0	0	$-0.69P^2$	$2.11P^3$
64QAM	0	P	0	0	$-0.619P^2$	$1.797P^3$
OFDM	0	P	0	0	0	0

从表 4.3.1 中数据可以看到,这几种信号的各阶累积量不尽相同,由此可以根据不同累积量的值或者是利用累积量的一些组合方式实现 OFDM 信号与 MPSK、MQAM 信号的分类。参考文献[294]采用$|C_{40}|/|C_{21}|^2$ 作为分类特征参数,完成了 OFDM 信号的识别,但是该方法只是针对基带信号有效,从表 4.3.1 中可以看出,中频 OFDM 信号与中频 MPSK、MQAM 信号的该特征参数相同,故不能完成对它们的分类。此后,吕挺岑等[207]在参考文献[294]的基础上加以改进,改用$|C_{42}|/|C_{21}|^2$ 作为识别参数,实现了 OFDM 信号与单载波调制信号在多径信道环境下的分类,但是,该方法同样是针对基带信号进行研究的,并未考虑中频信号的情况。下面以中频信号为研究对象,分析 OFDM 信号与 MPSK、MQAM 信号的识别分类情况。

由表 4.3.1 中的数据可以得知,7 种调制信号的一些特定形式的高阶累积量和信号功率存在一定的关系,如果直接利用累积量对信号进行识别,就可能会受到影响。虽然接收端会对接收信号进行归一化处理,但是为了完全消除功率对分类特征的影响,故采用两个高阶累积量相除的结果作为特征参数,即

$$F=\frac{|C_{63}|}{|C_{21}|^3} \tag{4.3.23}$$

则本节中待识别信号的特征参数理论值如表 4.3.2 所示。

表 4.3.2　特征参数 F 的理论值

特征参数	调制方式						
	OFDM	BPSK	QPSK	8PSK	16QAM	32QAM	64QAM
F	0	4	4	4	2.08	2.11	1.797

从表 4.3.2 中可以看出，识别参数 F 仅与信号的调制方式有关，且 OFDM 信号的识别参数 F 为 0，而其他单载波调制信号的 F 值不为 0。因此，通过设置合适的判决门限值就可以把单载波调制信号和 OFDM 信号区分出来，其识别流程如图 4.3.1 所示，其中的 thre1 表示设置的门限值。

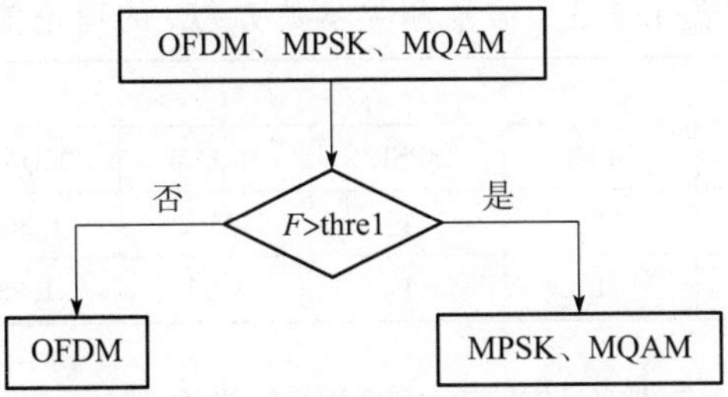

图 4.3.1　基于特征参数 F 的识别框图

2. 基于高阶矩的中频 OFDM 信号识别

前一小节利用 OFDM 信号的渐近高斯性研究了基于高阶累积量的 OFDM 信号识别方法，而 OFDM 信号在高斯白噪声信道下的高斯性还可以由它的高阶矩来体现，利用此特性也可以区分单载波调制信号与 OFDM 信号[295]。为了方便后续研究的开展，现将信号 $s(k)$ 的 $p+q$ 阶混合矩定义式重写如下：

$$M_{pq}=E\{[s(k)]^{p-q}\cdot[s^*(k)]^q\} \tag{4.3.24}$$

由此可得

$$M_{21}(s)=E[s(k)\cdot s^*(k)]=E[|s(k)|^2] \tag{4.3.25}$$

$$M_{42}(s)=E[s^2(k)\cdot(s^*(k))^2]=E[|s(k)|^4] \tag{4.3.26}$$

$$M_{63}(s)=E[s^3(k)\cdot(s^*(k))^3]=E[|s(k)|^6] \tag{4.3.27}$$

对于复信号 $s(k)$，其归一化峰度定义如下[261]：

$$K(s)=\frac{E[|s|^4]}{E^2[|s|^2]}=\frac{M_{42}(s)}{M_{21}^2(s)} \tag{4.3.28}$$

根据参考文献[261]可知，$K(s)=3$ 的实信号是高斯信号，通过推导可以得到如下两个结论[295]：

结论 1：$K(s)=2$ 的复信号为复高斯信号。

结论 2：若复信号 $s(k)$ 为复高斯信号，则有

$$\frac{E[|s|^6]}{E^3[|s|^2]}=\frac{M_{63}(s)}{M_{21}^3(s)}=6 \tag{4.3.29}$$

因此，通过上面的分析可以得到以下两个参数：

$$L_1=\frac{M_{42}(s)}{M_{21}^2(s)} \tag{4.3.30}$$

$$L_2=\frac{M_{63}(s)}{M_{21}^3(s)} \tag{4.3.31}$$

根据前一小节对中频数字调制信号高阶累积量的推导及分析可知,这两个参数可以用于中频信号的识别。OFDM、MPSK 和 MQAM 三类信号的分类参数 L_1、L_2 的理论值如表 4.3.3 所示,从表中的数据可以看出,OFDM 信号的 L_1 值等于 2,即它的 $K(s)$ 为 2,L_2 值等于 6,这刚好同时满足结论 1 和结论 2,由此也可以说明 OFDM 信号具有高斯性。对于单载波调制信号 MPSK 和 MQAM 而言,这两类信号的分类参数 L_1、L_2 都不满足结论 1 和结论 2,所以它们不具备高斯性,利用这一特性就可以完成它们与 OFDM 信号的分类。

表 4.3.3　信号分类参数 L_1、L_2 的理论值

特征参数	调制方式						
	BPSK	QPSK	8PSK	16QAM	32QAM	64QAM	OFDM
L_1	1	1	1	1.312	1.306	1.378	2
L_2	1	1	1	1.93	1.88	2.21	6

由表 4.3.3 中的理论值数据情况可以看出,分类参数 L_1 和 L_2 都可以完成 OFDM 信号的识别,但是 L_2 的区分度明显好于 L_1 的区分度。因此,本书利用 L_2 对中频 OFDM 信号进行识别,图 4.3.2 给出了该方法的识别框图,其中的 thre2 表示判决门限。

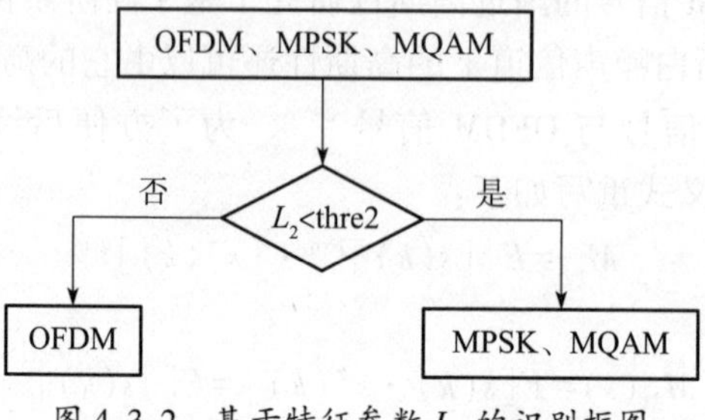

图 4.3.2　基于特征参数 L_2 的识别框图

4.3.3　基于特征参数 KS 的中频 OFDM 信号识别

1. 特征参数 KS 的定义

S. Taira 和 E. Murakami 在文献[290]中首次提出利用统计参量 K 对模拟调制信号进行识别的方法,该方法根据模拟信号在包络统计特性上的差异性来完成信号的分类。统计参量 K 的定义如下:

$$K=E[z^2(t)]-2\{E[z(t)]\}^2 \tag{4.3.32}$$

式中:$z(t)$ 表示信号包络的平方。从式(4.3.32)可以看出,统计参量 K 的实质就是信号包络四次方的均值减去两倍信号包络平方的均值平方。参考文献[280]提出了一种用于识别 OFDM 信号的特征参数 Q,并证明该参数完全不受高斯白噪声的干扰,仅与信号本身的调制方式相关,从而具有较好的抗噪能力。经过比较发现,特征参数 Q 其实就是统计参量

K,本书将这种原用于模拟信号识别的方法运用到 OFDM 信号与单载波数字调制信号的识别中来,并将统计参量 K 称为特征参数 KS。

2. 基于特征参数 KS 的识别方法

根据前面对 OFDM 信号高斯性的分析可知,它可以表示为式(4.3.2)的实部和虚部的组成形式,因此可得

$$a_{\mathrm{OFDM}}^2(t)=s_r^2(t)+s_i^2(t) \tag{4.3.33}$$

参考文献[280]已经证明了 KS 不受高斯白噪声的影响,所以有

$$\begin{aligned}\mathrm{KS}&=E[z^2(t)]-2\{E[z(t)]\}^2=E[a_{\mathrm{OFDM}}^4(t)]-2\{E[a_{\mathrm{OFDM}}^2(t)]\}^2\\&=2E[s_r^4+2s_r^2s_i^2+s_i^4]-2\times\{2E[s_r^2]\}^2=2E[s_r^4]+2\{E[s_r^2]\}^2-8\{E[s_r^2]\}^2\\&=2E[s_r^4]-6\{E[s_r^2]\}^2\end{aligned} \tag{4.3.34}$$

对 $E[s_r^4]$ 和 $E[s_r^2]$ 有 $E[s_r^4]=3\sigma^4+6\sigma^2\mu^2+\mu^4$,$E[s_r^2]=\sigma^2+\mu^2$,于是可得

$$2E[s_r^4]=6\sigma^4+12\sigma^2\mu^2+2\mu^4 \tag{4.3.35}$$

$$6\{E[s_r^2]\}^2=6\sigma^4+12\sigma^2\mu^2+6\mu^4 \tag{4.3.36}$$

把式(4.3.35)和式(4.3.36)代入式(4.3.34)中,通过计算得到 OFDM 信号特征参数 KS 的值为

$$\mathrm{KS}=-4\mu^4 \tag{4.3.37}$$

信号经过幅度整理后其均值往往为零,故 OFDM 信号的特征参数 KS 值为零,对于 MPSK 和 MQAM 信号而言,它们的该特征值不为零。从理论上讲,特征参数 KS 可以作为一个有效的识别参量来区分 OFDM 信号和单载波数字调制信号,表 4.3.4 给出了幅度整理后调制信号的该特征参数理论值。

表 4.3.4　特征参数 KS 的理论值

特征参数	调制方式						
	OFDM	BPSK	QPSK	8PSK	16QAM	32QAM	64QAM
KS	0	−1	−1	−1	−0.5733	−0.6049	−0.4745

根据表 4.3.4 所提供的数据可以得到基于特征参数 KS 的识别流程,如图 4.3.3 所示,其中的 thre3 表示根据表 4.3.4 所设置的判决门限值。该方法具体的实现步骤如下:

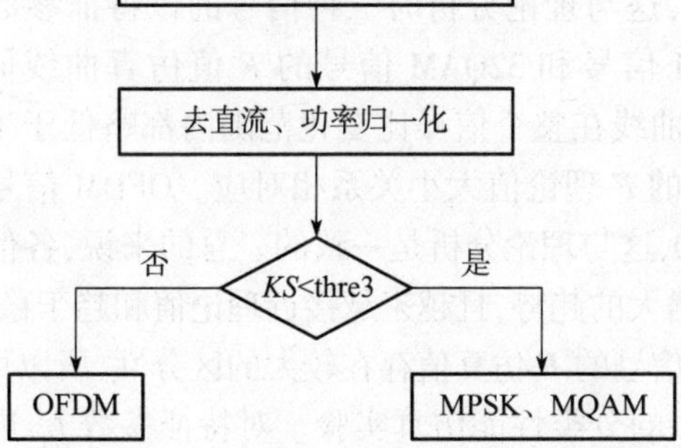

图 4.3.3　基于特征参数 KS 的识别框图

步骤(1):对接收到的信号进行去直流和功率归一化处理。

步骤(2):根据特征参数 KS 的定义求信号的特征值。

步骤(3):将步骤(2)中计算得到的 KS 值与判决门限 thre3 进行比较,若大于等于 thre3,则待识别信号为 OFDM 信号,反之则为单载波信号。

4.3.4 实验仿真及结果分析

为了检验前面讨论的三种识别算法的识别性能,本节利用 MATLAB 仿真软件对其进行实验验证,待识别调制信号的集合是{BPSK,QPSK,8PSK,16QAM,32QAM,64QAM,OFDM}。仿真实验参数设置为:符号速率 $R_s=2000$ 码元/s,采样频率 $f_s=40000$Hz,载波频率 $f_c=6000$Hz,成形方式为矩形脉冲;OFDM 信号的子载波数目为 64 个,并且子载波的调制方式均采用 QPSK 调制;在信号经过传输信道时添加高斯白噪声。

实验 1:特征参数 F 的分类性能仿真实验。对特征参数 F 进行仿真并观察其随信噪比变化的情况,设观察符号数为 2000 个,信噪比的变化范围为-4~20dB,以 2dB 为变化步长,每个信噪比下进行 400 次仿真,然后取其平均值作为实验结果,图 4.3.4 给出了识别参数 F 的仿真结果。

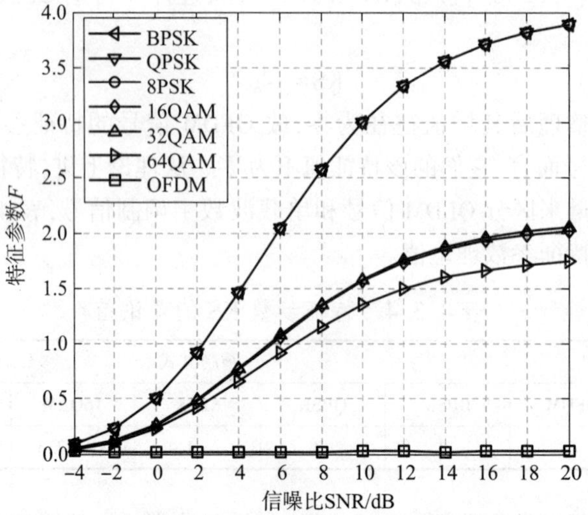

图 4.3.4 特征参数 F 的分类性能仿真

从图 4.3.4 中可以看出,BPSK、QPSK 和 8PSK 三种信号的 F 值仿真曲线并未有太大的差异,三者几乎是重合的,这与理论分析时三种信号的该特征参数值相同是吻合的。对于 MQAM 信号而言,16QAM 信号和 32QAM 信号的 F 值仿真曲线同样没有太大的差异,而 64QAM 信号的 F 值仿真曲线在整个信噪比变化范围内都略低于 16QAM 和 32QAM 信号的仿真曲线,这与三种信号的 F 理论值大小关系相对应。OFDM 信号的 F 仿真值在-4~20dB 的信噪比下都非常接近 0,这与理论分析是一致的。总的来说,各信号特征参数 F 的仿真值随着信噪比的提高呈现增大的趋势,且越来越接近理论值和趋于稳定,同时,OFDM 信号的 F 仿真值与 MPSK、MQAM 信号的 F 仿真值存在较大的区分性,所以可以实现它们的分类。

实验 2:特征参数 L_2 的分类性能仿真实验。对特征参数 L_2 进行仿真并观察其随信噪比变化的情况,其参数设置情况同实验 1,特征参数 L_2 随信噪比变化的仿真结果如

图 4.3.5 所示。从图中可以看出,各信号特征参数 L_2 的仿真值都随着信噪比的提高呈现减小的趋势,并且趋于稳定。除 OFDM 信号的 L_2 仿真值略小于理论值外,其余信号的 L_2 仿真值都越来越接近理论值。OFDM 信号的 L_2 值明显大于 MPSK、MQAM 信号的 L_2 值,所以特征参数 L_2 具备较大的区分度,可以完成 OFDM 信号的识别。

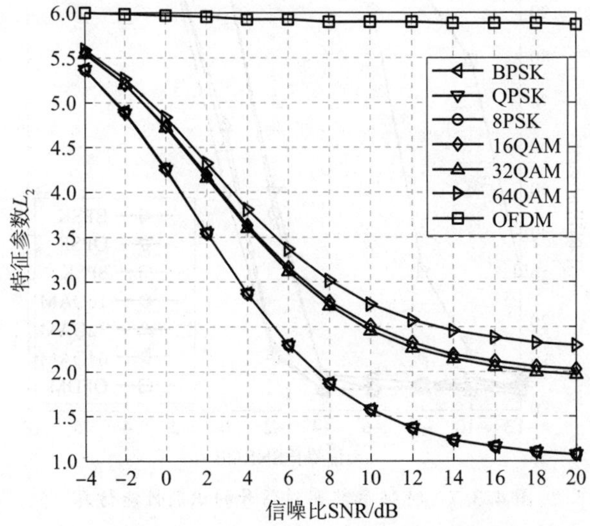

图 4.3.5　特征参数 L_2 的分类性能仿真

实验 3:特征参数 KS 的分类性能仿真实验。对特征参数 KS 进行仿真并观察其随信噪比变化的情况,其参数设置情况同前面两个仿真实验,特征参数 KS 的仿真结果如图 4.3.6 所示。

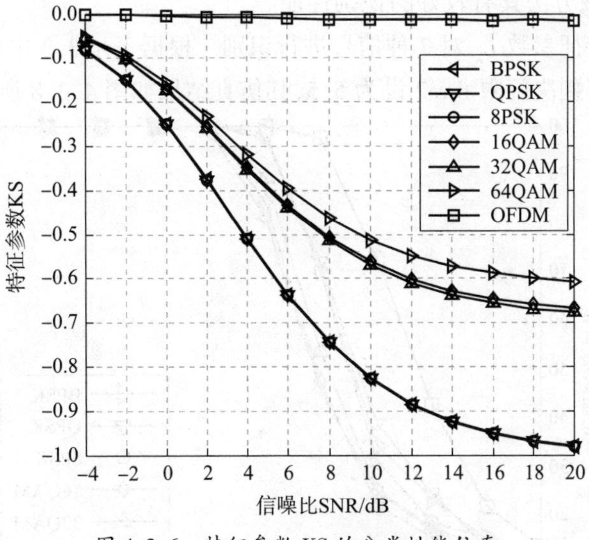

图 4.3.6　特征参数 KS 的分类性能仿真

通过对比分析图 4.3.6 和图 4.3.5 可以发现,各信号特征参数 KS 的变化趋势与特征参数 L_2 的变化趋势非常相似,这里不再赘述。仿真结果表明,OFDM 信号的 KS 值明显区别于单载波调制信号的 KS 值,说明利用特征参数 KS 对 OFDM 信号进行识别的方法是可行的。

实验4:利用特征参数F对7种信号进行识别。根据表4.3.2中的数据及实验1的仿真结果,将判决门限thre1的值设为0.24,信噪比的变化范围为-12~8dB,变化间隔为2dB,每种信号在不同信噪比下进行400次蒙特卡洛仿真,仿真结果如图4.3.7所示。

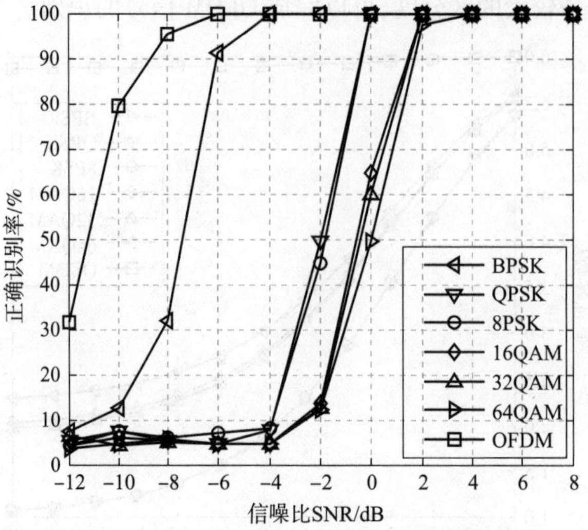

图4.3.7　特征参数F对信号的识别性能仿真

从图4.3.7中可以得知,当信噪比大于2dB时,各信号的正确识别率均在98%以上,OFDM信号、MPSK信号的识别率更是达到100%。在信噪比大于等于4dB的变化范围内,全体信号的识别准确率都达到了100%。这里更为关心的OFDM信号的识别情况,可以看出,当信噪比为-8dB时,其识别率能达95%,当信噪比提高到-6dB时,可达100%的正确识别率,说明该方法具有较好的识别性能。

实验5:利用特征参数L_2对7种信号进行识别。根据表4.3.3中的L_2理论值与实验2的结果,该实验将判决门限thre2设为5.5,其仿真结果如图4.3.8所示。

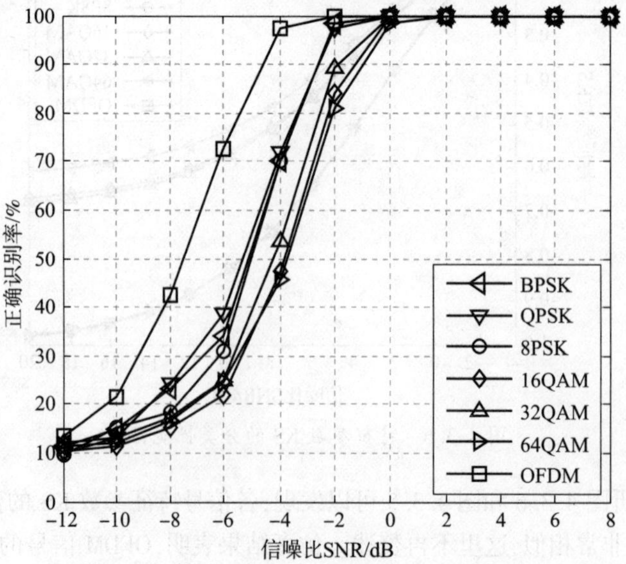

图4.3.8　特征参数L_2对信号的识别性能仿真

通过图 4.3.8 可知,在信噪比为 0dB 时,7 种信号的识别准确率达到了 98%,当信噪比达到 2dB 时,全部信号的正确识别率都可达 100%。对于 OFDM 而言,当信噪比为-4dB 时,其识别率为 97%,在信噪比为大于等于-2dB 的范围内,可达 100%的正确识别率,这说明该方法具有可靠的识别性能。

实验 6:利用特征参数 KS 对 7 种信号进行识别。参考特征参数 KS 的理论值及实验 3 的仿真结果,这里把判决门限 thre3 置为-0.2。

图 4.3.9 是基于特征参数 KS 的 OFDM 信号与单载波调制信号的识别仿真结果,从图中容易看出,当信噪比为 0dB 时,所有信号的识别率可达 93%及以上,当信噪比提高到 2dB 时,整体识别率都达到 100%。对于 OFDM 信号而言,当信噪比为-4dB 时,其能达到 96%以上的识别率,把信噪比提高到-2dB 后,它能保持 100%的正确识别率,这也证明了此方法的可行性及有效性。

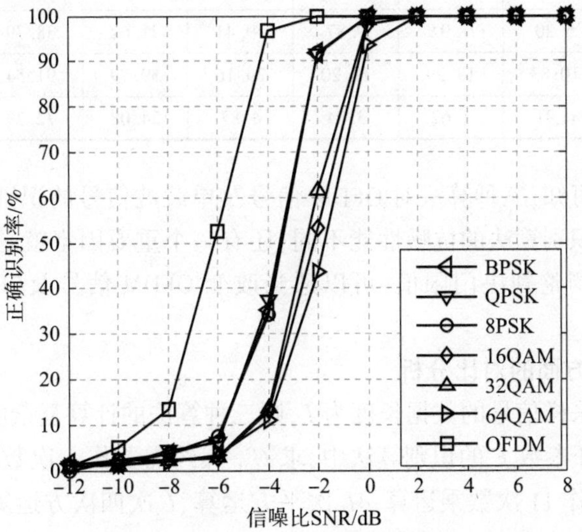

图 4.3.9 特征参数 KS 对信号的识别性能仿真

4.3.5 三种算法的对比分析

1. 识别性能方面的对比分析

根据实验 4、实验 5 和实验 6 的仿真结果,可以得到如表 4.3.5 和表 4.3.6 所示的三种识别算法的正确识别率比较情况。由表 4.3.5 可见,三种算法在-12～-4dB 的信噪比范围内对 OFDM 信号的识别性能有所不同,基于 F 的识别算法性能最佳,其次是基于 L_2 的算法,基于 KS 的识别算法性能最差。当信噪比增加到-2dB 后,三种算法对 OFDM 信号都能达到 100%的正确识别。根据表 4.3.6 则可知三种算法对单载波信号的平均识别率情况。基于特征参数 F 的识别算法在信噪比为 0dB 时,单载波信号的平均识别率大约能达到 79%,当信噪比达到 2dB 时,平均识别率则达到 99.45%。基于特征参数 L_2 的识别算法在信噪比为 0dB 的情况下对单载波信号的平均识别率约为 99.70%,在信噪比等于 2dB 时正确率能达到 100%。基于特征参数 KS 的识别算法在信噪比为 0dB 时,MPSK 及 MQAM 信号的平均识别率大约能达到 98.54%,当信噪比提高到 2dB 时,6 种单载波信号均能达到 100%的正确识别率。

表 4.3.5　三种算法对 OFDM 信号的识别率　单位:%

特征参数	信噪比					
	-12dB	-10dB	-8dB	-6dB	-4dB	≥-2dB
F	31.50	79.50	95.25	100.00	100.00	100.00
L_2	13.75	21.50	42.50	72.25	97.50	100.00
KS	1.25	5.75	13.50	52.75	96.75	100.00

表 4.3.6　三种算法对单载波调制信号的平均识别率　单位:%

特征参数	信噪比							
	-12dB	-10dB	-8dB	-6dB	-4dB	-2dB	0dB	2dB
F	5.20	7.04	9.87	19.41	21.62	38.79	79.00	99.45
L_2	10.83	13.29	19.20	29.16	59.79	91.54	99.70	100.00
KS	0.91	1.62	3.04	4.87	24.08	72.29	98.54	100.00

通过上述分析可知,三种算法对 OFDM 信号及单载波信号的识别性能存在一定的差距。这是由于各种识别算法的抗噪性能不同,还有一个重要因素就是判决门限 thre 设置得是否合适。通过调整判决门限值,可以适当改变 OFDM 信号及单载波信号的正确识别率。

2. 计算复杂度方面的对比分析

假设截取到的采样信号的数据长度为 L,则三种算法的计算复杂度如下:

(1) 在基于特征参数 F 的识别算法中,求 C_{21} 大约需要作 1 次数乘运算、L 次平方运算,求 C_{63} 大约需要作 11 次数乘运算、$4L$ 次平方运算、L 次四次方运算、L 次六次方运算,则得到特征参数 F 大约总共需要作 16 次数乘运算、$5L$ 次平方运算、L 次四次方运算、L 次六次方运算。

(2) 在基于特征参数 L_2 的识别算法中,求 M_{21} 大约要 1 次数乘运算、L 次平方运算,求 M_{63} 大约需要 1 次数乘运算、L 次六次方运算,则求得特征参数 L_2 大约需作 6 次数乘运算、L 次平方运算、L 次六次方运算。

(3) 在基于特征参数 KS 的识别算法中,求得特征参数 KS 大约需要 5 次数乘运算、$4L$ 次平方运算。

由此可以得知三种算法计算复杂度的关系为:基于特征参数 KS 的识别算法的计算量最小,基于特征参数 L_2 的识别算法次之,基于特征参数 F 的识别算法的计算量最大。综合前面对识别性能的分析,可以得到这样一个启示:在应用时,应该根据实际情况采取合适的识别方法,可以以信号的正确识别率及识别方法的计算复杂度等因素作为选择依据。

4.3.6　本节小结

本节主要研究利用高阶统计特性对中频 OFDM 信号进行识别的方法。通过分析 OFDM 信号在高斯信道中的渐近高斯性以及推导中频数字调制信号的高阶累积量表达式,构造了可以用于中频信号识别的归一化六阶累积量和归一化六阶混合矩。对归一化六阶累积量而言,OFDM 信号的该值为 0,而单载波信号的该值为非 0。对于归一化六阶混合矩而言,OFDM 信号的该值为 6,而单载波信号的该值为其他 1~2.21 的较小数值。其次,分析了一个模拟调制识别中的特征量,OFDM 信号的该特征量在理论上为 0,而单载波信号的该值不为 0。因此,上述三个特征参数通过与其相应的判决门限进行比较,都可实现中频 OFDM 信号的识别。

仿真结果表明,以上三种方法虽然在-12~-4dB 的信噪比范围内对 OFDM 信号的识别性能存在一定的差异,但是当信噪比提高到-2dB 后,三种方法对 OFDM 信号的识别率都能达 100%。从计算复杂度方面来看,第一种方法计算量最大,第二种方法次之,第三种方法计算量最小。

本节研究的三种方法都可直接对中频 OFDM 信号进行识别,无须预先知道信号的先验信息,并且可以有效抑制高斯白噪声,且易于实现,适合在特定信道条件下使用,在实际应用时可根据具体指标选择何种识别方法。

4.4　基于高阶循环累积量的 OFDM 信号的调制识别

4.4.1　引言

在当前复杂的信号环境中,为了充分利用信道,空间传播的通信信号均是调制以后才进行传输的,而信号采用的调制方式也是多种多样的。因此,在信号的接收端,为了正确地解调和分析接收到的信号,或者为了在传输过程中对信号进行干扰,必须能够正确地识别信号的调制方式,然后采用相应的解调方法。调制信号的调制方式是区分不同性质通信信号的一个重要特征,调制信号识别是信号检测和信号解调之间的重要步骤。所以,在多信号环境和有信号干扰条件下确定出接收信号的调制方式,可以为进一步地分析和处理信号提供重要的依据。

对于 OFDM 信号,由于其是多载波调制信号,在对其进行调制识别时,除了需要将其与单载波信号进行分离,还需要知道子载波上面的调制方式,故 OFDM 信号子载波调制方式的识别对于解调 OFDM 信号也起着至关重要的作用。所以,OFDM 信号的调制方式识别包括 OFDM 信号的识别和其子载波调制方式的识别。

4.3.2 节中研究了一种基于高阶累积量的中频 OFDM 信号识别方法,该方法通过高阶累积量区分 OFDM 信号和单载波信号。但是该方法没有识别 OFDM 信号子载波的调制方式,为此,在本节中提出了一种基于高阶循环累积量的盲识别方法。该方法首先详细推导了子载波采用 MPSK、MQAM 调制方式的 OFDM 信号的四阶循环累积量,并且从理论得出子载波采用不同调制方式 OFDM 信号的四阶循环累积量的值不同,因此可以通过信号的四阶循环累积量的值来区分子载波的调制方式。

4.4.2　基于高阶循环累积量的 OFDM 信号子载波调制识别

1. OFDM 的高阶循环累积量分析

通信信号具有循环平稳性的特点,循环累积量是信号处理的一种有效数学方法之一。

在理论上,高阶循环累积量可以完全消除所有平稳的高斯噪声或者非平稳的高斯噪声以及其他噪声[275],所以在较低信噪比下,可以用高阶循环累积量解决信号调制识别、参数估计等问题。

假设 $x(n)$ 是一个平稳的复随机过程,则 $x(n)$ 的 k 阶矩表示如下:

$$M_{kx}(\tau_1,\cdots,\tau_{k-1})=E[x(n)x(n+\tau_1)\cdots x(n+\tau_{k-1})] \tag{4.4.1}$$

式中:$\tau_1,\tau_2,\cdots,\tau_{k-1}$ 表示固定时延,则 k 阶样本循环矩估计[64]:

$$\begin{aligned} M_{kx}^{\alpha}(\tau_1,\tau_2,\cdots,\tau_{k-1}) &= \frac{1}{T}\sum_{i=0}^{N-1} x(i)x(i+\tau_1)\cdots x(i+\tau_{k-1})\mathrm{e}^{-\mathrm{j}2\pi k\alpha t} \\ &= \langle x(i)x(i+\tau_1)\cdots x(i+\tau_{k-1})\mathrm{e}^{-\mathrm{j}2\pi k\alpha t}\rangle_t \end{aligned} \tag{4.4.2}$$

式中:循环矩的阶数为 k;α 表示循环频率;T 表示观测时间长度;N 表示观测时间 T 内的采样点数;符号 $i=0,1,\cdots,N-1$;符号 $\langle\cdot\rangle_t$ 表示时间平均(在处理实际平稳信号中以时间平均代替统计平均),则信号四阶累积量为

$$C_{4x}(\tau_1,\tau_2,\tau_3)=M_{4x}(\tau_1,\tau_2,\tau_3)-M_{2x}(\tau_1)M_{2x}(\tau_3-\tau_2)-M_{2x}(\tau_2)M_{2x}(\tau_1-\tau_3)-M_{2x}(\tau_3)M_{2x}(\tau_2-\tau_1) \tag{4.4.3}$$

当 $\tau_1=\tau_2=\tau_3=0$ 时,由式(4.4.2),式(4.4.3)可以得到信号四阶循环累积量为

$$C_{40,x}^{\alpha}(0,0,0)=M_{4x}^{\alpha}(0,0,0)-3M_{2x}^{\alpha}(0)M_{2x}^{\alpha}(0)=\langle x^4(t)\mathrm{e}^{-\mathrm{j}8\pi\alpha t}\rangle_t-3\langle x^2(t)\mathrm{e}^{-\mathrm{j}4\pi\alpha t}\rangle_t^2 \tag{4.4.4}$$

2. 子载波采用 MPSK 调制

假设接收端截获到的 OFDM 信号为

$$r(t)=s(t)+w(t)=\sum_{n=1}^{N}A_n(t)\mathrm{e}^{\mathrm{j}(2\pi f_n t+\theta_n\frac{2\pi}{M}+\phi_n)}+w(t) \tag{4.4.5}$$

式中:$A_n(t)$ 表示第 n 路子载波的幅度,现将其归一化使得 $A_n(t)=1$;第 n 路子载波的频率为 f_n;$M=2,4,8\cdots$,表示进制数,$\theta_n=1,2,\cdots,M$,$\theta_n\dfrac{2\pi}{M}$表示第 n 路子载波的基带相位信号;ϕ_n 表示第 n 路子载波的初始相位偏移;$w(t)$ 是均值为 0、方差为 σ^2 的高斯白噪声。

因为任何高斯白噪声信号大于或等于三阶循环累积量值恒为零,所以通过四阶循环累积量可以在很大程度上抑制高斯白噪声,根据式(4.4.5)可以得到 $C_{4r}^{\alpha}=C_{4s}^{\alpha}+C_{4n}^{\alpha}=C_{4s}^{\alpha}$。根据四阶循环累积量的定义,则由式(4.4.3)、式(4.4.4)以及式(4.4.5)可以得到 OFDM 信号四阶循环累积量为

$$\begin{aligned} |C_{40,\mathrm{MPSK}}^{\alpha}(0,0,0)| &= |M_{4x}^{\alpha}(0,0,0)-3M_{2x}^{\alpha}(0)M_{2x}^{\alpha}(0)| \\ &= |\langle x^4(t)\mathrm{e}^{-\mathrm{j}8\pi\alpha t}\rangle_t-3\langle x^4(t)\mathrm{e}^{-\mathrm{j}4\pi\alpha t}\rangle_t^2| \\ &= \left|\sum_{n=1}^{N}\left\langle A_n^4(t)\mathrm{e}^{\mathrm{j}4\left[2\pi f_n t+\theta_n\frac{2\pi}{M}+\varphi_n\right]}\mathrm{e}^{-\mathrm{j}8\pi\alpha t}\right\rangle_t - \right. \\ &\quad \left. 3\sum_{n=1}^{N}\left\langle A_n^2(t)\mathrm{e}^{\mathrm{j}2\left[2\pi f_n t+\theta_n\frac{2\pi}{M}+\varphi_n\right]}\mathrm{e}^{-\mathrm{j}4\pi\alpha t}\right\rangle_t^2\right| \end{aligned} \tag{4.4.6}$$

式中:$|\cdot|$表示取模值,从中可以看出,当循环频率 $\alpha=f_n$ 时,关于时间 t 部分就可以消除。假设接收到的信号的 n 路子载波彼此之间是相互独立的,那么由循环累积量的性质[275]就可以知道,式(4.4.6)的 n 路子载波能够分别独立求和。假设接收到的 n 路载波调制信号

的基带相位是等概随机出现的，则当 $\alpha=f_n$ 时，第 n 路子载波部分有

$$
\begin{aligned}
&\left|\left\langle A_n^4(t)\mathrm{e}^{\mathrm{j}4\left[2\pi f_n t+\theta_n\frac{2\pi}{M}+\varphi_n\right]}\mathrm{e}^{-\mathrm{j}8\pi\alpha t}\right\rangle_t-3\left\langle A_n^2(t)\mathrm{e}^{\mathrm{j}2\left[2\pi f_n t+\theta_n\frac{2\pi}{M}+\varphi_n\right]}\mathrm{e}^{-\mathrm{j}4\pi\alpha t}\right\rangle_t^2\right|\\
&=\left|A_n^4\mathrm{e}^{\mathrm{j}4\varphi_n}\left\langle \mathrm{e}^{\mathrm{j}4\theta_n\frac{2\pi}{M}}\right\rangle_t-3A_n^4\mathrm{e}^{\mathrm{j}4\varphi_n}\left\langle \mathrm{e}^{\mathrm{j}2\theta_n\frac{2\pi}{M}}\right\rangle_t^2\right|
\end{aligned}
\tag{4.4.7}
$$

当 $\alpha\neq f_n$ 时，信号的四阶循环累积量为

$$
\begin{aligned}
&\left|\sum_{n=1}^{N}\left\langle A_n^4\mathrm{e}^{\mathrm{j}4\left[2\pi f_n t+\theta_n\frac{2\pi}{M}+\varphi_n\right]}\mathrm{e}^{-\mathrm{j}8\pi\alpha t}\right\rangle_t-3\sum_{n=1}^{N}\left\langle A_n^2\mathrm{e}^{\mathrm{j}2\left[2\pi f_n t+\theta_n\frac{2\pi}{M}+\varphi_n\right]}\mathrm{e}^{-\mathrm{j}4\pi\alpha t}\right\rangle_t^2\right|\\
&=\left|\sum_{n=1}^{N}\left\langle A_n^4\mathrm{e}^{\mathrm{j}4\left[2\pi(f_n-\alpha)t+\theta_n\frac{2\pi}{M}+\varphi_n\right]}\right\rangle_t-3\sum_{n=1}^{N}\left\langle A_n^2\mathrm{e}^{\mathrm{j}2\left[2\pi(f_n-\alpha)t+\theta_n\frac{2\pi}{M}+\varphi_n\right]}\right\rangle_t^2\right|\\
&=0
\end{aligned}
\tag{4.4.8}
$$

假设每一路子载波调制方式相同，那么每一路子载波各功率也相同，则每一路子载波的幅值都相等并设 $A_n(t)=1$，综合式(4.4.7)和式(4.4.8)可以知道，当 $M=2,\alpha=f_n$ 时，式(4.4.7)等于 2；当 $M=4,\alpha=f_n$ 时，式(4.4.7)等于 1。从以上可以知道 OFDM 信号的四阶循环累积量是以子载波频率间隔为间隔的等峰值函数，因此可以用 OFDM 信号四阶循环累积量函数(自变量是循环频率)的峰值数和循环频率值来确定信号的子载波数目和频率。但是当 $M\geqslant 8$ 时，式(4.4.7)恒为零，这样就不能判断该信号属于通信信号还是高斯噪声。针对这种情况，参考文献[55]提出了一种平方降阶法，该方法是把原始信号平方，然后再对其求四阶循环累积量，这样原来的 8 个相位就变成了 4 个相位，因此也可以得到 8PSK 的子载波频率和数目以及其峰值，并且峰值为 1；对于 $M=16$ 或者更大的 MPSK 调制，同样可以采用再次平方降阶或更高阶的循环累积量，在此本书不再叙述。以 $M=8$ 为例，当 $\alpha=2f_n$ 时，将式(4.4.5)两边平方并简化可得

$$
\begin{aligned}
&\left|\left\langle A_n^4(t)\mathrm{e}^{\mathrm{j}4\left[4\pi f_n t+\theta_n\frac{2\pi}{M/2}+2\varphi_n\right]}\mathrm{e}^{-\mathrm{j}8\pi\alpha t}\right\rangle_t-3\left\langle A_n^2(t)\mathrm{e}^{\mathrm{j}2\left[4\pi f_n t+\theta_n\frac{2\pi}{M/2}+2\varphi_n\right]}\mathrm{e}^{-\mathrm{j}4\pi\alpha t}\right\rangle_t^2\right|=\\
&=\left|A_n^8\mathrm{e}^{\mathrm{j}8\varphi_n}\left\langle \mathrm{e}^{\mathrm{j}4\theta_n\frac{2\pi}{M/2}}\right\rangle_t-3A_n^8\mathrm{e}^{\mathrm{j}8\varphi_n}\left\langle \mathrm{e}^{\mathrm{j}2\theta_n\frac{2\pi}{M/2}}\right\rangle_t^2\right|=1
\end{aligned}
\tag{4.4.9}
$$

由式(4.4.9)可知，平方降阶法相当于将子载波频率为 f_n 的 8 个相位的 8PSK 调制的信号转化为子载波频率为 $2f_n$ 的 4 个相位的 4PSK 调制的信号。依次类推，同样可以得到更高阶的 PSK 调制信号的四阶循环累积量的值。虽然这个平方降阶的方法依然可以用来做子载波载频、子载波数目及调制方式估计，但是它以增加计算复杂度和降低信噪比为代价的。

3. 子载波采用 MQAM 调制

通信常常会用到的一种高效率的调制方式——MQAM，QAM 调制的星座点的各环半径不同。以 16QAM 为例，图 4.4.1 所示为子载波采用 16QAM 调制的星座图。

从图 4.4.1 可以看到，16QAM 可以看作 4 种 4PSK 信号的组合：初始相位为 $\pi/4$ 具有相同幅度的两种，另外两种是加入一定相位偏移的 4PSK 信号，而且它们的相位偏移刚好互为相反数，设其相位绝对值为 β。以图 4.4.1 为例，将 QAM 调制信号的幅度归一化，则有 OFDM 信号的第 n 路子载波 QAM 调制的星座图中的最大半径为 $r=1$，由于星座图上各环半径成倍增加，则设 $s_1(t)$ 是归一化幅值为 1，初始相位为 $\pi/4$ 的信号；则 $s_2(t)$ 是幅值为 1/3，初始相位为 $\pi/4$ 的信号。因为第三种和第四种信号的初始相位绝对值相等，所以幅

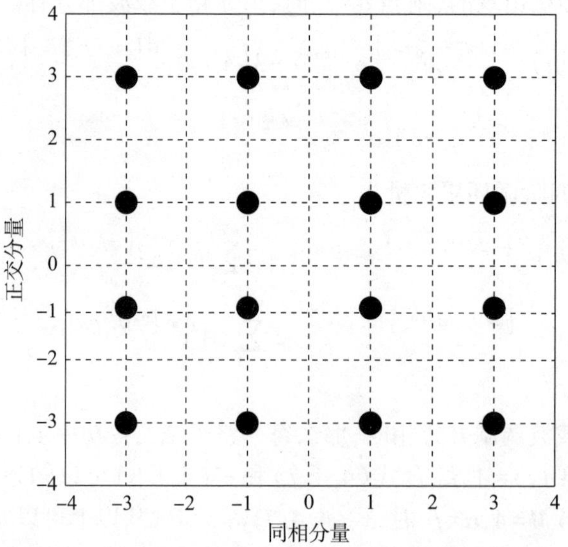

图 4.4.1　子载波采用 16QAM 调制的星座图

值都是 $2\sqrt{5}/3$,因此可以将其视为一种信号并设为 $s_3(t)$;假设这 4 种信号是随机等概率出现的,则 $s_1(t)$ 出现的概率为 0.25,$s_2(t)$ 出现的概率为 0.25,$s_3(t)$ 出现的概率为 0.5。所以当循环频率 $\alpha=f_n$,$A_n(t)=1$ 时,16QAM 的四阶循环累积量为

$$|C_{40,16\mathrm{QAM}}^{\alpha}(0,0,0)|=|C_{40,s_1(t)}^{\alpha}(0,0,0)+C_{40,s_2(t)}^{\alpha}(0,0,0)+C_{40,s_3(t)}^{\alpha}(0,0,0)| \tag{4.4.10}$$

其中

$$|C_{40,s_1(t)}^{\alpha}(0,0,0)|=\left|\frac{1}{4}\sum_{n=1}^{N}\left(-\left\langle \mathrm{e}^{\mathrm{j}8\theta_n\frac{2\pi}{16}+2\pi}\right\rangle_t-3\sum_{n=1}^{N}\left\langle \mathrm{e}^{\mathrm{e}^{\mathrm{j}4\theta_n\frac{2\pi}{16}+\pi}}\right\rangle_t^2\right)\right|=1/4 \tag{4.4.11}$$

$$|C_{40,s_2(t)}^{\alpha}(0,0,0)|=\frac{1}{4}\left|\sum_{n=1}^{N}\left(-\frac{1}{324}\left\langle \mathrm{e}^{\mathrm{j}8\theta_n\frac{2\pi}{16}+2\pi}\right\rangle_t-\frac{3}{324}\sum_{n=1}^{N}\left\langle \mathrm{e}^{\mathrm{e}^{\mathrm{j}4\theta_n\frac{2\pi}{16}+\pi}}\right\rangle_t^2\right)\right|=1/1296 \tag{4.4.12}$$

$$|C_{40,s_3(t)}^{\alpha}(0,0,0)|=\frac{1}{2}\left|\sum_{n=1}^{N}\left(\frac{28}{324}\left\langle \mathrm{e}^{\mathrm{j}8\theta_n\frac{2\pi}{16}+8\beta}\right\rangle_t-\frac{3\times 28}{324}\sum_{n=1}^{N}\left\langle \mathrm{e}^{\mathrm{e}^{\mathrm{j}4\theta_n\frac{2\pi}{16}+4\beta}}\right\rangle_t^2\right)\right|=14/324 \tag{4.4.13}$$

综合式(4.4.10)~式(4.4.13)可得

$$|C_{40,16\mathrm{QAM}}^{\alpha}(0,0,0)|=\begin{cases}0.2099, & \alpha=f_n\\ 0, & 其他\end{cases} \tag{4.4.14}$$

同理,可得 8QAM 四阶循环累积量为

$$|C_{40,8\mathrm{QAM}}^{\alpha}(0,0,0)|=\begin{cases}0.36, & \alpha=f_n\\ 0, & 其他\end{cases} \tag{4.4.15}$$

对于子载波采用高阶的 QAM 调制方式的信号,同样可以通过更高阶的循环累积量对其进行子载波数目、频率估计以及调制方式识别。

综合以上,子载波采用不同调制方式的四阶循环累积量的理论值如表 4.4.1 所示。

表 4.4.1　不同调制方式四阶循环累积量的理论值

调制方式	2PSK	4PSK	8QAM	16QAM
理论值	2	1	0.36	0.2099

门限的设定关系到调制方式的正确识别率,所以为了更接近实际当中的计算,首先计算接收到 OFDM 信号的四阶循环累积量,并设为 $\alpha-|C_{40,r}^{\alpha}(0,0,0)|$,很容易根据该曲线判断 OFDM 信号子载波频率和子载波数目,再将 $\alpha-|C_{40,r}^{\alpha}(0,0,0)|$ 中所有峰值累加和求平均得到的值设为 $\hat{C}$。根据以上分析,取组合特征量作为判别门限:

$$k_1=(1+2)/2=1.5 \tag{4.4.16}$$

$$k_2=(1+0.36)/2=0.68 \tag{4.4.17}$$

$$k_3=(0.36+0.2099)/2\approx 0.2850 \tag{4.4.18}$$

$$k_4=(0.2099+0)/2\approx 0.1050 \tag{4.4.19}$$

根据以上特征量,得到的四阶循环累积量估计均值 $\hat{C}$,若 $\hat{C}\geqslant k_1$,则判定为 2PSK 调制;若 $k_2\leqslant\hat{C}<k_1$,则判定为 4PSK 调制;若 $k_3\leqslant\hat{C}<k_2$,则判定为 8QAM 调制;若 $k_4\leqslant\hat{C}<k_3$,则判定为 16QAM 调制。

本节算法的基本流程如下:

(1)用傅里叶变换计算接收到信号 $r(t)$ 的功率谱得到频率的大致范围作为循环频率 α 有效范围。

(2)用式(4.4.1)~式(4.4.5)计算信号的四阶循环累积量函数 $\alpha-|C_{40,r}^{\alpha}(0,0,0)|$。

(3)计算函数 $\alpha-|C_{40,r}^{\alpha}(0,0,0)|$ 所有峰值均值 $\hat{C}$,根据式(4.4.16)~式(4.4.19)判断 OFDM 信号子载波的调制方式。

4.4.3　仿真实验及结果分析

设接收到的信号为 $r(t)=s(t)+w(t)$,观测时间为 T,采样点为 N,采样时刻为 i,则由式(4.4.4)可知信号的 k 阶循环矩为

$$M_{kr}^{\alpha}(\tau_1,\tau_2,\cdots,\tau_{k-1})=\frac{1}{T}\sum_{i=0}^{N-1}r(i)r(i+\tau_1)\cdots r(i+\tau_{k-1})\mathrm{e}^{-\mathrm{j}2\pi\alpha t} \tag{4.4.20}$$

为了减少随机噪声的影响,使接收信号 $r(t)$ 能够在较低信噪比下有较好的识别率,在做实验仿真时用数据累加的方法,其表达式如下:

$$M_{kr,\mathrm{cum}}^{\alpha}(\tau_1,\tau_2,\cdots,\tau_{k-1})=\frac{1}{T}\sum_{n=1}^{N_F}\sum_{i=(n-1)N_M}^{nN_M}r(i)r(i+\tau_1)\cdots r(i+\tau_{k-1})\mathrm{e}^{-\mathrm{j}2\pi\alpha t} \tag{4.4.21}$$

式中:$N=N_MN_F$;N_M 表示分段的数;N_F 表示分段后每小段的采样点数;$M_{kr,\mathrm{cum}}^{\alpha}(\tau_1,\tau_2,\cdots,\tau_{k-1})$ 对每段的高阶循环矩累加求平均。这样累加后所求的四阶循环累积量比没有累加求得的消除噪声的效果更好。这是因为在曲线 $C_{40,r}^{\alpha}(0,0,0)$ 上只有载波频率处的值是恒正或恒负,而噪声是随时间随机变化的,又在同样的观测时间 T 内载波频率 f_c 是不变的,所以分段后累加可以将随机噪声相互抵消,从而达到更好的消噪效果,但是分段数不是越多越好,这是因为分段数 N_M 越大,采样点数 N_F 就会越小,这样每个基带相位出现的数目不

一样,从而导致四阶循环累积值与理论值相差很大。

实验1:高斯白噪声信道下2/4PSK仿真结果。实验仿真条件:产生信号时子载波采用2/4PSK调制;按照逆傅里叶变换点数为512,循环前缀长度为1/4的傅里叶变换点数,即128产生信号;数据采样频率5.12kHz;子载波频率间隔为100Hz;码元速率为100码元/s;信道是高斯白噪声信道;采用的信噪比为5dB。

图4.4.2中子载波采用2PSK调制,子载波之间相互独立,上变频频率为1.8kHz,产生4路子载波,码元个数为20000,并将接收到的数据分成100段,累加求平均。从图中可以很清楚地看出,当循环频率等于子载波频率时,四阶循环累计量 α-$|C_{40,r}^{\alpha}(0,0,0)|$ 曲线的峰值都在2左右,子载波间隔为100Hz,子载波数为4个,因此该方法能够估计出OFDM信号的子载波频率和数目,并且也能够判断出其子载波调制的方式。

图4.4.3中子载波采用4PSK调制,产生4路子载波,码元个数为20000,将接收到的信号分成100段累加求平均。从图4.4.3中可以看出,信号采用4PSK调制时,四阶循环累积量 α-$|C_{40,r}^{\alpha}(0,0,0)|$ 曲线的峰值都在1左右,相邻子载波间隔为100Hz,因此仍然可以估计出子载波个数以及子载波频率,并且也可以断定该信号采用调制方式为4PSK调制。

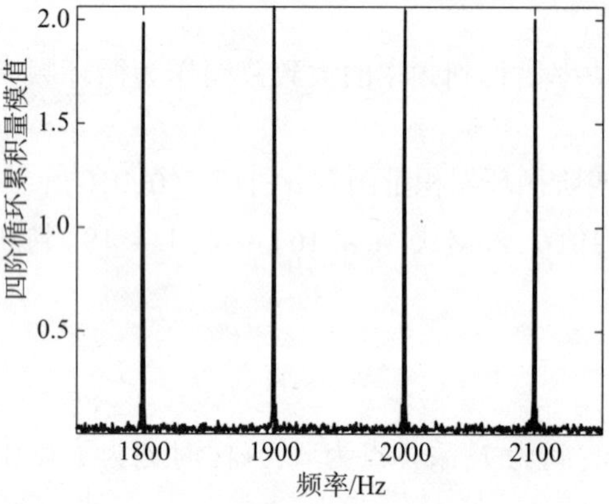

图4.4.2　2PSK四阶循环累积量

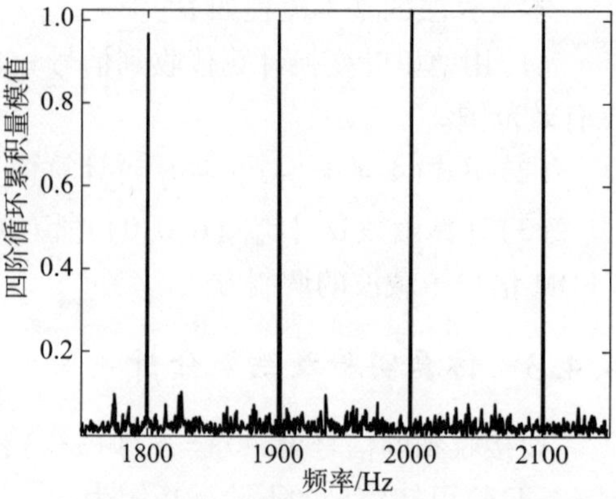

图4.4.3　4PSK四阶循环累积量

实验2:统计信噪比范围为-15~10dB下正确估计子载波频率和数目的性能。子载波采用调制方式包括2PSK、4PSK、8QAM、16QAM,对接收到的数据分100段,对每段数据求出的四阶循环累积量 α-$C_{40,r}^{\alpha}(0,0,0)$ 曲线累加求平均,200次独立不相关蒙特卡洛仿真实验,星形QAM仿真条件同相位PSK调制一样,其他仿真条件和实验1一样。

图4.4.4所示为在高斯白噪声背景下,对子载波采用不同类型调制方式正确估计出子载波的频率和数目性能曲线图。从图中可以看出,当信噪比≥-4dB时,该算法对子载波采用PSK调制时,子载波频率和数目正确识别率都达到了100%;当信噪比≥3dB时,子载波采用8QAM调制的正确识别率都能达到100%,而在信噪比≥1dB时,16QAM调制的OFDM信号正确识别率也都在90%以上。实际上只要子载波的频率都估计出来了,那么子载波的数目自然也就知道了,所以正确估计出子载波频率和载波数目性能曲线是一样的。

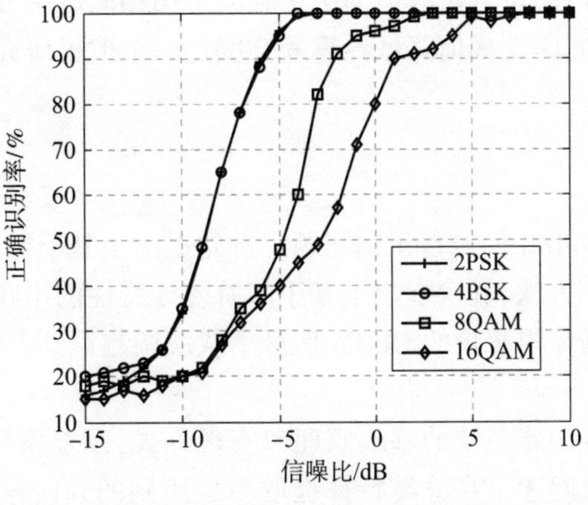

图4.4.4　OFDM信号子载波频率和数目估计正确率曲线

实验3:在高斯信道下,对子载波采用不同类型调制方式的正确分类性能曲线图。仿真信噪比范围为-10~8dB,200次蒙特卡洛仿真,其他仿真条件同实验1。从图4.4.5中可以看出,当信噪比≥-4dB时,该算法对2PSK调制信号识别率达到100%;当信噪比≥-3dB时,对4PSK调制信号识别率都达到了100%;当信噪比≥3dB时,8QAM调制信号识别率都达到了100%;当信噪比≥10dB时,16QAM识别率都达到了100%。值得注意的是,在子载波频率估计正确率都达到了100%时,调制识别率也能达到100%,但是当子载波频率估计正确率小于100%时,调制识别率就会突然下降,这是由于子载波识别率越小丢失的峰值越多,从而导致了四阶循环累积量的实际值偏离理论值越大,影响判断结果。

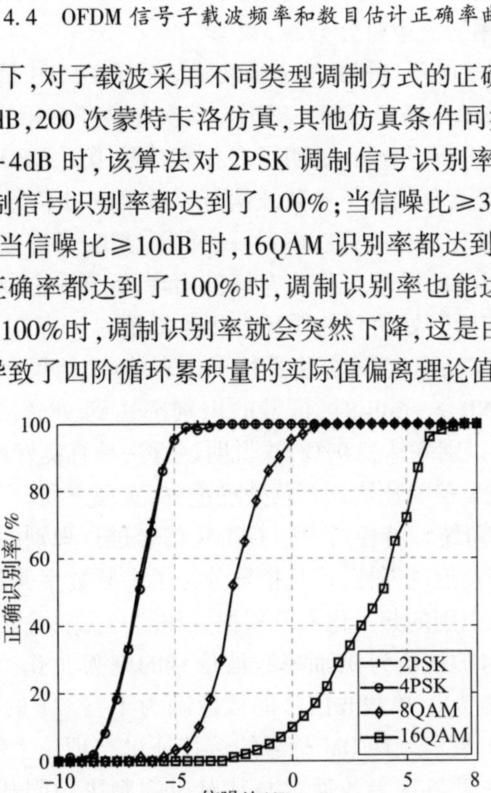

图4.4.5　不同信噪比下OFDM信号子载波调制分类正确识别率

4.4.4　本节小结

本节针对OFDM信号子载波调制识别提出了一种基于高阶循环累积量的识别算法,该算法与现有的文献相比,在不需要任何先验信息的情况下,能够对子载波调制方式进行识别,而且具有较好的识别性能。实验仿真结果表明,2PSK和4PSK调制分别在信噪比≥-4dB和≥-3dB时,识别率都能到达100%,在信噪比≥10dB时,子载波采用的4种调制都能正确地识别出来。在子信道采用不同调制方式时,各个峰值的大小不同,很难判断出各个子载波调制方式，该方法只适用于子载波采用相同调制方式的 OFDM 信号，而且该方法计算复杂度较高，因此如何降低计算复杂度是一个值得研究的问题。

4.5　本章小结

本章主要研究了 OFDM 信号盲识别问题。首先提出了基于循环自相关的多径衰落信道下 OFDM 信号盲识别方法，其次提出了基于高阶统计特性的中频 OFDM 信号识别方法，最后提出了基于高阶循环累积量的 OFDM 信号子载波调制识别方法。根据本章所研究的内容，具体总结如下：

（1）首先阐述了 OFDM 系统的基本原理和实现方式，以及常见 OFDM 子载波上数字调制的信号模型。其次阐述了在分类特征提取中运用到的高阶累积量、循环自相关及循环谱理论，以及简单实用的决策树分类器。

（2）提出了一种基于循环自相关的多径衰落信道下 OFDM 信号盲识别方法。首先简要介绍了 OFDM 关键技术及循环自相关理论。其次在循环自相关理论基础上对多径衰落信道下信号循环平稳性进行了分析，证明了多径衰落信道下 OFDM 信号和单载波信号的循环平稳性，同时对多径衰落信道下单载波信号以及 OFDM 信号的循环自相关进行了数学推导，通过分析信号循环自相关特性得到一个重要结论：具有循环前缀的 OFDM 信号在循环频率为 0，一定延时处的循环自相关有峰值出现，而单载波无此峰值，所以可以通过判断循环频率为 0，一定延时处信号的循环自相关峰值是否存在来实现 OFDM 信号和单载波信号的调制识别。最后对理论分析进行了仿真验证，结果表明，多径衰落信道下，当观测时间设为 0.05s、SNR≥-6dB 时，信号的识别率达到 98%，当观测时间设为 0.02s、SNR≥-2dB 时，信号的识别率达到 97%，这说明该方法具有良好的识别性能，且该方法不需要载波估计、波形恢复、信噪比估计等预处理过程，实现方便。

（3）提出了利用高阶统计特性对中频 OFDM 信号进行识别的方法。经过分析，OFDM 信号在高斯信道下具有渐近高斯性，并且推导分析了中频数字调制信号的高阶累积量，构造了可以用于中频信号识别的归一化六阶累积量和归一化六阶混合矩。对于归一化六阶累积量而言，OFDM 信号的该值为 0，而单载波信号的则为非 0。对于归一化六阶混合矩而言，OFDM 信号的该值为 6，单载波信号的该值则为 1~2.21 的较小数值。然后分析了一个模拟调制识别中的特征量，OFDM 信号的该特征量在理论上为 0，而单载波信号的该值不为 0。因此，上述三种特征参数通过与其对应的判决门限相比较，都可以实现中频 OFDM 信号的识别。仿真结果表明，以上三种方法在-12~4dB 的 SNR 范围内对 OFDM 信号的识别性能存在一定的差异，当 SNR 提高到-2dB 后，三种方法对 OFDM 信号的识别率都能达 100%。从计算复杂度方面来看，第一种方法计算量最大，第二种方法次之，第三种方法计算量最小。

（4）虽然基于高阶累积量的中频 OFDM 调制识别算法，能够利用 OFDM 循环前缀的特点将 OFDM 从 MPSK、MQAM 等信号中识别出来，该算法也能够区分 MPSK 和 MQAM 信号的调制方式，但是不能识别 OFDM 信号的子载波调制方式。所以在此方法基础上，本章提出了一种基于高阶循环累积量的 OFDM 子载波调制识别算法，最后仿真了提出算法的性能。

第 5 章　OFDM 阵列信号 DoA 估计

由于移动通信技术的快速发展,其采用的无线电传输信号也逐步由单载波窄带调制信号过渡到了多载波宽带调制信号。OFDM 信号就是一种多载波宽带调制信号,其波达方向(DoA)估计就属于宽带信号 DoA 估计的范畴。由于 OFDM 信号为宽带信号,而现有的 DoA 估计算法又大都是针对窄带信号的,故本章的核心思想就是采用宽带聚焦矩阵、高阶累积量、稀疏表示和稀疏重构等方法分别对 OFDM 宽带信号进行窄带化处理,从而利用常规的 DoA 估计算法实现 OFDM 信号的 DoA 估计。

本章主要研究了基于宽带聚焦矩阵和高阶累积量的 OFDM 信号的 DoA 估计、基于稀疏表示的 OFDM 信号的 DoA 估计和基于联合 L2,0 范数稀疏重构的 OFDM 信号的 DoA 估计。

5.1　OFDM 阵列信号处理 DoA 估计基础

目前,阵列信号处理大多是基于同一个物理模型,即通过按确定结构排列的传感器阵列接收空间中的传播信号,并进行数据处理分析,最终获取空间中信号源的空域信息,满足不同的要求条件。此外,阵列本身如间距不一致、传感器尺寸也会影响信号接收结果,为了得到相对严谨的参数化模型,在本节中将采取下列理想化假设条件,主要是对模型的理想化或抽象。关于天线阵的假设,常用的阵列为均匀直线阵、均匀圆阵和平面阵等,这些阵列由位于空间已知坐标处的多个阵元按照一定的方式排列而成,并且各阵元的接收特性仅与其位置有关,各阵元增益均相等,各阵元之间的互耦可以忽略不计;信号源是远场信号,即本节假设为点源,从而保证了信源相对阵列的方向是唯一的;均假设信号源个数已知,且信号源个数少于阵元个数;噪声均假设为均值为 0,方差为 σ^2 的高斯白噪声。如果仿真实验中没有特别说明,那么所有的处理都是基于以上这些假设条件的。

而且,现在随着 OFDM 技术的广泛应用,OFDM 信号的 DoA 估计已经成为热点研究问题。OFDM 信号不同于传统的窄带信号,它是宽带信号,在往带宽越来越宽的方向发展;也有带循环前缀和不带循环前缀之分。因此,OFDM 信号的 DoA 估计是宽带信号的 DoA 估计。

5.1.1　常用阵列

下面考虑空间谱估计中经常遇到的几种阵列。假设空间中任意两个阵元,其中阵元 1 为参考阵元(位于原点),阵元 2 坐标为(x,y,z),两阵元的几何关系如图 5.1.1 所示。

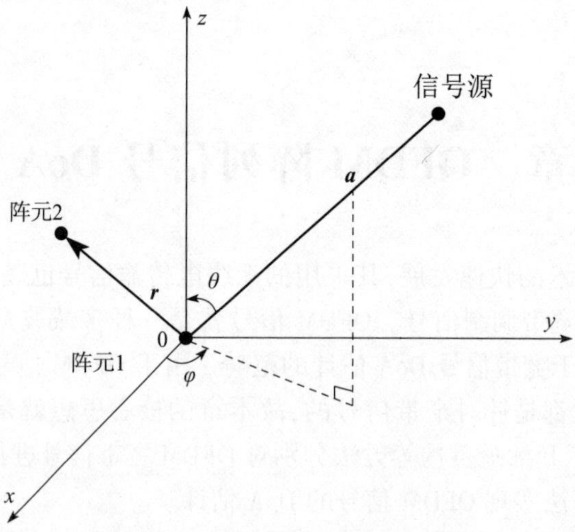

图 5.1.1 空间任意两阵元信号传播图

1. 均匀直线阵

设阵列为 M 个阵元的均匀直线阵列(Uniform Linear Array,ULA),阵元间距为 d,如图 5.1.2 所示,本节以阵元 1 为参考点,且假设信号入射方位角为 $\theta_i(i=1,2,\cdots,N)$,其中方位角表示与法线之间的夹角,则有

$$\tau_{ki}=\frac{1}{c}(x_k\sin\theta_i) \tag{5.1.1}$$

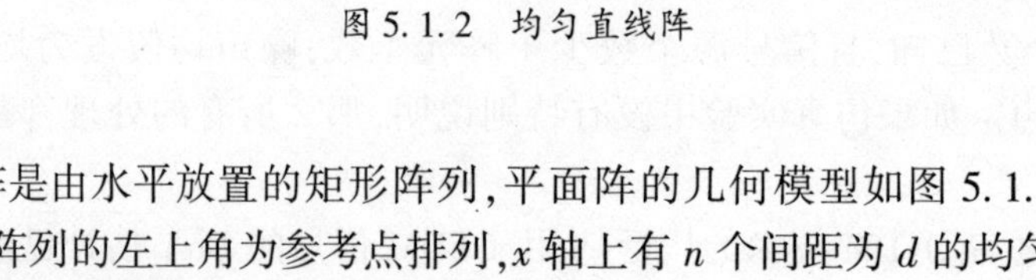

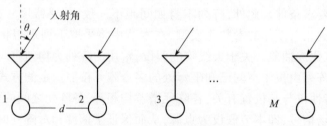

图 5.1.2 均匀直线阵

2. 平面阵

假设平面阵是由水平放置的矩形阵列,平面阵的几何模型如图 5.1.3 所示,由 $m\times n$ 个阵元组成,以阵列的左上角为参考点排列,x 轴上有 n 个间距为 d 的均匀线阵,y 轴上有 m 个间距为 d 的均匀线阵,设阵元的位置为$(x_k,y_k)(k=1,2,\cdots,M)$,以原点为参考点,假设信号入射方位为$(\theta_i,\phi_i)(i=1,2,\cdots,N)$,分别表示方位角与俯仰角,其中方位角表示入射方向投影与 x 轴的夹角,俯仰角表示入射方向投影与 z 轴的夹角,则第 i 个信号入射到第 k 个阵元上所引起与参考阵元间的延迟为

$$\tau_{ki}=\frac{1}{c}(x_k\cos\theta_i\cos\varphi_i+y_k\sin\theta_i\cos\varphi_i) \tag{5.1.2}$$

3. 均匀圆阵

假设均匀圆阵由 M 个阵元组成,设圆的半径为 r,以均匀圆阵的圆心为参考点,如果圆阵是水平放置的,均匀圆阵的示意图如图 5.1.4 所示,其中方位角表示与 x 轴的夹角,

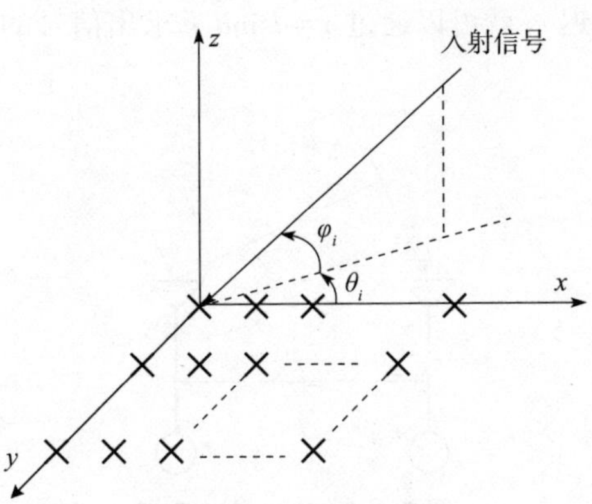

图 5.1.3 空间平面阵

则第 i 个信号入射到 k 个阵元相对参考阵元的延迟为

$$\tau_{ki}=\frac{r}{c}\left\{\cos\left[\frac{2\pi(k-1)}{M}-\theta_i\right]\cos\varphi_i\right\} \tag{5.1.3}$$

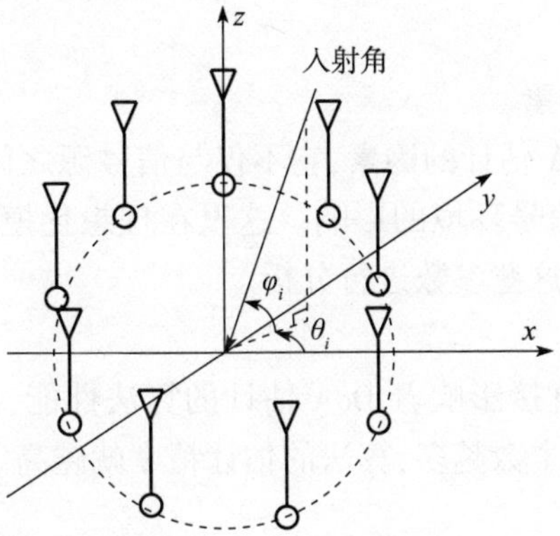

图 5.1.4 均匀圆阵

5.1.2 DoA估计的基本原理

本节主要考虑远场信号,对于一般的远场信号,同一个信号到达不同的阵元存在有一个波长差,这个波长差导致了各接收阵元间的相位差,利用各阵元间的相位差就可估计出信号的方位,这就是空间谱估计的基本原理。如图5.1.5所示,考虑其中的两个阵元,d 为阵元间距,θ 为远场信号的入射角度,即估计的方位角,c 为光速,φ 为阵元间的相位延迟,则阵列天线所接收信号的波程差为

$$\tau=\frac{d\sin\theta}{c} \tag{5.1.4}$$

从而由式(5.1.4)可得两阵元间的相位差为

$$\varphi=\mathrm{e}^{-\mathrm{j}w\tau}=\mathrm{e}^{-\mathrm{j}w\frac{d\sin\theta}{c}}=\mathrm{e}^{-\mathrm{j}2\pi\frac{d\sin\theta}{\lambda f_0}f} \tag{5.1.5}$$

式中:f_0 为中心频率;λ 为信号波长。对于窄带信号,相位差为

$$\varphi=\mathrm{e}^{-\mathrm{j}2\pi\frac{d\sin\theta}{\lambda}} \tag{5.1.6}$$

因此,根据信号的相位延迟 φ 就可以通过 $\tau = d\sin\theta / c$ 求出信号的 DoA,这就是空间谱估计的基本原理。

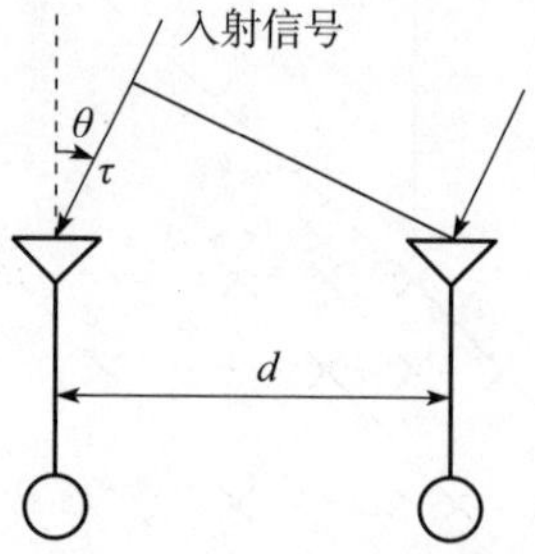

图 5.1.5　DoA 估计原理

上面只是针对两个阵元,对于空间中任意两个阵元而言,两阵元接收的波程差为

$$\tau = \frac{1}{c}(x\cos\theta\cos\varphi + y\sin\theta\cos\varphi + z\sin\varphi) \tag{5.1.7}$$

由式(5.1.7)可知,只要清楚空间阵元的相位差参数,就可以估计入射信号的方位角、俯仰角等信号参数。

1. 影响 DoA 估计的因素

下面分析影响信号 DoA 估计的因素,它不仅与信号源之间的相关性、相干性有关,还会受到信号在传播过程中信号环境的影响。这里在理想化模型的基础上,先给出下列参数的相关概念,在后面会对这些参数进行分析。

1) 阵元数

阵列的阵元数目多少直接影响着 DoA 估计的算法性能,总的来说,在阵列类型和信号参数确定的情况下,阵元个数越多,算法的估计精度就越高。但也要考虑实际需求和成本控制。

2) 快拍数

快拍数表示接收信号的采样点数,快拍数越多,算法的性能就越好。

3) 信噪比

信噪比是指接收机的输出信号的电压与同时输出噪声电压之比,通常情况下,用分贝数来表示。信噪比越高表明产生的噪声越少,它的性能越好。假设在宽带范围内信号源是均匀分布的,且功率为 σ_1^2,高斯白噪声的功率为 σ_2^2,则信噪比表示为

$$\mathrm{SNR} = 10\lg\left(\frac{\sigma_1^2}{\sigma_2^2}\right) \tag{5.1.8}$$

4) 信源的相干性

当信源相干时,由于相关系数,相干的信号分解可以合并成一个信号,导致信号子空间的维数减少,并小于信号源的数量,特征分解时信号子空间一部分会扩散到噪声子空间,信号的自相关矩阵变为非满秩矩阵,无法运用 MUSIC 算法估计,故信号的相干性或相关性就会影响正常 DoA 估计了。

5) 信号源空间间距

在波束形成的测向算法中,同一波束宽度内的两个信号无法分辨,因此分辨率受到波

束宽度的限制，从而得出分辨率主要取决于阵列长度的结论，即阵列长度确定后分辨率就能确定，成为瑞利限。

6）相对带宽

假设信号源的带宽为 B，中心频率为 f_0，则相对带宽为

$$\mathrm{RB}=\frac{B}{f_0} \tag{5.1.9}$$

2. DoA 估计的性能指标

DoA 估计的性能指标主要包括以下几个：

1）标准差

假设蒙特卡洛仿真的实验次数为 N，定义第 n 次仿真实验中第 q 个信号源的算法估计结果为 $\hat{\theta}_{n,q}$，真实值为 θ_q，则第 n 个信号源 DoA 估计的标准差为

$$\mathrm{RMSE}_q = \sqrt{\frac{1}{N}\sum_{n=1}^{N}(\hat{\theta}_{n,q}-\theta_q)^2} \tag{5.1.10}$$

当信号源的个数为 Q 时，则整个 DoA 估计系统的标准差可以定义为

$$\mathrm{RMSE} = \frac{1}{Q}\sum_{q=1}^{Q}\mathrm{RMSE}_q \tag{5.1.11}$$

2）分辨概率

已知有 Q 个信号源入射到阵列上，则 MUSIC 算法仿真的空间谱的谱峰个数为 Q，也就是有 Q 个信号是可以分辨出来的。蒙特卡洛仿真实验中得到可分辨次数为 N_q，它与总实验次数 N 之比即是分辨概率，则分辨概率定义为

$$\mathrm{RQ}=\frac{N_Q}{N} \tag{5.1.12}$$

3）最低信噪比门限

假设两信号源的夹角一定的情况下，能够分辨出两信号源的最低信噪比。

4）克拉美罗不等式

克拉美罗不等式给出了估计的标准差的下限，也就是此下限是有效估计量的标准差，实际的估计标准差不可能再低于它，越接近克拉美罗限，系统的 DoA 估计性能越好。

5.1.3　窄带信号 DoA 估计基础

在假设条件下将空间阵元简化成一系列空间离散点，对于远场信号（本节规定信号为远场信号），其电磁波信号以平面波的形式到达该阵列，如图 5.1.1 所示为信号传播示意图。信号同时向阵列传播，方向在 xy 平面的投影与 x 轴正方向的夹角为 φ，与 z 轴正方向的夹角为 θ，记为入射向量 $\boldsymbol{a}$，阵元 1 设为参考阵元，阵元 2 相对阵元 1 的位移为 $\boldsymbol{r}=[x,y,z]^{\mathrm{T}}$。阵列在不同的时间接收信号并采样输出，不同阵元接收的信号与各自的位置有关，因此，阵列接收波形不仅是时间的函数还是空间位置的函数。设信号源发出的电磁波到达阵元 1 的信号表示为 $E(\boldsymbol{0},t)=s(t)$，阵元 1 为参考阵元，则阵元 2 的信号表示为 $E(\boldsymbol{r},t)=s(t-\boldsymbol{a}\cdot\boldsymbol{r})$，$\boldsymbol{a}$ 表示信号传播方向，可知其满足

$$\boldsymbol{a}=[-\sin\theta\cos\varphi,-\sin\theta\sin\varphi,-\cos\theta]^{\mathrm{T}}/c \tag{5.1.13}$$

现在取 M 个天线阵元，各个阵元位置分别为向量 $\boldsymbol{r}_m=[x_m,y_m,z_m]^{\mathrm{T}}$，当阵列接收 N 个

信号时，第 l 个阵元在 t 时刻的信号为

$$x_l(t)=\sum_{i=1}^{N}s_i(t-\boldsymbol{a}_i\cdot\boldsymbol{r}_l)+n_l(t) \tag{5.1.14}$$

式中：$s_i(t)$ 表示第 i 个入射电磁波在 t 时刻照射到阵元 l 时的信号；$n_l(t)$ 表示叠加在第 l 个阵元上的高斯噪声；$\boldsymbol{a}_i$ 表示第 i 个电磁波的单位入射向量。

假设第 i 个电磁波到达参考阵元 1 时的时刻为初始点 0，那么其到达第 m 个阵元的延时为 τ_{mi}，即

$$\tau_{mi}=\boldsymbol{a}_i\cdot\boldsymbol{r}_m=-(x_m\sin\theta_i\cos\varphi_i+y_m\sin\theta_i\sin\varphi_i+z_m\cos\theta_i)/c \tag{5.1.15}$$

将全部阵元接收到的信号写成矩阵形式为

$$\begin{bmatrix}x_1(t)\\x_2(t)\\\vdots\\x_M(t)\end{bmatrix}=\begin{bmatrix}\sum_{i=1}^{N}s_i(t-\tau_{1i})\\\sum_{i=1}^{N}s_i(t-\tau_{2i})\\\vdots\\\sum_{i=1}^{N}s_i(t-\tau_{Mi})\end{bmatrix}+\begin{bmatrix}n_1(t)\\n_2(t)\\\vdots\\n_M(t)\end{bmatrix} \tag{5.1.16}$$

可知式(5.1.16)不仅适用于窄带信号，也适用于宽带信号。

1. 窄带阵列信号数学模型

窄带阵列接收信号可以表示为 $s(t)=u(t)\mathrm{e}^{\mathrm{j}[wt+\phi(t)]}$，其中 $u(t)$ 为接收信号的幅度，接收信号的频率为 w，$\phi(t)$ 为接收信号的相位，$s(t)$ 延时后同理可得到表达式

$$s_i(t-\tau_{mi})=u(t-\tau_{mi})\mathrm{e}^{\mathrm{j}[w_0(t-\tau_{mi})+\phi(t-\tau_{mi})]} \tag{5.1.17}$$

式中：窄带信号的中心频率为 w_0，根据 $w_0=2\pi c/\lambda$，λ 为波长。由于窄带系统中信号相位调制函数和幅度变化缓慢，可以表示为

$$\begin{cases}u_i(t-\tau_{mi})\approx u_i(t)\\\phi(t-\tau_{mi})\approx\phi(t)\end{cases} \tag{5.1.18}$$

因此，由式(5.1.17)可得

$$s_i(t-\tau_{mi})\approx u_i(t)\mathrm{e}^{\mathrm{j}[w_0(t-\tau_{mi})+\phi(t)]}=s_i(t)\mathrm{e}^{-\mathrm{j}w_0\tau_{mi}} \tag{5.1.19}$$

则式(5.1.16)可以表示为

$$\begin{bmatrix}x_1(t)\\x_2(t)\\\vdots\\x_M(t)\end{bmatrix}=\begin{bmatrix}\sum_{i=1}^{N}s_i(t)\mathrm{e}^{-\mathrm{j}w_0\tau_{1i}}\\\sum_{i=1}^{N}s_i(t)\mathrm{e}^{-\mathrm{j}w_0\tau_{2i}}\\\vdots\\\sum_{i=1}^{N}s_i(t)\mathrm{e}^{-\mathrm{j}w_0\tau_{Mi}}\end{bmatrix}+\begin{bmatrix}n_1(t)\\n_2(t)\\\vdots\\n_M(t)\end{bmatrix} \tag{5.1.20}$$

即

$$\begin{bmatrix} x_1(t) \\ x_2(t) \\ \vdots \\ x_M(t) \end{bmatrix} = \begin{bmatrix} e^{-jw_0\tau_{11}} & e^{-jw_0\tau_{12}} & \cdots & e^{-jw_0\tau_{1N}} \\ e^{-jw_0\tau_{21}} & e^{-jw_0\tau_{22}} & \cdots & e^{-jw_0\tau_{2N}} \\ \vdots & \vdots & & \vdots \\ e^{-jw_0\tau_{M1}} & e^{-jw_0\tau_{M2}} & \cdots & e^{-jw_0\tau_{MN}} \end{bmatrix} \begin{bmatrix} s_1(t) \\ s_2(t) \\ \vdots \\ s_N(t) \end{bmatrix} + \begin{bmatrix} n_1(t) \\ n_2(t) \\ \vdots \\ n_M(t) \end{bmatrix} \quad (5.1.21)$$

将式(5.1.21)写成向量形式为

$$\boldsymbol{X}(t)=\boldsymbol{AS}(t)+\boldsymbol{N}(t) \quad (5.1.22)$$

式中：$\boldsymbol{X}(t)$为 $M\times1$ 维快拍数据向量，即接收数据；$\boldsymbol{S}(t)$为 $N\times1$ 维空间信源向量；$\boldsymbol{N}(t)$为 $M\times1$ 维噪声数据向量；$\boldsymbol{A}$ 为 $M\times N$ 维导向向量矩阵，即阵列流型矩阵，是信号频率 f 和角度 θ、φ 的函数。式(5.1.22)即是窄带信号阵列模型。

2. 窄带信号 DoA 估计算法

窄带信号估计算法是处理宽带信号的基础，先介绍窄带信号处理算法，目前用得比较多的窄带信号处理算法有 Schmidt 提出的 MUSIC 算法和 Paulrag 提出的 ESPRIT 算法，下面就来介绍这两种经典算法。

1) MUSIC 算法

为了研究方便，本节采用均匀直线阵，均匀直线阵的特点就是它的每一个阵元都是沿直线排列的，且每个阵元都是等间距的，模型如图 5.1.2 所示。

图中信号 $s_i(t)$到达各阵元的角度是相同的，表示第 i 个信号的到达角，以第一个阵元为参考阵元，则第二个阵元相对于第一个阵元的相位差为 $\varphi_i=2\pi d\sin\theta_i/\lambda$，$d$ 为相邻阵元间的距离，λ 为信号波长，且满足 $d\leqslant\lambda/2$，以避免相位差大于 π 而产生方向模糊现象。由前面分析可知，N 个信号入射到 M 个阵元上阵元接收信号向量表达式为 $\boldsymbol{X}=\boldsymbol{AS}+\boldsymbol{N}$，则其协方差矩阵为

$$\boldsymbol{R}=E(\boldsymbol{XX}^{\mathrm{H}})=\boldsymbol{A}E(\boldsymbol{SS}^{\mathrm{H}})\boldsymbol{A}^{\mathrm{H}}+\sigma^2\boldsymbol{I}=\boldsymbol{AR}_S\boldsymbol{A}^{\mathrm{H}}+\sigma^2\boldsymbol{I} \quad (5.1.23)$$

式中：$\boldsymbol{R}_S$ 表示信号的自相关矩阵；式(5.1.23)表明当空间信号源之间不存在相关或相干关系时，协方差矩阵 $\boldsymbol{R}$ 可以写成两部分之和：一部分 $\boldsymbol{AR}_S\boldsymbol{A}^{\mathrm{H}}$ 代表接收的有用信号张成的矩阵空间，另一部分代表传输环境张成的噪声空间，这两部分之间没有关联；$\boldsymbol{I}$ 表示单位阵。其中 $\boldsymbol{AR}_S\boldsymbol{A}^{\mathrm{H}}$ 为半正定矩阵，根据矩阵分析理论可知，它有 N 个正特征值和 $M-N$ 个零特征值。这样噪声就分成两部分：一部分($M-N$ 维)构成噪声子空间，另一部分(N 维)进入信号子空间，由特征值大小有

$$\lambda_1\geqslant\lambda_2\geqslant\cdots\geqslant\lambda_N\geqslant\lambda_{N+1}=\cdots=\lambda_M=0 \quad (5.1.24)$$

设 $\boldsymbol{u}_1,\boldsymbol{u}_2,\cdots,\boldsymbol{u}_M$ 分别为解得的归一化特征向量，由此可得

$$\boldsymbol{R}=\sum_{i=1}^{N}\lambda_i\boldsymbol{u}_i\boldsymbol{u}_i^{\mathrm{H}}+\sigma^2\sum_{i=1}^{M}\boldsymbol{u}_i\boldsymbol{u}_i^{\mathrm{H}}=\sum_{i=1}^{N}(\lambda_i+\sigma^2)\boldsymbol{u}_i\boldsymbol{u}_i^{\mathrm{H}}+\sigma^2\sum_{i=N+1}^{M}\boldsymbol{u}_i\boldsymbol{u}_i^{\mathrm{H}}=\boldsymbol{U}_S\Sigma\boldsymbol{U}_S^{\mathrm{H}}+\sigma^2\boldsymbol{U}_N\boldsymbol{U}_N^{\mathrm{H}} \quad (5.1.25)$$

式中：$\Sigma=\mathrm{diag}(\lambda_1+\sigma^2,\lambda_2+\sigma^2,\cdots,\lambda_N+\sigma^2)$；$\boldsymbol{U}_S=[\boldsymbol{u}_1,\boldsymbol{u}_2,\cdots,\boldsymbol{u}_N]$代表前 N 个非零特征值对应的信号子空间；而 $\boldsymbol{U}_N=[\boldsymbol{u}_{N+1},\boldsymbol{u}_{N+2}\cdots,\boldsymbol{u}_M]$表示其他特征值对应的噪声子空间。由于$[\boldsymbol{U}_S,\boldsymbol{U}_N]$是酉矩阵，故有 $\boldsymbol{U}_S^{\mathrm{H}}\boldsymbol{U}_N=0$，$\boldsymbol{a}(\theta)\boldsymbol{U}_S\boldsymbol{a}^{\mathrm{H}}(\theta)\boldsymbol{U}_N=0$，由于 $\boldsymbol{R}_S$ 非奇异，式(5.1.25)等价于

$$\boldsymbol{a}^{\mathrm{H}}(\theta)\boldsymbol{U}_N=0 \quad (5.1.26)$$

在实际应用中，由于阵元个数限制，以致接收数据矩阵的长度有限，多采用最大似然估计算法，对样本进行多次试验采样，可得到协方差矩阵 $\boldsymbol{R}$ 的最佳估计值

$$\hat{\boldsymbol{R}}=\frac{1}{L}\sum_{l=1}^{L}\boldsymbol{X}\boldsymbol{X}^{\mathrm{H}} \tag{5.1.27}$$

对 $\hat{\boldsymbol{R}}$ 进行特征值分解，由于噪声的存在，使得 $\boldsymbol{a}$ 和 $\hat{\boldsymbol{U}}_N$ 不能完全正交，使得式(5.1.26)并不成立，这样实际 DoA 估计是以最小化优化搜索实现，也即

$$\theta=\operatorname{argmin}\boldsymbol{a}^{\mathrm{H}}(\theta)\hat{\boldsymbol{U}}_N\hat{\boldsymbol{U}}_N^{\mathrm{H}}\boldsymbol{a}(\theta) \tag{5.1.28}$$

式(5.1.28)需要通过扫描搜索求出，用 MUSIC 算法求出功率谱函数为

$$P_{\mathrm{MUSIC}}=\frac{1}{\boldsymbol{a}^{\mathrm{H}}(\theta)\hat{\boldsymbol{U}}_N\hat{\boldsymbol{U}}_N^{\mathrm{H}}\boldsymbol{a}(\theta)} \tag{5.1.29}$$

式(5.1.29)的峰值对应的横坐标即是信号的 DoA。

2) ESPRIT 算法

MUSIC 算法是相对成熟的 DoA 估计算法，但是当在二维乃至三维空间中计算谱峰时，对空间角度进行重复扫描搜索的次数将非常大，实时性也不好，对系统硬件配置要求相应提高。因此，本节介绍另一种 DoA 估计算法，ESPRIT 算法是不需要进行谱峰搜索的另一种子空间类经典算法，算法是基于旋转不变技术的信号参数估计方法，其关键技术是利用特定阵型阵列中子阵之间的旋转不变性。设图 5.1.2 中阵元 1 到阵元 $M-1$ 为子阵 1，阵元 2 到阵元 M 为子阵 2，由式(5.1.22)可知，子阵 1 和子阵 2 的数据矩阵分别为

$$\boldsymbol{X}(t)=\boldsymbol{A}'\boldsymbol{S}(t)+\boldsymbol{N}_x(t) \tag{5.1.30}$$

$$\boldsymbol{Y}(t)=\boldsymbol{A}'\boldsymbol{\Phi}_a\boldsymbol{S}(t)+\boldsymbol{N}_y(t) \tag{5.1.31}$$

式中：$\boldsymbol{X}(t)$ 和 $\boldsymbol{Y}(t)$ 分别表示前 $M-1$ 个阵元和后 $M-1$ 个阵元上的接收数据向量；$\boldsymbol{N}_x(t)$ 和 $\boldsymbol{N}_y(t)$ 分别表示附加到前 $M-1$ 个阵元和后 $M-1$ 个阵元上的噪声向量，且 $\boldsymbol{A}'$ 为 $(M-1)\times N$ 维的阵列流型矩阵；$\boldsymbol{S}(t)$ 是信号向量；$\boldsymbol{\Phi}_a$ 为子阵 1 和子阵 2 对应阵元的延迟相位，可表示为 $N\times N$ 的对角矩阵

$$\boldsymbol{\Phi}_a=\operatorname{diag}[\mathrm{e}^{\mathrm{j}2\pi d\cos\theta_1/\lambda},\cdots,\mathrm{e}^{\mathrm{j}2\pi d\cos\theta_N/\lambda}] \tag{5.1.32}$$

把两个矩阵的向量组成一个新的向量为

$$\boldsymbol{Z}(t)=\begin{bmatrix}\boldsymbol{X}(t)\\ \boldsymbol{Y}(t)\end{bmatrix}=\overline{\boldsymbol{A}}(\theta)\boldsymbol{S}(t)+\boldsymbol{N}_Z(t) \tag{5.1.33}$$

式中：$\overline{\boldsymbol{A}}(\theta)=\begin{bmatrix}\boldsymbol{A}(\theta)\\ \boldsymbol{A}(\theta)\boldsymbol{\Phi}_a\end{bmatrix}=[a(\theta_1),a(\theta_2),\cdots,a(\theta_N)]$，$\boldsymbol{N}_Z(t)=\begin{bmatrix}\boldsymbol{N}_x(t)\\ \boldsymbol{N}_y(t)\end{bmatrix}$。

可得 $\boldsymbol{Z}(t)$ 的协方差矩阵为

$$\boldsymbol{R}_Z=E[\boldsymbol{Z}(t)\boldsymbol{Z}^{\mathrm{H}}(t)]=\overline{\boldsymbol{A}}(\theta)\boldsymbol{R}_S\overline{\boldsymbol{A}}^{\mathrm{H}}(\theta)+\sigma^2\boldsymbol{I}=\boldsymbol{U}_S\Sigma_S\boldsymbol{U}_S^{\mathrm{H}}+\boldsymbol{U}_N\Sigma_N\boldsymbol{U}_N^{\mathrm{H}} \tag{5.1.34}$$

式中：$\boldsymbol{U}_S$ 表示大特征值对应的特征向量分解张成的信号子空间；$\boldsymbol{U}_N$ 表示小特征值对应的特征向量分解张成的噪声子空间。

由大特征值张成的信号子空间与阵列流型张成的信号子空间是相等的，即 $\operatorname{span}\{\boldsymbol{U}_S\}=\operatorname{span}\{\overline{\boldsymbol{A}}(\theta)\}$，span 表示生成空间，可知，存在一个 $N\times N$ 阶的非奇异矩阵 $\boldsymbol{T}$ 满足

$$\boldsymbol{U}_S=\overline{\boldsymbol{A}}(\theta)\boldsymbol{T} \tag{5.1.35}$$

式(5.1.35)对子阵 1 和子阵 2 都成立，则有

$$U_S=\begin{bmatrix}U_{S1}\\U_{S2}\end{bmatrix}=\begin{bmatrix}A(\theta)T\\A(\theta)\Phi_a T\end{bmatrix} \tag{5.1.36}$$

可得矩阵不变结构 U_S 可分解成两个空间 U_{S1} 和 U_{S2}，显然得到 U_{S1}、U_{S2} 和 $A(\theta)$ 的列向量构成的子空间是相同的，即

$$\text{span}\{U_{S1}\}=\text{span}\{U_{S2}\}=\text{span}\{A(\theta)\} \tag{5.1.37}$$

再由式(5.1.36)可得子阵 1 和子阵 2 的信号子空间

$$U_{S2}=U_{S1}T^{-1}\Phi_a T=U_{S1}\Psi_a \tag{5.1.38}$$

$$\Phi_a=T\Psi_a T^{-1} \tag{5.1.39}$$

运用子阵 1 和子阵 2 之间的旋转不变特性，其中 Φ_a 和 Ψ_a 是相似的，特征值均为 $\mathrm{e}^{\mathrm{j}\phi_k}$，只要求求解其中一个矩阵就能求得 $\mathrm{e}^{\mathrm{j}\phi_k}$ 的 N 个值，将其代入下式就可得到角度 θ：

$$\phi_i=2\pi df\sin\theta_i/\lambda,\quad i=1,2,\cdots,N \tag{5.1.40}$$

从而对式(5.1.38)进行特征值分解可得对角矩阵，由于 DoA 估计的角度信息在该表达式中，于是利用该对应关系可以得到信号的 DoA。

由于宽带阵列信号的 DoA 估计过程比窄带信号的处理方法复杂得多，运算更加复杂，运算量更大，如何充分利用宽带信号的相关信息，努力获得比单纯使用某一窄带信号处理算法更好的处理效果，人们提出了宽带信号的 DoA 估计算法。因此，下面介绍宽带信号的 DoA 估计算法。

5.1.4　宽带信号 DoA 估计基础

由前面分析可知，对于窄带信号，时域的延时可以体现在频域的相位上，但对于宽带信号，信号的包络变化与瞬时频率有关，它们不能分离，因此式(5.1.19)不再成立。但对于式(5.1.16)，宽带信号同样适用。

1. 宽带阵列信号数学模型

本节后面不作说明，阵列默认为均匀直线阵列，等距排列有 M 个阵元，假设有 N 个宽带远场信号分别从不同的方位辐射到直线阵列上，阵元间距为 d，入射角为 $\theta_1,\theta_2,\cdots,\theta_N$，假设宽带信号都有相同带宽 B 和中心频率 f_0，噪声为高斯白噪声，均值为 0，方差为 σ^2，且信号与噪声不相关，其中第一个阵元作为参考阵元，则第 l 个阵元上的接收数据(不考虑增益时)可以表示为

$$x_l(t)=\sum_{i=1}^{N}s_i(t-\tau_{li})+n_l(t),\quad l=1,2,\cdots,M \tag{5.1.41}$$

其中

$$\tau_{li}=(l-1)d\sin\theta_i/c \tag{5.1.42}$$

式中：$s_i(t)$ 为第 i 个入射信号；τ_{li} 表示第 i 个信号到达第 l 个阵元时相对于参考阵元的时延；c 为光速；$n_l(t)$ 表示第 l 个阵元在 t 时刻的噪声。

如果将观察时间 T_0 分为 K 个子段，每段时间为 T_d，为了保证频域阵列输出数据不相关，若时间子间隔 T_d 足够长，满足 $\tau_{li}>T_d$，则时延 τ_{li} 可近似转化为频域中的相移。然后对式(5.1.41)进行 J 点离散傅里叶变换(DFT)，得

$$X_l(f)=\sum_{i=1}^{N}S_i(f)\mathrm{e}^{-\mathrm{j}2\pi f\tau_{li}}+N_l(f) \tag{5.1.43}$$

相比于窄带信号式(5.1.20),式(5.1.43)表示信号傅里叶变换后的频域包络乘以相位延迟加上噪声变量,τ_{li} 与阵列的信号入射角度和排列形状等有关。对整个阵列式(5.1.43)写成矩阵为

$$\boldsymbol{X}(f)=\boldsymbol{A}(f,\theta)\boldsymbol{S}(f)+\boldsymbol{N}(f) \tag{5.1.44}$$

式中

$$\boldsymbol{X}(f)=[\boldsymbol{X}_1(f),\boldsymbol{X}_2(f),\cdots,\boldsymbol{X}_M(f)]^{\mathrm{T}} \tag{5.1.45}$$

$$\boldsymbol{S}(f)=[\boldsymbol{S}_1(f),\boldsymbol{S}_2(f),\cdots,\boldsymbol{S}_N(f)]^{\mathrm{T}} \tag{5.1.46}$$

$$\boldsymbol{N}(f)=[\boldsymbol{N}_1(f),\boldsymbol{N}_2(f),\cdots,\boldsymbol{N}_M(f)]^{\mathrm{T}} \tag{5.1.47}$$

$$\boldsymbol{A}(f,\theta)=[a(f,\theta_1),a(f,\theta_2),\cdots,a(f,\theta_N)] \tag{5.1.48}$$

式(5.1.44)即是宽带信号阵列模型,对它求解,首先将信号在频域分解成若干个子频带,若阵列以 f_s 的速率进行采样分析,采样长度为 N,则离散傅里叶变换后式(5.1.44)可得

$$\boldsymbol{X}(f_n)=\boldsymbol{A}(f_n,\theta)\boldsymbol{S}(f_n)+\boldsymbol{N}(f_n) \tag{5.1.49}$$

式中,$f_n=nf_s/N, n=0,1,\cdots,N-1$。若采样点为 J,对其 DFT 处理可得

$$\boldsymbol{X}(f_j)=\boldsymbol{A}(f_j,\theta)\boldsymbol{S}(f_j)+\boldsymbol{N}(f_j) \tag{5.1.50}$$

式(5.1.50)将带宽 B 划分为 J 个子带。从上面分析可以得出,宽带信号阵列模型与窄带信号阵列模型在数学形式上是相似的,只是窄带模型是时域上的表达式,而宽带模型是频域上的表达式。

2. 宽带信号 DoA 估计算法

目前宽带信号的 DoA 估计算法研究得比较多的方法主要为子空间类算法,子空间类算法主要分为相干宽带信号子空间类算法和非相干宽带信号子空间类算法两种。而非相干宽带信号子空间类算法采用“宽带变窄带”的常规分析方法,即将宽带信号采样分段形成一系列若干个窄带信号,再对各个窄带信号分别进行窄带信号 DoA 估计,最后对各个窄带 DoA 估计角度融合进行算术平均,得到一个大约值。由于常规窄带 DoA 估计算法不能处理宽带相干信号,这种局限性不可避免,宽带相干信号使得信号协方差的秩在信号的相关系数增大时有明显下降,协方差矩阵特征值分解后的信号子空间一部分进入噪声子空间之中,引起非相干宽带信号子空间类算法失效,因此,这类算法得不到满意的结果,下面着重介绍相干宽带信号子空间类算法。

在 1985 年,Wang 和 Kaveh 首次提出的宽带相干信号子空间处理算法(Coherent Signals-subspace Method, CSM)是一种高分辨率的 DoA 估计方法,这种算法的关键是把频带带宽内互不重叠的频率点的各个信号子空间聚焦到参考频率点的频带上,然后再对聚焦后得到的单一频率点的信号协方差矩阵应用窄带信号处理算法,进行 DoA 估计。这种算法的主要难点是聚焦矩阵的构造,而聚焦矩阵必须满足一系列条件,因此,设计一个随带宽内任意频率而变化的酉聚焦矩阵 $\boldsymbol{T}(f_j)$,使得对于信号带宽内的任意频率 f_j,都有

$$\boldsymbol{T}(f_j)\boldsymbol{A}(f_j,\theta)=\boldsymbol{A}(f_0,\theta) \tag{5.1.51}$$

式中:f_0 为聚焦频率;导向向量矩阵 $\boldsymbol{A}(f_0,\theta)$ 只与参考频率有关,与其他频率无关,所以矩阵 $\boldsymbol{T}(f_j)$ 达到目标要求。根据前面宽带阵列信号的数学模型式(5.1.50),可得频率 f_j 处的自相关函数为

$$\boldsymbol{R}_x(f_j)=\boldsymbol{A}(f_j,\theta)E[\boldsymbol{S}_k(f_j)\boldsymbol{S}_k^{\mathrm{H}}(f_j)]\boldsymbol{A}^{\mathrm{H}}(f_j,\theta)+\sigma^2\boldsymbol{I}=\boldsymbol{A}(f_j,\theta)\boldsymbol{R}_S(f_j)\boldsymbol{A}^{\mathrm{H}}(f_j,\theta)+\sigma^2\boldsymbol{I} \tag{5.1.52}$$

式中：$\boldsymbol{R}_S(f_j)=E[\boldsymbol{S}_k(f_j)\boldsymbol{S}_k^{\mathrm{H}}(f_j)]$ 为信号源在 f_j 处的协方差矩阵；$\sigma^2(f_j)$ 表示任意频率 f_j 上的噪声功率。

经过前面的分析可知，通过聚焦矩阵变换可以将不同频率的信号子空间聚焦到选定的参考频率 f_0 上，从而使得宽带信号在各个频带上在聚焦变换后具有同一频率的信号子空间。变换后接收的信号表示为

$$\boldsymbol{Y}(f_j)=\boldsymbol{T}(f_j)\boldsymbol{X}(f_j) \tag{5.1.53}$$

此时阵列流型 $\boldsymbol{A}(f_0,\theta)$ 不会随任意频率变化，聚焦后在 f_j 处的相关矩阵为

$$\boldsymbol{R}_Y(f_j)=E[\boldsymbol{Y}(f_j)\boldsymbol{Y}^{\mathrm{H}}(f_j)]=\boldsymbol{A}(f_0,\theta)\boldsymbol{R}_S(f_j)\boldsymbol{A}^{\mathrm{H}}(f_0,\theta)+\sigma^2(f_j)\boldsymbol{T}(f_j)\boldsymbol{T}^{\mathrm{H}}(f_j) \tag{5.1.54}$$

则构造多重信号分类算法（MUSIC）空间谱为

$$\boldsymbol{P}_{\mathrm{MUSIC}}(\theta)=\frac{1}{\boldsymbol{a}(f_0,\theta)\boldsymbol{U}_N\boldsymbol{U}_N\boldsymbol{a}^{\mathrm{H}}(f_0,\theta)} \tag{5.1.55}$$

式中：$\boldsymbol{a}(f_0,\theta)$ 为搜索方向向量；$\boldsymbol{U}_N$ 为噪声子空间。下面介绍聚焦矩阵的构造方法：

1）聚焦矩阵的构造

由于每种算法的聚焦矩阵不是唯一的，所以不同的聚焦矩阵构造有不同的算法，聚焦矩阵的选取直接影响 CSM 算法的估计性能，但是聚焦矩阵的构造又是最难的，下面介绍几种主要的聚焦矩阵构造算法。

（1）双边相关变换法（Two-side Correlation Transforming，TCT）聚焦矩阵。

双边相关变换法是使各频率点聚焦后且去噪的数据协方差矩阵与参考频率点上去噪的数据协方差矩阵误差最小来构造聚焦矩阵的。其实是利用各频率点间无噪声数据之间的关系来选取聚焦矩阵，这种构造方法其实转变为在约束条件下求最小化的问题，即进一步拟合为

$$\min_{T(f_j)}\|\boldsymbol{R}_s(f_0)-\boldsymbol{T}(f_j)\boldsymbol{R}_s(f_j)\boldsymbol{T}^{\mathrm{H}}(f_j)\|_F \tag{5.1.56}$$

在式（5.1.56）中添加一个归一化约束，即令 $\boldsymbol{T}(f_j)$ 为酉聚焦矩阵：$\boldsymbol{T}(f_j)\boldsymbol{T}^{\mathrm{H}}(f_j)=\boldsymbol{I}$，添加归一化约束下的最佳范数解为

$$\boldsymbol{T}(f_j)=\boldsymbol{U}(f_0)\boldsymbol{U}^{\mathrm{H}}(f_j) \tag{5.1.57}$$

式中：$\boldsymbol{U}(f_0)$ 为去噪后相关矩阵 $\boldsymbol{R}_s(f_0)$ 的特征向量矩阵；$\boldsymbol{U}(f_j)$ 是相关矩阵 $\boldsymbol{R}_s(f_j)$ 的特征向量矩阵。

（2）旋转子空间（Rotation Subspace，RSS）聚焦矩阵。旋转子空间算法的聚焦矩阵构造方法是使聚焦后的阵列流形与参考频率点间的阵列流形的误差达到最小，即拟合为

$$\min_{T(f_j)}\|\boldsymbol{A}(f_0,\hat{\theta})-\boldsymbol{T}(f_j)\boldsymbol{A}(f_j,\hat{\theta})\|_F,\quad j=1,2,\cdots,J \tag{5.1.58}$$

在式（5.1.58）中添加一个归一化约束，即令 $\boldsymbol{T}(f_j)$ 为酉聚焦矩阵：$\boldsymbol{T}(f_j)\boldsymbol{T}^{\mathrm{H}}(f_j)=\boldsymbol{I}$，式中，$\theta=[\theta_1,\theta_2,\cdots,\theta_K]$ 为预处理得到的信号方向。式（5.1.58）在约束条件下解为

$$\boldsymbol{T}(f_j)=\boldsymbol{V}(f_j)\boldsymbol{U}^{\mathrm{H}}(f_j) \tag{5.1.59}$$

式中：$\boldsymbol{U}(f_j)$ 为以矩阵 $\boldsymbol{A}(f_j,\hat{\theta})\boldsymbol{A}^{\mathrm{H}}(f_0,\hat{\theta})$ 的左奇异向量为列向量构成的矩阵；$\boldsymbol{V}(f_j)$ 为以矩阵 $\boldsymbol{A}(f_j,\hat{\theta})\boldsymbol{A}^{\mathrm{H}}(f_0,\hat{\theta})$ 的右奇异向量为列向量构成的矩阵。

（3）信号子空间变换（Signal Subspace Transformation，SST）聚焦矩阵。信号子空间变换算法的聚焦变换矩阵是基于由各频率点导向向量进行奇异值分解后张成的子空间与参

考频率点导向向量进行奇异值分解后张成的子空间之间的关系所导出的。

设 $\boldsymbol{D}(f_k)$ 为任意 $M\times M$ 阶 Hermitian 正定矩阵，式中 $\overline{\boldsymbol{Q}}_\theta(f_0)$ 的列是由 $\boldsymbol{A}_\theta(f_0)\boldsymbol{D}_\theta(f_0)\boldsymbol{A}_\theta^{\mathrm{H}}(f_0)$ 的正交特征向量组成的矩阵，而 $\overline{\boldsymbol{Q}}_\theta(f_j)$ 的列是由 $\boldsymbol{A}_\theta(f_j)\boldsymbol{D}_\theta(f_j)\boldsymbol{A}_\theta^{\mathrm{H}}(f_j)$ 的正交特征向量组成的矩阵，添加一个归一化约束，即令 $\boldsymbol{T}(f_j)$ 为酉聚焦矩阵：$\boldsymbol{T}(f_j)\boldsymbol{T}^{\mathrm{H}}(f_j)=\boldsymbol{I}$，则可得 SST 聚焦矩阵为

$$\boldsymbol{T}_\theta(f_j)=\overline{\boldsymbol{Q}}_\theta(f_0)\overline{\boldsymbol{Q}}_\theta^{\mathrm{H}}(f_j) \tag{5.1.60}$$

特别地，当取 $\boldsymbol{D}(f_0)=\boldsymbol{A}^{\mathrm{H}}(f_j)\boldsymbol{A}(f_j)$ 和 $\boldsymbol{D}(f_j)=\boldsymbol{A}^{\mathrm{H}}(f_0)\boldsymbol{A}(f_0)$ 时，信号子空间变换的聚焦矩阵就是旋转子空间算法聚焦矩阵。

(4) 对角聚焦矩阵。当有多个信号的方位角度分布在目标角度 θ_0 附近时，可将聚焦矩阵简单地构造为对角矩阵，因此这种方法称为对角聚焦矩阵，表达式为

$$\boldsymbol{T}(f_j)=\mathrm{diag}\left\{\frac{\boldsymbol{a}_i(f_0,\theta_0)}{\boldsymbol{a}_i(f_j,\theta_0)}\right\},\quad i=1,2,\cdots,M \tag{5.1.61}$$

式中：$\boldsymbol{a}_i(f_0,\theta_0)$ 和 $\boldsymbol{a}_i(f_j,\theta_0)$ 分别为对应于频率 f_0 和 f_j 的方向向量的元素。由于对角聚焦矩阵也是酉矩阵，运算方便，此方法非常简单实用，但是有一个缺点，目标信号源必须位于一个较小的方位角范围内，而且在目标信号源数较少的情况下才能用。

(5) 最小二乘(Least Squares，LS)法聚焦矩阵。最小二乘法的聚焦矩阵的构造是基于非酉矩阵的，与前面的方法有所不同，旋转子空间算法的聚焦矩阵构造方法是使聚焦后的阵列流形与参考频率点间的阵列流形的误差达到最小，而最小二乘法是在噪声及其他扰动的条件下，去除这些扰动干扰，以达到接近理想条件下某频率点聚焦后的阵列流形应该与参考频率点的阵列流形完全相等的效果，聚焦矩阵即

$$\boldsymbol{A}(f_0)=\boldsymbol{T}(f_j)\boldsymbol{A}(f_j) \tag{5.1.62}$$

假设聚焦矩阵 $\boldsymbol{T}(f_j)$ 满足 $\boldsymbol{T}(f_j)\boldsymbol{T}^{\mathrm{H}}(f_j)=\boldsymbol{C}^2$，设 $\boldsymbol{F}_0$ 和 $\boldsymbol{F}_j$ 是式(5.1.62)的解，则 $\mathrm{span}(\boldsymbol{F}_0)=\mathrm{span}(\boldsymbol{C}^{-1}\boldsymbol{A}_0)$ 和 $\mathrm{span}(\boldsymbol{F}_j)=\mathrm{span}(\boldsymbol{A}_j)$，结合以上各式可得

$$\begin{cases}(\boldsymbol{F}_0)=\dfrac{1}{2}(\boldsymbol{W}_j\boldsymbol{A}_j-\boldsymbol{C}^{-1}\boldsymbol{A}_0)\\[2ex](\boldsymbol{F}_j)=\dfrac{1}{2}(\boldsymbol{W}_j^{\ \mathrm{H}}\boldsymbol{C}^{-1}\boldsymbol{A}_0-\boldsymbol{A}_j)\end{cases} \tag{5.1.63}$$

所以 LS 类聚焦矩阵为

$$\boldsymbol{T}_j=\boldsymbol{C}\boldsymbol{W}_j=\boldsymbol{C}\boldsymbol{U}_j\boldsymbol{V}_j^{\mathrm{H}} \tag{5.1.64}$$

通过最小二乘算法将给出 DoA 的渐进无偏的参数估计值。

上面介绍的各种聚焦类算法不能处理相干信号源的 DoA 估计，对于宽带相干信号源的 DoA 估计需要采用空间平滑的 CSM 算法。

2) 基于差分空间平滑的 CSM 算法

关于对相干信号源解相干的处理方法主要分为两类：一类是降维处理方法，它是利用牺牲有效阵元个数来得到信号的非相干性，主要有基于矩阵重构和基于空间平滑两类算法，是目前主要的方法；另一类是非降维处理方法，主要有虚拟阵列变换法和频域平滑算法，这类算法具有解相干能力且没有孔径损失，但是这类算法是基于多次迭代求解的，运算量比较大，这种算法目前实际用得不多。下面主要介绍空间平滑算法，如前面信号模型

式(5.1.14)可知第 l 个阵元得到的数据向量为

$$\boldsymbol{X}_l(t)=\sum_{i=1}^{N}\boldsymbol{a}_l(\theta_i)s_i(t)+\boldsymbol{n}_l(t),\quad l=1,2,\cdots,M \tag{5.1.65}$$

式中:$\boldsymbol{a}_l(\theta_i)=\mathrm{e}^{-\mathrm{j}w_0\tau_{li}}$,$\tau_{li}=(l-1)d\sin\theta_i/c$。令 $\beta_i=2\pi d\sin\theta_i/\lambda$,$i=1,2,\cdots,N$。

将 M 个均匀直线阵进行前向空间平滑,M 个阵元被分成 p 个子阵列,每个子阵列的阵元个数为 m,子阵阵元数和子阵列数满足 $M=p+m-1$。如图 5.1.6 所示

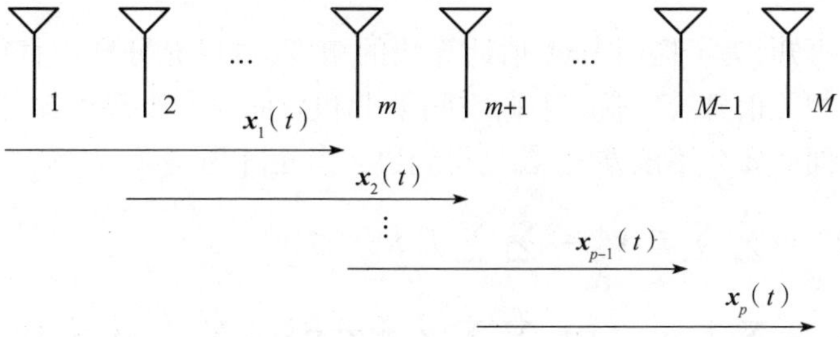

图 5.1.6　前向空间平滑算法原理

从图 5.1.6 可知,m 个阵元组成的子阵列,每个子阵列依次从左向右平移,则第 k 个子阵列接收信号表达式为

$$\boldsymbol{x}_k(t)=[x_k\quad x_{k+1}\quad\cdots\quad x_{k+m-1}]=\boldsymbol{A}\boldsymbol{D}^{(k-1)}s(t)+\boldsymbol{n}_k(t) \tag{5.1.66}$$

$$\boldsymbol{D}=\begin{bmatrix}\mathrm{e}^{\mathrm{j}\beta_1} & 0 & \cdots & 0\\ 0 & \mathrm{e}^{\mathrm{j}\beta_2} & \cdots & 0\\ \vdots & \vdots & \mathrm{e}^{\mathrm{j}\beta_{N-1}} & \vdots\\ 0 & 0 & \cdots & \mathrm{e}^{\mathrm{j}\beta_N}\end{bmatrix} \tag{5.1.67}$$

式中:$\beta_i=\dfrac{2\pi d}{\lambda}\sin\theta_i$, $i=1,2,\cdots,N$,N 为信号源个数,定义第 k 个子阵列协方差矩阵为

$$\boldsymbol{R}_k=\boldsymbol{A}\boldsymbol{D}^{(k-1)}\boldsymbol{R}_S[\boldsymbol{D}^{(l-1)}]^{\mathrm{H}}\boldsymbol{A}^{\mathrm{H}}+\sigma^2\boldsymbol{I} \tag{5.1.68}$$

前向空间平滑 MUSIC 算法就是把得到的各子阵列协方差矩阵进行算术平均,可得

$$\boldsymbol{R}^{\mathrm{f}}=\frac{1}{p}\sum_{i=1}^{p}\boldsymbol{R}_i=\boldsymbol{A}\left[\frac{1}{p}\sum_{i=1}^{p}\boldsymbol{D}^{(i-1)}\boldsymbol{R}_S(\boldsymbol{D}^{(i-1)})^{\mathrm{H}}\right]\boldsymbol{A}^{\mathrm{H}}+\sigma^2\boldsymbol{I}=\boldsymbol{A}\boldsymbol{R}_S^{\mathrm{f}}\boldsymbol{A}^{\mathrm{H}}+\sigma^2\boldsymbol{I} \tag{5.1.69}$$

式中:$\boldsymbol{R}_S^{\mathrm{f}}=\left[\dfrac{1}{p}\sum\limits_{i=1}^{p}\boldsymbol{D}^{(i-1)}\boldsymbol{R}_S(\boldsymbol{D}^{(i-1)})^{\mathrm{H}}\right]$,式(5.1.69)即为前向空间平滑修正的协方差矩阵,通过证明可知,当子阵阵元数为 $m\geqslant N$,子阵数 $p\geqslant N$ 时,式(5.1.69)协方差矩阵是满秩的。

与前向空间平滑类似,后向空间平滑子阵列矩阵为

$$\boldsymbol{R}^{\mathrm{b}}=\frac{1}{p}\sum_{i=1}^{p}\boldsymbol{R}_{p-i+1}^{\mathrm{b}}=\boldsymbol{A}\left[\frac{1}{p}\sum_{i=1}^{p}\boldsymbol{D}^{-(m+i-2)}\boldsymbol{R}_S^{*}\boldsymbol{D}^{(m+i-2)}\right]\boldsymbol{A}^{\mathrm{H}}+\sigma^2\boldsymbol{I}=\boldsymbol{A}\boldsymbol{R}_S^{\mathrm{b}}\boldsymbol{A}^{\mathrm{H}}+\sigma^2\boldsymbol{I} \tag{5.1.70}$$

式中:$\boldsymbol{R}_S^{\mathrm{b}}=\left[\dfrac{1}{p}\sum\limits_{i=1}^{p}\boldsymbol{D}^{(m+i-2)}\boldsymbol{R}_S\boldsymbol{D}^{-(m+i-2)}\right]$,式(5.1.70)即为后向空间平滑修正的协方差矩阵。由以上讨论可知,前向和后向共轭的数据协方差矩阵为

$$\boldsymbol{R}^{\mathrm{f}}=\frac{1}{p}\sum_{k=1}^{p}\boldsymbol{R}_k=\frac{1}{p}\sum_{k=1}^{p}\boldsymbol{Z}_k\hat{\boldsymbol{R}}\boldsymbol{Z}_k^{\mathrm{H}} \tag{5.1.71}$$

$$\boldsymbol{R}^{\mathrm{b}}=\frac{1}{p}\sum_{k=1}^{p}\boldsymbol{R}_k^{\mathrm{b}}=\frac{1}{p}\sum_{k=1}^{p}\boldsymbol{Q}_k\hat{\boldsymbol{R}}^{*}\boldsymbol{Q}_k^{\mathrm{H}} \tag{5.1.72}$$

式中：$\boldsymbol{R}_k$ 和 $\boldsymbol{R}_k^{\mathrm{b}}$ 满足关系 $\boldsymbol{R}_k^{\mathrm{b}}=\boldsymbol{J}_m(\boldsymbol{R}_k)^{*}\boldsymbol{J}_m$，$\boldsymbol{J}_m$ 为 m 维的交换矩阵，双向平滑处理为

$$\boldsymbol{R}=\frac{1}{2}(\boldsymbol{R}^{\mathrm{f}}+\boldsymbol{R}^{\mathrm{b}}) \tag{5.1.73}$$

从上面分析可知，为了提高 DoA 估计算法的精度，可以充分利用直线阵列的子阵的互相关关系及自相关信息法。联合前向空间平滑和后向空间平滑可知，提出差分矩阵空间平滑算法。下面简要介绍该方法，首先得到协方差矩阵为

$$\begin{aligned}\boldsymbol{R}_w^{\mathrm{fb}}&=\sum_{i=1}^{p}\sum_{j=1}^{p}\boldsymbol{R}_{ij}\boldsymbol{W}_{ij}^{\mathrm{f}}+\sum_{i=1}^{p}\sum_{j=1}^{p}\boldsymbol{J}(\boldsymbol{R}_{ij})^{*}\boldsymbol{J}\boldsymbol{W}_{ij}^{\mathrm{b}}\\&=\sum_{j=1}^{p}\boldsymbol{J}(\boldsymbol{R}_{ij})^{*}\boldsymbol{J}\boldsymbol{W}_{ij}^{\mathrm{b}}\sum_{i=1}^{p}\sum_{j=1}^{p}\boldsymbol{Z}_i\hat{\boldsymbol{R}}\boldsymbol{Z}_j^{\mathrm{H}}\boldsymbol{W}_{ij}^{\mathrm{f}}+\sum_{i=1}^{p}\sum_{j=1}^{p}\boldsymbol{Q}_i\hat{\boldsymbol{R}}^{*}\boldsymbol{Q}_j^{\mathrm{H}}\boldsymbol{W}_{ij}^{\mathrm{f}}\\&=\boldsymbol{R}_w^{\mathrm{f}}+\boldsymbol{R}_w^{\mathrm{b}}\end{aligned} \tag{5.1.74}$$

式中：$\boldsymbol{W}^{\mathrm{f}}$，$\boldsymbol{W}^{\mathrm{b}}$ 都是一个 $P\times P$ 的加权系数矩阵；$\boldsymbol{R}_w^{\mathrm{f}}$ 是前向加权的修正矩阵；$\boldsymbol{R}_w^{\mathrm{b}}$ 是后向加权的修正矩阵。式中当前向加权系数矩阵 $\boldsymbol{W}^{\mathrm{f}}=-I$、后向加权系数矩阵 $\boldsymbol{W}^{\mathrm{b}}=I$ 时，可得

$$\boldsymbol{R}^{\mathrm{d}}=\boldsymbol{R}^{\mathrm{b}}-\boldsymbol{R}^{\mathrm{f}} \tag{5.1.75}$$

式(5.1.75)就是差分矩阵空间平滑算法。该算法能很好地对宽带相干信号进行 DoA 估计，但是损失了阵列孔径，估计的信号源数减少了，最多能检测相干信号源数为 $2M/3$ 个，M 表示阵列个数。

最后对这种算法进行总结，基于差分矩阵空间平滑的宽带相干信号 DoA 估计算法步骤如下：

(1) 由式(5.1.66)得到阵列接收的数据，进而得到第 k 个子阵元的协方差矩阵式(5.1.68)。

(2) 根据子阵列个数得到所有的子阵列的协方差矩阵，如式(5.1.69)，利用差分空间平滑算法式(5.1.75)，得到 f_j 处新的数据协方差矩阵 $\boldsymbol{R}_{NJ}(f_j)$。

(3) 进行宽带聚焦矩阵 $\boldsymbol{T}(f_j)$ 的构造，对数据协方差矩阵 $\boldsymbol{R}_{NX}(f_j)$ 进行变换，使得 f_j 处有 $\boldsymbol{T}(f_j)\boldsymbol{A}(f_j,\theta)=\boldsymbol{A}(f_0,\theta)$，聚焦到同一参考频率。

(4) 通过聚焦矩阵变换，得到单一频率点上的数据协方差矩阵，并对数据协方差矩阵特征值分解进行空间谱估计，从而估计出信号源的方向。

5.1.5 本节小结

本节主要分析了阵列信号处理 DoA 估计的一些基础知识和窄带信号与宽带信号 DoA 估计的两种基本方法，为后续小节做铺垫。首先介绍了实际环境中常见的几种阵列、阵元间的相互延迟表达式及各阵列的示意图；其次介绍了 DoA 估计的基本原理，影响 DoA 估计的因素和估计性能特征参数，方便理解本节的主题思想；最后介绍了窄带信号处理模型及基本处理算法、宽带信号处理模型及基本处理算法。由于 OFDM 信号通常为宽带信号，所以要用宽带信号 DoA 来估计 OFDM 信号的 DoA。

5.2 基于宽带聚焦矩阵和高阶累积量的 OFDM 信号的 DoA 估计

OFDM 信号是一种典型的宽带信号,由于带宽很宽,所以一般处理窄带信号的方法不再适用。对于多源宽带信号的来波方向估计,目前有两大类估计方法:信号子空间方法(Signal Subspace Method, SSM)和高阶累积量方法。信号子空间方法虽然不是最优估计,但由于它是基于对空间协方差矩阵的特征值分解,具有相对较小的计算量和较高的分辨率,但也存在一定缺点,参考文献[302]应用基于子空间的宽带测向算法,所能分辨的信源数目受阵元个数的限制。高阶累积量方法应用于阵列信号处理中,有一定的优点,参考文献[303]证明能够扩展阵列孔径,使得较之基于协方差的算法能分辨的空间信号源数目更多,但计算量较大;另外,由于高斯噪声大于二阶的累积量为零,基于高阶累积量的算法因此具有抑制加性高斯白噪声和任意高斯有色噪声的能力。因此,在实际应用中常采用四阶累积量而不采用其他高阶累积量,因为充分对称分布序列奇数阶累积量为零,而更高阶累积量计算复杂、运算量更大,所以一般不用。下面先介绍宽带聚焦矩阵算法。

5.2.1 基于宽带聚焦矩阵的 OFDM 信号的 DoA 估计

宽带聚焦矩阵算法属于信号子空间类方法,信号子空间类方法主要有相干信号算法和非相干信号算法两种,本节采用相干信号子空间算法(CSM),它是 Wang 和 Kaveh 首先提出的,他们是为了解决超分辨的子空间算法如多重信号分类(MUSIC)算法只能处理窄带信号的不足而提出的。在此基础上人们又提出双边相关变换(TCT)算法、信号子空间变换(SST)算法、旋转信号子空间(RSS)算法等,本节采用旋转信号子空间(RSS)的宽带聚焦矩阵算法。

1. 宽带聚焦矩阵的 DoA 估计算法

基于相干信号的宽带聚焦算法的基本思想是通过聚焦矩阵将各频率点的数据变为参考频率点的数据,其关键在于聚焦矩阵的选择。由宽带信号模型式(5.1.50)可知,核心问题是构造聚焦矩阵 $\boldsymbol{T}(f_j)$ 满足

$$\boldsymbol{T}(f_j)\boldsymbol{A}(f_j,\theta)=\boldsymbol{A}(f_0,\theta) \tag{5.2.1}$$

这里宽带聚焦矩阵采用旋转信号子空间(RSS)变换算法,它的工作原理是使聚焦后的阵列流形与参考频率点阵列流形间误差最小,即

$$\min_{T(f_j)}\|\boldsymbol{A}(f_0,\theta)-\boldsymbol{T}(f_j)\boldsymbol{A}(f_j,\theta)\|_F \tag{5.2.2}$$

式中:约束条件 $\boldsymbol{T}$ 为酉矩阵,且 $\boldsymbol{T}^{\mathrm{H}}(f_j)\boldsymbol{T}(f_j)=\boldsymbol{I}$;$\|\cdot\|_F$ 为 Frobenius 模;θ 为预处理得到的信号方向$[\theta_1,\theta_2,\cdots,\theta_N]$。上述过程实际上是通过 $\boldsymbol{T}$ 阵列流形 $\boldsymbol{A}(f_j,\theta)$ 张成的子空间,使之在 Frobenius 模最小意义下拟合 $\boldsymbol{A}(f_0,\theta)$ 张成的子空间。式(5.2.2)在约束条件下的一个解为

$$\boldsymbol{T}(f_j)=\boldsymbol{V}(f_j)\boldsymbol{U}(f_j)^{\mathrm{H}} \tag{5.2.3}$$

式中:$\boldsymbol{U}(f_j)$ 和 $\boldsymbol{V}(f_j)$ 分别是 $\boldsymbol{A}(f_j,\theta)\boldsymbol{A}^{\mathrm{H}}(f_0,\theta)$ 的左奇异值向量和右奇异值向量。将 $\boldsymbol{T}(f_j)$ 代入式(5.1.50)中,则有

$$\boldsymbol{Y}(f_j)=\boldsymbol{T}(f_j)\boldsymbol{X}(f_j)=\boldsymbol{T}(f_j)\boldsymbol{A}(f_j,\theta)\boldsymbol{S}(f_j)+\boldsymbol{T}(f_j)\boldsymbol{N}(f_j)=\boldsymbol{A}(f_0,\theta)\boldsymbol{S}(f_j)+\boldsymbol{T}(f_j)\boldsymbol{N}(f_j) \tag{5.2.4}$$

$$\begin{aligned}\boldsymbol{H}(f_j)&=E[\boldsymbol{Y}(f_j)\boldsymbol{Y}^{\mathrm{H}}(f_j)]\\&=\boldsymbol{A}(f_0,\theta)E[\boldsymbol{S}(f_j)\boldsymbol{S}^{\mathrm{H}}(f_j)]\boldsymbol{A}^{\mathrm{H}}(f_0,\theta)+\boldsymbol{T}(f_j)E[\boldsymbol{N}(f_j)\boldsymbol{N}^{\mathrm{H}}(f_j)]\boldsymbol{T}^{\mathrm{H}}(f_j)\\&=\boldsymbol{A}(f_0,\theta)\boldsymbol{R}_S(f_j)\boldsymbol{A}^{\mathrm{H}}(f_0,\theta)+\sigma^2(f_j)\boldsymbol{T}(f_j)\boldsymbol{T}^{\mathrm{H}}(f_j)\end{aligned}\tag{5.2.5}$$

对各个频率点 $\boldsymbol{H}(f_j)$ 加权平均，得到参考频率点的协方差矩阵

$$\boldsymbol{R}=\frac{1}{J}\sum_{j=1}^{J}\boldsymbol{H}(f_j)\tag{5.2.6}$$

最后对协方差矩阵 $\boldsymbol{R}$ 特征分解，得到 N 个大的特征值 $\lambda_i(i=1,2,\cdots,N)$，$N$ 个大特征值对应的特征向量张成信号子空间 $\boldsymbol{E}_s=[\boldsymbol{e}_1\ \boldsymbol{e}_2\cdots\ \boldsymbol{e}_N]$，剩余 $M-N$ 个较小的特征值对应的特征向量张成噪声子空间 $\boldsymbol{E}_n=[\boldsymbol{e}_{N+1}\ \boldsymbol{e}_{N+2}\cdots\ \boldsymbol{e}_M]$，可以得到 MUSIC 算法的空间谱估计：

$$\boldsymbol{P}_{\mathrm{MUSIC}}=\frac{1}{\boldsymbol{a}^{\mathrm{H}}(f_0)\boldsymbol{E}_n\boldsymbol{E}_n^{\mathrm{H}}\boldsymbol{a}(f_0)}\tag{5.2.7}$$

2. 宽带聚焦矩阵的算法实现框图

经上面分析，可以得出宽带聚焦矩阵算法流程如图 5.2.1 所示。

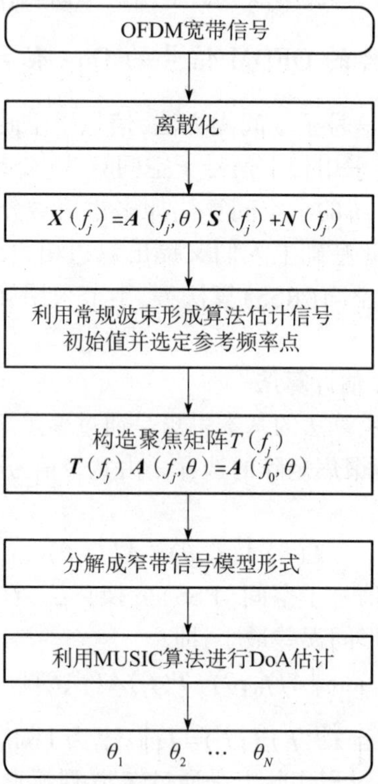

图 5.2.1　宽带聚焦矩阵算法流程

3. 宽带聚焦矩阵的算法实现流程描述

针对以上宽带聚焦矩阵算法思想，OFDM 信号的 RSS 宽带聚焦矩阵算法实现流程归纳如下：

(1) 利用常规波束形成算法估计信号的初始值，并选定聚焦参考频率点 f_0，将阵列接收的 OFDM 信号分成 K 个不重叠子段，式(5.1.50)中每个子段均分成 J 个窄频段并做 DFT 变换，得到 $\boldsymbol{X}(f_j)$，$j=1,2,\cdots,J$。

(2) 由式(5.1.50)构造各个频率点的阵列流形矩阵,再利用式(5.2.3)计算各对应频率点的聚焦矩阵。

(3) 由式(5.2.4)对阵列接收数据进行聚焦变换得到 $\boldsymbol{Y}(f_j)$,式(5.2.5)得到单一频率点数据协方差矩阵 $\boldsymbol{H}(f_j)$,在所有频率点取平均值得参考频率点协方差矩阵 $\boldsymbol{R}$,然后由式(5.2.6)对 $\boldsymbol{R}$ 特征分解,得到信号子空间 $\boldsymbol{E}_s$ 和噪声子空间 $\boldsymbol{E}_n$。

(4) 对式(5.2.7)进行一维谱峰搜索,N 个极大值点对应的位置即是来波方向的估计值。

为了解决 RSS 宽带测向算法所能分辨的信源数目受阵元个数的限制,下面提出了用高阶累积量进行宽带信号的 DoA 估计,高阶累积量算法具有抑制高斯噪声、阵列孔径扩展、提取有色噪声中非高斯噪声的能力等优点。

5.2.2　基于高阶累积量的 OFDM 信号 DoA 估计算法

参考文献[304-306]研究了高阶累积量用于宽带信号 DoA 估计。加循环前缀的 OFDM 信号的 DoA 估计一般用循环累积量和基于循环谱的循环 MUSIC 方法,而不加循环前缀的 OFDM 信号的 DoA 估计现在很少做,因为加循环前缀的 OFDM 信号变成循环平稳信号,而一般高阶累积量方法无法处理循环平稳信号,要用高阶循环累积量才能处理,循环高阶累积量不仅具有二阶循环方法的优点,还具有高阶累积量特性,但是它只对循环平稳信号有效果,而不加循环前缀的 OFDM 信号用高阶累积量方法实现更容易。因此,本节提出基于高阶累积量的不加循环前缀的 OFDM 信号的 DoA 估计。

1. 高阶累积量的 DoA 估计算法

使用高阶累积量进行 DoA 估计可以克服二阶统计特性的一些缺陷,如上面 RSS 聚焦矩阵算法就用了二阶自相关特性,高阶累积量可抑制高斯噪声、阵列孔径扩展等。设零均值随机过程 x,它的四阶累积量矩阵为 $\boldsymbol{C}_Y$,由前面聚焦阵列模型式(5.2.4)可知,在各个频率点构造累积量矩阵 $\boldsymbol{C}_{Yj}$,当 k_1、k_2、k_3、k_4 分别在$\{1,2,3,\cdots,M\}$中取各个值时,定义 $\boldsymbol{C}_{Yj}$ 第$[(k_1-1)M+k_3]$行$[(k_2-1)M+k_4]$列的元素为

$$\begin{aligned}\boldsymbol{C}_{Yj}&=\mathrm{Cum}(\boldsymbol{Y}_{jk_1},\boldsymbol{Y}_{jk_2},\boldsymbol{Y}_{jk_3}^*,\boldsymbol{Y}_{jk_4}^*)\\&=E(\boldsymbol{Y}_{jk_1}\boldsymbol{Y}_{jk_2}\boldsymbol{Y}_{jk_3}^*\boldsymbol{Y}_{jk_4}^*)-E(\boldsymbol{Y}_{jk_1}\boldsymbol{Y}_{jk_3}^*)E(\boldsymbol{Y}_{jk_2}\boldsymbol{Y}_{jk_4}^*)-E(\boldsymbol{Y}_{jk_1}\boldsymbol{Y}_{jk_4}^*)E(\boldsymbol{Y}_{jk_2}\boldsymbol{Y}_{jk_3}^*)-\\&\quad E(\boldsymbol{Y}_{jk_1}\boldsymbol{Y}_{jk_2})E(\boldsymbol{Y}_{jk_3}^*\boldsymbol{Y}_{jk_4}^*)\end{aligned}\tag{5.2.8}$$

假设 $\boldsymbol{Y}_{jk}$ 有足够的对称性,使得 $E(\boldsymbol{Y}_{jk_1}\boldsymbol{Y}_{jk_2})$恒为零。从而由式(5.2.8)可得

$$\begin{aligned}\boldsymbol{C}_{Yj}&=\mathrm{Cum}(\boldsymbol{Y}_{jk_1},\boldsymbol{Y}_{jk_2},\boldsymbol{Y}_{jk_3}^*,\boldsymbol{Y}_{jk_4}^*)\\&=E(\boldsymbol{Y}_{jk_1}\boldsymbol{Y}_{jk_2}\boldsymbol{Y}_{jk_3}^*\boldsymbol{Y}_{jk_4}^*)-E(\boldsymbol{Y}_{jk_1}\boldsymbol{Y}_{jk_3}^*)E(\boldsymbol{Y}_{jk_2}\boldsymbol{Y}_{jk_4}^*)-E(\boldsymbol{Y}_{jk_1}\boldsymbol{Y}_{jk_4}^*)E(\boldsymbol{Y}_{jk_2}\boldsymbol{Y}_{jk_3}^*)\end{aligned}\tag{5.2.9}$$

假设每个阵元上的噪声为高斯噪声,而 $\boldsymbol{N}(f_j)$噪声矩阵为高斯随机变量的线性组合,也是高斯随机变量,$\boldsymbol{T}(f_j)$为线性变换,所以它们的乘积 $\boldsymbol{T}(f_j)\boldsymbol{N}(f_j)$的每个元素也是高斯随机变量,由于四阶累积量具有盲高斯特性,所以在累积量的计算中可以省去 $\boldsymbol{T}(f_j)\boldsymbol{N}(f_j)$这一项。为了叙述方便,在式(5.2.4)中用符号 $\boldsymbol{A}$ 代替 $\boldsymbol{A}(f_0,\theta)$,用 $\boldsymbol{S}$ 代替 $\boldsymbol{S}(f_j)$,$\boldsymbol{a}(\theta_i)$代替 $\boldsymbol{a}(f_j,\theta_i)$,式(5.2.4)代入式(5.2.9)得

$$\begin{aligned}C_{Yj}&=E\{(Y\otimes Y^*)(Y\otimes Y^*)^{\mathrm H}\}-E\{(Y\otimes Y^*)\}E\{(Y\otimes Y^*)^{\mathrm H}\}-E\{(YY^{\mathrm H})\}\otimes E\{(YY^{\mathrm H})^*\}\\&=E\{(AS\otimes(AS)^*)(AS\otimes(AS)^*)^{\mathrm H}\}-E\{(AS\otimes(AS)^*)\}E\{(AS\otimes(AS)^*)^{\mathrm H}\}-\\&\quad E\{(AS(AS)^{\mathrm H})\}\otimes E\{(AS(AS)^{\mathrm H})^*\}\\&=E(A\otimes A^*)E\{(S\otimes S^*)(S\otimes S^*)^{\mathrm H}\}E\{(A\otimes A^*)^{\mathrm H}\}-\\&\quad E(A\otimes A^*)E\{(S\otimes S^*)\}E\{(S\otimes S^*)^{\mathrm H}\}E\{(A\otimes A^*)^{\mathrm H}\}-\\&\quad E(A\otimes A^*)E\{(SS^{\mathrm H})\}\otimes E\{(SS^{\mathrm H})^*\}E\{(A\otimes A^*)^{\mathrm H}\}\end{aligned}\tag{5.2.10}$$

式中：⊗表示 Kronecker 乘积；＊表示复共轭；H 表示共轭转置。

对 M 个阵元而言，当 k_1、k_2、k_3、k_4 分别在$\{1,2,3,\cdots,M\}$中取各个值时，C_{Yj} 共有 M^4 个值，可将 M^4 个值放入 $M^2\times M^2$ 的矩阵 R_{Yj} 中，则式(5.2.9)转化为

$$R_{Yj}[(k_1-1)M+k_3,(k_2-1)M+k_4]=C_{Yj}(k_1,k_2,k_3^*,k_4^*)=B(\theta)C_sB^{\mathrm H}(\theta)\tag{5.2.11}$$

式中

$$C_s=E[(S\otimes S^*)(S\otimes S^*)^{\mathrm H}]-E[(S\otimes S^*)]E[(S\otimes S^*)^{\mathrm H}]-E[(SS^{\mathrm H})]\otimes E[(SS^{\mathrm H})^*]\tag{5.2.12}$$

$$B(\theta)=[b(\theta_1)b(\theta_2)\cdots b(\theta_N)]=[a(\theta_1)\otimes a^*(\theta_1)a(\theta_2)\otimes a^*(\theta_2)\cdots a(\theta_N)\otimes a^*(\theta_N)]\tag{5.2.13}$$

式中：$a(\theta_i)$为信号模型方向向量，对各个累积量矩阵 C_{Yj} 进行加权平均，可得聚焦频率处的累积量矩阵

$$C_Y=\frac{1}{J}\sum_{j=1}^{J}R_{Yj}\tag{5.2.14}$$

如果信号源之间互相独立，对式(5.2.14)的累积量矩阵进行特征分解，得到 N 个大的特征值 $\lambda_i(i=1,2,\cdots,N)$，$N$ 个大特征值对应的特征向量张成四阶信号子空间 $E_s=[e_1\ e_2\cdots e_N]$，剩余 M^2-N 个较小的特征值对应的特征向量张成四阶噪声子空间 $E_n=[e_{N+1}\ e_{N+2}\cdots e_{M^2}]$，从而把累积量运用到阵列信号处理中，显著扩展了阵列孔径。由于 E_s 和 E_n 的正交性，可以得到 MUSIC 算法的空间谱

$$P(\theta)=\frac{1}{\|b^{\mathrm H}(\theta)E_n\|^2}\tag{5.2.15}$$

式中

$$b(\theta)=a(\theta)\otimes a^*(\theta)\tag{5.2.16}$$

2. 高阶累积量 DoA 估计算法实现框图

由上面的分析总结，可以得出高阶累积量算法流程如图 5.2.2 所示。

3. 高阶累积量算法实现流程描述

基于以上累积量算法思想可知，OFDM 信号的四阶统计量的 DoA 估计实现流程归纳如下：

(1) 同“5.2.1 节：3. 宽带聚焦矩阵的算法实现流程描述”步骤(1)，根据“5.2.1 节：1. 宽带聚焦矩阵的 DoA 估计算法”所述的求聚焦矩阵的方法求 $T(f_j)$，利用式(5.2.4)得到 $Y(f_j)$。

(2) 根据式(5.2.8)～式(5.2.10)求累积量矩阵估计值 C_{Yj}，从而根据式(5.2.11)～

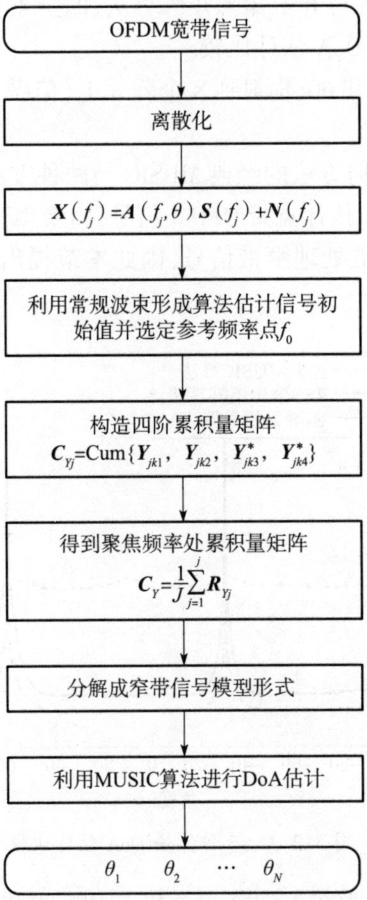

图 5.2.2　高阶累积量算法流程

式(5.2.14)得到 f_0 处的累积量估计值 C_Y。

(3) 对 C_Y 进行特征分解，得到四阶信号子空间估计值 E_s 和噪声子空间估计值 E_n。

(4) 对式(5.2.15)进行一维谱峰搜索，N 个极大值点对应的位置即是来波方向的估计值。

5.2.3　仿真实验及性能分析

在计算机仿真中本节取 8 个等间隔 $d=c/2f_0$ 的全向阵元组成的线性阵列，OFDM 信号具有相同的中心频率 $f_0=240\text{MHz}$ 和相同的带宽 $B=20\text{MHz}$，采用 BPSK 调制，64 个子载波。阵列噪声 $n(t)$ 是平稳的零均值带限(具有与 OFDM 信号相同的带宽)高斯过程，M 个阵元的噪声 $n_m(t)(m=1,2,\cdots,M)$ 之间相互独立，且具有相同的统计特性，它们与信号也是统计独立的。在每个阵元上的采样频率取为 80MHz，总的观测时间为 $T_0=6.4\mu\text{s}$，则得到时间×带宽的积为 $BT=128$。将 T_0 分为 $K=20$ 段，每段 $T=T_0/K=0.32\mu\text{s}$。对每一段通过不加窗的 FFT，则信号加噪声的阵列信号输出被均分成 $J=39$ 个窄带频率分量，其中 $j=20$ 处即为中心频段 f_0 段，构成 $X(f_0)$ 的数据是由相对于 f_0 处的 $K=512$ 次快拍数组成的。这里的信噪比 S/N 定义为每个信源功率与单个传感器上的噪声功率之比。

实验 1：经典 MUSIC 算法与 RSS 聚焦矩阵算法、四阶累积量算法的比较，两种算法在不同阵元数和不同信噪比下 DoA 估计比较。

假设两个源信号以-30°和 60°辐射到 8 个阵元上，信噪比 $SNR_1 = SNR_2 = 0dB$，快拍数为 512，采样点为 512。

图 5.2.3 所示为不加任何方法的经典 MUSIC 与两种方法 DoA 估计比较，可以看出经典 MUSIC 算法已经不能 DoA 估计宽带 OFDM 信号，而聚焦算法和高阶累积量算法可以估计，因为经典 MUSIC 算法只能处理窄带信号，因此本节提出基于聚焦矩阵算法和高阶累积量算法的 DoA 估计。

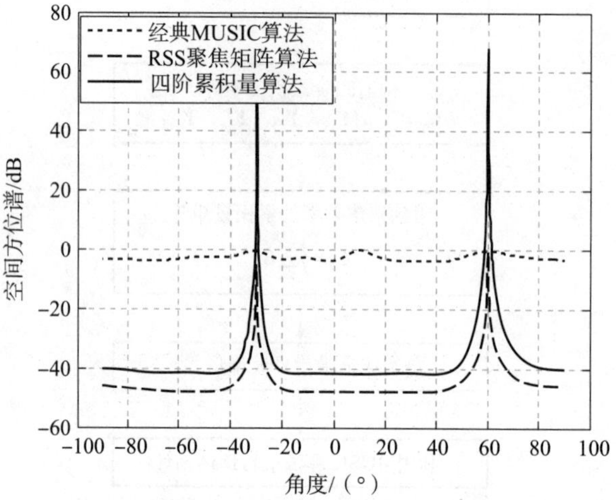

图 5.2.3　三种算法 DoA 估计比较

图 5.2.4、图 5.2.5 分别为在不同阵元个数下 RSS 聚焦矩阵算法和四阶累积量算法的 DoA 估计比较，从图中分析可知随着阵元数的由 4 个增加到 10 个时谱峰越来越尖锐，说明两种算法效果都很好，四阶累积量算法空间方位谱能量比 RSS 聚焦矩阵算法好，因为四阶累积量算法具有抑制噪声能力，故四阶累积量算法旁瓣很小，与理论分析相符。

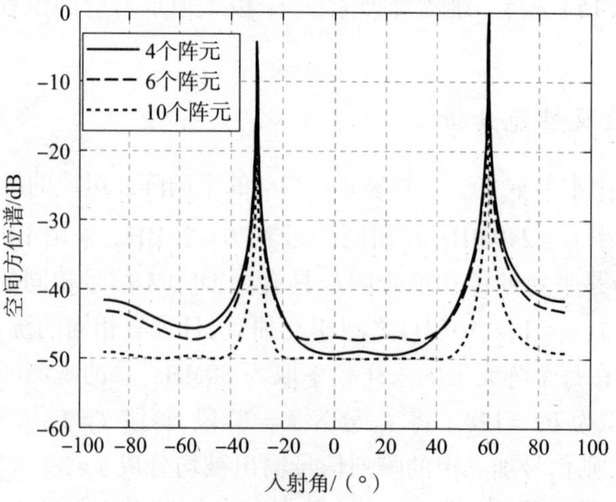

图 5.2.4　不同阵元 RSS 聚焦矩阵算法 DoA 估计比较

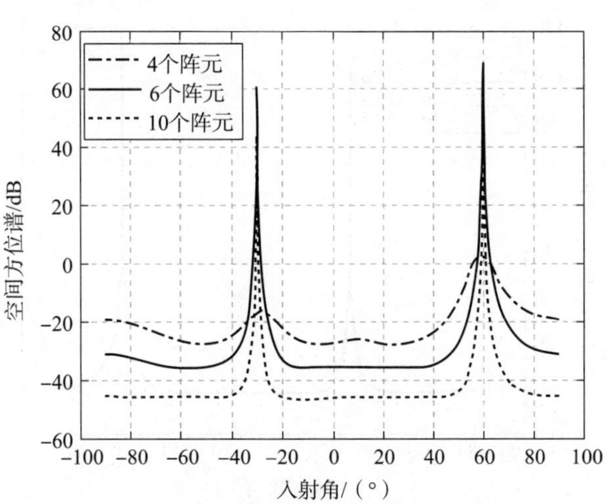

图 5.2.5　不同阵元四阶累积量算法 DoA 估计比较

图 5.2.6、图 5.2.7 分别为在不同信噪比下 RSS 聚焦矩阵算法和四阶累积量算法的 DoA 估计比较。从图 5.2.6 可以看出,随着信噪比的增大,RSS 聚焦矩阵算法变化明显,效果越来越好;从图 5.2.7 可知,四阶累积量算法由于具有抑制高斯噪声能力,随信噪比的增大,DoA 估计性能变化不大,但是效果很好,进一步说明了四阶累积量能抑制高斯噪声。

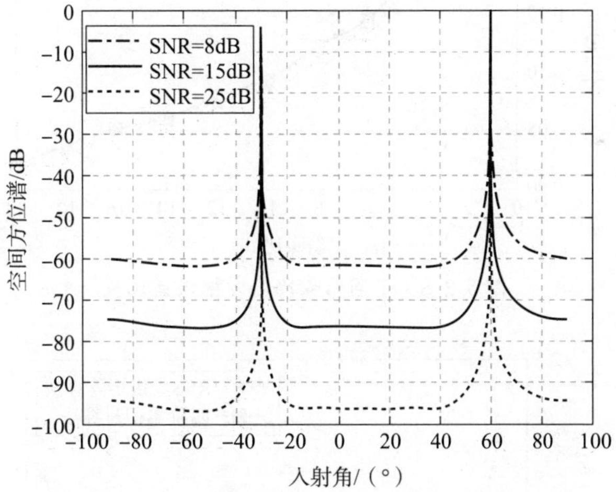

图 5.2.6　不同信噪比 RSS 聚焦矩阵算法 DoA 估计比较

实验 2:RSS 聚焦矩阵算法和四阶累积量算法性能分析,两种算法在不同信噪比和不同阵元数下的均方根误差。

设信号的入射角为 60°,其他仿真参数同实验 1,对其进行 200 次蒙特卡洛仿真计算均方根误差,快拍数为 512,信噪比为 0~20dB,阵元数为 3~20。

图 5.2.8、图 5.2.9 分别为不同信噪比和不同阵元数下 RSS 聚焦矩阵算法和四阶累积量算法的均方根误差。由图 5.2.8 分析可知,在信噪比逐渐增大过程中两种算法均方根误差都逐渐减小,到 20dB 时可忽略不计;从图 5.2.9 可以看出,随阵元数的增加,两种

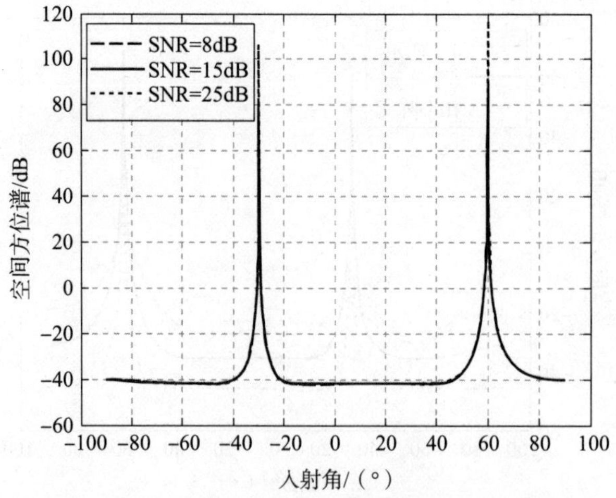

图 5.2.7　不同信噪比四阶累积量算法 DoA 估计比较

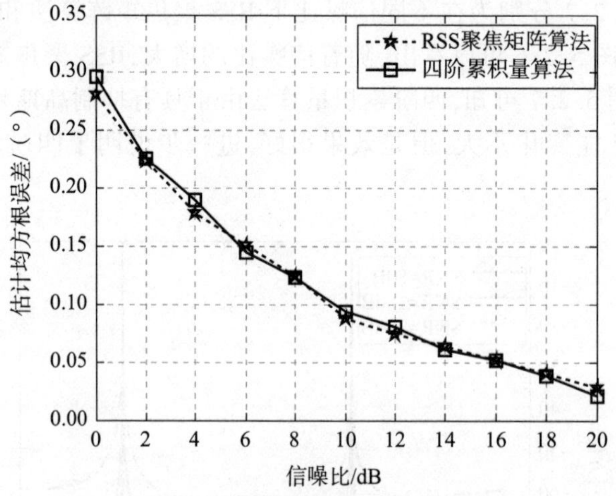

图 5.2.8　不同信噪比均方根误差比较

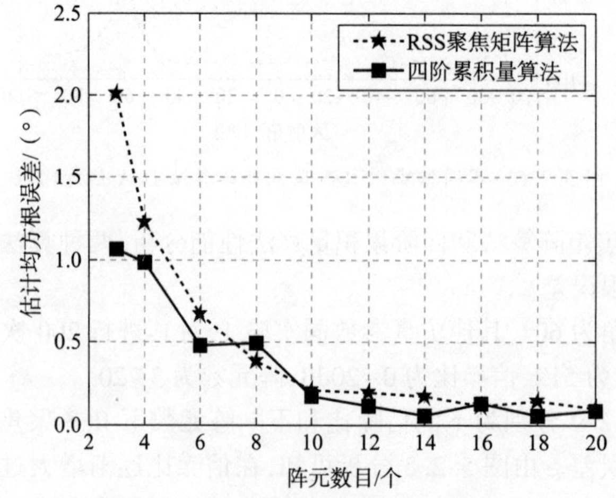

图 5.2.9　不同阵元数的均方根误差比较

算法的均方根误差逐渐减小,RSS 聚焦矩阵算法波动较大,四阶累积量算法稳定性较好,从图 5.2.9 可看出,四阶累积量算法的均方根误差明显比 RSS 聚焦矩阵算法误差小。但是随着信噪比越高和阵元数越多,估计性能越好,在低信噪比时高阶累积量算法提升性能不明显,但在少阵元数时高阶累积量算法比宽带聚焦矩阵性能提升 1 倍。在估计均方根误差时,不管是在不同信噪比下还是在不同阵元个数的情况下,四阶累积量算法所用时间是 RSS 聚焦矩阵算法的 5 倍以上,因为 RSS 聚焦矩阵算法是用二阶矩计算协方差矩阵,而四阶矩积量算法是用四阶矩计算累积量矩阵,在程序中四阶矩复杂度大于二阶矩,所以计算量明显更大,这与前面分析相符合。

实验 3:四阶累积量算法可以 DoA 估计比阵元数多的信号源,即四阶累积量的阵列扩展特性。

设实验中阵元数为 4,估计的信号源数为 5,入射方向分别为-50、-30、0、30、60 度,快拍数为 1024,其他条件如实验 1,如图 5.2.10 所示。

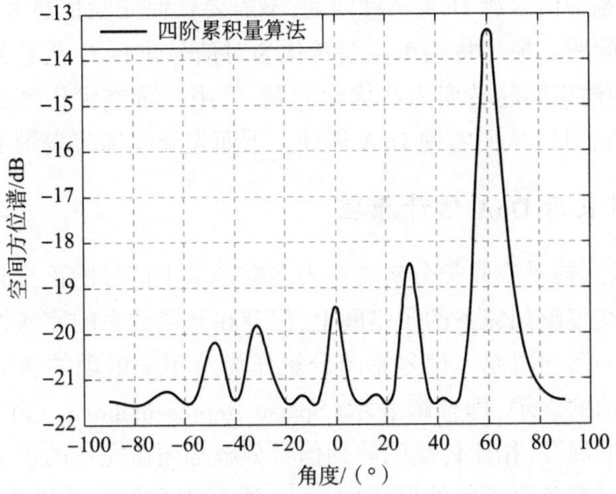

图 5.2.10　四阶累积量阵列孔径扩展

从图 5.2.10 可看出,图中四阶累积量算法可以估计 DoA,RSS 聚焦矩阵算法则会失效,因为 RSS 聚焦矩阵算法应用 MUSIC 算法构造的噪声子空间是阵元数减去入射信号源个数,实验中为负值,噪声子空间维数不可能为负值,所以失效;而四阶累积量算法构造的噪声子空间是阵元数的平方减去信号源个数,因而可以 DoA 估计。由图 5.2.10 可知,四阶累积量可以估计来波方向而 RSS 聚焦矩阵算法无法估计,进一步说明了四阶累积量的能扩展阵列孔径,与理论分析相符。

5.2.4　本节小结

本节主要研究了基于宽带聚焦矩阵算法和高阶累积量算法的 OFDM 信号的 DoA 估计,分别运用了聚焦矩阵方法和高阶累积量方法将 OFDM 宽带信号转变为窄带信号,然后再用 MUSIC 算法进行谱峰搜索,克服了传统方法只能处理窄带信号的问题。本节推导了 OFDM 信号的角度估计算法,并给出了相应的仿真分析,对两种方法进行理论分析和仿真结果可知它们都可得到高分辨率的 DoA 估计,而传统的 MUSIC 算法不能估计宽带信号的

DoA;本节比较了不同阵元数和不同信噪比情况下两种算法的 DoA 估计效果和性能分析,随着信噪比越高和阵元数越多,估计性能越好,在低信噪比时高阶累积量算法提升性能不明显,但在少阵元数时高阶累积量算法比宽带聚焦矩阵算法性能提升 1 倍;仿真还可看出高阶累积量算法还具有抑制高斯噪声能力和阵列孔径扩展特性,但是存在聚焦矩阵算法所分辨的信源数目受阵元个数的限制和高阶累积量算法的计算量又过大等缺点。

5.3 基于稀疏表示的 OFDM 信号的 DoA 估计

上节介绍的宽带聚焦矩阵算法具有运算量小、能处理相干信号和分辨率高等优点,但所分辨的信源数目受阵元个数的限制和需要角度预估计,从而影响分辨率。高阶累积量方法虽然具有抑制高斯噪声和阵列扩展特性,但也有角度预估计和计算量大等缺点。

针对 OFDM 信号的 DoA 估计问题,本节提出了一种宽带信号协方差矩阵稀疏表示算法。本节算法针对宽带信号源 DoA 估计问题,不需要任何先验信息和把宽带信号转化为窄带信号后的融合问题。最后将约束问题转化为对信号进行 l_1 范数约束,对噪声进行 l_2 范数约束,并将书中约束问题转变为凸优化问题,采用二阶锥优化理论,借助有效的工具箱 SuDuMi 进行参数估计,从而实现 DoA 估计。下面先介绍稀疏表示 DoA 估计原理。

5.3.1 基于稀疏表示 DoA 估计原理

目前,研究最成熟的子空间类分析方法大多数是基于信号的正交分解分析的,它是将接收的阵列信号正交投影到完备的子空间上,但存在基函数系的完备性、正交性和信号的固有最小分辨率等一系列限制。信号稀疏分解作为近年来出现的新的信号分析方法,可以得到信号非常简洁的表示,即稀疏表示(Sparse Representation)。阵列信号稀疏分解是基于过完备原子库的展开,相比传统的阵列信号分解必须在完备的正交基上分解,它将阵列接收信号投影到过完备原子库的原子向量上,实现阵列信号的稀疏分解。利用稀疏分解的方法进行 DoA 估计具有很高的分辨率、不需要进行任何预处理、在低信噪比和少快拍数下达到很高的精度和同时适用于相干和非相干信号[308]。参考文献[307]将稀疏分解的方法运用到信号 DoA 估计中,通过对接收数据矩阵奇异值分解,然后通过求解 l_0 范数稀疏约束的联合优化问题实现 DoA 估计,但当信号维数较高时,计算效率很低。参考文献[308]将稀疏分解的方法运用到宽带信号 DoA 估计中,但在计算过程中需要根据信号的频率变化实时地建立字典空间,增加了计算量和存储空间。参考文献[309]提出对信号协方差矩阵稀疏表示的 DoA 估计算法,并详细推导和分析了拟合误差门限和其他算法比较分析。

1. 稀疏阵列信号模型

本节阵列数学模型为等距排列的均匀线阵,有 M 个阵元,阵元间距为 d,有 K 个宽带远场信号分别从不同的方位辐射到阵列上,入射角为 $\theta_1,\theta_2,\cdots,\theta_K$,假设宽带信号有相同带宽 B 和中心频率 f_0,噪声为高斯白噪声,均值为 0,方差为 σ^2,且信号与噪声不相关,其中第一个阵元作为参考阵元,收集 N 次快拍数据,则在时间 t 的快拍数下第 l 个阵元上的接收数据(不考虑增益时)可以表示为

$$x_l(t)=\sum_{k=1}^{K}s_k(t-\tau_{l,k})+v_l(t),\quad l=1,2,\cdots,M,t=1,2,\cdots,N \tag{5.3.1}$$

$$\tau_{l,k}=(l-1)d\sin\theta_k/c \tag{5.3.2}$$

式中：$s_k(t)$为第 k 个入射信号；$\tau_{l,k}$ 表示第 k 个信号到达第 l 个阵元时相对于参考阵元的时延；c 为光速；$v_l(t)$表示第 l 个阵元在 t 时刻的噪声。式(5.3.1)写成向量形式为

$$\boldsymbol{x}(t)=\left[\sum_{k=1}^{K}s_k(t-\tau_{1,k})+v_1(t),\cdots,\sum_{k=1}^{K}s_k(t-\tau_{M,k})+v_M(t)\right]^{\mathrm{T}},\quad t=1,2,\cdots,N \tag{5.3.3}$$

在本节中，假设信号与噪声不相关，则 K 个独立信号满足 $E[s_{k_1}(t_1)s_{k_2}(t_2)]=0$ 和 $E[s_{k_1}(t_1)s_{k_2}^*(t_2)]=\eta_{k_1}r_{k_1}(t_1-t_2)\delta(k_1-k_2)$，$\eta_k$ 表示第 k 个信号的功率，$r_k(\tau)$表示第 k 个信号归一化相关函数

$$r_k(\tau)=\frac{E[s_k(t+\tau)s_k^*(t)]}{\eta_k} \tag{5.3.4}$$

且满足 $r_k(0)=1$，$\delta(\cdot)$表示单位冲激函数，$(\cdot)^*$表示共轭，$(\cdot)^{\mathrm{T}}$表示转置。

为了解决 OFDM 宽带信号的稀疏表示 DoA 估计问题，首先介绍窄带信号稀疏表示的 DoA 估计原理，在此基础上再分析宽带信号协方差矩阵稀疏表示算法。下面先介绍基于稀疏表示的 DoA 估计原理。

对窄带信号，$s_k(t-\tau)\approx s_k(t)\mathrm{e}^{-\mathrm{j}\omega\tau}$，阵列信号模型式(5.3.3)写成向量形式为

$$\boldsymbol{X}(t)=\boldsymbol{A}(\theta)\boldsymbol{S}(t)+\boldsymbol{N}(t) \tag{5.3.5}$$

式中：$\boldsymbol{X}(t)$为接收信号向量；$\boldsymbol{A}(\theta)$为导向向量矩阵；$\boldsymbol{S}(t)$为入射信号向量；$\boldsymbol{N}(t)$为噪声向量。

2. DoA 估计转换为一个稀疏表示问题

为了将 DoA 估计转变成一个稀疏表示问题，需要引入所有可能的到达角的过完备表示导向向量矩阵 $\boldsymbol{A}$，首先将整个感兴趣的空间分为若干个可能的到达角，如 $\boldsymbol{\Omega}=\{\bar{\theta}_1,\bar{\theta}_2,\cdots,\bar{\theta}_H\}$，$H\gg K$，然后可以用所有可能的到达角构造一个过完备的导向矩阵 $\boldsymbol{\Phi}=[a(\bar{\theta}_1),a(\bar{\theta}_2),\cdots,a(\bar{\theta}_H)]$。$\boldsymbol{\Phi}$ 是已知的而且与实际信号源的 DoA 无关，用一个 $H\times1$ 维向量 $\boldsymbol{S}(t_j)$表示信号源位置，当且仅当角度 $\bar{\theta}_h=\theta_k$ 时，$\boldsymbol{S}(t_j)$的第 h 个元素为非 0，否则为 0。从而 $\boldsymbol{S}(t_j)$的非 0 值的位置就可得信号源的 DoA 信息。然而真实信号的 DoA 不可能总是恰好和某个 $\bar{\theta}_h$ 相等，但是若 $\boldsymbol{\Omega}$ 足够密集，则存在某个 $\bar{\theta}_h$，使得 $\bar{\theta}_h\approx\theta_k$，对于存在的误差可由噪声近似表示。也就是说，信号的 DoA 估计为

$$\boldsymbol{X}=\boldsymbol{\Phi}\boldsymbol{S}+\boldsymbol{N} \tag{5.3.6}$$

对静止信号观察整个测量过程中，信号的 DoA 是一个时不变向量，所以矩阵 $\boldsymbol{S}$ 中每一列的非 0 值出现在相同行，且仅有 K 行为非 0，因此信号的 DoA 估计问题可以表示为由观测数据向量 $\boldsymbol{X}$ 寻找稀疏矩阵 $\boldsymbol{S}$ 中有非 0 个数问题，即该问题要解决的是由带噪观测向量 $\boldsymbol{X}$ 和冗余矩阵 $\boldsymbol{\Phi}$ 得到 $\boldsymbol{S}$ 的最稀疏表示。由于宽带信号频率和信号时延不能分离，不能写成式(5.3.6)的向量表示形式，因此必须用其他方法才能解决。下面介绍宽带信号协方差矩阵稀疏表示算法。

5.3.2　宽带信号协方差矩阵稀疏表示 DoA 估计

1. OFDM 信号稀疏表示 DoA 估计原理

下面先分析一般阵列协方差矩阵稀疏表示 DoA 估计。对式(5.3.3)求出协方差矩阵

$$
\boldsymbol{R}=E[\boldsymbol{x}(t)\boldsymbol{x}^{\mathrm{H}}(t)]=\begin{bmatrix}
\sum_{k=1}^{K}\eta_k+\sigma^2 & \sum_{k=1}^{K}\eta_k r^*(\tau_{2,k}-\tau_{1,k}) & \cdots & \sum_{k=1}^{K}\eta_k r^*(\tau_{M,k}-\tau_{1,k}) \\
\sum_{k=1}^{K}\eta_k r(\tau_{2,k}-\tau_{1,k}) & \sum_{k=1}^{K}\eta_k+\sigma^2 & \cdots & \sum_{k=1}^{K}\eta_k r^*(\tau_{M,k}-\tau_{2,k}) \\
\vdots & \vdots & & \vdots \\
\sum_{k=1}^{K}\eta_k r(\tau_{M,k}-\tau_{1,k}) & \sum_{k=1}^{K}\eta_k r(\tau_{M,k}-\tau_{2,k}) & \cdots & \sum_{k=1}^{K}\eta_k+\sigma^2
\end{bmatrix}
\tag{5.3.7}
$$

式中:σ^2 为高斯白噪声方差;$\{r(\tau_{m_2,k}-\tau_{m_1,k})\}_{m_1,m_2=1,2,\cdots,M}$ 表示对第 k 个信号的相关函数族。

对一般线性阵列,从式(5.3.7)可以看出,协方差矩阵为共轭对称结构,协方差矩阵的右上角三角形元素可以由左下角三角形元素表示,省略主对角上的元素,对左下角三角形元素按列依次对齐形成一个新的向量,本节取为测量向量 $\boldsymbol{y}$,有

$$\boldsymbol{y}=[R_{2,1},R_{3,1},\cdots,R_{M,1},R_{3,2},\cdots,R_{M,2},\cdots,R_{M-1,M-2},R_{M,M-2},R_{M,M-1}]^{\mathrm{T}} \tag{5.3.8}$$

式中:R_{m_1,m_2} 表示矩阵 $\boldsymbol{R}$ 的(m_1,m_2)元素。这个向量可以分成 K 个成分:

$$\boldsymbol{y}=\sum_{k=1}^{K}\eta_k\boldsymbol{y}_k \tag{5.3.9}$$

$$\boldsymbol{y}_k=[r(\tau_{2,k}-\tau_{1,k}),r(\tau_{3,k}-\tau_{1,k}),\cdots,r(\tau_{M,k}-\tau_{1,k}),\cdots,r(\tau_{M,k}-\tau_{M-1,k})]^{\mathrm{T}} \tag{5.3.10}$$

假设入射信号为 θ 角度时第 m 个阵元到参考阵元的传播时延记为 $\tau_m^{(\theta)}$,则式(5.3.10)写成相应的归一化功率信号成分

$$\boldsymbol{y}^{(\theta)}=[r(\tau_2^{(\theta)}-\tau_1^{(\theta)}),r(\tau_3^{(\theta)}-\tau_1^{(\theta)}),\cdots,r(\tau_M^{(\theta)}-\tau_1^{(\theta)}),\cdots,r(\tau_M^{(\theta)}-\tau_{M-1}^{(\theta)})]^{\mathrm{T}} \tag{5.3.11}$$

入射信号可能的空间分布范围本节取为$[-90°,90°]$,空间分布间隔 $\Delta\theta$ 取为 0.5°,则可能的空间分布表示为 $\Theta=\{-90°,-90°+\Delta\theta,\cdots,90°\}$,因此 $\boldsymbol{y}$ 重新写成冗余字典形式

$$\boldsymbol{y}=\boldsymbol{y}^{(\Theta)}\boldsymbol{\eta} \tag{5.3.12}$$

式中:$\boldsymbol{y}^{(\Theta)}=\{\boldsymbol{y}^{(\theta)}\mid\theta\in\Theta\}$;$\boldsymbol{\eta}$ 为稀疏向量,它由非零值 $\eta_k(k=1,2,\cdots,K)$组成,对应着在可能的空间分布 Θ 里可能的信号源,算法的目的就是要求出 $\boldsymbol{\eta}$ 的稀疏表示。

对均匀线性阵列,设第 k 个信号的传播延迟为 τ_k,则 $\tau_{p,k}=(p-1)\tau_k$,从式(5.3.7)可以看出,协方差矩阵为共轭对称托普利兹(Toeplitz)结构,整个矩阵可以由第一列元素来表示。省略主对角上的元素,对左下角三角形元素按各条对角线取平均值后形成一个新的向量,称为测量向量 $\hat{\boldsymbol{y}}$,则 $\hat{\boldsymbol{y}}$ 为

$$\hat{\boldsymbol{y}}=[\hat{y}_1,\hat{y}_2,\cdots,\hat{y}_{M-1}] \tag{5.3.13}$$

$$\hat{y}_m=\frac{1}{M-m}\sum_{p=m+1}^{M}R(p,p-m) \tag{5.3.14}$$

式中：$R(m_1,m_2)$表示矩阵 $\boldsymbol{R}$ 的(m_1,m_2)的元素，也可以表示成式(5.3.12)的形式

$$\hat{\boldsymbol{y}}=\hat{\boldsymbol{y}}^{(\Theta)}\boldsymbol{\eta} \tag{5.3.15}$$

式中：$\hat{\boldsymbol{y}}^{(\Theta)}=\{\hat{\boldsymbol{y}}^{(\theta)}\mid\theta\in\Theta\}$，$\hat{\boldsymbol{y}}^{(\theta)}=[r(\tau^{(\theta)}),r(2\tau^{(\theta)}),\cdots,r((M-1)\tau^{(\theta)})]$，$\tau^{(\theta)}$是相邻阵元在信号入射角为 θ 时的传播延迟。

为了得到信号的最稀疏表示，需对目标函数式(5.3.15)进行稀疏性约束，根据以上分析可知最稀疏的信号表示等同于求下面问题

$$\hat{\boldsymbol{\eta}}=\underset{\eta}{\operatorname{argmin}}\|\boldsymbol{\eta}\|_0,\quad \text{s.t. } \hat{\boldsymbol{y}}=\hat{\boldsymbol{y}}^{(\Theta)}\boldsymbol{\eta} \tag{5.3.16}$$

式中：$\|\cdot\|_0$ 表示 l_0 范数；$\hat{\boldsymbol{\eta}}$表示入射信号的空间分布。从一个随机冗余字典$\hat{\boldsymbol{y}}^{(\Theta)}$中寻找信号的稀疏扩展问题是一个 NP 难问题，为解决这一问题，可将式(5.3.16)转化为求以下问题

$$\hat{\boldsymbol{\eta}}=\underset{\eta}{\operatorname{argmin}}\|\boldsymbol{\eta}\|_1,\quad \text{s.t. } \|\hat{\boldsymbol{y}}-\hat{\boldsymbol{y}}^{(\Theta)}\boldsymbol{\eta}\|_2\leqslant\beta \tag{5.3.17}$$

式中：$\|\cdot\|_1$ 为 l_1 范数。式(5.3.17)转化为 l_1 范数约束问题，β 为拟合误差门限，DoA 估计的有效性和可靠性很大程度上取决于 β 的取值，估计结果与约束参数 β 值选取密切相关，β 过大造成谱峰旁瓣很大，β 过小形成许多伪峰。参考文献[309]对它进行了详细推导

$$\beta=\mu\times\left\{\frac{M-1}{N}\Xi\left(\sum_{k=1}^{K}\eta_k+\sigma^2\right)^2-\frac{2}{N}\left[(M-1)\Xi-\left(\sum_{m=1}^{M-1}\frac{1}{m}\right)\right]\left(\sum_{k=1}^{K}\eta_k+\sigma^2\right)\sigma^2+\frac{1}{N}\left[(M-1)\Xi-\left(\sum_{m=1}^{M-1}\frac{1}{m}\right)\right]\sigma^2\right\}^{\frac{1}{2}} \tag{5.3.18}$$

式中：μ 为加权因子，本节取 $\mu=1$；$\Xi=\sum_{\Delta t=nT_s}|r(\Delta t)|^2$，$T_s$ 表示信号采样间隔，$r(t)$表示信号相关函数。

书中对式(5.3.16)的 l_0 范数转化为 l_1 范数，采用 l_1 范数作为约束函数的问题可以归结为凸函数优化范畴的二阶锥规划问题，采用凸函数优化算法最显著的特点是其任何局部最优点就是全局最优点，因此基于二阶锥的 l_1 范数约束算法的最后结果一定收敛于最优值。二阶锥算法可以用工具箱 SuDuMi 高效处理。使用 SuDuMi 工具箱需把式(5.3.17)转化为标准二阶锥形式

$$\min t\quad \text{s.t. } \|\boldsymbol{\eta}\|_1\leqslant t \text{ 且} \|\hat{\boldsymbol{y}}-\hat{\boldsymbol{y}}^{(\Theta)}\boldsymbol{\eta}\|_2\leqslant\beta \tag{5.3.19}$$

2. 算法流程

基于以上宽带信号协方差矩阵稀疏表示算法思想可知，OFDM 信号稀疏表示的 DoA 估计具体步骤归纳如下：

(1) 由式(5.3.3)得到宽带阵列信号模型，对式(5.3.3)求得协方差矩阵 $\boldsymbol{R}$，得到式(5.3.7)。

(2) 由式(5.3.7)可以看出，均匀线性阵列协方差矩阵为共轭对称托普利兹结构，取主对角线下左下角三角形元素按各条对角线取平均值后形成一个新的向量，得到式(5.3.15)。

(3) 将式(5.3.15)写成过完备形式得到式(5.3.17)，从而转化为求稀疏表示问题。

(4) 对式(5.3.17)进行稀疏性约束，转化为求式(5.3.19)l_1 范数问题，它属于凸函数的二阶锥问题。

5.3.3 仿真实验及性能分析

本节 OFDM 阵列信号仿真条件同 5.2.3 节所述。

实验 1:OFDM 信号的稀疏表示算法仿真,分析了在不同信噪比下和不同阵元数下本节算法性能。

假设两个源信号以-30°和 60°辐射到 8 个阵元上,信噪比 $SNR_1 = SNR_2 = 0dB$,快拍数为 256,采样点为 256。

图 5.3.1 和图 5.3.2 分别表示不同信噪比下、不同阵元数下稀疏表示算法 DoA 估计比较分析,图中进行了归一化,从图 5.3.1 可以看出,随着信噪比逐渐增加,谱峰越来越尖锐、算法越精确,旁瓣误差越小,在很低信噪比下算法性能依然很好;从图 5.3.2 可以看出,随着阵元数逐渐增加,算法更精确、旁瓣值更低,总体来说本节算法性能很好。

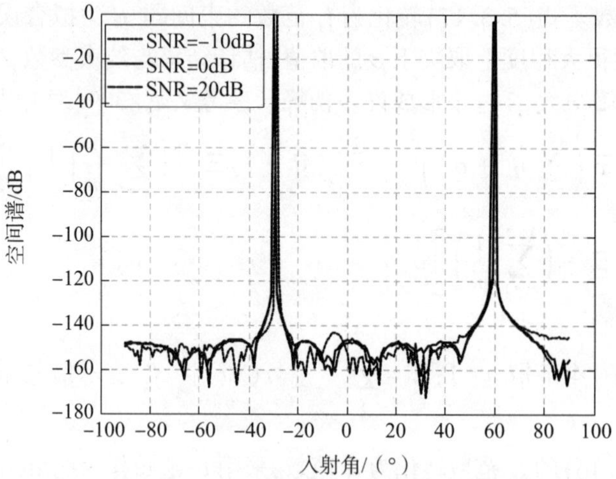

图 5.3.1　不同信噪比下稀疏表示算法比较

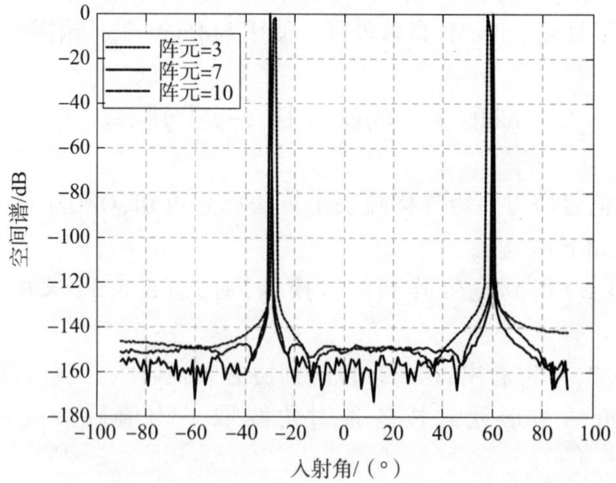

图 5.3.2　不同阵元数下稀疏表示算法比较

实验 2:本节算法优点与参考文献[310]提出的 CSSM-MUSIC 算法和参考文献[305]

提出的四阶累积量-MUSIC 算法对比分析。

假设两个源信号以-30°和 60°辐射到 8 个阵元上，信噪比 $SNR_1 = SNR_2 = 0dB$，采样点为 256。下面仿真三种算法对比分析。对相干信号 DoA 估计实验，取两个相干 OFDM 信号，分别为 $s_{OFDM1}(t) = s_{OFDM2}(t-\tau)$，$\tau = 0.2$。对多个信号源 DoA 估计实验，取 6 个信号分别为-50°、-30°、18°、22°、40°、60°。下面分别进行仿真。

图 5.3.3 所示为快拍数为 128 时三种算法比较，可以看出在少快拍数下稀疏表示算法估计性能最好，优于 CSSM-MUSIC 算法和高阶累积量-MUSIC 算法，因它们的谱峰不是很尖锐；图 5.3.4 所示为信噪比为-5dB 时三种算法比较，也可以看出在低信噪比下稀疏表示算法估计性能好于 CSSM-MUSIC 算法和高阶累积量-MUSIC 算法，与理论分析相符。

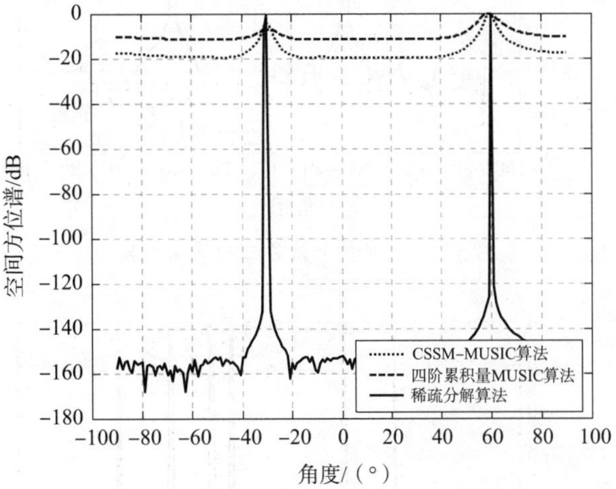

图 5.3.3　快拍数为 128 时三种算法比较

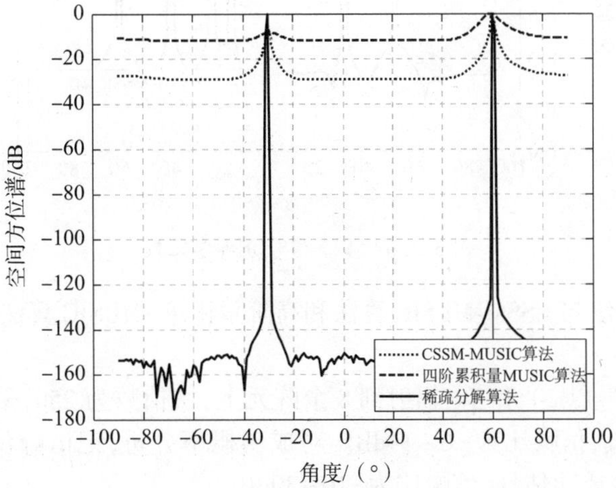

图 5.3.4　信噪比为-5dB 时三种算法比较

图 5.3.5 所示为对两个相干信号三种算法比较分析，由于 CSSM-MUSIC 算法和高阶累积量-MUSIC 算法处理相干信号必须要进行去相干，不能直接处理相干信号，所以算法失效，从图 5.3.5 可以看出稀疏表示算法能处理相干信号，因为本节算法不需要特征值分

解,估计精度不受信号相干性干扰;图 5.3.6 所示为对 6 个阵元下 6 个信号 DoA 估计比较,从图可以看出稀疏表示算法可以高分辨率处理多个信号,且能处理分隔很近的两个信号(图中为 4°),而 CSSM-MUSIC 算法和高阶累积量-MUSIC 算法性能较差。

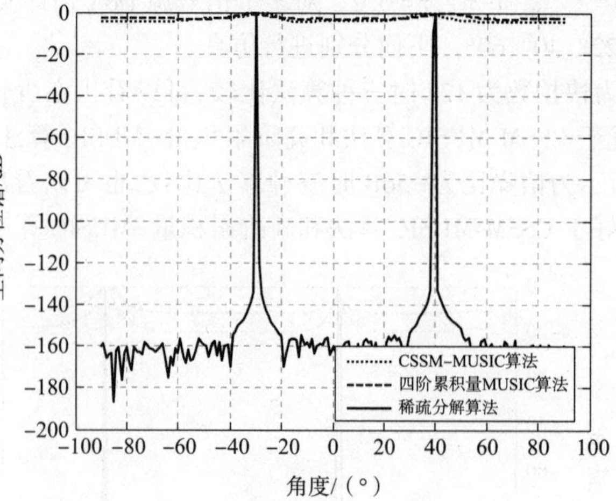

图 5.3.5　对相干信号三种算法比较

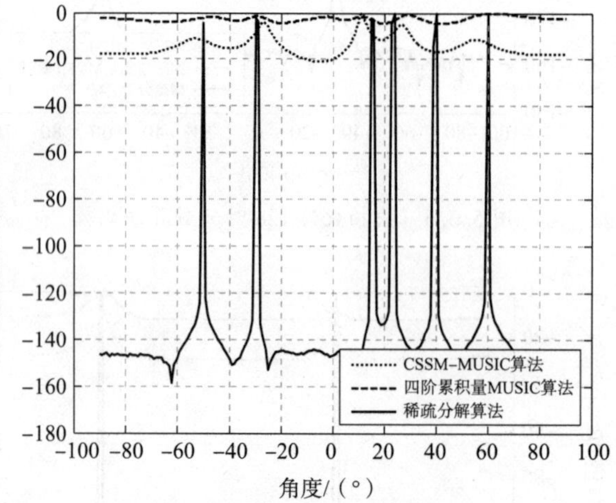

图 5.3.6　多个信号分辨率比较

实验 3:本节算法与 CSSM-MUSIC 算法和高阶累积量-MUSIC 算法的均方根误差和成功概率分析。

假设两个源信号以 20°和 40°辐射到 8 个阵元上,快拍数为 256,采样点为 256。进行 300 次蒙特卡洛仿真,信噪比为-6~14dB。对成功概率分析,记谱峰位置在[19°,21°]和[39°,41°]时为一次成功估计,信噪比为-10~30dB。

图 5.3.7 所示为三种算法均方根误差分析,随着信噪比增加误差越来越小,本节算法误差小于 CSSM-MUSIC 算法和高阶累积量-MUSIC 算法,抗噪声能力强,由于高阶累积量具有抑制高斯噪声能力,所以高阶累积量-MUSIC 算法误差小于 CSSM-MUSIC 算法。在估计均方根误差时,CSSM-MUSIC 算法和高阶累积量-MUSIC 算法所用时间远大于稀疏分解算法,因为 CSSM-MUSIC 算法是用二阶矩计算协方差矩阵,高阶累积量-MUSIC 算法是

用四阶矩计算累积量矩阵，然后再特征分解，而稀疏表示不需要特征分解，所以计算量比它们小。在低信噪比和少快拍数下稀疏表示算法比 CSSM-MUSIC 算法性能提升了 1 倍，比高阶累积量-MUSIC 算法提升了 50%。图 5.3.8 所示为三种算法成功概率分析，成功概率为成功估计的次数与所有实验次数的比值，从图中可以看出本节算法成功概率明显优于其他两种算法，在低信噪比估计的成功概率而言，稀疏表示算法比 CSSM-MUSIC 算法、高阶累积量-MUSIC 算法也超过 100%。

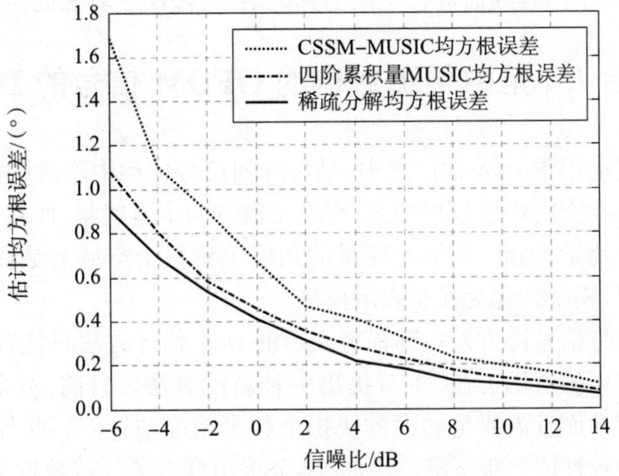

图 5.3.7　三种算法均方根误差分析

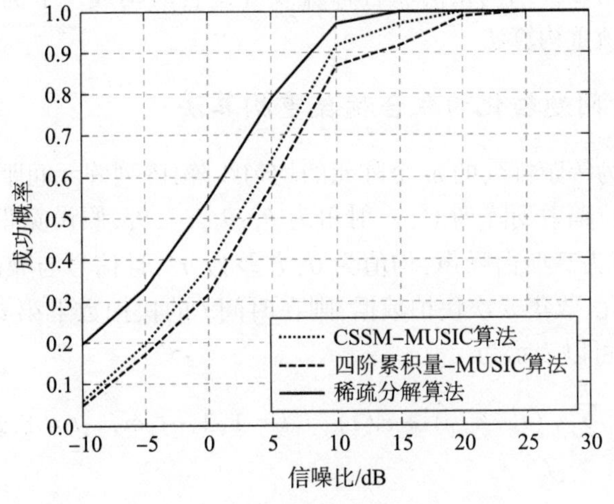

图 5.3.8　三种算法成功概率分析

5.3.4　本节小结

本节研究了基于宽带信号协方差矩阵稀疏表示的 OFDM 信号的 DoA 估计方法，该方法先将 DoA 估计问题转化为稀疏表示问题，由于均匀直线阵列协方差矩阵为共轭对称结构，取协方差矩阵对角线下左下角各列形成一个新的向量，对这个向量采用某种方法进行稀疏性约束。由理论分析和仿真结果可知得到高分辨率的 DoA 估计，本节比较了 CSSM-MUSIC 算法、高阶累积量-MUSIC 算法与本节算法的 DoA 估计效果和性能分析，从仿真可以看出,本节算法同时适用于相干和非相干信号,在低信噪比和少快拍数下达到很高的精度,优于前面两种算法,在低信噪比和少快拍数下稀疏表示算法比 CSSM-MUSIC 算法性能提升了 1 倍,比高阶累积量-MUSIC 算法提升了 50%。对低信噪比估计的成功概率而言,稀疏表示算法比 CSSM-MUSIC 算法、高阶累积量-MUSIC 算法也超过 100%。相比其他方法而言,本节算法不需要任何先验信息和宽带信号分成若干个窄带信号再融合所产生的误差问题,由于不进行特征值分解,大大减少了计算量,分辨率很高。但是本节算法对阵列结构要求很高,对不同阵列需进行不同的稀疏表示,限制了算法的应用。

5.4　基于联合 $l_{2,0}$ 范数稀疏重构的 OFDM 信号的 DoA 估计

稀疏重构方法应用于 DoA 估计之中,是由阵列信号模型中隐含的信号传播的空间稀疏性决定的。信号在空间传播过程中,只有在来波方向上有能量,而在其他没有信号的方向上则不存在信号能量,因此,从信号能量的角度上看整个空域上是稀疏的,利用这个性质,可以将阵列信号模型转化为稀疏表示模型。

前面提出的宽带信号协方差矩阵稀疏表示的 DoA 估计方法只能针对均匀线性阵列,为了实现对所有阵列的通用方法,本节提出一种新的算法。目前,宽带 DoA 估计算法都是基于数据统计特性而且需要足够大的快拍个数来精确估计的。此外,信源相关时数据协方差矩阵失秩导致性能严重下降。因此,本节提出联合 $\ell_{2,0}$ 范数近似 DoA 估计(JLZA-DoA)算法,这是一种从一个多快拍向量中恢复联合稀疏信号的方法。这个算法的核心是阵列流形矩阵各列由多快拍向量的联合稀疏线性组合所构成。下面先介绍将 DoA 估计问题转化为联合稀疏重构算法。

5.4.1　DoA 估计问题转化为联合稀疏重构算法

考虑阵列模型为等距排列的 m 个阵元的均匀线阵,阵列阵元间距为 d,有 K 个远场信号分别从不同的方位辐射到阵列上,入射角为 $\theta_1,\theta_2,\cdots,\theta_K$,假设宽带信号有相同带宽 B 和中心频率 f_0,噪声为高斯白噪声,均值为 0,方差为 σ^2,且信号与噪声不相关,其中第一个阵元作为参考阵元,收集 n 次快拍数据,则在时间 t 的快拍数下第 l 个阵元上的接收数据(不考虑增益时)可以表示为

$$y_l(t) = \sum_{k=1}^{K} s_k(t-\tau_{l,k}) + v_l(t), \quad l=1,2,\cdots,m, \quad t=1,2,\cdots,n \tag{5.4.1}$$

式中

$$\tau_{l,k} = (l-1)d\sin\theta_k/c \tag{5.4.2}$$

$s_k(t)$ 为第 k 个入射信号;c 是光速;$\tau_{l,k}$ 表示第 k 个信号到达第 l 个阵元时相对于参考阵元的时间延迟;$v_l(t)$ 表示第 l 个阵元在 t 时刻的噪声。式(5.4.1)写成向量形式为

$$\boldsymbol{y}(t) = [y_1(t)y_2(t)\cdots y_m(t)]^{\mathrm{T}} \tag{5.4.3}$$

式中:$[\cdot]^{\mathrm{T}}$ 表示转置,定义 $\boldsymbol{s}(t) = [s_1(t)s_2(t)\cdots s_K(t)]^{\mathrm{T}}$,则使用窄带信号观测模型得

$$\boldsymbol{y}(t) = \boldsymbol{A}(\theta)\boldsymbol{s}(t) + \boldsymbol{e}(t) \tag{5.4.4}$$

式中:$\boldsymbol{e}(t)$ 为噪声向量;$\boldsymbol{A}(\theta)$ 为阵列流形矩阵,它包含一系列导向向量 $\{a(\theta_k)\}_{k=1}^{K}$,则

$$\boldsymbol{A}(\theta) = [a(\theta_1)a(\theta_2)\cdots a(\theta_K)] \tag{5.4.5}$$

映射 $a(\theta)$ 取决于阵列几何结构和波速，对任意给定的 θ，假设它是已知的。

为了解决 OFDM 宽带信号的 DoA 估计问题，首先介绍一下窄带信号稀疏表示的 DoA 估计原理，在此基础上再扩展到宽带信号稀疏表示算法。下面先介绍 DoA 估计问题转化为联合稀疏恢复算法问题。

本节使用参考文献[308]中的方法来过完备表示 $\boldsymbol{y}(t)$，书中把整个感兴趣的区域划分为一系列离散点，作为 DoA 估计的网格，考虑远场信号情形，设置所有潜在 DoA 为 $\Omega=\{\bar{\theta}_1,\bar{\theta}_2,\cdots,\bar{\theta}_N\}$，$N\gg K$，对 Ω 内每个元素选择导向向量得

$$\Phi_a=[a(\bar{\theta}_1)a(\bar{\theta}_2)\cdots a(\bar{\theta}_N)] \tag{5.4.6}$$

由于 Ω 和 Φ_a 是已知的，且与 θ 是独立的，现在在时刻 t，信号由 $x(t)\in\mathbb{R}^N$ 表示，当且仅当对一些 ℓ，当 $\bar{\theta}_k=\theta_\ell$ 时，$x(t)$ 的第 k 个成分 $x_k(t)$ 非零，则有 $x_k(t)=s_\ell(t)$，则信号模型为

$$\boldsymbol{y}(t)=\Phi_a\boldsymbol{x}(t)+\bar{\boldsymbol{e}}(t) \tag{5.4.7}$$

式中：$\Phi\in\mathbb{R}^{m\times N}$；$\bar{\boldsymbol{e}}(t)$ 为模型误差和测试噪声的残余量。由于 $K\ll N$，可知 $\boldsymbol{x}(t)$ 是稀疏的，对任何 $\ell\in\{1,2,\cdots,K\}$ 等式 $\bar{\theta}_k=\theta_\ell$ 不一定精确相等，但是只要 Ω 足够稠密，就可以确定 $\bar{\theta}_k=\theta_\ell$ 近似相等，剩余模型误差用 $\bar{\boldsymbol{e}}(t)$ 表示。实际上，式(5.4.7)提出的估计 θ 值就是估计 $\boldsymbol{x}(t)$ 的稀疏解，提出的这种网格算法的主要优点是不需要知道信号源的个数。如果使用式(5.4.7)从 $\boldsymbol{y}(t)$ 中恢复 $\boldsymbol{x}(t)$ 是一种可靠的算法，最终解 $\boldsymbol{x}(t)$ 只有很小的成分有幅度，它的几个主要尖峰值代表实际信源，因此如果 $\boldsymbol{x}(t)$ 的第 k 个成分 $x_k(t)$ 是恢复的占优势的峰值成分，就作为信号源的 DoA 为 $\bar{\theta}_k$。最后，这些主要峰值的个数就作为信号源个数 K。

参考文献[311]已经证明式(5.4.7)中当 $K\leqslant m/2$ 可得到 $\boldsymbol{x}(t)$ 唯一的 K-稀疏解，且 Φ_a 的每 m 列形成一个基向量 $\mathbb{C}^m$，除了信号源个数 K 限制，式(5.4.7)中得到的单次快拍数据是另一个问题。到目前为止，还没有好的算法能保证从带噪观测数据中信号稀疏重构，噪声在实际问题中普遍存在，因此本节提出联合多快拍（Multiple Measurement Vector，MMV）稀疏算法[311]，在实际中，取多次快拍 $\{\boldsymbol{y}(t)\}_{t=1}^{n}$，像 MUSIC、ESPRIT 算法采用数据的二阶统计特性一样，因此算法需要足够大的 n 值来得到精确估计。由式(5.4.7)得

$$\boldsymbol{Y}=[y(1)y(2)\cdots y(n)]=\Phi_a\boldsymbol{X}+\boldsymbol{E} \tag{5.4.8}$$

式中：$\boldsymbol{X}=[x(1)x(2)\cdots x(n)]$ 表示稀疏矩阵；$\boldsymbol{E}=[\bar{e}_1\bar{e}_2\cdots\bar{e}_n]$，若 DoA 向量 θ 在整个观测期间是时不变的，则对所有 t，与真实 DoA 相对应的 $\boldsymbol{x}(t)$ 非零主峰发生在相同的方位。

假设 $\boldsymbol{E}=0$ 和 $\boldsymbol{Y},\boldsymbol{X}$ 是实值，根据参考文献[311]同理可得定理 1。

定理 1：$\mathrm{rank}(\boldsymbol{Y})=r\leqslant m$ 和 Φ_a 的每 m 列形成一个基向量 $\mathbb{C}^m$，则式(5.4.8)有 K 个非零唯一解，当且仅当 $K\leqslant\lceil(m+r)/2\rceil-1$，$\lceil\cdot\rceil$ 表示上取整。

将定理 1 用于 DoA 估计问题中，假设 $n>m$，得 $\boldsymbol{S}=[s(1)\cdots s(n)]$ 的秩为 K，则 DoA 估计使用联合稀疏网格有唯一解当且仅当 $K\leqslant m-1$。这在所有的子空间算法中都有相同的限制条件：当 $K\geqslant m$ 算法失效。而 MMV 问题的唯一解可由下面联合范数最小化问题解决

$$\min_{\boldsymbol{X}\in\aleph}\|\boldsymbol{X}\|_{p,q},\ \aleph=\{\boldsymbol{X}\in\mathbb{R}^{N\times n}:\boldsymbol{Y}=\Phi_a\boldsymbol{X}\} \tag{5.4.9}$$

式中：对一些整数 p,q，$\|\boldsymbol{X}\|_{p,q}=\left[\sum\limits_{j=1}^{N}\left(\sum\limits_{i=1}^{n}|\boldsymbol{X}[j,i]|^p\right)^{q/p}\right]^{1/q}$，这种联合范数最小化问题能

解决 MMV 问题稀疏重构的唯一解,参考文献[311]证明了 $p=2,q\leqslant 1$ 时算法性能,参考文献[296]证明了 $p=2,q=1$ 时多快拍向量的稀疏重构问题。对于较小的值 K,这些方法有较好的恢复率,但是当 K 值接近定理 1 的上限时,上面所有算法都不能实现好的恢复率。参考文献[296]最近提出一种解决方法:零范数逼近算法,即 $\|\boldsymbol{X}\|_{2,0}=\lim\limits_{q\to 0}\|\boldsymbol{X}_{2,q}\|$,这就是 JLZA-DoA 算法,它对噪声有很好的鲁棒性,在定理 1 给定条件下能实现高的恢复率。下面扩展 JLZA-DoA 算法到 $\boldsymbol{E}\neq 0$ 和 $\boldsymbol{Y},\boldsymbol{X}$ 是复值的情况。

5.4.2 基于联合 $l_{2,0}$ 范数稀疏重构的 DoA 估计

1. 窄带信号稀疏重构的 DoA 估计原理

下面先分析窄带信号稀疏重构算法,再扩展到宽带信号稀疏重构算法。$\|\boldsymbol{X}\|_{2,0}$ 可以写成如下形式:

$$\|\boldsymbol{X}\|_{2,0}=\sum_{j=1}^{N}I(\|\boldsymbol{X}[j,:]\|_2) \tag{5.4.10}$$

式中:$\boldsymbol{X}[j,:]$表示矩阵 $\boldsymbol{X}$ 的 j 行,指标函数 I 定义为 $I(\alpha)=\begin{cases}0, & \alpha=0\\ 1, & \text{其他}\end{cases}$,由于 ℓ_0 范数需要组合搜索最小非零个数和它对噪声很敏感,噪声大了,算法有很大的误差,并且 ℓ_0 范数是一个不连续的函数,因此就用一个连续的函数近似,而且$\|\boldsymbol{X}\|_{2,0}$ 在定理 1 条件下能保证得到唯一解,但是$\|\boldsymbol{X}\|_{2,0}$ 导致非凸问题而难于跟踪,因此参考文献[297]用高斯函数来近似表示$\|\boldsymbol{X}\|_{2,0}$,定义 $f_\sigma(\alpha)=\mathrm{e}^{-\alpha^2/2\sigma^2}$,$\sigma$ 决定近似精度,则 $\lim\limits_{\sigma\to 0}f_\sigma(\alpha)=1-I(\alpha)$,定义 $F_\sigma(\boldsymbol{X})$ 为

$$F_\sigma(\boldsymbol{X})=\sum_{j=1}^{N}f_\sigma(\|\boldsymbol{X}[j,:]\|_2) \tag{5.4.11}$$

当 $\sigma\to 0$ 时,$F_\sigma(\boldsymbol{X})=N-\|\boldsymbol{X}\|_{2,0}$,可知最小化$\|\boldsymbol{X}\|_{2,0}$ 即最大化 $F_\sigma(\boldsymbol{X})$,从而式(5.4.8)由给定的 $\boldsymbol{Y}$ 求得 $\boldsymbol{X}$ 的解,由式(5.4.9)代入式(5.4.11)可得

$$\begin{cases}\boldsymbol{X}_*(\sigma)=\operatorname*{argmin}\limits_{X}L_\sigma(\boldsymbol{X}),\\ L_\sigma(\boldsymbol{X})=-F_\sigma(\boldsymbol{X})+\lambda\|\boldsymbol{Y}-\Phi_a\boldsymbol{X}\|_F^2\end{cases} \tag{5.4.12}$$

对一些较小的值 σ,$\|\boldsymbol{A}\|_F^2=\|\mathrm{vec}(\boldsymbol{A})\|_2^2$ 是 $\boldsymbol{A}$ 的 Frobenius 范数,参数 λ 控制信号稀疏解和残余量。

由于$\|\boldsymbol{X}\|_{2,0}\approx N-F_\sigma(\boldsymbol{X})$对一些较小的值 σ 可能有许多局部极小值,然而随着 σ 的增大,$F_\sigma(\boldsymbol{X})$ 变得很平滑,实际上 $\sigma\to\infty$ 时 $\boldsymbol{X}_*$ 越接近真实解,先定义 $\lim\limits_{\sigma\to\infty}F_\sigma(\alpha)=1$,由式(5.4.12)可得

$$\lim_{\sigma\to\infty}\boldsymbol{X}_*(\sigma)=\Phi_a(\Phi_a\Phi_a^*)^{-1}\boldsymbol{Y} \tag{5.4.13}$$

式中:Φ_a^* 是 Φ_a 的共轭转置,因此给式(5.4.12)中 σ 一个比较大的初始值,随后 σ 逐渐减小依次求解式(5.4.12)的值,直到满足收敛条件为止。然而对固定值 σ,式(5.4.12)不能使用高斯–牛顿算法求解,因为 L_σ 的 Hessian 矩阵不是正定的,下面推导一种和高斯–牛顿算法相似的算法解决这个问题。

定理 2[298]:定义映射 $\zeta:\mathbb{C}^{N\times n}\to\mathbb{C}^{N\times n}$ 满足 $\zeta(\boldsymbol{X})=2\lambda\left[\dfrac{\boldsymbol{W}(\boldsymbol{X})}{\sigma^2}+2\lambda\Phi_a^*\Phi_a\right]^{-1}\Phi_a^*\boldsymbol{Y}$,$\boldsymbol{W}(\boldsymbol{X})$

是对角矩阵,其中

$$W(X)=\begin{bmatrix} f_\sigma(\|X[1,:]\|_2) & \cdots & 0 \\ \vdots & & \vdots \\ 0 & \cdots & f_\sigma(\|X[N,:]\|_2) \end{bmatrix}$$

可得 $X_*(\sigma)=\zeta\{X_*(\sigma)\}$,对任何 X 存在实值标量 $\kappa\geqslant 0$ 满足 $L_\sigma\{\kappa\zeta(X)+(1-\kappa)X\}\leqslant L_\sigma(X)$。

定理 2 给了解决式(5.4.12)的解的方法,首先采用激励定点迭代方法找到等式 $X=\zeta(X)$ 的解 $X_*(\sigma)$,这会产生一系列迭代值 $X^{(i)}$ 满足 $X^{(i+1)}=\zeta\{X^{(i)}\}$,这种定点迭代方法保证收敛至少要满足 $L_\sigma\{\zeta(X_{(i)})\}\leqslant L_\sigma\{X_{(i)}\}$,但这对所有的 X 不一定满足,因此把 X 分为实部和虚部两部分,如 $X=X_r+\mathrm{i}X_i$,式(5.4.5)在 $[X_r X_i]\in\mathbb{R}^{N\times 2n}$ 转化为最优化问题,且定理 2 能保证 $L_\sigma(X)$ 沿 $[\mathrm{Re}\{\zeta(X)\}-X_r\mathrm{Im}\{\zeta(X)\}-X_i]$ 方向下降,因此使用回溯算法能选择合适的步长用于下一次迭代,定理 2 证明了

$$\zeta(X)-X=-\left[\frac{W(X)}{\sigma^2}+2\lambda\Phi_a^*\Phi_a\right]^{-1}G(X) \tag{5.4.14}$$

式中:$G(X)=\dfrac{\partial L_\sigma(X_r,X_i)}{\partial X_r}+\mathrm{i}\dfrac{\partial L_\sigma(X_r,X_i)}{\partial X_i}$表示 L_σ 在 X 的梯度的复值表示;$\lambda\Phi_a^*\Phi_a$ 是 $\|Y-\Phi_a X\|_F^2$ 的 Hessian 矩阵的复值表示,Φ_a 是奇异的;$W(X)$ 是正定矩阵,式(5.4.14)能够作为正则化方法,若 X 是联合行稀疏的,则当 $\sigma\to 0$ 时,这种正则化方法能保证 X 仅有很少的非零行。

2. 算法流程

针对以上分析,窄带信号稀疏重构的 DoA 估计算法流程如下:

(1) 初始化参数,$X^{(i)}$ 表示第 i 次更新值,初值 $X^{(0)}=X_*(\infty)=\Phi_a^*(\Phi_a\Phi_a^*)^{-1}Y$,设置 $\sigma=\max\limits_i\|X^{(0)}[i,:]\|_1$[297],$\lambda\in[1,100]$值依据噪声值而定,大量实验证明信噪比(SNR)为 5~20dB 时 $\lambda=3$ 为最佳选择,$\rho,\eta,\gamma\in[0,1)$,$\sigma_0\in[0.1,10^{-4}]$,本节固定 $\gamma=0.5$,$\eta=0.5$。

(2) 设置 $\beta=1$,内部迭代最小化 L_σ 函数满足 $L_\sigma\{\beta\,\zeta(X^{(i)})+(1-\beta)X^{(i)}\}>L_\sigma(X^{(i)})$,当 β 逐渐减小时即 $\beta=\gamma\beta$,重复这个过程直到 L_σ 函数不满足为止,对给定的 σ,内部循环应该是比较小的次数。

(3) 外部循环更新值为 $X^{(i+1)}=\beta\zeta(X^{(i)})+(1-\beta)X^{(i)}$,通过因子 ρ 使 σ 逐渐减小即 $\sigma=\rho\sigma$,对内部迭代最小化 L_σ 函数,对给定的 σ 满足 $\tau^{(i)}=\|X^{(i+1)}-X^{(i)}\|_2<\eta\sigma$ 时停止迭代,重新一次新的 σ 循环迭代。

(4) JLZA-DoA 算法停止的收敛条件为 $\sigma<\sigma_0$,σ_0 值取决于噪声强度,大量实验表明噪声在 5~20dB 时 $\rho=0.3$ 和 $\sigma_0=0.001$ 为最佳选择。

由于算法的计算量主要集中于计算 $\zeta(X)$,计算量为 $O(N^3+mN^2+nmN)$,运用矩阵求逆定理得到一种改进的 $\zeta(X)$ 表示为

$$\zeta(X)=W^{-1}(X)\left[\frac{I}{(2\lambda\sigma^2)}+\Phi_a W^{-1}\Phi_a^*\right]^{-1}Y \tag{5.4.15}$$

式(5.4.15)的计算量为 $O(Nm^2+m^3+nmN)$,然而这只是 JLZA-DoA 算法一次迭代的计算量,实际运用中应不少于 15 次迭代,本节采用 40 次迭代运算。

下面介绍大大减少计算量的 QR 分解,通常矩阵 $\boldsymbol{X}\in\mathbb{C}^{N\times n}$,$N$ 是一个比较大的数,如空间网格分辨率为 1°时 $N=180$。如果快拍数 n 比较大,算法运行很慢,为了加快算法速度,本节使用 QR 分解 $\boldsymbol{Y}/\sqrt{n}=\boldsymbol{RQ}$,其中 $\boldsymbol{R}\in\mathbb{C}^{m\times m}$ 是非奇异的上三角矩阵,$\boldsymbol{Q}\in\mathbb{C}^{m\times n}$ 满足 $\boldsymbol{QQ}^*=\boldsymbol{I}$。当 $\boldsymbol{E}=0$ 时 $\text{span}\{\boldsymbol{X}\}\subset\text{span}\{\boldsymbol{Q}\}$,$\|\boldsymbol{Y}-\Phi_a\boldsymbol{X}\|_F^2=\|\boldsymbol{R}-\Phi_a\bar{\boldsymbol{X}}\|_F^2$,其中 $\bar{\boldsymbol{X}}=\boldsymbol{XQ}^*\in\mathbb{C}^{N\times m}$ 是联合行稀疏向量,比矩阵 $\boldsymbol{X}$ 小多了,通过不断减小的 σ,式(5.4.12)可得

$$\bar{\boldsymbol{X}}_*(\sigma)=\underset{\bar{\boldsymbol{X}}}{\operatorname{argmin}}-F_\sigma(\bar{\boldsymbol{X}})+\lambda\|\boldsymbol{Y}-\Phi_a\bar{\boldsymbol{X}}\|_F^2 \tag{5.4.16}$$

当 $\boldsymbol{E}\neq0$ 时,$\text{span}\{\boldsymbol{X}\}\subset\text{span}\{\boldsymbol{Q}\}$ 不满足,然而 $\boldsymbol{X}$ 大部分为零空间,很少的成分为非零,因此算法性能没有明显影响。

下面介绍空间网格增强技术,越密的网格密度越能实现更精细的分辨率,但太密的话需要大量计算量。在实际应用中,即使真实的 DoA 没在网格密度上,JLZA-DoA 算法也能近似定位在邻近位置上。参考文献[308]采用自适应网格细化方法能解决这个问题,首先取一个较大的网格获得一个近似的空间谱位置,然后把网格逐渐细化获得一系列近似信号源位置,得到更准确的空间谱估计。

Φ_ψ 表示网格密度为 ψ 的阵列流形矩阵,用于估计 $\hat{\boldsymbol{X}}_\psi$,然后计算残差 $\zeta_\psi=\|\boldsymbol{Y}-\Phi_\psi\hat{\boldsymbol{X}}_\psi\|_F$,并逐步细化网格直到取得较小的 ζ_ψ 值,后面仿真有分析。但是在实践中,网格密度超过一定限度,残差有可能增大,参考文献[299]详细证明了原因,稀疏重构算法还能超过常规瑞利空间限制条件。仿真表明 JLZA-DoA 算法对噪声的鲁棒性比 MUSIC 和 ESPRIT 算法要好。下面把算法扩展到宽带信号稀疏重构 DoA 估计中。

5.4.3 OFDM 信号的 DoA 估计

1. OFDM 信号稀疏重构的 DoA 估计原理

处理宽带信号标准方式为通过一系列滤波器把宽带信号均分成若干个窄带信号[300],这样对滤波后的数据就能使用窄带信号模型,假设各个窄带信号频率为 $\{\omega_j\}_{j=1}^J$,让 Φ_j 表示频率为 ω_j 的过完备阵列流形,在频率 ω_j 的窄带信号模型为

$$\boldsymbol{Y}_j=\Phi_j\boldsymbol{X}_j+\boldsymbol{E}_j,\quad j\in\{1,2,\cdots,J\} \tag{5.4.17}$$

式中:$\boldsymbol{E}_j$ 表示在频率 ω_j 的噪声;$\boldsymbol{X}_j$ 表示在频率 ω_j 的联合稀疏信号矩阵。已知 $\boldsymbol{X}=[\boldsymbol{X}_1\ \boldsymbol{X}_2\cdots\ \boldsymbol{X}_J]$ 为联合行稀疏的,因为如果信号源在频率 ω_j 的 DoA 为 $\bar{\theta}_\ell$,对一些 ℓ,$\boldsymbol{X}_j[\ell,:]$ 是非零的,同理其他频率来自 DoA 为 $\bar{\theta}_\ell$ 的信号,对所有的频率下标 j,$\boldsymbol{X}_j[\ell,:]$ 也是非零的。由式(5.4.12)同理可得,取不断减小的 σ,有

$$\begin{cases}\boldsymbol{X}_*(\sigma)=\underset{\boldsymbol{X}}{\operatorname{argmin}}L_\sigma(\boldsymbol{X})\\ L_\sigma(\boldsymbol{X})=-F_\sigma(\boldsymbol{X})+\lambda\sum_{j=1}^{J}\|\boldsymbol{Y}_j-\Phi_j\boldsymbol{X}_j\|_F^2\end{cases} \tag{5.4.18}$$

依据定理 3[298]:设 $\boldsymbol{X}_*=[\boldsymbol{X}_{1*}\ \boldsymbol{X}_{2*}\cdots\ \boldsymbol{X}_{J*}]$,定义映射 $\zeta_j:\mathbb{C}^{N\times n}\to\mathbb{C}^{N\times n}$,$j\in\{1,2,\cdots,J\}$,满足 $\zeta_j(\boldsymbol{X})=2\lambda\left[\dfrac{\boldsymbol{W}(\boldsymbol{X})}{\sigma^2}+2\lambda\Phi_j^*\Phi_j\right]^{-1}\Phi_j^*\boldsymbol{Y}_j$,其中

$$\boldsymbol{W}(\boldsymbol{X})=\begin{bmatrix} f_\sigma(\|\boldsymbol{X}[1,:]\|_2) & \cdots & 0 \\ \vdots & & \vdots \\ 0 & \cdots & f_\sigma(\|\boldsymbol{X}[N,:]\|_2) \end{bmatrix}$$

$\boldsymbol{X}_{j*}(\sigma)=\zeta\{\boldsymbol{X}_*(\sigma)\}, j\in\{1,2,\cdots,J\}$，定义映射 $\zeta:\mathbb{C}^{N\times Jn}\to\mathbb{C}^{N\times Jn}$ 可得 $\zeta(\boldsymbol{X})=[\zeta_1(\boldsymbol{X})\ \zeta_2(\boldsymbol{X})\cdots\zeta_J(\boldsymbol{X})]$，对任何 $\boldsymbol{X}$ 存在实值标量 $\kappa\geqslant 0$。满足 $L_\sigma\{\kappa\zeta(\boldsymbol{X})+(1-\kappa)\boldsymbol{X}\}\leqslant L_\sigma(X)$。

2. 算法流程

(1) 初始化参数，$\boldsymbol{X}^{(i)}$ 表示第 i 次更新值，初值 $\boldsymbol{X}_j^{(0)}=\boldsymbol{X}_{j*}(\infty)=\Phi_j^*(\Phi_j\Phi_j^*)^{-1}\boldsymbol{Y}_j, j=1,2,\cdots,J$，形成 $\boldsymbol{X}^{(0)}=[\boldsymbol{X}_1^{(0)}\ \boldsymbol{X}_2^{(0)}\cdots\boldsymbol{X}_J^{(0)}]$，设置 $\sigma=\max\limits_i\|\boldsymbol{X}^{(0)}[i,:]\|_1$[297]，$\lambda\in[1,100]$ 的值依据噪声值而定，大量实验证明信噪比(SNR)为10~30dB时 $\lambda=10$ 为最佳选择，$\rho,\eta,\gamma\in[0,1)$，$\sigma_0\in[0.5,10^{-4}]$，本节固定 $\gamma=0.5$，$\eta=0.5$。

(2) 设置 $\beta=1$，内部迭代最小化 L_σ 函数满足 $L_\sigma\{\beta\zeta(\boldsymbol{X}^{(i)})+(1-\beta)\boldsymbol{X}^{(i)}\}>L_\sigma(\boldsymbol{X}^{(i)})$，当 β 逐渐减小时即 $\beta=\gamma\beta$，重复这个过程直到 L_σ 函数不满足为止，对给定的 σ，内部循环应该是比较小的次数。

(3) 外部循环更新值为 $\boldsymbol{X}^{(i+1)}=\beta\zeta(\boldsymbol{X}^{(i)})+(1-\beta)\boldsymbol{X}^{(i)}$，通过因子 ρ 使 σ 逐渐减小即 $\sigma=\rho\sigma$，对内部迭代最小化 L_σ 函数，对给定的 σ 满足 $\tau^{(i)}=\|\boldsymbol{X}^{(i+1)}-\boldsymbol{X}^{(i)}\|_2<\eta\sigma$ 时停止迭代，重新一次新的 σ 循环迭代。

(4) JLZA-DoA 算法停止的收敛条件为 $\sigma<\sigma_0$，σ_0 值取决于噪声强度，大量实验表明噪声在10~30dB时 $\rho=0.3$ 和 $\sigma_0=0.1$ 为最佳选择。

因此，从以上步骤可看出，宽带JLZA-DoA算法计算复杂度是窄带JLZA-DoA算法的 J 倍。由于 $\boldsymbol{X}$ 是联合行稀疏的，所以允许天线阵列间距大于最高频率的半波长，这在DoA估计高分辨率解中是重大改进，后面仿真中有证明。宽带聚焦矩阵方法和高阶累积量方法处理宽带信号DoA估计时，如果阵列间距大于半波长就会引起空间混叠现象，可能混叠到真实信号DoA中，结果造成一些不存在的假谱峰，影响算法分辨率性能。通过联合 $\boldsymbol{X}$ 行稀疏方法，JLZA-DoA算法能在整个频带范围内探测到占绝对优势的主谱峰，从而能抑制混叠效应。

5.4.4 仿真实验及性能分析

本节OFDM阵列信号仿真条件同5.2.3节所述。

实验1：本节提出的JLZA-DoA算法仿真分析。入射角分别为−30°、−10°、30°的三个信号源入射到8个阵元上，SNR=10dB，100次快拍数，JLZA-DOA算法采用40次迭代。

图5.4.1和图5.4.2分别表示为网格密度为1°时的JLZA-DoA算法和网格密度为0.5°时的JLZA-DoA算法，图(a)为频率为240MHz的截面图，图(b)为频率、角度和空间方位谱的三维图。从图中可以看出随着网格密度的增大，谱峰越聚集到相应的方位角度上，估计性能越好，但是计算量也相应越大，与前面理论分析相符。

实验2：本节提出的JLZA-DoA算法与其他算法性能比较，其他算法包括参考文献[301]提出的RSS聚焦矩阵算法、参考文献[304]提出的四阶累积量算法，后期提出的稀疏表示算法如参考文献[296]提出的M-FOCUSS算法、参考文献[307]提出的L1-SVD算法

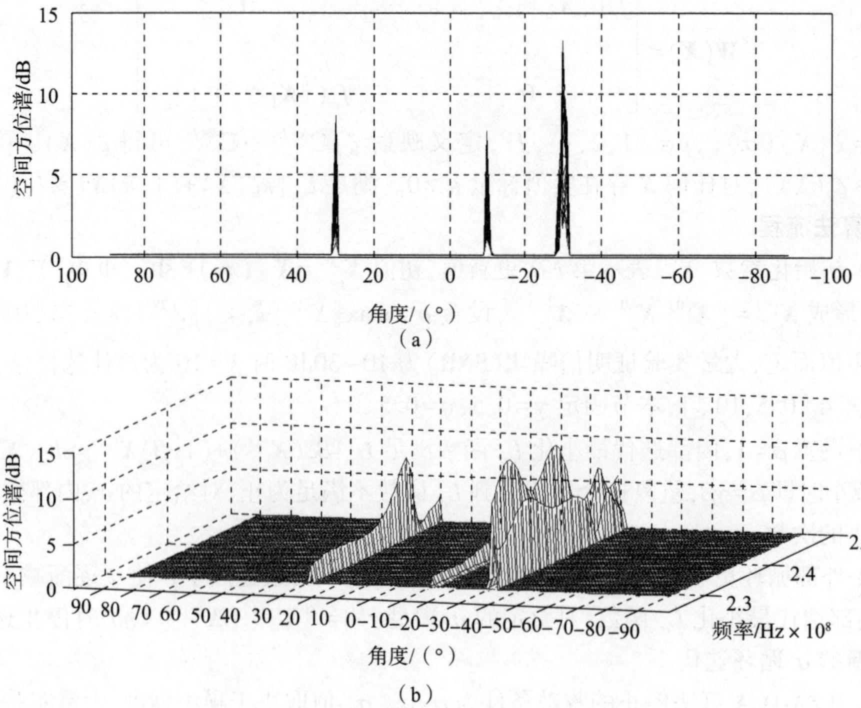

图 5.4.1　网格密度为 1°时 JLZA-DoA 算法

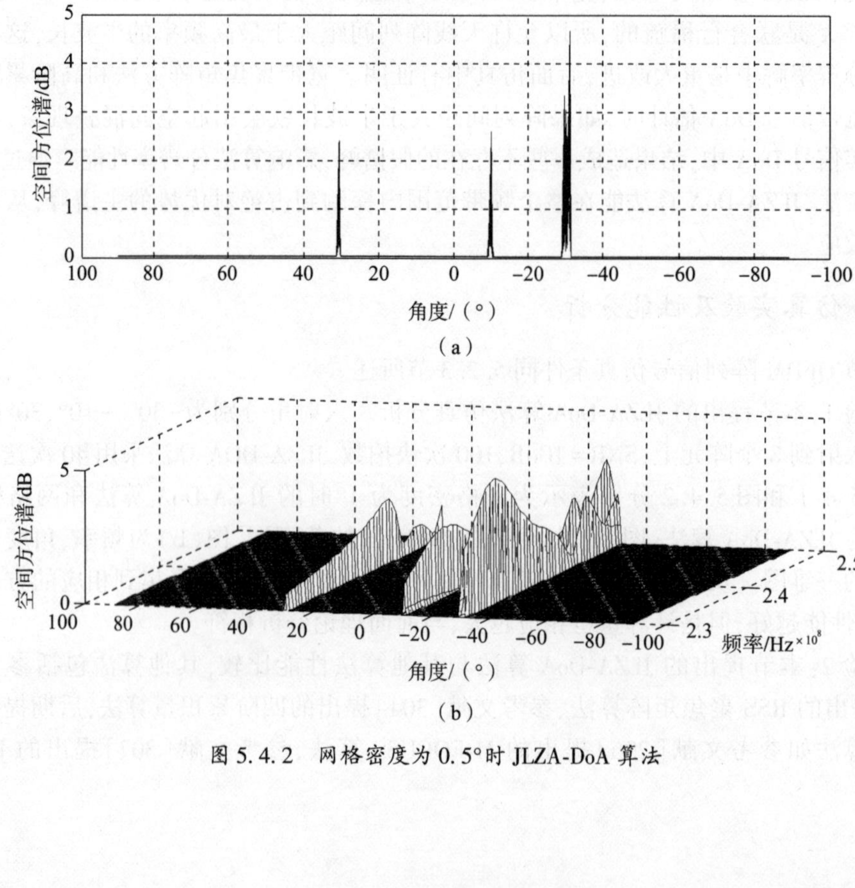

图 5.4.2　网格密度为 0.5°时 JLZA-DoA 算法

入射角分别为-30°、10°、60°的三个信号源入射到 8 个阵元上，SNR = 10dB，50 次快拍数，JLZA-DoA 算法采用 40 次迭代，相关信号源仿真实验中相关系数为 0.9。

图 5.4.3 所示为 6 种对比算法性能比较，可以看出，常用 MUSIC 算法不能处理宽带信号，RSS 聚焦矩阵算法和高阶累积量算法在快拍数很少情况下算法性能也很差，而基于稀疏表示类算法 M-FOCUSS、L1-SVD 和 JLZA-DoA 都能很好地估计，说明本节提出的算法性能很好；图 5.4.4 表示三个相干信号源算法比较，可以看出，RSS 聚焦矩阵算法和高阶累积量算法不能处理相干信号源，M-FOCUSS 算法能处理但是效果很差，L1-SVD 和 JLZA-DoA 都能很好地估计。

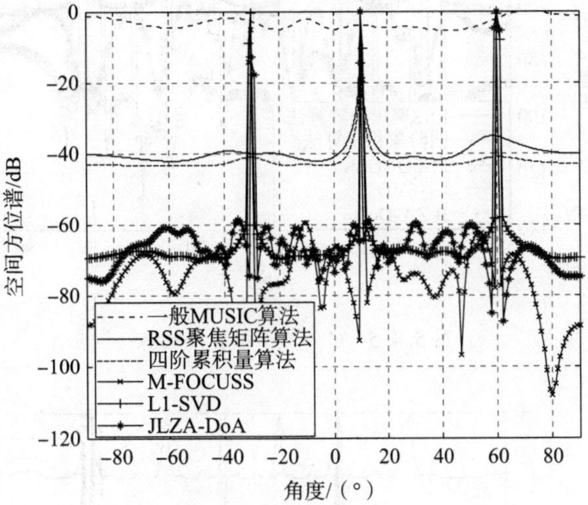

图 5.4.3 6 种算法比较

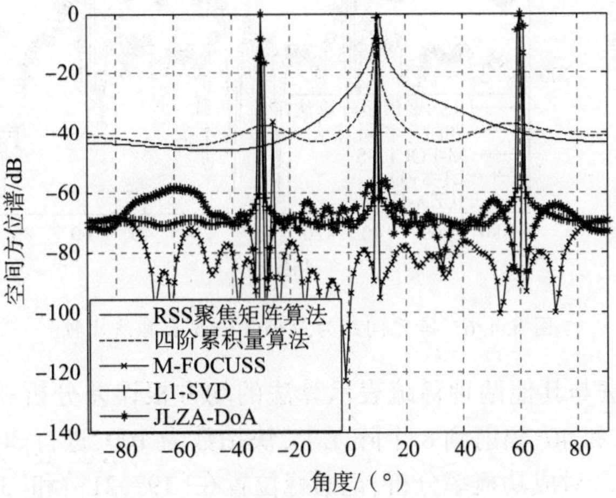

图 5.4.4 相干信号源算法比较

图 5.4.5 表示 6 个信号源 DoA 估计算法比较，6 个信号源入射方向为-60°、-30°、-15°、15°、30°、60°，取 6 个阵元，它是为了测试信号源数大于等于阵元数时算法性能问题，从图可知，只有 L1-SVD 算法和 JLZA-DoA 算法能估计，其他算法失效，说明本节算法对多个信号源估计性能很好；图 5.4.6 表示阵元间距为最小 3 倍波长算法比较，从图可

知,RSS 聚焦矩阵算法和高阶累积量算法失效,M-FOCUSS 算法和 L1-SVD 算法有假峰出现且分辨率不高,只有本节提出的 JLZA-DoA 算法能估计,即本节算法能突破瑞利空间间距,已经是很大地改进了阵列孔径,但是超过 4 倍最小波长算法就会出现混叠现象,5 倍最小波长算法就会失效。

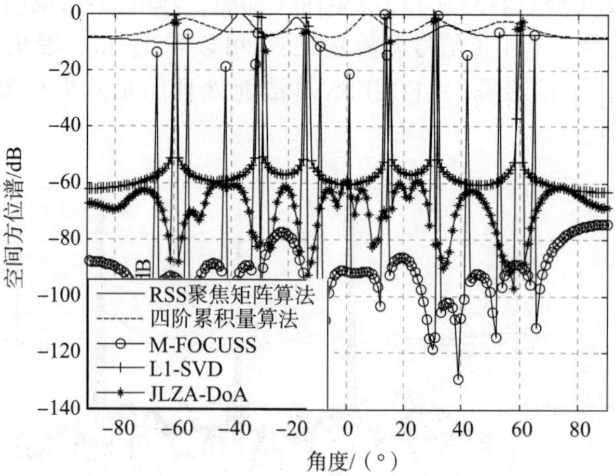

图 5.4.5　6 个信号源算法比较

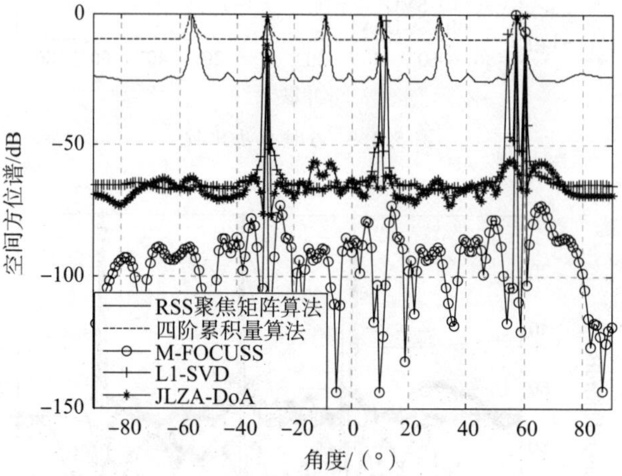

图 5.4.6　阵元间距为最小 3 倍波长算法比较

实验 3:本节算法与其他两种稀疏表示算法的均方根误差分析和成功概率分析。假设两个源信号以 20°和 40°辐射到 8 个阵元上,快拍数为 100,进行 300 次蒙特卡洛仿真,信噪比为−10~30dB。对成功概率分析,记谱峰位置在[19°,21°]和[39°,41°]时为一次成功估计。

图 5.4.7 所示为对比分析三种稀疏表示算法均方根误差分析,从图 5.4.7 中可以看出,随着信噪比的增大三种稀疏表示算法均方根误差都随之下降,但是本节提出的 JLZA-DoA 算法比其他两种算法下降得更快,性能很好。从图中还可以看出,基于稀疏表示算法的均方根误差即使在信噪比为−10dB 时依然很小,只有不到 0.5,再次说明了

算法的有效性。在低信噪比下 JLZA-DoA 算法比 L1-SVD 算法、M-FOCUSS 算法估计性能超过 50%。

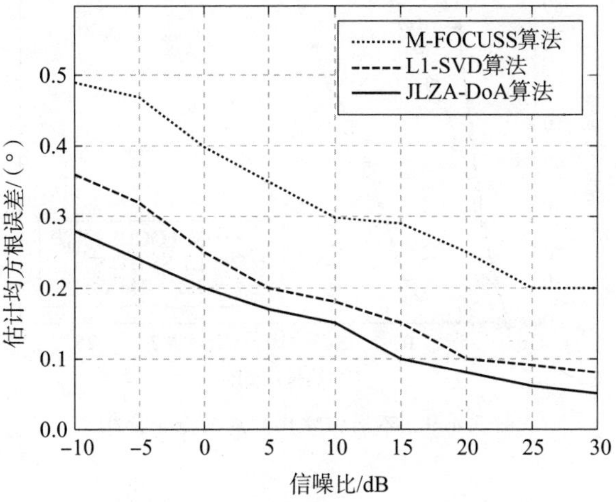

图 5.4.7 均方根误差分析

图 5.4.8 所示为不同快拍数的成功概率分析,固定信噪比为 10dB,对每次快拍独立进行 100 次蒙特卡洛仿真,从图中可以看出 L1-SVD 算法至少需要 85 次快拍才能分辨出信号源,M-FOCUSS 算法需要 100 次快拍,而本节算法只需要 35 次快拍,所以本节算法性能远远好于其他两种算法。像传统方法如宽带聚焦矩阵算法和高阶累积量算法快拍数小于 140 时算法基本分辨不出信号源,也可以看出基于稀疏重构的算法只需要少量的快拍数就可以分辨出信号源,与前面分析相符;图 5.4.9 所示为不同信噪比的成功概率分析,固定快拍数为 100,对每个信噪比独立进行 100 次蒙特卡洛仿真,随着信噪比增大,从图中可知,本节算法在信噪比为 0dB 时已能成功分辨出信号源,从图可以看出本节算法性能优于 L1-SVD 算法和 M-FOCUSS 算法。在少快拍数和低信噪比下 JLZA-DoA 算法比 L1-SVD 算法、M-FOCUSS 算法成功概率至少提升 2 倍。

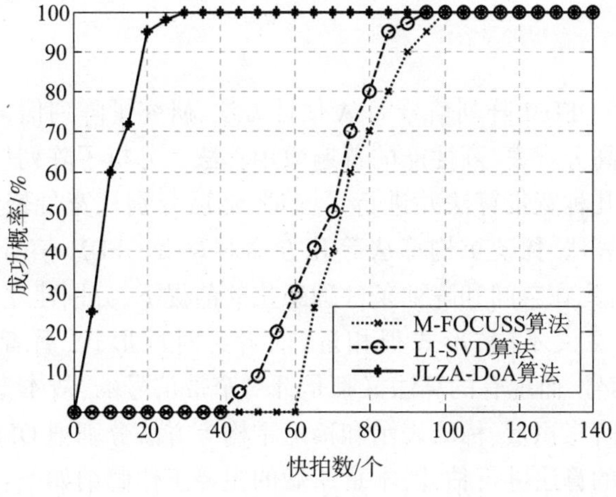

图 5.4.8 不同快拍数的成功概率分析

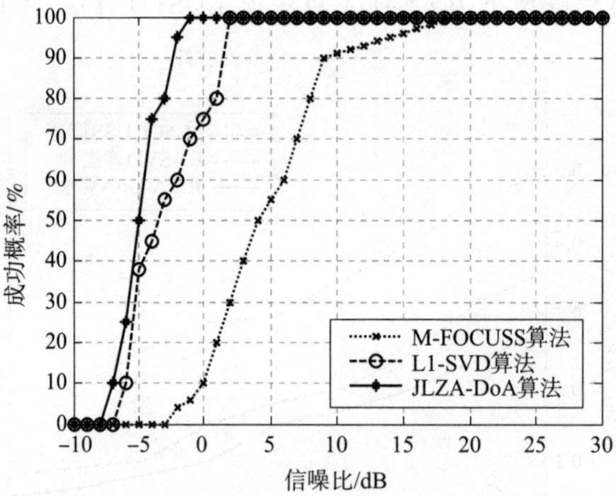

图 5.4.9　不同信噪比的成功概率分析

5.4.5　本节小结

本节提出的 JLZA-DoA 算法解决了阵列信号源的 DoA 估计问题,它将多快拍数与联合行稀疏向量结合有效解决了高分辨信源 DoA 估计问题,特别是,使用可变参数的高斯函数近似 $\ell_{2,0}$ 函数解决了最优化问题,本节首先分析将 DoA 估计问题转化为联合稀疏重构方法,然后在窄带信号稀疏重构算法基础上扩展到宽带信号稀疏重构算法,大量仿真表明,JLZA-DoA 算法性能有很大提高,算法在少快拍数下性能很好而且不需预估计信源个数,处理相干信号也表现很好的性能。在低信噪比下 JLZA-DoA 算法比 L1-SVD 算法、M-FOCUSS 算法估计性能超过 50%,在少快拍数和低信噪比下 JLZA-DoA 算法比 L1-SVD 算法、M-FOCUSS 算法成功概率至少提升 2 倍。更重要的是在阵列间距大于最高频率半波长时算法具有抑制混叠效应,JLZA-DoA 算法允许至多 3 倍波长间距还能实现高分辨率估计性能。但是随着估计精度提高,如迭代值增大,计算量也随之成倍增加。

5.5　本章小结

本章主要内容为 OFDM 阵列信号 DoA 估计方法,研究了阵列信号处理的基础知识和适用于窄带、宽带的高分辨率、高性能的普遍应用算法。分析了阵列信号处理的基础理论与基本模型,介绍了几种宽带算法并进行了验证,然后分别从宽带聚焦矩阵算法、高阶累积量算法、稀疏表示算法、稀疏重构算法等几方面对宽带 OFDM 信号的 DoA 估计进行了分析和仿真。本章首先在空间和阵列条件理想化的前提下,分别建立了窄带、宽带的阵列信号模型,两种模型意义不同、形式很相近,前者为时域形式,后者为频域形式。由于 OFDM 信号为宽带信号,而现有的算法又都是针对窄带信号的,故本章的核心思想就是采用宽带聚焦矩阵、高阶累积量、稀疏表示和稀疏重构等方法分别把 OFDM 宽带信号窄带化处理,从而利用常规的算法进行估计,本章所做的主要工作归纳如下:

(1) 介绍了 OFDM 阵列信号 DoA 估计的一些基础知识,为其后续小节做铺垫。首先简单介绍了实际环境中常用的几种阵列及阵元间的延迟表达式和各阵列的示意图;其次介绍了 DoA 估计的基本原理及影响因素,方便理解本节的主题思想;重点介绍了 OFDM 信号的时域、频域特征及信号数学表达式;最后基于窄带信号与宽带信号两种不同的信号模型,介绍了经典的窄带信号子空间理论及常用的宽带信号处理思想。其中,宽带聚焦矩阵算法是处理宽带信号 DoA 估计的重要方法。

(2) 为了解决 OFDM 宽带信号处理的问题,提出了基于宽带聚焦矩阵和高阶累积量的 DoA 估计方法。本章主要分析了宽带聚焦矩阵算法和高阶累积量算法,它们都是将宽带信号通过某种方法转化为一系列窄带信号,宽带聚焦矩阵算法是通过聚焦矩阵将不同频带下的方向矩阵变换到同一参考频率下,而高阶累积量算法则是通过累积量矩阵,然后再通过特征值分解用 MUSIC(Multiple Signal Classification)算法来估计 DoA。分析了两种算法在不同阵元和不同信噪比条件下对 DoA 估计的影响,并对两种算法的性能进行了对比分析。仿真结果表明,两种方法都能够精确地估计 OFDM 信号的 DoA,四阶累积量方法的空间分辨率比聚焦矩阵方法有所提高。四阶累积量算法扩展了阵列孔径,信噪比较低时也有很好的适应性。

(3) 针对宽带 OFDM 信号 DoA 估计问题,提出了一种宽带 OFDM 信号协方差矩阵稀疏表示的 DoA 估计方法。该方法首先将 DoA 估计转换为一个稀疏表示问题,带噪观测向量和冗余矩阵得到信号的最稀疏表示,其次约束问题转化为对信号进行 l_1 范数约束,对噪声进行 l_2 范数约束,并将书中约束问题转变为凸优化问题,采用二阶锥优化理论,借助有效的工具箱 SuDuMi 进行参数估计,从而实现宽带 OFDM 信号 DoA 估计。本方法不需要任何先验信息和把宽带信号转化为窄带信号后的融合问题,估计性能比较好,本算法比宽带聚焦矩阵算法及高阶累积量算法性能提高了将近 2 倍。

(4) 针对无线通信领域中经常遇到多径传输和反射因素的现象,必须考虑宽带相干信号源的存在和宽带信号处理困难的问题,提出了一种基于联合 $l_{2,0}$ 范数稀疏重构的宽带 OFDM 信号 DoA 估计,解决了宽带信号协方差矩阵稀疏表示的 DoA 估计方法只能处理均匀线性阵列的困难,是一种通用的估计方法。算法的核心是阵列流形矩阵各列由多快拍向量的联合稀疏线性组合所构成。该方法首先把 DoA 估计转换为一个联合稀疏重构算法,用联合 $l_{2,0}$ 范数近似方法解决,它实际是平滑 l_0 范数(SL_0)近似方法,SL_0 算法实际是用一类高斯函数近似 l_0 范数的,JLZA-DoA 算法比 L1-SVD 算法、M-FOCUSS 算法成功概率至少提升 2 倍。

第6章 MIMO-OFDM 信号的盲估计与识别

随着移动通信的快速发展,频谱资源变得日益紧张,用户对通信系统的传输速率和信道容量也有了更加迫切的要求。多输入多输出(MIMO)通信系统利用空间复用和空间分集技术,能够在不增加额外带宽的情况下,显著提高系统的传输速率和信道容量。正交频分复用(OFDM)通信系统依靠相互正交的子载波传输信息,不仅能够抵抗频率选择性衰落信道的影响,同时也能够改善频谱的效率。将 MIMO 和 OFDM 结合的 MIMO-OFDM 系统能够同时具备二者的优势。

随着 MIMO 及 MIMO-OFDM 系统应用的日益广泛,非合作通信场景下针对这两个系统的信号盲处理研究变得越发重要。本章研究了 MIMO 及 MIMO-OFDM 信号的盲估计与识别,主要包括:MIMO-OFDM 信号参数(符号周期、循环前缀长度、有用符号周期、子载波个数和频率等)的盲估计;MIMO 系统正交空时分组码的盲识别以及空间复用 MIMO 系统调制方式的盲识别。

6.1 MIMO 及 MIMO-OFDM 系统原理

6.1.1 引言

MIMO 系统通过使用空间分集和空间复用技术,成倍提高了系统的信道容量以及传输速率。OFDM 系统利用多个相互正交的子载波传输信息,不仅提高了频谱的效率,也有效抑制了频率选择性衰落信道的影响。将 MIMO 与 OFDM 相结合的 MIMO-OFDM 系统在继承了二者优势的同时也弥补了彼此的不足。本节将 MIMO 以及 MIMO-OFDM 系统作为研究对象,为了更好地理解这两个系统,本节将简要介绍 MIMO、OFDM 以及 MIMO-OFDM 系统的基本原理。

6.1.2 MIMO 系统原理

MIMO 系统的发送端和接收端均使用了多根天线,多天线技术中广泛采用了分集技术和复用技术,这两种技术使得 MIMO 系统与传统的单天线系统相比,能够在同一频带范围内传输更多用户的信息,并且能够确保对每个用户的服务质量。此外,分集和复用技术还使 MIMO 系统具有信道容量大、链路可靠性高、覆盖范围广、功耗低等优势。

1. 系统原理

MIMO 系统原理如图 6.1.1 所示,假设发射天线数为 N_T,接收天线数为 N_R。首先对待发送的原始数据流进行调制,常用的调制方式有{MASK,MFSK,MPSK,MQAM}等,M 代表进制数;然后将调制后的数据流进行分组,假设每组中含有 K 个调制符号,对每组调制符号进行空时编码后得到 N_T 个并行的子数据流,这些子数据流通过 N_T 根天线同时并行发送,经由不同的传输信道到达接收端,接收端每一根天线上的信号为各传输信道信号的叠加。接收机对接收信号进行空时译码和解调等处理后最终恢复出发送端的原始数据信息。

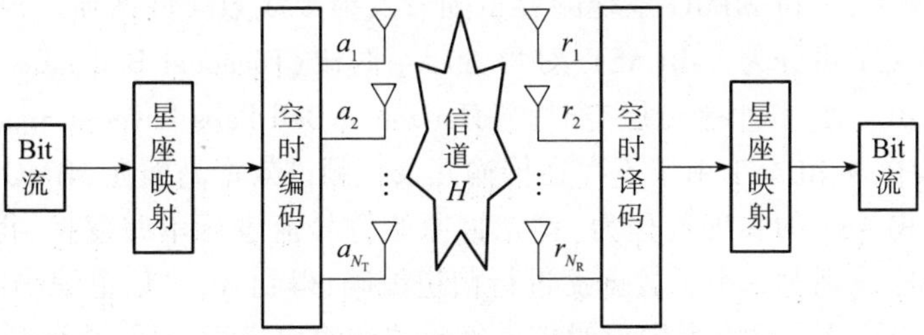

图 6.1.1 MIMO 系统原理

在图 6.1.1 中,N_T 根发射天线在一个发送时隙内发送的信号为 N_T 维列向量 $\boldsymbol{A}=[a_1,a_2,\cdots,a_{N_T}]^T$。其中,$[\cdot]^T$ 表示向量或矩阵的转置,$a_p(p=1,2,\cdots,N_T)$ 表示第 p 根天线发送的符号,且 a_p 是独立同分布的非高斯变量,均值为 0,方差为 σ_a^2。$\boldsymbol{A}$ 的自相关矩阵表示为

$$\boldsymbol{R}_{AA}=E\{\boldsymbol{AA}^H\}=\sigma_a^2\boldsymbol{I}_{N_T} \tag{6.1.1}$$

式中:$E\{\cdot\}$ 表示求期望;$(\cdot)^H$ 表示向量或矩阵的共轭转置;$\boldsymbol{I}_{N_T}$ 表示 $N_T\times N_T$ 维单位矩阵。MIMO 系统发射机的总功率 ω 可表示为

$$\omega=\mathrm{tr}(\boldsymbol{R}_{AA})=N_T\sigma_a^2 \tag{6.1.2}$$

式中:tr(·)表示求矩阵的迹,即矩阵主对角线元素的和。

假设 $\boldsymbol{H}$ 是一个 $N_R\times N_T$ 维平坦块衰落信道矩阵,即信道状态在观察时间内保持不变,$\boldsymbol{H}$ 可表示为

$$\boldsymbol{H}=\begin{bmatrix} h_{1,1} & h_{1,2} & \cdots & h_{1,N_T} \\ h_{2,1} & h_{2,2} & \cdots & h_{2,N_T} \\ \vdots & \vdots & & \vdots \\ h_{N_R,1} & h_{N_R,2} & \cdots & h_{N_R,N_T} \end{bmatrix} \tag{6.1.3}$$

式中:矩阵元素 $h_{q,p}(q=1,2,\cdots,N_R;p=1,2,\cdots,N_T)$ 表示第 q 根接收天线与第 p 根发射天线之间的信道系数。第 q 根接收天线上的信号可表示为

$$r(q)=\sum_{p=1}^{N_T}h_{q,p}a_p+\boldsymbol{n}_m(q) \tag{6.1.4}$$

式中:$\boldsymbol{n}_m(q)$ 表示第 q 根接收天线上的噪声。将所有接收天线上的信号进行合并,可得 MIMO 系统的信号模型为

$$\boldsymbol{R}_{\mathrm{MIMO}}=\boldsymbol{H}\times\boldsymbol{A}+\boldsymbol{N}_m \tag{6.1.5}$$

式中:$\boldsymbol{R}_{\mathrm{MIMO}}=[r(1),r(2),\cdots,r(N_R)]^T$;$\boldsymbol{N}_m=[\boldsymbol{n}_m(1),\boldsymbol{n}_m(2),\cdots,\boldsymbol{n}_m(N_R)]^T$。

2. 空时编码技术

MIMO 系统利用空时编码技术将传统的无线信道扩展成时间和空间两个维度,将时变衰落信道转化为空间衰落相互独立的子信道。空时编码技术能够有效抵抗信道衰落和噪声的影响,并且能够提高系统的传输质量,是 MIMO 系统的关键技术之一。空时编码根

据编码方式的不同,主要分为 BLAST、STBC 和 STTC。

BLAST 由贝尔实验室的 G. J. Foschini[27] 提出,是一种基于空间复用技术的空时编码方式。BLAST 利用多根天线在空间上发送相互独立的并行子数据流,在不增加发射功率以及带宽的情况下,使得 MIMO 系统的容量随着发射天线数线性增加。根据编码原理和结构的不同,BLAST 可分为 V-BLAST、对角分层空时码(Diagonal Bell Labs Layered Space-Time Codes, D-BLAST)和水平分层空时码(Horizontal Bell Labs Layered Space-Time Codes, H-BLAST)。其中,V-BLAST 由于不存在传输冗余且频谱效率高而在 MIMO 系统中得到了广泛的应用,V-BLAST 的实现过程为:首先将原始符号流进行串并变换,得到 N_T 个并行的子数据流;其次分别对每个子数据流进行信道编码,得到 N_T 个信道编码器的输出;最后利用 V-BLAST 编码器在垂直方向上对信道编码器的输出进行编码,将信道编码器 1 输出的第 1 组 N_T 个符号作为 V-BLAST 的第一列,将信道编码器 2 输出的第 1 组 N_T 个符号作为 V-BLAST 的第二列,以此类推,将信道编码器 i 输出的第 c 组 N_T 个符号作为 V-BLAST 的第$[i+(c-1)N_T]$列。V-BLAST 中的每一列符号分别由 N_T 根发送天线同时发送。

空时网格码和空时分组码都是基于空间分集技术的空时编码方式。空时网格码由 V. Tarokh 等[28] 提出,通过把编码与调制相结合产生了空时网格码,它实现了最大的分集增益以及较大的编码增益,并且具有较高的传输速率和可靠性,但空时网格码的译码复杂度较高,随发射天线数和传输速率呈指数增长,在实际中很难设计,因此未得到广泛的应用。

空时分组码是一种具有低译码复杂度的空时编码方式,其译码可采用最大似然方法,实现方式比较简单,同时空时分组码还具有较强的容错能力。根据不同发射天线所发射的信号之间是否具有正交性,空时分组码分为正交空时分组码和准正交空时分组码(Quasi-Orthogonal Space-Time Block Codes, QOSTBC)。准正交空时分组码具有很高的码率,但其码字不具备正交性,因此未能获得满分集增益。而正交空时分组码具备正交性,因此能够获得满分集增益。最早的正交空时分组码为 Alamouti 码[47],其利用 2 根发射天线和 1 根接收天线实现了发射分集。后来,V. Tarokh 等[48] 在其基础上设计出了发射天线数大于 2 时的正交空时分组码,极大地扩大了正交空时分组码的应用范围。

正交空时分组码的编码对象为调制后的符号序列,具体编码过程为:首先以 K 为单位对符号序列进行分组,将第 v 组中的 K 个符号表示为 $\boldsymbol{s}_v=[s_1,s_2,\cdots,s_K]^{\mathrm{T}}$;其次将这 K 个符号编码成 N_T 个长度为 L 并且两两正交的符号序列,这 N_T 个符号序列就组成了一个 $N_T\times L$ 维的发送矩阵 $\boldsymbol{C}$,$\boldsymbol{C}$ 中行与行之间是正交的;最后利用 N_T 根天线通过 L 个时隙发送出去。也就是说,K 个符号经正交空时分组编码后通过 L 个时隙发送出去,因此正交空时分组码的码率 ξ 就定义为

$$\xi=K/L \tag{6.1.6}$$

式中:ξ 表示 1 个时隙内发送的符号数。每个符号序列中必须包含全部的符号信息,因此必须有 $L\geqslant K$,亦即 ξ 最大为 1。

根据发送矩阵的不同,正交空时分组码分为实正交空时分组码和复正交空时分组码,下面对这两种正交空时分组码做进一步的分析。

1) 实正交空时分组码

实正交空时分组码的发送矩阵 $\boldsymbol{C}$ 是一个由符号$(\pm s_1,\pm s_2,\cdots,\pm s_K)$构成的 $N_T\times L$ 维矩

阵,$\boldsymbol{C}$ 具有如下特性:

$$\boldsymbol{C}\times\boldsymbol{C}^{\mathrm{T}}=(|s_1|^2+|s_2|^2+\cdots+|s_K|^2)\boldsymbol{I}_{N_{\mathrm{T}}} \tag{6.1.7}$$

在实正交空时分组码中,只有在发射天线数为 2、4 或 8 时才能获得全码率 $\xi=1$ 的发送矩阵。当 $N_{\mathrm{T}}=2$ 时,发送矩阵为

$$\boldsymbol{C}_{2\times2}=\begin{bmatrix} s_1 & -s_2 \\ s_2 & s_1 \end{bmatrix} \tag{6.1.8}$$

当 $N_{\mathrm{T}}=4$ 时,发送矩阵为

$$\boldsymbol{C}_{4\times4}=\begin{bmatrix} s_1 & -s_2 & -s_3 & -s_4 \\ s_2 & s_1 & s_4 & -s_3 \\ s_3 & -s_4 & s_1 & s_2 \\ s_4 & s_3 & -s_2 & s_1 \end{bmatrix} \tag{6.1.9}$$

以 $N_{\mathrm{T}}=4$ 时为例,编码器把 4 个调制符号(s_1,s_2,s_3,s_4)作为输入序列生成一个 4×4 的发送矩阵 $\boldsymbol{C}_{4\times4}$,在第 1 个发送时隙内,天线 1~4 分别将 s_1,s_2,s_3 和 s_4 发送出去;在第 2 个发送时隙内,天线 1~4 分别将$-s_2,s_1,-s_4$ 和 s_3 发送出去;以此类推,即需要 4 根发射天线在 4 个时隙内将 4 个调制符号发送出去。可以看出,$\boldsymbol{C}_{4\times4}$ 中行与行之间是正交的,每一行作为信号的一个副本通过相应的天线发送出去。对于一组 K 个调制符号来说,无论是发射天线数 N_{T} 还是传输这组符号所需的时隙数 L 都等于这组符号的符号数 K,即 $\boldsymbol{C}_{4\times4}$ 是一个 $K\times K$ 的方阵,因此该发送矩阵能够实现全码率 $\xi=1$。

对于其他任意的发射天线数,也能够获得全码率的发送矩阵,但是该发送矩阵不再是 $K\times K$ 的方阵。例如,当 $N_{\mathrm{T}}=3$ 时,发送矩阵为

$$\boldsymbol{C}_{3\times4}=\begin{bmatrix} s_1 & -s_2 & -s_3 & -s_4 \\ s_2 & s_1 & s_4 & -s_3 \\ s_3 & -s_4 & s_1 & s_2 \end{bmatrix} \tag{6.1.10}$$

当 $N_{\mathrm{T}}=5$ 时,发送矩阵为

$$\boldsymbol{C}_{5\times8}=\begin{bmatrix} s_1 & -s_2 & -s_3 & -s_4 & -s_5 & -s_6 & -s_7 & -s_8 \\ s_2 & s_1 & -s_4 & s_3 & -s_6 & s_5 & s_8 & -s_7 \\ s_3 & s_4 & s_1 & -s_2 & -s_7 & -s_8 & s_5 & s_6 \\ s_4 & -s_3 & s_2 & s_1 & -s_8 & s_7 & -s_6 & s_5 \\ s_5 & s_6 & s_7 & s_8 & s_1 & -s_2 & -s_3 & -s_4 \end{bmatrix} \tag{6.1.11}$$

以 $N_{\mathrm{T}}=5$ 时为例,可以看出,对于一组含有 8 个调制符号的序列来说,其需要通过 5 根天线在 8 个时隙内完成发送,因此 $\boldsymbol{C}_{5\times8}$ 的码率为 1,但 $\boldsymbol{C}_{5\times8}$ 却不是 8×8 的方阵。

为便于数学分析,可以将发送矩阵 $\boldsymbol{C}$ 写成如下数学形式:

$$\boldsymbol{C}=\sum_{d=1}^{K}\boldsymbol{G}_d s_d \tag{6.1.12}$$

式中:$\boldsymbol{G}_d$ 表示一组符号序列中第 d 个符号 s_d 的编码矩阵。例如,在式(6.1.8)中,符号 s_1 的编码矩阵 $\boldsymbol{G}_1=\begin{bmatrix} 1 & 0 \\ 0 & 1 \end{bmatrix}$,$s_2$ 的编码矩阵 $\boldsymbol{G}_2=\begin{bmatrix} 0 & -1 \\ 1 & 0 \end{bmatrix}$,并且 $\boldsymbol{G}_d$ 具有如下正交性质:

$$\begin{cases} \boldsymbol{G}_d\boldsymbol{G}_d^{\mathrm{T}}=\boldsymbol{I}_{N_{\mathrm{T}}} \\ \boldsymbol{G}_d\boldsymbol{G}_{d'}^{\mathrm{T}}+\boldsymbol{G}_{d'}\boldsymbol{G}_d^{\mathrm{T}}=0, \quad d\neq d' \end{cases} \tag{6.1.13}$$

2）复正交空时分组码

复正交空时分组码的发送矩阵 $\boldsymbol{C}$ 是一个由符号（$\pm s_1, \pm s_2, \cdots, \pm s_K, 0, \pm s_1^*, \pm s_2^*, \cdots, \pm s_K^*$）构成的 $N_{\mathrm{T}}\times L$ 维矩阵，∗表示取共轭，$\boldsymbol{C}$ 具有如下特性：

$$\boldsymbol{C}\times\boldsymbol{C}^{\mathrm{H}}=(|s_1|^2+|s_2|^2+\cdots+|s_K|^2)\boldsymbol{I}_{N_{\mathrm{T}}} \tag{6.1.14}$$

Alamouti 码为最早的复正交空时分组码，其将两个调制符号（s_1, s_2）编码成一个 2×2 的发送矩阵，通过 2 根天线在 2 个时隙内完成发送。Alamouti 码能够实现全码率 $\xi=1$，其发送矩阵为

$$\boldsymbol{C}'_{2\times2}=\begin{bmatrix} s_1 & -s_2^* \\ s_2 & s_1^* \end{bmatrix} \tag{6.1.15}$$

在所有的复正交空时分组码中，Alamouti 码是唯一具有 $K\times K$ 发送矩阵并实现全码速率的复正交空时分组码。在发射天线数大于 2 时，复正交空时分组码的设计目标是以较低的译码复杂性构造高码速率的发送矩阵，以减小接收端的译码时延。对于任意给定的发射天线数，都能构造出 0.5 码速率的发送矩阵。例如，当 $N_{\mathrm{T}}=3$ 时，发送矩阵为

$$\boldsymbol{C}_{3\times8}=\begin{bmatrix} s_1 & -s_2 & -s_3 & -s_4 & s_1^* & -s_2^* & -s_3^* & -s_4^* \\ s_2 & s_1 & s_4 & -s_3 & s_2^* & s_1^* & s_4^* & -s_3^* \\ s_3 & -s_4 & s_1 & s_2 & s_3^* & -s_4^* & s_1^* & s_2^* \end{bmatrix} \tag{6.1.16}$$

当 $N_{\mathrm{T}}=4$ 时，发送矩阵为

$$\boldsymbol{C}_{4\times8}=\begin{bmatrix} s_1 & -s_2 & -s_3 & -s_4 & s_1^* & -s_2^* & -s_3^* & -s_4^* \\ s_2 & s_1 & s_4 & -s_3 & s_2^* & s_1^* & s_4^* & -s_3^* \\ s_3 & -s_4 & s_1 & s_2 & s_3^* & -s_4^* & s_1^* & s_2^* \\ s_4 & s_3 & -s_2 & s_1 & s_4^* & s_3^* & -s_2^* & s_1^* \end{bmatrix} \tag{6.1.17}$$

观察 $N_{\mathrm{T}}=3$ 时的发送矩阵 $\boldsymbol{C}_{3\times8}$，可以看出 $\boldsymbol{C}_{3\times8}$ 中行与行之间是正交的，$\boldsymbol{C}_{3\times8}$ 将 4 个调制符号通过 3 根天线在 8 个时隙内完成发送，因此 $\boldsymbol{C}_{3\times8}$ 的码速率为 0.5。同理，对于 $N_{\mathrm{T}}=4$ 时的编码矩阵 $\boldsymbol{C}_{4\times8}$，其将 4 个调制符号通过 4 根天线在 8 个时隙内完成发送，因此 $\boldsymbol{C}_{4\times8}$ 的码速率也为 0.5。

在发射天线数为 3 或 4 时，通过进一步的正交设计，可以得到具有更高码速率的发送矩阵。当 $N_{\mathrm{T}}=3$ 时，发送矩阵为

$$\boldsymbol{C}'_{3\times4}=\begin{bmatrix} s_1 & s_2^* & s_3^* & 0 \\ -s_2 & s_1^* & 0 & -s_3^* \\ -s_3 & 0 & s_1^* & s_2^* \end{bmatrix} \tag{6.1.18}$$

当 $N_{\mathrm{T}}=4$ 时，发送矩阵为

$$C_{4\times4}=\begin{bmatrix} s_1 & -s_2^* & \dfrac{s_3^*}{\sqrt{2}} & \dfrac{s_3^*}{\sqrt{2}} \\ s_2 & s_1^* & \dfrac{s_3^*}{\sqrt{2}} & \dfrac{-s_3^*}{\sqrt{2}} \\ \dfrac{s_3}{\sqrt{2}} & \dfrac{s_3}{\sqrt{2}} & \dfrac{(-s_1-s_1^*+s_2-s_2^*)}{2} & \dfrac{(s_2+s_2^*+s_1-s_1^*)}{2} \\ \dfrac{s_3}{\sqrt{2}} & \dfrac{-s_3}{\sqrt{2}} & \dfrac{(-s_2-s_2^*+s_1-s_1^*)}{2} & \dfrac{-(s_1+s_1^*+s_2-s_2^*)}{2} \end{bmatrix} \tag{6.1.19}$$

观察式(6.1.18)可以看出，在 $N_T=3$ 时，$C'_{3\times4}$ 将 3 个调制符号通过 3 根天线在 4 个时隙内完成发送，因此 $C'_{3\times4}$ 的码速率为 0.75。同理，式(6.1.19)中 $C_{4\times4}$ 的码速率也为 0.75。

当 $N_T>4$ 时，C 的码率介于 0.5 与 0.75 之间。

为便于数学分析，将 C 写成如下数学形式：

$$C=\sum_{d=1}^{K}(P_d s_d^R+jQ_d s_d^I) \tag{6.1.20}$$

式中：$(\cdot)^R$ 和 $(\cdot)^I$ 分别表示取实部和虚部；j 为虚数单位；P_d 与 Q_d 分别表示 s_d 的实部 s_d^R 与虚部 s_d^I 的编码矩阵；P_d 与 Q_d 的维数均为 $N_T\times L$。例如，在式(6.1.18)中，s_1 实部 s_1^R 的编码矩阵 P_1 为

$$P_1=\begin{bmatrix} 1 & 0 & 0 & 0 \\ 0 & 1 & 0 & 0 \\ 0 & 0 & 1 & 0 \end{bmatrix} \tag{6.1.21}$$

s_1 虚部 s_1^I 的编码矩阵 Q_1 为

$$Q_1=\begin{bmatrix} 1 & 0 & 0 & 0 \\ 0 & -1 & 0 & 0 \\ 0 & 0 & -1 & 0 \end{bmatrix} \tag{6.1.22}$$

P_d 与 Q_d 具有如下正交性质[135]：

$$\begin{cases} P_d P_d^T = I_{N_T}, \quad P_d P_{d'}^T = -P_{d'} P_d^T, \quad d\neq d' \\ Q_d Q_d^T = I_{N_T}, \quad Q_d Q_{d'}^T = -Q_{d'} Q_d^T \\ P_d Q_{d'}^T = Q_{d'} P_d^T \end{cases} \tag{6.1.23}$$

6.1.3　OFDM 系统原理

有关 OFDM 系统原理更详细的描述请详见 4.1.2 节。多载波通信系统是一种基于频分复用技术的通信系统，它将传输频带划分为多个子频带，在每一个子频带上使用相应频率的子载波对源信号进行调制，从而达到多个子频带在信道的复用，实现多路通信。在传统的多载波系统中，各子频带之间互不重叠，并且它们之间还留有一定长度的保护间隔，其原理如图 6.1.2 所示。在通信过程中，这些用作保护间隔的频谱资源被白白浪费了，而 OFDM 技术的出现使得通信频带的利用率得到了极大的提升。

OFDM 系统的子频带划分方法如图 6.1.3 所示。在该系统中,子频带之间是相互重叠的,并且子频带间用于调制的子载波相互正交,因此传输的多路信号之间不会造成干扰。与传统多载波系统相比,OFDM 系统在频谱利用率方面有很大的提升,并且利用子载波之间的正交性,OFDM 系统接收端可以无损地恢复出每一个子频带上的信号。

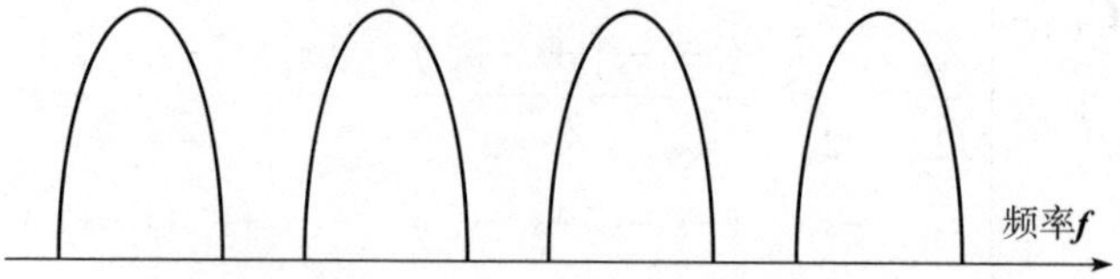

图 6.1.2 传统多载波系统子频带的划分方式

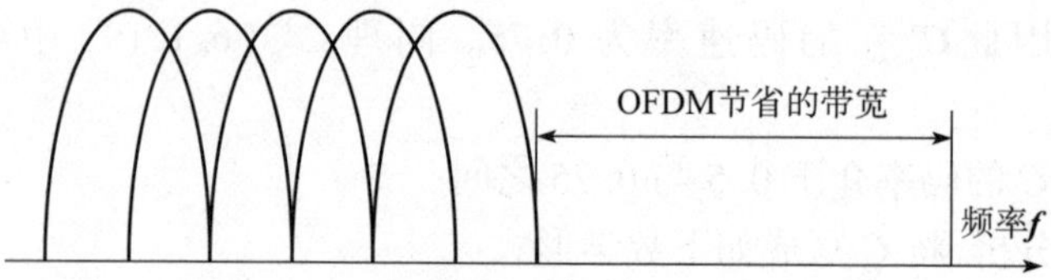

图 6.1.3 OFDM 系统子频带的划分方式

OFDM 系统原理框图如图 6.1.4 所示。

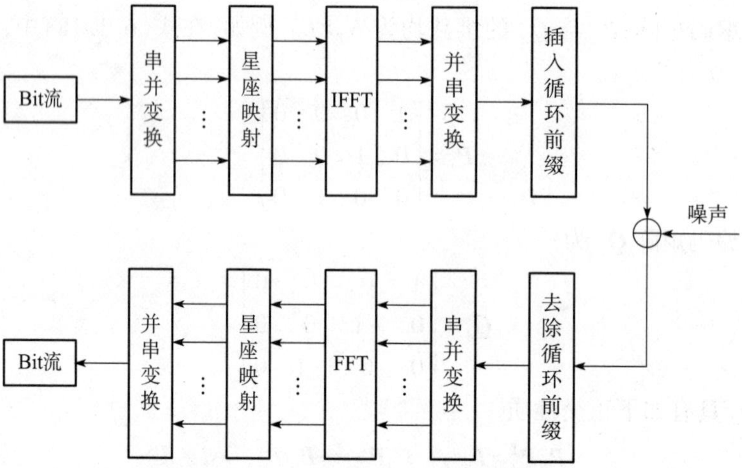

图 6.1.4 OFDM 系统原理框图

由图 6.1.4 可知,发射端首先对原始数据流进行串并变换处理,使得原来高速的串行数据流转换成 N 路低速的子数据流,此时每个数据符号的持续时间扩展为原来的 N 倍;其次将这 N 路子数据流进行星座映射和逆快速傅里叶变换,以实现利用 N 个频率不同且相互正交的子载波对 N 路子数据流的调制;最后对调制后的 N 路子数据流进行并串变换处理即可得到无 CP 的 OFDM 信号。为了抵抗多径时延的影响,在 OFDM 信号的每一路子载波前面均插入一定长度的 CP,CP 的插入方式为将子载波最后一定长度的部分平移到子载波的最前面。经上述处理后便可得到一个完整的 OFDM 信号。在 OFDM 的接收端,将接收的 OFDM 信号进行相应的逆处理后便可恢复出原始数据流。

6.1.4　MIMO-OFDM 系统原理

结合 MIMO 与 OFDM 的 MIMO-OFDM 系统具有良好的抗频率选择性衰落的能力，同时也具有很高的数据传输速率和频谱效率。根据天线的布置位置，MIMO-OFDM 系统可分为集中式和分布式两种。在集中式 MIMO-OFDM 系统中，发送端和接收端的天线都集中放置，每个天线都使用同一个晶振，并且可以认为各收发天线对之间的频偏和时延都相同。在分布式 MIMO-OFDM 系统中，收发两端或其中一端的天线位置相对分散，因此每个天线使用单独的晶振，各收发天线对之间的频偏和时延也不相同。为便于分析，本书仅针对集中式 MIMO-OFDM 系统进行研究。

图 6.1.5 所示为 MIMO-OFDM 系统的发射端原理框图，首先对原始数据流进行串并变换处理得到多路并行的子数据流；其次对每一路子数据流进行空时编码，这里所采用的空时编码方式为 V-BLAST，即实现了空间复用；最后对空时编码后的每一路子数据流进行 OFDM 调制并通过相应的天线发送出去。

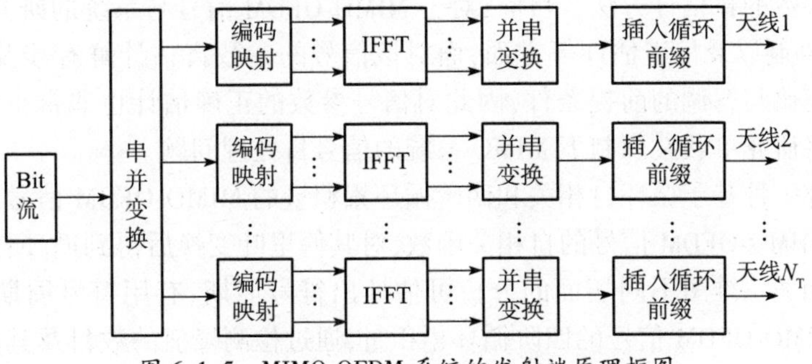

图 6.1.5　MIMO-OFDM 系统的发射端原理框图

发送端第 i 根天线上产生的 OFDM 时域信号 $x_i(t)$ 可表示为[43]

$$x_i(t)=\frac{1}{N}\sum_{l=0}^{\infty}\sum_{k=0}^{N-1}X_i^l(k)\mathrm{e}^{\mathrm{j}2\pi\frac{k}{T_u}(t-lT_s-T_g)}g(t-lT_s) \tag{6.1.24}$$

式中：N 表示子载波数；$X_i^l(k)$ 表示天线 i 的第 k 个子载波上的第 l 个频域符号，$X_i^l(k)$ 独立同分布，均值为 0，方差为 σ_x^2，即 $E[X_i^l(k)]=0$，$E\{[X_i^l(k)]^*\}=0$，$E[X_i^l(k)X_{i'}^{l'}(k')]=0$，$E\{X_i^l(k)[X_{i'}^{l'}(k')]^*\}=\sigma_x^2\delta(i-i')\delta(k-k')\delta(l-l')$，$\delta$ 为克罗内克函数；T_s 表示 OFDM 的符号周期，且 $T_s=T_u+T_g$，T_u 为有用符号周期，T_g 为 CP 长度；$g(t)$ 为矩形成形脉冲，即

$$g(t)=\begin{cases}1, & 0\leqslant t\leqslant T_s\\ 0, & 其他\end{cases} \tag{6.1.25}$$

在集中式 MIMO-OFDM 系统中，各发射天线上的 OFDM 信号以叠加的方式同时到达各接收天线上，在不考虑系统的时延和频偏的情况下，第 m 根接收天线接收到的信号可表示为

$$r(t)=\sum_{i=1}^{N_T}x_i(t)+n_m(t)=\frac{1}{N}\sum_{i=1}^{N_T}\sum_{l=0}^{\infty}\sum_{k=0}^{N-1}X_i^l(k)\mathrm{e}^{\mathrm{j}2\pi\frac{k}{T_u}(t-lT_s-T_g)}g(t-lT_s)+n_m(t) \tag{6.1.26}$$

式中：$n_m(t)$ 为平稳高斯白噪声，且与信号独立。

6.1.5　本节小结

本节首先分析了 MIMO 系统的优势，同时给出了 MIMO 接收信号的数学模型，并对 MIMO 系统中的空时编码技术做了详细的介绍，包括分层空时码、空时网格码和空时分组码；其次介绍了多载波通信系统，讨论了 OFDM 系统与传统多载波系统在频谱效率方面的不同；最后介绍了 MIMO-OFDM 系统的分类以及信号模型。本节为后续 MIMO 系统的 OSTBC 盲识别和调制识别以及 MIMO-OFDM 信号参数的盲估计奠定了理论基础。

6.2　MIMO-OFDM 信号的参数盲估计

6.2.1　引言

本节将研究多载波调制的 MIMO 系统，即 MIMO-OFDM 系统的信号盲处理问题，主要研究其信号参数的盲估计方法。目前，对于 MIMO-OFDM 信号与系统的研究，主要集中在同步、PAPR 抑制以及信道估计等方面，而对该信号的参数盲估计鲜有涉及，信号参数往往作为信号解码与解调的前提条件，因此对信号参数的正确估计也非常重要。而 6.3 节和 6.4 节则将研究单载波调制下 MIMO 系统的信号盲处理问题。

本节研究一种基于循环自相关和四阶循环累积量的 MIMO-OFDM 信号参数盲估计方法。首先求 MIMO-OFDM 信号的自相关函数，对其傅里叶变换后得到循环自相关函数，通过对循环自相关三维图不同切面的分析可估计出符号周期、有用符号周期、循环前缀长度；其次求 MIMO-OFDM 信号的四阶循环累积量，通过检测峰值的数目及其对应的循环频率可估计出子载波数及子载波频率。研究表明，在较低信噪比下，该方法可准确估计出 MIMO-OFDM 信号的多个参数。

6.2.2　算法基本原理

采用 V-BLAST 编码的集中式 MIMO-OFDM 系统中第 m 个接收天线上的时域信号 $r(t)$，即

$$r(t)=\frac{1}{N}\sum_{i=1}^{N_{\mathrm{T}}}\sum_{l=0}^{\infty}\sum_{k=0}^{N-1}X_i^l(k)\mathrm{e}^{\mathrm{j}2\pi\frac{k}{T_{\mathrm{u}}}(t-lT_{\mathrm{s}}-T_{\mathrm{g}})}g(t-lT_{\mathrm{s}})+n_m(t) \tag{6.2.1}$$

本节以 $r(t)$ 为例，通过推导 $r(t)$ 的循环自相关函数以及四阶循环累积量，来对 MIMO-OFDM 信号的参数进行估计。下面对两个算法的原理做简要介绍。

1. 循环自相关算法

循环自相关算法已在前面章节有过介绍，即首先求信号 $x(t)$ 的自相关函数 $R_x(t,\tau)$，若 $R_x(t,\tau)$ 是周期函数，则 $x(t)$ 存在循环自相关函数 $R_x^{\alpha}(\tau)$，$R_x^{\alpha}(\tau)$ 为 $R_x(t,\tau)$ 的傅里叶变换，即

$$R_x^{\alpha}(\tau)=\int_{-\infty}^{\infty}R_x(t,\tau)\mathrm{e}^{-\mathrm{j}2\pi\alpha t}\mathrm{d}t \tag{6.2.2}$$

2. 四阶循环累积量算法

信号 $x(t)$ 的 k 阶矩表示为

$$M_{kx}(\tau_1,\tau_2,\cdots,\tau_{k-1})=E[x(t)x(t+\tau_1)\cdots x(t+\tau_{k-1})] \tag{6.2.3}$$

$x(t)$的 k 阶样本循环矩表示为

$$\begin{aligned}M_{kx}^{\alpha}(\tau_1,\tau_2,\cdots,\tau_{k-1})&=\frac{1}{T_p}\sum_{i=0}^{N_p-1}x(i)x(i+\tau_1)\cdots x(i+\tau_{k-1})\mathrm{e}^{-\mathrm{j}2k\pi\alpha t}\\&=\langle x(i)x(i+\tau_1)\cdots x(i+\tau_{k-1})\mathrm{e}^{-\mathrm{j}2k\pi\alpha t}\rangle_t\end{aligned} \tag{6.2.4}$$

式中：T_p 表示观测时间；N_p 表示采样点数；$\langle\cdot\rangle_t$ 表示关于时间求平均。

根据 $x(t)$的 k 阶循环矩可将 $x(t)$的四阶循环累积量表示为

$$\begin{aligned}C_{40}^{\alpha}(\tau_1,\tau_2,\tau_3)=&M_{4x}^{\alpha}(\tau_1,\tau_2,\tau_3)-M_{2x}^{\alpha}(\tau_1)\cdot M_{2x}^{\alpha}(\tau_3-\tau_2)-M_{2x}^{\alpha}(\tau_2)\cdot M_{2x}^{\alpha}(\tau_1-\tau_3)-\\&M_{2x}^{\alpha}(\tau_3)\cdot M_{2x}^{\alpha}(\tau_2-\tau_1)\end{aligned} \tag{6.2.5}$$

当 $\tau_1=\tau_2=\tau_3=0$ 时，可得

$$C_{40}^{\alpha}(0,0,0)=M_{4x}^{\alpha}(0,0,0)-3M_{2x}^{\alpha}(0)\cdot M_{2x}^{\alpha}(0)=\langle x^4(t)\mathrm{e}^{-\mathrm{j}8\pi\alpha t}\rangle_t-3\langle x^2(t)\mathrm{e}^{-\mathrm{j}4\pi\alpha t}\rangle_t^2 \tag{6.2.6}$$

6.2.3　MIMO-OFDM 的循环自相关与四阶循环累积量分析

1. MIMO-OFDM 的循环自相关分析

为便于计算，定义非对称自相关函数为

$$R_x(t,\tau)=E[x(t)x^*(t+\tau)] \tag{6.2.7}$$

根据式(6.2.7)可得 $r(t)$的自相关函数为

$$\begin{aligned}R_r(t,\tau)=&\frac{1}{N^2}E\left\{\left[\sum_{i=1}^{N_\mathrm{T}}\sum_{l=0}^{\infty}\sum_{k=0}^{N-1}X_i^l(k)\cdot\exp[\mathrm{j}2\pi k/T_\mathrm{u}\cdot(t-lT_\mathrm{s}-T_\mathrm{g})]\cdot g(t-lT_\mathrm{s})\right]\times\right.\\&\left.\left[\sum_{i'=1}^{N_\mathrm{T}}\sum_{l'=0}^{\infty}\sum_{k'=0}^{N-1}[X_{i'}^{l'}(k')]^*\cdot\exp[-\mathrm{j}2\pi k'/T_\mathrm{u}\cdot(t+\tau-l'T_\mathrm{s}-T_\mathrm{g})]\cdot g^*(t+\tau-l'T_\mathrm{s})\right]\right\}\\&+R_n(\tau)\end{aligned} \tag{6.2.8}$$

式中：$R_n(\tau)=E[n_m(t)n_m^*(t+\tau)]$。由于 $n_m(t)$是平稳随机过程，$R_n(\tau)$仅与 τ 有关，并且只有在 $\tau=0$ 时 $R_n(\tau)\neq0$。

根据 $E\{X_i^l(k)[X_{i'}^{l'}(k')]^*\}=\sigma_x^2\delta(i-i')\cdot\delta(k-k')\cdot\delta(l-l')$，可将式(6.2.8)化简为

$$R_r(t,\tau)=\frac{N_\mathrm{T}\sigma_x^2}{N^2}\sum_{k=0}^{N-1}\mathrm{e}^{-\mathrm{j}2\pi k/T_\mathrm{u}\tau}[g(t)g^*(t+\tau)]\otimes\sum_{l=0}^{\infty}\delta(t-lT_\mathrm{s})+R_n(\tau) \tag{6.2.9}$$

式中：$\otimes$表示求卷积。

令 $\mathrm{Z}_N(\tau)=\sum_{k=0}^{N-1}\mathrm{e}^{-\mathrm{j}2\pi k/T_\mathrm{u}\tau}$，则式(6.2.9)可简写为

$$R_r(t,\tau)=\frac{N_\mathrm{T}\sigma_x^2}{N^2}Z_N(\tau)[g(t)g^*(t+\tau)]\otimes\sum_{l=0}^{\infty}\delta(t-lT_\mathrm{s})+R_n(\tau) \tag{6.2.10}$$

考察式(6.2.10)，首先分析 $\mathrm{Z}_N(\tau)$可知，只有当 τ 为 T_u 的整数倍时，$Z_N(\tau)\neq0$；根据 $g(t)$为矩形脉冲的特点，可知 $R_r(t,\tau)$中 τ 的有效范围为 $0\leqslant|\tau|\leqslant T_\mathrm{s}$；又根据 $T_\mathrm{s}>T_\mathrm{u}$，最终可知使 $R_r(t,\tau)$不等于零的 τ 值只有 $0,\pm T_\mathrm{u}$，即 $R_r(t,\tau)$仅在 $\tau=0,\pm T_\mathrm{u}$ 时存在非零值。

根据参考文献[114]可得 $R_r(t,\tau)$是周期函数，周期为 T_s，因此可知 MIMO-OFDM 信

号存在循环自相关函数。根据

$$\mathrm{FT}\left[\sum_{l=0}^{\infty}\delta(t-lT_{\mathrm{s}})\right]=T_{\mathrm{s}}^{-1}\sum_{l=0}^{\infty}\delta(\alpha-lT_{\mathrm{s}}^{-1}) \tag{6.2.11}$$

式中：FT[·]表示傅里叶变换。对 $R_r(t,\tau)$ 进行傅里叶变换，可得 MIMO-OFDM 的循环自相关函数为

$$\begin{aligned}R_r^{\alpha}(\tau)&=\mathrm{FT}[R_r(t,\tau)]=\int_{-\infty}^{\infty}R_r(t,\tau)\mathrm{e}^{-\mathrm{j}2\pi\alpha t}\mathrm{d}t\\&=\frac{N_{\mathrm{T}}\sigma_x^2}{N^2T_{\mathrm{s}}}Z_N(\tau)\cdot\sum_{l=0}^{\infty}\delta(\alpha-lT_{\mathrm{s}}^{-1})\cdot\int_{-\infty}^{\infty}g(t)g^*(t+\tau)\mathrm{e}^{-\mathrm{j}2\pi\alpha t}\mathrm{d}t+R_n^{\alpha}(\tau)\end{aligned} \tag{6.2.12}$$

式中：$R_n^{\alpha}(\tau)$ 为 $R_n(\tau)$ 的傅里叶变换，并且 $R_n^{\alpha}(\tau)$ 仅在 $\alpha=0,\tau=0$ 处不为零，即噪声仅在 $\alpha=0,\tau=0$ 处对循环自相关函数 $R_r^{\alpha}(\tau)$ 有影响。观察式(6.2.12)可知，使得 $R_r^{\alpha}(\tau)$ 不为 0 的 α 值为 lT_{s}^{-1}，当 α 取其他值时，$R_r^{\alpha}(\tau)=0$。

根据以上的分析，接收端在求得 MIMO-OFDM 信号的循环自相关函数 $R_r^{\alpha}(\tau)$ 后，对 $R_r^{\alpha}(\tau)$ 的三维图做以下处理即可估计出该信号的符号周期 T_{s}、有用符号周期 T_{u} 以及 CP 长度 T_{g}：

步骤(1)：取 $R_r^{\alpha}(\tau)$ 在 $\alpha=0$ 处的切面，此时 $R_r^{\alpha}(\tau)$ 变成 $R_r(t,\tau)$，该切面上的峰值位于 $\tau=0,\pm T_{\mathrm{u}}$ 处，通过对峰值间距的检测可估计出 T_{u}。

步骤(2)：在估计出 T_{u} 的基础上，取 $R_r^{\alpha}(\tau)$ 在 $\tau=T_{\mathrm{u}}$ 处的切面，该切面上峰值出现在 $\alpha=lT_{\mathrm{s}}^{-1}$ 处，首先检测峰值的间距，然后求间距的倒数即可估计出 T_{s}。

步骤(3)：利用 $T_{\mathrm{g}}=T_{\mathrm{s}}-T_{\mathrm{u}}$ 可估计出 T_{g}。

2. MIMO-OFDM 的四阶循环累积量分析

所有发射天线上的 OFDM 信号采用相同的调制方式，所以各天线上的子载波只有幅度不同，而频率和相位均相同，因此第 i 根发射天线上的 OFDM 信号 $x_i(t)$ 也可表示为

$$x_i(t)=\sum_{n=1}^{N}P_{i,n}(t)\mathrm{e}^{\mathrm{j}(2\pi f_n t+\theta_n)} \tag{6.2.13}$$

式中：$P_{i,n}(t)$ 为天线 i 上第 n 路子载波的幅度；f_n 为各天线上第 n 路子载波的频率；θ_n 为各天线上第 n 路子载波的基带相位。

第 m 根接收天线上的信号可表示为

$$r(t)=\sum_{i=1}^{N_{\mathrm{T}}}\sum_{n=1}^{N}P_{i,n}(t)\mathrm{e}^{\mathrm{j}(2\pi f_n t+\theta_n+\varphi_n)}+n_m(t) \tag{6.2.14}$$

式中：φ_n 为初始相位偏差。

发射天线间相互独立，子载波间也相互独立，因此接收信号的四阶循环累积量可以表示为多个发射天线上多路子载波信号的叠加。同时，噪声 $n_m(t)$ 的高阶循环累积量在阶数大于 2 时等于 0，因此在计算中可忽略噪声。根据式(6.2.6)与式(6.2.14)，求得 MIMO-OFDM 的四阶循环累积量为

$$\begin{aligned}C_{40}^{\alpha}(0,0,0)&=\langle r^4(t)\mathrm{e}^{-\mathrm{j}8\pi\alpha t}\rangle_t-3\langle r^2(t)\mathrm{e}^{-\mathrm{j}4\pi\alpha t}\rangle_t^2\\&=\sum_{n=1}^{N}\langle Q_n^4(t)\mathrm{e}^{\mathrm{j}4(2\pi f_n t+\theta_n+\varphi_n)}\mathrm{e}^{-\mathrm{j}8\pi\alpha t}\rangle_t-\sum_{n=1}^{N}3\langle Q_n^2(t)\mathrm{e}^{\mathrm{j}2(2\pi f_n t+\theta_n+\varphi_n)}\mathrm{e}^{-\mathrm{j}4\pi\alpha t}\rangle_t^2\end{aligned} \tag{6.2.15}$$

式中：$Q_n(t)=P_{1,n}(t)+P_{2,n}(t)+\cdots+P_{N_T,n}(t)$ 是各发射天线上第 n 路子载波幅度之和。

当 $C_{40}^{\alpha}(0,0,0)$ 中 α 取值为子载波频率($\alpha=f_k$)时，有

$$\begin{aligned}C_{40}^{f_k}(0,0,0)&=\sum_{n=1}^{N}\langle Q_n^4(t)\mathrm{e}^{\mathrm{j}4(2\pi f_n t+\theta_n+\varphi_n)}\mathrm{e}^{-\mathrm{j}8\pi f_k t}\rangle_t-\sum_{n=1}^{N}3\langle Q_n^2(t)\mathrm{e}^{\mathrm{j}2(2\pi f_n t+\theta_n+\varphi_n)}\mathrm{e}^{-\mathrm{j}4\pi f_k t}\rangle_t^2\\&=\sum_{n=1}^{N}\langle Q_n^4(t)\mathrm{e}^{\mathrm{j}4[2\pi(f_n-f_k)t+\theta_n+\varphi_n]}\rangle_t-\sum_{n=1}^{N}3\langle Q_n^2(t)\mathrm{e}^{\mathrm{j}2[2\pi(f_n-f_k)t+\theta_n+\varphi_n]}\rangle_t^2\\&=\langle Q_k^4(t)\mathrm{e}^{\mathrm{j}4(\theta_k+\varphi_k)}\rangle_t-3\langle Q_k^2(t)\mathrm{e}^{\mathrm{j}2(\theta_k+\varphi_k)}\rangle_t^2\end{aligned}\tag{6.2.16}$$

当 $\alpha\neq f_k$ 时，有

$$C_{40}^{\alpha}(0,0,0)=\sum_{n=1}^{N}\langle Q_n^4(t)\mathrm{e}^{\mathrm{j}4[2\pi(f_n-\alpha)t+\theta_n+\varphi_n]}\rangle_t-\sum_{n=1}^{N}3\langle Q_n^2(t)\mathrm{e}^{\mathrm{j}2[2\pi(f_n-\alpha)t+\theta_n+\varphi_n]}\rangle_t^2=0\tag{6.2.17}$$

在求得 $C_{40}^{\alpha}(0,0,0)$ 后取其模值，最终可得 MIMO-OFDM 的四阶循环累积量为

$$|C_{40}^{\alpha}(0,0,0)|=\begin{cases}|\langle Q_k^4(t)\mathrm{e}^{\mathrm{j}4(\theta_k+\varphi_k)}\rangle_t-3\langle Q_k^2(t)\mathrm{e}^{\mathrm{j}2(\theta_k+\varphi_k)}\rangle_t^2|&,\alpha=f_k\\0&,\alpha\neq f_k\end{cases}\tag{6.2.18}$$

根据以上分析可知，当 $\alpha=f_k$ 时，$|C_{40}^{\alpha}(0,0,0)|$ 不为 0；当 α 取其他值时，$|C_{40}^{\alpha}(0,0,0)|$ 均为零。因此，接收端在获得 MIMO-OFDM 信号的 $|C_{40}^{\alpha}(0,0,0)|$ 后，通过检测 $|C_{40}^{\alpha}(0,0,0)|$ 中峰值的数量可估计出子载波的数量；通过检测每个峰值对应的 α 值可估计出子载波的频率。

6.2.4 仿真实验及结果分析

在 MATLAB 仿真环境中对循环自相关和四阶循环累积量算法进行仿真验证及分析。对信号进行分析时选取的是任意单个天线接收的数据，因此以下各仿真实验中接收天线数均为 1。

实验 1：循环自相关算法估计 T_s、T_u 和 T_g。仿真参数：码元个数为 3600，发射天线数 N_T 分别为 2 和 4，子载波数 $N=12$，子载波均为 4PSK 调制，循环前缀长度为 $N/4$，符号周期 $T_s=10\mu s$，信号带宽 1.5MHz，4 倍过采样，信道为高斯白噪声信道，SNR 为−10dB。其仿真结果如图 6.2.1～图 6.2.6 所示。

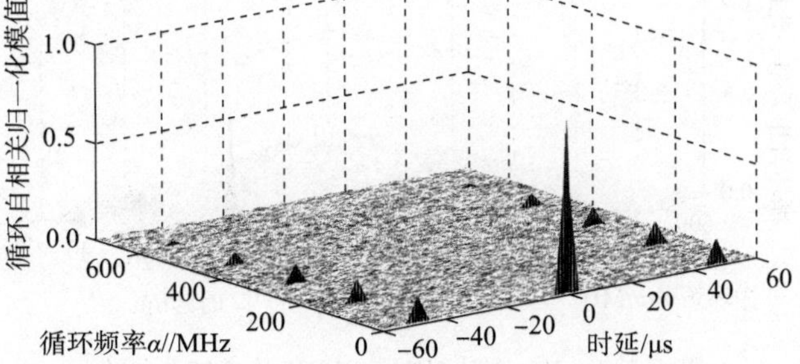

图 6.2.1　$N_T=2$ 时 MIMO-OFDM 的循环自相关

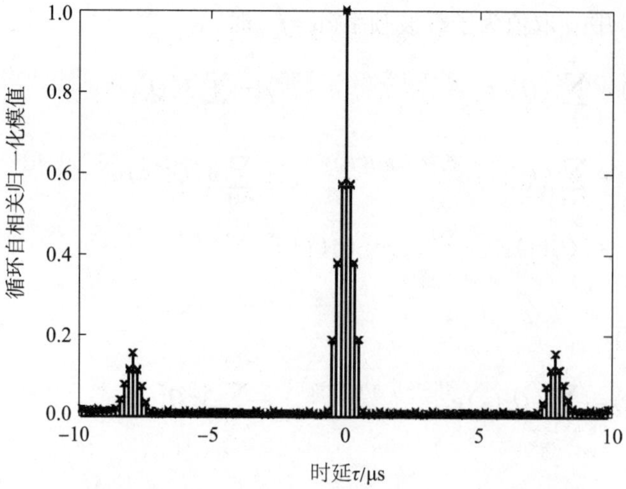

图 6.2.2　循环自相关函数在 $\alpha=0$ 处的切面

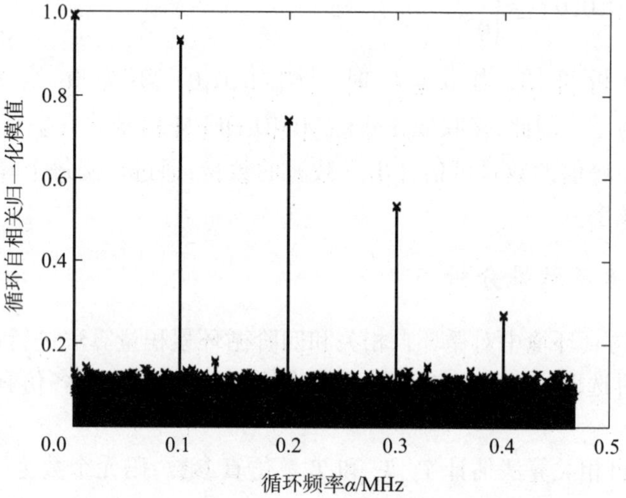

图 6.2.3　循环自相关函数在 $\tau=T_u$ 处的切面

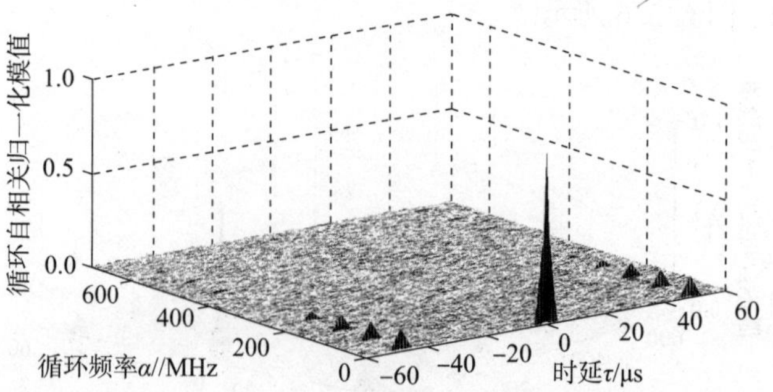

图 6.2.4　$N_T=4$ 时 MIMO-OFDM 的循环自相关

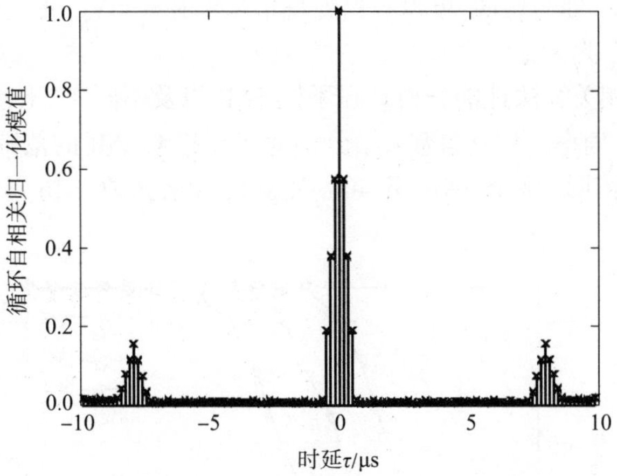

图 6.2.5　循环自相关函数在 $\alpha=0$ 处的切面

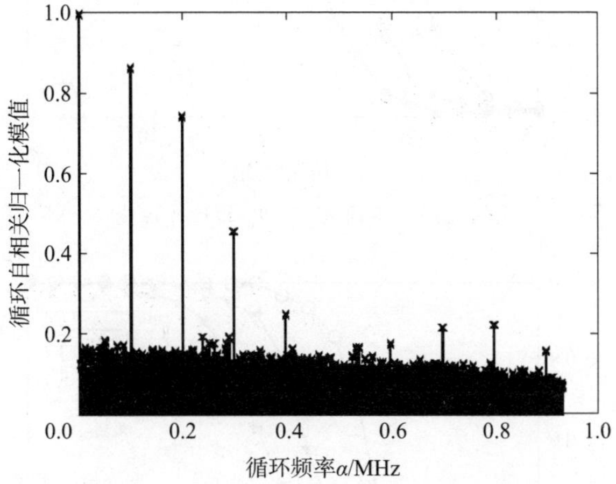

图 6.2.6　循环自相关函数在 $\tau=T_u$ 处的切面

图 6.2.1 所示为 $N_T=2$ 时 MIMO-OFDM 的循环自相关三维图，图中对幅值进行了归一化处理。从图中可以看出，$R_r^\alpha(\tau)$ 在特定的 α 与 τ 处会出现峰值，并且在 $\alpha=0,\tau=0$ 处的峰值远高于其他位置，这是由于噪声仅在该处对 $R_r^\alpha(\tau)$ 有影响，噪声和信号叠加造成的。

图 6.2.2 所示为循环自相关函数在 $\alpha=0$ 处的切面，由于过采样的影响，主峰附近出现了一些小的副峰。从图中可以看出，峰值出现在 $\tau=0,\pm T_u$ 处，通过检测峰值之间的距离可以得到 MIMO-OFDM 的有用符号周期 T_u 为 8μs。

图 6.2.3 所示为循环自相关函数在 $\tau=T_u$ 处的切面。从图中可以看出，峰值出现在 $\alpha=lT_s^{-1}$ 处，将图中峰值的间距记为 $\Delta\alpha$，由 $\Delta\alpha=1/T_s$ 可得 MIMO-OFDM 的符号周期 T_s 为 10μs。在估计出 T_u 和 T_s 后，利用 $T_g=T_s-T_u$ 可得 MIMO-OFDM 的循环前缀长度 T_g 为 2μs。所得结果与仿真设置的参数一致，证明了理论分析的正确性。

图 6.2.4 所示为 $N_T=4$ 时 MIMO-OFDM 的循环自相关三维图，从图中同样可以看出，$R_r^\alpha(\tau)$ 在特定的 α 与 τ 处会出现峰值，并且在 $\alpha=0,\tau=0$ 处的峰值最高。图 6.2.5 所示为 $R_r^\alpha(\tau)$ 在 $\alpha=0$ 处的切面，在图中通过检测峰值之间的距离也可得到 T_u 为 8μs。图 6.2.6

所示为 $R_r^\alpha(\tau)$ 在 $\tau=T_u$ 处的切面，可以看出各峰值依然在 $\alpha=lT_s^{-1}$ 时出现，因此也可得到 T_s 为 10μs，进而得到 T_g 为 2μs。

实验 2：循环自相关算法性能分析。在不同 SNR 以及不同 N_T 下检测循环自相关算法对 T_u 和 T_s 的估计正确率。仿真参数：N_T 分别为 2、3 和 4，SNR 的范围为-25～-5dB，其余参数设置与实验 1 相同，每个 SNR 下 400 次蒙特卡洛仿真。仿真结果如图 6.2.7 与图 6.2.8 所示。

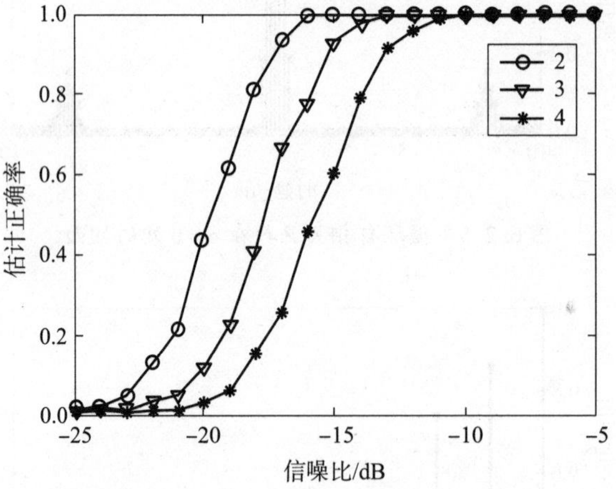

图 6.2.7　不同 N_T 下 T_u 的估计性能

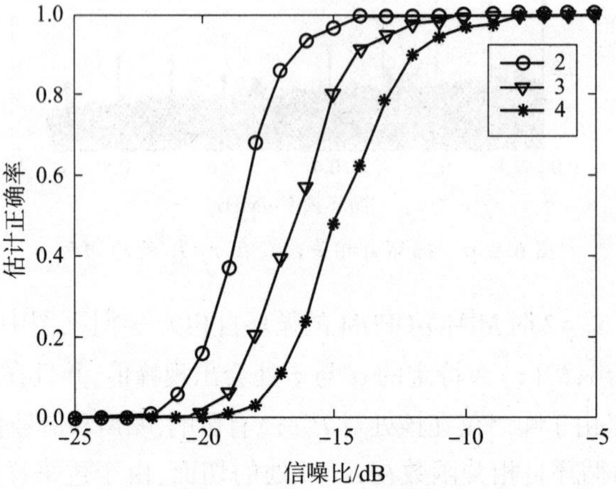

图 6.2.8　不同 N_T 下 T_s 的估计性能

图 6.2.7 所示为不同 SNR 以及不同 N_T 下 T_u 的估计性能曲线。由图可知，随着 SNR 的增加，不同 N_T 下的估计正确率均有提升；但是在同一 SNR 下，当 N_T 增加时，估计正确率有所下降，这是因为 N_T 的增加使得发送的不同 OFDM 信号间的干扰加剧，从而影响了算法的估计性能。尽管如此，当 SNR>-11dB 时，不同 N_T 下的估计正确率均接近 100%。

图 6.2.8 所示为不同 SNR 以及不同 N_T 下 T_s 的估计性能曲线。由图可知，其性能与图 6.2.7 具有类似的性质。当 SNR>-9dB 时，不同 N_T 下的估计正确率均接近 100%。

比较图 6.2.7 与图 6.2.8 可以发现，在相同的 SNR 以及 N_T 下，算法对 T_u 的估计性能好于 T_s，这是因为在估计 T_s 时，对自相关函数进行了一次傅里叶变换，其性能与傅里叶变换的点数有关,点数越多,估计性能越好。

实验 3:四阶循环累积量算法估计子载波参数。仿真参数:子载波数 $N=12$,子载波初始频率为 6kHz,频率间隔为 0.2kHz,SNR 为-5dB,其余参数与实验 1 相同。仿真结果如图 6.2.9 与图 6.2.10 所示。

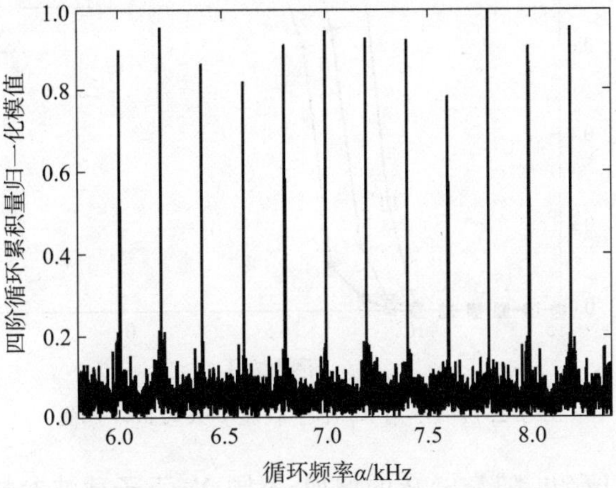

图 6.2.9　$N_T=2$ 时 MIMO-OFDM 的四阶循环累积量

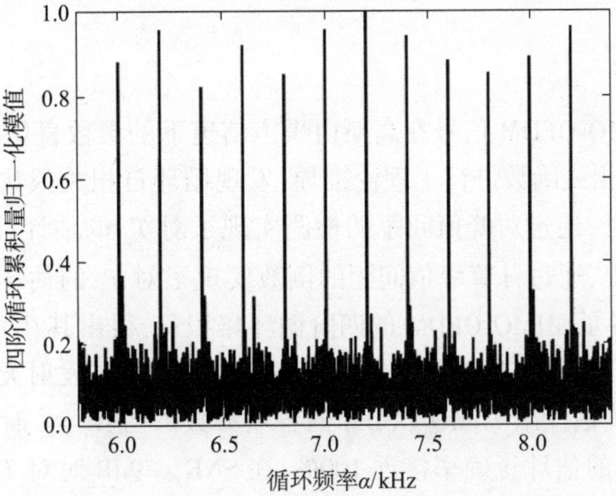

图 6.2.10　$N_T=4$ 时 MIMO-OFDM 的四阶循环累积量

图 6.2.9 所示为 $N_T=2$ 时 MIMO-OFDM 的四阶循环累积量 $|C_{40}^{\alpha}(0,0,0)|$。由图可知,$|C_{40}^{\alpha}(0,0,0)|$具有等间隔的峰值,峰值出现在 $\alpha=f_k$ 处,且间隔为 0.2kHz。图中由峰值的数目可得子载波数为 12,并且由峰值对应的 α 值可得各子载波的频率,其中第 1 个子载波的频率为 6kHz,第 12 个为 8.2kHz,仿真结果与设置的参数一致,证明了理论分析的正确性。

图 6.2.10 所示为 $N_T=4$ 时 MIMO-OFDM 的 $|C_{40}^{\alpha}(0,0,0)|$,由图也可得出子载波的个数及频率。

实验 4:四阶循环累积量算法性能分析。在不同 SNR 以及不同 N_T 下检测子载波参数的估计正确率。仿真参数:N_T 分别为 2、3 和 4,SNR 的范围为-15~5dB,其余参数与实验

1 相同,每个 SNR 下 400 次蒙特卡洛仿真。仿真结果如图 6.2.11 所示。

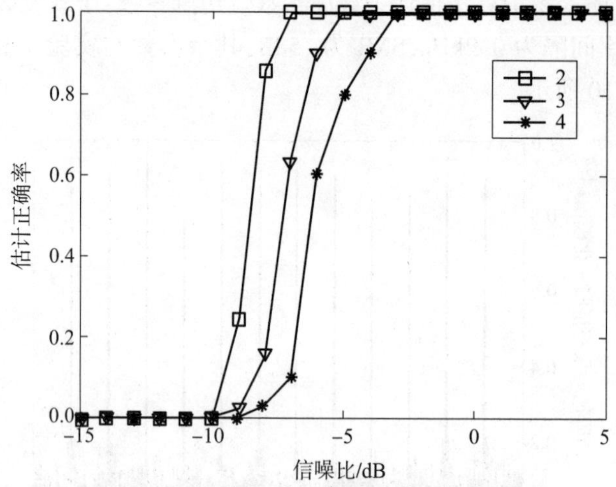

图 6.2.11　不同 N_T 下子载波参数的估计性能

从图 6.2.11 可以看出,随着 SNR 的增加,不同 N_T 下子载波参数的估计正确率均有提升,并且估计性能同样会受到 N_T 的影响,在 SNR>−3dB 时,不同 N_T 下的估计正确率均接近 100%。

6.2.5　本节小结

本节研究了 MIMO-OFDM 信号在高斯白噪声信道下的参数盲估计方法。首先对 MIMO-OFDM 的循环自相关函数进行了理论推导,发现循环自相关函数在 $\alpha=0$ 切面上的峰值出现在 $\tau=0,\pm T_u$ 处,通过对峰值间距的检测实现了对 T_u 的估计;同时 $\tau=T_u$ 切面上的峰值出现在 $\alpha=lT_s^{-1}$ 处,通过计算峰值间距的倒数实现了对 T_s 的估计;并且利用 T_s-T_u 估计出了 T_g。其次推导了 MIMO-OFDM 的四阶循环累积量,得出其在 $\alpha=f_k$ 处会出现峰值,利用此特性估计出了子载波的数量及频率。实验表明,在不同发射天线数下,两个算法均可在较低 SNR 下准确估计出 MIMO-OFDM 的各项参数。当 $N_T=4$ 时,循环自相关算法在 SNR>−11dB 时对 T_u 的估计正确率接近 100%,在 SNR>−9dB 时对 T_s 的估计正确率接近 100%;四阶循环累积量算法在 SNR>−3dB 时对子载波参数的估计正确率接近 100%。

6.3　基于 JADE 和特征提取的 MIMO 系统 OSTBC 盲识别

6.3.1　引言

空时编码技术使得 MIMO 系统实现了空间复用和分集,在提高 MIMO 系统容量的同时,降低了误码率,是 MIMO 系统的关键技术之一。随着 MIMO 系统的发展,空时编码成为一个重要的研究课题。在非合作通信场景下,STBC 的盲识别是进行空时译码的一个必要条件,因此对 STBC 盲识别的研究具有重要意义。

根据发射天线数目以及码型设计的不同 STBC 有多种类型和结构。目前,文献对

OSTBC 的盲检测、STBC 与 BLAST 之间的盲识别以及不同 OSTBC 之间的盲识别都进行了大量的研究,而关于 STBC 的正交性,即 OSTBC 的盲识别研究的还相对较少,且已有关于 OSTBC 盲识别的文献研究得也不够全面,性能也有待提升。为此,本节针对 OSTBC 的盲识别,研究了一种基于 JADE 和特征提取的识别方法,该方法利用信号盲源分离(BSS)的思想估计虚拟信道矩阵,通过在虚拟信道矩阵的相关矩阵中提取特征参数实现了 OSTBC 的盲识别。

6.3.2　STBC 接收信号模型及变换

1. STBC 接收信号模型

在一个采用 STBC 的 MIMO 系统中,发送端首先对长度为 K 的第 v 组待发送符号 $\boldsymbol{s}_v=[s_1,s_2,\cdots,s_K]^{\mathrm{T}}$ 进行空时分组编码,得到一个 $N_{\mathrm{T}}\times L$ 的发送矩阵 $\boldsymbol{C}(\boldsymbol{s}_v)$,其中 L 又称 $\boldsymbol{C}(\boldsymbol{s}_v)$ 的长度,$\boldsymbol{s}_v$ 中各符号是均值为 0 的非高斯随机变量,并且独立同分布。$\boldsymbol{C}(\boldsymbol{s}_v)$ 经过信道 $\boldsymbol{H}$ 后到达接收端,N_{R} 个接收天线上的信号表示为

$$\boldsymbol{R}_v=\boldsymbol{H}\boldsymbol{C}(\boldsymbol{s}_v)+\boldsymbol{N}_v \tag{6.3.1}$$

式中:$\boldsymbol{R}_v$ 表示 $N_{\mathrm{R}}\times L$ 维接收矩阵;$\boldsymbol{H}$ 中的元素 $h_{q,p}$ 是均值为 0,方差为 1 的高斯变量;$\boldsymbol{N}_v$ 表示 $N_{\mathrm{R}}\times L$ 维高斯白噪声矩阵,$\boldsymbol{N}_v$ 与 $\boldsymbol{C}(\boldsymbol{s}_v)$ 相互独立,并且 $\boldsymbol{N}_v$ 中各元素的均值为 0,方差为 σ_n^2。

以发送矩阵 $\boldsymbol{C}(\boldsymbol{s}_v)$ 中的元素取值于$(\pm s_1,\pm s_2,\cdots,\pm s_K,0,\pm s_1^*,\pm s_2^*,\cdots,\pm s_K^*)$为例,$\boldsymbol{C}(\boldsymbol{s}_v)$ 可表示为 $\boldsymbol{s}_v$ 的线性函数(同式(6.1.20)):

$$\boldsymbol{C}(\boldsymbol{s}_v)=\sum_{d=1}^{K}(\boldsymbol{P}_d s_d^{\mathrm{R}}+\mathrm{j}\boldsymbol{Q}_d s_d^{\mathrm{I}}) \tag{6.3.2}$$

如果 STBC 为 OSTBC,那么编码矩阵 $\boldsymbol{P}_d$ 与 $\boldsymbol{Q}_d$ 具有式(6.1.23)中的正交性质;如果 STBC 为非正交空时分组码(Non-Orthogonal Space-Time Block Codes, NOSTBC),那么 $\boldsymbol{P}_d$ 与 $\boldsymbol{Q}_d$ 不具有式(6.1.23)中的正交性质。

将式(6.1.3)中的平坦块衰落信道矩阵 $\boldsymbol{H}$ 重新表示为

$$\boldsymbol{H}=\begin{bmatrix} h_{1,1} & h_{1,2} & \cdots & h_{1,N_{\mathrm{T}}} \\ h_{2,1} & h_{2,2} & \cdots & h_{2,N_{\mathrm{T}}} \\ \vdots & \vdots & & \vdots \\ h_{N_{\mathrm{R}},1} & h_{N_{\mathrm{R}},2} & \cdots & h_{N_{\mathrm{R}},N_{\mathrm{T}}} \end{bmatrix}=\begin{bmatrix} \boldsymbol{h}(1) \\ \boldsymbol{h}(2) \\ \vdots \\ \boldsymbol{h}(N_{\mathrm{R}}) \end{bmatrix} \tag{6.3.3}$$

式中:$\boldsymbol{h}(i)(i=1,2,\cdots,N_{\mathrm{R}})$为 N_{T} 维行向量。

令

$$\boldsymbol{R}_v=\begin{bmatrix} \boldsymbol{r}_v(1) \\ \boldsymbol{r}_v(2) \\ \vdots \\ \boldsymbol{r}_v(N_{\mathrm{R}}) \end{bmatrix} \tag{6.3.4}$$

$$\boldsymbol{N}_v=\begin{bmatrix} \boldsymbol{n}_v(1) \\ \boldsymbol{n}_v(2) \\ \vdots \\ \boldsymbol{n}_v(N_{\mathrm{R}}) \end{bmatrix} \tag{6.3.5}$$

式(6.3.4)中,$\boldsymbol{r}_v(i)$表示第i根接收天线上的信号,$\boldsymbol{r}_v(i)$是一个L维行向量。式(6.3.5)中,$\boldsymbol{n}_v(i)$表示第i根接收天线上的噪声,其也是一个L维行向量。

根据式(6.3.1)~式(6.3.5),可将$\boldsymbol{r}_v(i)$具体表示为

$$\boldsymbol{r}_v(i)=\boldsymbol{h}(i)\sum_{d=1}^{K}(\boldsymbol{P}_d s_d^{\mathrm{R}}+\mathrm{j}\boldsymbol{Q}_d s_d^{\mathrm{I}})+\boldsymbol{n}_v(i) \tag{6.3.6}$$

2. STBC 接收信号模型的变换

取式(6.3.6)的实部,可得

$$\boldsymbol{r}_v^{\mathrm{R}}(i)=\boldsymbol{h}^{\mathrm{R}}(i)\sum_{d=1}^{K}\boldsymbol{P}_d s_d^{\mathrm{R}}-\boldsymbol{h}^{\mathrm{I}}(i)\sum_{d=1}^{K}\boldsymbol{Q}_d s_d^{\mathrm{I}}+\boldsymbol{n}_v^{\mathrm{R}}(i) \tag{6.3.7}$$

由于s_d^{R}与s_d^{I}均为常数,所以式(6.3.7)可进一步转化为

$$\boldsymbol{r}_v^{\mathrm{R}}(i)=(\boldsymbol{s}_v^{\mathrm{R}})^{\mathrm{T}}\begin{bmatrix}\boldsymbol{h}^{\mathrm{R}}(i)\boldsymbol{P}_1\\ \boldsymbol{h}^{\mathrm{R}}(i)\boldsymbol{P}_2\\ \vdots\\ \boldsymbol{h}^{\mathrm{R}}(i)\boldsymbol{P}_K\end{bmatrix}+(\boldsymbol{s}_v^{\mathrm{I}})^{\mathrm{T}}\begin{bmatrix}-\boldsymbol{h}^{\mathrm{I}}(i)\boldsymbol{Q}_1\\ -\boldsymbol{h}^{\mathrm{I}}(i)\boldsymbol{Q}_2\\ \vdots\\ -\boldsymbol{h}^{\mathrm{I}}(i)\boldsymbol{Q}_K\end{bmatrix}+\boldsymbol{n}_v^{\mathrm{R}}(i) \tag{6.3.8}$$

令

$$\boldsymbol{\mu}_i=\begin{bmatrix}\boldsymbol{h}^{\mathrm{R}}(i)\boldsymbol{P}_1\\ \boldsymbol{h}^{\mathrm{R}}(i)\boldsymbol{P}_2\\ \vdots\\ \boldsymbol{h}^{\mathrm{R}}(i)\boldsymbol{P}_K\end{bmatrix} \tag{6.3.9}$$

$$\boldsymbol{\eta}_i=\begin{bmatrix}-\boldsymbol{h}^{\mathrm{I}}(i)\boldsymbol{Q}_1\\ -\boldsymbol{h}^{\mathrm{I}}(i)\boldsymbol{Q}_2\\ \vdots\\ -\boldsymbol{h}^{\mathrm{I}}(i)\boldsymbol{Q}_K\end{bmatrix} \tag{6.3.10}$$

$$\boldsymbol{\Phi}_i=\begin{bmatrix}\boldsymbol{\mu}_i\\ \boldsymbol{\eta}_i\end{bmatrix} \tag{6.3.11}$$

那么式(6.3.8)可简写为

$$\boldsymbol{r}_v^{\mathrm{R}}(i)=[(\boldsymbol{s}_v^{\mathrm{R}})^{\mathrm{T}}(\boldsymbol{s}_v^{\mathrm{I}})^{\mathrm{T}}]\begin{bmatrix}\boldsymbol{\mu}_i\\ \boldsymbol{\eta}_i\end{bmatrix}+\boldsymbol{n}_v^{\mathrm{R}}(i)=[(\boldsymbol{s}_v^{\mathrm{R}})^{\mathrm{T}}(\boldsymbol{s}_v^{\mathrm{I}})^{\mathrm{T}}]\boldsymbol{\Phi}_i+\boldsymbol{n}_v^{\mathrm{R}}(i) \tag{6.3.12}$$

再对式(6.3.12)进行转置,令

$$\bar{\boldsymbol{s}}_v=\begin{bmatrix}\boldsymbol{s}_v^{\mathrm{R}}\\ \boldsymbol{s}_v^{\mathrm{I}}\end{bmatrix} \tag{6.3.13}$$

可得

$$[\boldsymbol{r}_v^{\mathrm{R}}(i)]^{\mathrm{T}}=\boldsymbol{\Phi}_i^{\mathrm{T}}\bar{\boldsymbol{s}}_v+[\boldsymbol{n}_v^{\mathrm{R}}(i)]^{\mathrm{T}} \tag{6.3.14}$$

同理,取式(6.3.6)的虚部并进行转置,可得

$$[\boldsymbol{r}_v^{\mathrm{I}}(i)]^{\mathrm{T}}=\boldsymbol{\Psi}_i^{\mathrm{T}}\bar{\boldsymbol{s}}_v+[\boldsymbol{n}_v^{\mathrm{I}}(i)]^{\mathrm{T}} \tag{6.3.15}$$

式中

$$\boldsymbol{\Psi}_i=\begin{bmatrix}\boldsymbol{\theta}_i\\\boldsymbol{\gamma}_i\end{bmatrix} \tag{6.3.16}$$

$$\boldsymbol{\theta}_i=\begin{bmatrix}\boldsymbol{h}^{\mathrm{I}}(i)\boldsymbol{P}_1\\\boldsymbol{h}^{\mathrm{I}}(i)\boldsymbol{P}_2\\\vdots\\\boldsymbol{h}^{\mathrm{I}}(i)\boldsymbol{P}_K\end{bmatrix} \tag{6.3.17}$$

$$\boldsymbol{\gamma}_i=\begin{bmatrix}\boldsymbol{h}^{\mathrm{R}}(i)\boldsymbol{Q}_1\\\boldsymbol{h}^{\mathrm{R}}(i)\boldsymbol{Q}_2\\\vdots\\\boldsymbol{h}^{\mathrm{R}}(i)\boldsymbol{Q}_K\end{bmatrix} \tag{6.3.18}$$

分别取 $\boldsymbol{r}_v(1),\boldsymbol{r}_v(2),\cdots,\boldsymbol{r}_v(N_{\mathrm{R}})$ 的实部与虚部并进行转置运算,将它们合并后可得

$$\begin{bmatrix}[\boldsymbol{r}_v^{\mathrm{R}}(1)]^{\mathrm{T}}\\[\boldsymbol{r}_v^{\mathrm{R}}(2)]^{\mathrm{T}}\\\vdots\\[\boldsymbol{r}_v^{\mathrm{R}}(N_{\mathrm{R}})]^{\mathrm{T}}\\[\boldsymbol{r}_v^{\mathrm{I}}(1)]^{\mathrm{T}}\\[\boldsymbol{r}_v^{\mathrm{I}}(2)]^{\mathrm{T}}\\\vdots\\[\boldsymbol{r}_v^{\mathrm{I}}(N_{\mathrm{R}})]^{\mathrm{T}}\end{bmatrix}=\begin{bmatrix}\boldsymbol{\Phi}_1^{\mathrm{T}}\\\boldsymbol{\Phi}_2^{\mathrm{T}}\\\vdots\\\boldsymbol{\Phi}_{N_{\mathrm{R}}}^{\mathrm{T}}\\\boldsymbol{\Psi}_1^{\mathrm{T}}\\\boldsymbol{\Psi}_2^{\mathrm{T}}\\\vdots\\\boldsymbol{\Psi}_{N_{\mathrm{R}}}^{\mathrm{T}}\end{bmatrix}\bar{s}_v+\begin{bmatrix}[\boldsymbol{n}_v^{\mathrm{R}}(1)]^{\mathrm{T}}\\[\boldsymbol{n}_v^{\mathrm{R}}(2)]^{\mathrm{T}}\\\vdots\\[\boldsymbol{n}_v^{\mathrm{R}}(N_{\mathrm{R}})]^{\mathrm{T}}\\[\boldsymbol{n}_v^{\mathrm{I}}(1)]^{\mathrm{T}}\\[\boldsymbol{n}_v^{\mathrm{I}}(2)]^{\mathrm{T}}\\\vdots\\[\boldsymbol{n}_v^{\mathrm{I}}(N_{\mathrm{R}})]^{\mathrm{T}}\end{bmatrix} \tag{6.3.19}$$

令

$$\overline{\boldsymbol{R}}_v=[\boldsymbol{r}_v^{\mathrm{R}}(1),\boldsymbol{r}_v^{\mathrm{R}}(2),\cdots,\boldsymbol{r}_v^{\mathrm{R}}(N_{\mathrm{R}}),\boldsymbol{r}_v^{\mathrm{I}}(1),\boldsymbol{r}_v^{\mathrm{I}}(2),\cdots,\boldsymbol{r}_v^{\mathrm{I}}(N_{\mathrm{R}})]^{\mathrm{T}} \tag{6.3.20}$$

$$\boldsymbol{F}=[\boldsymbol{\Phi}_1,\boldsymbol{\Phi}_2,\cdots,\boldsymbol{\Phi}_{N_{\mathrm{R}}},\boldsymbol{\Psi}_1,\boldsymbol{\Psi}_2,\cdots,\boldsymbol{\Psi}_{N_{\mathrm{R}}}]^{\mathrm{T}} \tag{6.3.21}$$

$$\overline{\boldsymbol{N}}_v=[\boldsymbol{n}_v^{\mathrm{R}}(1),\boldsymbol{n}_v^{\mathrm{R}}(2),\cdots,\boldsymbol{n}_v^{\mathrm{R}}(N_{\mathrm{R}}),\boldsymbol{n}_v^{\mathrm{I}}(1),\boldsymbol{n}_v^{\mathrm{I}}(2),\cdots,\boldsymbol{n}_v^{\mathrm{I}}(N_{\mathrm{R}})]^{\mathrm{T}} \tag{6.3.22}$$

那么式(6.3.19)可简写为

$$\overline{\boldsymbol{R}}_v=\boldsymbol{F}\times\bar{s}_v+\overline{\boldsymbol{N}}_v \tag{6.3.23}$$

式中:$\boldsymbol{F}$ 为 $2LN_{\mathrm{R}}\times 2K$ 维虚拟信道矩阵。$\overline{\boldsymbol{R}}_v$ 与 $\overline{\boldsymbol{N}}_v$ 均为 $2LN_{\mathrm{R}}$ 维列向量,$\bar{s}_v$ 可以看作由 $2K$ 个统计独立信源构成的一个列向量。

在 STBC 中,OSTBC 与 NOSTBC 的区别在于 OSTBC 的编码矩阵 $\boldsymbol{P}_d$ 与 $\boldsymbol{Q}_d$ 具有正交的性质,而从接收的 STBC 信号 $\boldsymbol{R}_v$ 中是无法直接获取关于 $\boldsymbol{P}_d$ 与 $\boldsymbol{Q}_d$ 信息的,因此需对 $\boldsymbol{R}_v$ 做进一步的模型变换。从模型变换过程中的式(6.3.11)、式(6.3.16)以及式(6.3.21)可以看出,模型变换得到的 $\overline{\boldsymbol{R}}_v$ 中虚拟信道矩阵 $\boldsymbol{F}$ 含有丰富的编码矩阵信息,因此本节利用 $\boldsymbol{F}$ 来对 OSTBC 进行识别,即问题的关键在于如何从 $\overline{\boldsymbol{R}}_v$ 中获得 $\boldsymbol{F}$。

3. 盲源分离的数学模型

盲源分离(BSS)是一种信号处理与数据分析技术,其目的是:在只知道观测信号 $\boldsymbol{y}$ 的

情况下，利用源信号 $\boldsymbol{w}$ 的统计独立性，对源信号以及混合矩阵 $\boldsymbol{U}$ 进行估计。盲源分离的数学模型如图 6.3.1 所示。

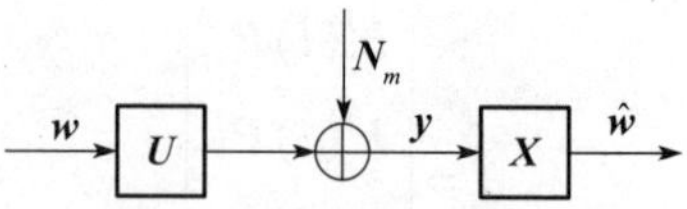

图 6.3.1　盲源分离的数学模型

假设观测信号 $\boldsymbol{y}=[y_1,y_2,\cdots,y_n]^{\mathrm{T}}$，源信号 $\boldsymbol{w}=[w_1,w_2,\cdots,w_m]^{\mathrm{T}}$，源信号可通过多种混合方式形成观测信号，其中线性瞬时混合模型为

$$\boldsymbol{y}=\boldsymbol{U}\boldsymbol{w}+\boldsymbol{N}_m \tag{6.3.24}$$

式中：$\boldsymbol{U}$ 为一个 $n\times m$ 维混合矩阵；$\boldsymbol{N}_m=[n_1,n_2,\cdots,n_n]^{\mathrm{T}}$ 表示噪声。该模型需要满足以下两个条件才能通过 $\boldsymbol{y}$ 估计得到 $\boldsymbol{U}$ 和 $\boldsymbol{w}$：

(1) $\boldsymbol{w}$ 的各分量之间是统计独立的，并且最多只能有一个分量服从高斯分布。

(2) $\boldsymbol{y}$ 的维数必须不小于 $\boldsymbol{w}$ 的维数，即 $n\geqslant m$。

利用观测信号对源信号以及混合矩阵进行估计的思想为：寻找一个 $n\times m$ 的分离矩阵 $\boldsymbol{X}$，使其作用于 $\boldsymbol{y}$，进而可求得源信号的估计 $\hat{\boldsymbol{w}}$。$\hat{\boldsymbol{w}}$ 可由下式求得：

$$\hat{\boldsymbol{w}}=\boldsymbol{X}^{\mathrm{T}}\boldsymbol{y} \tag{6.3.25}$$

由于 $\hat{\boldsymbol{w}}$ 无限逼近于 $\boldsymbol{w}$，可得

$$\boldsymbol{X}^{\mathrm{T}}\boldsymbol{U}=\boldsymbol{I} \tag{6.3.26}$$

所以对混合矩阵 $\boldsymbol{U}$ 的估计就等价于计算 $\boldsymbol{X}^{\mathrm{T}}$ 的逆矩阵。

从以上分析可知，盲源分离的关键在于寻找到准确的分离矩阵 $\boldsymbol{X}$，利用 $\boldsymbol{X}$ 可估计出源信号 $\boldsymbol{w}$ 和混合矩阵 $\boldsymbol{U}$。

6.3.3　JADE 算法估计虚拟信道矩阵

假设 $K\leqslant LN_{\mathrm{R}}$，通过对发射信号 $\boldsymbol{s}_v$ 进行分析以及将式(6.3.23)与式(6.3.24)进行比较，可以看出经过取实部和虚部以及转置处理后的 STBC 接收模型与 BSS 中的线性瞬时混合模型具有相似的特征，因此可将对虚拟信道矩阵 $\boldsymbol{F}$ 的求解问题视为 BSS 中对混合矩阵 $\boldsymbol{U}$ 的求解问题。在 BSS 的线性瞬时混合模型中，ICA 算法常用于混合矩阵 $\boldsymbol{U}$ 的求解，参考文献[136]分析比较了 MIMO 系统下 ICA 中常用的三种算法的盲检测性能，其中 JADE 算法的收敛性能受数据量的影响最小，在小数据量下便有较快的收敛速度，因此，本节将 JADE 算法应用于 $\boldsymbol{F}$ 的估计中。

1. 信源数估计以及白化处理

利用 JADE 算法从 $\overline{\boldsymbol{R}}_v$ 中估计 $\boldsymbol{F}$ 之前，需要对 $\overline{\boldsymbol{R}}_v$ 进行白化处理，白化处理能够实现空间解相关，简化后续操作，同时也使得问题更符合 BSS 的要求。在进行白化处理时需要已知信源数，因此首先需要对信源数进行估计，根据式(6.3.23)可知，$\overline{\boldsymbol{R}}_v$ 中所含的信源数为 $\boldsymbol{s}_v$ 中所含符号数的 2 倍。在信源数的估计方法中，信息论方法中的最小描述长度准则是一种最常用的方法，其估计过程如下：

步骤(1)：计算 $\overline{\boldsymbol{R}}_v$ 的自相关矩阵：

$$\boldsymbol{R}=E[\overline{\boldsymbol{R}}_v\overline{\boldsymbol{R}}_v^{\mathrm{T}}] \tag{6.3.27}$$

步骤(2):将 $\boldsymbol{R}$ 做特征值分解,得到 $2LN_{\mathrm{R}}$ 个特征值以及对应的 $2LN_{\mathrm{R}}$ 个特征向量,并将这些特征值按降序排列后得到一个特征值序列 $\lambda_1,\lambda_2,\cdots,\lambda_{2LN_{\mathrm{R}}}$。

步骤(3):利用 MDL 准则对信源数进行估计:

$$2\hat{K}=\underset{n}{\operatorname{argmin}}\left\{-\lg\left[\frac{\prod\limits_{i=n+1}^{2LN_{\mathrm{R}}}\lambda_i^{1/(2LN_{\mathrm{R}}-n)}}{\sum\limits_{i=n+1}^{2LN_{\mathrm{R}}}\lambda_i/(2LN_{\mathrm{R}}-n)}\right]^{N(2LN_{\mathrm{R}}-n)}+\frac{n(2LN_{\mathrm{R}}-n)+1}{2}\lg N_{\mathrm{s}}\right\},n=0,1,\cdots,2LN_{\mathrm{R}}-1 \tag{6.3.28}$$

式中:N_{s} 表示发送端所发送信号的分组数。

在获知信源数以后便可对 $\overline{\boldsymbol{R}}_v$ 进行白化处理,白化处理即是对 $\overline{\boldsymbol{R}}_v$ 做线性变换后得到一个白化的 $\overline{\boldsymbol{W}}_v$,$\overline{\boldsymbol{W}}_v$ 满足 $E[\overline{\boldsymbol{W}}_v\overline{\boldsymbol{W}}_v^{\mathrm{T}}]=\boldsymbol{I}_{2K}$,$\boldsymbol{I}_{2K}$ 表示 $2K\times2K$ 的单位矩阵。白化处理的具体过程为:首先取 $\boldsymbol{R}$ 特征值分解后的前 $2K$ 个大的特征值($\lambda_1,\lambda_2,\cdots,\lambda_{2K}$)以及它们对应的 $2K$ 个特征向量,将特征值组成对角矩阵 $\boldsymbol{D}$,特征向量组成矩阵 $\boldsymbol{J}$;其次计算其余($2LN_{\mathrm{R}}-2K$)个小的特征值的均值 $\tilde{\lambda}$,将 $\tilde{\lambda}$ 作为噪声方差的估计,即 $\hat{\sigma}_n^2=\tilde{\lambda}$。记 $\boldsymbol{B}=\boldsymbol{D}-\hat{\sigma}_n\boldsymbol{I}_{2K}$,白化矩阵 $\boldsymbol{V}$ 表示为

$$\boldsymbol{V}=\boldsymbol{B}^{-1/2}\boldsymbol{J}^{\mathrm{T}} \tag{6.3.29}$$

那么白化信号 $\overline{\boldsymbol{W}}_v$ 可表示为

$$\overline{\boldsymbol{W}}_v=\boldsymbol{V}\cdot\overline{\boldsymbol{R}}_v \tag{6.3.30}$$

式中:$\overline{\boldsymbol{W}}_v$ 为 $2K$ 维列向量。白化处理后的信号由 $2LN_{\mathrm{R}}$ 维降低为 $2K$ 维,即白化处理能够减少后续处理的计算量,从而提高 JADE 算法的估计性能。

2. 虚拟信道矩阵的估计

在利用 MDL 准则估计出 $\overline{\boldsymbol{R}}_v$ 中的信源数以及将 $\overline{\boldsymbol{R}}_v$ 白化处理得到 $\overline{\boldsymbol{W}}_v$ 后,利用 JADE 算法对虚拟信道矩阵 $\boldsymbol{F}$ 进行估计。JADE 算法是一种稳定的批处理 ICA 方法,并且其在估计的过程中不需要对参数进行调整。JADE 算法的估计过程如下:

步骤(1):计算白化信号 $\overline{\boldsymbol{W}}_v$ 的四阶累积量矩阵 $\boldsymbol{C}_{\overline{\boldsymbol{W}}_v}$。

步骤(2):对 $\boldsymbol{C}_{\overline{\boldsymbol{W}}_v}$ 进行奇异值分解,计算模最大的 $2K$ 个特征值以及它们相对应的特征矩阵 $\{\phi_i,\boldsymbol{\varphi}_i \mid 1\leqslant i\leqslant 2K\}$。

步骤(3):将矩阵集合 $A^e=\{\phi_i,\boldsymbol{\varphi}_i \mid 1\leqslant i\leqslant 2K\}$ 进行联合近似对角化运算,最终得到分离矩阵 $\boldsymbol{X}$,那么 $\boldsymbol{F}$ 的估计可表示为

$$\hat{\boldsymbol{F}}=\boldsymbol{J}\boldsymbol{B}^{1/2}\boldsymbol{X} \tag{6.3.31}$$

6.3.4　特征参数的提取

1. OSTBC 虚拟信道矩阵的特性

虽然 $\boldsymbol{F}$ 中含有丰富的编码矩阵信息,但直接通过 $\boldsymbol{F}$ 是无法识别 OSTBC 的,因此需要

对 $\boldsymbol{F}$ 的特性做进一步的分析。首先求 $\boldsymbol{F}$ 的相关矩阵 $\boldsymbol{Z}$：

$$\boldsymbol{Z}=\boldsymbol{F}^{\mathrm{T}}\boldsymbol{F} \tag{6.3.32}$$

如果发送的 STBC 为 OSTBC，利用式（6.1.23）中 OSTBC 编码矩阵的正交性，根据参考文献[209]可得

$$\boldsymbol{Z}=\left(\sum_{i=1}^{N_{\mathrm{R}}}|\boldsymbol{W}_i|^2\right)\boldsymbol{I}_{2K} \tag{6.3.33}$$

式中：$\boldsymbol{W}_i=[\boldsymbol{h}^{\mathrm{R}}(i),\boldsymbol{h}^{\mathrm{I}}(i)]$；$|\cdot|$表示取模值。从式（6.3.33）可以看出 $\boldsymbol{Z}$ 是一个 $2K\times2K$ 的数量矩阵，即通过 OSTBC 得到 $\boldsymbol{F}$ 的相关矩阵是一个 $2K\times2K$ 的数量矩阵。数量矩阵是一个主对角线上元素都为同一个数值，而其余元素都为零的矩阵。

如果发送的 STBC 为 NOSTBC，NOSTBC 的编码矩阵不具有式（6.1.23）中的正交性，因此通过 NOSTBC 得到的 $\boldsymbol{Z}$ 就不是一个数量矩阵。所以可以根据 STBC 接收信号得到的相关矩阵 $\boldsymbol{Z}$ 是否为数量矩阵来对 OSTBC 进行识别。

如果发送矩阵 $\boldsymbol{C}(\boldsymbol{s}_v)$ 中的元素取值于（$\pm s_1,\pm s_2,\cdots,\pm s_K$），同样地，由实 OSTBC 得到的 $\boldsymbol{Z}$ 也是一个数量矩阵，其维数为 $K\times K$，实 OSTBC 可视为复 OSTBC 的一种简化情况。

2. 相关矩阵中特征参数的提取方法

为了识别的简便性，通过在矩阵 $\boldsymbol{Z}$ 中提取特征参数的方式最终实现 OSTBC 的盲识别。对 OSTBC 与 NOSTBC 的 $\boldsymbol{Z}$ 矩阵作进一步分析：由 OSTBC 的 $\boldsymbol{Z}$ 是数量矩阵可知，$\boldsymbol{Z}$ 中除主对角线以外的元素都为 0，主对角线的元素均相等并且不为 0；而由 NOSTBC 得到的 $\boldsymbol{Z}$ 因其不是数量矩阵，所以 $\boldsymbol{Z}$ 中元素没有上述特性。因此，可按如下步骤在 $\boldsymbol{Z}$ 中提取特征参数：

步骤（1）：把 $\boldsymbol{Z}$ 中主对角线的元素均置为 0 后记为矩阵 $\boldsymbol{Y}$，再记一个与 $\boldsymbol{Y}$ 维数相同的零矩阵 $\boldsymbol{O}$。

步骤（2）：计算矩阵 $\boldsymbol{Y}$ 与矩阵 $\boldsymbol{O}$ 的距离 $|\boldsymbol{Y}-\boldsymbol{O}|$，将此距离作为 OSTBC 识别的特征参数 T，即 $T=|\boldsymbol{Y}-\boldsymbol{O}|$。

根据 OSTBC 的 $\boldsymbol{Z}$ 中除主对角线以外的元素都等于 0 可知，$\boldsymbol{Y}$ 是一个零矩阵，进而可得由 OSTBC 得到的特征参数 $T=0$；而 NOSTBC 的 $\boldsymbol{Z}$ 中由于没有此特性，可知 $\boldsymbol{Y}$ 不是一个零矩阵，进而可得由 NOSTBC 得到的特征参数 $T>0$。所以可设置一个识别门限 T_{th}，通过判断 T 是否小于 T_{th} 来识别 OSTBC。

综合以上分析，将本节 OSTBC 的识别过程总结如下：

步骤（1）：按照式（6.3.19）将接收的 STBC 信号 $\boldsymbol{R}_v$ 进行模型变换得到$\overline{\boldsymbol{R}}_v$。

步骤（2）：按照式（6.3.28）从$\overline{\boldsymbol{R}}_v$ 中估计信源数，并按式（6.3.30）对$\overline{\boldsymbol{R}}_v$ 做白化处理得到$\overline{\boldsymbol{W}}_v$。

步骤（3）：按照式（6.3.31）对$\overline{\boldsymbol{R}}_v$ 中的虚拟信道矩阵 $\boldsymbol{F}$ 进行估计。

步骤（4）：按照式（6.3.32）计算 $\boldsymbol{F}$ 的相关矩阵 $\boldsymbol{Z}$，并在 $\boldsymbol{Z}$ 中提取特征参数 T。

步骤（5）：将 T 与识别门限 T_{th} 进行比较，若 $T<T_{\mathrm{th}}$，则可识别 STBC 为 OSTBC；否则为 NOSTBC。

6.3.5 仿真实验及结果分析

实验选取 5 种类型的 STBC，对所提识别算法进行 MATLAB 仿真验证。在 5 种类型的 STBC 中，3 种为 OSTBC：

(1) Alamouti，其发送矩阵见式(6.1.15)，由该式可知，用于生成发送矩阵的一组符号中所包含的符号数 $K=2$，发送矩阵的长度 $L=2$，发射天线数 $N_T=2$。

(2) OSTBC3，其发送矩阵见式(6.1.18)，由该式可知，$K=3$，$L=4$，$N_T=3$。

(3) OSTBC4，其发送矩阵见式(6.1.17)，由该式可知，$K=4$，$L=8$，$N_T=4$。

这三种 OSTBC 代表了具有不同符号数，不同发送矩阵长度，以及不同发射天线数的 OSTBC。

另外 2 种 STBC 为 NOSTBC：

(1) NOSTBC2，其发送矩阵为

$$\boldsymbol{C}(\boldsymbol{s}_v)=\begin{bmatrix} s_1 & 0 \\ s_2 & -s_1^* \end{bmatrix} \tag{6.3.34}$$

由式(6.3.34)可知，$K=2$，$L=2$，$N_T=2$。

(2) NOSTBC4，其发送矩阵为

$$\boldsymbol{C}(\boldsymbol{s}_v)=\begin{bmatrix} s_1 & -s_2 & s_3^* & s_4^* \\ s_2 & s_1 & s_4^* & 0 \\ s_3 & -s_4 & 0 & -s_2^* \\ s_4 & 0 & -s_1^* & s_3^* \end{bmatrix} \tag{6.3.35}$$

由式(6.3.35)可知，$K=4$，$L=4$，$N_T=4$。

实验 1：MDL 准则对信源数的估计性能分析。在不同信噪比、不同 STBC 以及不同调制方式下检测 MDL 准则对信源数的估计正确率。仿真参数：发送信号 $\boldsymbol{s}_v$ 的调制方式集为{2PSK，4PSK，16QAM}，$\boldsymbol{s}_v$ 的分组数为 1000，接收天线数为 3，SNR 范围为 −20~0dB，每个 SNR 下 400 次蒙特卡洛仿真。仿真结果如图 6.3.2 与图 6.3.3 所示。

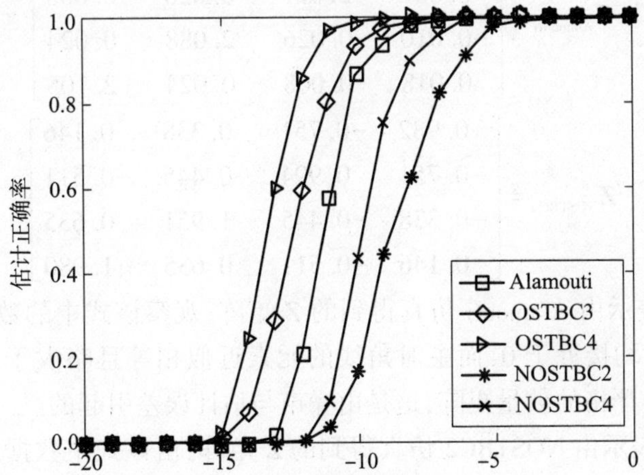

图 6.3.2　不同 STBC 下信源数的估计性能

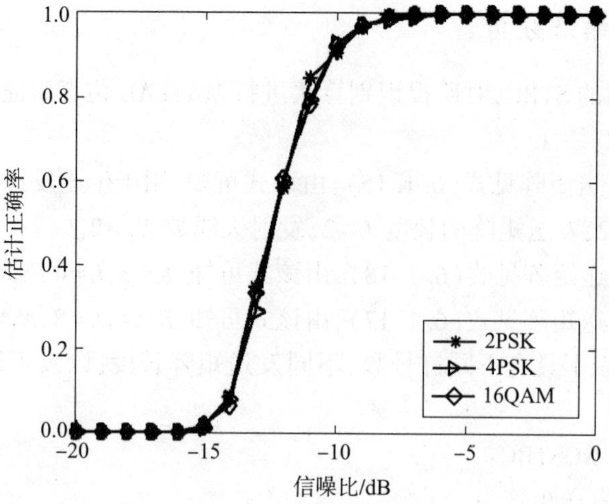

图 6.3.3　不同调制方式下信源数的估计性能

图 6.3.2 表示当 $\boldsymbol{s}_v$ 为 4PSK 调制时,5 种 STBC 下 MDL 准则对信源数的估计正确率。由图可知,在 SNR 相同时,MDL 准则在 OSTBC 下的估计正确率高于在 NOSTBC 下,并且在 3 种 OSTBC 中,OSTBC4 下的估计性能最优,这是由于 OSTBC4 具有最长的发送矩阵,使得其采样点数最多,进而提高了估计的性能。当 SNR>−3dB 时,5 种 STBC 下的估计正确率均可达到 100%。

图 6.3.3 表示当 STBC 为 Alamouti 时,3 种调制方式下 MDL 准则对信源数的估计正确率。由图可知,MDL 准则在不同调制方式下的估计性能几乎不变,说明该准则受调制方式的影响较小。

实验 2:验证由 OSTBC 得到的 $\boldsymbol{Z}$ 矩阵为数量矩阵。仿真参数:$\boldsymbol{s}_v$ 采用 4PSK 调制,分组数为 1000,接收天线数为 3,SNR=0dB,选取的 STBC 为 Alamouti 和 NOSTBC2。仿真结果如式(6.3.36)与式(6.3.37)所示。

$$\boldsymbol{Z}_{\text{Alamouti}}=\begin{bmatrix} 2.056 & 0.061 & -0.010 & 0.018 \\ 0.061 & 2.071 & -0.026 & -0.008 \\ -0.010 & -0.026 & 2.088 & 0.024 \\ 0.018 & -0.008 & 0.024 & 2.105 \end{bmatrix} \tag{6.3.36}$$

$$\boldsymbol{Z}_{\text{NOSTBC2}}=\begin{bmatrix} 0.982 & -0.751 & 0.338 & 0.146 \\ -0.751 & 0.994 & -0.445 & -0.511 \\ -0.338 & -0.445 & 1.951 & 0.635 \\ 0.146 & -0.511 & 0.635 & 1.980 \end{bmatrix} \tag{6.3.37}$$

式(6.3.36)表示由 Alamouti 仿真得到的 $\boldsymbol{Z}$ 矩阵,观察该式中的数据可知,$\boldsymbol{Z}_{\text{Alamouti}}$ 中非主对角线的元素均接近于 0,而主对角线的元素近似相等且略大于 2。同时能够看出 $\boldsymbol{Z}_{\text{Alamouti}}$ 并不是一个严格的数量矩阵,这是由噪声与估计误差引起的。

式(6.3.37)表示由 NOSTBC2 仿真得到的 $\boldsymbol{Z}$ 矩阵,由该式中数据可知,NOSTBC2 的 $\boldsymbol{Z}_{\text{NOSTBC2}}$ 矩阵没有出现 Alamouti 的 $\boldsymbol{Z}_{\text{Alamouti}}$ 矩阵的特性,与 $\boldsymbol{Z}_{\text{Alamouti}}$ 相比,$\boldsymbol{Z}_{\text{NOSTBC2}}$ 中非主对角线的元素的绝对值较大于 0,因此可通过在 $\boldsymbol{Z}$ 中提取特征参数的方式实现 OSTBC

的盲识别。

实验3:观察 OSTBC 与 NOSTBC 特征参数 T 的变化情况,从而确定识别门限 T_{th}。仿真参数:s_v 采用4PSK 调制,分组数为1000,接收天线数为3,SNR 范围为-15~0dB,每个 SNR 下 400 次蒙特卡洛仿真。OSTBC 与 NOSTBC 的特征参数曲线如图 6.3.4 所示。

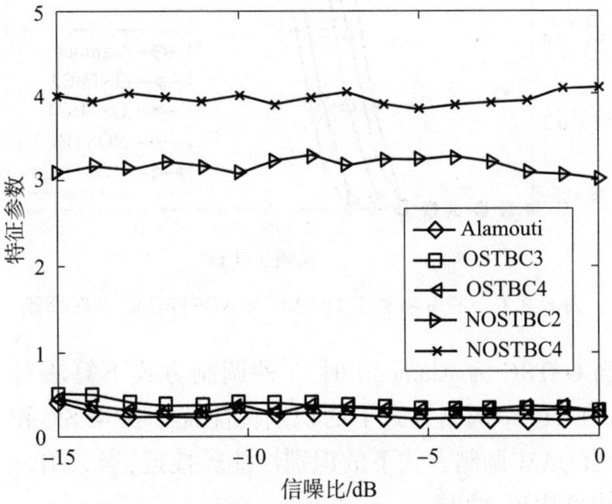

图 6.3.4　特征参数随信噪比的变化曲线

由图 6.3.4 可知,OSTBC 的 T 值随着 SNR 的增大稳定在 0.25 左右,而 NOSTBC 的 T 值与 OSTBC 相比要大得多,两者之间的区别明显,因此可根据 T 值的大小来识别 OSTBC。根据该仿真结果将 T_{th} 的值设置为 1.75。

实验4:识别算法性能分析。检测所提算法在不同 SNR、不同 STBC 以及不同调制方式下对 OSTBC 与 NOSTBC 的识别正确率。SNR 范围为-15~5dB,其余仿真参数同实验1。仿真结果如图 6.3.5 与图 6.3.6 所示。

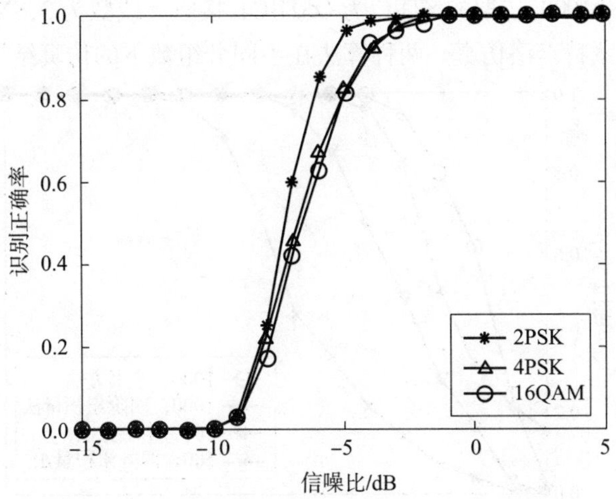

图 6.3.5　不同调制方式下 OSTBC 的识别性能

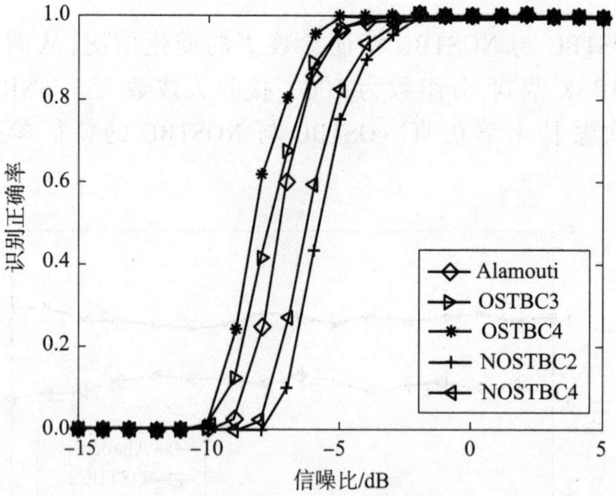

图 6.3.6　不同码型下 OSTBC 与 NOSTBC 的识别性能

图 6.3.5 表示当 OSTBC 为 Alamouti 时,3 种调制方式下算法对 OSTBC 的识别正确率。由图可知,算法在 2PSK 调制方式下的识别性能优于在 4PSK 和 16QAM 调制方式下的,并且在 4PSK 和 16QAM 调制方式下的识别性能较接近,当 SNR>−1dB 时,不同调制方式下的识别正确率均可达到 100%。

图 6.3.6 表示当 $\boldsymbol{s}_v$ 为 4PSK 调制时,5 种 STBC 下算法对 OSTBC 与 NOSTBC 的识别正确率。由图可知,在 SNR 相同时,算法对 OSTBC 的识别性能优于 NOSTBC。在 3 种 OSTBC 中,OSTBC4 下的识别性能最优,其原因与实验 1 相同,即 OSTBC4 具有最长的发送矩阵,使得其采样点数最多,进而提高了算法的性能。当 SNR>−2dB 时,5 种 STBC 下的识别正确率均可达到 100%。

实验 5:算法性能对比。比较参考文献[151]基于四阶累积量的识别算法(四阶累积量法)与本书算法在不同分组数下的识别性能。仿真参数:发送信号 $\boldsymbol{s}_v$ 的调制方式为 4PSK,分组数分别取 500 和 1000,选取的 STBC 为 OSTBC4,接收天线数为 3,SNR 范围为−10~5dB,每个 SNR 下 400 次蒙特卡洛仿真。两种算法在不同分组数下的仿真结果如图 6.3.7 所示。

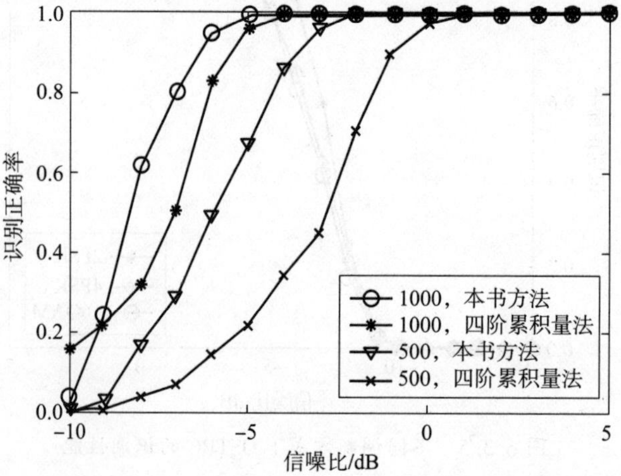

图 6.3.7　不同分组数下算法的性能比较

由图6.3.7可知,在分组数为1000的情况下,本书算法在SNR为-5dB时对OSTBC的识别正确率接近于100%,识别性能略优于参考文献[151]四阶累积量法,比参考文献[151]四阶累积量法提高了约1dB。但是在分组数为500的情况下,本书算法对OSTBC的识别性能较参考文献[151]四阶累积量法有明显的提升,提升了约3dB。由此表明了在数据量较少时本书算法也具有较好的识别性能。

本书在计算得到白化信号$\overline{\boldsymbol{W}}_v$的四阶累积量矩阵$\boldsymbol{C}_{\overline{W}_v}$后,又对$\boldsymbol{C}_{\overline{W}_v}$进行了奇异值分解与联合近似对角化运算,因此在算法复杂度方面本书略高于参考文献[151]四阶累积量法,但是根据实验5的仿真结果可知,本书算法取得了较好的识别性能,尤其是在数据量较少的情况下。

6.3.6　本节小结

对于STBC中OSTBC的盲识别问题,本节首先将接收的STBC信号进行模型变换,即通过对接收信号做取实部和虚部运算并进行转置后,将信号建模成了BSS中的线性瞬时混合模型,该模型中虚拟信道矩阵含有OSTBC的编码矩阵信息,因此利用该虚拟信道矩阵来识别OSTBC。为了得到虚拟信道矩阵,首先对信号进行了信源数估计以及白化处理,其次利用JADE算法估计出了该矩阵。通过在虚拟信道矩阵的相关矩阵中构造特征参数实现了OSTBC的盲识别。仿真实验表明,在发射端采取不同的调制方式及不同的STBC码型下,该方法均能够识别出OSTBC,并且当选取的OSTBC码型越长时,识别的效果越好。与基于四阶累积量的OSTBC识别方法相比,本节方法在分组数为1000时识别性能提高了约1dB,在分组数为500时识别性能提高了约3dB。

6.4　空间复用 MIMO 系统调制方式的盲识别

6.4.1　引言

目前,对于SISO系统已经提出了多种调制识别方法,这些方法可概括为基于似然的方法和基于特征的方法两类。而对于空间复用的MIMO系统,受MIMO信道的影响,对其信号的调制识别比SISO系统要复杂得多。在目前已有的关于MIMO系统调制识别的文献中,基本上只能识别MPSK和MQAM调制方式,参考文献[167]虽能识别较多类型的调制方式,但其所需的特征参数较多,且分类器为传统基于决策树的分类器,其识别性能也有待提高。

为扩大识别的范围并提高识别率,本节研究了一种基于JADE和特征提取的识别方法。首先利用MDL准则从接收信号中估计出发射天线数,并将其用于信号的白化处理,以及采用JADE算法恢复发送信号;其次用六阶累积量、循环谱以及四次方谱算法对发送信号构造4个特征参数;最后通过分层结构的BP神经网络分类器完成信号的识别。所提方法可对{2PSK,2ASK,2FSK,4PSK,4ASK,MSK,8PSK,16QAM}8种调制方式进行识别,且识别过程中不需要先验信息。

6.4.2　空间复用 MIMO 系统的接收信号模型

在一个采用 V-BLAST 编码的空间复用 MIMO 系统中，发射端将待传输的符号流进行信道编码、V-BLAST 编码以及星座映射后得到 N_{T} 个并行独立的子符号流，再由 N_{T} 个天线发送出去，因此传输的符号在时间和空间上是独立的。假设 $N_{\mathrm{T}} \leqslant N_{\mathrm{R}}$，令 $\boldsymbol{s}_m = [s_1, s_2, \cdots, s_{N_{\mathrm{T}}}]^{\mathrm{T}}$ 表示第 m 组发送信号，$\boldsymbol{s}_m$ 是一个 N_{T} 维列向量，且 $\boldsymbol{s}_m$ 中各符号是均值为 0、方差 $\sigma_s^2 = 1$ 的非高斯随机变量。接收的第 m 组信号 $\boldsymbol{R}_m$ 可表示为

$$\boldsymbol{R}_m = \boldsymbol{H}\boldsymbol{s}_m + \boldsymbol{N}_m \tag{6.4.1}$$

式中：$\boldsymbol{R}_m = [r_m(1), r_m(2), \cdots, r_m(N_{\mathrm{R}})]^{\mathrm{T}}$ 为 N_{R} 维接收列向量；信道矩阵 $\boldsymbol{H}$ 中的元素 $h_{q,p}$ 是均值为 0，方差为 1 的复高斯变量；$\boldsymbol{N}_m = [n_m(1), n_m(2), \cdots, n_m(N_{\mathrm{R}})]^{\mathrm{T}}$ 为 N_{R} 维复高斯白噪声列向量，其元素的均值为 0，方差为 σ_n^2。接收信号 $\boldsymbol{R}_m$ 可具体表示为

$$\boldsymbol{R}_m = \begin{bmatrix} \sum_{i=1}^{N_{\mathrm{T}}} h_{1,i}s_i \\ \sum_{i=1}^{N_{\mathrm{T}}} h_{2,i}s_i \\ \vdots \\ \sum_{i=1}^{N_{\mathrm{T}}} h_{N_{\mathrm{R}},i}s_i \end{bmatrix} + \begin{bmatrix} n_m(1) \\ n_m(2) \\ \vdots \\ n_m(N_{\mathrm{R}}) \end{bmatrix} \tag{6.4.2}$$

信噪比定义为接收信号的总功率（$N_{\mathrm{T}}N_{\mathrm{R}}\sigma_s^2$）与噪声总功率（$N_{\mathrm{R}}\sigma_n^2$）的比值，即

$$\mathrm{SNR} = 10\lg\left(\frac{N_{\mathrm{T}}N_{\mathrm{R}}\sigma_s^2}{N_{\mathrm{R}}\sigma_n^2}\right) = 10\lg\left(\frac{N_{\mathrm{T}}\sigma_s^2}{\sigma_n^2}\right) = 10\lg\left(\frac{N_{\mathrm{T}}}{\sigma_n^2}\right) \tag{6.4.3}$$

6.4.3　JADE 算法恢复发送信号

在 SISO 系统中，接收信号与发送信号具有相同的统计特征，因此可直接对接收信号提取特征，进而识别其调制类型；而在 MIMO 系统中，由于 MIMO 信道的作用，接收信号的统计特征会发生变化[166]，直接根据接收信号提取的特征无法准确识别出其调制类型，因此在对接收信号提取特征之前要消除信道的影响，恢复发送信号，通过对发送信号提取特征来识别其调制类型。在式(6.4.2)的接收模型中，由于发送信号具有统计独立性，且接收信号由发送信号的线性混合以及噪声组成，通过与式(6.3.24)中的线性瞬时混合 BSS 模型相比较可知，该接收模型与线性瞬时混合模型具有相同的特征，因此可将线性瞬时混合 BSS 的相关算法应用到空间复用 MIMO 系统发送信号的恢复中。与 6.3 节中虚拟信道矩阵的估计方法相同，本节利用 JADE 算法对发送信号进行恢复。

在利用 JADE 算法恢复发送信号之前，同样需要对接收信号进行信源数估计以及白化处理。与 6.3 节$\overline{\boldsymbol{R}}_v$ 中所含信源数不同的是，本节 $\boldsymbol{R}_m$ 中所含信源数等于 $\boldsymbol{s}_m$ 中的符号个数，也就是发射天线数 N_{T}。在利用 MDL 准则估计出 N_{T} 以及对 $\boldsymbol{R}_m$ 做白化处理后便可用 JADE 算法恢复发送信号$\hat{\boldsymbol{s}}_m$，具体的计算过程可参照 6.3 节，这里不再重述。

6.4.4　特征提取算法

对接收信号做上述处理后便可得到多路并行的发送信号,此时的每一路发送信号与 SISO 系统中的信号都具有相同的统计特征,因此可将 SISO 系统中信号的调制识别算法扩展到 MIMO 系统中。

1. 特征参数的计算

调制识别的关键是选择合适的特征参数,由于高阶累积量算法识别的调制类型有限,本书在其基础上引入了循环谱和四次方谱算法,将这三种算法相结合来识别更多的调制类型。以下为三种算法的计算原理。

1) 高阶累积量

对于平稳随机信号 $x(t)$,其 a 阶混合矩表示为

$$M_{ab}=E\{[x(t)^{a-b}x^*(t)^b]\} \tag{6.4.4}$$

$x(t)$的 k 阶累积量定义为

$$C_{kx}(\tau_1,\tau_2,\cdots,\tau_{k-1})=\mathrm{Cum}[x(t),x(t+\tau_1),\cdots,x(t+\tau_{k-1})] \tag{6.4.5}$$

式中:$(\tau_1,\tau_2,\cdots,\tau_{k-1})$表示时延;$\mathrm{Cum}[\cdot]$表示求累积量。由 M_{ab} 可得到 $x(t)$的各阶累积量为

$$C_{21}=\mathrm{Cum}(x,x^*)=M_{21} \tag{6.4.6}$$

$$C_{42}=\mathrm{Cum}(x,x,x^*,x^*)=M_{42}-M_{20}^2-2M_{21}^2 \tag{6.4.7}$$

$$C_{63}=\mathrm{Cum}(x,x,x,x^*,x^*,x^*)=M_{63}-6M_{41}M_{20}-9M_{21}M_{42}+18M_{21}M_{20}^2+12M_{21}^3 \tag{6.4.8}$$

2) 循环谱

信号 $x(t)$的自相关函数表示为

$$R_x(t,\tau)=E[x(t+\tau/2)x^*(t-\tau/2)] \tag{6.4.9}$$

式中:τ 表示时延,若 $R_x(t,\tau)$是周期为 P 的周期函数,则 $R_x(t,\tau)$可展开成傅里叶级数形式:

$$R_x(t,\tau)=\sum_{\alpha}R_x^{\alpha}(\tau)\mathrm{e}^{\mathrm{j}2\pi\alpha t} \tag{6.4.10}$$

式中:$R_x^{\alpha}(\tau)$称为 $x(t)$的循环自相关函数;α 表示循环频率。$R_x^{\alpha}(\tau)$可表示为 $R_x(t,\tau)$的傅里叶变换,即

$$R_x^{\alpha}(\tau)=\int_{-\infty}^{\infty}R_x(t,\tau)\mathrm{e}^{-\mathrm{j}2\pi\alpha t}\mathrm{d}t \tag{6.4.11}$$

式中:当且仅当 $\alpha=N_z/P$(N_z 为任意整数)时,$R_x^{\alpha}(\tau)\neq 0$。对 $R_x^{\alpha}(\tau)$做傅里叶变换即可求得循环谱 $S_x^{\alpha}(f)$,即

$$S_x^{\alpha}(f)=\int_{-\infty}^{\infty}R_x^{\alpha}(\tau)\mathrm{e}^{-\mathrm{j}2\pi f\tau}\mathrm{d}\tau \tag{6.4.12}$$

式中:f 表示频谱频率。

3) 四次方谱

信号 $x(t)$的四次方谱 $P_x(f)$表示为

$$P_x(f)=\int_{-\infty}^{\infty}x^4(t)\mathrm{e}^{-\mathrm{j}2\pi ft}\mathrm{d}t \tag{6.4.13}$$

2. 特征参数的提取

假设每根发射天线上采用相同的调制方式,为了减小噪声和随机性的影响,首先对恢复的每一路信号计算特征参数,然后把它们的均值作为最终的特征参数。首先用高阶累积量算法提取特征。为避免相位抖动对计算结果的影响,在求得累积量后取其绝对值。表6.4.1所列为根据式(6.4.6)~式(6.4.8)求得的各调制信号的高阶累积量。

表6.4.1　各调制信号的高阶累积量

高阶累积量	2PSK	4PSK	8PSK	2ASK	4ASK	2FSK	MSK	16QAM
$\|C_{21}\|$	1	1	1	1	1	1	1	1
$\|C_{42}\|$	2	1	1	2	1.36	1	1	0.68
$\|C_{63}\|$	13	4	4	13	9.16	4	4	2.08

由表6.4.1可以看出,各信号间的$|C_{21}|$和$|C_{42}|$较接近,而$|C_{63}|$差异较大,因此选取$|C_{63}|$作为第1个特征参数,即$T_1=|C_{63}|$。利用T_1可识别出4ASK和16QAM信号,并将余下的信号分为{2PSK,2ASK}和{4PSK,8PSK,2FSK,MSK}两大类。

对于2PSK和2ASK信号,它们的循环谱在频率$f=0$切面具有不同的峰值特征[312],因此将$f=0$切面上最大值与次大值的比值作为第2个特征参数,即$T_2=\max[S_x^\alpha(0)]/\sec[S_x^\alpha(0)]$,利用$T_2$可将两者区分开。

同理,2FSK,MSK和{4PSK,8PSK}信号的循环谱在$f=f_c$切面具有不同的峰值特征[312],f_c为载波频率,因此令第3个特征参数$T_3=\max[S_x^\alpha(f_c)]/\sec[S_x^\alpha(f_c)]$,即$f=f_c$切面上最大值与次大值的比值。利用$T_3$可将2FSK和MSK信号识别出来,4PSK和8PSK信号由于在该切面上具有相同的特征而无法区分。

对于4PSK和8PSK信号,可利用其四次方谱峰值特征的差异性进行识别,令第4个特征参数$T_4=\max[P_x(f)]/\sec[P_x(f)]$,即四次方谱的最大值与次大值的比值,利用$T_4$可将两者区分开。

需注意的是,在计算特征参数T_3时要已知载波频率f_c,且在对4PSK及8PSK信号求四次方谱时其4倍载频可能超过采样频率f_s,因此在构造T_3之前,选取恢复的第一路发送信号$\hat{s}_1$进行载频估计。本节采用计算简单且效果较好的频率居中法估计载频,即

$$\hat{f}_c=\frac{\sum_{i=0}^{N_D/2} i\,|\hat{S}_1(i)|^2}{\sum_{i=0}^{N_D/2}|\hat{S}_1(i)|^2}\cdot\frac{f_s}{N_D} \tag{6.4.14}$$

式中:$\hat{S}_1(i)$为对$\hat{s}_1$进行DFT后得到的序列;N_D为DFT点数。

6.4.5　调制识别分类器的设计

目前,调制信号分类器的设计方法主要有决策树法和神经网络法。与决策树分类器相比,神经网络分类器能够实现调制信号的智能化识别,并且具有识别率高、识别速度快的特

点,因此,本节采用结构简单且应用较为广泛的 BP 神经网络作为分类器。BP 神经网络的结构分为输入层、隐含层和输出层,利用该网络对调制信号进行识别时分为两个过程:首先是训练过程,利用从信号中提取的特征参数和设定的目标矩阵对网络进行训练,根据 Levenberg-Marquardt 学习规则[313]对网络中的连接权值和阈值不断地进行调整,以使网络的输出误差最小;其次是分类过程,将待识别信号的特征参数输入网络即能够识别出其调制类型。

若分类器为单个 BP 神经网络,仿真发现其在低信噪比下的识别效果劣于多层组合的 BP 神经网络,因此将分类器选取为具有分层结构的 BP 神经网络,其结构如图 6.4.1 所示,分类器由 4 个含有单隐含层的 BP 神经网络组成,分别对每个网络用其对应的特征参数训练集和目标矩阵进行训练,信号调制类型由分类器逐层识别。图 6.4.1 中各网络的输入层神经元数由输入本网络的特征参数的类型数决定;输出层神经元数由本网络能够识别的调制类型数决定;隐含层神经元数的确定原则为在满足收敛速度的要求后,选取尽量少的个数以简化网络结构。因此,图 6.4.1 中各网络的输入层、隐含层、输出层神经元数分别为 1#(1,7,4),2#(1,5,2),3#(1,6,3),4#(1,5,2)。各网络中训练的最大循环次数为 1000,学习速率为 0.02,期望误差为 0.0001,隐含层和输出层的激励函数为 tanh 函数。

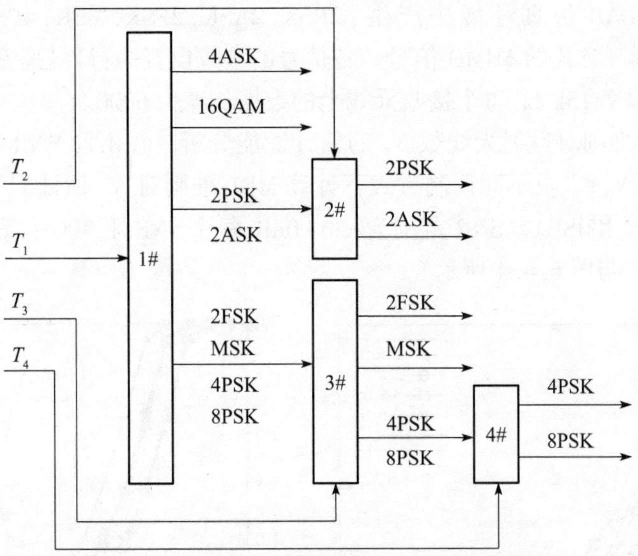

图 6.4.1　分层结构的 BP 神经网络分类器

综合以上分析,可将本节的识别算法归纳为图 6.4.2 所示。首先利用 MDL 准则从接收信号中估计出发射天线数,然后对信号做白化处理,并利用 JADE 算法恢复出 N_T 路发送信号,对恢复的每一路信号计算特征参数,将这些特征参数的均值送入分类器,分类器最终根据特征参数来识别信号的调制类型。

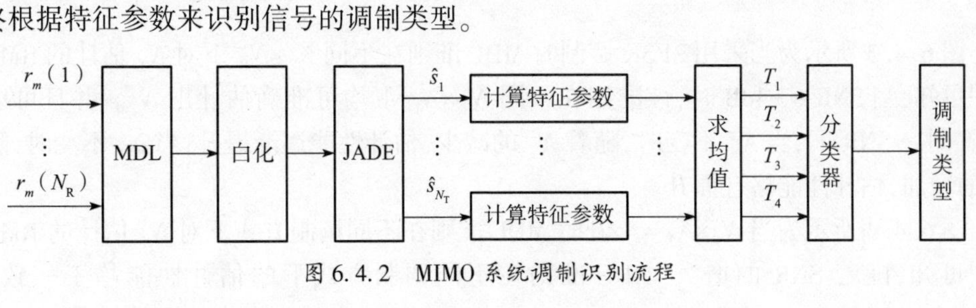

图 6.4.2　MIMO 系统调制识别流程

具体的识别过程总结如下：

步骤(1)：分别计算 8 种 MIMO 信号的特征参数 T_1，利用 T_1 可识别出 4ASK 和 16QAM，并将余下的信号分为{2PSK，2ASK}和{2FSK，MSK，4PSK，8PSK}两大类。

步骤(2)：在步骤(1)的基础上，分析 2PSK 和 2ASK 的循环谱 $S_x^\alpha(0)$ 切面，计算得到两种信号的特征参数 T_2，利用 T_2 可识别 2PSK 和 2ASK。

步骤(3)：在步骤(1)的基础上，分析{2FSK，MSK，4PSK，8PSK}的循环谱 $S_x^\alpha(f_c)$ 切面，计算得到各信号的特征参数 T_3，根据 T_3 能够识别出 2FSK 和 MSK，此时还未能识别 4PSK 和 8PSK。

步骤(4)：在步骤(3)的基础上，分析 4PSK 和 8PSK 的四次方谱，计算得到两个信号的特征参数 T_4，利用 T_4 可识别两者。

在进行特征提取时，本书在高阶累积量算法的基础上引入了循环谱和四次方谱算法，且识别方法的计算复杂度有所增加。实际上，本书是以牺牲算法复杂度来扩大识别范围的。

6.4.6　仿真实验及结果分析

实验在 MATLAB 仿真环境中产生{2PSK，2ASK，2FSK，MSK，4PSK，8PSK，4ASK，16QAM}共 8 种调制方式的 MIMO 信号。各信号的参数设置为：符号速率 2Kbit/s，采样频率 240kHz，载波频率 15kHz，每个接收天线上的数据长度为 6000。

实验 1：MDL 准则对发射天线数 N_T 的估计性能分析。在不同 SNR、不同发射与接收天线数(记为 $N_T \times N_R$)以及不同调制方式下计算 MDL 准则对 N_T 估计的均方根误差(Root Mean Square Error，RMSE)。SNR 范围为 -20～0dB，每个 SNR 下 400 次蒙特卡洛仿真。仿真结果如图 6.4.3 与图 6.4.4 所示。

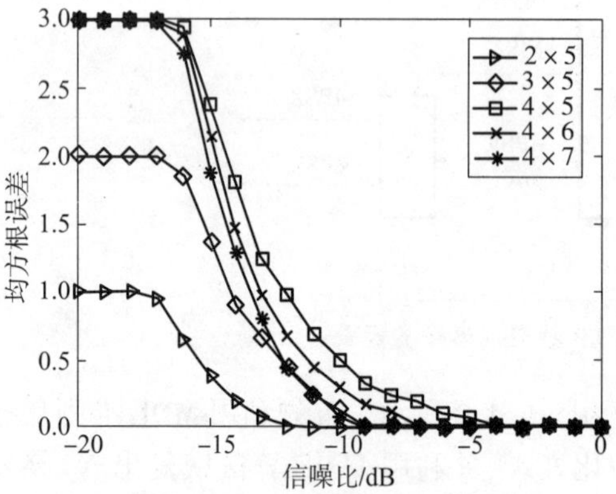

图 6.4.3　不同 $N_T \times N_R$ 下 N_T 的估计性能

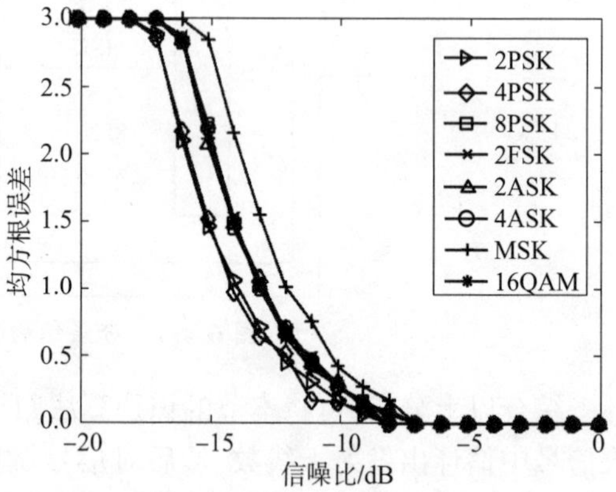

图 6.4.4　不同调制方式下 N_T 的估计性能

图 6.4.3 所示为当采用 2PSK 调制时 MDL 准则在不同 $N_T \times N_R$ 下对 N_T 估计的 RMSE。由图可知，当 SNR≥-4dB 时，该准则在不同 $N_T \times N_R$ 下均可准确估计出 N_T。并且可以发现，在同一 SNR 下，当 N_R 不变时，随着 N_T 的减少，估计性能逐渐提升；当 N_T 不变时，随着 N_R 的增加，估计性能略有提升。

图 6.4.4 所示为当 $N_T \times N_R = 4\times6$ 时 MDL 准则在不同调制方式下对 N_T 估计的 RMSE。由图可知，随着 SNR 的增大，MDL 准则在不同调制方式下的估计性能趋于一致，当

SNR≥-7dB 时，无论 MIMO 发送端采取哪种调制方式，该准则均可准确估计出 N_T。

实验 2：观察特征参数随信噪比的变化情况。仿真参数设置：$N_T \times N_R = 4\times6$，在 SNR 为-10～20dB 的范围内每隔 2dB 进行 400 次蒙特卡洛仿真。仿真结果如图 6.4.5 所示。

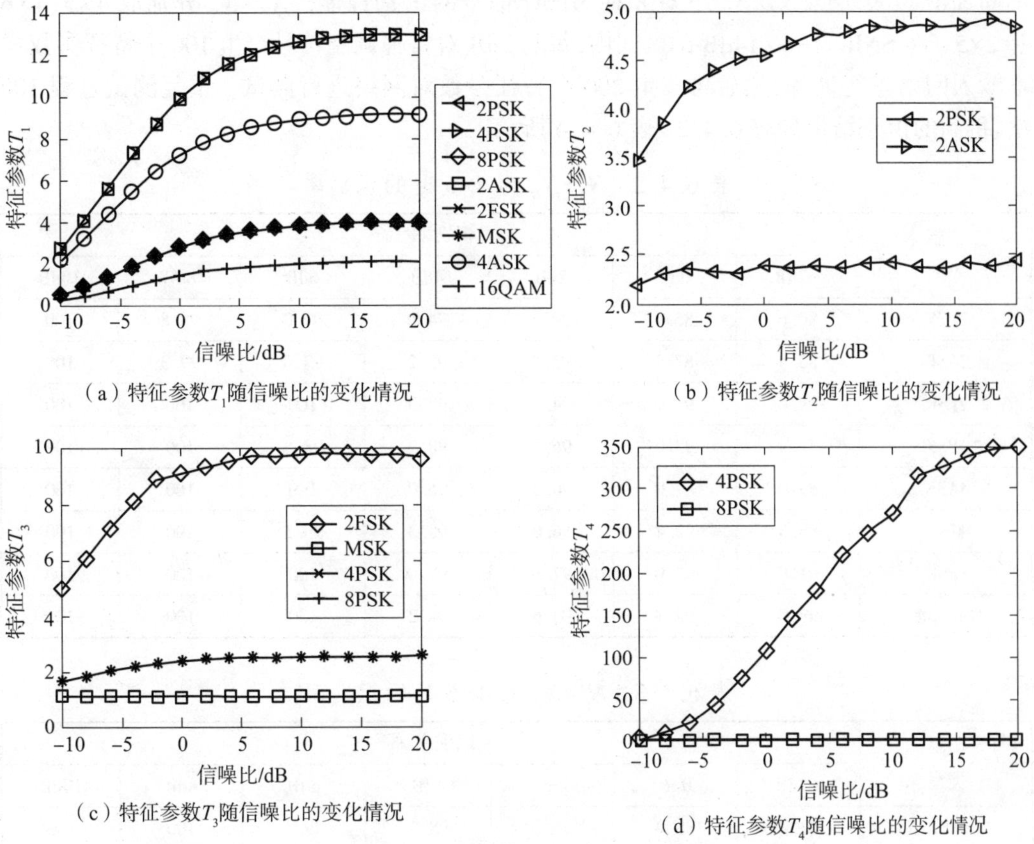

（a）特征参数T_1随信噪比的变化情况　（b）特征参数T_2随信噪比的变化情况

（c）特征参数T_3随信噪比的变化情况　（d）特征参数T_4随信噪比的变化情况

图 6.4.5　特征参数随信噪比的变化情况

图 6.4.5(a)所示为特征参数 T_1 随 SNR 的变化曲线。由图可知，在 SNR>4dB 时，4ASK 和 16QAM 信号的 T_1 与其他信号的 T_1 区别很明显，因此可根据 T_1 识别 4ASK 和 16QAM 信号。由于 2PSK 和 2ASK 的六阶累积量相同，所以它们的 T_1 重合在一起，因而无法对两者进行识别。同理，{2FSK，4PSK，8PSK，MSK}也因为具有相同的 T_1 而无法区分。

图 6.4.5(b)所示为 2PSK 和 2ASK 信号的特征参数 T_2 随 SNR 的变化曲线。由图可知，2PSK 和 2ASK 信号的 T_2 区别明显，且对噪声不敏感，因此可利用 T_2 对两者进行识别。

图 6.4.5(c)所示为{2FSK，MSK，4PSK，8PSK}信号的特征参数 T_3 随 SNR 的变化曲线。由图可知，在 SNR>-4dB 时，2FSK 和 MSK 信号的 T_3 差异较大，且与{4PSK，8PSK}区别明显，因此可利用 T_3 识别出 2FSK 和 MSK 信号。4PSK 和 8PSK 信号由于在循环谱 $S_x^\alpha(f_c)$ 切面具有相同的峰值特征，所以它们的 T_3 重合在一起。

图 6.4.5(d)所示为 4PSK 和 8PSK 信号的特征参数 T_4 随 SNR 的变化曲线。由图可知，8PSK 的 T_4 较小并且很稳定，而 4PSK 的 T_4 要大得多，且随着 SNR 的增大，其值也越

来越大,因此可利用 T_4 对两者进行识别。从图 6.4.5(a)~(d)可以看出,本节所提方法可有效识别出 MIMO 系统中 8 种常见的调制方式。

实验 3:识别算法性能分析。将特征参数输入分层结构的 BP 神经网络,分析算法在不同 SNR 以及不同 $N_T \times N_R$ 下对 8 种 MIMO 信号的识别性能。$N_T \times N_R$ 分别取 4×5、4×6 和 2×5。在 SNR 为-6~14dB 的区间内,每隔 2dB 对每种调制信号产生 100 个特征参数样本输入网络进行训练,然后再产生 200 个特征参数对网络进行测试。重复测试过程 100 次,得到的识别结果如表 6.4.2~表 6.4.4 所示。

表 6.4.2　$N_T \times N_R$ 为 4×5 时的识别率

调制类型	识别率/%						
	-2dB	0dB	2dB	4dB	6dB	8dB	10dB
2PSK	80.6	85.7	89.5	94.0	97.0	98.8	100
2ASK	82.4	87.3	92.0	95.2	97.0	99.3	100
2FSK	89.0	93.0	94.8	97.3	100	100	100
4PSK	89.4	93.0	96.9	98.2	98.8	100	100
4ASK	85.0	87.0	90.2	96.0	100	100	100
MSK	88.5	92.4	96.0	98.3	99.5	100	100
8PSK	91.0	95.0	97.8	99.0	100	100	100
16QAM	87.0	92.3	95.6	98.2	100	100	100

表 6.4.3　$N_T \times N_R$ 为 4×6 时的识别率

调制类型	识别率/%						
	-2dB	0dB	2dB	4dB	6dB	8dB	10dB
2PSK	83.7	88.0	95.0	98.2	99.4	100	100
2ASK	84.5	90.3	96.0	98.4	100	100	100
2FSK	91.3	96.0	98.2	99.5	100	100	100
4PSK	91.6	96.4	97.5	100	100	100	100
4ASK	89.0	94.4	98.0	99.2	100	100	100
MSK	91.0	95.0	97.3	100	100	100	100
8PSK	93.0	97.2	99.3	100	100	100	100
16QAM	91.0	95.3	98.4	100	100	100	100

表 6.4.4　$N_T \times N_R$ 为 2×5 时的识别率

调制类型	识别率/%						
	-2dB	0dB	2dB	4dB	6dB	8dB	10dB
2PSK	89.0	93.1	98.3	99.0	100	100	100
2ASK	91.6	95.0	98.2	99.0	100	100	100
2FSK	93.4	98.3	99.5	100	100	100	100
4PSK	95.8	98.3	100	100	100	100	100

续表

调制类型	识别率/%						
	−2dB	0dB	2dB	4dB	6dB	8dB	10dB
4ASK	92.0	97.0	99.6	100	100	100	100
MSK	94.0	97.6	98.8	100	100	100	100
8PSK	96.8	99.3	100	100	100	100	100
16QAM	94.3	98.0	100	100	100	100	100

从表 6.4.2~表 6.4.4 可以看出，当 SNR 增大时，算法在不同 $N_T \times N_R$ 下的识别率都有提高。在 $N_T \times N_R = 4 \times 5$ 的情况下，当 SNR＝6dB 时，各信号的识别率可达到 97%及以上；在 $N_T \times N_R = 4 \times 6$ 的情况下，当 SNR＝4dB 时，各信号的识别率均超过 98%；在 $N_T \times N_R = 2 \times 5$ 的情况下，当 SNR＝2dB 时，各信号的识别率也均超过 98%。比较表 6.4.2~表 6.4.4 中的数据可以发现，在相同的 SNR 下，当 N_T 与 N_R 的差值越大时，算法的识别性能越好，这是因为增大 N_T 与 N_R 的差值会使后续处理的 SNR 提升，从而提高了信号的识别率。

与参考文献[162]相比，本节利用 MDL 准则估计发射天线数，从而避免了对先验信息的依赖，并且通过引入循环谱和四次方谱算法，极大地扩大了识别的范围。与参考文献[167]相比，本书在减少了特征参数个数的同时，扩大了识别的种类，又利用分层结构的 BP 神经网络进一步提高了信号的识别率。

6.4.7　本节小结

本节研究了采用 V-BLAST 编码的空间复用 MIMO 系统的调制识别，V-BLAST 的实现较为简单，并且能够保证各发射天线上信号的独立性，因此 MIMO 系统的接收信号无须经过模型变换便具有了与 BSS 中线性瞬时混合模型相同的特性。本节首先利用 MDL 准则和 JADE 算法实现了发送信号的恢复；其次又利用六阶累积量、循环谱以及四次方谱算法构造了 4 个新的特征参数；最后通过与分层结构的 BP 神经网络的结合，实现了对 MIMO 系统中 8 种调制方式的识别，识别过程所需的特征参数较少且不需要先验信息，适用于非合作通信。从仿真结果可知，在不同的 $N_T \times N_R$ 下，所提方法均可在较低 SNR 下准确识别 MIMO 系统的调制方式，并且识别的性能与 N_T 和 N_R 之间的差值有关，可通过增大 N_T 和 N_R 之间的差值来提高识别性能。

6.5　本章小结

本章研究了 MIMO 及 MIMO-OFDM 通信系统的信号盲处理方法。针对 MIMO 系统，主要研究了正交空时分组码的盲识别以及调制方式的盲识别。针对 MIMO-OFDM 系统，主要研究了信号参数的盲估计，估计的参数有符号周期、循环前缀长度、有用符号周期、子载波个数和频率。具体的研究工作展开为以下三点：

(1) 针对 MIMO-OFDM 信号参数的盲估计问题，提出了一种基于循环自相关和四阶循环累积量的估计方法。首先推导了 MIMO-OFDM 的自相关函数，利用自相关函数的周期性，通过傅里叶变换得到了循环自相关函数，根据循环自相关函数在 $\alpha=0$ 切面以及 $\tau=$

T_u 切面的峰值特征,估计出了 MIMO-OFDM 的符号周期、有用符号周期以及 CP 长度;然后分析了 MIMO-OFDM 的四阶循环累积量,发现其在 $\alpha = f_k$ 处会出现峰值,利用此特性,通过对峰值数目以及对应的循环频率的检测估计出了 MIMO-OFDM 的子载波个数及频率。仿真结果表明,在较低信噪比以及不同的发射天线数下,该方法均能够准确估计出 MIMO-OFDM 的多个参数。

(2) 针对 MIMO 系统中 OSTBC 的盲识别问题,提出了一种基于 JADE 与特征提取的识别方法。首先将接收的 STBC 信号模型进行变换,通过对变换后的信号模型进行分析,发现该模型与 BSS 中线性瞬时混合模型具有相似的特征。OSTBC 的特性在于其编码矩阵具有正交性,而转换后的信号模型中虚拟信道矩阵含有丰富的编码矩阵信息,因此利用虚拟信道矩阵来识别 OSTBC。本书采用了 BSS 中的 JADE 算法对虚拟信道矩阵进行估计,在估计之前,对信号进行了信源数估计以及白化处理。通过在虚拟信道矩阵的相关矩阵中构造特征参数实现了 OSTBC 的盲识别。仿真结果表明,该方法具有较好的识别性能,与四阶累积量方法相比,该方法在分组数为 1000 时性能提高了约 1dB,在分组数为 500 时性能提高了约 3dB,即该方法在数据量较少时也有很好的识别性能。

(3) 针对采用 V-BLAST 编码的空间复用 MIMO 系统的调制识别问题,通过对接收信号模型的分析,发现该模型同样与 BSS 中的线性瞬时混合模型具有相似的特征,提出了一种基于 JADE 与特征提取的 MIMO 系统的调制识别方法。与 OSTBC 的盲识别不同的是,在此利用 JADE 算法是为了从接收信号中恢复发送信号。在恢复出发送信号之后,首先利用六阶累积量、循环谱和四次方谱算法构造 4 个特征参数,然后利用分层结构的 BP 神经网络分类器识别信号的调制方式。仿真结果表明,该方法可对 MIMO 系统中{2PSK,2ASK,2FSK,4PSK,4ASK,MSK,8PSK,16QAM}8 种调制方式进行有效识别,当发送天线数为 2,接收天线数为 5,信噪比为 2dB 时,识别率可达到 98%以上。

第 7 章　FBMC 信号的盲估计与识别

随着移动通信技术的快速发展，为了适应其三大代表性特征：高速度、广接入和低时延，现已提出了备受瞩目的新一代 5G 移动通信标准，以支持用户提高数据速率、降低延迟、高密度连接、区域密度增强、移动性增强、频谱利用率高等方面的新需求。5G 的三个应用场景是：增强移动宽带（eMBB）、大规模机器类通信（mMTC）和超可靠低延迟通信（uRLLC）。5G 物理层提出了非正交调制的滤波器组多载波（FBMC）、通用滤波器多载波（UFMC）和广义频分复用（GFDM）等技术来应对应用需求。比较典型的 FBMC 系统不需要保证严格的正交性来降低信号处理的延迟，原型滤波器的设计提升了频谱利用率、加快了带外辐射衰减，不需要插入循环前缀（CP）来抑制符号间干扰。FBMC 等新波形的优势将在新需求下应用日益广泛。在非协作通信应用场合下，FBMC 等 5G 新信号的盲估计与识别在自适应解调接收、认知及智能无线电、通信对抗和频谱监测等领域具有重要意义。

本章研究了 FBMC 信号的盲估计与识别，主要包括：FBMC-OQAM 信号的符号周期、子载波参数（子载波数和子载波频率）、信道阶数和信噪比等参数的盲估计、不同调制阶数的 FBMC-OQAM 信号：（FBMC-{BPSK、QPSK、16OQAM、32OQAM、64OQAM、128OQAM、256OQAM} 7 种数字调制信号）的调制识别；FBMC-QAM 和 FBMC-OQAM 两类信号的调制识别，以及 FBMC 信号（包括 FBMC-QAM 和 FBMC-OQAM 信号）子载波上的调制方式识别。

7.1　FBMC 信号系统及原理

7.1.1　引言

多载波调制方式可分为正交多载波调制和非正交多载波调制两种方式。其中，OFDM 为正交多载波调制方式的代表，而 FBMC 为非正交多载波调制方式之一。本节将 FBMC 多载波调制信号作为主要的处理对象。为便于理解 FBMC 信号的产生原理，本节主要介绍 FBMC 信号系统及基本原理。

7.1.2　FBMC-OQAM 信号系统及原理

1. FBMC-OQAM 信号基本原理

FBMC-OQAM 也属于多载波调制领域，系统模型与 OFDM 基本原理类似，但是与 OFDM 不同之处在于采用的是基于滤波器组并且使用交错正交幅度调制的方式进行设计的，属于 5G 热点的物理层调制方式之一。在 OFDM 中，原型滤波器是一个矩形时间窗函数，而在 FBMC 中使用了特殊设计的时间窗函数。这种特别设计的原型滤波器确保了在频域中具有很少的带外辐射，但是在时域中产生了不希望有的 ISI。此外，FBMC-OQAM 是基于实值符号发送和接收，两端分别包括 OQAM 预处理和后处理，分别将复数到实数和实数到数值进行转换。FBMC-OQAM 的正交性由原型滤波器的脉冲形状和 OQAM 的实际值检测来维持，并且 OQAM 预处理有助于消除滤波器组的应用造成的固有干扰。其框图如图 7.1.1 所示。

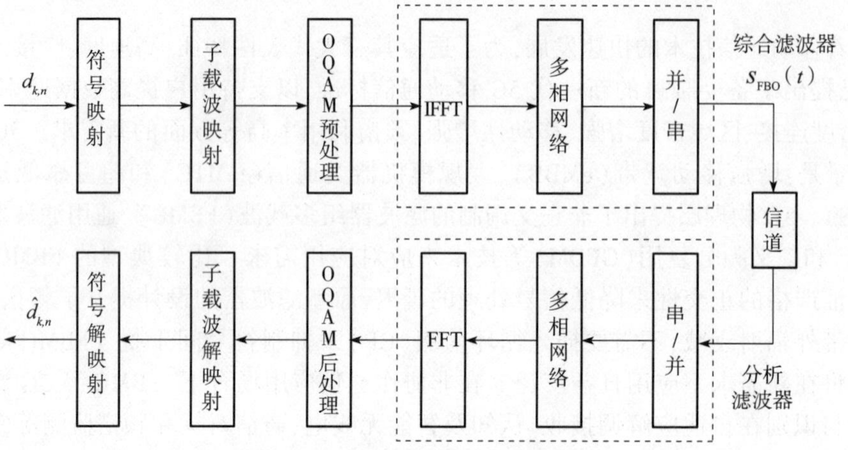

图 7.1.1　FBMC-OQAM 系统框图

从图 7.1.1 可以看出，FBMC-OQAM 信号的产生过程及通过信道传输后的解调过程。由图可知，发送端部分的 IFFT、多相网络以及并/串转换的三个模块统称为 SFB，同理，接收端部分的串/并转换、多相网络和 FFT 的三个模块统称为 AFB。

在具有 M 个子载波的基带信号模型中，发射机侧的 FBMC-OQAM 信号可以写为

$$s_{\mathrm{FBO}}(t)=\sum_{n=0}^{M-1}\sum_{k=-\infty}^{\infty}c_{n,k}p_{T,n}(t-kM) \tag{7.1.1}$$

$$p_{T,n}(t)=p_T(t)\mathrm{e}^{\mathrm{j}\frac{2\pi}{M}n(t-D)} \tag{7.1.2}$$

式中：$c_{n,k}$ 表示第 n 个子载波上第 k 个符号调制的复数信号（OQAM 符号）；$p_{T,n}(t)$ 是原型滤波器 $p_T(t)$ 的频移版本。其中

$$D=KM-1 \tag{7.1.3}$$

式中：M 为子载波总数；K 为重叠因子。

$c_{n,k}$ 可以表示为

$$c_{n,k}=d_{n,2k}\mathrm{e}^{\mathrm{j}\varphi_{k,2k}}+d_{n,2k+1}\mathrm{e}^{\mathrm{j}\varphi_{k,2k+1}} \tag{7.1.4}$$

式中：$d_{n,k}$ 表示实值符号；附加的相位项 $\varphi_{n,k}$ 是为了在时域和频域中交替增加实部和虚部，以构造 OQAM 符号。

$$\varphi_{n,k}=\frac{\pi}{2}(n+k) \tag{7.1.5}$$

所以 FBMC-OQAM 的基带信号可表示为

$$s_{\mathrm{FBO}}(t)=\sum_{n=0}^{M-1}\sum_{k=-\infty}^{\infty}d_{n,k}\mathrm{e}^{\mathrm{j}\varphi_{n,k}}p_T\left(t-k\frac{M}{2}\right)\mathrm{e}^{\mathrm{j}\frac{2\pi}{M}n(t-D)} \tag{7.1.6}$$

由式(7.1.6)可知，FBMC-OQAM 信号的表达式与 OFDM 的非常类似。对于 OFDM 而

言,其系统的原型滤波器选择的是简单矩形窗,并且矩形窗在频域上是 sinc 函数形式,次旁瓣的衰减程度只有-13dB 而已,即主瓣与次旁瓣的幅度相差不多。为解决 OFDM 信号旁瓣泄露严重问题,FBMC-OQAM 系统将原型滤波器 $p_T(t)$ 设计为旁瓣非常小的滤波器,但必须满足奈奎斯特准则,目的是能准确地进行解调出所传输的符号。下面是 FBMC-OQAM 系统原型滤波器的设计。

2. 原型滤波器的设计

本节采用频域采样设计法,即直接在频域设计符合要求的滤波器,并对其采样,再进行傅里叶逆变换得到原型滤波器的时域表达式。参考文献[320]给出了不同的重叠因子 K 下的频域系数表格。

本节的原型滤波器采用的重叠因子为 $K=4$,即经过重叠因子 $K=4$ 时的频域系数进行内插得到原型滤波器的频域响应,再进行傅里叶逆变换得到原型滤波器的时域表达式为(注:$M=512$)

$$h(t)=1+2\sum_{j=1}^{K-1}h_j\cos\left(2\pi\frac{jt}{KM}\right),\quad \frac{-KM}{2}\leqslant t\leqslant\frac{KM}{2} \tag{7.1.7}$$

式中:h_j 表示不同 K 下的频域原型滤波器系数(详见参考文献[321])。

上述讨论的 FBMC-OQAM 信号的原型滤波器 $p_T(t)$ 表达式与式(7.1.7)一致,即原型滤波器 $p_T(t)$ 和 $h(t)$ 的时域波形如图 7.1.2 所示。

从图 7.1.3 可以得知,在旁瓣泄露严重的问题上,FBMC-OQAM 信号相对于 OFDM 信号改进效果理想,这是由于 FBMC-OQAM 信号采用了精心设计的原型滤波器脉冲成形。

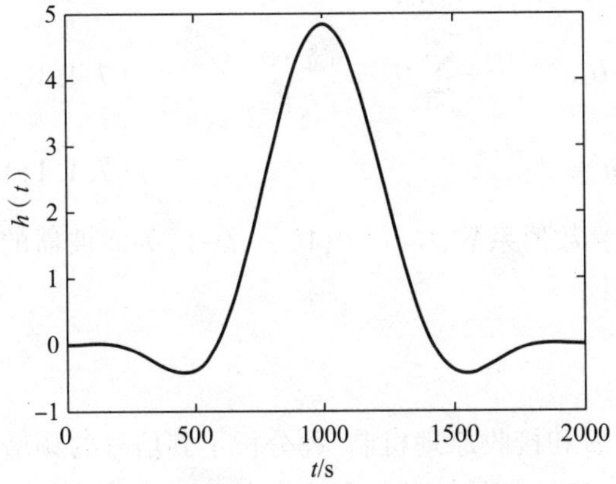

图 7.1.2 原型滤波器时域波形

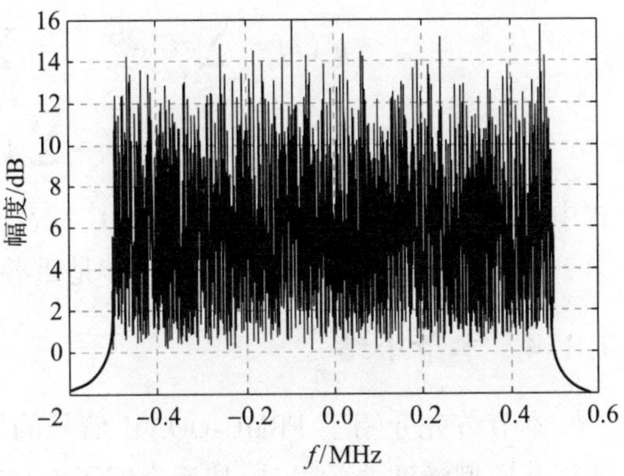

图 7.1.3 FBMC-OQAM 信号频谱

7.1.3 QAM-FBMC 信号系统及原理

不像 FBMC-OQAM 那样通过单个原型滤波器分别传输复数数据的实部和虚部,QAM-FBMC 使用被称为偶数和奇数滤波器的两个不同原型滤波器来传输复数符号,以提供偶数和奇数的副载波。与 FBMC-OQAM 信号相比,QAM-FBMC 的正交性由两个原型滤波器的脉冲形状维持。QAM-FBMC 系统框图如图 7.1.4 所示。

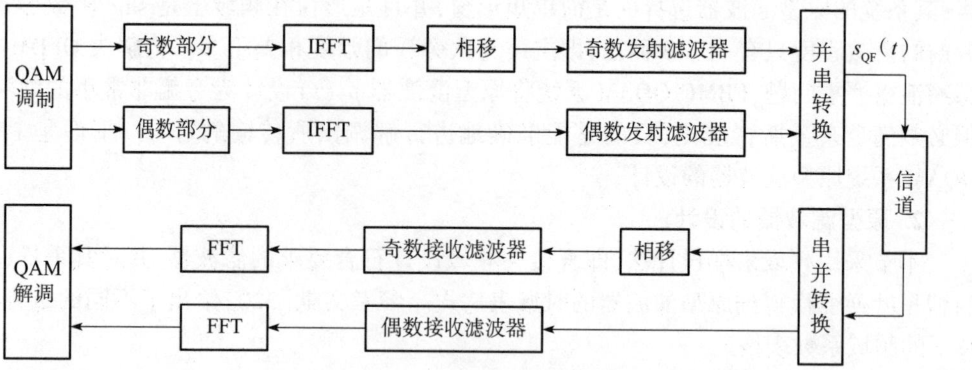

图 7.1.4　QAM-FBMC 系统框图

令 $p=2m_e$ 为偶数子载波的索引，$q=2m_o+1$ 为奇数子载波的索引，其中 m_e 和 m_o 为两个整数，并且满足 $0\leqslant m_e\leqslant G/2-1$ 和 $0\leqslant m_o\leqslant G/2-1$ 关系。一般假定子载波数目 G 为偶数。在基带信号模型中，发射机侧送入信道前的 QAM-FBMC 信号数学表达式如下：

$$s_{QF}(t)=\sum_{k=-\infty}^{\infty}\left[\sum_p a_{p,k}g^e(t-kG)\mathrm{e}^{\mathrm{j}\frac{2\pi}{G}p(t-D)}+\sum_q a_{q,k}g^o(t-kG)\mathrm{e}^{\mathrm{j}\frac{2\pi}{G}q(t-D)}\right]\tag{7.1.8}$$

式中：$g^e(t)$ 为偶数滤波器；$g^o(t)$ 为奇数滤波器，而 $a_{p,k}$ 和 $a_{q,k}$ 是 QAM 星座调制的复数据符号。参考文献[321]已经给出了 QAM-FBMC 滤波器组的设计。$g^e(t)$ 和 $g^o(t)$ 的数学表达式为

$$g^e(t)=\sum_{i=-K+1}^{K-1}G_i^e\mathrm{e}^{\mathrm{j}\frac{2\pi}{KM}\cdot i\cdot t}=1+2\sum_{i=1}^{K-1}G_i^e\cos\left(\frac{2\pi}{KM}\cdot i\cdot t\right)\tag{7.1.9}$$

$$g^o(t)=\sum_{i=-K+1}^{K-1}G_i^o\mathrm{e}^{\mathrm{j}\frac{2\pi}{KM}\cdot i\cdot t}=\sum_{i=1}^{K-1}G_i^o\mathrm{e}^{\mathrm{j}\frac{2\pi}{KM}\cdot i\cdot t}+\sum_{i=1}^{K-1}G_i^{o\,*}\,\mathrm{e}^{-\mathrm{j}\frac{2\pi}{KM}\cdot i\cdot t}\tag{7.1.10}$$

$$G_i=\sum_{n=0}^{L-1}g(n)\mathrm{e}^{-\mathrm{j}\frac{2\pi}{L}\cdot i\cdot n}\tag{7.1.11}$$

式中：$G_{-i}^e=G_i^e$ 表示实数值系数；$G_{-i}^o=G_i^{o\,*}$ 表示复数值系数；$G_i(i=0,1,\cdots,L-1)$ 为滤波器的第 i 个系数，$L=KM$ 是滤波器长度，K 是重叠因子。

7.1.4　本节小结

本节首先介绍了 FBMC-OQAM 信号的发射和接收原理机制，并分析了其信号的频谱特征及原型滤波器的设计；然后介绍了 QAM-FBMC 信号的发射和接收原理机制，并与 FBMC-OQAM 信号的模型结构进行了对比分析。为后续进行的 FBMC 信号的参数盲估计和子载波调制识别的研究奠定了理论基础。

7.2　FBMC-OQAM 信号的符号周期盲估计

7.2.1　引言

自 20 世纪 80 年代中期以来，多载波调制技术标准选择的是 OFDM 技术，主要是由于

其信号结构的实现简单,但 OFDM 信号由于矩形脉冲成形造成了旁瓣泄露严重的问题,需要插入 CP 或保护间隔,从而降低其数据传输速率。针对 OFDM 信号的缺陷,FBMC 作为 OFDM 的替代技术之一,不需要插入 CP,从而可以提高频谱利用效率,是一种极具应用前景的 MCM 技术,被视为 5G 新型多载波传输的候选技术之一。

本节主要的研究内容是针对 FBMC-OQAM 信号的符号周期盲估计问题,主要提出自相关二阶矩和循环自相关算法。首先,根据该信号的自相关二阶矩实验数值,仅在时延 τ 取信号的符号周期的整数倍数值时,才产生非 0 峰值,通过测量非 0 峰值的距离来估计 FBMC-OQAM 信号的符号周期;其次,根据该信号的循环自相关在时延 τ 轴上的取值分布是离散等间隔的,同理,以检测间隔的距离来估计 FBMC-OQAM 信号的符号周期;再次,两种算法均在不同的信道环境下进行实验仿真并相互之间进行对比分析;最后,比较两种算法估计的数值并进行性能分析。

7.2.2　FBMC-OQAM 信号发射原理

由 FBMC-OQAM 基带信号的数学表达式可知,其信号发射原理首先将待传输的数据流经过 OQAM 预处理后;其次通过串并变换及 IFFT 操作变换成时域信号;再次进行卷积操作;最后经过并串转换装置,产生该信号的时域形式。这种传输过程可以利用 IFFT+多相网络(Polyphase Network, PPN)结构进行等效实现滤波器组的设计,达到降低计算复杂度的效果。FBMC-OQAM 发射原理框图如图 7.2.1 所示,其中 PPN 部分的原理如图 7.2.2 所示。

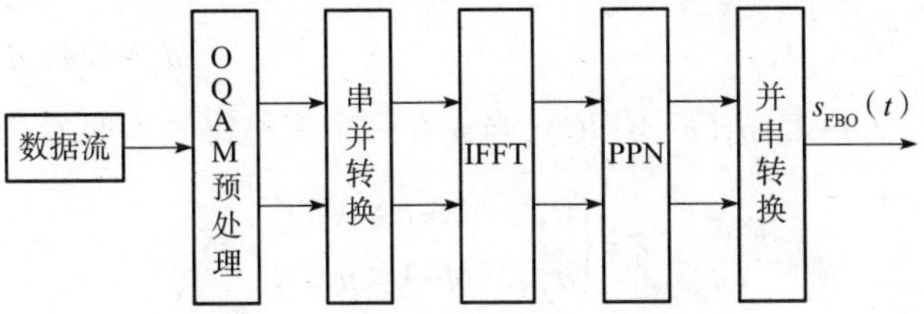

图 7.2.1　FBMC-OQAM 发射原理框图

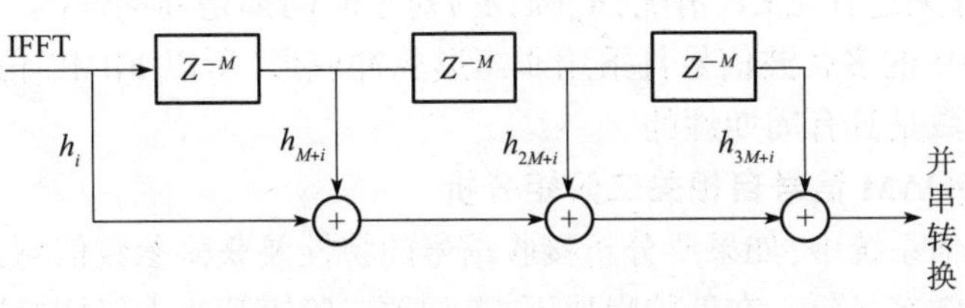

图 7.2.2　FBMC-OQAM 发射原理中 PPN 部分

由于利用了 PPN 结构进行等效设计,使得 IFFT/FFT 的点数依旧为 M 点,减少了实现的复杂度。由式(7.1.6)可知,FBMC-OQAM 基带信号数学表达式为

$$s_{\mathrm{FBO}}(t)=\sum_{k=0}^{M-1}\sum_{n=-\infty}^{\infty}d_{k,n}\mathrm{e}^{\mathrm{j}\varphi_{k,n}}p_T\left(t-n\frac{M}{2}\right)\mathrm{e}^{\mathrm{j}\frac{2\pi}{M}k(t-D)} \tag{7.2.1}$$

7.2.3　FBMC-OQAM 信号自相关分析

1. FBMC-OQAM 信号的自相关周期性证明

在离散时间模型中,FBMC 基带信号 $s(t)$ 的离散形式为 $s(n)$,定义 $s(n)$ 的非对称和

共轭自相关函数分别为

$$R_{ss}(n,d_\tau)=E[s(n)\times s^*(n-d_\tau)] \tag{7.2.2}$$

$$R_{ss}^*(n,d_\tau)=E[s^*(n)\times s(n-d_\tau)] \tag{7.2.3}$$

式中：d_τ 表示离散时延，根据 FBMC 的复基带信号表达式可知，FBMC 基带信号离散形式的自相关函数为（忽略噪声的影响）

$$R_{ss}(n,d_\tau)=\sigma_f^2\times\sum_{k=0}^{M-1}\mathrm{e}^{\mathrm{j}\frac{2\pi}{M}kd_\tau}\times\sum_l p_T(n-lG)p_T(n-d_\tau-lG) \tag{7.2.4}$$

式中：G 为 FBMC 信号的符号长度，先考虑 $p_T(t)$ 为矩形脉冲时（这里仅讨论 d 取非负数的情况，且取负数也有相同的结论）。

在无 CP 的情况下，根据 $\sum_{k=0}^{M-1}\mathrm{e}^{\mathrm{j}\frac{2\pi}{M}k}=0$ 得

$$R_{ss}(n,d_\tau)=\begin{cases}M\times\sigma_f^2, & d_\tau=0\\ 0, & d_\tau\neq 0\end{cases} \tag{7.2.5}$$

由式(7.2.5)可知，$R_{ss}(n,d_\tau)$ 在 $d_\tau=0$ 时为常数 $M\sigma_f^2$，在 $d_\tau\neq 0$ 时为 0，因此 $R_{ss}(n,d_\tau)$ 对于时间 n 是周期性的，$s(n)$ 为平稳信号。

在有 CP 时，自相关函数可表示为

$$R_{ss}(n,d_\tau)=\begin{cases}M\times\sigma_f^2, & d_\tau=0\\ M\times\sigma_f^2\times\sum_l p_T(n-lG)p_T(n-d_\tau-lG), & d_\tau=M\\ 0, & d_\tau\neq 0\ \text{且}\ d\neq M\end{cases} \tag{7.2.6}$$

令 $\zeta=\sigma_f^2\times\sum_l p_T(n-lG)p_T(n-M-lG)$，当 n 在一个完整符号周期 G 内可知

$$\zeta=\begin{cases}0, & 1\leqslant n\leqslant M\\ \sigma_f^2, & M+1\leqslant n\leqslant G\end{cases} \tag{7.2.7}$$

综上所述：在加有 CP 时，$R_{ss}(n,d_\tau)$ 对于时间 n 是周期性的。同理，当 $p_T(t)$ 为非矩形脉冲时，可以推导无论有无 CP 情况，$R_{ss}(n,d_\tau)$ 对于时间都是周期性的。又因为 FBMC 信号是类似于 OFDM 的多载波信号且采用非矩形脉冲成形，所以 FBMC 信号具有循环平稳性且其自相关函数是具有周期性的。

2. FBMC-OQAM 信号自相关二阶矩分析

在非协作通信系统中，如果要分析接收信号的特性及获得参数信息，信号的参数盲估计研究就显得非常有必要。在低信噪比下，自相关二阶矩算法不仅能检测出信号，还能够对信号的符号周期进行盲估计。本小节利用自相关二阶矩算法对 FBMC-OQAM 信号的符号周期进行盲估计。

在求信号的自相关二阶矩时，将所获得的信号均分为 N 段，且每段的数据信号时间长度为 T，则定义第 n 段数据信号的自相关函数为

$$R_{xx}^n(\tau)=\frac{1}{T}\int_0^T x(t)x(t-\tau)\,\mathrm{d}t \tag{7.2.8}$$

则接收信号的自相关二阶矩为

$$\rho_x(\tau)=E\{|R_{xx}(\tau)|^2\}=\lim_{N\to\infty}\frac{1}{N}\sum_{n=0}^{N-1}|R_{xx}^n(\tau)|^2 \tag{7.2.9}$$

式(7.2.8)中,$x(t)$表示研究对象 FBMC-OQAM 信号的基带数学表达式。式(7.2.9)中,$E\{\cdot\}$表示求期望运算。

本节分析 FBMC-OQAM 信号的自相关二阶矩,不难理解当时延 τ 等于 FBMC-OQAM 信号的符号周期的整数倍时,其自相关二阶矩才出现峰值,当时延 τ 等于其他情况下时,该信号的自相关二阶矩的数值均为 0,即讨论 $\tau = T_s$ 时的信号自相关二阶矩。FBMC-OQAM 信号的自相关函数为

$$\begin{aligned}R_{ss}(T_s) &= \frac{1}{T}\int_0^T s_{\mathrm{FBO}}(t)s_{\mathrm{FBO}}^*(t-T_s)\,\mathrm{d}t \\ &= \frac{1}{T}\int_0^T \sum_{n=0}^{M-1}\sum_{k=-\infty}^{\infty} d_{n,k}\mathrm{e}^{\mathrm{j}\varphi_{n,k}}p_T\left(t-k\frac{M}{2}\right)\mathrm{e}^{\mathrm{j}\frac{2\pi}{M}n(t-D)} \times d_{n,k}^*\mathrm{e}^{-\mathrm{j}\varphi_{n,k}}p_T^*\left(t-k\frac{M}{2}-T_s\right)\mathrm{e}^{-\mathrm{j}\frac{2\pi}{M}n(t-D-T_s)}\mathrm{d}t \\ &= \frac{1}{T}\sum_{n=0}^{M-1}\sum_{k=-\infty}^{\infty} d_{n,k}d_{n,k}^*\mathrm{e}^{\mathrm{j}\frac{2\pi}{M}nT_s} \times \int_0^T p_T\left(t-k\frac{M}{2}\right)p_T^*\left(t-k\frac{M}{2}-T_s\right)\mathrm{d}t\end{aligned} \tag{7.2.10}$$

式(7.2.10)的数学表达式可简化为

$$R_{ss}(T_s) = \frac{1}{T}\sum_{n=0}^{M-1}\sum_{k=-\infty}^{\infty} d_{n,k}d_{n,k}^*\mathrm{e}^{\mathrm{j}\frac{2\pi}{M}nT_s}\int_0^T p_T\left(t-k\frac{M}{2}\right)p_T^*\left(t-k\frac{M}{2}-T_s\right)\mathrm{d}t \tag{7.2.11}$$

由于 $d_{n,k}$ 满足

$$E[d_{n,k}d_{n',k'}^*] = \sigma_d^2\delta[n-n']\delta[k-k'] \tag{7.2.12}$$

则 FBMC-OQAM 信号的自相关二阶矩表达式可表示为

$$\rho_x(\tau) = \hat{E}\{|\hat{R}_{ss}(\tau)|^2\} = \frac{1}{T^2}\sigma_d^4\sum_{k=-\infty}^{\infty}\left[\int_0^T p_T\left(t-k\frac{M}{2}\right)p_T^*\left(t-k\frac{M}{2}-T_s\right)\mathrm{d}t\right]^2 = \frac{T_s}{T}\sigma_d^4\sigma_p^4 \tag{7.2.13}$$

其中定义

$$\sigma_p^2 = \frac{1}{T_s}\int_0^{T_s} p_T\left(t-k\frac{M}{2}\right)p_T^*\left(t-k\frac{M}{2}-T_s\right)\mathrm{d}t \tag{7.2.14}$$

即 $\rho_x(\tau)$ 的平均值表达式为

$$m_\rho^{(x)} = \rho_x(\tau) = \frac{1}{T^2}\sigma_d^4\frac{T}{T_s}(T_s\sigma_p^2)^2 = \frac{T_s}{T}\sigma_d^4\sigma_p^4 \tag{7.2.15}$$

$\rho_x(\tau)$ 的标准差为

$$\sigma_\rho^{(x)} = \sqrt{\frac{2}{N}}m_\rho^{(x)} = \sqrt{\frac{2}{N}}\frac{T_s}{T}\sigma_d^4\sigma_p^4 \tag{7.2.16}$$

3. FBMC-OQAM 信号的循环自相关分析

参考文献[322]证明了 OFDM 信号具有循环平稳性的必要条件是加 CP 或属于非矩形脉冲成形。而 FBMC-OQAM 信号采用升余弦脉冲成形且与 OFDM 信号结构相似,即 FBMC-OQAM 信号具有循环平稳性,信号特征为其循环谱是以循环频率离散分布的。

FBMC-OQAM 的基带信号可表示为(同式(7.1.6))

$$s_{\mathrm{FBO}}(t) = \sum_{n=0}^{M-1}\sum_{k=-\infty}^{\infty} d_{n,k}\mathrm{e}^{\mathrm{j}\varphi_{n,k}}p_T\left(t-k\frac{M}{2}\right)\mathrm{e}^{\mathrm{j}\frac{2\pi}{M}n(t-D)} \tag{7.2.17}$$

设接收到的复基带信号可表示为

$$r_{\mathrm{FBO}}(t)=s_{\mathrm{FBO}}(t-t_1)\mathrm{e}^{\mathrm{j}2\pi f_1 t}+w(t) \tag{7.2.18}$$

式中：t_1 表示初始时延；f_1 表示频偏；$w(t)$ 表示高斯白噪声，且与 $s_{\mathrm{FBO}}(t)$ 相互独立。

由式(7.2.17)和式(7.2.18)可知，接收到的复基带信号 $r_{\mathrm{FBO}}(t)$ 的自相关函数为

$$\begin{aligned}R_{r_{\mathrm{FBO}}}(t,\tau)&=E[r_{\mathrm{FBO}}(t)r_{\mathrm{FBO}}^{*}(t-\tau)]\\&=E\left[\sum_{n=0}^{M-1}\sum_{k=-\infty}^{+\infty}d_{n,k}\mathrm{e}^{\mathrm{j}\varphi_{n,k}}p_T\left(t-t_1-k\frac{M}{2}\right)\mathrm{e}^{\mathrm{j}\frac{M}{2}n(t-t_1-D)}\mathrm{e}^{\mathrm{j}2\pi f_1 t}\times\right.\\&\left.\sum_{n'=0}^{M-1}\sum_{k'=-\infty}^{+\infty}d_{n',k'}\mathrm{e}^{-\mathrm{j}\varphi_{n',k'}}p_T^{*}\left(t-t_1-\tau-k'\frac{M}{2}\right)\mathrm{e}^{-\mathrm{j}\frac{M}{2}n'(t-t_1-\tau-D)}\mathrm{e}^{-\mathrm{j}2\pi f_1(t-\tau)}\right]+R_w(\tau)\end{aligned} \tag{7.2.19}$$

式中：$R_w(\tau)=E[w(t)w^{*}(t-\tau)]$，因为 $w(t)$ 是平稳随机过程，所以 $R_w(\tau)$ 只与 τ 有关。由于 $E[d_{n,k}d_{n',k'}^{*}]=\sigma_d^2\delta[n-n']\delta[k-k']$，且令 $\psi_K(\tau)=\sum_{n=0}^{M-1}\mathrm{e}^{\mathrm{j}\frac{2\pi}{M}n\tau}$，则式(7.2.19)可化简为

$$R_{r_{\mathrm{FBO}}}(t,\tau)=\sigma_d^2\mathrm{e}^{\mathrm{j}2\pi f_1\tau}\psi_K(\tau)\sum_{k=-\infty}^{\infty}p_T\left(t-t_1-k\frac{M}{2}\right)\times p_T^{*}\left(t-t_1-\tau-k\frac{M}{2}\right)+R_w(\tau) \tag{7.2.20}$$

对 $R_{r_{\mathrm{FBO}}}(t,\tau)$ 进行傅里叶变换，得到 FBMC-OQAM 信号的循环自相关函数为

$$\begin{aligned}R_{r_{\mathrm{FBO}}}^{\alpha}(\tau)&=\frac{1}{T_s}\int_0^{T_s}R_{r_{\mathrm{FBO}}}(t,\tau)\mathrm{e}^{-\mathrm{j}2\pi\alpha t}\mathrm{d}t\\&=\frac{\sigma_d^2}{T_s}\mathrm{e}^{\mathrm{j}2\pi f_1\tau}\psi_K(\tau)\int_0^{T_s}\sum_{k=-\infty}^{\infty}p_T\left(t-t_1-k\frac{M}{2}\right)\times p_T^{*}\left(t-t_1-\tau-k\frac{M}{2}\right)\mathrm{e}^{-\mathrm{j}2\pi\alpha t}\mathrm{d}t+R_w^{\alpha}(\tau)\end{aligned} \tag{7.2.21}$$

式中：$R_w^{\alpha}(\tau)=\sigma_w^2\delta(\tau)$，先不讨论噪声影响，且令 $t'=t-t_1-k\dfrac{M}{2}$，则得

$$R_{r_{\mathrm{FBO}}}^{\alpha}(\tau)=\frac{\sigma_d^2}{T_s}\mathrm{e}^{\mathrm{j}2\pi f_1\tau}\mathrm{e}^{-\mathrm{j}2\pi\alpha\left(t_1+k\frac{M}{2}\right)}\psi_K(\tau)R_{p_T}^{\alpha}(\tau) \tag{7.2.22}$$

式中：$R_{p_T}^{\alpha}(\tau)=\int_{-\infty}^{\infty}p_T(t')p_T^{*}(t'-\tau)\mathrm{e}^{-\mathrm{j}2\pi\alpha t'}\mathrm{d}t'$，接着对 $R_{r_{\mathrm{FBO}}}^{\alpha}(\tau)$ 进行取模运算，得

$$|R_{r_{\mathrm{FBO}}}^{\alpha}(\tau)|=\frac{\sigma_d^2}{T_s}\psi_K(\tau)|R_{p_T}^{\alpha}(\tau)| \tag{7.2.23}$$

式中：$\psi_K(\tau)$ 只有在 τ 取 T_u 的整数倍值时，式(7.2.23)才具有非 0 值。因此，可由此特征估计 FBMC-OQAM 信号的符号周期(详见图 7.2.8)。

再对 $R_{r_{\mathrm{FBO}}}^{\alpha}(\tau)$ 进行傅里叶变换得到 FBMC-OQAM 信号的循环谱，即

$$S_{r_{\mathrm{FBO}}}^{\alpha}(f)=\int_{-\infty}^{\infty}R_{r_{\mathrm{FBO}}}^{\alpha}(\tau)\mathrm{e}^{-\mathrm{j}2\pi f\tau}\mathrm{d}\tau \tag{7.2.24}$$

FBMC-OQAM 信号是具有二阶循环平稳信号的特性，因此其循环谱特征在循环频率轴上是离散分布的。

4. 算法步骤

(1) 利用自相关二阶矩算法对 FBMC-OQAM 信号进行符号周期估计，且本书考虑了在不同的信道条件下进行了该信号自相关二阶矩的数值实验仿真。

(2) 通过观察不同信道条件下的 FBMC-OQAM 信号的自相关二阶矩的数值仿真样本

图,分别通过检测信号的自相关二阶矩的离散峰值的间距来估计该信号的符号周期 T_s,并进行数值比较,得出相应的结论。

(3) 对 FBMC-OQAM 信号的循环自相关进行数值实验仿真,得到的循环自相关三维结构图和切面图,提取相应的特征参数,进行符号周期盲估计,并与理论结果相比较。

(4) 分析 FBMC-OQAM 信号的 $\alpha=0$ 切面图,先搜索峰值最大值位置对应的横坐标值 τ_1,然后搜索峰值次大值对应的横坐标值 τ_2,利用 $|\tau_2-\tau_1|$ 即可估计参数 T_u,由于 FBMC-OQAM 信号不需要插入保护间隔的特性,估计得到的 T_u 即为 FBMC-OQAM 信号的符号周期 T_s。

(5) 比较本节利用的两种算法所估计得到 FBMC-OQAM 信号的符号周期 T_s 值的大小,并得出结论。

7.2.4　多径衰落信道条件下 FBMC-OQAM 循环自相关分析

1. FBMC 信号的多径信道模型

本书考虑的是发送基带信号 $s(t)$ 经过一个 L 径的瑞利衰落信道且受到平稳噪声的影响,即由图 7.2.3 可知,FBMC-OQAM 基带信号经过多径信道的接收信号 $y(t)$ 为

$$y(t)=r_{\text{FBO}}(t)+w(t)=\sum_{r=1}^{L-1}\lambda_r s_{\text{FBO}}(t-\mu_r)\,\mathrm{e}^{\mathrm{j}2\pi\delta t}+w(t) \tag{7.2.25}$$

式中:λ_r 表示在延迟为 μ_r 时多径衰落信道响应系数;L 为总路径数;δ 为多普勒频偏;$w(t)$ 表示均值为 0 且方差为 σ_n^2 的随机平稳噪声。$s_{\text{FBO}}(t)$ 表示 FBMC-OQAM 的基带信号,即

$$s_{\text{FBO}}(t)=\sum_{n=0}^{M-1}\sum_{k=-\infty}^{\infty}f_{n,k}\mathrm{e}^{\mathrm{j}\varphi_{n,k}}p_T(t-kM)\,\mathrm{e}^{\mathrm{j}\frac{2\pi}{M}n(t-D)} \tag{7.2.26}$$

式中:$f_{n,k}$ 表示实值符号,附加的相位项 $\varphi_{n,k}$ 是为了在时域和频域中交替增加实部和虚部,以构造 OQAM 符号。

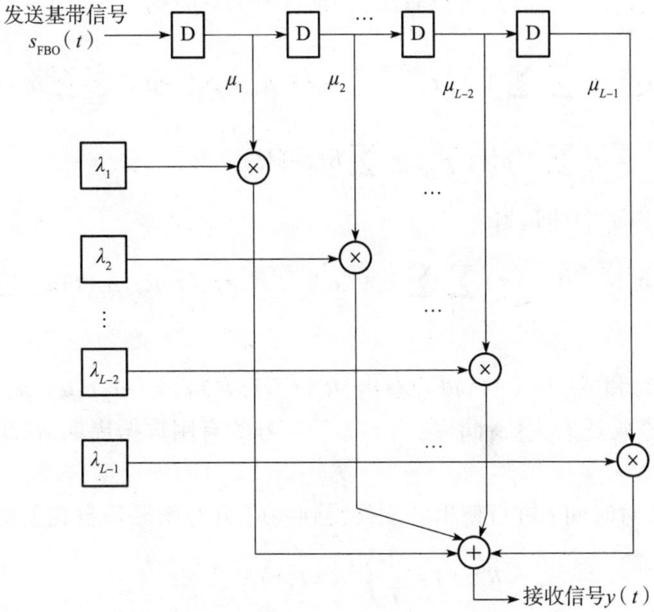

图 7.2.3　FBMC 信号的多径信道模型

图 7.2.3 中，D 表示延迟。基带信号经过 L 径的信道模型可等效成图 7.2.3 所示，即经过一个延迟，时延为 μ_1；经过 $L-2$ 个延迟，时延为 μ_{L-2}；以此类推。

将式(7.2.26)代入式(7.2.25)得

$$y(t)=\sum_{r=1}^{L-1}\sum_{n=0}^{M-1}\sum_{k=-\infty}^{\infty}\lambda_r f_{n,k}\mathrm{e}^{\mathrm{j}\varphi_{n,k}}p_T(t-kM-\mu_r)\times\mathrm{e}^{\mathrm{j}\frac{2\pi}{M}n(t-D-\mu_r)}\mathrm{e}^{\mathrm{j}2\pi\delta t}+w(t) \tag{7.2.27}$$

2. 多径 FBMC 信号的循环自相关分析

基带 FBMC-OQAM 信号经过多径衰落信道的接收信号 $y(t)$ 见式(7.2.27)，对 $y(t)$ 求其自相关函数得

$$\begin{aligned}R_y(t,\tau)&=E[y(t)y^*(t-\tau)]\\&=E\Bigg[\sum_{r=1}^{L-1}\sum_{n=0}^{M-1}\sum_{k=-\infty}^{\infty}\lambda_r f_{n,k}\mathrm{e}^{\mathrm{j}\varphi_{n,k}}p_T(t-kM-\mu_r)\mathrm{e}^{\mathrm{j}\frac{2\pi}{M}n(t-D-\mu_r)}\mathrm{e}^{\mathrm{j}2\pi\delta t}\times\\&\sum_{r'=1}^{L-1}\sum_{n'=0}^{M-1}\sum_{k'=-\infty}^{\infty}\lambda_{r'}f_{n',k'}\mathrm{e}^{\mathrm{j}\varphi_{n',k'}}p_T(t-k'M-\mu_{r'}-\tau)\mathrm{e}^{-\mathrm{j}\frac{2\pi}{M}n'(t-D-\mu_{r'}-\tau)}\mathrm{e}^{-\mathrm{j}2\pi\delta(t-\tau)}\Bigg]+R_w(\tau)\end{aligned} \tag{7.2.28}$$

式中：$R_w(\tau)=E[w(t)w^*(t-\tau)]$，因为 $w(t)$ 的循环自相关仅在 $\alpha=0$ 处有非 0 数值，所以后面公式推导中不考虑 $R_w(\tau)$ 项。由于 $f_{k,l}$ 是相互独立同分布，均值为 0，方差为 σ_f^2，且是非周期的齐次马尔可夫链，因此有 $E[f_{n,k}f_{n',k'}^*]=\sigma_f^2\delta(n-n')\delta(k-k')$，所以式(7.2.28)可化简得

$$\begin{aligned}R_y(t,\tau)&=\sigma_f^2\mathrm{e}^{\mathrm{j}2\pi\delta\tau}\sum_{k=-\infty}^{\infty}\sum_{r=1}^{L-1}\sum_{r'=1}^{L-1}\lambda_r\lambda_{r'}^*\mathrm{e}^{\mathrm{j}\frac{2\pi}{M}n(t-D-\mu_r)}\mathrm{e}^{-\mathrm{j}\frac{2\pi}{M}n'(t-D-\mu_{r'}-\tau)}\times p_T(t-kM-\mu_r)p_T(t-kM-\mu_{r'}-\tau)\\&=\sigma_f^2\mathrm{e}^{\mathrm{j}2\pi\delta\tau}\sum_{n=0}^{M-1}\mathrm{e}^{\mathrm{j}\frac{2\pi}{M}n\tau}\sum_{r=1}^{L-1}\sum_{r'=1}^{L-1}\lambda_r\lambda_{r'}^*\mathrm{e}^{\mathrm{j}\frac{2\pi}{M}n(\mu_{r'}-\mu_r)}\times p_T(t-\mu_r)p_T(t-\mu_{r'}-\tau)\otimes\sum_{k=-\infty}^{\infty}\delta(t-kM)\end{aligned} \tag{7.2.29}$$

令 $\Phi_{\mathrm{cyc}}(\tau)=\sum_{k=0}^{M-1}\mathrm{e}^{\mathrm{j}\frac{2\pi}{M}k\times\tau}$，因此可以看出，在延迟 τ 为 0 时得

$$\begin{aligned}R_y(t,0)&=\sigma_f^2\sum_{r=1}^{L-1}\sum_{r'=1}^{L-1}\lambda_r\lambda_{r'}^*\mathrm{e}^{\mathrm{j}\frac{2\pi}{M}n(\mu_{r'}-\mu_r)}p_T(t-\mu_r)\times p_T(t-\mu_{r'})\otimes\sum_{k=-\infty}^{\infty}\delta(t-kM)\\&=\sigma_f^2\sum_{r=1}^{L-1}\lambda_r^2p_T^2(t-\mu_r)\otimes\sum_{k=-\infty}^{\infty}\delta(t-kM)\end{aligned} \tag{7.2.30}$$

当 $\tau=\mu_{r'}-\mu_r$ 但 $\tau\neq0$ 时，有

$$R_y(t,\mu_{r'}-\mu_r)=\sigma_f^2\mathrm{e}^{\mathrm{j}2\pi\delta\tau}\Phi_{\mathrm{cyc}}(\tau)\sum_{r=1}^{L-1}\sum_{r'=1}^{L-1}\lambda_r\lambda_{r'}^*\mathrm{e}^{\mathrm{j}\frac{2\pi}{M}n(\mu_{r'}-\mu_r)}\times p_T(t-\mu_r)p_T(t+\mu_r)\otimes\sum_{k=-\infty}^{\infty}\delta(t-kM) \tag{7.2.31}$$

从式(7.2.30)和式(7.2.31)可以看出，$R_y(t,0)>R_y(t,\mu_{r'}-\mu_r)$，$\mu_{r'}-\mu_r\neq0$，所以当 $\tau=0$ 时，$R_y(t,\tau)$ 的数值取到最大值；同理，当 τ 等于信号的有用数据周期时，$R_y(t,\tau)$ 的数值也取到最大值。

根据 $R_y(t,\tau)$ 对时间 t 进行傅里叶变换得到响应 $y(t)$ 的循环自相关函数表达式：

$$R_y^\alpha(\tau)=\frac{1}{T_s}\int_0^{T_s}R_y(t,\tau)\mathrm{e}^{-\mathrm{j}2\pi\alpha t}\mathrm{d}t \tag{7.2.32}$$

将式(7.2.29)代入式(7.2.32)中得

$$R_y^{\alpha}(\tau)=\frac{\sigma_f^2 \mathrm{e}^{\mathrm{j}2\pi\delta\tau}}{T_s}\Phi_{\mathrm{cyc}}(\tau)\cdot$$

$$\int_0^{T_s}\Big[\sum_{r=1}^{L-1}\sum_{r'=1}^{L-1}\lambda_r\lambda_{r'}^{*}\mathrm{e}^{\mathrm{j}\frac{2\pi n(\mu_{r'}-\mu_r)}{M}}p_T(t-\mu_r)\times p_T(t-\mu_{r'}-\tau)\otimes\sum_{k=-\infty}^{\infty}\delta(t-kM)\Big]\mathrm{e}^{-\mathrm{j}2\pi\alpha t}\mathrm{d}t \tag{7.2.33}$$

令式(7.2.33)的积分项用符号 $R_{p_T}^{\alpha}(\tau)$ 替换并对其进行取模得

$$|R_y^{\alpha}(\tau)|=\frac{\sigma_f^2}{T_s}\Phi_{\mathrm{cyc}}(\tau)\,|R_{p_T}^{\alpha}(\tau)| \tag{7.2.34}$$

分析式(7.2.34)可知,其中只有 $\Phi_{\mathrm{cyc}}(\tau)$ 在 τ 取 0 或 T_s 的整数倍值时,式(7.2.34)才具有非 0 值。因此,在多径衰落信道条件下,可由此特征估计 FBMC-OQAM 信号的符号周期 T_s(详见图 7.2.10)。

3. 算法步骤

综上所述,多径衰落信道下 FBMC-OQAM 信号的符号周期盲估计算法步骤归纳为以下两步:

(1) 首先通过观察 MATLAB 数值仿真产生循环自相关三维结构图和切面图进行参数估计;其次分析 $\alpha=0$ 切面图,并搜索峰值最大值位置对应的坐标值 τ_1;再次搜索 T_s 附近的峰值最大值位置对应的坐标值 τ_2;最后利用 $|\tau_2-\tau_1|$ 即可估计参数 T_s。

(2) 通过 1000 次蒙特卡洛实验且由正确识别率公式得到不同累加次数时 FBMC-OQAM 信号符号周期盲估计的正确率性能曲线,用来验证本书算法估计 FBMC-OQAM 符号周期的有效性。

本书针对多径衰落信道下 FBMC-OQAM 信号的符号周期盲估计的仿真流程如图 7.2.4 所示。

图 7.2.4 中符号 i 是指蒙特卡洛次数,符号 p 指的是 1000 次蒙特卡洛实验中能有效搜索到 $\alpha=0$ 切面离散谱峰间距的次数之和。

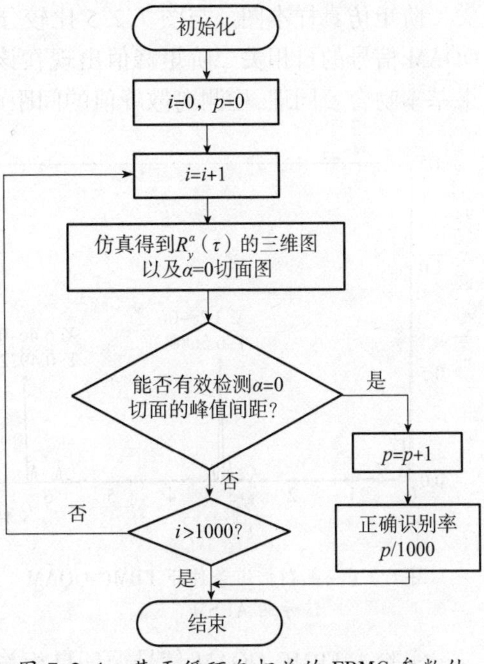

图 7.2.4　基于循环自相关的 FBMC 参数估计的流程

7.2.5　仿真实验与结果分析

实验 1:先考虑在高斯白噪声信道条件下 FBMC-OQAM 信号的自相关二阶矩(Autocorrelation Second-order Moment,AUSM)。参数设置为:子载波数为 $M=128$,信号带宽 20MHz,采样频率 20MHz,即采样为 1bit/chip,信噪比 SNR=−10dB。子载波采用 OQAM 调制,重叠因子 $K=4$。仿真结果如图 7.2.5 所示。

图 7.2.5 表示在高斯白噪声条件下 FBMC-OQAM 信号的自相关二阶矩数值实验仿真样本图,由图可知,该信号的自相关二阶矩幅值仅在时延 τ 为 0μs、3.2μs、6.4μs 时具有

非0值，并产生离散峰值，与"7.2.3节：2. FBMC-OQAM信号自相关二阶矩分析"理论推导结果相一致。所以通过计算离散峰值的距离，可以估计FBMC-OQAM信号的符号周期，即 $T_s = 3.2\mu s$。

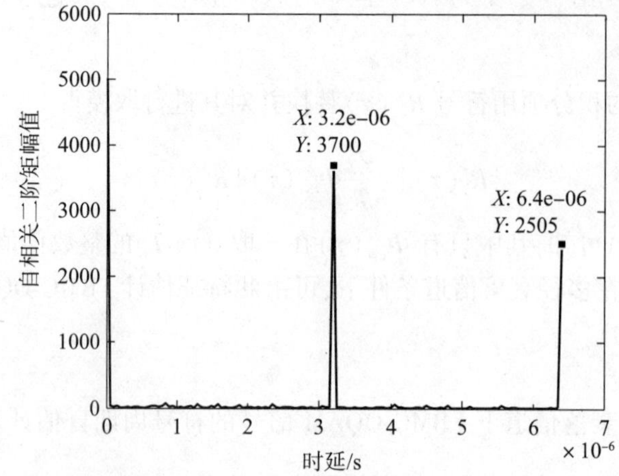

图7.2.5　高斯白噪声信道条件下FBMC-OQAM信号的自相关二阶矩

实验2：在多径衰落信道下，采用自相关二阶矩（AUSM）对FBMC-OQAM信号进行实验仿真。当经过瑞利信道时，莱斯因子 $R=0.01$，多径路数 $L=5$。当经过莱斯信道时，莱斯因子 $R=10$，多径路数 $L=5$。其余参数设置同实验1。

图7.2.6和图7.2.7分别表示经过莱斯和瑞利信道条件下FBMC-OQAM信号的自相关二阶矩仿真样本图。与图7.2.5比较分析可知，在两种不同的衰落信道条件下，FBMC-OQAM信号的自相关二阶矩峰值出现在该信号符号周期的整数倍处，与高斯信道时的结果基本吻合。同理，检测离散峰值的间距可以估计信号的符号周期，即 $T_s = 3.2\mu s$。

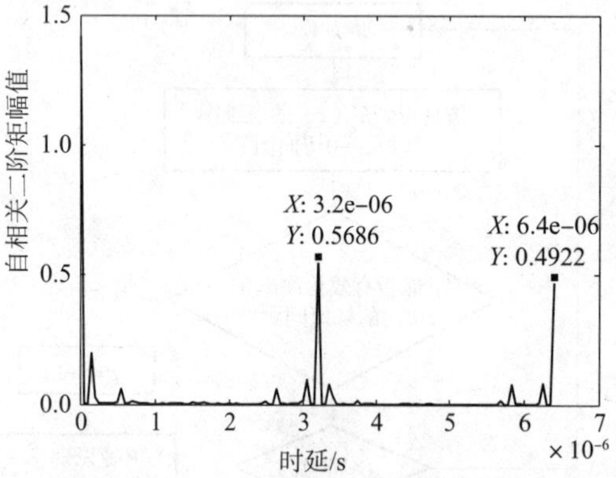

图7.2.6　莱斯信道条件下FBMC-OQAM信号的AUSM

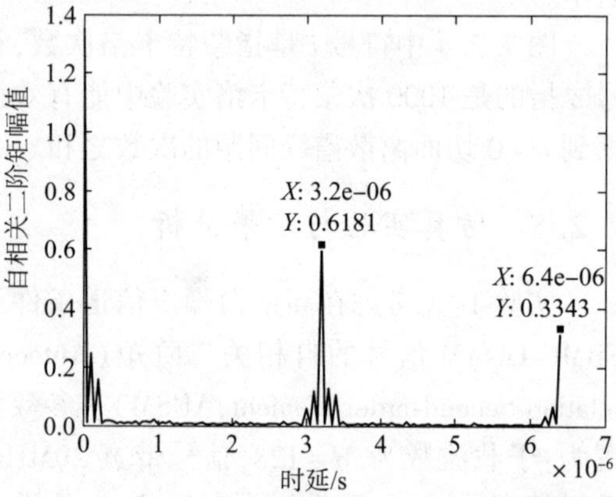

图7.2.7　瑞利信道条件下FBMC-OQAM信号的AUSM

实验3：FBMC-OQAM信号循环自相关仿真分析，参数设置同实验1，并且仅考虑单径信道的情况。

图7.2.8表示FBMC-OQAM信号的循环自相关三维图，图7.2.9表示FBMC-OQAM信号循环自相关 $\alpha=0$ 切面图，通过观察可知，在 $\alpha=0, \tau=0$ 时具有最大值，这是因为受到

高斯白噪声的作用。图7.2.8和图7.2.9的共同点是:该信号的循环自相关在时延τ轴上的取值分布是离散等间隔的。这与“7.2.3节:3. FBMC-OQAM信号的循环自相关分析”的理论结果相一致。通过计算图7.2.9中的次峰与最大峰横坐标之差的绝对值来估计信号的有用数据周期,也就是该信号的符号周期,即$T_s=T_u=3.2\mu s$。

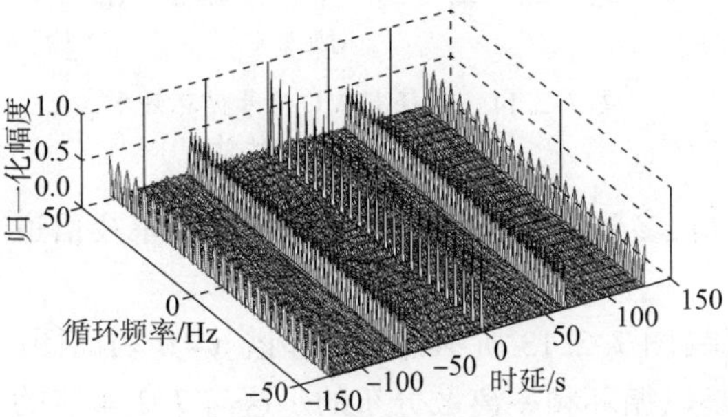

图7.2.8　FBMC-OQAM信号的循环自相关三维图

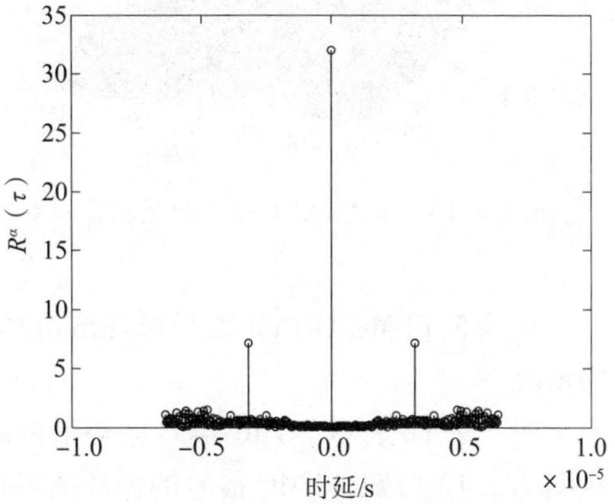

图7.2.9　FBMC-OQAM信号循环频率$\alpha=0$切面图(估计T_u)

将两种不同算法应用到FBMC-OQAM信号的符号周期估计实验中,将实验结果进行对比分析可知,所估计得到的符号周期数值相等,进一步证明了所研究的两种算法能有效地实现FBMC-OQAM信号的符号周期估计。

实验4:多径衰落信道下FBMC信号循环自相关分析。在MATLAB R2014a环境下进行计算机仿真,实验参数见参考文献[60]的设置方式,其中,子载波数为$N=128$。信号带宽20MHz,采样频率20MHz,即采样为1bit/chip,信噪比SNR=-10dB。子载波采用OQAM调制,重叠因子$K=4$。发送的信号经过瑞利衰落信道,对应的莱斯因子为$R=0.01$,多径总数L为5路。

图7.2.8和图7.2.10分别表示在单径和多径信道下FBMC-OQAM信号的循环自相关三维图,从三维图的结果可知,无论是单径还是多径信道环境下,FBMC-OQAM的循环自相关只有在时延τ为符号周期T_s的整数倍上才具有非0数值,这与理论推导结果相一致。相比较单径信道情况,FBMC-OQAM在多径信道下的循环自相关受到多径信道衰落的影响相当显著,但其在时延τ轴上取值的离散特性还是很明显的。此结果产生是由于FBMC-OQAM信号不需要CP,所以不能像CP-OFDM信号一样完全地消除多径衰落的影响。

图7.2.9和图7.2.11分别表示在单径信道和多径信道下FBMC-OQAM信号的循环自相关$\alpha=0$的切面图,从切面图可知,FBMC-OQAM的循环自相关在时延τ轴上的取值是离散的,而且是等间隔分布的。比较图7.2.9和图7.2.11可知,多径衰落信道下的切面图在$\tau=0$附近会出现一些小的谱线,是由于受到了多径衰落的影响。

通过“7.2.4节:3. 算法步骤”步骤(1)中的方法可知:$\tau_1=0\mu s$和$\tau_2=\pm3.2\mu s$,利用式$|\tau_2-\tau_1|$计算可得$3.2\mu s$,即FBMC-OQAM信号的符号周期为$3.2\mu s$。

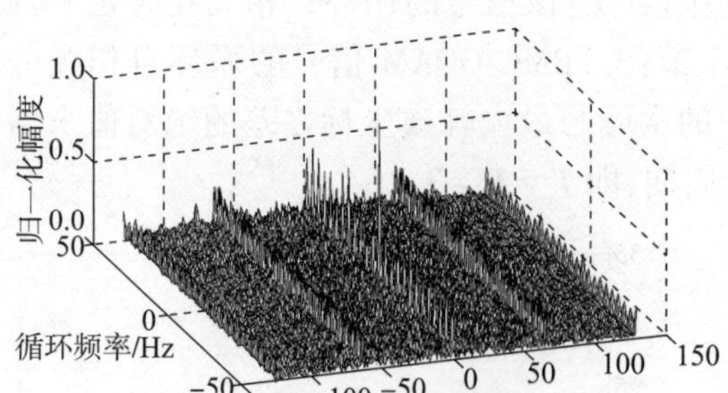

图 7.2.10　多径 FBMC 信号的循环自相关

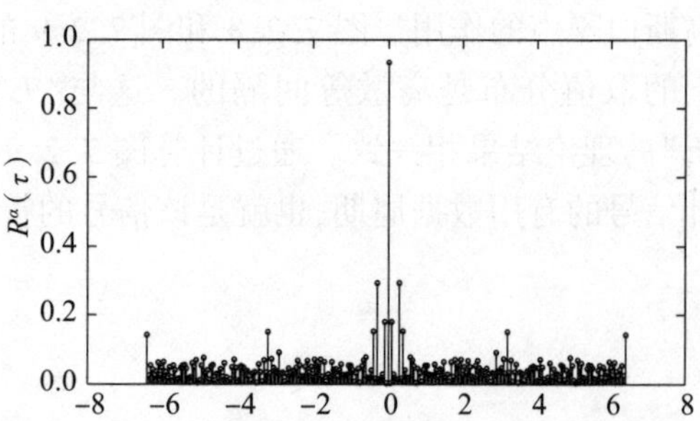

图 7.2.11　多径 FBMC 信号循环频率 $\alpha=0$ 切面图(估计 T_s)

实验 5:FBMC-OQAM 信号循环谱仿真分析,参数设置同实验 1,并且仅考虑单径信道的情况。

图 7.2.12 表示 FBMC 信号循环谱的结果,图 7.2.13 所示为其循环谱 $\alpha=0$ 切面图。从图 7.2.13 可知,FBMC 信号的循环谱特征是以循环频率离散分布的。这与 7.2.4 节的理论推导结果一致。检测图 7.2.13 的等间隔离散分布的谱线距离的倒数也可以估计得到 FBMC-OQAM 信号的符号周期参数,即 $T_s=T_u=3.2\mu s$。所估计得到的参数值与循环自相关和自相关二阶矩算法估计得到的符号周期数值相等,进一步说明 FBMC-OQAM 信号具有二阶循环平稳性及其符号周期估计的准确性。

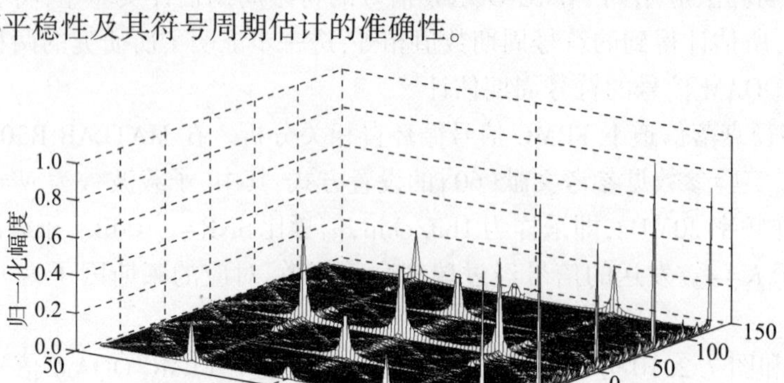

图 7.2.12　FBMC-OQAM 信号的循环谱三维图

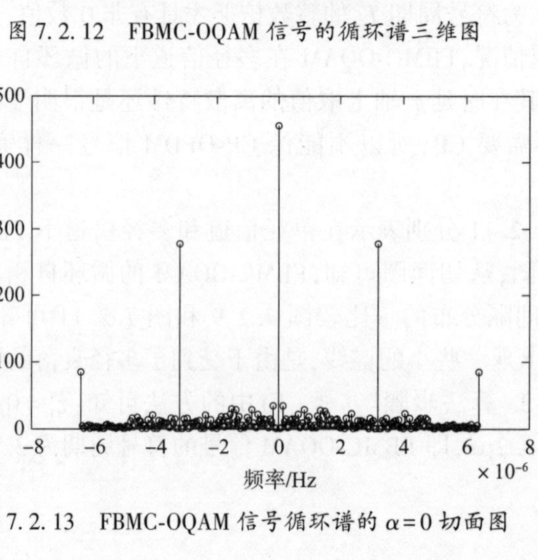

图 7.2.13　FBMC-OQAM 信号循环谱的 $\alpha=0$ 切面图

实验6:在利用循环自相关算法且在瑞利信道条件下,随着信噪比的变化,进行估计FBMC-OQAM符号周期的正确率实验仿真。对数据分为50段和200段累加取平均200次蒙特卡洛实验,莱斯因子 $R=0.01$,其余参数同实验1。

使用正确率来对FBMC-OQAM信号符号周期估计的性能进行分析,正确率越高,估计性能越好。其定义如下:

$$\text{正确率}=\frac{\text{能有效搜索到}\ \alpha=0\ \text{切面谱峰间距的次数之和}}{\text{蒙特卡洛总次数}}\times 100\% \qquad (7.2.35)$$

从图7.2.14可以看出,在同一信噪比条件下,累加次数为200时,FBMC-OQAM信号的符号周期 T_s 的正确识别率优于累加次数为50时。这是由于分段累加取平均能达到消除噪声的目的,提高了FBMC-OQAM信号符号周期的正确识别率。通过图7.2.14性能曲线也可得到,在SNR>-10dB时,本节算法能有效实现FBMC-OQAM符号周期的盲估计。

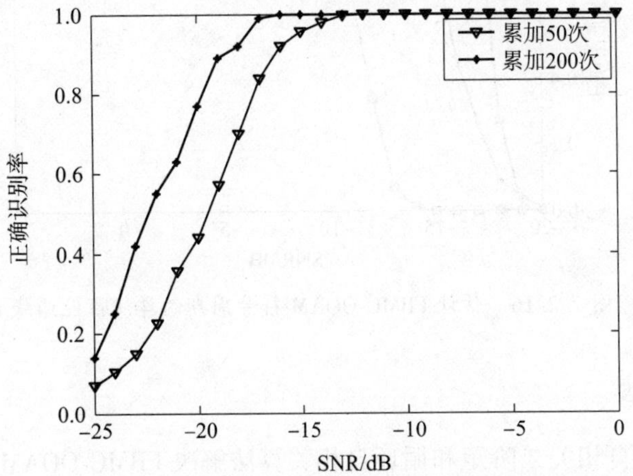

图7.2.14 不同累加次数时符号周期的正确识别率

实验7:分析循环自相关算法在不同信道下的性能。本书考虑了高斯信道、莱斯信道、瑞利信道。其中,瑞利信道下 $R=0.01$,莱斯信道下 $R=30$。其余参数同实验1。

图7.2.15表示在瑞利、高斯以及莱斯信道下,循环自相关算法估计FBMC-OQAM信号符号周期的正确率性能曲线,由图7.2.15可知,高斯信道下的性能最优,瑞利信道下的性能最差。这是由各自衰落严重程度决定的。随着SNR的不断增加,信道衰落的影响减弱。

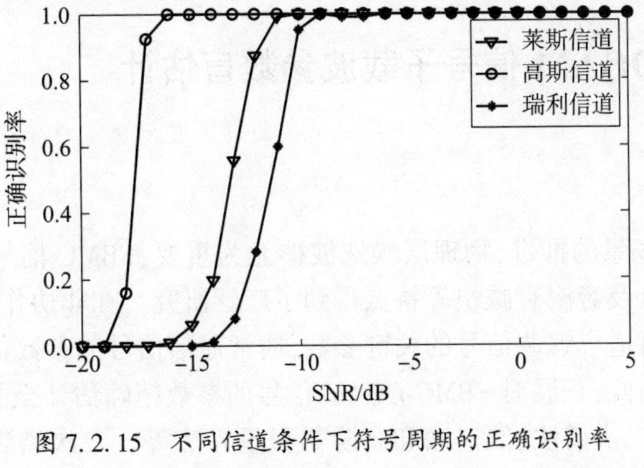

图7.2.15 不同信道条件下符号周期的正确识别率

实验8:在瑞利信道条件下,研究采用循环自相关、改进型的循环自相关和自相关二阶矩三种算法,正确估计FBMC-OQAM信号的符号周期随SNR变化的关系。其中,改进型循环自相关指的是经累加取平均操作后的循环自相关。200次蒙特卡洛实验,实验参数设置同实验4。

从图7.2.16可以看出,在低信噪比条件下,循环自相关和自相关二阶矩算法都能有效地对FBMC-OQAM信号进行符号周期估计,循环自相关的性能优于自相关二阶矩算法且改进型的循环自相关算法性能最好,但是从算法复杂度来看,循环自相关比自相关二阶矩复杂。随着信噪比的增大,三种算法估计FBMC-OQAM符号周期的正确率趋于一致。

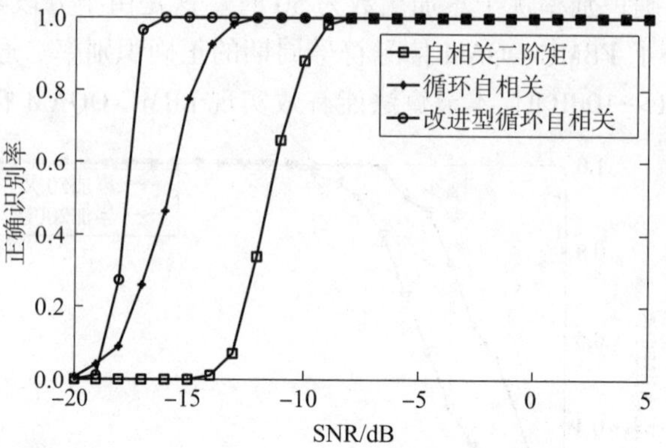

图7.2.16　估计FBMC-OQAM符号周期的算法性能曲线

7.2.6　本节小结

本节主要研究自相关二阶矩和循环自相关算法解决FBMC-OQAM信号符号周期估计问题,通过实验可知,两种算法都能有效估计信号的符号周期。然后针对本节算法估计信号参数时的正确率进行数值实验仿真,通过仿真结果可知,在SNR>−10dB时,本节算法估计参数的正确率均能达到100%左右,并且循环自相关算法估计参数的性能要优于自相关二阶矩算法,其中改进的循环自相关算法性能更优。但是自相关二阶矩算法复杂度要低于循环自相关算法,易于实现。本节最后还研究了在多径衰落信道下FBMC-OQAM信号的参数估计问题,分析了多径衰落对信号的符号周期估计性能的影响,并与单径信道的仿真结果进行对比分析,进一步得出相应结论。

7.3　FBMC-OQAM信号子载波参数盲估计

7.3.1　引言

随着5G应用场景的推进,物理层候选波形尤为重要,FBMC信号具备低时延高可靠性、传输利用率高以及旁瓣衰减快等特点得到了广泛研究。在非协作通信背景下,子载波参数是频谱检测、自适应解调信号的关键参数,通常通信信号的参数估计是信号的解调和解码的前提条件,因此,开展对FBMC-OQAM信号的参数精确估计至关重要。常见的载波参数盲估计算法有二次谱法、倒谱法和高阶累积量算法等。二次谱法和倒谱法都是利用

OFDM 信号的循环前缀的自相关特性,通过 CP 在频谱上自相关特性估计载波参数,而四阶累积量不需 CP 就能估计载波参数。

本节主要研究了 FBMC-OQAM 信号的子载波数和频率盲估计问题。在高斯白噪声信道下提出四阶循环累积量估计 FBMC-OQAM 信号的子载波频率和数目的方法。首先,在接收端检测 FBMC-OQAM 信号的频谱来确定循环频率的搜索范围;其次,分析循环频率与四阶循环累积量的代数关系;最后,得到四阶循环累积量的峰值与原型滤波器息息相关,随重叠因子的奇偶变换,时域系数在子载波上的变化导致四阶循环累积量呈凹凸变化。仿真表明,当循环频率等于子载波频率时存在峰值,通过检测四阶循环累积量峰值数确定载波数目,峰值间隔确定子载波频率间隔。

7.3.2 FBMC-OQAM 信号

式(7.1.6)为发送端的 FBMC-OQAM 信号,假设信道为高斯白噪声信道,其接收端截获的 FBMC-OQAM 信号经过同步后可表示为

$$x(t)=s(t)+w(t)=\sum_{n=0}^{N_c-1}A_n(t)\mathrm{e}^{\mathrm{j}[2\pi f_n(t-t_0)+\phi_n]}+w(t) \tag{7.3.1}$$

$$A_n(t)=d_n\theta_n(-1)^n\mathrm{e}^{-\mathrm{j}\frac{n}{N_c}(L-1)\pi}h\left(t-t_0-\frac{nT}{2}\right) \tag{7.3.2}$$

式中:n 表示子载波变量;N_c 表示信号的子载波数目;ϕ_n 表示初始相位偏差;T 表示信号的符号周期;t_0 表示信号的起始时刻;f_n 为第 n 路子载波频率,$f_n=f_c-n\Delta f$,f_c 表示子载波初始频率,Δf 表示相邻子载波间的间隔;$w(t)$表示均值为 0、方差为 σ^2 的高斯白噪声;A_n 表示 n 路子载波的幅度值;d_n 表示第 n 个子信道的实部或虚部符号;$h(t)$表示原型滤波器函数。

7.3.3 基于四阶循环累积量的 FBMC-OQAM 子载波参数估计

假设 $x(t)$为随机信号,根据 k 阶矩的原始定义知,随机信号 $x(t)$随循环频率变化的 k 阶循环矩的傅里叶系数为 $M_{kx}^{\alpha}(\tau_1,\tau_2,\cdots,\tau_{k-1})$,即

$$\begin{aligned}M_{kx}^{\alpha}(\tau_1,\tau_2,\cdots,\tau_{k-1})&=\lim_{T\to\infty}\frac{1}{T}\sum_{n=0}^{N-1}x(n)x(n+\tau_1)\cdots x(n+\tau_{k-1})\mathrm{e}^{-\mathrm{j}2\pi k\alpha t}\\&=\langle x(n)x(n+\tau_1)\cdots x(n+\tau_{k-1})\mathrm{e}^{-\mathrm{j}2\pi k\alpha t}\rangle_t\end{aligned} \tag{7.3.3}$$

式中:α 表示循环频率,循环矩的阶数用 k 表示;T 表示信号时间平均长度;用 $\tau_1,\tau_2,\cdots,\tau_{k-1}$ 表示固有时延,N 表示平均时间内的采样数,$n=0,1,\cdots,N-1$;符号$\langle\cdot\rangle_t$ 表示求时间平均。设随机变量为零均值,根据循环矩定义,式(7.3.3)可得随机信号的四阶循环累积量为

$$\begin{aligned}C_{40}^{\alpha}(\tau_1,\tau_2,\tau_3)=&M_{4x}^{\alpha}(\tau_1,\tau_2,\tau_3)-M_{2x}^{\alpha}(\tau_1)M_{2x}^{\alpha}(\tau_3-\tau_2)-M_{2x}^{\alpha}(\tau_2)\cdot\\&M_{2x}^{\alpha}(\tau_3-\tau_1)-M_{2x}^{\alpha}(\tau_3)M_{2x}^{\alpha}(\tau_1-\tau_2)\end{aligned} \tag{7.3.4}$$

当且仅当 $\tau_1=\tau_2=\tau_3=0$ 时,式(7.3.3)和式(7.3.4)可推导出随机信号的四阶循环累积量为

$$C_{40}^{\alpha}(0,0,0)=M_{4x}^{\alpha}(0,0,0)-3M_{2x}^{\alpha}(0)M_{2x}^{\alpha}(0)=\langle x^4(t)\mathrm{e}^{-\mathrm{j}8\pi\alpha t}\rangle_t-3\langle x^2(t)\mathrm{e}^{-\mathrm{j}4\pi\alpha t}\rangle_t^2 \tag{7.3.5}$$

由于通信信号 FBMC-OQAM 具有循环平稳的特性[314],故本节基于高阶循环累积量

分析此信号是一种有效的算法。当循环矩阶数大于二阶时高斯随机变量信号的恒为零，因此截获的带高斯白噪声信号的四阶循环累积量仅存在 $s(t)$ 信号，即 $C_{4x}^{\alpha}=C_{4s}^{\alpha}+C_{4w}^{\alpha}=C_{4s}^{\alpha}$。

根据 7.1.2 节可知，FBMC-OQAM 信号的原型滤波器采用时域加窗结合 PPN 实现。当采样点 $N=N_c$ 时，将式(7.3.1)代入式(7.3.5)可得 FBMC-OQAM 信号的四阶循环累积量为

$$\begin{aligned}C_{4s}^{\alpha}(0,0,0)&=\langle s^4(t)\mathrm{e}^{-\mathrm{j}8\pi\alpha t}\rangle_t-3\langle s^2(t)\mathrm{e}^{-\mathrm{j}4\pi\alpha t}\rangle_t^2\\&=\sum_{n=0}^{N_c-1}\langle A_n^4(t)\mathrm{e}^{\mathrm{j}4(2\pi f_n t+\phi_n)}\mathrm{e}^{-\mathrm{j}8\pi\alpha t}\rangle_t-3\sum_{n=0}^{N_c-1}\langle A_n^2(t)\mathrm{e}^{\mathrm{j}2(2\pi f_n t+\phi_n)}\mathrm{e}^{-\mathrm{j}4\pi\alpha t}\rangle_t^2\end{aligned}\tag{7.3.6}$$

然后再参考式(7.1.8)~式(7.1.12)，并将式(7.3.2)代入式(7.3.6)，化简可得

$$\begin{aligned}C_{4s}^{\alpha}(0,0,0)&=-2\sum_{n=0}^{N_c-1}\left\langle\left[d_n\theta_n(-1)^n\mathrm{e}^{-\mathrm{j}\frac{n(L-1)\pi}{N_c}}\otimes\sum_{k=0}^{K-1}h_{kN_c+n}\right]^4\mathrm{e}^{\mathrm{j}4(2\pi f_n t+\phi_n)}\mathrm{e}^{-\mathrm{j}8\pi\alpha t}\right\rangle_t\\&=-2\sum_{n=0}^{N_c-1}\left\langle\left(d_n\otimes\sum_{k=0}^{K-1}h_{kN_c+n}\right)^4\mathrm{e}^{\mathrm{j}4(2\pi f_n t+\phi_n)}\mathrm{e}^{-\mathrm{j}8\pi\alpha t}\right\rangle_t\end{aligned}\tag{7.3.7}$$

式中：⊗表示卷积运算，其原理是将 OQAM 调制的符号卷积上原型滤波的时域系数，时域系数间隔 N_c 个采样点。

根据循环累积量的性质可知，不同子载波间相互独立，因此可以分别对其中某一路子载波独立求和。根据截获信号的功率谱估计循环频率的范围，再遍历循环频率，代入式(7.3.7)计算 FBMC-OQAM 信号的四阶循环累积量。

当 $\alpha=f_n$ 时，由式(7.3.7)化简得第 n 路子载波的部分累积量为

$$-2\left\langle\left(d_n\otimes\sum_{k=0}^{K-1}h_{kN_c+n}\right)^4\mathrm{e}^{\mathrm{j}4\phi_n}\mathrm{e}^{-\mathrm{j}8\pi(\alpha-f_n)t}\right\rangle_t=-2\mathrm{e}^{\mathrm{j}4\phi_n}\left\langle d_n\otimes\sum_{k=0}^{K-1}h_{kN_c+n}\right\rangle_t^4\tag{7.3.8}$$

当 $\alpha\neq f_n$ 时，FBMC-OQAM 信号的四阶循环累积量为

$$-2\sum_{n=0}^{N_c-1}\left\langle\left(d_n\otimes\sum_{k=0}^{K-1}h_{kN_c+n}\right)^4\mathrm{e}^{\mathrm{j}4(2\pi f_n t+\phi_n)}\mathrm{e}^{-\mathrm{j}8\pi\alpha t}\right\rangle_t=-2\sum_{n=0}^{N_c-1}\mathrm{e}^{\mathrm{j}4\phi_n}\left\langle\left(d_n\otimes\sum_{k=0}^{K-1}h_{kN_c+n}\right)^4\mathrm{e}^{-\mathrm{j}8\pi(\alpha-f_n)t}\right\rangle_t=0\tag{7.3.9}$$

由于不同子载波传输的数据是相互独立的，且相互独立的两个随机序列的高阶循环累积量等于零[315]。

本节取方形 16QAM 调制方式，假设星座点等概率出现且均值为零，经过 OQAM 调制后实部与虚部拆分的传输符号 $d_n\in\{\pm1,\pm3,\pm i,\pm3i\}$，综合式(7.3.8)和式(7.3.9)可得 FBMC-OQAM 信号的四阶循环累积量为

$$|C_{40}^{\alpha}(0,0,0)|=\begin{cases}2\left|\sum_{n=0}^{N_c-1}\mathrm{e}^{\mathrm{j}4\phi_n}\left\langle d_n\otimes\sum_{k=0}^{K-1}h_{kN_c+n}\right\rangle_t^4\right|, & \alpha=f_n\\0, & \alpha\neq f_n\end{cases}\tag{7.3.10}$$

因此，仅存在调制数据符号和原型滤波器系数的代数关系；当 $\alpha\neq f_n$ 时，不同频率的随机序列相互独立，组合后的四阶循环累积量理论上等于零。由式(7.3.10)可知，四阶循环累积量的值与原型滤波器的 $\alpha=f_n$ 响应系数相关，该系数随多相网络的结构变化而变化。当 h_{kN_c+n} 取最大值时，$|C_{40}^{\alpha}(0,0,0)|$ 对应取最大值。根据式(7.1.7)所示，当重叠因子为偶数时，滤波器响应系数 $h(0)_{\max}$ 在 $\alpha=f_0$ 处取最大值；当重叠因子为奇数时，滤波器

响应系数 $h(0)_{max}$ 在 $\alpha=f_{N_c/2}$ 处取最大值。

综上所述：FBMC-OQAM 信号四阶循环累积量的子载波参数盲估计步骤如下；

(1) 利用截获的信号功率谱频率去估计循环频率的大致范围 $f_0\leqslant\alpha\leqslant f_{N_c-1}$。

(2) 根据(1)估计的循环频率代入式(7.3.10)算出信号的四阶循环累积量值并得到曲线 $\alpha-|C_{40}^{\alpha}(0,0,0)|$。

(3) 检测曲线峰值的位置能有效估计 FBMC-OQAM 信号的子载波参数，峰值个数表示子载波数目，峰值的横坐标间隔表示子载波间隔。

7.3.4 仿真实验与结果分析

在高斯白噪声下，验证 FBMC-OQAM 信号子载波参数估计性能。

实验 1：信噪比对 FBMC-OQAM 信号的四阶循环累积量性能分析。仿真条件：发送端采用 16OQAM 星座映射，每个子载波信道的码元个数为 3200 个，子载波个数 12，相邻子载波间隔 100Hz，当重叠因子为 4，初始频率 $f_0=2\text{kHz}$，数据采样频率 8kHz，在接收端将数据分成 50 段，对每一段数据求和后取平均值，来降低信号的随机性。

当 SNR＝2dB、6dB 时，循环频率 α 与归一化四阶循环累积量幅值如图 7.3.1 所示。在 SNR＝2dB 时，仅能看到 10 个载波的峰值，相邻子载波的间隔可以估计出来；在 SNR＝6dB 时，可以检测 $\alpha-|C_{40}^{\alpha}(0,0,0)|$ 曲线峰值个数估计子载波数为 12，检测相邻峰值距离估计相邻子载波间隔 $\Delta f=100\text{Hz}$，峰值对应的循环频率就是子载波频率，与预设的仿真条件一致。信噪比越大，子载波数目的估计性能越准确。由于原型滤波器时域响应的影响，重叠因子为偶数时，滤波器时域响应系数在 $\alpha=f_0$ 处最大，导致四阶循环累积量在 $\alpha=f_0$ 处取得最大值，FBMC-OQAM 信号的四阶循环累积量呈现凹型变化。

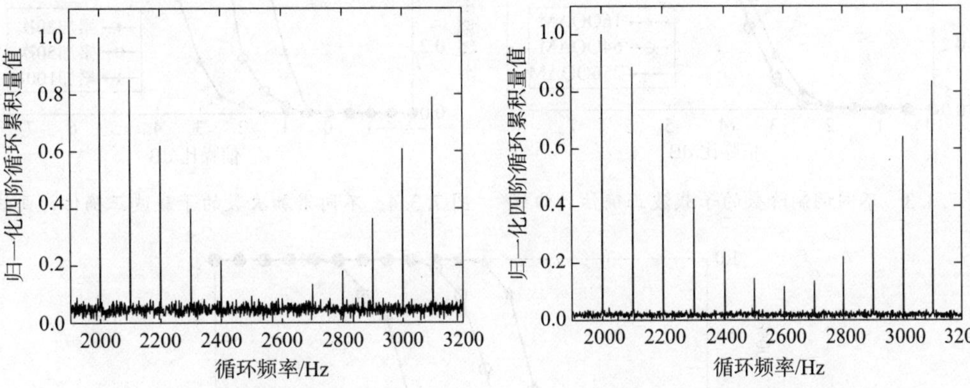

图 7.3.1　信噪比影响四阶循环累积量的变化

不同重叠因子对估计子载波数目和频率的估计性能影响。当 SNR＝4dB 时，图 7.3.2(a)表示 $K=3$ 时的累积量幅值，图 7.3.2(b)表示 $K=7$ 的归一化四阶循环累积量，四阶循环累积量的最大值在循环频率中央 $\alpha=f_{N_c/2}=2.6\text{kHz}$ 处，四阶循环累积量的值呈凸型变化。由于 K 为奇数，滤波器组的时域系数在载波频率中央处取得最大值，循环频率与四阶循环累积量呈凸型变化；重叠因子与时域响应系数呈正比关系，四阶循环累积量也增加，从而验证了四阶循环累积量与时域滤波器响应系数相关。

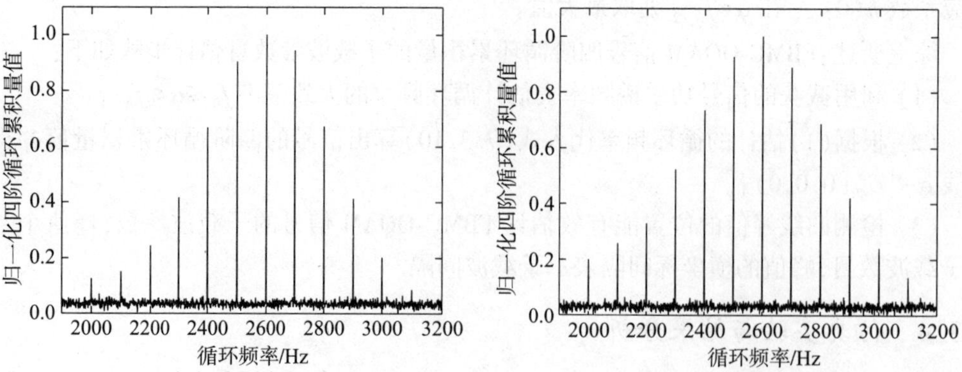

（a）重叠因子K=3　　（b）重叠因子K=7

图 7.3.2　重叠因子对四阶循环累积量的影响

实验 2：调制方式对子载波数目和子载波频率的估计性能分析。码元星座映射分别采用16/64/256 OQAM 调制，子载波数 $N_c=12$，$K=4$，SNR 取 0~8dB，间隔 0.5dB 求子载波数的正确估计概率，其他仿真条件参照实验 1，蒙特卡洛实验次数为 500 次。仿真结果如图 7.3.3~图 7.3.5 所示。

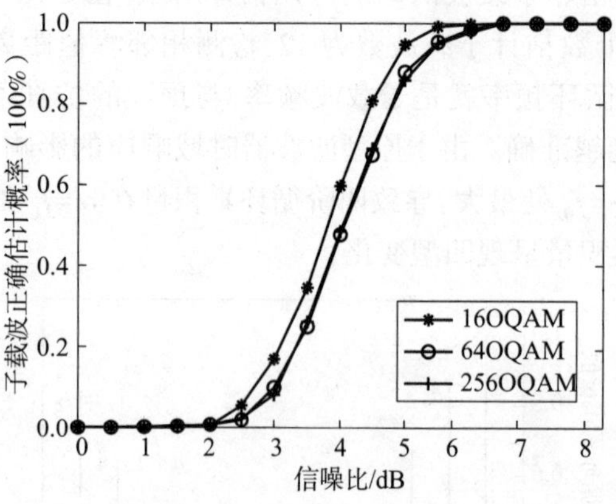

图 7.3.3　不同调制阶数的子载波正确估计曲线

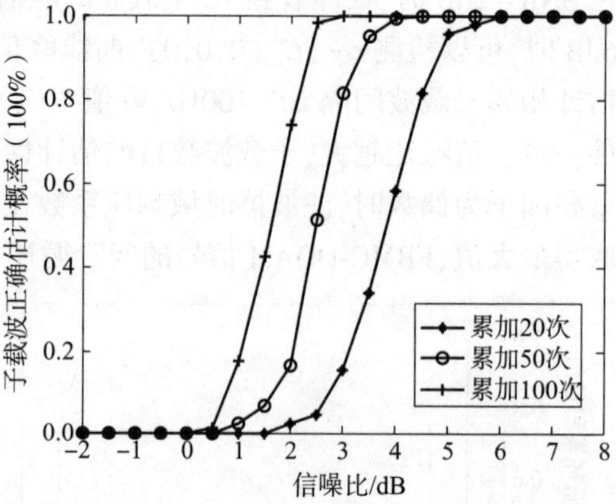

图 7.3.4　不同累加次数的子载波正确估计曲线

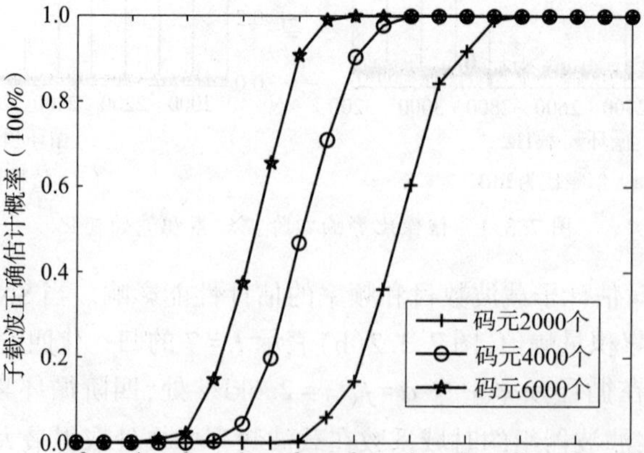

图 7.3.5　码元个数估计子载波正确率曲线

由图 7.3.3 可知,码元星座映射方式对四阶循环累积量估计子载波参数的影响不大,当 SNR≥6.5dB 时,不同码元星座映射均能实现子载波数的正确估计。

图 7.3.4 验证了累加次数对 FBMC-OQAM 信号子载波频率和数目的正确估计曲线,在累加为 20 次、50 次、100 次求平均值来估计子载波的正确估计率,每段信号包括 2000 个码元信息,SNR=-2~8dB 时,蒙特卡洛实验次数为 200 次。仿真图表明:当累加 100 次时,子载波参数估计在 SNR≥6dB 时达到 100%,累加 20 次时 SNR≥6dB 才达到 100%。累加次数越大,抗噪声性能越好,累加求平均值能够有效地抑制噪声对算法的影响。

图 7.3.5 说明了码元个数对子载波估计正确率的影响,码元个数分别取 2000、4000、6000,采用累加 20 次求平均估计子载波数,蒙特卡洛实验次数为 500 次。曲线表明:当 SNR>3dB 时,码元个数为 6000 比 2000 的正确估计概率提升了 3dB 的增益,每段所取的码元个数越多正确概率越高。

实验 3:重叠因子对子载波频率和数目正确估计概率的曲线分析。仿真条件:码元信息采用 16OQAM 星座映射,重叠因子 $K=3\sim8$,每段截获 2000 个信息码元,累加 30 次求四阶循环累积量的平均,蒙特卡洛仿真 500 次。仿真结果如图 7.3.6 和图 7.3.7 所示。

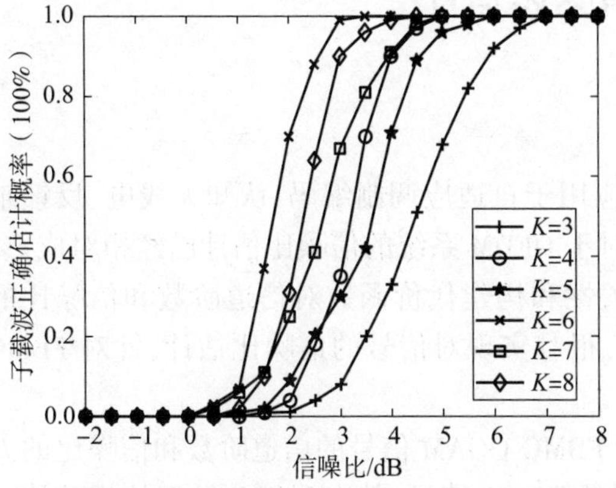

图 7.3.6　不同重叠因子的子载波正确估计曲线

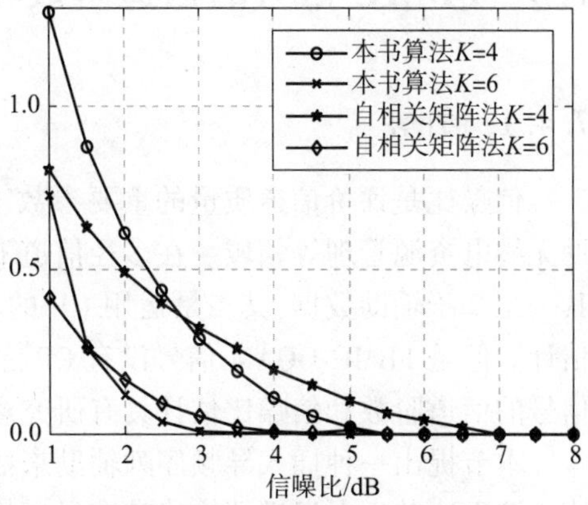

图 7.3.7　子载波数估计的均方根误差

由图 7.3.6 可知:当 $K=3$ 时,子载波的正确估计概率在 SNR=7dB 处为 98%以上;当 $K=6$ 时,子载波的正确估计概率在 SNR=3dB 处为 98%以上。随着重叠因子的增加,子载波数目的正确估计概率的信噪比提高了 4dB,同时,原型滤波器的时域系数也增加,引起子载波正确估计概率也跟着提高。然而 K 越大,滤波器组重叠的符号越多,有效传输速率就越低。

在仿真条件相同的条件下,图 7.3.7 描述了本书子载波数估计算法与参考文献[124]基于自相关矩阵子载波数估计算法(自相关矩阵法)的性能对比。在重叠因子 $K=4$、6 时,对两种估计算法的性能分析。定义估计偏差函数为均方根误差(Root Mean Square Error, RMSE)函数,即 $\mathrm{RMSE}=\sqrt{\sum_{m=1}^{M}(N_c-\hat{N}_c)^2/M}$,$M$ 为蒙特卡洛次数,$M=500$。

仿真结果表明:当重叠因子 K 为 4,信噪比 SNR>3dB 时,本书算法的估计性能优于参考文献[124]自相关矩阵法,在 5.5dB 就能准确估计。在低信噪比下,本书算法的四阶循环累积量最小值不易被检测,导致估计的子载波数目的 RMSE 值大于自相关矩阵算法,但是随着信噪比增加，高阶循环累积量估计的性能更优。随着重叠因子的增加，原型滤波器系数增加导致自相关矩阵法和四阶循环累积量算法的估计性能均提升，但是系统硬件要求也提高了，且参考文献[124]自相关矩阵法不能有效估计子载波频率。

7.3.5　本节小结

在非协作通信应用中，子载波参数盲估计给解调和信号检测提供了前提条件。本节运用四阶循环累积量方法估计了 FBMC-OQAM 信号的子载波数和载波频率，理论表明，FBMC-OQAM 信号的四阶循环累积量与原型滤波器时域响应系数相关，通过多相网络实现滤波处理时，引起响应系数随重叠因子变化而变化。当重叠因子为偶数时，FBMC-OQAM 信号的四阶循环累积量曲线呈凹形变化；当重叠因子为奇数时，FBMC-OQAM 信号的四阶循环累积量曲线呈凸形变化，两种情况下均能对信号的子载波频率和数目盲估计。在低信噪比下，可以通过估计较大峰值的间隔和频谱范围确定子载波参数，当 SNR>2dB 时，子载波数目的正确估计率为 98%。

7.4　FBMC 信号的信道阶数和信噪比估计

7.4.1　引言

信噪比是评价信道质量的重要参数，可应用于自适应调制编码、认知无线电、反馈辅助无线电资源管理等领域。在多径信道下，对于 OFDM 系统的信噪比估计已经相对成熟，其一是基于辅助数据，其二是运用 CP 的相关性和构建代价函数对信道阶数和信噪比的估计。但是 FBMC-OQAM 信号没有 CP 序列，很难实现对信号的信噪比估计，针对 FBMC 信号的信道阶数和信噪比估计具有研究意义。

本节提出一种插入导频序列辅助来估计 FBMC-OQAM 信号的信道阶数和信噪比的方法。该方法首先在发送端构建带有导频序列的 FBMC 符号；其次利用此导频的相关特性求得信号功率和噪声方差，噪声方差的估计需先估计出信道阶数，因此提出利用导频序列的冗余性和信道记忆性构建联合极大几何均值的代价函数来估计信道阶数；最后利用导频符号的信号功率和噪声方差估计出信号的信噪比。

7.4.2　FBMC-OQAM 符号模型

频谱资源在无线通信系统中尤为重要，通常运用载波间混叠的方式来提高频谱利用率，但是会造成一定的混叠干扰。因此，FBMC 系统采用偏移正交幅度调制来避免混叠干扰。其原理是将 QAM 调制的复数信号拆分为实部和虚部后错开半个码元周期传输，然后经过 IFFT 实现多载波调制，再通过多相网络完成时域加窗，可参考 7.1 节 FBMC 信号系统的基本原理。

假设发送端具有 N_c 个子载波信号，某一时刻的第 i 个时隙的 FBMC-OQAM 符号可表示为

$$s(t)=\sum_{i\in \mathbf{Z}}\sum_{n=0}^{N_c-1}\left[C_{n,i}^{\mathrm{R}}p_T(t-iN_c)+C_{n,i}^{\mathrm{I}}p_T\left(t-iN_c-\frac{N_c}{2}\right)\right]\mathrm{e}^{\mathrm{j}\left(\frac{2\pi}{N_c}t+\frac{\pi}{2}\right)n} \tag{7.4.1}$$

式中:每路子信道信号经过 OQAM 调制后用 $C_{n,i}$ 表示,对应的第 i 个时隙的第 n 个子载波的实部和虚部为 $C_{n,i}^{\mathrm{R}}$ 和 $C_{n,i}^{\mathrm{I}}$,两者错开 $N_c/2$ 个周期相互独立传输,且符号间也交替传输;$p_T(t)$ 表示原型滤波器。

利用插入导频序列符号的思想,在 FBMC 符号前插入导频序列,即为截取 N_g 个 FBMC 符号序列。设发送端的 FBMC 系统经过多径信道建立脉冲响应模型,每一路径对应的增益系数为 $h_l(l=0,1,\cdots,L-1)$,最大时延对应的抽头个数为 L,即信道阶数。若接收端的 FBMC 系统已经实现同步,则接收端第 i 个 FBMC 符号的导频序列和有用符号信息可表示为

$$y_i(n)=\sum_{l=0}^{L-1}h_l s_i(n-l)+w(n),\quad n=0,1,\cdots,N-1 \tag{7.4.2}$$

式中:$N=N_c+N_g$,表示子载波数和导频序列的总长度;$s_i(n)$ 表示一个插入导频序列后的 FBMC 符号;$w(n)$ 表示高斯白噪声,满足 $w(n)\sim CN(0,\sigma_w^2)$。其多径信道下 FBMC 帧结构框图如图 7.4.1 所示。

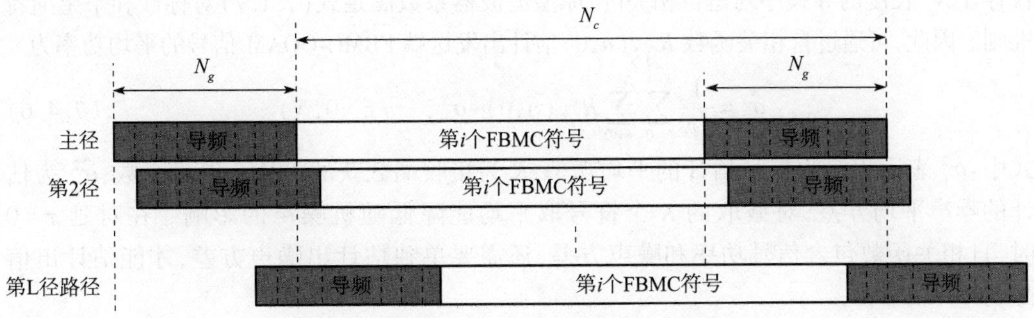

图 7.4.1　多径信道下 FBMC 帧结构框图

导频序列的数据符号是 FBMC 符号中后 N_g 个采样点的复制,两者之间具有较强的相关性,每一径的增益系数相同,即满足

$$s_i(n)=s_i(n+N_c),\quad n\in[0,N_g) \tag{7.4.3}$$

当信道阶数对应的最大时延大于导频序列长度时,存在有用数据序列的干扰,破坏了导频序列的相关性,且相邻符号间存在干扰。本书可以通过增加导频长度来抑制有用数据序列的干扰,却降低了通信系统的频谱利用率,增加了计算复杂度,不利于系统硬件实现的开销。因此,本书仅考虑最大时延小于导频序列长度的情况。

7.4.3　FBMC-OQAM 信道阶数、信噪比估计理论分析

1. FBMC-OQAM 信号功率分析

通信信号具有随机平稳特性,可以采用循环自相关切面图的时变自相关函数和谱相关密度函数分析信号功率[316]。时变自相关函数对接收端的信号功率估计更为简便,插入的导频数据序列与 FBMC 符号中后 N_g 个序列点仍具有平稳相关性。

联合式(7.4.1)和式(7.4.2)可得接收端的 FBMC-OQAM 信号为

$$y_i(n)=\sum_{i\in\mathbf{Z}}\sum_{n'=0}^{N_c-1}\sum_{l=0}^{L-1}h_l\left\{\left[C_{n',i}^{R}p_T(n-l-iN)+C_{n',i}^{I}p_T\left(n-l-iN-\frac{N}{2}\right)\right]\mathrm{e}^{\mathrm{j}\left(\frac{2\pi}{N}n+\frac{\pi}{2}\right)n'}+w(n)\right\} \tag{7.4.4}$$

式中：$n=0,1,\cdots,N-1$，在多径信道下，利用此特性分析每个符号采样点的时变自相关函数为

$$\begin{aligned}R_{yy^*}^{i}(n,\tau)&=E[y_i(n)y_i^*(n+\tau)]=\sum_{l=0}^{L-1}E[|h_l|^2][s_i(n-l)s_i^*(n-l+\tau)+\sigma_w^2\delta(\tau)]\\&=\sum_{l=0}^{L-1}E[|h_l|^2][(R_{C_{n',i}^{\mathrm{R}}}+R_{C_{n',i}^{\mathrm{I}}})p_T(n-l)p_T^*(n-l+\tau)\mathrm{e}^{-\mathrm{j}\frac{2\pi\tau}{N}}+\sigma_w^2\delta(\tau)],n\in s[0,N)\end{aligned}\tag{7.4.5}$$

式中：τ 为自相关函数的时延；$\tau\in[0,N_g)$；$*$ 表示取符号共轭，复数信号的实部与虚部分两路传输后相互独立，因此仅有实部自相关函数 $R_{C_{n',i}^{\mathrm{R}}}$，虚部自相关函数 $R_{C_{n',i}^{\mathrm{I}}}$；$E[\cdot]$表示数学期望；$\sum_{l=0}^{L-1}E[|h_l|^2]$表示 L 径的内积和；δ 表示克罗内克函数。

当 $\tau=0$ 时，有用符号的实部与虚部相互独立，仅存在实部、虚部和噪声的自相关函数，互相关值均为零。设整个信道增益系数之和满足 $\sum_{l=0}^{L-1}E[|h_l|^2]=1$，由式(7.4.3)可知，仅存在 N_g 长度的导频序列是自相关的，原型滤波器系数满足式(7.1.7)对称性和奈奎斯特准则。因此，可通过自相关函数 $R_{yy^*}(n,0)$ 估计出发送端 FBMC-OQAM 信号的平均功率为

$$\hat{\sigma}_s^2=\frac{1}{KN}\sum_{k=0}^{K-1}\sum_{n=0}^{N-1}R_{yy^*}^{k}(n,0)-\hat{\sigma}_w^2,\quad n\in[0,N)\tag{7.4.6}$$

式中：$\hat{\sigma}_s^2$ 表示由接收信号估计的平均功率；K 为接收端截获的 FBMC 符号个数；$\hat{\sigma}_w^2$ 为估计的噪声平均方差，对截取的 K 个符号取平均能降低随机噪声的影响。在时延 $\tau=0$ 时，自相关函数包含信号功率和噪声方差，还需要单独估计出噪声方差，才能估计出信号功率。

2. FBMC-OQAM 信号噪声方差分析

针对 OFDM 信号噪声方差估计问题，都是利用复制的 CP 序列差值来估计噪声方差。因此，对于 FBMC-OQAM 信号来说，利用插入的导频序列差来估计噪声方差是有效的，多径延迟导致导频序列中含有相邻序列的干扰和有用信息，定义差值序列 $\Delta y_i(n)$ 满足

$$\Delta y_i(n)=y_i(n+N_{\mathrm{c}}-l)-y_i(n-l)=\begin{cases}\sum_{l=0}^{L-1}h_l[\Delta s_i(n)+\Delta\boldsymbol{\eta}_i(n)], & n\in[0,L-1]\\\sum_{l=0}^{L-1}h_l[\Delta\boldsymbol{\eta}_i(n)], & n\in[L,N_g]\end{cases}\tag{7.4.7}$$

式中：$\Delta y_i(n)$表示第 i 个符号导频序列的差值，当 $n\in[0,L-1]$时，Δy_i 包含相邻导频序列差和噪声差；$\Delta s_i(n)$表示相邻导频序列干扰信息的差值为 $\Delta s_i(n)=s_i(n+N_{\mathrm{c}}-l)-s_{i-1}(n-l)$；当 $n\in[L,N_g)$时，理论上导频序列的信息序列差相消为零，且每个点相互独立。因为 $w(n)$满足 $CN(0,\sigma_w^2)$，则 $\Delta\boldsymbol{\eta}_i(n)=w_i(n+N_{\mathrm{c}}-l)-w_i(n-l)$，对应的均值和方差分别为

$$E[\Delta\boldsymbol{\eta}_i(n)]=E[w_i(n+N_{\mathrm{c}}-l)-w_i(n-l)]=E[w_i(n+N_{\mathrm{c}}-l)]-E[w_i(n-l)]=0\tag{7.4.8}$$

$$\begin{aligned}E[|\Delta\boldsymbol{\eta}_i(n)|^2]&=E[|w_i(n+N_{\mathrm{c}}-l)-w_i(n-l)|^2]\\&=E\{[w_i(n+N_{\mathrm{c}}-l)-w_i(n-l)][w_i(n+N_{\mathrm{c}}-l)-w_i(n-l)]^*\}\\&=2\sigma_w^2\end{aligned}\tag{7.4.9}$$

因此，可得复高斯白噪声满足均值为零，方差为 $\sigma_{\Delta\eta}^2=2\sigma_w^2$。当 $n\in[L,N_g)$ 时，仅存在噪声差信息，由此可估计的噪声方差满足

$$\hat{\sigma}_w^2=\frac{1}{2K(N_g-\hat{L})}\sum_{k=0}^{K-1}\sum_{n=\hat{L}}^{N_g-1}|\Delta y_k(n)|^2 \tag{7.4.10}$$

综上所述，首先要估计出信道阶数，才能准确估计出噪声方差，根据噪声方差，才能有效估计出信号功率构建信噪比估计器。联合式(7.4.6)和式(7.4.10)可估计出接收端信号的信噪比为

$$\widehat{\mathrm{SNR}}=\frac{\hat{\sigma}_s^2}{\hat{\sigma}_w^2} \tag{7.4.11}$$

式中：$\widehat{\mathrm{SNR}}$表示估计的信噪比。由此可见，有效地估计出信道阶数$\hat{L}$是估计信噪比的前提条件。对于多径信道下信噪比的估计问题，只有精确估计出信道阶数，才能实现信噪比的估计。

3. FBMC-OQAM 信道阶数估计

MGM(联合极大几何平均值，joint Maximum Geometric Mean)算法：在低信噪比情况下，常规利用序列相关性的方法估计性能不佳，MGM 算法联合导频序列的冗余性和信道记忆性来构建估计信道阶数的代价函数[317]。通过最大化代价函数估计出信道阶数为

$$\hat{L}=\underset{0\leqslant j\leqslant N_g-1}{\operatorname{argmax}}[\mathrm{MGM_P}(j)+\mathrm{MGM_H}(j)] \tag{7.4.12}$$

式中：$\mathrm{MGM_P}(j)$表示导频序列冗余性；$\mathrm{MGM_H}(j)$表示信道记忆性；argmax[·]表示最大化代价函数。

根据式(7.4.2)得到辅助序列的自相关系数样本集$\{r_d\}$，$d\in[0,N_g)$，即

$$r_d=\frac{\sum_{n=0}^{KN-d-1}y(n)y^*(n+d)}{\sum_{n=0}^{KN-1}|y(n)|^2} \tag{7.4.13}$$

假设 $L=j,j=0,1,\cdots,N_g-1$ 成立时，构建样本集辅助函数：

$$\xi(d)=\frac{r_{d+1}}{N_g-j},\quad j\in[d,N_g-1] \tag{7.4.14}$$

辅助的随机函数 $\xi(d)$ 满足指数分布[320]，其均值为 0，方差 $\sigma_{\xi,j}^2=1/[KN(N_g-j)^2]$。

根据参考文献[320]可得信道记忆性的代价函数为

$$\mathrm{MGM_H}(j)=-\alpha\lg\sigma_{\xi,j}^2-\frac{1}{N_g-j}\sum_{d=j}^{N_g-j}\frac{|\xi(d)-0|^2}{\sigma_{\xi,j}^2} \tag{7.4.15}$$

式中：$\alpha\in(0,5]$，为常量，随着 α 的增加，虚警概率和检测概率均下降，所以需要选择一个合适的参数来调整信道阶数的估计性能。同理，根据式(7.4.7)可得到导频序列的有用序列差值和高斯白噪声差值，令导频序列构造辅助随机变量。

$$\Psi_F(d)=\frac{\sigma_y^2(d)}{N_g-j} \tag{7.4.16}$$

$$J(j)=\frac{1}{N_g-j}\sum_{d=j}^{N_g-1}\sigma_y^2(d) \tag{7.4.17}$$

$$\sigma_y^2(d)=\frac{1}{2K}\sum_{k=0}^{K-1}|y_k(d)-y_k(d+N)|^2 \tag{7.4.18}$$

式中：$\sigma_\gamma^2(d)$ 表示对截取的 FBMC-OQAM 符号数的导频序列差。根据式(7.4.16)～式(7.4.18)计算得到辅助函数的均值和方差为

$$\Psi_F(d) \sim CN(\mu_{\Psi,j},\sigma_{\Psi,j}^2) \tag{7.4.19}$$

式中：均值 $\mu_{\Psi,j}=J(j)/(N_g-j)$，方差 $\sigma_{\Psi,j}^2=[J(j)]^2/[K(N_g-j)^2]$，因此可得基于辅助序列的冗余性代价函数为

$$\mathrm{MGM_P}(j)=-\alpha\lg\sigma_{\Psi,j}^2-\frac{1}{N_g-j}\sum_{d=j}^{N_g-j}\frac{|\Psi_F(d)-\mu_{\Psi,j}|^2}{\sigma_{\xi,j}^2} \tag{7.4.20}$$

将式(7.4.15)、式(7.4.20)代入式(7.4.12)最大化代价函数估计出信道阶数为

$$\hat{L}_{\mathrm{MGM}}=\underset{0\leqslant j\leqslant N_g-1}{\operatorname{argmax}}[\mathrm{MGM_P}(j)+\mathrm{MGM_H}(j)] \tag{7.4.21}$$

MDL 算法：参考文献[319]运用信息论方法中最小描述长度准则估计 OFDM 系统的信道阶数。在此基础上分析了 MDL 准则在 FBMC-OQAM 信号中的实现原理，它不需要任何先验知识和阈值设定，就能准确估计出信道阶数 $\hat{L}$。令 $j\in[0,N_g-1]$，多径信道下根据式(7.4.7)可得第 j 个前缀序列的展开式为

$$\begin{aligned}\Delta\boldsymbol{y}_{k,0:j}(j)&=\boldsymbol{H}[\Delta\boldsymbol{S}(j)+\Delta\boldsymbol{\eta}(j)]\\&=\begin{pmatrix}h_1&0&\cdots&0\\h_1&h_2&\cdots&0\\\vdots&\vdots&&\vdots\\h_1&h_2&\cdots&h_L\end{pmatrix}\begin{pmatrix}\Delta s_1(j)\\\Delta s_2(j)\\\vdots\\\Delta s_L(j)\end{pmatrix}+\boldsymbol{H}\begin{pmatrix}\Delta\eta_1(j)\\\Delta\eta_2(j)\\\vdots\\\Delta\eta_L(j)\end{pmatrix}\end{aligned} \tag{7.4.22}$$

式中：定义向量 $\Delta\boldsymbol{y}_{k,0:j}=[\Delta y_k(0),\Delta y_k(1),\cdots,\Delta y_k(j)]^{\mathrm{T}}$ 表示第 k 个符号的第 j 个序列差值向量；$\Delta\boldsymbol{S}_k(n)$ 表示 k 个符号每径信道的码元差值向量；$\Delta\boldsymbol{\eta}_k(n)$ 表示噪声差值向量；$\boldsymbol{H}$ 表示信道增益系数矩阵。根据式(7.4.22)构建协方差矩阵为

$$\boldsymbol{R}_j=\frac{1}{K}\sum_{k=1}^{K}\Delta\boldsymbol{y}_{k,0:j}(\Delta\boldsymbol{y}_{k,0:j})^{\mathrm{H}}=\boldsymbol{H}\boldsymbol{R}_{\Delta S}\boldsymbol{H}^{\mathrm{H}}+\sigma_{\Delta\eta}^2\boldsymbol{I}_L \tag{7.4.23}$$

式中：$(\Delta\boldsymbol{y}_{k,0:j})^{\mathrm{H}}$ 表示 Hermitian 矩阵；$\boldsymbol{R}_{\Delta S}=E[\Delta\boldsymbol{S}(\Delta\boldsymbol{S})^{\mathrm{H}}]$ 表示多径信道下干扰码元的协方差矩阵；$\boldsymbol{I}_L$ 表示单位矩阵。由于 $\boldsymbol{R}_j$ 计算烦琐，因此提出一种简便的 MDL 算法估计信道参数，对应步骤如下：

步骤(1)：利用式(7.4.23)求出协方差矩阵 $\boldsymbol{R}_{N_g-1}$，进行特征值分解得到 λ_j，利用特征值得到行列式表达式 $\det(\boldsymbol{R}_j)$，即

$$\det(\boldsymbol{R}_j)=\frac{\sum_{i=j+1}^{N_c}\lambda_i/(N_g-j)}{\left(\prod_{i=j+1}^{N_c}\lambda_i\right)^{1/N_g-j}} \tag{7.4.24}$$

式中：Π 表示求积。

步骤(2)：提取 $\boldsymbol{R}_{N_g-1}$ 的对角线系数，令 r_j 为 $\boldsymbol{R}_{N_g-1}$ 的第 $j+1$ 个对角线系数。

步骤(3)：令 $\gamma_0=\sum_{j=0}^{N_g-1}r_j$，计算 $\gamma_j=\gamma_{j-1}-r_{j-1}$，$j=1,2,\cdots,N_g-1$，根据式(7.4.24)和信息论准则定义求得 MDL 算法表达式：

$$\mathrm{MDL}(j)=K\lg[\det(\boldsymbol{R}_j)]+K(N_g-j)\lg\left(\frac{\gamma_j}{N_g-j}\right)+0.5j(2N_g-j)\lg(K) \tag{7.4.25}$$

由此可以最小化代价函数估计出信道阶数为

$$\hat{L}_{\mathrm{MDL}}=\underset{j=0,1,\cdots,N_g-1}{\operatorname{argmin}}\{\mathrm{MDL}(j)\} \tag{7.4.26}$$

综合以上分析,可得该估计器流程框图如图 7.4.2 所示,流程图说明:

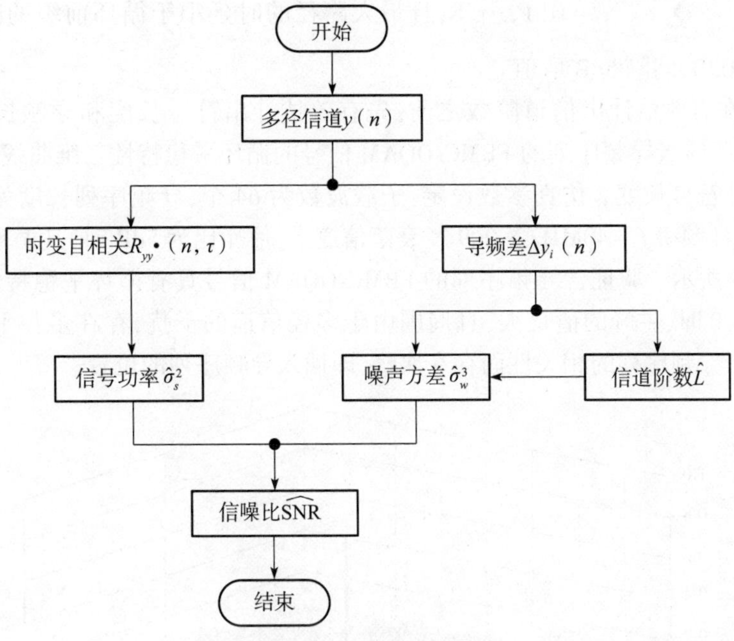

图 7.4.2　估计器流程框图

(1) 在多径信道下,接收端截获加入导频序列的 FBMC-OQAM 信号 $y(n)$,求出信号的时变自相关函数式(7.4.5),当时延 $\tau=0$ 时,利用时变自相关函数估计出信号功率表达式$\hat{\sigma}_s^2$,但前提是估计出噪声方差。

(2) 根据式(7.4.7)求得导频序列差 $\Delta y_i(n)$,当导频序列长度大于信道阶数时,导频序列差存在相邻符号的干扰和噪声方差。当 $n\in[L,N_g)$ 时,仅存在噪声的方差,根据式(7.4.10)可估计出噪声的方差为$\hat{\sigma}_w^2$。根据表达式可知,信道阶数的估计是估计噪声方差的前提要求。

(3) 关于信道阶数的估计,提出 MGM 和 MDL 算法。MGM 算法:首先利用式(7.4.13)的自相关系数构造辅助函数 $\xi(d)$,求得辅助函数的数学期望和方差,再利用信道记忆性构建式(7.4.15)的代价函数;同理,利用式(7.4.16)构造辅助函数,得到冗余性的代价函数,最大化代价函数估计出信道阶数$\hat{L}_{\mathrm{MGM}}$。MDL 算法:首先利用式(7.4.22)构建协方差矩阵 $\boldsymbol{R}_j$,然后求得行列式表达式,根据信息论准则得到式(7.4.25),最小化 MDL(j)估计出信道阶数$\hat{L}_{\mathrm{MDL}}$。

(4) 将步骤(3)估计的信道阶数代入步骤(2)求得噪声方差,然后联合步骤(1)估计出信噪比$\widehat{\mathrm{SNR}}$。

7.4.4 仿真实验与结果分析

为了验证该估计器的估计性能,在 MATLAB 软件上仿真实验。仿真条件:每路子载波均采用 128OQAM 调制,重叠因子为 4,符号个数取 24,采样频率为 40MHz,采样率为 1bit/chip,蒙特卡洛仿真次数取 10^4 次。信道阶数为 9 径的多径模型,每径增益系数满足 $E(|h_l|^2)=e^{-l/3}/\sum_{l=0}^{L-1}\mathrm{e}^{-l/3}, l=0,1,\cdots,8$,且最大路径的时延小于循环前缀的间隔,信噪比 SNR = −10 ~ 60dB,间隔 5dB 取值。

实验 1:在有效估计出信道阶数之前,先有效估计出符号长度和导频长度及导频位置,实验验证了插入导频序列的 FBMC-OQAM 信号的循环平稳特性三维曲线,利用三维曲线的切面估计符号长度。仿真参数设定:子载波数为 64 个,导频序列长度为 16 个,带宽为 40MHz,采样频率 f_s = 40MHz。在 9 径衰落信道下,信噪比为 5dB 时,其循环自相关三维图如图 7.4.3 所示。验证含导频序列的 FBMC-OQAM 信号具有循环平稳特性,且在循环频率 $\alpha=0,\tau=0$ 时,主峰的值最大,且周围由于多径信道的干扰,存在多径干扰信号。当 $\tau=T_u$ 时,由于导频序列的相关性而存在次峰,即插入导频序列的位置。

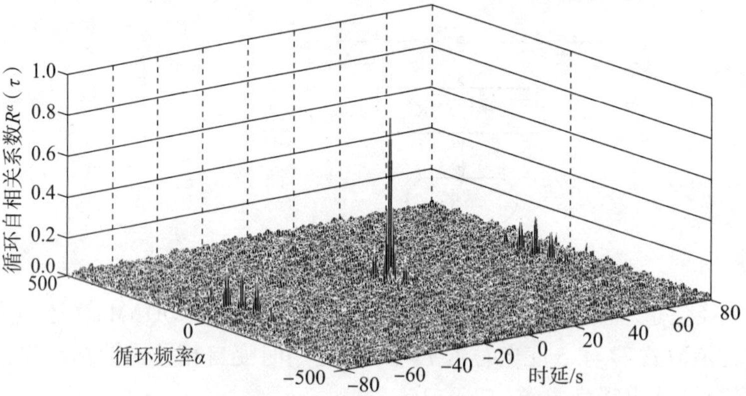

图 7.4.3　含导频 FBMC 信号的循环自相关三维图

当 $\alpha=0$ 时对应的切面图如图 7.4.4(a)所示,即为时变自相关函数,对应式(7.4.5),主峰对应的值为信号功率,主峰旁边存在多径时延带来的干扰。次峰值为导频序列的功率,主峰与次峰的时延相差 $\tau=1.6\times10^{-6}$,即可以有效估计有用符号长度 T_u = 1.6μs,其有用符号长度为 $N_c=\tau B=64$。当 $\tau=T_u$ 时的循环频率切面图如图 7.4.4(b)所示。相邻峰值的间隔为 0.5MHz,其插入导频序列的 FBMC 符号长度为 $T=1/\alpha=2\mu s$,由此可得导频序列的长度。从而能有效提取出导频序列和参数,为后续信道阶数和信噪比的估计提供了前提条件。

实验 2:在不同载波数目下信道阶数的正确估计概率和估计性能误差对比。图 7.4.5 表明对$\hat{L}$的正确估计概率曲线(Probability of Correct Detection, PoCD)。由图可知,在信噪比为 25dB 时,MGM 算法的 PoCD 接近于 98%,然而 MDL 算法在信噪比为 45dB 时达到这个值,在低信噪比下 MGM 算法的估计性能明显优于 MDL 算法,在高信噪比下 MDL 算法估计的精度更加准确。

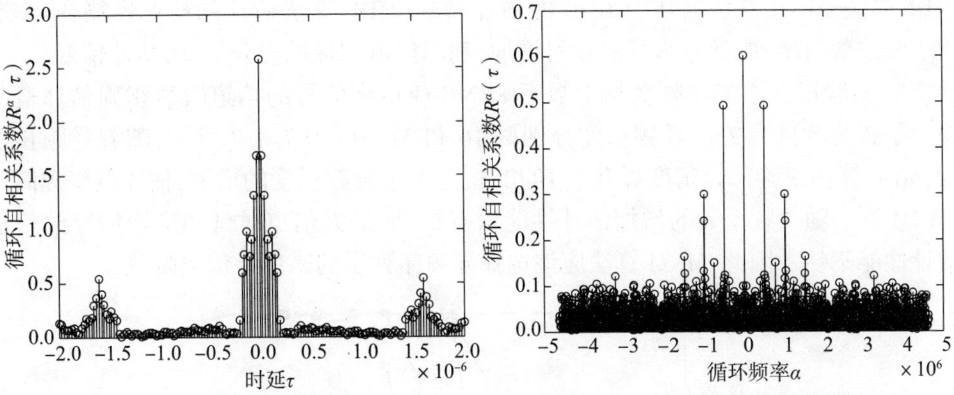

（a）时变自相关函数　（b）当$\tau = T_u$时切面图

图 7.4.4　循环自相关切面图

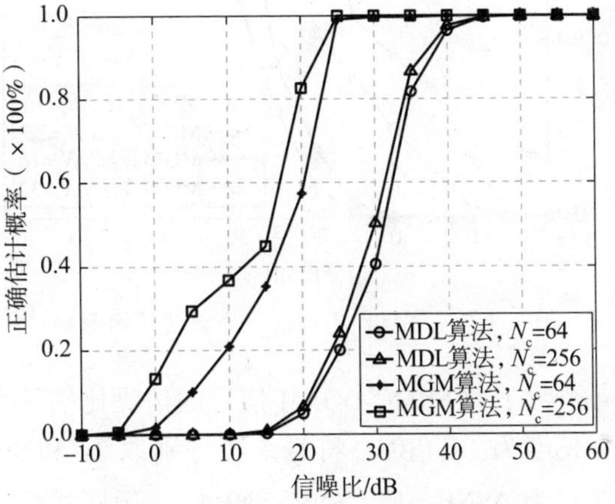

图 7.4.5　信道阶数的正确估计概率

图 7.4.6 表示子载波数对信道阶数估计性能分析。运用归一化均方误差（Normalized Mean Squared Error, NMSE）表明对$\hat{L}$估计精度的性能对比，定义 $\text{MMSE} = E[(L-\hat{L})^2]/L^2$。插入导频序列个数保持不变。随着载波数目的增加，MGM 算法估计性能相应地提高；相

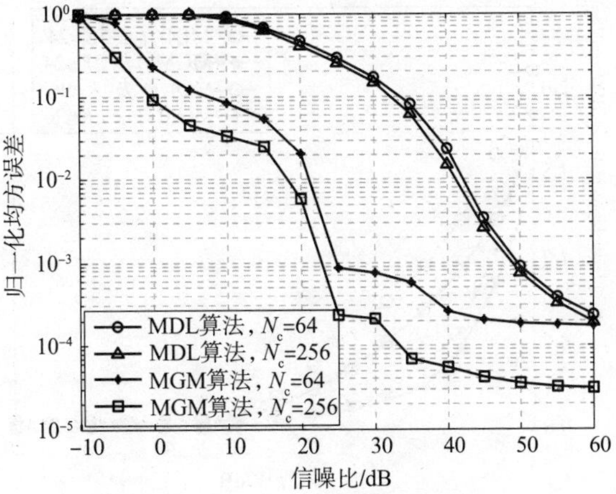

图 7.4.6　信道阶数估计的 NMSE

比 MDL 算法,MGM 算法提升了 1/10 的估计精度,MDL 算法估计的精度性能变化较小。由于子载波数目增加,导致采样点数目增加,利用信道记忆性提升了$\hat{L}$的估计精度。

实验 3:验证在不同导频数据个数下 FBMC-OQAM 信号的信道阶数正确估计概率的影响。子载波数目为 256,导频长度分别取 16 和 32。由图 7.4.7 可知,随着导频长度的增加,MDL 算法正确估计精度提升了 10dB,这是由于导频长度的增加,估计概率提高。然而,MGM 算法随导频个数的增加估计性能没有提升,最大信道时延相应增加导致信道阶数估计性能不佳。因此,MGM 算法应该选择导频序列小的来估计信道阶数。

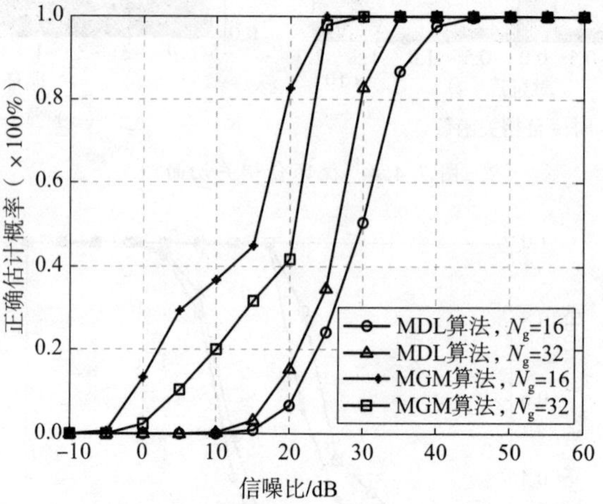

图 7.4.7　导频长度对信道阶数估计的影响

实验 4:在不同符号个数下对 FBMC-OQAM 信号的信噪比估计影响,如图 7.4.8 所示。子载波数目为 256,导频长度为 16,FBMC 符号个数分别取 24 和 96,取自相关时延为零。定义绝对信噪比估计偏差为 $\Delta\mathrm{SNR}=E[|\widehat{\mathrm{SNR}}-\mathrm{SNR}|]$。运用式(7.4.11)仿真结果如图,随着符号个数增大,估计精度增加;在信噪比为 0dB 时,MGM 算法的估计偏差为 0.5dB 左右,MDL 算法估计精度为 0.9dB 左右,由此可见,MGM 算法在低信噪比下估计性能优于 MDL 算法,在 SNR>25dB 时,估计精度为 0.1dB。由于增加的符号个数提升了样本数据集,减小了平均估计误差。

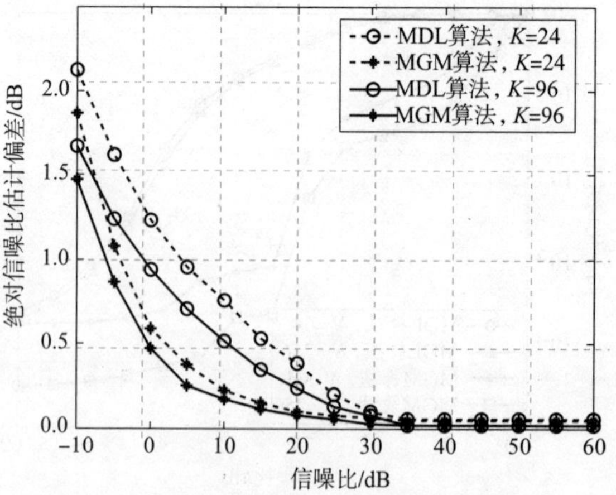

图 7.4.8　不同符号数对信噪比估计偏差

7.4.5　本节小结

本节针对 FBMC-OQAM 信号的信道阶数和信噪比难估计问题，提出一种插入导频序列的方法来构建代价函数，且分析发现信道阶数是估计信噪比的必要条件。首先利用时变自相关函数求得信号功率；其次运用插入的导频序列差估计噪声方差，但是信道阶数是噪声方差估计的前提条件，因此本节针对信道阶数的估计分析了代价函数方法（MGM）和信息论准则（MDL）的方法，利用信道冗余性和信道记忆性的代价函数方法比 MDL 算法的估计精度提高了 1/10；最后利用精确估计的信道阶数估计出噪声方差，从而实现对信噪比的有效估计。

7.5　基于高阶统计量及 BP 神经网络的 FBMC 信号调制识别

7.5.1　引言

在非协作通信背景下，对接收端信号检测和解调的前提条件是对载波调制信号的成功识别，尤其是自适应调制与编码（Adaptive Modulation and Code，AMC）的设计是特别关键的环节。随着 AMC 技术的发展，衍生出两类方法：基于似然函数的决策树理论法和基于统计特性的特征提取法，相比决策理论法，特征提取在稳定性和识别率上更具有优势。

针对信号的调制方式识别问题，主要集中在单载波信号的调制识别上，对 OFDM、FB-MC 信号的调制识别较少。特征提取的主要方法为高阶统计量[332,323]和循环谱算法[324-325]、星座图聚类算法[331]以及小波变换算法[155,326]等。根据 3GPP 规划的 5G 调制方式有 MPSK、MQAM，高阶 QAM 调制方式能提升 5G 的传输率效率，被广泛应用于 eMBB 应用场景中。高阶矩算法可有效识别高阶 QAM 且能有效抑制高斯白噪声的干扰。因此，开展对 FBMC 系统调制方式的识别研究亟待解决。

本节针对以上问题提出联合高阶统计量算法和 BP 神经网络构建 AMC 识别载波调制方式。首先将预处理后的 MPSK 和 MQAM 信号求二阶、四阶和六阶统计量的值，其次构造三个特征参数，最后利用 BP 神经网络训练后识别出数字调制信号 FBMC-{BPSK、QPSK、16QAM、32QAM、64QAM、128QAM、256QAM}。为验证该 AMC 的有效性，利用调制信号的正确识别率和误码率来评估其性能。

7.5.2　调制信号模型

对于 FBMC 技术下的数字调制方式 QAM，传统的 QAM 调制会导致相邻载波间存在混叠干扰，由此提出 OQAM 的调制方式，其原理是将 QAM 调制的同相正交（In-phase/Quadrature，I/Q）路信息偏移半个码元周期传输来抑制混叠干扰。参考 7.1.3 节。

假设接收端经过理想的高斯白噪声信道，参考式（7.1.1）得到接收端 FBMC-OQAM 信号模型为

$$r(t)=\sum_{i=-\infty}^{+\infty}\sum_{n=0}^{N-1}s_{n,i}p_T\left(t-i\frac{T}{2}\right)\mathrm{e}^{\mathrm{j}\frac{2\pi}{T}nt}+w(t) \tag{7.5.1}$$

式中：i 表示 FBMC 符号变量；n 表示子载波变量；N 为子载波数；$s_{n,i}$ 表示第 i 个符号的第 n

个子载波实值信号；$p_T(t)$为滤波器的时域表达式；T为FBMC符号周期；$w(t)$表示均值为0，方差为σ^2的高斯白噪声。

数字调制映射MPSK其幅度不传递信息，主要通过相位传递码元信息，其时域表达式为

$$s_{\mathrm{MPSK}}(t)=A\{I(t)\cos[2\pi(f_c+n\Delta f)t]-Q(t)\sin[2\pi(f_c+n\Delta f)t]\},\quad 0\leqslant t\leqslant T_s \tag{7.5.2}$$

式中：A为信号幅度；f_c为初始载波频率；Δf为相邻子载波间隔；基带同相分量$I(t)=\cos\phi_m g(t-nT_s)$；正交分量$Q(t)=\sin\phi_m g(t-nT_s)$，$g(t)$为成形脉冲函数，其宽度为$T_s$，$\phi_m\in\{2\pi(m-1)/M,m=1,2,\cdots,M\}$为调制相位，$M$为调制阶数。

MQAM利用幅度和相位联合传输码元信息，是一种高速调制技术，MQAM调制方式的星座图分为方形(16、64、256)QAM和十字形(32、128)QAM[323]，其时域表达式为

$$s_{\mathrm{MQAM}}(t)=\mathrm{Re}[A_m\mathrm{e}^{\mathrm{j}\theta_m}p_T(t-nT_s)\mathrm{e}^{\mathrm{j}2\pi(f_c+n\Delta f)t}\mathrm{e}^{\mathrm{j}\varphi_{n,i}}],\quad 0\leqslant t\leqslant T_s \tag{7.5.3}$$

$$\begin{cases}A_m=\sqrt{a_{m,I}^2+a_{m,Q}^2}\\ \theta_m=\arctan\dfrac{a_{m,Q}}{a_{m,I}}\end{cases} \tag{7.5.4}$$

式中：A_m和θ_m分别表示MQAM信号的幅度及相位，偏移的相位信息满足$\mathrm{e}^{\mathrm{j}\varphi_{n,i}}=\mathrm{e}^{\mathrm{j}\frac{\pi}{2}(n+i)}=\mathrm{j}^{(n+i)}$。偏移QAM调制的符号分为实部和虚部两路调制，且虚实交替映射，再奇偶载波虚实间隔传输，该方法增加传输的数据量，抑制了载波间的干扰。其对应的OQAM的星座如图7.5.1所示[327]。

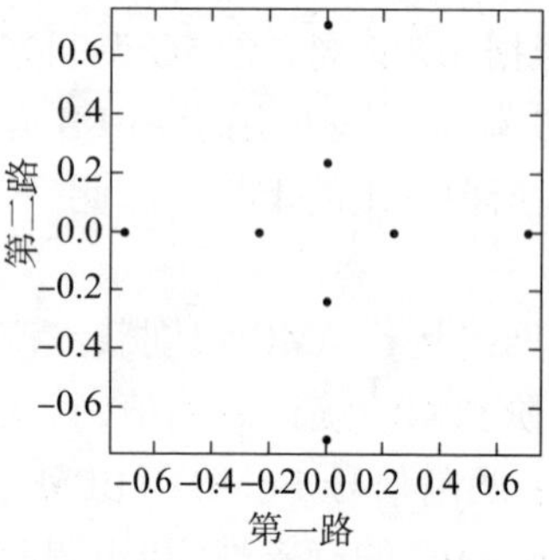

(a) 16OQAM

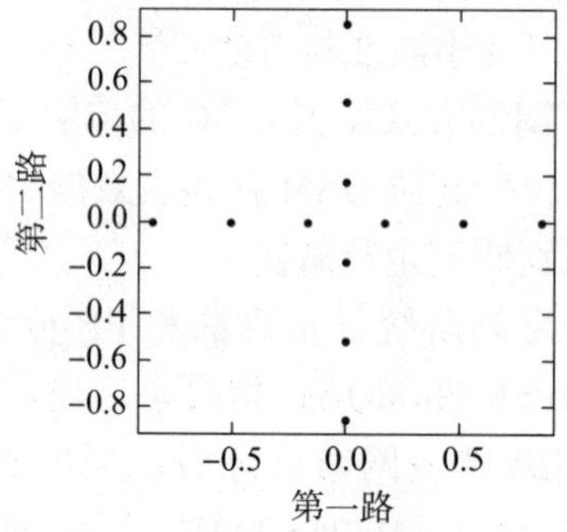

(b) 32OQAM

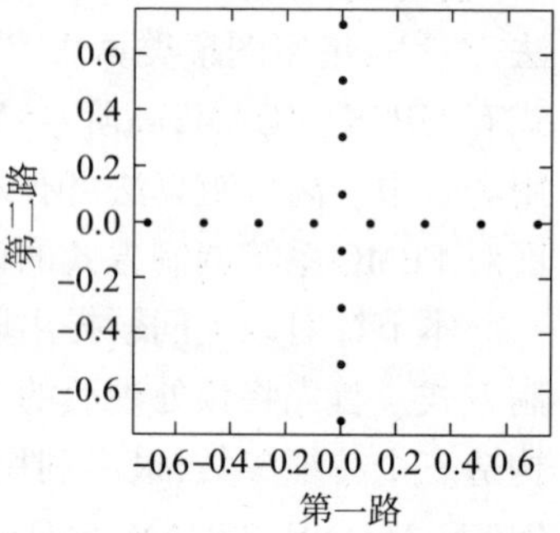

(c) 64OQAM

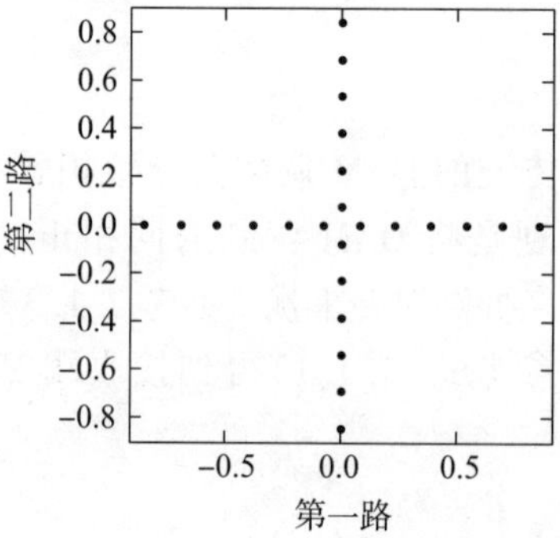

(d) 128OQAM

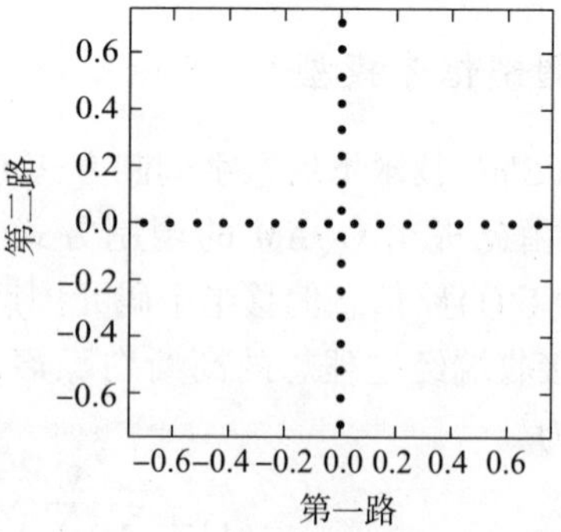

(e) 256OQAM

图7.5.1　OQAM星座

7.5.3 基于高阶统计量及 BP 神经网络的 FBMC 信号识别

随着近年来的发展,数字调制技术不断创新,从传统单一的幅度、相位、频率的特征传递比特信息,演进到利用幅度和相位特征传输比特信息。

首先发送端的 Bit 流串并变换后,在调制集合 FBMC-{BPSK、QPSK、16QAM、32QAM、64QAM、128QAM、256QAM}中选择载波的调制方式,MQAM 经过相位偏移,再通过 IFFT 与多相网络完成时域加窗。通过理想的白噪声信道,对接收端信号经过 AMC 模型处理,以实现快速高效地解调恢复出有效信息。调制识别模型如图 7.5.2 所示。

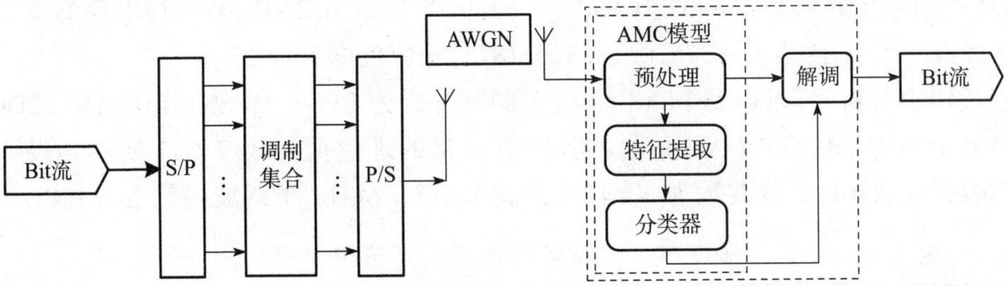

图 7.5.2　AMC 模型

首先,AMC 模型的设计是调制识别中的关键技术,其预处理过程主要包括对信号的同步、信道估计、参数估计等过程;其次根据不同调制方式下的信号特征信息提取载波信号的特征参数;最后通过不同类型的特征参数设计分类器识别载波信号的调制方式,恢复发送端的码元信息,进而提取有效信息。

1. 特征参数提取

在低信噪比下利用星座图聚类算法识别 MQAM 信号的识别率低,因为 MQAM 信号的幅度和相位间隔很小,相邻星座点干扰严重。高阶统计量算法在阶数大于二阶时,能有效抑制高斯白噪声,且根据调制方式的不同,各阶统计量存在差异,根据差异构造特征参数,识别其调制方式。

假设 $r(k)$ 表示随机接收信号,其 $r^*(k)$ 为复共轭,即对应的信号各阶混合矩定义为

$$M_{p,q}=E[r(k)^{p-q}r^*(k)^q] \tag{7.5.5}$$

则

$$C_{21}=\mathrm{Cum}[r(k),r^*(k)]=M_{21} \tag{7.5.6}$$

$$C_{40}=\mathrm{Cum}[r(k),r(k),r(k),r(k)]=M_{40}-3M_{20}^2 \tag{7.5.7}$$

$$C_{42}=\mathrm{Cum}[r(k),r(k),r^*(k),r^*(k)]=M_{42}-M_{20}^2-2M_{21}^2 \tag{7.5.8}$$

$$\begin{aligned}C_{63}&=\mathrm{Cum}[r(k),r(k),r(k),r^*(k),r^*(k),r^*(k)]\\&=M_{63}-6M_{41}M_{20}-9M_{21}M_{42}+18M_{21}M_{42}+12M_{21}^3\end{aligned} \tag{7.5.9}$$

式中:Cum[·]表示累积量,将式(7.5.2)代入式(7.5.1),得到接收端 MPSK-FBMC 信号为

$$r_{\mathrm{MPSK}}(l)=A\sum_{n=0}^{N-1}\mathrm{e}^{\mathrm{j}[2\pi(f_c+n\Delta f)l+\phi_n]}\otimes\sum_{k=0}^{K-1}h_{kN+n}+w(l) \tag{7.5.10}$$

将式(7.5.3)代入式(7.5.1),得到接收端 OQAM-FBMC 信号为

$$r_{\mathrm{OQAM}}(l)=A\sum_{n=0}^{N-1}a_{n,l}\mathrm{e}^{\mathrm{j}[2\pi(f_c+n\Delta f)l+\varphi_{n,i}]}\otimes\sum_{k=0}^{K-1}h_{kN+n}+w(l) \tag{7.5.11}$$

式中：h 表示原型滤波器的时域系数；k 表示滤波器重叠因子；$\otimes$表示滤波器时域系数与多相网络时域加窗操作；l 为采样点变量；$a_{n,l}$ 表示归一化 OQAM 调制的实部和虚部数据。不同调制阶数 $a_{n,l}$ 数据存在幅度差异，经过相位偏移调制后分别为 0，π/2，π，3π/2。

假设在理想条件下，QAM 星座图等概率分布，幅度归一化后求得，16OQAM 的幅值分别为 0.7071、0.2357；64OQAM 的幅值分别为 0.7071、0.5051、0.303、0.101；256OQAM 的幅值分别为 0.7071、0.6128、0.5185、0.4243、0.33、0.2357、0.1414、0.047。由于方形 QAM 星座点等概率出现，各点幅值出现的概率均相等，相位概率均为 0.25。32OQAM 的幅值分别为 0.8575、0.5145、0.1715，出现的概率分别为 0.25、0.375、0.375，相位概率为 0.25；128OQAM 的幅度分别为 0.8437、0.6903、0.5369、0.3835、0.2301、0.077，出现的概率分别为 0.125、0.125、0.1875、0.1875、0.1875、0.1875，相位概率为 0.25。

经过以上分析，可以得到 FBMC 系统中调制方式为 BPSK、QPSK、16OQAM、32OQAM、64OQAM、128OQAM、256OQAM 信号的各阶统计量的理论值如表 7.5.1 所示。设原型滤波器重叠因子 $K=4$，子载波数为 $N=128$，载波频率 $f_c=6\text{kHz}$，子载波间隔 $\Delta f=100\text{Hz}$。

表 7.5.1　各调制信号的高阶统计量

特征参数	BPSK	QPSK	16OQAM	32OQAM	64OQAM	128OQAM	256OQAM
$\lvert C_{21}\rvert$	0.70	0.70	0.87	0.92	0.91	0.94	0.92
$\lvert C_{40}\rvert$	0.007	0.023	0.07	0.08	0.08	0.09	0.08
$\lvert C_{42}\rvert$	0.55	0.56	0.30	0.13	0.22	0.08	0.20
$\lvert C_{63}\rvert$	2.11	2.03	0.07	0.76	0.33	0.95	0.42

由表 7.5.1 可知，各阶统计量的值较为接近，直接利用高阶统计量对调制方式进行区分无法准确地识别，因此需利用各阶统计量的值构造特征参数：

$$T_1=\frac{\lvert C_{42}\rvert}{\lvert C_{40}\rvert} \tag{7.5.12}$$

$$T_2=10^{\lvert C_{63}\rvert} \tag{7.5.13}$$

$$T_3=\frac{\lvert C_{63}\rvert^2}{\lvert C_{42}\rvert^3} \tag{7.5.14}$$

通过特征参数 T_1 区分出 BPSK、QPSK 和{MOQAM}三大类，由于 MOQAM 信号可分为方形 QAM 和十字形 QAM，可以根据特征参数 T_2 区分出 32OQAM、128OQAM 和{16OQAM，64OQAM，128OQAM}，最后利用特征参数 T_3 区分方形 OQAM 信号。特征参数如表 7.5.2 所示。

表 7.5.2　特征参数理论值

特征参数	BPSK	QPSK	16OQAM	32OQAM	64OQAM	128OQAM	256OQAM
T_1	78	24	4.3	1.6	2.8	0.9	2.5
T_2	—	—	1.17	5.8	2.14	8.9	2.63
T_3	—	—	0.18	—	10.23	—	22.05

注：—表示已识别成功。

2. 分类器的设计

相比于决策树分类器,神经网络分类器具有识别速率快、识别率高以及智能的优势,但前提需满足感知、学习和推理三个条件。神经网络分类器主要包括BP神经网络、卷积神经网络,深度学习应用于调制信号分类中[328],本节选择结构简单且识别率高的BP神经网络作为分类器。BP神经网络由输入层、隐含层和输出层构成[325]。训练过程:首先将本节特征参数集合$[T_1,T_2,T_3]^{\mathrm{T}}$输入,输出层的节点为3。然后根据正向传播过程设定权值和阈值,再利用误差反向传播调整网络直至达到设定的误差范围,或者最大训练次数。识别过程:将待识别的特征信号输入训练好的网络中识别出载波调制信号。假设输出的目标节点所对应的调制方式如表7.5.3所示。

表7.5.3　特征向量对应的调制信号

调制方式	BPSK	QPSK	16OQAM	32OQAM	64OQAM	128OQAM	256OQAM
输出节点	001	010	011	100	101	110	111

对于隐含层节点的选择,根据经验公式:

$$H=\sqrt{I+O}+T,\ T\in[1,10) \tag{7.5.15}$$

式中:I,O,H分别表示输入、输出、隐含层的节点数;T为常量。设置训练参数:训练数据长度300,测试数据长度500,激励函数为tan-sig函数,最大训练次数10^3,学习速率0.02,最小期望误差10^{-5}。在信噪比为0dB时,单隐含层节点对BP神经网络的识别率如表7.5.4所示。

表7.5.4　隐含层节点对识别率影响　(单位:%)

节点数	BPSK	QPSK	16OQAM	32OQAM	64OQAM	128OQAM	256OQAM
5	82.7	88.3	99	95.3	88.7	96	89
8	87.3	89	99.7	97.7	90.3	97.9	92
10	88.7	90	1	98	92.5	98.3	92.3
13	89	90.7	1	98	94	98.5	92.3

由表7.5.4可知,随着隐含层节点数增加,不同调制信号的识别率均有上升,但不是无限制上升,会趋于稳定识别率。继续增加隐含层节点数会导致学习时间延长。综合以上考虑,本节选择隐含层节点个数为10。

3. 识别算法步骤

(1) 利用MATLAB仿真产生MPSK、MQAM数字调制信号,然后经过多载波调制,原型滤波器与多相网络时域加窗得到发送端信号。

(2) 假设信道为高斯信道,将接收端的信号经过采样、同步、参数估计等预处理。

(3) 计算信号的各阶统计量,利用特征参数T_1区别{BPSK},{QPSK},{MOQAM}三类。

(4) 计算特征参数T_2区别{32OQAM},{128OQAM},方形OQAM三类。

(5) 计算特征参数T_3区别{16OQAM},{64OQAM},{256OQAM}三类。

7.5.4　仿真实验及结果分析

为验证自动调制分类系统的性能情况,在MATLAB实验仿真平台验证识别性能。本节载波数字调制信号包括 FBMC-{BPSK、QPSK、16QAM、32QAM、64QAM、128QAM、256QAM},仿真参数:原型滤波器重叠因子为 4,子载波数 128,码元个数为 2000,基带码元采用矩形脉冲成形,载波频率 6kHz,载波间隔为 100Hz,采样频率 8kHz。

实验 1:观测数字调制信号特征值随信噪比变化情况。假设该信道为白噪声信道,信噪比为-6~20dB,间隔 2dB 进行 500 次蒙特卡洛仿真。

由图 7.5.3 可知,随着信噪比的增加,三类信号的特征参数逐渐趋于稳定,BPSK、QPSK 信号的实验仿真值与表 7.5.2 的理论值几乎一致,因此,可以有效地识别出{BPSK},{QPSK},{MOQAM}三类信号。

图 7.5.4 所示为特征参数 T_2 随信噪比变化情况,当 SNR>-2dB 时,方形 QAM 和十字形 QAM 信号的特征参数 T_2 趋于稳定,32OQAM 与 128OQAM 信号可以有效识别出来,且 T_2 的实验值略大于表 7.5.2 的理论值,这是由于 T_2 为指数增函数,细微噪声变化对参数的影响较大。

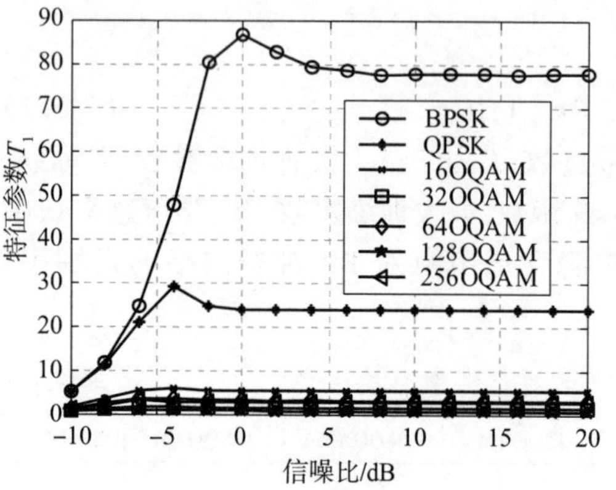

图 7.5.3 特征参数 T_1 仿真曲线

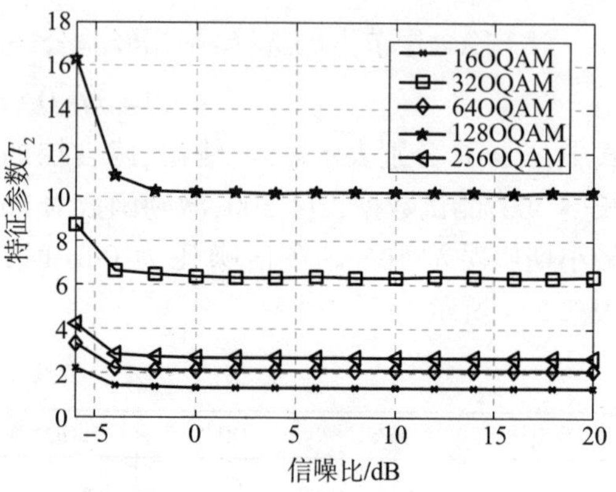

图 7.5.4 特征参数 T_2 仿真曲线

图 7.5.5 所示为特征参数 T_3 随信噪比变化情况,特征参数 T_3 逐渐趋于稳定且接近于表 7.5.2 的理论值,由此可以将方形 QAM 信号分成 16QAM、64QAM、256QAM 信号三类,证明了理论的正确性。

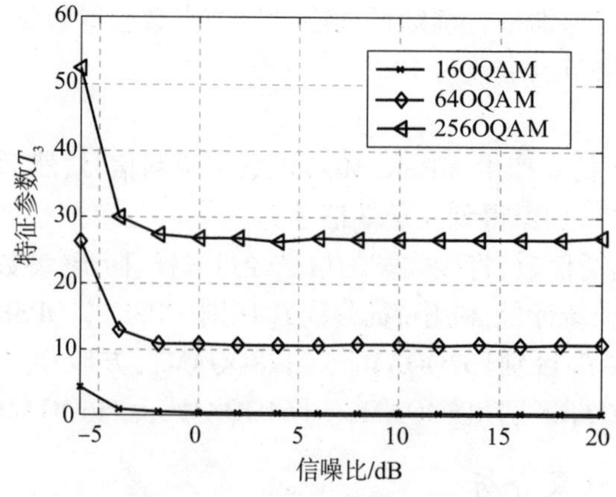

图 7.5.5 特征参数 T_3 仿真曲线

实验 2:原型滤波器的重叠因子对 AMC 模型正确识别率的比较。验证 AMC 在不同重叠因子情况下对 7 种不同调制方式下的 FBMC 信号识别性能。当重叠因子为 $K=4$、7 时,分别取信噪比为-2dB、8dB、18dB 的特征参数集,每个信噪比取 300 个训练样本集训练 BP 神经网络,然后在信噪比为-6~20dB 内,每间隔 2dB 选择 500 个测试集测试正确识别率,得到正确识别结果如表 7.5.5、表 7.5.6 所示。

表 7.5.5　重叠因子 $K=4$ 的正确识别率

调制方式（FBMC-）	正确识别率/%							
	-4dB	-2dB	0dB	2dB	4dB	6dB	12dB	18dB
BPSK	49.4	77.2	87.7	99.8	1	1	1	1
QPSK	71.4	83.4	90	99	1	1	1	1
16QAM	87	97.4	1	1	1	1	1	1
32QAM	77.2	97.8	98.6	1	1	1	1	1
64QAM	77.8	88.2	92.6	98.6	1	1	1	1
128QAM	83.4	97.6	98.3	99.6	1	1	1	1
256QAM	74.8	86.8	92.3	98.4	1	1	1	1

表 7.5.6　重叠因子 $K=7$ 的正确识别率

调制方式（FBMC-）	正确识别率/%							
	-4dB	-2dB	0dB	2dB	4dB	6dB	12dB	18dB
BPSK	55.8	94	99.8	1	1	1	1	1
QPSK	84.6	96.6	99.8	1	1	1	1	1
16QAM	93.8	1	1	1	1	1	1	1
32QAM	82	97.6	1	1	1	1	1	1
64QAM	81.2	93.4	99.2	1	1	1	1	1
128QAM	85.8	95.4	99	1	1	1	1	1
256QAM	79	93.2	99.2	1	1	1	1	1

由表 7.5.5、表 7.5.6 可知,随着信噪比的增加,7 种调制方式下的 FBMC 信号均能有效识别,当 SNR>2dB 时,$K=4$ 的正确识别率在 98.4%以上,$K=7$ 的正确识别率在 0dB 时达到 99.2%。仿真表明:随着重叠因子的增加,多载波信号的调制方式识别率增加,这是由于原型滤波器时域系数随 K 增加,信号与多相网络卷积个数增加,导致信号的高阶统计量值增加,特征参数的间隔增大,因而提高了正确识别率。

与参考文献[190]相比,本节利用的高阶矩算法在低信噪比下更能准确识别调制方式,且复杂度更低,同时引入 BP 神经网络,提高了信号识别率。

7.5.5　本节小结

在非协作通信背景下,本节利用高阶统计量抑制噪声的特性,提取不同调制方式下的特征参数集,利用参数集训练 BP 神经网络更新权值和阈值以达到目标参数集,来区分 FBMC 信号的载波调制方式。该方法利用三个特征参数识别出 FBMC-{BPSK、QPSK、16QAM、32QAM、64QAM、128QAM、256QAM} 7 种数字调制信号,具有计算量小且识别率高的特性,便于工程实现。研究表明,在 SNR>0dB 时,调制方式的识别率达到 99.2%,验证了 AMC 估计器的有效性和稳定性。

7.6　基于循环自相关和 SVD 的 FBMC 信号调制识别

7.6.1　引言

为了先得到 OQAM-FBMC 和 QAM-FBMC 信号波形,M. Bellanger [320] 提出了结合 IFFT 与 PPN 结构来简化滤波器组的设计,并提出了 OQAM-FBMC 系统结构。H. Kim 等[329] 提出了一种考虑时间色散参数的 QAM-FBMC 波形,所提出的具有实数滤波器系数的滤波器比具有复系数的传统原型滤波器实现更简单。Y. H. Yun[330] 等提出了一种通过优化频谱约束和自干扰之间的权衡来为 QAM-FBMC 设计一组同时使用基本滤波器的新方法。

为解决 FBMC 信号的调制识别这一重要问题,本节提出利用一种基于循环自相关和奇异值分解(Singular Value Decomposition,SVD)的算法。首先推导 MOQAM-FBMC 和 MQAM-FBMC 信号的循环自相关公式,且提取 FBMC 在两种不同调制方式下的循环自相关特征差异,以进行识别区分两种不同调制方式下的信号;其次在此基础上,将已分类的两种信号构造成矩阵形式,利用奇异值分解的算法进行分析,根据信号矩阵的非 0 特征值的个数进一步识别调制阶数 M;最后进行数值实验和算法的性能仿真。从实验结果来看,本节的算法能在低信噪比下能实现 FBMC 信号子载波上的调制识别。

7.6.2　基于循环自相关和奇异值分解的 FBMC 信号调制识别

1. QAM-FBMC 信号的循环自相关分析

从发射机侧送入信道前的 QAM-FBMC 基带信号表达式如下(同式(7.1.8)):

$$s_{\mathrm{QF}}(t)=\sum_{k=-\infty}^{\infty}\left[\sum_{p}a_{p,k}g^{e}(t-kG)\,\mathrm{e}^{\mathrm{j}\frac{2\pi}{G}p(t-D)}+\sum_{q}a_{q,k}g^{o}(t-kG)\,\mathrm{e}^{\mathrm{j}\frac{2\pi}{G}q(t-D)}\right] \tag{7.6.1}$$

式中:$g^{e}(t)$ 为偶数滤波器;$g^{o}(t)$ 为奇数滤波器;$a_{p,k}$ 和 $a_{q,k}$ 为 QAM 星座调制的复数据符号。

则接收到的复基带 QAM-FBMC 信号可表示为

$$r_{\mathrm{QF}}(t)=s_{\mathrm{QF}}(t-t_2)\,\mathrm{e}^{\mathrm{j}2\pi f_2 t}+w(t) \tag{7.6.2}$$

式中:t_2 表示初始时延;f_2 表示频偏;$w(t)$ 表示高斯噪声信号,与 $s_{\mathrm{QF}}(t)$ 的关系是相互独立的。

$$r_{QF}(t)r_{QF}^{*}(t-\tau)=\left[\sum_{k=-\infty}^{\infty}\left(\sum_{p}a_{p,k}g^{e}(t-kG-t_2)e^{j\frac{2\pi}{G}p(t-D-t_2)}+\sum_{q}a_{q,k}g^{o}(t-kG-t_2)e^{j\frac{2\pi}{G}q(t-D-t_2)}\right)\right]e^{j2\pi ft}\times\left[\sum_{k'=-\infty}^{\infty}\left(\sum_{p'}a_{p',k'}^{*}g^{e*}(t-k'G-t_2-\tau)e^{-j\frac{2\pi}{G}p'(t-D-t_2-\tau)}+\sum_{q'}a_{q',k'}^{*}g^{o*}(t-k'G-t_2-\tau)e^{-j\frac{2\pi}{G}q'(t-D-t_2-\tau)}\right)\right]e^{-j2\pi f(t-\tau)}+R_w(\tau) \tag{7.6.3}$$

式中：$R_w(\tau)=E[w(t)w^{*}(t-\tau)]$，因为 $w(t)$ 是平稳随机过程，所以 $R_w(\tau)$ 只与 τ 有关且 $R_w^{\alpha}(\tau)=\sigma_w^2\delta(\tau)$，所以后面的推导中不考虑式(7.6.3)中的 $R_w(\tau)$ 项，即等式(7.6.3)右边可写为 4 项求和表示：

$$r_{QF}(t)r_{QF}^{*}(t-\tau)=s_1+s_2+s_3+s_4 \tag{7.6.4}$$

其中

$$s_1=e^{j2\pi f\tau}\sum_{k=-\infty}^{\infty}\sum_{p}a_{p,k}g^{e}(t-kG-t_2)e^{j\frac{2\pi}{G}p(t-D-t_2)}\times\sum_{k'=-\infty}^{\infty}\sum_{p'}a_{p',k'}^{*}g^{e*}(t-k'G-t_2-\tau)e^{-j\frac{2\pi}{G}p'(t-D-t_2-\tau)} \tag{7.6.5}$$

$$s_2=e^{j2\pi f\tau}\sum_{k=-\infty}^{\infty}\sum_{q}a_{q,k}g^{o}(t-kG-t_2)e^{j\frac{2\pi}{G}q(t-D-t_2)}\times\sum_{k'=-\infty}^{\infty}\sum_{q'}a_{q',k'}^{*}g^{o*}(t-k'G-t_2-\tau)e^{-j\frac{2\pi}{G}q'(t-D-t_2-\tau)} \tag{7.6.6}$$

$$s_3=e^{j2\pi f\tau}\sum_{k=-\infty}^{\infty}\sum_{p}a_{p,k}g^{e}(t-kG-t_2)e^{j\frac{2\pi}{G}p(t-D-t_2)}\times\sum_{k'=-\infty}^{\infty}\sum_{q'}a_{q',k'}^{*}g^{o*}(t-k'G-t_2-\tau)e^{-j\frac{2\pi}{G}q'(t-D-t_2-\tau)} \tag{7.6.7}$$

$$s_4=e^{j2\pi f\tau}\sum_{k=-\infty}^{\infty}\sum_{q}a_{q,k}g^{o}(t-kG-t_2)e^{j\frac{2\pi}{G}q(t-D-t_2)}\times\sum_{k'=-\infty}^{\infty}\sum_{p'}a_{p',k'}^{*}g^{e*}(t-k'G-t_2-\tau)e^{-j\frac{2\pi}{G}p'(t-D-t_2-\tau)} \tag{7.6.8}$$

QAM-FBMC 具有如下 4 个正交条件：

$$C_1:\sum_{n=-\infty}^{\infty}g_{p,k}^{e}g_{p',k'}^{e*}(t)=\delta_{p,p'}\delta_{k,k'} \tag{7.6.9}$$

$$C_2:\sum_{n=-\infty}^{\infty}g_{q,k}^{o}g_{q',k'}^{o*}(t)=\delta_{q,q'}\delta_{k,k'} \tag{7.6.10}$$

$$C_3:\sum_{n=-\infty}^{\infty}g_{p,k}^{e}g_{q',k'}^{o*}(t)=0 \tag{7.6.11}$$

$$C_4:\sum_{n=-\infty}^{\infty}g_{q,k}^{o}g_{p',k'}^{e*}(t)=0 \tag{7.6.12}$$

根据正交条件 C_1 和 C_2 可知：

$$s_1=e^{j2\pi f\tau}\sum_{k=-\infty}^{\infty}\sum_{p}a_{p,k}a_{p,k}^{*}g^{e}(t-kG-t_2)\times g^{e*}(t-kG-t_2-\tau)e^{j\frac{2\pi}{G}p\tau} \tag{7.6.13}$$

$$s_2=e^{j2\pi f\tau}\sum_{k=-\infty}^{\infty}\sum_{q}a_{q,k}a_{q,k}^{*}g^{o}(t-kG-t_2)\times g^{o*}(t-kG-t_2-\tau)e^{j\frac{2\pi}{G}q\tau} \tag{7.6.14}$$

易知 s_1 和 s_2 只有在 $\tau=0$ 时有非 0 值。根据正交条件 C_3 和 C_4 可知：

$$s_3=s_4=0 \tag{7.6.15}$$

由于 $a_{m,k},m\in\{q,p\}$ 是经过 QAM 星座映射的复数据符号，均值为 0，方差为 σ_a^2 且相互独立同分布，因而有此特点：$E(a_{m,k})=0,E(a_{m,k}a_{m',k'}^*)=\sigma_a^2\delta[k-k']\delta[m-m'],E(a_{m',k'}^*)=0$，$\delta[\cdot]$为克罗内克函数。

由上述公式推导可得 $r_{\mathrm{QF}}(t)$ 的自相关函数为

$$\begin{aligned}R_{r_{\mathrm{QF}}}(t,\tau)&=E[r_{\mathrm{QF}}(t)r_{\mathrm{QF}}{}^*(t-\tau)]=E[s_1+s_2+s_3+s_4]\\&=\sigma_a^2\mathrm{e}^{\mathrm{j}2\pi f\tau}\sum_{k=-\infty}^{\infty}\sum_{p}[g^e(t-kG-t_2)g^{e*}(t-kG-t_2-\tau)+\\&\quad g^o(t-kG-t_2)g^{o*}(t-kG-t_2-\tau)]\mathrm{e}^{\mathrm{j}\frac{2\pi}{G}p\tau}\end{aligned} \tag{7.6.16}$$

令

$$p_g(t)=\sum_{k=-\infty}^{\infty}\sum_{p}[g^e(t-kG-t_2)g^{e*}(t-kG-t_2-\tau)+g^o(t-kG-t_2)g^{o*}(t-kG-t_2-\tau)]\mathrm{e}^{\mathrm{j}\frac{2\pi}{G}p\tau} \tag{7.6.17}$$

对式(7.6.17)进行傅里叶变换得其循环自相关：

$$R_{r_{\mathrm{QF}}}^{\alpha}(\tau)=\frac{1}{T_s}\int_0^{T_s}R_{r_{\mathrm{QF}}}(t,\tau)\mathrm{e}^{-\mathrm{j}2\pi\alpha t}\mathrm{d}t \tag{7.6.18}$$

将式(7.6.16)、式(7.6.17)代入式(7.6.18)中可得

$$R_{r_{\mathrm{QF}}}^{\alpha}(\tau)=\frac{\sigma_a^2}{T_s}\mathrm{e}^{\mathrm{j}2\pi f\tau}\int_0^{T_s}p_g(t)\mathrm{e}^{-\mathrm{j}2\pi\alpha t}\mathrm{d}t \tag{7.6.19}$$

由正交条件可知式(7.6.19)只有在 $\tau=0$ 时有非 0 值，即 QAM-FBMC 信号的循环自相关仅在 $\tau=0$ 时有谱线存在（详见图 7.6.3），且与 OQAM-FBMC 信号的循环自相关特性进行比较分析可知，本节算法能有效识别区分 FBMC 信号的子载波调制方式。

2. MOQAM(MQAM)-FBMC 信号的奇异值分析

在利用循环自相关方法对 OQAM-FBMC 和 QAM-FBMC 进行信号识别区分的基础上，接着对 MQAM 和 MOQAM 调制阶数进行识别区分，即可实现 FBMC 信号子载波上的调制方式的识别。

对利用 MATLAB 产生的 MQAM-FBMC 和 MOQAM-FBMC 信号构造矩阵，将构造的矩阵进行自相关运算，然后进行奇异值分解求出其奇异值（此处与特征值相同）。这里，先分析 MQAM-FBMC 信号矩阵，假设接收矩阵为 $\boldsymbol{R}_{\mathrm{MQF}}=\boldsymbol{B}=[b_1,b_2,\cdots,b_N]$，其中 $b_n,n=1,2,\cdots,N$ 为实数和复数构成的 $M\times1$ 维数据列向量，则根据公式 $\boldsymbol{P}_{\mathrm{OF}}=\boldsymbol{B}^{\mathrm{T}}\boldsymbol{B}$，可得 $N\times N$ 维构造矩阵如下[189]：

$$\boldsymbol{P}_{\mathrm{OF}}=[b_1,b_2,\cdots,b_N]^{\mathrm{T}}[b_1,b_2,\cdots,b_N]=\begin{bmatrix}b_1^{\mathrm{T}}b_1 & b_1^{\mathrm{T}}b_2 & \cdots & b_1^{\mathrm{T}}b_N\\ b_2^{\mathrm{T}}b_1 & b_2^{\mathrm{T}}b_2 & \cdots & b_2^{\mathrm{T}}b_N\\ \vdots & & & \vdots\\ b_N^{\mathrm{T}}b_1 & b_N^{\mathrm{T}}b_2 & \cdots & b_N^{\mathrm{T}}b_N\end{bmatrix}_{N\times N} \tag{7.6.20}$$

根据矩阵中的元素分析可知，FBMC 信号数学模型与 OFDM 信号相类似，所以上述 $N \times N$ 维构造矩阵是由实数据和复数据构成的非 0 对称方阵，而且由于 FBMC 信号的各子载波上传输的数据是不同调制方式产生的不同数据或者相同调制方式产生的不同数据，可以认为不同时刻各路子载波上传输的数据所构成的 M 个 $1 \times N$ 维行向量是线性不相关的[189]，即矩阵 $\boldsymbol{B}$ 为行满秩矩阵，即 $\text{rank}(\boldsymbol{B})=M$。根据矩阵秩的性质可得：$\text{rank}(\boldsymbol{P}_{\text{OF}})=\text{rank}(\boldsymbol{B})=M$，即对构造矩阵 $\boldsymbol{P}_{\text{OF}}$ 做奇异值分解时，可以得到 M 个非 0 奇异值，其个数 M 即为基于 MQAM 调制的 FBMC 信号的调制阶数。同理，MOQAM-FBMC 信号的构造矩阵 $\boldsymbol{R}_{\text{MOQF}}$ 的奇异值分解得到 M 个非 0 奇异值。因此，可以利用奇异值分解进行 FBMC 信号子载波上的调制阶数识别。

3. 算法步骤

综上所述，本节实现 FBMC 信号的调制识别步骤如下：

（1）对 QAM-FBMC 和 OQAM-FBMC 信号的循环自相关进行理论公式推导，并分析各自循环自相关的特性，以便与实验仿真结果相对应。

（2）根据 QAM-FBMC 和 OQAM-FBMC 信号的循环自相关特性的明显差异，进行 FBMC 信号的调制识别，以证明本节算法对实现 FBMC 信号的调制识别的有效性。

（3）在步骤（2）的基础上，再利用奇异值分解的算法实现 MQAM（MOQAM）-FBMC 信号的识别区分，即 MQAM-FBMC 信号的奇异值分解后有 M 个非 0 奇异值，所以可以由此特征识别调制的阶数。同理 MOQAM-FBMC 也可利用奇异值分解算法达到同样的效果。

7.6.3　仿真实验与结果分析

实验 1：基于循环自相关的 FBMC 信号调制识别分析。MATLAB 数值仿真参数设置：子载波数为 $M=128$，信号带宽 20MHz，采样频率 20MHz，即采样率为 1 bit/chip，信噪比 SNR=−10dB，子载波采用 QAM/OQAM 调制。

图 7.6.1 所示为 OQAM-FBMC 信号的循环自相关三维图，图 7.6.2 所示为 OQAM-FBMC 信号循环频率 $\alpha=0$ 切面图，并且图 7.6.1 与图 7.6.2 均在 $\alpha=0, \tau=0$ 处有最大峰值，是受到平稳噪声的影响。图 7.6.3 所示为 QAM-FBMC 信号的循环自相关三维图，图 7.6.4 所示为 QAM-FBMC 信号循环频率 $\alpha=0$ 切面图。

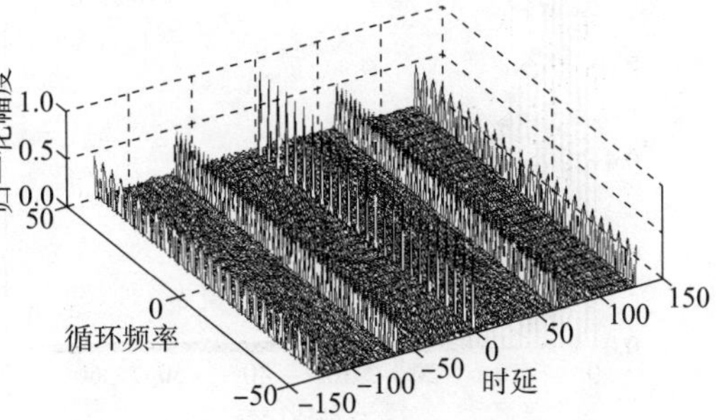

图 7.6.1　FBMC-OQAM 信号的循环自相关

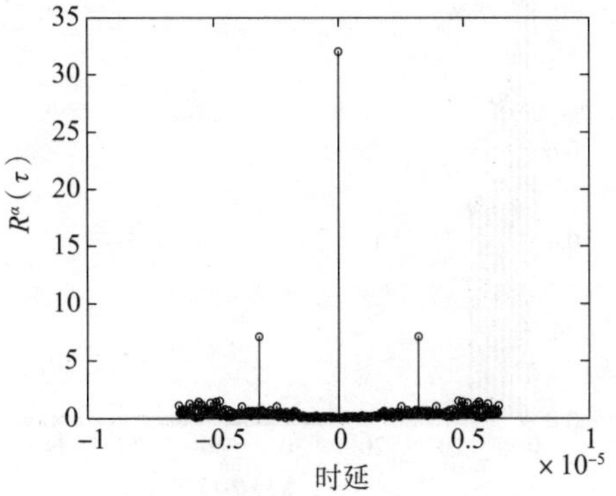

图 7.6.2　FBMC-OQAM 信号循环频率 $\alpha=0$ 切面图

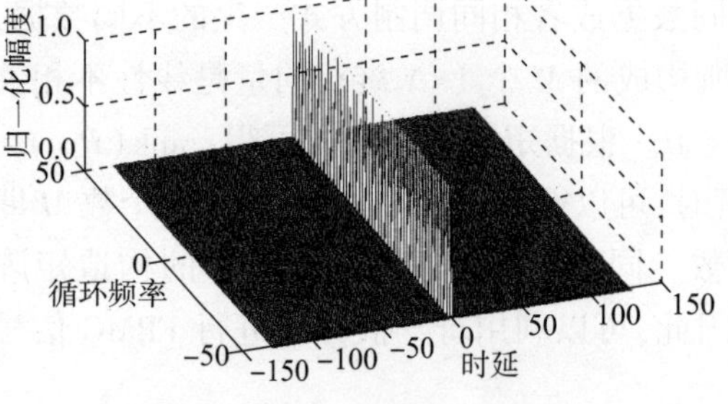

图 7.6.3 QAM-FBMC 信号的循环自相关

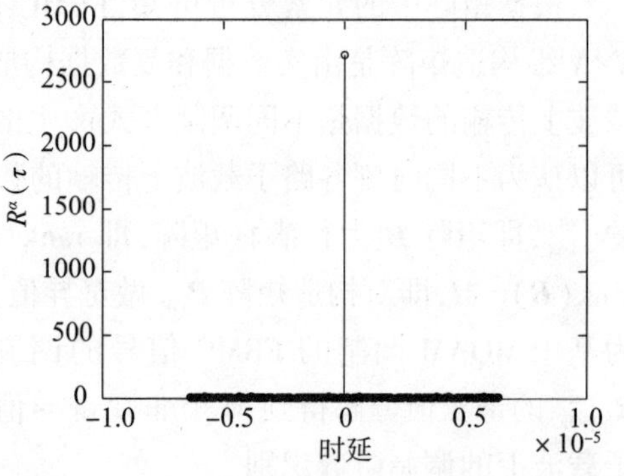

图 7.6.4 QAM-FBMC 信号循环频率 $\alpha=0$ 切面图

从图 7.6.1 和图 7.6.2 可知，OQAM-FBMC 信号的循环自相关在时延 τ 轴上的取值是离散的，并且是等间隔的。

从图 7.6.3 和图 7.6.4 可知，QAM-FBMC 信号的循环自相关仅在 $\tau=0$ 时有谱线，在 $\tau\neq0$ 时，QAM-FBMC 信号的循环自相关数值均为 0，与 7.6.2 节的理论分析结果一致。

由于 OQAM-FBMC 和 QAM-FBMC 信号的循环自相关的数值仿真结果的明显差异可知，将信号循环自相关的 $\alpha=0$ 截面图作为特征参数，可有效实现 FBMC 信号的调制识别，即利用循环自相关算法可以识别区分 FBMC 信号的两种不同调制方式，具体的调制阶数目前还无法识别，因此，再结合奇异值分解的算法进行具体调制阶数的确定。

实验 2：基于奇异值分解的 FBMC 的子载波调制阶数盲识别。

图 7.6.5 表示 MQAM-FBMC 信号的奇异值分解仿真结果图。由图 7.6.5(a) 可知，当 $M=8$ 时，对 MQAM-FBMC 信号做奇异值分解时，并将分解所得到的奇异值按从大到小顺序排列，产生了 8 个非 0 的奇异值；由图 7.6.5(b)、(c)、(d) 可知，当 $M=16$、32、64 时，对 MQAM-FBMC 信号做奇异值分解时，分别产生了 16、32、64 个非 0 的奇异值。因此，可以利用奇异值分解算法，根据 MQAM-FBMC 信号的非 0 奇异值的个数 M 识别 MQAM 调制阶数。同理，MOQAM-FBMC 信号也可由奇异值算法进行 MOQAM 调制阶数的确定。

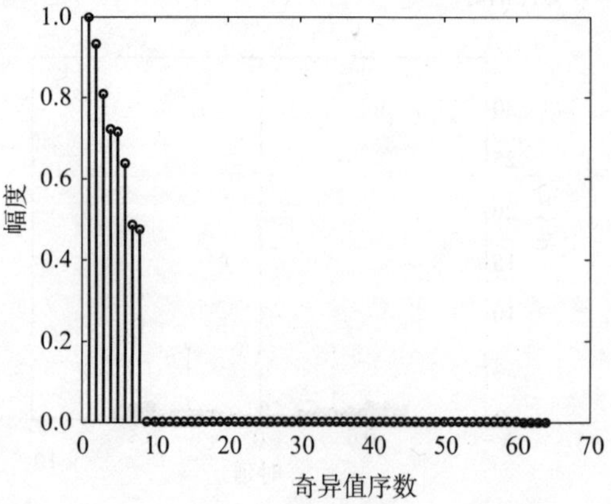

(a) $M=8$

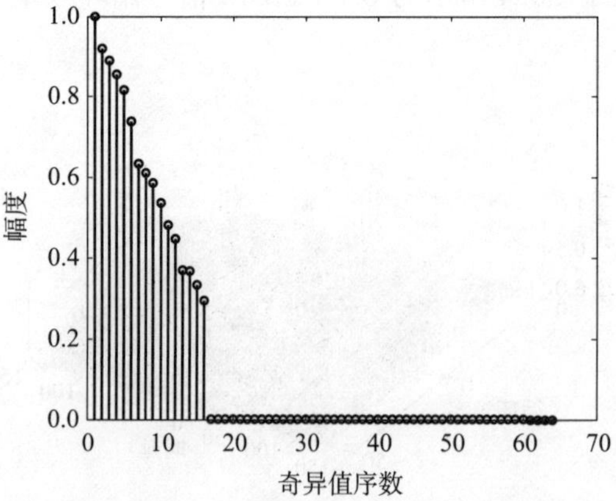

(b) $M=16$

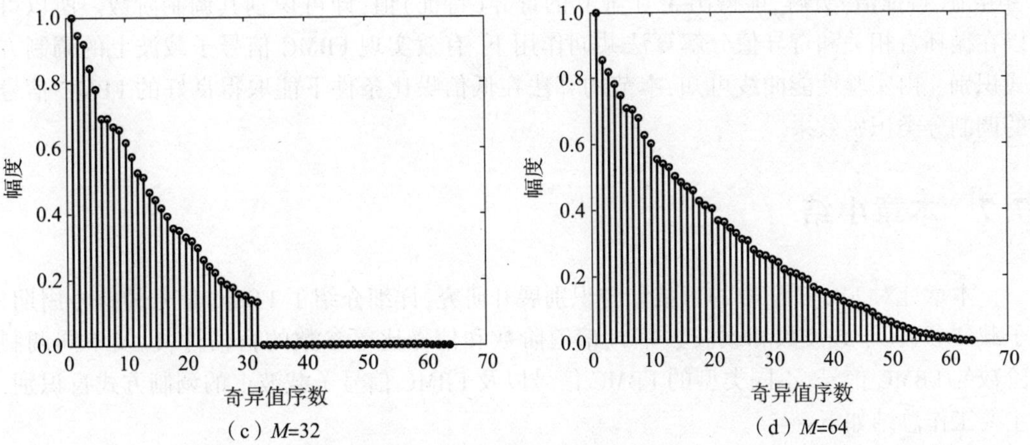

图 7.6.5　MQAM-FBMC 信号的奇异值分解图(M=8、16、32、64)

实验 3:不同信道条件下,FBMC 信号调制识别的正确率分析。其主要针对 FBMC 信号在不同信道和信噪比条件下进行调制识别仿真。本节仿真实验中模拟的信道包括高斯白噪声信道、瑞利信道和莱斯信道。

由图 7.6.6 可知,FBMC 信号的调制识别正确率:高斯信道优于瑞利信道和莱斯信道。当 SNR≥-15dB 时,FBMC 信号的调制识别正确率在上述实验信道下均在 90%以上;当 SNR≥-10dB 时,FBMC 信号的调制识别正确率均可达到 100%。所以,本节算法实现 FBMC 信号的调制识别在低信噪比下具有可靠性。

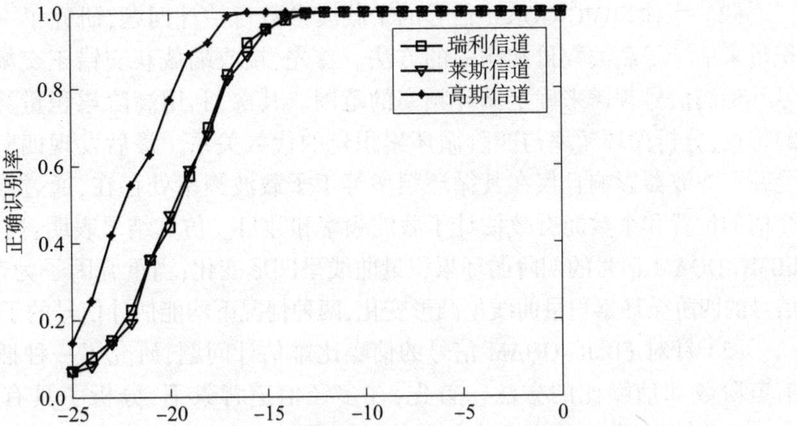

图 7.6.6　不同信道下 FBMC 信号的调制识别正确率性能曲线

7.6.4　本节小结

由于 OQAM-FBMC 信号的循环自相关在时延 τ 轴上的取值是离散的,并且是等间隔的。但是 QAM-FBMC 信号的循环自相关仅在 $\tau=0$ 时有谱线,在 $\tau\neq0$ 时,QAM-FBMC 信号的循环自相关数值均为 0。由此差异可知本节通过循环自相关算法能有效实现 FBMC 信号的调制识别,同时利用奇异值算法对 MOQAM-FBMC 和 MQAM-FBMC 信号矩阵进行奇异值(特征值)分解,能得出 M 个非 0 的奇异(特征)值,即可识别其调制阶数。所以可以在循环自相关和奇异值分解算法共同作用下,有效实现 FBMC 信号子载波上的调制方式识别。由实验性能曲线可知,本节的算法在低信噪比条件下能取得良好的 FBMC 信号的调制分类识别效果。

7.7　本章小结

本章针对 FBMC 信号的盲估计与识别展开研究,详细介绍了 FBMC 信号的符号周期、子载波参数(子载波数和载波频率)、信道阶数和信噪比等参数的盲估计,以及不同调制阶数的 FBMC 信号、不同类型的 FBMC 信号以及 FBMC 信号子载波上的调制方式盲识别,主要工作总结如下:

(1) 利用自相关二阶矩算法对 FBMC-OQAM 进行信号参数的特征分析。首先,根据 FBMC-OQAM 信号的自相关二阶矩特性,估计出该信号的符号周期 T_s。再利用循环自相关算法对 FBMC-OQAM 信号进行理论公式推导,根据信号的循环自相关 $\alpha=0$ 的切面具有离散的谱线特征,通过测量谱线之间的间隔,估计出信号的符号周期 T_s,将两种算法估计得到的 FBMC-OQAM 信号的符号周期进行对比分析。其次,分析了在多径衰落信道条件下利用循环自相关算法对信号的符号周期进行盲估计。最后,将两种算法对 FBMC-OQAM 信号的符号周期的盲估计性能进行实验仿真,仿真结果表明:两种算法均能在低信噪比下对 FBMC-OQAM 信号的符号周期进行有效估计,并且循环自相关算法要优于自相关二阶矩算法的参数估计性能。

(2) 针对 FBMC-OQAM 信号的子载波参数盲估计问题,研究了一种基于高阶循环累积量来估计子载波数目和频率的方法。首先,接收端截获交错正交幅度调制的 FBMC 信号并检测信号频谱来确定循环频率的范围。其次,利用高阶累积量算法抑制高斯白噪声的特点,分析循环频率与四阶循环累积量的代数关系。最后发现四阶循环累积量的峰值受原型滤波器影响且仅在其循环频率等于子载波频率处存在,通过检测四阶循环累积量峰值的位置和个数能有效估计子载波频率和数目。仿真结果表明:当重叠因子为偶数时,FBMC-OQAM 信号的四阶循环累积量曲线呈凹形变化;当重叠因子为奇数时,FBMC-OQAM 信号的四阶循环累积量曲线呈凸形变化,两种情况下均能估计信号的子载波频率和数目。

(3) 针对 FBMC-OQAM 信号的信噪比难估计问题,研究了一种插入导频序列来估计信道阶数和信噪比的方法。首先,在多径信道背景下,分析了具有导频序列的 FBMC-OQAM 的帧模型,利用循环自相关切面图的时变自相关函数在 $\tau=0$ 时估计信号功率。其次,提取导频,利用导频序列差估计出噪声方差,并利用 MGM 的代价函数和 MDL 算法估计信道阶数。最后,将估计的信道阶数代入噪声方差,由此估计出信噪比。仿真结果表明:在低信噪比下,MGM 算法比 MDL 算法的信道阶数估计精度提高了 1/10,信道阶数的正确估计效率提升了 20dB 的增益,信噪比估计性能在 0dB 处提高了 0.5dB。因此,MGM 算法利用序列的冗余性和信道记忆性构建的代价函数算法优于 MDL 算法。

(4) 针对 FBMC 系统的调制方式识别和低信噪比下识别率低的问题,提出一种利用高阶统计量抑制噪声的特点,联合 BP 神经网络和特征参数设计 AMC 实现子载波调制方式的分类。首先,该分类器将接收端的信号预处理后求得各阶统计量值;其次,利用二阶、四阶和六阶统计量构建三个特征参数;最后,运用不同信号特征参数的差异性,构造 BP 神经网络识别 FBMC 信号的子载波调制方式(2 和 4)PSK 和(16、32、64、128 和 256)QAM。实验仿真表明:在信噪比大于 2dB 时,AMC 的识别率达 98.4%以上,验证了该估计器的性能。

(5) 对于 FBMC 信号的子载波调制识别的研究,结合循环自相关算法和奇异值分解的算法进行理论研究。首先,利用循环自相关算法对 MOQAM-FBMC 及 MQAM-FBMC 信号进行理论分析,根据信号的循环平稳特性的差异进行 FBMC 信号的 MOQAM 及 MQAM 调制识别。其次,利用奇异值分解算法分别对已分类的 MQAM-FBMC 与 MOQAM-FBMC 信号进行调制阶数 M 的识别。最后,分析了该算法对 FBMC 信号子载波调制方式识别的性能,并进行实验仿真。仿真结果表明:在低信噪比下,所研究的算法在进行 FBMC 信号的子载波调制识别上具有可靠性。

第 8 章　MC-CDMA 信号的盲估计与识别

1997 年,Hara 总结了基于 CDMA 的多载波系统,并将多载波 CDMA 归纳为 4 类,即多载波码分多址(MC-CDMA)、多载波直扩码分多址(MC-DS-CDMA)、多音频码分多址(MT-CDMA)和可变扩频因子正交频率码分复用(VSF-OFCDM)等。MC-CDMA 技术是正交频分多址(OFDMA)的主要实现技术,可以看作 OFDM 技术与 CDMA 技术的完美结合,具有 OFDM 和 CDMA 两种技术的优点,也称为 B4G 增强技术。

本章研究了 MC-DS-CDMA、MC-CDMA 两种多载波 CDMA 调制信号的盲估计与识别,主要包括 MC-DS-CDMA 信号的伪码周期盲估计、MC-CDMA 信号用户数估计、MC-CDMA 信号子载波参数盲估计、多径 MC-CDMA 信号的扩频序列周期盲估计、基于循环自相关算法的多径 MC-CDMA 信号的多参数估计、MC-CDMA 信号的调制识别及伪码序列估计和 OSTBC MC-CDMA 信号的盲估计与识别算法等。

8.1　MC-DS-CDMA、MC-CDMA 及 OSTBC MC-CDMA 原理

8.1.1　引言

由 OFDM 和 CDMA 结合的多载波 CDMA 有 MC-CDMA、MC-DS-CDMA 和 MT-CDMA 三种形式。由于 MT-CDMA 在调制过程中采用的是非正交的多载波调制方式,相比 MC-CDMA 和 MC-DS-CDMA,频谱分布不均匀。本章首先以前两种正交的子载波调制信号为主要研究对象。为便于更清晰地理解 MC-CDMA 和 MC-DS-CDMA 信号的组成原理,本节先分别介绍 CDMA 和 OFDM 相关原理及信号模型,进而分析两种多载波 CDMA 信号的调制过程。进一步,本节将介绍带正交空时分组码的 MC-CDMA(OSTBC MC-CDMA)的系统原理。

8.1.2　CDMA 系统原理

1. 扩频技术基本原理

在实际应用中,扩频通信的基本工作方式有三种:①直接序列扩频(DSSS)方式(图 8.1.1);②频率跳变(FH-SS)方式;③时间跳变(TH-SS)方式。

在以上三种扩频通信中,DSSS 工作方式是目前使用得较多的一种。本节将以 DSSS 方式为基础,分析 DS-CDMA 相关的信号模型。

扩频通信的理论依据是香农公式,即

$$C=B\log_2\left(1+\frac{P_s}{P_w}\right) \tag{8.1.1}$$

式中:C 为信道容量;B 为信道带宽;P_s 为有用信号功率;P_w 为噪声功率。式(8.1.1)说

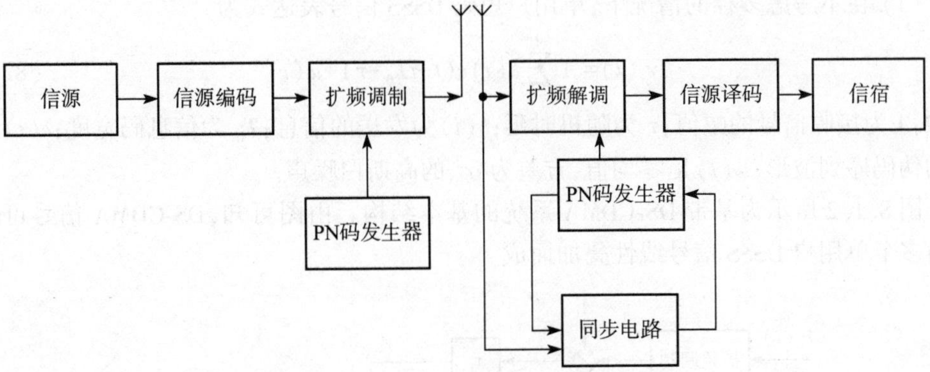

图 8.1.1　直接序列扩频系统的基本结构

明：当信道容量一定时，可以通过减少发送信号功率而增加信道带宽，或减少带宽并提高信号功率两种方法来达到。

扩频通信的另一个基本理论是信息传输差错概率公式：

$$P_e=f\left(\frac{E_s}{n_0}\right) \tag{8.1.2}$$

式中：P_e 为差错概率；f 表示函数关系；E_s 为信号能量；n_0 为噪声功率谱密度。对式(8.1.2)做等量变换，设信号带宽为 B，信息持续时间为 T_0，信息带宽为 ΔF，信号功率为 P_s，噪声功率为 P_w，则 $\Delta F=1/T_0$，$P_s=E_s/T_0$，$P_w=Bn_0$。那么有

$$P_e=f\left(\frac{P_s}{P_w}\cdot\frac{B}{\Delta F}\right) \tag{8.1.3}$$

由式(8.1.3)可知，当 ΔF 一定时，信噪比与信号带宽可以互换，该公式也指出了通过增加信号带宽可以换取信噪比降低的好处。

处理增益 G 是扩频通信中的一个重要指标，它表明了扩频系统信噪比的改善程度，定义为扩频后的信号带宽 B_c 与扩频前的信号带宽 B_0 之比，即

$$G=\frac{B_c}{B_0}=\frac{R_c}{R_0}=\frac{T_0}{T_c} \tag{8.1.4}$$

式中：R_c 为伪码速率；R_0 为信息速率；T_0 为信息码宽度；T_c 为一个伪码码片宽度。

根据可实现系统输出信噪比的要求，定义干扰容限：

$$M_j=G-\left[L_{\text{sys}}+\left(\frac{P_s}{P_w}\right)_{\text{out}}\right] \tag{8.1.5}$$

式中：M_j 为干扰容限；G 为处理增益；L_{sys} 为系统损耗；$(P_s/P_w)_{\text{out}}$ 为相关解扩输出端要求的信噪比。干扰容限考虑了系统内部的信噪比损耗。由该式可知，干扰容限与处理增益成正比，处理增益提高后，干扰容限也将提高。

2. 常见的扩频信号模型

一般地，直扩信号[191]可分为短码调制直扩信号和长码调制直扩信号两种。而长码直扩信号又可分为周期长码直扩信号和非周期长码直扩信号，短码直扩信号结构相对简单且易于处理。而长码直扩信号抑制多址干扰能力强。下面简要介绍几种常见的直扩信号模型。

(1) 在不考虑多径的情况下,单用户短码 DSSS 信号表达式为

$$y_1(t)=A\sum_{i=1}^{M}b(i)c(t-iT_0-\tau)+w(t) \tag{8.1.6}$$

式中:A 为接收信号的幅值;τ 为随机时延;$b(i)$ 为发送的信息;T_0 为信息码宽度;$c(t)$ 是用户的伪码序列波形;$w(t)$ 是零均值,方差为 σ_n^2 的高斯白噪声。

图 8.1.2 所示为基带 DS-CDMA 系统的基本结构。由图可知,DS-CDMA 信号可以看成由多个单用户 DSSS 信号线性叠加而成。

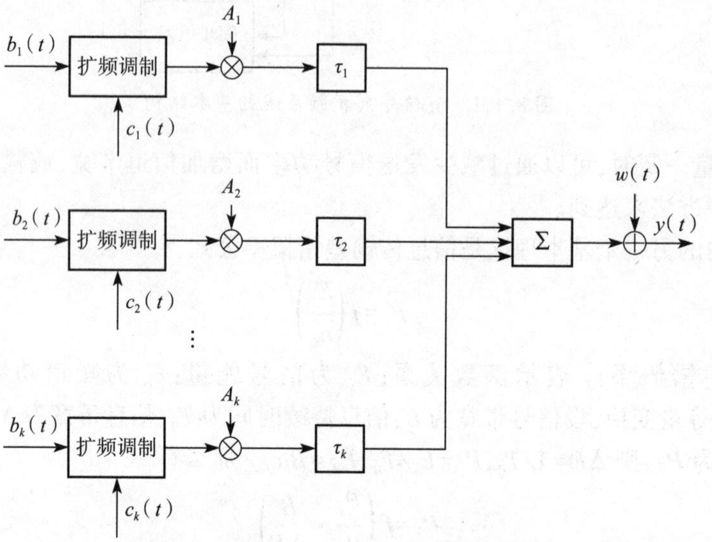

图 8.1.2 基带 DS-CDMA 系统的基本结构

一个有 S 个用户的 DS-CDMA 信号,其接收信号可表示为

$$y(t)=\sum_{k=1}^{S}A_k\sum_{i=1}^{M}b_k(i)c_k(t-iT_0-\tau_k)+w(t) \tag{8.1.7}$$

式中:A_k 为用户 k 的接收信号的幅值;τ_k 为第 k 个用户的随机时延;$b_k(i)$ 为第 k 个用户发送的第 i 个信息码;$c_k(t)=\sum_{i=1}^{N}c_k(i)g(t-iT_c)$ 是第 k 个用户的伪码序列波形,$c_k(i)\in\{+1,-1\}$,$g(t)$ 为码片波形,宽度为 T_c,有 $T_0=NT_c$,N 为扩频码长度。以同步 DS-CDMA 信号为例,即当 $\tau_1=\tau_2=\cdots=\tau_S$ 时,假设 $\tau_1=0$,接收端通过匹配滤波并按照码速率采样后,得离散表达式为

$$y(n)=\sum_{k=1}^{S}A_k\sum_{i=1}^{M}b_k(i)c_k(n-iT_0)+w(n) \tag{8.1.8}$$

以一周期伪码长度分段,用 $N\times M$ 阶的矩阵表示为

$$\boldsymbol{y}=[\boldsymbol{y}_1,\boldsymbol{y}_2,\cdots,\boldsymbol{y}_M] \tag{8.1.9}$$

式中:$\boldsymbol{y}_m=\sum_{k=1}^{S}A_kb_k(m)\boldsymbol{c}_k+\boldsymbol{w}(m)$,$\boldsymbol{c}_k=[c_k(1),c_k(2),\cdots,c_k(N)]^{\mathrm{T}}$ 为第 k 个用户的扩频序列;$\boldsymbol{w}(m)$ 为 $N\times1$ 的噪声向量。进一步,矩阵 $\boldsymbol{y}$ 可以写成

$$\boldsymbol{y}=\boldsymbol{C\Lambda B}+\boldsymbol{w} \tag{8.1.10}$$

式中：$\boldsymbol{C}=[\boldsymbol{c}_1,\boldsymbol{c}_2,\cdots,\boldsymbol{c}_S]\in\boldsymbol{R}^{N\times S}$；$\boldsymbol{B}=[\boldsymbol{b}_1,\boldsymbol{b}_2,\cdots,\boldsymbol{b}_S]^{\mathrm{T}}\in\boldsymbol{R}^{S\times M}$；$\boldsymbol{\Lambda}=\mathrm{diag}(A_1,A_2,\cdots,A_S)$；$\boldsymbol{w}$ 为 $w(n)$ 的向量形式。

(2) 对于长码直扩信号，其扩频调制模型[358]如图 8.1.3 所示。其中，L_0 为长伪码扩频周期。

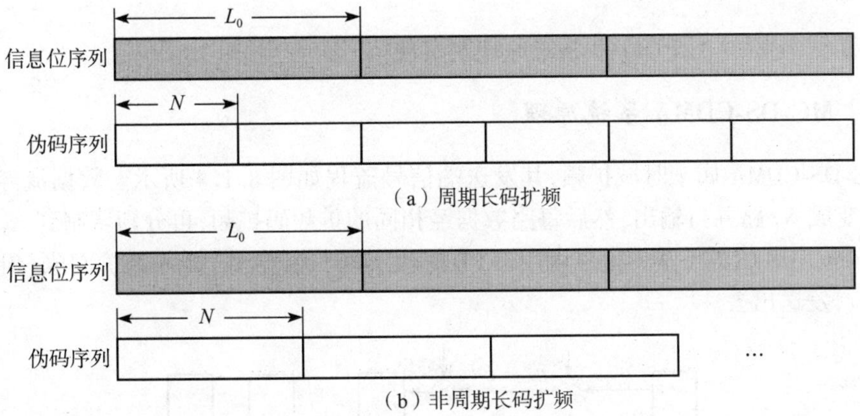

图 8.1.3　长码扩频信号的模型

不考虑多径情况，在接收端对单用户以码片宽度 T_c 采样后，长码直扩信号的离散形式为

$$y_1(n)=Ab(n-\tau)\sum_{i=-\infty}^{\infty}c(n-iL_0-\tau)+w(n) \tag{8.1.11}$$

式中：A 和 τ 分别表示信号幅度和传输时间延迟；L_0 为长伪码周期；$b(n)$ 表示为 M 个信息码与矩形方波的卷积：

$$b(n)=\sum_{m=0}^{M-1}b(m)\varphi(n-mN) \tag{8.1.12}$$

式中：$\varphi(n)=\begin{cases}1, & 0<n\leqslant N\\ 0, & \text{其他}\end{cases}$。定义 $P=L_0/N$ 为扩频调制比，则当 P 为正整数时，该信号为周期长码扩频信号，若 P 不是整数，则为非周期长码扩频信号。特别地，当直扩信号的扩频调制比 $P=1$ 时，该信号简化成短码直扩信号。

(3) 对于多速率 DS-CDMA[354] 信号，根据速率的不同可将用户数 N_u 分为 V 组，且各个速率之间满足 $R_1<R_2<\cdots<R_V$，即扩频码周期 $T_1>T_2>\cdots>T_V$，N_u^i 表示第 i 组速率的用户数，则总用户数为 $N_u=\sum\limits_{i=1}^{V}N_u^i$，$N_i=T_i/T_c$ 为第 i 组速率的扩频增益，T_i 为第 i 组扩频码周期，T_c 为码片宽度。那么，多速率 DS-CDMA 信号可写成

$$y_2(t)=\sum_{i=1}^{V}\sum_{n=1}^{N_u^i}\sqrt{\gamma_{n,i}}\,d_{n,i}(k)p_{n,i}(t-kT_i-\tau_{n,i})+w(t) \tag{8.1.13}$$

式中：$\sqrt{\gamma_{n,i}}$ 为第 i 组速率第 n 个用户的信号幅度；$\{d_{n,i}(k)=\pm1,k\in\mathbf{Z}^+\}$ 为第 i 组速率第 n 个用户的信息符号；$\tau_{n,i}$ 为第 i 组速率群第 n 个用户的延迟；$p_{n,i}(t)$ 为扩频码波形，表示为

$$p_{n,i}(t)=\sum_{l=0}^{N_i-1}c_{n,i}(l)g(t-lT_c) \tag{8.1.14}$$

式中：$\{c_{n,i}(l)\in\pm1, l\in\mathbf{Z}^+\}$为扩频序列的取值；$g(t)$为矩形切普（chip）脉冲，且满足 $g(t)=\begin{cases}1, & 0\leqslant t\leqslant T_c\\ 0, & 其他\end{cases}$；$w(t)$为零均值，方差为$\sigma_n^2$的高斯白噪声。

8.1.3　OFDM 系统原理

请详见本书“4.1.2 OFDM 系统原理及实现”。

8.1.4　MC-DS-CDMA 系统原理

MC-DS-CDMA 属于时域扩频，其发送端信号流程如图 8.1.4 所示。数据流经多路分配器后变成N_1路并行输出，然后每路数据经相同的扩频码扩频，再分别调制到N_1个相邻载频上（MC-DS-CDMA 基带信号可用 IFFT 模块实现），经合并，插入保护间隔（补零或循环前缀），发送出去。

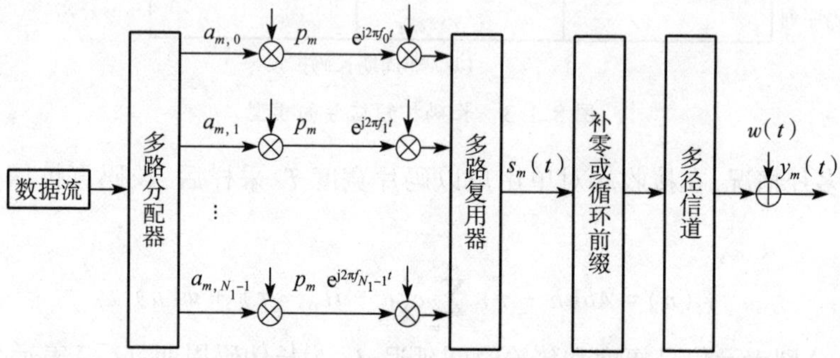

图 8.1.4　MC-DS-CDMA 信号流程

第m个用户的发送信号为

$$s_m(t)=\sum_{k=0}^{N_1-1}a_{m,k}(t)p_m(t)\exp[\mathrm{j}2\pi(f_0+k\Delta f)t]=\sum_{k=0}^{N_1-1}s_{m,k}(t)\exp[\mathrm{j}2\pi(f_0+k\Delta f)t] \tag{8.1.15}$$

式中：$s_{m,k}(t)$为扩频后信号；$a_{m,k}(t)=\sum_{i=-\infty}^{\infty}a_m g(t-iT_0)$表示第$m$个用户发送在第$k$个子载波上的信息码，$a_m\in\{+1,-1\}$服从等概率随机分布；$p_m(t)=\sum_{i=1}^{G}c_i g(t-iT_c)$为 PN 码波形，$c_i\in\{+1,-1\}$扩频码序列值，$T_c$为码片宽度，$G$为 PN 码长度。$f_0$为起始频率；$\Delta f$为子载波间隔。

在传输过程中，信号受多径及噪声的影响，则接收端信号表达式为

$$y_m(t)=\sum_{l=1}^{L_m}h_{m,l}s_m(t-\tau_{m,l})+w(t) \tag{8.1.16}$$

式中：$h_{m,l}$和$\tau_{m,l}$分别为第m个用户第l条路径的信道增益和时延；L_m为多径路数；$w(t)$为高斯白噪声。

8.1.5　MC-CDMA 系统原理

基于频域扩频的 MC-CDMA 信号的结构有简单和复杂两种模式。MC-CDMA 信号的

简单模式是把一个数据符号经复制器后乘以扩频序列的一个码片，再调制到不同的子载波上，其原理框图如图 8.1.5 所示。其中，$a_m[i]$ 为第 m 个用户的第 i 个数据，$c_m=\{c_m[0],c_m[1],\cdots,c_m[N-1]\}^{\mathrm{T}}$ 为第 m 个用户的扩频序列，假定一个码片采一个点，即扩频码长度等于子载波个数。$f_0,f_1,\cdots,f_{N-1}$ 为子载波频率。MC-CDMA 信号的复杂模式则是先对数据流进行串并变换，然后对每路子数据流进行频域扩频，本书主要研究简单模式下的 MC-CDMA 信号。

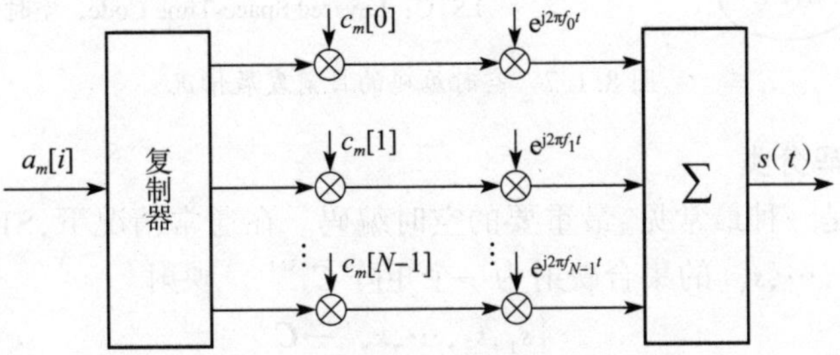

图 8.1.5 MC-CDMA 信号简单模式原理框图

第 m 个用户的 MC-CDMA 发送信号表示为

$$s_m(t)=\sum_{i=-\infty}^{\infty}\sum_{n=0}^{N-1}a_m[i]c_m[n]p_s(t-iT_s)\exp[\mathrm{j}2\pi(f_0+n\Delta f)t] \tag{8.1.17}$$

式中：T_s 为输入数据符号周期；j 为虚数单位；Δf 为子载波间隔；f_0 为第 0 个子载波频率。

图 8.1.6 显示的是理论情况下 MC-CDMA 的频谱分布，相比于普通频分复用方式，MC-CDMA 系统几乎可以节省 50%的带宽。

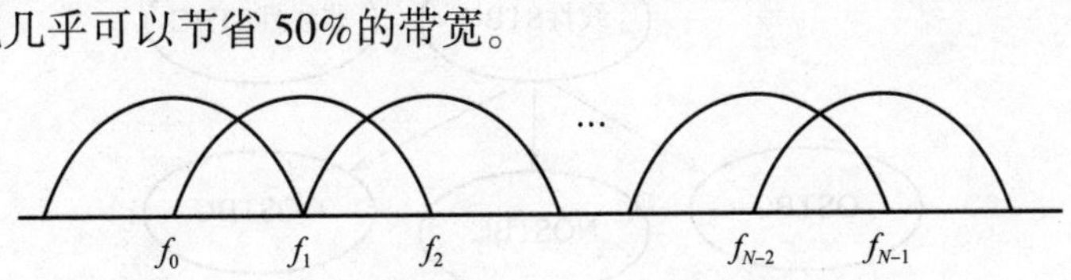

图 8.1.6 MC-CDMA 系统频谱分布示意图

8.1.6 OSTBC MC-CDMA 系统原理

空时编码技术是一种达到或接近 MIMO 系统容量的极具潜力、可行性极高的新技术。该编码在多根发射天线和各个时间周期的发射信号之间能够产生空域和时域的相关性，这种空时相关性可以使接收机克服 MIMO 信道衰落，减少发射误码。对于空间未编码系统，空时编码可以在不牺牲带宽的情况下起到发射分集和功率增益作用。所有编码方案的核心是使用多径能力来达到较高的频谱利用率和性能增益的目的。在已有的实验中，贝尔实验室采用的分层空时编码技术可以获得高达 42bit/s/Hz 的频谱利用率。

1. 空时分组码

目前，空时编码的研究方向主要分为两类：一是以获取最大的分集增益为目标，着眼于改善系统的误码性能，这类 STC 主要有 STBC、STTC 等；二是尽可能地提高系统的吞吐量，最大化空间复用增益，这类空时码的典型代表是 BLAST。现在已经产生了许多结构巧妙、性能优异的空时码。图 8.1.7 提出了空时编码的目前发展情况。

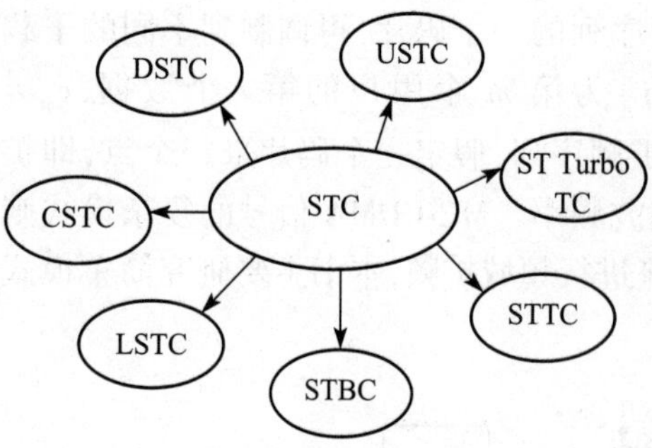

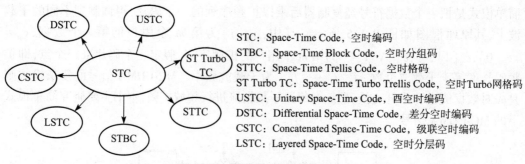

图 8.1.7　空时编码的目前发展情况

2. 空时分组码分类

空时分组码是一种最常见、最重要的空时编码。在通常情况下，STBC 可看作一种将 N 个复符号 $\{s_1,s_2,\cdots,s_N\}$ 的集合映射为一个矩阵 $\boldsymbol{C}$[342]。映射

$$\{s_1,s_2,\cdots,s_N\}\rightarrow\boldsymbol{C} \tag{8.1.18}$$

在理论上可以采取任何形式。

空时分组码可以分为线性和非线性空时分组码两大类，如图 8.1.8 所示。

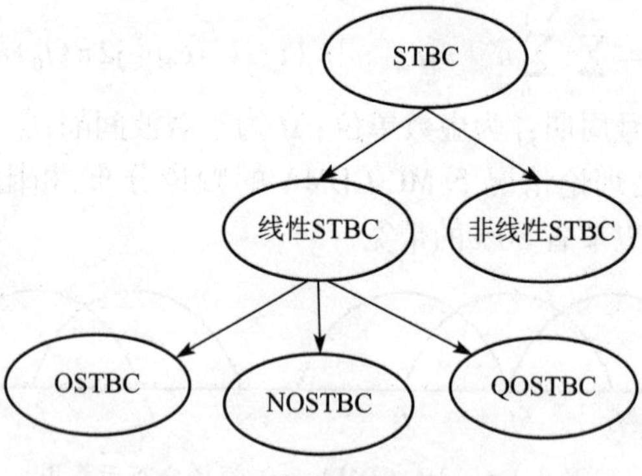

图 8.1.8　空时分组码的分类

1）线性 STBC

线性空时分组码选择式(8.1.18)映射为符号 $\{s_n\}$ 的线性组合，则 $\{s_n\}$ 作为确定的矩阵集合，矩阵 $\boldsymbol{C}$ 可表示为

$$\boldsymbol{C}=\sum_{n=1}^{N}(\bar{s}_n\boldsymbol{A}_n+\mathrm{i}\,\tilde{s}_n\boldsymbol{B}_n) \tag{8.1.19}$$

式中，$\{s_1,\cdots,s_N\}$ 表示发射的符号集合；$\{\boldsymbol{A}_n,\boldsymbol{B}_n\}$ 是给定的 $n_T\times N$ 维码字矩阵；i 为虚单位。式(8.1.19)中 $\{\bar{s},\tilde{s}\}$ 满足

$$\begin{cases}\bar{\boldsymbol{s}}\triangleq[\bar{s}_1\cdots\bar{s}_N]^{\mathrm{T}}\\ \tilde{\boldsymbol{s}}\triangleq[\tilde{s}_1\cdots\tilde{s}_N]^{\mathrm{T}}\end{cases} \tag{8.1.20}$$

$\boldsymbol{C}$ 是 $\{\bar{s}_n,\tilde{s}_n\}$ 的线性函数，不过实际上它不能表示成复符号 $\{s_n\}$ 的线性函数。矩阵的集合 $\{\boldsymbol{C}\}$ 等价于下式形成的矩阵集合

$$\boldsymbol{C}=\sum_{n=1}^{N}(s_n\bar{\boldsymbol{A}}_n+\mathrm{i}s_n^*\bar{\boldsymbol{B}}_n) \tag{8.1.21}$$

式中，$\{\overline{\boldsymbol{A}}_n, \overline{\boldsymbol{B}}_n\}$ 满足

$$\begin{cases} \overline{\boldsymbol{A}}_n = \dfrac{\overline{\boldsymbol{A}}_n + \overline{\boldsymbol{B}}_n}{2} \\ \overline{\boldsymbol{B}}_n = \dfrac{\overline{\boldsymbol{A}}_n - \overline{\boldsymbol{B}}_n}{2} \end{cases} \tag{8.1.22}$$

以后本书将研究的信号都采用线性 STBC。线性 STBC 是空时编码技术的一个重要子集。

现在令

$$\begin{cases} \boldsymbol{F}_a \triangleq [\mathrm{vec}(\boldsymbol{HA}_1) \cdots \mathrm{vec}(\boldsymbol{HA}_N)] \\ \boldsymbol{F}_b \triangleq [\mathrm{ivec}(\boldsymbol{HB}_1) \cdots \mathrm{ivec}(\boldsymbol{HB}_N)] \\ \boldsymbol{F} = [\boldsymbol{F}_a, \boldsymbol{F}_b] \end{cases} \tag{8.1.23}$$

于是接收到的空时信号在平坦衰落信道上表示为

$$\boldsymbol{y} = \mathrm{vec}(\boldsymbol{Y}) = \mathrm{vec}(\boldsymbol{HC}+\boldsymbol{W}) = \boldsymbol{F}_a \bar{\boldsymbol{s}} + \boldsymbol{F}_b \tilde{\boldsymbol{s}} + \boldsymbol{w} \tag{8.1.24}$$

式中：$\boldsymbol{w} = \mathrm{vec}(\boldsymbol{W})$。

给定 $\boldsymbol{C}$，对发射数据 $\boldsymbol{s}$ 的检测就要最小化函数：

$$\|\boldsymbol{Y} - \boldsymbol{HC}\|^2 = \|\boldsymbol{y}' - \boldsymbol{F}'\boldsymbol{S}'\|^2 \tag{8.1.25}$$

式中的函数是 $\{s_n\}$ 的二次函数。

2）非线性 STBC

从性能和实现的观点上来看，线性空时分组码尽管有特别好的性质，但是它们只是所有可能完成映射 $\{s_1, s_2, \cdots, s_N\} \rightarrow \boldsymbol{C}$ 的一个非常小的子集。虽然目前关于非线性空时分组码的研究非常有限，但是它仍然有一些有益的研究结果[343]。首先通过一个非线性函数得到 P 个复数 $\{\phi_p\}$ 的集合：

$$\{s_1, s_2, \cdots, s_N\} \rightarrow \{\phi_1, \phi_2, \cdots, \phi_P\} \tag{8.1.26}$$

然后，用以下的公式构造 $\boldsymbol{C}$

$$\boldsymbol{C} = \sum_{n=1}^{P} (\bar{\phi}_n \boldsymbol{A}_n + \mathrm{i}\, \tilde{\phi}_n \boldsymbol{B}_n) \tag{8.1.27}$$

3. 正交空时分组码

正交空时分组码（OSTBC）是线性 STBC 的一类很重要的子集，OSTBC 保证了不同符号 $\{s_n\}$ 的相干最大似然解码可以得到良好的结果，且得到的分集阶数等于 $n_{\mathrm{R}} n_{\mathrm{T}}$。两发射天线系统中的 OSTBC 和其在码间串扰信道中的各种不同扩展视为提高无线局域网[344]与全球移动通信系统（GSM）[345]等系统性能的重要手段，并能提高 GSM 增强版本数据率的手段。简单形式的 OSTBC 采纳为 WCDMA 标准[346]。

OSTBC 是有如下酉特性的线性 STBC：

$$\boldsymbol{CC}^{\mathrm{H}} = \sum_{n=1}^{N} |s_n|^2 \cdot \boldsymbol{I} \tag{8.1.28}$$

OSTBC 命名的原由就是基于该性质，式（8.1.28）中 $\boldsymbol{I}$ 可以被任意的常数因子进行尺度变换。

要达到准则式（8.1.28）有许多方法。最早的 OSTBC 是由参考文献[50]给出的。它

研究了与矩阵 $\boldsymbol{C}$ 相关的错误性能。后来,参考文献[49]提出了许多 OSTBC 相关的结论,同时给出了正交理论和正交设计的重要联系。在本节,我们需要证明式(8.1.28)能保证符号检测得到良好的结果。接着,还要给出在 $\{\boldsymbol{A}_n,\boldsymbol{B}_n\}$ 中让式(8.1.18)成立的充分必要的条件。

想要理解为什么码字矩阵 $\boldsymbol{C}$ 正比于酉矩阵,能够保证检测 $\{s_n\}$ 得到良好的结果,首先应该看符号检测的最大似然函数:

$$\begin{aligned}\|\boldsymbol{Y}-\boldsymbol{HC}\|^2 &= \|\boldsymbol{Y}\|^2-2\mathrm{ReTr}\{\boldsymbol{Y}^{\mathrm{H}}\boldsymbol{HC}\}+\|\boldsymbol{HC}\|^2\\ &= \|\boldsymbol{Y}\|^2-2\sum_{n=1}^{N}\mathrm{ReTr}\{\boldsymbol{Y}^{\mathrm{H}}\boldsymbol{HA}_n\}\bar{s}_n+2\sum_{n=1}^{N}\mathrm{ImTr}\{\boldsymbol{Y}^{\mathrm{H}}\boldsymbol{HB}_n\}\tilde{s}_n+\|\boldsymbol{H}\|^2\|\boldsymbol{s}\|^2\\ &= \sum_{n=1}^{N}(-2\mathrm{ReTr}\{\boldsymbol{Y}^{\mathrm{H}}\boldsymbol{HA}_n\}\bar{s}_n+2\mathrm{ImTr}\{\boldsymbol{Y}^{\mathrm{H}}\boldsymbol{HB}_n\}\tilde{s}_n+\|s_n\|^2\|\boldsymbol{H}\|^2)+\mathrm{Constant}\\ &= \|\boldsymbol{H}\|^2\cdot\sum_{n=1}^{N}\left|s_n-\frac{\mathrm{ReTr}\{\boldsymbol{Y}^{\mathrm{H}}\boldsymbol{HA}_n\}-\mathrm{i}\,\mathrm{ImTr}\{\boldsymbol{Y}^{\mathrm{H}}\boldsymbol{HB}_n\}}{\|\boldsymbol{H}\|^2}\right|^2+\mathrm{Constant}\end{aligned} \tag{8.1.29}$$

由式中可看出最大似然函数被分解为含 N 项的和式。它的每一项仅依赖于一个复符号。于是,$\{s_n\}$ 的检测转化为对 $\{s_p\}$ 的检测,$n\neq p$。关于 $\{\boldsymbol{A}_n,\boldsymbol{B}_n\}$ 让 $\boldsymbol{C}$ 正比于酉矩阵的条件有如下定理。

定理 8.1.1　OSTBC 与亲和正交设计之间的关系:

令 $\boldsymbol{C}$ 矩阵具有像式(8.1.19)的结构。于是 $\boldsymbol{CC}^{\mathrm{H}}=\sum_{n=1}^{N}|s_n|^2\cdot\boldsymbol{I}$,对于所有复数 $\{s_n\}$ 成立的条件是当且仅当 $\{\boldsymbol{A}_n,\boldsymbol{B}_n\}$ 是一个亲和正交设计。对于 $n=1,2,\cdots,N,p=1,2,\cdots,N$,有

$$\begin{cases}\boldsymbol{A}_n\boldsymbol{A}_n^{\mathrm{H}}=\boldsymbol{I},\quad \boldsymbol{B}_n\boldsymbol{B}_n^{\mathrm{H}}=\boldsymbol{I}\\ \boldsymbol{A}_n\boldsymbol{A}_p^{\mathrm{H}}=-\boldsymbol{A}_p\boldsymbol{A}_n^{\mathrm{H}},\quad \boldsymbol{B}_n\boldsymbol{B}_p^{\mathrm{H}}=-\boldsymbol{B}_p\boldsymbol{B}_n^{\mathrm{H}},\quad n\neq p\\ \boldsymbol{A}_n\boldsymbol{B}_p^{\mathrm{H}}=\boldsymbol{B}_p\boldsymbol{A}_n^{\mathrm{H}}\end{cases} \tag{8.1.30}$$

证明请参阅参考文献[342]。

从以上公式可以看出,若式(8.1.30)成立,则式(8.1.28)成立。

让式(8.1.30)成立的矩阵 $\{\boldsymbol{A}_n,\boldsymbol{B}_n\}$ 的集合称为亲和正交设计。定理 8.1.1 已建立了亲和矩阵设计理论和 OSTBC 之间的重要联系。虽然能保证最大似然检测得以解耦的条件公式(8.1.30)很容易得到,不过要构造满足式(8.1.30)的矩阵 $\{\boldsymbol{A}_n,\boldsymbol{B}_n\}$ 的集合比较困难。

1) 正交空时分组码的分类

正交空时分组码主要分为:①实正交空时分组码;②复正交空时分组码(请详见 6.1.2 节:MIMO 系统原理)。

2) Alamouti 空时编码

Alamouti 编码的方案作为空时分组码的先驱,它是一种简单的双路分集传输结构、解码算法非常简单巧妙,并且实现了满分集增益。本节还介绍了其他基于正交设计的空时分组码及译码算法。在最后一部分将介绍一下准正交空时分组码。这种空时分组码在传输速率和性能之间进行折中,同样具有很高的实际价值[47]。

Alamouti 编码结合发射天线数为 2 的 MIMO 系统(图 8.1.9)。假设采用 M 进制调

制。首先，取 $m(m=\log_2 M)$ 个信息比特进行调制。其次，空时编码器再每次取两个调制符号 s_1 和 s_2，并根据如下给出的编码矩阵将它们映射到发射天线：

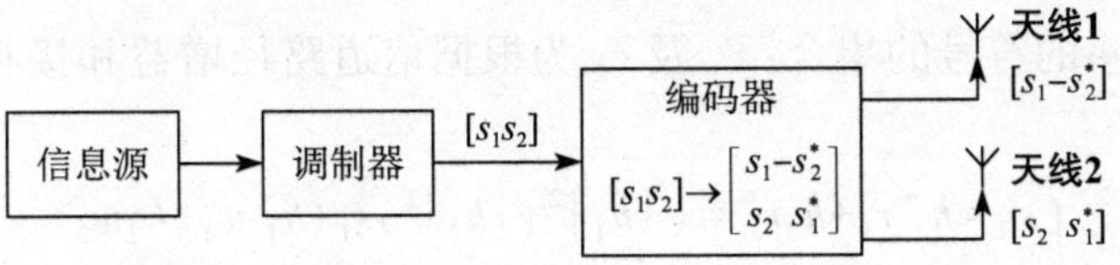

图 8.1.9　Alamouti 空时编码发射端

$$\boldsymbol{C}=\begin{bmatrix} s_1 & -s_2^* \\ s_2 & s_1^* \end{bmatrix} \tag{8.1.31}$$

式中：* 为共轭算法。Alamouti 编码器的输出在两个连续发射周期里从两根发射天线发射出去。用 $\boldsymbol{s}^1$ 及 $\boldsymbol{s}^2$ 分别表示两根发射天线将发送的信号序列：

$$\begin{cases} \boldsymbol{s}^1=[s_1 \quad -s_2^*] \\ \boldsymbol{s}^2=[s_2 \quad s_1^*] \end{cases} \tag{8.1.32}$$

Alamouti 编码的主要特征在于两根发射天线的发送序列是正交的，即考察 $\boldsymbol{s}^1$ 和 $\boldsymbol{s}^2$ 的内积[47]：

$$\boldsymbol{s}^1\cdot\boldsymbol{s}^2=s_1 s_2^*-s_2^* s_1=0 \tag{8.1.33}$$

式(8.1.31)的矩阵具有如下特性：

$$\boldsymbol{C}\boldsymbol{C}^{\mathrm{H}}=\begin{bmatrix} |s_1|^2+|s_2|^2 & 0 \\ 0 & |s_1|^2+|s_2|^2 \end{bmatrix}=(|s_1|^2+|s_2|^2)\boldsymbol{I}_2 \tag{8.1.34}$$

式中：$\boldsymbol{I}_2$ 为一个 2×2 的单位矩阵。

在接收端，采用一根接收天线如图 8.1.10 所示。h_1 和 h_2 为两根发射天线到接收天线的信道路径增益。假设信道的衰落在两个连续符号发射周期之间不变，即 $h_t=h_{t+T}$，且接收端能获得理想的信道状态信息。接收端天线在第一时刻和第二时刻所接收到的信号分别描述为 y_1 和 y_2

$$\begin{cases} y_1=h_1 s_1+h_2 s_2+w_1 \\ y_2=-h_1 s_2^*+h_2 s_1^*+w_2 \end{cases} \tag{8.1.35}$$

式中：w_1,w_2 为加性高斯白噪声。假设在接收端，h_1 和 h_2 能够准确地估计。

最大似然检测就相当于在所有可能的 $\hat{s}_1$ 和 $\hat{s}_2$ 值中选择一对星座符号 $(\hat{s}_1,\hat{s}_2)$，使得下式达到最小：

$$\begin{aligned} & d^2(y_1,h_1\hat{s}_1+h_2\hat{s}_2)+d^2(y_2,-h_1\hat{s}_2^*+h_2\hat{s}_1^*) \\ & =|y_1-h_1\hat{s}_1-h_2\hat{s}_2|^2+|y_2+h_1\hat{s}_2^*-h_2\hat{s}_1^*|^2 \end{aligned} \tag{8.1.36}$$

式中：$d^2(\cdot)$ 为求最小欧氏距离的函数。

将以上两公式结合起来得到最大似然解码[107]：

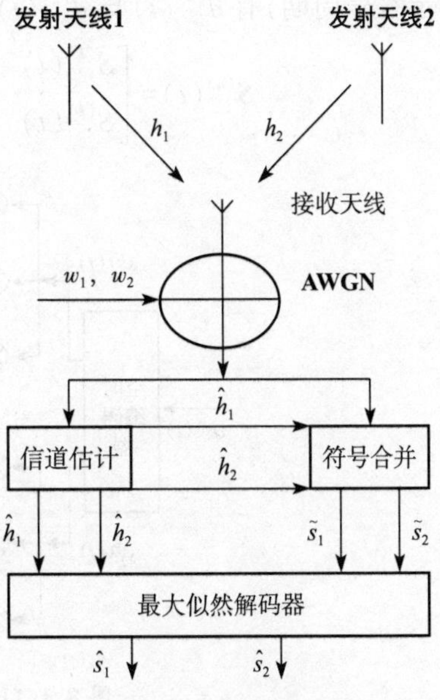

图 8.1.10　Alamouti 空时编码接收端

$$(\hat{s}_1,\hat{s}_2)=\underset{\hat{s}_1\in\Pi,\hat{s}_2\in\Pi}{\operatorname{argmin}}\{(|h_1|^2+|h_2|^2-1)(|\hat{s}_1|^2+|\hat{s}_2|^2)+d^2(\widetilde{s}_1,\hat{s}_1)+d^2(\widetilde{s}_2,\hat{s}_2)\}\tag{8.1.37}$$

式中,Π 为调制星座的符号的集合;$\widetilde{s}_1$ 及 $\widetilde{s}_2$ 为根据信道路径增益和接收信号进行合并得到的符号[350]:

$$\begin{cases}\widetilde{s}_1=h_1^*r_1+h_2r_2^*=(|h_1|^2+|h_2|^2)s_1+h_1^*w_1+h_2w_2^*\\ \widetilde{s}_2=h_2^*r_1-h_1r_2^*=(|h_1|^2+|h_2|^2)s_2-w_2^*h_1+w_1h_2^*\end{cases}\tag{8.1.38}$$

最后,对式(8.1.38)简化取 s_1 及 s_2 的最大似然解码的准则:

$$\begin{cases}\hat{s}_1=\underset{\hat{s}_1\in s}{\operatorname{argmin}}\{(|h_1|^2+|h_2|^2-1)|\hat{s}_1|^2+d^2(\widetilde{s}_1,\hat{s}_1)\}\\ \hat{s}_2=\underset{\hat{s}_2\in s}{\operatorname{argmin}}\{(|h_1|^2+|h_2|^2-1)|\hat{s}_2|^2+d^2(\widetilde{s}_2,\hat{s}_2)\}\end{cases}\tag{8.1.39}$$

根据以上推导,可以扩展到采用多接收天线的系统:

$$\begin{cases}\hat{s}_1=\underset{\hat{s}_1\in s}{\operatorname{argmin}}\left\{\sum_{j=1}^{n_R}[(|h_{j,1}|^2+|h_{j,2}|^2-1)]|\hat{s}_1|^2+d^2(\widetilde{s}_1,\hat{s}_1)\right\}\\ \hat{s}_2=\underset{\hat{s}_2\in s}{\operatorname{argmin}}\left\{\sum_{j=1}^{n_R}[(|h_{j,1}|^2+|h_{j,2}|^2-1)]|\hat{s}_2|^2+d^2(\widetilde{s}_2,\hat{s}_2)\right\}\end{cases}\tag{8.1.40}$$

根据以上分析,关于 Alamouti 码的最大似然解码,先必须知道调制星座的编码结构与方式,而且在实际情况下,此类信息往往是未知的。因此,空时码的盲识别十分重要。

4. OSTBC MC-CDMA 信号

假设系统中有 K 个激活的用户,在基带信号系统上行链路中,第 k 个用户的发射端如图 8.1.11 所示,假设只有 $n_T=2$ 根发射天线,而且接收天线的数目 $n_R=1$,在不同的发射天线中,用户的扩频码是不同的。另外,子载波的数目等于扩频码的长度。其中,$d_1^{(k)}(t)$ 和 $d_2^{(k)}(t)$ 为第 k 个用户的两个连续发送符号,采用 Alamouti 编码,在 t 与 $t+T$ 时刻(其中 T 表示符号周期)有 $d_1^{(k)}(t)$ 与 $d_2^{(k)}(t)$ 输入空时编码器,输出以下码矩阵[47]:

$$\boldsymbol{S}^{(k)}(t)=\begin{bmatrix}S_1^{(k)}(t) & S_1^{(k)}(t+T)\\ S_2^{(k)}(t) & S_2^{(k)}(t+T)\end{bmatrix}=\begin{bmatrix}d_1^{(k)}(t) & -d_2^{(k)*}(t+T)\\ d_2^{(k)}(t) & d_1^{(k)*}(t+T)\end{bmatrix}\tag{8.1.41}$$

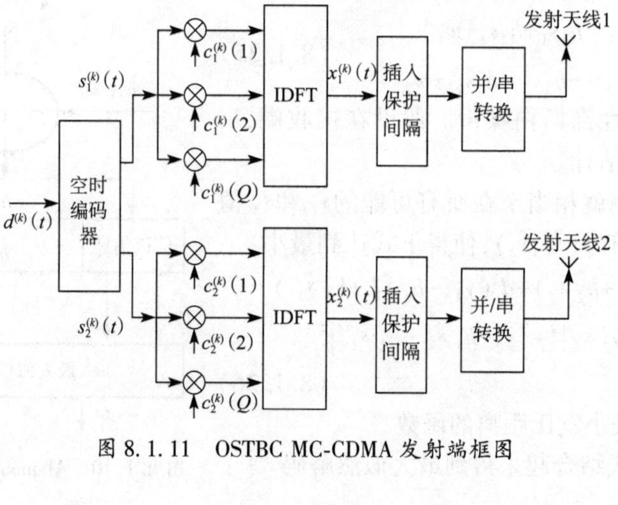

图 8.1.11 OSTBC MC-CDMA 发射端框图

式中：$\boldsymbol{S}^{(k)}(t)$的第一列在 t 时刻发射，第二列在 $t+T$ 时刻发射，在每列中，首分量将由第一个天线发射，另外的分量将由第二个天线发射。其中，$\boldsymbol{c}_1^{(k)}=[c_1^{(k)}(1),c_1^{(k)}(2),\cdots,c_1^{(k)}(Q)]^{\mathrm{T}}$ 为用户 k 第一个发射天线的扩频码，$c_1^{(k)}(q)\in\{+1/\sqrt{Q},-1/\sqrt{Q}\}$，$q=1,2,\cdots,Q$，$Q$ 等于扩频码的长度。在发射天线中，信息符号经过扩频后，可以表示为 $\boldsymbol{\varphi}_1^{(k)}(t)=\boldsymbol{s}_1^{(k)}(t)\boldsymbol{c}_1^{(k)}$，然后码片将调制到各个子载波上，中心频率等于 f_q。

OFDM 调制可以用逆离散傅里叶变换（IDFT）实现，即

$$\boldsymbol{x}_1^{(k)}(t)=\overline{\boldsymbol{F}}\boldsymbol{\varphi}_1^{(k)}(t) \tag{8.1.42}$$

式中：$\overline{\boldsymbol{F}}$ 为 $Q\times Q$ 维的 IDFT 矩阵，其第 q 行第 q 列的分量为 $\overline{\boldsymbol{F}}(q,q)=(1/Q)\exp(\mathrm{j}2\pi f_q)$；$\boldsymbol{x}_1^{(k)}(t)$表示 OFDM 的发送符号。同理，可以得到第二个发射天线的信号 $\boldsymbol{x}_2^{(k)}(t)$。为了避免符号之间的互相干扰，可以在 $\boldsymbol{x}_1^{(k)}(t)$与 $\boldsymbol{x}_2^{(k)}(t)$前面插入循环前缀。信号从天线发射之前，在 $\boldsymbol{x}_1^{(k)}(t)$和 $\boldsymbol{x}_2^{(k)}(t)$前面插入长度大于信道冲激响应长度的循环前缀保护间隔，用以消除符号间干扰（ISI）的影响。

在接收端（图 8.1.12），接收信号经过串/并转换变为并行序列，去掉循环前缀的保护间隔，假设保护间隔的长度长于信道冲激响应的长度，则不存在 ISI 和分组间干扰（IBI），经过离散傅里叶变换（DFT）后，在两个连续符号周期，每个用户在每根天线的数据用下式来表示[138]：

$$\begin{cases}\boldsymbol{y}(t)=\displaystyle\sum_{k=1}^{K}\sqrt{E^{(k)}}\left[\boldsymbol{C}_1^{(k)}\boldsymbol{b}_1^{(k)}d_1^{(k)}(t)+\boldsymbol{C}_2^{(k)}\boldsymbol{b}_2^{(k)}d_2^{(k)}(t)\right]+\boldsymbol{w}(t)\\ \boldsymbol{y}(t+T)=\displaystyle\sum_{k=1}^{K}\sqrt{E^{(k)}}\left[-\boldsymbol{C}_1^{(k)}\boldsymbol{b}_1^{(k)}d_2^{(k)*}(t+T)+\boldsymbol{C}_2^{(k)}\boldsymbol{b}_2^{(k)}d_1^{(k)*}(t+T)\right]+\boldsymbol{w}(t+T)\end{cases} \tag{8.1.43}$$

式中：$E^{(k)}$ 为用户 k 的信号功率；$\boldsymbol{C}_m^{(k)}=\mathrm{diag}\{\boldsymbol{c}_m^{(k)}(1),\cdots,\boldsymbol{c}_m^{(k)}(Q)\}$是对角矩阵，$m=1,2$，其对角线元素为用户第 m 个发射天线扩频码的 Q 个码片；$\boldsymbol{h}_m^{(k)}=[h_m^{(k)}(1),\cdots,h_m^{(k)}(L)]^{\mathrm{T}}$ 为从用户 k 的第 m 个发射天线到接收天线的信道冲激响应；$\boldsymbol{b}_m^{(k)}=[b_m^{(k)}(1),\cdots,b_m^{(k)}(Q)]^{\mathrm{T}}$ 为信道冲激响应的 Q 点 DFT，$\boldsymbol{b}_m^{(k)}=\boldsymbol{F}\boldsymbol{h}_m^{(k)}$，$\boldsymbol{F}$ 表示 $Q\times L$ 维的 DFT 矩阵，其中 $L\ll Q$；$\boldsymbol{w}(t)$表示 $Q\times 1$ 维的 AWGN 向量，均值等于零，相关矩阵 $\boldsymbol{R}_w=E[\boldsymbol{w}(t)\boldsymbol{w}^{\mathrm{H}}(t)]=\sigma^2\boldsymbol{I}$，$\sigma^2=N_0/2$，$N_0/2$ 是双边功率谱密度，$\boldsymbol{I}$ 表示单位矩阵。

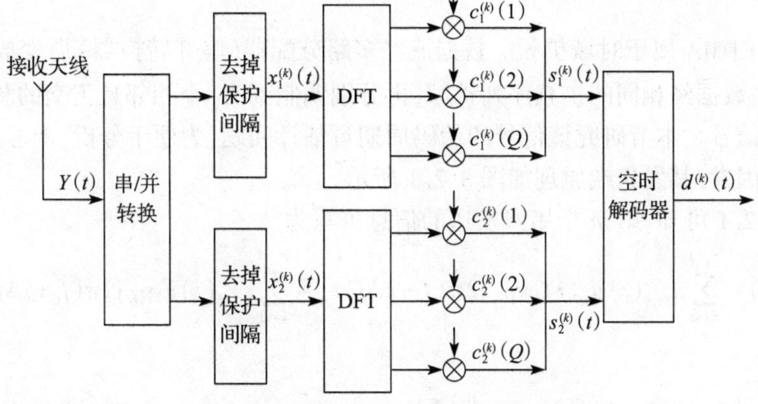

图 8.1.12　OSTBC MC-CDMA 接收端框图

8.1.7 本节小结

本节首先简要介绍了扩频通信的三种工作方式以及直接序列扩频的原理，并说明了直扩信号的抗干扰优点。其次介绍了单速率的短码直扩、周期长码直扩、非周期长码直扩以及复杂的多速率直扩信号模型，之后提到了 OFDM 系统的基本模型。最后介绍了由 CDMA 和 OFDM 结合而成的频域扩频 MC-CDMA 信号和时域扩频 MC-DS-CDMA 信号模型，为后面针对这两种多载波 CDMA 信号的分析及参数估计奠定了一定的理论基础。

8.2 MC-DS-CDMA 信号的伪码周期盲估计

8.2.1 引言

多载波直扩码分多址结合了 CDMA 和 OFDM 各自优点，具有高速率、大容量传输等特点，在移动通信中备受关注。目前，人们已对单载波直扩信号的参数估计问题进行广泛研究，并取得了良好的效果，但对 MC-DS-CDMA 信号研究得不够全面，相关文献的研究对象主要为频偏[351]、信道[352]等参数，或者是不同信道下系统性能的误码率[353]分析，涉及该信号伪码周期估计问题的文献很少。在非合作通信中，伪码周期已知是估计伪码序列的基础，因此对伪码周期估计进行研究具有重要意义。由于 MC-DS-CDMA 信号模型本身涉及串并变换、多载波等特征，参数估计相对 DSSS 信号较为困难。参考文献[194,354]采用相关波动法分别估计多径环境下 MC-DS-CDMA 信号的符号持续时间，采用二次谱法估计多速率 CDMA 信号的伪码周期。参考文献[355-356]建立了 DSSS、DS-CDMA、MC-DS-CDMA 等信号的统一模型，研究了相关函数二阶矩法估计 MC-DS-CDMA 信号的伪码周期，但文章只介绍了算法原理，并未给出理论证明。

本节通过利用 MC-DS-CDMA 信号子载波间以及不同用户扩频码间正交性的特点，研究二次谱[357]法来估计伪码周期，在分析该信号模型的基础上，推导了 MC-DS-CDMA 信号的二次谱表达式，并结合实验有效地估计出伪码周期。与同样采用二次谱方法的 DSSS 信号相比，MC-DS-CDMA 信号呈现出新特点，与二阶矩法相比，该算法的运算量较低。

8.2.2 MC-DS-CDMA 信号模型

MC-DS-CDMA 属于时域扩频。数据流经多路分配器（串并转换器）后变成 N_1 路并行输出，每一路数据经相同的扩频序列扩频，再分别调制到 N_1 个相邻且正交的载频上，相加后形成发送信号。本节研究该信号的伪码周期盲估计问题，为便于分析，未考虑循环前缀以及多径等因素，其发送端原理如图 8.2.1 所示。

由图 8.2.1 可知，第 m 个用户发送的信息可写为

$$s_m(t)=\sum_{k=0}^{N_1-1}a_{m,k}(t)p_m(t)\exp[\mathrm{j}2\pi(f_0+k\Delta f)t]=\sum_{k=0}^{N_1-1}s_{m,k}(t)\exp[\mathrm{j}2\pi(f_0+k\Delta f)t] \tag{8.2.1}$$

式中：$s_{m,k}(t)$ 为扩频后的信号；$a_{m,k}(t)=\sum_{i=-\infty}^{\infty}a_m g(t-iT_0)$ 表示第 m 个用户发送在第 k 个子载

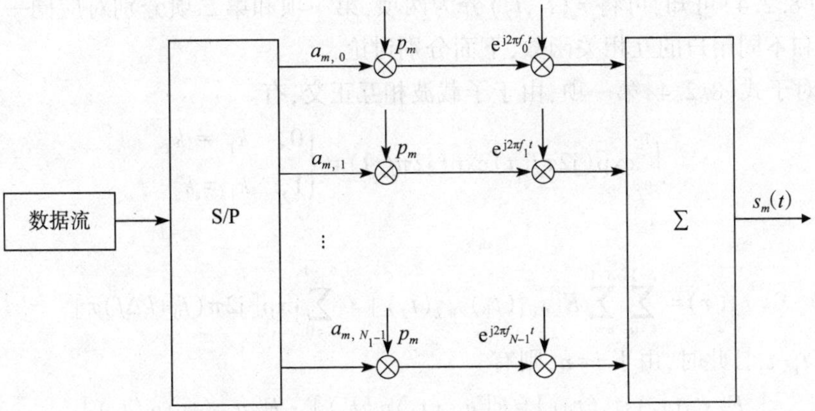

图 8.2.1　MC-DS-CDMA 信号实现原理

波上的信息码，$a_m \in \{+1,-1\}$ 服从等概率随机分布；$p_m(t)=\sum_{i=1}^{G} c_i g(t-iT_c)$ 为 PN 码波形，$c_i \in \{+1,-1\}$ 为 PN 码序列值，$g(t)$ 为一个码片波形，T_c 为码片宽度，G 为一个周期的伪码长度；f_0 为起始频率；Δf 为子载波频率间隔。

假设系统用户总数为 S，则信号总表达式为

$$s(t)=\sum_{m=0}^{S-1} s_m(t) \tag{8.2.2}$$

在本节理论分析中，假设接收端下变频实现同步解调，则接收信号为 $y(t)=s(t)+w(t)$，其中 $w(t)$ 为高斯白噪声。

8.2.3　基于二次谱法的 MC-DS-CDMA 信号的理论分析

在分析中作以下假设：

(1) 各用户信源相互独立，且扩频码相互正交。

(2) 噪声的均值为 0，方差为 σ_n^2，且噪声与信号之间不相关。

(3) 考虑单速率用户群情况，即系统中用户的伪码周期相同。

接收端 $y(t)$ 的自相关函数为

$$r_y(t_1,t_2)=E[y(t_1)y(t_2)]=r_s(t_1,t_2)+\sigma_n^2\delta(t_1,t_2) \tag{8.2.3}$$

其中

$$\begin{aligned}
r_s(t_1,t_2)&=E[s(t_1)s^*(t_2)]\\
&=E\left\{\sum_{m=0}^{S-1}\sum_{k=0}^{N_1-1} s_{m,k}(t_1)\exp[j2\pi(f_0+k\Delta f)t_1]\cdot\sum_{m=0}^{S-1}\sum_{k=0}^{N_1-1} s_{m,k}(t_2)\exp[-j2\pi(f_0+k\Delta f)t_2]\right\}\\
&=\sum_{i=0}^{S-1}\sum_{n=i}^{S-1}E\left\{\sum_{k_1=0}^{N_1-1} s_{i,k_1}(t_1)\exp[j2\pi(f_0+k_1\Delta f)t_1]\cdot\sum_{k_2=0}^{N_1-1} s_{n,k_2}(t_2)\exp[-j2\pi(f_0+k_2\Delta f)t_2]\right\}+\\
&\quad\sum_{i=0}^{S-1}\sum_{n\neq i}^{S-1}E\left\{\sum_{k_1=0}^{N_1-1} s_{i,k_1}(t_1)\exp[j2\pi(f_0+k_1\Delta f)t_1]\cdot\sum_{k_2=0}^{N_1-1} s_{n,k_2}(t_2)\exp[-j2\pi(f_0+k_2\Delta f)t_2]\right\}
\end{aligned} \tag{8.2.4}$$

由式(8.2.4)可知,可将 $r_s(t_1,t_2)$ 分为两项,第一项和第二项分别对应同一用户的自相关函数和不同用户的互相关函数,下面分别讨论。

(1) 对于式(8.2.4)第一项,由于子载波相互正交,有

$$\int_0^{T_c} \exp(\mathrm{j}2\pi f_{k_1} t)\exp(\mathrm{j}2\pi f_{k_2} t) = \begin{cases} 0, & k_1 \neq k_2 \\ 1, & k_1 = k_2 \end{cases} \tag{8.2.5}$$

可知:

$$r_{s1}(\tau) = \sum_{i=0}^{S-1}\sum_{n=i}^{S-1} E[s_{i,k}(t_1)s_{n,k}(t_2)] \cdot \sum_{k=0}^{N_1-1}\exp[\mathrm{j}2\pi(f_0+k\Delta f)\tau] \tag{8.2.6}$$

式中:$\tau=|t_1-t_2|$,此时,由于 $i=n$,则有

$$\begin{aligned} E[s_{i,k}(t_1)s_{n,k}(t_2)] &= E[a_{i,k}(t_1)p_i(t_1)] \cdot E[a_{i,k}(t_2)p_i(t_2)] \\ &= E[a_{i,k}(t)a_{i,k}(t-\tau)] \cdot E[p_i(t)p_i(t-\tau)] \\ &= r_a(\tau)r_p(\tau) \end{aligned} \tag{8.2.7}$$

$$r_a(\tau) = \frac{1}{T_0}\int_0^{T_0} a_{i,k}(t)a_{i,k}(t-\tau)\,\mathrm{d}t = \begin{cases} 1-\dfrac{\tau}{T_0}, & |\tau| \leqslant T_0 \\ 0, & |\tau| > T_0 \end{cases} \tag{8.2.8}$$

$r_a(\tau)$ 对应的功率谱密度 $S_a(f)$ 为

$$S_a(f) = T_0\left(\frac{\sin\pi f T_0}{\pi f T_0}\right)^2 \tag{8.2.9}$$

$$r_p(\tau) = \frac{1}{T_0}\int_0^{T_0} p_i(t)p_i(t-\tau)\,\mathrm{d}t = \begin{cases} 1-\left(1+\dfrac{1}{G}\right)\left(\dfrac{\tau-GT_c}{T_c}\right), & |\tau-GT_c| \leqslant T_c \\ \dfrac{-1}{G}, & |\tau-GT_c| > T_c \end{cases} \tag{8.2.10}$$

$r_p(\tau)$ 对应的功率谱密度为

$$S_p(f) = \frac{G+1}{G^2}\left(\frac{\sin\pi f T_c}{\pi f T_c}\right)^2 \sum_{m=-\infty}^{\infty}\delta\left(f-\frac{m}{GT_c}\right) - \frac{1}{G}\delta(f) \tag{8.2.11}$$

而且

$$\mathrm{FT}\left\{\sum_{k=0}^{N_1-1}\exp[\mathrm{j}2\pi(f_0+k\Delta f)\tau]\right\} = \sum_{k=0}^{N_1-1}\delta[f-(f_0+k\Delta f)] \tag{8.2.12}$$

式中:FT{·}表示傅里叶变换。由卷积定理可得,$r_{s1}(\tau)$ 对应的功率谱函数 $S_{s1}(f)$ 为

$$\begin{aligned} S_{s1}(f) &= S_a(f)\otimes S_p(f)\otimes\sum_{k=0}^{N_1-1}\delta[f-(f_0+k\Delta f)] \\ &= T_c\cdot\frac{G+1}{G}\sum_{m=-\infty}^{\infty}Sa^2\left(\frac{\pi m}{G}\right)\cdot\sum_{k=0}^{N_1-1}Sa^2\left\{\pi\left[f-(f_0+k\Delta f)-\frac{m}{GT_c}\right]T_0\right\} - \\ &\quad T_c\sum_{k=0}^{N_1-1}Sa^2\{\pi[f-(f_0+k\Delta f)]T_0\} \end{aligned} \tag{8.2.13}$$

式中:⊗为卷积运算符,$Sa(x)=\sin(x)/x$。工程上,一般有 $T_0 \gg T_c$,即 $G \gg 1$,并运用

$\delta(x)=\lim_{k\to\infty}kSa^2(\pi kx)$，简化式(8.2.13)得

$$S_{s1}(f)\approx\begin{cases}\dfrac{1}{G}\sum_{m=-\infty}^{\infty}Sa^2\left(\dfrac{\pi m}{G}\right)\cdot\sum_{k=0}^{N_1-1}\delta[f-(f_0+k\Delta f)-m/(GT_c)], & m\neq 0\\0, & m=0\end{cases}\tag{8.2.14}$$

(2)对于式(8.2.4)第二项，由于用户间的扩频码相互正交，可知：

$$E[s_{i,k_1}(t_1)\cdot s_{n,k_2}(t_2)]=0,\quad i\neq n\tag{8.2.15}$$

即第二项为 0。综合得

$$S_s(f)=\begin{cases}S_{s1}(f), & m\neq 0\\0, & m=0\end{cases}\tag{8.2.16}$$

由此可知，$S_s(f)$的功率谱由 N_1 列加权离散的谱线组成，每列谱线间隔均为 $1/GT_c$。

再对 $S_s(f)$做傅里叶变换并取模平方，有

$$\begin{aligned}\hat{S}_s(e)&=\left|\mathrm{DFT}\left\{\frac{1}{G}\sum_{m=-\infty,m\neq 0}^{\infty}Sa^2\left(\frac{\pi m}{G}\right)\cdot\sum_{k=0}^{N_1-1}\delta\left\{\left[f-(f_0+k\Delta f)-\frac{m}{GT_c}\right]\right\}\right\}\right|^2\\&=\left|T_c\sum_{k=-\infty}^{\infty}\left(1-\frac{|e-kGT_c|}{T_c}\right)\right|^2\cdot\frac{{N_1}^2\cdot Sa^2(\pi e\Delta fN_1)}{Sa^2(\pi e\Delta f)}\end{aligned}\tag{8.2.17}$$

式中：$|e-kNT_c|\leqslant T_c$，$k=0,\pm1,\pm2,\cdots$由式(8.2.17)可知，在参数设置适当时，信号能量集中在 $1/GT_c$ 整数倍的离散谱线上，其包络受 $Sa^2(\pi eN\Delta f)/Sa^2(\pi e\Delta f)$的影响，这与经二次谱方法处理的 DSSS 信号不同，但不影响伪码周期的估计。而经过二次谱法处理的噪声没有上述特征，由此可估计 MC-DS-CDMA 信号的伪码周期。

通过计算可发现，假设在点数为 N_1 和数据段组数为 M 的情况下，二次谱运算量为两次 FFT 变换，每次需要 $N_1\log_2N_1$ 次复数加法，$N_1/2\cdot\log_2N_1$ 次复数乘法，用 M 段数据计算二次功率谱，总的算法复杂度正比于 $O(MN_1\log_2N_1)$。而二阶矩法为 N_1^2 次乘法，$2N_1^2-N_1$ 次加法，总的算法复杂度正比于 $O(MN_1^2)$。显然当 N_1 很大时，二次谱算法极大地减少了运算量。

为进一步减小噪声带来的影响，可以将计算结果的数据进行 N_2 次累加，白噪声的方差则由 σ_n^2 降为 σ_n^2/N_2。所以，MC-DS-CDMA 信号的伪码周期估计步骤如下：

(1) 对接收的一段 MC-DS-CDMA 信号采样，求其功率谱 $S_s(f)$。再对 $S_s(f)$做傅里叶变换后，取模平方。

(2) 对于下一组信号，重复步骤(1)，将得到的二次功率谱累加。

(3) 在一定范围内对第二次功率谱进行最大值搜索，确定这些局部最大值所对应的二次功率谱频率，若二次谱谱线在一定时间内稳定，求出其间隔，则可估计 MC-DS-CDMA 信号的伪码周期。

8.2.4　仿真实验及结果分析

实验 1：在采样率较高时检验信号正交性特点并估计伪码周期。选取两用户，扩频码周期均为 128 位(由 m 序列和随机位处添加符号 1 组成)，采样率为 200bit/chip，串并转换路数为 48 路，数据段组数为 10 组，保护间隔为 0，信噪比为 20dB，循环累加 100 次。仿真结果如图 8.2.2~图 8.2.5 所示。

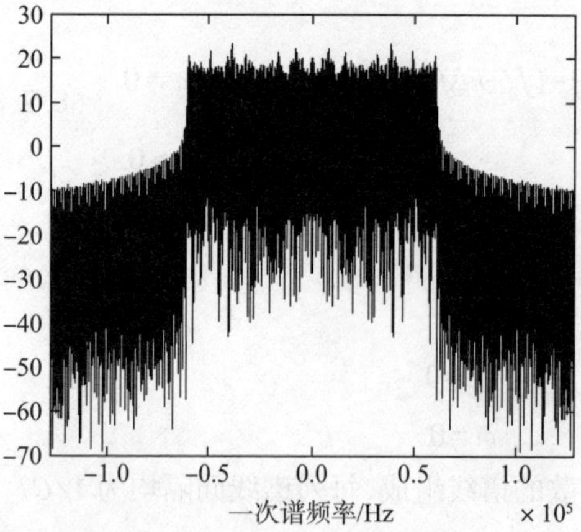

图 8.2.2　200bit/chip 的一次谱图

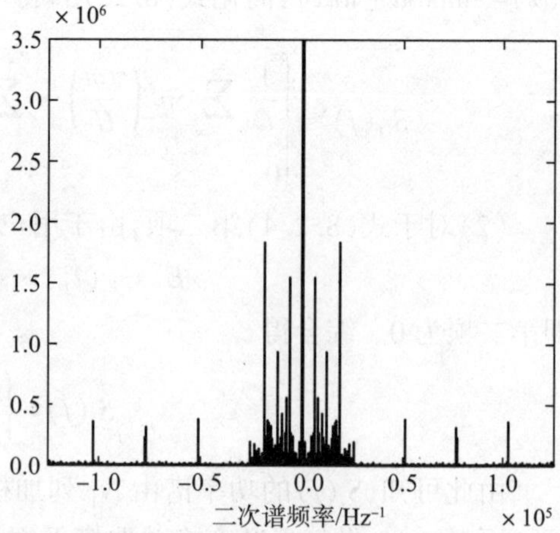

图 8.2.3　200bit/chip 的二次谱图

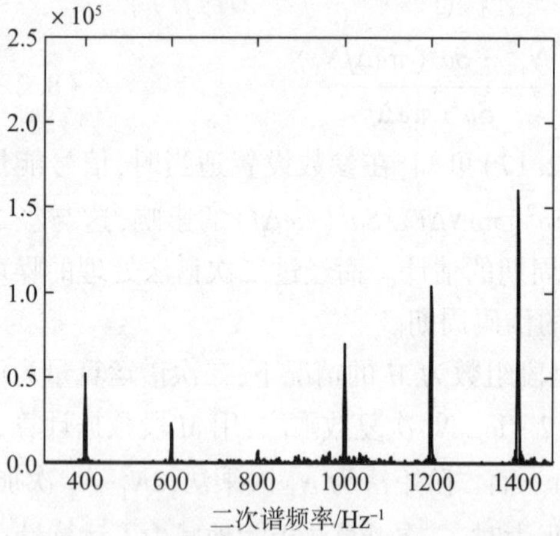

图 8.2.4　直流分量附近的二次谱局部图

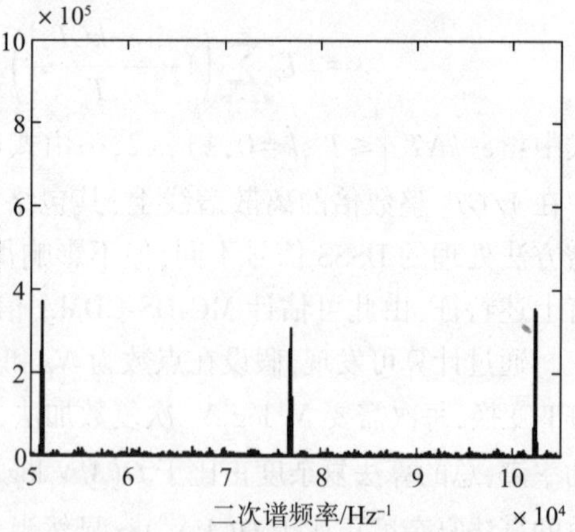

图 8.2.5　远离直流分量的二次谱局部图

理论分析可知,OFDM 信号包含子载波正交性特点,而由 OFDM 和 CDMA 结合的 MC-DS-CDMA 信号也应包含子载波正交性特点。图 8.2.2 正好反映出一次功率谱"中间高,两边低"的特点。类似于 OFDM 信号的频谱图。由图 8.2.3 可看出在直流分量附近出现较多的谱线,这是由于采样率取较高时,在直流分量附近反映的是码片(chip)的周期性,间隔为 200,如图 8.2.4 所示。而在远离直流分量处出现层次清晰的谱线,通过检测这些谱线间距(间距等于伪码周期乘以采样率),可估计伪码周期。图 8.2.5 所示为图 8.2.3 的右边部分,尖峰谱线间隔为 200×128,由此可得伪码周期为 128。由于采样率较高,二次谱谱线包络并不明显。通过设置不同的采样率,实验还得出,采样率越小,码片的周期性越不明显,而伪码的周期性得以体现。为了更好地测得伪码周期,一般选择较低的采样率。

实验 2:在采样率较低的情况下估计伪码周期。选取两用户,扩频码周期均为 64,采样率为 2bit/chip,串并转换路数为 48 路,数据组数为 30 组,保护间隔为 0,数据长度 3840bit,信噪比为 20dB,循环累加 100 次。

从图 8.2.6 可看出,当采样率低时,信号正交性特点不明显。而从图 8.2.7 可知,二

次谱谱峰包络明显，峰值间隔为 2×64，由此可知伪码周期为 64。特别地，当串并变换路数设为 1 路时，类似于 DSSS 信号，其二次谱表达式为 $\left| T_c \sum_{k=-\infty}^{\infty} \left(1-\left|e-kGT_c\right|/T_c\right) \right|^2$。取一段 DSSS 信号，长度为 512bit，伪码长度、采样率、信噪比等参数设置不变，得二次谱图如图 8.2.8 所示，从中依旧可以测得伪码周期。由图 8.2.7 和图 8.2.8 可看出，二次谱算法可作为 MC-DS-CDMA 和 DSSS 信号的调制识别算法。从 8.2.3 节理论分析可知，DS-CDMA 信号可看成多个不同单用户 DSSS 信号的叠加，而 MC-DS-CDMA 信号可简单看成单用户 DSSS 信号经过不同子载波调制后叠加而成（每一路的扩频码均相同），虽然信号生成方式不同，但二次谱算法并不影响伪码的周期性，而是对第二次功率谱幅度有所影响。通过在低采样率情况下观察二次谱包络信息，可以区分出 MC-DS-CDMA 和单载波的 DSSS 信号。

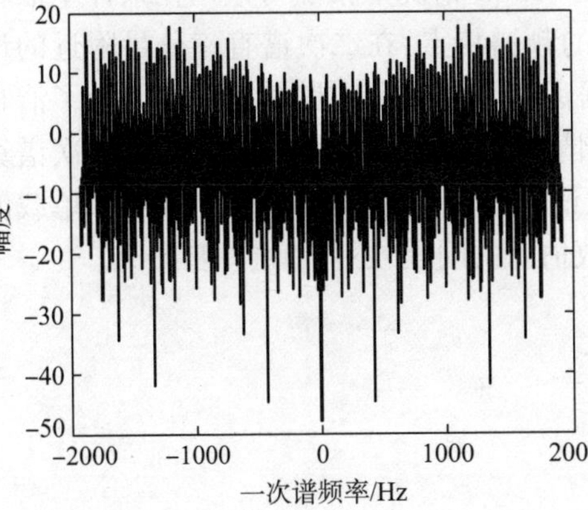

图 8.2.6　MC-DS-CDMA 信号 2 bit/chip 的一次谱图

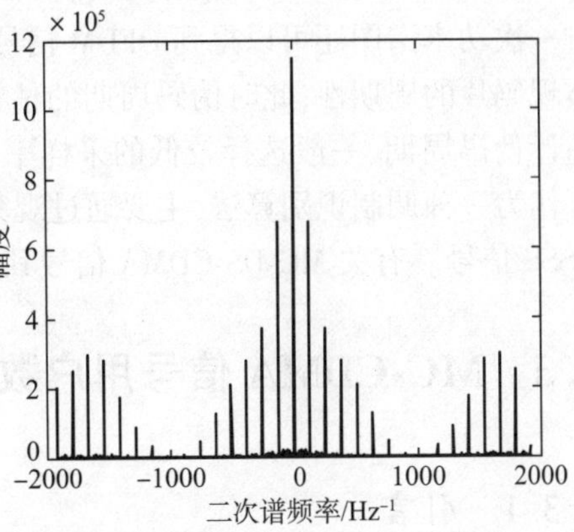

图 8.2.7　MC-DS-CDMA 信号 2bit/chip 的二次谱图

实验 3：在不同的伪码长度下，检测估计伪码周期所需的平均累加次数与 SNR 的关系。实验中信噪比从−15dB 到 0dB 变化，伪码周期长度分别为 128、256、512、1024 位，采样率 4bit/chip，进行 300 次蒙特卡洛仿真，判决条件为：当误差的绝对值小于或等于 1 时，停止累加。实验结果如图 8.2.9 所示。

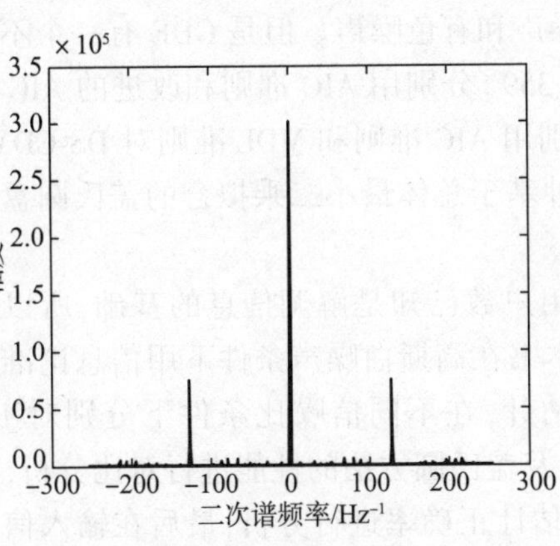

图 8.2.8　DSSS 信号 2bit/chip 的二次谱图

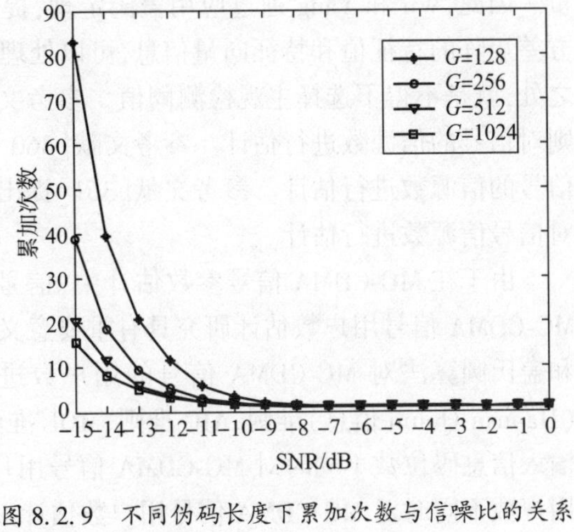

图 8.2.9　不同伪码长度下累加次数与信噪比的关系

由图 8.2.9 可知,同一伪码长度下,信噪比越大,所需平均累加次数越少。同信噪比下,伪码长度越长,所需平均累加次数也越少。这是由于伪码越长,扩频增益越高,噪声相对而言越被削弱,所以平均累加次数越少。该图还说明本算法适用于低信噪比情况,在 -15dB 环境下依然可以有效估计出伪码周期,此时存在的不足是累加次数的增多,即所需观测数据的长度较长。

8.2.5　本节小结

本节推导了 MC-DS-CDMA 信号的二次谱表达式,并通过实验有效地估计出该信号的伪码周期。可知二次谱算法不仅适用于 DSSS 信号,也可以成为 MC-DS-CDMA 信号估计伪码周期这一参数的有效工具,而且运算量低,对于接收机的设计有一定的参考意义。仿真表明,该算法适用于低信噪比环境,在 SNR=-15dB 情况下依然有效。在采样率取较高时一次功率谱图还可以得到 OFDM 信号特有的频谱特点,在二次谱直流分量附近的谱线体现码片的周期性,此时伪码周期的估计根据远离直流分量的谱线得到。但为了清晰地估计伪码周期,一般选择较低的采样率,此种情况下二次谱包络明显。另外,二次谱算法可作为一种调制识别算法,主要通过观察二次谱谱线包络区分 MC-DS-CDMA 和单载波的 DSSS 信号。有关 MC-DS-CDMA 信号其他参数估计的问题,还有待进一步研究。

8.3　MC-CDMA 信号用户数估计

8.3.1　引言

信源数估计是否正确直接影响信号检测、参数估计和波形恢复的精度与准确性。Wax M. 和 Kailath T. 提出了一种基于信息论标准的统计方法,如 AIC 准则和 MDL 准则,这些方法通常用于模型选择。到目前为止,信息论准则仍然是估计信源数的最广泛使用的方法。重要的是,该算法能够自动识别检测阈值,在判定过程中不需要主观判断,方便实用。AIC 和 MDL 是在高斯过程和独立数据观测的假设下推导出来的。此外,它们不使用特征向量的有价值的信息。对于非高斯和非白噪声模型,上述算法无法正确检测源数量。因此,Wu 和 Yang 通过应用盖氏定理,提出了盖氏圆估计(GDE)方法。GDE 利用协方差矩阵的特征值和特征向量信息,可以处理白噪声和有色噪声。但是 GDE 有一个不足之处,就是不得不选择主观检测阈值。参考文献[359]分别用 AIC 准则和改进的 AIC 准则对信号的信源数进行估计。参考文献[360]分别用 AIC 准则和 MDL 准则对 DS-CDMA 信号的信源数进行估计。参考文献[361]提出一种基于总体最小二乘拟合的盖氏圆盘法对信号信源数进行估计。

由于在 MC-CDMA 信号参数估计中,信号的用户数已知是解调信息的基础,所以对 MC-CDMA 信号用户数估计研究具有重要意义。本书在高斯白噪声条件下用信息论准则和盖氏圆算法对 MC-CDMA 信号的用户数进行估计,在不同信噪比条件下分别对 HQ(Hannan-Quinn 信息)准则、AIC 准则、MDL 准则以及盖氏圆方法的性能进行对比分析,在输入信息码位数不同时对 MC-CDMA 信号用户数估计正确率进行分析,最后在输入信号用户数不同时对 MC-CDMA 信号用户数估计正确率进行分析。

8.3.2 MC-CDMA 信号模型

图 8.3.1 表示的是第 k 个用户的 MC-CDMA 信号的流程，此图为 MC-CDMA 信号的简单模式。

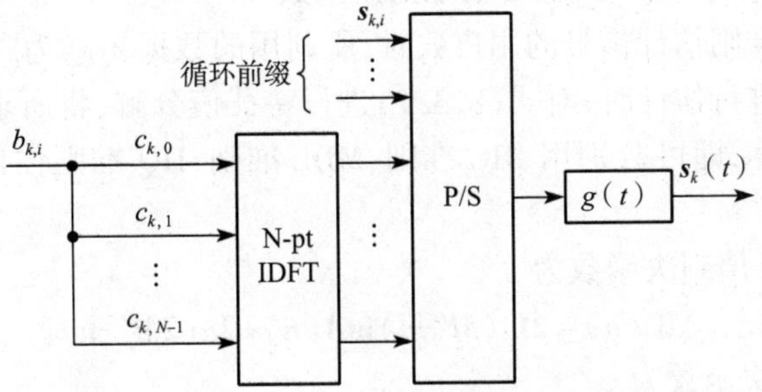

图 8.3.1　MC-CDMA 信号流程

高斯白噪声条件下，MC-CDMA 信号的数学模型为

$$x(t)=\sum_{k=0}^{K-1}s_k(t)+w(t) \tag{8.3.1}$$

$$s_k(t)=\sqrt{\frac{P_k}{N}}\sum_{i=-\infty}^{\infty}\sum_{m=0}^{N'-1}\sum_{n=0}^{N-1}b_{k,i}c_{k,n}\cdot\exp[\mathrm{j}2\pi n(m-L)/N]g(t-iT_w-mT_c) \tag{8.3.2}$$

$$g(t)=\begin{cases}1, & 0\leqslant t\leqslant T_c\\ 0, & 其他\end{cases} \tag{8.3.3}$$

式中：P_k 为第 k 个用户的发送功率；N 为子载波数目；L 为循环前缀长度；$b_{k,i}$ 表示第 k 个用户的第 i 个信息码，$b_{k,i}\in\{1,-1\}$ 并且为等概率分布，$E[b_{k,i}]=0$，$E[b_{k,i}b_{k,i}^*]=\sigma_b^2$，扩频序列 $\boldsymbol{c}_k=[c_{k,0},c_{k,1},c_{k,2},\cdots,c_{k,(N-1)}]^{\mathrm{T}}$，$c_{k,n}\in\{1,-1\}$，当 $c_{k,n}=c_{k,n'}^*$ 时，$E\{c_{k,n}c_{k,n'}^*\}=\sigma_c^2$，否则 $E\{c_{k,n}c_{k,n'}^*\}=-\sigma_c^2$；$T_w$ 为信号的符号周期（等同于 OFDM 信号的符号周期 T_s）；T_c 为码片周期；$T_w=(N+L)T_c$。$a_k(m)=\sum_{n=0}^{N-1}c_{k,n}\exp[\mathrm{j}2\pi n(m-L)/N]$，$m=0,1,\cdots,N'-1$，$N'=N+L$；$K$ 为用户数；$w(t)$ 为高斯白噪声，其均值为 0，方差为 σ_n^2。

将式(8.3.1)以 1bit/chip 进行采样后，截取长为 $M\times N'$ 的数据，其中 M 为截取数据所包含的信息码个数。以 N' 为长度进行分段，则其可以用 $N'\times M$ 阶矩阵表示，具体如下：

$$\boldsymbol{y}=[\boldsymbol{y}_1,\boldsymbol{y}_2,\cdots,\boldsymbol{y}_M] \tag{8.3.4}$$

其中

$$\boldsymbol{y}_i=\sum_{k=1}^{K}A_kb_k(i)\boldsymbol{\alpha}_k+\boldsymbol{w}_i=\boldsymbol{h}_i+\boldsymbol{w}_i \tag{8.3.5}$$

式中：A_k 为信号的幅值；$\boldsymbol{a}_k=[a_k(0),a_k(1),\cdots,a_k(N'-1)]$；噪声 $\boldsymbol{w}_i$ 为 $N'\times 1$ 的向量。式(8.3.4)可以写为

$$\boldsymbol{y}=[\boldsymbol{y}_1,\boldsymbol{y}_2,\cdots,\boldsymbol{y}_M]=[\boldsymbol{h}_1+\boldsymbol{w}_1,\boldsymbol{h}_2+\boldsymbol{w}_2,\cdots,\boldsymbol{h}_M+\boldsymbol{w}_M] \tag{8.3.6}$$

对于包含 M 个数据向量的矩阵 $\boldsymbol{y}=[\boldsymbol{y}_1,\boldsymbol{y}_2,\cdots,\boldsymbol{y}_M]\in\mathbf{R}^{N'\times M}$ 对其求自相关，则相关矩阵的估计为

$$\widehat{\boldsymbol{R}}(M)=\frac{1}{M}\sum_{i=1}^{M}\boldsymbol{y}_i\boldsymbol{y}_i^{\mathrm{T}}=\frac{1}{M}\boldsymbol{y}\boldsymbol{y}^{\mathrm{T}} \tag{8.3.7}$$

8.3.3 MC-CDMA 信号用户数估计算法

1. 信息论准则估计 MC-CDMA 信号的用户数

本节用信息论准则估计信号的用户数时,所利用的数据矩阵为式(8.3.7)所求矩阵。在对信号的用户数进行估计时,对式(8.3.7)进行特征值分解,将所求出的特征值分别代入信息论准则中计算,即可分别用 AIC 准则、MDL 准则、HQ 准则估计出 MC-CDMA 信号的用户数。

AIC 准则的特征值判决函数为

$$\mathrm{AIC}(n)=2L'(M'-n)\ln\Lambda(n)+2n(2M'-n) \tag{8.3.8}$$

MDL 准则的判决函数为

$$\mathrm{MDL}(n)=L'(M'-n)\ln\Lambda(n)+\frac{1}{2}n(2M'-n)\ln L' \tag{8.3.9}$$

HQ 准则的判决函数为

$$HQ(n)=L'(M'-n)\ln\Lambda(n)+\frac{1}{2}n(2M'-n)\ln\ln L' \tag{8.3.10}$$

其中

$$\Lambda(n)=\frac{\dfrac{1}{M'-n}\displaystyle\sum_{i=n+1}^{M'}\lambda_i}{\left(\displaystyle\prod_{i=n+1}^{M'}\lambda_i\right)^{\frac{1}{M'-n}}} \tag{8.3.11}$$

式中:L'的值为采样数;M'为特征值数;λ_i 为信号的特征值,似然函数用 $\Lambda(n)$ 表示,式(8.3.8)、式(8.3.9)、式(8.3.10)中的最小值所对应的 n 值即为用户数。

本节用加循环前缀后扩频序列的长度 N'代替 M',输入的信息码个数 M 代替 L'。将 N'、M 以及式(8.3.7)进行特征值分解所求出的特征值分别代入式(8.3.8)、式(8.3.9)、式(8.3.10)中,即可用信息论准则估计出 MC-CDMA 信号的用户数。

2. 盖氏圆算法估计 MC-CDMA 信号的用户数

在利用盖氏圆算法估计信号的用户数时,首先要利用式(8.3.7)所构造的数据矩阵 $\widehat{\boldsymbol{R}}$;其次是构造一个酉变换矩阵 $\boldsymbol{T}$,并对协方差矩阵进行酉变换;最后利用盖氏圆判决函数估计出信号的用户数。盖氏圆算法的理论分析如下:

设矩阵 $\widehat{\boldsymbol{R}}$ 为 $M'\times M'$维矩阵,$r_{i,j}$ 是矩阵 $\widehat{\boldsymbol{R}}$ 的第 i 行第 j 列元素,r_i 是第 i 行元素中去掉第 i 列元素之和,r_i 表示为

$$r_i=\sum_{j=1,i\neq j}^{M'}|r_{ij}|,\quad i=1,2,\cdots,M' \tag{8.3.12}$$

盖氏圆盘在复平面上的表达式为

$$|Z-r_{ii}|<r_i \tag{8.3.13}$$

式中:r_{ii} 为圆心;r_i 为半径。用盖氏圆方法估计信号的用户数时,需要将数据矩阵进行酉变换,酉变换的目的是使信号的噪声圆盘分开,因为信号的圆盘半径较大,它包含 N_0 个信

号源对应的特征值,而噪声的圆盘半径较小,它包含有 $M'-N_0$ 个与噪声对应的特征值,经过分块的数据矩阵表达式为

$$\hat{\boldsymbol{R}}=\begin{bmatrix}\hat{\boldsymbol{R}}' & \hat{\boldsymbol{r}}\\ \hat{\boldsymbol{r}}^{\mathrm{H}} & \hat{\boldsymbol{r}}_{M'M'}\end{bmatrix} \tag{8.3.14}$$

为了简单起见,通常取 $M'-1$ 维方阵 $\hat{\boldsymbol{R}}'$ 的特征空间(即特征矩阵 $\hat{\boldsymbol{U}}$,满足 $\hat{\boldsymbol{U}}\hat{\boldsymbol{U}}^{\mathrm{H}}=\boldsymbol{I}$,$\hat{\boldsymbol{R}}'=\hat{\boldsymbol{U}}\boldsymbol{\Sigma}\hat{\boldsymbol{U}}^{\mathrm{H}}$)构成一个酉变换矩阵 $\boldsymbol{T}$。

$$\boldsymbol{T}=\begin{bmatrix}\hat{\boldsymbol{U}} & \boldsymbol{0}\\ \boldsymbol{0}^{\mathrm{T}} & \boldsymbol{1}\end{bmatrix} \tag{8.3.15}$$

将数据矩阵进行酉变换后可得

$$\hat{\boldsymbol{R}}_T=\boldsymbol{T}^{\mathrm{H}}\boldsymbol{R}\boldsymbol{T}=\begin{bmatrix}\boldsymbol{\Sigma} & \hat{\boldsymbol{U}}^{\mathrm{H}}\hat{\boldsymbol{r}}\\ \hat{\boldsymbol{r}}^{\mathrm{H}}\hat{\boldsymbol{U}} & \hat{\boldsymbol{r}}_{M'M'}\end{bmatrix}=\begin{bmatrix}\hat{\lambda}_1 & 0 & \cdots & 0 & \rho_1\\ 0 & \hat{\lambda}_1 & \cdots & 0 & \rho_2\\ \vdots & \vdots & & \vdots & \vdots\\ 0 & 0 & \cdots & \hat{\lambda}_1 & \rho_{M'-1}\\ \rho_1 & \rho_2 & \cdots & \rho_{M'-1} & \hat{\boldsymbol{r}}_{M'M'}\end{bmatrix} \tag{8.3.16}$$

式中:$\rho_i=\hat{\boldsymbol{e}}_i^{\mathrm{H}}\hat{\boldsymbol{r}}=\hat{\boldsymbol{e}}_i^{\mathrm{H}}\boldsymbol{A}\hat{\boldsymbol{R}}_s\boldsymbol{b}_{M'}^*,i=1,2,\cdots,M'-1$,$\hat{\boldsymbol{R}}_s$ 表示协方差矩阵。向量为 $\boldsymbol{b}_{M'}$,其表达式为

$$\boldsymbol{b}_{M'}=\begin{bmatrix}\mathrm{e}^{\mathrm{j}(i-1)\beta_1}\\ \mathrm{e}^{\mathrm{j}(i-1)\beta_2}\\ \vdots\\ \mathrm{e}^{\mathrm{j}(i-1)\beta_{N_0}}\end{bmatrix} \tag{8.3.17}$$

盖氏圆算法的判决函数表示为

$$\mathrm{GDE}(k)=r_k-\frac{D(L')}{M'-1}\sum_{i=1}^{M'-1}r_i>0 \tag{8.3.18}$$

式中:$D(L')$ 为调整因子,它与输入信号的采样数有关。$D(L')$ 在 0 与 1 之间选取。

本节首先用式(8.3.7)构造数据矩阵,其次利用式(8.3.16)求出盖氏圆半径,最后将所求的盖氏圆半径代入盖氏圆判决条件 GDE(k)中。当 GDE(k)中第一次出现负值时,其所对应的坐标点设为 k_0,那么即可用盖氏圆算法估计出 MC-CDMA 信号的用户数,其值为 $K=k_0-1$。

8.3.4 仿真实验及结果分析

实验 1:在高斯白噪声条件下分别用信息论准则和盖氏圆算法对 MC-CDMA 的用户数进行估计。MC-CDMA 信号子载波数 $N=64$,循环前缀长度 $L=16$,输入的信息码个数 $M=1000$,采样频率 $f_s=1\text{bit/chip}$,信号的带宽为 20MHz,信号用户数 $K=7$,信噪比 SNR=5dB。仿真结果如图 8.3.2 所示。

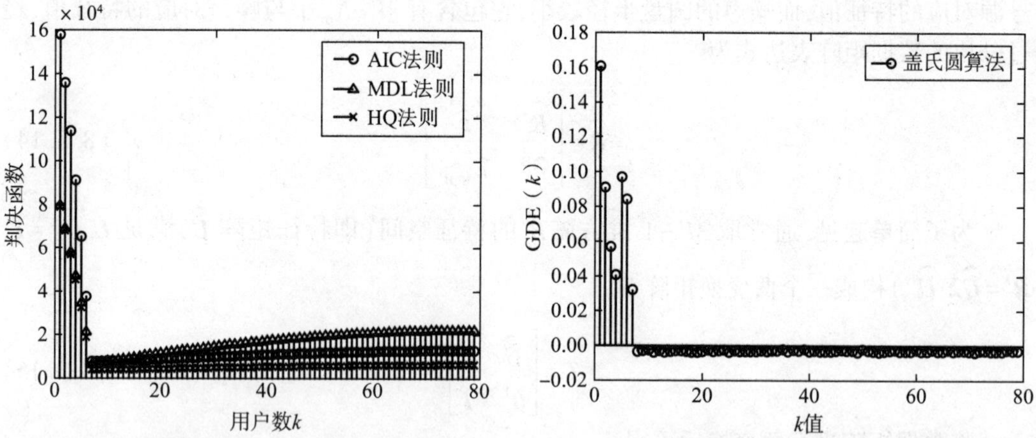

（a）信息论准则估计MC-CDMA信号的用户数　（b）盖氏圆算法估计MC-CDMA信号的用户数

图 8.3.2　MC-CDMA 信号用户数估计

从图 8.3.2(a)可以得到，在高斯白噪声条件下，可以分别用 AIC 准则、MDL 准则、HQ 准则准确估计出 MC-CDMA 信号的用户数。图 8.3.2(a)中最小值对应的横坐标即为信号的用户数，其用户数 $K=7$。从图 8.3.2(b)可以得到，盖氏圆算法能够有效估计出 MC-CDMA 信号的用户数。盖氏圆算法判决函数中第一个为负数的值减去 1，即为 MC-CDMA 信号的用户数，其值为 $K=7$。

实验 2：不同信噪比条件下 MC-CDMA 信号用户数估计正确率。信道条件为高斯白噪声，MC-CDMA 信号子载波数 $N=64$，循环前缀长度 $L=16$，输入的信息码个数 $M=1000$，采样频率 $f_s=1\text{bit/chip}$，信号的带宽为 20MHz，信噪比变化范围为−19～5dB，蒙特卡洛次数为 500 次。仿真结果如图 8.3.3 所示。

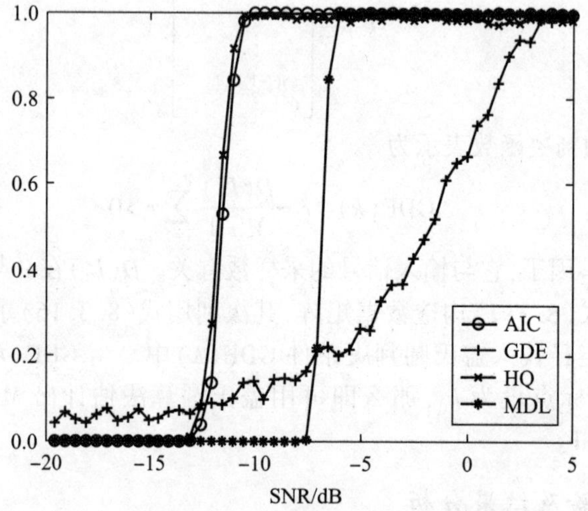

图 8.3.3　MC-CDMA 信号用户数估计正确率

从图 8.3.3 中可以得到，在同一信噪比条件下 HQ 算法在估计 MC-CDMA 信号信源数时性能最优，其次为 AIC 算法、MDL 算法，其中盖氏圆算法的性能最差。随着信噪比的增大，其用户数的估计正确率在提高，其中 HQ 准则、AIC 准则在信噪比大于−12dB 时，其用户数能够正确估计出来；MDL 准则在信噪比大于-7dB 时，其用户数能够正确估计出来；盖氏圆性能最差，信噪比在大于 2dB 时，其用户数能够正确估计出来。

实验 3：在同一信噪比条件下，输入信息码个数变化时用户数估计正确率。信道条件为高斯白噪声，MC-CDMA 信号子载波数 $N=64$，循环前缀长度 $L=16$，输入的信息码个数从 200 到 2600 变化，采样频率 $f_s=1\text{bit/chip}$，信号的带宽为 20MHz，蒙特卡洛次数为 500 次，其中 AIC 准则、MDL 准则、HQ 准则所设信噪比 SNR=-8dB，盖氏圆算法所设信噪比 SNR=0dB。仿真结果如图 8.3.4 所示。

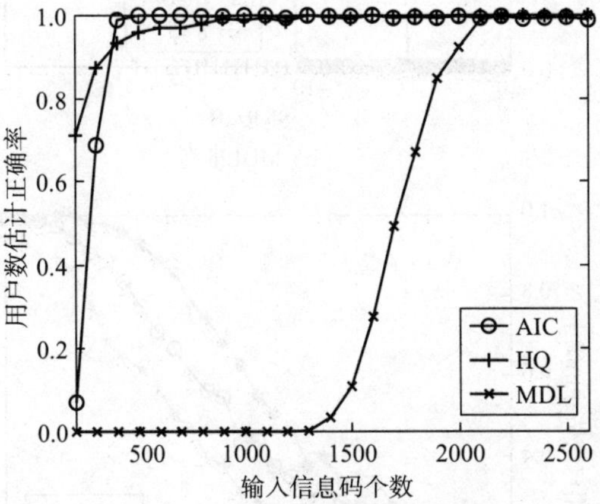

（a）信息论准则用户数估计正确率

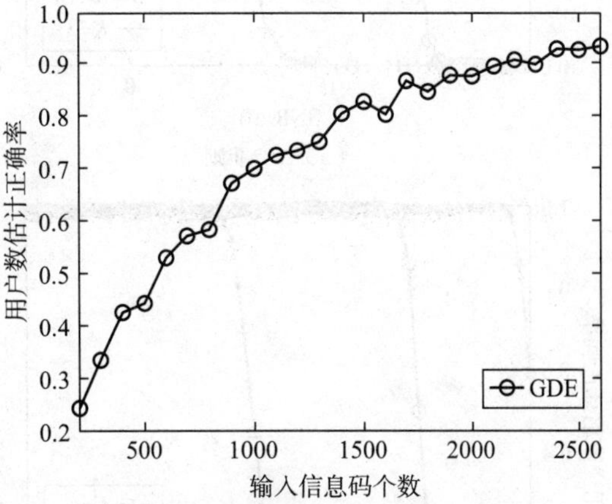

（b）盖氏圆算法用户数估计正确率

图 8.3.4　信息码个数变化时信号用户数估计正确率

从图 8.3.4 中可以得到，在信噪比一定时，输入信息码个数越多，其信号用户数估计正确率越高。随着所输入信息码个数的增多，MC-CDMA 信号用户数估计正确率变大。其中 HQ 准则、AIC 准则估计用户数性能最好，MDL 准则性能次之，盖氏圆算法性能最差。

实验 4：在不同信噪比条件下，信号信源数不同时 MC-CDMA 信号用户数估计正确率。输入的信源数 K 分别为 2、5、10，信息论准则所设信噪比变化范围为-19.5~5dB，盖氏圆算法所设信噪比变化范围为-10~5dB。其他实验条件与实验 1 所设条件一致。仿真结果如图 8.3.5 所示。

从图 8.3.5 中可以得出，信息论准则和盖氏圆算法估计信号用户数时，当用户数 $K=2$ 时，其估计效果最好；当用户数 $K=10$ 时，其估计效果最差，所以说在同一信噪比条件下，随着信号用户数的增加，信息论准则和盖氏圆算法对 MC-CDMA 信号用户数估计正确率下降。

8.3.5　本节小结

本节分别用信息论准则和盖氏圆算法在高斯白噪声条件下准确估计出 MC-CDMA 信号的用户数，并且在不同信噪比条件下对 HQ 准则、AIC 准则、MDL 准则以及盖氏圆方法在估计信号用户数时的性能进行对比分析，仿真实验证明 HQ 算法性能最优，其次为 AIC 算法、MDL 算法以及盖氏圆算法。通过在同一信噪比条件下，信号信息码输入长度不同时对其用户数估计正确率的分析，可以得出输入的信息码位数越多，MC-CDMA 信号用户数的估计正确率越高。通过在不同信噪比条件下，输入信号用户数不同时对 MC-CDMA 信号用户数估计正确率的分析，可以得出信号用户数越多，其用户数估计正确率越低。

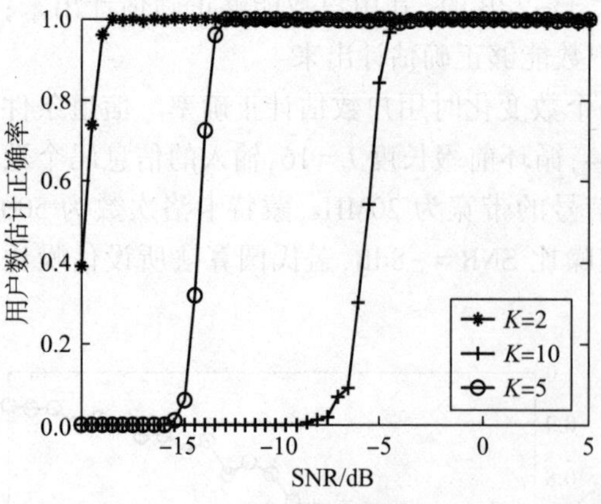

（a）AIC准则

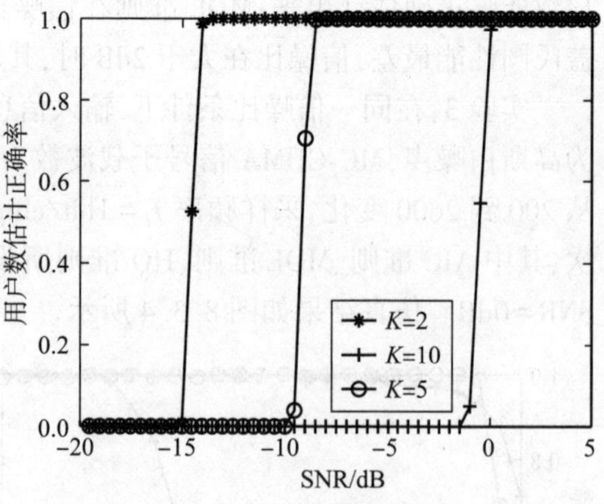

（b）MDL准则

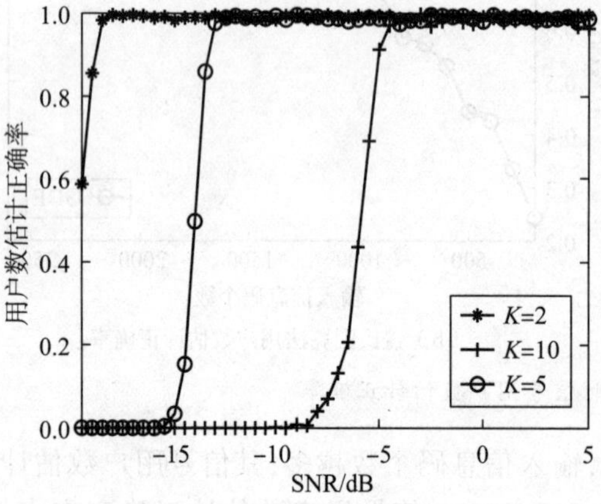

（c）HQ准则

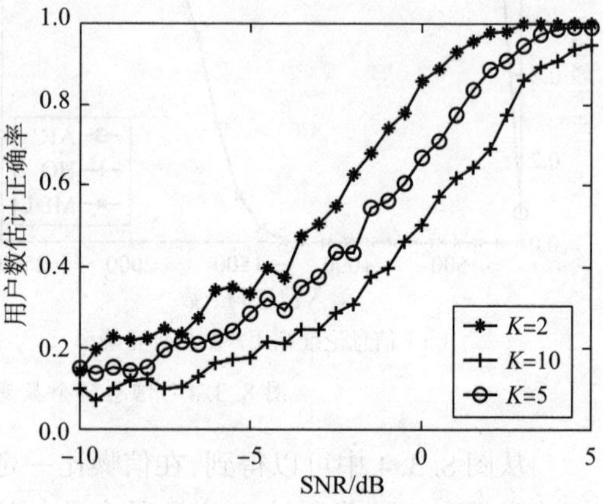

（d）盖氏圆算法

图 8.3.5　用户数个数不同时信号用户数估计正确率

8.4　MC-CDMA 信号子载波参数盲估计

8.4.1　引言

由于子载波数目往往作为 MC-CDMA 信号参数估计与识别的前提条件，所以说有必要对信号的子载波参数进行正确估计。参考文献[64]在加性窄带高斯噪声条件下对 OFDM 信号的四阶循环累积量进行分析，进而估计出其子载波参数，其中 OFDM 信号采用 BPSK 调制。参考文献[122]对分别采用 BPSK 调制和 QAM 调制的 OFDM 信号的四阶循环累积量进行分析，进而估计出其子载波数目和子载波频率间隔。参考文献[362]用四阶循环累积量对基于 QAM 调制的单载波信号进行分析，进而估计出其载波频率。参考文献[363]用四阶循环累积量算法和循环重叠 Welch 功率谱算法对 MPSK 信号的载频进行估计。

本节在高斯白噪声条件下用四阶循环累积量算法分别对 MC-CDMA 信号和单载波信号的载波参数进行估计。本节首先给出这两种信号的数学表达式。其次，在高斯白噪声条件下,分别对 MC-CDMA 信号和单载波信号的四阶循环累积量进行理论推导,进而证明了这两种信号的四阶循环累积量值仅在循环频率等于载波频率处不为零,所以用四阶循环累积量算法可分别估计出这两种信号的载波参数。最后,对 MC-CDMA 信号和单载波信号的四阶循环累积量进行仿真实验,并用四阶循环累积量算法对这两种信号进行识别。通过增加仿真数据的长度,并对数据进行分段,求出每一段数据的四阶循环累积量,然后对其进行累加取平均,从而提高了信号载波参数估计的正确率。

8.4.2 MC-CDMA 信号四阶循环累积量分析

MC-CDMA 信号的数学表达式为

$$s^m(t)=\sum_{i=-\infty}^{\infty}\sum_{n=0}^{N-1}a_m[i]c_m[n]g_s(t-iT_s)\exp[\mathrm{j}2\pi(f_0+n\Delta f)t] \tag{8.4.1}$$

$$g_s(t)=\begin{cases}1, & 0\leqslant t\leqslant T_s\\ 0, & \text{其他}\end{cases} \tag{8.4.2}$$

式中:$a_m[i]$表示第 m 个用户所发送的第 i 个信息数据;向量 $\boldsymbol{c}_m$ 表示 MC-CDMA 信号的扩频序列,其表达式为 $\boldsymbol{c}_m=\{c_m[0]\quad c_m[1]\quad c_m[2]\quad\cdots\quad c_m[N-1]\}^{\mathrm{T}}$;$T_s$ 表示信号的符号周期;N 表示信息数据 $a_m[i]$所复制的路数(即信号的子载波数目);$f_0,f_1,f_2,\cdots,f_{N-1}$ 表示 N 路子载波的载波频率,且初始频率为 f_0;Δf 为子载波的频率间隔,并且 $\Delta f=1/T_s$。

单载波信号的数学模型为

$$s(t)=\sum_{i=-\infty}^{+\infty}c[i]g(t-iT_s)\mathrm{e}^{\mathrm{j}(2\pi f_0 t+\theta_0)} \tag{8.4.3}$$

$$g(t)=\begin{cases}1, & 0\leqslant t\leqslant T_s\\ 0, & \text{其他}\end{cases} \tag{8.4.4}$$

式中:$c[i]$表示用户所发送的第 i 个信息数据;T_s 表示单载波信号的符号周期;f_0 表示单载波信号的载频;θ_0 表示相位。

高阶循环累积量在估计信号的载波参数时具有较好的效果,其特点是:①平稳高斯噪声或者其他噪声可以用高阶循环累积量来彻底消除;②可以用高阶循环累积量来检测和估计信号参数;③非线性可以用循环累积量来表征。

接收信号 $x(t)$的 k 阶矩可以表示为

$$M_{kx}(\tau_1,\cdots,\tau_{k-1})=E[x(n)x(n+\tau_1)\cdots x(n+\tau_{k-1})] \tag{8.4.5}$$

式中:$\tau_1,\tau_2,\tau_3,\cdots,\tau_{N-1}$ 表示固定的时延,则信号的 k 阶样本循环矩估计表达式为

$$\begin{aligned}M_{kx}^{a}(\tau_1,\tau_2,\cdots,\tau_{k-1})&=\frac{1}{T}\sum_{i=0}^{N-1}x(i)x(i+\tau_1)\cdots x(i+\tau_{k-1})\mathrm{e}^{-\mathrm{j}2\pi kat}\\&=\langle x(i)x(i+\tau_1)\cdots x(i+\tau_{k-1})\mathrm{e}^{-\mathrm{j}2\pi kat}\rangle_t\end{aligned} \tag{8.4.6}$$

式中:k 表示样本循环矩估计的循环阶数;a 表示 k 阶样本循环矩估计的循环频率;T 表示 k 阶样本循环矩估计的观测时间;N 表示时间 T 内的采样点数;$i=0,1,2,3,\cdots,N-1$;$\langle\cdot\rangle_t$ 表示对括号内的数学表达式在时间上进行平均,所以说接收号 $x(t)$的四阶累积量可为

$$C_{4x}(\tau_1,\tau_2,\tau_3)=M_{4x}(\tau_1,\tau_2,\tau_3)-M_{2x}(\tau_1)M_{2x}(\tau_3-\tau_2)-M_{2x}(\tau_2)M_{2x}(\tau_1-\tau_3)-M_{2x}(\tau_3)M_{2x}(\tau_2-\tau_1) \tag{8.4.7}$$

取时延 $\tau_1=\tau_2=\tau_3$，则由式(8.4.6)、式(8.4.7)可以得到接收信号 $x(t)$ 的四阶循环累积量，其可以表示为

$$C_{40,x}^{a}(0,0,0)=M_{4x}^{a}(0,0,0)-3M_{2x}^{a}(0)M_{2x}^{a}(0)=\langle x^4(t)\mathrm{e}^{-\mathrm{j}8\pi at}\rangle_t-3\langle x^2(t)\mathrm{e}^{-\mathrm{j}4\pi at}\rangle_t^2 \tag{8.4.8}$$

1. MC-CDMA 信号的四阶循环累积量

高斯白噪声条件下，MC-CDMA 的接收信号表达式为

$$y(t)=s^m(t)+w(t)=\sum_{n=1}^{N}A_n(t)\mathrm{e}^{\mathrm{j}(2\pi f_n t+\theta_n+\varphi_n)}+w(t) \tag{8.4.9}$$

式中：N 表示用户所发的信息数据的复制路数（即子载波的数目）；$A_n(t)$ 表示 MC-CDMA 信号的第 n 路子载波的幅值；f_n 表示信号的第 n 路子载波的载频；θ_n 表示信号的第 n 路子载波的基带相位；φ_n 表示初始的相位偏差；高斯白噪声 $w(t)$ 的均值为零，方差为 σ_n^2。在计算高斯白噪声的高阶累积量时，其大于二阶累积量的值为零，所以由式(8.4.8)可以得到 $C_{4y}^a=C_{4s}^a+C_{4w}^a=C_{4s}^a$。将式(8.4.9)代入式(8.4.8)中进行计算，即可求出信号的四阶循环累积量，其表达式为

$$\begin{aligned}|C_{40,x}^{a}(0,0,0)|&=|M_{4x}^{a}(0,0,0)-3M_{2x}^{a}(0)M_{2x}^{a}(0)|=|\langle x^4(t)\mathrm{e}^{-\mathrm{j}8\pi at}\rangle_t-3\langle x^2(t)\mathrm{e}^{-\mathrm{j}4\pi at}\rangle_t^2|\\&=\left|\sum_{n=1}^{N}\langle[A_n(t)\mathrm{e}^{\mathrm{j}(2\pi f_n t+\theta_n+\varphi_n)}]^4\mathrm{e}^{-\mathrm{j}8\pi at}\rangle_t-3\sum_{n=1}^{N}\langle[A_n(t)\mathrm{e}^{\mathrm{j}(2\pi f_n t+\theta_n+\varphi_n)}]^2\mathrm{e}^{-\mathrm{j}4\pi at}\rangle_t^2\right|\\&=\left|\sum_{n=1}^{N}\langle A_n(t)^4\mathrm{e}^{\mathrm{j}4[2\pi(f_n-a)t+\theta_n+\varphi_n]}\rangle_t-3\sum_{n=1}^{N}\langle A_n(t)^2\mathrm{e}^{\mathrm{j}2[2\pi(f_n-a)t+\theta_n+\varphi_n]t}\rangle_t^2\right|\end{aligned} \tag{8.4.10}$$

式中：$|\cdot|$ 为对函数取模值。子载波之间的正交性是 MC-CDMA 信号的特点，所以利用此特点可以将式(8.4.10)中的求和符号提到 $\langle\cdot\rangle_t$ 的外边，即可先求每一路子载波的四阶循环累积量，然后再对其相加。由式(8.4.10)可知，当循环频率 a 不等于 MC-CDMA 信号的子载波频率 f_n 时，其数学函数式中的时间 t 将全部消除，其中 f_n 为 MC-CDMA 信号的第 n 路子载波的载频。

当循环频率 $a=f_n$ 时，式(8.4.10)可以表示为

$$\begin{aligned}|\langle x^4(t)\mathrm{e}^{-\mathrm{j}8\pi at}\rangle_t-3\langle x^2(t)\mathrm{e}^{-\mathrm{j}4\pi at}\rangle_t^2|&=\left|\sum_{n=1}^{N}\langle A_n(t)^4\mathrm{e}^{\mathrm{j}4[2\pi(f_n-a)t+\theta_n+\varphi_n]}\rangle_t-3\sum_{n=1}^{N}\langle A_n(t)^2\mathrm{e}^{\mathrm{j}2[2\pi(f_n-a)t+\theta_n+\varphi_n]}\rangle_t^2\right|\\&=\left|\sum_{n=1}^{N}\langle A_n(t)^4\mathrm{e}^{\mathrm{j}4\theta_n}\cdot\mathrm{e}^{\mathrm{j}4\varphi_n}\rangle_t-3\sum_{n=1}^{N}\langle A_n(t)^2\mathrm{e}^{\mathrm{j}2\theta_n}\cdot\mathrm{e}^{\mathrm{j}2\varphi_n}\rangle_t^2\right|\end{aligned} \tag{8.4.11}$$

当循环频率 $a\neq f_n$ 时，式(8.4.10)可以写为

$$\begin{aligned}|\langle x^4(t)\mathrm{e}^{-\mathrm{j}8\pi at}\rangle_t-3\langle x^2(t)\mathrm{e}^{-\mathrm{j}4\pi at}\rangle_t^2|&=\left|\sum_{n=1}^{N}\langle A_n(t)^4\mathrm{e}^{\mathrm{j}4[2\pi(f_n-a)t+\theta_n+\varphi_n]}\rangle_t-\right.\\&\qquad\left.3\sum_{n=1}^{N}\langle A_n(t)^2\mathrm{e}^{\mathrm{j}2[2\pi(f_n-a)t+\theta_n+\varphi_n]}\rangle_t^2\right|\\&=0\end{aligned} \tag{8.4.12}$$

本节介绍基于 4PSK 调制的 MC-CDMA 信号。由式(8.4.11)可知，当循环频率 $a=f_n$ 时，$|C_{40,x}^{a}(0,0,0)|\neq0$。由式(8.4.12)可知，当循环频率 $a\neq f_n$ 时，$|C_{40,x}^{a}(0,0,0)|=0$。

通过分析 MC-CDMA 信号的四阶循环累积量可知,当循环频率 $a=f_n$ 时,函数 $|C_{40,x}^{a}(0,0,0)|$在循环频率 $a=f_n$ 处出现峰值,检测相邻峰值间的距离,就可以估计出 MC-CDMA 信号的子载波频率间隔,检测出现峰值的数目,就可以估计出 MC-CDMA 信号的子载波数目。

2. 单载波信号的四阶循环累积量

高斯白噪声下,接收端所收到的单载波信号的表达式为

$$y_1(t)=\sum_{i=-\infty}^{+\infty} c[i]g(t-iT_s)\mathrm{e}^{\mathrm{j}(2\pi f_0 t+\theta_0)}+w(t) \tag{8.4.13}$$

将式(8.4.13)代入式(8.4.8)中可得

$$\begin{aligned}
|C_{40,x}^{a}(0,0,0)| &= |M_{4x}^{a}(0,0,0)-3M_{2x}^{a}(0)M_{2x}^{a}(0)| \\
&= |\langle x^4(t)\mathrm{e}^{-\mathrm{j}8\pi at}\rangle_t-3\langle x^2(t)\mathrm{e}^{-\mathrm{j}4\pi at}\rangle_t^2| \\
&= \left|\left\langle\left\{\sum_{i=-\infty}^{+\infty}c[i]g(t-iT_s)\mathrm{e}^{\mathrm{j}(2\pi f_0 t+\theta_0)}\right\}^4\mathrm{e}^{-\mathrm{j}8\pi at}\right\rangle_t-3\left\langle\left\{\sum_{i=-\infty}^{+\infty}c[i]g(t-iT_s)\mathrm{e}^{\mathrm{j}(2\pi f_0 t+\theta_0)}\right\}^2\mathrm{e}^{-\mathrm{j}4\pi at}\right\rangle_t^2\right| \\
&= \left|\left\langle\left\{\sum_{i=-\infty}^{+\infty}c[i]g(t-iT_s)\right\}^4\mathrm{e}^{\mathrm{j}4\theta_0}\mathrm{e}^{\mathrm{j}8\pi(f_0-a)t}\right\rangle_t-3\left\langle\left\{\sum_{i=-\infty}^{+\infty}c[i]g(t-iT_s)\right\}^2\mathrm{e}^{\mathrm{j}2\theta_0}\mathrm{e}^{\mathrm{j}4\pi(f_0-a)t}\right\rangle_t^2\right|
\end{aligned} \tag{8.4.14}$$

所以,当 $a=f_0$ 时:

$$|\langle x^4(t)\mathrm{e}^{-\mathrm{j}8\pi at}\rangle_t-3\langle x^2(t)\mathrm{e}^{-\mathrm{j}4\pi at}\rangle_t^2|=\left|\left\langle\left\{\sum_{i=-\infty}^{+\infty}c[i]g(t-iT_s)\right\}^4\mathrm{e}^{\mathrm{j}4\theta_0}\right\rangle_t-3\left\langle\left\{\sum_{i=-\infty}^{+\infty}c[i]g(t-iT_s)\right\}^2\mathrm{e}^{\mathrm{j}2\theta_0}\right\rangle_t^2\right| \tag{8.4.15}$$

当 $a\neq f_0$ 时:

$$\begin{aligned}
|\langle x^4(t)\mathrm{e}^{-\mathrm{j}8\pi at}\rangle_t-3\langle x^2(t)\mathrm{e}^{-\mathrm{j}4\pi at}\rangle_t^2| &= \left|\left\langle\left\{\sum_{i=-\infty}^{+\infty}c[i]g(t-iT_s)\right\}^4\mathrm{e}^{\mathrm{j}4\theta_0}\mathrm{e}^{\mathrm{j}8\pi(f_0-a)t}\right\rangle_t-\right. \\
&\quad\left.3\left\langle\left\{\sum_{i=-\infty}^{+\infty}c[i]g(t-iT_s)\right\}^2\mathrm{e}^{\mathrm{j}2\theta_0}\mathrm{e}^{\mathrm{j}4\pi(f_0-a)t}\right\rangle_t^2\right| \\
&= 0
\end{aligned} \tag{8.4.16}$$

由式(8.4.15)、式(8.4.16)可知,当 $a=f_0$ 时,$|C_{40,x}^{a}(0,0,0)|\neq 0$。当 $a\neq f_0$ 时,$|C_{40,x}^{a}(0,0,0)|=0$,所以说可以用四阶循环累积量算法在高斯白噪声条件下估计出单载波信号的载频,进一步利用这两种信号四阶循环累积量峰值数目的不同来对其进行识别。

8.4.3 仿真实验及结果分析

对分段数据累加取平均可以提高载频的正确识别率,这是由于累加取平均可以减弱噪声对算法的影响。累加取平均的过程是:对仿真实验所截取的数据进行分段,并对每一段数据进行四阶循环累积量运算,然后将每段数据所求的四阶循环累积量加到一起,再除以数据的分段数。信号进行累加取平均的表达式为

$$M_{kx}^{a}(\tau_1,\tau_2,\cdots,\tau_{k-1})=\frac{1}{N_F}\sum_{n=1}^{N_F}\sum_{i=(n-1)N_M}^{nN_M}x(i)x(i+\tau_1)\cdots x(i+\tau_{k-1})\mathrm{e}^{-\mathrm{j}2\pi at} \quad (8.4.17)$$

式中：N_F 表示分段数；N_M 为每段数据的采样点数。

实验 1：在高斯白噪声下，对基于 4PSK 调制的单载波信号的载波频率进行估计。用户所输入的数据包含 5000 个信息码，并将输入数据分成 25 段，求每段数据的四阶循环累积量，然后把每段数据所求的四阶循环累积量加到一起，再除以信息数据的分段数。单载波信号的载波频率 $f_0=2000\text{Hz}$，采样频率 $f_s=4000\text{Hz}$，符号周期 $T_s=0.01\text{s}$。信噪比 SNR 的值分别为 -4dB、-2dB、0dB、4dB。仿真结果如图 8.4.1 所示。

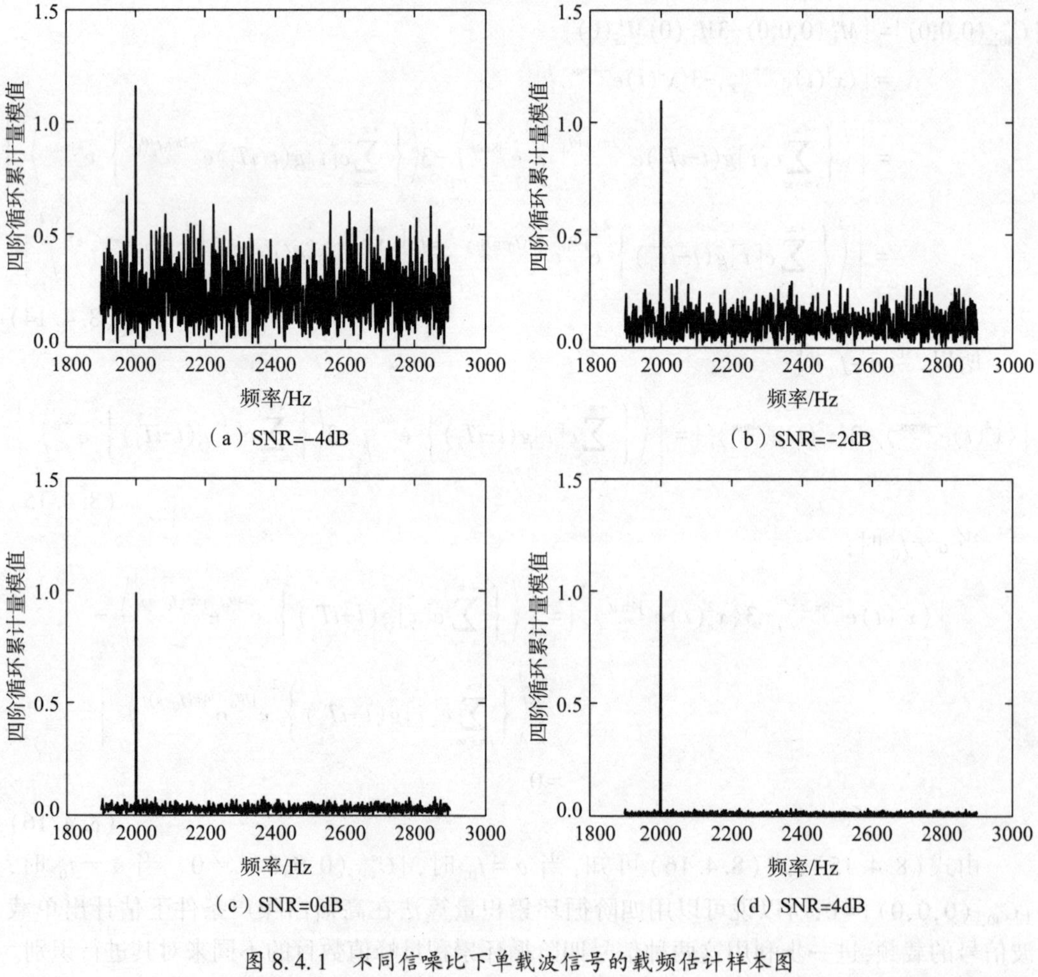

(a) SNR=-4dB (b) SNR=-2dB (c) SNR=0dB (d) SNR=4dB

图 8.4.1 不同信噪比下单载波信号的载频估计样本图

由图 8.4.1 可知，单载波信号的四阶循环累积量峰值出现在循环频率等于载波频率处，即当且仅当 $a=f_0=2000\text{Hz}$ 时，$|C_{40,x}^{a}(0,0,0)|\neq 0$，所以实验 1 所估计的单载波信号的载波频率 $f_0=2000\text{Hz}$，这与理论分析结果一致。

实验 2：高斯白噪声下，用四阶循环累积量算法对基于 4PSK 调制的 MC-CDMA 信号的子载波数目和子载波频率间隔进行估计。其中，信息码 $a_k[i]$ 的复制路数 $N=8$，实验所截取的数据包含 5000 个信息码，将截取数据分成 25 段，利用式(8.4.8)对每段数据的四

阶循环累积量 $|C^{a}_{40,x}(0,0,0)|$ 进行计算，然后对其结果进行相加，再除以截取数据的分段数。MC-CDMA 信号的符号周期 $T_s=0.01\text{s}$，其子载波初始频率 $f_0=2000\text{Hz}$，采样频率 $f_s=4000\text{Hz}$。SNR 的值分别为 -2dB、0dB、4dB、8dB。仿真结果如图 8.4.2 所示。

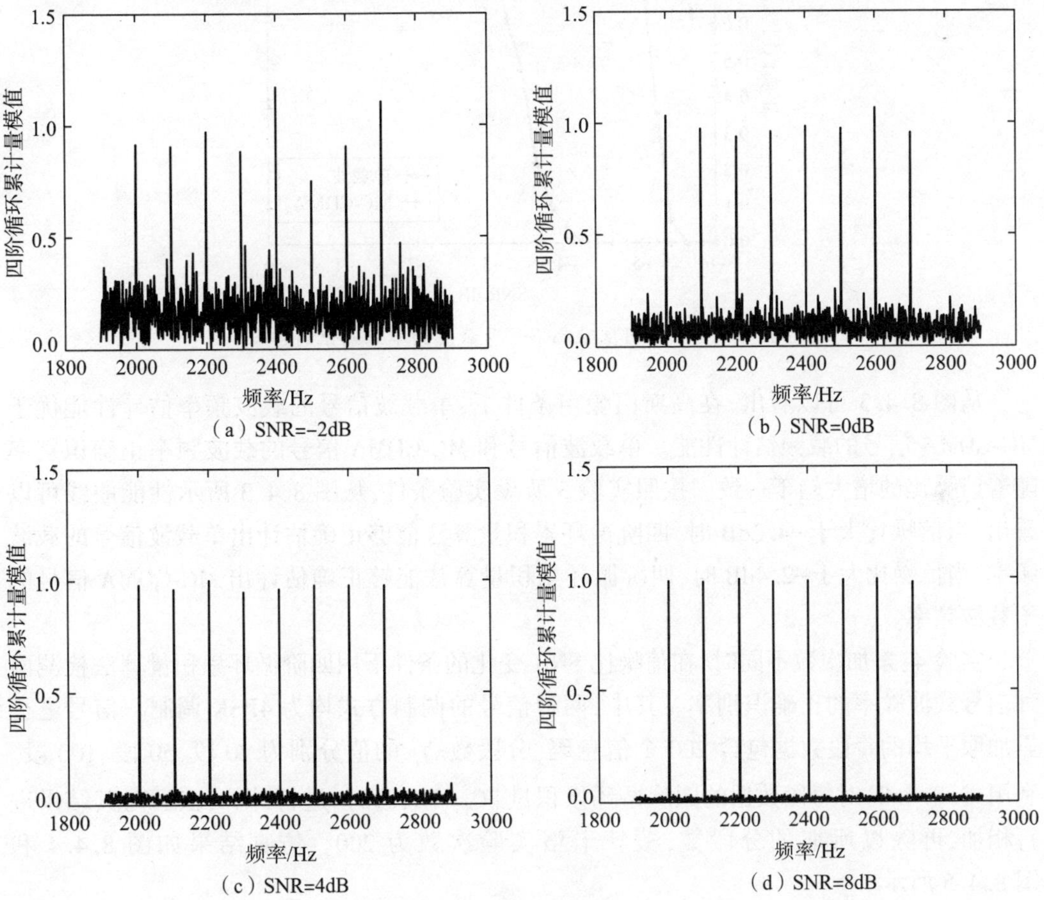

(a) SNR=-2dB　(b) SNR=0dB

(c) SNR=4dB　(d) SNR=8dB

图 8.4.2　MC-CDMA 信号子载波参数估计样本图

由图 8.4.2 可知，MC-CDMA 信号的四阶循环累积量在循环频率等于子载波频率处出现峰值，即 $a=f_n$ 时，$|C^{a}_{40,x}(0,0,0)|\neq 0$。函数 $|C^{a}_{40,x}(0,0,0)|$ 在 $f_0=2000\text{Hz}$ 处出现首个峰值，每个峰值之间的间隔为 100Hz，并且共出现了 8 个峰值。所以由图 8.4.2 可以得到，MC-CDMA 信号的子载波总数 $N=8$，其子载波之间的频率间隔 $\Delta f=100\text{Hz}$。利用图 8.4.1 和图 8.4.2 所示载波数目的不同，可以对这两种信号进行识别。

实验 3：在信噪比 SNR 变化的条件下用四阶循环累积量算法检测单载波信号和 MC-CDMA 信号载频的正确识别率。这两种信号的调制方式都为 4PSK 调制。在估计 MC-CDMA 信号的载波频率时，其截取的数据包含 5000 个信息码，将所截取数据分成 25 段，对每一段数据的四阶循环累积量 $|C^{a}_{40,x}(0,0,0)|$ 进行计算，然后将每段所求结果进行累加，最后除以数据所分段数，蒙特卡洛次数为 200。单载波信号参数设置同上。仿真结果如图 8.4.3 所示。

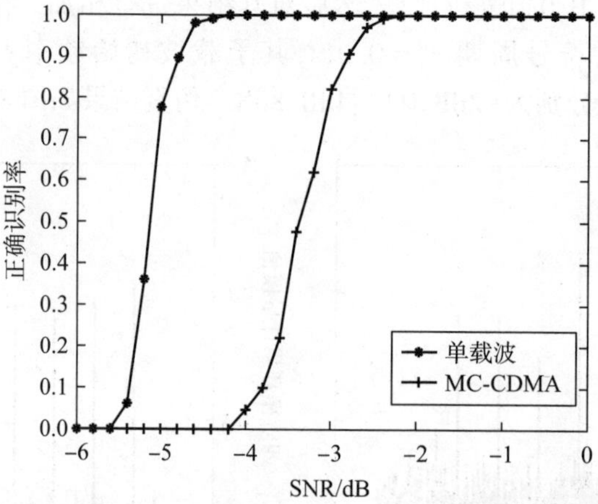

图 8.4.3　不同信噪比下信号载波频率正确识别率

从图 8.4.3 可以看出，在高斯白噪声条件下，单载波信号的载波频率估计性能优于 MC-CDMA 信号的载频估计性能。单载波信号和 MC-CDMA 信号的载波频率正确识别率随着信噪比的增大趋于一致。按照实验 3 所设实验条件，从图 8.4.3 所示性能曲线可以看出，当信噪比大于-4.2dB 时，四阶循环累积量算法能够正确估计出单载波信号的载波频率，当信噪比大于-2.4dB 时，四阶循环累积量算法能够正确估计出 MC-CDMA 信号的子载波频率。

实验 4：累加次数不同时，在信噪比 SNR 变化的条件下用四阶循环累积量算法检测两种信号载波频率的正确识别率。其中，两种信号的调制方式均为 4PSK 调制。信号进行累加取平均的每段数据包含 200 个信息码，分段数 N_F 的值分别为 20 段、50 段、100 段。利用式(8.4.8)对每段数据的四阶循环累积量 $|C_{40,x}^{a}(0,0,0)|$ 进行计算，然后对其结果进行相加，再除以所取的分段数，蒙特卡洛实验次数为 200。仿真结果如图 8.4.4 和图 8.4.5 所示。

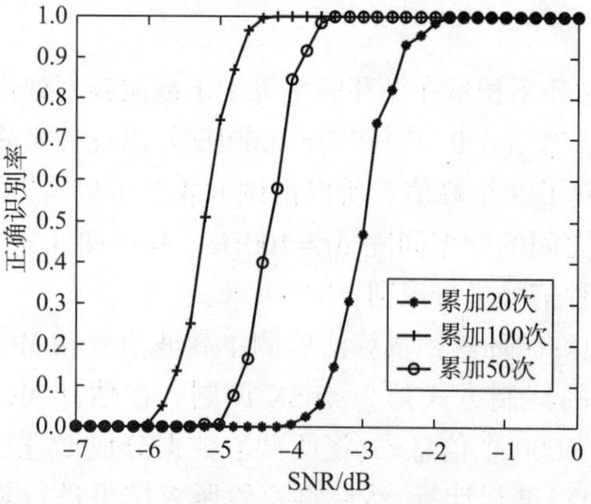

图 8.4.4　累加次数不同时 MC-CDMA 信号子载波数目正确识别率

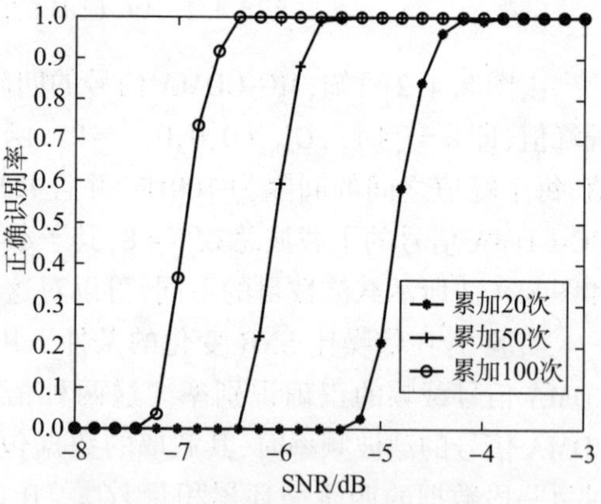

图 8.4.5　累加次数不同时单载波信号载波频率正确识别率

由图 8.4.4 和图 8.4.5 可知，在用四阶循环累积量估计这两种信号的载波参数时，累

加取平均能够减弱噪声对算法的影响。这是由于当 $a=f_n$ 时，$|C_{40,x}^{a}(0,0,0)|$的峰值较大，而在所取的时间 T 内信号的载波频率不变，并且噪声具有随机性，所以可以利用此方法来减弱噪声的影响，进而提高信号的正确识别率。按照实验 4 所设实验条件，从图 8.4.5 可以看出，当累加次数为 100 且信噪比大于-4.2dB 时，MC-CDMA 信号子载波数目能够正确估计出来，当累加次数为 100 且信噪比大于-6.4dB 时，单载波信号的载波频率能够正确估计出来。

8.4.4　本节小结

本节在高斯白噪声条件下用四阶循环累积量算法分别对基于 4PSK 调制的 MC-CDMA 信号和单载波信号的载波参数进行估计。本节准确估计出单载波信号的载波频率和 MC-CDMA 信号子载波数参数，然后对这两种信号进行识别。通过分析可得，四阶循环累积量算法不仅能够估计出 OFDM 信号的子载波参数，而且也能够有效地对 MC-CDMA 信号和单载波信号的载波参数进行估计。通过累加取平均，可以提高 MC-CDMA 信号和单载波信号载波参数的正确识别率。在高斯白噪声条件下，累加次数为 100 时，四阶循环累积量算法在 SNR=-6.4dB 处能够正确估计出单载波信号的载波频率，其在 SNR=-4.2dB 处能够正确估计出 MC-CDMA 信号的子载波参数。

8.5　MC-CDMA 信号的扩频序列周期盲估计

8.5.1　引言

目前，已有文献用自相关二阶矩算法对 DSSS 信号、多速率 CDMA 信号、MC-DS-CDMA 信号进行检测与估计。参考文献[192]在高斯白噪声条件下用自相关二阶矩算法对 DSSS 信号进行检测，并且估计出 DSSS 信号的符号周期。参考文献[355]在参考文献[192]所研究的基础上，将研究对象从 DSSS 信号扩展为多用户的 DS-CDMA 信号，并用自相关二阶矩算法对其进行检测与估计。参考文献[194]用自相关二阶矩算法在多径衰落信道条件下对 MC-DS-CDMA 信号进行分析，进而在多径衰落信道条件下对其进行检测与估计。参考文献[356]用自相关二阶矩算法分别对 DSSS 信号、DS-CDMA 信号、MC-DS-CDMA 信号进行检测与估计，并对其符号周期估计正确率进行分析。

在功能和结构上，MC-CDMA 信号与 OFDM 信号有很多相似之处。MC-CDMA 信号可以看作一种特殊的 OFDM 信号，所以可以尝试利用循环自相关算法、循环谱算法、四阶循环累积量算法等估计 OFDM 信号参数的方法来对 MC-CDMA 信号的参数进行估计。参考文献[364]通过对 OFDM 信号的循环自相关进行分析，进而估计出其符号周期。参考文献[365]用循环自相关算法对单载波信号和 OFDM 信号进行识别。

本节分别用自相关二阶矩算法和循环自相关算法在多径衰落信道条件下估计出 MC-CDMA 信号的扩频序列周期。本节首先推导了 MC-CDMA 信号的自相关二阶矩，通过分析得出，自相关二阶矩算法能够对其扩频序列周期进行估计。其次，通过分析 MC-CDMA 信号的循环自相关得出，循环自相关算法能够对其扩频序列周期进行估计。最后，在仿真实验部分，对这两种算法的性能进行对比分析。在估计 MC-CDMA 信号扩频序列周期时，同一信噪比条件下，循环自相关算法比自相关二阶矩算法性能更好，但是自相关二阶矩算法计算复杂度低，工程上易于实现。

8.5.2　多径衰落信道下 MC-CDMA 信号模型

在图 8.3.1 中：$b_{k,i}$ 表示第 k 个用户所发送的第 i 个信息数据，$\boldsymbol{c}_k$ 表示扩频序列，$g(t)$ 表示脉冲成形函数。$\boldsymbol{s}_{k,i}$ 表示输出向量，其表达式为 $\boldsymbol{s}_{k,i}=\sqrt{\frac{P_k}{N}}b_{k,i}\boldsymbol{v}_k$。信号的形成过程为，发送来的信息数据 $b_{k,i}$ 经过复制器复制成 N 路数据（N 为子载波数目），每一路数据与扩频序列 $\boldsymbol{c}_k$ 的一个码片 $c_{k,i}$ 相乘，然后经过离散傅里叶逆变换，并加上循环前缀构成输出向量 $\boldsymbol{s}_{k,i}$，再将串行数据 $\boldsymbol{s}_{k,i}$ 经过 P/S 变换和脉冲成形后，形成 MC-CDMA 信号的输出信号 $s_k(t)$，最后将信号 $s_k(t)$ 经过信道发送出去，形成接收信号 $r_k(t)$。

由上述分析可得，MC-CDMA 信号的数学表达式可以写为

$$s_k(t)=\sqrt{\frac{P_k}{N}}\sum_{i=-\infty}^{+\infty}\sum_{m=0}^{N'-1}\sum_{n=0}^{N-1}b_{k,i}c_{k,n}\cdot\exp[\mathrm{j}2\pi n(m-L)/N]g(t-iT_w-mT_c)\tag{8.5.1}$$

$$g(t)=\begin{cases}1, & 0\leqslant t\leqslant T_c\\0, & 其他\end{cases}\tag{8.5.2}$$

式中：P_k 为平均发送功率；N 为第 k 个用户的第 i 个信息码 $b_{k,i}$ 所复制的路数，信息序列 $b_{k,i}\in\{1,-1\}$，且 $E[b_{k,i}]=0$，$E[b_{k,i}b_{k,i}^*]=\sigma_b^2$。MC-CDMA 信号的扩频序列为 $\boldsymbol{c}_k=[c_{k,0},c_{k,1},c_{k,2},\cdots,c_{k,(N-1)}]^{\mathrm{T}}$，并且 $c_{k,n}\in\{1,-1\}$。当 $c_{k,n}=c_{k,n'}^*$ 时，$E\{c_{k,n}c_{k,n'}^*\}=\sigma_c^2$，否则 $E\{c_{k,n}c_{k,n'}^*\}=-\sigma_c^2$。信号加循环前缀后，其扩频序列周期为 T_w，即信号的符号周期（等同于 OFDM 信号的符号周期 T_s），T_c 为扩频序列 $\boldsymbol{c}_k$ 的一个码片宽度，L 为每个符号的循环前缀长度，$T_w=(N+L)T_c$。$v_k(m)=\sum_{n=0}^{N-1}c_{k,n}\exp[\mathrm{j}2\pi n(m-L)/N]$，$m=0,1,\cdots,N'-1$，$N'=N+L$。

MC-CDMA 信号在多径衰落信道条件下的数学表达式为

$$r_k(t)=s(t)+w(t)=s_k(t)*h(t)+w(t)=\sum_{i=-\infty}^{+\infty}\sum_{m=0}^{N'-1}\sum_{l=1}^{L_k}a_{k,i}(m)h_{k,l}g(t-iT_w-mT_c-\tau_{k,l})+w(t)\tag{8.5.3}$$

$$h(t)=\sum_{l=1}^{L_k}h_{k,l}\delta(t-\tau_{k,l})\tag{8.5.4}$$

$$a_{k,i}(m)=\sum_{n=0}^{N-1}\sqrt{\frac{P_k}{N}}b_{k,i}c_{k,n}\exp[\mathrm{j}2\pi n(m-L)/N]\tag{8.5.5}$$

式中：$*$ 表示卷积符号；$h(t)$ 为信道的单位冲击响应函数。当 $E[h(t)]=0$ 时，$|h(t)|$ 为瑞利分布。当 $E[h(t)]\neq 0$ 时，$|h(t)|$ 为莱斯分布。K 为莱斯因子，其表达式为 $K=|h_{k,1}|^2\Big/\sum_{l=2}^{L_k-1}|h_{k,l}|^2$。$K\ll 1$ 时，多径信道衰落严重。$K\gg 1$ 时，多径信道衰落不严重。莱斯 K 因子决定信道包络的类型，当 K 值趋于零时，其为瑞利信道，否则为莱斯信道。L_k 为多径衰落信道第 k 个用户的多径总路数。第 k 个用户的第 l 条路径的信道增益和时延分别用 $h_{k,l}$、$\tau_{k,l}$ 表示。高斯白噪声 $w(t)$ 的均值为零，方差为 σ_n^2。

8.5.3　多径衰落信道下 MC-CDMA 自相关二阶矩及循环自相关分析

1. MC-CDMA 自相关二阶矩理论分析

在非合作通信中,如果想要得到接收信号的信息,就要对其参数进行盲估计。由于信号和噪声的频谱差别很大,所以在对信号进行检测时,可以考虑用滤波器从噪声中检测出信号。但是,由于扩频信号的截获率较低,其与噪声的统计特征相似,所以在较低信噪比条件下,很难利用滤波器来识别出扩频信号。自相关二阶矩算法不仅能够在较低信噪比条件下检测出扩频信号,而且能够有效地估计出其符号周期。本节用自相关二阶矩算法对 MC-CDMA 信号的扩频序列周期进行估计。将截取的接收信号的信息数据分成 M 段,每段信息数据的时间为 T,那么第 n 段信息数据的自相关函数表达式为

$$\hat{R}^n_{r_k r_k}(\tau)=\frac{1}{T}\int_0^T r_k(t)r_k^*(t-\tau)\,\mathrm{d}t \tag{8.5.6}$$

求出每一段数据的自相关函数,然后取模平方,再对其进行累加取平均,即可得到其自相关二阶矩为

$$\rho(\tau)=\hat{E}\{|\hat{R}_{r_k r_k}(\tau)|^2\}=\frac{1}{M}\sum_{n=0}^{M-1}|\hat{R}^n_{r_k r_k}(\tau)|^2 \tag{8.5.7}$$

由于信号与噪声是不相关的,所以式(8.5.6)可以写为

$$\hat{R}_{r_k r_k}(\tau)=\hat{R}_{ss}(\tau)+\hat{R}_{ww}(\tau) \tag{8.5.8}$$

由于数据分段的窗口是随机选取的,所以在多径衰落信道中用自相关二阶矩算法对信号进行分析时,其不依赖于信道的时延 $\tau_{k,l}$。

本节用自相关二阶矩算法对 MC-CDMA 信号进行分析,不难得出,当时延 τ 与信号的符号周期倍数相等时(即 $\tau=kT_w$),式(8.5.7)所表示的自相关二阶矩出现峰值。本节对时延 $\tau=T_w$ 时的自相关二阶矩进行理论推导,其可以扩展到 $\tau=kT_w$。

$$\hat{R}_{ss}(T_w)=\frac{1}{T}\int_0^T s(t)s^*(t-T_w)\,\mathrm{d}t=\frac{1}{T}\sum_{i=-\infty}^{+\infty}\sum_{i'=-\infty}^{+\infty}\sqrt{\frac{P_k}{N}}\cdot\sqrt{\frac{P_k}{N}}\cdot b_{k,i}\cdot b_{k,i'}^*\cdot \int_0^T u_k(t-iT_w)\cdot u_k^*(t-i'T_w-T_w)\,\mathrm{d}t \tag{8.5.9}$$

式中

$$u_k(t)=\sum_{l=1}^{L_k}\sum_{m=0}^{N'-1}\sum_{n=0}^{N-1}h_{k,l}\cdot c_{k,n}\cdot\exp[\mathrm{j}2\pi n(m-L)/N]g(t-mT_c) \tag{8.5.10}$$

上述表达式可以简化为

$$\hat{R}_{ss}(T_w)=\frac{1}{T}\sum_{i=-\infty}^{+\infty}\frac{P_k}{N}b_{k,i}\cdot b_{k,i-1}^*\int_0^T|u_k(t-iT_w)|^2\,\mathrm{d}t \tag{8.5.11}$$

定义

$$\sigma^2_{u_k}=\frac{1}{T_w}\int_0^{T_w}|u_k(t)|^2\,\mathrm{d}t \tag{8.5.12}$$

所以有

$$E\{|\hat{R}_{ss}(T_w)|^2\}=\frac{1}{T^2}\sigma_b^4\cdot\frac{P_k^2}{N^2}\cdot\sum_{i=-\infty}^{+\infty}\left[\int_0^T|u_k(t-iT_w)|^2\mathrm{d}t\right]^2=\frac{T_w}{T}\sigma_b^4\frac{P_k^2}{N^2}\sigma_{u_k}^4 \tag{8.5.13}$$

即 $\rho_s(\tau)$ 的均值为

$$m_\rho^{(s)}=E\{|\hat{R}_{ss}(T_w)|^2\}=\frac{T_w}{T}\sigma_b^4\frac{P_k^2}{N^2}\sigma_{u_k}^4 \tag{8.5.14}$$

式中

$$\sigma_{u_k}^2=\frac{1}{T_w}\int_0^{T_w}|u_k(t)|^2\mathrm{d}t=\sum_{l=1}^{L_k}|h_{k,l}|^2\cdot\frac{1}{N'}\cdot\sum_{m=0}^{N'-1}\left|\sum_{n=0}^{N-1}c_{k,n}\mathrm{e}^{\mathrm{j}2\pi n(m-L)/N}\right|^2 \tag{8.5.15}$$

所以说 $\rho_s(\tau)$ 的标准差为

$$\sigma_\rho^{(s)}=\sqrt{\frac{2}{M}}m_\rho^{(s)}=\sqrt{\frac{2}{M}}\frac{T_w}{T}\sigma_b^4\frac{P_k^2}{N^2}\sigma_{u_k}^4 \tag{8.5.16}$$

2. MC-CDMA 信号的循环自相关理论分析

对接收信号 $r_k(t)$ 进行自相关运算，则其表达式为

$$R_{r_kr_k}(t,\tau)=E\{r_k(t)r_k^*(t-\tau)\}=R_{ss}(t,\tau)+\sigma_n^2\delta(\tau) \tag{8.5.17}$$

式中

$$\begin{aligned}R_{ss}(t,\tau)&=E\{s(t)s^*(t-\tau)\}\\&=\sum_{i=-\infty}^{\infty}E\left\{\sum_{m=0}^{N'-1}\sum_{l=1}^{L_k}a_{k,i}(m)h_{k,l}g(t-iT_w-mT_c-\tau_{k,l})\cdot\right.\\&\left.\quad\sum_{m=0}^{N'-1}\sum_{l=1}^{L_k}a_{k,i}^*(m)h_{k,l}^*g^*(t-iT_w-mT_c-\tau_{k,l}-\tau)\right\}\end{aligned} \tag{8.5.18}$$

对 $a_{k,i}(m)$ 进行自相关运算，则其表达式为

$$\begin{aligned}E\{a_{k,i}(m)a_{k,i}^*(m-\tau)\}&=E\left\{\sum_{n=0}^{N-1}\sqrt{\frac{P_k}{N}}b_{k,i}c_{k,n}\exp\left[\frac{\mathrm{j}2\pi n(m-L)}{N}\right]\cdot\right.\\&\quad\left.\sum_{n'=0}^{N-1}\sqrt{\frac{P_k}{N}}b_{k,i'}^*c_{k,n'}^*\exp\left[\frac{-\mathrm{j}2\pi n'(m-L-\tau)}{N}\right]\right\}\\&=\begin{cases}P_k\sigma_b^2\sigma_c^2,n=n',\tau=0\text{ 或 }\tau=N\\ \dfrac{P_k\sigma_b^2\sigma_c^2}{N}\cdot\displaystyle\sum_{n=0}^{N-1}\sum_{n'\neq n}^{N-1}\pm\exp\{\mathrm{j}2\pi[n(m-L)-n'(m-L-\tau)]/N\},n\neq n'\\0,n=n',\tau\neq0,\text{且 }\tau\neq N\end{cases}\end{aligned} \tag{8.5.19}$$

由式(8.5.17)、式(8.5.18)、式(8.5.19)可得，其自相关函数表达式为

$$R_{ss}(t,\tau)=\begin{cases}R_{s1}(t,\tau),n=n', & |\tau|<T_c\\R_{s2}(t,\tau),n=n',\tau'=|\tau|-NT_c, & |\tau'|<T_c\\R_{s3}(t,\tau), & n\neq n'\end{cases} \tag{8.5.20}$$

式中

$$R_{s1}(t,\tau)=\sum_{i=-\infty}^{\infty}\sum_{l_1=1}^{L_k}\sum_{l_2=1}^{L_k}P_k\sigma_b^2\sigma_c^2h_{k,l_1}h_{k,l_2}^{*}\cdot\sum_{m=0}^{N'-1}g(t-iT_w-mT_c-\tau_{k,l_1})\cdot g^{*}[t-iT_w-mT_c-\tau_{k,l_2}-\tau]\tag{8.5.21}$$

$$R_{s2}(t,\tau)=\sum_{i=-\infty}^{\infty}\sum_{l_1=1}^{L_k}\sum_{l_2=1}^{L_k}P_k\sigma_b^2\sigma_c^2h_{k,l_1}h_{k,l_2}^{*}\cdot\sum_{m=N}^{N'-1}g(t-iT_w-mT_c-\tau_{k,l_1})\cdot g^{*}[t-iT_w-mT_c-\tau_{k,l_2}-\tau']\tag{8.5.22}$$

$$R_{s3}(t,\tau)=R_{ss}(t,\tau)=R_{s3}(t+T_w,\tau)\tag{8.5.23}$$

由式(8.5.20)～式(8.5.23)可以得到，自相关函数 $R_{ss}(t,\tau)$ 为周期函数。由式(8.5.21)可知，当 $n=n'$，并且 $|\tau|<T_c$ 时，$R_{s1}(t,\tau)=R_{s1}(t+T_c,\tau)$，即 T_c 为自相关函数 $R_{ss}(t,\tau)$ 的周期。由式(8.5.22)可以得出，当 $n=n'$，$\tau'=|\tau|-NT_c$，$|\tau'|<T_c$ 时，$R_{s2}(t,\tau)=R_{s2}(t+T_w,\tau)$，即 T_w 为自相关函数 $R_{ss}(t,\tau)$ 的周期。由式(8.5.23)可以得出，T_w 为自相关函数 $R_{s3}(t,\tau)$ 的周期。所以说，MC-CDMA 信号的自相关函数 $R_{ss}(t,\tau)$ 的周期分别为 T_c 和 T_w。

对式(8.5.20)所求的自相关函数 $R_{ss}(t,\tau)$ 进行傅里叶变换，就可以得到信号的循环自相关函数 $R_s^a(\tau)$，其表达式为

$$|R_s^{\alpha}(\tau)|=\begin{cases}|R_{s1}^{\alpha}(\tau)|, n=n', & |\tau|<T_c\\ |R_{s2}^{\alpha}(\tau)|, n=n', & |\tau'|<T_c\\ |R_{s3}^{\alpha}(\tau)|, & n\neq n'\end{cases}\tag{8.5.24}$$

式中

$$|R_{s1}^{\alpha}(\tau)|=\int_{-\infty}^{+\infty}R_{s1}(t,\tau)\mathrm{e}^{-\mathrm{j}2\pi\alpha t}\mathrm{d}t=\frac{P_k\sigma_b^2\sigma_c^2}{\pi\alpha}\left|\sum_{l_1=1}^{L_k}\sum_{l_2=1}^{L_k}h_{k,l_1}h_{k,l_2}^{*}\mathrm{e}^{-\mathrm{j}2\pi(T_c-|\tau_{k,l_1}-\tau_{k,l_2}-\tau|+\alpha\tau_{k,l_1})}\cdot\sin[\pi\alpha(T_c-|\tau_{k,l_1}-\tau_{k,l_2}-\tau|+\alpha\tau_{k,l_1})]\right|\times\sum_{m=0}^{N'-1}\mathrm{e}^{\mathrm{j}2\pi\alpha mT_c}\cdot\frac{1}{T_w}\sum_{i=-\infty}^{\infty}\delta\left(\alpha-\frac{i}{T_w}\right)\tag{8.5.25}$$

$$\begin{aligned}|R_{s2}^{\alpha}(\tau)|&=\int_{-\infty}^{+\infty}R_{s2}(t,\tau)\mathrm{e}^{-\mathrm{j}2\pi\alpha t}\mathrm{d}t\\&=\frac{P_k\sigma_b^2\sigma_c^2}{\pi\alpha}\cdot\left|\sum_{l_1=1}^{L_k}\sum_{l_2=1}^{L_k}h_{k,l_1}h_{k,l_2}^{*}\mathrm{e}^{-\mathrm{j}2\pi(T_c-|\tau_{k,l_1}-\tau_{k,l_2}-\tau'|+\alpha\tau_{k,l_1})}\times\sin[\pi\alpha(T_c-|\tau_{k,l_1}-\tau_{k,l_2}-\tau'|+\alpha\tau_{k,l_1})]\right|\cdot\left|\sum_{m=N}^{N'-1}\mathrm{e}^{\mathrm{j}2\pi\alpha mT_c}\right|\cdot\sum_{i=-\infty}^{\infty}\delta\left(\alpha-\frac{i}{T_w}\right)\end{aligned}\tag{8.5.26}$$

$$R_{s3}^{\alpha}(\tau)=\int_{-\infty}^{+\infty}R_{s3}(t,\tau)\mathrm{e}^{-\mathrm{j}2\pi\alpha t}\mathrm{d}t=\frac{R^{\alpha}(\tau)}{T_w}\sum_{i=-\infty}^{\infty}\delta\left(\alpha-\frac{i}{T_w}\right)\tag{8.5.27}$$

$$R^{\alpha}(\tau)=\int_{-\infty}^{+\infty}E\left[\sum_{m=0}^{N'-1}\sum_{l=1}^{L_k}a_{k,i}(m)h_{k,l}g(t-mT_c-\tau_{k,l})\cdot\right.$$
$$\left.\sum_{m=0}^{N'-1}\sum_{l=1}^{L_k}a_{k,i}^{*}(m)h_{k,l}^{*}g^{*}(t-mT_c-\tau_{k,l}-\tau)\right]e^{-j2\pi\alpha t}dt \tag{8.5.28}$$

由式(8.5.25)、式(8.5.26)、式(8.5.27)可以得到,MC-CDMA 信号的循环自相关函数 $R_s^a(\tau)$ 具有离散的谱线。当 $a=1/T_w$ 或者 $a=1/T_c$ 时,$R_s^a(\tau)$ 出现峰值。所以说,循环自相关算法能够在多径衰落信道条件下估计出 MC-CDMA 信号的扩频序列周期 T_w。

8.5.4　仿真实验及结果分析

实验 1:本实验考虑高斯白噪声条件下 MC-CDMA 信号的自相关二阶矩。信息数据 $b_{k,i}$ 的复制路数 $N=64$。信号的循环前缀长度 $L=N/4=16$。将所截取的数据分为 20 段,每段数据的信息码个数 $b_{k,i}$ 为 200,求每段数据的自相关二阶矩,然后对其进行累加取平均。信号按 1bit/chip 进行采样,其带宽为 20MHz,信噪比 SNR = 10dB。仿真结果如图 8.5.1 所示。

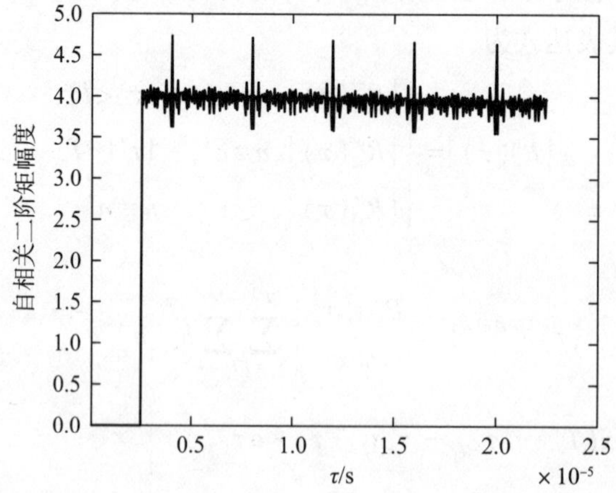

图 8.5.1　高斯白噪声条件下 MC-CDMA 信号自相关二阶矩

图 8.5.1 表明,当时延 τ 为 4μs、8μs、12μs、16μs、20μs 时,MC-CDMA 信号的自相关二阶矩出现峰值,这与理论所分析的其在 $\tau=k\cdot T_w$ 处出现峰值一致。所以自相关二阶矩算法能够在高斯白噪声条件下估计出 MC-CDMA 信号的扩频序列周期 T_w(即信号符号周期),其值 $T_w=4\mu s$。

实验 2:本实验考虑在多径衰落信道条件下对 MC-CDMA 信号的自相关二阶矩进行仿真。信道条件分别为瑞利信道和莱斯信道。其中,$K=0.0001$ 时,信道为瑞利信道;$K=30$ 时,信道为莱斯信道。多径衰落信道的总路数 $L_k=10$。其他仿真实验条件(带宽长度、输入信息码个数、信息数据复制路数、循环前缀长度、采样率、信噪比)同实验 1。图 8.5.2、图 8.5.3 所示为仿真结果。

从图 8.5.2 可以看出,在瑞利信道条件下,当时延 $\tau=k\cdot T_w$ 时,其自相关二阶矩出现峰值,所以通过搜索峰值间的距离可以估计出 MC-CDMA 信号的扩频序列周期,其值

$T_w = 4\mu s$。莱斯信道条件下，MC-CDMA 信号的自相关二阶矩如图 8.5.3 所示。图 8.5.3 得出的结果与图 8.5.2 相同，其所估计信号的扩频序列周期 $T_w = 4\mu s$。

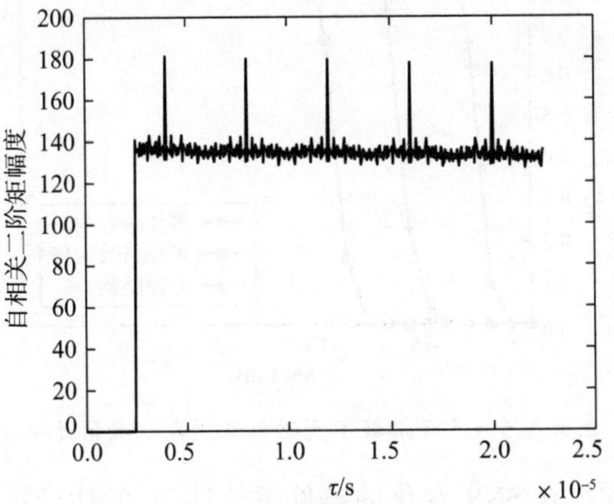

图 8.5.2　瑞利信道下 MC-CDMA 信号自相关二阶矩

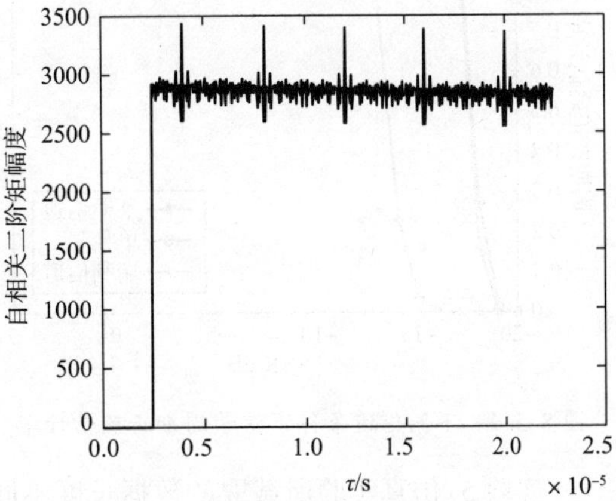

图 8.5.3　莱斯信道下 MC-CDMA 信号自相关二阶矩

实验 3：信道条件不同时，MC-CDMA 信号扩频序列周期随信噪比变化的正确估计率。正确估计率为取一定蒙特卡洛次数时正确估计到信号符号周期的次数。信道条件分别为单径、瑞利信道以及莱斯信道。其中瑞利信道和莱斯信道的多径路数相同，其值 $L_k = 10$。仿真实验所取信息码个数 $b_{k,i}$ 为 4000，将所取数据进行分段，分段数为 20，求每段数据的自相关二阶矩，然后对其进行累加取平均，200 次蒙特卡洛实验。其他条件同实验 1、实验 2。

图 8.5.4 所示为三种不同信道中 MC-CDMA 信号扩频序列周期随信噪比变化的正确估计率，信道条件分别为单径、瑞利信道、莱斯信道。由图 8.5.4 可得，信道条件为单径时，其扩频序列周期估计性能最好，其次是莱斯信道、瑞利信道。瑞利信道效果最差，这是由于其严重衰落造成的。扩频序列周期 T_w 的正确估计率随信噪比的增大而增大。按照实验 3 所设实验条件，在单径和莱斯信道条件下，当信噪比大于 −16dB 时，自相关二阶矩算法能够正确估计出 MC-CDMA 信号的扩频序列周期。在瑞利信道条件下，当信噪比大于 −12dB 时，自相关二阶矩算法能够正确估计出 MC-CDMA 信号的扩频序列周期。

实验 4：多径路数不同时，在 SNR 变化的条件下检测 T_w 的正确估计率。信道条件为瑞利信道。L_k 的值设为 2 路、5 路、15 路。蒙特卡洛仿真次数为 200。其他参数设置（如信号带宽、信息码个数、子载波总数目 N、循环前缀长度、莱斯 K 因子、采样率）同实验 1、实验 2。

由图 8.5.5 可知，在瑞利信道条件下，多径路数 $L_k = 2$ 时，信号的扩频序列周期估计性能最好，其在信噪比 SNR = −14dB 处能够完全估计出来。多径路数 $L_k = 15$ 时，其扩频序列周期的估计性能最差，其在信噪比 SNR = −8dB 处能够完全估计出来，所以说 MC-CDMA 信号的扩频序列周期 T_w 的估计性能随着多径路数的增多而降低。

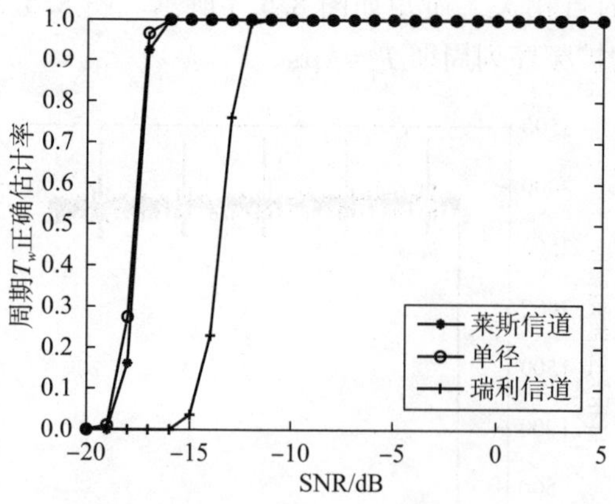

图 8.5.4　不同信道条件下信号周期正确估计率

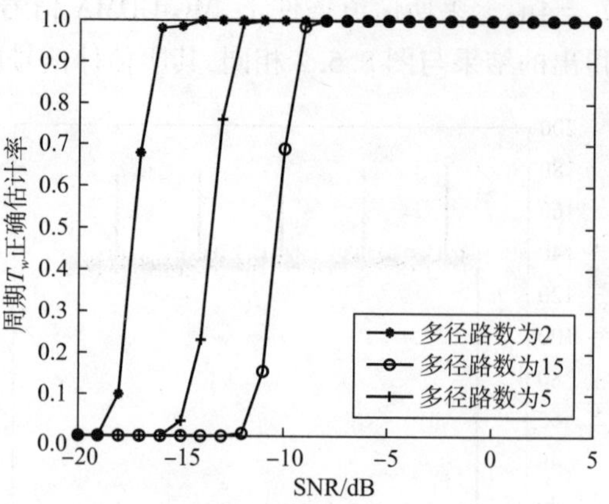

图 8.5.5　多径路数不同时信号周期正确估计率

实验 5：仿真实验所截取的数据长度不同时，在 SNR 变化的条件下估计 T_w 的估计正确率。信道条件为瑞利信道。截取的实验数据分别为 100 段、300 段、500 段，并且每段数据所包含的信息码个数为 200，求每段数据的自相关二阶矩，然后对其进行累加取平均，蒙特卡洛仿真次数为 100。莱斯 K 因子的值为 0.0001，多径路数 $L_k=5$。信号的子载波总数 $N=64$，其所添加的循环前缀长度 $L=N/4=16$。信号按 1bit/chip 进行采样。

由图 8.5.6 可知，在信噪比 SNR=−18dB 时，所取数据为 500 段时，MC-CDMA 信号扩频序列周期正确估计率最高，所取数据为 100 段时，其扩频序列周期正确估计率最低。所以说在对信号的自相关进行分析时，累加取平均具有去噪声的效果。

实验 6：信号用户数不同时，在 SNR 变化的条件下估计 T_w 的估计正确率。信道条件为瑞利信道。信号用户数的值设为 1、2、5。多径路数 $L_k=5$。蒙特卡洛仿真次数为 200。其他参数设置（如信号带宽、信息码个数、子载波总数目 N、循环前缀长度、莱斯 K 因子、采样率）同实验 1、实验 2。

由图 8.5.7 可知，同一信噪比条件下，用户数为 1 时，MC-CDMA 信号扩频序列周期正确估计率最高，用户数为 5 时，其扩频序列周期正确估计率最低。所以说，在对信号的自相关进行分析时，用户数越多，其扩频序列周期估计性能越差。

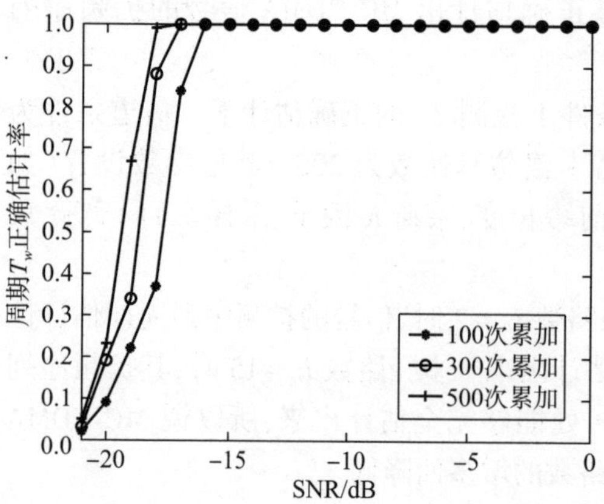

图 8.5.6　不同累加次数时信号周期正确估计率

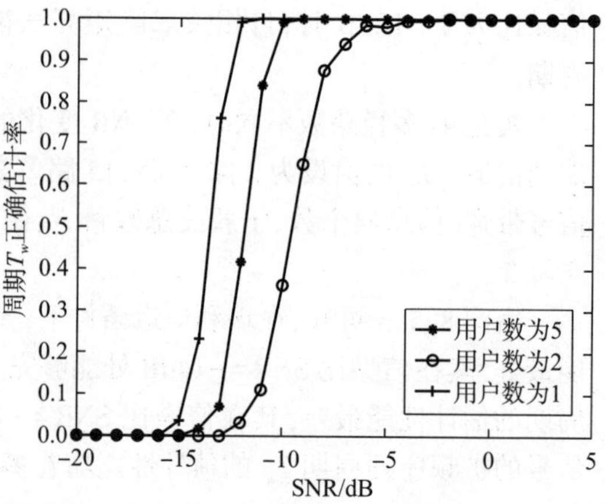

图 8.5.7　用户数不同时信号周期正确估计率

实验7:在瑞利信道下,对 MC-CDMA 信号的循环自相关算法进行仿真分析。信号的子载波总数 $N=64$,其所添加的循环前缀长度 $L=N/4=16$。仿真实验所取数据包含的信息码个数为4000,并将其分成20段,求每段数据的循环自相关,然后对其累加取平均。MC-CDMA 信号的带宽为20MHz。瑞利信道的总路数 $L_k=5$。信息数据的采样率为1bit/chip,即每个码片长度采一个点。莱斯 K 因子取值为0.0001,信噪比 SNR=0dB。仿真结果如图8.5.8~图8.5.10所示。

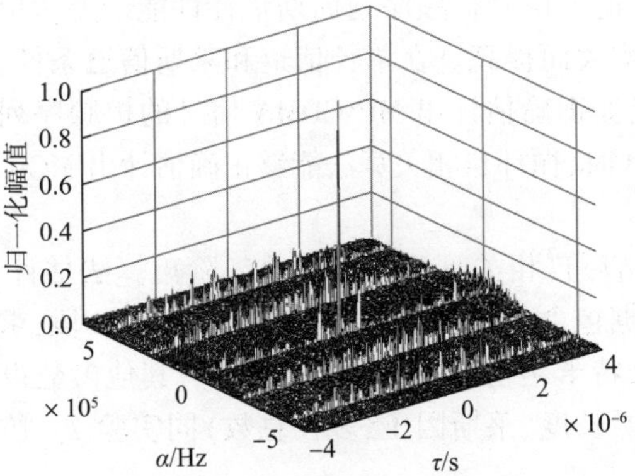

图8.5.8 瑞利信道下 MC-CDMA 信号的循环自相关

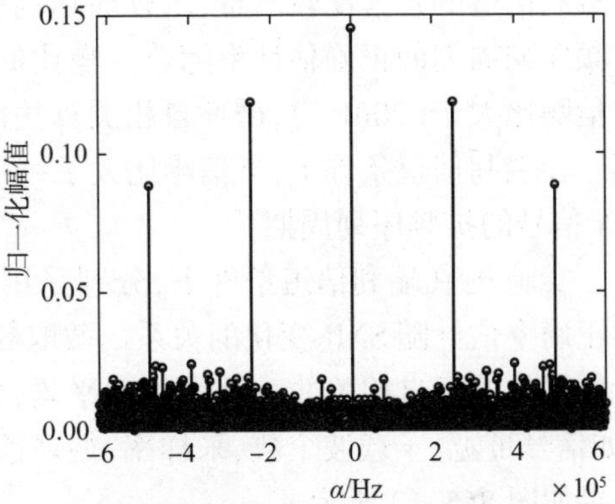

图8.5.9 $\tau=NT_c$ 时循环自相关的切片图(估计 T_w)

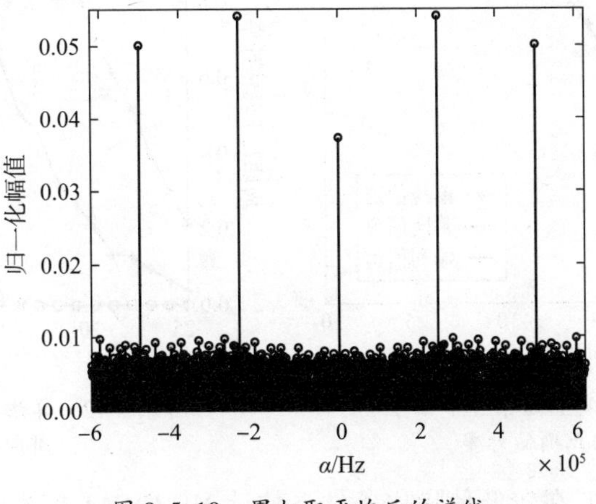

图8.5.10 累加取平均后的谱线

图8.5.8所示为瑞利信道条件下 MC-CDMA 信号的循环自相关谱线。图8.5.9所示为 $\tau=NT_c$ 时,其循环自相关切片图。图8.5.10是将图8.5.8中与 τ 轴平行的列线段进行累加取平均后的谱线。由图8.5.8可知,当循环频率 $a=0$ 时,$\tau=\pm NT_c$,$\tau=0$ 以及 $\tau=|\tau_{k,l_1}-\tau_{k,l_2}|$ 处的能量最大,并且 $\tau=0$ 处的值最大。从式(8.5.23)、式(8.5.26)、式(8.5.27)中可以看出,当 $n\neq n'$ 时,$|R_x^a(\tau)|\neq 0$。在图8.5.9中,由于其循环自相关的峰值在4μs倒数的倍数处出现,所以可以估计出其扩频序列周期 $T_w=4\mu s$。图8.5.10也能够估计出 $T_w=4\mu s$。图8.5.10所示的谱线图在估计 MC-CDMA 信号扩频序列周期时的性能明显优于图8.5.9所示的切片图。

实验8:信道条件不同时,在 SNR 变化的条件下估计 T_w 的正确估计率。这三种信道分别为单径信道、莱斯信道和瑞利信道。莱斯 K 因子值分别设为 0.0001 和 30。多径衰落信道的总路数 $L_k=5$，截取数据所包含的信息码个数 $b_{k,i}$ 为 4000，并将其分为 20 段，求每段数据的循环自相关并对其累加取平均，500 次蒙特卡洛实验。其他实验条件（如信号带宽、采样率、循环前缀长度、子载波个数）同实验 7。

图 8.5.11 中的每条曲线所对应的信道条件已在图中标出。由图可知，在信噪比 SNR = −23dB 时，单径的扩频序列周期正确估计率最高，其次是莱斯信道和瑞利信道。由于瑞利信道的衰落比较严重，所以在瑞利信道中信号扩频序列周期估计性能最差。信号扩频序列周期的正确估计率随着信噪比的增大而提高。在单径信道和莱斯信道条件下，当信噪比大于−20dB 时，循环自相关算法能够正确估计出 MC-CDMA 信号的扩频序列周期。在瑞利信道条件下，当信噪比大于−8dB 时，循环自相关算法能够正确估计出 MC-CDMA 信号的扩频序列周期。

实验 9：在瑞利信道条件下，分别采用循环自相关算法和自相关二阶矩算法估计 T_w 的正确率估计随 SNR 变化的关系。截取数据包含 4000 个信息码，并将其分为 20 段，求每段数据的循环自相关并对其累加取平均，蒙特卡洛仿真实验次数为 500。其他参数设置（如信号带宽、子载波个数、采样率、循环前缀长度、莱斯因子、多径总数）同实验 7。仿真结果如图 8.5.12 所示。

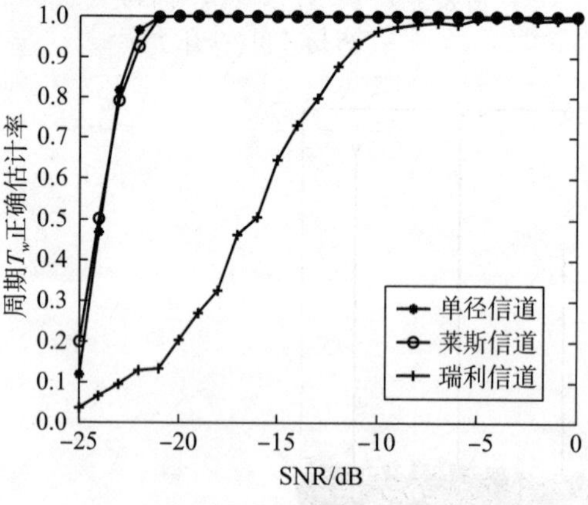

图 8.5.11　3 种不同信道条件下信号周期的正确估计率

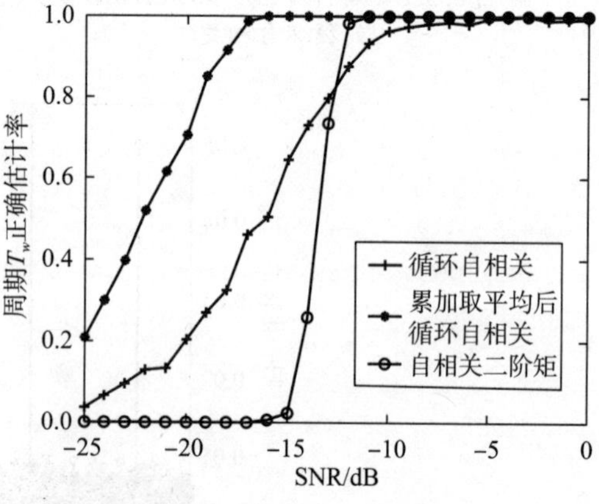

图 8.5.12　算法不同的条件下信号周期的正确估计率

由图 8.5.12 可知，在较低信噪比条件下估计 MC-CDMA 信号的扩频序列周期时，循环自相关算法的性能优于自相关二阶矩算法。图 8.5.12 所示的三种算法在估计 T_w 时的正确估计率随着信噪比的增大而趋于一致。其中，在信噪比大于−16dB 时，累加取平均后的循环自相关算法能够正确估计出 T_w。当信噪比大于−8dB 时，循环自相关算法能够正确估计出 T_w。在信噪比大于−11dB 时，自相关二阶矩算法能够正确估计出 T_w。在较低信噪比条件下，虽然循环自相关算法在估计信号扩频序列周期时的性能最好，但自相关二阶矩算法对频率选择性衰落信道不敏感，并且其计算复杂度低、工程上易于实现。

8.5.5　本节小结

在估计 MC-CDMA 信号的扩频序列周期时，自相关二阶矩算法和循环自相关算法具有很好的效果。本节在多径衰落信道条件下，分别用自相关二阶矩算法和循环自相关算法对 MC-CDMA 信号的扩频序列周期进行估计,然后对这两种算法的性能进行对比分析。在估计 MC-CDMA 信号的符号周期时,循环自相关算法具有良好的性能,其中累加取平均后的循环自相关算法性能更优。但循环自相关算法计算复杂度高,实现成本也高。在对信号的参数进行盲估计时,快速高效是自相关二阶矩算法的特点。自相关二阶矩算法的计算复杂度低于循环自相关算法,并且其在工程上易于实现。

8.6 基于循环自相关算法的 MC-CDMA 信号的多参数估计

8.6.1 引言

目前,涉及 MC-CDMA 信号的符号周期、有用数据周期、码片周期、循环前缀长度等参数的估计问题,国内几乎少有相关文献发表。在非协作通信中,符号周期、循环前缀长度等参数已知是解调信息的基础,所以对这方面的研究具有重要意义。由于 MC-CDMA 信号与 OFDM 信号具有相似之处,而且关于多载波的 OFDM 信号已被广泛研究,并取得了大量的理论和实践成果,所以可借鉴 OFDM 相关算法并将其运用于 MC-CDMA 信号中。参考文献[66]研究了基于循环平稳性的调制识别方法区分 OFDM 信号和单载波线性数字(Single Carrier Linearly Digitally, SCLD)调制信号,主要利用加有循环前缀的 OFDM 信号的二阶循环累积量在有用符号周期处产生尖峰这一原理,通过峰值的有无来识别 OFDM 和 SCLD 信号。参考文献[60,69]利用循环自相关算法估计 OFDM 信号的有用数据周期、符号周期。参考文献[115]研究了改进型的 OFDM 符号周期估计,首先通过时域自相关求出有用数据周期,再以该周期作为固定的时延长度,根据自相关的周期性估计 OFDM 符号周期,该方法对相偏和频偏有较好的鲁棒性。

本节将在 8.5 节基础上,针对 MC-CDMA 信号符号周期、有用数据周期、码片周期以及保护间隔长度等参数估计的问题,运用改进型的循环自相关算法来估计以上多个参数。同时,针对符号周期估计的问题,根据 MC-CDMA 信号自身的特点,研究了累加平均法,将循环自相关三维图中平行于时延轴的谱线进行累积平均,直接根据每列谱线的间距便可估计出符号周期,避免了先估计有用数据周期带来的较大误差,提高了符号周期的估计精度。理论推导了 MC-CDMA 信号的自相关和循环自相关表达式,仿真实验不仅有效估计出以上多个参数,还对比了传统的循环自相关与改进型的循环自相关算法的误差性能,揭示了在不同的信道环境以及不同的循环前缀长度下改进型的算法与信噪比的关系。此外,通过与 OFDM 信号的对比,可以得出循环自相关算法可作为一种调制识别算法来区分 MC-CDMA 信号及 OFDM 信号。

8.6.2 MC-CDMA 自相关分析及循环自相关分析

考虑“8.5.2:多径衰落信道下 MC-CDMA 信号模型”中,若系统共有 S 个用户,接收端经下变频后总的信号为 $r(t)=\sum\limits_{k=0}^{S-1} r_k(t)$。由于不同用户信息不相关,且噪声不具有循环自相关特性,在接下来的理论分析中,忽略噪声,且考虑单用户情况。

1. MC-CDMA 信号的自相关分析

先不考虑脉冲成形,那么 $a_{k,i}(m)$ 的自相关为

$$E\{a_{k,i}(m)a_{k,i}^*(m-\tau)\}=E\left\{\sum_{n=0}^{N-1}\sqrt{\frac{P_k}{N}}b_{k,i}c_{k,n}\exp\left[\frac{\mathrm{j}2\pi n(m-L)}{N}\right]\cdot\right.$$

$$\left.\sum_{n'=0}^{N-1}\sqrt{\frac{P_k}{N}}b_{k,i'}^*c_{k,n'}^*\exp\left[\frac{-\mathrm{j}2\pi n'(m-L-\tau)}{N}\right]\right\} \quad (8.6.1)$$

式中:τ 表示时延;$E\{\cdot\}$表示期望。假定:

(1) 各用户信息码不相关,即 $E\{b_{k,i}b_{k,i'}^*\}=\sigma_b^2\delta_{ii'}$,并且 $E\{b_{k,i}\}=0$,其中 $\delta_{ii'}=\begin{cases}1, & i=i'\\0, & i\neq i'\end{cases}$,$\sigma_b^2$ 为 $b_{k,i}$ 的方差。

(2) 同一用户的码片相关性:当 $c_{k,n}=c_{k,n'}^*$ 时,$E\{c_{k,n}c_{k,n'}^*\}=\sigma_c^2$,否则 $E\{c_{k,n}c_{k,n'}^*\}=-\sigma_c^2$。

式(8.6.1)可简化为

$$E\{a_{k,i}(m)a_{k,i}^*(m-\tau)\}=$$
$$\begin{cases}P_k\sigma_b^2\sigma_c^2, & n=n',\tau=0\text{ 或 }\tau=N\\ \dfrac{P_k\sigma_b^2\sigma_c^2}{N}\displaystyle\sum_{n=0}^{N-1}\sum_{n'\neq n}^{N-1}\{\pm\exp\{\mathrm{j}2\pi[n(m-L)-n'(m-L-\tau)]/N\}, & n\neq n'\\ 0, & n=n',\tau\neq0,\text{且 }\tau\neq N\end{cases} \quad (8.6.2)$$

式(8.6.2)的第一项说明,在加有循环前缀的一个符号周期(长度为 N')内,只有在 $\tau=0$ 或 $\tau=N$ 才有自相关,而这正是由循环前缀造成的,即一个完整符号的前 L 个数与后 L 个数相同。对于第二项,可认为该项一般不为 0。

然后,$r_k(t)$的自相关为

$$R_{r_kr_k}(t,\tau)=E\{r_k(t)r_k^*(t-\tau)\}=R_{xx}(t,\tau)+\sigma_n^2\delta(\tau) \quad (8.6.3)$$

其中

$$R_{xx}(t,\tau)=E\{x_k(t)x_k^*(t-\tau)\}$$
$$=\sum_{i=-\infty}^{\infty}E\left\{\sum_{m=0}^{N'-1}\sum_{l=1}^{L_k}a_{k,i}(m)h_{k,l}g(t-iT_w-mT_c-\tau_{k,l})\cdot\sum_{m=0}^{N'-1}\sum_{l=1}^{L_k}a_{k,i}^*(m)h_{k,l}^*g^*(t-iT_w-mT_c-\tau_{k,l}-\tau)\right\} \quad (8.6.4)$$

由式(8.6.4)可知,$R_{xx}(t,\tau)$为周期函数,所以 MC-CDMA 信号为二阶循环平稳信号。

下面分三种情况讨论 $R_{xx}(t,\tau)$的周期性。

(1) 当 $n=n'$且$|\tau|<T_c$,式(8.6.4)可简化为

$$R_{x1}(t,\tau)=\sum_{i=-\infty}^{\infty}\sum_{m=0}^{N'-1}E[a_{k,i}(m)\cdot a_{k,i}^*(m)]\cdot\sum_{l_1=1}^{L_k}h_{k,l_1}g(t-iT_w-mT_c-\tau_{k,l_1})\cdot$$
$$\sum_{l_2=1}^{L_k}h_{k,l_2}^*g^*(t-iT_w-mT_c-\tau_{k,l_2}-\tau)$$
$$=\sum_{i=-\infty}^{\infty}\sum_{l_1=1}^{L_k}\sum_{l_2=1}^{L_k}P_k\sigma_b^2\sigma_c^2h_{k,l_1}h_{k,l_2}^*\sum_{m=0}^{N'-1}g(t-iT_w-mT_c-\tau_{k,l_1})\cdot g^*[t-iT_w-mT_c-\tau_{k,l_2}-\tau]$$
$$(8.6.5)$$

通过展开 m 的多项式,并利用 $T_w=N'T_c$ 的关系可以推出 $R_{x1}(t,\tau)=R_{x1}(t+T_c,\tau)$。

(2) 当 $n=n'$,假定 $\tau'=|\tau|-NT_c$, $|\tau'|<T_c$,在一个符号周期中,由于循环前缀与符号最后面部分长为 L 的数据相同。相关函数有如下特征:

$$
\begin{aligned}
R_{x2}(t,\tau)=&\sum_{i=-\infty}^{\infty}\sum_{l_1=1}^{L_k}\sum_{l_2=1}^{L_k}E\left[\sum_{m=N}^{N'-1}a_{k,i}(m)h_{k,l_1}g(t-iT_w-mT_c-\tau_{k,l_1})\cdot\right.\\
&\left.\sum_{m=0}^{L-1}a_{k,i}^*(m)h_{k,l_2}^*g^*(t-iT_w-mT_c-\tau_{k,l_2}-\tau)\right]\\
=&\sum_{i=-\infty}^{\infty}\sum_{l_1=1}^{L_k}\sum_{l_2=1}^{L_k}P_k\sigma_b^2\sigma_c^2h_{k,l_1}h_{k,l_2}^*\sum_{m=N}^{N'-1}g(t-iT_w-mT_c-\tau_{k,l_1})\cdot g^*[t-iT_w-mT_c-\tau_{k,l_2}-\tau']
\end{aligned}
\tag{8.6.6}
$$

可以推出 $R_{x2}(t,\tau)=R_{x2}(t+T_w,\tau)$。

(3) 当 $n\neq n'$,也有 $R_{x3}(t,\tau)=R_{xx}(t,\tau)=R_{x3}(t+T_w,\tau)$。

在没有循环前缀时,由式(8.6.5)可知 $R_{xx}(t,\tau)$ 的周期为 T_c,有循环前缀时,根据式(8.6.5)和式(8.6.6)可知,$R_{xx}(t,\tau)$ 有 2 个周期,短周期为 T_c,长周期为 T_w。

通常,当信道的变化率小于脉冲速率时,信道可认为是稳定的,这样的信道称为静态多径信道。此时信道可视为线性系统,所以接收端 S 个用户的自相关为

$$
R(t,\tau)=\sum_{k=0}^{S-1}R_{r_kr_k}(t,\tau) \tag{8.6.7}
$$

2. MC-CDMA 信号的循环自相关分析

对应地,$R_{xx}(t,\tau)$ 的循环自相关分三种情形。第 k 个用户的循环自相关函数可表示为

$$
|R_x^\alpha(\tau)|=\begin{cases}|R_{x1}^\alpha(\tau)|, & n=n',|\tau|<T_c\\ |R_{x2}^\alpha(\tau)|, & n=n',|\tau'|<T_c\\ |R_{x3}^\alpha(\tau)|, & n\neq n'\end{cases} \tag{8.6.8}
$$

下面分三种情形计算 $R_{xx}(t,\tau)$ 的循环自相关函数。

(1) 当 $n=n'$且 $|\tau|<T_c$ 时,式(8.6.8)第一项的循环自相关函数为

$$
\begin{aligned}
|R_{x1}^\alpha(\tau)|=&\frac{P_k\sigma_b^2\sigma_c^2}{\pi\alpha}\cdot\left|\sum_{l_1=1}^{L_k}\sum_{l_2=1}^{L_k}h_{k,l_1}h_{k,l_2}^*\mathrm{e}^{-\mathrm{j}2\pi(T_c-|\tau_{k,l_1}-\tau_{k,l_2}-\tau|+\alpha\tau_{k,l_1})}\sin[\pi\alpha(T_c-|\tau_{k,l_1}-\tau_{k,l_2}-\tau|+\alpha\tau_{k,l_1})]\right|\cdot\\
&\sum_{m=0}^{N'-1}\mathrm{e}^{\mathrm{j}2\pi\alpha mT_c}\cdot\frac{1}{T_w}\sum_{i=-\infty}^{\infty}\delta\left(\alpha-\frac{i}{T_w}\right)
\end{aligned}
\tag{8.6.9}
$$

当 $\alpha=0$,且 $|\tau_{k,l_1}-\tau_{k,l_2}-\tau|=0$ 时,$|R_{x1}^\alpha(\tau)|$ 的最大值为 $P_k\sigma_b^2\sigma_c^2\sum_{l=1}^{L_k}|h_{k,l}|^2$。

(2) 当 $n=n'$, $|\tau'|<T_c$ 时,式(8.6.8)第二项的循环自相关函数为

$$
\begin{aligned}
|R_{x2}^\alpha(\tau)|=&\frac{P_k\sigma_b^2\sigma_c^2}{\pi\alpha}\left|\sum_{l_1=1}^{L_k}\sum_{l_2=1}^{L_k}h_{k,l_1}h_{k,l_2}^*\mathrm{e}^{-\mathrm{j}2\pi(T_c-|\tau_{k,l_1}-\tau_{k,l_2}-\tau'|+\alpha\tau_{k,l_1})}\sin[\pi\alpha(T_c-|\tau_{k,l_1}-\tau_{k,l_2}-\tau'|+\alpha\tau_{k,l_1})]\right|\cdot\\
&\left|\sum_{m=N}^{N'-1}\mathrm{e}^{\mathrm{j}2\pi\alpha mT_c}\right|\cdot\sum_{i=-\infty}^{\infty}\delta\left(\alpha-\frac{i}{T_w}\right)
\end{aligned}
\tag{8.6.10}
$$

当 $\alpha=0$，$|\tau_{k,l_1}-\tau_{k,l_2}-\tau'|=0$ 时，$|R_{x2}^{\alpha}(\tau)|$ 的最大值为 $\dfrac{P_k\sigma_b^2\sigma_c^2 L}{N}\sum_{l=1}^{L_k}|h_{k,l}|^2$。

(3) 当 $n\neq n'$ 时，式(8.6.8)第三项的循环自相关函数为

$$R_{x3}^{\alpha}(\tau)=\int_{-\infty}^{\infty}R_{x3}(t,\tau)\mathrm{e}^{-\mathrm{j}2\pi\alpha t}\mathrm{d}t=\frac{R^{\alpha}(\tau)}{T_w}\sum_{i=-\infty}^{\infty}\delta\left(\alpha-\frac{i}{T_w}\right) \tag{8.6.11}$$

其中

$$R^{\alpha}(\tau)=\int_{-\infty}^{\infty}E\left[\sum_{m=0}^{N'-1}\sum_{l=1}^{L_k}a_{k,i}(m)h_{k,l}g(t-mT_c-\tau_{k,l})\cdot\right.$$
$$\left.\sum_{m=0}^{N'-1}\sum_{l=1}^{L_k}a_{k,i}^*(m)h_{k,l}^*g^*(t-mT_c-\tau_{k,l}-\tau)\right]\mathrm{e}^{-\mathrm{j}2\pi\alpha t}\mathrm{d}t \tag{8.6.12}$$

综上所述，经过傅里叶变换后的 $R_{xx}(t,\tau)$ 具有离散的谱线，谱峰出现在 $\alpha=1/T_c$ 及 $\alpha=1/T_w$，其中 α 为循环频率。同时，需要注意的是，不管循环前缀是否存在（当没有循环前缀时，有用数据周期 T_u 等于符号周期 T_w），都会出现一系列谱线，且相邻列的谱线间隔为 $1/T_w$。

假定 MC-CDMA 信号插入了循环前缀，设采样频率为 f_s，过采样为 f_s/f_c，其中 $f_c=1/T_c$。循环自相关用下式计算：

$$\hat{R}_r^{\omega}(l)=\frac{1}{N_1}\sum_{n=0}^{N_1-1}r(n)r^*(n-l)\mathrm{e}^{-\mathrm{j}2\pi\omega n/N_1} \tag{8.6.13}$$

式中：l 为采样点间隔；N_1 为采样点数；ω 为数字循环频率。为使该方法适用于低信噪比环境，采用如下表达式：

$$\hat{R}_{\mathrm{mod}}^{k}(l)=\frac{1}{N_2}\sum_{m=0}^{N_2-1}\left|\frac{1}{N_1}\cdot\sum_{n=0}^{N_1-1}r(n+mN_1)r^*(n+mN_1-l)\mathrm{e}^{-\mathrm{j}2\pi\omega n/N_1}\right| \tag{8.6.14}$$

式中：N_2 为累积次数，其他参数同上。这里需取模以消除相位偏差导致峰值相互抵消的影响。

最后，有用数据周期 T_u、码片周期 T_c、符号周期 T_w 等参数的估计步骤如下：

(1) 计算接收信号的自相关及循环自相关函数。

(2) 累积 N_2 次。

(3) 通过 $\alpha=0$ 的切片，检测峰值在 $\tau=0$、$\tau=NT_c$ 或者 $\tau=-NT_c$ 来估计有用数据周期 T_u。

(4) 通过 $|\tau|<T_c$ 的切片并检测峰值点 $\alpha=m/T_c$ 间的距离来估计码片周期 T_c。

(5) 对于符号周期 T_w 的估计，这里有两种方法：一种是通过 $\tau=T_u$ 的切片检测峰值点 $\alpha=l/T_w(l=0,\pm1,\cdots)$ 间的距离，取倒数来估计 T_w，前提是 T_u 已通过步骤(3)获得；另一种是将每列谱线的幅度累加平均后测其间距并取倒数可估计 T_w。

特别地，当无 CP 时，此时 $T_w=T_u$，在 $\tau=\pm NT_c$ 切片上无明显凸起的峰值，但符号周期 T_w 依旧可以通过检测每列谱线间的距离估计到。

通常，由于每组信息中的噪声可认为是相互独立的，当将多组数据累加平均 N_2 次后，噪声方差将由 σ_n^2 变为 σ_n^2/N_2，而累加平均后有用信号的幅度基本保持不变。所以可通过累加平均提升信噪比。

8.6.3 仿真实验及结果分析

实验1：选取两个用户，相关参数按IEEE 802.11a设置（MC-CDMA可看成一种特殊的OFDM信号，只是在形成OFDM符号前进行了扩频处理）。其中，子载波数为$N=64$，循环前缀长度为$N/4$。信号带宽20MHz，采样频率100MHz，即采样为5bit/chip，二进制符号数为35，频域累计5次，发送的信息经历瑞利衰落信道（$K=0.01$），多径总数为5路，信噪比SNR=0dB。仿真结果如图8.6.1～图8.6.4所示。

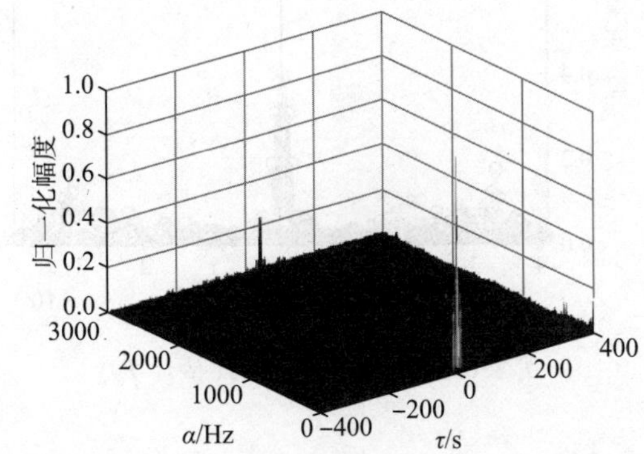

图8.6.1 MC-CDMA信号5bit/chip的循环自相关

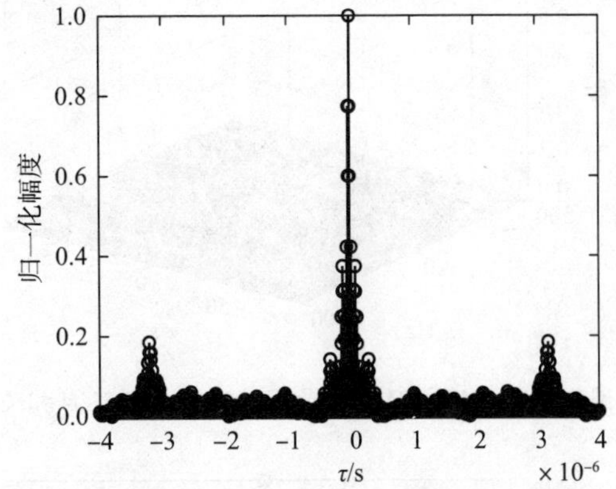

图8.6.2 $\alpha=0$的切片图（估计T_u）

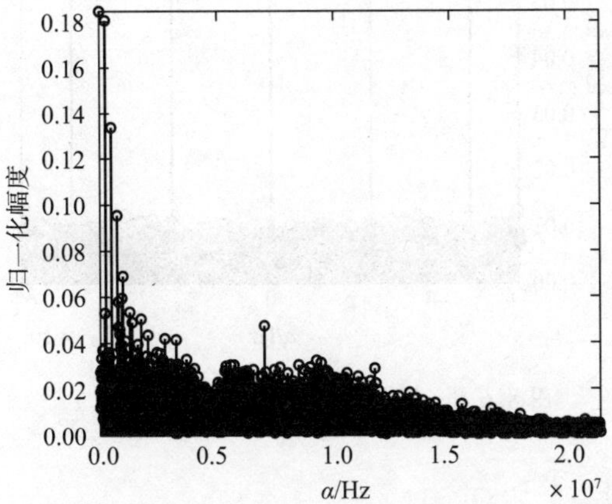

图8.6.3 $\tau=NT_c$的切片图（估计T_w）

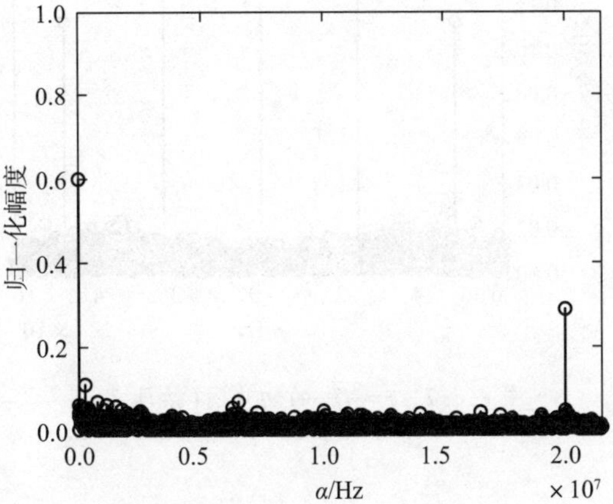

图8.6.4 $\tau=20$ns的切片图（估计T_c）

图8.6.1表示接收信号的循环自相关三维图，图8.6.2显示的是$\alpha=0$的切片图，从图中可以看到信号能量主要集中在$\tau=NT_c$、$\tau=0$、$\tau=-NT_c$的位置。最大值出现在$\tau=0$的位置（噪声能量也在该点上），同时在$\tau=0$附近存在一些谱线，由式（8.6.9）可知是由于时延$|\tau_{k,l_1}-\tau_{k,l_2}-\tau|\neq 0$引起的。通过检测这三个尖峰间距可得有用数据周期$T_u=3.2\mu s$，然后再以$\tau=NT_c$或$\tau=-NT_c$的切片来估计$T_w$。由图8.6.3可知，谱峰出现在$\alpha=l/T_w$，$l=0$，$\pm1$，…的位置，检测其间距并取倒数可得$T_w=4\mu s$。图8.6.4显示的是$\tau=20$ns的切片，谱峰间距为$1/T_c$，同理有$T_c=0.05\mu s$。进一步由$T_w$减去$T_u$可得前缀持续时间为$0.8\mu s$，$T_u$除以$T_c$为64，正好为子载波数目（也即扩频增益），易知相关参数结果符合IEEE 802.11a

标准。

实验 2:为能清晰地观察三维图,实验 2 不考虑 T_c 的估计,并只做单用户情况。采样率为 1bit/chip,符号数为 200。其他条件(如子载波个数、循环前缀长度、频域累积次数、信噪比、多径瑞利信道等)同实验 1。仿真结果如图 8.6.5~图 8.6.9 所示。

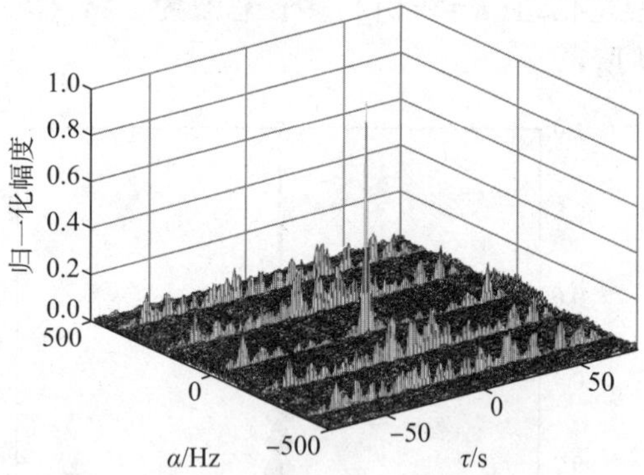

图 8.6.5　MC-CDMA 信号 1bit/chip 的循环自相关

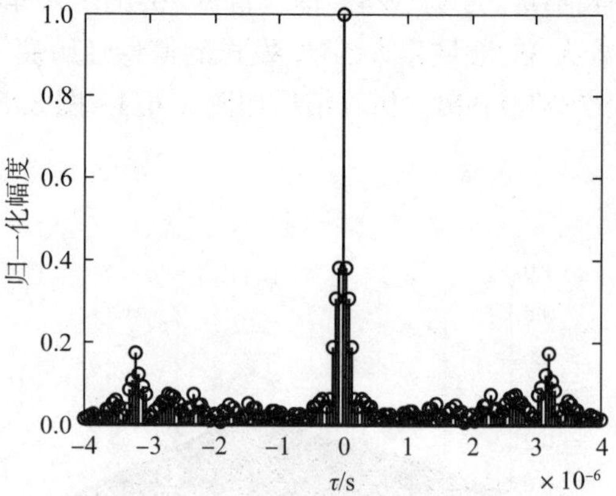

图 8.6.6　$\alpha=0$ 的切片图(估计 T_u)

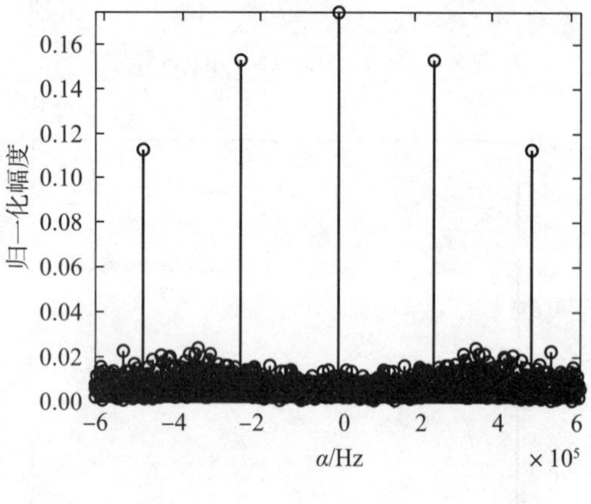

图 8.6.7　$\tau=NT_c$ 的切片图(估计 T_w)

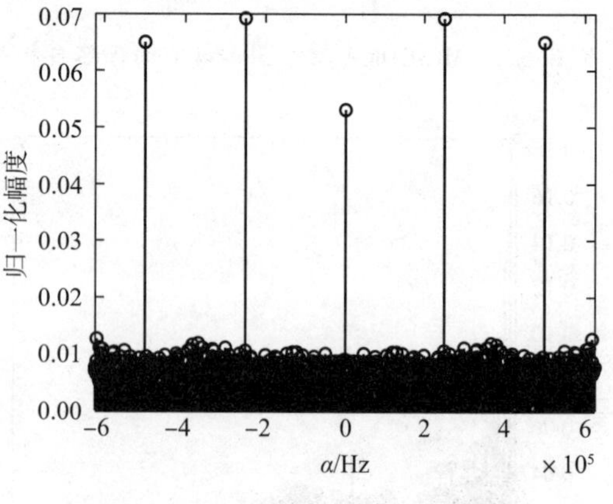

图 8.6.8　累加平均的谱线图(估计 T_w)

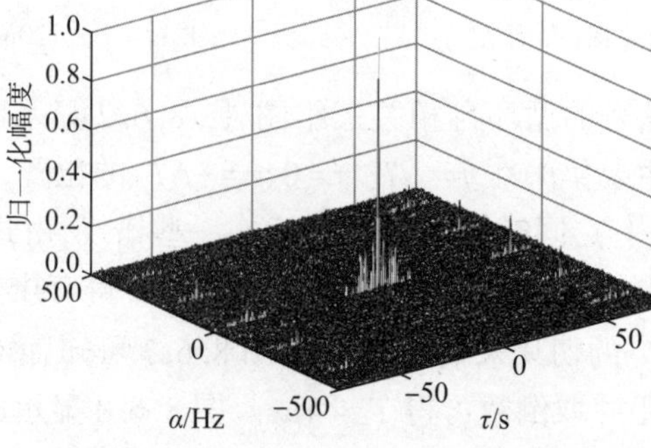

图 8.6.9　OFDM 信号的循环自相关

从图 8.6.5 中也可清晰看到在切片 $\alpha=0$ 上能量集中在 $\tau=\pm NT_c$、$\tau=0$ 及 $\tau=|\tau_{k,l_1}-\tau_{k,l_2}|$处,最大值在 $\tau=0$ 处。此外,由式(8.6.11)不为 0 可知还有一系列“杂乱无章”的谱线。图 8.6.6 和图 8.6.7 分别用来估计 T_u 和 T_w,如同实验 1 所述。需要指出的是,除了用 $\tau=\pm NT_c$ 的切片估计 T_w,本节研究了累加平均法,直接将平行于 τ 轴的每列谱线累加平均,测其间距并取倒数,即可估计出 T_w(由式(8.6.11)可知相邻的两列谱线间距为 $1/T_w$),如图 8.6.8 所示。虽然这种方法失去了谱线包络信息,但不影响 T_w 的估计(累加平均法在过采样情况下更有效,它不需要 $\tau=\pm NT_c$ 的切片,即克服了首先估计 T_u 带来的误差影响)。另外,循环自相关算法可作为一种调制识别方法来区分 MC-CDMA 和 OFDM 信号。图 8.6.9 显示的是 OFDM 信号的循环自相关三维图,但相关参数设置不变,通过 MC-CDMA 信号特有的“杂乱”谱线可以明显区分图 8.6.5 和图 8.6.9 的差别(若没有多径影响,只在高斯白噪声环境下,观察效果会更明显)。从该实验可看出,改进型的循环自相关算法不仅可以估计 T_u,还可以更准确地估计出 T_w,特别地,它可作为 MC-CDMA 及 OFDM 信号的调制识别方法。

实验 3:在瑞利衰落信道下检测 T_w、T_u、T_c 的估计误差随 SNR 变化的关系曲线。频域累积和蒙特卡洛仿真次数分别为 10 次和 300 次,多径路数为 3,其他条件(子载波数、采样率、符号数、循环前缀长度等参数的设置)同实验 1。仿真结果如图 8.6.10 所示。

由图 8.6.10 可看到,这里采用两种方法估计 T_w,由方形组成的曲线性能明显低于星形曲线,原因是后者不需要事先估计出 T_u,当信噪比大于-10dB 时,改进型的循环自相关算法能有效估计出这些参数,且误差在 3%以内。

实验 4:比较改进型的循环自相关频域累积法与原始的循环自相关算法的性能。以 T_u 为例,设置符号数为 200 个,采样率为 1bit/chip,信噪比从-14dB 到 0dB 变化,其他参数(子载波数、循环前缀长度、蒙特卡洛次数、多径瑞利信道等)同实验 3。仿真结果如图 8.6.11 所示。

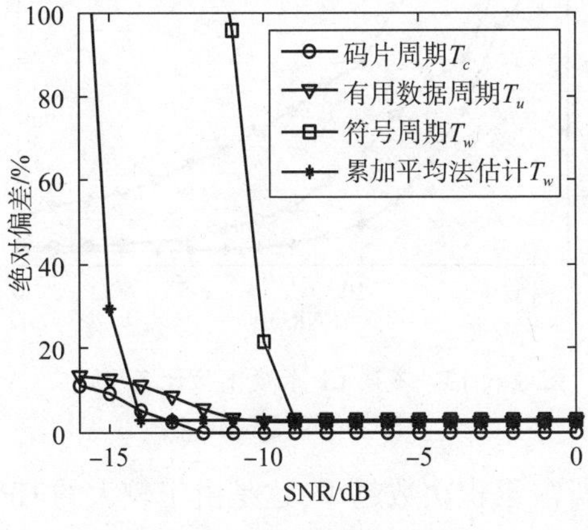

图 8.6.10　T_w、T_u、T_c 的误差性能

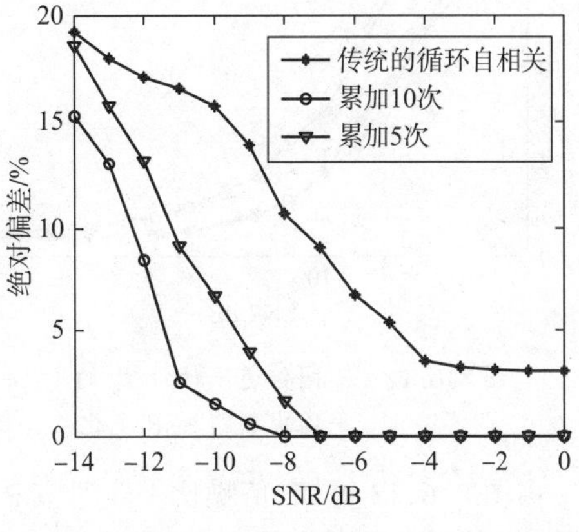

图 8.6.11　不同累加次数下 T_u 的估计误差与 SNR 的关系

图 8.6.11 显示原始循环自相关算法并不适用于低信噪比环境,而改进型的频域累积算法则可以。同一信噪比下,累积次数越多,绝对偏差越小,唯一的不足是这会带来计算量的增大,所以需在累积次数与计算量之间折中。将图 8.6.10 中由三角形组成曲线和图

8.6.11 中由圆形组成的曲线作对比,可以发现,尽管前者的采样率大于后者,但较少的符号数也会影响绝对偏差,其定义如下:

$$\mathrm{er}=\frac{\sqrt{\sum_{i=1}^{M_1}\left[T(i)-T_{\mathrm{cor}}\right]^2 \Big/ M_1}}{T_{\mathrm{cor}}}\times 100\% \tag{8.6.15}$$

式中:$T(i)$表示第 i 次有用数据周期的估计值;T_{cor} 为真实值;M_1 为蒙特卡洛仿真试验次数。

实验 5:在不同信道下,估计 T_u 所需的平均累积次数随 SNR 变化的关系。信道分别为单径信道、莱斯信道(莱斯因子 $K=10$)、瑞利信道($K=0.01$)。取 10 个符号,过采样 5bit/chip,多径总数为 10,判决条件如下:当估计误差的绝对值小于或等于 1 时,累积结束。其他条件(如子载波个数、循环前缀长度、蒙特卡洛次数等)同实验 3。仿真结果如图 8.6.12 所示。

由图 8.6.12 可知,随着信噪比的提高,估计 T_u 所需的平均累积次数明显减少。在瑞利衰落信道中,由于没有视距分量存在,信号能量相对分散,与单径信道或莱斯信道情况相比,瑞利信道中的干扰较大,所以需要更多的累积次数。当 SNR 提升到一定程度时,由信道产生的影响变小,平均累积次数趋于一致。

实验 6:在不同 CP 长度下,估计 T_u 所需的平均累积次数与信噪比的关系。选择瑞利信道,其他实验参数(如符号数、采样率、多径总数、子载波个数、蒙特卡洛次数)同实验 5。仿真结果如图 8.6.13 所示。

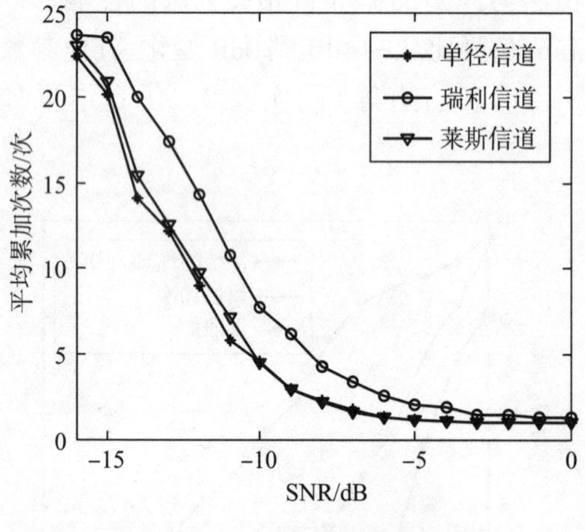

图 8.6.12　不同信道下估计 T_u 的平均次数随 SNR 变化

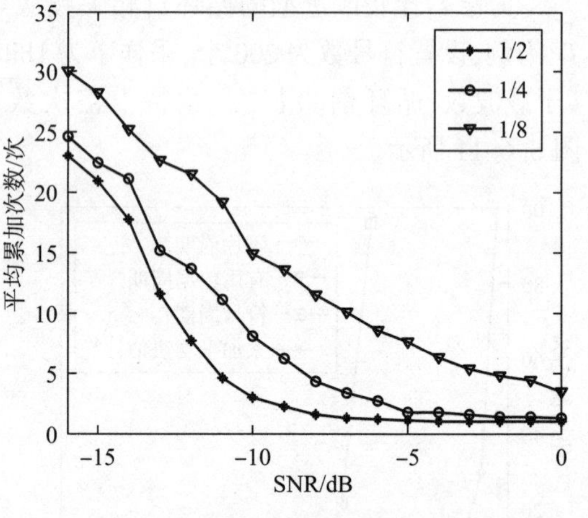

图 8.6.13　不同 CP 长度下估计 T_u 的平均次数随 SNR 变化

由图 8.6.13 可知,信噪比一定时,CP 越长,所需累积次数越少,这是由于较大的 CP 在 $\tau=T_u$ 处的循环自相关幅度越大,谱峰高度越明显,越有利于 T_u 的估计。一方面,循环前缀必须足够长,以覆盖小区通信环境里大多数传播情形中的延时扩散;另一方面,循环前缀作为随机数据和必要的开销,应尽可能小,以减小这些开销而最大化频谱效率。通常取循环前缀长度为有用数据长度的 1/4。

8.6.4 本节小结

本节推导了多径环境下 MC-CDMA 信号的自相关及循环自相关表达式,并指出在有循环前缀的前提下,用改进型的循环自相关算法可有效估计出符号周期 T_w、有用数据周期 T_u、码片周期 T_c。同时也指出,即使不存在循环前缀时(此时 $T_w=T_u$,在 $\tau=\pm NT_c$ 的切片上并无明显的谱线),通过累加平均三维图中每一列上的谱线也可以估计出 T_u。当信道为瑞利信道,信噪比大于-10dB 时,以上参数的估计误差小于 3%,反映出改进型的循环自相关算法适用于低信噪比环境,同时,通过累加平均法所得的 T_w 比传统的方法(通过先估计出 T_u 进而估计 T_w)估计精度要高。仿真表明,该算法的精度和计算量与符号数、累积次数、信道和 CP 长度有关。另外,在理论推导和实验仿真中,分析了循环自相关算法用于 MC-CDMA 信号和 OFDM 信号表达式之间的差异,由此可知,循环自相关算法还可作为一种调制识别方法来区分 MC-CDMA 和 OFDM 信号。

8.7 MC-CDMA 信号的调制识别及伪码序列估计

8.7.1 引言

目前,针对多载波 CDMA 信号间的调制识别,涉及的相关文献较少。而且直扩信号的伪码序列盲估计问题已被广泛研究,常用的一些估计 DSSS 信号的方法有特征值分解、盲源分离以及期望最大化等算法,但对于 MC-CDMA 信号的伪码序列估计问题,目前也研究得比较少。其实,MC-CDMA 可看成直扩信号的一种特殊形式,只是在调制过程中增加了多路、多载波、循环前缀等特征,通过适当的方式去除循环前缀等信息,在接收端同样可以利用直扩信号的方法来估计扩频序列。本节研究 MC-CDMA 与 MC-DS-CDMA 信号间的调制识别及 MC-CDMA 信号的伪码序列估计问题。

8.7.2 基于奇异值分解的多载波 CDMA 信号的调制识别及伪码序列估计

1. MC-CDMA 及 MC-DS-CDMA 信号的调制识别

参考文献[189]提出了基于奇异值分解的多载波信号的盲识别算法,通过构造矩阵,根据较大非零奇异值个数的不同区分 OFDM、MC-CDMA、MC-DS-CDMA 以及 MT-CDMA 4 种信号。本节则是在参考文献[189]基础上,对 MC-CDMA 信号和 MC-DS-CDMA 信号的调制识别做了相应的说明,之后同估计 DSSS 信号的伪码序列一样,利用奇异值分解算法根据左奇异向量对 MC-CDMA 信号的伪码序列进行估计。需要指出的是,对于任何一个矩阵 $\boldsymbol{A}$,都有 $\mathrm{rank}(\boldsymbol{A}\boldsymbol{A}^{\mathrm{H}})=\mathrm{rank}(\boldsymbol{A}^{\mathrm{H}}\boldsymbol{A})=\mathrm{rank}\boldsymbol{A}$,其中 H 代表共轭转置。

对于 MC-CDMA 信号,扩频后的信息矩阵可写为

$$\boldsymbol{R}_{mc}=\boldsymbol{c}\boldsymbol{a} \tag{8.7.1}$$

式中:$\boldsymbol{c}=[c_1,c_2,\cdots,c_N]^{\mathrm{T}}$ 为用户扩频序列;$\boldsymbol{a}=[a_1,a_2,\cdots,a_M]$ 为信息序列;对 $\boldsymbol{R}_{mc}$ 做自相关运算,有

$$Y_{mc}=(\boldsymbol{ca})^{\mathrm{T}}\boldsymbol{ca}=N\begin{bmatrix}a_1\\a_2\\\vdots\\a_M\end{bmatrix}[a_1,a_2,\cdots,a_M] \tag{8.7.2}$$

由于秩 rank($\boldsymbol{ca}$)= 1,由矩阵相关性质[168]易知 rank($\boldsymbol{Y}_{mc}$)= 1,即对 $\boldsymbol{Y}_{mc}$ 做奇异值分解,只有一个非零奇异值,与构造矩阵的行数和列数无关。由此可看出,MC-CDMA 信号与单载波直扩信号的秩一样,只是 MC-CDMA 信号在组成上加入了 OFDM 信号多载波等特征。

对于 MC-DS-CDMA 信号,扩频后的信息矩阵可表示为

$$\boldsymbol{R}_{md}=[\boldsymbol{d}_1^{\mathrm{T}}\boldsymbol{c}_d\quad \boldsymbol{d}_2^{\mathrm{T}}\boldsymbol{c}_d\quad \cdots\quad \boldsymbol{d}_{M/N}^{\mathrm{T}}\boldsymbol{c}_d] \tag{8.7.3}$$

式中:$\boldsymbol{c}_d=[c_{d1},c_{d2},\cdots,c_{dN}]$为该用户的扩频序列,扩频增益为 N;$\boldsymbol{d}_n^{\mathrm{T}}$ 为 $N\times 1$ 的数据矩阵,$n=1,2,\cdots,M/N$。一般取 $\boldsymbol{R}_{md}$ 的列数 M 为行数 N 的整数倍。则 $\boldsymbol{R}_{md}$ 的自相关函数为

$$\boldsymbol{Y}_{md}=(\boldsymbol{R}_{md})^{\mathrm{T}}\boldsymbol{R}_{md}=\begin{bmatrix}k_{1,1}\boldsymbol{X} & k_{1,2}\boldsymbol{X} & \cdots & k_{1,M/N}\boldsymbol{X}\\ k_{2,1}\boldsymbol{X} & k_{2,2}\boldsymbol{X} & \cdots & k_{2,M/N}\boldsymbol{X}\\ \vdots & \vdots & & \vdots\\ k_{M/N,1}\boldsymbol{X} & k_{M/N,2}\boldsymbol{X} & \cdots & k_{M/N,M/N}\boldsymbol{X}\end{bmatrix} \tag{8.7.4}$$

式中:$\boldsymbol{X}=\boldsymbol{c}_d^{\mathrm{T}}\boldsymbol{c}_d$;$\boldsymbol{Y}_{md}$ 为 $M\times M$ 阶对称阵;$k_{x,y}=\boldsymbol{d}_x\boldsymbol{d}_y^{\mathrm{T}}$,$x=1,2,\cdots,M/N$,$y=1,2,\cdots,M/N$,$k_{x,y}$ 由数据矩阵得来,为常数。通过基本的矩阵变换可进一步将 $\boldsymbol{Y}_{md}$ 化简为

$$\boldsymbol{Y}_{md}=\begin{bmatrix}k_1\boldsymbol{X} & \boldsymbol{0} & \cdots & \boldsymbol{0}\\ \boldsymbol{0} & k_2\boldsymbol{X} & \cdots & \boldsymbol{0}\\ \vdots & \vdots & & \vdots\\ \boldsymbol{0} & \boldsymbol{0} & \cdots & k_{M/N}\boldsymbol{X}\end{bmatrix} \tag{8.7.5}$$

式中:k_n 为常数,$n=1,2,\cdots,M/N$。由此可知 rank($\boldsymbol{Y}_{md}$)= M/N,即 MC-DS-CDMA 信号的奇异值的个数与构造矩阵的行数和列数有关。根据这一特点,可对 MC-CDMA 和 MC-DS-CDMA 信号进行调制识别。从这里也可以看出,在调制识别前,对子载波个数 N 的精确估计是做好以上两种信号识别的前提。

假设在传输过程中,忽略多径信道的影响,信号只受到高斯白噪声的干扰。由于噪声产生的非零奇异值明显小于信号与噪声之和产生的非零奇异值,通过奇异值分解[206]算法可将奇异值按从大到小的顺序排列。再根据较大奇异值个数的不同,可以区分 MC-CDMA 及 MC-DS-CDMA 信号,在判别出 MC-CDMA 信号的同时,通过左奇异向量进一步对 MC-CDMA 信号的伪码序列进行估计。

2. MC-CDMA 信号的伪码序列估计

去循环前缀的 MC-CDMA 信号的离散形式做 FFT 解调后与 DS-CDMA 信号类似,如式(8.1.9)所述。对于包含 M 个数据向量的矩阵 $\boldsymbol{y}=[\boldsymbol{y}_1,\boldsymbol{y}_2,\cdots,\boldsymbol{y}_M]\in\mathbf{R}^{N\times M}$ 对其求自相关,则相关矩阵的估计为

$$\hat{\boldsymbol{R}}(M)=\frac{1}{M}\sum_{i=1}^{M}\boldsymbol{y}_i\boldsymbol{y}_i^{\mathrm{T}}=\frac{1}{M}\boldsymbol{y}\boldsymbol{y}^{\mathrm{T}} \tag{8.7.6}$$

式中：$\boldsymbol{y}_m=\sum_{k=1}^{S}A_k b_k(m)\boldsymbol{c}_k+\boldsymbol{w}_m=\boldsymbol{h}_m+\boldsymbol{w}_m$，$\boldsymbol{c}_k=[c_k(1),c_k(2),\cdots,c_k(N)]^{\mathrm{T}}$。则有

$$\boldsymbol{y}=[\boldsymbol{y}_1,\boldsymbol{y}_2,\cdots,\boldsymbol{y}_M]=[\boldsymbol{h}_1+\boldsymbol{w}_1,\boldsymbol{h}_2+\boldsymbol{w}_2,\cdots,\boldsymbol{h}_M+\boldsymbol{w}_M] \tag{8.7.7}$$

由奇异值分解理论可知，任意的 $N\times M$ 矩阵都可以分解为

$$\boldsymbol{y}=\boldsymbol{U\Sigma V}^{\mathrm{T}} \tag{8.7.8}$$

式中：$\boldsymbol{U}^{N\times N}$ 和 $\boldsymbol{V}^{M\times M}$ 为正交归一化矩阵；$\boldsymbol{\Sigma}$ 为 $N\times M$ 矩阵，且有 $\boldsymbol{U}^{-1}=\boldsymbol{U}^{\mathrm{T}}$，$\boldsymbol{V}^{-1}=\boldsymbol{V}^{\mathrm{T}}$，其中，$\{\cdot\}^{-1}$ 为求逆运算。当 $\boldsymbol{y}$ 是秩为 m 的方阵时，矩阵 $\boldsymbol{\Sigma}$ 有如下形式：

$$\boldsymbol{\Sigma}=\begin{pmatrix}\sigma_1 & 0 & 0 & \\ 0 & \ddots & 0 & \boldsymbol{0}\\ 0 & 0 & \sigma_m & \\ & \boldsymbol{0} & & \boldsymbol{0}\end{pmatrix} \tag{8.7.9}$$

式中：$\boldsymbol{\Sigma}$ 是 $\boldsymbol{y}$ 矩阵的所有奇异值按照从大到小排列而成的对角矩阵，前 l 个非零较大的奇异值主要跟信号有关，其对应的特征向量构成了信号子空间。归一化矩阵 $\boldsymbol{U}$ 的列称为左奇异向量，$\boldsymbol{V}$ 的列称为右奇异向量。后 $m-l$ 个较小的奇异值则取决于噪声，其对应的特征向量构成了噪声子空间。

$$\hat{\boldsymbol{R}}(M)=\frac{1}{M}\boldsymbol{U\Sigma V}^{\mathrm{T}}\boldsymbol{V\Sigma}^{\mathrm{T}}\boldsymbol{U}^{\mathrm{T}}=\sum_{i=1}^{M}\left(\frac{\sigma_i^2}{M}\right)\boldsymbol{u}_i\boldsymbol{u}_i^{\mathrm{T}} \tag{8.7.10}$$

式中：$\boldsymbol{\Lambda}=\frac{1}{M}\boldsymbol{\Sigma\Sigma}^{\mathrm{T}}=\mathrm{diag}\left(\frac{\sigma_1^2}{M},\frac{\sigma_2^2}{M},\cdots,\frac{\sigma_m^2}{M},\cdots,0\right)$ 为对角阵，也是自相关矩阵的特征值；$\boldsymbol{u}_i$ 为 $\boldsymbol{U}$ 的列向量。按照信号子空间和噪声子空间的思想可以将式(8.7.10)修改为

$$\hat{\boldsymbol{R}}(M)=[\boldsymbol{U}_s\quad \boldsymbol{U}_n]\begin{bmatrix}\boldsymbol{\Sigma}_s & \\ & \boldsymbol{\Sigma}_n\end{bmatrix}\begin{bmatrix}\boldsymbol{U}_s^{\mathrm{T}}\\ \boldsymbol{U}_n^{\mathrm{T}}\end{bmatrix}=[\boldsymbol{U}_s\quad \boldsymbol{U}_n]\begin{pmatrix}\lambda_1 & 0 & 0 & \\ 0 & \ddots & 0 & \boldsymbol{0}\\ 0 & 0 & \lambda_m & \\ & \boldsymbol{0} & & \boldsymbol{0}\end{pmatrix}\begin{bmatrix}\boldsymbol{U}_s^{\mathrm{T}}\\ \boldsymbol{U}_n^{\mathrm{T}}\end{bmatrix} \tag{8.7.11}$$

式中，特征值 $\lambda_1\geqslant\lambda_2\geqslant\cdots\geqslant\lambda_S>\lambda_{S+1}\geqslant\cdots\geqslant\lambda_m$，且它们的大小取决于用户功率。自相关矩阵可以变换为

$$\hat{\boldsymbol{R}}(M)=\frac{1}{M}\{[\boldsymbol{h}_1+\boldsymbol{w}(1),\boldsymbol{h}_2+\boldsymbol{w}(2),\cdots,\boldsymbol{h}_M+\boldsymbol{w}(M)]\}\cdot\{[\boldsymbol{h}_1+\boldsymbol{w}(1),\boldsymbol{h}_2+\boldsymbol{w}(2),\cdots,\boldsymbol{h}_M+\boldsymbol{w}(M)]\}^{\mathrm{T}} \tag{8.7.12}$$

假设信息码的均值为零，方差为 σ_m^2，且信息码与信息码间不相关，信号与噪声之间是彼此独立的。当 $M\to\infty$，则有

$$\sigma_m^2=\lim_{M\to\infty}\frac{1}{M}\sum_{m=1}^{M}|b_k(m)|^2 \tag{8.7.13}$$

$$\lim_{M\to\infty}\frac{1}{M}\sum_{m=1}^{M}b_k(m)b_k(m+1)=0 \tag{8.7.14}$$

故

$$\begin{aligned}\hat{\boldsymbol{R}}(\infty)&=\lim_{M\to\infty}\hat{\boldsymbol{R}}(M)=\frac{1}{M}(\boldsymbol{h}_1\boldsymbol{h}_1^{\mathrm{T}}+\boldsymbol{h}_2\boldsymbol{h}_2^{\mathrm{T}}+\cdots+\boldsymbol{h}_M\boldsymbol{h}_M^{\mathrm{T}})+\sigma_n^2\boldsymbol{I}\\&=\frac{1}{M}\sum_{m=1}^{M}\sum_{k=1}^{S}A_k^2b_k^2(m)\boldsymbol{c}_k\boldsymbol{c}_k^{\mathrm{T}}+\sigma_n^2\boldsymbol{I}=\sum_{k=1}^{S}A_k^2\sigma_m^2\boldsymbol{c}_k\boldsymbol{c}_k^{\mathrm{T}}+\sigma_n^2\boldsymbol{I}\end{aligned} \tag{8.7.15}$$

式中：$\boldsymbol{I}$ 为单位矩阵，结合式(8.7.10)、式(8.7.11)、式(8.7.15)，所以第 k 个用户的伪码序列估计为

$$\hat{\boldsymbol{c}}_k = \pm \text{sign}(\boldsymbol{u}_k) \tag{8.7.16}$$

3. 算法步骤

假设符号已同步，而且一些基本的先验信息如扩频周期、循环前缀长度、子载波个数等参数已知。对 MC-CDMA 及 MC-DS-CDMA 两种信号进行调制识别，并对 MC-CDMA 信号的伪码序列进行估计的算法步骤如下：

(1) 对接收信号去循环前缀后，按 PN 码周期构造 $N \times M$ 阶的信号矩阵 $\boldsymbol{R}$，N 为子载波个数(也即 MC-CDMA 信号的扩频增益)，取 M 为 N 的整数倍，因为 MC-DS-CDMA 的特征值个数取决于 M/N。

(2) 对信号进行解调，即对 $\boldsymbol{R}$ 做 FFT，并构造相关矩阵 $\hat{\boldsymbol{R}}(M)$，进行奇异值分解。

(3) 由于单用户 MC-CDMA 信号特征值的个数始终为 1，根据较大非零奇异值的个数，进而判定是否为 MC-CDMA 信号。

(4) 在判断出 MC-CDMA 信号的基础上，根据左奇异向量实现对该信号的伪码序列盲估计。

MC-CDMA 信号的调制识别及伪码序列估计流程如图 8.7.1 所示。

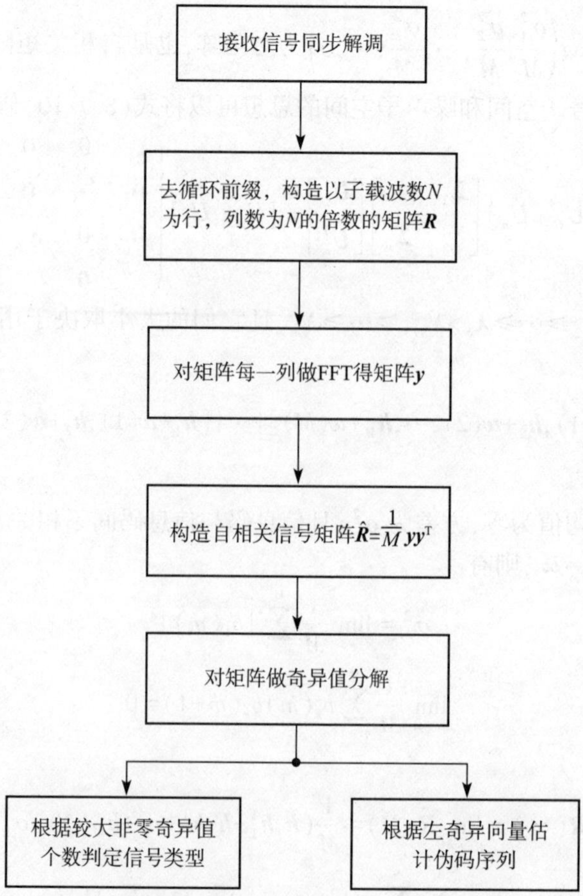

图 8.7.1 MC-CDMA 信号的调制识别及伪码序列估计流程

8.7.3　仿真实验及结果分析

实验 1　MC-DS-CDMA 与 MC-CDMA 信号的调制识别。假设两种信号扩频周期均为 64，子载波个数为 64，去循环前缀后，构造的两个信号矩阵的大小均为 64×320 阶，信噪比为-5dB。从图 8.7.2 中可明显看出，MC-CDMA 信号较大奇异值的个数为 1，而图 8.7.3 显示 MC-DS-CDMA 信号较大的奇异值有 5 个。通过改变矩阵的列数，可发现 MC-CDMA 信号较大奇异值的个数始终为 1，与构造矩阵的大小无关，而 MC-DS-CDMA 信号较大奇异值的个数为 M/N，与构造矩阵的行数和列数有关，其中 M 为列数，N 为行数。图 8.7.4 和图 8.7.5 分别显示该单用户 MC-CDMA 信号的估计序列和原序列，从中可以看出，奇异值分解也适用于 MC-CDMA 信号。

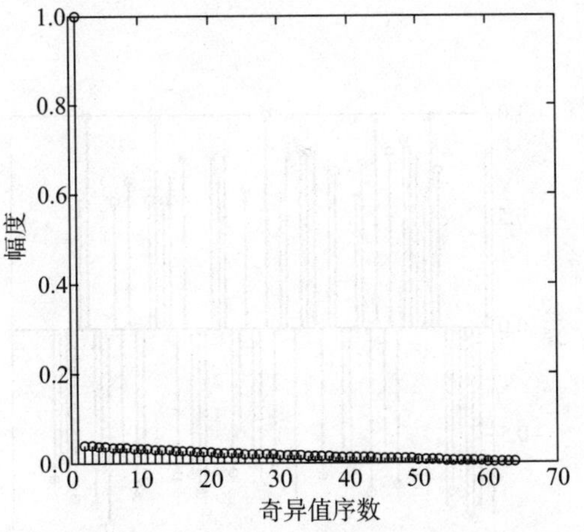

图 8.7.2　MC-CDMA 信号的奇异值谱

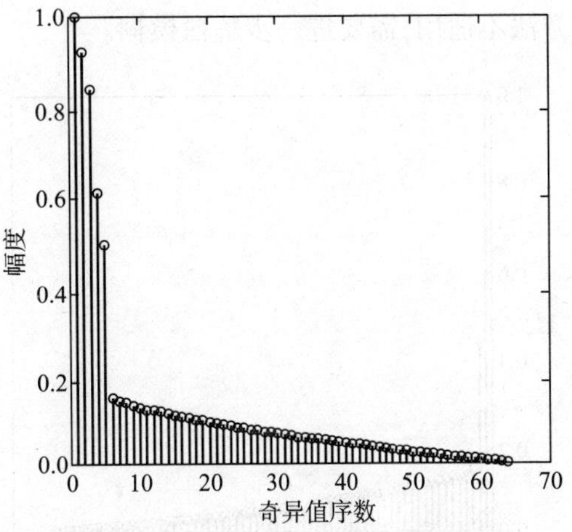

图 8.7.3　MC-DS-CDMA 信号的奇异值谱

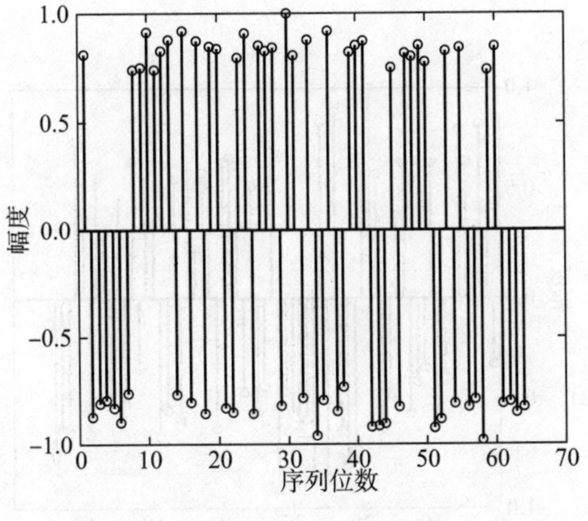

图 8.7.4　MC-CDMA 信号的伪码序列估计

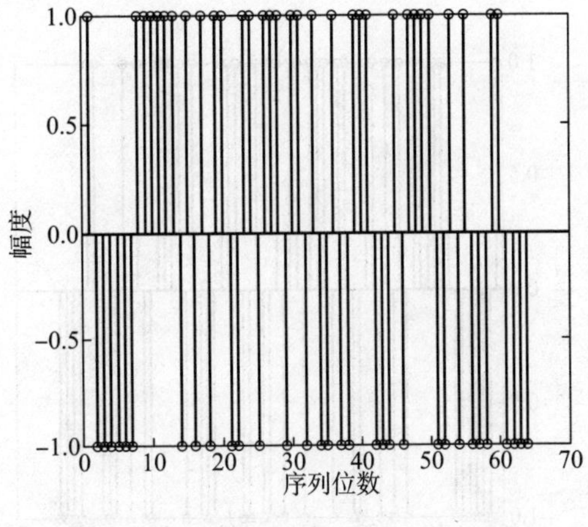

图 8.7.5　MC-CDMA 信号的原伪码序列

当用户功率不相等时，较大特征值对应的特征向量构成了信号的子空间。相反，当用户功率相等或非常接近时，特征值对应的特征向量之间存在酉模糊，这是特征值分解固有的酉模糊特性，此时得到的特征向量并不是所要估计的伪码序列。奇异值分解法同样存在上述现象。为说明奇异值分解适用的条件，做以下实验：

实验 2　在已知调制信号均为 MC-CDMA 信号的情况下，估计多用户的伪码序列，实验设置两个用户，且用户功率差别较大（两用户功率比设为 $P_1:P_2=1.6:1$），取 200 个信息符号，扩频码均为 64 位，取循环前缀长度为扩频码长的 1/4，信噪比为 -8dB。

从实验可看出，图 8.7.6 中两个较大的奇异值对应两个用户，从图 8.7.7～图 8.7.10 可看出，奇异值分解可以有效估计出原序列，同时实验还发现，通过奇异值分解有时估计的序列是原序列的反相序列。

当两用户功率比设为 $P_1:P_2=1:1$，其他条件不变时，伪码序列估计结果如图 8.7.11、图 8.7.12 所示，可以看到，若用户功率相等或近似相等，则估计的序列出现酉模糊现象。在有些局部序列点上，幅度很小，难以做出正确判断，此种情况下奇异值分解方法不适用，需要进一步解酉模糊。

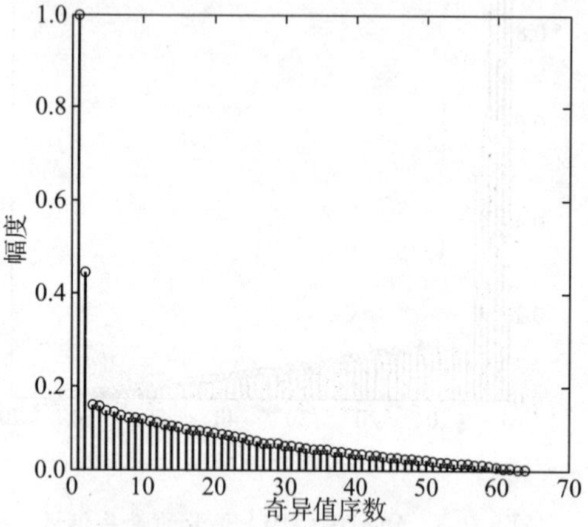

图 8.7.6　两个 MC-CDMA 信号的奇异值谱

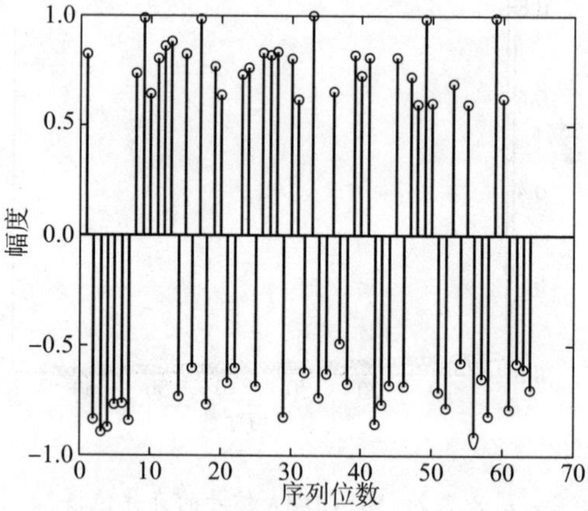

图 8.7.7　用户 1 的估计序列

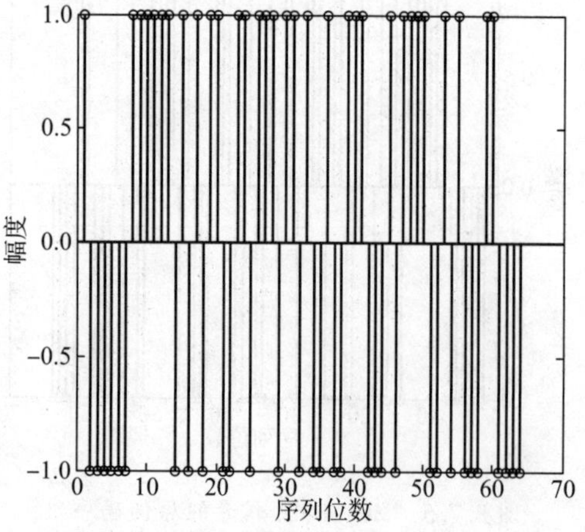

图 8.7.8　用户 1 的原序列

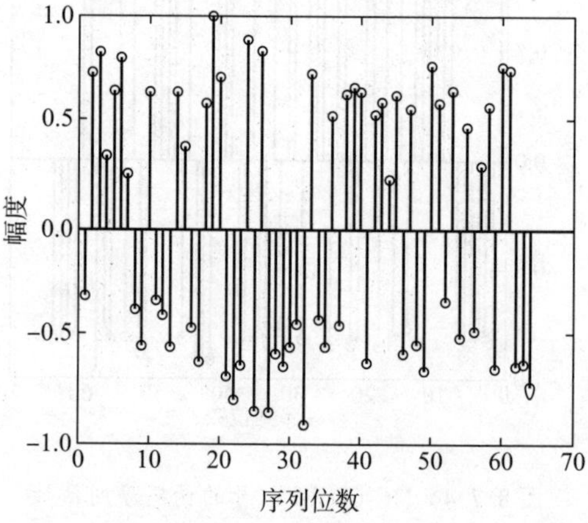

图 8.7.9　用户 2 的估计序列

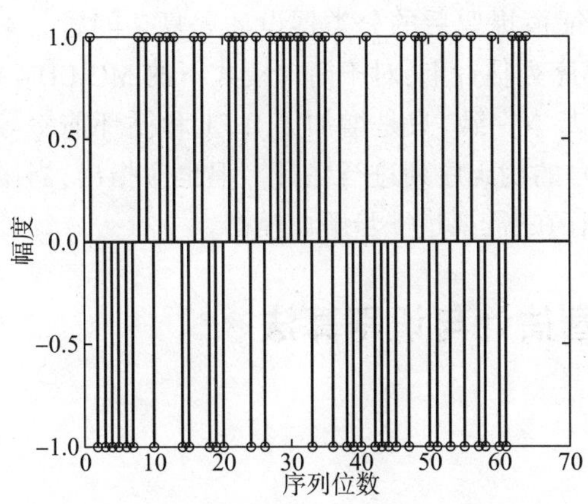

图 8.7.10 用户 2 的原序列

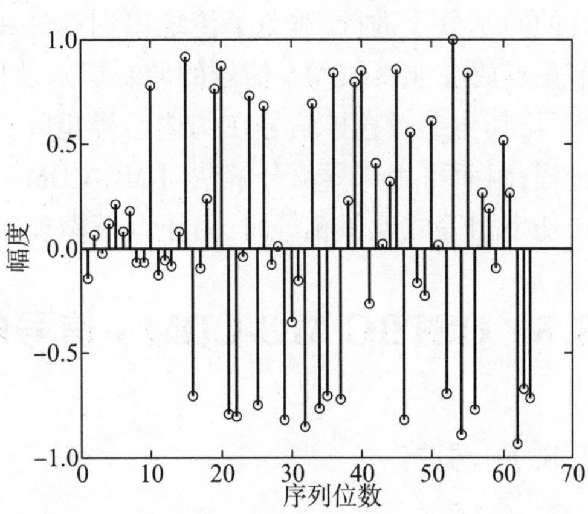

图 8.7.11 功率相等时用户 1 的估计序列

实验 3 检测不同用户数下所需平均数据组数与 SNR 的关系。在同步情况下，设置 MC-CDMA 子载波数为 64，以码片周期采样，扩频周期也为 64，信息符号数为 80，信噪比从-15dB 到 0dB 变化，蒙特卡洛仿真次数为 100 次。以算法完全收敛（估计序列等于原序列或者估计序列为原序列的反相序列）为判决条件，检测单用户和用户数为 2 时，算法在不同信噪比下所需的平均数据组数。仿真结果如图 8.7.13 所示。

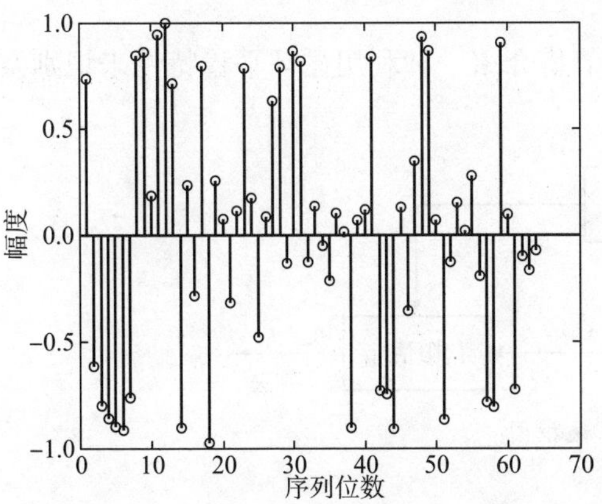

图 8.7.12 功率相等时用户 2 的估计序列

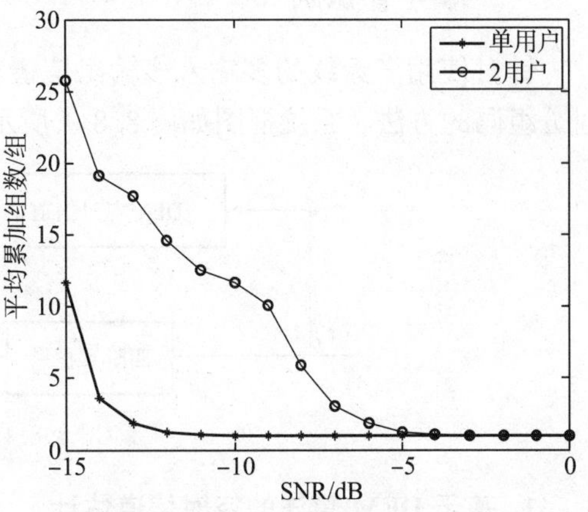

图 8.7.13 估计伪码所需平均数据组数与 SNR 的关系

从图 8.7.13 可以看出，随着信噪比的增加，正确地估计出扩频序列所需要的数据组数逐渐减少。同信噪比下，随着用户数的增加，所需要的数据组数也逐渐增加。当 SNR 提高到一定程度时，用户数的多少对估计伪码序列所需的数据组数影响不大。

8.7.4 本节小结

针对 MC-CDMA 和 MC-DS-CDMA 信号的识别问题，通过先去除循环前缀，再构造矩阵等操作，对其做奇异值分解，根据奇异值个数的不同从而区分信号类别。由于 MC-DS-CDMA 信号的较大特征值个数与构造矩阵的行数和列数有关，而单用户 MC-CDMA 信号的较大奇异值的个数始终为 1，与构造矩阵的大小无关，易从中区分开来。在判别出 MC-CDMA 信号后，通过左奇异向量估计该信号的伪码序列，该算法对信号识别和伪码序列估计的问题分步进行,避免了传统识别算法中特征值提取后的分类器设计等复杂问题。本节重点放在 MC-CDMA 信号的调制识别及伪码序列估计上,对于简单模式下的 MC-CDMA 信号,其与一般直扩信号在构造信号矩阵方面基本一致,只是增加了 IFFT 和循环前缀等过程,因而可用奇异值分解法对 MC-CDMA 信号的伪码序列进行估计。但也应指出,当用户功率相等或近似相等时,由于酉模糊现象的存在,需要进一步解酉模糊。

8.8 OSTBC MC-CDMA 信号的盲估计与识别算法

8.8.1 引言

在 MIMO 系统中,空时编码类型识别对接收端的信号解码、信号检测与后处理都十分重要。该节首先是基于判决反馈期望最大(Decision Expectation Maximization, DEM)空时信道估计及循环平稳特性来实现的 STBC-VBLAST MC-CDMA 信号识别。然后进一步研究 OSTBC 类型识别算法,即提出了一种基于鲁棒竞争聚类的欠定系统的实正交/非正交空时分组码盲识别方法。

8.8.2 基于 DEM 空时信道估计及循环平稳性的 STBC-VBLAST MC-CDMA 信号盲识别

针对使用多天线的多输入多输出信道,本节将介绍一种利用循环平稳特性来识别空时分组码的方法。系统框图如图 8.8.1 所示。

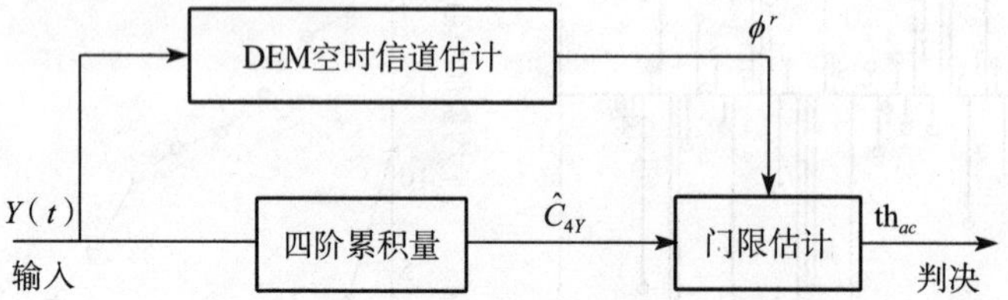

图 8.8.1 系统框图

1. 基于 DEM 算法的空时信道估计

最大期望(Expectation Maximization, EM)算法用来处理影响输出结果的未知因素,现已广泛应用于各个领域,如信号处理、遗传学、计量经济学、临床和社会学的研究。基于 EM 的信道估计是一种迭代技术,用于找到信道的最大似然(Maximum Likelihood, ML)估计[366-367,333-334]。由于在无法获得发射信号时,还能实现信道估计,所以基于 EM 算法的信道估计技术划分为半盲方法。尽管 EM 算法具有很多优点,但是它不能直接应用于 STBC MC-CDMA 系统的信道估计,因为 EM 算法的计算复杂度随发射信号数量或星座点数量的增加呈指数升高。此外,EM 算法不能用于时变信道。判决反馈 EM(DEM)估计技术将 EM 算法和判决反馈信道估计相结合,降低了针对慢时变信道的计算复杂度[334]。

假设信道 $\boldsymbol{H}$ 在 D 个 STBC MC-CDMA 符号周期内不变,那么某一子载波上的接收信号可以表示为 $\boldsymbol{Y}=\boldsymbol{HX}+\boldsymbol{N}_m$,也可以用向量形式表示这些发射和接收符号 $\boldsymbol{Y}=[Y^1,Y^2,\cdots,Y^D]$,$\boldsymbol{X}=[\widetilde{\boldsymbol{X}}^1,\widetilde{\boldsymbol{X}}^2,\cdots,\widetilde{\boldsymbol{X}}^D]$

$$\widetilde{\boldsymbol{X}}^d=\hat{\boldsymbol{\Delta}}^d\langle\cdot\rangle\hat{\boldsymbol{X}}^d=[\hat{\alpha}_1^d\hat{X}_1^d,\hat{\alpha}_2^d\hat{X}_2^d,\cdots,\hat{\alpha}_M^d\hat{X}_M^d]^{\mathrm{T}} \tag{8.8.1}$$

式中,变异系数 $\boldsymbol{\Delta}^d=[\alpha_1^d,\alpha_2^d,\cdots,\alpha_M^d]^{\mathrm{T}}$,$\alpha_i^d$ 可以采用内插技术或滤波技术以前导码和训练序列来估计,符号$\langle\cdot\rangle$表示元素对应相乘。

给定$\hat{\boldsymbol{H}}$和$\widetilde{\boldsymbol{X}}^d$,$Y^d$ 的条件概率密度函数(Probability Density Function,P. D. F)可表示为

$$f(Y^d\,|\,\widetilde{\boldsymbol{X}}^d,\hat{\boldsymbol{H}})=\frac{1}{2\pi\sigma^{d2}(p)}\exp\left\{-\frac{1}{2\sigma^{d2}(p)}\left|Y^d-\hat{\boldsymbol{H}}\widetilde{\boldsymbol{X}}^d\right|^2\right\} \tag{8.8.2}$$

在 DEM 算法中,因为发射的数据 $\boldsymbol{X}$ 隐藏在观测数据 $\boldsymbol{Y}$ 之中,所以 $\boldsymbol{Y}$ 被称为“不完整”的数据。此外,$(\boldsymbol{Y},\boldsymbol{X})$被称为“完整”的数据,因为它包括了观测数据和潜在的数据 $\boldsymbol{Y}$。因为使用“不完整”的数据难以估计出信道,所以需要将“不完整”数据的 P. D. F 转化为“完整”数据的 P. D. F。“不完整”数据的 P. D. F 为

$$f(Y\,|\,\widetilde{\boldsymbol{X}},\hat{\boldsymbol{H}})=\prod_{d=1}^{D}f(Y^d\,|\,\widetilde{\boldsymbol{X}}^d,\hat{\boldsymbol{H}}) \tag{8.8.3}$$

也可以用对数似然函数将式(8.8.3)表示为

$$\log f(Y\,|\,\widetilde{\boldsymbol{X}},\hat{\boldsymbol{H}})=\sum_{d=1}^{D}\log f(Y^d\,|\,\widetilde{\boldsymbol{X}}^d,\hat{\boldsymbol{H}}) \tag{8.8.4}$$

在传统的 ML 算法中,通过最大化式(8.8.2)中的似然函数 $f(Y^d\,|\,\widetilde{\boldsymbol{X}}^d,\hat{\boldsymbol{H}})$,实现对 $\boldsymbol{H}$ 的估计。然而,由于它是指数函数的求和项,所以很难得到 $\boldsymbol{H}$ 的闭式解。在 DEM 算法中,通过迭代方式增加式(8.8.4)中的似然函数,以此实现对 $\boldsymbol{H}$ 的估计。实际中,EM 算法由:计算期望值(E 步骤)和最大化(M 步骤)两个迭代步骤组成。在 E 步骤中,给定 $\boldsymbol{Y}$ 和 $\boldsymbol{H}$ 的最新估计值,计算 $\boldsymbol{H}$ 对数似然函数关于 $\boldsymbol{X}$ 的期望值:

$$Q(\boldsymbol{H}\,|\,\boldsymbol{H}(p))=E[\log f(\boldsymbol{Y},\boldsymbol{X}\,|\,\boldsymbol{H})\,|\,\boldsymbol{X},\boldsymbol{H}(p)]=\sum_{d=1}^{D}\log[f(Y^d\,|\,\widetilde{\boldsymbol{X}}^d,\boldsymbol{H})]f[Y^d\,|\,\widetilde{\boldsymbol{X}}^d,\boldsymbol{H}(p)] \tag{8.8.5}$$

式中:$\boldsymbol{H}(p)$表示 $\boldsymbol{H}$ 的最新估计值。在 E 步骤中,对式(8.8.5)中“完整”数据的对数似然函数在 D 个 MC-CDMA 符号上取平均。在随后的 M 步骤中,在所有可能的 $\boldsymbol{H}$ 中,找到使式(8.8.5)取最大值的 $\boldsymbol{H}$ 作为 $\boldsymbol{H}(p+1)$,更具体地,求式(8.8.5)关于 $\boldsymbol{H}$ 导数并令导数为零,可以得到以下结果[366]:

$$\underset{H}{\operatorname{argmax}}\,Q(\boldsymbol{H}\,|\,\boldsymbol{H}(p))=\underset{H}{\operatorname{argmin}}\sum_{d=1}^{D}\left|Y^d-\boldsymbol{H}\widetilde{\boldsymbol{X}}^d\right|^2 f(Y^d\,|\,\widetilde{\boldsymbol{X}}^d,\boldsymbol{H}(p)) \tag{8.8.6}$$

$$\boldsymbol{H}(p+1)=\left\{\sum_{d=1}^{D}\widetilde{\boldsymbol{X}}^d(\widetilde{\boldsymbol{X}}^d)^{\mathrm{T}}f[Y^d\,|\,\widetilde{\boldsymbol{X}}^d,\boldsymbol{H}(p)]\right\}^{-1}\times\left\{\sum_{d=1}^{D}Y^d(\widetilde{\boldsymbol{X}}^d)^{\mathrm{T}}f[Y^d\,|\,\widetilde{\boldsymbol{X}}^d,\boldsymbol{H}(p)]\right\} \tag{8.8.7}$$

在第$(p+1)$次迭代的噪声公式为

$$\begin{aligned}\boldsymbol{\sigma}^{d2}(p+1)=&\frac{1}{p+1}\{p\boldsymbol{\sigma}^{d2}(p)+[Y^d(p+1)]^2\}-2Y^d(p+1)\boldsymbol{H}(p+1)\overline{\widetilde{\boldsymbol{X}}}^d(p+1)+\\&\boldsymbol{H}(p+1)^{\mathrm{T}}\ \overline{\widetilde{\boldsymbol{X}}^d(p+1)\widetilde{\boldsymbol{X}}^d(p+1)^{\mathrm{T}}}\boldsymbol{H}(p+1)\end{aligned} \tag{8.8.8}$$

式中:$\overline{\widetilde{\boldsymbol{X}}^d(p+1)\widetilde{\boldsymbol{X}}^d(p+1)^{\mathrm{T}}}=E[\widetilde{\boldsymbol{X}}^d(p+1)\widetilde{\boldsymbol{X}}^{dT}(p+1)\,|\,Y^d,\hat{\boldsymbol{H}}]$。

在满足预期的条件下,最后信道参数值的估计为

$$\hat{\boldsymbol{H}}^d=\boldsymbol{H}(p+1)\langle\cdot\rangle(\hat{\Delta}^d)^{\mathrm{T}} \tag{8.8.9}$$

采用 ML 技术以检测信号,则信号检测后的估计为

$$\hat{\boldsymbol{X}}^d=\underset{\hat{X}^d\in\Omega}{\operatorname{argmin}}(\|\boldsymbol{Y}^d-\hat{\boldsymbol{H}}^d\hat{\boldsymbol{X}}^d\|^2) \tag{8.8.10}$$

$$\hat{\boldsymbol{X}}^d=\mathrm{Slice}\{[(\hat{\boldsymbol{H}}^d)*\hat{\boldsymbol{H}}^d]^{-1}(\hat{\boldsymbol{H}}^d)*\boldsymbol{Y}^d\} \tag{8.8.11}$$

式中:Slice(·)、Ω 表示切片函数和发射信号集[334]。如果使用最小均方(Least Mean Square,LMS)算法,在第(p+1)次迭代的信道参数值由下式计算:

$$\hat{\boldsymbol{H}}^d(p+1)=\hat{\boldsymbol{H}}^d(p)+2\mu\varepsilon^d(p)\widetilde{\boldsymbol{X}}^d(p) \tag{8.8.12}$$

在第 p 次迭代的误码可以用下式来表示:

$$\varepsilon^d(p)=Y^d(p)-\boldsymbol{H}(p)^{\mathrm{T}}\boldsymbol{X}^d(p) \tag{8.8.13}$$

注意,式(8.8.7)可以看作一个加权的 LS(最小二乘)解,其中用估计的互相关函数除以估计的自相关函数,并且用相应的 P. D. F 加权每个相关函数。

当可用数据不完整时,DEM 算法是特别有用的信道估计方法。在输入信号无法获得或不充分的情况下,不完整的数据可能会出现问题。例如,在一个 STBC MC-CDMA 系统中,需要利用发射天线和接收天线之间的信道状态信息进行相干解码。然而,因为每个 MC-CDMA 子载波的接收信号是来自不同发射天线的叠加,所以不能使用传统的信道估计技术。DEM 算法可将一个多输入信道的估计问题转化为一些单输入信道的估计问题。此外,位于小区边缘的移动台(Mobile Station,MS)会受到小区间干扰,此时 DEM 算法将是非常有用的信道估计方法。在这种情况下,MS 接收到的是来自相邻基站的叠加信号,而且对于 MS 来说是未知的。只要信道在 D 个符号周期内是时不变的,通过对额外接收的数据使用 DEM 算法就能改善小区边缘的性能。DEM 算法实现步骤如下:

DEM 算法:

(1) 初始化各参数,计算 α_i^d。

(2) 用式(8.8.10)和式(8.8.11)计算信号$\hat{\boldsymbol{X}}^d$。

(3) 用式(8.8.7)计算第(p+1)次迭代信道值 $\boldsymbol{H}(p+1)$。

(4) 用式(8.8.8)计算第(p+1)次迭代噪声值 $\sigma^{d2}(p+1)$。

(5) 在满足预期条件时,结束迭代,用式(8.8.9)计算最后信道值$\hat{\boldsymbol{H}}^d$。反之,返回(2)。

2. 用循环平稳特性识别 STBC-VBLAST MC-CDMA 信号

因为 STBC 信号具有存在时间上的相关特性,但 VBLAST 信号没有这个相关特性,即 STBC 信号的高阶循环累积量中存在一个特殊的循环频率,但是 VBLAST 信号没有这个循环频率。所以利用这个特殊的性质,本节将利用循环平稳特性进行空时分组码 MC-CDMA 识别。

想描述随机的数字与模拟的通信信号,循环累积量会相对准确。在信号与噪声干扰难确定的恶劣环境下,常利用它的循环平稳特性来分析信号,因为循环累积量实质上是一个统计量,它是周期变化的,所以必然具有一个 a 阶的循环平稳特性满足它的周期特性。

假设 $m_{aY}(t;\tau)$ 表示接收信号 $Y(t)$ a 阶矩[335]:

$$m_{aY}(t;\tau)=E\{Y(t)Y^*(t+\tau_1)\cdots Y^*(t+\tau_{a-1})\} \tag{8.8.14}$$

对 $m_{aY}(t;\tau)$ 做傅里叶变换得到循环 a 阶矩 M_{aY}：

$$M_{aY}=\lim_{T\to\infty}\sum_{t=0}^{T-1}m_{aY}(t;\tau)\exp(-\mathrm{j}\alpha t) \tag{8.8.15}$$

式中：α 为循环频率。同样的 a 阶累积量 c_{aY} 和循环自相关函数 $C_{aY}(\alpha;\tau)$ 为

$$\begin{cases}c_{aY}(t;\tau)=\sum\limits_{\alpha}C_{aY}(\alpha;\tau)\exp(\mathrm{j}\alpha t)\\ C_{aY}(\alpha;\tau)=\lim\limits_{T\to\infty}\dfrac{1}{T}\sum\limits_{t=0}^{T-1}c_{aY}(t;\tau)\exp(-\mathrm{j}\alpha t)\end{cases} \tag{8.8.16}$$

式中，相关函数就是二阶矩，因为二阶矩与三阶矩的关系，在不同时刻是各自相等的，如果循环频率值 $\alpha=0$ 时，循环矩与循环自相关的函数在不同时刻也将各自相等。

自相关函数的四阶循环累积量可用以下公式定义[335]：

$$\begin{aligned}C_{4Y}(\alpha;\tau_1,\tau_2,\tau_3)=M_{4Y}(\alpha;\tau_1,\tau_2,\tau_3)-\sum_{\beta\in A_2^m}[&(M_{2Y}(\alpha-\beta;\tau_1)M_{2Y}(\beta;\tau_3-\tau_2)\exp(\mathrm{j}\beta\tau_2)+\\ &M_{2Y}(\alpha-\beta;\tau_2)M_{2Y}(\beta;\tau_1-\tau_3)\exp(\mathrm{j}\beta\tau_3)+\\ &M_{2Y}(\alpha-\beta;\tau_3)M_{2Y}(\beta;\tau_2-\tau_1)\exp(\mathrm{j}\beta\tau_1)]\end{aligned} \tag{8.8.17}$$

式中：$\boldsymbol{A}_2^m$ 为二阶循环频率的集合，$\forall\beta\in\boldsymbol{A}_2^m$，$(\alpha-\beta)\notin\boldsymbol{A}_2^m$，所以第二项和式中二阶循环矩的部分为 0，得

$$C_{4Y}(\alpha;\tau_1,\tau_2,\tau_3)=M_{4Y}(\alpha;\tau_1,\tau_2,\tau_3) \tag{8.8.18}$$

如果要检测 STBC 信号，就可先检测其循环频率，而且该循环频率与信号的码率一致，所以就可先确定信号的码率。如果码率已知，就可以再检测空时分组码信号的循环频率 $\alpha=\pm T/2T_{\mathrm{S}}$ 是否存在。如果存在循环频率 α，就说明采用了 STBC；否则，就采用了 VBLAST 信号。其中，$1/T_{\mathrm{S}}$ 为码率，$1/T$ 为采样率。

通过采样之后，四阶循环累积量如下[335]：

$$\hat{C}_{4Y}(t;\tau)=C_{4Y}(t;\tau)+\varepsilon_{4Y}^{\mathrm{T}}(\alpha;\tau) \tag{8.8.19}$$

式中：$\varepsilon_{4Y}^{\mathrm{T}}(\alpha;\tau)$ 表示估计的误差。根据式(8.8.19)，可用假设检验来实现 $\hat{C}_{4Y}(t;\tau)$ 循环频率的检测。定义 $\hat{C}_{4Y}=\{\mathrm{Re}\{\hat{C}_{4Y}(t;\tau)\},\mathrm{Im}\{\hat{C}_{4Y}(t;\tau)\}\}$，同样，$C_{4Y}=\{\mathrm{Re}\{C_{4Y}(t;\tau)\},\mathrm{Im}\{C_{4Y}(t;\tau)\}\}$，$\varepsilon_{4Y}^{\mathrm{T}}=\{\mathrm{Re}\{\varepsilon_{4Y}^{\mathrm{T}}(\alpha;\tau)\},\mathrm{Im}\{\varepsilon_{4Y}^{\mathrm{T}}(\alpha;\tau)\}\}$，然后给出下面的假设检验：

$$\begin{cases}\boldsymbol{H}_0:\alpha\notin\boldsymbol{A}_4,\ \forall\{\tau_n\}_{n=1}^{N}\Rightarrow\hat{C}_{4Y}=\varepsilon_{4Y}^{\mathrm{T}}\\ \boldsymbol{H}_1:\alpha\notin\boldsymbol{A}_4,\text{存在}\{\tau_n\}_{n=1}^{N}\Rightarrow\hat{C}_{4Y}=C_{4Y}+\varepsilon_{4Y}^{\mathrm{T}}\end{cases} \tag{8.8.20}$$

式中：$\boldsymbol{A}_4$ 为四阶循环累积量的循环频率集合；N 为接收信号长度。

$$\hat{C}_{4Y}(t,l)=\frac{1}{N}\sum_{n=0}^{N-1}Y(n)Y^*(n+l)Y(n)Y^*(n+l)*\exp(-\mathrm{j}\alpha t) \tag{8.8.21}$$

式中：l 为正数，$l<\boldsymbol{N}$。

对于 STBC 信号，因为不是所有信号的相关函数都能产生一个循环平稳序列，所以必须有一个选择相关函数的标准。我们可用以自由度为 n 的中心 χ^2 分布来选择相关函数[138]。

用式(8.8.20)标准来选择相关函数，即用下式来表示：

$$f(n)=E\{g[Y_i(n)Y_j(n+l)]\} \text{或} E\{g[Y_i(n)Y_j^*(n+l)]\} \\ =f(n+lT) \tag{8.8.22}$$

式中：l,n 为正数，$n,l<\boldsymbol{N}$；$f(n)$ 为周期 T 的周期函数；$g[\cdot]$ 为一个线性相关函数 $0\leqslant i,j\in\hat{I}<n_R$，$\hat{I}$ 为整数集。

当按标准(8.8.22)去选择相关函数时，只能在三种情况下来选择合适的相关函数。一般情况下，可以使用 STBC 方案的发射矩阵来得到一些满足标准(8.8.22)的相关函数[138]。例如，当发射天线数目 $n_T=3$，空时码块等于 4 时，3/4 速度 STBC 可选择的相关函数由表 8.8.1 来表示。

表 8.8.1　相关函数

$\boldsymbol{x}_0\boldsymbol{x}_0^{\mathrm{H}}$	$\boldsymbol{x}_0\boldsymbol{x}_1^{\mathrm{T}}$	$\boldsymbol{x}_0\boldsymbol{x}_2^{\mathrm{T}}$	$\boldsymbol{x}_0\boldsymbol{x}_3^{\mathrm{T}}$
$\boldsymbol{x}_1\boldsymbol{x}_0^{\mathrm{H}}$	$\boldsymbol{x}_1\boldsymbol{x}_1^{\mathrm{H}}$	$\boldsymbol{x}_1\boldsymbol{x}_2^{\mathrm{T}}$	$\boldsymbol{x}_1\boldsymbol{x}_3^{\mathrm{T}}$
$\boldsymbol{x}_2\boldsymbol{x}_0^{\mathrm{H}}$	$\boldsymbol{x}_2\boldsymbol{x}_1^{\mathrm{H}}$	$\boldsymbol{x}_2\boldsymbol{x}_2^{\mathrm{H}}$	$\boldsymbol{x}_2\boldsymbol{x}_3^{\mathrm{T}}$
$\boldsymbol{x}_3\boldsymbol{x}_0^{\mathrm{H}}$	$\boldsymbol{x}_3\boldsymbol{x}_1^{\mathrm{H}}$	$\boldsymbol{x}_3\boldsymbol{x}_2^{\mathrm{H}}$	$\boldsymbol{x}_3\boldsymbol{x}_3^{\mathrm{H}}$

式中：$\boldsymbol{x}_i(t)=\boldsymbol{s}_i(t)c,i=0,1,\cdots,n_T$。发射矩阵变成

$$\begin{cases} \boldsymbol{s}_0=[d_1,d_2,d_3]^{\mathrm{T}} \\ \boldsymbol{s}_1=[-d_2^*,d_1^*,d_3/\sqrt{2}]^{\mathrm{T}} \\ \boldsymbol{s}_2=\left[\dfrac{d_3^*}{\sqrt{2}},\dfrac{d_3^*}{\sqrt{2}},(-d_1-d_1^*+d_2-d_2^*)\right]^{\mathrm{T}} \\ \boldsymbol{s}_3=\left[\dfrac{d_3^*}{\sqrt{2}},\dfrac{-d_3^*}{\sqrt{2}},(d_1-d_1^*+d_2+d_2^*)\right]^{\mathrm{T}} \end{cases} \tag{8.8.23}$$

对于 VBLAST 信号，所有信号的相关函数都不能产生一个循环平稳序列。虽然通过以上标准可以识别到 STBC 与 VBLAST 两种信号，不过如果只靠这些相关函数往往不能保证检测的性能。所以，需要把这些相关函数和一些参数结合起来，用来建立检测门限，从而改善检测性能。

在已知数据长度 N 而不知道任何其他参数的条件下，由于 $\lim\limits_{T\to\infty}\sqrt{T}\boldsymbol{\varepsilon}_{aY}^{\mathrm{T}}$ 收敛于多元正态分布，它的均值为零，方差渐近为 $\boldsymbol{\Sigma}_{ac}$。所以定义一个检测门限[335]：

$$\mathrm{th}_{ac}=T\hat{C}_{aY}\hat{\boldsymbol{\Sigma}}_{ac}^{-1}\hat{C}_{aY}^{\mathrm{T}} \tag{8.8.24}$$

式中：$\hat{\boldsymbol{\Sigma}}_{ac}$ 为 $\hat{C}_{aY}$ 的协方差矩阵的估计[335]。

$$\hat{\boldsymbol{\Sigma}}_{ac}=\begin{bmatrix} \mathrm{Re}\left\{\dfrac{\hat{S}_{af_{\tau,\tau}}(2\alpha;\alpha)+\hat{S}^*_{af_{\tau,\tau}}(0;-\alpha)}{2}\right\}, \mathrm{Im}\left\{\dfrac{\hat{S}_{af_{\tau,\tau}}(2\alpha;\alpha)-\hat{S}^*_{af_{\tau,\tau}}(0;-\alpha)}{2}\right\} \\ \mathrm{Im}\left\{\dfrac{\hat{S}_{af_{\tau,\tau}}(2\alpha;\alpha)-\hat{S}^*_{af_{\tau,\tau}}(0;-\alpha)}{2}\right\}, \mathrm{Re}\left\{\dfrac{\hat{S}_{af_{\tau,\tau}}(2\alpha;\alpha)+\hat{S}^*_{af_{\tau,\tau}}(0;-\alpha)}{2}\right\} \end{bmatrix} \tag{8.8.25}$$

在已知数据长度 N 和信道参数条件下，因为相关函数在不同的时延将产生有不同谱形的循环序列，所以这些循环相关的均值在循环频率将有不同的相位。假定所观察到的序列足够长，循环平稳序列在循环频率第一峰值的相位如下：

$$\phi'=\text{angle}\left\{\frac{1}{N}\sum_{n=1}^{N}E\{g[Y_i(n)Y_i(n+l)]\}\cdot\exp\left[-\frac{\text{j}2\pi\rho}{N}\right]\right\} \tag{8.8.26}$$

式中:$g[\cdot]$表示相关函数按标准(8.8.22)来分类,循环频率 $\alpha=2\pi/N,\rho=n\text{mod}N,0\leqslant\rho<N$,这个相位由信道参数来决定。例如,采用 Alamouti,相关函数为 $Y_i(n)Y_j(n+l),i\neq j$ 时,相位的估计值为 $\phi'=\text{angle}\{H(1,1)H(2,2)-H(1,2)H(2,1)\}$。循环统计量表示为

$$\text{th}_{ac}=\sum_{r=0}^{\bar{R}-1}\left|\exp(-\text{j}2\pi\phi^r)\hat{C}_{4Y}^r(\alpha)\right|^2 \tag{8.8.27}$$

式中:$\bar{R}$ 为按标准(8.8.22)分类的相关数目。

在 $\boldsymbol{H}_0$ 的假设,可知循环统计量服从自由度分布,并且它的卡方为 2;在 $\boldsymbol{H}_1$ 的假设,循环统计量又服从正态分布。如果先假设虚警概率的合适值 p_F,再利用卡方分布的性质计算门限值[335] γ:

$$p_F=p(\chi^2>\gamma) \tag{8.8.28}$$

如果 $\text{th}_{ac}\geqslant\gamma$,说明假设 $\boldsymbol{H}_1$ 成立,即采用了空时分组码信号;否则,反之 $\boldsymbol{H}_0$ 成立,即采用了 VBLAST 信号。用循环平稳特性识别 STBC 和 VBLAST 信号算法流程如图 8.8.2 所示。

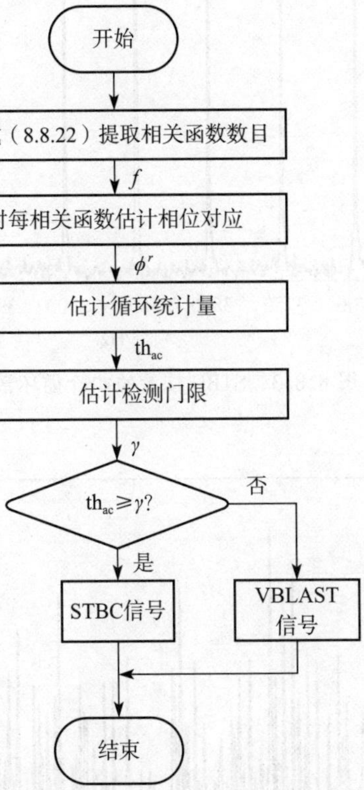

图 8.8.2　循环平稳特性识别 STBC 和 VBLAST 信号算法流程

8.8.3　仿真实验及结果分析(1)

在做仿真时发射天线 $n_T=2$,接收天线为 1,空时分组码信号是采用参考文献[47, 336]设计的信号,16-QAM 调制方式。选择正交 Walsh 码作为扩频码,采样点数为 5000 符号。

并且同一用户不同天线分支使用了不同的扩频码。信道采用加性白高斯信道。

为了减少随机噪声的影响,改善系统性能,提高识别率,在做实验仿真时对数据进行累加平均方法,即先把数据分成一些小段,然后对每一小段的高阶循环矩进行累加,再求它的平均。由此累加,求出的这些循环累积量受噪声影响更小。因为在四阶循环累积量的曲线上,由于信号的载波频率要么是恒正要么是恒负的值,但噪声却是随时间而随机变化的,并且载波频率的值在一个观测时间以内又是不变的,由此累加会让随机噪声自已相互抵消。

实验1:在信噪比SNR=10dB时,分析STBC和VBLAST两种信号的循环平稳特性,数据采样频率为5.12kHz,产生8路子载波,子载波间隔为50Hz。仿真结果如图8.8.3~图8.8.6所示。

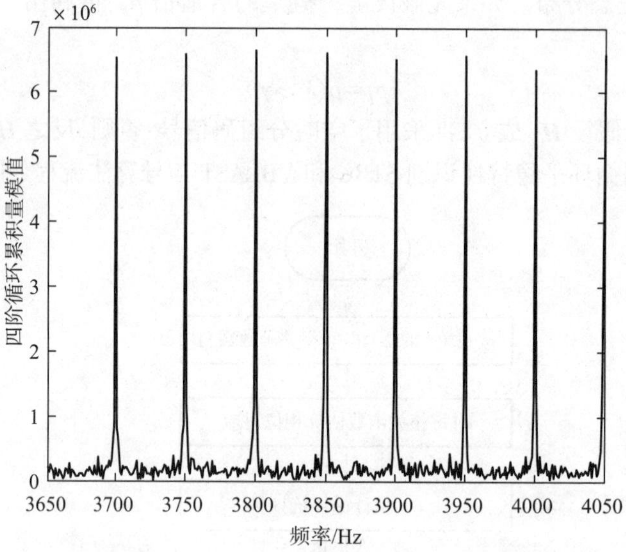

图8.8.3　STBC信号的四阶循环累积量

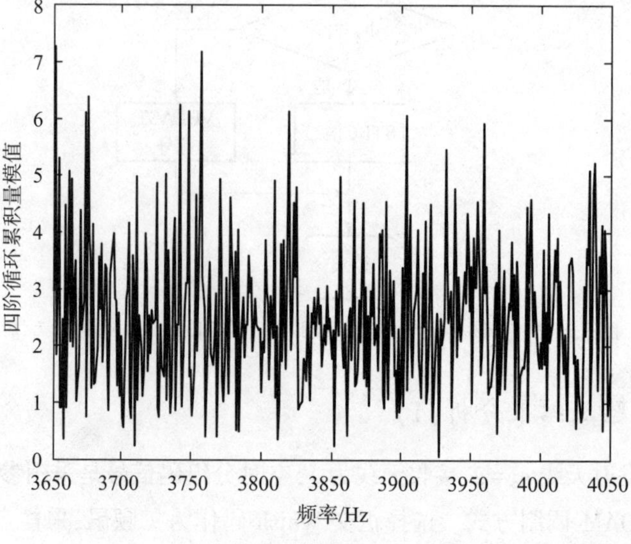

图8.8.4　VBLAST信号的四阶循环累积量

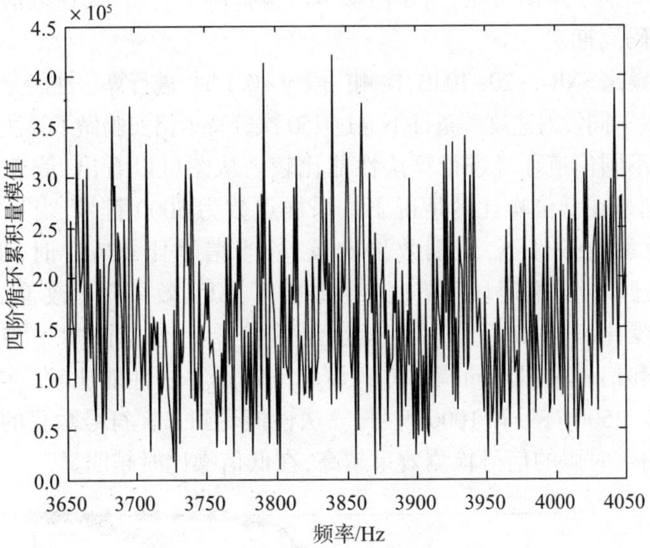

图 8.8.5　STBC 信号的四阶循环累积量

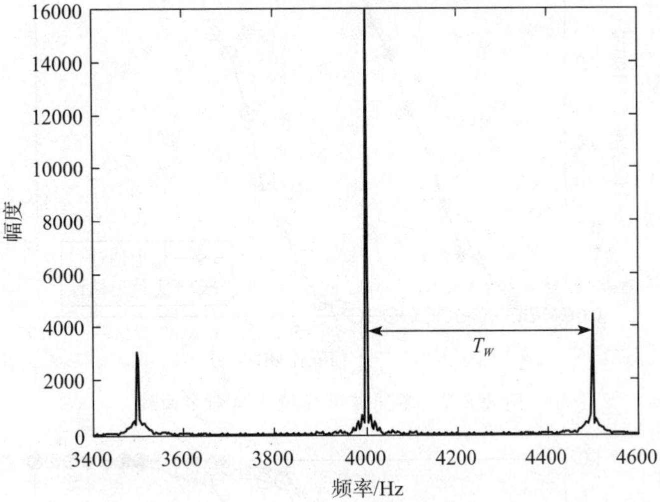

图 8.8.6　STBC 信号的四阶循环累积量二次谱图

图 8.8.3 与图 8.8.4 是 STBC 和 VBLAST 两种信号的四阶循环累积量。从图中可以看出，STBC 信号的高阶循环累积量具有一个特殊的循环频率，但是 VBLAST 信号却没有这个循环频率。并且从图 8.8.3 中可以看出，当循环频率等于子载波频率时，子载波的间隔等于 50Hz，估计出子载波数目等于 8 个。

图 8.8.5 是 STBC 码的四阶循环累积量，使用了相关函数 $Y_i(n)Y_j^*(n+l)$，$i \neq j$。从图中可以看出，STBC 码不存在四阶循环频率，与图 8.8.3 不同。图 8.8.3 的 STBC 码采用了 $Y_i(n)Y_i(n+l)$ 相关函数。所以，对于 STBC 码，不是所有相关函数都存在四阶循环频率这个特点，所以该相关函数选择的标准是式(8.8.22)。图 8.8.6 是四阶循环累积量二次谱图，可用信号的四阶循环累积量的一维切片进行二次谱计算，即先求它的功率谱密度，然后再作傅里叶变换并取模平方，得到信号功率谱的二次谱处理。这些峰值脉冲串间的宽

度就是信号伪码周期。从图可见,高斯白噪声已被抑制了。所以,在低信噪比条件下也可以检测信号的伪码周期 T_w。

实验 2:在信噪比 SNR=-20~10dB,检测门限 $\gamma=0.1$ 时,进行算法性能分析:在不同数据长度、不同信道环境、不同发射速度等条件下通过 150 次蒙特卡洛实验做了算法性能比较。

图 8.8.7 对不同信道环境进行算法性能比较。从图可以看出,信道质量对识别率有较大的影响,特别是在低信噪比的情况下。采样点数为 5000 符号,当只知道数据长度而不知道任何其他参数条件下,识别效果比较差,当信噪比 ≥7dB 时,识别率才达到了 100%。不过,当已知道数据码块和信道参数条件下,识别效果明显改善,特别是在低信噪比情况下。当信噪比 ≥-5dB 时,识别率就达到了 98%以上。图 8.8.8 与图 8.8.9 分别针对信号不同长度和信号采用不同调制方式情况下进行算法性能比较。图 8.8.8 中,采样点数为 5000 符号、2500 符号和 1000 符号,算法性能受到采样符号数目的影响。采样符号的数目越多,采用空时码的信号检测效果越高,在低信噪比时越明显。

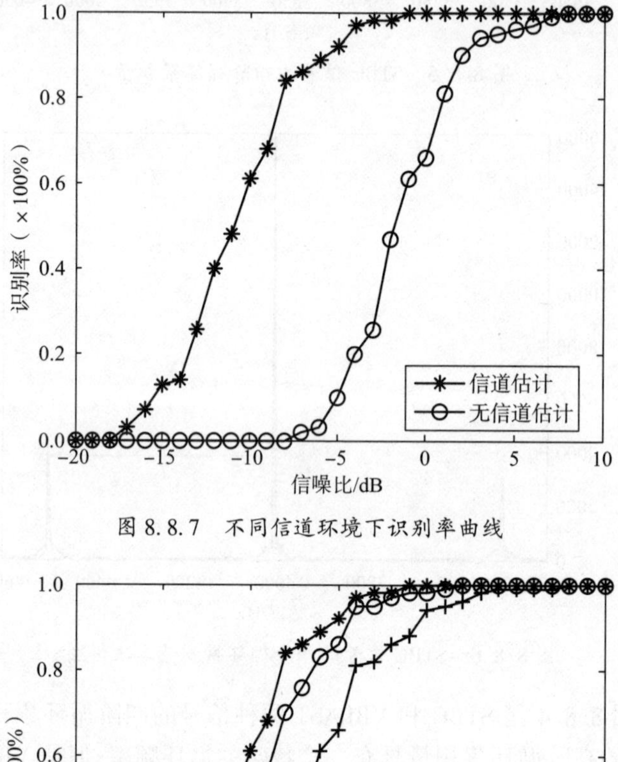

图 8.8.7　不同信道环境下识别率曲线

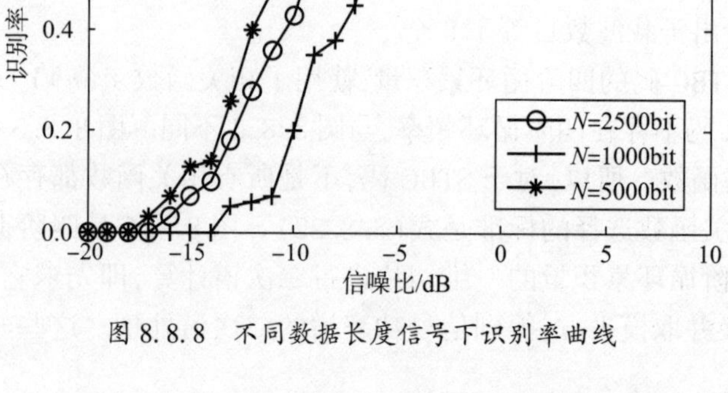

图 8.8.8　不同数据长度信号下识别率曲线

图 8.8.9 对采用 QPSK、16-QAM 和 64-QAM 调制方式的信号进行性能比较。采用 QPSK 调制方式的信号性能要好一些,尤其是信噪比≤-6dB 时。当信噪比≥-5dB 时,识别率都达到了 90%以上,当信噪比≥-10dB 时,采用 QPSK 调制方式的信号识别率可达到 60%以上。这就说明算法性能也受到了信号调制方式的影响。图 8.8.10 中针对 STBC 码在不同速率下进行了算法性能比较。从图可以看出,当采用全速率 STBC 码的性能要比采用 3/4 速率的更好一些。同样,可以推广到任意的空时分组码。

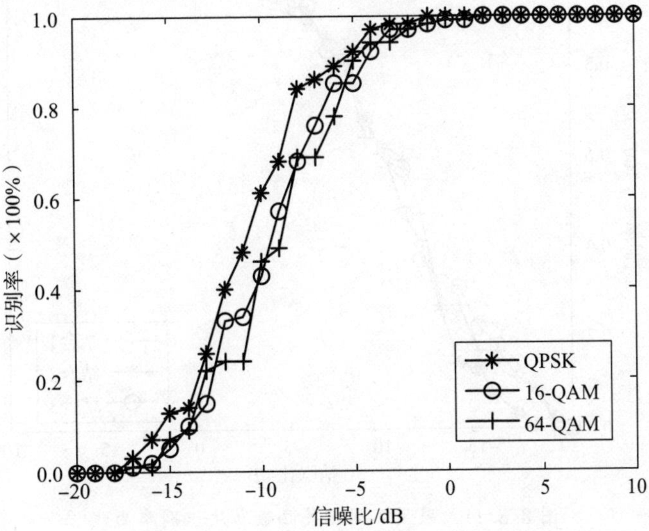

图 8.8.9　不同调制方式信号下识别率曲线

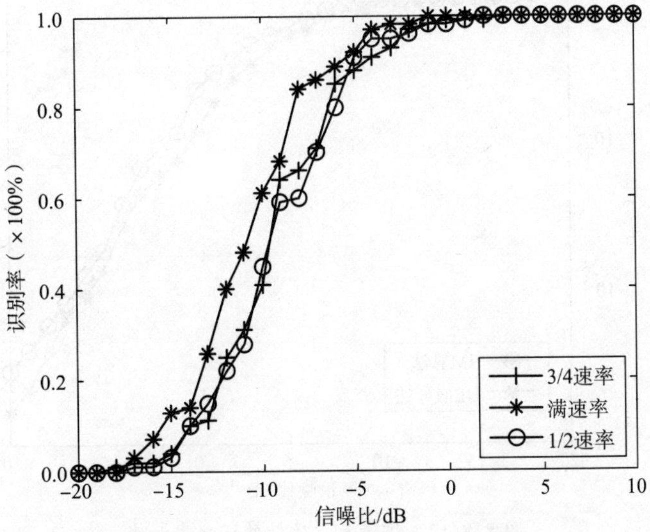

图 8.8.10　不同速率信号环境下识别率曲线

图 8.8.11 是算法采用不同相关函数的性能比较。其中,“结合 1”是采用相关函数 $(Y_i(n)Y_i^*(n+l))$,“结合 2”是采用相关函数 $(Y_i(n)Y_i(n+l))$,“结合 3”是采用相关函数 $(Y_i(n)Y_j(n+l))$。从图可见,当算法采用不同相关函数时,算法性能也有所不同。算法性能在信噪比≥-5dB 时,识别率都达到了 90%左右,其中采用相关函数 $(Y_i(n)Y_i(n+l))$ 的

效果最好。图 8.8.12 中是 DEM 算法和 EM 算法的性能比较。随着信噪比的增加，DEM 算法的性能优于 EM。并且，DEM 算法的复杂度远远小于 EM 算法的复杂度。因为 DEM 算法在 D 个 STBC MC-CDMA 符号上操作，而不是 EM 算法在 U 个星座图点数上操作，所以减少了计算复杂度。DEM 算法的复杂度为 $O(DK^2D^K)$，EM 算法的复杂度为 $O(DK^2U^K)$，LMS 算法的复杂度为 $O(DKU^K)$，U 为星座图点数。

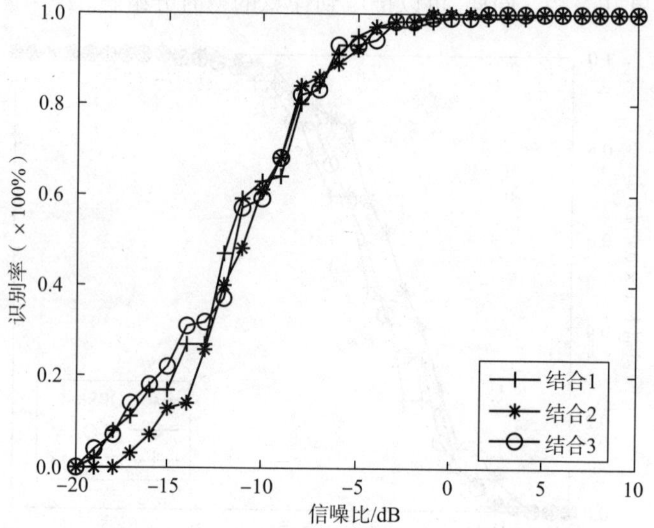

图 8.8.11　采用不同相关函数算法识别率曲线

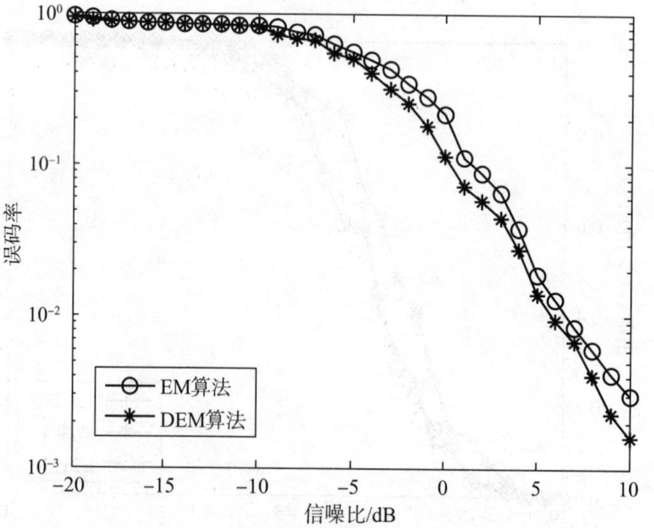

图 8.8.12　信道参数估计的误码率曲线

8.8.4　基于鲁棒竞争聚类的实 OSTBC 盲识别

1. 信号模型

考虑传统的具有 n_T 个发射天线和 n_R 个接收天线的实正交空时分组码系统。在发射之前对信号进行分组,N 个符号通过 L 个时隙发射,令 $\boldsymbol{S}(k)=[S_1(k),S_2(k),\cdots,S_N(k)]^{\mathrm{T}}$ 为发射的由 N 个符号组成的第 k 组数据,且其中各符号独立分布。$\boldsymbol{S}(k)$ 先经过空时调制映射为一个具有 L 个时隙的 $n_{\mathrm{T}}\times L$ 维空时编码矩阵 $\boldsymbol{C}(k)$[337],$\boldsymbol{C}(k)$ 的表达式为

$$\boldsymbol{C}(k)=\sum_{i=1}^{N}\boldsymbol{X}_iS_i(k) \tag{8.8.29}$$

式中:$\boldsymbol{X}_i$ 为第 i 个符号 $S_i(k)$ 的 $n_{\mathrm{T}}\times L$ 维编码矩阵,并具有下列性质[338]:

$$\begin{cases}\boldsymbol{X}_i\boldsymbol{X}_i^{\mathrm{T}}=\boldsymbol{I}_{n_{\mathrm{T}}}, & i=1,2,\cdots,N\\ \boldsymbol{X}_j\boldsymbol{X}_i^{\mathrm{T}}+\boldsymbol{X}_i\boldsymbol{X}_j^{\mathrm{T}}=\boldsymbol{0}, & i\neq j\end{cases} \tag{8.8.30}$$

式中:$\boldsymbol{I}_{n_{\mathrm{T}}}$ 是一个 $n_{\mathrm{T}}\times n_{\mathrm{T}}$ 的单位矩阵。

第 k 组的接收数据信号 $\boldsymbol{Y}(k)$ 可以表示为

$$\boldsymbol{Y}(k)=\boldsymbol{G}\boldsymbol{C}(k)+\boldsymbol{W}_m(k) \tag{8.8.31}$$

式中:$\boldsymbol{G}=\begin{bmatrix}h_{11} & h_{1n_{\mathrm{T}}}\\ h_{21} & h_{2n_{\mathrm{T}}}\\ \vdots & \vdots\\ h_{n_{\mathrm{R}}1} & h_{n_{\mathrm{R}}n_{\mathrm{T}}}\end{bmatrix}=\begin{bmatrix}\boldsymbol{b}_1\\ \boldsymbol{b}_2\\ \vdots\\ \boldsymbol{b}_{n_{\mathrm{R}}}\end{bmatrix}$;$\boldsymbol{Y}(k)=\begin{bmatrix}\boldsymbol{y}_1(k)\\ \boldsymbol{y}_2(k)\\ \vdots\\ \boldsymbol{y}_{n_{\mathrm{R}}}(k)\end{bmatrix}$;$\boldsymbol{W}_m(k)=\begin{bmatrix}\boldsymbol{w}_1(k)\\ \boldsymbol{w}_2(k)\\ \vdots\\ \boldsymbol{w}_{n_{\mathrm{R}}}(k)\end{bmatrix}$。

式中:$\boldsymbol{G}$ 为 $n_{\mathrm{R}}\times n_{\mathrm{T}}$ 维的信道响应矩阵,$\boldsymbol{b}_m=[h_{m1}\cdots h_{mn_{\mathrm{T}}}]$($m=1,2,\cdots,n_{\mathrm{R}}$)是一个 n_{T} 维行向量;$\boldsymbol{Y}(k)$ 是一个 $n_{\mathrm{R}}\times L$ 维的矩阵,$\boldsymbol{y}_m(k)$ 是一个 L 维行向量,表示为第 m 个天线所接收到的第 k 组信号;$\boldsymbol{W}_m(k)$ 为 $n_{\mathrm{R}}\times L$ 维的噪声矩阵,其元素是零均值,方差为 σ_n^2 的高斯随机变量,$\boldsymbol{w}_m(k)$ 是一个 L 维行向量。

将式(8.8.29)代入式(8.8.31),可得

$$\begin{aligned}\boldsymbol{y}_m(k)&=\boldsymbol{b}_m\boldsymbol{C}(k)+\boldsymbol{w}_m(k)=\boldsymbol{b}_m\sum_{i=1}^{N}\boldsymbol{X}_iS_i(k)+\boldsymbol{w}_m(k)\\ &=\boldsymbol{S}^{\mathrm{T}}(k)\boldsymbol{\Omega}_m+\boldsymbol{w}_m(k)\end{aligned} \tag{8.8.32}$$

式中:$\boldsymbol{\Omega}_m$ 是一个 $N\times L$ 维矩阵,$\boldsymbol{\Omega}_m=\begin{bmatrix}\boldsymbol{b}_1\boldsymbol{X}_1\\ \boldsymbol{b}_2\boldsymbol{X}_2\\ \vdots\\ \boldsymbol{b}_m\boldsymbol{X}_N\end{bmatrix}$。

转置式(8.8.32)可得

$$\boldsymbol{y}_m^{\mathrm{T}}(k)=\boldsymbol{\Omega}_m^{\mathrm{T}}\boldsymbol{S}(k)+\boldsymbol{w}_m^{\mathrm{T}}(k) \tag{8.8.33}$$

$$\begin{bmatrix}\boldsymbol{y}_1^{\mathrm{T}}(k)\\ \boldsymbol{y}_2^{\mathrm{T}}(k)\\ \vdots\\ \boldsymbol{y}_{n_{\mathrm{R}}}^{\mathrm{T}}(k)\end{bmatrix}=\begin{bmatrix}\boldsymbol{\Omega}_1^{\mathrm{T}}\boldsymbol{S}(k)\\ \boldsymbol{\Omega}_2^{\mathrm{T}}\boldsymbol{S}(k)\\ \vdots\\ \boldsymbol{\Omega}_{n_{\mathrm{R}}}^{\mathrm{T}}\boldsymbol{S}(k)\end{bmatrix}+\begin{bmatrix}\boldsymbol{w}_1^{\mathrm{T}}(k)\\ \boldsymbol{w}_2^{\mathrm{T}}(k)\\ \vdots\\ \boldsymbol{w}_{n_{\mathrm{R}}}^{\mathrm{T}}(k)\end{bmatrix}=\begin{bmatrix}\boldsymbol{\Omega}_1^{\mathrm{T}}\\ \boldsymbol{\Omega}_2^{\mathrm{T}}\\ \vdots\\ \boldsymbol{\Omega}_{n_{\mathrm{R}}}^{\mathrm{T}}\end{bmatrix}\boldsymbol{S}(k)+\begin{bmatrix}\boldsymbol{w}_1^{\mathrm{T}}(k)\\ \boldsymbol{w}_2^{\mathrm{T}}(k)\\ \vdots\\ \boldsymbol{w}_{n_{\mathrm{R}}}^{\mathrm{T}}(k)\end{bmatrix} \tag{8.8.34}$$

式(8.8.34)可表示为

$$\widetilde{\boldsymbol{Y}}(k)=\boldsymbol{\Omega}^{\mathrm{T}}\boldsymbol{S}(k)+\widetilde{\boldsymbol{W}}_m(k)=\boldsymbol{A}\boldsymbol{S}(k)+\widetilde{\boldsymbol{W}}_m(k) \tag{8.8.35}$$

式中:$\boldsymbol{\Omega}=[\boldsymbol{\Omega}_1,\boldsymbol{\Omega}_2,\cdots,\boldsymbol{\Omega}_{n_{\mathrm{R}}}]$;$\boldsymbol{A}=\boldsymbol{\Omega}^{\mathrm{T}}$ 为一个 $n_{\mathrm{R}}L\times N$ 维虚拟信道矩阵,由统计独立信源组成

的独立向量构成。

2. 特征参数提取

1) 虚拟信道矩阵的特点

分析虚拟信道矩阵的相关矩阵,令 $\boldsymbol{R}=\boldsymbol{A}^{\mathrm{T}}\boldsymbol{A}=\boldsymbol{\Omega}\boldsymbol{\Omega}^{\mathrm{T}}$,可得

$$\boldsymbol{R}=\begin{bmatrix}\boldsymbol{b}_1\boldsymbol{X}_1 & \boldsymbol{b}_2\boldsymbol{X}_1 & \cdots & \boldsymbol{b}_{n_{\mathrm{R}}}\boldsymbol{X}_1\\ \boldsymbol{b}_1\boldsymbol{X}_2 & \boldsymbol{b}_2\boldsymbol{X}_2 & \cdots & \boldsymbol{b}_{n_{\mathrm{R}}}\boldsymbol{X}_2\\ \vdots & & \vdots & \\ \boldsymbol{b}_1\boldsymbol{X}_N & \boldsymbol{b}_2\boldsymbol{X}_N & \cdots & \boldsymbol{b}_{n_{\mathrm{R}}}\boldsymbol{X}_N\end{bmatrix}\begin{bmatrix}\boldsymbol{b}_1\boldsymbol{X}_1 & \boldsymbol{b}_2\boldsymbol{X}_1 & \cdots & \boldsymbol{b}_{n_{\mathrm{R}}}\boldsymbol{X}_1\\ \boldsymbol{b}_1\boldsymbol{X}_2 & \boldsymbol{b}_2\boldsymbol{X}_2 & \cdots & \boldsymbol{b}_{n_{\mathrm{R}}}\boldsymbol{X}_2\\ \vdots & & \vdots & \\ \boldsymbol{b}_1\boldsymbol{X}_N & \boldsymbol{b}_2\boldsymbol{X}_N & \cdots & \boldsymbol{b}_{n_{\mathrm{R}}}\boldsymbol{X}_N\end{bmatrix}^{\mathrm{T}} \tag{8.8.36}$$

对正交空时分组码,$\boldsymbol{R}$ 的第(i,i)元素为

$$\boldsymbol{R}_{ii}=\boldsymbol{b}_1\boldsymbol{X}_i\boldsymbol{X}_i^{\mathrm{T}}\boldsymbol{b}_1^{\mathrm{T}}+\boldsymbol{b}_2\boldsymbol{X}_i\boldsymbol{X}_i^{\mathrm{T}}\boldsymbol{b}_2^{\mathrm{T}}+\cdots+\boldsymbol{b}_{n_{\mathrm{R}}}\boldsymbol{X}_i\boldsymbol{X}_i^{\mathrm{T}}\boldsymbol{b}_{n_{\mathrm{R}}}^{\mathrm{T}} \tag{8.8.37}$$

利用式(8.8.30)得

$$\boldsymbol{R}_{ii}=\boldsymbol{b}_1\boldsymbol{b}_1^{\mathrm{T}}+\boldsymbol{b}_2\boldsymbol{b}_2^{\mathrm{T}}+\cdots+\boldsymbol{b}_{n_{\mathrm{R}}}\boldsymbol{b}_{n_{\mathrm{R}}}^{\mathrm{T}} \tag{8.8.38}$$

$\boldsymbol{R}$ 的第(i,j)元素为

$$\boldsymbol{R}_{ij}=\boldsymbol{b}_1\boldsymbol{X}_i\boldsymbol{X}_j^{\mathrm{T}}\boldsymbol{b}_1^{\mathrm{T}}+\boldsymbol{b}_2\boldsymbol{X}_i\boldsymbol{X}_j^{\mathrm{T}}\boldsymbol{b}_2^{\mathrm{T}}+\cdots+\boldsymbol{b}_{n_{\mathrm{R}}}\boldsymbol{X}_i\boldsymbol{X}_j^{\mathrm{T}}\boldsymbol{b}_{n_{\mathrm{R}}}^{\mathrm{T}} \tag{8.8.39}$$

因为 $\boldsymbol{R}_{ij}$ 是一个标量,则 $\boldsymbol{R}_{ij}=(\boldsymbol{R}_{ij})^{\mathrm{T}}=\boldsymbol{b}_1\boldsymbol{X}_j\boldsymbol{X}_i^{\mathrm{T}}\boldsymbol{b}_1^{\mathrm{T}}+\boldsymbol{b}_2\boldsymbol{X}_j\boldsymbol{X}_i^{\mathrm{T}}\boldsymbol{b}_2^{\mathrm{T}}+\cdots+\boldsymbol{b}_{n_{\mathrm{R}}}\boldsymbol{X}_j\boldsymbol{X}_i^{\mathrm{T}}\boldsymbol{b}_{n_{\mathrm{R}}}^{\mathrm{T}}$,利用式(8.8.30)可得 $\boldsymbol{R}_{ij}=-\boldsymbol{b}_1\boldsymbol{X}_j\boldsymbol{X}_i^{\mathrm{T}}\boldsymbol{b}_1^{\mathrm{T}}-\boldsymbol{b}_2\boldsymbol{X}_j\boldsymbol{X}_i^{\mathrm{T}}\boldsymbol{b}_2^{\mathrm{T}}-\cdots-\boldsymbol{b}_{n_{\mathrm{R}}}\boldsymbol{X}_j\boldsymbol{X}_i^{\mathrm{T}}\boldsymbol{b}_{n_{\mathrm{R}}}^{\mathrm{T}}=-\boldsymbol{R}_{ij}$,因此,当 $i\neq j$ 时,$\boldsymbol{R}_{ij}=0$。根据式(8.8.30)、式(8.8.38)可知

$$\boldsymbol{R}=(\boldsymbol{b}_1\boldsymbol{b}_1^{\mathrm{T}}+\boldsymbol{b}_2\boldsymbol{b}_2^{\mathrm{T}}+\cdots+\boldsymbol{b}_{n_{\mathrm{R}}}\boldsymbol{b}_{n_{\mathrm{R}}}^{\mathrm{T}})\boldsymbol{I}_N=\left(\sum_{m=1}^{n_{\mathrm{R}}}\|\boldsymbol{b}_m\|^2\right)\boldsymbol{I}_N \tag{8.8.40}$$

所以正交空时分组码的 $\boldsymbol{R}$ 是一个 $N\times N$ 维的对角矩阵。当 $n_{\mathrm{R}}=1$ 时,$\boldsymbol{R}=(\boldsymbol{b}_1\boldsymbol{b}_1^{\mathrm{T}})\boldsymbol{I}_N=\|\boldsymbol{b}_m\|^2\boldsymbol{I}_N$;若不是正交空时分组码,则式(8.8.30)不成立,于是 $\boldsymbol{R}$ 也不是对角矩阵,即式(8.8.39)不成立。

2) 特征参数选取

(a) 稀疏度的特征参数 θ 提取。根据矩阵 $\boldsymbol{R}$ 的这种特性,提出矩阵 $\boldsymbol{R}$ 的稀疏度的特征参数 θ,即

$$\theta=\|\boldsymbol{R}\|^0=\sum_{i,j}|\boldsymbol{R}_{ij}|^0 \tag{8.8.41}$$

式中:θ 表示 $\boldsymbol{R}$ 中非零的个数。

由于正交空时分组码的 $\boldsymbol{R}=\left(\sum_{m=1}^{n_{\mathrm{R}}}\boldsymbol{b}_m\boldsymbol{b}_m^{\mathrm{T}}\right)\boldsymbol{I}_N$ 是一个 $N\times N$ 维的对角矩阵,稀疏度应为 $\theta=N$;而非正交空时分组码的 $\boldsymbol{R}$ 矩阵的稀疏度 $\theta>N$。

由于存在噪声和算法估计误差,估计得到的正交空时分组码的$\hat{\boldsymbol{R}}$矩阵并非严格对角矩阵,对$\hat{\boldsymbol{R}}$取绝对值后,将$\hat{\boldsymbol{R}}$中小于对角元素的最大值的 γ 位都置为零,以减少噪声影响,令 γ 为消噪参数。

由于消噪参数 γ 的选择直接影响特征参数 θ 值。如果是正交空时分组码,应取较大的消噪参数 $\gamma=\gamma_1$,才会使 $\theta=N$,并有较高识别率;如果是非正交空时分组码,应取较小的消噪参数 $\gamma=\gamma_2$,才会使 $\theta>N$,并有较高识别率。

(b) 非主对角元素能量与主对角元素能量之比的能量比特征参数 D 提取。将矩阵 $\boldsymbol{R}$ 中元素分成:主对角元素和非主对角元素两部分。根据矩阵 $\boldsymbol{R}$ 的特性,提出矩阵 $\boldsymbol{R}$ 的非

主对角元素能量与主对角元素能量之比的能量比特征参数 D。由于 D 较小，可设：

$$D=\sum_{i\neq j}^{N} r_{ij}^{2}\Big/\frac{1}{F}\sum_{k=1}^{N} r_{kk}^{2} \tag{8.8.42}$$

式中：F 为主对角元素个数。

由于正交空时分组码的 $\boldsymbol{R}$ 是一个 $N\times N$ 维的对角矩阵，理论上应有非主对角元素方差 $D=0$，但实际中由于 $\boldsymbol{R}$ 矩阵估计误差，D 不会严格为零。为了解决消噪参数 γ 的选择问题，利用正交空时分组码和非正交空时分组码的 $\hat{\boldsymbol{R}}$ 矩阵非主对角元素具有不同分散程度的特点，本书提出矩阵 $\hat{\boldsymbol{R}}$ 的非主对角元素能量与主对角元素能量之比 D 作为另一个特征参数，来预判码型，确定参数 γ 值，设门限为 D_{th}。

3）符号数 N 估计

由 $\tilde{\boldsymbol{Y}}(k)$ 可得其自相关矩阵 $\boldsymbol{R}_{y}$ 后，先对其特征分解，再利用 MDL 准则可估计出 $\boldsymbol{R}_{y}$ 的信号子空间维数为 $\hat{M}$，可得信号子空间的特征向量矩阵 $\boldsymbol{U}_S$ 和其对应的特征值所组成的对角阵 $\boldsymbol{E}$。可知 $\hat{M}=2N$，由此可估计出符号数 N。

基于 MDL 准则[339]广泛应用于秩的估计，MDL 计算如下：

$$\text{MDL}(a)=-\log\left(\frac{\prod_{i=a+1}^{P}\lambda_i^{1/(P-a)}}{\sum_{i=a+1}^{P}\lambda_i/(P-a)}\right)^{\bar{K}(P-a)}+\frac{a(2P-a)}{2}\log\bar{K},\ a=1,2,\cdots,P \tag{8.8.43}$$

式中：$\bar{K}$ 为观测的时间，即发射数据组数；λ_i 为分解自相关矩阵 $\boldsymbol{R}_y$ 按降序排列的第 i 个特征值；$P=2n_{\text{R}}L$。信号子空间维数为

$$\hat{M}=\arg\min_{m=0,1,\cdots,P-1}\text{MDL}(m) \tag{8.8.44}$$

由于 MDL 准则的限制条件为：信号子空间维数小于接收信号空间维数，即 $2N<P=2n_{\text{R}}L$，则当码率 $r=N/L<n_{\text{R}}$ 时，适用 MDL 准则估计。

3. 鲁棒竞争聚类的实 OSTBC 盲识别

1）RCA 虚拟信道相关矩阵估计

由于 $\boldsymbol{R}=\boldsymbol{A}^{\text{T}}\boldsymbol{A}=\boldsymbol{\Omega}\boldsymbol{\Omega}^{\text{T}}$，关键是要得到 $\boldsymbol{A}$。由式（8.8.35）可知，$\tilde{\boldsymbol{Y}}(k)$ 是一个瞬时混合信号模型，得到 $\tilde{\boldsymbol{Y}}(k)$ 后，利用鲁棒竞争聚类算法就可以估计出 $\hat{\boldsymbol{A}}$，然后就可以估计出 $\hat{\boldsymbol{R}}$。

由于在做仿真时，算法先要用到鲁棒竞争聚类算法（Robust Competitive Clustering Algorithm, RCA）来估计虚拟信道相关矩阵，所以本节将简单介绍 RCA 估计虚拟信道相关矩阵的步骤[340-341]。

欠定盲分离的混合模型可以表示为

$$\boldsymbol{Y}(k)=\boldsymbol{A}\boldsymbol{S}(k)+\boldsymbol{W}_m(k) \tag{8.8.45}$$

式中：$\boldsymbol{S}(k)$ 为源信号向量；$\boldsymbol{A}$ 为混合矩阵；$\boldsymbol{W}_m(k)$ 为高斯白噪声。跟式（8.8.35）比较可知两个模型实际上是一致的，所以可用估计混合矩阵 $\boldsymbol{A}$ 的方法来估计虚拟信道矩阵。

RCA 综合了等级聚类和分割聚类算法的优点，为了克服一般聚类算法对噪声和异常值比较敏感的问题，RCA 中引入了鲁棒统计概念，通过竞争聚类学习来调整聚类中心参数向量及其势，聚类中心的势可以看作采样数据属于该聚类中心的概率，势越大，说明该聚类中心包含的采样数据越多。当算法收敛时，通过比较聚类中心势的大小，取势相对比较大的聚类中心作为直线方向的向量，它们的个数也是源信号的个数。

关于欠定系统的不充分稀疏混合信号，其具有面聚类特点，利用这个特点在源信号个数未知的条件下，利用竞争聚类学习算法估计出聚类平面，然后利用势函数法来估计聚类平面的交线，由此得到源数和混合矩阵的估计。估计虚拟信道相关矩阵的 RCA 总结如下：

虚拟信道相关矩阵估计的 RCA

(1) 初始化

①设 $\boldsymbol{Y}(k)=\{\boldsymbol{y}(t),t=1,2,\cdots,N\}\in\boldsymbol{R}^{n_{\mathrm{R}}\times N}$ 为输入信号数据向量矩阵，t 为采样时刻，N 为采样数据的长度。利用式：$\widetilde{\boldsymbol{y}}(t)=\mathrm{sign}(y_1(t))\boldsymbol{y}(t)/\|\boldsymbol{y}(t)\|_2\quad t=1,2,\cdots,N$，将采样数据投影到单位半球面上，在投影时同样先去除 $\|\boldsymbol{y}(t)\|<0.01(t=1,2,\cdots,N)$ 的采样数据。

②设 $\boldsymbol{B}=[\boldsymbol{\beta}_1,\cdots,\boldsymbol{\beta}_C]\in\boldsymbol{R}^{n_{\mathrm{R}}\times C}$ 为平面法线向量矩阵，$\boldsymbol{\beta}_i$ 为第 i 个平面法线向量，利用式：$\boldsymbol{\beta}_i=\mathrm{sign}(\beta_{i1})\boldsymbol{\beta}_i/\|\boldsymbol{\beta}_i\|,i=1,2,\cdots,C$ 将平面法线向量投影到与输入信号数据向量相同的单位半球面上，C 为假设的聚类平面可能最大的个数 $C_{\max}$，一般取 $C_{\max}\geqslant C_{n_{\mathrm{T}}}^{\bar{a}}$，$\bar{a}$ 为在每一个时刻源信号起作用的个数，取 $d=0$，对任意 i、t 使 w_{it} 的初始值为 1。

(2) 优化

While $\max\limits_{i}\|\boldsymbol{\beta}_i^{d+1}-\boldsymbol{\beta}_i^{d}\|\leqslant\varepsilon_1$。

① 用式：$d_{it}^2(\widetilde{\boldsymbol{y}}(t),\boldsymbol{\beta}_i)=\langle\widetilde{\boldsymbol{y}}(t),\boldsymbol{\beta}_i\rangle^2$ 计算 d_{it}^2，计算 $T_i=\underset{i}{\mathrm{Med}}(d_{it}^2)$，$S_i=\underset{i}{\mathrm{Mad}}(d_{it}^2)$，分别为第 i 个聚类的中值和偏差的中值。

② 更新 w_{it}：$w_{it}=\dfrac{\partial\rho_i(d_{it}^2)}{\partial d_{it}^2}=\begin{cases}1-d_{it}^4/2T_i^2,d_{it}^2\in[0,T_i]\\ [d_{it}^2-(T_i+cS_i)]^2/2c^2S_i^2,d_{it}^2\in[T_i,T_i+cS_i]\\ 0,d_{it}^2>T_i+cS_i\end{cases}$；$\rho_i(d_{it}^2)$ 可由 w_{it} 积分得到，$\rho_i(d_{it}^2)=\int w_{it}dd_{it}^2$。

③ 更新 $\alpha(d)$：$\alpha(d)=\mathrm{e}^{-d/10}\dfrac{\sum\limits_{i=1}^{C}\sum\limits_{t=1}^{N}(u_{it})^2\rho_i(d_{it}^2)}{\sum\limits_{i=1}^{C}\left[\sum\limits_{t=1}^{N}w_{it}u_{it}\right]^2}$

④ 更新 $\boldsymbol{U}$：$u_{sj}=\dfrac{1/\rho_s(d_{sj}^2)}{\sum\limits_{k=1}^{C}1/\rho_k(d_{kj}^2)}+\dfrac{\alpha}{\rho_s(d_{sj}^2)}(N_s-\overline{N}_j)$；$s=1,2,\cdots,C$；$j=1,2,\cdots,N$；$N_s=\sum\limits_{t=1}^{N}w_{st}u_{st}$；$\overline{N}_j=\sum\limits_{k=1}^{C}\dfrac{N_k}{\rho_k(d_{kj}^2)}\bigg/\sum\limits_{k=1}^{C}\dfrac{1}{\rho_k(d_{kj}^2)}$

⑤ $d=d+1$，更新 $\boldsymbol{B}$：$\boldsymbol{\beta}_i^{d+1}=\boldsymbol{\beta}_i^{d}-\eta\sum\limits_{t=1}^{N}2(u_{it})^2w_{it}\langle\widetilde{\boldsymbol{y}}(t),\boldsymbol{\beta}_i\rangle\widetilde{\boldsymbol{y}}(t)$；$\boldsymbol{\beta}_i=\boldsymbol{\beta}_i/\|\boldsymbol{\beta}_i\|$

End while

(3) 删除重复的聚类中心，计算并比较每个聚类中心势的相对大小，即 ξ_s 的大小，取 $\xi_s\geqslant\varepsilon$ 聚类中心参数 $\boldsymbol{\beta}_s$ 为聚类平面的法线向量 $\boldsymbol{a}_s$，$\xi_s\geqslant\varepsilon$ 的聚类中心个数也就是聚类平面的个数

(4) 假设估计出的聚类平面的法线向量为 $\boldsymbol{B}=[\boldsymbol{\beta}_1,\cdots,\boldsymbol{\beta}_M]\in\boldsymbol{R}^{n_{\mathrm{R}}\times M}$，$M$ 为估计出来的聚类平面的个数，它不一定等于聚类平面的实际个数 $C_{n_{\mathrm{T}}}^{\bar{a}}$。随机选取向量矩阵 $\boldsymbol{P}=[\boldsymbol{p}_1,\boldsymbol{p}_2,\cdots,\boldsymbol{p}_Q]\in\boldsymbol{R}^{n_{\mathrm{R}}\times Q}$，一般取 $Q\geqslant M$，并规则化：$\boldsymbol{p}_i=\boldsymbol{p}_i/\|\boldsymbol{p}_i\|_2\quad i=1,2,\cdots,Q$。

(5) **While** $\xi_i = \phi(\boldsymbol{p}_i)/\max(\phi(\boldsymbol{P})) \geqslant \varepsilon$

构造目标函数：$\phi(\boldsymbol{p}) = \sum_{i=1}^{Q}\sum_{j=1}^{M}\exp\left(-\frac{\langle \boldsymbol{p}_i, \boldsymbol{\beta}_j\rangle}{\boldsymbol{\sigma}^2}\right)$，估计局部最大值：$\boldsymbol{p}_i^{d+1} = \boldsymbol{p}_i^{d} + \frac{2\eta}{\boldsymbol{\sigma}^2}\sum_{j=1}^{M}\left[\exp\left(-\frac{\langle \boldsymbol{p}_i, \boldsymbol{\beta}_j\rangle}{\boldsymbol{\sigma}^2}\right)\right]\langle \boldsymbol{\beta}_j, \boldsymbol{\beta}_j\rangle \boldsymbol{p}_i$；$\boldsymbol{p}_i = \boldsymbol{p}_i / \|\boldsymbol{p}_i\|$。

End while

则 $\boldsymbol{p}_i$ 为混合矩阵的列向量。

2）识别方法

通过建模得到与虚拟信道矩阵相关的接收信号模型，虚拟信道矩阵包含空时码信息，因此可用于空时码识别，然后利用鲁棒竞争聚类算法盲估计出虚拟信道矩阵，再根据实正交空时分组码的特性，提出虚拟信道矩阵相关矩阵的稀疏度和非主对角元素方差的识别特征参数，最后提出利用此参数的正交空时分组码识别方法。

本书提出的鲁棒竞争聚类的实正交空时分组码的盲识别算法（DS-RCA 算法），如图 8.8.13 所示。

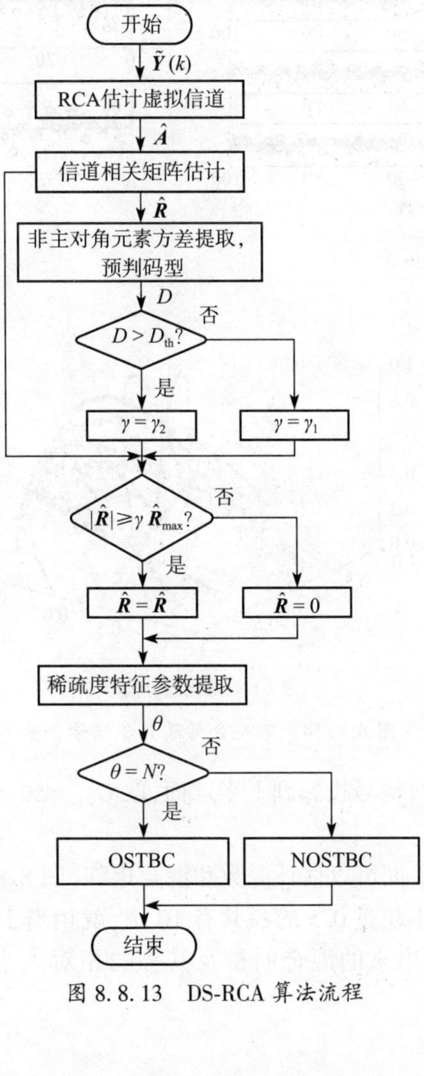

图 8.8.13　DS-RCA 算法流程

8.8.5 仿真实验及结果分析(2)

仿真中参数选择如下:发射信号 $S_i(k)$ 是 16QAM 调制的星座符号,发射数据为 2000 组,$N=5$,信道为高斯信道。性能仿真时,在信噪比 SNR=[−15~5]dB,通过 150 次蒙特卡洛实验进行分析。

1. RCA 估计虚拟信道分析

考虑不充分稀疏信号的欠定系统,即 $n_T>n_R$ 并且每一个采样时刻有多个源信号同时起作用。仿真中,发射天线数 $n_T=5$、接收天线数 $n_R=3$。SNR=5dB。正交和非正交空时分组码使用参考文献[48-51]的设计,进行 RCA 估计虚拟信道分析。图 8.8.14 分别显示源信号、观测信号与规则化的混合信号。

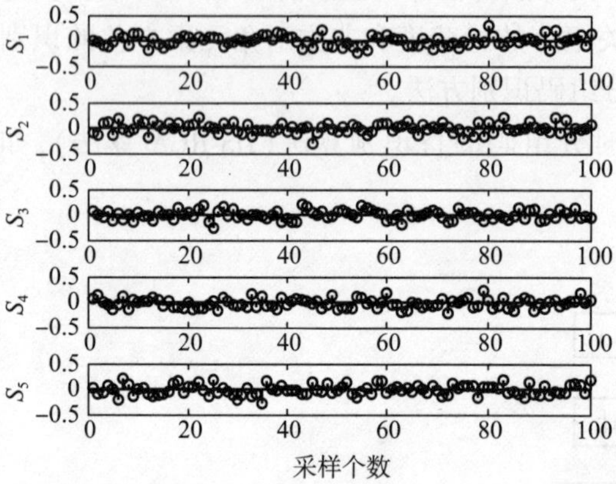

(a) 源信号

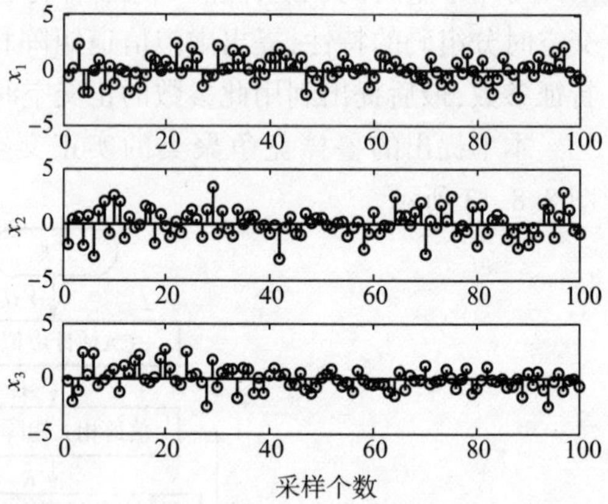

(b) 观测信号

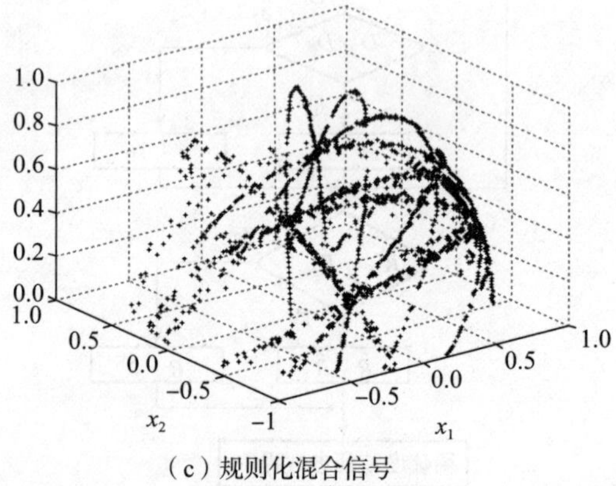

(c) 规则化混合信号

图 8.8.14　不充分稀疏混合信号分量

图 8.8.14(c)表示混合信号投影到上半球面,取 $C_{\max}=50$,估计聚类平面时,混合矩阵时 $\varepsilon=0.5$,$\varepsilon_1=0.0005$。

再利用估计出的聚类平面可以估计源数和混合矩阵(图 8.8.15)。其中,图 8.8.15(a)所示聚类平面势的相对大小超过 0.5 的一共有 10 个,就相当于有 10 个聚类平面,即是实际聚类平面的个数。估计出来的混合向量及其势的相对大小如图 8.8.15(b)所示,有

5 个混合向量势的相对大小超过了 0.5，这样估计出的源数为 5。

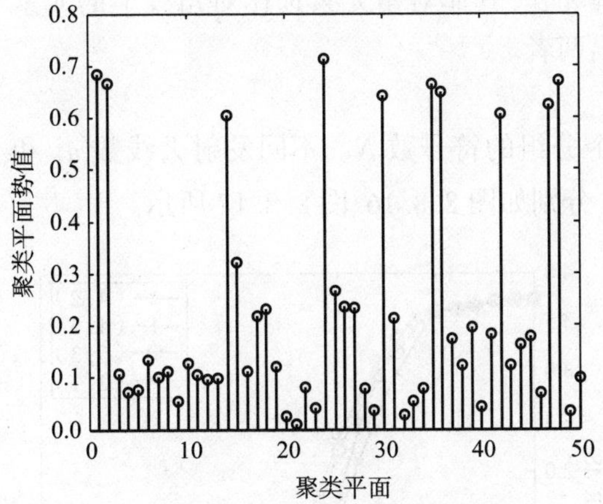

（a）聚类平面势的相对大小

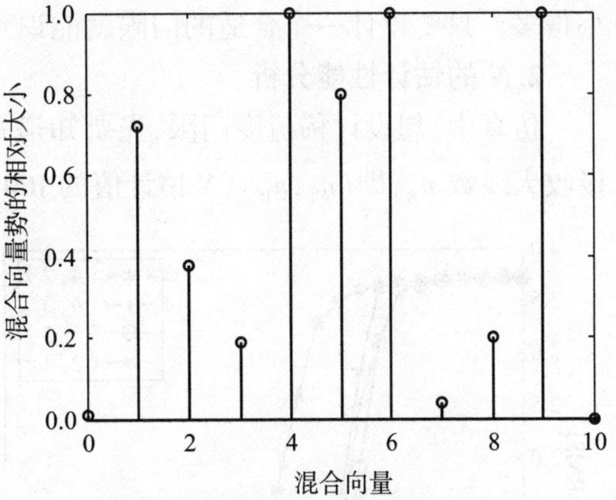

（b）混合向量及其势的相对大小

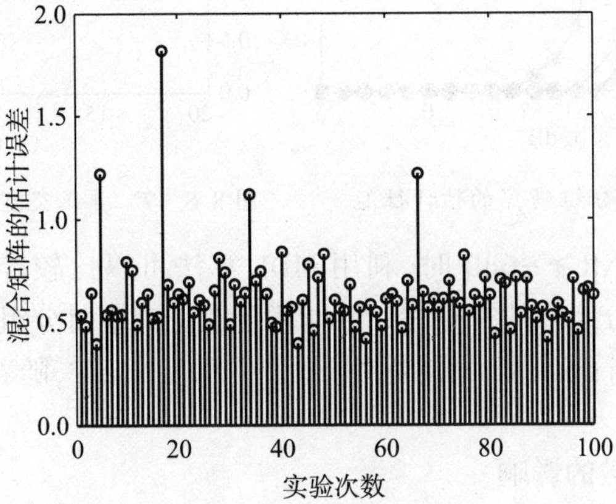

（c）混合矩阵的估计误差

图 8.8.15　混合矩阵的估计

估计得到正交空时分组码和非正交空时分组码的 $\hat{\boldsymbol{R}}$ 矩阵分别如表 8.8.2 表示。

表 8.8.2　$\hat{\boldsymbol{R}}$ 矩阵

（a）正交空时分组码 $\hat{\boldsymbol{R}}$

$$\begin{bmatrix} 35.246 & -0.8810 & 0.1550 & -1.7560 & 0.2511 \\ 0.7300 & 34.850 & -0.7826 & 0.0829 & 1.6252 \\ 0.4030 & -0.2580 & 34.244 & -0.3284 & -0.7483 \\ -1.2850 & 0.6002 & 0.9152 & 33.698 & 0.0594 \\ -0.0180 & -1.7502 & -0.8820 & 0.8621 & 33.028 \end{bmatrix}$$

（b）非正交空时分组码 $\hat{\boldsymbol{R}}$

$$\begin{bmatrix} 32.654 & 7.1065 & -3.6015 & 4.6750 & 2.3251 \\ -10.730 & 32.318 & 2.8782 & -9.2908 & 1.6252 \\ 3.0040 & -4.2580 & 32.008 & 7.0328 & -1.7483 \\ 1.2850 & 5.2608 & -6.9152 & 31.698 & 0.9598 \\ 2.8105 & -1.0777 & 3.0882 & -5.3186 & 31.082 \end{bmatrix}$$

由表 8.8.2 可见，由于估计过程当中有了误差的影响，正交空时分组码的$\hat{\boldsymbol{R}}$矩阵不是对角矩阵。如果跟非正交空时分组码的$\hat{\boldsymbol{R}}$矩阵相比，其非对角元素远比对角线上的元素小得多。只要设计一个合适的门限就能识别出两者。

2. N 的估计性能分析

仿真中，想设计稀疏度门限，先要知道每个分组的符号数 N。不同发射天线数 n_T 和接收天线数 n_R，即(n_T,n_R)，N 估计值的 RMSE 分别如图 8.8.16、图 8.8.17 所示。

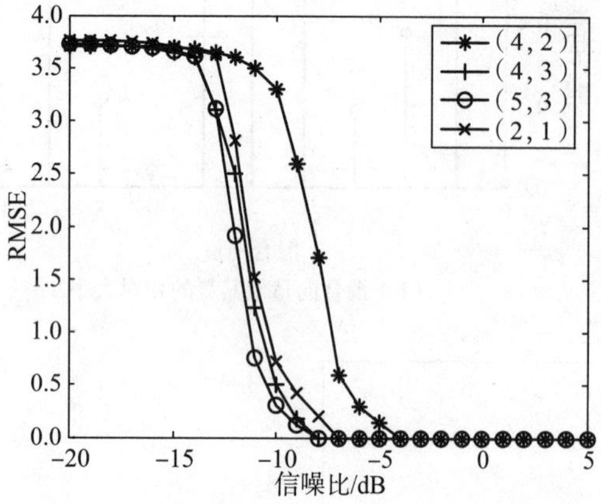

图 8.8.16　正交空时分组码 N 的估计性能

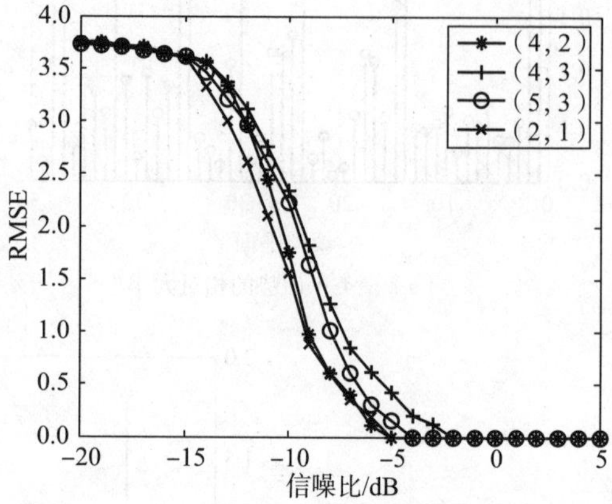

图 8.8.17　非正交空时分组码 N 的估计性能

从图可看到：在 SNR≥-6dB 时，利用 MDL 算法可以比较准确估计出 N；在相同的(n_T,n_R)下，正交空时分组码的符号估计性能优于非正交空时分组码；发射天线不变时，随着接收天线数的增大，符号估计性能提高了；接收天线不变时，随着发射天线数的增大，符号估计性能也提高了。

3. 噪声对特征参数的影响

在已知 $N=5$ 时，信噪比对正交空时分组码和非正交空时分组码的特征参数的影响如图 8.8.18、图 8.8.19 所示。

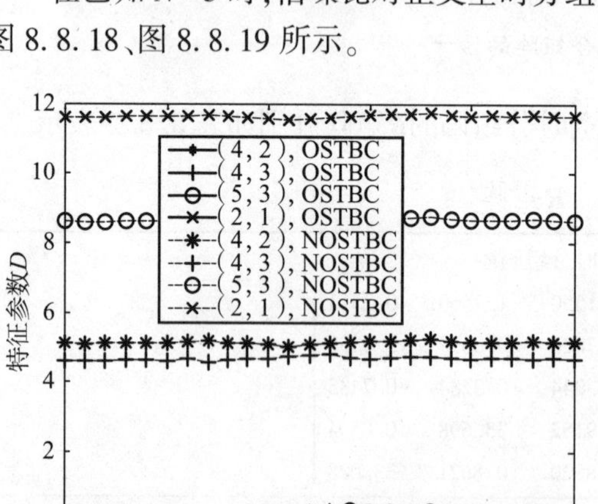

图 8.8.18　特征参数 D 的变化

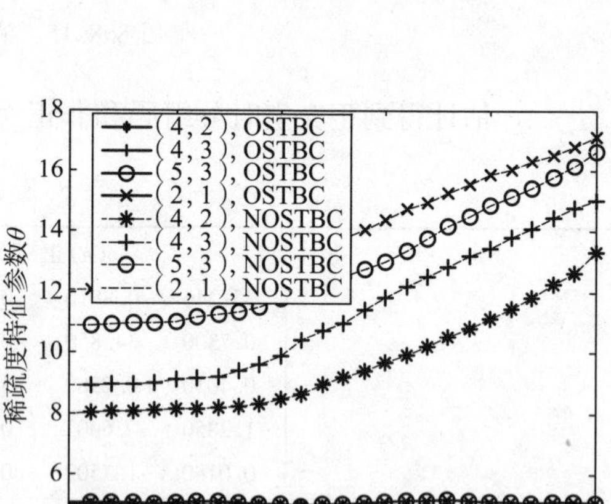

图 8.8.19　特征参数 θ 的变化

图 8.8.18 和图 8.8.19 中，非正交空时分组码的 D 和 θ 值大于正交空时分组码的 D 和 θ 值，两者基本不重叠；随着信噪比变化，正交空时分组码的 D 和 θ 值基本不变，而非正

交空时分组码的 D 和 θ 值有所变化;在接收天线不变而发射天线增大时,非正交空时分组码的 D 和 θ 值也随着增大。另外,图 8.8.19 中,同一个信号,同一个(n_T,n_R)时,随着信噪比增大,非正交空时分组码的 θ 值也增大。这些小结论说明信噪比对特征参数提取有一定的影响。

4. 算法识别率分析

根据上述仿真结果,取 $D_{th}=1$。当 $D>D_{th}$ 时,取 $\gamma=\gamma_2=1/40$;当 $D\leqslant D_{th}$ 时,取 $\gamma=\gamma_1=1/8$。稀疏度特征参数门限 $\theta_{th}=N=5$。DS-RCA 算法的识别率如图 8.8.20、图 8.8.21 所示。

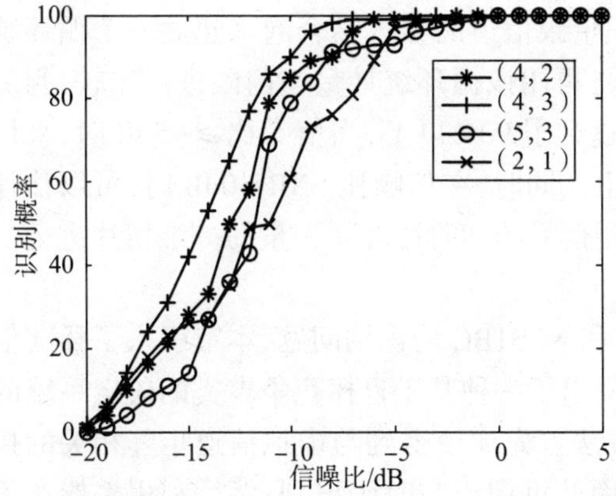

图 8.8.20　正交空时分组码的识别率

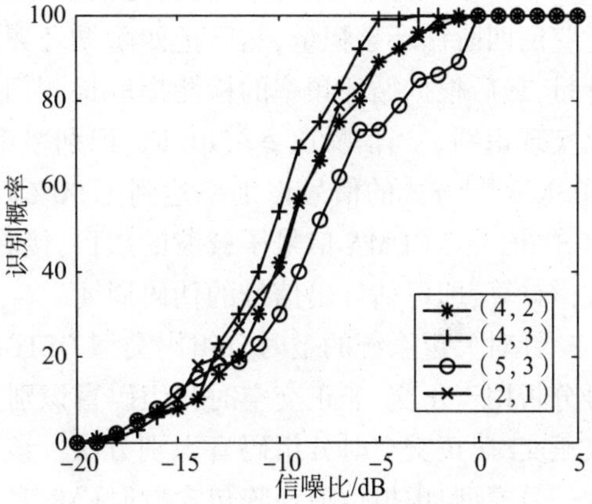

图 8.8.21　非正交空时分组码的识别率

从图 8.8.20 和图 8.8.21 可以看出:在同一个条件下,正交空时分组码的识别率远优于非正交空时分组码的识别率,尤其是在低信噪比如 SNR<−10dB 时;在信噪比 SNR≥−5dB 时,正交空时分组码的识别率都达到 99%左右,而非正交空时分组码的识别率在 SNR≥−1dB 时都达到 100%;在接收天线不变时,随着发射天线的增大,识别率也增大;在发射天线不变时,随着接收天线的增大,识别率也增大;仿真过程当中(n_T,n_R)=(4,3)得到最好的效果。

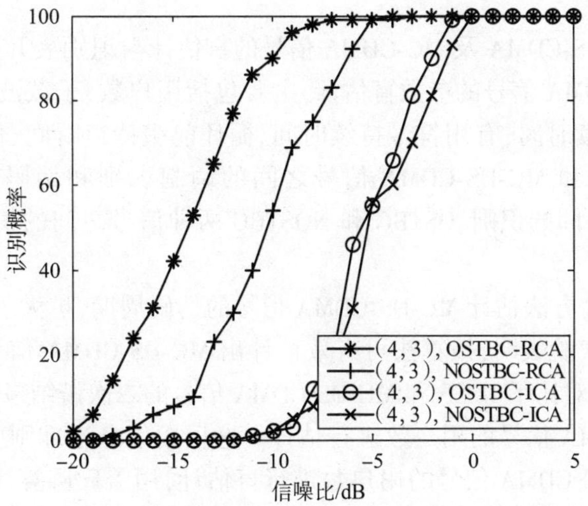

图 8.8.22　算法性能比较

图 8.8.22 比较了 DS-RCA 和 DS-ICA[209] 两种算法的性能,即利用 RCA 和 ICA 分别进行虚拟信道估计。图中:DS-RCA 算法的性能优于 DS-ICA 算法的性能,尤其是在低信噪比的情况下;在 SNR≥-5dB 时,DS-ICA 算法的识别率只能达到 60%左右;在 SNR≤-10dB 时,DS-ICA 算法基本上不能识别出两者,原因主要在于估计虚拟信道的阶段,对于欠定系统利用 ICA 算法估计混合矩阵的效果较差。

8.8.6　本节小结

关于空时编码盲识别问题,本节提出了一种利用循环平稳特性来实现对 STBC 与 VBLAST 的识别算法。该算法首先按给定标准选择相关函数,接着估计出这些相关函数对应的四阶循环累积量,然后把四阶循环累积量跟信道的参数结合起来建立一个循环统计量,最后根据循环频率的检测提取检测门限,再用该循环统计量与门限进行比较、判决以实现识别。当信噪比≥-5dB 时,识别率都达到了 90%以上,当信噪比≥-5dB 时,采用 QPSK 调制方式的信号识别率达到了 90%以上。同时,在信噪比 SNR=0dB 时,可以估计出 STBC MC-CDMA 信号子载波的数目,接着用信号的四阶循环累积量的一维切片进行二次谱计算,即可估计出信号的伪码周期。

针对欠定系统的空时分组码类型 OSTBC 和 NOSTBC 的识别问题,本节引入了稀疏信号分析用于正交/非正交空时分组码盲识别,提出了一种基于鲁棒竞争聚类的欠定系统的实正交/非正交空时分组码盲识别方法。该方法首先建模得到与虚拟信道矩阵相关的接收信号模型,虚拟信道矩阵包含空时码信息,因此可用于空时码识别,然后利用鲁棒竞争聚类算法盲估计出虚拟信道矩阵,再根据实正交空时分组码的特性,提出虚拟信道矩阵相关矩阵稀疏度和非主对角元素能量与主对角元素能量之比的识别特征参数,最后利用此参数实现正交/非正交空时分组码的识别。在 SNR≥-5dB 时,正交空时分组码的识别率都达到99%左右;非正交空时分组码的识别率在 SNR≥-1dB 时都达到100%。另外,本节针对欠定系统的不充分稀疏混合信号,利用 RCA 算法还能估计出源信号个数。

8.9　本章小结

本章针对 MC-DS-CDMA 及 MC-CDMA 信号的盲估计与识别展开研究,并介绍了 MC-DS-CDMA 及 MC-CDMA 信号的参数盲估计,主要包括用户数、子载波参数(子载波频率、子载波数)、符号持续时间、有用符号持续时间、循环前缀持续时间、伪码周期、伪码序列等,以及 MC-CDMA 和 MC-DS-CDMA 信号之间的调制识别和伪码序列估计、STBC 和 VBLAST 两种信号之间的识别、OSTBC 和 NOSTBC 两种信号之间的识别等。本章具体内容如下:

(1) 运用二次谱方法估计 MC-DS-CDMA 信号的伪码周期,扩大了该算法仅用于一般直扩信号的范围。实验表明,该算法可有效估计出 MC-DS-CDMA 信号的伪码周期,并在采样率较低时,实验对比了 DSSS 和 MC-DS-CDMA 信号的二次谱结果。

(2) 对 MC-CDMA 信号的用户数进行估计。这里用信息论准则中的 AIC 准则、MDL 准则、HQ 准则对 MC-CDMA 信号的用户数进行盲估计,用盖氏圆算法对 MC-CDMA 信号的用户数进行估计。仿真实验表明,信息论准则和盖氏圆算法在高斯白噪声条件下都能有效地估计出 MC-CDMA 信号的用户数,且在高斯白噪声条件下 HQ 准则估计信号用户数性能最优,盖氏圆算法估计信号用户数性能最差。

(3) 在高斯白噪声条件下对 MC-CDMA 信号的四阶循环累积量进行理论分析,得出其算法可以估计出 MC-CDMA 信号的子载波数目和子载波频率间隔的结论。蒙特卡洛仿真结果表明,四阶循环累积量算法在估计 MC-CDMA 信号子载波参数方面具有较好的性能。在仿真实验部分,对所截取数据进行分段,求每段数据的四阶循环累积量,然后将所求结果进行累加,最后除以数据的分段数。数据经过累加取平均提高了信号子载波参数的正确识别率。

(4) 在多径衰落信道条件下对 MC-CDMA 信号的自相关二阶矩进行理论分析,并给出信号的循环自相关推导公式。通过分析得出,自相关二阶矩算法能够估计出 MC-CDMA 信号的扩频序列周期。仿真部分对自相关二阶矩算法的性能进行详细分析,并对自相关二阶矩算法和循环自相关算法的性能进行对比分析。其中,在用自相关二阶矩算法估计 MC-CDMA 信号的扩频序列周期时,其在高斯白噪声条件下周期估计性能最好,其次是莱斯信道和瑞利信道。循环自相关算法可以得到同样的结论。同一信噪比条件下,多径衰落信道的路数越多,其周期估计性能越差。数据经过累加取平均后,可以提高信号周期的正确估计率。在估计 MC-CDMA 信号的符号周期时,循环自相关算法具有良好的性能,但自相关二阶矩算法计算复杂度低,工程上易于实现。

(5) 本章提出了运用改进型的循环自相关算法在多径环境下对 MC-CDMA 信号进行多参数估计,参数包括符号持续时间、有用数据持续时间、码片持续时间、循环前缀长度等,扩大了该算法用于 OFDM 信号的范围。同时,该算法可作为 MC-CDMA 和 OFDM 信号调制识别的方法。

(6) 运用奇异值分解方法,在去循环前缀基础上,根据奇异值个数的不同,对 MC-DS-CDMA 和 MC-CDMA 信号进行调制识别,并根据左奇异向量估计 MC-CDMA 信号的伪码序列。

(7) 关于空时编码盲识别问题,本章提出了一种利用循环平稳特性来实现对 STBC 与 VBLAST 的识别算法。该算法利用四阶循环累积量的优点减少随机噪声的影响,从而改善系统性能。当 SNR≥-5dB 时,识别率都达到了 90%以上,当 SNR≥-5dB 时,采用 QPSK 调制方式的信号识别率可达到了 90%以上(图 8.8.9)。同时,在信噪比 SNR=0dB 时,可以估计出 STBC MC-CDMA 信号子载波的数目(图 8.8.3),接着用信号的四阶累积量的一维切片进行二次谱计算,即先求它的功率谱密度,然后再作傅里叶变换并取模平方,得到信号功率谱的二次谱处理。这些脉冲串间的宽度就是信号的伪码周期。从图 8.8.6 可以看出,高斯白噪声已被抑制了。所以,在低信噪比条件下也可以估计信号的伪码周期 T_w(图 8.8.6)。

针对空时分组码类型识别的问题,引入了稀疏信号来分析正交/非正交空时分组码盲识别,提出了一种基于鲁棒竞争聚类的实正交/非正交空时分组码盲识别方法。研究结果表明,所提出的方法具备有效性。在信噪比 SNR≥-5dB 时,正交空时分组码的识别率都达到99%左右(图 8.8.20),而非正交空时分组码的识别率在 SNR≥-1dB 时都达到 100%(图 8.8.21)。在 SNR≥-6dB 时,利用 RCA、MDL 算法可以比较准确估计出混合矩阵 $\boldsymbol{A}$ 和 N(图 8.8.15(b)、图 8.8.16 和 图 8.8.17)。

第9章 基于深层神经网络的多载波宽带信号的盲识别

本章主要内容将围绕多载波信号类间识别及其子载波调制样式识别算法展开。多载波信号盲识别和子载波调制样式识别任务是无线电信号识别的两个关键步骤,且多载波信号可以分为正交和非正交两类,因此,上述两个任务之间保持着递进的关系,即子载波调制样式识别的前提条件是先识别到不同多载波信号的类型。基于此,本章先利用信号时域和变换域特征提出了两种多载波信号类间识别算法:在9.1节提出了空时学习神经网络(Spatial Temporal-Convolutional Long Short-Term Deep Neural Network,ST-CLDNN)和在9.2节提出了基于降噪循环自相关的多模态特征融合网络(Denoised Cyclic Autocorrelation based Multimodality Fusion Network,DCA-MFNet)的识别网络。在此基础上,分别研究了正交OFDM子载波调制样式识别算法:在9.3节提出了序列星座多模态特征融合网络(Series-Constellation Multi-Modal Feature Network,SC-MFNet)、在9.4节提出了一维卷积网络(One-dimensional Convolution Network,1D-CNN)和在9.5节提出了基于累积星座向量的分类网络(Projected Accumulation Constellation Vector Based Classification Network,P-ACV-Net)的识别网络,以及非正交FBMC子载波调制样式识别算法:在9.6节提出了基于变换通道卷积策略的网络(Transform Channel Convolution based network,TCCNet)的识别网络。

9.1 基于时空学习神经网络的盲多载波波形识别

9.1.1 引言

近年来,无线通信系统取得了长足发展,从1G到5G不断更新,推动了无线技术在军事和民用领域的蓬勃发展。同时,各种无线技术和异构网络在多种无线技术并存的情况下,传输干扰的恶化,不可避免地会产生更差的电磁环境[227]。因此,对无线技术的识别为无线电监测和干扰管理系统提供了重要的应用,这已经成为一个重要的研究课题。多载波波形技术作为无线技术的一个重要类别,在非合作通信场景下也需要对其进行识别。由于在当前和下一代通信环境中也出现了多种多载波信号并存的问题。Dobre还在综述[228]中指出,随着新的FBMC、通用滤波多载波(UFMC)和广义频分复用(GFDM)技术的出现,有效的多载波波形识别任务应该提上频谱监测和管理的议程。

目前,学术界和工业界对FBMC、UFMC、GFDM、OFDM、滤波正交频分复用(F-OFDM)和正交时频空间(Orthogonal Time Frequeney Space,OTFS)6种多载波波形进行了广泛的研究。这主要是因为,OFDM中严格的同步和高功率谱旁瓣已经成为在不同应用场景下实现更高的频谱效率和灵活设计的主要障碍。鉴于OFDM技术的这些缺陷,下一代通信需求进一步要求重新设计优秀的多载波方案,以获得更低的带外辐射(OoB)、更高的频谱效率和宽松的同步。因此,许多新的多载波波形设计蓬勃发展,其中每一个都有独特的脉冲成形滤波器,以满足不同的使用情况。这些新波形可以看作 OFDM 的改进和增强滤波版本。

从历史上看,大多数传统的 AMC 方法主要处理单个载波的情况,其可以分为基于可能性(LB)[379]和基于功能(FB)两类。在非合作环境下,LB 方法存在较高的计算复杂度。FB 方法包含特征提取和分类两个主要操作,一般来说,FB 方法可能需要设计十几个或几十个专家特征,以确保特定的信号识别性能。因此,FB 方法将导致复杂的特征工程和较高的计算复杂度。为了解决这一难题,深度学习(DL)方法[380-382]与调制分类的有效结合可以在完全盲场景下发挥最大的潜力。DL 方法背后的主要思想是利用大量连续的隐含层和非线性处理单元来自动捕获数据中的高层特征,并已经先后出现了基于卷积神经网络(CNN)[221]、长短期记忆(LSTM)[384]和残差网络(ResNet)[224]、卷积长短期深度神经网络(CLDNN)等的 AMC 算法。到目前为止,上述方法只考虑了单载波情形,因此对于新的多载波波形,基于 DL 技术的 AMC 研究并不多,甚至很少。

为了弥补这一缺陷,本书提出了一种新的多载波波形识别框架,可对 CP-OFDM、UFMC、F-OFDM、FBMC、OTFS 和 GFDM6 种多载波波形进行分类。该框架利用基于 DL 的 ST-CLDNN 网络,仅结合接收信号的 I/Q 和幅度信息作为训练数据集,在全盲环境下自动完成识别任务。此外,本节并没有从头开始训练整个 ST-CLDNN,而是进一步采用转移学习方案训练 ST-CLDNN 模型,训练时间更短,计算效率更高。为此,本节的主要内容如下:

(1) 提出了一种基于 ST-CLDNN 网络模型的盲多载波波形识别方法,并可以同时利用 I/Q 和幅度数据的互补信息。

(2) 通过同时利用时空特征,ST-CLDNN 网络可以对 6 种多载波波形(CP-OFDM、UFMC、F-OFDM、FBMC、OTFS、GFDM)进行分类。因此,与参考文献[235]相比,多载波波形的识别范围得到了扩展。

(3) 为了应对时变的通道效应,本节采用转移学习策略,减少再训练时间,加速模型收敛。

9.1.2　多载波发射信号模型

1. 时域信号表达式

本节介绍了所研究的 6 种多载波方案的发射信号模型,主要包括 FBMC-OQAM、UFMC、GFDM、OTFS 和 F-OFDM,同时对 CP-OFDM 进行了简要的描述。由于所有多载波技术都基于经典的循环前缀-正交频分复用 CP-OFDM 技术,这里给出了它们的共同特征:① $a_{k,m}$ 表示第 m 个周期内第 k 个子载波发送的数据符号,其中数据符号是独立且同分布的(IID)随机序列,由正交幅度调制符号发生器映射。②该模型拥有 N_s 个子载波,相邻子载波间隔为 Δf,对应的采样频率为 $f_s=1/T_s=N_s\cdot\Delta f$。③在每个子带中,由 IFFT 模块完成从频域到时域的转换,其中 N_i 表示第 i 个子带采用的 IFFT 大小。④每个子带可以包含应用于数据传输的 N_{ui} 个不同的子载波,并且具有(N_s-N_{ui})零子载波。这里采用临界采样离散时间多载波信号模型。

数学上,多载波系统中的传输信号可以表示如下:

$$x[n]=\sum_{m=-\infty}^{+\infty}\sum_{k=0}^{N_s-1}a_{k,m}\cdot g_{k,m}[n] \tag{9.1.1}$$

式中：$g_{k,m}[n]$表示将符号 $a_{k,m}$ 转换为多载波波形的发射基准脉冲成形，可表示为

$$g_{k,m}[n]=p[n-mN]\cdot e^{j\frac{2\pi kn}{N_s}} \tag{9.1.2}$$

式中：$p[n]$为原型滤波器；N 为符号时间间隔。最后接收的信号可以表示如下：

$$\begin{aligned}r[n]&=y[n-\tau]\cdot e^{j\left(\frac{2\pi n\sigma}{N_s}+\varphi[n]\right)}+w_n[n]\\&=\left[\sum_{k=0}^{K_m}x[n-n_k]*h[n_k]\right]\cdot e^{j\left(\frac{2\pi n\sigma}{N_s}+\varphi[n]\right)}+w_n[n]\end{aligned} \tag{9.1.3}$$

式中：$w_n[n]$表示加性高斯白噪声（AWGN）；σ 表示受多普勒频移影响的载波频率偏移；$h[n_k]$表示具有 K_m 条路径的多径信道；τ 和 $\varphi[n]$分别表示时间偏移和相位噪声。

1）CP-OFDM 信号

作为多载波应用的主题，循环前缀正交频分复用可以通过方便的快速傅里叶逆变换（IFFT）技术来保证子载波正交。使用正交调幅调制的所有数据符号可以转换成并行数据流。为了实现相邻子载波的正交性，IFFT 块将频域中的正交调幅符号转换为时域中的正交调幅符号。稍后，通过并行到串行（P/S）处理获得串行 CP-OFDM 信号，并且整个处理可以在图 9.1.1 中示出。

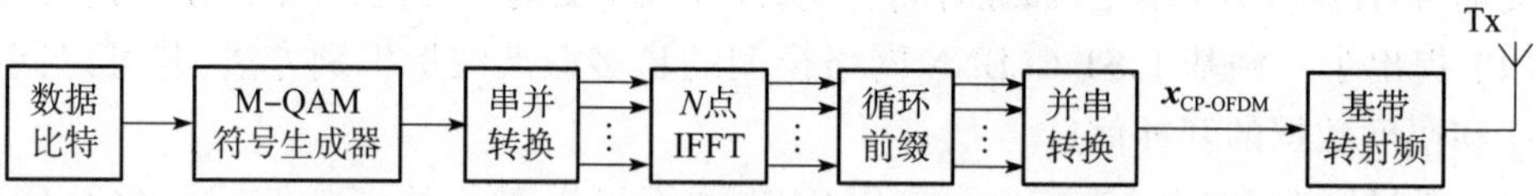

图 9.1.1　CP-OFDM 信号的发射机框图

从数学上讲，基带 CP-OFDM 信号 $x_{\text{CP-OFDM}}$ 可以表示为

$$x_{\text{CP-OFDM}}[n]=\sum_{m=-\infty}^{\infty}\sum_{k=0}^{N_S-1}a_{k,m}\cdot g_{k,m}[n-mN_s]\cdot e^{j\frac{2\pi k(n-mN_s)}{N_s}} \tag{9.1.4}$$

式中：N_s 表示在 IEEE 802.11 标准中 CP-OFDM 的子载波数量[385]。

2）OTFS 信号

为了弥补多径和高移动性情况下延迟敏感性的缺陷，OTFS 可以使每个传输符号经历与 CP-OFDM 相同的信道增益。其原因在于将严格的时频信道转换为平坦的延迟多普勒信道。为了与其他调制方式进行比较，本书在 LTE 系统中采用了一种与 CP-OFDM 架构兼容的形式。通过在 N 个连续的 OFDM 符号上采用预编码模块，可以容易地执行 OTFS 调制，图 9.1.2 中展示了这一过程。注意，预编码块采用逆辛有限傅里叶变换（Inverse Symplectic Finite Fourier Transform，ISFFT）[386]，这是标准快速傅里叶变换的变体。OTFS 调制相应的延迟多普勒表示描述如下：

$$x_{\text{OTFS}}[n,l]=\frac{1}{\sqrt{K_sN_s}}\sum_{m=0}^{Ks-1}\sum_{k=0}^{N_s-1}a_{k,m}\cdot g_{k,m}[n-kN_s]\cdot e^{j2\pi\left(\frac{nm}{Ks}-\frac{lk}{N_s}\right)} \tag{9.1.5}$$

式中：K_s表示符号数。

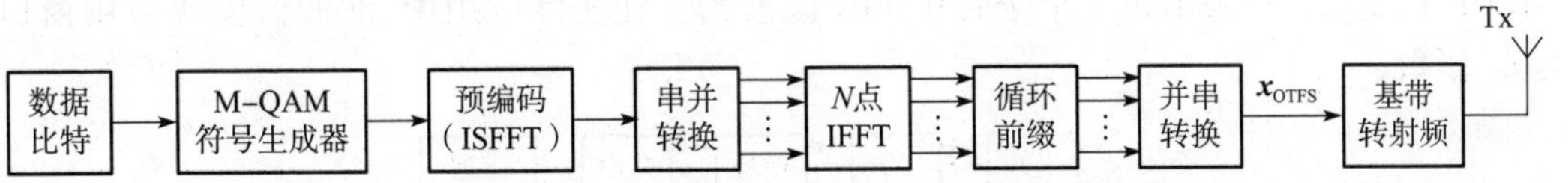

图 9.1.2　OTFS 信号的发射机框图

3) FBMC 信号

与时域中使用矩形窗口的循环前缀正交频分复用不同,每个 FBMC 子载波中的每个符号都由精心设计的原型滤波器整形,以实现主要的时频特性并提高频谱效率。FBMC 背后的基本思想说明如下:①旁瓣被每个符号滤波器最小化,以减少带外(OoB)频谱辐射和子载波之间的自干扰。②冗余 CP 的去除可以显著提高数据速率。③采用相邻子载波间的重叠策略,放宽严格的同步要求。④在 OQAM 运算的实-虚分离之后,实平面上的正交性可以被重建。

图 9.1.3 所示为 FBMC 信号的发射机框图。先对正交调幅数据进行串并转换,然后串行数据通过一个偏移正交调幅(OQAM)解耦模块,以消除相邻子载波之间的干扰。稍后,独立的 IFFT 模块和滤波器组模块可以将 OQAM 信号映射到 N_s 个 FBMC 子载波上。因此,基带 FBMC 信号由下式给出:

$$x_{\text{FBMC}}[n]=\sum_{m=-\infty}^{\infty}\sum_{k=0}^{N_S-1}s_{k,m}\cdot g_{k,m}\left[n-m\frac{N_s}{2}\right]\cdot \mathrm{e}^{\mathrm{j}\frac{2\pi k\left(n-m\frac{N_s}{2}\right)}{N_s}} \tag{9.1.6}$$

式中:$s_{k,m}$ 为 OQAM 复数数据符号,在实数和虚数符号之间存在半个符号时间延迟。

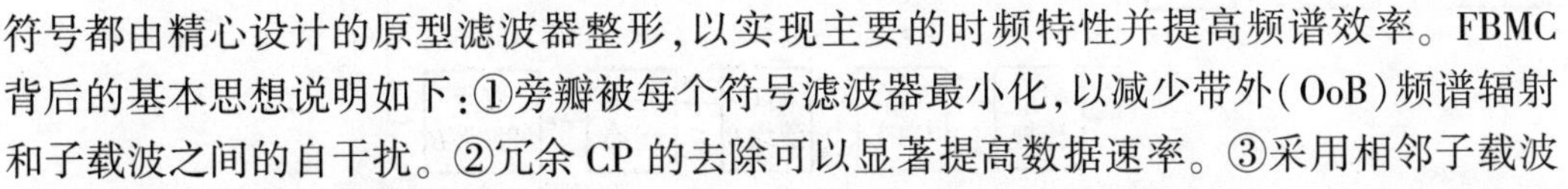

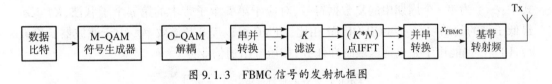

图 9.1.3　FBMC 信号的发射机框图

4) F-OFDM 信号

考虑到固定的循环前缀和子载波间隔被设计成 CP-OFDM,其子载波间具有正交性,但是其恒定参数不适用于诸如车辆互联网的新服务。滤波正交频分复用系统对正交频分复用符号[387]应用主滤波器,这减少了 OoB 频谱泄漏并确保了正交频分复用系统中的复域正交性。因此,滤波正交频分复用可以解决正交频分复用缺乏灵活性的问题,并与当前的长期演进系统向后兼容。

图 9.1.4 给出了 F-OFDM 信号的详细发射机框图。首先,数据符号分配到不同的子带,然后长度为 N 的 IFFT 的输出插入一个循环前缀。与 UFMC 不同,滤波正交频分复用(F-OFDM)可以通过保留循环前缀来降低接收机的复杂度。稍后,为了降低 OoB 频谱发射,每个子带都用单独的子带滤波器进行滤波。每个子带的所有输出在最终发射机中求和,F-OFDM 基带信号可以表示为

$$x_{\text{F-OFDM}}[n]=\sum_{b=1}^{B}\sum_{l=0}^{L_b-1}\sum_{m=0}^{M-1}\sum_{k=0}^{N_S-1}d_{k,m}^{b}\cdot g_b[l]\cdot \mathrm{e}^{\mathrm{j}\frac{2\pi k(n-l-mL_{\text{CP}})}{N_s}} \tag{9.1.7}$$

式中:$d_{k,m}^{b}$ 表示在第 k 个周期期间位于第 b 个子带中第 q 个子载波的复数数据符号;L_{CP} 表

示 CP 长度；$g_b[l]$表示第 b 个子带中 FIR 滤波器。在实际应用中，滤波器模块采用窗口 sinc 函数。

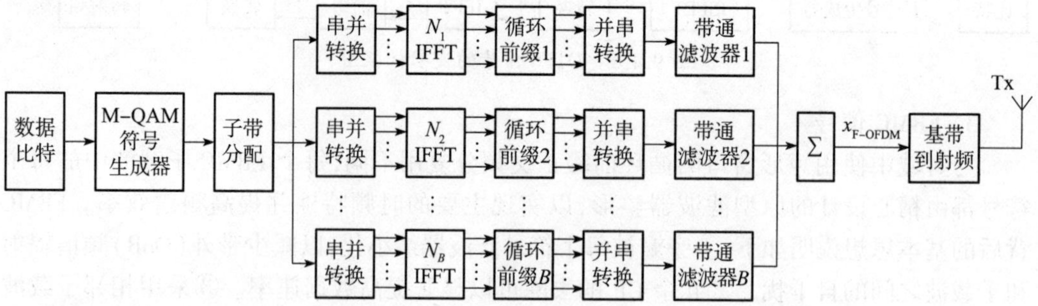

图 9.1.4　F-OFDM 信号的发射机框图

5) UFMC 信号

UFMC 信号的发射机框图如图 9.1.5 所示。UFMC 技术采用分组策略来过滤一组子载波，而不是过滤正交频分复用中的整个频带或正交频分复用中的单个子载波。整个频带(包括 n 个子载波)可以分为 K 个子频带，一个子频带中有 Q 个子载波。为了降低 OoB 频谱辐射，子带中的 IFFT 输出由多尔夫–切比雪夫滤波器滤波，其长度为 L_s、旁瓣衰减 ξ。注意，为了通用性，采用相同的滤波器 $g_q(n)$，并且可以执行不同的滤波器。最后一个基带 UFMC 信号可以通过累加 N_k 路输出[388]获得，其表达式如下：

$$x_{\mathrm{ufmc}}[n]=\sum_{r=-\infty}^{+\infty}\sum_{k=1}^{K}\sum_{q=0}^{Q-1}g_q[n-rN_s]\cdot c_{k,q,r}\cdot \mathrm{e}^{\left[\frac{\mathrm{j}2\pi(K_0+kQ)}{N_s(n-rN_s)^{-1}}\right]} \tag{9.1.8}$$

式中：$c_{k,q,r}$ 为第 r 个周期中的复数据符号，对应于第 k 个子带中的第 q 个子载波，K_0 表示最低子带的起始频率。与 CP-OFDM 相比，UFMC 可以提高频谱效率。由于滤波器长度较短，UFMC 也能用于完成延迟敏感性任务，如短分组通信业务。

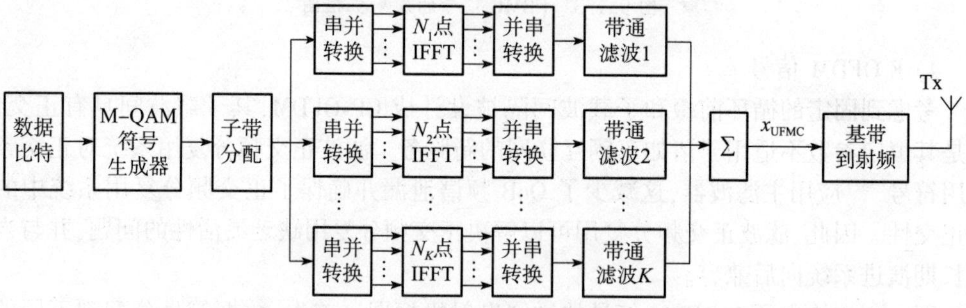

图 9.1.5　UFMC 信号的发射机框图

6) GFDM 信号

类似于 FBMC 处理，GFDM 还执行子载波滤波操作。然而，长滤波器使得 FBMC 与短分组通信服务不兼容。为了克服这一缺点，GFDM 采用循环滤波方法，以在整个滤波过程中保持相同的长度[389]。此外，使用了符号的块处理，并且将 CP 插入相应的块中。图 9.1.6 描绘了 GFDM 信号的发射机框图。

考虑到 GFDM 的符号长度 $N_{\mathrm{GFDM}}=M\cdot N_S+N_{\mathrm{CP}}$，GFDM 信号可以描述为

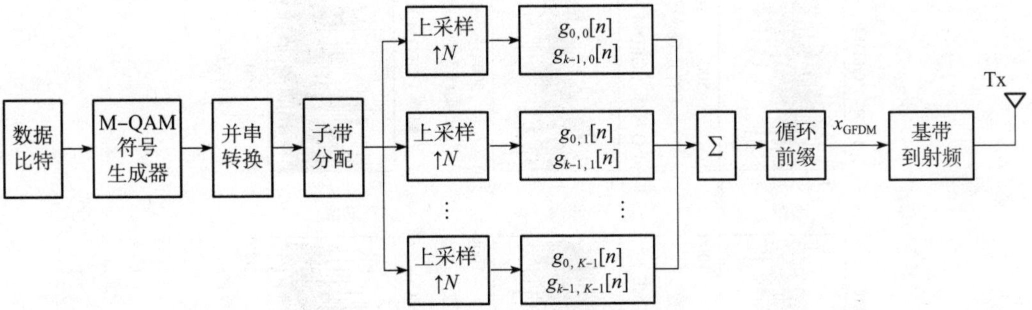

图 9.1.6　GFDM 信号的发射机框图

$$x_{\mathrm{GFDM}}[n]=\sum_{r=-\infty}^{+\infty}\sum_{k=0}^{K-1}\sum_{q=0}^{N_S-1}g_D[n-qN_S-rN_{\mathrm{GFDM}}]\cdot u_{k,q,r}\cdot \mathrm{e}^{\left[\frac{\mathrm{j}2\pi k(n-rN_{\mathrm{GFDM}})}{N_S}\right]} \tag{9.1.9}$$

式中：$u_{k,q,r}$ 为第 r 个周期中的数据符号，与第 k 个子带中的第 q 个子载波匹配，$N_{\mathrm{GFDM}}=MN_S+N_{\mathrm{CP}}$ 表示 GFDM 符号长度。

2. 可视化 6 种多载波波形

图 9.1.7 可视化了时域中 6 个波形的幅度和 I/Q 特征。很明显，6 个波形在 I/Q 和幅度特征方面具有不同的特征。OTFS 波形具有明显的规律性特征，FBMC 波形具有明显的集中长尾特征。此外，CP-OFDM 波形表现出相对稳定的时域特征，而 GFDM 波形稳定性略弱。然而，部分相似性出现在 UFMC 和 F-OFDM 波形的首端和尾端，这可以归因于两个波形都属于子带滤波范围的事实。然而，UFMC 和 F-OFDM 波形不同于其他 4 种波形。这里值得一提的是，多载波波形可以通过 6 个信号的波形特征来识别，但是各种特征将提供不同的信息。因此，上述幅度和 I/Q 特征的多样性可以有利于后续的识别过程。

3. 数据集的生成

图 9.1.8 中构建了用于训练、验证和测试所提出的 ST-CLDNN 分类器的多载波数据集。在创建数据集的过程中，利用 MATLAB 2019a 完成多载波符号的生成和时变衰落信道的仿真，包括多普勒频偏、时间偏移、相位噪声、多径和 AWGN 效应。

整个数据集选取 6 个多载波信号作为目标池 $\boldsymbol{\Omega}$，即 $\boldsymbol{\Omega}$=[UFMC, CP-OFDM, F-OFDM, FBMC, OTFS, GFDM]，广泛应用于实际通信场景。为了更全面地描述数据集，本书采用了 −18～20dB 的多个信噪比 SNR，间隔为 2dB。$\boldsymbol{\Psi}_n=[I_1,I_2,\cdots,I_N;Q_1,Q_2,\cdots,Q_N]^{\mathrm{T}}$ 假定一个输入数据向量的维数为 $[2\times N]$，整个数据集的大小可以表示为 $[T\times 2\times N]$。此外，总样本 T 为 $T=k_m\times k_{\mathrm{snr}}\times k_s$，其中 k_m 是多载波类型的数量，k_{snr} 是信噪比数量，k_s 是每个多载波类型每个信噪比水平的样本数量。特别是，对于训练和验证数据集，N, k_m, k_{snr} 和 k_s 分别对应于 1024、6、20 和 2000，而对于特殊 $k_s=500$ 的测试数据集。因此，训练和验证数据样本集的总大小可以表示为 [240000 × 2 × 1024]，测试集的大小为 [60000×2×1024]。

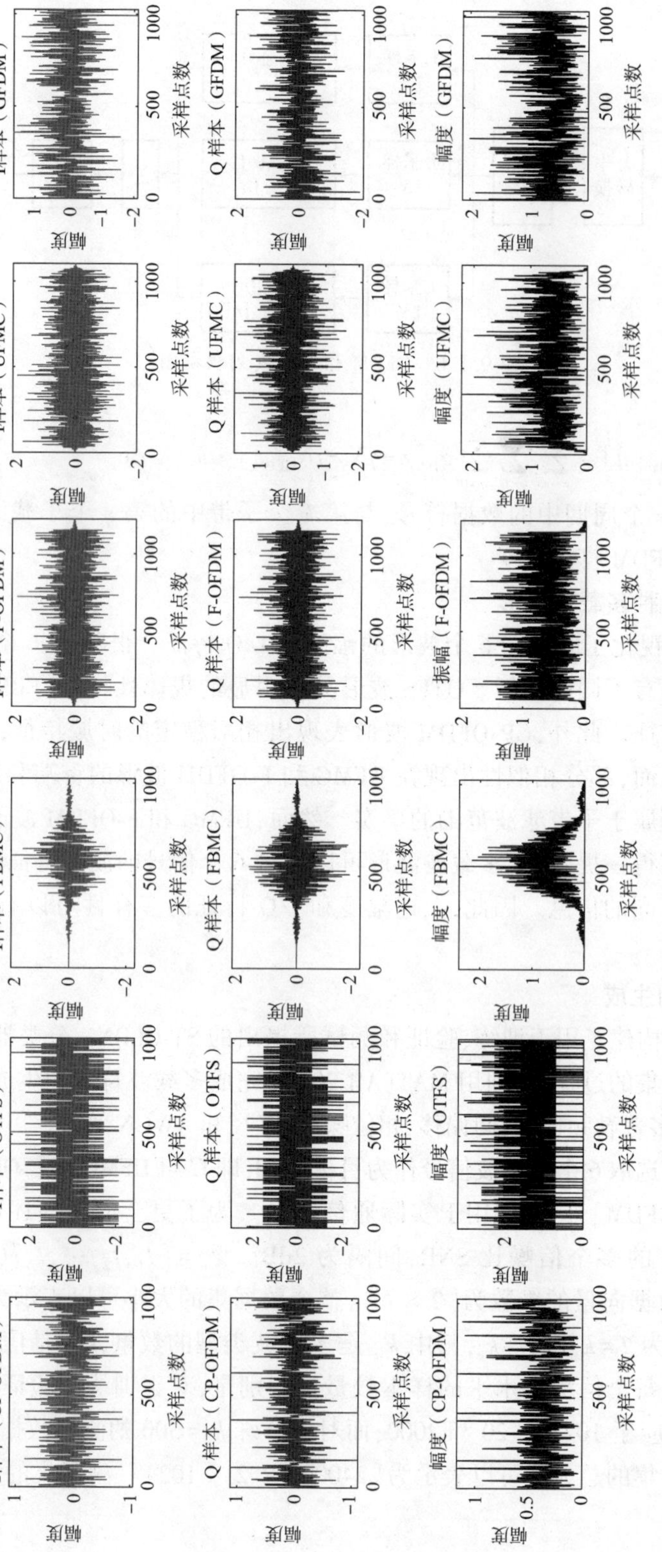

图9.1.7　6种发射基带多载波波形的I/Q样本和幅度可视化展示

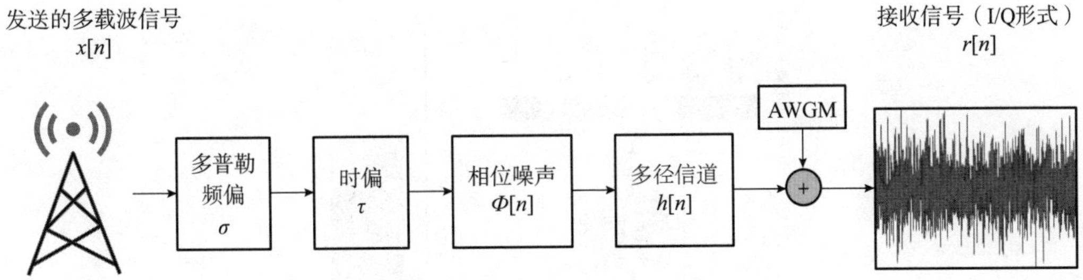

图 9.1.8　多载波数据集的构造流程

9.1.3　ST-CLDNN 盲多载波波形识别框架

在完成上述多载波数据集的生成后，本节提出了一种新的基于深度学习的 ST-CLDNN 网络去执行多载波波形识别任务。在本节中，将简要介绍与波形识别任务相关的 ST-CLDNN 网络的基本数学原理。

1. 采用 ST-CLDNN 进行波形识别的原因

如 9.1.2 节所述，假设接收信号 $r[n]$ 是时域中的离散序列；因此，在文献[221,390]中采用了适用于时间序列识别任务的神经网络。与以前的工作相比，本节提出 ST-CLDNN 来执行识别任务。值得注意的是，在这项工作中使用 ST-CLDNN 网络的原因有以下几点：

首先，多模态无线信号[190,390]的特征融合，如循环谱、时频图像和高阶累积量，已被证明能提高识别精度。然而，多模态数据的生成需要复杂的变换过程，导致过多的计算负担。因此，采用 ST-CLDNN 架构，具有输入/输出数据的多模态输入，即 I 通道、Q 通道和幅度数据。ST-CLDNN 的可行性可能归因于它可以方便地实现从 I/Q 数据到三通道数据的转换。此外，三个数据的联合特征可以增强互补优势，形成更多的区别特征。

此外，ST-CLDNN 网络可以在识别精度和复杂性之间获得更好的折中。为了获得最佳性能，利用纯 RNN[390]、GRU[391]或 LSTM[385]来学习更全面的时间序列特征，但代价是耗费大量时间。复杂性高的原因是 LSTM 和 RNN 几乎不具备并行加速能力。然而，延迟对于具有实时性要求和低复杂性的未来高速移动通信场景是非常重要的。因此，本节提出了 ST-CLDNN 网络可利用 CNN 的并行处理和 LSTM 的时间相关性之间的优势。值得注意的是，基于 CNN 的空间特征提取层首先执行空间降维以缩短输入序列，同时考虑时间性。然后，压缩后的序列输入基于 LSTM 的时间特征提取层，以获取其高级时间相关性。

2. 提出的 ST-CLDNN 网络结构

图 9.1.9 所示为 ST-CLDNN 网络模型，其可以作为有用的非线性拟合函数来实现从同相、正交 I/Q 和幅度数据到波形类别的映射。一般来说，整个模型架构由 4 部分组成：①输入层；②空间特征提取层；③时间特征提取层；④全连接分类器。

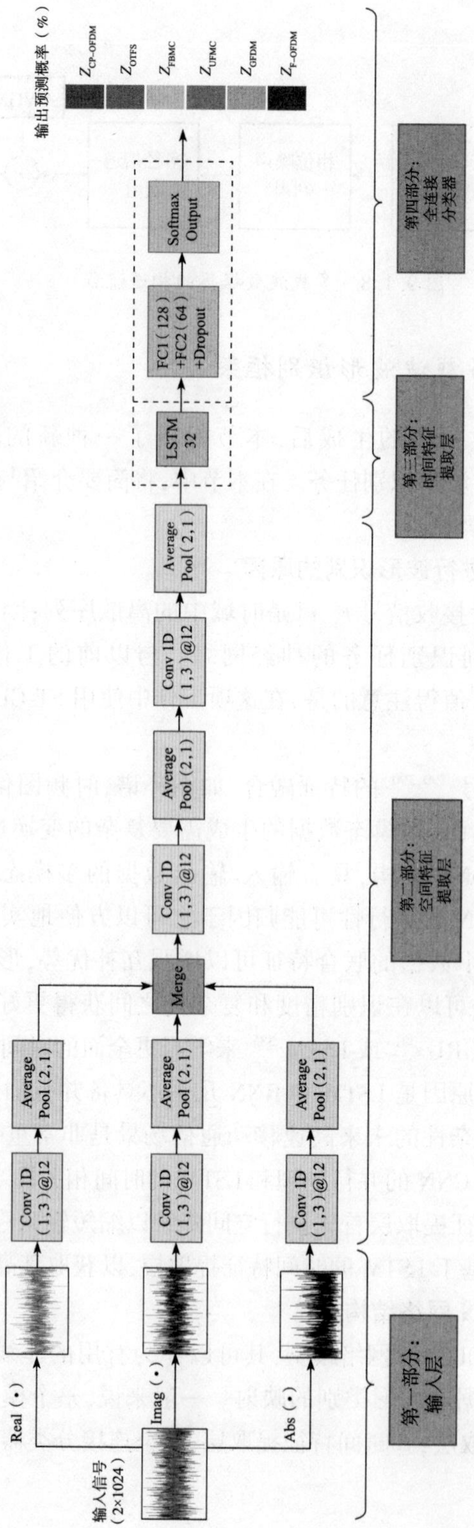

图9.1.9 ST-CLDNN网络模型

1) 输入层

输入层主要是对接收到的经过信号处理的输入信号进行采集和预处理。每个 I/Q 输入样本的形状为($2 \times N_s$),其中第一行和第二行分别是同相和正交样本。此外,单个输入样本的长度为 1024 个点。请注意,输入样本用于识别波形,假设它们已被下变频到基带信号序列。在信号预处理过程中,首先通过计算原始 I/Q 样本的绝对值,将 I/Q 数据转换为幅度数据。其次,原始 I/Q 信号($2 \times N_s$)分成同相和正交部分,并分别转换成 $1 \times N_s$ 的大小。最后,I、Q 和幅度通道分别被馈送到 ST-CLDNN 模型的第一、第二和第三分支,以充分利用输入数据的各种模态特征。

此外,恶劣的多径信道和 AWGN 将影响信号能量,导致对各种波形的不公平比较。因此,采用功率归一化策略来确保所有 I/Q 数据的单位能量。为了进一步降低噪声和信道不确定性的影响,本节采用 L2 归一化方法对每个幅度样本中的元素进行归一化,可以定义为

$$\hat{s}_i = \frac{s_i}{\mathrm{norm}(\boldsymbol{s})} = \frac{s_i}{\sqrt{s_1^2 + s_2^2 + \cdots + s_{N_s}^2}} \tag{9.1.10}$$

式中:s_i 代表幅度序列 $\boldsymbol{s}$ 中的第 i 个元素;$\mathrm{norm}(\boldsymbol{s})$ 代表输入向量 $\boldsymbol{s}$ 的 L2 范数。默认情况下,输入张量的可接受形状可以表示为(c, h, w),其中 c 是通道数,h 和 w 分别是单个输入样本的高度和宽度。因此,在这里的三个分支中有相同的"$c=1$","$h=1$"和"$w=1024$"。

2) 空间特征提取层

如图 9.1.10 所示,整个空间特征提取层由许多卷积模块和 pooling 模块组成。首先,卷积模块是在输入数据和卷积核之间执行卷积运算,以形成空间特征。在这里,幅度和 I/Q 数据的高级抽象是通过包含 12 个滤波器的三个相同的一维卷积(Conv 1D)层获得的。Conv 1D 层的输出可以表示为

$$y_k^l = f\left(\sum_{i \in M_j^l} x_i^l * w_k^l + b_k^l\right) \tag{9.1.11}$$

式中:y_k^l 是在输入向量 x_i^l 之后的当前层的第 k 个输出向量,该第 k 个输出向量与具有 3 的核大小的第 k 个卷积核 w_k^l 卷积。M_j^l 和 b_k^l 分别表示输入特征向量的集合和第 k 个偏置。此外,$f(\cdot)$ 是线性整流单元(Rectified Linear Unit, ReLU)激活函数,可描述为

$$f(x) = \begin{cases} x, & x \geqslant 0 \\ 0, & \text{其他} \end{cases} \tag{9.1.12}$$

其次,pooling 操作能够通过下采样过程压缩卷积结果。为了进一步扩大感受野和减少下一层的参数数量,本节采用平均池化策略[391]来计算输入特征向量 y_k^l 的平均值。因此,第($l+1$)层 $y_k^{l+1}(i)$ 池化的第 i 个神经元输出可以表示如下:

$$y_k^{l+1}(i) = \mathrm{pool}(y_k^l) = \frac{1}{2}\{y_k^l(2i) + y_k^l[2(i-1)]\} \tag{9.1.13}$$

式中:$\mathrm{pool}(\cdot)$ 代表平均池化操作,池化窗口为(1,2),滑动步长为 2。再次,通过特征融合 Mergen 层将三个平行分支连接起来。最后,合并的特征发送到两个连续的 Conv 1D。经过空间特征提取层的处理,已有三种数据形态的融合空间信息,增强了原始数据的描述能

力。这些特征将被送到时间特征提取层。

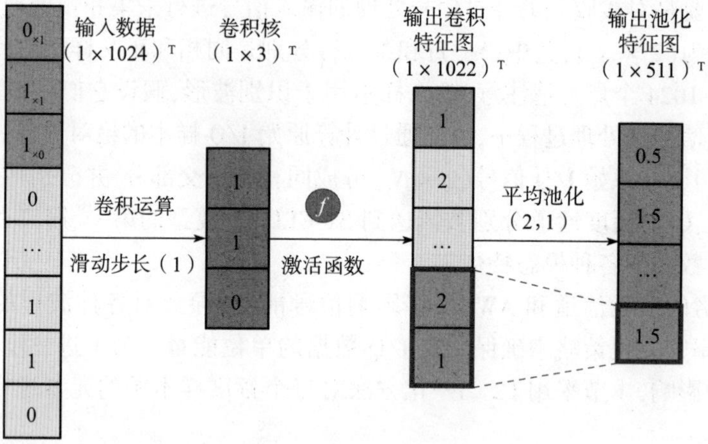

图 9.1.10　空间特征提取层框图

3）时序特征提取层

考虑到各种多载波波形显示不同的幅度、同相和正交特性，本节选择具有 32 个存储单元的 LSTM 层，以进一步捕获这些显著的时间相关性特征。作为各种递归神经网络(Recursive Neural Network，RNN)，LSTM[392]通过有效地提取长周期相关性和选择性地存储信息，成为时间序列特征提取的可靠方法。本节给出了基本 LSTM 结构的详细框图，如图 9.1.11 所示。

LSTM 网络主要由一个存储单元和三个控制门组成，包括遗忘门、输入门和输出门。LSTM 可以充分利用这种门控机制来有效地保护和控制信息。每个门包含一个 sigmoid 层和逐点乘法运算。首先，LSTM 需要通过一个遗忘门来确定先前存储的状态信息 h_{t-1} 的遗忘部分。当前输入数据 x_t 和 h_{t-1} 被发送到遗忘门，因此输出 f_t 可表示为

$$f_t=\delta(\boldsymbol{W}_f\cdot[h_{t-1},x_t]+b_f) \tag{9.1.14}$$

式中：最常见的 sigmoid 用作二进制激活函数：$\delta(x)=1/[1+\exp(-x)]$；$\boldsymbol{W}_f$ 为权重参数；b_f 为连接偏置；$\cdot$ 为逐点乘法运算。输出 f_t 表示 h_{t-1} 的遗忘率，所有先前的信息在 $f_t=0$ 时删除，在 $f_t=1$ 时保留。

其次，需要确定哪些信息应该更新，并通过输入门放入存储单元。先前单元信息 C_t 的更新过程可以描述为

$$C_t=f_t\cdot C_{t-1}+i_t\cdot\hat{C}_t \tag{9.1.15}$$

式中：C_{t-1} 为过去的单元信息。更新因子 i_t 和替代新内容 $\hat{C}_t$ 表示为

$$i_t=\delta(\boldsymbol{W}_i\cdot[h_{t-i},x_t]+b_i) \tag{9.1.16}$$

$$\hat{C}_t=\tanh(\boldsymbol{W}_C\cdot[h_{t-1},x_t]+b_C) \tag{9.1.17}$$

式中：$\boldsymbol{W}_i$ 和 $\boldsymbol{W}_C$ 分别是输入门和 tanh 层的权重矩阵，对应的偏置是 b_i 和 b_C。

最后，输出因子 O_t 在输出门中起决定性作用，它可以定义为

$$O_t=\delta(W_O\cdot[h_{t-1},x_t]+b_O) \tag{9.1.18}$$

式中：W_O 和 b_O 是输出门的权重矩阵和偏置。通过将 O_t 与 $\tanh(C_t)$ 相乘，最终输出 h_t：

$$h_t=O_t\cdot\tanh(C_t) \tag{9.1.19}$$

4) 全连接分类器

为了进一步提取数据中的深层特征，本节采用了一个全连接的分类器，它由一个 Flatten 展平层、两个全连接层和一个 Softmax 层组成，如图 9.1.12 所示。FC-1 层和 FC-2 层分别有 128 个神经元和 64 个神经元，可以将展平向量集中到一个更容易区分的状态。给定 FC-1 层的输出 y^{l1}，FC-2 层的输出分数可以表示如下：

$$\boldsymbol{y}^{l2}=\sigma(\boldsymbol{W}^{l2}\cdot\boldsymbol{y}^{l1}+b^{l2}) \tag{9.1.20}$$

式中：$\boldsymbol{W}^{l2}$ 和 b^{l2} 分别对应于权重矩阵和偏差。

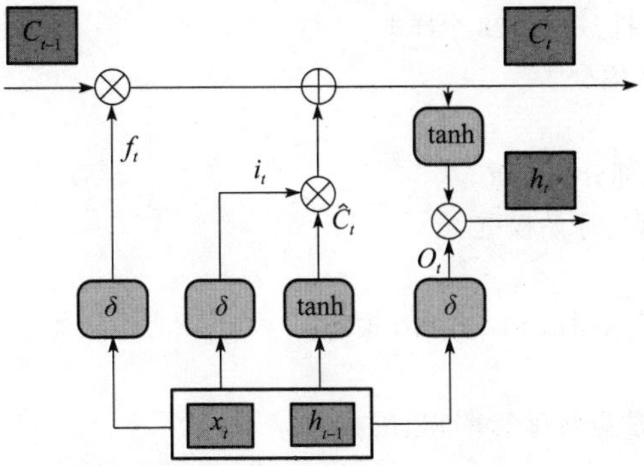

图 9.1.11　时序特征提取层框图

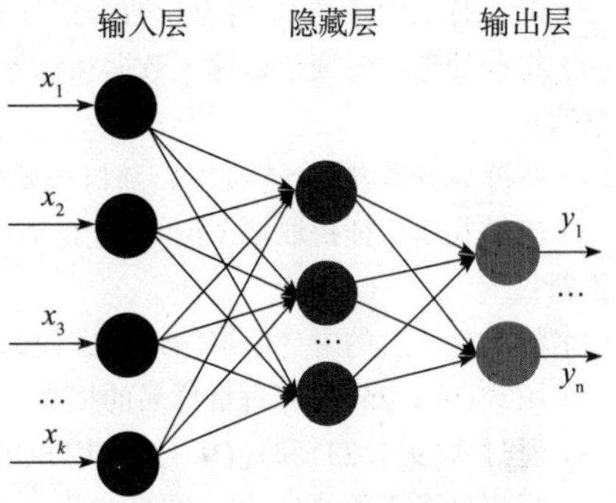

图 9.1.12　全连接分类器层框图

为了将 6 个波形的分数 $\boldsymbol{y}^{l2}$ 转换为 6 维概率向量，使用具有 Softmax 激活功能的全连接层作为最后的分类输出。第 j 个 Softmax 输出元素 z_j 可以表示如下：

$$z_j=\text{Softmax}(y_j^{l2})=\frac{\exp(y_j^{l2})}{\sum_{n=1}^{K}\exp(y_n^{l2})} \tag{9.1.21}$$

式中：exp(·)表示指数函数，用于突出显示得分最高的类别，抑制得分较低的对应类别。因此，6 种类型 $Z=[z_1,z_2,\cdots,z_6]$ 的最终输出向量可以表示为

$$\boldsymbol{Z}=F(\boldsymbol{X},\boldsymbol{W},\boldsymbol{b}) \tag{9.1.22}$$

式中：$F(\cdot)$ 为整个 ST-CLDNN 模型的非线性分类函数，输入数据为 $\boldsymbol{X}$；$\boldsymbol{W}$ 和 $\boldsymbol{b}$ 对应于模型参数。

在训练过程中，采用随机梯度下降（Stochastic Gradient Descent，SGD）的方法更新第 l 网络层的参数 $\boldsymbol{W}$ 和 $\boldsymbol{b}$，可以定义为

$$\boldsymbol{W}^l\leftarrow\boldsymbol{W}^l-\eta\frac{\partial L_{\text{BCE}}(\boldsymbol{W},\boldsymbol{b})}{\partial\boldsymbol{W}^l} \tag{9.1.23}$$

$$\boldsymbol{b}^l\leftarrow\boldsymbol{b}^l-\eta\frac{\partial L_{\text{BCE}}(\boldsymbol{W},\boldsymbol{b})}{\partial\boldsymbol{b}^l} \tag{9.1.24}$$

其中，一个批次（batch）的损失函数对应为 $L_{\text{BCE}}(\boldsymbol{W},\boldsymbol{b})$：

$$L_{\text{BCE}}(\boldsymbol{W},\boldsymbol{b})=-\frac{1}{K_b}\sum_{j=1}^{K_b}[y_j^{\text{real}}\cdot\log(y_j^{\text{pre}})+(1-y_j^{\text{real}})\cdot\log(1-y_j^{\text{pre}})] \tag{9.1.25}$$

式中：y_j^{real} 和 y_j^{pre} 分别代表实际标签和预测标签；log(·)代表对数函数。

算法 1：基于转移学习的低复杂度 ST-CLDNN 算法。

输入：

(1) 预处理后的时变信道数据集。

(2) 时不变信道中 ST-CLDNN 的训练权重参数（$\boldsymbol{W}_1$ 和 $\boldsymbol{b}_1$）。

初始化：

(1) 实例化一个基本的 ST-CLDNN 模型。

(2) 将训练好的 ST-CLDNN 的权值重新加载到时不变信道中。

(3) 随机打乱训练样本，将整个数据集分成 m 批，每批 128 个样本。

(4) 将预处理的时变信道输入数据和标签输入模型。

转移学习：

(1) 解冻原分类器（全连接层），随机初始化该部分的权重。

(2) 冻结其他特征提取器图层，不进行训练，保持原始权重。

梯度更新：

(1) 将预处理后的时变信道输入数据和标签送入当前 ST-CLDNN 模型。

(2) 用式(9.1.25)计算每批样品的损失。

(3) 通过式(9.1.23)和式(9.1.24)用 SGD 方法更新每个解冻层的参数。

(4) 当满足终止条件时，停止更新过程。

输出：

(1) 在时变信道中保存最佳的 ST-CLDNN 模型。

(2) 保存每层的重量参数（$\boldsymbol{W}_2$ 和 $\boldsymbol{b}_2$）。

3. 基于低复杂度的转移学习策略

基于转移学习的方法在计算机视觉（CV）和自动语音识别（ASR）领域得到了广泛的应用，因为它具有降低复杂性和加速收敛的强大能力。转移学习技术背后的中心前提是利用从以前的任务中学到的知识来帮助当前的任务，因为这些特征在 CV 或 ASR 领域是通用的。类似地，时不变信道中的学习特征可以应用于时变信道的任务。值得注意的是，无线通信信道在不断变化。然而，考虑到 ST-CLDNN 中冗余的可训练参数，显然从头训练整个 ST-CLDNN 不能避免过度地计算复杂性和时间成本。为了缓解这个问题，需进一步采用转移学习策略来加快收敛速度，以减少训练时间。

将时不变场景中学习到的特征作为网络初始权值参数，可以转移到时变场景中的当前识别任务中，从而避免从头开始训练，提高训练效率。值得一提的是，由于两者之间采用不同的训练数据集，时不变信道不能精确匹配时变信道。应该在时变信道中对 ST-CLDNN 进行适当的修改，以适应新的波形识别任务。

9.1.4　仿真实验结果和分析

为了评估 ST-CLDNN 模型对 6 种多载波波形的识别性能，以下小节将进行广泛的仿真，并将详细讨论各种模型结构、数据模式和转移学习设置的仿真结果。对于波形识别的性能指标，主要关注处理复杂度和识别精度 P_{cc}，即

$$P_{cc}=\frac{N_{\text{correct}}}{N_{\text{total}}}\times 100\% \tag{9.1.26}$$

式中：N_{total} 表示测试样本的总数；N_{correct} 表示正确识别的数量。

1. 实验数据集

合成数据集采用信噪比 SNR 从-18dB 到 20dB 变化的 I/Q 样本数据，并包括 6 种多载波信号，如 UFMC、FBMC、CP-OFDM、GFDM、F-OFDM 和 OTFS。为了模拟真实的无线信道，这些模拟假设实验数据集中的每个信号通过一个恶劣的时变信道，受到多径衰落、载波频率偏移、定时偏移、相位噪声和 AWGN 的影响。为了实现公平的比较，实验数据集确保每种调制类型样本的均匀分布，并考虑 $L=1024$ 个信道损坏的复数信号帧。值得注意的是，正交频分复用和 FBMC 的快速傅里叶变换大小为 128。此外，除非另有说明，仿真使用 ITU 标准中的标准化 ITU-VehA 通道。表 9.1.1 总结了信号和信道的详细仿真参数。

表 9.1.1　仿真参数

全体参数	符号	数值
子载波间隔/Hz	Δf	15×10^3
符号周期/s	T_s	$1/(N_s.\Delta f)$
星座映射	—	4-QAM
中心频率/Hz	f_{tc}	1×10^9
CP-OFDM 参数		
循环前缀长度	N_{cp}	$N_{\mathrm{ifft}}/4$
UFMC 参数		
滤波器类型	—	Dolph-Chebyshev
子带滤波器长度	L_s	80
滤波器旁瓣衰减	ζ	60 dB
FBMC 参数		
原型滤波器	—	PHYDYAS
重叠因子	K	4
F-OFDM 参数		
子载波数	N_{sb}	4
Tone offset	dW	2.5
OTFS 参数		
循环前缀长度	N_{cp}	$N_{\mathrm{ifft}}/14$
GFDM 参数		
脉冲成形滤波器	—	RC
滚降因子	β	0.1
重叠子载波	Lo	2
循环前缀长度	N_{cp}	$N_{\mathrm{ifft}}/14$
Channel parameters		
多径信道模型	—	ITU-VehA

续表

全体参数	符号	数值
移动速度/(km/h)	V	60
多普勒频偏	—	Jakes
相位噪声谱线宽度/Hz	P_{noise}	200×10^3
归一化频率偏移	Δf	0.4

2. 实施细节

整个数据集分为三个集合,训练集 216000 个样本,验证集 24000 个样本,测试集 60000 个样本。在训练和测试数据集中,采用了统一的调制模式划分来避免类不平衡。在实验设置中,所有模型通过 50 个 epoch 和 128 个批次进行训练,初始学习率为 0.001。优化器、激活函数和损失函数分别是 Adam、ReLU 和 Categorical cross-entropy。为了避免过拟合,本节采用了提前停止策略,它可以监控验证损失,并在验证损失在 5 个时期内不再减少时停止训练。本节直接将 I/Q 数据放入模型输入,而不是冗余地再生成幅度数据集。所有多载波波形数据集均由 MATLAB 构建,训练和测试实验完成于 NVIDIA CUDA 支持的 GeForce RTX 2080 Ti GPU。

3. 与基准神经网络方法的性能比较

本节将提出的 ST-CLDNN 与 4 种基于 DL 的基线神经网络方法进行比较,包括 DNN、LSTM、ResNet、CNN 和 GRU。为了公平比较,不仅在相同的实验设置下执行所有方法,而且采用相同的(2 × 1024)I/Q 时域信号作为所有方法的输入数据。图 9.1.13(a)显示了信噪比值从-18dB 到 20dB 变化的上述 6 种方法的精度曲线。从图 9.1.13(a)中可以看出,在整个信噪比范围内,所提出的 ST-CLDNN 性能最优。例如,在 20dB 的信噪比下,ST-CLDNN、ResNet、LSTM、GRU、CNN 和 DNN 的识别准确率分别达到 99.5%、98.4%、97.6%、95.6%、95.3%和 79.5%。此外,还可以观察到,本节所提出的 ST-CLDNN 和 ResNet 在低信噪比下都提供了类似的精度曲线。例如,在 4dB 信噪比下,两者都具有大约 70%的识别精度,其次是 LSTM、GRU、CNN 和 DNN,分别为 67.8%、67.6%、63.3%和 40.8%。上述结果通过同时利用来自输入输出和幅度数据的补充信息,确定了所提出的 ST-CLDNN 的可行性。此外,由于浅层网络的弱表示能力,DNN 表现出最差的精度,该精度比 ST-CLDNN 下降 20%。

本节还研究了 6 种多载波调制模式的识别性能。图 9.1.13(b)给出了通过 ST-CLDNN 模型针对 6 种多载波调制模式的不同信噪比值的精度曲线,所有多载波调制模式的识别精度从-18dB 单调增加到 20dB。OTFS 由于海森堡变换后的波形特征不同,在整个信噪比范围内具有相同的性能。GFDM 的识别精度次优,其次是其他 4 种调制模式。此外,在高信噪比值下,所有多载波信号都表现出相似的性能。FBMC 和 F-OFDM 实现了相似的精度,如在 12dB 时,两者都获得了几乎 98%的精度,其次是 UFMC 和 CP-OFDM,分别约为 97%和 93%。很明显,在信噪比(从-6dB 到 20dB)方面,CP-OFDM 比其他 5 种多载波信号表现更差。这是因为其他 5 种多载波调制有效地克服了高带外泄漏问题,在实际多径、相位噪声和载波频率偏移的影响下,一定程度上模糊了 CP-OFDM 的特性。

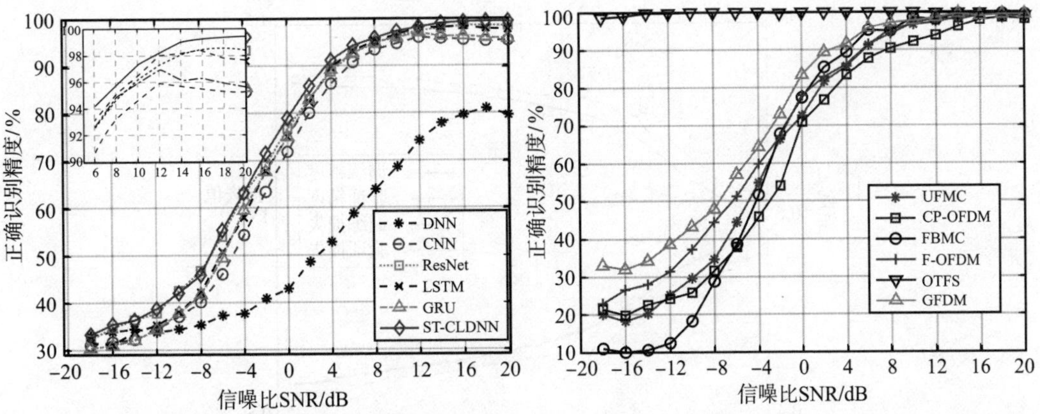

（a）与现有神经网络模型的识别精度对比　（b）在ST-CLDNN模型下6种调制样式的识别精度对比

图 9.1.13　ST-CLDNN 和基线模型之间的总体识别精度比较

4. 与基准神经网络模型的复杂性比较

本小节通过训练时间、学习参数的数量和训练轮数来比较 ST-CLDNN 和基准神经网络模型的计算复杂度。从表 9.1.2 中可以观察到，ST-CLDNN 的总训练时间低于 LSTM、GRU 和 ResNet，但高于 DNN 和 CNN。这是因为 ResNet 模型拥有最多的模型层数，增加了反向传播的时间[224]，而 LSTM 和 GRU 不能通过其串行处理机制执行并行加速。尽管训练时间最短，但 DNN 获得的识别准确率最差，表明 DNN 在从原始输入输出数据集中提取特征，不适用于识别任务。此外，可以看出，ST-CLDNN 比其他模型需要更多的学习参数，因为 ST-CLDNN 从三个分支提取特征，包括（1×1024）大小的 I、Q 以及幅度数据，而其他模型只从单个 I/Q 数据分支学习。为了避免过拟合问题，本节在 ST-CLDNN 模型中采用了 Dropout 策略。

表 9.1.2　与基准神经网络模型的复杂性比较

基准模型	学习到的参数	Epoch 数量	训练时间/(s/epoch)	总训练数据/s
DNN[394]	566086	48	5	240
CNN[222]	450180	31	13	403
ResNet[224]	240326	29	113	3277
LSTM[384]	266054	32	124	3968
GRU[390]	265190	30	112	3360
提出的 ST-CLDNN	**540846**	**29**	**24**	**696**

图 9.1.14 给出了多载波数据集的训练过程。经过 15 次左右的训练，所提出的 ST-CLDNN 网络的损失函数和训练精度趋于稳定，没有明显的波动。这表明 ST-CLDNN 网络训练过程好，收敛速度快，不存在过拟合或欠拟合问题。

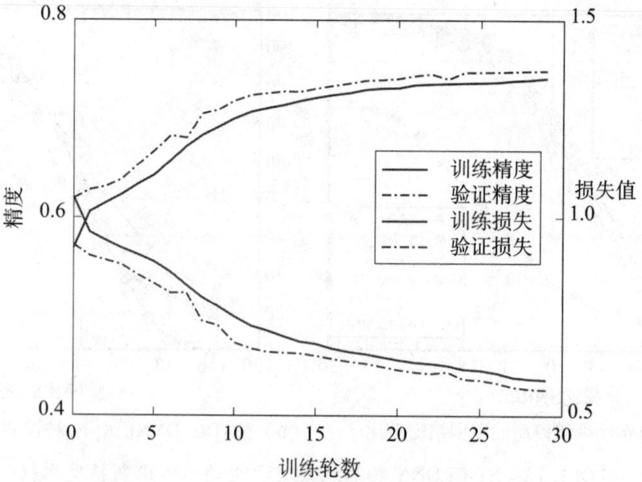

图 9.1.14　提出的 ST-CLDNN 的训练过程

5. 与基于专家特征的机器学习模型的性能比较

为了验证 ST-CLDNN 的优势，本小节进一步研究了各种基于专家特征的机器学习模型的性能，其主要包括支持向量机（SVM）、随机森林、高斯朴素贝叶斯、逻辑回归、K 近邻（K-nearest Neighbors，KNN）、决策树和梯度提升树 7 个模型。随后，上述模型被输入相同的 30 个专家特征，包括统计、时域、频域和调制特征。数学上，详细的特征定义可以在参考文献[395]中获得。考虑到多载波信号的累积量接近于零，使用序列的偏斜度、小波系数、自相关和近似熵等特征代替部分累积量特征。为了确保公平比较，上述模型使用相同的训练数据集，并在相同的实验设置下运行。

图 9.1.15 给出了针对 ST-CLDNN 和基于专家特征的模型在不同信噪比下的精度曲线。提出的 ST-CLDNN 在使用原始 I/Q 样本训练和测试数据集时，模型的性能优于所有基于专家特征的机器学习模型。一方面，ST-CLDNN 在所有模型中实现了最高的精度，然后是梯度提升树和 SVM。在 12dB 信噪比下，ST-CLDNN、梯度提升和 SVM 算法的识别准确率分别为 98%、82%和 81%。在 90%的识别精度下，梯度提升算法的信噪比损失约为 14dB。另一方面，在信噪比为−18～0dB 的范围内，KNN 表现出仅次于 ST-CLDNN 的次优性能。

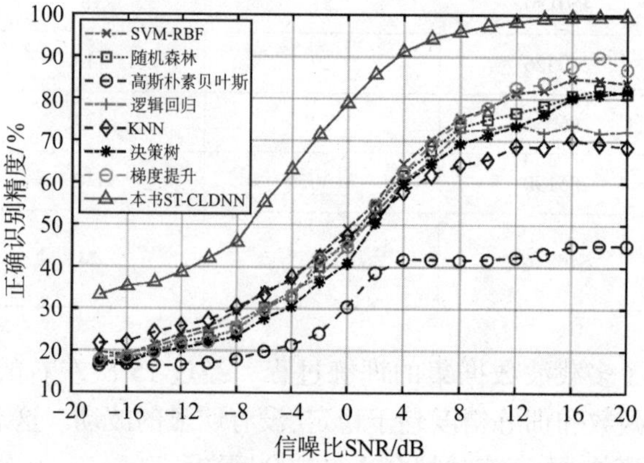

图 9.1.15　ST-CLDNN 和基于专家特征的模型识别精度比较

6. 不同输入样本模态的性能比较

图 9.1.16 给出了样本长度和模式的识别精度与信噪比的关系。值得注意的是，幅度采用 L2 归一化方法，相位以弧度形式归一化为（-1，1）。在图 9.1.16(a)中，随着 ST-CLDNN 模型从较长样本中学习更多调制特征，识别精度逐渐提高。当采样长度从 512 增加到 1024 时，信噪比为 0dB 时模型的识别精度提高了约 11%，当采样长度从 128 增加到 256 时识别精度提高了约 7%。此外，当样本长度从 256 变为 512 时，ST-CLDNN 模型在低信噪比下的精度略有提高（小于 4%），而在高信噪比值下的精度提升更好（约 12 %）。为了利用调制特性，本节选择了样本长度为 1024 的标准帧结构。

下面探索各种样本模态对 ST-CLDNN 模型识别精度的影响，如图 9.1.16(b)所示。本小节比较了模型输入的 4 个控制组，分别是 IQ-AMP（I/Q 双通道和幅度数据）、IQ-PHASE（I/Q 双通道和相位数据）、I-AMP_PHASE（I 通道、幅度和相位数据）和 Q-AMP_PHASE（Q 通道、幅度和相位数据）。从图中可以看出，最佳识别精度由 IQ-AMP 组提供，这表明 I/Q 和幅度数据的结合获得了最佳性能，特别是在-18～10dB 的信噪比范围内。而且很明显，当信噪比在 10dB 以上时，所有控制组都获得了相似的性能。可以看出，由于较高的信号功率，所有样本模态都具有相似的特征表达能力。

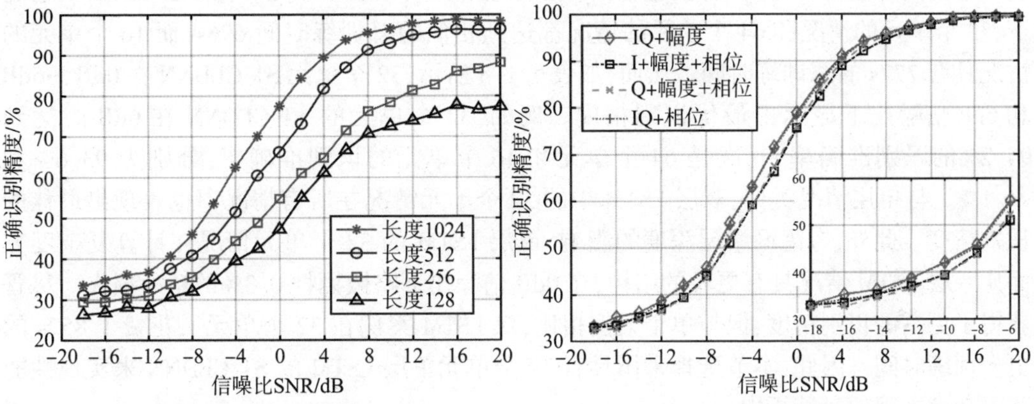

(a) 不同样本长度对识别性能的影响　　(b) 不同样本模态对识别性能的影响

图 9.1.16　输入样本的各种模态对 ST-CLDNN 模型的性能影响

7. 针对网络参数的性能比较

1) 不同模型结构的识别精度比较

为了更深入地了解 ST-CLDNN 模型结构，本小节进一步研究了对各种 ST-CLDNN 模型结构的影响，并将整个 ST-CLDNN 模型与 4 个对照的 ST-CLDNN 结构设置进行比较，改变 ST-CLDNN-A（没有 LSTM 时间特征提取器）、ST-CLDNN-B（没有 I/Q 特征提取器）、ST-CLDNN-C（没有幅度特征提取器）、ST-CLDNN-D（没有 FC 层部分）。图 9.1.17 给出了 5 个 ST-CLDNN 模型结构设置的识别精度。正如预期，当使用完整的 ST-CLDNN 模型时，可以获得最佳的识别精度曲线。这意味着整个 ST-CLDNN 可以充分利用 I/Q 和幅度信息之间的互补特性。此外，对比其他对照结构，ST-CLDNN-B 的识别性能衰落最明显。当考虑移除 I/Q 特征提取器时，识别性能变差。将 ST-CLDNN-B 与 ST-CLDNN-C 进行比较，可以得出结论，I/Q 和幅度数据都有助于提高精度。但是，I/Q 信息占据着更重要的地位。

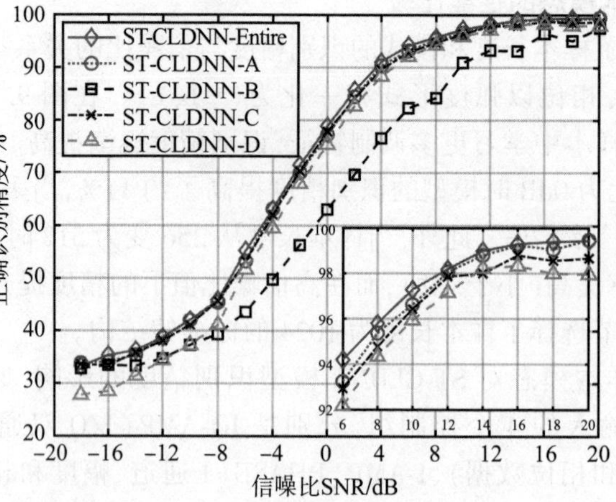

图 9.1.17　各种模型结构的识别精度

2）不同 LSTM 设定结构的识别精度比较

为了进一步分析 LSTM 单元和层数对 ST-CLDNN 识别性能的影响，本小节还通过设置 6 个控制组进行了综合研究，包括两种层深度和三种 LSTM 单元。在单层 LSTM 的情况下，32 个单元的情况和 64 个单元的情况都达到相似的总训练时间 696s，而 16 个单元的情况具有 777s 的总训练时间。然而，如表 9.1.3 所示，32 个单元 ST-CLDNN 在 0dB、-6dB 和 6dB 信噪比下显示出最优识别精度。例如，32 个单元的 ST-CLDNN 在 6dB 时达到 94.2%的识别准确率，其次是 64 个单元和 16 个单元的识别准确率，分别为 93.6%和 94.1%。与单层情况类似，双层 LSTM 中的 32 个单元情况在所有情况中也表现出最佳的识别精度。此外，考虑网络层深度的影响，单层 LSTM 的 32 个单元情况在计算复杂度方面比双层 LSTM 情况具有更轻的结构，在 0dB 信噪比下略微牺牲 0.3%的精度损失。尽管获得了更高的识别精度，但与单个案例相比，双 LSTM 案例在 32 个单元上花费了 852s 的更多训练时间。因此，本节选择采用具有 32 个单元单层 LSTM 的 ST-CLDNN 来实现性能和复杂度之间的最佳折中。

表 9.1.3　不同 LSTM 设定结构的识别精度比较

网络模型	计算复杂度			识别精度		
	LSTM 单元	epoch 个数	训练时间（s/epoch）	SNR = -6dB	SNR = 0dB	SNR = 6dB
单层 LSTM	16	37	21	61.6%	77.3%	93.1%
	32	**29**	**24**	**63.1%**	**78.9%**	**94.2%**
	64	24	29	61.8%	77.6%	93.6%
双层 LSTM	16	29	34	63.5%	78.8%	94.1%
	32	43	36	63.9%	79.2%	94.0%
	64	21	38	58.8%	75.4%	92.6%

8. 不同信道环境下的识别精度

图 9.1.18 总结了 AWGN、ITU-PedA 和 ITU-VehA 信道之间识别精度的比较。可以看出，当遇到更恶劣的多径信道时，识别性能逐渐恶化。从图中可以看出，在整个信噪比范

围内,AWGN 信道获得了最高的曲线,其次是 ITU-PedA 和 ITU-VehA 信道。AWGN 的准确度曲线在 0dB 信噪比下表现出良好的识别效果,而 ITU-PedA 和 ITU-VehA 的识别率分别在信噪比为 14dB 时为 99.9%和在信噪比为 4dB 时为 99%。此外,多径信道对基于 ST-CLDNN 的识别精度影响在-12~10dB 最大,但是在 12dB 以上或 14dB 以下变得不明显。请注意,多径信道的最大影响出现在 4dB,从 AWGN 到 ITU-VehA 模型识别性能下降 33%。

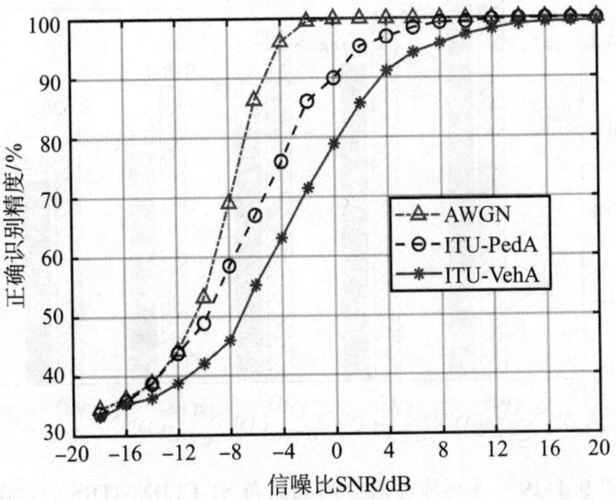

图 9.1.18　不同信道环境下的识别精度对比

9. 转移学习策略

为了显示复杂性随着转移学习的不同冻结层的变化情况,本小节将原始的 ST-CLDNN-TRS(从头开始训练)与 4 个对比组进行了比较,包括 ST- CLDNN-TRA(空间特征提取器的第一个 Conv 1D 是冻结的)、ST-CLDNN-TRB(整个空间特征提取器是冻结的)、ST-CLDNN-TRC(空间和时间特征提取器是冻结的)和 ST-CLDNN-TRD(仅 FC 层是未冻结的)。表 9.1.4 给出了不同冻结层转移学习的复杂性比较。从中可以发现,从 ST-CLDNN-TRS 到 ST-CLDNN-TRD,复杂度逐渐降低,其中 ST-CLDNN-TRD 稍微牺牲了精度,但在网络参数、内存消耗和再训练时间以及训练轮数方面获得了最低的复杂度。

表 9.1.4　转移学习不同冻结层的复杂性比较

网络架构	可学习参数	内存消耗/KB	再训练 epoch 个数	再训练时间 /(s/epoch)	精度 (SNR=2dB)
ST-CLDNN-TRS	540846	628	29	24	0.912
ST-CLDNN-TRA	540702	627	22	20	0.910
ST-CLDNN-TRB	539394	625	19	19	0.909
ST-CLDNN-TRC	538950	624	16	17	0.906
ST-CLDNN-TRD	533062	619	14	15	0.901

为了进一步验证转移学习的轻量级优势,本小节比较了 ST-CLDNN-TRS 和所有对照组实验的再训练时间和训练轮数。图 9.1.19 给出了 4 个对比组的再训练时间和训练轮

数与 ST-CLDNN-TRS 的比率。很明显,就再训练时间和训练轮数而言,最轻量级的 ST-CLDNN-TRD 分别比 ST-CLDNN-TRS 快 1.6 倍和 2.7 倍。更准确地说,ST-CLDNN-TRD 在总训练时间上比 ST-CLDNN-TRS 实现了 3.3 倍的加速。这一结果是由于 ST-CLDNN-TRD 不仅合理地使用了先前学习的特征,而且仅重新训练新的分类器部分来减少模型参数。

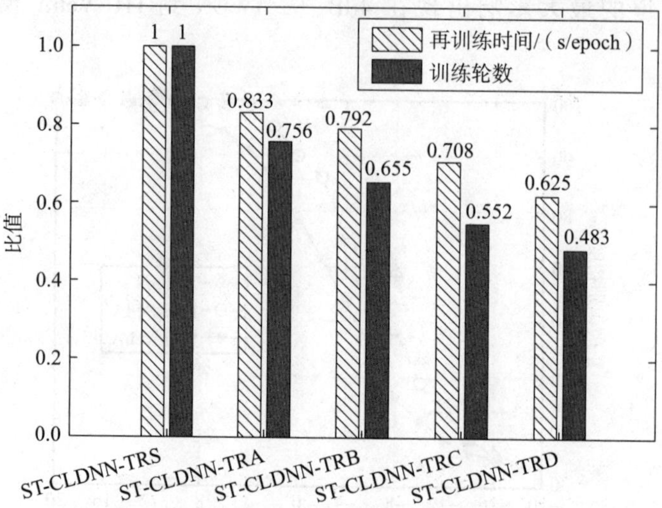

图 9.1.19　再训练时间和周期数与 ST-CLDNN-TRS 的比率

9.1.5　本节小结

本节提出了一种新的时空卷积长短期深度神经网络(ST-CLDNN)多载波波形识别框架,它在未来的军事和商业通信系统中是必不可少的。本节将现有参考文献[235]中三种多载波波形的识别范围扩展到 6 种,包括 CP-OFDM、UFMC、F-OFDM、FBMC、OTFS 和 GFDM。ST-CLDNN 模型从空间和时间角度自动提取接收信号的同相、正交和幅度的互补信息,可以为识别任务提供更显著的判别特征。此外,针对快速变化的无线信道的挑战,本节将转移学习策略应用于 ST-CLDNN,以降低复杂度并加速收敛。仿真结果表明,本节所提出的 ST-CLDNN 不仅优于现有神经网络,而且优于传统基于专家特征的方法。此外,转移学习 ST-CLDNN-TRD 方法比 ST-CLDNN-TRS 从头开始训练的总训练时间缩短了 3.3 倍。因此,本节所提出的 ST-CLDNN 可以成为当前多载波波形识别方法实际部署中的一个突破性方法。

9.2　低信噪比下基于多模态降噪循环自相关特征的多载波波形识别

9.2.1　引言

在同一无线电频谱中遇到多个多载波波形是一个棘手的问题。因此,多载波波形识别的有效算法应提上议事日程,以实现绿色共存。在参考文献[235]中,Duan 等首次尝试识别了 FBMC、OFDM、UFMC 三种多载波波形的类型。笔者选择主成分分析辅助的 I/Q 数据作为 CNN 分类器的模型输入来执行波形识别。此外,参考文献[396]的作者致力于将目前的识别范围扩展到 6 种多载波信号，即 OTFS、F-OFDM、FBMC、GFDM、OFDM 和 UFMC。他们提出了一种时空学习神经网络（ST-CLDNN），从 I/Q 和振幅特征中完全捕获更深层次的波形特征，在信噪比为 10dB 和 0dB 时，识别性能分别达到 97.4%和 71.5%。但是，参考文献[235,396]由于 I/Q 数据表示不充分，在低信噪比领域的识别精度不理想。

为了解决这一难题，本节开发了一种新的多载波波形识别算法，用于在没有任何先验信道状态信息的情况下，在多径衰落信道上强噪声的背景下。首先，基于循环平稳理论研究了严重多径信道中不同多载波波形之间的循环自相关函数的性质。证明了不同多载波信号的循环自相关（Cyclic Autocorrelation，CA）特征在某些特定的时延滞后和周期频率滞后集上可以表现出不同的峰值。其次，通过 SVD 去噪策略、降维和二值图像处理，得到去噪后的 CA 矩阵（Denoised CA Matrix，DCAM）的判别特征。再次，利用所提出的基于 DCAM 的投影累加方法构建细化后的时延累积向量（TDV）和循环频率累积向量（CFV）的多模态特征。此外，还提出了一种基于 DCA 的多模态特征融合网络（DCA-MFNet），该网络利用 DCAM、TDV 和 CFV 特征的层次学习和特征聚合训练，在低信噪比范围内提供更好的识别性能。最后，实验结果验证了所提出的 DCA-MFNet 分类器在低信噪比条件下优于现有基准方法。简而言之，本节的主要内容如下：

（1）与在 CNN 分类器中使用 I/Q 波形特征的现有方法[235,396]不同，本节利用循环自相关理论将原始多载波信号转换为对信道噪声不敏感的更强大的 CA 特征。

（2）为了进一步增强 CA 特征的抗噪声和特征表示能力，引入奇异值分解（SVD）去噪技术，消除 CA 特征中的固有噪声。这是因为 CA 变换只抑制了噪声元素，而没有去除信道噪声，因此仍然破坏了 CA 的表示能力。

（3）为了释放提取的 DCA 特征的潜力，本节利用特征降维预处理、图像灰度处理和投影累积生成的 DCAM、TDV 和 CFV 特征的多模态特征，开发了基于 DL 的 DCA-MFNet 分类器。

（4）多载波波形识别算法可以避免对信道系数、噪声功率和子载波调制类型等先验信息的精确要求。这一性质有利于该算法在非合作认知无线电中的应用。

（5）不同于以往那些具有难以解释的黑盒属性的工作[235,396]，多载波波形识别算法通过将显式 CA 理论引入深度学习工具中，具有明确的物理意义。在 9.2.5 节中，将进一步利用 TSNE 和 Kmeans 的可视化技术来说明 DCA-MFNet 分类器的学习特征和不同多载波信号之间的清晰分离边界。

（6）蒙特卡洛仿真结果验证了本节提出的 DCA-MFNet 在低信噪比和严重多径衰落信道条件下的可行性。具体而言，多载波波形识别算法在信噪比为-2dB 的情况下，识别准确率可以达到 100%。

9.2.2　多载波系统模型

本节将详细介绍多载波传输信号的传输模型。根据相邻子载波之间的正交性，6 个多载波信号可分为正交多载波信号和非正交多载波信号两部分。其中，正交多载波情况包括 CP-OFDM 信号和 OTFS 信号，非正交多载波信号包括 FBMC、F-OFDM、UFMC 和 GFDM 信号。利用离散信号模型，时域基带多载波信号可表示为

$$x[n]=\sum_{m=-\infty}^{+\infty}\sum_{k=0}^{N_s-1}a_{k,m}\cdot g_{k,m}[n] \tag{9.2.1}$$

式中：$a_{k,m}$ 表示第 m 个周期中有第 k 个子载波的数据符号；$g_{k,m}[n]$ 表示将 $a_{k,m}$ 映射为多载波波形的脉冲整形，其表达式为

$$g_{k,m}[n]=p[n-mN_p]\cdot \mathrm{e}^{\mathrm{j}\frac{2\pi kn}{N_s}} \tag{9.2.2}$$

式中：$p[n]$ 表示原型滤波器；N_p 表示符号间距；N_S 表示子载波的数量。在本节中，由于多载波技术主要用于处理多径衰落干扰[397]，于是考虑了一个苛刻的多径衰落信道。经过多径信道衰减 $h[n]$ 后，最终截获信号 $r[n]$ 可解释为

$$\begin{aligned} r[n]&=y[n+\tau]\cdot \mathrm{e}^{\mathrm{j}\left(\frac{2\pi n\sigma}{N_s}+\varphi[n]\right)}+w_n[n] \\ &=\left[\sum_{k=0}^{K_m}x[n+\tau-n_k]*h[n_k]\right]\cdot \mathrm{e}^{\mathrm{j}\left(\frac{2\pi n\sigma}{N_s}+\varphi[n]\right)}+w_n[n] \end{aligned} \tag{9.2.3}$$

式中：σ 表示多普勒频移；$w_n[n]$ 表示加性高斯白噪声（AWGN）；τ 和 $\varphi[n]$ 分别为时间偏移和相位噪声。

1. 正交多载波信号

详见 9.1.2 节，1. 时域信号表达式，1）CP-OFDM 信号、2）OTFS 信号。

2. 非正交多载波信号

详见 9.1.2 节，1. 时域信号表达式，3）FBMC 信号、4）F-OFDM 信号、5）UFMC 信号、6）GFDM 信号。

9.2.3 循环自相关特征分析

对于多载波信号，二阶循环自相关（CA）特征可以产生明显的区别。对于多载波信号，其 CA 特性由周期时变滤波、CP 插入、预编码、脉冲整形[278]等条件导出。具体来说，CP-OFDM 信号的 CA 特性是由 CP 插入引起的。周期性时变滤波产生 UFMC 和 F-OFDM 信号的 CA 特征。FBMC 和 GFDM 信号对子载波进行滤波预处理来得到 CA 属性。最后，通过逆辛有限傅里叶变换（ISFFT）预编码和 CP 插入得到 OTFS 信号的循环平稳特性。

二阶循环自相关变换是传统的一阶自相关变换的扩展和演化。具体而言，它可以将一阶自相关变换系列映射到时延 τ 和循环频率 α 的二维二阶循环自相关变换平面，其维度升高可以包含更多的多载波调制信息。此外，循环自相关特征可以有效抑制噪声效应，AWGN 噪声在二阶循环自相关变换平面上仅在 $\alpha=0$ 和 $\tau=0$ 位置存在干扰峰值，其余部分（$\alpha\neq 0$ 和 $\tau\neq 0$）均为零扰动[66,400]。二阶循环自相关变换特性的详细过程可以解释如下：

假设式（9.2.3）中的周期平稳信号 $r[n]$，二阶滞后积计算为 $r[n]r^*[n-\tau]$，则可以得到时变自相关函数 $R_r[n,n-\tau]$：

$$\begin{aligned} R_r[n,n-\tau]&=E\{r[n]r^*[n-\tau]\} \\ &=\lim_{N\to\infty}\frac{1}{2N+1}\sum_{k=-N}^{N}x\left(n+\frac{\tau}{2}+kT_0\right)x^*\left(n-\frac{\tau}{2}+kT_0\right) \end{aligned} \tag{9.2.4}$$

式中：$\lim\limits_{N\to\infty}(\cdot)$操作用于时间平均拟合统计平均；$R_r[n,n-\tau]$为一个周期为 T_0 的离散时间 n 的周期函数。基于它的周期特征，对 $R_r[n,n-\tau]$进行傅里叶级数分解为

$$R_r[n,n-\tau]=\sum_{m=0}^{M}R_r^{\alpha}[\tau]\mathrm{e}^{\mathrm{j}2\pi\alpha m} \tag{9.2.5}$$

式中：α 为循环频率，傅里叶级数系数 $R_r^{\alpha}(\tau)$为接收信号的二阶循环自相关函数，其表达式可表示为

$$R_r^{\alpha}(\tau)=F[R_r(n,n-\tau)]=\frac{1}{N_{\mathrm{FFT}}}\sum_{n=0}^{N_{\mathrm{FFT}}-1}R_r(n,\tau)\cdot\mathrm{e}^{-\mathrm{j}2\pi\alpha n} \tag{9.2.6}$$

式中：$F[\cdot]$表示离散 FFT 运算；N_{FFT} 表示循环自相关点数。注意，转换后的 CA 函数$R_r^{\alpha}(\tau)$是时间延迟 τ 和循环频率 α 的函数，而不是时间 n 的函数。因此，转换后的 CA 函数$R_r^{\alpha}(\tau)$是 α-τ 平面上的变换域特征。

此外，式(9.2.3)中的 AWGN 噪声 $w_n[n]$属于平稳随机过程，其 $w_n[n]$噪声分量的 CA 函数可表示为

$$R_w^{\alpha}(\tau)=E[w_n(n)w_n^*(n-\tau)]=\begin{cases}\sigma_w^2\delta(\tau), & \alpha=0\\ 0, & \alpha\neq 0\end{cases} \tag{9.2.7}$$

式中：σ_w^2 表示噪声方差；$\delta(\cdot)$表示零点处才有值的狄拉克函数。由式(9.2.7)可知，AWGN 噪声的 CA 函数 $R_w^{\alpha}(\tau)$仅在 $\alpha=0$ 和 $\tau=0$ 处对有用的 $R_r^{\alpha}(\tau)$产生严重干扰。因此，循环自相关特征有利于抑制 AWGN 噪声，特别是在低信噪比情况下。

为了理解 6 种多载波信号的差异，本节将 CA 特征的三维图、左视图和右视图可视化在图 9.2.1 中。其中，左视图和右视图分别表示细化后的向量沿周期频率 α 轴和时滞 τ 轴进行累积，不同的多载波信号在三维图中呈现出不同数量和位置的 CA 峰。例如，FBMC 和 OTFS 信号仅在时滞剖面 $\tau=0$ 处有峰值，而 CP-OFDM、UFMC、GFDM 和 F-OFDM 信号在 $\tau=0$ 处有主峰，在其他时滞处有次峰。此外，CA 次峰的数量和高度对识别 CP-OFDM、UFMC、GFDM 和 F-OFDM 信号起着关键作用。

如图 9.2.1 所示，主要难点在于区分 CP-OFDM 和 F-OFDM，因为它们属于相同的调制机制，并且具有极其相似的 CA 特征。这个问题可以在 9.2.5 节的混淆矩阵中找到，但是 CP-OFDM 信号与 F-OFDM 信号有一个微小的区别，即 CP-OFDM 信号有两个较小的 CA 次峰，这需要深度神经网络的帮助来挖掘出这个特征。因此，CA 特征具有明显的 CA 辨别能力，可以利用它区别于各种多载波信号。

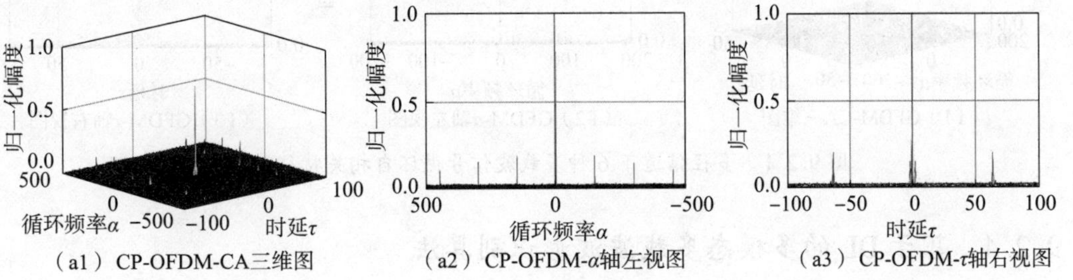

（a1）CP-OFDM-CA三维图　（a2）CP-OFDM-α轴左视图　（a3）CP-OFDM-τ轴右视图

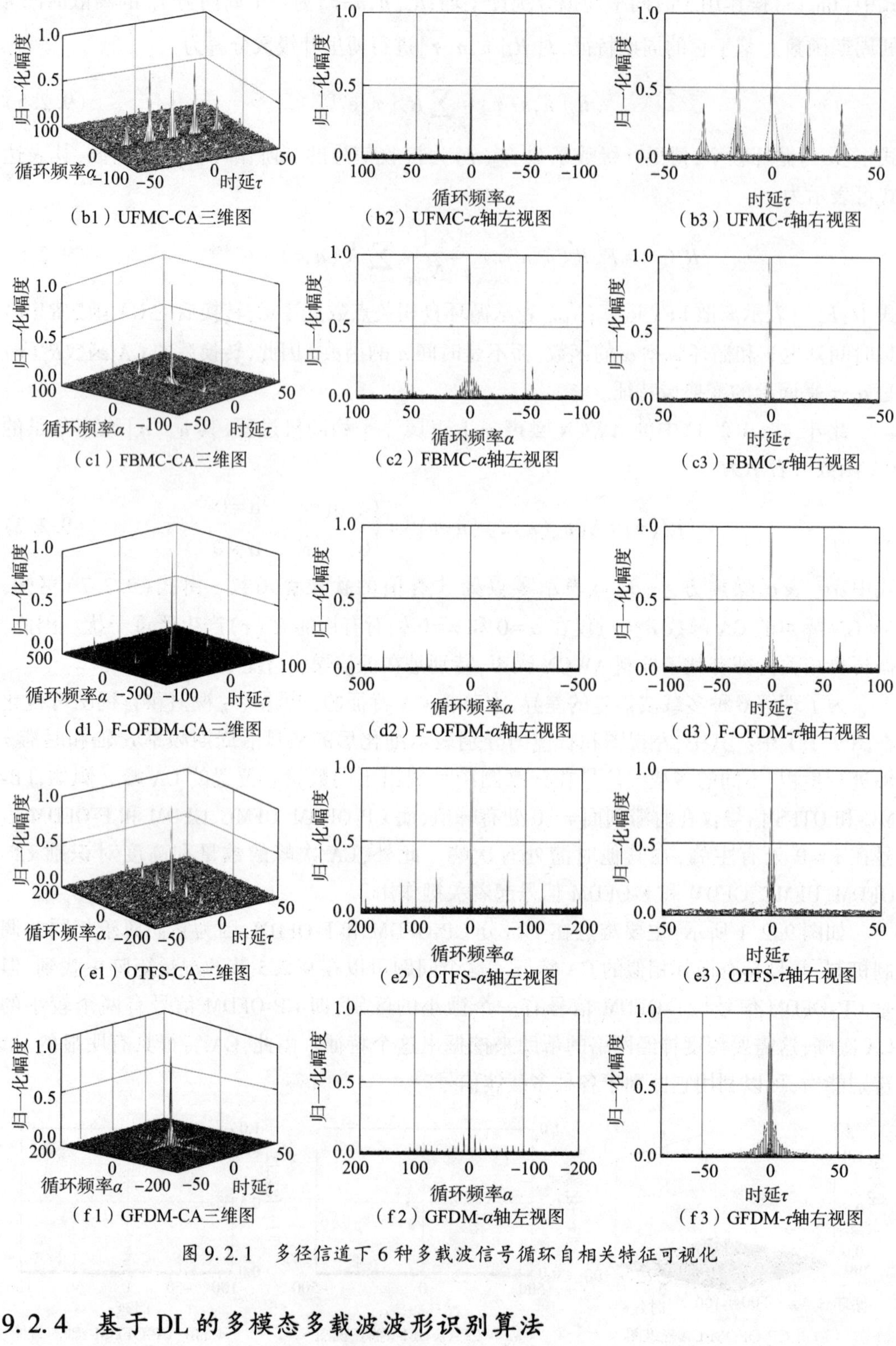

（b1）UFMC-CA三维图 （b2）UFMC-α轴左视图 （b3）UFMC-τ轴右视图

（c1）FBMC-CA三维图 （c2）FBMC-α轴左视图 （c3）FBMC-τ轴右视图

（d1）F-OFDM-CA三维图 （d2）F-OFDM-α轴左视图 （d3）F-OFDM-τ轴右视图

（e1）OTFS-CA三维图 （e2）OTFS-α轴左视图 （e3）OTFS-τ轴右视图

（f1）GFDM-CA三维图 （f2）GFDM-α轴左视图 （f3）GFDM-τ轴右视图

图 9.2.1 多径信道下 6 种多载波信号循环自相关特征可视化

9.2.4 基于 DL 的多模态多载波波形识别算法

本节提出了一种在低信噪比背景下基于去噪循环自相关特征的多模态多载波波形识

别算法。如图 9. 2. 2 所示,本节提出的基于 DL 的多模态 MCR 算法经过 SVD 去噪和多模态特征生成后,再基于 CA 矩阵和 CA 剖面对多载波信号进行识别。对于未知的多载波输入信号,首先利用 9. 2. 3 节中的 CA 辅助处理模块来对抗 AWGN 噪声。其次,采用 SVD 去噪策略,提高信噪比增益,增强特征识别能力。在多模态特征生成模块中,提出了投影累积法在循环频率和时间延迟轴上生成 CA 轮廓,这与去噪 CA 矩阵(DCAM)互补。最后,将多模态特征输入多模态融合网络中,实现最终波形识别。

1. 基于 SVD 的去噪模块

根据 9. 2. 3 节,变换域 CA 特征在各种多载波信号中具有出色的表达能力。然而,强噪声仍然会削弱 CA 的有用峰,并带来一些干扰峰,从而降低识别性能。为了解决这一问题,采用 SVD 辅助去噪策略消除 AWGN 噪声对 CA 峰值的影响,生成去噪后的 CA(DCA)特征。奇异值分解(SVD)的基本原理是奇异值分解后的奇异值是由噪声矩阵投影的不同子空间的能量比,其中主奇异值和次奇异值分别对应有用 CA 峰值和无效的噪声干扰。因此,放弃次奇异值,利用主奇异值重构原始 CA 矩阵,达到 CA 去噪的目的。在数学上,CA 特征可以被识别为一个二维矩阵,可以假设噪声 CA 矩阵 $\boldsymbol{M}_{\mathrm{CAM}} \in \mathbb{R}^{m\times m}$ 为

$$\boldsymbol{M}_{\mathrm{CAM}} = \boldsymbol{M}_X + \boldsymbol{M}_W \tag{9.2.8}$$

式中:$\boldsymbol{M}_X \in \mathbb{R}^{m\times m}$ 为原始无噪声 CA 矩阵;$\boldsymbol{M}_W \in \mathbb{R}^{m\times m}$ 为噪声干扰矩阵。然后进行 SVD 运算,将 $\boldsymbol{M}_{\mathrm{CAM}}$ 分解为正交矩阵 $\boldsymbol{U}$、对角矩阵 $\boldsymbol{S}$ 和正交矩阵 $\boldsymbol{V}$ 的相乘结果,即

$$\boldsymbol{M}_{\mathrm{CAM}} = \boldsymbol{U}\times\boldsymbol{S}\times\boldsymbol{V}^{\mathrm{T}} = \boldsymbol{U}\times\begin{bmatrix} \sigma_1 & 0 & 0 \\ 0 & \cdots & 0 \\ 0 & 0 & \sigma_m \end{bmatrix}\times\boldsymbol{V}^{\mathrm{T}} \tag{9.2.9}$$

式中:$\boldsymbol{U}$ 由 $\boldsymbol{M}_{\mathrm{CAM}}\boldsymbol{M}_{\mathrm{CAM}}^{\mathrm{T}}$ 的特征向量组成;$\boldsymbol{V}$ 由 $\boldsymbol{M}_{\mathrm{CAM}}^{\mathrm{T}}\boldsymbol{M}_{\mathrm{CAM}}$ 的特征向量组成;$\boldsymbol{S}$ 由奇异值 σ 组成,即 $\boldsymbol{S}=\mathrm{diag}(\sigma_1,\sigma_2,\cdots,\sigma_m)$,$\sigma_1\geqslant\sigma_2\geqslant\cdots\geqslant\sigma_m\geqslant 0$。其中,较大的奇异值 σ 代表有用的 CA 特征,较小的奇异值 σ 代表有害的噪声分量。最后,选择精心设计的秩 $k_r(1\leqslant k_r\leqslant m)$,以降低噪声并保留最多的 CA 特征,最终 DCAM 矩阵 $\boldsymbol{M}_{\mathrm{DCAM}}$ 可重构如下:

$$\boldsymbol{M}_{\mathrm{DCAM}} = \boldsymbol{U}\times\boldsymbol{S}'\times\boldsymbol{V}^{\mathrm{T}} \tag{9.2.10}$$

式中,$\boldsymbol{S}'=\mathrm{diag}(\sigma_1,\sigma_2,\cdots,\sigma_{kr})$ 为去噪后的对角矩阵。如图 9. 2. 2 所示,去噪后的 DCAM 特征只去除了大部分干扰峰,留下了一些意想不到的微小干扰峰。

为了推进二值化处理,采用阈值处理方法消除高频毛刺峰。需要注意的是,阈值 ε 的参数设置依赖于 100 次蒙特卡洛实验,即通过统计平均的方式得到最优阈值 $\varepsilon=0.035$。

为了进一步降低分类器的复杂度,本节采用二值化处理方法将 DCAM 矩阵 $\boldsymbol{M}_{\mathrm{DCAM}}$ 映射为灰度图像而不是彩色图像。选择转换后的灰度图像作为分类器输入,图像大小为(81×81)。

2. 多模态特征生成模块

考虑到单模态的有限表示,本小节从其他角度提出了两个增强的循环平稳特征。如图 9. 2. 2 所示,多模态主要包括去噪后的 CA 矩阵 $\boldsymbol{M}_{\mathrm{DCAM}}$、循环频率累积向量(Cyclic Frequency Accumulation Vector,CFV)$\boldsymbol{M}_{\mathrm{CFV}}$ 和时延累积向量(Time Delay Accumulation Vector,TDV)$\boldsymbol{M}_{\mathrm{TDV}}$。为了生成 $\boldsymbol{M}_{\mathrm{CFV}}$,提出了投影积累策略,沿循环频率轴 α 积累 $\boldsymbol{M}_{\mathrm{DCAM}}$ 特征。$\boldsymbol{M}_{\mathrm{TDV}}$ 是 $\boldsymbol{M}_{\mathrm{DCAM}}$ 特征沿着时间延迟轴 τ 累积得到。详细的特征累加可用以下数学公式

表示：

$$M_{\mathrm{CFV}}=\mathrm{Profile}(M_{\mathrm{DCAM}})\big|_{\alpha}=\sum_{k=1}^{m}M_{\mathrm{DCAM}}(:,k) \tag{9.2.11}$$

$$M_{\mathrm{TDV}}=\mathrm{Profile}(M_{\mathrm{DCAM}})\big|_{\tau}=\sum_{k=1}^{m}M_{\mathrm{DCAM}}(k,:) \tag{9.2.12}$$

式中：Profile(·)表示投影累加运算；m 表示矩阵 M_{DCAM} 的长度。这里 M_{CFV} 和 M_{TDV} 的大小为(1×81)。在后续部分中，将使用 M_{DCAM}、M_{CFV} 和 M_{TDV} 开发一个基于 DCA 的多模态融合网络(DCA-MFNet)。

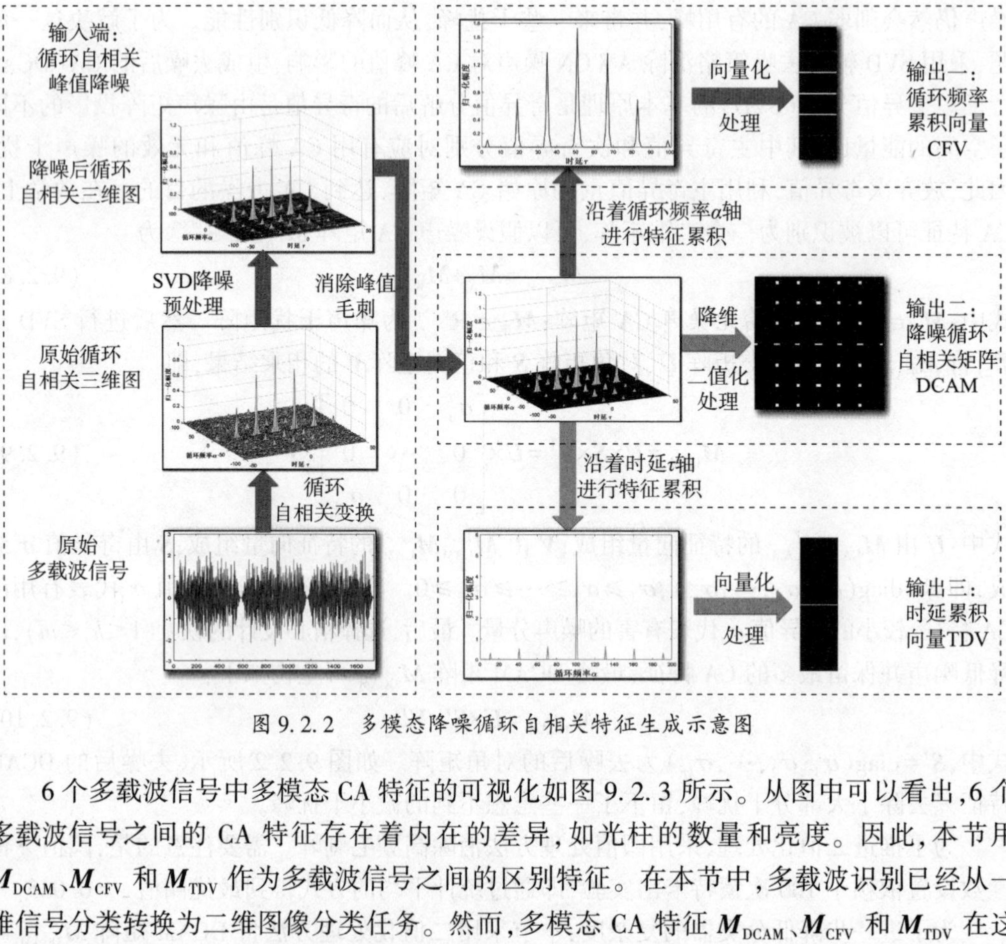

图 9.2.2 多模态降噪循环自相关特征生成示意图

6 个多载波信号中多模态 CA 特征的可视化如图 9.2.3 所示。从图中可以看出，6 个多载波信号之间的 CA 特征存在着内在的差异，如光柱的数量和亮度。因此，本节用 M_{DCAM}、M_{CFV} 和 M_{TDV} 作为多载波信号之间的区别特征。在本节中，多载波识别已经从一维信号分类转换为二维图像分类任务。然而，多模态 CA 特征 M_{DCAM}、M_{CFV} 和 M_{TDV} 在这些图像中具有复杂的细节。传统机器学习和统计算法不具备学习和区分这些多模态特征的能力。基于以上分析，数据驱动深度神经网络为基于图像的识别任务提供了一种有效的解决方案。

3. DCA-MFNet 波形分类器

基于上述多载波循环自相关特征，本小节提出了一种新的多载波波形分类器，命名为基于去噪循环自相关的多载波融合网络(DCA-MFNet)。它主要包括两个阶段：①DCA 特征提取和多模态特征增强；(2)多载波波形模式识别。一方面，利用 CA 辅助处理模块将接收到的信号转换为 DCAM 特征 M_{DCAM}；采用投影累加策略，由式(9.2.11)和式(9.2.12)

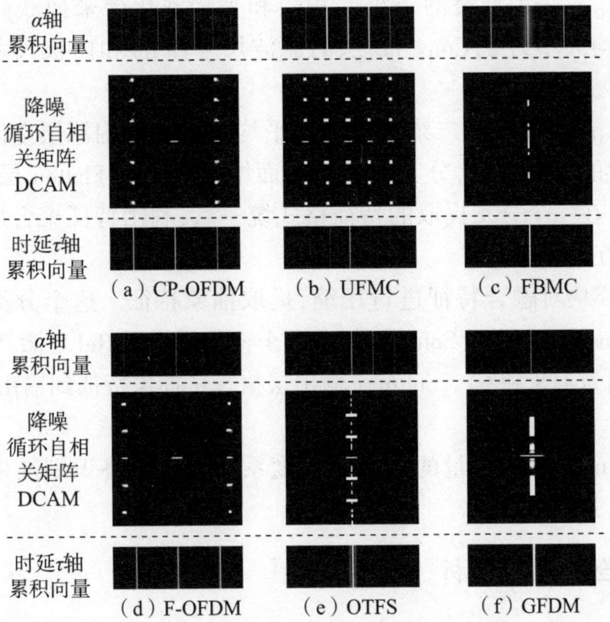

图 9.2.3　多模态循环自相关特征可视化

生成 $\boldsymbol{M}_{\mathrm{CFV}}$ 和 $\boldsymbol{M}_{\mathrm{TDV}}$。另一方面，在模式识别阶段，将 $\boldsymbol{M}_{\mathrm{DCAM}}$、$\boldsymbol{M}_{\mathrm{CFV}}$ 和 $\boldsymbol{M}_{\mathrm{TDV}}$ 的特征输入 DCA-MFNet 的三个分支中，实现分层特征学习、多模态聚集训练和未知多载波信号类型的预测，如图 9.2.4 所示。

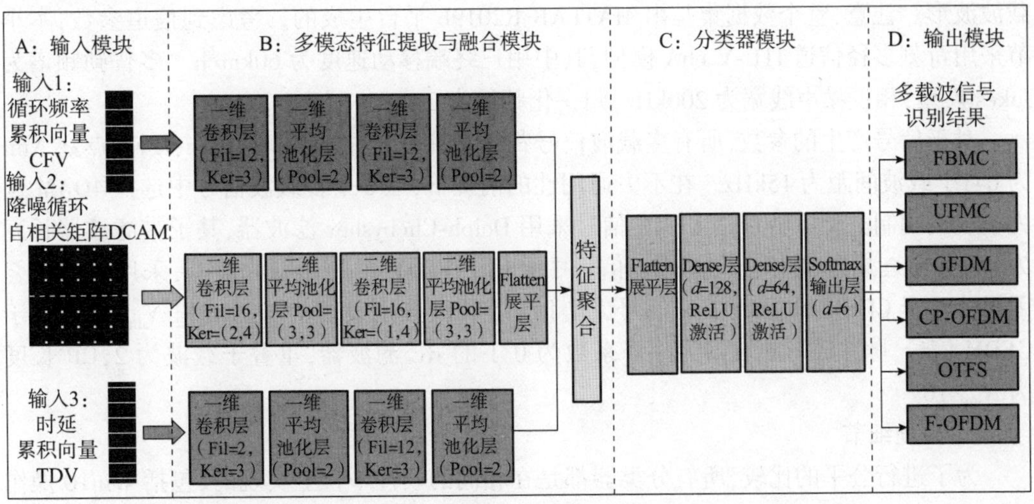

图 9.2.4　基于降噪循环自相关的多模态特征融合网络 DCA-MFNet 结构

在本小节中，DCA-MFNet 主要包括输入模块、多模态特征提取与融合模块、分类器模块和输出模块 4 个子模块。首先，输入模块包含三个输入端口，分别对应 $\boldsymbol{M}_{\mathrm{DCAM}}$、$\boldsymbol{M}_{\mathrm{CFV}}$ 和 $\boldsymbol{M}_{\mathrm{TDV}}$ 的特性。这里 DCAM 特征的大小为（81×81），$\boldsymbol{M}_{\mathrm{CFV}}$ 和 $\boldsymbol{M}_{\mathrm{TDV}}$ 的大小为（1×81）。

其次，多模态特征提取与融合模块分为特征提取三个分支和一层多模态特征融合。其中，使用不同的特征提取器来匹配不同的分支，以释放每种数据模态的全部潜力。对

于一维 $\boldsymbol{M}_{CFV}$ 和 $\boldsymbol{M}_{TDV}$，采用堆叠的一维卷积层和平均池化层来捕获高级时间特征。这里 pooling 层的平均大小为 2，Conv 1D 层的滤波尺寸(Fil)和内核尺寸(Ker)分别为 12 和 3。

对于二维 $\boldsymbol{M}_{DCAM}$，利用级联二维卷积层和平均池化层挖掘深层空间特征。为了保证三个分支之间有效的特征融合，分支 $\boldsymbol{M}_{DCAM}$ 后面增加了一个 Flatten 层，将二维特征格式转换为一维格式。在三个分支提取的特征格式统一后，利用特征聚合层对三种提取的特征进行整合，实现互补。

再次，分类器模块对融合特征进行压缩，提取抽象特征。这个分类器模块包括一个 Flatten 层、两个 Dense 层和一个 Softmax 层。两个密集层采用 ReLU 激活函数，对应的两个神经节点数目分别为 128 和 64。Softmax 输出层执行从抽象特征到输出概率的函数映射，节点数为 6。

最后，根据 Softmax 预测向量的最大置信度系数确定最终识别结果。DCA-MFNet 的损失函数依旧采用分类交叉熵。

9.2.5 仿真实验结果和分析

本节将分析 DCA-MFNet 的识别性能。首先介绍仿真参数设置和实现细节。其次将 DCA-MFNet 与现有算法的性能进行比较。再次，对 DCA-MFNet 的工作原理进行可解释性和可视化分析。最后，评估 DCA-MFNet 在不同网络结构下的性能以及相关的消融实验。

1. 仿真参数设置

在本节中，候选数据集包括 CP-OFDM、UFMC、FBMC、F-OFDM、OTFS 和 GFDM 6 种多载波波形。注意，整个数据集是由 MATLAB R2019b 平台生成的。考虑到信道参数，本小节采用苛刻多径信道 ITU-V ehA 模型，其中用户终端移动速度为 60km/h。多普勒频谱为 Jakes 模型，相位噪声线宽为 200kHz，归一化频偏为 0.4。

对于信号产生的参数，所有多载波信号都选择相同的中心频率 1GHz；IFFT 点数 Nifft 为 64，子载波间距为 15kHz。在不失通用性的前提下，在 6 个多载波信号中选择 4QAM 作为子载波调制类型。特别是 UFMC 信号采用 Dolph-Chebyshev 滤波器，其子带滤波器长度为 80，旁瓣衰减为 60dB。在 FBMC 信号中采用 PHYDYAS 的原型滤波器，采用 4 的重叠因子。对于 CP-OFDM 和 OTFS 信号，循环前缀长度分别设置为 $N_{ifft}/4$ 和 $N_{ifft}/16$。对于 GFDM 信号，脉冲成形滤波器为滚降系数为 0.1 的 RC 滤波器，重叠子载波为 2，CP 长度为 $N_{ifft}/16$。

2. 实施细节

为了进行公平的比较，所有分类器都是在相同的硬件平台上实现的，包括 Win10 操作系统、32G RAM 和 Core i7 CPU。在数据集构建中，本小节为每个信噪比值的多载波类型生成 1000 个 DCAM 样本，然后使用 4∶1∶1 的适当比例将数据集分为训练部分、验证部分和测试部分。所采用的信噪比范围为 -18~20dB，均匀间隙为 2dB。

在模型训练和测试中，所有基于 DL 的模型都是在 TensorFlow 2.0 平台上使用 NVIDIA RTX 2080 Ti GPU 执行的。为了保证结果的可比性，所有网络采用相同的训练参数：①损失函数为分类交叉熵；②网络优化器为 Adam，初始学习率为 0.001；③训练批数设置为 128；④默认训练 epoch 数为 50，当 5 个 epoch 内训练损失不再下降时，采用早停策略终止模型训练。

3. 与现有算法的性能比较

为了验证所提出的 DCA-MFNet 的有效性,本小节选择了三种分类器作为基线比较模型。如图 9.2.5 所示,四条绿色曲线对应基于 I/Q 样本的时间分类器(ResNet[224]、LSTM[384]、GRU[390] 和 ST-CLDNN[396]),两条蓝色曲线对应基于 DCAM 的图像分类器(AlexNet[401] 和 GoogleNet[402]),三条灰色曲线对应基于机器学习(ML)的分类器(KNN[403]、随机森林(Random Forest)[404] 和梯度增强(Gradient Boosting)[405])。请注意,KNN、随机森林和梯度增强利用了 30 个专家特征,包括时频域、高阶累积量和各种统计特征,其具体特征描述已在[395]中说明。

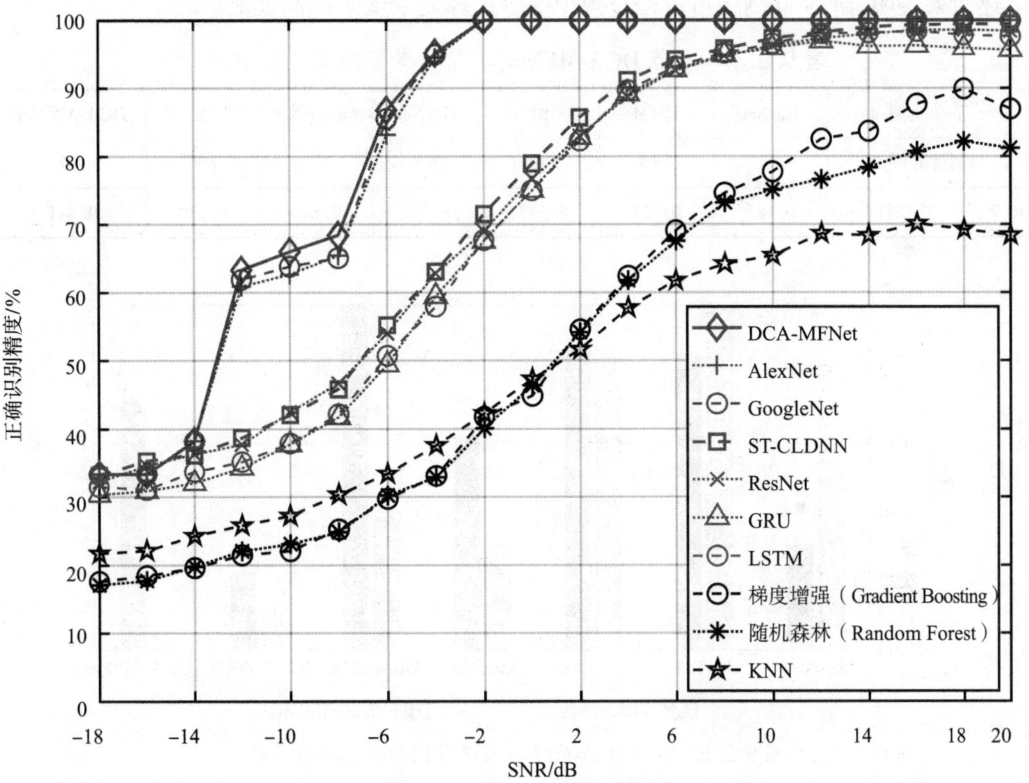

图 9.2.5　与现有算法的识别精度对比(见彩图)

如图 9.2.5 所示,在整个信噪比范围内,所提 DCA-MFNet 的识别精度均高于绿色基于 I/Q 样本的时域分类器、蓝色基于 DCAM 的图像分类器和灰色基于最大似然(ML)的分类器。其中,本节提出的 DCA-MFNet 在信噪比为 0dB 和 -6dB 时,性能分别比基于 I/Q 的 ST-CLDNN 提高了 21.07% 和 30.27%。当信噪比为 -2dB 时,DCA-MFNet 可以达到 100%的识别准确率,而基于 I/Q 的 ST-CLDNN 模型只能达到 71.5%的识别准确率。此外,为了公平比较,本小节选择 SVD 去噪后的 DCAM 特征作为输入特征。优化 AlexNet 和 GoogleNet,从而获得如图 9.2.5 所示的良好识别性能。从图中可以看出,与次优的 AlexNet 和 GoogleNet 相比,本节提出的 DCA-MFNet 实现了约 2dB 的信噪比增益。这是因为 DCA-MFNet 可以实现 DCAM、CFV 和 TDV 特征的互补性,扩大不同多载波信号之间的辨别能力,特别是在[-12,-6]dB 的低信噪比范围内。

接下来,将提出的 DCA-MFNet 与表 9.2.1 中现有的基于 DL 的分类器进行复杂度比较,包括总训练时间(s)和在线测试时间(ms)两个评价指标。如表 9.2.1 所示,DCA-MFNet 的训练时间比 ST-CLDNN 减少了 499s。这是因为所提出的 DCA-MFNet 采用了并行加速的快速 1D 和 2D 卷积层,而之前的 ST-CLDNN 使用了耗时的 LSTM 层。此外,DCA-MFNet 比表 9.2.1 中的 ST-CLDNN 模型花费了更多的测试时间,因为高性能的 DCA 特征生成必然会浪费一定的预处理时间。以每个指标的最大值作为一个指标的基准,将其余模型的训练和测试时间值归一化,如图 9.2.6 所示。其中,DCA-MFNet 比 ST-CLDNN 模型多耗费 49.35%的测试时间,但节省了 12.58%的总训练时间,并获得了更高的识别精度。上述结果表明,DCA-MFNet 可以通过减少部分计算复杂度来提高性能。

表 9.2.1 本节 DCA-MFNet 与现有模型的复杂性比较

基准模型	ResNet	LSTM	GRU	AlexNet	GoogleNet	ST-CLDNN	**DCA-MFNet**
总训练时间/s	3277	3968	3360	1176	1525	696	**197**
单个样本测试时间/ms	0.187	0.523	0.537	0.378	0.612	0.139	**0.441**

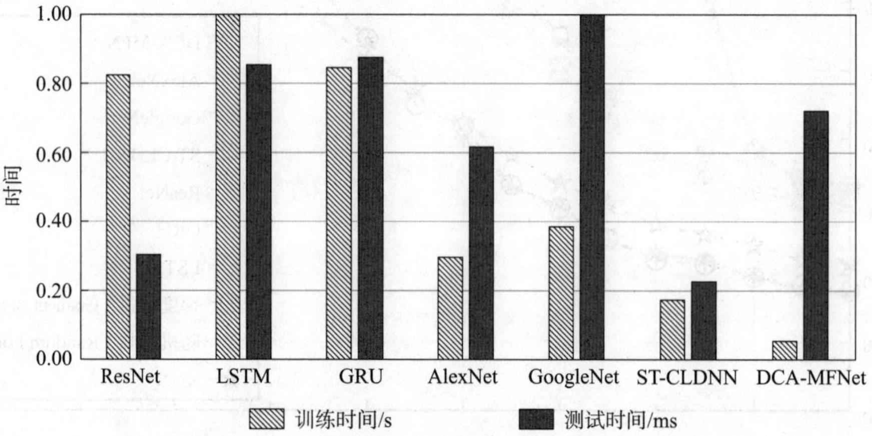

图 9.2.6 本节 DCA-MFNet 与现有模型的复杂性比较

在图 9.2.7 中,进一步分析了 6 种多载波类型对 DCA-MFNet 和 ST-CLDNN 模型识别精度的影响。以信噪比为 0dB、-4dB 和-6dB 为例,两种模型均能识别 OTFS 信号,识别性能均为 100%,说明 OTFS 信号同时在时域和变换域具有明显的特征辨别能力。对于其他多载波类型,所提出的 DCA-MFNet 的性能优于 ST-CLDNN。具体而言,对于 FBMC、UFMC 和 GFDM 信号,DCA-MFNet 模型的性能优势随着信噪比的逐渐降低而提高,而对于 F-OFDM 和 CP-OFDM 信号则相反。例如,在图 9.2.7 中,与 ST-CLDNN 相比,DCA-MFNet 对 FBMC 信号的性能分别提高了 22.6%、48.4%和 60.4%。也就是说,DCA-MFNet 在 SNR=0~-6dB 范围内的性能比 ST-CLDNN 提高了 37.8%。因此,上述分析验证了变换域 DCA 特征比现有时域波形特征具有更强的表示能力。

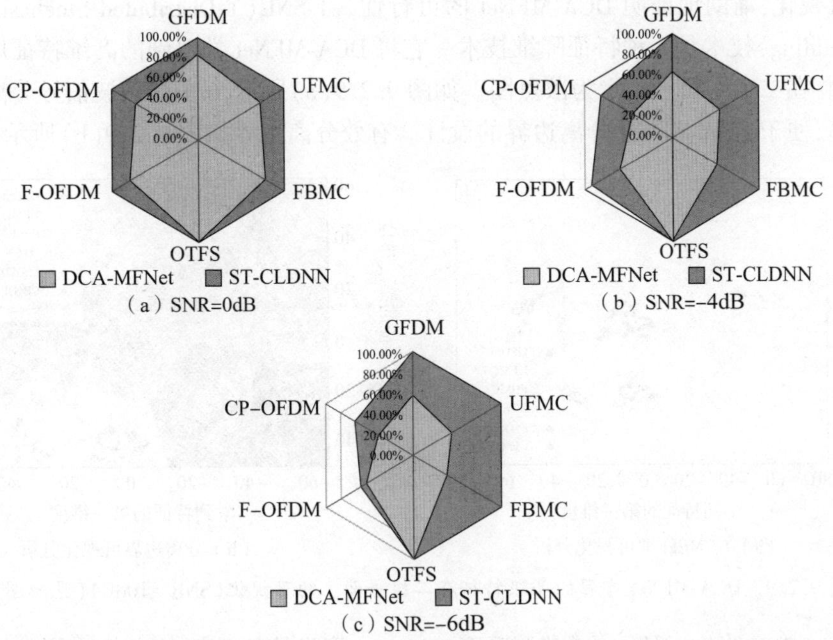

图 9.2.7　不同多载波制式下 DCA-MFNet 和 ST-CLDNN 模型识别精度比较

从混淆矩阵的角度，本小节评估了 DCA-MFNet 在不同信噪比下的识别性能。从图 9.2.8 可以看出，本小节提出的 DCA-MFNet 在信噪比 = −6dB 时无法识别 F-OFDM 和 CP-OFDM 信号，其中 32.5%的 F-OFDM 样本误分类为 CP-OFDM，28%的 CP-OFDM 样本误分类为 F-OFDM。此外，DCA-MFNet 模型不能完全识别所有多载波信号，并在副对角线位置引起明显的混淆。当信噪比为 0dB 时，图 9.2.8（b）的混淆矩阵颜色比图 9.2.8（a）的更深，避免了非对角单元的混淆问题，说明 DCA-MFNet 能够完全识别所有多载波波形。上述结果与图 9.2.5 的实验结果一致。

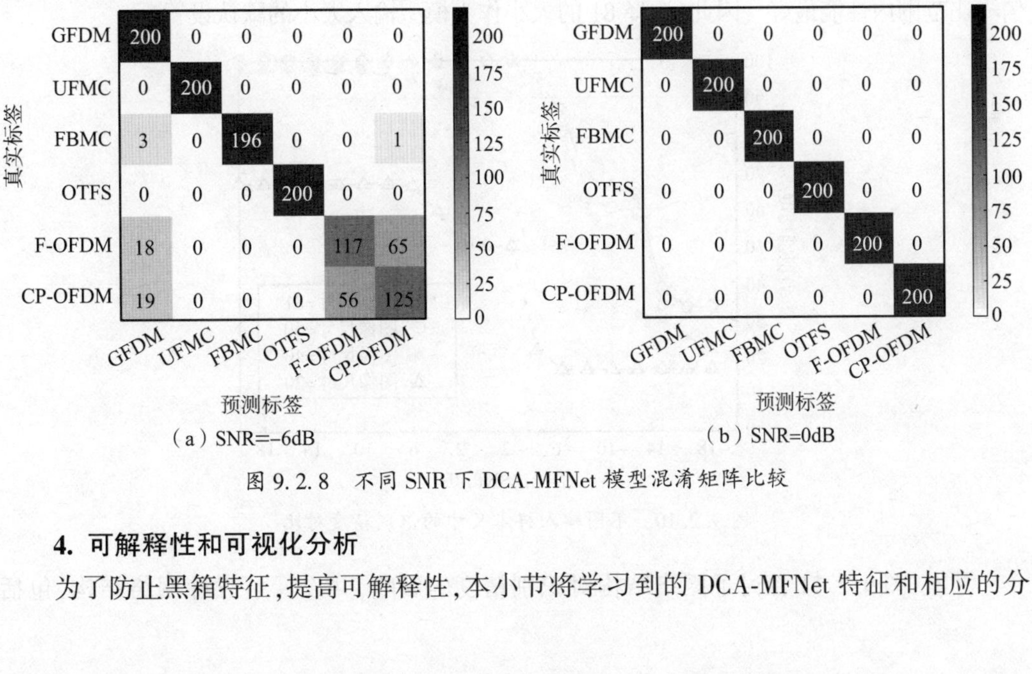

图 9.2.8　不同 SNR 下 DCA-MFNet 模型混淆矩阵比较

4. 可解释性和可视化分析

为了防止黑箱特征，提高可解释性，本小节将学习到的 DCA-MFNet 特征和相应的分离边界可视化,辅助地证明 DCA-MFNet 的可行性。T-SNE(T-Distributed Stochastic Neighbor Embedding)技术是一种特征降维技术。它将 DCA-MFNet 学习到的高维特征压缩成二维格式,并在二维平面上显示为散点图。如图 9.2.9(a)所示,6 个多载波信号分离成 6 个独立的簇,便于 DCA-MFNet 分离边界的设计。有效分离边界如图 9.2.9(b)所示。

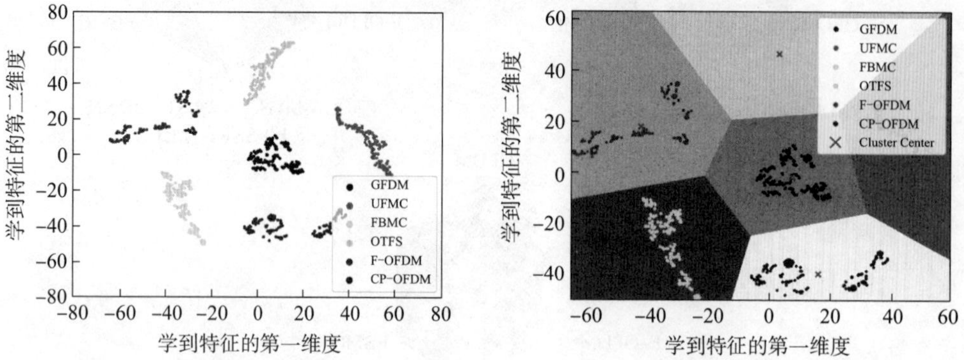

(a) T-SNE降维可视化分析　　(b) 分离边界可视化分析

图 9.2.9　DCA-MFNet 学习的高级特征在二维平面上的可视化(SNR=10dB)(见彩图)

基于 T-SNE 降维后的二维数据,采用 K-means 聚类算法计算各多载波信号的聚类中心及相应的分离边界。例如在图 9.2.9(b)中,颜色深度的不同区域对应覆盖 6 个多载波信号,并设计了各种边界来分类多个波形。其中,红十字符号表示不同多载波信号的聚类中心。因此,通过上述学习特征和决策边界的可视化分析,验证了 DCA-MFNet 的有效性。上述结果表明,DCA-MFNet 能够提取出可区分的特征,并保证有意义地分离边界。

接下来,本小节评估了模型参数对 DCA-MFNet 识别精度的影响,包括输入大小和网络结构。首先,进行 DCA-MFNet 在不同样本量下的精度比较。注意样本量指的是 DCAM、TDV 和 CFV 特征的边长。如图 9.2.10 所示,随着输入样本量的增加,识别精度有所提高。例如,当 SNR=−2dB 时,样本量从 20 到 81,识别精度提高了 50%。此外,长度为 81 的情况在整个信噪比范围内性能最好。因此,选择 81 的大小作为模型输入大小的默认设置。

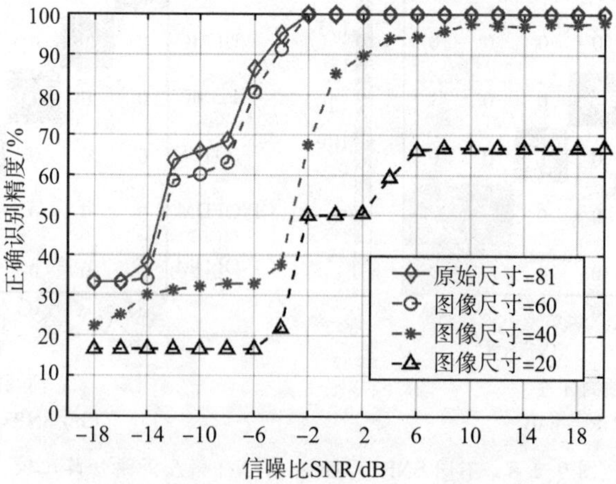

图 9.2.10　不同输入样本尺寸的识别精度对比

其次,图 9.2.11 探讨了网络结构对识别精度的影响,共设计了三种网络结构,包括

DCA-MFNet-A(在每个分支中使用三个卷积层和三个池化层)、DCA-MFNet-B(在每个分支中使用两个卷积层和两个池化层)和 DCA-MFNet-C(在每个分支中使用一个卷积层和一个池化层)。如图 9.2.11 所示,DCA-MFNet-C 模型由于层数最少,特征学习能力有限,因此识别性能最差。在[-12, -4]dB 信噪比范围内,DCA-MFNet 的识别精度也随着网络层数的增加而提高。而 DCA-MFNet-A 与 DCA-MFNet-B 的性能相当,说明 DCA-MFNet-B 是最优的网络结构。基于上述结果,本小节采用 DCA-MFNet-B 作为默认的网络结构设计。

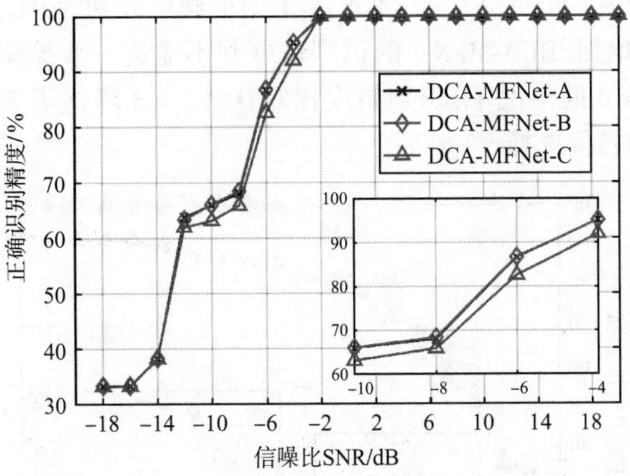

图 9.2.11　不同网络结构的识别精度对比

5. 消融实验

在图 9.2.12 中,进行的是消融实验,比较单模态和多模态特征对 DCA-MFNet 性能的影响。在这里,共设计了 4 个对照组,分别是使用 DCA-MFNet 分类器的三种输入特征的多模态情况和使用 DCA-MFNet 中的单模态输入的 TDV、CFV 和 DCAM 情况。从图 9.2.12 可以看出,随着信噪比的增加,4 个点的精度曲线都呈现增加的趋势,说明信噪比值越大,带来越多越强大的信号能量,从而扩大了不同多载波信号之间的区分度。此外,多模态案例可以结合 TDV、CFV 和 DCAM 中三种数据模态的优势,具有较强的表示能力和较高的识别精度。例如,当信噪比为-6dB 时,多模态情况比单模态 TDV 和 CFV 特征分别获得 6.58%和 10.08%的性能增益。

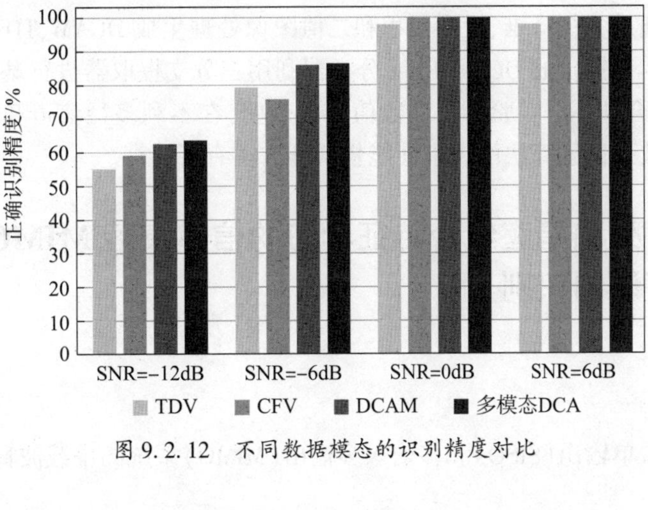

图 9.2.12　不同数据模态的识别精度对比

在上面的讨论中,假设 DCA-MFNet 采用默认的保存奇异值数 $N_{SV}=3$。下一个实验将探索和分析 DCA-MFNet 对各种去噪场景的敏感性。具体来说,考虑了 5 个对照组,没有 SVD 去噪,并且具有从 1 到 4 的不同奇异值 N_{SV}。在这里,N_{SV} 越大,表示 SVD 操作后的 CA 信息越多,但也保留了更多的噪声特征。如图 9.2.13 所示,SVD 辅助的情况比没有 SVD 的情况性能更好,其中 $N_{SV}=3$ 的默认情况在 SNR = 0dB 时性能提升了 18%。此外,DCA-MFNet 分类器的识别精度从 $N_{SV}=3$ 降低到 $N_{SV}=1$。当信噪比为 −2dB 时,$N_{SV}=3$ 时的识别准确率为 100%。同时,$N_{SV}=2$ 和 $N_{SV}=1$ 的准确度分别为 94.58%和 90.75%。然而,随着 N_{SV} 的不断增加,DCA-MFNet 的识别精度并不能进一步提高,反而出现了下降。在图 9.2.13 中,$N_{SV}=4$ 的情况下,识别精度比默认 $N_{SV}=3$ 降低了 5.25%。基于以上结果,选择 $N_{SV}=3$ 作为最优选择。

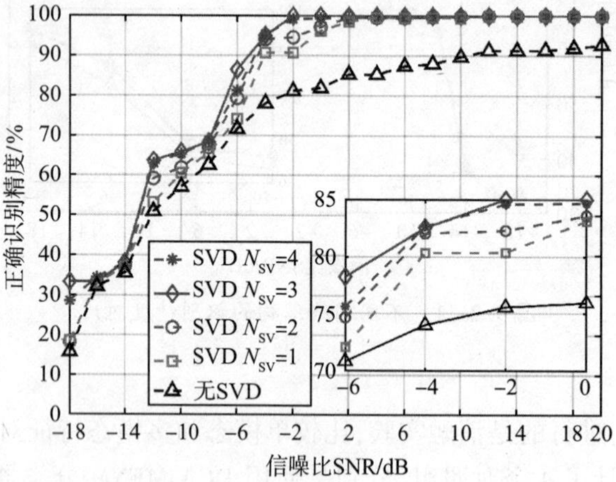

图 9.2.13　各种降噪场景的性能比较

9.2.6　本节小结

本节结合深度学习和循环平稳性理论,研究了 SVD 辅助多载波波形去噪算法。在本节的设计中,首先将时域波形转换为变换域循环自相关特征。其次采用 SVD 去噪方法生成 DCA 特征,进一步消除有害噪声。再次,构造一个多模态数据集来识别不同的多载波信号,该数据集通过特征降维、投影累积和二值图像处理生成 DCAM、TDV 和 CFV 三个模态特征。最后,本节提出的 DCA-MFNet 分类器利用三分支提取器进行基于三种输入特征的分层学习和聚合训练。实验结果和数值分析表明,在不利多径信道和相对低信噪比的环境下,多载波波形识别算法的识别性能较基准方法有所提高。

9.3　基于序列和星座组合特征学习的信道衰落 MIMO-OFDM 系统盲调制识别

9.3.1　引言

目前,单输入单输出(SISO)和多输入多输出(MIMO)系统的单载波盲调制识别(Blind

Modulation Recognition, BMR）方法已经得到长足发展。然而，在 MIMO-OFDM 系统中，BMR 并没有得到充分的探索，它可以表现出出色的频谱效率和功率效率[405-406]。MIMO-OFDM 系统中的 BMR 具有挑战性，因为 MIMO 信道和 OFDM 编码器的影响会掩盖不同调制类型的特性，进一步降低识别性能。因此，现有的 BMR 方法在 SISO-OFDM 和单载波系统中不能直接应用于 MIMO-OFDM 系统。对于新近出现的 MIMO-OFDM 信号，重新设计 BMR 算法是很有必要的。

此外，现有的基于 DL 的研究大多通过单一特征来识别，如 I/Q 序列[408,224]、时频分布[409]和星座图[401]。然而，基于多模态特征的深度学习的 BMR 方法仍然没有得到充分的探索。在参考文献［411-412, 234］中已经证明，单载波系统中的多模态方法比单模态方法表现出更好的性能。在参考文献［411］中，幅度/相位和 I/Q 特征通过 CNN-LSTM 网络结合，为后续的识别提供更多的鉴别特征。在参考文献［412］中，多模态 Resnet 分类器通过合并 I/Q 特征和频谱特征获得了更好的识别性能。在参考文献［234］中生成了 2 个时频分布特征和 6 个手工特征作为输入特征，并由并行 CNN 网络提取出更强大的融合特征。虽然获得了较高的识别精度，但该方法只考虑了 AWGN 噪声的影响，忽略了衰落信道。上述多通道工作[234,384,224]可以通过利用 SISO 系统中多通道信息的组合优势而取得良好的效果。但是，这些工作不能直接应用到复杂的 MIMO-OFDM 系统中，因为 MIMO 信道衰落的混淆效应会增加多模态信息的损耗。因此，这些工作在 MIMO-OFDM 系统和基于深度学习的多模态 BMR 方法之间留下了显著的差距。

为此，本节提出了一种基于 SC-MFNet 的 MIMO-OFDM 子载波 BMR 方法，该方法结合了序列特征和分段累积星座图（SACD）特征的优点，实现了认知通信中信号的盲识别。首先，利用联合特征矩阵近似对角化（Joint Approximative Diagonalization of Eigen Matrix, JADE）[372]和最小描述长度（Minimum Description Length, MDL）[375]方法，信号重构模块可以改善衰落信道效应，进一步恢复传输信号的描述能力。此外，还提出了一种 SACD 策略来生成具有强大分辨力的星座特征。其次，SC-MFNet 利用强大的 SACD 特征和 I/Q 序列特征生成更好的多模态融合特征。最后，在不同信噪比（SNR）下的蒙特卡洛仿真验证了本节提出的 SC-MFNet 分类器的可行性。综上所述，本节的主要内容如下：

（1）提出了一种基于 SC-MFNet 的 MIMO-OFDM 子载波调制盲识别方法。它采用双流框架学习强大的互补特征，其中一个序列特征提取的流在低信噪比下表现较好，而另一个 SACD 特征提取的流在高信噪比下表现较好。

（2）利用快速 Conv1DNet 和改进后的 EfficientNet 分别提取高级序列和 SACD 特征。这种组合特性在 MIMO-OFDM 系统中还没有得到利用。

（3）为了适应完全盲的认知-通信场景，采用 JADE 和 MDL 方法来缓解衰落信道导致的性能下降，使其更适合非合作 BMR 应用。

（4）在原有星座特征的基础上，提出了一种分段累积星座图（SACD）策略，将星座中心边缘点收敛，增加了不同调制格式之间的区别。

（5）不同图像像素、输入尺寸和衰落信道的识别精度曲线验证了所提出的 SC-MFNet 框架的泛化效果。

9.3.2 MIMO-OFDM 系统模型以及数据集的生成

1. MIMO-OFDM 系统模型

如图 9.3.1 所示,本节介绍了$(M\times N)$MIMO-OFDM 的系统模型。整个模型由:发射机和接收机两个主要部分组成,分别配备了 M 和 N 个天线。对于发射机,发送端通过符号调制器将二进制比特数据映射为 K 个符号流 $\boldsymbol{s}=[s_1,s_2,\cdots,s_K]^{\mathrm{T}}$。然后,通过 MIMO 编码器将所有串行数据码元转换为 M 个并行码元数据流。利用快速傅里叶反变换(IFFT)和插入循环前缀(CP),时域基带 MIMO-OFDM 信号 $x_i(t)$通过第 i 个天线传输,其表达式为

$$x_i(t)=\frac{1}{N}\sum_{l=0}^{\infty}\sum_{k=0}^{N-1}X_i^l(k)\mathrm{e}^{\mathrm{j}2\pi\frac{k}{T_u}(t-lT_s-T_c)}g(t-lT_s) \tag{9.3.1}$$

式中:$X_i^l(k)$为第 k 子载波的第 l 个频域符号,在第 i 个发射天线上发射。不失一般性,$X_i^l(k)$在不同的子载波、符号和接收天线之间是独立和同分布的(IID),$E[X_i^l(k)(X_j^n(p))^*]=\sigma_x^2\delta(i-j)\delta(k-p)\delta(l-n)$,$\delta(\cdot)$表示 Kronecker 函数,$\sigma_x^2=1$ 表示方差。T_u、T_g 和 T_s 分别表示有用符号时间、CP 长度、符号周期。脉冲成形函数 $g(t)$为

$$g(t)=\begin{cases}1, & 0\leqslant t\leqslant T_s\\ 0, & \text{其他}\end{cases} \tag{9.3.2}$$

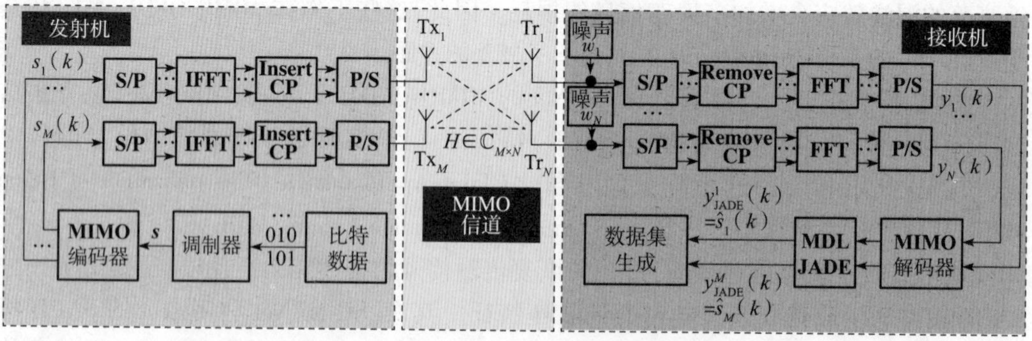

图 9.3.1 MIMO-OFDM 系统模型和数据集生成

在接收机中,由于 MIMO-OFDM 系统采用集中接收天线布置,每个接收天线都可以截获来自所有发射天线的衰落调制信号。假设 MIMO-OFDM 接收终端可以消除载波频率偏移和时间偏移,这与参考文献[372-373]的研究思路一致。进一步,通过对 N 个接收天线进行快速傅里叶变换(FFT)和去除 CP,得到第 k 子载波的频域接收信号矩阵可表示为

$$\boldsymbol{Y}^k(\boldsymbol{n})=\boldsymbol{H}(\boldsymbol{n})\boldsymbol{X}^k(\boldsymbol{n})+\boldsymbol{W}_n^k(\boldsymbol{n})=\sum_{j=1}^{N}\left[\sum_{i=1}^{M}h_{j,i}(n)x_i(n)+w_j(n)\right] \tag{9.3.3}$$

式中:$\boldsymbol{Y}^k(\boldsymbol{n})=[y_1^k(n),y_2^k(n),\cdots,y_N^k(n)]$和 $y_j^k(n)$表示第 j 个接收天线中接收到的 OFDM 符号向量;$\boldsymbol{W}_n^k(\boldsymbol{n})\in\mathbb{C}^{N\times L}$ 表示加性高斯白噪声复矩阵,对应于零均值和方差 $\sigma_n^2\boldsymbol{I}_N$,与第 k 子载波的传输符号矩阵 $\boldsymbol{X}^k(\boldsymbol{n})$无关。$\boldsymbol{H}(\boldsymbol{n})\in\mathbb{C}^{M\times N}$ 表示频域准静态平坦衰落信道矩阵:

$$\boldsymbol{H}(\boldsymbol{n})=\begin{bmatrix} h_{1,1}(n) & h_{1,2}(n) & \cdots & h_{1,N}(n) \\ h_{2,1}(n) & h_{2,2}(n) & \cdots & h_{2,N}(n) \\ \vdots & \vdots & & \vdots \\ h_{M,1}(n) & h_{M,2}(n) & \cdots & h_{M,N}(n) \end{bmatrix} \tag{9.3.4}$$

式中：$h_{i,j}(n)(j=1,2,\cdots,N;i=1,2,\cdots,M)$表示第$j$接收天线和第$i$发射天线之间的衰落信道系数。注意，本节假设$H(n)$是一个具有$(N>M)$天线构型的满秩矩阵，并且$H(n)$服从方差$\sigma_h^2=1$的圆形对称复正态分布。此外，定义信噪比（SNR）[373]为接收信号的总功率$(M\times N\times\sigma_x^2\times\sigma_h^2)$与总噪声功率$(M\times N\times\sigma_W^2)$的比值，即

$$\mathrm{SNR}=10\lg\left(\frac{M\times N\times\sigma_x^2\times\sigma_h^2}{N\times\sigma_W^2}\right)=10\lg\left(\frac{M}{\sigma_W^2}\right) \tag{9.3.5}$$

2. 传输信号的重构

与以往单输入单输出（SISO）系统的调制识别方法不同，MIMO-OFDM系统中的BMR不能直接从截获信号中提取可识别的特征，这将进一步妨碍后续识别任务的顺利进行。MIMO-OFDM信道的混淆效应破坏了拦截信号的统计特性，这是可以理解的。因此，采用有效的盲源分离（BSS）技术消除信道影响，将接收到的线性混合信号重构为发射信号势在必行。此外，混合信道矩阵、天线阵方向矩阵和噪声干扰源等先验信息对于BSS技术是不需要预先考虑的。因此，BSS可以很好地应用于“盲”（非合作）认知通信，特别是用于频谱管理的认知无线电。

本节对MIMO-OFDM系统在衰落信道下的BSS技术进行了研究。此外，发射信号的统计独立性和线性混合也是实现BSS的必要条件。由于这些原因，可以把MIMO-OFDM系统上传输信号的重建看作一个BSS问题。独立分量分析（ICA）算法作为一种解决BSS的方法，被认为是一种很有前途的通信系统源信号恢复方法。ICA背后的关键思想是，它可以将混合数据集分离为多个独立的子组件。联合特征矩阵近似对角化（JADE）算法可以利用短信号重构传输信号。通过比较三种ICA方法（EASI、JADE和FastICA），参考文献[374]已经证实JADE方法是最好的，可以利用较短的信号盲重构MIMO信号。

在前人的研究[372,374-375]中，JADE算法在BMR识别之前就被利用了。受到这些研究的启发，采用JADE方法生成更强大的特征，提高识别精度。需要说明的是，发射天线的数量和预白化处理保证了JADE的有效实施。因此，重构源信号的过程包括三个方面：①发射天线数量首先由最小描述长度（MDL）法估计。②采用预白化处理降低输入信号之间的相关性。③JADE算法可以生成解混矩阵$\boldsymbol{W}$，并将恢复信号$\hat{\boldsymbol{S}}$。

基于信息理论准则（ITC），MDL方法可以为后续的预白化处理提供发射天线的数量。在获取接收信号的自相关矩阵$\boldsymbol{R}_Y=E[\boldsymbol{Y}^k(\boldsymbol{n})\boldsymbol{Y}^k(\boldsymbol{n})^H]$后，对$\boldsymbol{R}_Y$进行特征值分解（Eigen Value Decomposition，EVD），并对特征值进行降序排序，其最终估计结果如下：

$$\hat{M}=\underset{n}{\operatorname{argmin}}\left\{-\lg\left[\frac{\prod_{i=n+1}^{N}\lambda_i^{1/(N-n)}}{\sum_{i=n+1}^{N}\lambda_i/(N-n)}\right]^{L(N-n)}+\frac{n(N-n)+1}{2}\lg L\right\} \tag{9.3.6}$$

式中：L为每个天线的信号长度；$n=0,1,\cdots,N-1$和λ_i代表第i个特征值。其次，采用预

白化处理($\boldsymbol{R}_Y=E[\boldsymbol{r}\boldsymbol{r}^{\mathrm{H}}]=\boldsymbol{I}_M$)降低多个信号之间的冗余度和加快后续 JADE 处理,不仅可以提取前 M 个特征值生成对角矩阵 $\boldsymbol{D}$ 和对应的特征向量生成矩阵 $\boldsymbol{U}$,还需要计算其余($N-M$)个特征值的平均值作为噪声方差 σ_w^2 的估计。因此,预白化前的矩阵 $\boldsymbol{B}$ 和信号 $\boldsymbol{r}$ 为

$$\boldsymbol{B}=(\boldsymbol{D}-\sigma_W^2\boldsymbol{I}_M)^{-1/2}\times\boldsymbol{U}^{\mathrm{H}} \tag{9.3.7}$$

$$\boldsymbol{r}^k(\boldsymbol{n})=\boldsymbol{B}\boldsymbol{Y}^k(\boldsymbol{n}) \tag{9.3.8}$$

式中:$\boldsymbol{I}_M$ 为单位矩阵;$[\cdot]^{\mathrm{H}}$ 为共轭转置运算。最后,JADE 是一种基于四阶累积量[407]的自适应批式 ICA 优化算法,其分离过程描述为

$$\hat{S}(\boldsymbol{n})=\boldsymbol{y}_{\mathrm{JADE}}(\boldsymbol{n})=\boldsymbol{V}\cdot\boldsymbol{r}^k(\boldsymbol{n}) \tag{9.3.9}$$

式中:$\boldsymbol{V}$ 为分离矩阵;$\hat{S}$为恢复的信号。首先计算四阶累积矩阵 $\boldsymbol{Q}_r=\mathrm{cum}[\boldsymbol{r}^k(\boldsymbol{n}),\boldsymbol{r}^k(\boldsymbol{n})^*,\boldsymbol{r}^k(\boldsymbol{n}),\boldsymbol{r}^k(\boldsymbol{n})^*]$。其次通过 $\boldsymbol{Q}_r$ 的奇异值分解(SVD),得到最大模值的前 N 个特征值及其对应的特征矩阵$\{\psi_i,\overline{\boldsymbol{U}}_i\mid 1\leqslant i\leqslant M\}$。最后分离矩阵 $\boldsymbol{V}$ 由$\{\psi_i,\overline{\boldsymbol{U}}_i\mid 1\leqslant i\leqslant M\}$联合近似对角化得到。

为了说明 JADE 的恢复效果,图 9.3.2 给出了发射信号、接收信号和 JADE 分离信号在信噪比为 10dB 时的星座图。由于发射信号受到信道衰落的影响,接收信号的星座图变得无法区分,进一步降低了 5 种信号的特征表达能力。相比之下,由于 JADE 方法缓解了信道混淆,5 种 JADE 解混信号的识别变得明显。因此,JADE 算法在提高识别精度方面起着重要的作用,增强了不同模式之间的差异。

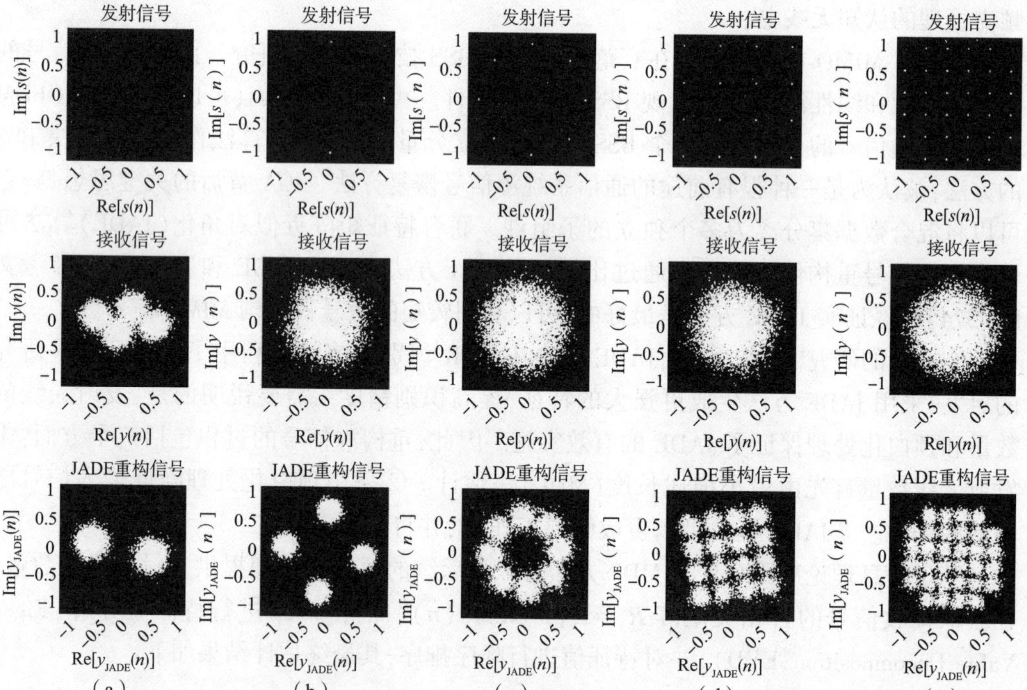

图 9.3.2 JADE 盲信号重构算法效果展示。(a)BPSK;(b)QPSK;(c)8PSK;(d)16QAM;(e)32QAM

在图 9.3.2 中,5 种调制格式显示了不同星座的特征,可以作为调制识别的基础。作为另一个输入特征,也可视化了图 9.3.3 中的 I/Q 波形特征。对于 MPSK,波形的变化取

决于式(9.3.10)中的相位变化,如 BPSK$\phi_{\mathrm{BPSK}}=\{0,\pi\}$ 和 QPSK$\phi_{\mathrm{QPSK}}=\{0,\pi/2,\pi,3\pi/2\}$。BPSK 的 I 信息信道振幅对应于$\sqrt{S}\cos(\phi_{\mathrm{BPPK}})=\sqrt{S}\cos(\{0,\pi\})=\{\sqrt{S},-\sqrt{S}\}$,而正交相移编码所对应的是$\sqrt{S}\cos(\phi_{\mathrm{QPSK}})=\sqrt{S}\cos(0,\pi/2,\pi,3\pi/2)=\{\sqrt{S},0,-\sqrt{S},0\}$,尤其是 BPSK 的 Q 信息信道振幅在图 9.3.3 的时间轴为零,这是因为它的 Q 信息信道振幅$\sqrt{S}\sin(\phi_{\mathrm{BPSK}})=\sqrt{S}\sin(\{0,\pi\})=\{0,0\}$。

$$A_{i,\mathrm{M\text{-}PSK}}=\sqrt{S}\mathrm{e}^{\mathrm{j}\phi_i},\phi_i\in\left\{\frac{2\pi}{M}(m-1)\right\}_{m=1}^{M} \tag{9.3.10}$$

$$A_{i,\mathrm{M\text{-}QAM}}=\sqrt{S_i}\mathrm{e}^{\mathrm{j}\phi_i},S_i=\sqrt{A_{i,I}^2+A_{i,Q}^2},\phi_i=\arctan(A_{i,Q}/A_{i,I}) \tag{9.3.11}$$

$$\mathrm{PAPR}=10\lg\left\{\frac{\max\{|\hat{s}(\boldsymbol{n})|^2\}}{E\{|s(\boldsymbol{n})|^2\}}\right\} \tag{9.3.12}$$

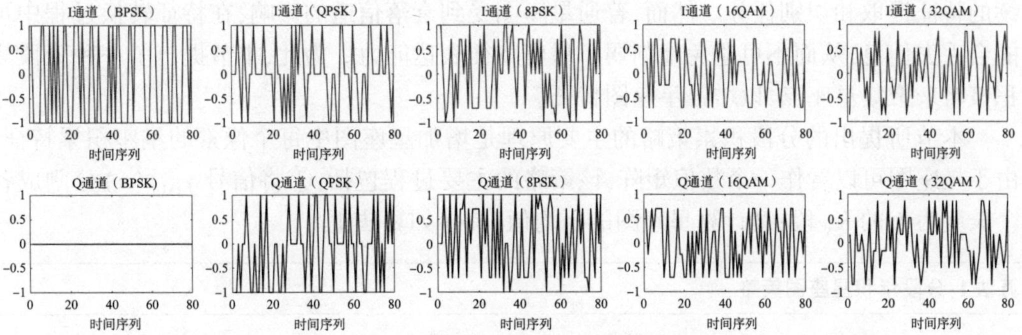

图 9.3.3　可视化不同调制信号的 I/Q 样本

(注:所有图纵坐标名为“幅度”)

在 M-QAM 情况下,图 9.3.3 中调制波形的波动状态更加多变。由式(9.3.11)可知,16QAM 和 32QAM 的幅值与相位的变化组合分别为 16 种和 32 种。以图 9.3.2 为例,16QAM 星座和 32QAM 星座的振幅变化分别为 4 个和 6 个。这也可以在图 9.3.3 中得到验证,其中 16QAM 和 32QAM 的 I/Q 波形中出现了 4 个和 6 个的振幅变化。这可以在峰值较高的 I/Q 序列中体现出来。因此,PAPR 可能有助于提供一些指标来说明 I/Q 序列的有效性。这种效果在图 9.3.7 中得到了证明,在低信噪比下,I/Q 序列提取的二维特征的重叠小于星座特征。减少重叠有助于提高后续识别的准确性。

3. 生成数据集

本小节将介绍两个数据集的生成过程,即信号波形特征和所提出的分段累积星座图特征。同时,也提出了采用融合特征作为 SC-MFNet 识别模型输入的原因。如图 9.3.1 所示,接收机首先通过 JADE 方法得到分离后的信号,其次通过 I/Q(同相/正交)分解将其转化为信号波形特征。再次,提出分段累积星座图策略,增强解混信号的星座特征。在数据集中,采用的是在真实的无线通信场景中得到了广泛应用的 5 种子载波调制格式{BPSK,4PSK,8PSK, 16QAM,4PAM}作为候选。为了演示 BMR 算法在大动态信噪比(SNR)下的表现,将信噪比的范围设为[−10dB, 20dB],间隔为 2dB。最后,选择样本总数$T=k_m\times k_{\mathrm{snr}}\times k_s$,其中 k_m 为调制类型个数,k_{snr} 为信噪比个数,k_s 为每调制方式、每信噪比的样本个数。本节设置训练、验证和测试数据集的大小分别为 128000、32000 和 40000,其中

k_m、k_{snr} 和 k_s 分别为 5、16 和 2000。

（1）信号序列特征：利用 I/Q 数据提供信号序列特征，可以认为是信号序列特征的无损信息表示，这在参考文献[408,384,224,411-412]中得到了验证。另外，目前流行的深度神经网络只能处理实数据，不能处理复数据，因此采用了 I/Q 信号分量作为输入特征。每个信号波形的输入特征向量可以表示为

$$\boldsymbol{\Psi}(n)=\begin{bmatrix}\mathrm{Re}(\boldsymbol{y}_{\mathrm{JADE}}(n))\\ \mathrm{Im}(\boldsymbol{y}_{\mathrm{JADE}}(\boldsymbol{n}))\end{bmatrix}=\begin{bmatrix}I_1,I_2,\cdots I_L\\ Q_1,Q_2,\cdots Q_L\end{bmatrix}\tag{9.3.13}$$

式中：Re[·]、Im[·]分别代表信号 $y_{\mathrm{JADE}}(n)$ 的实分量和虚分量。总的 I/Q 数据集可以表示为 $[T\times2\times L]=[200000\times2\times1024]$，其中 $[2\times L]$ 为单个 I/Q 样本向量的大小。

（2）分段累积星座图特征：众所周知，基于 DL 的神经网络处理图像数据比处理时间序列数据更有效。为了充分利用 DNN，将一维的 I/Q 转换为二维的星座图，这有利于后续的特征提取和识别任务。然而，普通星座图受到衰落信道的影响，在特征转换过程中可能会丢失信息，从而不可避免地削弱了星座特征表达能力。为此，本节提出了一种分段累积策略来聚集星座点，以增强星座图特征。

本节所提出的分段积累策略的主要原理是增加星座图中每个像素的星座积累特征。由于星座图可以看作一个数值矩阵，该策略的主要过程包括：①将信号 $y_{\mathrm{JADE}}(n)$ 分割成各个长度为 L 的 K_N 段；②计算星座图的平均值，具体如算法 1。

算法 1：分段累积星座图策略

输入：

（1）原始星座图 Y。

（2）设置像素值 L_C 增强的星座图 Ψ。

信号分割和星座图转换：

（1）将信号 $y_{\mathrm{JADE}}(\boldsymbol{n})$ 分割成 K_N 个长度为 L 的信号。

（2）将分割后的信号映射为二维平面上的散射点。

图像二值化：

（1）将 $y_{\mathrm{JADE}}(\boldsymbol{n})$ 的所有元素分成每个像素，即第 k 段信号的第 m 个元素的星座坐标（$\mathrm{Img}X_m$，$\mathrm{Img}Y_m$）可表示为

$\mathrm{Img}X_m(l,w)=\mathrm{round}\left\{\dfrac{Lc\cdot(2S_C)^{-1}}{S_C+\mathrm{Re}[\mathrm{Y}_k(l,w)]}\right\}$，$\mathrm{Img}Y_m(l,w)=\mathrm{round}\left\{\dfrac{Lc\cdot(2S_C)^{-1}}{S_C-\mathrm{Im}[\mathrm{Y}_k(l,w)]}\right\}$，其中，$S_C=\max\{\mathrm{abs}[\mathrm{Re}(\mathrm{Y}_k)]\}\times1.5$ 表示信号元素的大小。

（2）对每个像素点标准化图像二进制值 0~255：

$$\mathrm{Y}_B=\begin{cases}255, & (\mathrm{Img}X_m<S_C)\parallel(\mathrm{Img}Y_m<S_C)\\ 0, & \text{其他}\end{cases}$$

星座特性积累：

累积星座特征，计算每个像素的平均值，其在 m 处的（$\mathrm{Img}X_m$，$\mathrm{Img}Y_m$）中的累积特征可以描述为

$$\Phi(\mathrm{Img}X_m,\mathrm{Img}Y_m)=\frac{1}{K_N}\sum_{k=1}^{K_N}\mathrm{Y}_B^k(\mathrm{Img}X_m,\mathrm{Img}Y_m)$$

输出:

保存最后一次增强的星座图数据集 Ψ。

所提出的分段累积策略如图 9.3.4 所示,给出了原点星座图与累积星座图的明显区别,所提出的分段累积策略增强了星座图的中心特征,削弱了边缘特征,信号点密度越大,颜色越亮,最亮的颜色为 255。因此,星座特征的增强可以扩大多种调制模式之间的差异,有助于后续的 BMR 识别任务。总星座图数据集可表示为 $[T\times L_C\times L_C\times 1]=[200000\times 128\times 128\times 1]$,其中 L_C 表示图像像素大小。

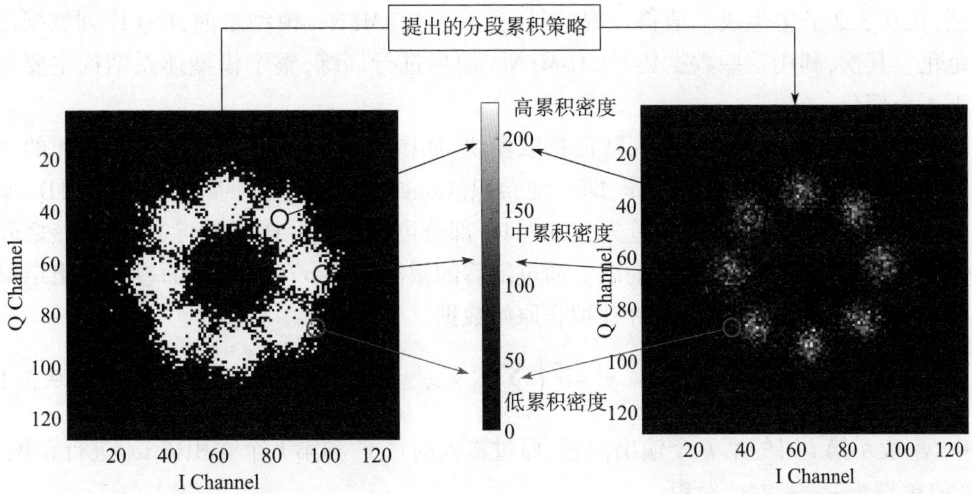

(a)原始星座图　　(b)累积星座图

图 9.3.4　提出的分段累积策略

(3) 多模态特征融合:采用多模态特征融合方法增强特征表达,优于单模态特征表达,特别是在遥感和雷达信号识别中。为此,本节将星座图和 I/Q 序列特征融合,以增强多种调制模式之间的差异。一方面,星座特征可以以图形的形式激发 CNN 的优势,在高信噪比下显示更多的特征分辨力;星座图在低信噪比时表现较差,对 AWGN 和信道衰落较为敏感。同时,从 I/Q 序列到星座图的转换也会导致特征信息丢失。另一方面,原始的 I/Q 序列用来弥补星座图的这些缺陷,特别是在低信噪比时。

9.3.3　序列和星座多模态融合识别网络 SC-MFNet 识别模型

1. 动机

本节采用 SC-MFNet 模型的原因可以从两个方面来解释。一是 SC-MFNet 模型可以综合 Conv1DNet 提取序列特征和 EfficientNet 提取图像特征的优势。在调制分类任务中,Conv1DNet 在序列特征提取方面表现良好,这在参考文献[225]中得到了验证。同样,在图像识别任务方面,EfficientNet[348] 优于传统卷积神经网络,如 ResNet 和 InceptionNet。虽然 Conv1DNet 和 EfficientNet 可以单独工作,但是基于多模态的 SC-MFNet 模型可以表现得更好。它的优点可以归结为 Conv1DNet 和 EfficientNet 提取器的特征互补,扩大了不同调制格式之间的区别。

二是 SC-MFNet 模型只需要简单的特征转换,而 BMR 方法需要复杂的特征转换,如高阶累积量和循环平稳特征等。通过 I/Q 分解,可以很容易地将截获的复信号转换为 I/Q 数据。另外,根据 I/Q 数据,以散点图的形式生成星座图。值得注意的是,星座图在高信噪比下表现较好,而 I/Q 数据在低信噪比下表现较好。BMR 任务的实时性要求,具有低复杂度特征转换的 SC-MFNet 模型更有吸引力。因此,本节提出了 SC-MFNet,以加强 I/Q 数据与星座图数据之间的互补优势。

2. 提出的 SC-MFNet 架构

本节所提出 SC-MFNet 的体系结构如图 9.3.5 所示,具有从星座图、序列多模态特征中识别调制模式的能力。首先,SC-MFNet 模型的输入数据是 I/Q 序列特征和累积星座图特征,在 9.3.2 节中生成。值得一提的是,在输入 SC-MFNet 模型之前,I/Q 序列数据已经规范化。其次,利用这些数据集对 SC-MFNet 模型进行训练,整个模型体系结构主要包括以下 4 个部分:

(1)基于 Conv1DNet 的序列特征提取模块:如图 9.3.5 所示,基于 Conv1DNet 的序列特征提取模块主要包含三种操作,即一维卷积(Conv-1D)操作、一维池化(Pool-1D)操作和全连接(也称 Dense)操作。首先,Conv-1D 部分可以实现 I/Q 序列与 1D 卷积核之间的 1D 卷积运算,以实现高级特征提取。通过随后的激活函数 $\sigma(\cdot)$,对前面卷积输出结果进行非线性激活,使 CNN 网络更好地拟合原始数据。

$$\boldsymbol{y}_k^l=\sigma\left(\sum_{i\in M_j^l}\boldsymbol{x}_i^l*\boldsymbol{w}_k^l+\boldsymbol{b}_k^l\right)\tag{9.3.14}$$

式中:$\boldsymbol{y}_k^l$ 表示第 l 层的第 k 个输出向量,通过输入向量 $\boldsymbol{x}_i^l$ 和第 k 个卷积核 $\boldsymbol{w}_k^l$ 进行卷积;第 k 个偏移量为 b_k^l;$*$ 表示卷积。

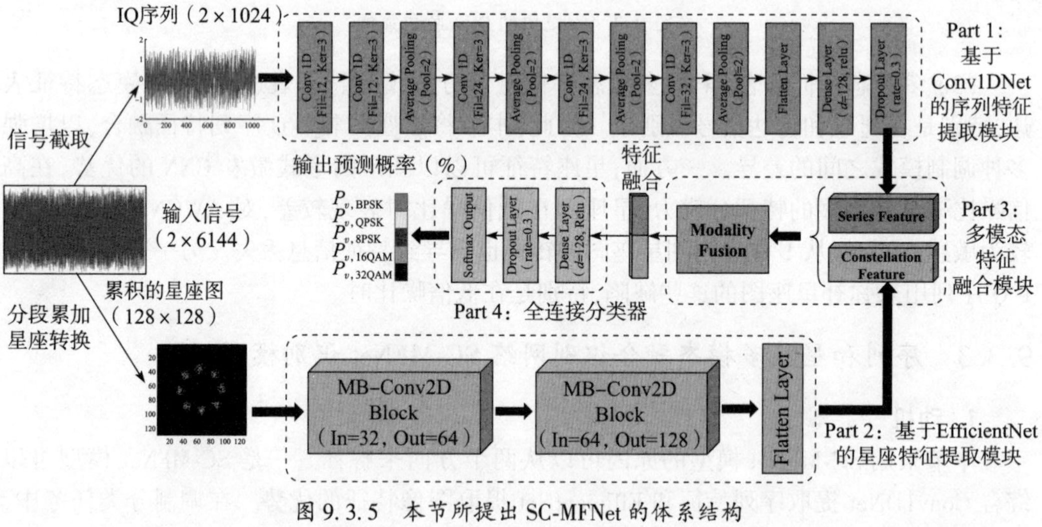

图 9.3.5　本节所提出 SC-MFNet 的体系结构

其次,Pool-1D 运算可以压缩 Conv-1D 输出向量,减少网络参数,进一步降低网络计算量,扩大接收域。为了保持 I/Q 序列的整体特征,本小节采用了平均池化方法。Pool-1D 的数学表达式可以描述为

$$y_k^{l+1}(i)=\text{Averpool}(\boldsymbol{y}_k^l)=\frac{1}{\rho}\{\boldsymbol{y}_k^l(\rho i)+\boldsymbol{y}_k^l[\rho(i-1)]\}\tag{9.3.15}$$

式中：$y_k^{l+1}(i)$ 表示 $(l+1)$ 层的第 i 个神经元输出；y_k^l 为平均池化输入，ρ 为池化大小。$\sigma(\cdot)=\max(x,0)$ 为激活函数，其中选择了整流线性单元（ReLU）函数，因为它可以加速 CNN 的训练过程。

为了后续特征融合模块的尺寸一致性，采用全连接（Fully Connected，FC）操作将池化结果以向量形式扁平化。顾名思义，FC 神经元可以与前一层神经元进行全连接，而不是卷积运算中的稀疏连接。同时，FC 运算在 Conv-1D 和 Pool-1D 运算后，对学习到的高层抽象进行加权求和也起着关键作用。在数学上，利用权值矩阵 $\boldsymbol{W}^F$ 和偏移量 b^F，最后的 FC 运算结果 $\boldsymbol{y}^F$ 可表示为

$$\boldsymbol{y}^F=\sigma(\boldsymbol{W}^F\cdot\boldsymbol{y}^P+b^F)\tag{9.3.16}$$

式中，$\boldsymbol{y}^P$ 表示先前 Pool-1D 层提取的高维特征。

（2）基于 EfficientNet 的星座特征提取模块：经过基于 Conv1DNet 的序列特征提取模块处理后，得到 I/Q 序列模态特征。然而，单个 I/Q 序列模态特征只能提供有限的特征表示，为进一步的性能改进留下了很大的差距。为此，本小节利用改进的 EfficientNet 模型来捕获星座特征，丰富信号特征的多样性。在 2019 年国际机器学习大会（International Conference on Machine Learning，ICML）上，EfficientNet 作为一种结合了识别精度和推理速度的算法被提出。在参考文献[348]中，Tan 和 Le 验证了 EfficientNet 比前沿的 ResNet 模型具有更好的识别性能，接近 1/5 的参数和 10 倍的速度。这种显著优势的相关原因是使用了移动倒瓶颈卷积 2D（MB Conv2D）块。

本小节提供了一个改进的 EfficientNet 模块来适应 MIMO-OFDM BMR 任务，而不是原来的 EfficientNet。特别地，改进后的 EfficientNet 模块只保留了 2 个 MB 的 Conv2D 块，实现了更少的网络参数和更快的推理速度。如图 9.3.5 所示，星座特征提取模块由 2 个 MB Conv2D 块和 1 个 Flatten 层组成。受 MobileNetV2 网络的启发，MB Conv2D block 背后的设计理念可以分为两点：①引入深度卷积，使空间和信道解耦，加速模型；②引入反向瓶颈，先增加网络信道，再降低网络信道，提高非线性表达能力。MB Conv 2D 块的详细组成如图 9.3.6 所示，由 Conv 2D 层、Batch Normalization 层、Leaky ReLU 层、Depthwise-Conv2D 层和 Max-Pooling2D 层组成。首先，Conv 2D 输出特征映射 G 可以表示为

$$G_{(k,l),n}=\sum_{i,j,m}K_{(i,j,m),n}\cdot F_{(k+i-1,l+j-1,m)}\tag{9.3.17}$$

式中：F 为大小为 (D_K,D_K,M,N) 的入特征映射；K 为大小为 (D_K,D_K,M,N) 的 Conv2D 核。F 和第 n 个 K 之间的卷积将会产生 G 的第 n 个通道，其计算量为 $C=D_K\cdot D_K\cdot M\cdot N\cdot D_F\cdot D_F$。

为了进一步减少网络参数和计算开销，本小节采用了 Depthwise Conv。更准确地说，Depthwise Conv 可以实现 Depthwise Conv 内核 $\hat{K}$ 与输入特征映射 $\hat{F}$ 之间的多通道卷积，可定义为

$$\hat{G}_{(k,l,m)}=\sum_{i,j}\hat{K}_{(i,j,m)}\cdot\hat{F}_{(k+i-1,l+j-1,m)}\tag{9.3.18}$$

式中：$\hat{G}$ 表示输出的特征图，Depthwise Conv 的计算量 $\hat{C}=D_K\cdot D_K\cdot M\cdot D_F\cdot D_F$。最后一个带有 Ker=(2,1) 的 Conv 2D 层可以用来整合多通道的 Conv 结果。随后，批处理归一化（Batch-Normalization，BN）可以加快模型的收敛速度，防止梯度消失，避免过拟合。BN 层的数学背景为

$$\mathrm{BN}=\alpha\frac{G-E[G]}{\sqrt{\mathrm{var}(G)}}+\varepsilon \tag{9.3.19}$$

式中：α 和 ε 分别为尺度因子和位移因子；$E[\cdot]$ 为期望函数；var(·)为方差函数。为了进一步增强改进后的 EfficientNet 的非线性拟合能力，本小节使用 Leaky ReLU 函数获取激活值 LR：

$$\mathrm{LR}=\max(0,x)+\mathrm{leak}\cdot\min(0,x) \tag{9.3.20}$$

式中：leak 为非零斜率因子，与 ReLU 激活函数相比，可以避免负输入的信息丢失。MaxPooling 2D 层的目的是计算输入特征映射的最大值，而不是在平均池化层中取平均值。

$$Y_k^{l+1}(i)=\mathrm{Maxpool}(Y_k^l)=\max[\max(Y_k^l)] \tag{9.3.21}$$

式中：两次 max(·)操作分别获取行维度和列维度中的最大值。针对星座图的输入二值图像，MaxPooling 2D 可以保留更多的星座纹理信息。这是因为白色星座的像素值高于黑色星座的像素值。

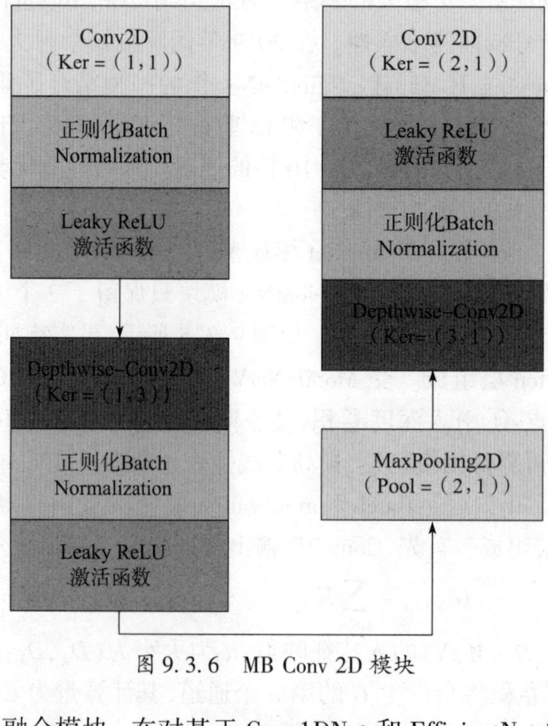

图 9.3.6　MB Conv 2D 模块

（3）多模态特征融合模块：在对基于 Conv1DNet 和 EfficientNet 的模块进行特征提取后，接下来的多模态特征融合模块可以增强多种调制类型之间的鉴别表示。为了便于特征融合，统一特征向量的形式，前两个特征提取模块利用 Flatten 层将特征图从 2D 转换为 1D，得到序列特征 F_{Series} 和星座特征 F_{Constell}。因此，可以利用模态融合模块构建一个包含序列和星座特征的组合特征图，其操作过程如下：

$$F_{\mathrm{MF}}=\mathrm{concat}\begin{Bmatrix}F_{\mathrm{Series}}\\F_{\mathrm{Constell}}\end{Bmatrix} \tag{9.3.22}$$

式中：F_{MF} 表示联合特征向量，其特征大小可表示为 $[1,(N_s+N_c)]$；concat(·)表示连接操作，N_s 和 N_c 分别是序列特征 F_{Series} 和星座特征 F_{Constell} 的长度。最后，将融合后的特征 F_{MF}

送入下一个全连接分类器输出识别结果。

(4) 全连接分类器：全连接分类器如图 9.3.5 所示。具体来说，FC 分类器中的元素主要包括 Dense 层、Dropout 层和 Softmax 输出层。为了进一步降低 FC 参数，方便高维数据的映射，采用 Dense 层将一维特征向量压缩为判别维。Dropout 层通过将神经单元按比例随机设置为 0，有利于降低模型过拟合的风险。最后，Softmax 层将上述 Dense 输出向量转换为分类概率向量 $\boldsymbol{P}_V=[p_{v,1},\cdots,p_{v,5}]$，其中，$\sum_{j=1}^{5}p_{v,j}=1$ 和 $p_{v,j}\in(0,1)$。因此，第 k 个输出概率分量可以表示为

$$p_{v,k}=\text{Softmax}(y_k^{l2})=\frac{\exp(y_k^{l2})}{\sum_{k=1}^{K}\exp(y_k^{l2})} \tag{9.3.23}$$

式中：exp(·)为指数运算，以扩大最大输出结果和最小输出结果之间的差距。因此，根据上述分类概率向量 $\boldsymbol{P}_V$，ξ 的预测结果可表示为

$$\xi=\underset{k\in[1,k_m]}{\text{argmax}}(p_{v,k}) \tag{9.3.24}$$

式中：argmax(·)为最大化操作。

3. SC-MFNet 的学习特性可视化

为了探索 SC-MFNet 学习到的特征表示，本小节采用 T-分布随机邻域嵌入（T-Distributed Stochastic Neighbor Embedding，T-SNE）方法进行降维，即将高层特征压缩为二维特征。然后在二维平面上可视化低层特征向量。如图 9.3.7 所示，在高信噪比（20dB 和 6dB）下，采用 SACD 星座特征作为模型输入时，SC-MFNet 输出的特征分布没有重叠。然而，当 I/Q 特征被输入 SC-MFNet 时，5 种调制类型之间会出现部分重叠。这种重叠意味着 SACD 在高信噪比下比 I/Q 特征有更强大的表示。

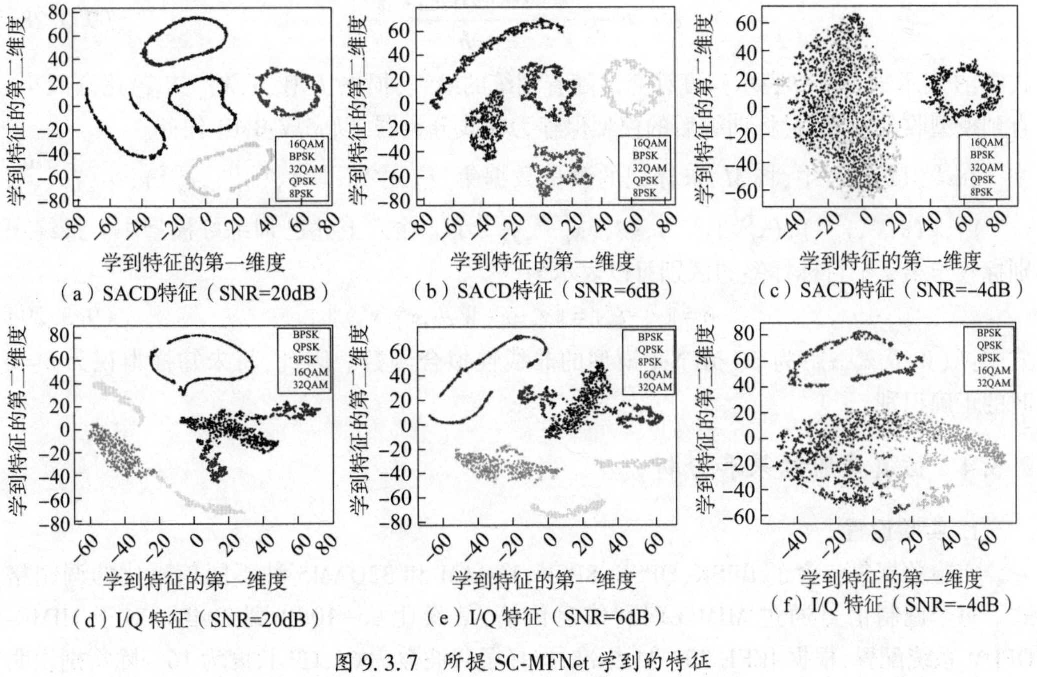

（a）SACD特征（SNR=20dB）（b）SACD特征（SNR=6dB）（c）SACD特征（SNR=-4dB）

（d）I/Q 特征（SNR=20dB）（e）I/Q 特征（SNR=6dB）（f）I/Q 特征（SNR=-4dB）

图 9.3.7　所提 SC-MFNet 学到的特征

相反,在低信噪比(如-4dB)下,I/Q 特征比 SACD 特征表现得更好。如图 9.3.7 所示,除 8PSK 外,4 种调制方式的 I/Q 特征均呈均匀分布。但 SACD 特征表现为聚类分布,比 I/Q 情况的混淆程度要重。因此,对于低信噪比的情况,I/Q 特征优于 SACD 特征。结合 I/Q 特征和 SACD 特征,SC-MFNet 可以在整个信噪比范围内实现互补,具有比现有方法更高的精度曲线。

4. SC-MFNet 的训练和测试

BMR 算法的实现主要包括离线训练和在线识别两个阶段。在离线训练过程中,本节采用批量训练的方式对模型进行各个阶段的训练。在一次训练批中,模型的损失函数可以描述为

$$J(\boldsymbol{W},\boldsymbol{b},\boldsymbol{X}_{\text{All}},\boldsymbol{Y}_{\text{All}})=\frac{1}{N_b}\sum_{n=1}^{N_b}\left[y_S^n\log(\xi^n)+\lambda\sum\|\boldsymbol{W}\|^2\right] \tag{9.3.25}$$

式中:N_b 为样本总数;$\xi^n=F(\boldsymbol{W},\boldsymbol{b},x_S^n,x_C^n)$ 为预测结果;$\lambda\sum\|\boldsymbol{W}\|^2$ 为用来降低过拟合风险的模型权重的正则化;y_S^n 表示第 n 个样本分析的目标标签。此外,$\{\boldsymbol{X}_{\text{All}},\boldsymbol{Y}_{\text{All}}\}$ 表示输入样本集,可表示为

$$\{\boldsymbol{X}_{\text{All}},\boldsymbol{Y}_{\text{All}}\}=\begin{Bmatrix}(\boldsymbol{X}_S,\boldsymbol{Y}_S)\\(\boldsymbol{X}_C,\boldsymbol{Y}_C)\end{Bmatrix}=\begin{Bmatrix}(x_S^1,y_S^1),(x_S^2,y_S^2),\cdots,(x_S^T,y_S^T)\\(x_C^1,y_C^1),(x_C^2,y_C^2),\cdots,(x_C^T,y_C^T)\end{Bmatrix} \tag{9.3.26}$$

式中:$(\boldsymbol{X}_S,\boldsymbol{Y}_S)$ 为 I/Q 序列数据集;$(\boldsymbol{X}_C,\boldsymbol{Y}_C)$ 为星座图数据集。为了完成在线识别,需要获得训练良好的 SC-MFNet 模型。更准确地说,模型权重 $\boldsymbol{W}$ 和偏差 $\boldsymbol{b}$ 在第 l 层采用随机梯度下降(SGD)技术进行了更新,其更新过程为

$$\boldsymbol{W}^l\leftarrow\boldsymbol{W}^l-\beta\frac{\partial J(\boldsymbol{W},\boldsymbol{b},\boldsymbol{X}_{\text{All}},\boldsymbol{Y}_{\text{All}})}{\partial \boldsymbol{W}^l} \tag{9.3.27}$$

$$\boldsymbol{b}^l\leftarrow\boldsymbol{b}^l-\beta\frac{\partial J(\boldsymbol{W},\boldsymbol{b},\boldsymbol{X}_{\text{All}},\boldsymbol{Y}_{\text{All}})}{\partial \boldsymbol{b}^l} \tag{9.3.28}$$

式中:β 表示学习率;∂表示梯度计算。随着训练的继续,损失 $J(\boldsymbol{W},\boldsymbol{b},\boldsymbol{X}_{\text{All}},\boldsymbol{Y}_{\text{All}})$ 逐渐减小,直到模型收敛。最后,将训练后的模型保存为在线分类器,以完成 BMR 任务。

在线识别过程中,将 M_t 未标记的测试数据集$\{[(x_S^{T+1},y_S^{T+1}),(x_S^{T+2},y_S^{T+2}),\cdots,(x_S^{T+M_t},y_S^{T+M_t})],[(x_C^{T+1},y_C^{T+1}),(x_C^{T+2},y_C^{T+2}),\cdots,(x_C^{T+M_t},y_C^{T+M_t})]\}$输入上述已训练好模型中。最终识别标签与第 k 个目标标签的区别可以表示为

$$\delta=\|y_S^k-\xi^k\|=\|y_S^k-F(W,b,x_S^k,x_C^k)\| \tag{9.3.29}$$

式中:$F(W,b,x_S^k,x_C^k)$ 为 SC-MFNet 模型的非线性拟合函数。因此,将未知样本视为 $\delta=0$ 时的正确识别。

9.3.4　仿真实验结果和分析

1. 实验设置

实验数据集包含了 BPSK、QPSK、8PSK、16QAM 和 32QAM5 种不同信噪比的调制格式。每个调制信号通过 MIMO 瑞利信道传输,信噪比从-10dB 到 20dB。对于 MIMO-OFDM 系统配置,根据 IEEE 802.11 标准,选择子载波数为 64,CP 长度为 16。除特别说明

外,发射和接收天线配置为($M \times N$) = (2×6)。在训练过程中,每个信噪比生成 10000 个数据样本,训练数据集与验证数据集的比例为 3 : 1,而在测试阶段,每个信噪比提供 2500 个数据样本,以在不同的 SNR 下获得正确的识别精度 $P_{\mathrm{cr}}^{\mathrm{SNR}}$。

$$P_{\mathrm{cr}}^{\mathrm{SNR}} = \frac{C_{\mathrm{r}}^{\mathrm{SNR}}}{M_t} \times 100\% \tag{9.3.30}$$

式中,$C_{\mathrm{r}}^{\mathrm{SNR}}$ 为每个信噪比下正确识别的样本数;M_t 为每个信噪比的总样本数。在生成实验数据集后,在 NVIDIA GTX 1660Ti GPU 和 Intel Core i7-9700K CPU 支持的 TensorFlow 中对本节提出的 SC-MFNet 模型进行了建立、训练和测试。此外,在 MATLAB 平台上构建了 I/Q 数据集和星座图数据集。训练参数可以总结为:①采用自适应矩估计(Adaptive Moment Estimation, Adam)作为优化器,学习率为 0.001;②将分类交叉熵作为损失函数的度量;③总训练周期为 40 个,模型输入时的样本批量大小为 128 个;④采用早停技术,避免在验证损失不再下降时终止过度训练。

2. SC-MFNet 的整体识别性能和复杂性

在本节中,首先对比已有的方法。这些方法可分为三类:①包含 SCNN[349] 和 AlexNet[401] 的星座模型;②基于系列的 InceptionNet[221]、ResNet[224] 和 LSTM[384] 模型;③传统模型包括 SVM-RBF[372] 和随机森林(Random Forest)[321]。在图 9.3.8 中,在信噪比为-10~20dB 时,所提出的 SC-MFNet 的识别精度最好。为了获得 90%的识别精度,SC-MFNet 模型要求的最小信噪比为-1dB,而次优 SCNN 要求的信噪比为 4dB。在 90%的精度下,利用序列和星座图的互补特性,SC-MFNet 可以获得 5dB 的信噪比增益。在高信噪比条件下,星座模型优于序列模型和传统模型,而序列模型在低信噪比条件下优于其他模型。因为星座图特征可以在信号能量强、信噪比高的情况下,显示明显的调制类型差异。由于低信噪比的信号损害,星座模型逐渐不能运行。

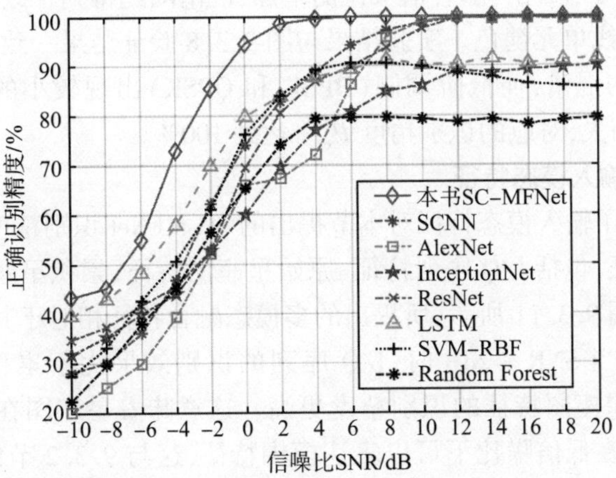

图 9.3.8　不同方法的识别精度对比

但是,识别精度不能作为唯一的衡量基准。对于不同 DL 的模型,应该考虑其他关键指标,如运行时间。为了实现公平的比较,所有模型都在相同的仿真环境下进行,通过计算所有测试样本的平均运行时间来获得每个样本的运行时间。图 9.3.9 显示了 6 个基于 DL 模型的运行时间。可以看出,本节提出的 SC-MFNet 模型的运行时间低于基于序列的模型(LSTM、ResNet 和 InceptionNet),但略高于基于星座的模型(AlexNet 和 SCNN)。这可以解释为:在基于序列的模型中,LSTM 不具备并行加速能力,在 ResNet 和 InceptionNet 模型中增加了更多的层,在不知不觉中降低了计算速度。SCNN 对图像数据的处理能力更强,并可以快速压缩原始星座特征,基于星座的模型可以加快处理速度。但是,AlexNet 和 SCNN 不能应用于低信噪比的 BMR 任务。总的来说,本节提出的 SC-MFNet 模型在识别精度和复杂性之间取得了较好的平衡。

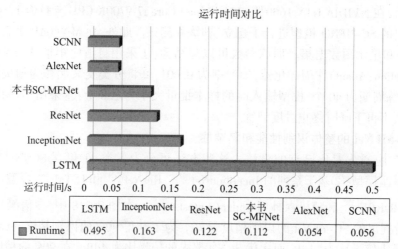

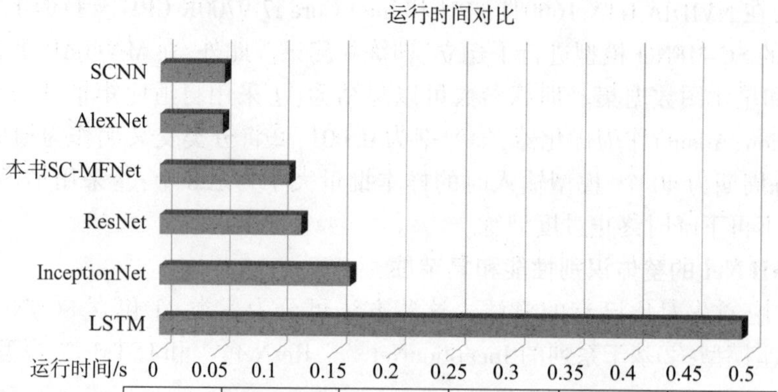

	LSTM	InceptionNet	ResNet	本书 SC-MFNet	AlexNet	SCNN
Runtime	0.495	0.163	0.122	0.112	0.054	0.056

图 9.3.9 不同方法的复杂度对比

从混淆矩阵的角度来看,图 9.3.10 给出了信噪比为-4dB、0dB、4dB、10dB 时五种调制方式的识别结果。作为可视化识别性能的具体矩阵,混淆矩阵的行和列分别对应预测的类和真实的类。对角线单元记录正确的识别观测值,非对角线单元记录错误的识别观测值。由图 9.3.10 可以看出,随着信噪比的增加,混淆问题得到了改善,即蓝色对角线单元增强,橙色非对角线单元褪色。实验结果与图 9.3.8 验证结果一致。由于噪声的影响,高阶调制出现较大的混淆,而低阶调制(BPSK 和 QPSK)出现较小的混淆。在信噪比为 10dB 时,混淆完全消失,对应的识别精度 $P_{\mathrm{cr}}^{\mathrm{SNR}}$ 达到 100%。

3. 识别精度和输入模态特征

图 9.3.11 探讨了输入模态特征对本节提出的 SC-MFNet 识别精度的影响。本小节主要考虑 4 个模态特征,包括 I/Q 序列特征、原始星座图特征、累积星座图特征和提出的多模态融合特征。如图 9.3.11 所示,所提出的多模态融合特征相对于其他三种模态特征有很大的优势。此外,当 SNR≤2dB 时,I/Q 序列的识别效果优于累积星座图特征,而当 SNR≥0dB 时,累积星座图特征的识别精度更高。这意味着星座图在高信噪比下可以提供更强的判别特征,在低信噪比下可以表达模糊特征,这与 9.3.2 节的思路一致。此外,与原始星座图特征相比,累积星座图特征在整个信噪比范围内表现出更高的精度曲线,特别是在 SNR=0dB 实现了 12.7%的性能增益。这是因为累积的星座图可以集中原始星座图的中心特征,弱化原始星座图的边缘特征,从而扩大了 5 种调制方式之间的可分辨性。

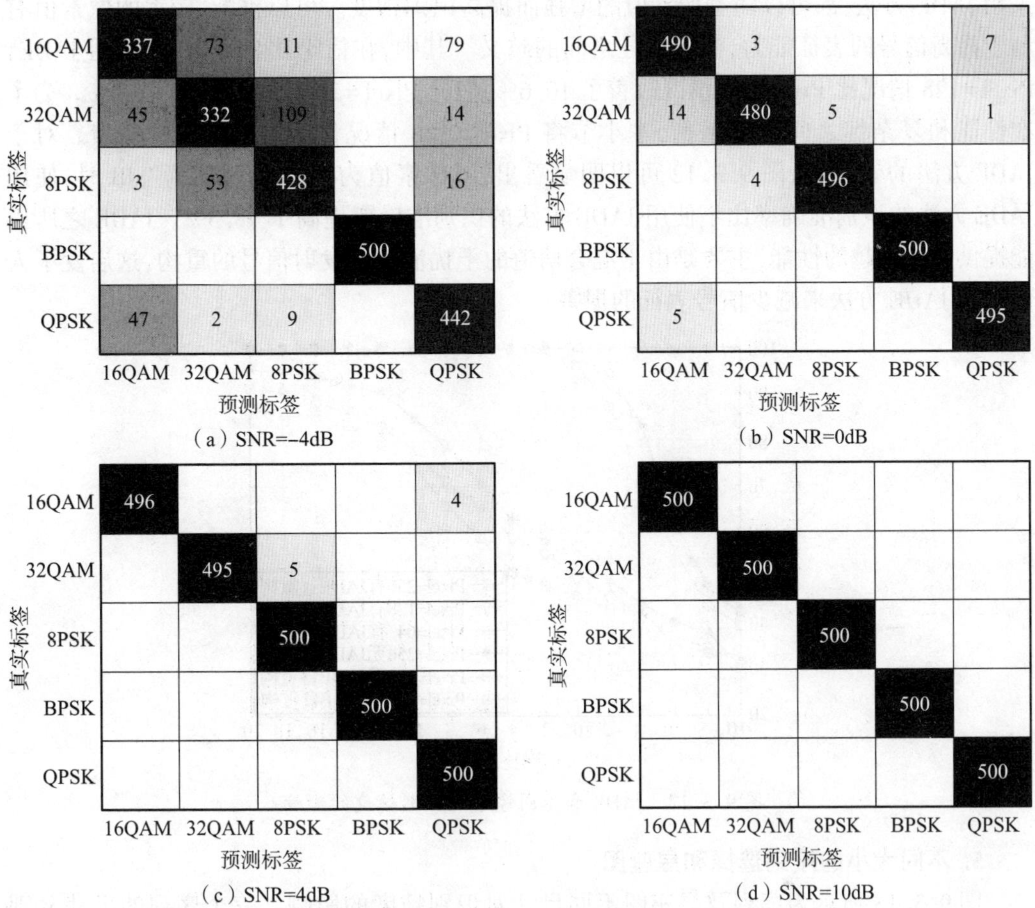

图 9.3.10　不同 SNR 下的混淆矩阵(见彩图)

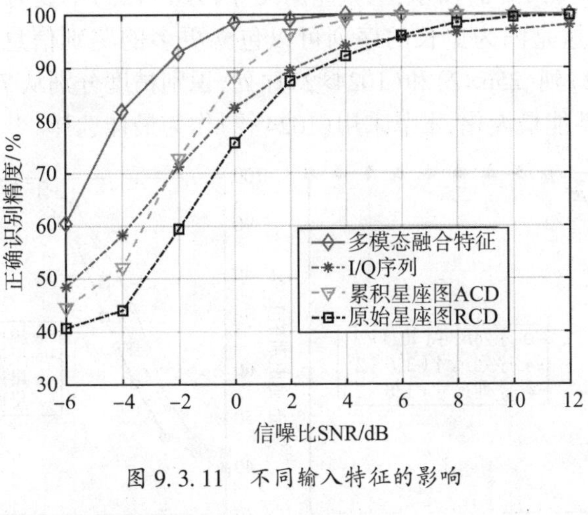

图 9.3.11　不同输入特征的影响

4. JADE 方法和图像像素的影响

为了衡量 JADE 方法与图像像素的效果,图 9.3.12 比较了 256,128,64 三种像素上的识别精度与是否采用 JADE 方法。对于像素值(图像分辨率)的影响,可以看出,无论是否采用 JADE 方法,都可以随着像素值的增强而提高识别精度。可以推断,较大的像素值有利于提高信号的表征能力,消除信号之间的歧义。其中,在信噪比为-4dB 时使用 JADE, Pixel=128 情况比 Pixel=64 情况改善了 10.6%,但比 Pixel=256 情况恶化了 1.5%。为了在性能和复杂性之间取得平衡,本小节将 Pixel=128 情况作为实验星座图像素。对于 JADE 方法的效果,从图 9.3.12 可以明显看出,当像素值为 128,信噪比为 0dB 时,使用 JADE 方法的识别准确率比不使用 JADE 方法的识别准确率提高了 48.5%。JADE 之所以能提供如此优越的性能,主要是由于混合信道的干扰消除和发射信号的重构,这启发了人们利用 JADE 方法来减少信号表征的损害。

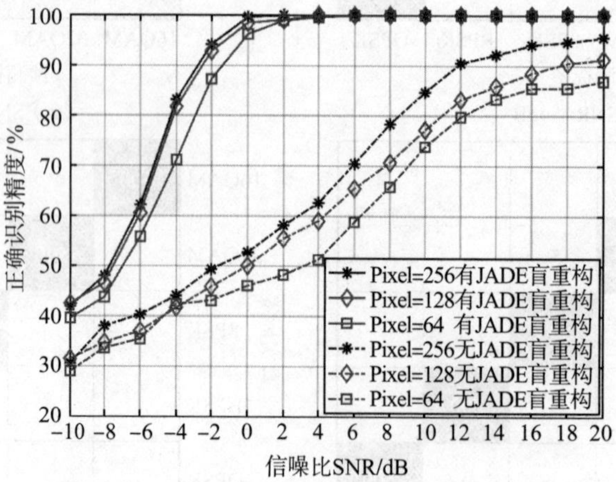

图 9.3.12　JADE 和不同像素对识别精度的影响

5. 不同大小的序列选择和星座图

图 9.3.13 所示为序列及星座图不同尺寸对识别精度的影响。三个序列的尺寸分别是 1024×2, 256×2, 128×2。另外,还选择了 4 种尺寸的星座图:128×128, 64×128, 128×64 和 64×64。如图 9.3.13(a)所示,当星座图尺寸(128×128)不变时,随着序列尺寸的增大,识别精度提高。这是因为更长的序列可以包含更多的鉴别信息。在信噪比为-2dB 时,分别切换(128×2)到(256×2)和(1024×2)序列,识别精度分别从 75.5%提高到 79.6%和 85.5%。为了使性能最大化,本节采用(1024×2)作为最佳选择。

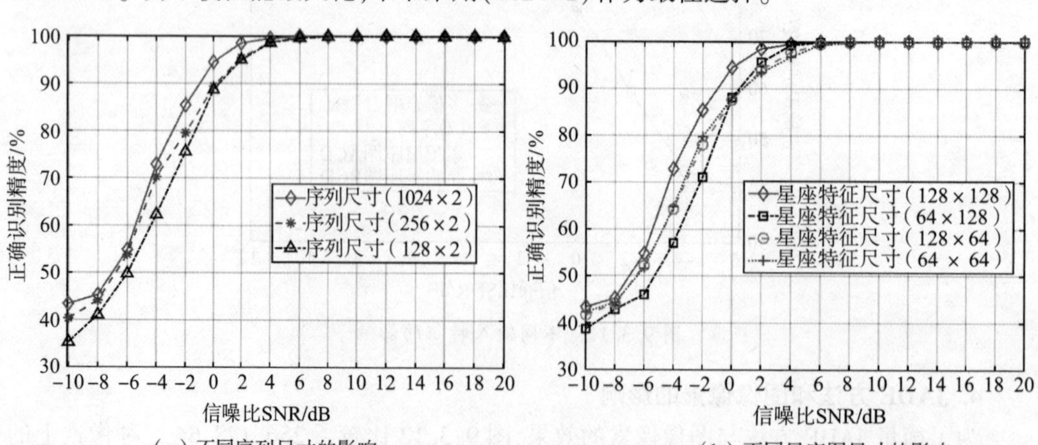

图 9.3.13　不同序列和星座图尺寸的影响

在固定(1024×2)序列最优情况下,星座图尺寸的影响如图 9.3.13(b)所示。当 SNR≥0dB 时,识别精度随着所选图像大小的增加而提高,当 SNR≤-2dB 时,部分结果恰恰相反。而(128×128)星座图在整个信噪比范围内总能比其他星座图表现出更好的性能。这一结果是由于低信噪比下存在星座模糊,选择的图像尺寸越大,模糊度越大。基于以上考虑,选择(128×128)星座图,充分利用星座信息。

6. MIMO-OFDM 天线配置的影响

图 9.3.14 所示为从 $N=3$ 到 $N=6$,4 个不同接收天线的识别精度。对于所构建的 MIMO-OFDM 系统,在所有的仿真实验中,发射天线均固定在 $M=2$。从图 9.3.14 中可以看出,随着信噪比的逐渐增加,4 种不同的精度曲线都呈现出相似的增加趋势。在这些曲线中,随着 N 的增加,识别精度不断增长,当 $N=6$ 时,得到最优结果。这意味着 MIMO-OFDM 系统的分集增益可以随着增加的天线数差距 $\Delta T=M-N$ 而提高。分集增益会增大接收机的信噪比增益,进一步降低 AWGN 引起的调制类型特征模糊。在信噪比为-2dB 时,$N=6$ 的识别准确率为 92.8%,$N=5$、4、3 的识别准确率分别为 77.9%、74.1% 和 50.2%。

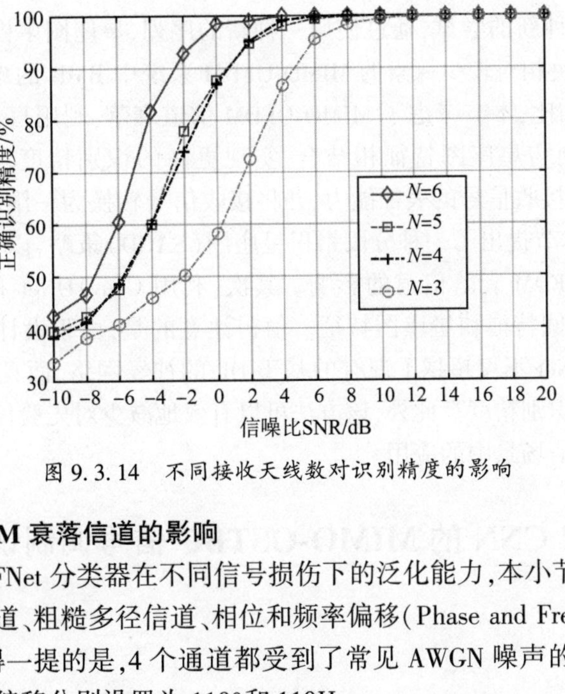

图 9.3.14 不同接收天线数对识别精度的影响

7. MIMO-OFDM 衰落信道的影响

为了评估 SC-MFNet 分类器在不同信号损伤下的泛化能力,本小节考虑了 4 种衰落信道,包括平坦瑞利信道、粗糙多径信道、相位和频率偏移(Phase and Frequency Offset,PFO)以及组合情况。值得一提的是,4 个通道都受到了常见 AWGN 噪声的污染。在仿真场景中,相位偏移和频率偏移分别设置为 110°和 110Hz。

此外,多径衰落信道由经典的 ITU(International Telecommunication Union)-PedA 信道选择,平均径增益为[0,-9.7,-19.2,-22.8]dB,径延迟为 $10^{-7}\times[0,1.1,1.9,4.1]$s。图 9.3.15 比较了不同信道之间的识别准确率。其中,PFO 多径情况下的识别精度较其他信道的识别精度下降。这是由于 PFO 和有害的多径干扰导致的星座图模糊,进一步缩小了调制信号之间的区分度。此外,当 SNR≥4dB 时,提出的模型可以在 4 种信道上显示了相似的识别性能,而除了多路径与 PFO 情况下,其他 3 种信道在整个 SNR 上获得了类似的性能。因此,上述结果表明,所提出的 SC-MFNet 在各种衰落信道上具有良好的泛化能力。

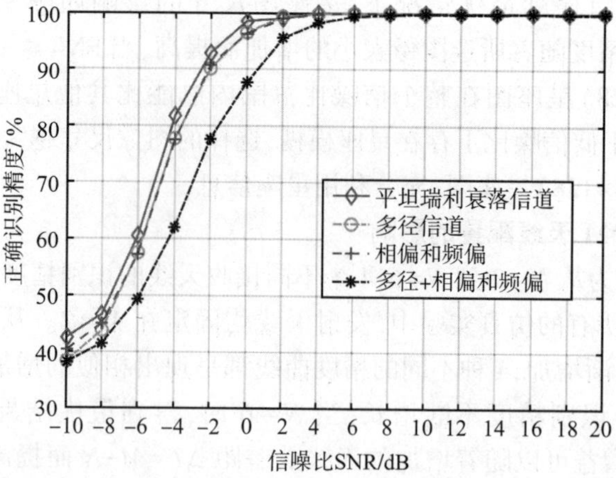

图 9.3.15　不同衰落信道的影响

9.3.5　本节小结

本节采用了一种新的尝试,通过使用一种新的序列、星座图多模态特征学习 BMR 网络 SC-MFNet,来解决相对较少探索的 MIMO-OFDM 系统中 BMR 的难题。与 SISO 系统中现有的 BMR 工作相比,本节考虑了 MIMO-OFDM 信道衰落,利用盲信号分离方法改进信号表示,将 I/Q 序列与星座图特征相结合,实现更高的识别精度。首先,利用 JADE 和 MDL 方法恢复受损接收信号的表征能力,并将接收信号转换为一维序列和二维星座图格式。更重要的是,本节提出了一种分段累积星座图(SACD)策略,以增强原有的星座图特征,降低了 MIMO-OFDM 衰落信道的影响。其次,利用 Conv1DNet 和 EfficientNet(即 SC-MFNet)分别提取时间特征和星座图特征。值得注意的是,由于设计良好的多通道策略,本节提出的 SC-MFNet 不仅超越了现有的基于 DL 的神经网络,而且比传统的基于 FB 的方法提供了更好的识别精度。此外,该方法可以有效地减少对先验信息的巨大需求,有利于在非合作认知通信场景中的应用。

9.4　基于一维 CNN 的 MIMO-OSTBC 信号调制识别

9.4.1　引言

正交空时分组码[347,135](OSTBC)因分集增益高和接收端解码简便,在多输入多输出(MIMO)系统中得到广泛应用,能显著提升通信传输的可靠性。近年来,非合作通信场景下 OSTBC 信号盲处理研究受到广泛关注,但因只有正确识别调制样式,才能准确解调得到传输信息,所以调制识别研究是 OSTBC 信号盲处理中的一个重要研究热点。但现有调制识别研究主要针对单输入单输出系统,而对多输入多输出系统调制识别的研究较少,且受空时编码和 MIMO 信道影响,OSTBC 信号的调制识别变得更为棘手[413,417,410,238,403]。因此,非合作通信场景下 OSTBC 信号的调制识别具有重要的研究价值。

当前,针对 OSTBC 信号调制识别算法主要分为基于似然函数和基于特征工程两类。

其中，似然函数方法[413,417]具有较优的识别精度，但其过高的计算复杂度和过多的先验信息需求，使其不适用于非协作 MIMO-OSTBC 系统调制识别。特征工程方法包含特征提取和分类判决两个环节。①特征提取是指从截获的 OSTBC 信号中提取深层特征，如高阶累积量[403,410]、高阶矩[403]和瞬时统计特征[410,238]，这些特征具有较好的调制特征表达能力，但都是基于人工专家经验设计的，特征选取的理论指导不足且缺乏通用性，在多类别 OSTBC 信号识别中存在特征冗余和判决阈值设定困难的问题。②分类判决是指设计有效的分类器来完成 OSTBC 信号识别任务。现有分类器大多基于机器学习算法，如 K 近邻(KNN)[403]、支持向量机(SVM)[403]以及决策树[410]。然而，特征工程方法的非线性拟合能力有限，识别精度存在提升的空间，且特征提取步骤烦琐，不利于实际工程应用。针对所述问题，通过应用驱动人工智能蓬勃发展的深度学习技术，能自动提取信号特征，简化任务复杂度，且其非线性拟合能力更强，可进一步逼近识别精度上限。例如，基于堆叠自编码器的深层神经网络(Stacked Auto Encoder-Deep Neural Networks，SAE-DNN)[238]，学习信号高阶累积量和瞬时特征，相比机器学习算法有一定性能提升，但特征转换中存在信息损失，识别精度有待提升，且该算法假设信道状态信息已知，不适用于非合作通信场景。

受上述研究启发，本节提出一种基于一维卷积神经网络(1D-CNN，one-Dimensional Convolutional Neural Network)的多天线 OSTBC 信号调制识别算法。首先，通过迫零(Zero-Forcing，ZF)盲均衡来减少信道衰落的影响，恢复源信号的特征表达能力，并通过最小化基于峭度的损失函数来盲估计信道矩阵，解决非合作通信场景下信道状态信息是未知的问题；其次，充分利用深度学习在模式识别领域的前沿技术，并构建 1D-CNN 来匹配一维输入信号特性，直接从天然无损同相正交(I/Q，In-phase/Quadrature)信号中提取高维特征，避免复杂的特征转换；最后，为弥补单天线判决的不足，采用投票和置信度决策两种融合策略，实现接收端多天线调制识别：二进制相移键控(BPSK)、4 相移键控(4PSK)、8 相移键控(8PSK)、16 正交振幅调制(16QAM)、4 脉冲振幅调制(4PAM)5 种调制信号。仿真实验表明，所提算法比现有算法能实现更高的识别精度和更低的测试计算时间，拥有良好的工程应用前景。同时，所提算法能自动提取信号波形的高维特征，避免了烦琐的人工特征提取，提升了 OSTBC 信号调制识别的智能化水平。

9.4.2　系统模型和数据集构造

1. 系统模型

本节考虑一个 MIMO-OSTBC 系统，收发端天线配置为 $M\times N$，如图 9.4.1 所示。

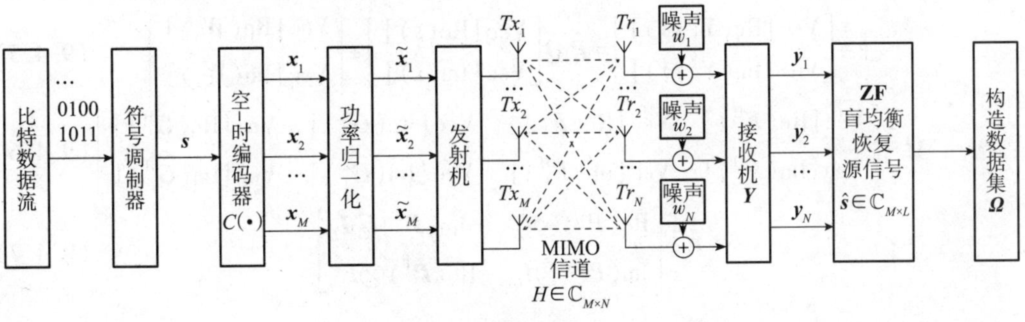

图 9.4.1　系统模型和数据集构造流程

首先,发送端通过符号调制器将二进制比特数据映射为 K 个符号流 $\boldsymbol{s}=[s_1,s_2,\cdots,s_K]^{\mathrm{T}}$,且 $\boldsymbol{s}$ 中各调制符号是独立同分布的;其次,通过空时编码器后输出一个 $M\times L$ 的空时编码符号复矩阵 $\boldsymbol{X}=\boldsymbol{C}(\boldsymbol{s})=[\boldsymbol{x}_1,\boldsymbol{x}_2,\cdots,\boldsymbol{x}_M]$,其中 L 为发送时隙长度;再次,对 $\boldsymbol{X}$ 进行功率归一化,确保每根天线发射信号具有相同的单位功率;最后,功率归一化后的 $\widetilde{\boldsymbol{X}}$ 经过衰落信道后,接收端 N 根天线接收信号矩阵 $\boldsymbol{Y}(\boldsymbol{s})\in\mathbb{C}^{N\times L}$ 为

$$\boldsymbol{Y}(\boldsymbol{s})=\boldsymbol{H}\cdot\widetilde{\boldsymbol{X}}+\boldsymbol{W}_n=\boldsymbol{H}\cdot\widetilde{\boldsymbol{C}}(\boldsymbol{s})+\boldsymbol{W}_n \tag{9.4.1}$$

式中:$\boldsymbol{W}_n\in\mathbb{C}^{N\times L}$ 为 $N\times L$ 的加性高斯白噪声矩阵,与发送信号 $\widetilde{\boldsymbol{X}}=\widetilde{\boldsymbol{C}}(\boldsymbol{s})$ 不相关;$\boldsymbol{H}\in\mathbb{C}^{N\times M}$ 为 $N\times M$ 的准静态平坦衰落信道矩阵,设定 $\boldsymbol{H}$ 为满秩矩阵($N>M$)。OSTBC(M,K,L),即空时编码矩阵 $\widetilde{\boldsymbol{C}}(\boldsymbol{s})$ 是对 $\boldsymbol{s}$ 的线性编码,即在 L 时隙长度内通过 M 根天线发送 K 个符号:

$$\widetilde{\boldsymbol{C}}(\boldsymbol{s})=\sum_{k=1}^{K}[\boldsymbol{F}_k\mathrm{Re}(s_k)+\mathrm{j}\boldsymbol{G}_k\mathrm{Im}(s_k)] \tag{9.4.2}$$

式中:$\boldsymbol{F}_k\in\mathbb{C}^{M\times L}$ 和 $\boldsymbol{G}_k\in\mathbb{C}^{M\times L}$ 表示实空时编码矩阵;$\mathrm{Re}(\cdot)$ 和 $\mathrm{Im}(\cdot)$ 分别对应取实部和虚部运算,$\mathrm{j}=\sqrt{-1}$。本节采用正交空时分组码 OSTBC[135],对应的实编码矩阵 $\boldsymbol{F}_k$ 和 $\boldsymbol{G}_k$ 具有如下正交特性:

$$\begin{cases}\boldsymbol{F}_k\boldsymbol{F}_k^{\mathrm{T}}=\boldsymbol{I}_M,\boldsymbol{F}_k\boldsymbol{F}_n^{\mathrm{T}}=-\boldsymbol{F}_n\boldsymbol{F}_k^{\mathrm{T}},k\neq n\\ \boldsymbol{G}_n\boldsymbol{G}_n^{\mathrm{T}}=\boldsymbol{I}_M,\boldsymbol{G}_k\boldsymbol{G}_n^{\mathrm{T}}=-\boldsymbol{G}_n\boldsymbol{G}_k^{\mathrm{T}},\boldsymbol{F}_k\boldsymbol{G}_n^{\mathrm{T}}=\boldsymbol{G}_n\boldsymbol{F}_k^{\mathrm{T}}\end{cases} \tag{9.4.3}$$

具体地,本节采用 3/4 编码速率的 OSTBC(3,3,4)编码方式,即符号流 $\boldsymbol{s}$ 在 4 个时隙之中,通过 3 根天线进行信号传输,对应的编码传输矩阵为

$$C(\boldsymbol{s})=\begin{bmatrix}s_1 & 0 & s_2 & -s_3\\ 0 & s_1 & s_3^* & s_2^*\\ -s_2^* & -s_3 & s_1^* & 0\end{bmatrix} \tag{9.4.4}$$

2. 迫零盲均衡

受 MIMO-OSTBC 系统和信道衰落影响,单个接收天线接收来自多个发送天线的混合信号,导致接收信号存在模糊性,因此,需采用 ZF 均衡来消除模糊性。现有 MIMO-OSTBC 调制识别研究中[403,238],通常预先用 ZF 技术来预处理接收信号,提升后续信号的表征能力和调制识别准确率,但都假设接收端已知完美的信道状态信息 $\boldsymbol{H}$,直接用 ZF 技术来消除混合信道干扰,但在非合作通信场景下,接收端预先无法获得完美 $\boldsymbol{H}$,因此,需采用盲信道估计来获得信道估计值 $\hat{\boldsymbol{H}}$,本节通过最小化基于峭度的损失函数[393]来获得 $\hat{\boldsymbol{H}}$。首先,切分信号的实部和虚部,向量化后的接收信号矩阵 $\boldsymbol{Y}(\boldsymbol{s})$ 为 $\boldsymbol{y}$

$$\boldsymbol{y}\overset{\Delta}{=}\begin{bmatrix}\mathrm{Vec}[\mathrm{Re}(\boldsymbol{Y}(\boldsymbol{s}))]\\ \mathrm{Vec}[\mathrm{Im}(\boldsymbol{Y}(\boldsymbol{s}))]\end{bmatrix}=\hat{\boldsymbol{P}}\boldsymbol{Q}\begin{bmatrix}\mathrm{Vec}[\mathrm{Re}(\boldsymbol{s})]\\ \mathrm{Vec}[\mathrm{Im}(\boldsymbol{s})]\end{bmatrix}+\begin{bmatrix}\mathrm{Vec}[\mathrm{Re}(\boldsymbol{W}_n)]\\ \mathrm{Vec}[\mathrm{Im}(\boldsymbol{W}_n)]\end{bmatrix} \tag{9.4.5}$$

$$\boldsymbol{Q}\overset{\Delta}{=}\begin{bmatrix}\mathrm{Vec}[\mathrm{Re}(\boldsymbol{F}_1^{\mathrm{H}})]\cdots\mathrm{Vec}[\mathrm{Re}(\boldsymbol{F}_L^{\mathrm{H}})] & \mathrm{Vec}[\mathrm{Re}(\boldsymbol{G}_1^{\mathrm{H}})]\cdots\mathrm{Vec}[\mathrm{Re}(\boldsymbol{G}_L^{\mathrm{H}})]\\ \mathrm{Vec}[\mathrm{Im}(\boldsymbol{F}_1^{\mathrm{H}})]\cdots\mathrm{Vec}[\mathrm{Im}(\boldsymbol{F}_L^{\mathrm{H}})] & \mathrm{Vec}[\mathrm{Im}(\boldsymbol{G}_1^{\mathrm{H}})]\cdots\mathrm{Vec}[\mathrm{Im}(\boldsymbol{G}_L^{\mathrm{H}})]\end{bmatrix} \tag{9.4.6}$$

$$\hat{\boldsymbol{P}}\overset{\Delta}{=}\begin{bmatrix}\mathrm{Re}(\boldsymbol{P}^{\mathrm{T}})\otimes\boldsymbol{I}_L & -\mathrm{Im}(\boldsymbol{P}^{\mathrm{T}})\otimes\boldsymbol{I}_L\\ \mathrm{Im}(\boldsymbol{P}^{\mathrm{T}})\otimes\boldsymbol{I}_L & \mathrm{Re}(\boldsymbol{P}^{\mathrm{T}})\otimes\boldsymbol{I}_L\end{bmatrix} \tag{9.4.7}$$

式中:$\boldsymbol{P}$ 和 $\boldsymbol{H}$ 之间满足关系 $\boldsymbol{H}=(\boldsymbol{U}\boldsymbol{\Lambda}^{\frac{1}{2}}\boldsymbol{P}^{\mathrm{H}})/\sqrt{L}$,$\boldsymbol{U}$ 和 $\boldsymbol{\Lambda}$ 能通过对接收信号 $\boldsymbol{y}$ 的自相关矩阵

$\boldsymbol{R}=\boldsymbol{U\Lambda U}^{\mathrm{H}}$ 进行分解后得到[393]，$\boldsymbol{P}$ 是待估计的矩阵，因此，信道矩阵 $\hat{\boldsymbol{H}}$ 盲估计问题能简化为求解矩阵 $\boldsymbol{P}$。

其次，求解 $\boldsymbol{P}$ 主要通过最大化 ZF 盲均衡源信号 $\tilde{s}$ 的统计独立性，即最大化 $\tilde{s}$ 的峭度绝对值，又因常用调制信号峭度具有非负性，可将最大化目标转变为最小化 $\tilde{s}$ 的峭度，而 $\tilde{s}$ 中的待估项 $\boldsymbol{P}$ 起到决定作用，因此，最终的求解问题转化为估计 $\hat{\boldsymbol{P}}$：

$$\hat{\boldsymbol{P}}:\begin{cases}\min J(\boldsymbol{P})=\displaystyle\sum_{l=1}^{m}E(|\tilde{s}|^4)-2[E(|\tilde{s}|^4)]^2-E(\tilde{s}^2)E(\tilde{s}^{*2})\\ \text{s. t. } \boldsymbol{PP}^{\mathrm{H}}=1\end{cases} \tag{9.4.8}$$

对于上述优化问题的求解，采用参考文献[383]中的黎曼最陡下降算法求解最优的 $\hat{\boldsymbol{P}}$，在黎曼空间对应的梯度下降的移动方向 $\nabla_{\boldsymbol{P}}$ 可表示为

$$\nabla_{\boldsymbol{P}}=\boldsymbol{\Gamma}_{P}\boldsymbol{P}^{\mathrm{H}}-\boldsymbol{P}\boldsymbol{\Gamma}_{P}^{\mathrm{H}} \tag{9.4.9}$$

式中：$\boldsymbol{\Gamma}_{\boldsymbol{P}}=\mathrm{d}J(\boldsymbol{P})/\mathrm{d}\boldsymbol{P}$ 表示梯度，$\boldsymbol{P}$ 的更新规则为

$$\boldsymbol{P}\leftarrow\exp(\mu\nabla_{\boldsymbol{P}})\boldsymbol{P} \tag{9.4.10}$$

式中：μ 为梯度更新步长；$\exp(\cdot)=\sum_{k=0}^{\infty}(\cdot)^k/k!$ 是矩阵指数。最后，通过估计 $\hat{\boldsymbol{P}}$ 得到 $\hat{\boldsymbol{H}}$ 后，ZF 盲均衡器能够补偿信道干扰，从而输出信号 $\tilde{\boldsymbol{y}}$ 可表示为

$$\tilde{\boldsymbol{y}}=\tilde{s}+\tilde{\boldsymbol{W}}_n \tag{9.4.11}$$

式中：$\tilde{s}$ 表示恢复的发射源信号；$\tilde{\boldsymbol{W}}_n$ 表示由于 ZF 导致的功率放大的噪声项，可表示为

$$\tilde{s}=[\boldsymbol{I}_n\mathrm{j}\boldsymbol{I}_n]\boldsymbol{QP}^{\mathrm{T}}\tilde{\boldsymbol{y}} \tag{9.4.12}$$

$$\tilde{\boldsymbol{W}}_n=\boldsymbol{QP}^{\mathrm{T}}\boldsymbol{W}_n \tag{9.4.13}$$

3. 数据集构造

本节介绍数据集的构造流程。如图 9.4.1 所示，当发射信号通过衰落信道后，接收机端通过 ZF 盲均衡来恢复发射源信号 $\tilde{\boldsymbol{y}}$，并对 $\tilde{y}$ 进行 I/Q 分解来构造本节数据库。本节 OSTBC 下的调制信号数据集 $\boldsymbol{\Omega}$ 包含 5 种通信调制信号{BPSK，4PSK，8PSK，16QAM，4PAM}。为充分利用数据集的全面性，这里采用多种信噪比（SNR）样式，SNR 范围在[−20dB，18dB]间以 2dB 为间隔，共计 20 种。仿真采用平坦瑞利衰落信道并设定其参数均值 $\mu=0$ 和方差 $\sigma^2=1$，ZF 盲均衡先采用最小化基于峭度的损失函数的方法来获取衰落信道矩阵估计值 $\hat{\boldsymbol{H}}$，并结合空时编码信息来从衰落信号 $\tilde{\boldsymbol{y}}$ 中恢复原始发送信号。并存储全部接收天线信号作为数据集，每根天线单次收集的信号作为一个有效样本。CNN 仅能处理实数数据，不能处理复数数据，因此需 I/Q 分解一维复数数据（$1\times L$）为二维数据（$2\times L$）：

$$R(k)=\begin{bmatrix}\mathrm{Re}(\tilde{\boldsymbol{y}})\\ \mathrm{Im}(\tilde{\boldsymbol{y}})\end{bmatrix}=\begin{bmatrix}I_1,I_2,\cdots,I_L\\ Q_1,Q_2,\cdots,Q_L\end{bmatrix} \tag{9.4.14}$$

式中：I 表示信号的实部；Q 表示信号的虚部。本节的数据集尺寸为[$T\times2\times L$]，其中数据集 $\boldsymbol{\Omega}$ 的总样本数 $T=k_m\times k_{\mathrm{snr}}\times k_s$，$k_m$ 是信号种类数，k_{snr} 是信噪比种类数，k_s 是每类样本每种信噪比包含的样本数。在本节中，设定 $k_m=5$，$k_{\mathrm{snr}}=20$，$k_s=2000$。

为更好地理解源信号的恢复效果，通过星座图方式来可视化时序信号特点，在 SNR=

10dB 下,图 9.4.2 给出了恢复源信号 $\widetilde{\boldsymbol{y}}$ 的星座图,同时作为对比,也展示了发射源信号 $\boldsymbol{s}$ 和接收信号 $\boldsymbol{y}$ 的星座图。在图 9.4.2 中,发射源信号 $\boldsymbol{s}$ 通过空时编码、信道衰落和噪声影响后,接收信号星座点产生了偏移,具有一定的幅相误差,使得星座图出现混淆模糊,从而降低了不同调制方式间的特征区分度,进而限制后续分类器性能。相比之下,ZF 盲均衡恢复的源信号 $\widetilde{\boldsymbol{y}}$ 的星座点模糊程度较小且聚类更明显,能有效降低信道和OSTBC 编码影响,5 种调制方式间的区分度更大,较强的表征能力提升了调制识别的性能上限,而分类器只能无限逼近这一上限,因此,通过 ZF 盲均衡提升信号表征能力是至关重要的。

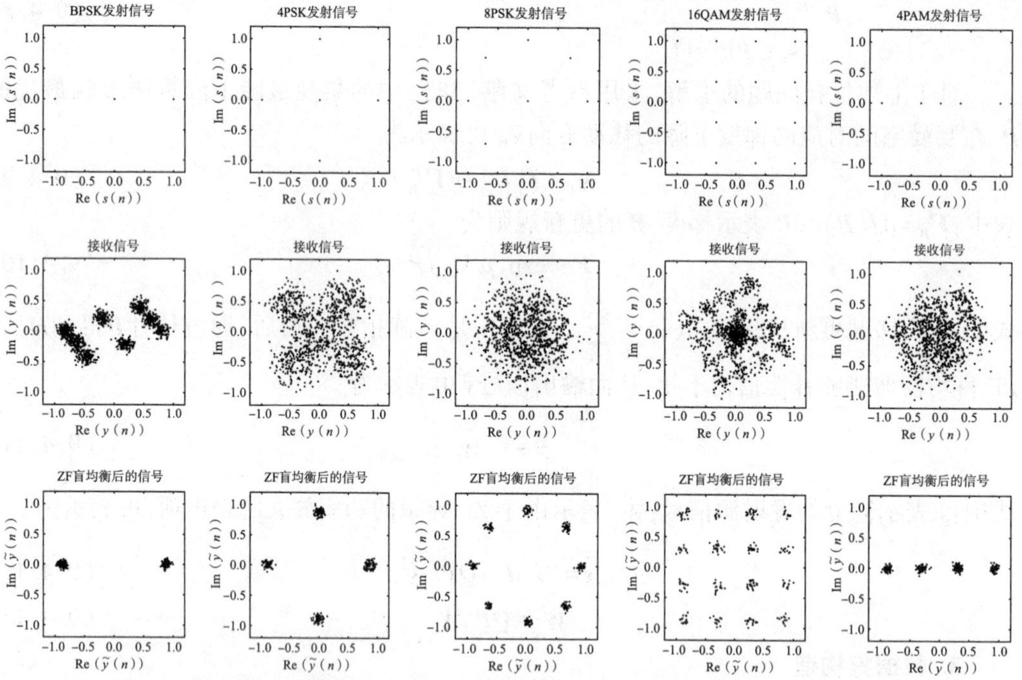

图 9.4.2　数据集可视化(SNR = 10dB,MIMO-OSTBC 收发端天线配置为 3×5)

9.4.3　迫零盲均衡的 MIMO-OSTBC 系统调制识别算法

本节所设计的 MIMO-OSTBC 系统调制识别算法如图 9.4.3 所示。对于接收机,通过下变频、ZF 盲均衡、数据标准化以及 I/Q 分解等一系列预处理以后,将 $2\times N$ 的数据样本 $\widetilde{\boldsymbol{y}}$ 输入识别网络中,进一步完成特征提取和调制决策分类。

1. Z-score 标准归一化预处理

考虑发射信号经过衰落信道后,不同接收信号 $\widetilde{\boldsymbol{y}}$ 功率受影响程度不同,为统一各数据样本的数量级和增加可比性,并加快网络收敛速度和防止梯度爆炸,本节采用Z-score 标准归一化,基于输入样本 $\widetilde{\boldsymbol{y}}$ 的均值 μ 和标准差 σ 对 $\widetilde{\boldsymbol{y}}$ 进行标准化,即

$$\widetilde{\boldsymbol{y}}^{\mathrm{Norm}}=\frac{\widetilde{\boldsymbol{y}}-\mu}{\sigma} \tag{9.4.15}$$

式中: $\widetilde{\boldsymbol{y}}^{\mathrm{Norm}}$ 为归一化后的信号,再采用式(9.4.14)转换 $1\times N$ 的 $\widetilde{\boldsymbol{y}}^{\mathrm{Norm}}$ 为 $2\times N$ 的二维矩阵进行后续处理。

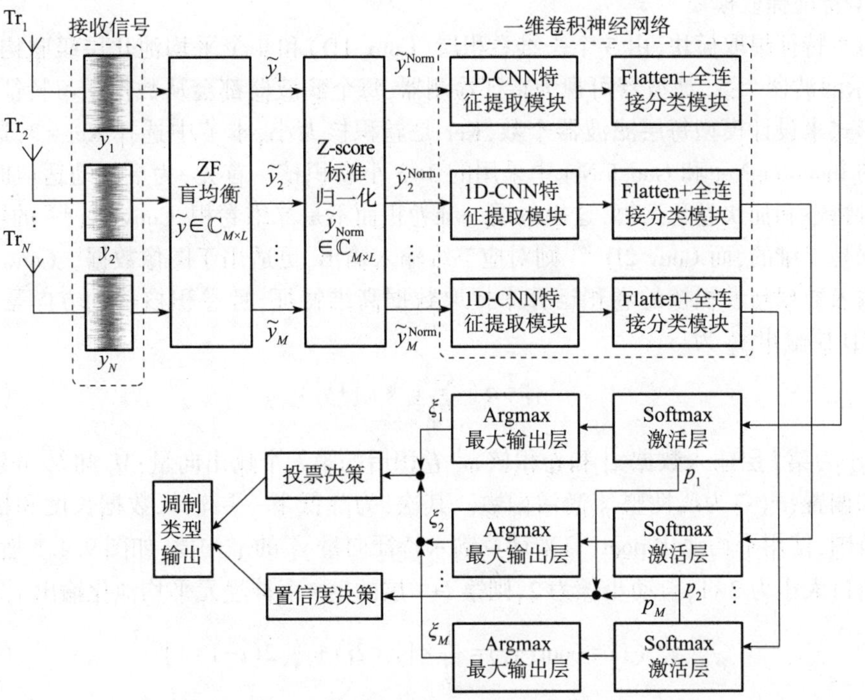

图 9.4.3　MIMO-OSTBC 系统调制识别原理

2. 1D-CNN 一维卷积神经网络模型结构

图 9.4.4 给出了本节所设计的一维卷积神经网络(1D-CNN)架构。为保证输入数据的信息无损和避免复杂的统计特征转换,本节模型输入采用最原始的 I/Q 数据,其包含天然无损的特征信息,且数据预处理简易,这和参考文献[224,384]的研究思路相同。

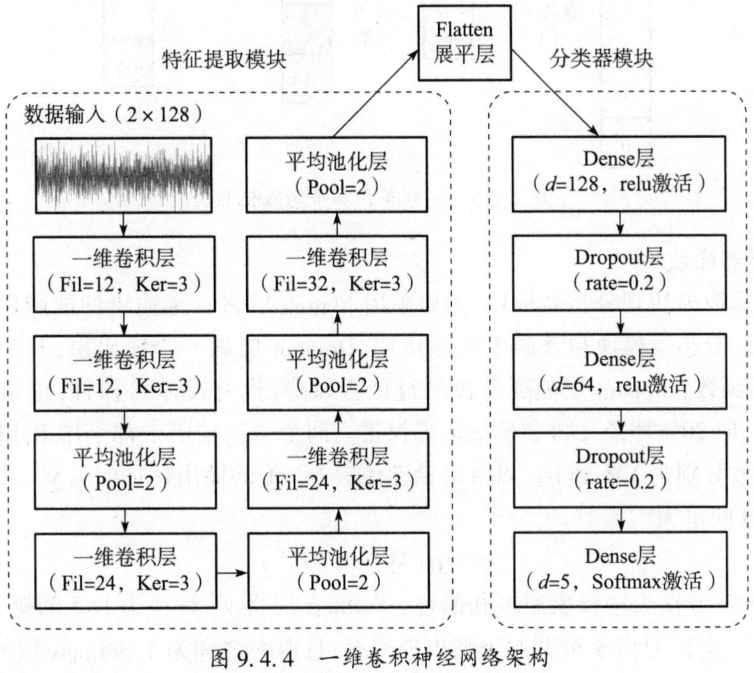

图 9.4.4　一维卷积神经网络架构

1）特征提取模块

对于特征提取模块，由 5 个一维卷积层（Conv 1D）和 4 个平均池化层级联构成，其中 Fil 表示滤波器个数，滤波器可视为特征检测器，每个滤波器都会从数据学习特征，采用金字塔形式来设计模型每层滤波器个数，Ker 是卷积核大小，本节中选择 Ker = 3，这借鉴了主流的 InceptionNet 和 GoogleNet 中采用的 3×3 小卷积核。首先，为更好地适应时序数据的向量特性和加快卷积运算，这里采用一维卷积而不是二维卷积，Conv 1D[368] 的输入和输出数据是二维的，而 Conv 2D[369] 则对应三维输入输出，更适用于图像数据。Conv 1D 主要通过输入数据与卷积核的卷积运算来提取数据高维特征，且卷积核移动方向是单维的，Conv 1D 层输出 y_k^l 为

$$y_k^l=\sigma\Big(\sum_{i\in M_j^l}x_i^l * w_k^l+b_k^l\Big) \tag{9.4.16}$$

式中：y_k^l 为第 l 层输入数据 x_i^l 和卷积核 w_k^l 卷积后的第 k 个输出向量；M_j^l 和 b_k^l 分别为输入数据和偏置；$\sigma(\cdot)$ 为线性整流激活函数。其次，为降低下一层输入数据长度和扩大感受野的范围，使用平均池化 pool$(\cdot)$ 来计算输入特征向量 y_k^l 的平均值，如图 9.4.5 所示，对应池化窗口大小为 2×1，滑动步长为 2，则第 $l+1$ 层的第 i 个神经元平均池化输出 $y_k^{l+1}(i)$ 为

$$y_k^{l+1}(i)=\mathrm{pool}(y_k^l)=\frac{1}{2}\times[y_k^l(2i)+y_k^l(2(i-1))] \tag{9.4.17}$$

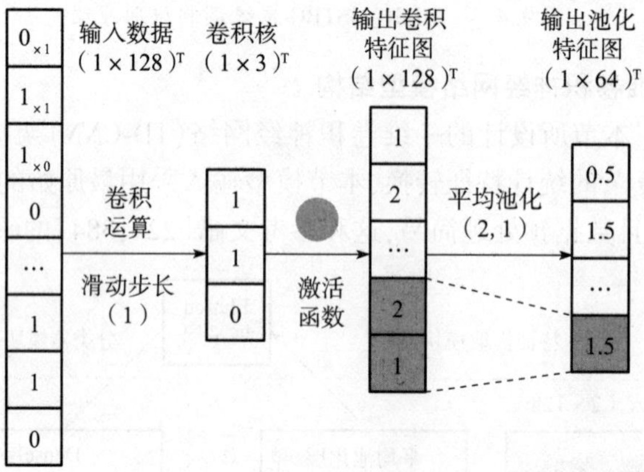

图 9.4.5　一维卷积和平均池化原理

2）分类器模块

从特征提取模块到分类器模块，需要采用 Flatten 层将二维输出特征图展平压缩成一维特征向量。分类器模块包含两个全连接层、Dropout 层和一个输出层，其中输出层采用 Softmax 激活函数，Dropout 层能降低模型过拟合风险，提升模型鲁棒性，这里选择置零比例 rate = 0.2，即 20% 神经元将会被赋值零权重。两个全连接层中都采用 ReLU 激活函数，神经元节点数分别为 128 和 64，当给定全连接层 FC-1 的输出特征向量 $\boldsymbol{y}^{l1}$，全连接层 FC-2 的输出特征向量为

$$\boldsymbol{y}^{l2}=\sigma(\boldsymbol{W}^{l2}\cdot\boldsymbol{y}^{l1}+b^{l2}) \tag{9.4.18}$$

式中：$\boldsymbol{W}^{l2}$ 和 b^{l2} 分别表示权重矩阵和偏置。Softmax 层将 $\boldsymbol{y}^{l2}$ 转换为 1×5 的概率向量（置信度）$\boldsymbol{p}=[p_1,\cdots,p_5]$，对应 5 种调制类型出现概率，且概率之和为 1，Softmax 层的第 j 个输出

概率为

$$p_j=\text{Softmax}(y_j^{l2})=\frac{\exp(y_j^{l2})}{\sum_{n=1}^{K}\exp(y_n^{l2})} \tag{9.4.19}$$

因此,在输出概率向量 $\boldsymbol{p}$ 基础上,最后的调制识别问题就转变为基于最大后验准则的闭集分类问题,对于样本输入数据 $\tilde{\boldsymbol{y}}$,判别输出结果 ξ 为

$$\xi=\underset{j\in[1,5]}{\text{argmax}}p_j=\underset{j\in[1,5]}{\text{argmax}}p_j(\tilde{\xi}\mid\tilde{\boldsymbol{y}}) \tag{9.4.20}$$

为减小训练复杂度,本节对所有天线接收信号集中训练,仅训练一个 1D-CNN 网络,而不是训练 M 个网络。在测试中,所有天线采用同一个网络测试。本节采用随机梯度下降策略来更新网络权重矩阵 $\boldsymbol{W}$ 和偏置 b,一个训练 batch 对应的损失函数为

$$L_{\text{BCE}}(\theta)=\frac{\sum_{j=1}^{K_b}[\gamma_j^{\text{real}}\log(\gamma_j)+(1-\gamma_j^{\text{real}})\log(1-\gamma_j)]}{-K_b} \tag{9.4.21}$$

式中:K_b 为一个 batch 包含的样本数;$\log(\cdot)$ 为对数函数;γ_j^{real} 和 γ_j 分别为真实标签和预测标签。

3. 决策融合策略

本节主要介绍两种决策融合策略。针对 OSTBC(3,3,4)系统,在任一 SNR 下,N 路接收信号 $\boldsymbol{y}$ 受到的信道和瞬时噪声影响程度不同,在通过 ZF 盲均衡恢复后的源信号 $\tilde{\boldsymbol{y}}$ 有 M 条支路,各支路信号的盲均衡恢复效果有所差别,所蕴含的特征表达能力也不同,因而 1D-CNN 分类器基于每一支路的信号所获得调制识别精度存在差别,且传统方法没有协作利用各支路的决策信息,识别精度上还存在提升的空间。为了提升最终的调制识别精度,本节采用决策融合策略来汇总各支路的判决信息,有助于降低系统误判的概率,具体如图 9.4.3 所示。

1) 投票决策融合

投票决策融合是在 M 条支路的最终判决信息(Argmax 层输出的 ξ)基础上,使用“少数服从多数”的评判方法给出了最终的决策结果 $V(\boldsymbol{x})$:

$$V(\boldsymbol{x})=c_{\underset{1\leqslant j\leqslant K}{\text{argmax}}}\sum_{m=1}^{M}v_m^j(\boldsymbol{x}) \tag{9.4.22}$$

$$v_m^j(\boldsymbol{x})=\sum_{k=1}^{K}\xi_k^j(\boldsymbol{x}) \tag{9.4.23}$$

式中:$\xi_k^j(\boldsymbol{x})\in\{0,1\}$ 为第 j 种调制类别 c_j 的类标记,即当输入样本 $\boldsymbol{x}$ 的预测类型为 c_j 时,$\xi_k^j(x)=1$,反之,则 $\xi_k^j(x)=0$。$c_{\underset{1\leqslant j\leqslant K}{\text{argmax}}}(\cdot)$ 为 $1\times K$ 向量中的最大值,K 为调制类型的种类数,M 为盲均衡后的恢复信号路数。

2) 置信度决策融合

不同于投票决策融合,置信度决策融合主要原理是利用 M 条支路的置信度信息,即 Softmax 激活层输出的 $\boldsymbol{p}$,其中包含每种调制类别的预测概率向量,通过累加平均所有支路的置信度信息作为最终的判决依据,选择最大概率 $\boldsymbol{p}$ 对应的调制方式作为系统最终的预

测类别 $P(\boldsymbol{x})$，数学上可表示为

$$P(\boldsymbol{x}) = c_{\underset{1\leqslant j\leqslant K}{\mathrm{argmax}}} \sum_{m=1}^{M} \hat{\boldsymbol{p}}_m^j(\boldsymbol{x}) \tag{9.4.24}$$

$$\hat{\boldsymbol{p}}_m^j(\boldsymbol{x}) = \frac{1}{M}\sum_{k=1}^{M} \boldsymbol{p}_k^j(\boldsymbol{x}) \tag{9.4.25}$$

式中：$\boldsymbol{p}_k^j(\boldsymbol{x}) \in [0,1]$ 为第 j 种调制类别 c_j 的类概率。

4. 算法识别流程

在前几小节分析的基础上，下面给出了本节所提出的 MIMO-OSTBC 系统调制识别算法流程。

算法 1：MIMO-OSTBC 系统调制识别算法

输入：

(1) 预处理的训练集 Ψ_1 和未处理的测试信号 $\boldsymbol{y}$。

(2) 随机初始化的 1D-CNN 网络模型。

网络训练：

(1) 随机打乱训练样本 Ψ_1，按每 128 个样本对应一个 batch，将整个数据集分为 m 个 batch。

(2) 将 m 个 batch 的训练数据和样本输入初始化的 1D-CNN 网络。

(3) 采用 SGD 方法来更新网络权重 W 和偏置 b，当网络收敛时，保存训练好的模型参数。

测试信号 ZF 盲均衡：

(1) 对信号进行下变频、载频估计等预处理。

(2) 按照 9.4.2 节的 ZF 盲均衡策略，将 N 根天线的接收信号 $\boldsymbol{y}$ 恢复为 M 路估计的源信号 $\tilde{\boldsymbol{y}}$。

归一化预处理：

根据 $\tilde{\boldsymbol{y}}^{\mathrm{Norm}} = (\tilde{\boldsymbol{y}} - \mu)/\sigma$，对数据进行 Z-score 标准归一化预处理，得到 $\tilde{\boldsymbol{y}}^{\mathrm{Norm}}$。

决策融合输出：

(1) **投票决策融合：**根据式(9.4.20)和式(9.4.23)计算 M 路信号类型出现个数 $v_m^j(\boldsymbol{x})$，用式(9.4.22)汇总 M 路判决结果，投票选择出现最多的类型 $V(\boldsymbol{x})$。

(2) **置信度决策融合：**通过式(9.4.19)和式(9.4.25)计算并统计 M 路信号上各类型出现置信度 $\hat{\boldsymbol{p}}_m^j(\boldsymbol{x})$，用式(9.4.24)汇总 M 路置信度结果，选择最大概率对应的调制类型 $P(\boldsymbol{x})$。

9.4.4　仿真实验结果和分析

本节对所提算法识别精度进行仿真验证，采用的空时编码类型为 OSTBC(3,3,4)。本节 MIMO- OSTBC 系统搭建和数据集生成是在 MATLAB 2019a 仿真平台上完成的，而在 TensorFlow2.0 环境下完成模型的搭建、训练和测试，所用 GPU 型号为 NVIDIA GeForce GTX 1660 Ti。按照 6∶2∶2 的比例，整个数据集切分为训练集、验证集和测试集，且每种调制类型有相同大小的样本子集，并使用 Adam 优化器进行梯度更新，batch 批大小、轮次 epoch 上限和初始学习率(Learning Rate，LR)分别设定为 128、50 和 0.001，对应损失函数为交叉熵损失函数。针对过拟合问题，这里采用早停策略，当验证损失在 5 个 epoch 内不再下降时停止模型训练。为评价所提识别算法性能，采用调制识别精度 P_{cc} 作为评价指标：

$$P_{cc}=\frac{N_{\text{correct}}}{N_{\text{total}}}\times 100\% \tag{9.4.26}$$

式中：N_{total} 表示测试集样本总数；N_{correct} 表示测试集中正确分类的样本个数。

1. 模型整体识别精度

本节从三个方面测试模型整体识别精度，包括 ZF 盲均衡效果、不同 OSTBC 码率以及不同调制类型。首先，图 9.4.6 给出了有无 ZF 盲均衡和不同 OSTBC 码率对识别精度的影响，不管是 OSTBC(3,3,4)还是 OSTBC(3,4,8)，在整个 SNR 范围内采用 ZF 盲均衡的识别精度明显高于无均衡的情况，从图 9.4.2 数据集可视化中也能看出，ZF 盲均衡能有效补偿信道衰落影响，恢复信号的星座点更为集中且特征区分度更明显。在图 9.4.6 中，不同码率的 OSTBC 对识别精度影响较小，当 SNR≥−4dB 时，OSTBC(3,3,4)和 OSTBC(3,4,8)的识别精度都大于 95%。其中，OSTBC(3,3,4)码率为 3/4，而 OSTBC(3,4,8)码率为 1/2，对应空时编码矩阵为

$$C_{\frac{1}{2}}(\boldsymbol{s})=\begin{bmatrix} s_1 & -s_2 & -s_3 & -s_4 & s_1^* & -s_2^* & -s_3^* & -s_4^* \\ s_2 & s_1 & s_4 & -s_3 & s_2^* & s_1^* & s_4^* & -s_3^* \\ s_3 & -s_4 & s_1 & s_2 & s_3^* & -s_4^* & s_1^* & s_2^* \end{bmatrix} \tag{9.4.27}$$

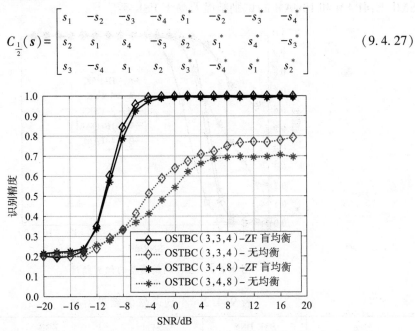

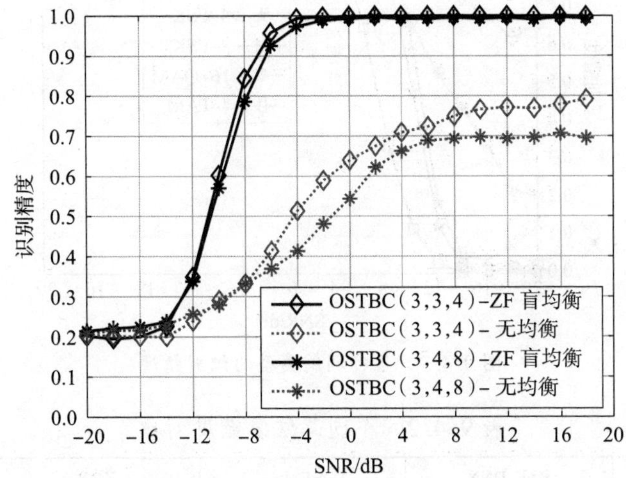

图 9.4.6　ZF 盲均衡预处理和不同 OSTBC 码率对识别精度的影响

为对比不同盲均衡方法的预处理效果，表 9.4.1 从先验信息需求和平均识别精度两方面进行了验证。其中，ML 盲均衡表示最大似然盲均衡方法[135]和 MUK(Multiuser Kurtosis Maximisation)盲均衡表示基于多用户峰度最大化的盲均衡方法[370]。首先，对于先验信息需求，MUK 方法仅要求发射天线数，ZF 方法需考虑空时码类型和盲信道估计值，ML 方法在 ZF 方法基础上还要求已知调制类型，这与本节调制识别任务相矛盾，因此不能将 ML 方法应用于本节中。其次，对于平均识别精度，相比 ZF 和 ML 方法，虽然 MUK 方法的先验需求最低，但 MUK 方法在整个 SNR 范围内平均识别精度最低。综合考虑上述内容，本节选择 ZF 方法来补偿信道和空时编码对调制信号的影响。

表 9.4.1　不同盲均衡预处理方法的性能对比

均衡方法	ML 盲均衡	ZF 盲均衡	MUK 盲均衡
先验信息需求	(1)调制类型; (2)空时码类型; (3)盲信道估计值	(1)空时码类型; (2)盲信道估计值	发射天线数
平均识别精度	91.46%	77.82%	61.24%

图 9.4.7 给出了不同 SNR 下每种调制样式的识别度对比。当 SNR≥0dB 时,所有调制类型的识别精度都能达到 100%,而 SNR<0dB 时,调制识别精度有所下降。对于 PSK 类间信号,随着调制阶数的不断增加,识别精度不断下降,这是因为 BPSK、QPSK 和 8PSK 同属于圆形 PSK 类调制,相互之间存在较多重叠区域。相比低阶 BPSK、QPSK,高阶 8PSK 由于重叠度大,其特征更为模糊,这在图 9.4.2 可视化的星座图上也可看出。此外,在低 SNR 下,4PAM 和 16QAM 的识别精度要高于 PSK 类信号。

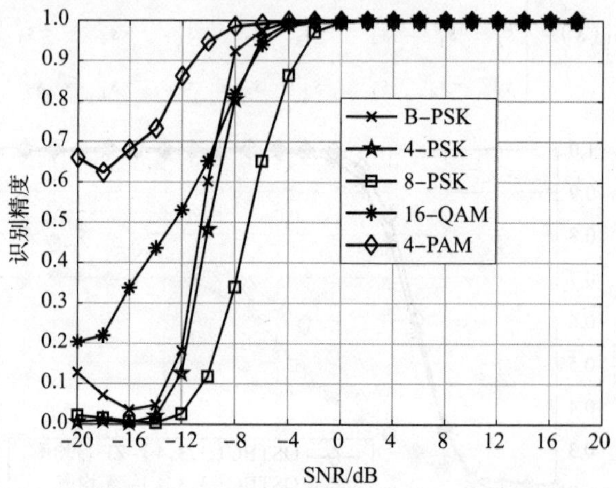

图 9.4.7　各种调制类型的识别精度

表 9.4.2　不同算法复杂度对比

网络	SAE-DNN	SVM	KNN	1D-CNN
内存消耗/KB	34	7279	24261	420
测试时间/ms	0.381	3.155	1.178	0.297

2. 不同算法识别精度和复杂度对比

本节从识别精度和算法复杂度两个角度对比了本节算法与现有算法[403,238]。首先,图 9.4.8 给出了不同算法的识别精度对比。不同于基于特征工程的机器学习算法,因为所提 1D-CNN 算法利用信号包含的天然无损的特征信息,并借助卷积神经网络强大的特征自动提取能力,所提算法识别精度优于现有算法,当 SNR=-4dB 时,所提算法能达到 99.5%的识别精度,而 SAE-DNN、SVM 和 KNN 分别达到 95%、88%和 88%的识别精度。且在 SNR≥2dB 时,1D-CNN 算法识别精度比 SAE-DNN 算法提高了 10%,而比 SVM 和 KNN 算法提高了 20%。

其次,表9.4.2给出了不同算法复杂度对比,主要包括内存消耗(KB)和测试时间(ms)两个指标。从测试时间来看,所提1D-CNN和SAE-DNN算法比KNN和SVM算法低了一个量级,处于亚毫秒级sub-ms,且1D-CNN具有最低的测试时间。由表9.4.2还能看出,所提算法比KNN和SVM模型更小,占用更少的内存消耗,有利于实际移动端的部署,此外,虽然SAE-DNN模型内存消耗最小,但其识别精度低于1D-CNN(图9.4.8)。因此,综合来看,所提1D-CNN算法能满足实时性要求且识别精度高于现有方法,在工业应用上拥有良好的发展前景。

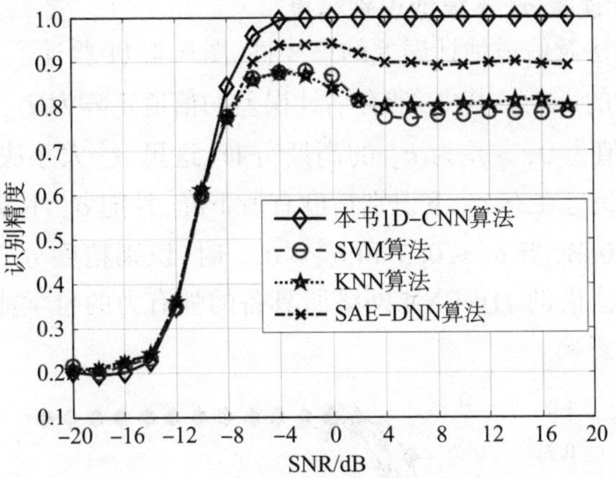

图9.4.8　不同算法识别精度对比

3. 不同决策融合策略下模型识别精度

图9.4.9所示为不同决策融合策略下所提算法识别精度曲线,可以看出,不管是置信度决策还是投票决策,采用多路信号协作决策融合方法要比单一支路的决策识别方法性能更优,在识别精度为95%时,相比单一支路决策方法,置信度决策融合和投票决策融合方法分别存在1dB和2dB的性能增益。从图9.4.9中还可以看出,基于置信度决策融合策略比基于投票决策融合策略的识别精度更高,在SNR=-8dB时,置信度决策识别精度比投票决策方法存在20%的性能提升,因此,在本节仿真中,所提算法均采用置信度决策和投票决策融合策略进行调制识别。

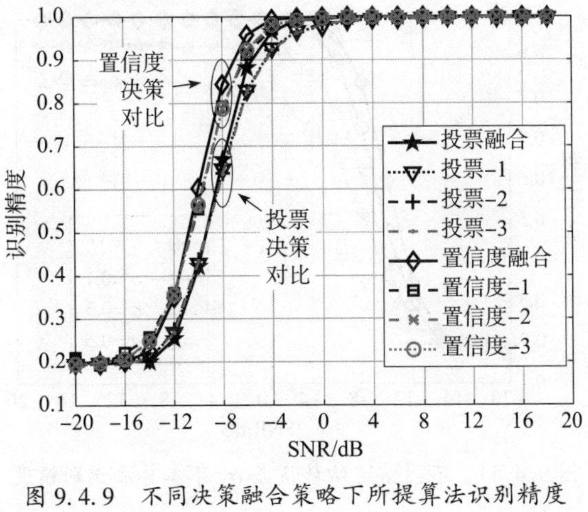

图9.4.9　不同决策融合策略下所提算法识别精度

4. 不同接收天线下模型识别精度

不同接收天线数对模型识别精度的影响如图 9.4.10 所示。对于 OSTBC3 系统,发射端 Tx 天线数设定为 3。由图可知,随着接收端 Tr 天线数的不断增大,模型识别精度随之上升,这是因为收发端天线数差值 $\Delta = Tr - Tx$ 越大,系统分集增益越大,对应的系统 SNR 增益越大,越能有效降低高斯白噪声的影响和不同调制信号间特征间的模糊度,从而提升系统识别效果。从图 9.4.10 可以看出,当 SNR = −8dB 时,从 $Tr=4$ 到 $Tr=8$,系统约有 30% 的识别精度提升。

5. 不同信道估计误差 σ_e^2 下模型识别精度

为了衡量所提算法对信道估计误差的鲁棒性,图 9.4.11 验证了不同信道估计误差 σ_e^2 对所提算法识别精度的影响。其中,带有估计误差的信道矩阵为 $\hat{\boldsymbol{H}}_{\text{est}} = \hat{\boldsymbol{H}} + \boldsymbol{E}$[371],其中 $\boldsymbol{E}$ 是误差矩阵,其服从均值为 0,方差为 σ_e^2 的高斯分布,这里 σ_e^2 大小决定了估计误差大小。相比无估计误差 σ_e^2,信号在有 σ_e^2 下识别精度有所下降,且随 σ_e^2 不断增大,识别精度也随之降低。对于 SNR = 0dB,当 $\sigma_e^2 \leqslant 0.3$ 和 $\sigma_e^2 \leqslant 0.1$ 时,识别精度分别能达到 90% 以上和 100%。因此,所提算法借助 1D-CNN 网络所具备的强有力的自学能力,能有效改善一定程度的信道估计误差影响。

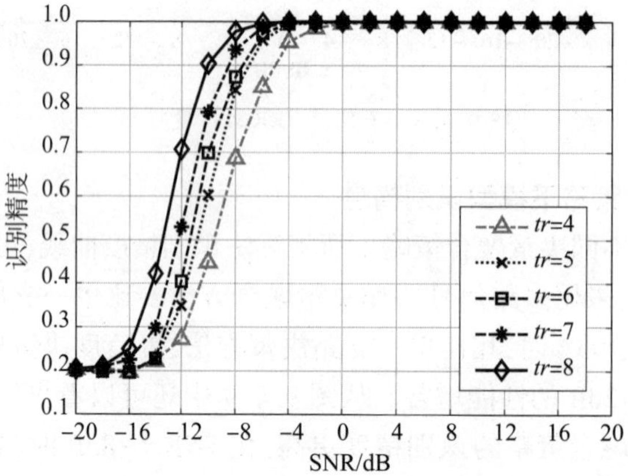

图 9.4.10　不同接收天线数下本算法识别精度($Tx=3$)

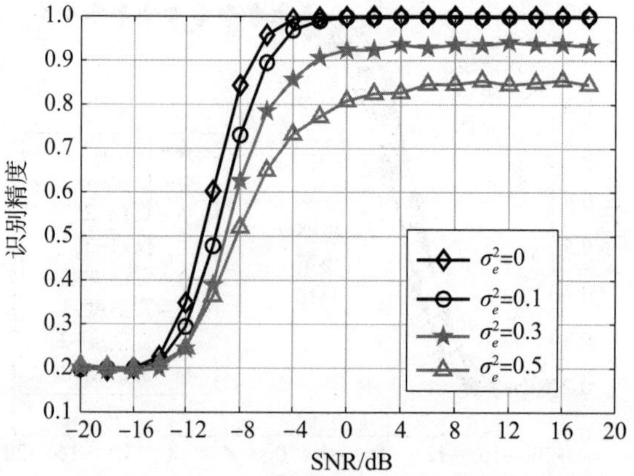

图 9.4.11　不同信道估计误差 σ_e^2 下本算法识别精度

6. 不同网络参数下模型识别精度

本节验证了网络层数和卷积核大小对模型识别精度的影响。首先,图 9.4.12 给出了不同网络层数对模型识别精度的影响。图中 1DCNN-A、B 和 C 分别表示删除图 9.4.4 中网络特征提取模块的最后 2 层、4 层和 6 层,而 1DCNN-Entire 表示完整的模型。从图 9.4.12 可看出,受限于浅层网络的特征提取能力,模型识别精度会因网络层数的递减而下降,而多个卷积层和平均池化层的级联,助推了信号高维特征的提取,可识别出不同调制信号间的细微区别。

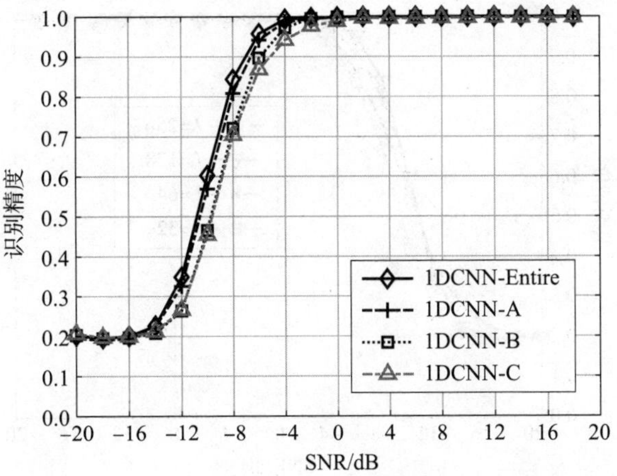

图 9.4.12　不同网络层数下所提算法识别精度

其次,图 9.4.13 给出了不同卷积核尺寸 Ker 对模型识别精度的影响。从中可看出,对于完整的模型,在 Ker = 2 增加到 Ker = 6 过程中,识别精度先增加后下降,且在 Ker = 3 时模型识别精度达到最优。这是因为较小的卷积核对应感受野较小,从而提取不出有效的特征;而较大的卷积核能获得更大的感受野,但会提取过多无用的特征,且无法堆叠更多的网络层,从而限制网络的特征提取能力。因此,通过该实验确定本节所用网络的卷积核为 Ker = 3。

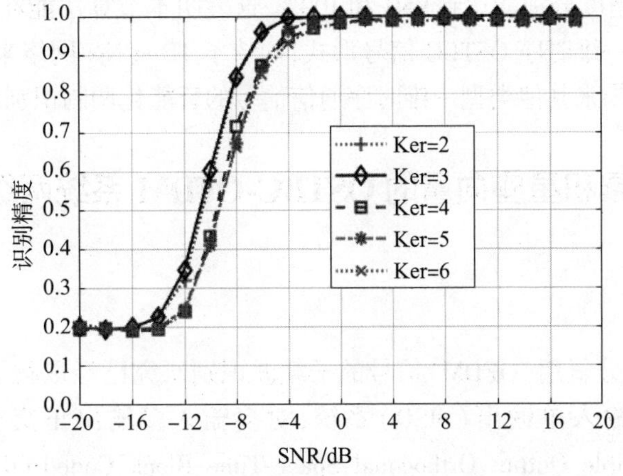

图 9.4.13　不同卷积核尺寸下所提算法识别精度

7. 不同符号长度下模型识别精度

图 9.4.14 对比了不同样本符号长度 L 下的调制识别精度，通过对原始数据 $\tilde{\boldsymbol{y}}^{\text{Norm}}$ 进行稀疏化采样，每隔 k 个时间点对 $\tilde{\boldsymbol{y}}^{\text{Norm}}$ 进行采样得到 $\tilde{\boldsymbol{y}}_s^{\text{Norm}}=\{\tilde{\boldsymbol{y}}_{1+ki}^{\text{Norm}}\},0\leqslant i\leqslant[(n-1)/k]$。从图 9.4.14 中可看出，识别精度随着 L 的增加而增加，但当 L 从 128 增加到 256 时，两者识别精度差异较小，且当 SNR≥-12dB 时，数据长度 L=128 能获得最优识别精度。此外，L 过大会增加网络训练和测试复杂度，因此，本节数据集和模型架构选择 L=128 作为样本构造参数和模型输入尺寸。

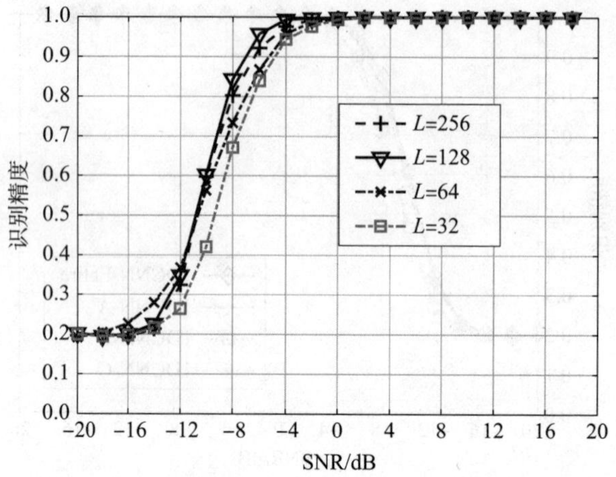

图 9.4.14　不同符号长度下所提算法识别精度

9.4.5　本节小结

本节基于 ZF 盲均衡后的 I/Q 数据形式，并结合前沿的深度神经网络模型，较好地完成非合作通信场景下的 MIMO-OSTBC 信号识别任务。该方法直接使用内在无损的 I/Q 信号信息，避免了复杂的特征工程，并使用 ZF 盲均衡来消除信道干扰，最后借助多天线决策融合策略来提升系统整体调制识别率。对比传统方法，本节所提算法能获得更高的识别精度，在 SNR≥-6dB 和 SNR≥-2dB 下识别精度分别能达到 95%和 100%，这表明本节算法能在低 SNR 下很好地工作。此外，本节针对一维时序 OSTBC 信号形式，构造了 1D-CNN 网络来进行调制识别的设计思路，这也有助于未来其他类型一维时序通信信号的智能化调制识别研究。

9.5　基于投影累积星座向量的 OSTBC-OFDM 系统两级高阶调制识别

9.5.1　引言

近年来，正交频分复用(OFDM)信号的子载波识别研究已经取得了一些进展，然而现有研究大多针对单输入单输出(SISO)系统，对多输入多输出正交空时编码频分复用(Multiple Input Multiple Output Orthogonal Space-Time Block Coded-OFDM，MIMO OSTBC-OFDM)系统子载波识别研究匮乏。不同于单天线 OFDM 系统，多天线 OFDM 系统通常面临着 MIMO 混淆信道的影响，即每根接收天线通常接收来自所有发射天线的混合信号，进而使得接收信号存在特征模糊性并降低后续分类器的识别精度。因此,本节对多天线OSTBC-OFDM系统的子载波调制识别问题展开了深入研究。首先,通过盲信号重构技术来消除多天线MIMO信道混淆影响并增强调制特征区分度;其次,在重构信号基础上设计选择有效的浅层调制信号特征;最后,构建并训练深层神经网络来提取高维调制特征并完成最终的子载波信号识别。

9.5.2 系统模型及基于迫零盲均衡的盲信号重构及特征增强

针对多天线系统的调制识别问题,MIMO系统中的多天线混合信号将会破坏接收信号的调制特征区分度,从而增加调制识别任务的难度。针对这一问题,现有基于迫零(ZF)均衡的调制识别研究,假设利用完美信道状态信息(Channel State Information,CSI)来构建信号均衡矩阵,用于消除上述MIMO混淆信道干扰。但是,这一假设在非协作通信场景下是不切实际的,因为接收端通常无法预先获得精确CSI。为了应对这一挑战,首先采用盲信道估计技术来获得CSI的估计值,其次利用估计的CSI来执行盲信号重构。

针对更复杂的正交空时分组码(OSTBC)MIMO-OFDM通信系统,本节利用迫零盲均衡算法来重构和恢复受损的调制信号特征。

1. 正交空时分组码OSTBC MIMO-OFDM系统模型

如图9.5.1所示,本节构建了一个正交空时分组编码下的MIMO-OFDM系统。整个OSTBC MIMO-OFDM系统包含一个配备N_t根天线的发射机和一个配备N_r根天线的接收机。其中,发射机主要包含:OSTBC编码和OFDM调制两阶段。首先,OSTBC编码器采用OSTBC(N_t,K_s,L)方案,在L时隙内通过N_t根天线发送K_s个调制数据符号。令$\boldsymbol{s}=[s_1,s_2,\cdots,s_{K_s}]^{\mathrm{T}}$表示调制符号流,则OSTBC编码器的输出信号可以表示为

$$\boldsymbol{X}=\boldsymbol{C}(\boldsymbol{s})=\sum_{n=1}^{K_s}[\boldsymbol{F}_n\mathrm{Re}(s_n)+\mathrm{j}\boldsymbol{G}_n\mathrm{Im}(s_n)] \tag{9.5.1}$$

式中:Re(·)和Im(·)分别表示取实部和虚部运算,$\mathrm{j}=\sqrt{-1}$;$\boldsymbol{F}_n\in\mathbb{C}^{N_t\times L}$和$\boldsymbol{G}_n\in\mathbb{C}^{N_t\times L}$表示空时编码矩阵,两者之间满足如下正交关系:

$$\begin{cases}\boldsymbol{F}_k\boldsymbol{F}_k^{\mathrm{T}}=\boldsymbol{I}_M,\boldsymbol{F}_k\boldsymbol{F}_n^{\mathrm{T}}=-\boldsymbol{F}_n\boldsymbol{F}_k^{\mathrm{T}},k\neq n\\ \boldsymbol{G}_n\boldsymbol{G}_n^{\mathrm{T}}=\boldsymbol{I}_M,\boldsymbol{G}_k\boldsymbol{G}_n^{\mathrm{T}}=-\boldsymbol{G}_n\boldsymbol{G}_k^{\mathrm{T}},\boldsymbol{F}_k\boldsymbol{G}_n^{\mathrm{T}}=\boldsymbol{G}_n\boldsymbol{F}_k^{\mathrm{T}}\end{cases} \tag{9.5.2}$$

其次,OFDM调制器转换OSTBC编码后的信号$\boldsymbol{X}$为N_s路并行的OFDM子载波信号。具体而言,OFDM调制器对每个子载波信号实施快速傅里叶逆变换和循环前缀插入,从而得到最终OSTBC MIMO-OFDM发射信号$\hat{\boldsymbol{X}}$。本节对$\hat{\boldsymbol{X}}$进行功率归一化,以确保每根天线的传输信号都具有相同的单位发射功率。对于无线衰落信道,将$\boldsymbol{H}\in\mathbb{C}^{N_r\times N_t}$($N_r>N_t$)建模为频域平坦的瑞利衰落信道和频率选择的多径衰落信道。经过无线信道传输后,接收机对每个子载波信号进行傅里叶变换运算和循环前缀移除,以实现OFDM解调。其中,第k个解调后的子载波信号为

$$\boldsymbol{Y}^k(s)=\boldsymbol{H}\cdot\hat{\boldsymbol{C}}^k(\boldsymbol{s})+\boldsymbol{W}^k=\boldsymbol{\Omega}^k(\boldsymbol{h})\cdot\boldsymbol{s}^k+\boldsymbol{W}^k \tag{9.5.3}$$

式中:$\hat{\boldsymbol{C}}^k(\boldsymbol{s})$表示虚拟矩阵,主要包含OFDM调制矩阵和OSTBC编码矩阵;$\boldsymbol{W}^k\in\mathbb{C}^{N_r\times L}$表示加性高斯白噪声;$\boldsymbol{\Omega}^k(\boldsymbol{h})$表示多天线虚拟信道矩阵,主要由信道响应矩阵、OSTBC编码矩阵和OFDM调制矩阵组成。

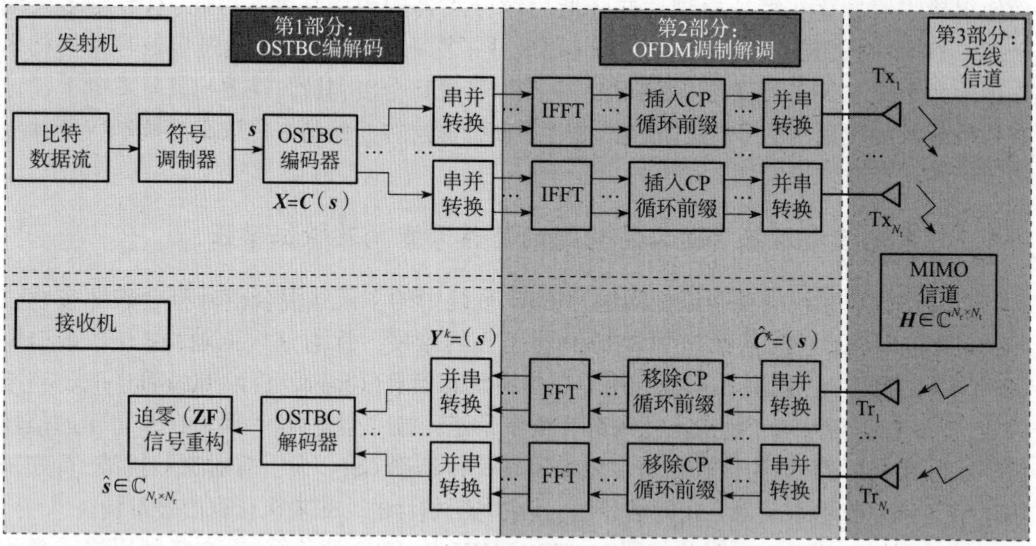

图 9.5.1　OSTBC MIMO-OFDM 系统模型框图

2. ZF 盲均衡方法

在非协作通信场景下，ZF 盲均衡算法主要包含盲信道估计和信道均衡。盲信道估计的第一个步骤是将 $\boldsymbol{Y}^k(s)$ 切分成实部和虚部两部分，并通过向量化运算 $\text{Vec}[\cdot]$ 来获取向量化的接收信号 $\boldsymbol{y}^k$：

$$\boldsymbol{y}^k \triangleq \begin{bmatrix} \text{Vec}[\text{Re}(\boldsymbol{Y}(\boldsymbol{s}))] \\ \text{Vec}[\text{Im}(\boldsymbol{Y}(\boldsymbol{s}))] \end{bmatrix} = \hat{\boldsymbol{P}}\boldsymbol{Q}\begin{bmatrix} \text{Vec}[\text{Re}(\boldsymbol{s})] \\ \text{Vec}[\text{Im}(\boldsymbol{s})] \end{bmatrix} + \begin{bmatrix} \text{Vec}[\text{Re}(\boldsymbol{W})] \\ \text{Vec}[\text{Im}(\boldsymbol{W})] \end{bmatrix} \tag{9.5.4}$$

$$\boldsymbol{Q} \triangleq \begin{bmatrix} \text{Vec}[\text{Re}(\boldsymbol{F}_1^{\text{H}})]\cdots\text{Vec}[\text{Re}(\boldsymbol{F}_L^{\text{H}})] & \text{Vec}[\text{Re}(\boldsymbol{G}_1^{\text{H}})]\cdots\text{Vec}[\text{Re}(\boldsymbol{G}_L^{\text{H}})] \\ \text{Vec}[\text{Im}(\boldsymbol{F}_1^{\text{H}})]\cdots\text{Vec}[\text{Im}(\boldsymbol{F}_L^{\text{H}})] & \text{Vec}[\text{Im}(\boldsymbol{G}_1^{\text{H}})]\cdots\text{Vec}[\text{Im}(\boldsymbol{G}_L^{\text{H}})] \end{bmatrix} \tag{9.5.5}$$

$$\hat{\boldsymbol{P}} \triangleq \begin{bmatrix} \text{Re}(\boldsymbol{P}^{\text{T}})\otimes\boldsymbol{I}_L & -\text{Im}(\boldsymbol{P}^{\text{T}})\otimes\boldsymbol{I}_L \\ \text{Im}(\boldsymbol{P}^{\text{T}})\otimes\boldsymbol{I}_L & \text{Re}(\boldsymbol{P}^{\text{T}})\otimes\boldsymbol{I}_L \end{bmatrix} \tag{9.5.6}$$

式中：$\boldsymbol{I}_L$ 表示单位矩阵；矩阵 $\hat{\boldsymbol{P}}$ 和 $\boldsymbol{Q}$ 是由 $\boldsymbol{\Omega}^k(\boldsymbol{h})=\hat{\boldsymbol{P}}\boldsymbol{Q}$ 分解而来的。矩阵 $\boldsymbol{P}$ 和信道矩阵 $\hat{\boldsymbol{H}}$ 满足关系 $\hat{\boldsymbol{H}}=(\boldsymbol{U}\boldsymbol{\Lambda}^{\frac{1}{2}}\boldsymbol{P}^{\text{H}})/\sqrt{L}$，$\boldsymbol{U}$ 和 $\boldsymbol{\Lambda}$ 可以通过对接收信号 $\boldsymbol{y}^k$ 的自相关矩阵进行奇异值分解得到 $\boldsymbol{R}=\boldsymbol{U}\boldsymbol{\Lambda}\boldsymbol{U}^{\text{H}}$。因此，$\hat{\boldsymbol{H}}$ 的盲估计任务可转换为求解矩阵 $\boldsymbol{P}$。

为了求解 $\boldsymbol{P}$，需要通过最大化 ZF 重构信号 $\tilde{\boldsymbol{s}}^k$ 的统计独立性，即实现 $\tilde{\boldsymbol{s}}^k$ 峭度绝对值的最大化。由于常用调制信号的峭度值具有非负性，上述最大化目标可以被转化为最小化 $\tilde{\boldsymbol{s}}^k$ 峭度值。基于此，本节建立了如下优化目标来求解矩阵 $\hat{\boldsymbol{P}}$：

$$\hat{\boldsymbol{P}}:\begin{cases} \min J(\boldsymbol{P})=\sum\limits_{k=1}^{m}E(|\tilde{\boldsymbol{s}}^k|^4)-2[E(|\tilde{\boldsymbol{s}}^k|^4)]^2-E(|\tilde{\boldsymbol{s}}^k|^2)E(|\tilde{\boldsymbol{s}}^{k*}|^2) \\ \text{s.t. } \boldsymbol{P}\boldsymbol{P}^{\text{H}}=1 \end{cases} \tag{9.5.7}$$

式中：$E(\cdot)$ 表示求取期望值运算。针对上述优化问题，用黎曼最陡下降算法来求解最优解 $\hat{\boldsymbol{P}}$，在黎曼空间中对应的梯度下降的移动方向 ∇_P 可以表示为

$$\nabla_P=\boldsymbol{\Gamma}_P\boldsymbol{P}^{\text{H}}-\boldsymbol{P}\boldsymbol{\Gamma}_P^{\text{H}} \tag{9.5.8}$$

式中：$\boldsymbol{\Gamma}_P = \mathrm{d}J(\boldsymbol{P})/\mathrm{d}\boldsymbol{P}$ 表示梯度，$\boldsymbol{P}$ 的更新规则为

$$\boldsymbol{P} \leftarrow \exp(\mu \nabla_P)\boldsymbol{P} \tag{9.5.9}$$

式中：μ 为梯度更新步长；$\exp(\cdot) = \sum_{k=0}^{\infty} (\cdot)^k/k!$ 为矩阵指数。最后，通过估计 $\hat{\boldsymbol{P}}$ 得到估计的信道矩阵 $\hat{\boldsymbol{H}}$ 后，ZF 盲均衡器能补偿 MIMO 混淆信道衰落，得到均衡后的信号 $\tilde{\boldsymbol{y}}^k$ 为

$$\tilde{\boldsymbol{y}}^k = \tilde{\boldsymbol{s}}^k + \tilde{\boldsymbol{W}}^k \tag{9.5.10}$$

式中：$\tilde{\boldsymbol{s}}^k$ 为重构的发射源信号；$\tilde{\boldsymbol{W}}^k$ 为由于 ZF 导致的功率放大的噪声项，相应的 $\tilde{\boldsymbol{s}}^k$ 和 $\tilde{\boldsymbol{W}}^k$ 可分别表示为

$$\tilde{\boldsymbol{s}}^k = [\boldsymbol{I}_n \ \mathrm{j}\boldsymbol{I}_n]\boldsymbol{Q}\boldsymbol{P}^{\mathrm{T}}\tilde{\boldsymbol{y}}^k \tag{9.5.11}$$

$$\tilde{\boldsymbol{W}}^k = \boldsymbol{Q}\boldsymbol{P}^{\mathrm{T}}\boldsymbol{W} \tag{9.5.12}$$

为了更好地理解 ZF 均衡器的作用，采用星座图的形式来可视化均衡前后调制信号的特征变化。如图 9.5.2(a)所示，第一行的原始发送信号 $\boldsymbol{s}^k$ 在经过 MIMO 衰落信道和 AWGN 噪声干扰后，使得第二行的接收信号 $\boldsymbol{y}^k$ 产生了明显的星座点偏移和一定程度的幅相误差。在图 9.5.2(b)和图 9.5.2(c)中，上述调制信号的星座图混淆模糊问题更为严重，特别是高阶调制样式（256QAM、512QAM、1024QAM 以及 2048QAM）。这类星座混淆问题会削弱不同调制信号间的特征区分度，进而降低调制识别分类器的识别精度。相比之下，在图 9.5.2(a)中，第三行的 ZF 盲均衡后的信号 $\tilde{\boldsymbol{y}}^k$ 对应的星座点弥散程度更小，且聚类效果更显著，其星座图形状更接近原始的发射信号 $\boldsymbol{s}^k$。即使针对高阶的调制样式，ZF 盲均衡方法依然展现出良好的信号重构效果。通过对信号星座图的可视化分析，可以验证 ZF 盲均衡方法能有效降低 MIMO 混淆信道干扰的影响，进而提升调制信号的表征能力。因此，利用 ZF 盲均衡方法提升信号表征能力是有效的，这将有助于提升后续分类器的识别性能。

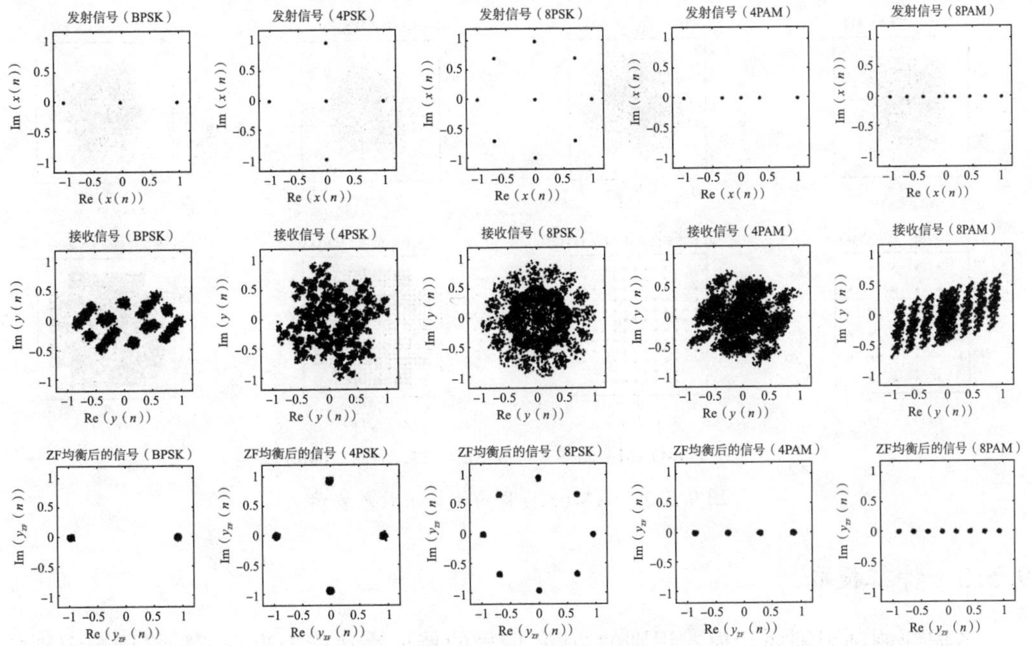

（a）M–PSK和M–PAM调制样式（M=2，4，8）

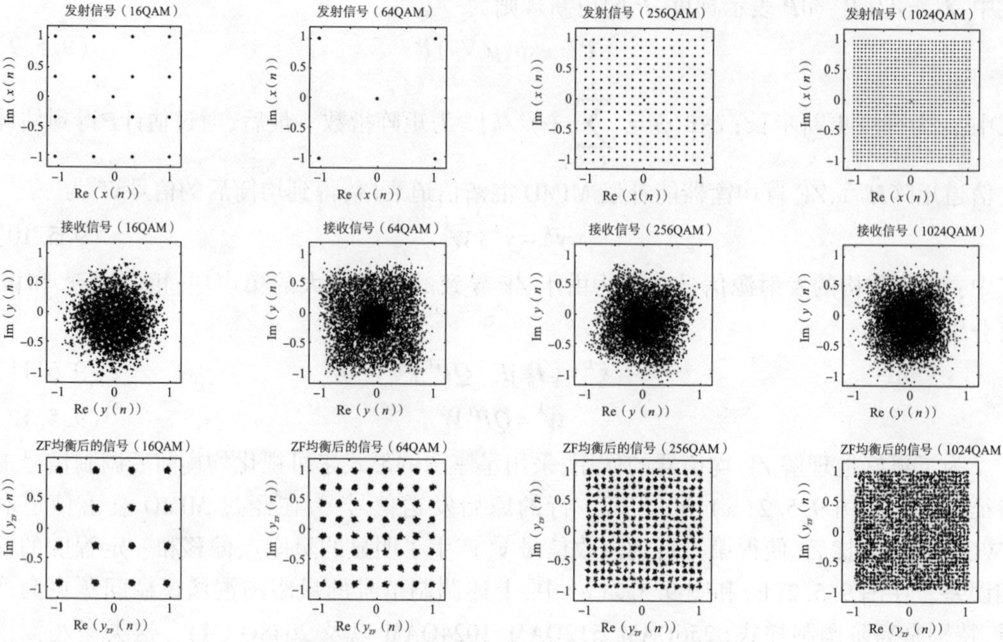

（b）方形*M*-QAM调制样式（*M*=16，64，256，1024）

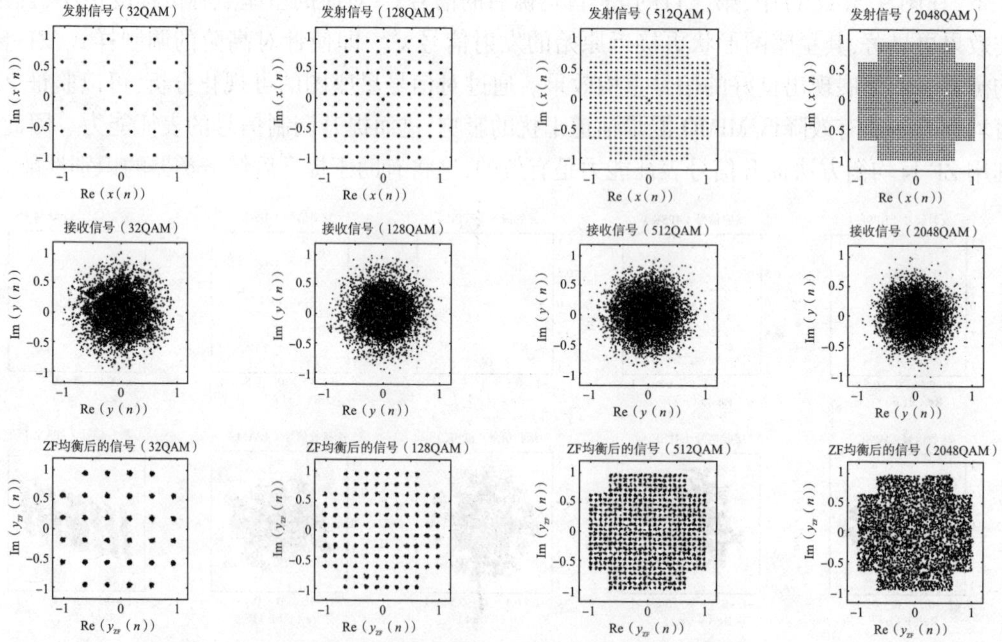

（c）十字形*M*-QAM调制样式（*M*=32，128，512，2048）

图 9.5.2　迫零(ZF)盲均衡算法效果展示

9.5.3　特征提取

考虑到调制识别属于模式识别的范畴，信号的特征表达能力决定了最终调制识别的性能上限，而分类器的设计只能无限逼近这一性能上限。因此，如何选择和设计高区分度的信号特征是至关重要的，有助于充分发挥分类器优势，减轻分类器负担以及提升最终识别精度。本节提出了三种调制信号特征：①累积星座图；②投影累积星座向量；③专家经验特征向量。

1. 累积星座图

虽然 I/Q 信号特征具有易处理和复杂度低的特点，但是其特征表达能力有限，进而限制了后续基于深度神经网络的分类器的识别性能。此外，相比时序 I/Q 信号数据，深度神经网络更擅长于处理图像数据。为了充分发挥深度神经网络的优势，可以将低维度的 I/Q 数据转换为高维度的星座图数据。由于 AWGN 和信道衰落的影响，普通的星座图容易出现星座点弥散的问题，从而降低不同调制样式的区分度。针对这一问题，本节提出了一种表征能力更强的累积星座图特征（Accumulated Constellation Diagram，ACD），该特征是通过分段累加策略去削弱边缘星座点弥散的影响。从本质上来看，提出的分段累加策略可以视为一种“聚类”策略，不仅增加了中心星座点的密度值，还减弱了边缘星座点的密度值，从而实现了边缘星座点“聚类”到星座中心的目的。

因此，可以利用分段累加星座策略来提升原始星座图特征（Raw Constellation Diagram，RCD）的表征能力，进而增加不同调制样式间的特征区分度。为了充分利用接收信号的全部信息，将每段信号对应的 RCD 矩阵特征沿着累积通道轴进行堆叠累积来构造增强的 ACD 特征。如图 9.5.3 所示，对应的 ACD 构造流程主要包括三个步骤：

（1）利用等间隔的切分方式 Split(·)，将输入的信号 $\boldsymbol{Y}_s$ 切分为 N 段子信号：

$$\boldsymbol{Y}_s'=\mathrm{Split}(\boldsymbol{Y}_s)=[\boldsymbol{s}_1,\boldsymbol{s}_2,\cdots,\boldsymbol{s}_N]^{\mathrm{T}} \tag{9.5.13}$$

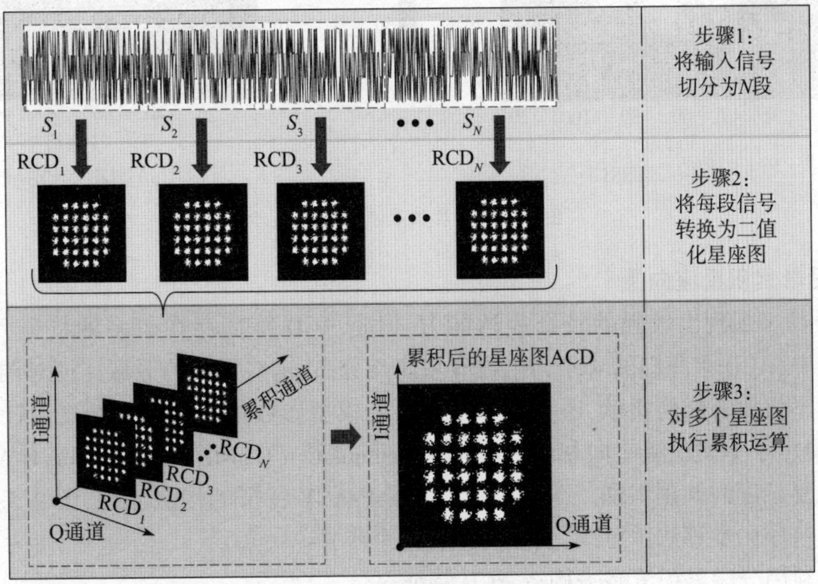

图 9.5.3　累积星座图特征构造流程

（2）将 N 段一维信号全部转换为 N 张二维的二值化星座图 RCD，这里二值化星座图是单通道的，其图像尺寸为（128×128×1），因此，单张二值化星座图也可以视为单个矩阵特征。在这一设定下，将 N 个特征矩阵 RCD 拼接起来形成一个三维的张量特征 $\boldsymbol{T}_{\mathrm{RCD}}$，对应的数学表达式为

$$\boldsymbol{T}_{\mathrm{RCD}} = \{\mathbf{RCD}_1, \mathbf{RCD}_2, \cdots, \mathbf{RCD}_N\} \tag{9.5.14}$$

(3)沿着累积通道轴,对三维张量特征 $\boldsymbol{T}_{\mathrm{RCD}}$ 进行堆叠累积来生成一个二维的 ACD 特征,这一过程可表示为

$$\mathbf{ACD}(I_{\mathrm{img}}^x, Q_{\mathrm{img}}^y) = \frac{1}{N}\sum_{n=1}^{N} \mathrm{RCD}_n(I_{\mathrm{img}}^x, Q_{\mathrm{img}}^y) \tag{9.5.15}$$

式中:$(I_{\mathrm{img}}^x, Q_{\mathrm{img}}^y)$表示 $\boldsymbol{T}_{\mathrm{RCD}}$ 在 I/Q 平面上的坐标位置。

为了更好地理解 ACD 的优势,在图 9.5.4 中对比了 ACD 和 RCD 之间的区别。ACD 星座图的中心特征变得更为明亮,而对应边缘特征更为灰暗。换言之,提出的分段累积策略增强了星座图的中心特征,同时削弱了星座图的边缘特征。通过分段累积策略后,ACD 的星座轮廓变得更为清晰,并且重叠的星座区域变得更小。因此,增强后的 ACD 星座图有助于扩大不同调制样式之间的区分度和提升后续调制识别的性能。

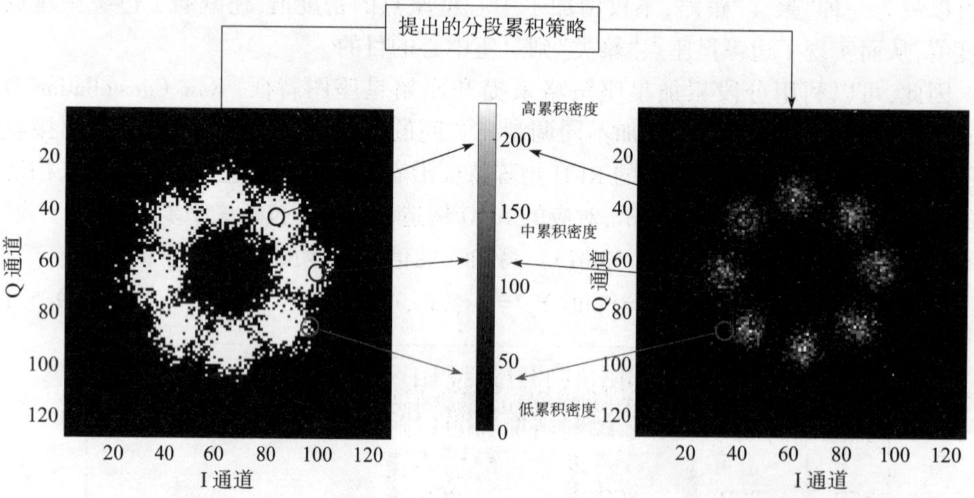

(a) 原始星座图RCD (b) 累积星座图ACD

图 9.5.4 累积星座图特征展示

2. 投影累积星座向量

ACD 特征展现出较强的特征表达能力,但是 ACD 特征存在较多的特征冗余,如在图 9.5.5 中,ACD 星座图的 4 个角上没有星座点分布,这些无用的区域特征对调制样式间的区分度不仅没有任何贡献,还会增加不必要的模型参数量和计算复杂度。针对这一问题,本节提出了一累积星座向量(Projected Accumulation Constellation Vector, P-ACV)特征去实现低复杂度的调制识别。图 9.5.5 给出了 P-ACV 特征的构造流程,图 9.5.6 所示为投影累积星座向量算法示意图,其主要包含三个步骤:

(1) 利用分段累积策略去构造 ACD 特征。

(2) 沿着 Q 通道轴,将二维的 ACD 特征($M \times M$)切分为 M 个长度为 M 的特征向量 $Q_j, j=1,2,\cdots,M$;然后,沿着 Q 通道轴将 M 个向量进行投影累积成一维的 Q 通道累积星座向量特征 $\boldsymbol{I}_{\mathrm{P\text{-}ACV}}$,如图 9.5.6 所示。

此外,沿着 I 通道轴也执行相同操作来获得 I 通道累积星座向量特征 $\boldsymbol{Q}_{\mathrm{P\text{-}ACV}}$,上述投影累积过程可表示为

$$\begin{cases} \boldsymbol{I}_{\text{P-ACV}} = \sum_{k=1}^{M} \mathbf{ACD}(k,:) \\ \boldsymbol{Q}_{\text{P-ACV}} = \sum_{k=1}^{M} \mathbf{ACD}(:,k) \end{cases} \tag{9.5.16}$$

(3) 为了实现特征优势互补，通过并行拼接运算 concat(·)将两个一维的 $\boldsymbol{I}_{\text{P-ACV}}$ 和 $\boldsymbol{Q}_{\text{P-ACV}}$ 特征进行组合，形成最终级联的 P-ACV 特征 $\boldsymbol{F}_{\text{P-ACV}}$ 为

$$\boldsymbol{F}_{\text{P-ACV}} = \text{concat}(\boldsymbol{I}_{\text{P-ACV}}, \boldsymbol{Q}_{\text{P-ACV}}) \tag{9.5.17}$$

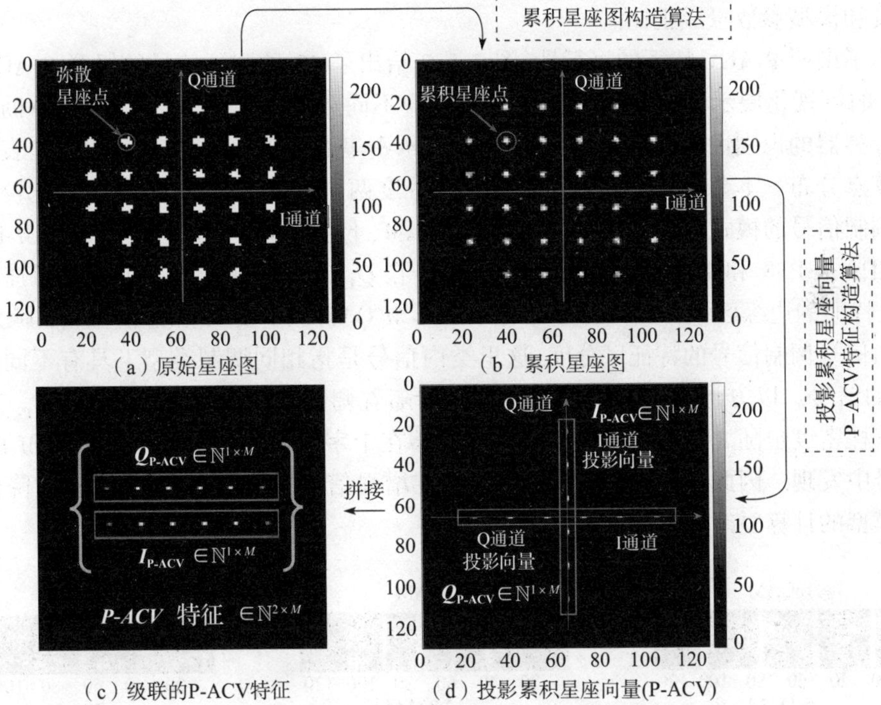

图 9.5.5　P-ACV 特征生成示意图

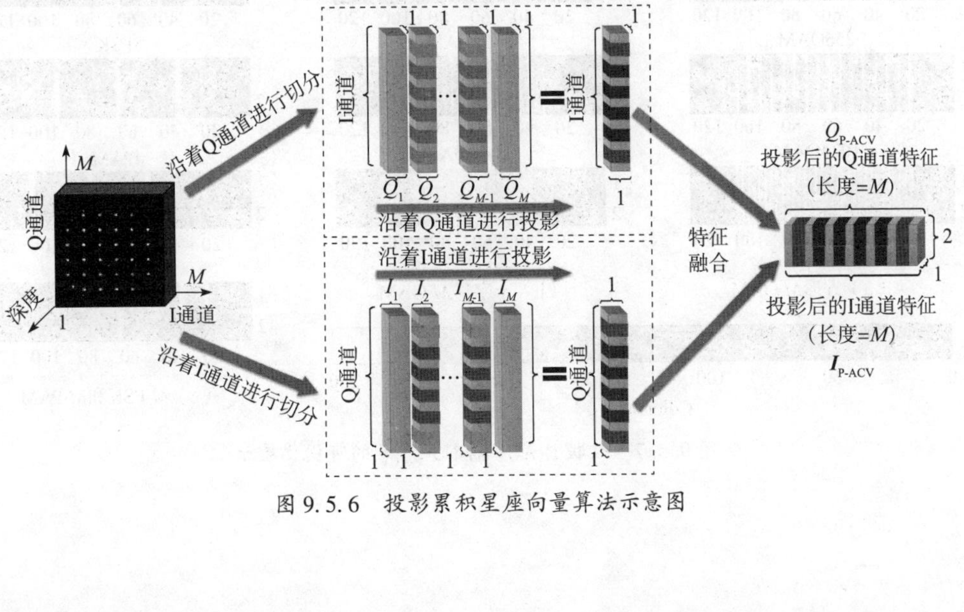

图 9.5.6　投影累积星座向量算法示意图

接着,本节分析对比了运用投影累积星座向量算法前后,输入特征尺寸维度的变化。ACD 特征的尺寸设定为 128×128×1,而经过投影累积星座变换后,$\boldsymbol{I}_{\text{P-ACV}}$ 和 $\boldsymbol{Q}_{\text{P-ACV}}$ 的尺寸是 1×128×1,最终级联的 P-ACV 特征 $\boldsymbol{F}_{\text{P-ACV}}$ 是 2×128×1。通过对比可以发现,从 ACD 图像到级联 $\boldsymbol{F}_{\text{P-ACV}}$ 向量的特征变换能实现 64 倍的数据特征压缩比率,即 $R_c=(128\times128\times1)/(2\times128\times1)=64$。需要说明的是,当 ACD 图像的尺寸增大时,这一数据压缩比率 R_c 将变得更为显著,压缩比率等于方形 ACD 图像长度的一半。通过投影累积星座向量算法,级联的 P-ACV 特征 $\boldsymbol{F}_{\text{P-ACV}}$ 不仅能减少特征冗余度和提炼区分度更高的特征,还有助于减少模型可训练参数并加速模型测试的识别速度。这是因为输入特征尺寸与模型计算复杂度和模型参数量成正比。

为了说明 P-ACV 特征的可行性,图 9.5.7 给出了 13 种调制信号的级联 P-ACV 特征 $\boldsymbol{F}_{\text{P-ACV}}$ 的可视化展示。13 种调制样式分别对应不同数量和亮度的星座柱,这有助于提升后续分类器的识别性能。这里,明亮的光柱表示密集的星座点分布,灰暗的光柱表示稀疏的星座点分布。本节将从类内和类间信号区分度两个方面进行阐述。首先,比较了信号类间调制信号的模式可区别性,包括方形 *M*-QAM、十字形 *M*-QAM 及 *M*-PSK 和 *M*-PAM 三类。相比 *M*-PSK 和 *M*-PAM,两种 *M*-QAM 信号在 $\boldsymbol{Q}_{\text{P-ACV}}$ 轴上具有更多数量的星座柱。在 $\boldsymbol{F}_{\text{P-ACV}}$ 特征的边缘区域,方形 *M*-QAM 比十字形 *M*-QAM 具有更明亮的星座柱。其次,分析了类内信号调制信号的特征区分度,这里类内信号是指相同调制类型下具有不同调制阶数 *M* 的信号。以方形 *M*-QAM 调制类型为例,随着调制阶数 *M* 的增大,对应 $\boldsymbol{F}_{\text{P-ACV}}$ 特征的星座柱密度也随之增大。相似的结果也能够在十字形 *M*-QAM 及 *M*-PSK 和 *M*-PAM 类内信号中发现。因此,提出的 P-ACV 特征能在增强信号表征能力的同时,有效降低调制识别模型的计算复杂度。

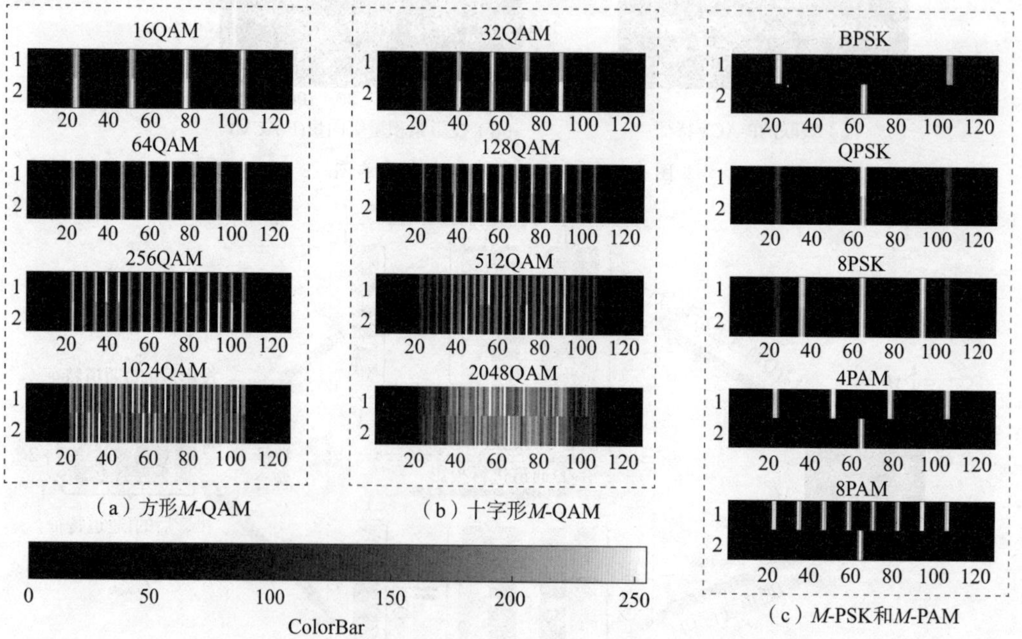

图 9.5.7　级联 P-ACV 特征$\boldsymbol{F}_{\text{P-ACV}}$ 的可视化展示

3. 专家经验特征向量

上述 ACD 和 P-ACV 星座特征能够在高 SNR 场景下展现出显著的调制特征区分度，星座特征极易受到低 SNR 的影响而产生星座点弥散和特征模糊的问题，特别是高阶调制信号（如 256QAM、512QAM、1024QAM 和 2048QAM）。在较强的噪声影响下，由于密集的星座分布和较小的星座点间隔，高阶调制信号很容易产生星座点重叠并降低信号特征区分度。为了解决这一问题，本节提出一种专家经验特征向量，对类间调制信号进行预分类，从而减少低 SNR 下高阶调制信号的类间混淆，如方形 M-QAM 信号和十字形 M-QAM 信号。

一方面，AWGN 噪声属于高斯随机变量且其二阶以上累积量值全部为零；另一方面，发送信号与 AWGN 噪声具有统计独立特性，使用高阶累积量能更好地凸显调制星座概率分布特征。因此，可以将调制信号映射到高阶累积量域，不仅能增强调制信号特征，还能抑制 AWGN 噪声的影响。基于此，本节利用抗噪能力强的高阶累积量特征（T_1，T_2）来构建专家经验特征向量 T_{FOC}，具体为

$$T_{\text{FOC}}=[T_1,T_2]=[|C_{42}|,|C_{40}|] \tag{9.5.18}$$

式中：$|C_{42}|$和$|C_{40}|$表示四阶累积量的绝对值，这里选择四阶累积量是为了避免过高的计算复杂度，对应的 C_{42} 和 C_{40} 的计算表达式为

$$C_{40}=\text{cum}[x(k),x(k),x(k),x(k)]=M_{40}-3M_{20}^2 \tag{9.5.19}$$

$$C_{42}=\text{cum}[x(k),x(k),x^*(k),x^*(k)]=M_{42}-M_{20}^2-M_{21}^2 \tag{9.5.20}$$

式中：$x(k)$表示复数接收信号；$M_{p,q}$ 表示 p 阶混合矩函数；这里 cum[·]表示对信号 $x(k)$ 累积量运算，即

$$C_{t,n}=\text{cum}[\underbrace{x(k),\cdots,x(k)}_{(t-n)\text{次}},\underbrace{x^*(k),\cdots,x^*(k)}_{n\text{次}}] \tag{9.5.21}$$

$$M_{p,q}=E[x(k)^{p-q}\cdot x^*(k)^q] \tag{9.5.22}$$

式中：$x^*(k)$表示 $x(k)$的复共轭形式；$E[\cdot]$表示取期望运算。

下面分析了 13 种调制信号的专家经验特征区分度，这 13 种调制信号主要可以分为十字形 M-QAM、方形 M-QAM 及 M-PSK 和 M-PAM 三类。如图 9.5.8(a)所示，以 T_1 和 T_2 特征分别作为二维平面的 X 轴和 Y 轴，将 13 种调制信号的专家经验特征向量 T_{FOC} 映射到二维平面上，以便观察不同调制信号的类间区分度。从图 9.5.8(a)可以看出，专家经验特征向量 T_{FOC} 能将 13 种调制信号“聚类”为三个颜色区域。其中，绿色区域表示十字形 M-QAM 类信号，橘黄色区域表示方形 M-QAM 类信号，蓝色区域表示 M-PSK 和 M-PAM 类信号。由此可以看出，构建的专家经验特征向量 T_{FOC} 有助于增加不同类间调制信号间的特征区分度。

接着，本节分别探索了专家经验特征 T_1 和 T_2 值对上述特征区分度的贡献程度。一方面，图 9.5.8(b)给出了 13 种调制信号的 T_1 值随信噪比 SNR 的变化趋势。从图中还能看出，蓝色的 M-PSK 和 M-PAM 调制信号能显著区分于绿色的十字形 M-QAM 和橘黄色的方形 M-QAM 信号，但是 T_1 值无法有效区分绿色的十字形 M-QAM 和橘黄色的方形 M-QAM 信号。另一方面，可以利用 T_2 特征值来解决这两类 QAM 信号。如图 9.5.8(c)所示，在 SNR=(−10,30)dB 的范围内，T_2 特征值能将十字形 M-QAM 和方形 M-QAM 信号完全分开。通过上述分析，可以证明通过组合 T_1 和 T_2 值的特征区分优势，能够完全区分不

同的类间调制信号,甚至高阶调制信号样式,有助于改善低 SNR 下调制分类器的识别性能。

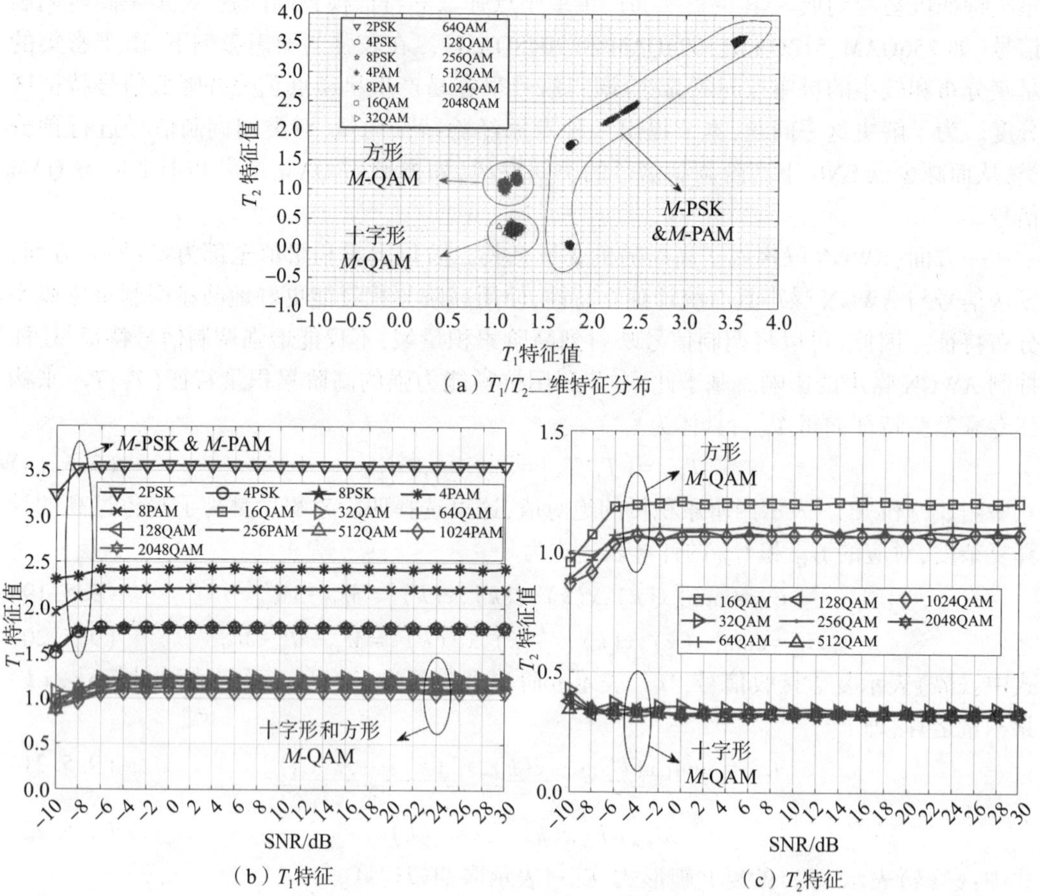

(a) T_1/T_2二维特征分布

(b) T_1特征

(c) T_2特征

图 9.5.8 专家经验特征可视化(见彩图)

9.5.4 基于 P-ACV 和专家特征的两阶段分层调制识别器设计

为了充分发挥上述特征的作用,需要依据不同的特征来设计分类器,进而最大限度地逼近识别上限。首先,针对 MIMO-OFDM 系统的低阶调制样式识别问题,9.3 节设计了基于 IQ 样本和 ACD 的多模态特征融合网络。其次,本节针对 OSTBC MIMO-OFDM 系统的高阶调制样式识别问题,设计了基于 P-ACV 和专家特征的两阶段分层识别器。

在上一节中,已经完成了对 MIMO-OFDM 系统的盲调制信号识别任务,但是尚未考虑更复杂的正交空时编码的影响,且其可识别的调制阶数较低以及识别种类有限。一方面,正交空时分组码 OSTBC 将会增加 MIMO-OFDM 多路接收信号之间统计相关性并降低调制信号的特征区分度,进而降低其调制识别性能。因此, OSTBC 编码下的 MIMO-OFDM 系统调制识别将更具有挑战性。另一方面,随着 5G 和 B5G 时代的到来,越来越多的系统使用高阶调制样式来满足高数据速率的通信需求,如 512QAM、1024QAM 和 2048QAM。相比低阶调制信号,高阶调制信号拥有过于密集的星座点分布来调制传输更多的数据比特,但这很容易受到低 SNR 的影响而导致大面积的星座点重叠模糊。因此,设计提出适用于 OSTBC MIMO-OFDM 系统的高阶调制识别分类器是值得研究的。

针对上述问题,本节提出了一种适用于非协作 OSTBC MIMO-OFDM 系统的两阶段分层高阶调制识别器,如图 9.5.9 所示。本节提出的两阶段分层高阶调制识别器能够有效识别 13 种调制样式,包括 BPSK、QPSK、8PSK、4PAM、8PAM、16QAM、32QAM、64QAM、128QAM、256QAM、512QAM、1024QAM 和 2048QAM。在第一阶段中,利用专家经验特征向量 T_{FOC} 执行类间调制识别,构建基于 T_{FOC} 的全连接预分类器将 13 种调制信号预先划分为方形 *M*-QAM、十字形 *M*-QAM 及 *M*-PSK 和 *M*-PAM 三个类别。通过预分类,能有效减少高阶方形和十字形 *M*-QAM 之间的误分类问题。在第二阶段中,利用的累积星座特征向量 P-ACV 来识别每种类别信号的调制阶数,构建了对应的 P-ACVNet 分类器完成每个类别组的类内调制识别。下面将详细介绍两个识别阶段的调制分类器构造过程,通过两个阶段的相互配合,从而完成 OSTBC MIMO-OFDM 系统下的高阶调制样式识别。

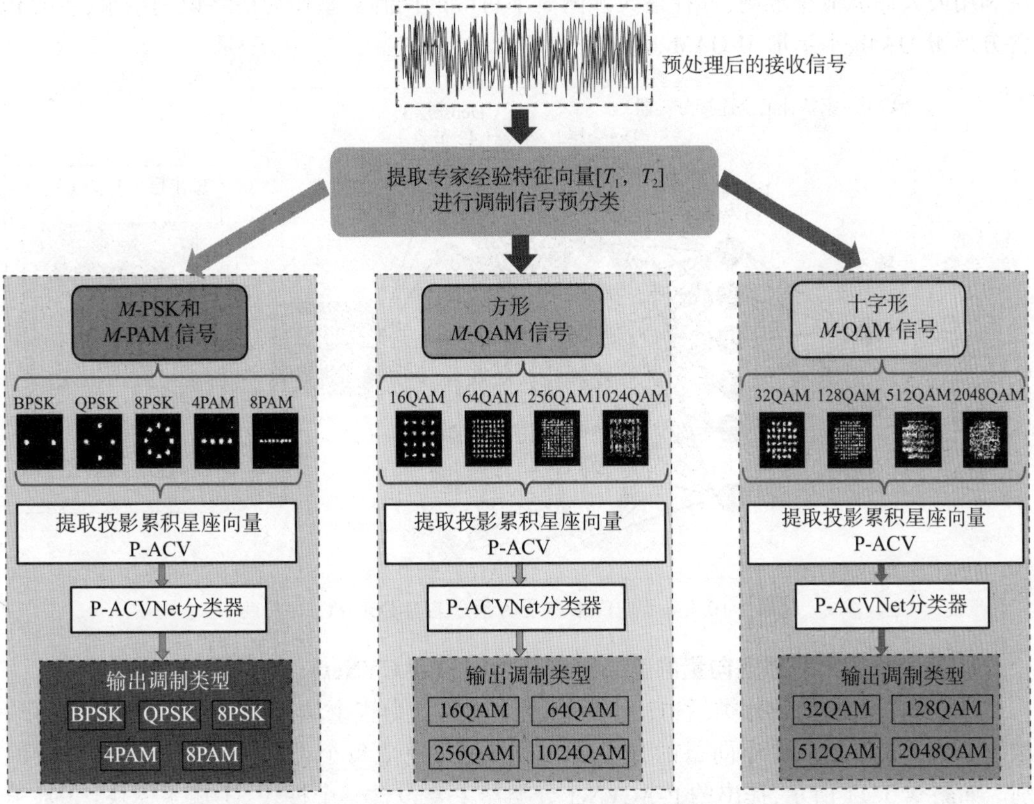

图 9.5.9　高阶 OSTBC-OFDM 调制信号的两阶段算法结构

1. 基于四阶累积量的全连接预分类器(FOC-FCNN)

在第一阶段,需要完成的任务是实现三种类间调制信号的预分类,包括方形 *M*-QAM、十字形 *M*-QAM 及 *M*-PSK 和 *M*-PAM。在图 9.5.8 中,已经分析验证了构建的专家经验特征向量 T_{FOC} 能将三种类间调制信号完全分离开。因此,可以利用四阶累积量特征(Four-Order Cumulants,FOC)作为模型输入特征,并选择低复杂度的全连接分类器(Fully Connected Neural Network,FCNN)来拟合这一信号分离边界。图 9.5.10 给出了基于四阶累积量的全连接预分类器 FOC-FCNN 结构。提出的 FOC-FCNN 预分类器主要包含 1 个输入层、3 个 Dense 层、1 个 Softmax 层以及 1 个输出层。首先,模型的输入层尺寸为 2×1,其主要包含 2 个四阶累积量特征 $T_{FOC}=[T_1,T_2]$。其次,三个级联的 Dense 层用于拟合复杂的分类边界并建模这一分类边界函数 $\phi_{W,b}(x)$ 为

$$\phi_{W,b}(\boldsymbol{x})=f(\boldsymbol{W}^{\mathrm{T}}\boldsymbol{x}+\boldsymbol{b}) \tag{9.5.23}$$

式中:参数 $\boldsymbol{W}$ 和 $\boldsymbol{b}$ 分别表示待学习的模型权重和偏置。为了增强特征学习能力,全连接模型中的三个 Dense 层采用了递增形式的神经节点数,分别设置为 12 个、24 个、42 个神经节点。再次,利用 Softmax 层将学习到的高维特征映射为每种调制类型的预测概率:

$$p_j=\mathrm{Softmax}(x_j)=\frac{\exp(x_j)}{\sum_{i=1}^{3}\exp(x_i)} \tag{9.5.24}$$

式中:exp(·)表示指数函数;$p_j(j=1,2,3)$是第 j 种调制类型对应的预测概率。最后,输出层利用最大后验概率准则,选择最大预测概率对应的调制类型作为最终识别结果,主要包含方形 M-QAM、十字形 M-QAM 及 M-PSK 和 M-PAM。

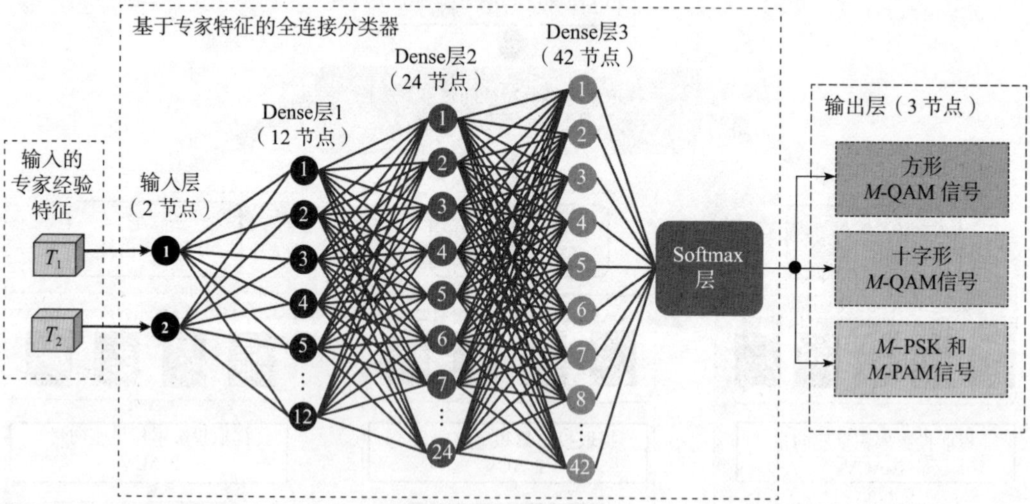

图 9.5.10　基于四阶累积量的预分类器 FOC-FCNN 结构

2. 基于投影累积星座向量的第二阶段分类器(P-ACVNet)

经过第一阶段的预分类后,13 种调制信号被划分为三个调制类别组。在第二阶段,构建了基于投影累积星座向量的分类器 P-ACVNet,完成每个类别组对应的调制阶数识别。如图 9.5.11 所示,提出的 P-ACVNet 分类器主要包含三个模块:①输入模块;②基于 TCN(时间卷积网络)的特征提取模块;③输出模块。首先,输入模块对接收信号进行预处理来生成 P-ACV 特征向量。这里每个 P-ACV 样本的尺寸为(2×128),则对应 P-ACVNet 的输入层大小为(2×128)。其次,P-ACVNet 模型基于轻量化的 TCN 来学习拟合高维的 P-ACV 特征。最后,提取的高维特征被 Flatten 层展平为一维特征张量,送入 Dense 层和 Softmax 层来预测输入信号的调制阶数。

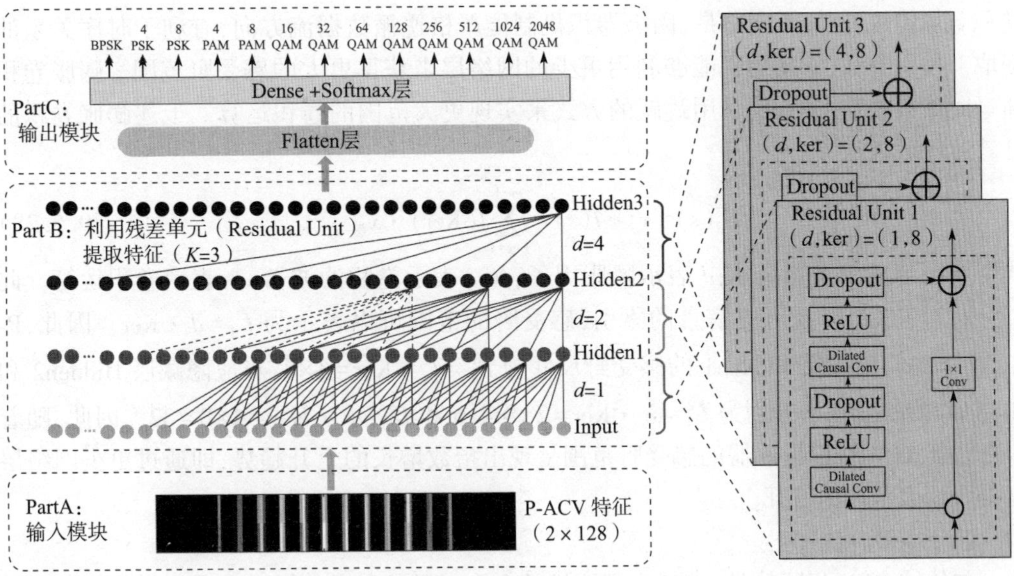

图 9.5.11　基于投影累积星座向量的第二阶段分类器 P-ACVNet 结构

相比普通 CNN,TCN 的特征提取能力更强,更擅长于应对时序信号的分类任务。具体而言,TCN 具有三个显著的优势:并行处理、灵活的感受野大小以及稳定的梯度。在多个研究领域,现有时序分类文献已经验证了 TCN 的性能优越性,如故障诊断和脑电信号分类等。此外,TCN 能更好地拟合 P-ACV 向量的时序特性,有效学习其非周期的向量序列相关性。TCN 优于最新的时序分类器 LSTM 或 GRU。因此,本节选择 TCN 作为 P-ACVNet 的核心模块,用于提取高维特征并完成类内信号调制阶数识别。

如图 9.5.11 所示,P-ACVNet 的 TCN 特征提取器主要由三个残差单元组成(RU_1、RU_2 和 RU_3)。通过三个 RU 单元的级联来增强不同调制样式间的区分度。三个残差 RU 单元都具有相同的网络结构,即一个残差映射、两个 Dropout 层、两个 ReLU 层和两个膨胀因果卷积层。由于采用了膨胀卷积,所以三个残差单元采用了递增的膨胀因子值$[d_1,d_2,d_3]=[1,2,4]$,同时三个单元采用相同的卷积核尺寸 Ker=8。数学上,三个残差 RU 单元的输出能够分别表示为

$$Z_1=RU_1(x,d_1,\mathrm{Ker})=RU_1(x,1,8) \tag{9.5.25}$$

$$Z_2=RU_2(Z_1,d_2,\mathrm{Ker})=RU_2(Z_1,2,8) \tag{9.5.26}$$

$$Z_3=RU_3(Z_2,d_3,\mathrm{Ker})=RU_3(Z_2,4,8) \tag{9.5.27}$$

式中:Z_1、Z_2 和 Z_3 依次表示三个残差单元的输出。每个残差单元 RU 都包含一个残差连接结构和一个堆叠的膨胀因果卷积层。

1) 膨胀因果卷积

在膨胀因果卷积的帮助下,TCN 能获得一个更灵活的感受野大小,基于此,TCN 能灵活设计模型的内存开销,在不同领域具有广泛的适用性。不同于传统 CNN,膨胀因果卷积具有因果卷积和膨胀卷积两个显著特性。一方面,因果卷积是一个严格的时间受限模型,其模型输出仅与过去输入有关,而与未来输入无关。图 9.5.11 的 Part B 部分提供了一个

因果卷积的可视化表示。当前第 l 层的节点 k 仅与第 $l-1$ 层的第 k 个或更早的节点进行卷积。与传统 CNN 不同的是,因果卷积机制能严格遵循数据流方向,有利于时序关系的提取。另一方面,膨胀卷积能够利用更少的网络层来获得更大的感受野范围。膨胀卷积通过跳过某些节点特征,采用跳跃的方式来实现更大范围的卷积运算。上述膨胀卷积的计算过程可表示为

$$F_d(s)=x_d * f(s)=\sum_{\mathrm{Ker}=0}^{m-1} f(\mathrm{Ker}) \cdot x_{(s-d) \cdot \mathrm{Ker}} \tag{9.5.28}$$

式中:Ker 表示滤波器尺寸;d 表示膨胀因子;$f(\cdot)$ 表示卷积滤波器;$*$ 表示卷积运算。此外,$(s-d)\cdot \mathrm{Ker}$ 表示历史信息的索引,感受野的范围可以表示为 $L_d=d\cdot \mathrm{Ker}$。因此,P-ACVNet 中的隐藏层 Hidden1 的感受野尺寸为 $L_d^1=d_1\cdot \mathrm{Ker}=1\times 8$,对应隐藏层 Hidden2 和 Hidden3 的感受大小分别为 $L_d^2=d_2\cdot \mathrm{Ker}=2\times 8=16$ 和 $L_d^3=d_3\cdot \mathrm{Ker}=4\times 8=32$。因此,随着 d 的增加,TCN 特征提取器的感受野范围呈现出指数增长的上升趋势,即通过更少网络层来提取更大范围的特征。

2) 残差连接结构

与传统 CNN 相同的是,TCN 也需要堆叠多个因果卷积层来提取高维特征。但是过多的网络层堆叠容易导致梯度消失。针对这一问题,TCN 引入残差连接结构来避免过拟合的风险。残差连接结构的核心思想是通过跳跃连接的方式,将模型输入添加到模型输出中来避免梯度消失。通过定义每个膨胀因果卷积单元的输出为 $F_d(x)$,则残差连接运算的输出 Z 可表示为

$$Z=f_{\mathrm{act}}[x+F_d(x)] \tag{9.5.29}$$

式中:$f_{\mathrm{act}}(\cdot)$ 表示 ReLU 激活函数,这里 1×1 的卷积表示同等映射运算,主要用于确保输入 x 和输出 $F_d(x)$ 能够进行兼容的相加运算。

3. 可视化学到的 P-ACV 特征

为了更好地理解 P-ACVNet 的学习过程,本节引入了 t-分布邻域嵌入 T-SNE 算法,在二维平面上可视化展示 P-ACVNet 模型学到的不同调制特征的二维分布。其中,T-SNE 是一种数据降维算法,能以最小的信息损失将高维度数据映射到低维度的特征空间中。因此,可以利用 T-SNE 方法将 P-ACVNet 学到的高维特征映射到二维特征空间,以便观察不同调制信号的区分度。由于第一阶段的预分类已经将 13 种调制信号分为三个不同调制类别组,这里直接用 T-SNE 可视化展示每个类别组的不同调制阶数信号的分类情况。需要说明的是,不同颜色的散点分布对应着不同阶数的调制类型信号聚类情况,如图 9.5.12 所示。

在图 9.5.12 中,在 SNR = 10dB 和 SNR = 20dB 两种情况下,可视化了三类调制信号的二维特征散点分布。在 SNR = 10dB 下 P-ACVNet 能将低阶调制 M-PSK 和 M-PAM 信号完全分离并聚类成 5 个独立簇,然而,高阶 512QAM 和 2048QAM 却存在明显的特征混淆。随着 SNR 提升,P-ACVNet 模型能解决这一混淆问题,如在图 9.5.12(f)中,当 SNR = 20dB 时,高阶调制信号能被完全分离开。随着不同颜色的信号簇间距增大,更有利于 P-ACVNet 模型去拟合分离边界,从而提升分类器识别精度。因此,上述分析证明了基于 P-ACV 特征的 P-ACVNet 模型能完成高阶调制识别。

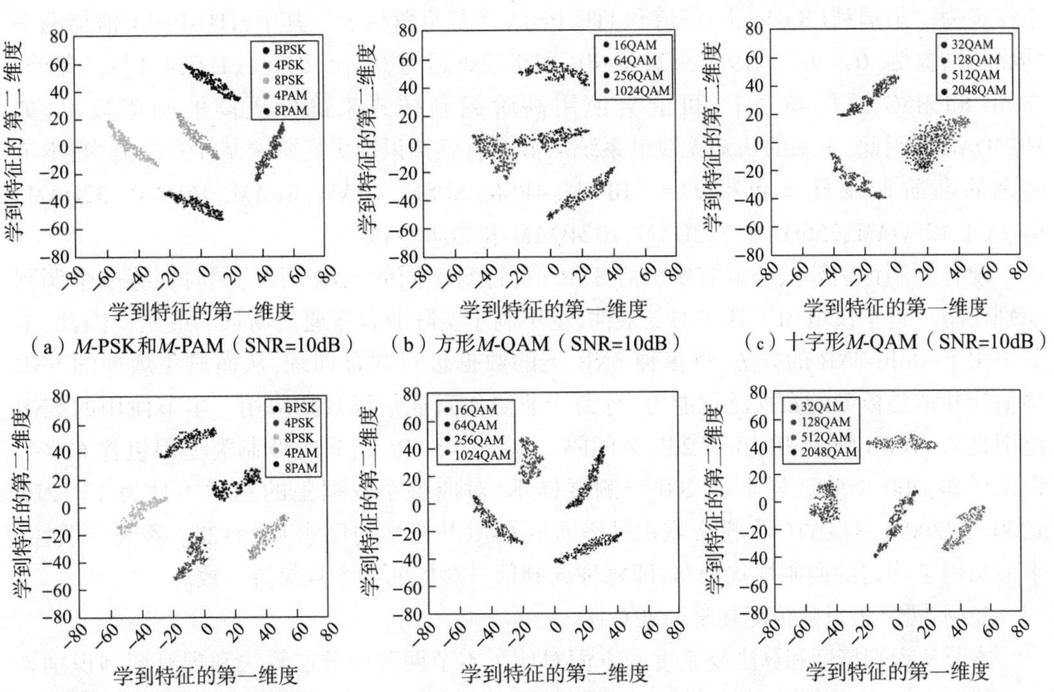

（a）*M*-PSK和*M*-PAM（SNR=10dB）（b）方形*M*-QAM（SNR=10dB）（c）十字形*M*-QAM（SNR=10dB）

（d）*M*-PSK和*M*-PAM（SNR=20dB）（e）方形*M*-QAM（SNR=20dB）（f）字形*M*-QAM（SNR=20dB）

图 9.5.12　在二维平面上可视化 P-ACVNet 分类器学到的高维特征

9.5.5　仿真实验结果和分析

1. 仿真参数设置与实施细节

本节仿真实验所采用的硬件平台是 Windows10 台式机，具体的硬件配置如下：3.6GHz 的 i7-9700K CPU，32GBRAM 内存以及 NVIDIA GTX1660Ti 独立显卡。多输入多输出 OFDM 信号数据集主要通过 MATLAB 2019b 软件仿真生成。模型训练和测试都是在 TensorFlow 2.0 软件平台上完成的。

所有神经网络均采用相同的模型训练参数：①优化器选择自适应矩估计（Adam）优化器，对应学习率设定为 0.001；②损失函数（loss）选择分类交叉熵函数；③单次模型训练的批尺寸大小为 128；④总的训练轮数（epoch）为 40；⑤采用早停策略来避免模型过拟合的风险，即当模型在 5 个 epoch 内 loss 不再下降时终止模型训练。

2. 两阶段分层 OSTBC MIMO-OFDM 信号调制识别

针对高阶调制识别任务，本节通过仿真实验来验证所研究的两阶段分层算法的有效性。首先，介绍了 OSTBC MIMO-OFDM 系统仿真参数设置。其次，将提出的两阶段分层算法与现有算法进行性能和复杂度对比。最后，在不同场景下验证了两阶段分层算法识别高阶调制样式的可行性。

1）实验参数设置

在仿真中，本节采用了一个 OSTBC MIMO-OFDM 系统，收发端分别配置 $N_t=3$ 根发射天线和 $N_r=5$ 根接收天线。除非特别说明，正交空时编码类型采用 OSTBC（$N_t=3$、$K_s=3$ 和 $L=4$），OFDM 模块则设定子载波个数 $N_s=64$ 且循环前缀长度为 $N_{CP}=16$。无线衰落信道设定为平坦瑞利(Rayleigh)信道和 ITU-PedA 多径衰落信道。其中,ITU-PedA 信道的平均路径增益为[0,-9.7,-19.2,-22.8]dB 和路径延迟为 $10^{-7}\times$[0,1.1,1.9,4.1]s。此外,在 5G 和 B5G 通信场景下,可能会使用高阶调制样式来确保更高的频谱效率,如 1024QAM。因此,未来的认知无线电系统需要具有感知识别更高阶调制样式的能力,本节考虑的高阶调制样式包括 Ω = {BPSK、4PSK、8PSK、4PAM、8PAM、16QAM、32QAM、64QAM、128QAM、256QAM、512QAM、1024QAM 和 2048QAM}。

现有调制识别算法通常需要预估 SNR 值,针对不同的 SNR 情况,同时训练多个调制识别模型。这不仅增加了算法的复杂性,也不利于实际非合作通信场景的应用。因此,本节采用了 Multi-SNR 的方法,将多种 SNR 下的数据进行联合训练,从而避免烦琐的 SNR 预估计并增强模型的数据泛化能力,有助于非协作盲通信场景的应用。本节使用的 SNR 范围是从-10dB 到 30dB,并以 2dB 为间隔。在每个 SNR 下,每种调制类型都包含 600 个训练样本、200 个验证样本和 200 个测试样本,对应整个数据集的总样本数为 13×21×1000=273000,对应的单个投影累积星座向量 P-ACV 样本的尺寸为 2×128。不失一般性,本节采用了均匀的调制样式分布,即每种调制信号对应的样本数保持一致。

2) 不同算法识别精度和复杂度对比

本节从识别精度和算法复杂度两方面对比了本节两阶段分层算法和现有调制识别算法。其中,I/Q-CNN 算法利用一维 CNN 从时序 I/Q 样本中提取特征并完成调制识别,A/P-LSTM 算法利用 LSTM 从 A/P(幅度/相位)数据进行学习分类,SVM-RBF 利用专家特征作为 SVM 模型输入进行调制识别,RC-AlexNet 利用 AlexNet 网络从原始二维星座图中提取特征。

从图 9.5.13 中可知,在整个 SNR 范围内,本节两阶段分层算法明显优于现有调制识别算法,可以实现最优的识别精度。例如,当 SNR=12dB 时,所提两阶段分层算法能达到 97.37%的识别精度,而其余 RC-AlexNet、I/Q-CNN、A/P-LSTM 和 SVM-RBF 算法分别达到 91.19%、74.17%、67.09%和 61.39%的识别精度。此外,在识别精度为 90%的情况下,所提两阶段分层算法比次优的 RC-AlexNet 算法可以获得 3dB 的信噪比增益。从图 9.5.13 还可以看出,相比基于时序信号的 A/P-LSTM 和 I/Q-CNN,基于星座图像特征的 RC-AlexNet 和两阶段分层调制识别算法能够展现出更优的调制识别性能,这一结果表明,二维星座图像特征比一维 I/Q 时序特征具有更强的信号特征表达能力。

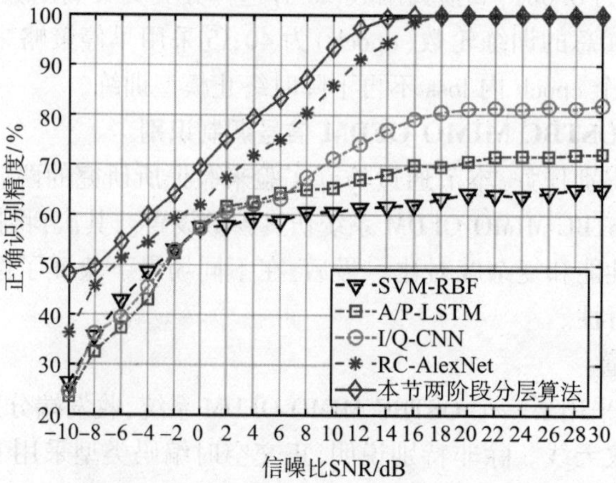

图 9.5.13　与现有算法的识别精度对比

下面从混淆矩阵的角度，对比分析了两阶段分层算法和现有算法的调制识别性能。如图 9.5.14 所示，两阶段分层算法获取了最低的误分类性能。图 9.5.14 的 4 种分类器的混淆矩阵性能与图 9.5.13 中的模型识别精度结果相一致，本节所提两阶段分层算法展现出最轻微的调制信号间的识别混淆问题，对应于获得图 9.5.13 中最高的识别精度曲线。

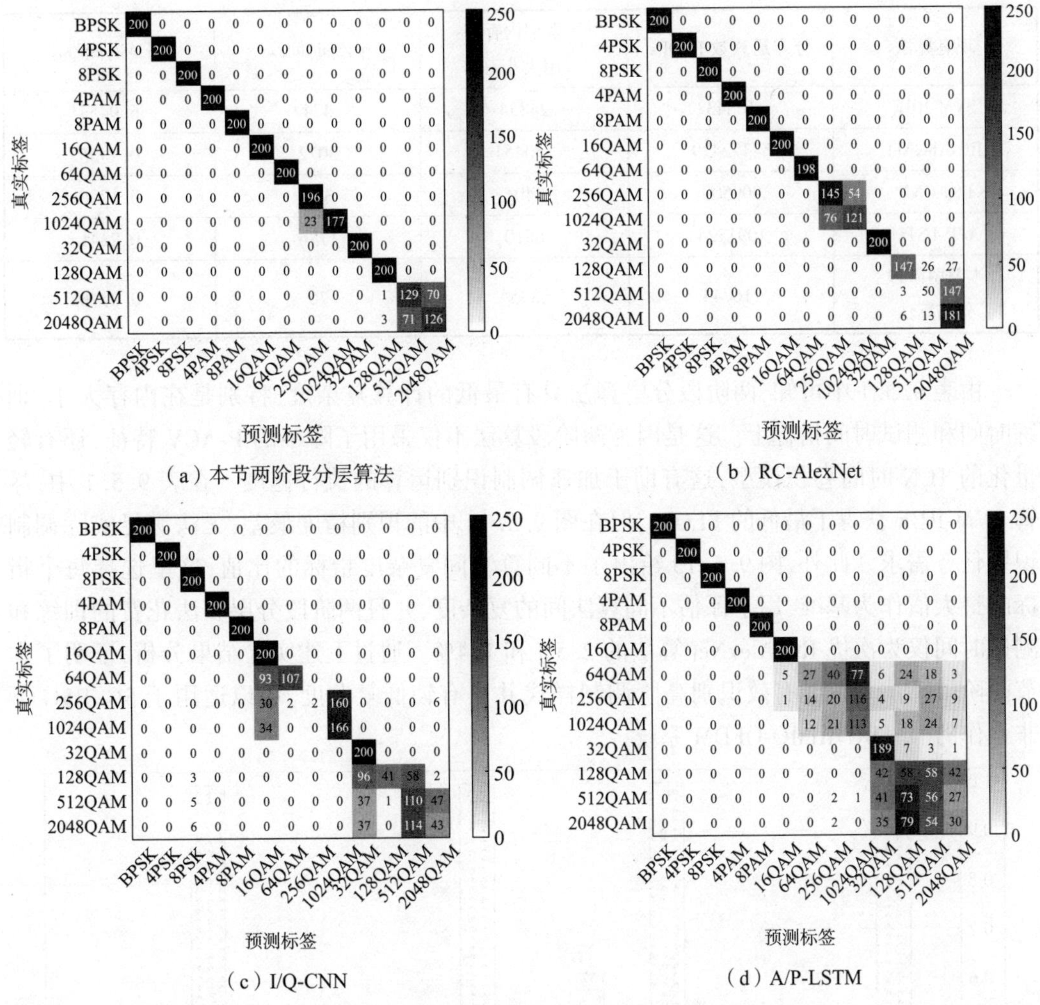

(a) 本节两阶段分层算法　(b) RC-AlexNet

(c) I/Q-CNN　(d) A/P-LSTM

图 9.5.14　不同算法的混淆矩阵对比

从图 9.5.14(d)可以看出，A/P-LSTM 算法的混淆矩阵在高阶调制区域出现了最严重的调制识别混淆情况，如 256QAM 类型被错误识别为其他高阶 1024QAM、512QAM 和 64QAM，128QAM 类型被误分类为 32QAM、512QAM 和 2048QAM。相比 A/P-LSTM，图 9.5.14(c)中的 I/Q-CNN 算法能够有效减轻 128QAM 和 512QAM 调制样式之间的识别混淆问题，同时也可以减少 64QAM 与其他阶数 QAM 信号之间的混淆问题。因此，在图 9.5.14 中，I/Q-CNN 模型比 A/P-LSTM 模型实现了更高的识别精度。

另外，图 9.5.14(b)中的 RC-AlexNet 采用原始星座图作为输入特征进行特征学习和信号识别，进一步降低了 128QAM 和 64QAM 的信号误分类问题。在图 9.5.14(a)中，两阶段分层算法使用预分类策略，有效避免了低阶 PSK 和 PAM、方形 QAM 和十字形 QAM 类间信号混淆问题。同时，两阶段分层算法能够以 100% 的精度识别 128QAM 和 64QAM，且最大限度地消除了方形 *M*-QAM 信号的类内混淆问题。最后，不同识别算法的计算复杂度对比如表 9.5.1 所示，主要对比了 FLOPs、内存占用大小、训练时间和测试时间等指标。

表 9.5.1　不同算法的计算复杂度对比

现有算法	浮点运算数 FLOPs	模型内存占用大小/KB	训练时间/s	测试时间/ms
SVM-RBF	10843	24834	474	6.9454
RC-AlexNet	58372429	350451	3072	0.5955
I/Q-CNN	909509	3401	390	0.1796
A/P-LSTM	1091724	6510	1776	0.2341
本节两阶段分层算法	116744	835	72	0.0976

由表 9.5.1 中可知，两阶段分层算法具有最低的计算复杂度，特别是在内存大小、训练时间和测试时间指标上。这是因为两阶段算法不仅采用了降维的 P-ACV 特征，还有轻量化的 TCN 时间卷积模型，这有助于加速调制识别运算的执行速度。在表 9.5.1 中，尽管 SVM-RBF 获得了最低的 FLOPs，但在图 9.5.14 中的识别精度最差，无法满足实际调制识别任务需求。此外，图 9.5.15 给出了不同算法间复杂度指标的比值，这里选择每个指标的最大值作为基准，用于评估不同算法间的复杂度，并且两阶段分层算法花费的训练和测试时间仅为次优 RC-AlexNet 算法的 2.5% 和 1.4%。通过上述实验结果分析，证明了本节两阶段算法不仅能有效识别高阶调制样式并具有较低复杂度，可以适用于 5G/B5G 下非合作的 OSTBC MIMO-OFDM 系统。

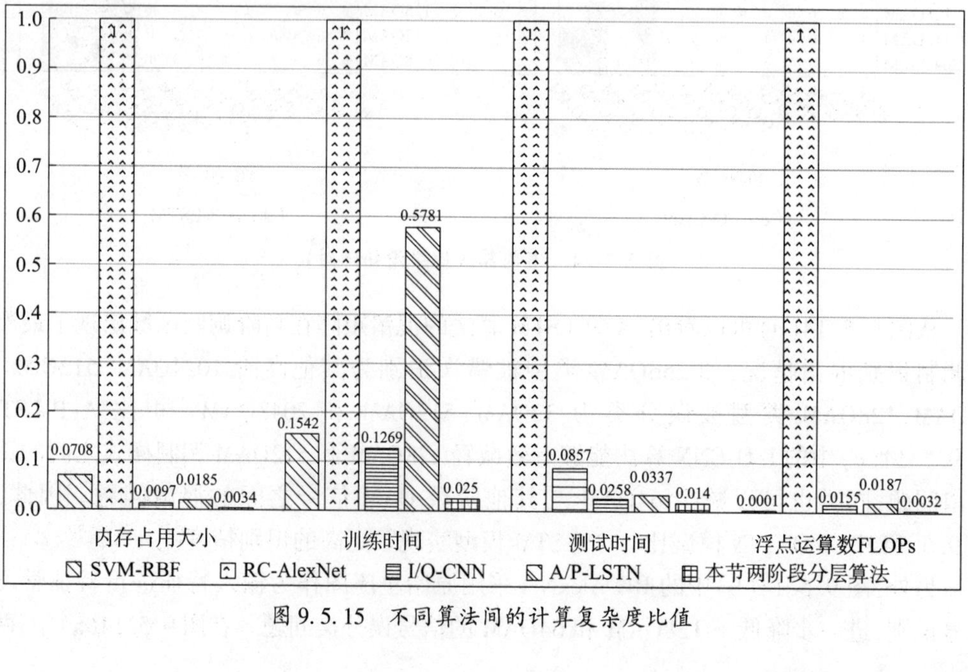

图 9.5.15　不同算法间的计算复杂度比值

3) 不同调制类型下模型识别精度对比

为了探究所提算法对每种调制样式的适用性,本节测试了不同调制样式对所提算法识别精度的影响,如图 9.5.16 所示。在 SNR=[-10,30]dB 范围内,13 种调制样式的正确识别精度曲线随着 SNR 的提升都呈现出递增的上升趋势,当 SNR>18dB 时,13 种调制信号的识别精度都可以达到 100%。相比十字形 *M*-QAM 调制类型,方形 *M*-QAM 调制样式的识别精度对 AWGN 噪声和信道衰落具有更强的鲁棒性。例如,当 SNR=0dB 时,16QAM 的识别精度比 32QAM 提高了 13%,64QAM 识别精度比 128QAM 提升了 24%。此外,图 9.5.16 中的蓝色低阶 *M*-PSK 和 *M*-PAM 调制类型曲线呈现出最高的识别精度,而高阶 *M*-QAM 调制类型的识别精度最低,这一现象在低 SNR 场景下更为明显。这是因为高阶调制类型比低阶调制类型具有更加密集的星座点分布,更易受到噪声的影响而产生星座弥散和特征模糊。

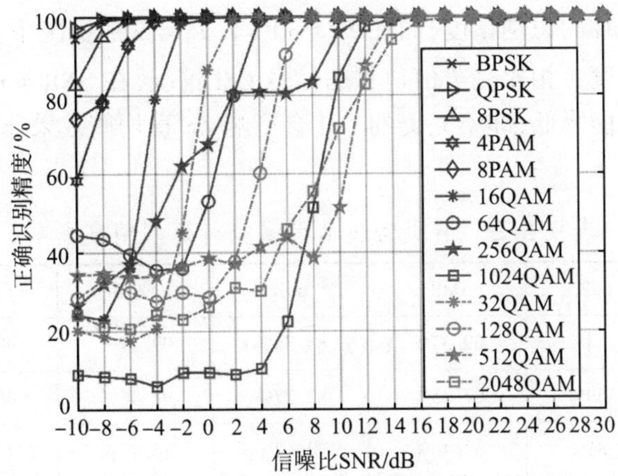

图 9.5.16　13 种调制类型的识别精度对比(见彩图)

4) 不同空时码类型和 ZF 盲均衡下模型识别精度

不同空时码类型和 ZF 盲均衡下所提算法识别精度如图 9.5.17 所示。针对不同空时码类型,所提算法展现出了相似的识别精度曲线,这表明所提算法在不同空时码场景

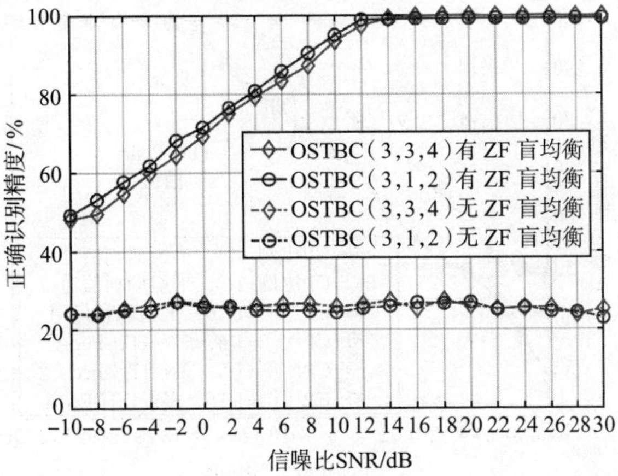

图 9.5.17　不同 OSTBC 空时码和 ZF 盲均衡下模型识别精度对比

下具有良好的泛化识别能力。不管是 OSTBC(3,1,2)还是 OSTBC(3,3,4)系统,所提分类器对 ZF 盲均衡后的信号识别精度都要高于原始接收信号的情况,这一结果与先前 ZF 盲均衡前后星座图变化结果相一致。这是因为 ZF 盲均衡能有效降低信道衰落的影响,从而增强调制信号的表征能力和提升模型识别精度,因此,在后续实验中都采用 ZF 盲均衡策略。

5) 不同信道估计误差 σ_e^2 下模型识别精度

不同信道估计误差 σ_e^2 对模型识别精度的影响如表 9.5.2 所示。带有估计误差 P_e 的不完美信道矩阵 $\hat{\boldsymbol{H}}_{\mathrm{est}}$ 可以表示为 $\hat{\boldsymbol{H}}_{\mathrm{est}}=\hat{\boldsymbol{H}}+\boldsymbol{E}$,其中 $\boldsymbol{E}$ 表示估计误差矩阵,其服从均值为 0、方差为 σ_e^2 的高斯分布,方差 σ_e^2 与估计误差 P_e 成正比的关系。在实验中,比较了三种不同比例的信道估计误差 $P_e^1=10\%$、$P_e^2=30\%$ 和 $P_e^3=50\%$。如表 9.5.2 所示,随着估计误差 P_e 的增加,两阶段分层算法的识别性能也在不断下降。例如,当 SNR = 12dB 时,$P_e^1=10\%$ 情况下能获得 92.46%的识别精度,而在 $P_e^2=30\%$ 和 $P_e^3=50\%$ 情况下分别能获得 76.77% 和 64.03%的识别精度。相比完美信道状态信息 CSI 情况,在 SNR = 6dB 下 $P_e^3=50\%$ 情况出现了 21.76%的性能降低,即不完美的 CSI 会影响 ZF 盲均衡效果,降低均衡后信号的调制特征表达力。

表 9.5.2　不同信道估计误差对识别精度影响

信噪比	-6dB	0dB	6dB	12dB	18dB	24dB
完美 CSI	54.64%	69.37%	83.38%	97.37%	99.15%	100%
$P_e^1=10\%$	51.69%	67.45%	82.27%	92.46%	96.92%	97.65%
$P_e^2=30\%$	49.81%	63.46%	72.62%	76.77%	77.58%	77.87%
$P_e^3=50\%$	48.81%	56.02%	61.62%	64.03%	64.96%	65.02%

6) 不同循环前缀比例和不同衰落信道下模型识别精度

不同循环前缀比例和不同衰落信道对模型精度影响如图 9.5.18 所示。当 CP 比例为 1/4 时,随着 SNR 的提升,平坦瑞利信道和多径 ITU-PedA 信道对应的识别精度曲线差值

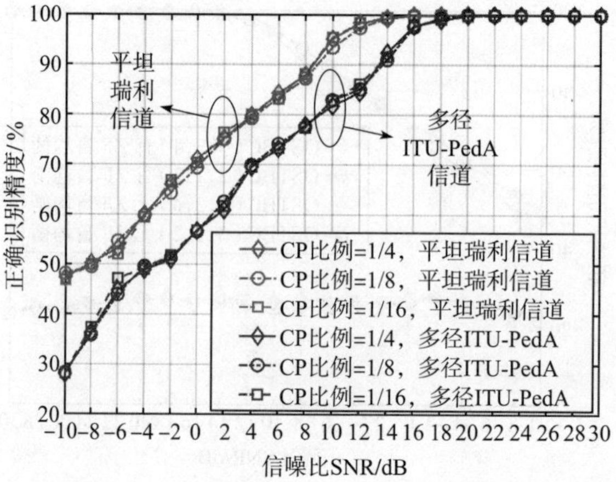

图 9.5.18　不同循环前缀比例和信道下识别精度对比

逐渐缩小,在 SNR=-10dB 时两者相差最大 20%的识别精度。为了获得 90%的识别精度,平坦瑞利信道下两阶段分层算法需要的 SNR 值为 8.5dB,而多径 ITU-PedA 信道下需要的 SNR 值为 13.5dB。对于相同的瑞利信道,不同循环前缀比例的变动仅引起了轻微 2%以内的识别精度变化。当 SNR≥14dB 时,循环前缀比例对识别精度的影响完全消失。因此,所提算法的识别精度不取决于循环前缀比例值。

7) 不同接收天线数下模型识别精度

不同接收天线数 N_r 对所提算法识别精度的影响如图 9.5.19 所示。因为采用的 OSTBC($N_t=3$、$K_s=3$ 和 $L=3$),对应的发射天线数固定为 $N_t=3$。随着接收天线数 N_r 的增加,对应两阶段分层算法的识别精度不断提升。这是因为收发端天线数目的差距越大,OSTBC MIMO-OFDM 系统的分集增益越大,对应 SNR 增益更高,有助于降低 AWGN 噪声的影响并增强不同调制信号之间的特征区分度。当 SNR=10dB 时,对于 $N_r=4$ 和 $N_r=7$ 两种情况下,两阶段分层算法分别能够实现 90.19%和 97.54%的识别精度。

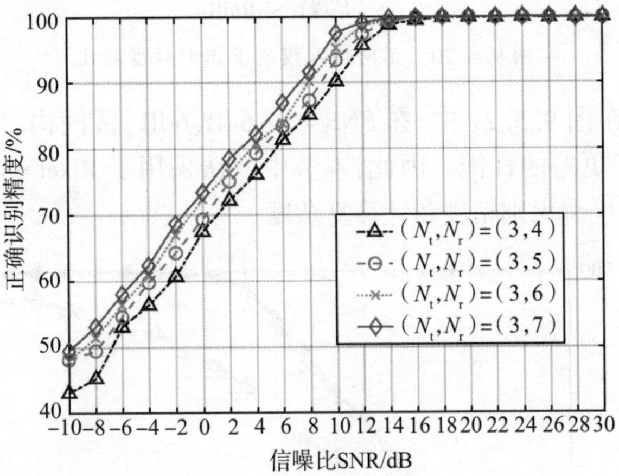

图 9.5.19 不同接收天线数下识别精度对比

8) 不同模型输入下所提算法识别精度

上述实验都假设 P-ACVNet 模型采用双通道的 P-ACV 特征作为模型输入。本节实验分析了单通道和双通道模态特征对 P-ACVNet 的性能影响。这里控制组包含:I 单通道、Q 单通道和 Half P-ACV 三个类型。由于 P-ACV 特征是对称的,Half P-ACV 是指半长的 P-ACV 特征。如图 9.5.20 所示,I/Q 双通道 P-ACV 特征的识别精度显著优于两种单通道的 P-ACV 特征。这是因为 I/Q 双通道 P-ACV 特征组合了 I 单通道和 Q 单通道的表征力。此外,不管是单通道还是双通道情况,全长的 P-ACV 特征都比半长的 P-ACV 特征有更优的识别性能,特别是在低 SNR 区域。因此,本节默认选择全长的 P-ACV 特征作为模型输入。

不同星座图像素值对模型识别精度的影响如图 9.5.21 所示。本节主要考虑了 4 种像素值情况,即 Pixel=32、64、128 和 200。从图 9.5.21 中可以看出,随着星座图像素值的不断提升,两阶段算法的识别精度也随之提升。这是因为更大的像素值对应着更清晰的星座图,不同调制信号间的特征区分度也更加明显。需要注意的是,一味地增加星座图的像素值并不会获得更高的识别精度,当超过一定限度后模型识别精度会下降,同时导致更

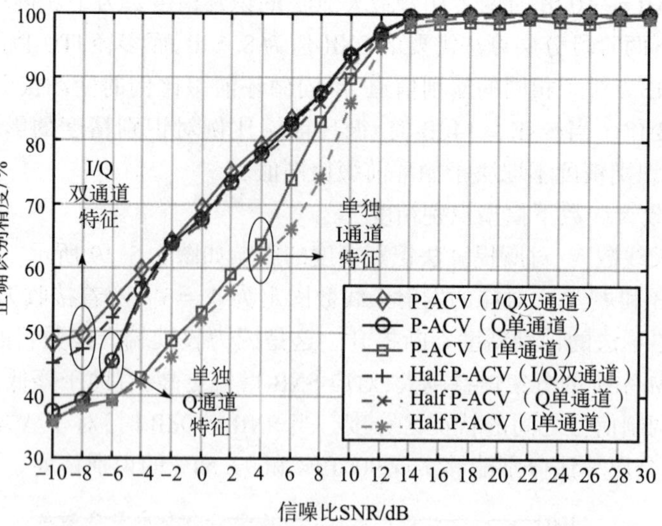

图 9.5.20　不同输入模态下识别精度对比

高的模型复杂度。在图 9.5.21 中，在 SNR=[-6dB,6dB] 区间内，Pixel=200 的情况比 Pixel=128 表现出了更差的性能。因此，本节中默认采用了 Pixel=128 作为星座图像素值，为了更好地权衡模型识别精度和计算复杂度。

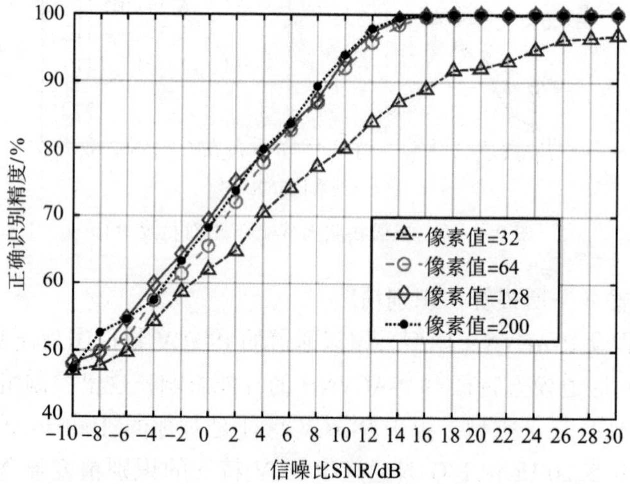

图 9.5.21　不同星座图像素值下识别精度对比

不同累积因子(Accumulated Factor,AcFa)对识别精度的影响如图 9.5.22 所示。这里 AcFa 是指分段累积策略中原始星座图的累加次数。如图所示，从 AcFa=1 到 AcFa=8，两阶段分层算法随着累积因子 AcFa 的增加而不断提升。这是因为 AcFa 值越大，ACD 的中心特征越强，边缘弥散特征越弱。此外，无限地增加 AcFa 值并不是最优选择，当 AcFa 从 8 增加到 12 时，模型的识别性能出现了下降，因此，本节选择 AcFa=8 作为默认的累积因子参数。

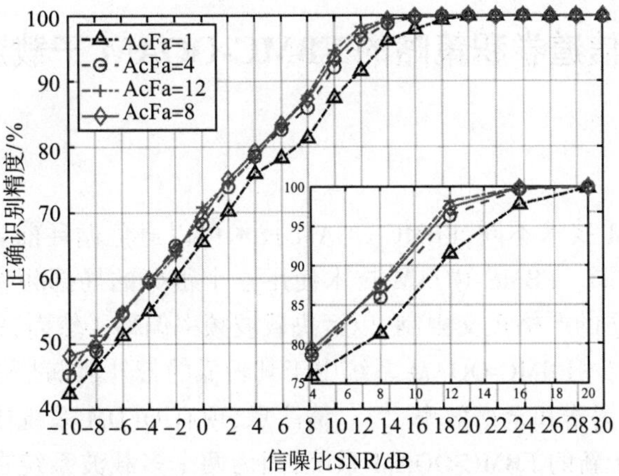

图 9.5.22　不同累积因子下所提算法识别精度对比

9) 不同模型参数下所提算法识别精度

不同卷积核尺寸 Ker 和膨胀因子对识别精度的影响如表 9.5.3 所示。在表中，$DF=[d_1,d_2,d_3]$ 表示 P-ACVNet 模型的三个膨胀卷积层所用的膨胀因子。当固定 $DF_1=[1,2,4]$ 时，P-ACVNet 的识别精度随着卷积核尺寸不断增大而提高。例如，当 SNR = 10dB 时，Ker = 8 的情况比 Ker = 4 的情况有 0.53% 的性能提升。另外，三种 SNR 情况下更小的 DF 参数设置能获得更高的识别精度。这一现象可以归因于较大的 DF 参数设置会错过重要的 P-ACV 特征信息。因此，表 9.5.3 中 Ker = 8 和 $DF_1=[1,2,4]$ 的参数设置能够获得最优的识别精度。基于此，设置本节的卷积核尺寸 Ker = 8，对应膨胀因子设置为 $DF_1=[1,2,4]$。

表 9.5.3　不同卷积核和膨胀因子对识别精度影响

DF	Ker=8			Ker=4		
	0dB	10dB	20dB	0dB	10dB	20dB
$DF_1=[1,2,4]$	**66.82%**	**92.90%**	**100%**	66.23%	92.37%	100%
$DF_2=[1,2,8]$	65.75%	91.95%	100%	65.72%	91.62%	100%
$DF_3=[1,4,8]$	65.12%	91.69%	100%	65.12%	91.12%	100%

9.5.6　本节小结

由于 MIMO 传输信道的影响，每根接收天线收到的调制信号特征都会严重受损，现有针对单天线 OFDM 系统的调制识别算法无法直接应用于多天线 OFDM 系统。因此，本节中提出了一种适用于 OSTBC MIMO-OFDM 系统的调制识别方法：首先，利用 ZF 盲均衡来重构原始发送信号；然后，生成投影星座向量 PCV 和高阶累积量特征；最后，构建了基于 P-ACV 和专家特征的两阶段分层识别器用于特征学习和信号分类。同时，通过仿真实验分别验证了所提方法的有效性。

9.6 基于变换信道卷积策略的 FBMC-OQAM 子载波调制信号识别

9.6.1 引言

与传统的 OFDM 技术不同,FBMC-OQAM 技术可以避免循环前缀(CP)插入,提高频谱效率,减少带外泄漏。FBMC-OQAM 技术使用一个很好的局部频率/时间原型滤波器,可以放松 OFDM 方法的严格正交限制,以解决载波频率偏移。然而,针对 FBMC-OQAM 系统的 BMR 研究却很少,FBMC-OQAM 系统由于其较低的带外泄漏是一种很有前途的多载波技术,具有更低的旁瓣和全谱效率[376]。请注意,现有 OFDM 系统中的大多数调制识别方法不能直接应用于新的 FBMC-OQAM 系统,因为两个多载波系统在相应的子载波中采用了不同的调制类型。其中,OFDM 系统采用 QAM, FBMC 系统采用 OQAM,主要用于实现虚部干扰消除[377]。

因此,有必要重新设计 FBMC-OQAM 的调制识别方法。从 Eldemerdash 等的参考文献[228]中可以看出,新的 FBMC-OQAM 系统的调制识别方法应该被提上日程。图 9.6.1 中给出了信噪比为 26dB 时 OFDM 调制与 FBMC 调制的网格星座矩阵的差异。OFDM 方案具有明显的方形 QAM 模式,而 FBMC 方案具有十字形偏移 QAM(OQAM)模式。因此,需要考虑 FBMC-OQAM 类型与 OFDM-QAM 类型之间的调制类型差距,对新的调制识别方法进行更新。据笔者所知,在之前的工作中还没有算法能够完成 FBMC-OQAM 信号的调制识别任务。因此,本书的主要目的就是填补这一研究空白。

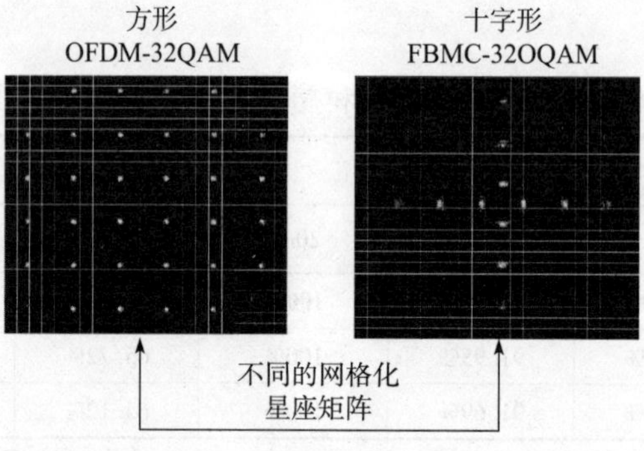

图 9.6.1 FBMC-OQAM 和 OFDM-QAM 调制样式间的星座特征差异

本节受参考文献[228]启发,针对当前 FBMC-OQAM 信号,提出了一种基于变换信道卷积策略的调制识别网络(Transform Channel Convolution-based Network, TCCNet),用于识别 BPSK、QPSK、8PSK、16OQAM、32OQAM、64OQAM、128OQAM 7 种调制类型。

FBMC-OQAM 调制识别框架旨在使用二元星座图和轻量级 TCCNet 模型计算调制方案的后验概率。值得注意的是,所提出的 FBMC-OQAM 调制识别算法主要有以下内容:

(1) 如前所述,本节是第一次尝试利用 DL 技术来解决 FBMC-OQAM 系统中的调制识别问题。具体来说,主要研究了 OFDM 系统中新的偏移正交调幅信号(OQAM)的识别,而不是传统的 QAM,这在以前的工作中没有研究过。

(2) 针对 FBMC 系统,提出了一种极化星座特征预处理算法来消除多径信道产生的相位偏移影响,将直角坐标系的星座图转换为极坐标系的极化星座图。

(3) 为了实现工业 FBMC-OQAM 场景下的低延迟调制识别,通过轻量级二值图像预处理,开发了低复杂度的二值星座图网格矩阵,而不是复杂的彩色星座图张量。

(4) 与之前使用二维卷积的调制识别工作不同,本节提出了一种变换信道卷积(Transform Channel Convolution, TCC)策略,将二维星座图像矩阵转换为一维类序列格式。这样,利用一维卷积运算来完成二维星座图的识别任务。本节提出的 TCCNet 可以在 FBMC-OQAM 工业物联网中实现低延迟的调制识别。

(5) 本节不需要任何先前的信道状态信息来提前执行信道均衡。该方法更适合于 FBMC-OQAM 工业认知无线网络,其中恶意节点的先验知识难以获得。

9.6.2 FBMC-OQAM 系统模型和问题制定

1. FBMC-OQAM 系统模型

如图 9.6.2 所示,考虑一个 FBMC-OQAM 通信传输系统[377],其天线设置为单输入单输出。在发射端,首先将比特数据映射成数字调制信号,如 QAM 正交调幅调制。FBMC 技术是一种非正交的多载波方案[378],因此与正交相邻子载波传输的 OFDM 方案不同,相邻 QAM 子载波之间存在混叠干扰。

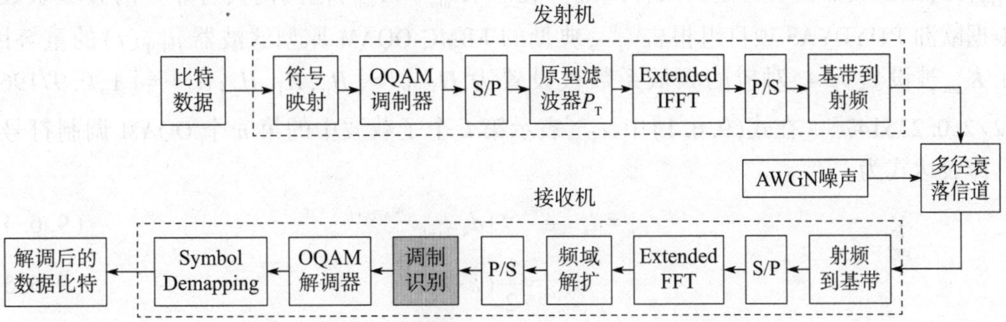

图 9.6.2　FBMC-OQAM 通信传输系统的框架

为了消除这种混叠干扰,将 QAM 复符号的实部和虚部偏移半个符号周期,形成 OQAM 复符号。如图 9.6.3 所示,OQAM 调制方案可以将复值信号分割为实部和虚部,并将实部和虚部送入相邻子载波传输信息。这样,通过进行适当的相移 $\varphi_{k,n}$,可以将原始的混叠干扰转移到纯虚域。由于传输虚干扰的存在,FBMC 技术只需要传输实值符号,便于用放宽的实正交条件代替严格的复正交条件。同时,通过传输两个实值符号来传输复值 FBMC 符号,实现了与无 CP 辅助的 OFDM 正交多载波相同的信息速率。

在图 9.6.3 中,采用原型滤波器 $P_T(\cdot)$ 和 IFFT 运算对 OQAM 符号进行频域滤波。因此,FBMC 发射信号 $x(t)$ 可表示为

$$x(t)=\sum_{k=0}^{M_{\text{sub}}-1}\sum_{n=-\infty}^{+\infty}c_{k,n}\cdot p_{\text{TPF},k}(t-nM_{\text{sub}}) \tag{9.6.1}$$

$$p_{\text{TPF},k}(t)=p_{\text{TPF}}(t)\mathrm{e}^{\mathrm{j}\frac{2\pi}{M_{\text{sub}}}k(t-K_{\text{olp}}M_{\text{sub}}+1)} \tag{9.6.2}$$

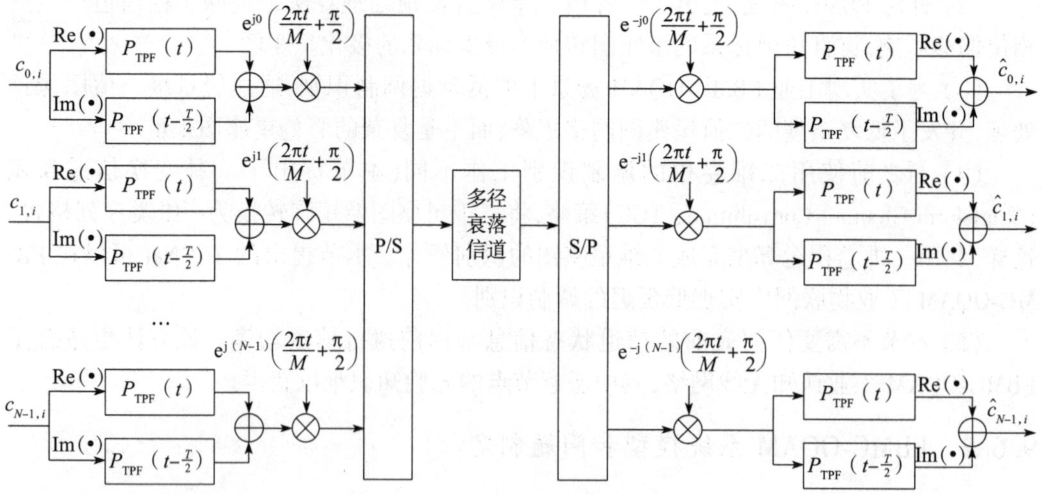

图 9.6.3 OQAM 调制和解调原理

$$p_{TPF}(t)=1+2\sum_{k=1}^{K_{olp}-1}(-1)^k H_k\cos\left(2\pi\frac{kt}{K_{olp}M_{sub}}\right) \tag{9.6.3}$$

式中：M_{sub} 表示子载波数量；K_{olp} 表示重叠因子；$p_{TPF,k}(t)$ 表示偏移版的原型滤波器 $p_{TPF}(t)$，该滤波器具有恒定的采样间隔并在 $[0,K_{olp}*M_{sub}]$ 范围内具有非零的频域系数。根据欧洲 PHYDYAS 项目组报告[320]，典型的 FBMC-OQAM 原型滤波器 $p_{TPF}(t)$ 的重叠因子 K_{olp} 被设置为 4，对应的频域系数被设置为 $\boldsymbol{H}_{FBMC}=[H_0,H_1,H_2,H_3]=[1,0.97196,\sqrt{2}/2,0.235147]$。在式(9.6.1)中，$c_{k,n}$ 表示第 k 个子载波中的第 n 个 OQAM 调制符号，具体表达式为

$$c_{k,n}=d_{k,2n}e^{j\varphi_{k,2n}}+d_{k,2n+1}e^{j\varphi_{k,2n+1}} \tag{9.6.4}$$

$$\varphi_{k,n}=\frac{\pi}{2}(k+n) \tag{9.6.5}$$

式中：$d_{k,n}$ 表示实数符号；$\varphi_{k,n}$ 表示附加相位。可通过在时域和频域中交替加实部和虚部来生成 OQAM 符号。最后，接收到的 FBMC 信号 $r(t)$ 被加性高斯白噪声(AWGN)信道污染，其数学表达式为

$$r(t)=h(t)*x(t)+w(t)=\sum_{k=0}^{M-1}\sum_{n=-\infty}^{+\infty}h(t)*c_{k,n}\cdot\frac{e^{j\frac{2\pi k}{M_{sub}(t-K_{olp}M_{sub}+1)-1}}}{P_{TPF}(t-nM_{sub}/2)^{-1}}+w(t) \tag{9.6.6}$$

式中：$w(t)$ 表示 AWGN 加性高斯白噪声，服从零均值和单位方差分布，多径衰落信道 $h(t)$ 默认采用的是国际电信联盟的 ITU-PedA 多径衰落信道；$*$ 表示卷积。

2. 调制识别问题的构造

在人工智能的帮助下，可以将 FBMC 调制识别任务视为一个模式识别问题。具体来说，需要在接收机中识别接收到的 FBMC 信号的调制类型。在式(9.6.6)中，OQAM 调制符号 $c_{k,n}$ 和数据比特 s 之间有着紧密的关系 $c_{k,n}=\boldsymbol{\Psi}_{OQAM}[s]$。因此，可以将式(9.6.6)改写为

$$r(t)=\sum_{k=0}^{M_{\text{sub}}-1}\sum_{n=-\infty}^{+\infty}h(t)*\Psi_{\text{OQAM}}[s]\cdot\frac{\mathrm{e}^{\mathrm{j}\frac{2\pi k}{M_{\text{sub}}(t-K_{\text{olp}}M_{\text{sub}}+1)-1}}}{P_{\text{TPF}}\left(t-\dfrac{nM_{\text{sub}}}{2}\right)^{-1}}+w(t) \tag{9.6.7}$$

式中：$\Psi_{\text{OQAM}}[\cdot]$表示调制函数，包括相移键控调制 PSK 和偏移正交幅度调制 OQAM。因此，基于人工智能的调制识别任务旨在从候选调制集 BPSK、QPSK、8PSK、16OQAM、32OQAM、64OQAM 和 128OQAM 中识别调制格式 $\Psi_{\text{OQAM}}[\cdot]$。依据最大后验概率准则，FBMC-OQAM 信号的最终识别结果取决于具有最大概率的预测标签，对应数学表达式为

$$\Psi_{\text{OQAM}}^{\text{Last}}=\underset{1\leqslant i\leqslant N_m}{\operatorname{argmax}}P(\Psi_{\text{OQAM}}^{P,i}=\Psi_{\text{OQAM}}^{\text{T}}\mid r(t)) \tag{9.6.8}$$

式中：$P(\cdot\mid r(t))$表示计算后验概率运算；N_m 表示候选的 FBMC-OQAM 信号的调制类型个数。

9.6.3　OQAM 信号极化星座特征

为了消除相位偏移的影响，在原始直角坐标系的 I/Q 信号基础上提出了一种改进的极化星座特征（Polar Constellation Diagram，PCD），即将同相正交的直角坐标系转换为幅度相位的极坐标系，具体的极化星座图特征转换过程如图 9.6.4 所示，对应极化星座变换过程为

$$\begin{cases}\operatorname{Amp}(n)=\sqrt{[I(n)]^2+[Q(n)]^2}=\sqrt{\{\operatorname{Re}[r(n)]\}^2+\{\operatorname{Im}[r(n)]\}^2}\\ \operatorname{Phase}(n)=\arctan\dfrac{Q(n)}{I(n)}=\arctan\dfrac{\operatorname{Im}[r(n)]}{\operatorname{Re}[r(n)]}\end{cases} \tag{9.6.9}$$

式中：$\operatorname{Amp}(n)$和 $\operatorname{Phase}(n)$分别是转换后的幅度和相位特征；$I(n)=\operatorname{Re}[r(n)]$和 $Q(n)=\operatorname{Im}[r(n)]$分别是 $r(n)$的同相和正交分量；$\sqrt{\cdot}$ 和 $\arctan(\cdot)$分别是取根号运算和相位运算。

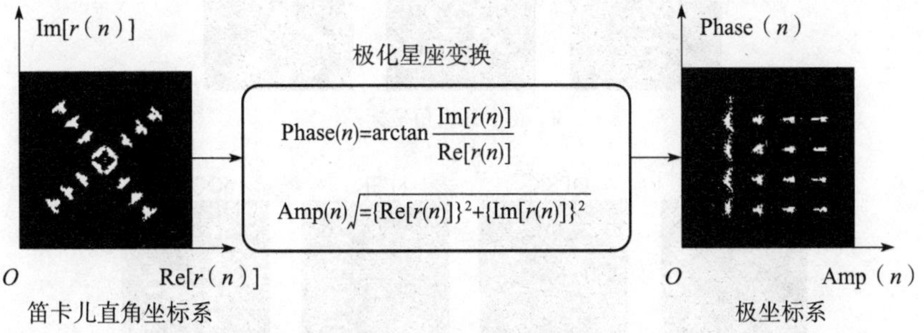

图 9.6.4　FBMC-OQAM 极化星座特征可视化

为了平衡模型复杂度和信号表征力，本节在上述极化星座图的基础上，考虑了一种低复杂度的单通道二值化的 PCD（Polar Constellation Diagram）星座图特征。具体的转换过程可以分为两个步骤：

第一步：需要将极化变换后的信号极坐标特征 $Y=\{\operatorname{Amp}(n),\operatorname{Phase}(n)\}$，以散点图的形式映射到极坐标二维平面上，即将每一个极坐标点映射到每个图像像素点中，对应的像素坐标为（$\operatorname{Img}X_m$；$\operatorname{Img}Y_m$），对应表达式为

$$\operatorname{Img}X_m(l,w)=\operatorname{round}\left\{\frac{Lc\cdot(2S_C)^{-1}}{S_C+\operatorname{Re}[Y(l,w)]}\right\} \tag{9.6.10}$$

$$\mathrm{Img}Y_m(l,w)=\mathrm{round}\left\{\frac{Lc\cdot(2S_C)^{-1}}{S_C-\mathrm{Im}[Y(l,w)]}\right\} \tag{9.6.11}$$

式中：$S_C=\max\{\mathrm{abs}[\mathrm{Re}(Y)]\}\times 1.5$是每个信号点的最大尺寸；round(·)表示取整运算；Lc表示预处理后的星座图图像尺寸（这里长、宽相等，$Lc=128$）。

第二步：在得到每个极化星座像素值后，对每个极坐标像素点图像二值化处理，即将每一个极坐标的像素点都映射为0或255的状态：

$$Y_B=\begin{cases}255, & (\mathrm{Img}X_m<S_C)\parallel(\mathrm{Img}Y_m<S_C)\\ 0, & \text{其他}\end{cases} \tag{9.6.12}$$

最后，为了直观说明极化星座变换的作用，在图9.6.5中分别对比了笛卡儿直角坐标系和极坐标系下的二值化星座图特征。从图中可以发现，经过极化星座变换后，OQAM调制信号的相位偏移问题得到了解决。7种调制方案具有不同的基于BCD（Binary Constellation Diagram）特征的星座聚类特征。具体而言，OQAM信号显示十字形星座布局，而PSK信号星座点则有所不同。换句话说，高阶OQAM信号对应于更密集的十字形星座。不同阶数的OQAM信号表现出星座点的簇密度不同。因此，上述各种BCD特征的多样性为后续的FBMC调制识别任务提供了便利。

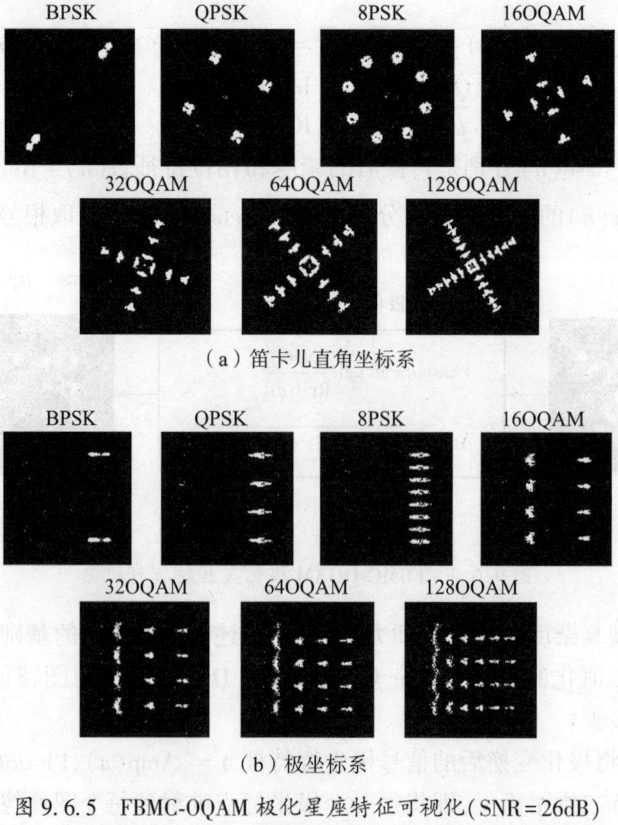

图9.6.5　FBMC-OQAM极化星座特征可视化（SNR=26dB）

9.6.4　基于变换信道卷积的低复杂度信号调制识别

在PCD极化星座图特征输入的基础上，本节利用一维变换信道卷积（TCC）策略建立了 TCCNet 调制识别模型，以加速 BMR 识别过程，如图 9.6.6 所示。具体来说，将 PCD 图像的 Q 通道轴转换为卷积通道轴，促进了一维卷积运算在二维图像特征计算中的应用。这样，PCD 图像识别任务可以转换为序列识别任务，大大降低了计算复杂度。下面将详细介绍所提出的一维 TCC 策略与传统的二维卷积相比的原理和优点。

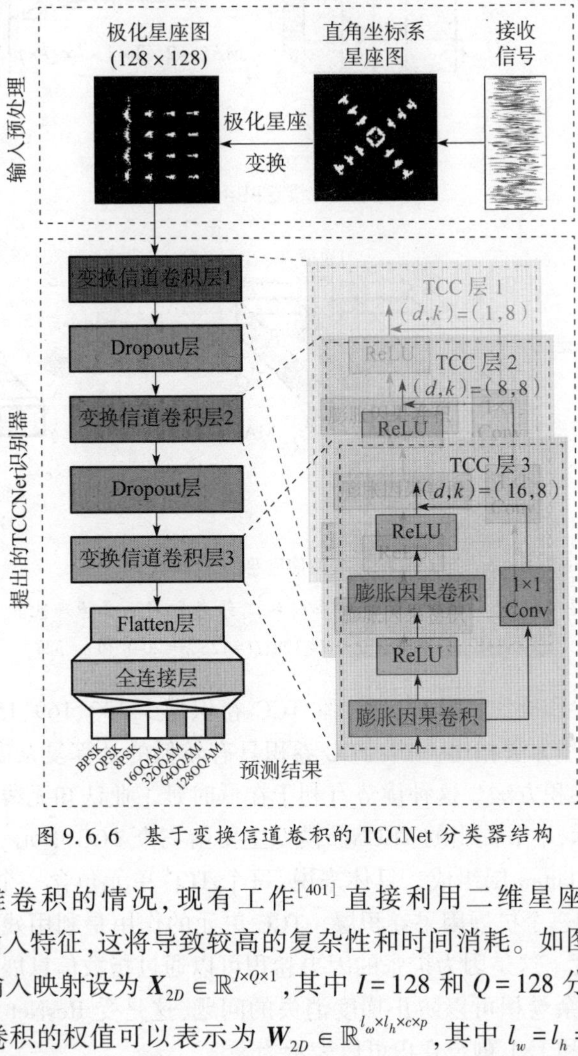

图 9.6.6 基于变换信道卷积的 TCCNet 分类器结构

对于传统二维卷积的情况，现有工作[401]直接利用二维星座图作为 AlexNet 和 GoogleNet 模型的输入特征，这将导致较高的复杂性和时间消耗。如图 9.6.7(a)所示，将单幅 PCD 图像的输入映射设为 $\boldsymbol{X}_{2D}\in\mathbb{R}^{I\times Q\times 1}$，其中 $I=128$ 和 $Q=128$ 分别为图像的长度和高度。另外，二维卷积的权值可以表示为 $\boldsymbol{W}_{2D}\in\mathbb{R}^{l_\omega\times l_h\times c\times p}$，其中 $l_w=l_h=2$ 表示卷积核的大小，$c=1$ 表示输入通道，p 表示核数。如图 9.6.7(a)所示，二维卷积利用滑动窗口在输入映射 $\boldsymbol{X}_{2D}$ 上实现乘法加法计算，得到输出特征映射为 $\boldsymbol{Y}_{2D}\in\mathbb{R}^{I\times Q\times p}$。值得注意的是，二维卷积的可训练参数由 MACs-2D $=2\times2\times1\times I\times Q\times p=134217728$ 给出。

对于图 9.6.7(b)中的一维 TCC 卷积，将 BCD 图像的每一列识别为一维时间特征，而不是二维灰度矩阵。这有利于执行轻量级的一维卷积运算，而不是复杂的二维卷积。在 PCD 特征图 $\boldsymbol{X}_{2D}\in\mathbb{R}^{I\times Q\times 1}$ 中交换 Q 通道和 I 通道，得到转换后的特征图 $\boldsymbol{X}_{1D}\in\mathbb{R}^{I\times 1\times Q}$。为了实现公平的比较，设置两个卷积方案具有相同的卷积权值，其中 $\boldsymbol{W}_{1D}\in\mathbb{R}^{l_\omega\times c\times Q\times q}$。$\boldsymbol{X}_{1D}$ 与 $\boldsymbol{W}_{1D}$ 卷积后，其最终输出特征图可表示为 $\boldsymbol{Y}_{1D}\in\mathbb{R}^{I\times 1\times q}$。据此，一维 TCC 卷积的可训练参数可表示为 MACs-1D $=2\times1\times Q\times I\times1\times q=1048576$。

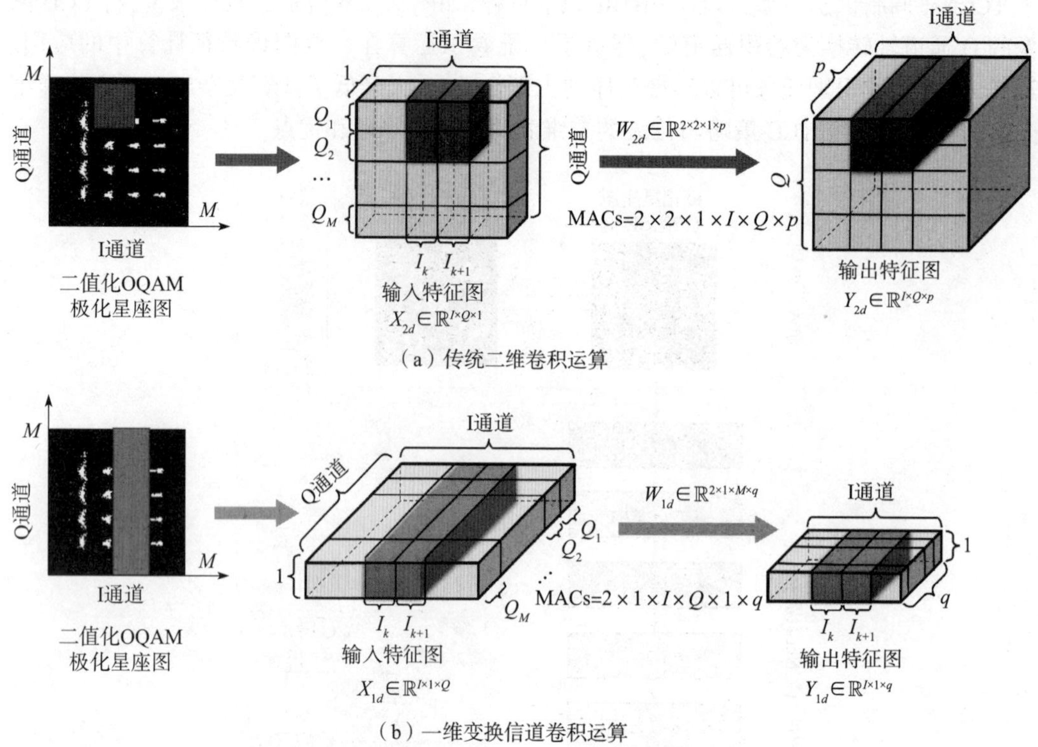

图 9.6.7　一维 TCC 卷积和传统二维卷积间运算原理比较

（注：两种卷积方案的卷积核大小相同，分别设置为 $I=128$，$Q=128$，$p=2048$ 和 $q=32$）

与传统的二维卷积相比，可以发现一维 TCC 卷积减少 133、169、152 的训练参数。因此，与传统的二维卷积方法相比，一维 TCC 卷积具有较低的计算复杂度，是一种处理图像识别任务的轻量级卷积方法。这种优势有利于在低时延工业认知无线网络中的应用。

如图 9.6.6 所示，本节提出的 TCCNet 模型主要由三个 TCC 单元、两个 Dropout 层、两个 Dense 层和一个 Flatten 层组成。具体来说，每个 TCC 单元包含一个 1×1 剩余卷积层、两个 ReLU 激活层和三个扩展因果卷积层。TCC 单元的作用是利用残差连接和扩张因果卷积来提高识别速度。这是因为扩张的因果卷积可以通过指数信息展开学习到更突出的特征。此外，1×1 剩余卷积可以防止梯度消失的问题，这是受 ResNet 结构的启发。在数学上，扩张因果卷积和 1×1 剩余卷积可以表示为

$$\Psi_n(s)=\boldsymbol{x}_d*\xi(s)=\sum_{\mathrm{Ker}=0}^{m-1}\xi(\mathrm{Ker})\cdot\boldsymbol{x}_{s-d\cdot\mathrm{Ker}} \tag{9.6.13}$$

$$Y=\mathrm{ReLU}[x+\Psi_n(s)] \tag{9.6.14}$$

式中：d 和 Ker 分别为膨胀因子和滤波器尺寸。为拟合扩张因果卷积的特征，设三个扩张因果卷积层的扩张因子分别为 $d_1=1$、$d_2=8$ 和 $d_3=16$。但所有滤波器尺寸在三层都是 Ker=8。

将 TCCNet 部署到 FBMC 工业认知无线网络中，整个 BMR 过程可分为离线训练阶段和在线测试阶段两部分，如图 9.6.8 所示。对于 TCCNet 模型训练，采用随机梯度下降（SGD）算法进行反向传播，即更新模型权重和偏置参数 $\boldsymbol{W}$ 和 $\boldsymbol{b}$，具体如下：

$$\boldsymbol{W}^l = \boldsymbol{W}^l - \eta \frac{\partial L(\boldsymbol{W},\boldsymbol{b})}{\partial \boldsymbol{W}^l} \tag{9.6.15}$$

$$\boldsymbol{b}^l = \boldsymbol{b}^l - \eta \frac{\partial L(\boldsymbol{W},\boldsymbol{b})}{\partial \boldsymbol{b}^l} \tag{9.6.16}$$

式中：$L(\boldsymbol{W},\boldsymbol{b})$表示一个 batch 内的损失函数为

$$L(\boldsymbol{W},\boldsymbol{b}) = \frac{\sum_{j=1}^{K_b} [F_{\mathrm{T}}^j \log(F_{\mathrm{P}}^j) + (1-F_{\mathrm{T}}^j)\log(1-F_{\mathrm{P}}^j)]}{-K_{\mathrm{b}}} \tag{9.6.17}$$

式中：K_{b} 表示一个 batch 内包含的样本数；log(·)表示对数函数运算，F_{T}^j 和 F_{P}^j 分别表示实际标签和预测标签。在线上测试阶段，需要将训练完的模型权重参数 $\boldsymbol{W}$ 和 $\boldsymbol{b}$ 加载到 TCC-Net 模型中，以执行 FBMC-OQAM 的调制识别任务。

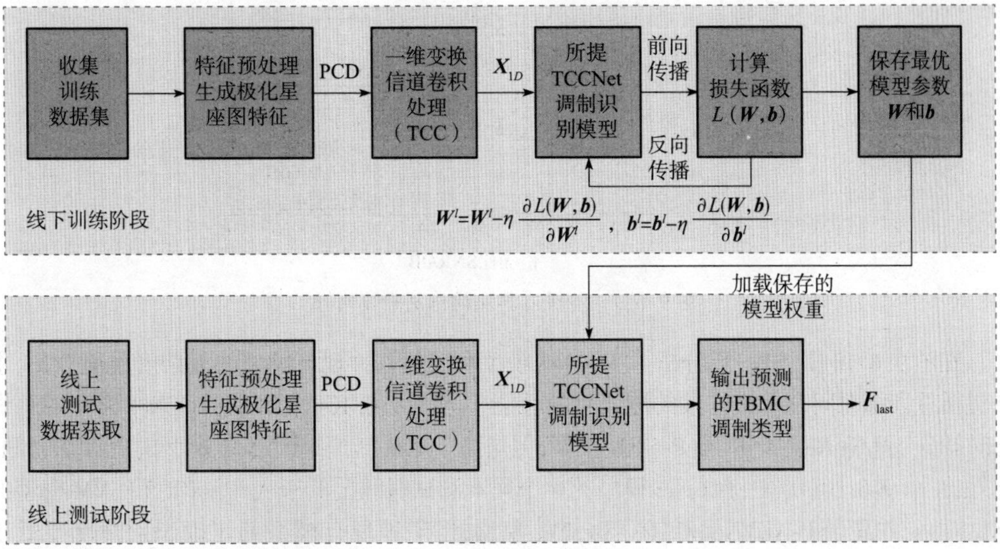

图 9.6.8　TCCNet 分类器线下训练和线上测试流程

9.6.5　仿真实验结果和分析

本节的非正交多载波 FBMC 子载波候选集包含 7 种子载波类型，包括 BPSK、QPSK、8PSK、16OQAM、32OQAM、64OQAM 和 128OQAM。整个 SNR 范围是以 2dB 为间隔，设定信噪比区间为-10~30dB。对于无线衰落信道建模，采用 ITU-PedA 衰落信道，相应噪声分量为 AWGN 加性高斯白噪声。此外，数据生成平台是 MATLAB 2019b 软件，FBMC 的原型滤波器的重叠因子是 4，子载波个数为 128，对应采样频率、载波频率和载波间隔分别是 8kH、6kHz 和 100Hz。

首先，将本节所提 TCCNet 模型与现有 4 种模型进行性能对比，主要包括 P-ACVNet、ResNet、GRU 和 SVM 模型。在图 9.6.9 中，给出了 TCCNet 模型和其他 4 种现有模型的正确识别精度对比。在整个 SNR 范围内，所提 TCCNet 模型显著优于其他 4 种模型，如在 SNR = 14dB 时，TCCNet 模型能够获得 100%的识别性能，而 P-ACVNet、I/Q-ResNet、A/P-GRU 和 SVM 模型分别获得了 74.5%、58.7%、45.2%和 28.8%的识别精度。此外，从

图 9.6.9 中可以看出,即使在高 SNR 下,基于 I/Q 同相正交特征的 ResNet、基于 A/P 幅相特征的 GRU 模型和基于专家特征的 SVM 算法都无法获得 100%的识别性能。然而,当 SNR>22dB 时,P-ACVNet 模型可以获得 100%的识别性能,当 SNR>14dB 时,TCCNet 模型能获得 100%的识别精度。因此,在识别精度为 100%的情况下,P-ACVNet 模型比 TCCNet 模型具有 8dB 的信噪比增益。相比 9.5 节的 P-ACVNet 模型,TCCNet 模型主要的性能优势在于-10~22dB 的 SNR 范围之内,即 TCCNet 模型更擅长于应对中和低信噪比下的相位偏移 FBMC 子载波调制识别问题。

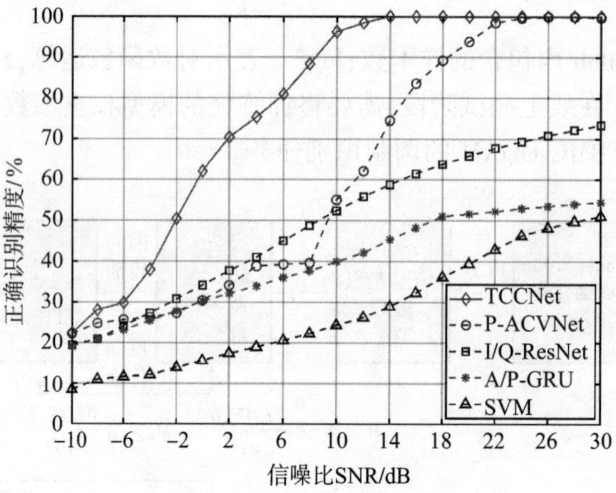

图 9.6.9　与现有算法的识别精度对比

在图 9.6.10 中,进一步分析了 TCCNet 模型和其他 4 种现有模型的复杂度性能对比,主要包括总训练时间和单个样本的测试时间性能。如图 9.6.10(a)所示,TCCNet 模型的总训练时间少于 I/Q-ResNet 和 A/P-GRU 模型,但是高于 P-ACVNet 和 SVM 模型的总训练时间。此外,在图 9.6.10(b)中,TCCNet 模型的单个样本测试时间要低于 A/P-GRU 和 SVM 模型的测试时间,并高于 P-ACVNet 和 I/Q-ResNet 模型,但 4 种现有模型的正确识别精度要低于 TCCNet 模型,因此其他 4 种模型不适用于实际的 FBMC-OQAM 信号的调制识别。

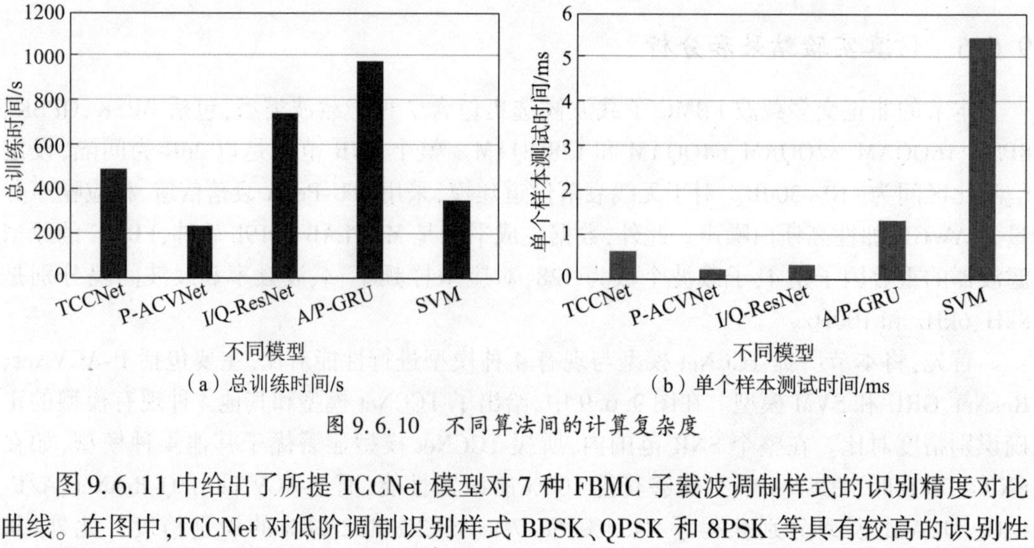

(a) 总训练时间/s　　(b) 单个样本测试时间/ms

图 9.6.10　不同算法间的计算复杂度

图 9.6.11 中给出了所提 TCCNet 模型对 7 种 FBMC 子载波调制样式的识别精度对比曲线。在图中,TCCNet 对低阶调制识别样式 BPSK、QPSK 和 8PSK 等具有较高的识别性

能，而对高阶 OQAM 调制样式的识别性能较差，这是因为高阶 OQAM 调制样式具有较密集和相似的星座点分布，如在 SNR = 8dB 时，BPSK、QPSK、8PSK 和 16OQAM 等具有近似 100%的识别性能，而 32OQAM、64OQAM 和 128OQAM 类型分别获得了 82%、77%和 60%的识别性能。此外，当 SNR≥14dB 时，所提 TCCNet 分类器都能以 100%精度识别 7 种 FBMC 子载波调制类型。

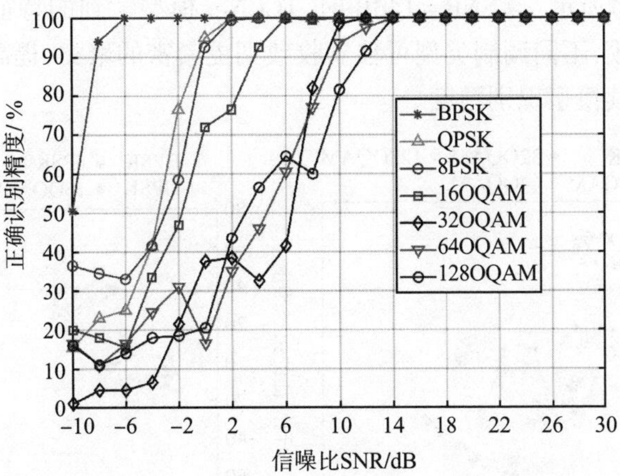

图 9.6.11　不同子载波调制样式的识别精度对比

为了直观地说明 TCCNet 模型识别性能，从混淆矩阵角度给出了信噪比为 10dB 和 14dB 时模型的混淆矩阵性能，如图 9.6.12 所示。通过对比图 9.6.12(a)和图 9.6.12(b)可以看出，随着 SNR 的提升，混淆问题得到有效改善，在 SNR = 14dB 时，TCCNet 模型能获得 100%性能，所有误分类问题都得到了解决，这一实验结果与图 9.6.9 的结果相一致。此外，从图 9.6.12(a)中可以看出，所提 TCCNet 对 32OQAM/ 64OQAM/ 128OQAM 三种调制样式之间存在识别混淆问题，特别是 32OQAM 和 128OQAM 之间混淆程度最大。这是因为，高阶 OQAM 调制样式在二维平面上存在大量重叠的星座点，特别是低 SNR 下增加了不同调制类型间的特征混淆。低 SNR 下的高阶调制识别精度低的问题，对本节的 TCCNet 模型仍然是一个较大的挑战，未来有待于进一步改进。

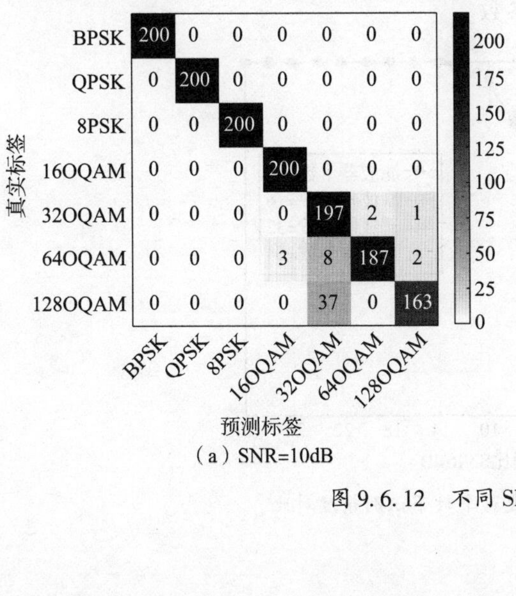

(a) SNR=10dB

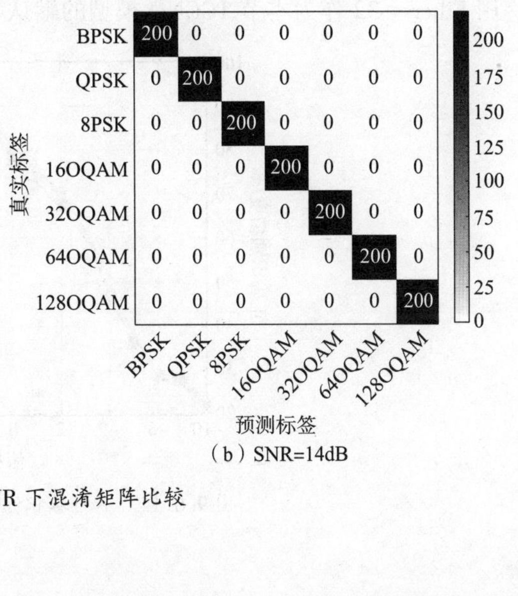

(b) SNR=14dB

图 9.6.12　不同 SNR 下混淆矩阵比较

为了增加 TCCNet 模型识别性能的可解释性,在图 9.6.13 中利用 TSNE 降维技术可视化分析了 TCCNet 模型学到的深层特征,从而证明模型学到的高维特征可分性。如图 9.6.13(a)所示,BPSK、QPSK、8PSK 和 16OQAM 调制样式能够被清晰地分离为 4 个独立样本簇,但是高阶的 32OQAM、64OQAM 和 128OQAM 之间存在一定的信号样本点混淆,这一实验结果与图 9.6.12(a)结果相一致,随着 SNR 的提升,信号混淆问题得到有效消除。如图 9.6.13(b)所示,当 SNR=14dB 时,TCCNet 模型学到的特征能将 7 种调制样式都区分为 7 个独立簇,不同调制类型可独立收敛到更紧密的聚类,提高了不同调制类型之间的区分能力及后续模型识别精度。

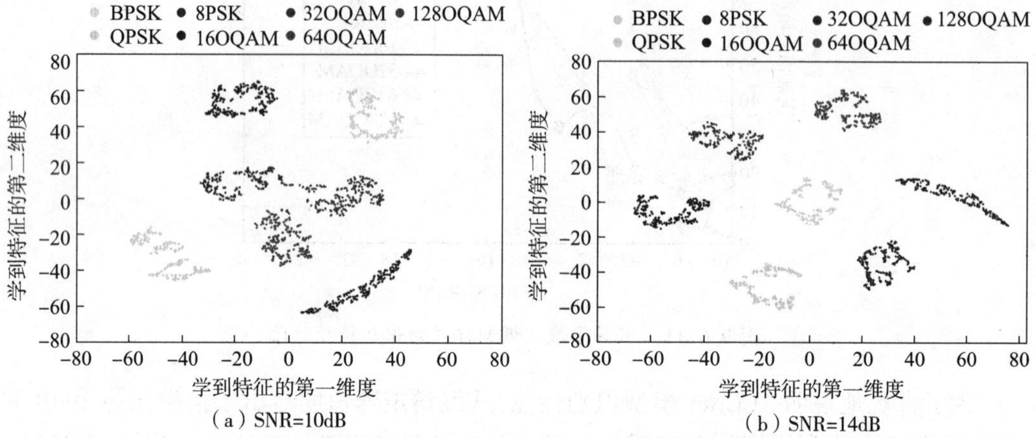

图 9.6.13　在二维平面上可视化 TCCNet 分类器学到的高维特征

图 9.6.14 中验证分析了不同滤波器个数对 TCCNet 模型识别精度的影响。从图中可以看出,随着 SNR 的提升,4 种滤波器个数对应的识别精度曲线都展现出单调递增的趋势。从 SNR=−2dB 到 SNR=14dB,相比其他情况,Filters=8 的情况对应的模型识别精度最低,而 Filters=32 的情况获得的识别精度最高,在 SNR=4dB 时,Filters=32 情况比 Filters=8 情况获得了 5%的识别性能增益。此外,当滤波器个数从 32 增加到 64 时,TCCNet 模型精度出现了下降趋势,在 SNR=8dB 时产生了 2%的性能降低,因此,本节选用 Filters=32 作为本节 TCCNet 模型的默认参数。

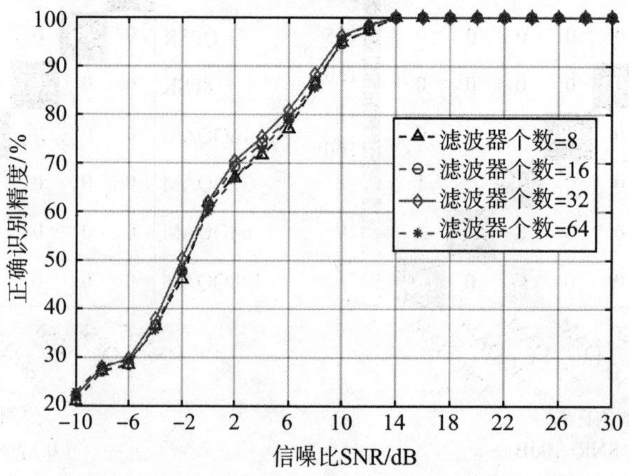

图 9.6.14　不同卷积滤波器个数下识别精度对比

在图 9.6.15 中，探索分析了不同卷积核大小对 TCCNet 模型识别精度的影响。在图中，卷积核大小从 2 增加到 8 时，TCCNet 模型的正确识别精度也随之提升。在 SNR = −2dB 时，卷积核大小为 8 的情况比 2 的情况提升了 7% 的识别性能。然而，继续增加卷积核大小到 12 时，TCCNet 模型的识别精度没有进一步提升，反而出现了性能下降。因此，本节选择最优的卷积核大小为 8 的情况作为 TCCNet 模型默认参数。

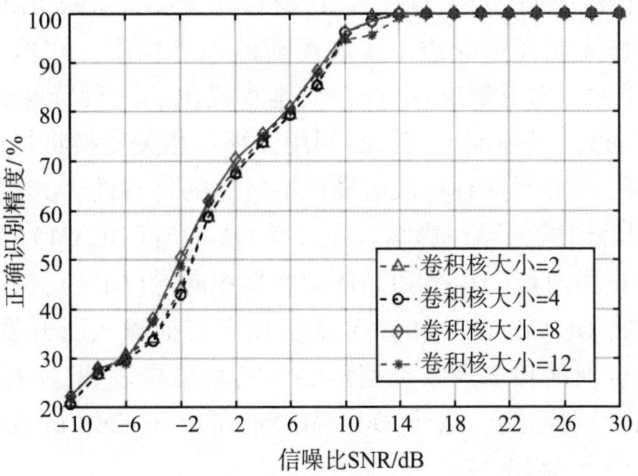

图 9.6.15　不同卷积核大小下识别精度对比

9.6.6　本节小结

本节提出了一种使用变换信道卷积的可行 BMR 框架，称为 TCCNet，用于在新兴的 FBMC-OQAM 工业认知无线电网络中识别新的 OQAM 调制类型。为了最大限度地提高各种 OQAM 之间的区别，本节生成 BCD 图像作为 TCCNet 的学习内容。特别地，提出了一种新的变换信道卷积策略，将二维 BCD 转换为一维类序列格式，具有更快的识别速度和较低的网络复杂度。TCCNet 的另一个优点是它不依赖于接收机的先验信道知识。仿真结果验证了所提出的 TCCNet 能有效识别 7 种调制信号。本书有助于未来 B5G 智能接收机的设计，并为新兴的 FBMC-OQAM 工业认知无线电网络开辟了新的调制识别研究方向。

9.7　本章小结

本章研究了基于深层神经网络的多载波宽带信号的盲识别，主要方法总结如下：

(1) 随着 5G/B5G 和 6G 时代的到来，涌现出许多新型的多载波技术用于改进传统循环前缀正交频分复用(CP-OFDM)技术的不足，如最先进的滤波正交频分复用(F-OFDM)、通用滤波多载波(UFMC)、滤波器组多载波(FBMC)、正交时频空调制(OTFS)和广义频分复用(GFDM)。在当前和未来的无线电监管和信号截获中，盲多载波波形的识别已经成为一项更加艰巨的任务。因此，切实可行的多载波波形识别方案必须跟上时代的步伐。为了应对这一挑战，本章提出了一种新的基于时空卷积长短期深度神经网络(ST-CLDNN)的全盲多载波波形识别技术。首先，充分利用接收信号的同相、正交和幅度样本的互补信息，用于提供更多可区分的分类特征。其次，结合一维卷积和长短期记忆(LSTM)的优点，提取高维空间和时间特征用于多载波波形识别任务。最后，引入了转移学习策略来充分利用计算资源,当信道环境发生变化时避免了神经网络从头再训练。实验结果表明,与传统的基于特征的分类器和现有的基准神经网络相比,该方法具有更好的性能,并且在时变多径衰落信道下具有很好的识别性能。

(2) 人工智能驱动的无线信号识别在6G超可靠无线通信中发挥着关键作用,有助于频谱监管,阻止非法无线电干扰。多载波波形识别(Multicarrier Waveform Recognition, MWR)作为一种很有发展前景的无线技术,广泛应用于提高无线信号的数据传输的可靠性。然而,现有的工作无法在强噪声下实现可靠的识别精度。在低信噪比条件下,MWR仍然是一项艰巨的任务。为了解决这一问题,本章提出了一种降噪循环自相关的多模态融合网络(DCA-MFNet)。具体而言,首先,利用循环自相关变换将拦截信号转换为循环频域的循环自相关特征,该特征具有对低信噪比不敏感的鲁棒性。其次,采用奇异值分解方法来降低对CA有用峰值的强噪声影响。在去噪CA矩阵(DCAM)的基础上,提出了投影累积策略,生成时延累积向量(TDV)和循环频率累积向量(CFV),扩大了多载波信号之间的辨别能力。最后,将DCAM、TDV和CFV的多模态特征输入所开发的DCA-MFNet中进行分层学习、特征聚合训练和多载波类型预测。实验结果表明,所提出的DCA-MFNet比现有算法具有更好的识别性能。此外,DCA-MFNet可以在-2dB的低信噪比下有效识别6种多载波信号,识别精度为100%。

(3) 在当前的5G和即将到来的6G系统中,由于无线电频谱不足,认知无线电(CR)技术是频谱管理中不可或缺的技术,可以很好地利用未利用的频谱。盲调制识别(BMR)在提高频谱效率方面起着至关重要的作用。然而,MIMO-OFDM系统的BMR研究还缺乏足够的重视。鉴于深度学习的蓬勃发展,本章提出了一种序列、星座多模态特征网络(SC-MFNet)来识别MIMO-OFDM子载波的调制类型。在没有任何先验信息的情况下,采用盲信号分离算法对受损的发射信号进行重构。针对信号序列特征不足的问题,提出了一种分段累积星座图(SACD)策略来生成显著的星座图特征。利用多模态特征融合网络收集序列特征和SACD特征的优势,分别通过一维卷积(Conv1DNet)分支和改进的SC-MFNet分支进行提取。实验结果表明,所提出的SC-MFNet算法优于传统的基于特征的神经网络算法与基于星座图特征和序列特征的神经网络算法。

(4) 为识别多输入多输出正交空时分组码(MIMO-OSTBC)系统所采用的调制样式,本章提出了一种基于一维卷积神经网络(1D-CNN)的调制识别算法。首先,采用迫零盲均衡来提升不同调制信号间区分度,并选用天然无损的同相正交(I/Q)信号作为浅层特征;其次,设计并训练基于1D-CNN的识别模型,从浅层特征中提取深层特征;最后,采用投票决策和置信度决策融合策略,提升多天线接收端识别精度。实验结果表明,所提算法能有效识别{BPSK,4PSK,8PSK,16QAM,4PAM}5种调制方式,当SNR≥-2dB时,识别精度可达100%。

(5) 高阶调制类型的盲调制识别是Beyond 5G(B5G)正交空时分组码正交频分复用(OSTBC-OFDM)系统的一项紧迫任务,需要提上日程。本章提出了一种基于使用时间卷积网络的投影星座向量的盲调制识别技术来识别13种调制格式,如高阶1024QAM和2048QAM。在没有任何先验信息的情况下,利用迫零盲均衡算法来重构受损信号。此外,投影星座向量学习网络P-ACVNet的学习内容是通过重构信号的星座图进行变换的投影星座向量特征。P-ACVNet利用因果卷积和扩张卷积来加速盲调制识别的过程。仿真结果验证了所提出的 P-ACVNet 在 B5G OSTBC-OFDM 系统中识别高阶调制类型的有效性，并证明了其比现有方法具有更好的识别性能和更低的复杂度。

(6) 随着工业 5.0 时代的到来，物联网设备面临前所未有的激增，要求更高的通信速率和更低的传输延迟。基于高频谱效率，采用偏移正交调幅（OQAM）的滤波器组多载波（FBMC）技术已应用于超 5G（Beyond 5G, B5G）工业物联网。然而，由于无线频道的广播性质，FBMC-OQAM 工业物联网不可避免地容易受到来自恶意物联网节点的攻击。为了应对这一挑战，提出了 FBMC-OQAM 工业认知无线网络以确保物理层的安全性。盲调制识别（BMR）是工业认知无线网络的关键一步，可以检测和识别恶意信号的调制类型。在这项工作中，本章提出了一种新的 FBMC BMR 算法（TCCNet），使用一维变换信道卷积策略，而不是复杂的二维卷积。首先，通过设计低复杂度的二值化的 PCD 极化星座图网格矩阵作为 TCCNet 的输入来实现。其次，本章开发了一种变换信道卷积策略，将类似图像的 BCD 矩阵转换为类似序列的数据格式，在保持判别特征的同时加速调制识别过程。蒙特卡洛实验结果表明，所提 TCCNet 模型具有更优的识别性能和更低的计算复杂度。

参考文献

[1] 罗发龙,张建中. 5G 权威指南:信号处理算法及实现[M]. 陈鹏,刘洋,朱剑驰,等译. 北京:机械工业出版社,2018.

[2] 张传福,赵立英,张宇,等. 5G 移动通信系统及关键技术[M]. 北京:电子工业出版社,2018.

[3] 陈晨. 5G 与 B4G 关键技术:部分信道信息下 OFDMA 和 NOMA 系统资源分配与优化[M]. 北京:机械工业出版社,2018.

[4] 杨昉,刘思聪,高镇. 5G 移动通信空口新技术[M]. 北京:电子工业出版社,2020.

[5] Sung Y C, Lim Y R, Tong L, et al. Signal processing advances for 3G WCDMA: from rake receivers to blind techniques [J]. IEEE Communications Magazine, 2009, 47(1): 48-54.

[6] Zhou S D, Li Y Z, Zhao M, et al. Novel techniques to improve downlink multiple access capacity for beyond 3G [J]. IEEE Communications Magazine, 2005, 43(1): 61-69.

[7] Khan R H, Ahsan A, Haque M, et al. MC-CDMA: an alternative multiple access technique in 3G wireless architecture [C] // International Conference on Complex, Intelligent and Software Intensive Systems, IEEE Press, 2008: 573-576.

[8] Chung W C, August N J, Ha D S. Signaling and multiple access techniques for ultra wideband 4G wirelrss communication systems [J]. IEEE Wireless Communications, 2005, 12(2): 46-55.

[9] Cabarkapa M, Neskovic N, Neskovic A, et al. Adaptive nonlinearity compensation technique for 4G wireless transmitters [J]. Electronic Letters, 2012, 48(20): 1308-1309.

[10] Esmailzadeh R, Nakagawa M, Jones A. TDD-CDMA for the 4th generation of wireless communications [J]. IEEE Wireless Communications, 2003, 10(4): 8-15.

[11] Salkintzis A K. Interworking Techniques and Architectures for WLAN/3G Integration Toward 4G Mobile Data Networks [J]. IEEE Wireless Communications, 2004, 11(3): 50-61.

[12] Banelli P, Buzzi S, Colavolpe G, et al. Modulation Formats and Waveforms for 5G Networks: Who Will Be the Heir of OFDM? An Overview of Alternative Modulation Schemes for Improved Spectral Efficiency [J]. IEEE Signal Processing Magazine, 2014, 31(6): 80-93.

[13] Lai H W, Wong H. Substrate Integrated Magneto-Electronic Dipole Antenna for 5G Wi-Fi [J]. IEEE Transactions on Antennas and Propagation, 2014, 63(2): 870-874.

[14] Scott H S, Garcia P E. Multimedia Resource Allocation in Mmwave 5G Networks [J]. IEEE Communications Magazine, 2015, 53(1): 240-247.

[15] Heath R, Laus G, Quek T, et al. Signal Processing for 5G Revolution [From the Guest Editors] [J]. IEEE Signal Processing Magazine, 2014, 31(6): 12-13.

[16] Jungnickel V, Manolakis K, Zirwas W, et al. The Role of Small Cells, Coordinated Multipoint, and Massive MIMO in 5G [J]. IEEE Communications Magazine, 2014, 52(5): 44-51.

[17] Andrews J A, Buzzi S, Choi, W, et al. What Will 5G Be? [J]. IEEE Journalon Selected Areas in Communications, 2014, 32(6): 1065-1082.

[18] Cho Y S, Kin J, Yang W Y, et al. MIMO-OFDM 无线通信技术及 MATLAB 实现[M]. 孙锴,黄威,译. 北京:电子工业出版社,2013.

[19] Chang R W. Synthesis of Band-Limited Orthogonal Signals for Multichannel Data Transmission[J]. Bell System Technical Journal,1966,45(10):1775-1796.

[20] Weinstein S,Ebert P. Data Transmission by Frequency-Division Multiplexing Using the Discrete Fourier Transform[J]. IEEE Transactions on Communication,1971,19(5):628-634.

[21] Peled A,Ruiz A. Frequency Domain Data Transmission Using Reduced Computational Complexity Algorithms[C]// IEEE International Conference on Acoustics,Speech,and Signal Processing. Denver,Colorado,USA,1980:964-967.

[22] Cimini L J. Analysis and Simulation of a Digital Mobile Channel Using Orthogonal Frequency Division Multiplexing[J]. IEEE Transactions on Communications,1985,33(7):665-675.

[23] ETSI Normalization Committee. Radio Broadcasting Systems,Digital Audio Broadcasting(DAB) to mobile,portable and fixed receives:E T S I EN 300(401):1995—1997[S]. Norme ETSI,Sophia-Antipolis,France,Doc. ETS,1995.

[24] Digital Video Broadcasting(DVB),Interaction Channel for Digital Errestrial Television(RCT) Incorporating Multiple Access OFDM:ETSI E N. 301 958[S]. ETSI,Tech. Rep,2002.

[25] Asymmetric Digital Subscriber Line(ADSL):Std. T1. 413[S]. ANSI- American National Standards Institute,1995.

[26] 田启顺. MIMO空时编码系统应用研究[D]. 南京:南京邮电大学,2013.

[27] Foschini G J. Layered Space-Time Architecture for Wireless Communication in a Fading Environment When Using Multi-Element Antennas[J]. Bell Labs Technical Journal,1996,1(2):41-59.

[28] Tarokh V,Seshadri N,Calderbank A R. Space-Time Codes for High Data Rate Wireless Communication:Performance Criterion and Code Construction[J]. IEEE Transactions on Information Theory,1998,44(2):744-765.

[29] Boccardi F,Heath R W,Lozano A,et al. Five Disruptive Technology Directions for 5G[J]. IEEE Communications Magazine,2014,52(2):74-80.

[30] Bhushan N,Li J Y,Malladi D,et al. Network Densification:The Dominant Theme for Wireless Evolution into 5G[J]. IEEE Communications Magazine,2014,52(2):82-89.

[31] 尤肖虎,潘志文,高西奇,等. 5G移动通信发展趋势与若干关键技术[J]. 中国科学:信息科学,2014,44(5):551-563.

[32] IMT-2020(5G)推进组. 5G概念白皮书[R]. 北京:IMT-2020(5G)推进组,2015.

[33] Huawei Technologies. 5G:A Technology Vision[R]. Shenzhen:Huawei Technologies Co Ltd,2014.

[34] Chih-Lin I,Rowell C,Han S F,et al. Toward Green and Soft:A 5G Perspective[J]. IEEE Communications Magazine,2014,52(2):66-73.

[35] Wong V W S,Robert S,Ng D W K. Key Technologies for 5G Wireless Systems[M]. 张鸿涛,译. 北京:人民邮电出版社,2018.

[36] Polak L,Kratochvil T. Measurement and Evaluation of IQ-Imbalances in DVB-T and DVB-T2-Lite OFDM modulators[C]// 2017 International Conference on Telecommunications and Signal Processing(TSP). Barcelona,Spain:IEEE Press,2017:555-558.

[37] Zhang X,Jia M,Chen L,et al. Filtered-OFDM Enabler for Flexible Waveform in the 5th Generation Cellular Networks[C]// 2015 IEEE Global Communications Conference(GLOBECOM). San Diego,CA,USA:IEEE Press,2015:1-6.

[38] Nissel R,Schwarz S,Rupp M. Filter Bank Multicarrier Modulation Schemes for Future Mobile Communications[J]. IEEE Journal on Selected Areas in Communications,2017,35(8):1768-1782.

[39] Schaich F, Wild T. Waveform contenders for 5G—OFDM vs. FBMC vs. UFMC[C]// 2014 International

Symposium on Communications, Control and Signal Processing (ISCCSP). Athens, Greece, 2014: 457-460.
[40] Towliat M, Rajabzadeh M, Tabatabaee S M J A. On the Noise Enhancement of GFDM[J]. IEEE Wireless Communications Letters, 2020, 9(8): 1160-1163.
[41] Zhang Y B, Wang X X, Wang D Y, et al. BER Performance of Multicast SCMA Systems[J]. IEEE Wireless Communications Letters, 2019, 8(4): 1073-1076.
[42] 王蓉. 通用滤波多载波系统中的关键技术研究[D]. 成都: 电子科技大学, 2018.
[43] 刘晶. MIMO-OFDM 通信系统中的同步技术研究[D]. 长沙: 国防科学技术大学, 2015.
[44] Foschi G J, Golden G D Valenzuela R A, et al. Simplified Processing for High Spectral Efficiency Wireless Communication Employing Multi-Element Arrays [J]. IEEE Journalon Selected Areas in Communications, 1999, 17(11): 1841-1852.
[45] Golden G D, Foschi G J, Valenzuela R A. Detection Algorithm and Initial Laboratory Results Using V-BLAST Space-Time Communication Architecture [J]. Electronics Letters, 1999, 35(1): 14-16.
[46] El Gamal H, Hammons A R. A New Approach to Layered Space-time Coding and Signal Processing [J]. IEEE Transactions on Information Theory, 2001, 47(6): 2321-2334.
[47] Alamouti S M . A Simple Transmit Diversity Techniquefor Wireless Communications [J]. IEEE Journal on Select Area in Comunications, 1998, 16(8): 1451-1458.
[48] Tarokh V, Jafarkhani H, Calderbank A R. Space-Time Block Coding for Wireless Communications: Performance Results [J]. IEEE Journal on Selected Areas in Communications, 1999, 17(3): 451-460.
[49] Ganesan G, Stoica P. Space-Time Block Codes: A Maximum SNR Approach [J]. IEEE Transactions on Information Theory, 2001, 47(4): 1650-1656.
[50] Tarokh V, Jafarkhani H, Calderbank A R. Space-Time Block Code from Orthogonal Designs [J]. IEEE Transactions on Information Theory, 1999, 45(5): 1456-1467.
[51] Lu H F, Kumar P V, Chung H. On Orthogonal Designs and Space-Time Codes [J]. IEEE Communications Letters, 2004, 8(4): 220-222.
[52] Jafarkhani H. A Quasi-Orthogonal Space-Time Block Code [J]. IEEE Transactions on Communications, 2001, 49(1): 1-4.
[53] Papadias C B, Foschini G J. Capacity-Approaching Space-time Codes for Systems Employing Four Transmitter Antennas [J]. IEEE Transactions on Information Theory, 2003, 49(3): 726-732.
[54] Liu L, Jafarkhani H. Application of Quasi-Orthogonal Space-time Block Code in Beamforming [J]. IEEE Transactions on Signal Processing, 2005, 53(1): 54-63.
[55] Walter A, Eric K, Andre Q. OFDM Parameters Estimation a Time Approach[C]//IEEE 2000 Conference Record of the Thirty-Fourth Asilomar Conference on Signals, Systems and Computers. Pacific Grove, CA, USA, 2000: 142-146.
[56] 张艳, 黄奇珊, 曹世文. 基于 MUSIC 算法的 OFDM 系统参数盲估计仿真研究[J]. 计算机工程与应用, 2008, 44(36): 189-191.
[57] 曹鹏, 彭华, 董延坤, 等. 一种基于循环前缀的 OFDM 盲检测及参数估计算法[J]. 信息工程大学学报, 2010, 11(2): 196-200.
[58] 汤新广. 基于相关处理的 OFDM 信号循环前缀盲估计方法[J]. 无线电工程, 2011, 41(3): 27-29.
[59] Zou L. Automatic Detection of the Guard Interval Length in OFDM System[J]. Journal of Communications, 2006, 1(6): 28-32.
[60] 蒋清平, 杨士中, 张天骐. OFDM 信号循环自相关分析及参数估计[J]. 华中科技大学学报(自然科学版), 2010, 38(2): 118-121.

[61] 蒋清平,杨士中,张天骐. 认知无线电中 OFDM 信号联合参数估计[J]. 北京邮电大学学报,2011,34(2):131-135.

[62] Zhang H J,Le Ruyet D,Terré M. Spectral Correlation of Multicarrier Modulated Signals and its Application for Signal Detection[J]. EURASIP Journal on Advances in Signal Processing,2010,2010(1):1-14.

[63] 黄奇珊,彭启琮,路友荣,等. OFDM 信号循环谱结构分析[J]. 电子与信息学报,2008,30(1):134-138.

[64] 郑文秀,赵国庆,罗明. 基于高阶循环累积量的 OFDM 子载波盲估计[J]. 电子与信息学报,2008,30(2):346-349.

[65] Shi M,Bar-Ness Y,Su W F. Blind OFDM Systems Parameters Estimation for Software Defined Radio[C]//2nd IEEE International Symposium on New Frontiers in Dynamic Spectrum Access Networks. Dublin,Ireland,2007:119-122.

[66] Punchihewa A,Zhang Q,Dobre O A,et al. On the Cyclostationarity of OFDM and Single Carrier Linearly Digitally Modulated Signals in Time Dispersive Channels:Theoretical Developments and Application[J]. IEEE Transactions on Wireless Communications,2010,9(8):2588-2599.

[67] Goh L P,Lei Z D,Chin F. DVB Detector for Cognitive Radio[C]//2007 IEEE International Conference on Communications. Glasgow,England,2007:6460-6465.

[68] 曹鹏,彭华,张金成. 频率选择性衰落信道下 OFDM 子载波数盲估计[J]. 电视技术,2011,35(3):67-70.

[69] Punchihewa A,Bhargava V K,Despins C. Blind Estimation of OFDM Parameters in Cognitive Radio Networks[J]. IEEE Transactions on Wireless Communications,2011,10(3):733-738.

[70] 郭黎利,吴丹,孙志国. 基于循环统计量的 OFDM 信号 CFAR 检测及参数估计[J]. 弹箭与制导学报,2009,29(4):201-205.

[71] Jang I G,Piao Z Y,Dong Z H,et al. Low-Power FFT Design for NC-OFDM in Cognitive Radio Systems[C]// 2011 IEEE International Symposium of Circuits and systems(ISCAS2011). Seoul,Korea,2011:2449-2452.

[72] Jia M,Gu X M,Wu Q. An Improved Channel Estimation Method for NC-OFDM Systems in Cognitive Radio Context[C]// 2011 6th International Conference on Communications and Networking in China(CHINACOM2011). Harbin,China,2011:147-150.

[73] Qin D Z,Ren J A,Xu Y H. An Efficient Pruning Algorithm for IFFT/FFT Based on NC-OFDM in 5G[C]// 2018 Second International Conference on Inventive Communication and Computational Technologies(ICICCT2018). Yanji,China,2018:432-435.

[74] Shaik Y F,Muhammammad Z U R,Krishna K M,et al. Side Lobe Suppression in NC-OFDM Systems Using Variable Cancellation Basis Function[J]. IEEE Access,2017,5:9415-9421.

[75] 周东旭,贾月岭,郭建新,等. NC-OFDM 中改进的子载波预留 PAPR 抑制算法[J]. 计算机工程,2015,41(10):10-13,19.

[76] Li J G,Tang W B,Li S Q,et al. A Simple and Effective SNR Estimation Algorithm for OFDM in Rayleigh Fading Channels[C]// 7th International Conference on Communications and Signal Processing. Macau,China,2009:1-4.

[77] Zivkovic M,Mathar R. An Improved Preamble-Based SNR Estimation Algorithm for OFDM Systems[C]// 2010 IEEE 21st International Symposium on Personal Indoor and Mobile Radio Communications. Instanbul,2010:172-176.

[78] Manzoor R S,Majavu W,Jeoti V,et al. Front-End Estimation of Noise Power and SNR in OFDM Systems[C]// 2007 IEEE International Conference on Intelligent and Advanced Systems. Kuala Lumpur,2007:

435-439.
[79] Wang Y, Li H, Zhang P, et al. A New Noise Variance Estimation Algorithm for Multiuser OFDM Systems [C]// IEEE 18th International Symposium on Personal, Indoor and Mobile Radio Communications. Athens, 2007: 1-4.
[80] Cui T, Tellambura C. Power Delay Profile and Noise Variance Estimation for OFDM[J]. IEEE Communications Letters, 2006, 10(1): 25-27.
[81] Socheleau F X, Aïssa-El-Bey A, Houcke S. Non Data-Aided SNR Estimation of OFDM Signals[J]. IEEE Communications Letters, 2008, 12(11): 813-815.
[82] 任光亮,张辉,常义林. 基于虚载波的 OFDM 系统信噪比盲估计方法[J]. 西安电子科技大学学报, 2004, 31(2): 186-189.
[83] Daffara F, Chouly A. Maximum Likelihood Frequency Detectors for Orthogonal Multicarrier Systems[C]// 1993 IEEE International Conference on Communications(ICC1993). Geneva, 1993, 2: 766-771.
[84] Sastry K S, Babu M S P. Non Data Aided SNR Estimation for OFDM Signals in Frequency Selective Fading Channels[J]. Wireless Personal Communications, 2013, 70(1): 165-175.
[85] 蒋清平. OFDM 信号盲估计与识别关键技术研究[D]. 重庆: 重庆大学, 2010.
[86] 周焱,姜兴,李思敏. OFDM 信号的 DoA 估计[J]. 桂林电子工业学院学报, 2003, 23(1): 9-13.
[87] 张先玉,刘郁林,钟圣. MB-OFDM 系统的 DoA 估计方法研究[J]. 通信对抗, 2006, 106(2): 22-25.
[88] 冯宝. 阵列天线 OFDM 系统的信号检测与参数估计[D]. 南京: 南京航空航天大学, 2009.
[89] 徐毅琼. 数字通信信号自动调制识别技术研究[D]. 郑州: 解放军信息工程大学, 2011.
[90] Dobre O A, Abdi A, Bar-Ness Y, et al. Survey of Automatic Modulation Classification Techniques: Classical Approaches and New Trends[J]. IET Communications, 2007, 1(2): 137-156.
[91] Gardner W A. Spectral Correlation of Modulated Signals: Part I—Analog Modulation[J]. IEEE Transactions on Communications, 1987, 35(6): 584-594.
[92] Gardner W A, Brown W, Chen C K. Spectral Correlation of Modulated Signals: Part II—Digital Modulation[J]. IEEE Transactions on Communications, 1987, 35(6): 595-601.
[93] 吕杰,张胜付,邵伟华,等. 数字通信信号自动调制识别的谱相关方法[J]. 南京理工大学学报(自然科学版), 1999, 23(4): 297-299.
[94] Fehske A, Gaeddert J D, Reed J H. A New Approach to Signal Classification Using Spectral Correlation and Neural Networks[C]// 2005 First IEEE International Symposium on New Frontiers in Dynamic Spectrum Access Networks. Baltimore, MD, USA, 2005: 144-150.
[95] Gao Y L, Zhang Z Z. Modluation Recognition Based on Combined Feature Parameter and Modified Probabilistic Neural Network[C]// The Sixth World Congress on Intelligent Control and Automation. Dalian, China, 2006, 1: 2954-2958.
[96] Hu H, Song J D, Wang Y J. Signal Classification Based on Spectral Correlation Analysis and SVM in Cognitive Radio[C]// 22nd International Conference on Advanced Information Networking and Applications. Okinawa, 2008: 883-887.
[97] Teng X Y, Tain P W, Yu H Y. Modulation Classification Based on Spectral Correlation and SVM[C]//4th International Conference on Wireless Communications, Networking and Mobile Computing. Dalian China, 2008: 1-4.
[98] Reichert J. Automatic Classification of Communication Signals Using Higher Order Statistics[C]// 1992 IEEE International Conference on Acoustics, Speech, and Signal Processing. San Francisco, CA, 1992: 221-224.
[99] Swami, B. Sadler. Modulation Classification Via Hierarchical Agglomerative Cluster Analysis[C]// First

IEEE Signal Processing Workshop on Signal Processing Advances in Wireless Communications. Paris, France,1997: 141-144.

[100] Swami A,Sadler B M. Hierarchical Digital Modulation Classification Using Cumulants[J]. IEEE Transactions on Communications,2000,48(3): 416-429.

[101] Chen W D,Yang S Q. Recursive Classification of MQAM Signals Based on Higher Order Cumulants[J]. Journal of Electronics,2002,19(3): 270-275.

[102] 李鹏,汪芙平,王赞基. 瑞利平坦衰落信道中的调制识别算法[J]. 电路与系统学报,2009,14(2): 107-110.

[103] Sun G C. MPSK Signals Modulation Classification Using Sixth-Order Cumulants[C]// 2010 3th International Congress on Image and Signal Processing. Yantai China,2010: 4404-4407.

[104] Li P H,Zhang H X,Wang X Y,et al. Modulation Recognition of Communication Signals Based on High Order Cumulants and Support Vector Machine[J]. The Journal of China Universities of Posts and Telecommunications,2012,19(1): 61-65.

[105] Spooner C M. On the Utility of Sixth-Order Cyclic Cumulants for RF Signal Classification[C]// Conference Record of the the Thirty-Fifth Asilomar Conference on Signals, Systems and Computers. Pacific Grove,CA,USA,2001: 890-897.

[106] Dobre O A,Bar-Ness Y,Wei W F. Robust QAM Modulation Classification Algorithm Using Cyclic Cumulants[C]// IEEE Wireless Communications and Networking Conference. Cote,2004: 745-748.

[107] Yucek T,Arslan H. A Novel Sub-Optimum Maximum-Likelihood Modulation Classification Algorithm for Adaptive OFDM Systems[C]// 2004 IEEE Wireless Communications and Networking Conference. New Orleans,LA USA,2004: 739-744.

[108] Reddy S B,Yucek T,Arslan H. An Efficient Blind Modulation Detection for Adaptive OFDM Systems [C]// 2003 IEEE 58th Vehicular Technology Conference. Orlando,Florida,USA,2003: 1895-1899.

[109] 冯祥,李建东. 自适应 OFDM 系统中调制识别算法研究[J]. 系统工程与电子技术,2005,27(8): 1325-1328.

[110] 王雪. OFDM 信号检测与调制识别[D]. 合肥: 中国科学技术大学,2009.

[111] 韩钢,李建东,李长乐. 自适应 OFDM 中信号盲检测技术[J]. 西安电子科技大学学报(自然科学版),2006,33(4): 602-606.

[112] 黄奇珊,彭启琮,邵怀宗,等. 自适应调制 OFDM 系统的调制方式盲辨识新算法[C]//第十一届全国青年通信学术会议. 绵阳:中国通信学会,2006: 216-222.

[113] Beliaev A V,Kasyanov A O. OFDM Structural-Time Parameters Estimation[C]// 2019 Radiation and Scattering of Electromagnetic Waves(RSEMW2019). Divnomorskoe,Russia,2019: 324-327.

[114] 严富成,程郁凡,陆炫宇,等. 基于循环自相关的 OFDM 时间参数盲估计改进算法研究[J]. 信号处理,2019,35(1): 65-74.

[115] Tang N J,Li B B,Liu M Q. A Modified Blind OFDM Systems Parameters Estimation Method[C]// 2010 IEEE 12th International Conference on Communication Technology(ICCT2010). Nanjing China,2010: 1279-1282.

[116] Liu J G,Wang X B,Nadeau J,et al. Blind Parameter Estimation for OFDM Interception Receiver with Iterative Cyclostationary Analysis [C]// 2011 Military Communications Conference. Baltimore, USA, 2011: 2211-2215.

[117] 金艳,任航,姬红兵. 脉冲噪声下基于相关熵的 OFDM 时域参数估计[J]. 系统工程与电子技术,2015,37(12): 2701-2706.

[118] 张俊林,王彬,汪洋,等. 一种α稳定分布噪声下 OFDM 信号调制识别与参数估计算法[J]. 电子学

报,2018,46(6):1390-1396.

[119] 张海川,雷迎科. 基于符号峰态的OFDM信号参数盲估计方法[J]. 计算机科学,2017,44(4):207-212.

[120] 张海川,雷迎科. 短循环前缀OFDM信号参数估计方法研究[J]. 信号处理,2016,32(12):1489-1496.

[121] Zhang H Y,Yuan C W. A Method for Blind Detection of OFDM Signal Based on Power Spectrum Reprocessing[C]// 2007 Eighth ACIS International Conference on Software Engineering,Artificial Intelligence,Networking,and Parallel/ Distributed Computing(SNPD). Qingdao China,2007:181-186.

[122] 刘瑜,张天骐,李灿,等. 基于高阶循环累积量的正交频分复用(OFDM)信号子载波调制识别算法[J]. 科学技术与工程,2014,14(20):251-256.

[123] 李国汉,王可人,金虎. 一种基于KS距离的OFDM子载波数估计法[J]. 计算机工程,2012,38(21):100-102.

[124] 张海川,雷迎科. 一种新颖的OFDM信号子载波数估计方法[J]. 计算机应用研究,2017,34(1):211-213.

[125] 张政,马金全,王学成. 基于随机共振的微弱OFDM子载波数估计改进算法[J]. 信号处理,2018,34(9):1086-1093.

[126] Luo R Z,Yang J,He G L,et al. Synchronization Algorithm for STBC MIMO-OFDM System at Low SNR[J]. Wireless Personal Communications,2016,91(1):237-253.

[127] Singh S K,Rathkanthiwar A P,Gandhi A S. New Algorithm for Time and Frequency Synchronization in MIMO-OFDM Systems[J]. Wireless Personal Communications,2017,96(3):3283-3295.

[128] Wang L Y,Jiang X Q. Improved Interleaving Scheme for PAPR Reduction in MIMO-OFDM Systems[C]// 2018 International Conference on Intelligent Computing(ICIC2018). Wuhan,China,2018:599-607.

[129] Bakkas B,Chana I,Ben-Azza H. PAPR Reduction in MIMO-OFDM Based on Polar Codes and Companding Technique[C]// 2019 International Conference on Advanced Communication Technologies and Networking(CommNet). Rabat,Morocco,2019:1-6.

[130] Zhang Z F,Xiao L M,Su X,et al. A Channel Estimation Method Based on the Improved LMS Algorithm for MIMO-OFDM Systems[C]// 2018 12th International Symposium on Medical Information and Communication Technology(ISMICT). Sydney,Australia,2018:1-5.

[131] He X Y,Song R F,Zhu W P. Pilot Allocation for Distributed-Compressed-Sensing-Based Sparse Channel Estimation in MIMO-OFDM Systems[J]. IEEE Transactions on Vehicular Technology,2016,65(5):2990-3004.

[132] 仲伟志,苏生,刘鑫,等. 基于循环前缀的MIMO-OFDM改进信道估计算法[J]. 系统工程与电子技术,2017,39(1):188-192.

[133] 谷波,刘琚,许宏吉. 基于独立分量分析的正交空时分组编码盲检测方案[J]. 通信学报,2006,27(12):127-131.

[134] 谷波,刘琚,许宏吉. 波束空时分组编码的ICA盲检测方案[J]. 电子与信息学报,2007,29(1):105-108.

[135] Larsson E G,Stoica P,Li J. Orthogonal Space-Time Block Codes:Maximum Likelihood Detection for UnKnown Channels and Unstructured Interferences[J]. IEEE Transactions on Signal Processing,2003,51(2):362-372.

[136] 许宏吉,刘琚,谷波,等. 空时分组码通信中的一类ICA盲检测方案[J]. 通信学报,2007,28(6):12-19.

[137] 许宏吉,刘琚,徐淑正,等. 基于独立分量分析的多天线空时盲接收方案[J]. 通信学报,2010,31(12):63-71.
[138] Shi M,Bar-Ness Y,Su W F. STC and BLAST MIMO Modulation Recognition[C]// 2007 IEEE Global Telecommunications Conference. Washington,USA,2007:3034-3039.
[139] Chung B Q,Zhang T Q. Blind Recognition of Space Time Block Code in MIMO Systems[J]. Digital Signal Processing,2018,83(1):1-8.
[140] Mohammadarimi M,Dobre O A. Blind Identification of Spatial Multiplexing and Alamouti Space-Time Block Code Via Kolmogorov-Smirnov(K-S)Test[J]. IEEE Communications Letters,2014,18(10):1711-1714.
[141] Marey M,Dobre O A,Liao B. Classification of STBC Systems Over Frequency-Selective Channels[J]. IEEE Transactions on Vehicular Technology,2015,64(5):2159-2164.
[142] Choqueuse V,Yao K,Collin L,et al. Hierarchical Space-Time Block Code Recognition Using Correlation Matrices[J]. IEEE Transactions on Wireless Communications,2008,7(9):3526-3534.
[143] Choqueuse V,Yao K,Collin L,et al. Blind Recognition of Linear Space Time Block Codes[C]// 2008 IEEE International Conference on Acoustics Speech and Signal Processing(ICASSP2008). Las Vegas,USA,2008:2833-2836.
[144] Choqueuse V,Marazin M,Collin L,et al. Blind Recognition of Linear Space-Time Block Codes:A Likelihood-Based Approach[J]. IEEE Transactions on Signal Processing,2010,58(3):1290-1299.
[145] 李浩,彭华. 一种改进的空时分组码参数识别算法[J]. 信息工程大学学报,2016,17(4):454-458.
[146] 李浩,彭华,于沛东. 空时分组码参数分析[J]. 电子学报,2017,45(7):1559-1566.
[147] Ling Q,Zhang L M,Yan W J,et al. Hierarchical Space-Time Block Codes Signals Classification Using Higher Order Cumulants[J]. Chinese Journal of Aeronautics,2016,29(3):754-762.
[148] 张立民,闫文君,凌青. 一种 MISO 条件下空时分组码盲识别方法[J]. 电子科技大学学报,2017,46(4):488-494.
[149] 赵知劲,陈林,王海泉,等. 基于独立分量分析的实正交空时分组码盲识别[J]. 通信学报,2012,33(11):1-7.
[150] Chung B Q,Zhang T Q. Blind Recognition of Real Orthogonal STBC Underdetermined Systems Based on Sparse Component Analysis[J]. Journal of Information & Computational Science,2015,12(11):4203-4213.
[151] 闫文君,张立民,凌青,等. 一种基于高阶累积量的正交空时分组码盲识别方法[J]. 电子学报,2016,44(5):1258-1264.
[152] 刘莹,单洪,胡以华,等. 基于谱分析的卫星通信调制识别算法[J]. 火力与指挥控制,2017,42(1):45-48,53.
[153] 张利,李青. 基于高阶累积量的调制识别算法的研究[J]. 信息工程大学学报,2017,18(4):403-408.
[154] 解辉,陈冠一,董庆军,等. 基于中频信号特征参数的卫星通信调制样式识别[J]. 现代电子技术,2019,42(11):11-14.
[155] 谭晓衡,褚国星,张雪静,等. 基于高阶累积量和小波变换的调制识别算法[J]. 系统工程与电子技术,2018,40(1):171-177.
[156] Hassan K,Dayoub I,Hamouda W,et al. Blind Digital Modulation Identification for Spatially-Correlated MIMO Systems[J]. IEEE Transactions on Wireless Communications,2012,11(2):683-693.
[157] Das D,Bora P K,Bhattacharjee R. Blind Modulation Recognition of the Lower Order PSK Signals Under

the MIMO keyhole Channel[J]. IEEE Communications Letters,2018,22(9):1834-1837.

[158] Liu X K,Zhao C L,Wang P B,et al. Blind Modulation Classification Algorithm Based on Machine Learning for Spatially Correlated MIMO System[J]. IET Communications,2017,11(7):1000-1007.

[159] Sarieddeen H,Mansour M M,Jalloul L M,et al. Low-Complexity Joint Modulation Classification and Detection in MU-MIMO [C]// 2016 IEEE Wireless Communications and Networking Conference. Doha, Qatar,2016:1-6.

[160] Kharbech S,Dayoub I,Zwingelstein-Colin M Z,et al. Blind digital modulation identification for time-selective MIMO channels[J]. IEEE Wireless Communications Letters,2014,3(4):373-376.

[161] Hassan K,Nzeza C N,Berbineau M,et al. Blind Modulation Identification for MIMO Systems[C]// 2010 IEEE Global Telecommunications Conference. Miami,USA,2010:1-5.

[162] Khosraviani M,Kalbkhani H,Shayesteh M G. Digital Modulation Recognition in MIMO Systems Based on Segmentation of Received Data[C]// 2017 Iranian Conference on Electrical Engineering(ICEE2017). Tehran,Iran,2017:1998-2002.

[163] 钱国兵,李立萍,郭亨艺. 多入单出正交空时分组码系统的调制识别[J]. 电子与信息学报,2015, 37(4):863-867.

[164] Choqueuse V,Azou S,Yao K C,et al. Blind Modulation Recognition for MIMO Systems[J]. MTA Review,2009,19(2):183-196.

[165] Turan M,Oner M,Cirpan H A. Joint Modulation Classification and Antenna Number Detection for MIMO Systems[J]. IEEE Communications Letters,2016,20(1):193-196.

[166] Wei M C,Wei Z X,Yang J Y,et al. Automatic Modulation Recognition of Digital Signal Based on Autoencoding Network in MIMO System[C]// 2018 IEEE 18th International Conference on Communication Technology(ICCT2018). Chongqing,China,2018:1017-1021.

[167] 张路平,王建新. MIMO 信号调制方式盲识别[J]. 应用科学学报,2012,30(2):135-140.

[168] 张贤达. 矩阵分析与应用[M]. 2 版. 北京:清华大学出版社,2013.

[169] Mirabbasi S,Martin K. Overlapped Complex-Modulated Transmultiplexer Filters with Simplified Design and Superior Stopbands[J]. IEEE Transactions on Circuits and Systems II: Analog and Digital Signal Processing,2003,50(8):456-469.

[170] Kobayashi R T,Abrao T. FBMC Prototype Filter Design Via Convex Optimization[J]. IEEE Transactions on Vehicular Technology,2019,68(1):393-404.

[171] Park J H,Yun D W,Lee W C,et al. A Computationally Efficient FBMC Transceiver Based on Modified PPFB Structure[C]// 2017 International Conference on Information and Communication Technology Convergence(ICTC2017). Seoul,Korea,2017:946-966.

[172] Baskara G I,Suryanegara M. Study of Filter-Bank Multi Carrier(FBMC)Utilizing Mirabbasi-Martin Filter for 5G System[C]// 2017 15th International Conference on Quality in Research : International Symposium on Electrical and Computer Engineering. Depok,Indonesia,2017:457-461.

[173] Park J H,Lee W C. An Efficient WOLA Structured OQAM-FBMC Transceiver[C]// 2018 Tenth International Conference on Ubiquitous and Future Networks(ICUFN2018). Seoul,Korea,2018:782-784.

[174] Kim J,Park Y,Weon S,et al. A New Filter-Bank Multicarrier System: The Linearly Processed FBMC System[J]. IEEE Transactions on Wireless Communications,2018,17(7):4888-4898.

[175] Jo S,Seo J S. Efficient LLR Calculation for FBMC[J]. IEEE Communications Letters,2015,19(10): 1834-1837.

[176] RezazadehReyhani A,Farhang-Boroujeny B. An Analytical Study of Circularly Pulse-Shaped FBMC-OQAM Waveforms[J]. IEEE Signal Processing Letters,2017,24(10):1503-1506.

[177] Baltar L G, Slim I, Nossek J A. Efficient Filter Bank Multicarrier Realizations for 5G [C]// 2015 IEEE International Symposium on Circuits and Systems (ISCAS2015). Munich, Germany, 2015: 2608-2611.

[178] RezazadehReyhani A, Farhang-Boroujeny B. Capacity Analysis of FBMC-OQAM Systems [J]. IEEE Communications Letters, 2017, 21(5): 999-1002.

[179] Dandach Y, Sionhan P. FBMC/OQAM Modulators with Half Complexity [C]//2011 IEEE Global Telecommunications Conference (GLOBECOM2011). Sévigné, France, 2011: 1-5.

[180] Jamal H, Matolak D W. Dual-Polarization FBMC for Improved Performance in Wireless Communication Systems [J]. IEEE Transactions on Vehicular Technology, 2019, 68(1): 349-358.

[181] David G L, Sheeba V S, Chunkath J, et al. Performance Analysis of Fast Convolution Based FBMC-OQAM System [C]// 2016 International Conference on Communication Systems and Networks (ComNet2016). Thrissur, India, 2016: 65-70.

[182] Cao W, Zhang L F, Hu W D, et al. OFDM Ambiguity Function Improvement with FBMC Prototype Filter for Passive Radar [C]// 2017 18th International Radar Symposium (IRS2017). Changsha, China, 2017: 1-9.

[183] Tao Y Z, Liu L, Liu S, et al. A Survey: Several Technologies of Non-Orthogonal Transmission for 5G [J]. China Communications, 2015, 12(10): 1-15.

[184] Schellmann M, Zhao Z, Siohan P, et al. FBMC-Based Air Interface for 5G Mobile: Challenges and Proposed Solutions [C]// 2014 9th International Conference on Cognitive Radio Oriented Wireless Networks and Communications (CROWNCOM2014). Munich, Germany, 2014: 102-107.

[185] 赵兆,龚希陶. 用于多址接入通信系统的有效的 FBMC 传输和接收: CN201480083555.5[P]. 2017-08-29.

[186] Shaik M, Sekhar R Y. Comparative Study of FBMC-OQAM and OFDM Communication System [C]// 2018 2nd International Conference on Trends in Electronics and Informatics (ICOEI2018). Vadlamudi, India, 2018: 559-563.

[187] 管鹏辉,张琳. 一种基于循环谱分析的调制信号识别算法[J]. 数据通信,2012(1): 32-35.

[188] 李艳玲,李兵兵,刘明骞. 瑞利衰落信道下 MQAM 信号的盲识别方法[J]. 华中科技大学学报(自然科学版),2012,40(4): 76-79.

[189] 于志明,郭黎利,赵冰. 基于奇异值分解的多载波调制信号盲识别算法[J]. 吉林大学学报(工学版),2011,41(3): 805-810.

[190] Liu G H, Xu M T. Research on a Modulation Recognition Method for the FBMC-OQAM Signals in 5G Mobile Communication System [C]// 2018 13th IEEE Conference on Industrial Electronics and Applications (ICIEA2018). Wuhan, China, 2018: 2544-2547.

[191] 张天骐,李立忠,张刚,等. 直扩信号的盲处理[M]. 北京:国防工业出版社,2012.

[192] Burel G. Detection of Spread Spectrum Transmissions Using Fluctuations of Correlation Estimators [C]// 2000 IEEE Int. Symp. on Intelligent Signal Processing and Communications Systems (ISPAC2000). Honolulu, Hawaii, USA, 2000: 5-8.

[193] 王玉娥. 单载波信号与 OFDM 信号调制识别研究[D]. 重庆:重庆邮电大学,2012

[194] Nzeza C N, Berbineau M, Moniak G, et al. Blind MC-DS-CDMA Parameters Estimation in Frequency Selective Channels [C]// 2009 Proceedings of the IEEE Global Telecommunications Conference (GLOBECOM2009). Honolulu, Hawaii, USA, 2009: 1-6.

[195] Burel G, Bouder C. Blind Estimation of the Pseudo-Random Sequence of a Direct Sequence Spread Spectrum Signal [C]// 2000 21st Century Military Communications Conference Proceedings (MILCOM2000). Los Angeles, California, USA, 2000: 967-970.

[196] 张天骐,林孝康,周正中. 基于神经网络的低信噪比直扩信号扩频码的盲估计方法[J]. 电路与系

统学报,2007,12(2):118-123.
[197] 邱铁修. 长码直扩信号中的扩频序列估计[D]. 成都:电子科技大学,2012.
[198] 叶中付,向利,徐旭. 基于信息论准则的信源个数估计算法改进[J]. 电波科学学报,2007,22(4):593-598.
[199] 赵拥军,张恒利,张培峰. 宽带信号源相干结构估计方法[J]. 现代雷达,2008,30(4):37-40.
[200] Cozzens J H,Sousa M J. Source Enumeration in a Correlated Signal Environment[J]. IEEE Transactions on Signal Processing,1994,42(2):304-317.
[201] 徐以涛,宫兵,刘忠军,等. 基于盖氏圆方法的宽带信源数目估计[J]. 解放军理工大学学报(自然科学版),2012,13(1):6-11.
[202] 张锴. 基于声向量阵正则相关技术的信源数目估计[J]. 舰船电子对抗,2013,36(2):69-73,77.
[203] Wax M,Ziskind I. Detection of the Number of Coherent Signals by the MDL Principle[J]. IEEE Transactions on Acoustics,Speech,and Signal Processing,1989,37(8):1190-1196.
[204] Wu H T,Yang J F,Chen F K. Source Number Estimators Using Transformed Gerschgorin Radii[J]. IEEE Transactions on Signal Processing,1995,43(6):1325-1333.
[205] Wong K M,Wu Q,Stoica P. Generalized Correlation Decomposition Applied to Array Processing in Unknown Noise Environments[M]. New Jersey:Prentice-Hall,1995.
[206] 沈斌,王建新. 基于奇异值分解的直扩信号伪码序列及信息序列盲估计方法[J]. 电子与信息学报,2014,36(9):2098-2103.
[207] 吕挺岑,李兵兵,董刚. 一种多径信道下的 OFDM 信号盲识别算法 [J]. 现代电子技术,2007(11):13-16.
[208] 张瑞. WCDMA 小区搜索辅同步码识别实现的新方案 [J]. 电子测量技术,2010,33(5):46-49.
[209] 陈林. 空时码盲识别方法研究[D]. 杭州:杭州电子科技大学,2012.
[210] 黄奇珊. OFDM 系统非协作接收关键技术研究[D]. 成都:电子科技大学,2007.
[211] 安宁,李兵兵,黄敏. 自适应 OFDM 系统子载波调制方式盲识别算法[J]. 西北大学学报(自然科学版),2011,41(2):231-234.
[212] Aouada S,Zoubir A M,See C M. A Comparative Study on Source Number Detection[C]// 2003 International Symposium on Signal Processing and Its Application,Paris,France,2003:173-176.
[213] Dobre O A,Abdi A,Bar-Ness Y,et al. Blind Modulation Classification:A Concept Whose Time Has Come[C]// 2005 IEEE Sarnoff Symposium on Advances in Wired and Wireless Communication,Princeton,USA,2005:223-228.
[214] Chi C Y,Chen C H,Feng C C,et al. Blind Equalization and System Identification:Batch Processing Algorithms,Performance and Applications [M]. London:Springer,2006.
[215] De Young M,Health R,Evans B L. Using Higher Order Cyclostationarity to Indentify Space-time Block Codes[C]// 2008 IEEE Global Teleommunications Conference(GLOBECOM2008),New Orleans,Louisiana,USA,2008:3370-3374.
[216] Zhou S Y,Wu Z L,Yin Z D,Blind Modulation Classification for Overlapped Co-Channel Signals Using Capsule Networks[J]. IEEE Communications Letters,2019,23(10):1849-1852.
[217] Hinton G,Deng L,Yu D,et al. Deep Neural Networks for Acoustic Modeling in Speech Recognition:The Shared Views of Four Research Groups[J]. IEEE Signal Processing Magazine,2012,29(6):82-97.
[218] Krizhevsky A,Sutskever I,Hinton G E. ImageNet Classification with Deep Convolutional Neural Networks[J]. Advances in Neural Information Processing Systems,2012,25(2):1097-1105.
[219] Parbas D L. The Real Risks of Artificial Intelligence[J]. Communications of the ACM,2017,60(10):27-31.

[220] 李佳宸. 基于深度学习的数字调制信号识别方法研究[D]. 哈尔滨:哈尔滨工程大学,2017.

[221] O'Shea T J,Corgan J,Clancy T C. Convolutional Radio Modulation Recognition Networks[J]. Engineering Applications of Neural Networks. Cham: Springer International Publishing,2016: 213-226.

[222] West N E,O'Shea T. Deep Architectures for Modulation Recognition[C]// 2017 IEEE International Symposium on Dynamic Spectrum Access Networks(DySPAN2017),2017: 1-6.

[223] O'Shea T J,West N. Radio Machine Learning Dataset Generation with GNU Radio[C]// Proceedings of the GNU Radio Conference,2016: 1-6.

[224] O'Shea J,Roy T,Clancy T C. Over-the-Air Deep Learning Based Radio Signal Classification[J]. IEEE Journal of Selected Topics in Signal Processing,2018,12(1): 168-179.

[225] Meng F,Chen P,Wu L N,et al. Automatic Modulation Classification: A Deep Learning Enabled Approach[J]. IEEE Transactions on Vehicular Technology,2018,67(11): 10760-10772.

[226] Ramjee S,Ju S T,Yang D Y,et al. Fast Deep Learning for Automatic Modulation Classification[J],arXiv. org,2019: 1-29. DOI: 10. 48550/arXiv. 1901. 05850.

[227] Li X F,Dong F W,Zhang S,et al. A Survey on Deep Learning Techniques in Wireless Signal Recognition [J]. Wireless Communications and Mobile Computing,2019(2019):1-12.

[228] Eldemerdash Y A,Dobre O A,Öner M. Signal Identification for Multiple-Antenna Wireless Systems: Achievements and Challenges[J]. IEEE Communications Surveys & Tutorials,2016,18(3): 1524-1551.

[229] Hammoodi A,Audah L,Taher M A. Green Coexistence for 5G Waveform Candidates: A Review[J]. IEEE Access,2019,7(3): 10103-10126.

[230] Eldessoki S,Wieruch D,Holfeld B. Impact of Waveforms on Coexistence of Mixed Numerologies in 5G URLLC Networks[C]// WSA 2017; 21th International ITG Workshop on Smart Antennas,Berlin,Germany,2017: 1-6.

[231] Sexton C,Bodinier Q,Farhang A,et al. Coexistence of OFDM and FBMC for Underlay D2D Communication in 5G Networks[C]// 2016 IEEE Globecom Workshops(GC Wkshps),Washington,DC,2016: 1-7.

[232] Liu X Y,Xu T Y,Darwazeh I. Coexistence of Orthogonal and Non-orthogonal Multicarrier Signals in Beyond 5G Scenarios[C]// 2020 2nd 6G Wireless Summit(6G SUMMIT),Levi,Finland,2020: 1-5.

[233] Yin Z D,Zhang R,Wu Z L,et al. Co-Channel Multi-Signal Modulation Classification Based on Convolution Neural Network[C]// 2019 IEEE 89th Vehicular Technology Conference(VTC2019-Spring),Kuala Lumpur,Malaysia,2019: 1-5.

[234] Zhang Z F,Wang C,Gan C Q,et al. Automatic Modulation Classification Using Convolutional Neural Network With Features Fusion of SPWVD and BJD[J]. IEEE Transactions on Signal and Information Processing Over Networks,2019,5(3): 469-478.

[235] Duan S,Chen K,Yu X,et al. Automatic Multicarrier Waveform Classification via PCA and Convolutional Neural Networks[J]. IEEE Access,2018,6(1): 51365-51373.

[236] Sun J J,Wang G H,Lin Z P,et al. Automatic Modulation Classification of Cochannel Signals Using Deep Learning[C]// 2018 IEEE 23rd International Conference on Digital Signal Processing(DSP2018), Shanghai,China,2018: 1-5.

[237] Li L X,Huang J S,Cheng Q Y,et al. Automatic Modulation Recognition: A Few-Shot Learning Method Based on the Capsule Network[J]. IEEE Wireless Communication Letters,2021,10(3):474-477.

[238] Shah M H,Dang X Y. Low-Complexity Deep Learning and RBFN Architectures for Modulation Clasification of Space-Time Block-Code (STBC)-MIMO Systems [J]. Digital Signal Processing, 2020, 99:102656.

[239] Dehri B,Besseghier M,Djebbar A B,et al. Blind Digital Modulation Classification for STBC-OFDM Sys-

tem in Presence of CFO and Channels Estimation Errors[J]. IET Communications, 2019, 13(17): 2827-2833.
[240] 冯磊,蒋磊,许华,等. 基于深度级联孪生网络的小样本调制识别算法[J]. 计算机工程,2021,47(4):108-114.
[241] 苟泽中,许华,郑万泽,等. 基于半监督联合神经网络的调制识别算法[J]. 信号处理,2020,36(2):168-176.
[242] 史蕴豪,许华,郑万泽,等. 基于集成学习与特征降维的小样本调制识别方法[J]. 系统工程与电子技术,2021,43(4):1099-1109.
[243] 冯磊,蒋磊,许华,等. 基于网络度量的三分支孪生网络调制识别算法[J]. 计算机工程与应用,2021,57(19):135-141.
[244] 史蕴豪,许华,刘英辉. 一种基于伪标签半监督学习的小样本调制识别算法[J]. 西北工业大学学报,2020,38(5):1074-1085.
[245] Wang Y, Gui G, Gacanin H, et al. Transfer Learning for Semi-Supervised Automatic Modulation Classification in ZF-MIMO Systems[J]. IEEE Journal on Emerging and Selected Topics in Circuits and Systems, 2020, 10(2): 231-239.
[246] 范海波,杨志俊,曹志刚. 卫星通信常用调制方式的自动识别[J]. 通信学报,2004,25(1):140-149.
[247] 张炜,杨虎,张尔扬. 多进制相移键控信号的谱相关特性分析[J]. 电子与信息学报,2008,30(2):392-396.
[248] 谭晓波,张杭,朱德生. 基于星座图恢复的 PSK 信号调制方式盲识别[J]. 宇航学报,2011,32(6):1386-1393.
[249] 徐健飞,汪芙平,王赞基. 基于相位聚类的 MPSK 信号调制分类算法[J]. 电路与系统学报,2011,16(5): 55-59.
[250] Nandi A K, Azzouz E E. Automatic Analogue Modulation Recognition [J]. Signal Processing, 1995, 46(2): 211-222.
[251] Azzouz E E, Nandi A K. Automatic Identification of Digital Modulation Types [J]. Signal Processing, 1995, 47(1):55-69.
[252] Nandi A K, Azzouz E E. Modulation Recognition Using Artificial Neural Network [J]. Signal Processing, 1997. 56(2): 165-175.
[253] Azzouz E E, Nandi A K. Automatic Modulation Recognition-I [J]. Journal of the Franklin Institute, 1997, 334B(2): 241-273.
[254] Azzouz E E, Nandi A K. Automatic Modulation Recognition-II [J]. Journal of the Franklin Institute, 1997, 334B(2): 275-305.
[255] Nandi A K, Azzouz E E. Algorithms for Automatic Modulation Recognition of Communication Signals [J]. IEEE Transactions on Communications, 1998, 46(4): 431-436.
[256] 张贤达. 时间序列分析:高阶统计量方法[M]. 北京: 清华大学出版社,1996.
[257] 肯尼思·法尔科内. 分形几何: 数学基础及其应用[M]. 曾文曲,刘世耀,等译. 沈阳:东北大学出版社,1991.
[258] 吕铁军,郭双冰,肖先赐. 调制信号的分形特征研究[J]. 中国科学: E 辑,2001,31(6): 508-513.
[259] 边肇祺,张学工. 模式识别[M]. 2 版. 北京: 清华大学出版社,2000.
[260] 杨淑莹,张桦. 模式识别与智能计算:MATLAB 技术实现[M]. 3 版. 北京: 电子工业出版社,2008.
[261] 张贤达. 现代信号处理[M]. 2 版. 北京: 清华大学出版社,2002.

[262] 胡昌华,李国华,刘涛,等. 基于 MATLAB 6. X 的系统分析与设计:小波分析[M]. 2 版. 西安:西安电子科技大学出版社,2004.
[263] 李俊俊,陆明泉. 一种改进的数字信号自动识别方法[J]. 系统工程与电子技术,2005,27(12):2023-2024,2050.
[264] 斯华龄. 电脑人脑化:神经网络——第六代计算机[M]. 北京:北京大学出版社,1992.
[265] 高尚,杨静宇. 群智能算法及其应用[M]. 北京:中国水利水电出版社,2006.
[266] Proakis J G. Digital communication[M]. 4th ed. New York:McGraw-Hill,2001.
[267] 徐海源. 雷达/通信侦察中相位编码信号分析处理技术研究[D]. 长沙:国防科学技术大学,2007.
[268] Zhou X,Wu Y,Yang G P. Modulation Classification of MPSK Signals Based on Relevance Vector Machines[C]// IEEE 2009 International Conference on Information Engineering and Computer Science (ICIECS 2009). Wuhan,2009:1-5.
[269] Cook C E,Bernfeld M. Radar Signals:An Introduction to Theory and Application[M]. London:Artech House Publisher,1993.
[270] 石明军,徐振平,肖立民,等. 基于模糊函数的直扩信号多参数估计[J]. 清华大学学报(自然科学版),2009,49(10):1619-1622.
[271] Lin C T. On the Ambiguity Function of Random Binary-Phase-Coded Waveforms[J]. IEEE Transactions on Aerospace and Electronic Systems,1985(3):432-436.
[272] Gardner W A,Napolitano A,Paura L. Cyclostationarity:Half a Century of Research[J]. Signal processing,2006,86(4):639-697.
[273] 李兵兵,曹超凤,刘明骞,等. 低复杂度的 OFDM 信号信噪比的盲估计[J]. 四川大学学报(工程科学版),2012,44(3):159-163.
[274] Tureli U,Liu H,Zoltowski M D. OFDM Blind Carrier Offset Estimation:ESPRIT[J]. IEEE Transactions on Communications,2000,48(9):1459-1461.
[275] 张贤达,保铮. 通信信号处理[M]. 北京:国防工业出版社,2000.
[276] Chin W L. ML Estimation of Timing and Frequency Offsets Using Distinctive Correlation Characteristics of OFDM Signals Over Dispersive Fading Channels[J]. IEEE Transactions on Vehicular Technology,2011,60(2):444-456.
[277] Punchihewa A,Dobre O A,Rajan S,et al. Cyclostationarity-Based Algorithm for Blind Recognition of OFDM and Single Carrier Linear Digital Modulations[C]//18th Annual IEEE International Symposium on Personal,Indoor and Mobile Radio Communications(PIMRC2007). Athens,Greece,2007:1-5.
[278] 王永娟. 基于高阶累积量的 OFDM 信号调制识别技术研究[D]. 西安:西安电子科技大学,2009.
[279] Wang B,Ge L D. A Novel Algorithm for Identification of OFDM Signal[C]// 2005 International Conference on Wireless Communications,Networking and Mobile Computing(WCNM2005). Wuhan,China,2005:261-264.
[280] 张弛,吴瑛. OFDM 信号的盲识别研究[J]. 计算机工程,2010,36(4):262-264.
[281] 杨昉,何丽峰,潘长勇. OFDM 原理与标准:通信技术的演进[M]. 北京:电子工业出版社,2013.
[282] 艾渤,王劲涛,钟章队. 宽带无线通信 OFDM 系统同步技术[M]. 北京:人民邮电出版社,2011.
[283] 啜钢,王文博,常永宇,等. 移动通信原理与系统[M]. 2 版. 北京:北京邮电大学出版社,2009.
[284] 杨琳,许小东,路友荣,等. 基于谱线特征的恒包络数字调制方式识别方法[J]. 中国科学技术大学学报,2009,39(9):936-943.
[285] 史悦,孙洪祥. 概率论与随机过程[M]. 北京:北京邮电大学出版社,2010.
[286] 张贤达,保铮. 非平稳信号分析与处理[M]. 北京:国防工业出版社,1998.

[287] 黄知涛. 循环平稳信号处理及其应用研究[M]. 长沙：国防科技大学出版社,2007.
[288] 汪增福. 模式识别[M]. 合肥：中国科学技术大学出版社,2010.
[289] 阙隆树. 数字通信信号自动调制识别中的分类器设计与实现[D]. 成都：西南交通大学,2010.
[290] Taira S,Murakami E. Automatic Classification of Analogue Modulation Signals by Statistical Parameters [C]// IEEE 1999 Military Communications Conference Proceedings(MILCOM 1999). Atlantic City, NJ,1999：202-207.
[291] Akmouche W. Detection of Multicarrier Modulations Using 4th-order Cumulants[C]//IEEE 1999 Military Communications Conference Proceedings(MILCOM 1999). Atlantic City,NJ,1999：432-436.
[292] 刘献玲,陈健,阔永红,等. 基于累量的 OFDM 信号调制识别[J]. 电子科技,2007(2)：29-32.
[293] 张路平,王建新. 基于累积量的通信信号调制样式类间识别[J]. 南京理工大学学报,2011,35(4)：525-528.
[294] 刘鹏. OFDM 信号调制识别和解调关键技术研究[D]. 西安：西安电子科技大学,2006.
[295] 王彬. 无线衰落信道中的调制识别、信道盲辨识和盲均衡技术研究[D]. 郑州：解放军信息工程大学,2007.
[296] Hyder M M,Mahata K. A Robust Algorithm for Joint-Sparse Recovery[J]. IEEE Signal Processing Letters,2009,16(12)：1091-1094.
[297] Mohimani H,Babaie-Zadeh M,Jutten C. A Fast Approach for Overcomplete Sparse Decomposition Based on Smoothed l^0 Norm[J]. IEEE Transactions on Signal Processing,2009,57(1)：289-301.
[298] Hyder M M,Mahata K. DirectionofArrival Estimation Using a Mixed $l_{2,0}$ Norm Approximation[J]. IEEE Transactions on Signal Processing,2010,58(9)：4646-4655.
[299] Xu J,Pi Y,Cao Z. Bayesian Compressive Sensing in Synthetic Aperture Radar Imaging[J]. The Institution of Engineering and Technology Radar,Sonar & Navigation,2012,6(1)：2-8.
[300] Yu P C,Yang P,Yang F. DoA Estimation of Wideband Signal Sources by Using PM-CSM on Real Antenna Array[C]// IEEE Cross Strait Quad-Regional Radio Science and Wireless Technology Conference (CSQRWC-2012),2012：154-156.
[301] Hung H,Kaveh M. Focusing Matrices for Coherent Signal-Subspace Processing[J]. IEEE Transactions on Acoustics,Speech and Signal Processing,1988,36(8)：1272-1281.
[302] Messer H. The Potential Performance Gain in Using Spectral Information in Passive Detection Localization of Wideband Sources[J]. IEEE Transactions on Signal Processing,1995,43(12)：2964- 2974.
[303] 丁齐,魏平,肖先赐. 基于四阶累积量的 DoA 估计方法及其分析[J]. 电子学报,1999,27(3)：25-28.
[304] 陈建,王树勋. 基于高阶累积量虚拟阵列扩展的 DoA 估计[J]. 电子与信息学报,2007,29(5)：1041-1044.
[305] Zeng W J,Li X L,Zhang X D. Direction-of-Arrival Estimation Based on the Joint Diagonalization Structure of Multiple Fourth-Order Cumulant Matrices[J]. IEEE Signal Processing Letters,2009,16(3)：164-167.
[306] Ju K H,Sung H J,et al. Cumulant Based Approach for Direction of Arrival Estimation of Wideband Sources[C]// 1996 Antennas and Propagation Society International Symposium,1996,2：1376-1379.
[307] 冯莹莹,程向阳,邓明. 基于稀疏表示的信号 DoA 估计[J]. 计算机应用研究,2013,30(2)：537-540.
[308] Malioutov D,Cetin M,Willsky A S. A Sparse Signal Reconstruction Perspective for Source Localization with Sensor Arrays[J]. IEEE Transactions on Signal Processing,2005,53(8)：3010-3022.
[309] Liu Z M,Huang Z T,Zhou Y Y. Directiong-of-Arrival Estimation of Wideband Signals Via Covariance

Matrix Sparse Representation[J]. IEEE Transactions on Signal Processing,2011,59(9):4256-4270.

[310] Wang H,Kaveh M. On the Performance of Signal-Subspace Processing for the Detection and Estimation of Angles of Arrival of Multiple Wideband Sources[J]. IEEE Transactions on Acoustics,Speech and Signal Processing,1985,33(4):823-831.

[311] Cotter S F,Rao B D,Engan K,et al. Sparse Solutions to Linear Inverse Problems with Multiple Measurement Vectors[J]. IEEE Transactions on Signal Processing,2005,53(7):2477-2488.

[312] 王睿. 基于循环平稳性的数字信号调制识别与参数估计研究[D]. 成都:电子科技大学,2012.

[313] Reynaldi A,Lukas S,Margaretha H. Backpropagation and Levenberg-Marquardt Algorithm for Training Finite Element Neural Network[C]// 2012 Sixth UKSim/AMSS European Symposium on Computer Modeling and Simulation. Valetta,Malta,2012:89-94.

[314] 张天骐,王胜,李群,等. 基于相关性的 FBMC-OQAM 信号的符号周期盲估计[J]. 系统工程与电子技术,2019,41(6):1402-1407.

[315] 姚天任,孙洪. 现代数字信号处理[M]. 武汉:华中科技大学出版社,1999.

[316] Tian J F,Zhou T,Xu T H,et al. Blind Estimation of Channel Order and SNR for OFDM Systems[J]. IEEE Access,2018,6:12656-12664.

[317] 王东,赵加祥,喻丽红. 低信噪比下非数据辅助的 OFDM 系统信道阶数和噪声方差的估计[J]. 电子与信息学报,2016,38(2):276-281.

[318] 崔波,刘璐,李翔宇,等. 基于均衡代价函数的信道阶数盲估计算法[J]. 电子学报,2015,43(12):2394-2401.

[319] Wang K,Zhang X D. Blind Noise Variance and SNR Estimation for OFDM Systems Based on Information Theoretic Criteria[J]. Signal Process,2010,90(09):2766-2772.

[320] Bellanger M,Le Ruyet D,Roviras D,et al. FBMC Physical Layer:A Primer [J]. Phydyas,2010,25(4):7-10.

[321] Viholainen A,Ihalainen T,Stitz T H,et al. Prototype Filter Design for Filter Bank Based Multicarrier Transmission[C]// 2009 17th European Signal Processing Conference. Seoul,Korea,2009:1359-1363.

[322] Bolcskei H. Blind Estimation of Symbol Timing and Carrier Frequency Offset in Wireless OFDM Systems[J]. IEEE Transactions on Communications,2001,49(6):988-999.

[323] 张华娣,楼华勋. MQAM 信号调制方式自动识别方法[J]. 通信学报,2019,40(8):200-211.

[324] Zhang X L,Sun J T,Zhang X T. Automatic Modulation Classification Based on Novel Feature Extraction Algorithms[J]. IEEE Access,2020,8:16362-16371.

[325] 赵雄文,郭春霞,李景春. 基于高阶累积量和循环谱的信号调制方式混合识别算法[J]. 电子与信息学报,2016,38(3):674-680.

[326] Li W W,Dou Z,Qi L,et al. Wavelet Transform Based Modulation Classification for 5G and UAV Communication in Multipath Fading Channel[J]. Physical Communication,2019,34:272-282.

[327] 罗潇景. 基于滤波器组的多载波(FBMC)调制系统的研究及实现[D]. 成都:电子科技大学,2016.

[328] 魏孟传. 基于深度学习的数字信号调制识别研究[D]. 北京:北京邮电大学,2019.

[329] Kim H,Han H,Park H. Waveform Design for QAM-FBMC Systems[C]// 2017 IEEE 18th International Workshop on Signal Processing Advances in Wireless Communications(SPAWC2017). Daejeon,Korea,2017:1-5.

[330] Yun Y H,Kim C,Kim K,et al. A New Waveform Enabling Enhanced QAM-FBMC Systems[C]// 2015 IEEE 16th International Workshop on Signal Processing Advances in Wireless Communications(SPAWC2015). Korea,2015:116-120.

[331] Wang L,Li Y B. Constellation Based Signal Modulation Recognition for MQAM[C]// 2017 IEEE International Conference on Communication Software and Networks(ICCSN2017). Guangzhou,China,2017: 826-829.

[332] Ahmed K A,Ergun E. Algorithm for Automatic Recognition of PSK and QAM with Unique Classifier Based on Features and Threshold Levels[J]. ISA Transactions,2020,102: 173-192.

[333] Aldana C H,Carvalho E,Cioffi J M. Channel Estimation for Multicarrier Multiple Input Single Output Systems Using the EM Algorithm [J]. IEEE Transactions on Signal Processing, 2003, 51 (12): 3280-3292.

[334] Lee K I,Woo K S,Kim J K,et al. Channel Estimation for OFDM Based Cellular Systems Using a DEM Algorithm [C]// 2007 IEEE 18th International Symposion on Personal,Indoor and Mobile Radio Communications. Athens,Greece,2007: 1-5.

[335] Dandawate A V,Giannakis G B. Statistical Tests for Presence of Cyclostationarity [J]. IEEE Transactions on Signal Processing,1994,42(9): 2355-2369.

[336] BLAST: Bell Labs Layered Space Time [EB/OL]. 1996-9-1 http://www1. belllabs. com/project/blast/.

[337] Liu L,Pascual,Iserte A,et al. Blind Separation of OSTBC Signals Using ICA Neural Networks[C]// 2003 IEEE International Symposium on Signal Processing and Information Technology,Darmstadt,Germany,2003:502-505.

[338] Jafarkhani H. Space-Time Coding: Theory and Practice [M]. New York: Cambridge University Press,2005.

[339] Wax M,Kailath T. Detection of Signals by Information Theoretic Criteria[J]. IEEE Transactions Acoustics,Speech and Signal Processing,1985,33(2):387-392.

[340] Dave R N,Krishnapuram R. Robust Clustering Methods: A Unified View [J]. IEEE Transactions on Fuzzy Systems,1997,5(2): 270-293.

[341] Frigui H,Krishnapuram R. A Robust Competitive Clustering Algorithm with Applications in Computer Vision[J]. IEEE Transactions on Pattern Analysis Machine Intelligence,1999,21(5):450-465.

[342] Larsson E G,Stoica P. Space-time Block Coding for Wireless Communications [M]. New York: Cambridge University Press,2008.

[343] Sandhu S,Paulraj A,Pandit K. On Nonlinear Space-time Block Codes[C]// 2002 International Conference on Acoustics Speech and Signal Processing. Orlando,Florida,USA,2002: 2417-2420.

[344] Liu Z,Giannakis G B,Zhou S,et al. Space-time Coding for Broadband Wireless Communications [J]. Wireless Communications and Mobile Computing,2001,1(1): 35-53.

[345] Lindskog E,Paulraj A. A Transmit Diversity Scheme for Channels with Intersymbol Interference [J]. IEEE Transactions on Communications,2000,49(9): 1529-1539.

[346] Derrryberry R T,Gray S D,Ionescu D M,et al. Transmit Diversity in 3G CDMA Systems [J]. IEEE Communications Magazine,2002,40(4): 68-75.

[347] Srivastava S,Kumar M S,Mishra A,et al. Sparse Doubly-Selective Channel Estimation Techniques for OSTBC MIMO-OFDM Systems: A Hierarchical Bayesian Kalman Filter Based Approach[J]. IEEE Transactions on Communications,2020,68(8): 4844-4858.

[348] Tan M X,Le Q V. Efficientnet: Rethinking Model Scaling for Convolutional Neural Networks[C]// International Conference on Machine Learning(ICML2019),2019: 10691-10700.

[349] Zeng Y,Zhang M,Han F,et al. Spectrum Analysis and Convolutional Neural Network for Automatic Modulation Recognition[J]. IEEE Wireless Communications Letters,2019,8(3): 929-932.

[350] Guey J C,Fitz M P,Bell M R,et al. Signal Design for Transmitter Diversity Wireless Communication

Systems Over Rayleigh Fading Channels [J]. IEEE Transactions on Communications, 1999, 47(4): 527-537.

[351] 刘立程,戴宪华. 基于导频的 MC-DS-CDMA 系统载波频偏估计[J]. 通信学报,2008,29(8): 30-37.

[352] El-Mahdy A E. Error Probability Analysis of Multicarrier Direct Sequence Code Division Multiple Access System Under Imperfect Channel Estimation and Jamming in a Rayleigh Fading Channel [J]. IET signal processing, 2010, 4(1): 89-101.

[353] Smida B, Hanzo L, Affes S. Exact BER Performance of Asynchronous MC-DS-CDMA over Fading Channels [J]. IEEE Transactions on Wireless Communications, 2010, 9(4): 1249-1254.

[354] 吴旺军,张天骐,阳锐,等. 利用二次谱盲估计多速率 DS/CDMA 伪码周期[J]. 电讯技术,2014,54(7): 937-944.

[355] Nzéza C N, Gautier R, Burel G. SPC11-2: Blind Multiuser Detection in Multirate CDMA Transmissions Using Fluctuations of Correlation Estimators[C]// Proceedings of 2006 Global Telecommunications Conference(GLOBECOM2006), San Francisco, CA, USA, 2006: 1-5.

[356] 沙志超,吴海斌,任啸天,等. 非合作直扩信号检测中的相关函数二阶矩方法[J]. 系统工程与电子技术,2013,35(8): 1602-1606.

[357] 张天骐,代少升,杨柳飞,等. 在残余频偏下微弱直扩信号伪码周期的谱检测[J]. 系统工程与电子技术,2009,31(4): 777-781.

[358] 熊伟杰. 直扩信号盲估计技术研究[D]. 成都: 电子科技大学,2015.

[359] 姚直象,郭瑞,张强. 一种 AIC 准则信源数估计方法[C]// 中国声学学会 2010 年全国会员代表大会暨学术会议. 哈尔滨: 声学技术,2010: 140-141.

[360] 苗圃. 多径及多用户直扩信号的盲估计研究[D]. 重庆: 重庆邮电大学,2010.

[361] 蔡进,刘春生,陈明建,等. 总体最小二乘拟合的盖氏圆盘信源数估计法[J]. 信号处理,2017,33(10): 1332-1337.

[362] 郑文秀,赵国庆,罗明. 基于循环累积量的星型 QAM 载波盲估计[J]. 系统工程与电子技术,2008,30(2): 233-235.

[363] 燕展,康凯,王红军. 一种改进的卫星 MPSK 通信信号盲载频估计算法[J]. 电讯技术,2013,53(9): 1186-1190.

[364] DANG M M, SUN G C. Blind Estimation of OFDM Parameters under Multipath Channel[C]// 2011 4th International Congress on Image and Signal Processing (CISP 2011). Shanghai, China, 2011: 2809-2812.

[365] 江伟华,陈东升,吴燕艺,等. 基于循环前缀相关性的水声 OFDM 信号调制识别[J]. 应用声学,2016,35(1): 42-49.

[366] Moon T K. The Expectation-Maximization Algorithm[J]. IEEE Signal Processing Magazine, 1996, 13(6): 47-60.

[367] Xie Y Z, Georghiades C N. Two EM-type Channel Estimation Algorithms for OFDM with Transmitter Diversity[J]. IEEE Transactions on Communications, 2003, 51(1): 106-115.

[368] Kiranyaz S, Gastli A, Ben-Brahim L B, et al. Real-Time Fault Detection and Identification for MMC Using 1-D Convolutional Neural Networks [J]. IEEE Transactions on Industrial Electronics, 2019, 66(11): 8760-8771.

[369] 查雄,彭华,秦鑫,等. 基于多端卷积神经网络的调制识别方法[J]. 通信学报,2019,40(11): 30-37.

[370] Papadias C B. Globally Convergent Bind Surce Sparation Bsed on a Mltiuser Krtosis Mximization Criterion

[J]. IEEE Transactions on Signal Processing,2000,48(12):3508-3519.

[371] 顾浙骐,张志培. 基于协作多点传输的非线性顽健预编码[J]. 通信学报,2015,36(10):140-148.

[372] Liu Y,Simeone O,Haimovich A M,et al. Modulation Classification for MIMO-OFDM Signals via Approximate Bayesian Inference[J]. IEEE Transactions on Vehicular Technology,2017,66(1):268-281.

[373] Liu Y,Simeone O,Haimovich A M,et al. Modulation Classification for MIMO-OFDM Signals via Gibbs Sampling[C]// 2015 49th Annual Conference on Information Sciences and Systems(CISS2015). The Johns Hopkins University,2015:1-6.

[374] Xu H J,Liu J Y,Gu B,et al. LCA Based Blind Detection Scheme in Space-Time Block Coding Communications[J]. Journal on Communications,2007,28(6):12-19.

[375] Zhang T,Fan C. MIMO Signal Modulation Recognition Algorithm Based on ICA and Feature Extraction [J]. Journal of Electronics and Information Technology,2020,42(9):2208-2215.

[376] Kumar A,Ambigapathy S,Masud,M,et al. An Efficient Hybrid PAPR Reduction for 5G NOMA-FBMC Waveforms[J]. Computers,Materials & Continua,2021,69(3):2967-2981.

[377] Doanh B Q,Quan D T,Hieu T C,et al. Combining Designs of Precoder and Equalizer for MIMO FBMC-OQAM Systems Based on Power Allocation Strategies[J]. AEU- International Journal of Electronics and Communications,2021,130:153572.

[378] Nissel R,Rupp M. OFDM and FBMC-OQAM in Doubly-Selective Channels:Calculating the bit Error Probability[J]. IEEE Communications Letters,2017,21(6):1297-1300.

[379] Xu J L,Su W,Zhou M C. Likelihood-Ratio Approaches to Automatic Modulation Classification[J]. IEEE Transactions on Systems,Man,and Cybernetics,Part C(Applications and Reviews),2011,41(4):455-469.

[380] Pedzisz M,Mansour A. Automatic Modulation Recognition of MPSK Signals Using Constellation Rotation and its 4th Order Cumulant[J]. Digital Signal Processing,2005,15(3):295-304.

[381] Chang D,Shih P. Cumulants-Based Modulation Classification Technique in Multipath Fading Channels [J]. IET Communications,2015,9(6):828-835.

[382] Rebeiz E,Yuan F L,Urriza P,et al. Cabric. Energy-Efficient Processor for Blind Signal Classification in Cognitive Radio Networks[J]. IEEE Transactions on Circuits and Systems I:Regular Papers,2014,61(2):587-599.

[383] Abrudan T E,Eriksson J,Koivunen V. Steepest Descent Algorithms for Optimization Under Unitary Matrix Constraint[J]. IEEE Transactions on Signal Processing,2008,56(3):1134-1147.

[384] Rajendran S,Meert W,Giustiniano D,et al. Deep Learning Models for Wireless Signal Classification With Distributed Low-Cost Spectrum Sensors[J]. IEEE Transactions on Cognitive Communications and Networking,2018,4(3):433-445.

[385] Rahbari H,Krunz M. Exploiting Frame Preamble Waveforms to Support New Physical-Layer Functions in OFDM-Based 802. 11 Systems[J]. IEEE Transactions on Wireless Communications,2017,16(6):3775-3786.

[386] Hadani R,Rakib S,Tsatsanis M,et al. Orthogonal Time Frequency Space Modulation[C]// 2017 IEEE Wireless Communications and Networking Conference(WCNC2017),San Francisco,CA,2017:1-6.

[387] J. Abdoli J,Jia M,Ma J L. Filtered OFDM:A New Waveform for Future Wireless Systems[C]// 2015 IEEE 16th International Workshop on Signal Processing Advances in Wireless Communications(SPAWC 2015),Stockholm,2015:66-70.

[388] Wild T,Schaich F,Chen Y J. 5G Air Interface Design Based on Universal Filtered(UF-)OFDM[C]// 2014 19th International Conference on Digital Signal Processing,2014,Hong Kong,2014:699-704.

[389] Michailow N, Matthe M, Gaspar I S, et al. Generalized Frequency Division Multiplexing for 5th Generation Cellular Networks[J]. IEEE Transactions on Communications, 2014, 62(9): 3045-3061.

[390] Hong D H, Zhang Z L, Xu X D. Automatic Modulation Classification Using Recurrent Neural Networks [C]// 2017 3rd IEEE International Conference on Computer and Communications (ICCC 2017), Chengdu, 2017: 695-700.

[391] Koniusz P, Yan F, Mikolajczyk K. Comparison of Mid-Level Feature Coding Approaches and Pooling Strategies in Visual Concept Detection[J]. Computer Vision and Image Understanding: CVIU, 2013, 117 (5): 479-492.

[392] Hochreiter S, Schmidhuber J. Long Short-Term Memory[J]. Neural Computation, 1997, 9(8): 1735-1780.

[393] Choqueuse V, Mansour A, Burel G, et al. Blind Channel Estimation for STBC Systems Using Higher-Order Statistics[J]. IEEE Transactions on Wireless Communications, 2011, 10(2): 495-505.

[394] Jagannath J, Polosky N, O'Connor D, et al. Artificial Neural Network Based Automatic Modulation Classification over a Software Defined Radio Testbed[C]// 2018 IEEE International Conference on Communications (ICC 2018), Kansas City, MO, 2018: 1-6.

[395] De Vrieze C, Simić L, Mähönen P. The Importance of Being Earnest: Performance of Modulation Classification for Real RF Signals[C]// 2018 IEEE International Symposium on Dynamic Spectrum Access Networks (DySPAN 2018), Seoul, 2018: 1-5.

[396] An Z, Zhang T, Ma B, et al. Blind Multicarrier Waveform Recognition Based on Spatial-Temporal Learning Neural Networks[J]. Digital Signal Processing, 2021, 111(3): 102994.

[397] Rahman T F, Sacchi C, Morosi S, et al. Constant-Envelope Multicarrier Waveforms for Millimeter Wave 5G Applications[J]. IEEE Transactions on Vehicular Technology, 2018, 67(10): 9406-9420.

[398] Thaj T, Viterbo E, Hong Y. Orthogonal Time Sequency Multiplexing Modulation: Analysis and Low-Complexity Receiver Design[J]. IEEE Transactions on Wireless Communications, 2021, 20(12): 7842-7855.

[399] Lai K C, Huang Y J, Chen C T, et al. A Family of MMSE-Based Decision Feedback Equalizers and Their Properties for FBMC/OQAM Systems[J]. IEEE Transactions on Vehicular Technology, 2019, 68(3): 2346-2360.

[400] Zhang L P, Wang J X, Ma N. Blind Recognition of OFDM Signal and Single-Carrier Signals in MultiPath Channel[J]. Journal of Astronautics, 2012, 33(9): 1289-1294.

[401] Peng S, Jiang H, Wang H, et al. Modulation Classification Based on Signal Constellation Diagrams and Deep Learning[J]. IEEE Trans. Neural Netw. Learn. Syst., Mar. 2019, 30(3): 718-727.

[402] Lin Y, Tu Y, Dou Z, et al. Contour Stella Image and Deep Learning for Signal Recognition in the Physical Layer[J]. IEEE Trans. Cogn. Commun. Netw., Mar. 2021, 7(1): 34-46.

[403] Tayakout H, Dayoub I, Ghanem K, et al. Automatic Modulation Classification for D-STBC Cooperative Relaying Networks[J]. IEEE Wireless Communications Letters, 2018, 7(5): 780-783.

[404] Triantafyllakis K, Surligas M, Vardakis G, et al. Phasma: An Automatic Modulation Classification System Based on Random Forest[C]// 2017 IEEE International Symposium on Dynamic Spectrum Access Networks (DySPAN2017), 2017: 1-3. DOI: 10.1109/DySPAN.2017.7920749.

[405] Li L, Dong Z, Zhu Z, et al. Deep-learning Hopping Capture Model for Automatic Modulation Classification of Wireless Communication Signals[J]. IEEE Transactions on Aerospace and Electronic Systems, 2022. DOI: 10.1109/TAES.2022.3189335.

[406] Sun X Y, Wu C, Gao X Q, et al. Fingerprint-Based Localization for Massive MIMO-OFDM System with Deep Convolutional Neural Networks[J]. IEEE Transactions on Vehicular Technology, 2019, 68(11): 10846-10857.

[407] Cardoso J F, Souloumiac A. Blind Beamforming for non-Gaussian Signals[J]. IEEE Proceedings F(Radar and Signal Processing), 1993, 140(6): 362-370.

[408] Riyaz S, Sankhe K, Ioannidis S, et al. Deep Learning Convolutional Neural Networks for Radio Identification[J]. IEEE Communications Magazine, 2018, 56(9): 146-152.

[409] Ye Y, Wenbo M. Digital Modulation Classification Using Multi-Layer Perceptron and Time-Frequency Features[J]. Journal of Systems Engineering and Electronics, 2007, 18(2): 249-254.

[410] Marey M, Dobre O A. Blind Modulation Classification for Alamouti STBC System with Transmission Impairments [J]. IEEE Wireless Communications Letters, 2015, 4(5): 521-524.

[411] Zhang Z Y, Luo H, Wang C, et al. Automatic Modulation Classification Using CNN-LSTM Based Dual-Stream Structure[J]. IEEE Transactions on Vehicular Technology, 2020, 69(11): 13521-13531.

[412] Qi P H, Zhou X Y, Zheng, S L, et al. Automatic Modulation Classification Based on Deep Residual Networks with Multimodal Information[J]. IEEE Transactions on Cognitive Communications and Networking, 2021, 7(1): 21-33.

[413] BAYER O, ÖNER M. Joint Space Time Block Code and Modulation Classification for MIMO Systems [J]. IEEE Wireless Communications Letters, 2017, 6(1): 62-65.

[414] Sharma S K, Bogale T E, Le L B, et al. Dynamic Spectrum Sharing in 5G Wireless Networks with Full-Duplex Technology: Recent Advances and Research Challenges[J]. IEEE Communications Surveys Tutorials, 2018, 20(1): 674-707.

[415] Dulek B. Online Hybrid Likelihood Based Modu lation Classification Using Multiple Sensors[J]. IEEE Transactions on Wireless Communications, 2017, 16(8): 4984-5000.

[416] Hermawan A P, Ginanjar R R, Kim D S, et al. Cnn-based Automatic Modulation Classification for Beyond 5G Communications[J]. IEEE Communications Letters, 2020, 24(5): 1038-1041.

[417] Qian B, Zhou H, Ma T, et al. Multi-Operator Spectrum Sharing for Massive IoT Coexisting in 5G/B5G Wireless Networks[J]. IEEE Journal on Selected Areas in Communications, 2021, 39(3): 881-895.

[418] Liao Y, Hua Y, Cai Y L. Deep Learning Based Channel Estimation Algorithm for Fast Time-Varying MIMO-OFDM Systems[J]. IEEE Communications Letters, 2020, 24(3): 572-576.

[419] Sandhu S, Paulraj A, Pandit K. Space-time Block Codes: A Capacity Perspective [J]. IEEE Communications Letters, 2000, 4(12): 384-386.

[420] Stoica P, Ganesan G. Maximum-SNR Spatial-Temporal Formatting Design for MIMO Channels [J]. IEEE Transactions on Signal Processing, 2002, 50(12): 3036-3042.

[421] Sandhu S. Signal Design for Multiple-Input Multiple-Output Wireless A Unified Perspective[D]. Palo Alto: Stanford University, 2002.

[422] 张天骐,周正中. 低信噪比直扩信号伪码周期检测的谱方法[J]. 仪器仪表学报,2001,22(3/增刊):41-42,81.

[423] 张天骐,周正中. 直扩信号的谱检测和神经网络估计[J]. 系统工程与电子技术,2001,23(12):12-15.

[424] 张天骐,周正中,郭宗祥. 一种DS/SS信号PN码序列估计的神经网络方法[J]. 信号处理,2001,17(6):533-537,553.

[425] 张天骐,周正中. 直扩信号伪码周期的谱检测[J]. 电波科学学报,2001,16(4):518-521,528.

[426] Zhang T Q, Lin X K, ZHOU Z Z. Blind Estimation of the PN Sequence in Lower SNR DS/SS Signals [J]. IEICE Transaction On Communications, 2005, E88-B(7): 3087-3089.

[427] Zhang T Q, Lin X K, Zhou Z Z. Neural Network Approach to Blind-Estimation of PN Sequence in lower SNR DS/SS Signals[J]. Journal of Systems Engineering and Electronics, 2005, 16(4): 756-760.

[428] Zhang T Q,Zhang C. An Unsupervised Adaptive Method to Eigenstructure Analysis of Lower SNR DS Signals[J]. IEICE Transactions On Communications,2006,E89-B(6):1943-1946.

[429] Zhang T Q,Mu A P,Zhang C. Analyze the Eigen-Structure of DS-SS Signals Under Narrow Band Interferences[J]. Digital Signal Processing,Elsevier,2006,16(6):746-753.

[430] Zhang T Q,Mu A P. A Modified Eigen-Structure Analyzer to Lower SNR DS-SS Signals Under Narrow Band Interferences[J]. Digital Signal Processing,Elsevier,2008,18(4):526-533.

[431] Jing X R,Zhou Z Z,Zhang T Q. A V-BLAST Detector Based on Modified Householder QRD over the Spatially Correlated Fading Channel[J]. IEICE Transactions on Communications,2008,E91-B(11):3727-3731.

[432] Jing X R,Zhang T Q,Zhou Z Z. Adaptive Group Detection Based on the Sort-Descending QR Decomposition for V-BLAST Architectures[J]. IEICE Transactions on Communications,2009,E92-B(10):3263-3266.

[433] Zhang T Q,Dai S S,Ma G N,et al. Approach to Blind Estimation of the PN Sequence in DS-SS Signals with Residual Carrier[J]. Journal of Systems Engineering and Electronics,2010,21(1):1-8.

[434] 蒋清平,杨士中,张天骐. OFDM 信号循环谱分析及参数估计[J]. 计算机应用研究,2010,27(3):1133,1135.

[435] 蒋清平,杨士中,张天骐. 低信噪比 OFDM 信号符号周期盲估计[J]. 计算机应用,2010,30(6):1463-1465,1479.

[436] 景小荣,张天骐,代少升,等. 联合 SDPR 与 OSIC 的自适应分组检测算法[J]. 华中科技大学学报(自然科学版),2010,38(8):30-33.

[437] 谭方青,张天骐,高春霞,等. 基于 QPSO 算法的准完全重构余弦调制滤波器组的优化设计[J]. 电信科学,2011,27(7):80-85.

[438] 蒋清平,杨士中,张天骐,等. 时变衰落信道下 OFDM 信号参数融合估计[J]. 系统工程与电子技术,2011,33(7):1627-1632.

[439] 谭方青,张天骐,黄烈超,等. 基于 QPSO 的两通道正交镜像滤波器组的优化设计[J]. 计算机应用研究,2011,28(9):3432-3435,3442.

[440] Wang Y E. Zhang T Q,Bai J,et al. Modulation Recognition Algorithms for Communication Signals Based on Particle Swarm Optimization and Support Vector Machines[C]// IEEE 2011 7th International Conference on Intelligent Information Hiding and Multimedia Signal Processing(IIH-MSP2011),Dalian China,2011:266-269.

[441] 谭方青,张天骐,高春霞,等. 基于 QPSO 优化算法的余弦调制滤波器组设计[J]. 电视技术,2011,35(19):34-39,53.

[442] 张天骐,谭方青,高春霞,等. 一种新的窗函数法设计余弦调制滤波器组系统[J]. 系统工程与电子技术,2011,33(12):2737-2742.

[443] 王玉娥,张天骐,白娟,等. 基于粒子群支持向量机的通信信号调制识别算法[J]. 电视技术,2011,35(23):106-110.

[444] Zhang T Q,Dai S S,Zhang W,et al. Blind Estimation of the PN Sequence in Lower SNR DS-SS Signals with Residual Carrier[J]. Digital Signal Processing,Elsevier,2012,22(1):106-113.

[445] 王玉娥,张天骐,白娟,等. 基于循环自相关的 OFDM 调制识别方法[J]. 电视技术,2012,36(5):44-48.

[446] 张天骐,王玉娥,包锐,等. 多径衰落信道下 OFDM 信号盲识别[J]. 北京邮电大学学报,2012,35(3):74-78.

[447] 王志朝,张天骐,万义龙,等. 基于宽带聚焦矩阵和高阶累积量的 OFDM 信号的来波方向估计[J].

计算机应用,2013,33(7):1828-1832.
[448] 王志朝,张天骐,万义龙,等. 基于稀疏表示的 OFDM 信号的 DOA 估计[J]. 计算应用研究,2013,30(12):3716-3719.
[449] 朱洪波,张天骐,王志朝,等. 瑞利信道下基于累积量的调制识别方法[J]. 计算机应用,2013,33(10):2765-2768.
[450] Wang Z C,Zhang T Q,Wan Y L,et al. DoA Estimation of OFDM Signal Based on the Wideband Focused Matrix and the Higher Order Cumulant[C]// The 2013 2nd International Conference on Mechatronic Sciences,Electric Engineering and Computer(MEC2013). Shenyang,China,2013: 487-492.
[451] Zhang T Q,Tan F Q,Yi C,et al. An Optimized Design of Non-uniform Filter Banks Based on Memetic Algorithm[C]// IEEE 2013 6th International Congress on Image and Signal Processing(CISP2013). Hangzhou,China,2013:1194-1199.
[452] Liu Y,Zhang T Q,Li C,et al. SNR Estimation for OFDM Signals in Frequency Selective Fading Channels[C]// IEEE 2014 7th International Congress on Image and Signal Processing(CISP2014). Dalian,China,2014:1068-1072.
[453] Zhang T Q,Wu W J,Shi S,et al. The Blind Periodic Estimation of the Pseudo Noise Sequence in Multi-Rate DS/CDMA Transmissions[C]// IEEE 2014 7th International Congress on Image and Signal Processing(CISP2014). Dalian,China,2014:1073-1078.
[454] Chung B Q,Qi Z T,Jun W W. A Simplified Advantage ACE and PSO Algorithm for PAR Reduction in STBC MC-CDMA Systems[C]// 2014 IEEE 12th International Conference on Signal Processing(ICSP 2014). HangZhou,China,2014: 1637-1642.
[455] 张天骐,刘瑜,李灿,等. 频率选择性衰落信道下 OFDM 信噪比盲估计[J]. 计算机应用研究,2015,32(6):1846-1848,1851.
[456] Mondol S I R,Chung B Q,Qi Z T. Real Orthogonal STBC MC-CDMA Blind Recognition Based on Dem-sparse Component Analysis[C]// Lecture Notes in Computer Science(5th International Conference on Intelligence Science and Big Data Engineering: Big Data and Machine Learning Techniques(IScIDE 2015)). 2015: 235-246.
[457] 裴光盅,张天骐,高超. 基于循环稳定特性的空时分组码 MC-CDMA 信号盲识别算法 [J]. 系统工程与电子技术,2015,37(7):1650-1657.
[458] 裴光盅,张天骐,吴旺军. 基于改进 ACE 结合 PSO 的 STBC MC-CDMA 峰均比抑制算法[J]. 计算机应用研究,2015,32(增刊):165-167,156.
[459] Zhang T Q,Qian W R,Zhang G,et al. Parameter Estimation of MC-CDMA Signals Based on Modified Cyclic Autocorrelation[J]. Digital Signal Processing,2016,54:46-53.
[460] Chung B Q,Zhang T Q,Labitzke A. A Blind Recognition Algorithm for Real Orthogonal STBC MC-CDMA Underdetermined Systems Based on LPCA and SCA[J]. Wireless Personal Communications,2016,89(4): 1507-1529. DOI:10. 1007/s11277-016-3543-y.
[461] 钱文瑞,张天骐,周杨,等. MC-DS-CDMA 信号的伪码周期盲估计[J]. 计算机工程与设计,2016,37(4):862-866,876.
[462] 张天骐,赵军桃,江晓磊. 基于多主分量神经网络的同步 DS-CDMA 伪码盲估计[J]. 系统工程与电子技术,2016,38(11):2638-2647.
[463] 周杨,张天骐,钱文瑞. MC-CDMA 信号的类型识别及参数盲估计[J]. 电子与信息学报,2017,39(11):2607-2614.
[464] 张天骐,杨凯,赵亮,等. 多径衰落信道下 MC-CDMA 信号扩频序列周期盲估计[J]. 系统工程与电子技术,2017,39(12):2803-2809.

[465] 杨凯,张天骐,赵亮,等. MC-CDMA 信号子载波参数盲估计[J]. 计算机工程与设计,2018,39(2):311-315.

[466] 张天骐,李群,梁先明,等. 异步 LC-DS-CDMA 信号的盲解扩[J]. 系统工程与电子技术,2019,41(7):1639-1645.

[467] 周杨,张天骐. 同/异步短码 DS-CDMA 信号伪码序列及信息序列盲估计[J]. 电子与信息学报,2019,41(7):1540-1547.

[468] 张天骐,王胜,李群,等. 基于相关性的 FBMC-OQAM 信号的符号周期盲估计[J]. 系统工程与电子技术,2019,41(6):1402-1407.

[469] 王胜,张天骐,袁帅. 基于循环自相关的 NC-OFDM 信号参数的盲估计[J]. 计算机应用研究,2019,36(5):1486-1489.

[470] 张天骐,范聪聪,喻盛琪,等. 基于 JADE 与特征提取的正交/非正交空时分组码盲识别[J]. 系统工程与电子技术,2020,42(4):933-939.

[471] Ma B Z,Zhang T Q. Single-Channel Blind Source Separation for Vibration Signals Based on TVF-EMD and Improved SCA[J]. IET Signal Processing,2020,14(4):259-268.

[472] 张天骐,喻盛琪,张天,等. 基于张量分解和多项式库搜索的多天线 NPLC-DS-CDMA 伪码序列估计[J]. 电子与信息学报,2020,42(12):2429-2436.

[473] 张天骐,范聪聪,葛宛营,等. 基于 ICA 和特征提取的 MIMO 信号调制识别算法[J]. 电子与信息学报,2020,42(9):2208-2215.

[474] 周杨,张天骐. 多径环境下异步长码直接序列码分多址信号伪码序列及信息序列盲估计[J]. 电子与信息学报,2021,43(04):1137-1144.

[475] 徐伟,张天骐,冯嘉欣,等. FBMC-OQAM 信号子载波盲估计[J]. 信号处理,2020,36(5):748-755.

[476] 范聪聪,张天骐,梁先明. MIMO-OFDM 信号参数盲估计方法[J]. 计算机工程与设计,2020,41(5):1274-1279.

[477] 赵辉,宋代平,张天骐. 基于线性正则变换的光学信号与系统分析[M]. 北京:电子工业出版社,2020.

[478] Ma B Z,Zhang T Q,An Z L,et al. A Blind Source Separation Method for Time-Delayed Mixtures in Underdetermined Case and its Application in Modal Identification[J]. Digital Signal Processing,2021,112(8):103007.

[479] Ma B Z,Zhang T Q. Underdetermined Blind Source Separation Based on Source Number Estimation and Improved Sparse Component Analysis[J]. Circuits,Systems,and Signal Processing,2021,40(7):3417-3436.

[480] 马宝泽,张天骐,安泽亮,等. 一种多维信源衰减延时混合的欠定盲源分离方法[J]. 电子与信息学报,2021,43(8):2258-2266.

[481] 马宝泽,张天骐,安泽亮,等. 基于张量分解的卷积盲源分离方法[J]. 通信学报,2021,42(8):52-60.

[482] 安泽亮,张天骐,马宝泽,等. 基于一维 CNN 的多入多出 OSTBC 信号协作调制识别[J]. 通信学报,2021,42(7):84-94.

[483] 王晓烨,张天骐,孟莹,等. 基于 JADE 的 MIMO-OFDM 信号信噪比盲估计算法[J]. 信号处理,2021,37(8):1487-1495.

[484] An Z L,Zhang T Q,Ma B Z,et al. A Two-Stage High-Order Modulation Recognition Based on Projected Accumulated Constellation Vector in Non-Cooperative B5G OSTBC-OFDM Systems[J]. Signal Processing(Elsevier),2022,200:108673. DOI:10. 1016/j. sigpro. 2022. 108673.

[485] An Z L, Zhang T Q, Shen M, et al. Series-Constellation Feature Based Blind Modulation Recognition for Beyond 5G MIMO-OFDM Systems with Channel Fading[J]. IEEE Transactions on Cognitive Communications and Networking, 2022, 8(2): 793-811. DOI: 10. 1109/TCCN. 2022. 3164880.
[486] An Z L, Zhang T Q, Ma B Z, et al. Blind High-Order Modulation Recognition for Beyond 5G OSTBC-OFDM Systems via Projected Constellation Vector Learning Network[J]. IEEE Communications Letters, 2022, 26(1): 84-88.
[487] Ma B Z, Zhang T Q, An Z L, et al. Measuring Dependence for Permutation Alignment in Convolutive Blind Source Separation[J]. IEEE Transactions on Circuits and Systems II, 2022, 69(3): 1982-1986. DOI: 10. 1109/TCSII. 2021. 3134716.
[488] 强幸子,金翔,张天骐. 基于相似度的NPLC-DSSS信号扩频码盲估计[J]. 电子学报,2022,50(8): 2043-2048.
[489] 张天骐,汪锐,安泽亮,等. 基于多端特征融合模型的MIMO-OFDM系统盲调制识别[J]. 信号处理,2022,38(9): 1940-1953.
[490] 张天骐,汪锐,安泽亮,等. 基于多任务学习的MIMO-OFDM信噪比估计与调制识别[J]. 北京邮电大学学报,2022,45(6): 95-100,121.
[491] 汪锐,张天骐,安泽亮,等. 基于联合特征参数和一维CNN的MIMO-OFDM系统调制识别算法[J]. 系统工程与电子技术,2023,45(3):902-912.
[492] 张伟,陈前斌,张天骐,等. 一种基于时频变换的OFDM信道估计方法:ZL200610095205. 8[P]. 2007-04-25.
[493] 张天骐,刘瑜,张刚,等. 一种基于模糊函数的OFDM信号参数估计方法:ZL201410350201. 4[P]. 2017-12-26.
[494] 张天骐,裴光盅,张刚,等. 基于循环平稳特性的空时分组码MC-CDMA信号盲识别方法: ZL201410521619. 7[P]. 2017-10-24.
[495] 张天骐,裴光盅,张刚. 基于鲁棒竞争聚类的欠定系统实正交空时分组码盲识别方法: ZL201410722926. 1[P]. 2017-07-18.
[496] 张天骐,阳锐,张刚,等. 基于平均模糊函数的BOC信号参数盲估计方法:ZL201410464587. 1[P]. 2018-04-20.
[497] 张天骐,强幸子,崔莹莹. 基于相似度的非周期长码直扩信号扩频序列盲估计方法: ZL201610234704. 4[P]. 2019-05-10.
[498] 张天骐,高超,张刚,等. CDMA反向数据信道调制类型识别方法:ZL201410505376. 8[P]. 2019-06-04.
[499] 张天骐,钱文瑞,张刚,等. MC-CDMA信号的调制识别及伪码序列盲估计:ZL201610164502. 7[P]. 2016-08-17.
[500] 张天骐,杨凯,赵亮,等. 高斯白噪声下MC-CDMA信号信源数估计:ZL201710540105. X[P]. 2017-11-28.
[501] 张天骐,杨强,宋玉龙,等. 含残余频偏的同步DS-CDMA信号伪码序列盲估计:ZL201710523801. X[P]. 2017-09-01.
[502] 张天骐,王胜,张刚,等. 多径衰落信道下FBMC信号符号周期盲估计:ZL201811212452. 0[P]. 2019-05-03.
[503] 张天骐,喻盛琪,张刚,等. 基于ILSP-CMA的同步DS-CDMA信号伪码序列和信息序列联合盲估计:ZL201911022213. 3[P]. 2020-02-18.
[504] 朱洪波,张天骐,王志朝,等. 基于高阶统计量的OFDM子载波调制识别算法[J]. 光通信研究,2013(4):11-14.

内容简介

正交频分复用(OFDM)信号、多输入多输出正交频分复用(MIMO-OFDM)信号、基于滤波器组的多载波(FBMC)信号、多载波直扩码分多址(MC-DS-CDMA)信号和多载波码分多址(MC-CDMA)信号等都是新近发展起来的4G、5G移动通信多载波宽带信号,这些多载波宽带信号的盲估计与识别是宽带信号处理及非合作无线电信号处理领域的一个重要研究课题。十多年来,多载波宽带信号的盲估计与识别方法得到了较大程度的发展,其可以被广泛地应用于通信、雷达、测控、信息对抗、无线电监测与管理、无线电侦察与干扰、软件无线电、智能通信/感知无线电、新体制无线电系统的研制与开发等领域。本书从应用基础层面较为系统、深入地论述了多载波宽带信号的盲估计与识别的相关研究成果。全书共分为9章,各章内容均紧紧围绕多载波宽带信号的盲估计与识别这一主题,包括绪论、单载波通信信号调制识别、OFDM 信号参数估计、OFDM 信号调制识别、OFDM 阵列信号 DoA 估计、MIMO-OFDM 信号的盲估计与识别、FBMC 信号的盲估计与识别、MC-CDMA 信号的盲估计与识别,以及基于深层神经网络的多载波宽带信号的盲识别。

本书是关于多载波宽带信号的盲估计与识别的一部专门著作,可供从事相关专业领域的科研人员和工程技术人员学习与参考,也可作为高等院校和科研院所信号与信息处理、通信与信息系统、信息安全与对抗等专业方向高年级本科生、研究生的教材或参考书。

Orthogonal Frequency Division Multiplexing (OFDM) signals, Multi Input Multi Output Orthogonal Frequency Division Multiplexing (MIMO-OFDM) signals, Filter Bank Based Multi-Carrier (FBMC) signals, Multi-Carrier Direct Sequence Spread Spectrum Code Division Multiple Access (MC-DS-CDMA) signals, and Multi-Carrier Code Division Multiple Access (MC-CDMA) signals are all newly developed 4G and 5G mobile communication multi-carrier wideband signals, The blind estimation and recognition of these multi-carrier wideband signals is an important research topic in the fields of wideband signal processing and non cooperative radio signal processing. For more than a decade, blind estimation and recognition methods for multi-carrier wideband signals have undergone significant development, which can be widely applied in fields such as communication, radar, measurement and control, information countermeasures, radio monitoring and management, radio reconnaissance and interference, software radio, intelligent communication/cognitive radio, and the research and development of new system radio systems. This book systematically and deeply discusses the research results related to blind estimation and recognition of multi-carrier wideband signals from the application foundation level. The book is divided into 9 chapters, each of which closely revolves around the topic of blind estimation and recognition of multi-carrier wideband signals, including: introduction, modulation recognition of single carrier communication signals, OFDM signal parameter estimation, OFDM signal modulation recognition, OFDM array signal DoA (Direction of Arrival) estimation, MIMO-OFDM signal blind estimation and recognition, FBMC signal blind estimation and recognition, and MC-CDMA signal blind estimation and recognition, and blind recognition of multi carrier wideband signals based on deep neural networks.

This book is a specialized work on blind estimation and recognition of multi-carrier wideband signals, which can be studied and referenced by scientifical researchers and engineering technicians who are engaged in related professional fields. It can also be used as a textbook or reference book for senior undergraduate students and graduate students who major in signal and information processing, communication and information systems, information security and countermeasures in colleges or universities and research institutes.

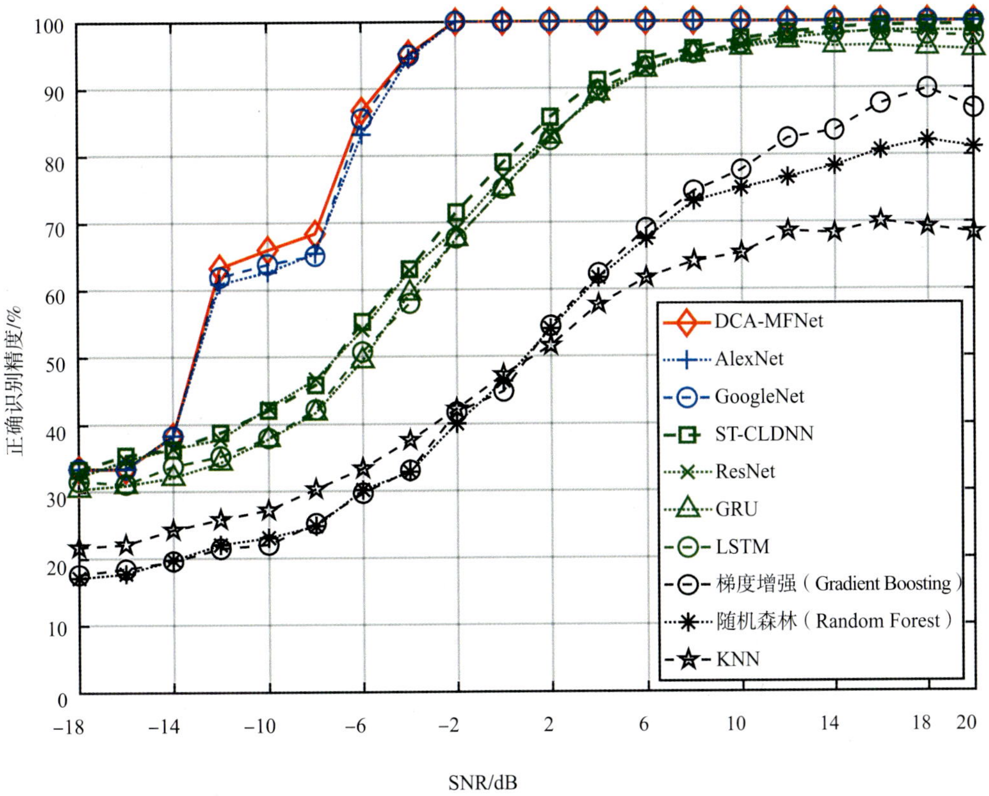

图 9.2.5　与现有算法的识别精度对比

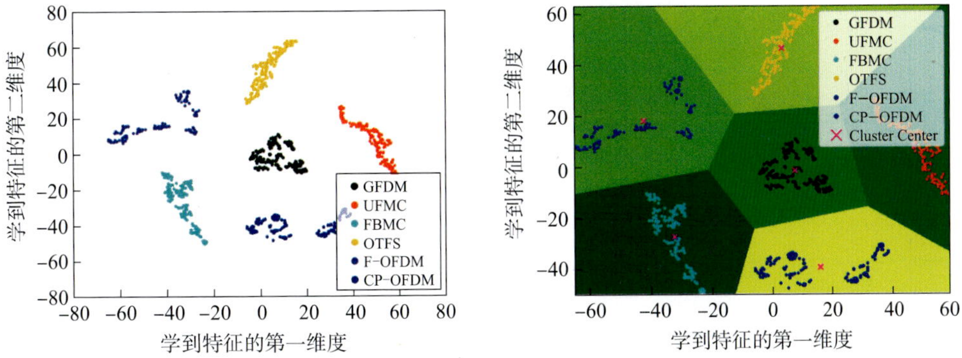

（a）T-SNE降维可视化分析　　（b）分离边界可视化分析

图 9.2.9　DCA-MFNet 学习的高级特征在二维平面上的可视化（SNR = 10dB）

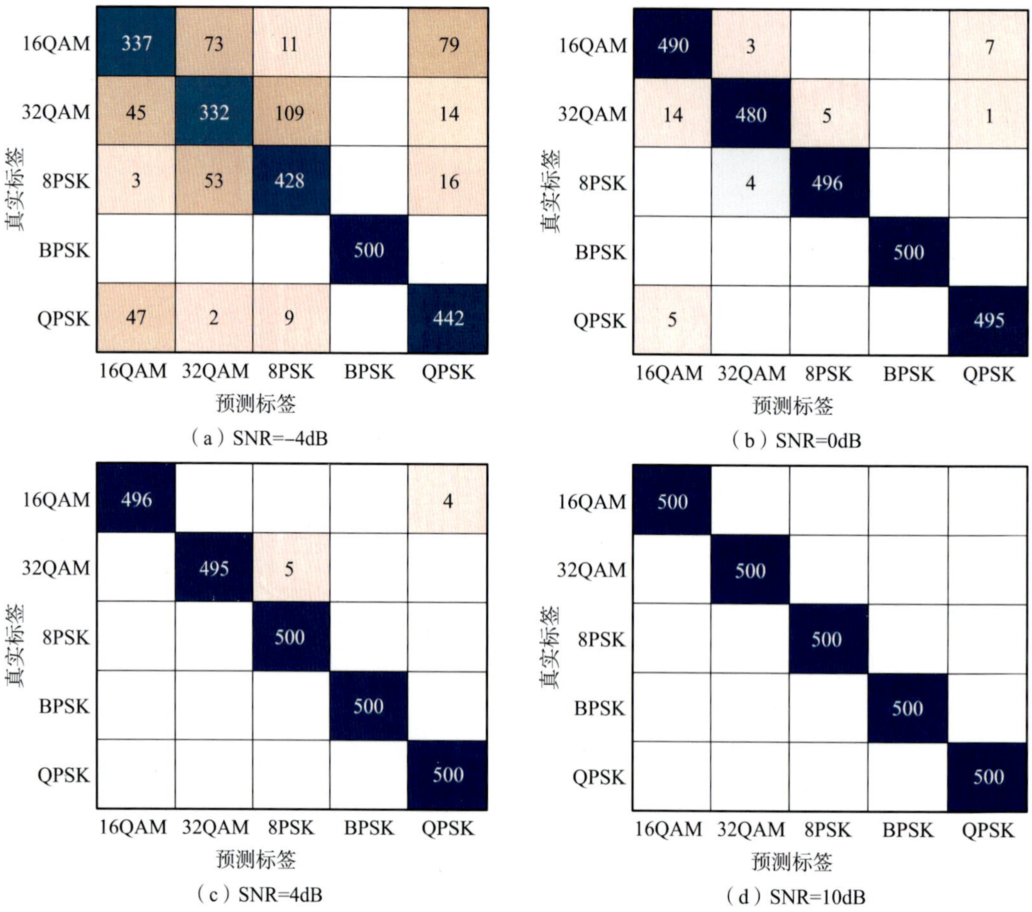

图 9.3.10　不同 SNR 下的混淆矩阵

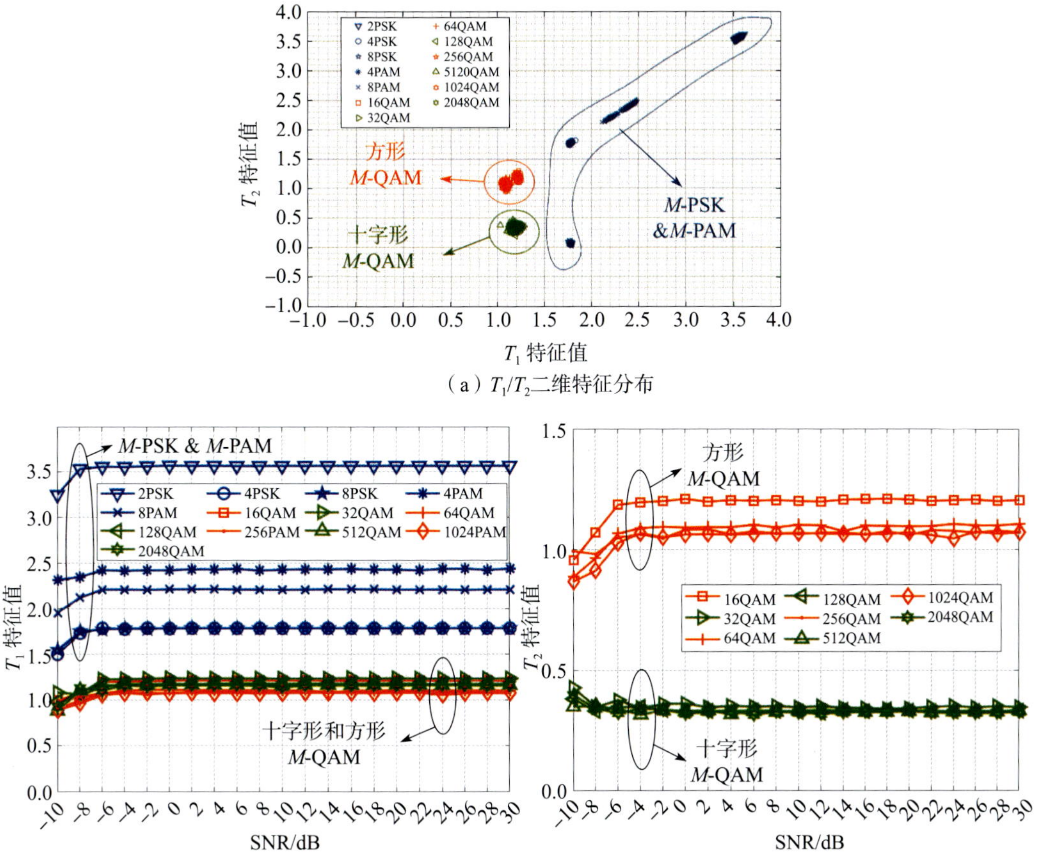

（a）T_1/T_2二维特征分布

（b）T_1特征

（c）T_2特征

图 9.5.8　专家经验特征可视化

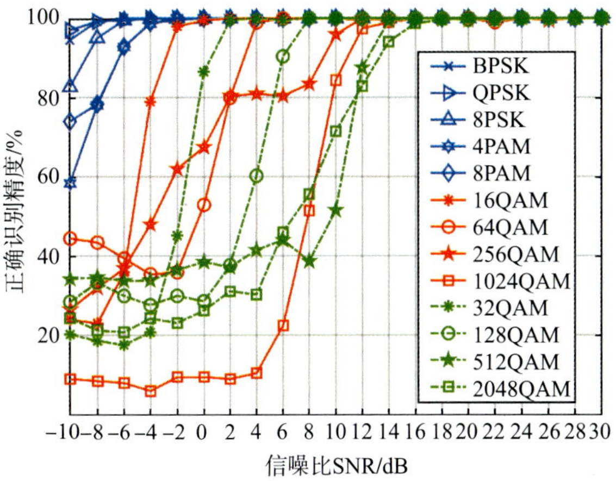

图 9.5.16　13 种调制类型的识别精度对比